国家林业和草原局职业教育"十四五"规划教材

兽医学概论

杜宗沛　郭广富　袁　橙　主编

中国林业出版社

内容简介

本书共分11章，主要内容：解剖生理基础、动物微生物基础、诊断、动物病理、动物药理、动物常见内科病、动物中毒病、动物传染病、动物产科疾病、外科及外科疾病和寄生虫病。

本书编写的宗旨是探索并建立适合高等职业教育的新课程体系，以动物疾病的诊断、防治作为课程主线，整合所有相关课程，特别突出了知识的综合性、实践性、适用性，内容直观、简明扼要，文字精练、通俗易懂，力求实现理实一体化的目标；以培养懂理论、会实践、适应社会的畜牧兽医专业实际需求的高等技术应用型专门人才为目的。本书综合了代表国内外动物疾病发展的新知识、新技术和新方法，力求做到教材内容的科学性和先进性。

本书适合畜牧兽医类应用型本科院校、高等职业院校和中等职业教育教材，还可作为畜牧兽医技术人员提升培训教材。同时还可作为一线从事畜牧兽医类工作人员的参考书。

图书在版编目（CIP）数据

兽医学概论／杜宗沛，郭广富，袁橙主编 .—北京：中国林业出版社，2021.11

国家林业和草原局职业教育"十四五"规划教材

ISBN 978-7-5219-1413-9

Ⅰ.①兽… Ⅱ.①杜… ②郭… ③袁… Ⅲ.①兽医学-高等职业教育-教材 Ⅳ.①S85

中国版本图书馆 CIP 数据核字（2021）第 235194 号

中国林业出版社・教育分社

策划、责任编辑：高红岩　李树梅　　责任校对：苏　梅
电　话：(010)83143554　　　　　　传　真：(010)83143516

出版发行　中国林业出版社（100009　北京市西城区德内大街刘海胡同7号）
　　　　　E-mail:jiaocaipublic@163.com　电话：(010)83143500
　　　　　http://www.forestry.gov.cn/lycb.html

印　刷	北京中科印刷有限公司
版　次	2021年11月第1版
印　次	2021年11月第1次印刷
开　本	787mm×1092mm　1/16
印　张	39.25
字　数	1100千字
定　价	78.00元

未经许可，不得以任何方式复制或抄袭本书之部分或全部内容。

版权所有　侵权必究

《兽医学概论》编写人员

主　编　杜宗沛　郭广富　袁　橙
副主编　方向红　朱道仙　颜友荣　车业贵　谭　鞠　张晋川
编　者　(按姓氏笔画排序)
　　　　车业贵(江苏农牧科技职业学院)
　　　　方向红(江苏农牧科技职业学院)
　　　　朱道仙(江苏农牧科技职业学院)
　　　　李芙蓉(江苏农牧科技职业学院)
　　　　杜宗沛(江苏农牧科技职业学院)
　　　　张晋川(江苏农牧科技职业学院)
　　　　袁　橙(江苏农牧科技职业学院)
　　　　郭广富(江苏农牧科技职业学院)
　　　　谭　鞠(江苏农牧科技职业学院)
　　　　颜友荣(江苏农牧科技职业学院)
主　审　尤明珍(江苏农牧科技职业学院)

前言
Preface

本教材是根据国务院发布的《国家职业教育改革实施方案》精神，以及高等职业教育的培养目标，即"培养适应生产、建设、管理、服务第一线，德、智、体、美全面发展的高等技术应用性专门人才"的指导下编写的。

在编写过程中，我们充分考虑到高等职业教育学生的就业方向是生产第一线的岗位，因此，严格遵循高等职业教育的教学规律，打破传统学科分类体系下所产生的课程与实际脱节的弊端，正确处理理论与实践、教学与实训的关系，突出能力与素质的培养，充分体现应用性、实践性的原则，将动物医学范畴内的所有学科结合在一起，立足于当前畜牧业岗位的需要，着眼于未来发展的趋势，充实新知识、新技术、新方法，深入浅出，便于学生记忆与联系实际，以期真正达到理论与实践有机结合的目的。本教材具有时代特征和职业教育特色，既可作为高等职业学院的教材，又可作为从事动物防疫第一线工作人员的学习参考书。

本教材编写分工为：张晋川编写第1章；李芙蓉编写第2章；朱道仙编写第3章；方向红编写第4章；颜友荣编写第5章；郭广富编写第6章；杜宗沛编写第7章、第8章；车业贵编写第9章；谭鞠编写第10章；袁橙编写第11章及全书的统稿。

本教材由尤明珍教授审稿，在此深表谢意。

由于作者水平所限，本教材难免有不足之处，恳请广大读者指正。

编　者
2021年1月

目录
Contents

前　言

第1章　解剖生理基础 ······ 1
1.1　动物体的基本结构 ······ 2
1.2　运动系统 ······ 5
1.3　消化系统 ······ 7
1.4　呼吸系统 ······ 14
1.5　泌尿系统 ······ 16
1.6　生殖系统 ······ 19
1.7　心血管系统 ······ 24
1.8　免疫系统 ······ 27
1.9　内分泌系统 ······ 30
1.10　神经系统 ······ 31
1.11　被皮系统 ······ 36

第2章　动物微生物基础 ······ 38
2.1　微生物基础知识 ······ 39
2.2　免疫基础知识 ······ 50
2.3　主要动物病原微生物 ······ 57

第3章　诊　断 ······ 67
3.1　动物的接近与保定 ······ 68
3.2　临诊检查的基本方法与基本程序 ······ 76
3.3　一般临诊检查 ······ 81
3.4　心血管系统的临诊检查 ······ 89
3.5　呼吸系统的临诊检查 ······ 92
3.6　消化系统的临诊检查 ······ 98
3.7　泌尿生殖器官的临诊检查 ······ 107
3.8　神经系统的临诊检查 ······ 111

3.9　血液一般检验 ····· 114
3.10　尿液检验 ····· 121
3.11　临诊治疗技术 ····· 124

第4章　动物病理 ····· 133

4.1　血液循环障碍 ····· 134
4.2　细胞和组织的损伤 ····· 142
4.3　代偿、适应与修复 ····· 146
4.4　炎症 ····· 155
4.5　水肿 ····· 160
4.6　脱水与酸中毒 ····· 164
4.7　缺氧 ····· 170
4.8　发热 ····· 173
4.9　黄疸 ····· 177
4.10　动物病理诊断技术 ····· 180

第5章　动物药理 ····· 190

5.1　总论 ····· 191
5.2　抗微生物药物 ····· 195
5.3　抗寄生虫药 ····· 206
5.4　用于神经系统的药物 ····· 213
5.5　用于消化系统的药物 ····· 221
5.6　用于呼吸系统的药物 ····· 225
5.7　用于血液循环系统的药物 ····· 226
5.8　用于泌尿系统的药物 ····· 229
5.9　用于生殖系统的药物 ····· 231
5.10　调节新陈代谢的药物 ····· 231
5.11　解热镇痛抗炎药 ····· 236
5.12　特效解毒药 ····· 237

第6章　动物常见内科病 ····· 240

6.1　消化系统疾病 ····· 241
6.2　呼吸系统疾病 ····· 261

第7章　动物中毒病 ····· 265

7.1　毒物的分类 ····· 266
7.2　毒性指标与分级 ····· 267
7.3　中毒的原因、特点及经济损失 ····· 268
7.4　中毒病的诊断 ····· 269

7.5 中毒病的治疗 …………………………………………… 272
7.6 预防中毒的措施 ………………………………………… 275
7.7 磺胺中毒 ………………………………………………… 276
7.8 亚硝酸盐中毒 …………………………………………… 277
7.9 食盐中毒 ………………………………………………… 280
7.10 菜籽饼中毒 ……………………………………………… 284
7.11 棉籽饼中毒 ……………………………………………… 286
7.12 氨化饲料中毒 …………………………………………… 289
7.13 瘦肉精中毒 ……………………………………………… 291
7.14 黄曲霉毒素中毒 ………………………………………… 293
7.15 有机磷农药中毒 ………………………………………… 295
7.16 无机氟农药中毒 ………………………………………… 298
7.17 有机氯中毒 ……………………………………………… 299
7.18 有机氟化合物中毒 ……………………………………… 301
7.19 毒芹中毒 ………………………………………………… 303

第8章 动物传染病 …………………………………………… 306
8.1 动物传染病的发生、特征和分类 ……………………… 307
8.2 动物传染病的流行过程 ………………………………… 309
8.3 动物传染病的预防措施 ………………………………… 316
8.4 口蹄疫 …………………………………………………… 327
8.5 伪狂犬病 ………………………………………………… 329
8.6 狂犬病 …………………………………………………… 331
8.7 轮状病毒感染 …………………………………………… 334
8.8 流行性乙型脑炎 ………………………………………… 335
8.9 禽流行性感冒 …………………………………………… 336
8.10 牛海绵状脑病 …………………………………………… 339
8.11 炭疽 ……………………………………………………… 341
8.12 巴氏杆菌病 ……………………………………………… 343
8.13 布鲁氏菌病 ……………………………………………… 347
8.14 结核病 …………………………………………………… 349
8.15 大肠杆菌病 ……………………………………………… 352
8.16 沙门菌病 ………………………………………………… 355
8.17 钩端螺旋体病 …………………………………………… 359
8.18 破伤风 …………………………………………………… 361
8.19 附红细胞体病 …………………………………………… 362
8.20 衣原体病 ………………………………………………… 364
8.21 猪瘟 ……………………………………………………… 366

8.22 猪圆环病毒感染 ………………………………………… 370
8.23 猪流行性腹泻 …………………………………………… 372
8.24 非洲猪瘟 ………………………………………………… 373
8.25 猪繁殖与呼吸综合征 …………………………………… 374
8.26 猪传染性胃肠炎 ………………………………………… 375
8.27 猪细小病毒感染 ………………………………………… 377
8.28 猪丹毒 …………………………………………………… 378
8.29 猪痢疾 …………………………………………………… 380
8.30 猪链球菌病 ……………………………………………… 382
8.31 猪支原体肺炎 …………………………………………… 384
8.32 猪梭菌性肠炎 …………………………………………… 386
8.33 猪传染性胸膜肺炎 ……………………………………… 387
8.34 新城疫 …………………………………………………… 389
8.35 传染性支气管炎 ………………………………………… 392
8.36 马立克病 ………………………………………………… 394
8.37 传染性法氏囊病 ………………………………………… 396
8.38 鸭瘟 ……………………………………………………… 397
8.39 小鹅瘟 …………………………………………………… 399
8.40 鸭病毒性肝炎 …………………………………………… 400
8.41 鹅副黏病毒病 …………………………………………… 401
8.42 减蛋综合征 ……………………………………………… 402
8.43 禽白血病 ………………………………………………… 404
8.44 鸡毒支原体病 …………………………………………… 405
8.45 鸡葡萄球菌病 …………………………………………… 406
8.46 鸭传染性浆膜炎 ………………………………………… 409
8.47 牛白血病 ………………………………………………… 410
8.48 小反刍兽疫 ……………………………………………… 412
8.49 羊梭菌性疾病 …………………………………………… 413
8.50 兔病毒性出血症 ………………………………………… 421
8.51 犬瘟热 …………………………………………………… 423
8.52 犬细小病毒肠炎 ………………………………………… 426
8.53 犬传染性肝炎 …………………………………………… 428
8.54 兔波氏杆菌病 …………………………………………… 430

第9章 动物产科疾病 ……………………………………… 432
9.1 生殖解剖与产科生理 …………………………………… 433
9.2 妊娠期疾病 ……………………………………………… 442
9.3 分娩期疾病 ……………………………………………… 448

9.4 产后期疾病 ……………………………………………………………………… 453
9.5 卵巢疾病 ………………………………………………………………………… 460
9.6 新生仔畜疾病 …………………………………………………………………… 463
9.7 乳房疾病 ………………………………………………………………………… 466

第10章 外科及外科疾病 …………………………………………………………… 469
10.1 无菌术 …………………………………………………………………………… 470
10.2 麻醉 ……………………………………………………………………………… 475
10.3 组织分离 ………………………………………………………………………… 481
10.4 止血 ……………………………………………………………………………… 488
10.5 缝合 ……………………………………………………………………………… 490
10.6 包扎技术 ………………………………………………………………………… 497
10.7 常见外科手术 …………………………………………………………………… 499
10.8 创伤 ……………………………………………………………………………… 516
10.9 外科感染 ………………………………………………………………………… 521
10.10 疝 ………………………………………………………………………………… 523
10.11 蹄部疾病 ………………………………………………………………………… 525

第11章 寄生虫病 ……………………………………………………………………… 532
11.1 寄生 ……………………………………………………………………………… 533
11.2 寄生虫与宿主 …………………………………………………………………… 533
11.3 寄生虫的生活史 ………………………………………………………………… 536
11.4 寄生虫免疫 ……………………………………………………………………… 536
11.5 寄生虫病的流行病学 …………………………………………………………… 537
11.6 寄生虫病诊断 …………………………………………………………………… 539
11.7 寄生虫病的防制 ………………………………………………………………… 541
11.8 动物吸虫病 ……………………………………………………………………… 543
11.9 动物绦虫病 ……………………………………………………………………… 557
11.10 动物线虫病 ……………………………………………………………………… 567
11.11 动物棘头虫病 …………………………………………………………………… 583
11.12 动物蜘蛛昆虫病 ………………………………………………………………… 585
11.13 动物原虫病 ……………………………………………………………………… 595

参考文献 ……………………………………………………………………………… 614

第 1 章

解剖生理基础

　　动物解剖生理主要研究器官的形态结构和功能,其中解剖又可分为大体解剖和显微解剖两种,显微解剖又称组织学。动物体由细胞和细胞间质组成,细胞形成特定的组织,不同组织组合在一起形成特定器官,功能相似的器官构成系统,系统执行机体的生理功能,机体主要由运动系统、消化系统、呼吸系统、泌尿系统、生殖系统、心血管系统、免疫系统、内分泌系统、神经系统和被皮系统组成。

1.1 动物体的基本结构

1.1.1 细胞

细胞是动物体形态结构、生理机能和生长发育的基本单位。其基本结构有细胞膜、细胞质和细胞核。细胞质中有细胞器,其中线粒体参与细胞内的物质氧化、释放能量、供细胞活动的需要。内质网中,粗面内质网合成分泌蛋白,滑面内质网与类固醇激素、解毒、胆汁生成、糖脂代谢等有关。高尔基复合体与细胞内某些合成物质的浓缩、积聚和分泌有关。溶酶体具有消化分解细胞内各种大分子物质的作用。细胞质中还有基质及悬浮在基质中的各种细胞器和内含物。基质呈液态,呈透明无定型的胶状。内含物指细胞质中具有一定形态的营养物质或代谢产物,如脂滴、氨基酸等。

除哺乳动物成熟的红细胞外,所有细胞均有细胞核。细胞核由核膜、核基质、核仁和染色质等组成。

细胞膜(图1-1)是由磷脂组成双层结构,磷脂的疏水端向内,亲水端朝向细胞内液和外液,其上有贯穿磷脂双层的整合蛋白或附在内外表面的表面蛋白,这些蛋白有的是供离子进出的离子通道,有的是转运物质进出的载体,有的是酶,有的是受体。

细胞膜其中重要的一项功能是细胞内外的物质交换,有以下几种方式:

①扩散:是指物质顺着浓度差由高浓度的一侧通过细胞膜向低浓度的一侧运输,穿越脂质双层时,需要被转运物有较高脂溶性,如氧气和二氧化碳的跨膜转移。假如物质水溶性较高,就需要有膜上的载体协助,如葡萄糖从肠道的吸收。或者膜上的离子通道开启,离子由高浓度转移至低浓度一侧,如神经冲动传到突触前膜时,膜上钙通道开启,因为细胞外钙离子浓度高,细胞外钙离子顺浓度差进入细胞内。

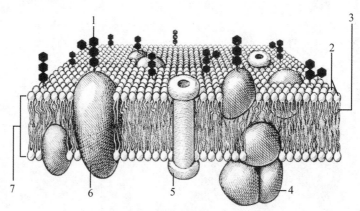

图1-1 细胞膜结构
1. 糖链 2. 极性基团 3. 脂肪酸链 4. 外周蛋白 5. 离子通道
6. 整合蛋白 7. 磷脂双层

②主动运输:是指物质逆浓度差由低浓度的一侧通过细胞膜向高浓度的一侧运输。这种运输过程需要消耗能量,而且需要载体。

③胞吞作用和胞吐作用:细胞膜从外界摄入物质的过程称为胞吞作用(入胞)。内吞物质若

为固体称为吞噬作用,若为液体称为吞饮作用。细胞膜向外界排放物质的过程称为胞吐作用。胞吞和胞吐作用均需消耗能量,如消化酶的分泌。

1.1.2 组织

组织是由许多结构和功能密切联系的细胞,借细胞间质连接在一起所形成的细胞集体。根据组织的结构和功能特点,分为四大类:上皮组织、结缔组织、肌组织和神经组织。

1.1.2.1 上皮组织

上皮组织(图 1-2)简称上皮,由紧密排列的细胞和少量的细胞间质构成。构成机体与外界环境的屏障。

①单层扁平上皮:由一层扁平的多边形细胞组成,有的衬于心、血管等的腔面,有的覆于胸膜、腹膜表面,薄而光滑。

②单层立方上皮:由一层立方形细胞组成,分布于肾小管、外分泌腺的小导管、甲状腺滤泡等处。肾小管中近曲小管的立方细胞腔面细胞膜上有许多指状突起,称为微绒毛,可增加吸收表面积,与原尿的重吸收有关。

③单层柱状上皮:由一层高柱形细胞组成。在小肠黏膜上的柱状细胞腔面也有许多微绒毛,与小肠吸收有重要关系。另外,在肠管的柱状细胞间,有许多形似高脚酒杯的细胞,可分泌黏液,具有润滑和保护作用。

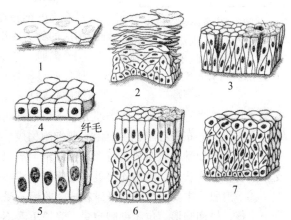

图 1-2　上皮组织
1. 单层扁平上皮　2. 复层扁平上皮　3. 假复层纤毛柱状上皮
4. 单层立方上皮　5. 单层柱状上皮　6. 复层状上皮
7. 变移上皮

④假复层纤毛柱状上皮:由形态不同、高低不等细胞组成,形似复层,实为单层。分布于各级呼吸道黏膜。其上纤毛可摆动,与排除异物有关。

⑤复层扁平上皮:由多层细胞组成。分布于皮肤表皮的复层扁平上皮表层细胞含角质蛋白,称为角化复层扁平上皮。而衬在口腔、食管、肛门、阴道和反刍动物前胃内的上皮含角质蛋白较少,不形成角质层,称为非角质化的复层扁平上皮。复层上皮耐摩擦,具有很强的保护作用。

⑥变移上皮:细胞的形态和层数可随所在器官的功能状态而改变。有收缩、扩张功能,分布于泌尿道黏膜。

1.1.2.2 结缔组织

结缔组织是体内分布最为广泛的一类组织,由细胞和大量的细胞间质构成。其特点为细胞少、种类多,散布于间质内,间质成分多;内含血管和淋巴管;分布极广;不与外界环境接触。结缔组织有以下几类:

①疏松结缔组织:广泛分布于各组织、器官之间。排列疏散。其功能具有连接、支持、营养、防御、保护和修复功能。细胞成分有成纤维细胞、巨噬细胞、浆细胞、肥大细胞、脂肪细胞等。纤维成分有胶原纤维、弹性纤维和网状纤维,除去细胞和纤维外的称为基质。基质是一种由生物大分子构成的胶状物质,具有一定黏性。构成基质的大分子物质包括蛋白多糖和糖蛋白(图 1-3)。

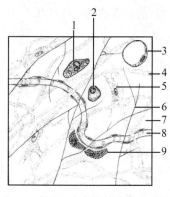

图 1-3　疏松结缔组织
1. 巨噬细胞　2. 浆细胞　3. 脂肪细胞　4. 胶原纤维　5. 成纤维细胞　6. 弹性纤维　7. 基质　8. 毛细血管　9. 肥大细胞

②致密结缔组织：是一种以纤维为主要成分的固有结缔组织，纤维粗大，排列致密，以支持和连接为其主要功能。

③脂肪组织：由大量群集的脂肪细胞构成。

④网状组织：由网状细胞、网状纤维和基质构成。网状细胞呈星状多突起，突起彼此连接成网，网状纤维细，分支多。网状组织构成淋巴组织和骨髓组织的基本成分。

另外，骨、软骨与结缔组织起源相同，也称为特化的结缔组织。

1.1.2.3　肌组织

可收缩的细胞称为肌细胞，肌细胞又称为肌纤维。主要由肌细胞构成的称为肌组织，有如下 3 种：

①骨骼肌：肌细胞呈长圆柱形，细胞核椭圆形，异染色质较少，核仁明显，核可多达数百个，紧贴肌膜内面。细胞内含有许多与细胞长轴平行排列的肌丝束，称为肌原纤维。骨骼肌与收缩有关，其收缩受意识支配。骨骼肌光镜下可看到明暗相间的横纹。

②心肌：分布于心脏，主要由心肌细胞构成。其收缩不受意识支配。心肌细胞呈短柱状，有分支，横纹不如骨骼肌明显。每个心肌纤维一般只有一个细胞核，位于细胞中央。心肌纤维的分支相互吻合成网状，在细胞连接处，肌膜分化成特殊结构，称为闰盘。

③平滑肌：主要由平滑肌纤维构成，收缩不受意识支配。平滑肌纤维呈细长梭形，每个细胞有一个核，呈椭圆形，位于细胞中央。光镜下看不到横纹结构。

1.1.2.4　神经组织

神经组织是构成神经系统的主要部分，由神经细胞和神经胶质细胞组成。神经细胞也称神经元，神经胶质细胞是神经组织中的辅助成分，数量多，无传导功能，对神经元有支持、保护、绝缘、营养等作用。

①神经元：是一种有突起的细胞，形态多样，但都由胞体和突起两部分构成。突起分树突和轴突两种，每个神经元可以有多个树突，而轴突只有一条。神经元的细胞膜能够接受刺激、产生及传导神经冲动。

树突：形如树枝状。树突的功能是接受刺激，并将冲动传向胞体。

轴突：一般细长，将冲动从胞体传到外周，外周肉眼可见的神经就是由许多轴突组成。

周围神经系统中神经元胞体集中的部位称为神经节。在中枢神经系统，神经元胞体集中的部分为灰质。

②突触：是神经元与神经元之间，或神经元与效应细胞（肌细胞、腺细胞）之间的一种特化的连接，是信息传递的重要结构。有化学性突触和电突触两大类。神经元轴突末端以释放神经递质为媒介传导神经冲动的突触为化学性突触。两个神经元之间通过缝隙连接直接传递电信息称为电突触。

③神经纤维：是由神经元的长突起和包绕在外面的神经胶质细胞构成。可分为有髓神经纤维和无髓神经纤维。有髓神经纤维传导快。

周围神经系统中走行一致的神经纤维集合在一起构成神经。周围神经纤维的终末部分（轴突）终止于其他组织形成特殊的结构，称为神经末梢。按其功能可分为感觉神经末梢和运动神经末梢。

1.2 运动系统

运动系统包括骨、骨连结和肌肉。

骨主要由骨组织构成,坚硬而有弹性,有丰富的血管、淋巴管及神经,具有新陈代谢及生长发育的特点,是畜体的钙、磷库,参与钙磷的代谢与平衡。骨髓还有造血功能。骨与骨之间的连结装置称为骨连结,有直接骨连结和间接骨连结(即关节)两种(图1-4)。肌肉是运动的动力。

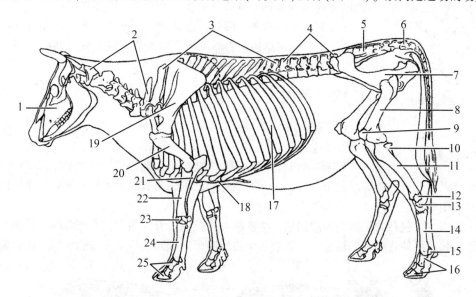

图 1-4　牛全身骨骼

1. 头骨　2. 颈椎　3. 胸椎　4. 腰椎　5. 荐椎　6. 尾椎　7. 髋骨　8. 股骨　9. 髌骨
10. 腓骨　11. 胫骨　12. 踝骨　13. 跗骨　14. 跖骨　15. 近籽骨　16. 趾骨　17. 肋骨
18. 胸骨　19. 肩胛骨　20. 肱骨　21. 尺骨　22. 桡骨　23. 腕骨　24. 掌骨　25. 指骨

1.2.1 骨

1.2.1.1 头骨

头骨分为颅骨与面骨。颅骨有额骨、顶骨、顶间骨、枕骨、颞骨、蝶骨和筛骨。面骨有泪骨、颧骨、上颌骨、切齿骨、鼻骨、鼻甲骨、下颌骨、梨骨、腭骨和舌骨。

头骨中内外骨板之间含气腔体总称鼻旁窦,与鼻腔相通,临诊上重要的有额窦和上颌窦。

下颌关节由颞骨和下颌骨构成。

1.2.1.2 躯干骨

躯干骨包括椎骨、肋、胸骨。

椎骨有颈椎、胸椎、腰椎、荐椎和尾椎5种。椎骨的一般构造由椎体、椎弓和突起组成。突起有横突、棘突和关节突。

肋由肋骨和肋软骨构成。肋骨近端有肋骨小头和肋结节分别与椎体和胸椎横突构成肋椎关节。

胸骨由6~8块胸骨片构成。

由胸骨、肋和胸椎(图1-5)构成前口小、后口大的骨性结构称为胸廓。

躯干骨骨连结包括脊柱连结和胸廓连结。脊柱连结是椎骨间的连结，前端有寰枕关节和寰枢关节。胸廓连结包括肋椎关节和肋胸关节。

1.2.1.3 四肢骨

前肢骨包括肩胛骨、臂骨、前臂骨、腕骨、掌骨、指骨和籽骨。前肢骨连结包括肩关节、肘关节、腕关节、指关节。

后肢骨包括髋骨、股骨、膝盖骨、小腿骨、跗骨、跖骨、趾骨和籽骨。后肢骨连结包括荐髂关节、髋关节、膝关节（股膝、股胫）、跗关节、趾关节。

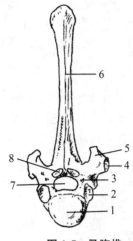

图1-5 马胸椎

1. 椎头　2. 前肋凹　3. 椎弓
4. 小关节面　5. 横突　6. 棘突　7. 关节前突　8. 椎孔

1.2.2 肌肉

全身肌肉分为头部肌肉、躯干肌肉、前肢肌肉与后肢肌肉（图1-6）。

头部肌肉分为颜面肌和咀嚼肌。颜面肌位于面部，作用于口裂、鼻孔、眼等天然孔处。咀嚼肌起于颅骨，止于下颌骨的肌肉，当收缩时可使下颌骨运动，出现口腔的开口和闭口。

躯干肌肉主要包括脊柱肌、颈腹侧肌、胸壁肌和腹壁肌。脊柱肌中主要有背腰最长肌和髂肋肌，背腰最长肌可伸背腰和偏转脊柱，髂肋肌可协助呼吸。颈腹侧肌主要是胸头肌，该肌位于颈

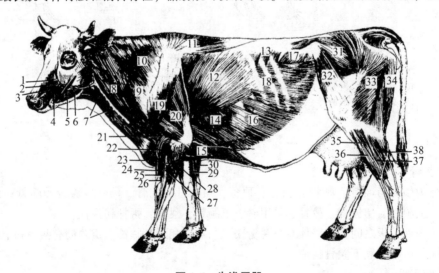

图1-6 牛浅层肌

1. 鼻唇提肌　2. 上唇固有提肌　3. 鼻外侧开肌　4. 上唇降肌　5. 颧肌　6. 下唇降肌　7. 胸头肌
8. 臂头肌　9. 肩胛横突肌　10. 颈斜方肌　11. 胸斜方肌　12. 背阔肌　13. 后上锯肌　14. 胸下锯肌
15. 胸深后肌　16. 腹外斜肌　17. 腹内斜肌　18. 肋间外肌　19. 三角肌　20. 臂三头肌　21. 臂肌
22. 腕桡侧伸肌　23. 胸浅肌　24. 指总伸肌　25. 指内伸肌　26. 指斜伸肌　27. 指外侧伸肌
28. 腕外侧屈肌　29. 腕桡侧屈肌　30. 腕尺侧屈肌　31. 臀中肌　32. 阔筋膜张肌　33. 臀股二头肌
34. 半腱肌　35. 腓骨长肌　36. 第三腓骨肌　37. 趾外侧伸肌　38. 趾深屈肌

部腹外侧,形成颈静脉沟下界,有屈头颈的作用。

胸壁肌:分布于胸侧壁和后壁,参与呼吸运动,其中吸气肌有肋间外肌、膈肌,呼气肌有肋间内肌。

腹壁肌:有4层,腹外斜肌为第一层,肌纤维方向从前上方斜向后下方,起于肋骨后缘,止于腹白线(腹底侧正中线)、耻骨前缘和髋结节。腹内斜肌为第二层肌,纤维方向从后上方斜向前下方,起于髋结节和腰椎横突,止于腹白线和肋骨后缘。腹直肌为第三层,位于腹底壁的两侧,肌纤维从前向后横行,起于胸骨和肋软骨,止于耻骨前骨。有纵向的腱划,腹横肌为第四层,位于最内层,肌纤维从上向下纵行,起于腰椎横突和肋弓内缘,止于腹白线。

腹股沟管为腹内斜肌、腹外斜肌之间的裂隙,内有精索。

1.3 消化系统

消化系统是摄取食物、消化食物和吸收营养的系统,在消化系统内,复杂的分子被分解为机体可吸收的分子,并把糟粕排出体外。其组成包括消化管和消化腺两部分。消化管包括口腔、食管、胃肠和肛门,消化腺有壁外腺(如唾液腺、肝和胰)和壁内腺(如胃腺和肠腺)。

1.3.1 消化系统解剖

1.3.1.1 消化管的一般构造

消化管壁结构一般均可分为4层。由腔面向外依次为黏膜、黏膜下层、肌层和外膜(图1-7)。

黏膜是消化管壁的最内层,黏膜由上皮、固有层和黏膜层组成。上皮衬于消化管腔内面。口腔、食管与肛门为复层扁平上皮,适应摩擦,具有保护作用;胃和肠为单层扁平上皮,参与食物的消化吸收。固有层由细密的结缔组织组成,其内含有丰富的血管及淋巴管和淋巴组织,有些部位的固有层内含有上皮下陷分化形成的小腺体,如胃腺和肠腺等;小肠的上皮和固有层向肠腔面隆起,形成很多指状突起,称为肠绒毛。黏膜肌层为薄层平滑肌束组成,黏膜肌的运动可改变黏膜形态,有助于营养物质的吸收和腺体的分泌。

黏膜下层为疏松结缔组织,其中,含有动脉、静脉、淋巴管、神经纤维和黏膜下神经丛。黏膜下神经丛主要是副交感神经节细胞,参与调节黏膜肌层的收缩和腺体的分泌。在食管和十二指肠的黏膜下层内分别含有食管腺和十二指肠腺。

肌层、口腔、咽、食管上段和肛门外括约

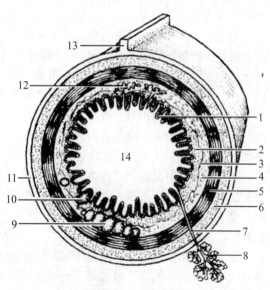

图1-7 管状器官
1. 上皮 2. 固有膜 3. 黏膜肌层 4. 黏膜下组织
5. 内环行肌 6. 外纵行肌 7. 腺管 8. 壁外腺
9. 淋巴集结 10. 淋巴孤结 11. 浆膜 12. 十二指肠腺
13. 肠系膜 14. 肠腔

肌处为骨骼肌，其他均是平滑肌。平滑肌的排列一般为内外两层，内层是环行肌，外层是纵行肌。肌层运动使消化液与食物充分混合，以利消化，并使之逐渐向下推移。

外膜覆盖在肌层的外面，由薄层结缔组织构成者称为纤维膜，见于咽、食管和大肠末段，它与周围的组织相连。由薄层结缔组织及表面的间皮构成者称为浆膜，其表面光滑有利于胃肠活动。

1.3.1.2　腹腔与骨盆腔

腹腔位于胸腔之后，其前壁为膈，后与骨盆腔相通，腹腔内大部分为消化管、脾及部分泌尿生殖器官。骨盆腔可视为腹腔向后的延续部分，其顶壁为前3个尾椎和荐骨，骨盆腔内有直肠和大部分泌尿生殖器官。

为了确定各脏器在腹腔内的位置和体表投影，常以骨骼为标志将腹腔划分为10个区。首先通过两侧最后肋骨后缘最突出点和髋结节前缘做两个横断面，将腹腔分为腹前部、腹中部和腹后部。腹前部最大，分为3部，肋弓以下的部分为剑突软骨部，肋弓以上、正中矢状面两侧的部分为左、右季肋部。腹中部分为4部，通过两侧腰椎横突顶端的两个矢状面，将腹中部分为左、右髂部和中间部，中间部的上半部称为腰部，下半部称为脐部。腹后部分为3部，同样以腹中部的两个矢状面，将腹后部分为左、右腹股沟部和中间的耻骨部。

1.3.1.3　口腔

口腔是消化管的起始部，具有采食、咀嚼和吞咽等功能。口腔的前壁和侧壁为唇和颊，顶壁为硬腭，底为下颌骨和舌。前端以口裂与外界相通。后端与咽相通。口腔可分为口腔前庭，为颊和齿弓之间的空隙；固有口腔，齿弓以内的部分。口腔内表衬以黏膜，在唇缘处与皮肤相接。

口腔底大部分被舌占据，舌表面覆以黏膜，运动灵活，舌又是味觉器官，舌背的黏膜较厚，形成许多大小不等的舌乳头，有些舌乳头上分布有味蕾，舌乳头有以下4种，锥状乳头、菌状乳头、轮廓状乳头和叶状乳头，后3种为味觉乳头。

齿是体内最坚硬的器官，镶嵌于切齿骨和上下颌骨的齿槽内，有切断磨碎食物的作用。齿按形态、位置和功能分为切齿、犬齿和臼齿3种，齿在家畜出生后逐个长出，除后臼齿和猪第一前臼齿外，在一生中要脱换一次，更换前的为乳齿，更换后的叫永久齿或恒齿。

齿在形态上分为齿冠、齿颈和齿根3部分。齿冠为露在齿龈以外的部分，齿根为镶嵌在齿槽内的部分，齿颈则是齿龈包盖的部分。齿主要由齿质构成，在齿冠的外面包有一层釉质，白色而坚硬，在齿根的表面被有一层齿骨质，在齿的内部有腔称为齿腔，内含血管、神经和齿髓。

可分泌液体且分泌物可达口腔的腺体为唾液腺，除一些小的壁内腺（如颊腺、舌腺）外，还有腮腺、颌下腺、舌下腺三大对唾液腺。腮腺：位于下颌骨后方；颌下腺：位于下颌间隙；舌下腺：位于舌体与下颌骨之间的黏膜下。

1.3.1.4　咽和食管

咽为漏斗形肌性囊，是消化道和呼吸收道所共有通道，位于口腔和鼻腔的后方，喉和食管的前方。咽可分为口咽部、鼻咽部、喉咽部3部分。咽是消化道和呼吸道的交叉部分，吞咽时，软腭提起会厌，翻转盖住喉口，食物由口腔经咽入食管，呼吸时软腭下垂保持气道通畅。

食管连接于咽和胃之间。按部位分为颈、胸、腹3段，以贲门开口于胃。

1.3.1.5　胃

（1）多室胃

牛、羊的胃为多室胃，分瘤胃、网胃、瓣胃和皱胃（图1-8）。

瘤胃最大，前后稍长、左右略扁的椭圆形囊，几乎占据腹腔的整个左半部。瘤胃的前方与网胃相通，后端达骨盆前口，瘤胃的前后端有较深的前沟和后沟。左右两侧有较浅的左右纵沟。在瘤胃壁的内面，有与上述各沟对应的肉柱，沟和肉柱共同围成环状，把瘤胃分为瘤胃背囊和瘤胃腹囊，由于瘤胃的前后沟较深，在瘤胃的背囊和腹囊的前后两端分别形成前背盲囊和后背盲囊、前腹盲囊和后腹盲囊。瘤胃的前端有通网胃的瘤网口。

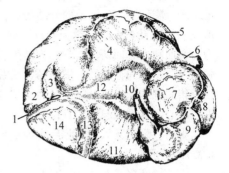

图1-8　牛胃右侧观

1. 后沟　2. 后背盲囊　3. 后背冠沟　4. 瘤胃背囊　5. 脾　6. 食管　7. 瓣胃　8. 网胃　9. 皱胃　10. 十二指肠　11. 瘤胃腹囊　12. 右纵沟　13. 后腹冠沟　14. 后腹盲囊

网胃为牛4个胃中最小的胃，呈梨形位于瘤胃背囊的前下方。网胃的黏膜形成许多多边形的网格状皱褶，形似蜂房。羊的网胃比瓣胃大。在网胃右壁上有食管沟。食管沟起自贲门，沿瘤胃前庭和网胃右侧壁向下伸延到网瓣口，沟两侧隆起黏膜褶称为食管沟唇，未断奶的犊牛吮乳时可闭合成管，乳汁可直接从贲门经网胃中的食管沟到达瓣胃，再从瓣胃到皱胃。

瓣胃呈两侧稍扁的球形，在瘤胃与网胃交界处的右侧，瓣胃黏膜形成百余片瓣叶，瓣叶上密布粗糙的角质乳头。

皱胃呈一端粗一端细的弯曲长囊。在网胃和瘤胃腹囊的右侧、瓣胃的腹侧和后方，大部分与膜腔底壁紧贴，皱胃的黏膜光滑柔软，黏膜内含有腺体。可分为3部，贲门腺区、幽门腺区和胃底腺区。

(2) 单室胃

猪为单室胃，大部分位于左季肋部，小部分位于剑状软骨部，仅幽门端位于右季肋部。胃的大弯与左腹壁相贴，左侧大而圆，近贲门处有一盲突称为胃憩室。在幽门处有自小弯侧壁向内突出的一纵长鞍形隆起，称为幽门圆枕，有关闭幽门的作用。黏膜分有腺部和无腺部，无腺部很小仅位于贲门周围，贲门腺区最大，几乎占整个左半部，胃底腺区次之，幽门腺区在幽门部。

1.3.1.6　肠

(1) 小肠

牛的小肠位于右侧，分为十二指肠、空肠和回肠3段。牛十二指肠，长约1 m，位于右季肋部和腰部，起自皱胃幽门，向前上方伸延，在肝脏面形成一"乙"状弯曲，由此向上向后伸延到髋结节前方折向左并向前形成一后曲由此向前伸，于右肾腹侧与空肠相接。空肠大部分位于腹腔右侧，形成无数肠圈，形似花环状。回肠较短，自空肠的最后肠圈起，几乎一直线地向前上方伸延至盲肠腹侧，开口于回盲口。

(2) 大肠

大肠分为盲肠、结肠和直肠3段(图1-9)。

盲肠：呈现圆筒状，位于右髂骨部，盲肠游离，向后伸至骨盆前口。

结肠：牛、羊与盲肠直接相连续，两者之间除回盲口外无明显界线，向后逐渐变细顺次分为升结肠、

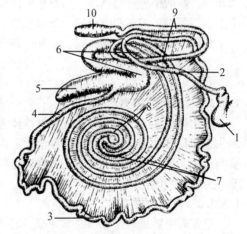

图1-9　牛肠

1. 皱胃　2. 十二指肠　3. 空肠　4. 回肠　5. 盲肠　6. 结肠初袢　7. 结肠旋袢向心回　8. 结肠旋袢离心回　9. 结肠终袢　10. 直肠

横结肠、降结肠。牛、羊的升结肠最长，又分为初袢、旋袢和终袢3段，初袢为升结肠的前段，形成一"乙"状弯曲，延续为旋袢。旋袢很长，粗细和小肠相似，卷曲成椭圆形的结肠盘，又分为向心回和离心回两段。终袢为结肠后段，离开旋袢后先向后伸延至骨盆前口附近，然后转向前并向左，延续为横结肠。横结肠为从右侧通过肠系膜前方至左侧的一段。横结肠转折向后为降结肠。猪的升结肠在肠系膜中盘曲形成结肠圆锥，锥顶向下与腹腔底壁相触，向心回位于圆锥外围，离心回从锥顶起始，直径较细。

直肠：降结肠入骨盆腔后成为直肠，周围有较多的脂肪。

1.3.1.7 肝

牛、羊肝略呈长方形，较厚实，全部位于右季肋部，从第6、7肋骨到第2、3腰椎的腹侧，肝的壁面凸，与膈的右半部相贴，脏面凹，与网胃、瓣胃、皱胃、十二指肠等接触。牛、羊的肝分叶不明显，可由胆囊和脐切迹将肝分为左、中、右三叶，中叶由肝门分为背侧的尾叶和腹侧的方叶，肝借左、右冠状韧带和左右三角韧带与膈相连。

猪肝发达，大部位于右季肋部，小部位于左季肋部和剑状软骨部，以3个深口切分为左外、左内、右内、右外叶。右内叶的内侧有不发达的中叶，中叶又以肝门分为背侧尾叶和腹侧的方叶。胆囊，位于肝右叶与方叶之间的胆囊窝内（图1-10）。

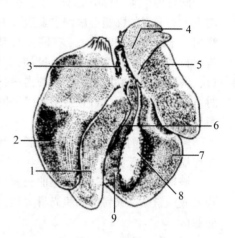

图1-10　猪肝

1. 左内叶　2. 左叶　3. 肝门静脉
4. 尾叶　5. 右叶　6. 圆韧带
7. 右内叶　8. 胆囊　9. 方叶

1.3.1.8 胰

牛、羊的胰呈不正四边形，位于右季肋部和腰下部，可分为胰头和左右两叶，胰头附着于十二指肠乙状弯曲上，左叶（胰尾）较短，其背侧附着于膈脚，腹侧与瘤胃背囊相连，右叶较长，沿十二指肠向后伸达肝尾叶的后方，其背侧与右肾相接，腹侧与十二指肠结肠相邻。胰的中央有门脉环，门静脉由此穿出，胰管通常有一条，自右叶末端通出，牛单独开口于十二指肠内，羊与胆管合成一条管开口于十二指肠。

猪胰呈灰黄色，分胰头左、右叶，胰管由右叶走出，开口于十二指肠内。

1.3.2　消化系统生理

1.3.2.1　消化的种类

消化是把大分子物质分解为可被机体吸收的小分子的过程。有3种消化方式：第一种，机械消化又称物理性消化，是指饲料在消化道内经消化道运动被研磨粉碎，并与消化液混合，形成食糜的过程。第二种为化学消化，各种消化酶将营养物质分解为可以被吸收的小分子物质过程。第三种为微生物消化，由于微生物的作用，饲料中的营养物质被分解过程。

1.3.2.2　口腔内的消化

口腔的咀嚼是消化过程的第一步，咀嚼的作用：磨碎食物，混合唾液，还可以反射性引起唾液腺、胃腺、胰腺等消化腺的分泌活动和胃肠道的运动，为以后的消化过程创造有利条件。

唾液为无色透明的黏稠碱性液体，由水、无机盐和有机物组成。水分约占98.92%。无机物有钾、钠、钙、镁的氯化物，磷酸盐和碳酸盐等。唾液中的有机物主要是黏蛋白或其他蛋白质，其中含消化酶。猪为淀粉酶；某些以乳为食的幼畜（如犊牛），唾液中含有消化脂肪的舌脂酶。

唾液的生理功能主要有如下几方面：湿润口腔和饲料；猪等动物唾液中所含的淀粉酶，能催化淀粉水解为麦芽糖；以乳为食的某些幼畜唾液中的舌脂酶，可水解脂肪和游离脂肪酸；唾液经常冲洗口腔中的异物和饲料残渣，洁净口腔，其中的溶菌酶有杀菌作用；反刍动物唾液含有大量的碳酸氢钠和磷酸钠，这种大量、碱性较强的唾液进入瘤胃后，能中和瘤胃发酵所产生的酸，有利于瘤胃中微生物生存和消化；某些汗腺不发达的动物，如牛、狗，可借助唾液中水分蒸发来调节体温。

1.3.2.3 单室胃内的消化

胃腺可分为贲门腺区、胃底腺区和幽门腺区。贲门腺区的腺细胞分泌黏液，保护近食道处的黏膜免受胃酸的损伤。胃底腺区占整个胃底部，是胃的主要消化区，由主细胞、壁细胞和黏液细胞组成。分别分泌胃蛋白酶元、盐酸和黏液。此外，壁细胞还分泌内因子。幽门腺区的腺细胞分泌碱性黏液，还有散在的"G"细胞是内分泌细胞，分泌促胃液素。

纯净胃液为无色、透明、清亮的强酸性液体，pH 0.9~1.5。胃液的组成除水分外，无机物有盐酸钠和钾的氯化物等，有机物有黏蛋白、胃蛋白酶、幼畜的凝乳酶等。

盐酸有利于蛋白质消化，能抑制和杀灭进入胃内的细菌，进入小肠后能促进胰液、胆汁和肠液分泌，并刺激小肠运动；它能使食物中的铁离子还原为亚铁离子，它所形成的酸性环境，有助于铁和钙的吸收。

胃蛋白酶为胃液中主要的消化酶。由胃腺主细胞分泌到胃腔的是无活性的蛋白酶原，它在盐酸或已激活的胃蛋白酶作用下转变为有活性的胃蛋白酶。胃蛋白酶是一组蛋白水解酶，最适pH 1.5~2.5，凝乳酶对乳中的酪蛋白有凝固作用，乳凝固成块后在胃总停留时间延长，有利于充分消化。

黏液有两种：可溶性黏液和不溶性黏液。可溶性黏液较稀薄，是由胃腺的主细胞和颈黏液细胞以及贲门腺和幽门腺分泌，它与胃内容物混合可润滑及保护黏膜免受损伤。不溶性黏液由胃黏膜表面上皮细胞分泌，呈胶冻状衬于胃腔表面成为厚约 1 mm 的黏液层，还与胃黏膜分泌的 HCO_3^- 一起构成"黏膜-碳酸氢盐屏障"。该屏障主要作用在于防止胃酸和胃蛋白酶对胃黏膜的侵蚀和消化。

1.3.2.4 多室胃内的消化

微生物消化在草食动物的整个消化过程中占有极其重要的地位。由于动物的消化液中不含消化纤维素的酶，而微生物可对饲料内 70%~85% 可消化干物质和约 50% 粗纤维进行发酵，产生挥发性脂肪酸、二氧化碳、氨气以及合成菌体蛋白质和 B 族维生素，可为机体所利用。微生物消化主要是在反刍动物瘤-网胃和单胃草食动物的大肠中进行。

(1) 瘤胃内微生物及其生存条件

反刍动物具有庞大的复胃，由瘤胃、网胃、瓣胃和皱胃 4 个室构成。前 3 个胃的黏膜无腺体，不分泌胃液，合称前胃。只有皱胃衬以腺上皮，是真正有腺胃。前胃重要的是微生物发酵，可使饲料内 70%~80% 可消化的干物质在此消化。瘤胃可视为一个供嫌气性微生物高效率繁殖的活体发酵罐。具有微生物活动的良好条件，瘤胃中的微生物主要是厌氧的纤毛虫和细菌，种类繁多，其体内含有分解多种营养物的酶。

(2) 瘤胃内微生物的消化

饲料进入瘤胃后，在微生物作用下，发生一系列复杂的消化和代谢过程，产生挥发性脂肪酸（主要为乙酸、丙酸和丁酸），并能合成微生物菌体蛋白、糖原和维生素等，供机体利用。

反刍动物饲料中的纤维素、半纤维素、淀粉、果聚糖、戊聚糖、蔗糖和葡萄糖等，它们均可被瘤胃微生物发酵而分解。反刍动物所需糖的来源主要是纤维素，发酵的进行主要靠瘤胃中纤毛虫和细菌的纤维素分解酶。纤维素和半纤维素等在分解发酵过程中，首先生成纤维二糖，再分解为葡萄糖。葡萄糖还继续分解，经乳酸和丙酮酸阶段，最终生成挥发性脂肪酸、甲烷和二氧化碳。在反刍动物和其他草食动物中，挥发性脂肪酸是主要能源物质。挥发性脂肪酸生成后，即由瘤胃和网胃上皮吸收，供外周组织利用。瘤胃微生物在发酵糖类的同时，还能够把分解出来的单糖和双糖转化成自身的糖原贮存于体内，待随食糜进入皱胃和小肠后，被盐酸杀死，糖原释放出来，经相应酶分解为单糖，被宿主消化利用，成为反刍动物葡萄糖来源之一。

饲料蛋白质进入瘤胃后有 50%~80% 可被瘤胃微生物的蛋白水解酶水解为肽类和氨基酸。大部分氨基酸迅速被发酵菌的脱氨基酶作用，生成氨气、二氧化碳、短链脂肪酸和其他酸类；某些肽和少量氨基酸可直接进入微生物细胞内合成微生物蛋白质。也有为数不少的微生物必须利用氨气和挥发性脂肪酸合成氨基酸，再生成菌体蛋白质。故氨气是合成微生物蛋白质的主要氮原。在可利用糖充足的情况下，许多瘤胃微生物，也可以利用氮合成蛋白质。这样，瘤胃中的非蛋白氮物质（如尿素、铵盐和酰胺等）被微生物分解产生氨，也用于合成微生物蛋白质。瘤胃中的氨除了被微生物利用合成菌体蛋白质外，其余部分则被瘤胃壁吸收，经门静脉循环进入肝脏，在肝内通过鸟氨酸循环再生成尿素。这些尿素一部分经循环到唾液腺，随唾液重新进入瘤胃，还有一部分被瘤胃上皮吸收，通过瘤胃壁再弥散进入瘤胃。剩余部分随尿排除。这种内源性的尿素再循环，保证了瘤胃微生物合成蛋白质所需要的氮，是反刍动物获得蛋白质的重要途径。

饲料中的脂肪大部分能被瘤胃微生物彻底水解，生成甘油和脂肪酸。其中，甘油多半又被发酵成丙酸。由脂肪水解生成的脂肪酸和来自饲料中的脂肪酸，一般不再被细菌分解，但微生物可将甘油三酯的不饱和脂肪酸加水氢化，转变成饱和脂肪酸。细菌还能合成磷脂。

瘤胃微生物能合成多种 B 族维生素和维生素 K。

(3) 反刍、食管沟反射与嗳气

反刍动物采食时，饲料未经充分咀嚼就匆匆经食管吞入瘤胃。瘤胃中的饲料经过胃内的水分和咽下唾液的浸泡软化及一定时间的微生物发酵，当休息时再把这些较粗糙饲料重新逆返回口腔，进行仔细地再咀嚼和再混入唾液，然后再吞咽。这一系列的特殊消化过程叫作反刍。

食管沟起自贲门，终于网瓣口。幼畜吸吮动作可反射性地使食管沟两侧唇部肌肉收缩，食管沟就闭合成管状，乳汁可经网瓣口和瓣胃沟直接流进皱胃，称为食管沟反射。从桶中饮乳时，由于缺乏吸吮刺激，食管沟反射降低，导致食管沟闭合不完全，部分乳汁漏入瘤胃，常常引起腹泻。

由瘤胃内微生物进行着强烈发酵，不断产生大量气体。成年牛每分钟可产生 1~2 L 气体，主要是二氧化碳和甲烷。二氧化碳占 50%~70%，甲烷占 20%~45%，还有少量氢、氧、氮和硫化氢等。瘤胃中所有气体刺激瘤胃壁反射性地通过食管向外排出的过程，叫作嗳气。

1.3.2.5 小肠内的消化

小肠内的重要消化液为胰液，胰液是胰腺的外分泌物，为无色透明、无臭稍微黏稠的碱性液体，pH 7.2~8.4。家畜（除肉食动物外）胰液是连续分泌的。

胰液中含水 90%。无机物主要为碳酸氢钠和少量氯化钠。碳酸氢根离子由胰腺小导管细胞分泌。其主要作用是中和十二指肠内的胃酸，同时也为小肠内多种消化酶的活动提供适宜的碱性环境（pH 7~8）。胰液中的有机物主要是各种消化酶，它们是由腺泡细胞分泌的。

胰液中的蛋白酶主要是胰蛋白酶、糜蛋白酶及少量的弹性蛋白酶。最初分泌出来时均以无活性的酶原形式存在。胰蛋白酶原分泌到十二指肠后，迅速被肠激酶激活，使之变为有活性的胰蛋白酶。此外，胰蛋白酶本身、酸以及组织液也能使胰蛋白酶原活化。胰蛋白酶能迅速激活糜蛋白酶原和弹性蛋白酶原。胰蛋白酶和糜蛋白酶的作用很相似，都能将蛋白质分解为䏡和胨。二者共同作用时，可进一步分解为小分子多肽和少量氨基酸。糜蛋白酶还有较强的凝乳作用。胰液中还存在羧基肽酶、核糖核酸酶和脱氧核糖核酸酶等，它们分别能水解多肽为氨基酸，水解核酸为单核苷酸。胰液中还有淀粉酶和脂肪酶，可分解淀粉和脂肪。

胆汁排入十二指肠，其中的胆盐可乳化脂滴，胆盐在脂肪酸吸收入上皮细胞时也起重要作用。

小肠内有十二指肠腺和肠腺。肠腺分布于全部小肠的黏膜层内，其分泌液构成小肠液的主要部分，其中重要成分为肠激酶，可激活胰蛋白酶。十二指肠腺可分泌碱性较高、含黏蛋白的黏稠液体，主要功能是保护十二指肠上皮免受胃酸侵蚀。小肠黏膜上皮中还散有分布在分泌黏液的杯状细胞。

1.3.2.6 大肠内的消化

大肠腺分泌物为富含黏性蛋白和碳酸氢盐的碱性液体（pH 8.3~8.4），没有分解蛋白质、糖和脂肪的酶类。碳酸盐的作用是中和粪块内发酵产生的酸。黏蛋白可保护大肠黏膜，并润滑粪便。

单胃草食动物大肠内微生物的消化特别重要。尤其是马属动物和兔等动物，饲料中的纤维素等多糖类物质的消化和吸收，全靠微生物的作用。大肠的容积很大，与反刍动物的瘤胃一样，具有微生物生长、繁殖的良好条件。可溶性糖（淀粉、双糖）和大多数不溶性的糖（纤维素和半纤维素）以及蛋白质是大肠内微生物发酵的主要物质。

1.3.2.7 吸收

食物的成分或其消化后的产物，透过消化道黏膜的上皮细胞，进入血液和淋巴的过程称为吸收。

(1) 吸收的部位

在单胃动物，胃内营养成分吸收很少，只吸收乙醇、少量的水分和无机盐。在反刍动物的前胃能吸收挥发性脂肪酸、二氧化碳、氨、各种无机离子和水分。

小肠是吸收的主要部位。一般认为，糖类蛋白质和脂肪的消化大部分是在十二指肠和空肠被吸收。回肠能主动吸收胆盐和维生素 B_{12}。

肉食动物的大肠除结肠的起始部吸收水和部分电解质外，其他部分吸收能力是很有限的。所有草食动物和猪的大肠很适合于吸收，尤其是马属动物的大肠，不单是吸收盐类和水分，还吸收纤维素发酵所产生的挥发性脂肪酸、二氧化碳和甲烷等气体。

(2) 营养物的吸收

各种营养物质的吸收主要是在小肠内进行的。

单糖的吸收是消耗能量的主动过程，可逆浓度梯度进行，能量来自钠泵，它能选择性地把葡萄糖和半乳糖从肠腔面运入细胞内，再转入血液。饲料中的纤维素和其他糖类在反刍动物瘤胃和草食单胃动物的大肠（盲结肠）内，被微生物发酵产生挥发性脂肪酸，并在这些部位吸收入血。

蛋白质经过消化产生许多小肽和氨基酸，被肠绒毛上皮细胞吸收进入毛细血管。氨基酸的吸收是主动性的，与单糖的吸收相似，也与钠吸收相偶连，一些小分子蛋白质可通过胞饮被吸收。例如，新生羔羊、仔猪等，可完整地吸收免疫球蛋白，从而获得被动免疫。

饲料中的脂肪在小肠中消化产生游离脂肪酸、甘油三酯、胆固醇等，很快与胆汁中的胆盐形成混合微胶粒，由于胆盐也具有亲水性，它能携带着脂肪的消化产物通过覆盖在小肠绒毛表面的静水层而靠近上皮细胞。在此处，甘油三酯、脂肪酸和胆固醇凭借单纯扩散方式进入上皮细胞；胆盐被遗留于消化管内，沿小肠后行移动到回肠末端，以类似于葡萄糖的吸收方式，经主动运转被吸收。

钠的吸收机制有3种：一是"钠偶连转运系统"，与葡萄糖、氨基酸等偶连的主动转运过程；二是顺化学梯度通过扩散作用进入细胞内；三是通过钠泵逆化学梯度进行的主动过程，依靠ATP分解提供能量。钙的吸收大部分是在小肠前段通过肠黏膜微绒毛上的钙结合蛋白主动转运来吸收的。铁在十二指肠和空肠前段吸收。饲料中的铁离子须还原为亚铁离子才能被吸收。小肠吸收的负离子主要是Cl^-和HCO_3^-。在钠偶连转运葡萄糖、氨基酸等物质时，由于钠主动吸收导致电梯度的形成，促进负离子向细胞内移动。

水主要在小肠和大肠吸收，胃吸收很少。一般认为，水的吸收是被动的。各种溶质特别是氯化钠的主动吸收所产生的渗透压梯度是水分吸收的主要动力。

1.4 呼吸系统

呼吸系统包括鼻、咽、喉、气管、支气管和肺等器官。主要功能是从外界摄取氧气供给机体的需要。

1.4.1 呼吸系统解剖

1.4.1.1 鼻

鼻是呼吸道的起始部分，对吸入的空气有温暖、湿润和清洁作用；同时又是嗅觉器官。鼻位于口腔背侧，分为外鼻、鼻腔和鼻旁窦3部分。

鼻腔为长圆筒状空腔，内衬黏膜。鼻腔正中有鼻中隔，将其等分为互不相通的左、右两半，每侧鼻腔的外侧壁上附有上鼻甲和下鼻甲，将鼻腔分为上、中、下3个鼻道。下鼻道最宽，位于下鼻甲与鼻腔底壁之间，通鼻后孔，为气体的主要通道。

鼻腔根据黏膜特征分为呼吸区和嗅区。呼吸区占鼻腔的大部分，黏膜呈粉红色。黏膜富含腺体，分泌浆液和黏液，可湿润空气，黏着灰尘和异物。嗅区位于筛鼻甲和鼻中隔后部，黏膜颜色因畜种而异。

鼻旁窦为鼻腔周围头骨内、外骨板之间的空腔，直接或间接与鼻腔相通。鼻旁窦内的黏膜与鼻腔黏膜相延续，所以，当鼻腔发生炎症时，可波及鼻旁窦，引起鼻旁窦炎。

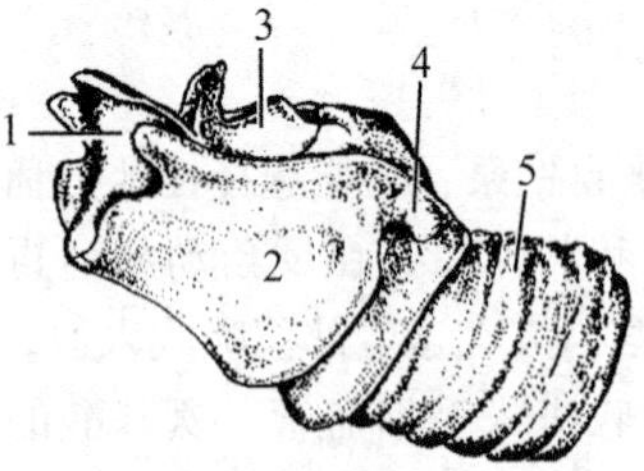

1.4.1.2 喉

喉是呼吸道的软骨性短管，前端与咽相通，后端与气管相通。喉既是气道，又是发声的器官。喉位于头颈交界的腹侧、下颌间隙的后方，悬于两甲状舌骨之间。喉壁主要由喉软骨和喉肌组成，内面衬有喉黏膜。喉软骨有4种5块，即不成对的会厌软骨、甲状软骨、环状软骨和成对的勺状软骨，彼此以关节或韧带相连接。喉腔中部的侧壁上，有一对黏膜褶，称为声襞，是发声器官(图1-11)。

图1-11 牛喉

1. 会厌软骨 2. 甲状软骨 3. 勺状软骨 4. 环状软骨 5. 气管软骨

1.4.1.3 气管和支气管

气管是气体出入肺的通道，由软骨环构成支架。由喉向后沿颈部腹侧正中线经胸腔前口入胸腔，分支为左、右两条主支气管，分别经肺门进入左、右肺。

1.4.1.4 肺

肺是进行气体交换的器官。正常的肺呈粉红色，轻而柔软，富有弹性，入水不沉。肺表面被覆胸膜脏层，光滑、湿润（图1-12）。

肺位于胸腔内，在纵隔两侧，左右各一，右肺略大。肺略呈锥体形，具有3个面和3个缘。肋面与胸腔侧壁接触，膈面与膈接触；内侧面较平，常有纵隔内脏形成的压迹，如心压迹、食管压迹。心压迹的上方是肺门，是主支气管、血管、神经等出入肺的地方；这些结构被结缔组织包裹在一起，称为肺根，为肺的固着部。肺的背侧缘钝而圆，位于胸椎和肋骨之间的沟中。腹侧缘和底缘薄而锐，腹侧缘有心切迹，左肺的心切迹较右肺的心切迹大，约与3～5（牛）或6（马）肋骨下部相对，是心听诊的部位。

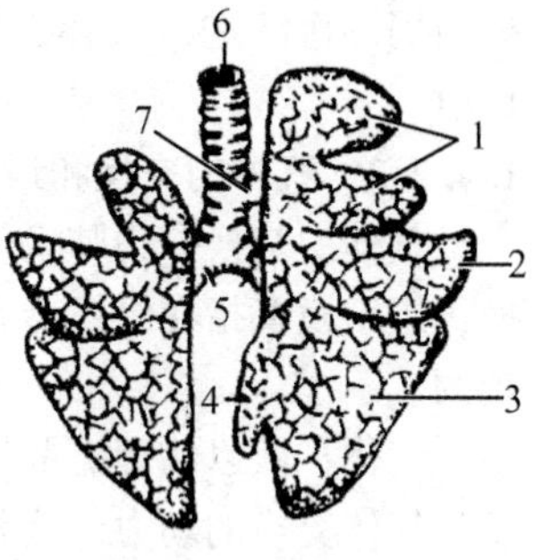

图1-12 牛肺分叶
1. 尖叶 2. 心叶 3. 膈叶
4. 副叶 5. 支气管 6. 气管
7. 右尖叶支气管

肺由结缔组织的间质及支气管树和无数肺泡形成的实质构成。肺表面被覆一层浆膜，称为肺胸膜。肺胸膜的结缔组织伸入肺内，将肺分为许多肺小叶。主支气管经肺门入肺后，反复分支，构成肺实质的导管部，也称为支气管树。开始有呼吸机能时称为呼吸性支气管；呼吸性细支气管再分为肺泡管和肺泡囊，其壁上有肺泡开口。肺泡是进行体内外气体交换的地方。

1.4.2 呼吸系统生理

呼吸分为3个连续过程：外呼吸，气体入肺，在肺部进入毛细血管；气体的运输；内呼吸，组织部位毛细血管的氧进入组织细胞，组织细胞内的二氧化碳进入毛细血管。

1.4.2.1 呼吸运动

呼吸肌的收缩与舒张引起胸廓节律性地扩大和缩小称为呼吸运动，呼吸肌的舒缩活动所引起肺内压周期性上升和下降，造成压力差推动气体进出肺。

膈肌和肋间外肌收缩时，胸腔容积增加，是主要的吸气肌，胸肌、背肌、胸锁乳突肌等收缩也会引起胸腔容积增加，属于辅助性吸气肌。肋间内肌收缩时，胸腔容积减少，属于呼气肌，腹壁肌收缩也参与呼气运动。平静呼吸时，吸气运动主要由膈肌和肋间外肌的相互配合收缩完成。呼气是被动的，肋间外肌和膈肌舒张。用力呼吸时，呼气运动是主动的，此时腹肌强烈收缩进一步推动膈前移。

1.4.2.2 胸膜腔内压

在呼吸运动的过程中肺随胸廓的运动而运动，这是因为在肺和胸廓之间存在密闭的潜在胸膜腔和肺本身有可扩张性的缘故。胸膜腔由两层胸膜构成，内层为脏层，贴于肺表面；外层为壁层，紧贴于胸廓内壁，一般情况下，两层胸膜之间没有气体，仅有少量浆液，形成一个密闭的腔隙，称为胸膜腔。胸膜腔内的浆液一方面起润滑的作用，另一方面使两层胸膜粘在一起，不易分开。测定表明，无论是吸气或呼气，胸膜腔内压始终低于大气压，为负值。

胸膜腔内压是加于胸膜表面的压力间接形成的，胸膜壁层受到胸廓组织的保护，故不受大气压的影响，胸膜脏层的压力有两个，一是肺内压，使肺泡扩张，吸气末与呼气末与大气压相等；二是肺的回缩力，其作用方向与肺内压相反，因此，胸膜腔内压=肺内压（大气压）-肺的回缩力，若以大气压为零为标准，肺内压在吸气末和呼气末等于大气压，则：胸内压=-肺的回缩力。正常情况下，肺总是表现出回缩倾向，胸膜腔内压因而通常为负。吸气时胸廓扩大，肺被扩张,回缩力增大,胸内负压也增大;呼气时相反,胸内负压减少。

胸膜腔内的负压,一可使肺和小气道维持扩张状态,不致因肺的回缩力而塌陷,从而能持续地与周围血液进行气体交换;二有助于静脉血和淋巴的回流;三作用于食管时,有利于呕吐反射。

1.4.2.3 气体的交换和运输

气体的交换分为肺换气和组织换气两部分,肺换气指在呼吸器官血液与外环境间的气体交换;组织换气指在组织器官,血液与组织细胞间的气体交换。它们均是通过物理扩散的方式实现的。

气体扩散以物理扩散的方式进行,各种气体的扩散主要取决于各种气体分压差,气体分压差是气体交换的动力。这和交换膜的通透性及交换面积有关。

氧的运输有以下两种方式,少数氧直接溶解于血液中,随血液运输到组织利用,此种方式仅占运输氧的 0.8%~1.5%。大部分与血红蛋白结合后运输到组织被利用。在高氧分压情况下氧进入红细胞与血红蛋白中血红素的亚铁离子结合成氧合血红蛋白,叫作氧合作用。这种结合受氧分压的影响,是可逆的。

二氧化碳在血液中的运输有 3 种方式。第一种,有 2.7% 的二氧化碳直接溶解于血液中,随血液运输。第二种,约 20% 的二氧化碳与血红蛋白结合成氨基甲酸血红蛋白,这种结合也是可逆的,受二氧化碳分压的影响。在组织毛细血管处,二氧化碳与血红蛋白结合,在肺毛细血管处,二氧化碳与血红蛋白分离。第三种,约 70% 的二氧化碳以碳酸氢盐的形式运输,二氧化碳扩散入血液,先部分溶解于血浆,与水结合成碳酸,血浆中缺乏碳酸酐酶,反应速度慢,二氧化碳增多时,由于分压高,进入红细胞,红细胞内含有碳酸酐酶,可使二氧化碳生成碳酸的速度加快,在红细胞内的碳酸又迅速解离出碳酸氢根离子,与钾和钠离子结合。当碳酸氢盐到肺部时,由于二氧化碳分压低,碳酸氢根离子和水结合生成碳酸,碳酸再释放出二氧化碳。

1.4.2.4 呼吸运动的调节

延髓是呼吸的基本中枢:有吸气神经元、呼气神经元和过渡性呼吸神经元。

由肺扩张或肺缩小引起的吸气抑制或兴奋的反射为肺牵张反射。在肺扩张时肺充气或扩张牵拉呼吸道,使感受器扩张兴奋。兴奋由迷走神经传入延髓,反射性抑制吸气,转入呼气,加速了吸气和呼气的交替,使呼吸频率增加。

由呼吸道黏膜受刺激引起的以清除刺激物为目的的反射性呼吸变化,称为防御性呼吸反射。它的感受器位于喉、气管和支气管的黏膜。冲动经舌咽神经、迷走神经传入延髓。

高等动物的颈动脉体和主动脉体上,有对血液中 P_{O_2} 下降、P_{CO_2} 上升及 $[H^+]$ 上升特别敏感的外周化学感受器。当血液中 P_{O_2} 下降或 P_{CO_2} 上升时受到刺激,而发放冲动,沿迷走神经传入延脑,反射性引起呼吸加深加快。中枢化学感受器对缺氧刺激不敏感,对二氧化碳的敏感性比外周的高。中枢化学感受器主要是调节脑脊液的 pH 值,使中枢有一个稳定的 pH 值环境。而外周化学感受器主要是在机体缺氧时,维持对呼吸的驱动。

1.5 泌尿系统

泌尿系统是动物体内最重要的排泄系统。泌尿系统包括肾、输尿管、膀胱和尿道。

1.5.1 泌尿系统解剖

1.5.1.1 肾

肾为成对的实质性器官，褐色或深褐色，一般呈豆形，位于腰部两旁的腹膜外。肾的表面被覆以致密结缔组织的纤维膜，营养好的家畜的纤维膜外包有脂肪，形成肾脂肪囊。肾的内侧缘有一凹陷，称为肾门。深入肾内形成肾窦，输尿管在肾窦内扩大形成肾盂。输尿管和肾血管由肾门出入。

肾的实质由许多肾叶构成。每个肾叶在切面上可区分出肾皮质和肾髓质。肾皮质在外围呈红褐色，分布有小点状的肾小体。肾髓质：在内部，色较淡，由许多肾小管构成的髓质呈放射状纹，髓质部呈圆锥形，称为肾锥体，其末端形成肾乳头，与肾小盏或肾盂相对。肾小盏包围每一肾乳头，并附着于其基部，这些肾小盏汇集成两个肾大盏，再注入肾盂。

肾由许多肾叶构成，根据其愈合程度可将哺乳动物的肾分为4种基本类型。①复肾：见于鲸、熊水獭等动物，由许多独立的肾小叶构成，称为小肾。②有沟多乳头肾：见于牛，各肾叶内部合并，在肾表面以沟分开。③平滑多乳头肾：见于猪（图1-13），人的也属此类型，肾表面光滑而无分界，其末端为肾乳头。④平滑单乳头肾：见于大多数哺乳运动，如家畜中的马、鹿、狗和兔，其特征是肾叶的皮质和髓质完全合并。肾乳头也合并为一个肾总乳头，突入于输尿管在肾内扩大形成的肾盂中。

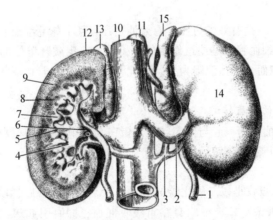

图1-13 猪肾

1. 左输尿管 2. 肾静脉 3. 肾动脉 4. 肾大盏 5. 肾小盏 6. 肾盂 7. 肾乳头 8. 髓质
9. 皮质 10. 后腔静脉 11. 腹主动脉 12. 右肾 13. 右肾上腺 14. 左肾 15. 左肾上腺

1.5.1.2 输尿管

输尿管为将尿液从肾输送到膀胱的一对细长管道。起自肾盂（马、猪、羊）或肾大盏（牛），出肾门后，左、右侧输尿管在腹膜外分别沿腹主动脉和后腔静脉的外侧向后走行，最后斜穿膀胱颈背侧壁，在肌膜和黏膜间斜行一段距离后以缝状的输尿管口开口于膀胱。这种结构可防止尿液逆流。

1.5.1.3 膀胱

膀胱为暂时贮存尿液的器官，呈圆形至长卵圆，其形状和位置随所含尿液多少而有所不同。空虚时缩小而壁增厚，位于骨盆腔内；充满时则扩大而壁变薄，向前突入腹腔内。

膀胱分为3个部分：前端钝圆，称为膀胱顶；后端细小，称为膀胱颈；中间为膀胱体，膀胱颈延续为尿道，以尿道内口与之相通。

1.5.1.4 尿道

尿道为将尿液从膀胱排出的肌性管道，以尿道内口接膀胱颈，公畜的尿道外口开口于阴茎末端，母畜的尿道外口开口于阴门与阴道前庭交界处。母畜尿道较短，位于阴道腹侧。母牛尿道外口腹侧有一宽、深各1~2 cm的小盲囊，朝向前下方，称为尿道下憩室，导尿时应避免插入憩室内。公畜尿道较长，又分为盆部和阴茎部，两者以坐骨弓为界，因兼有排尿和排精的作用，故又称尿生殖道。

1.5.2 泌尿系统生理

1.5.2.1 尿的生成

尿来源于血浆，尿的生成包括肾小球的滤过、肾小管和集合管重吸收及分泌3个过程。

（1）肾小球的滤过作用

血浆中的水和小分子溶质，包括相对分子质量较小的血浆蛋白可以滤入肾小囊，形成超滤液或称原尿。从毛细血管到肾小囊的滤过结构为滤过膜，滤过膜有3层，内层是毛细血管的内皮层，上面有许多窗孔；中间层是非细胞性的基膜，外层是肾小囊的上皮细胞层，其细胞表面有足状突起并交错形成裂隙称为足细胞。交错的足细胞间隙上有一层滤过裂隙膜，对大分子物质的滤过起到机械屏障作用。在3层膜上都覆盖着带负电的糖蛋白，能阻止带负电的物质通过，起到电化学屏障作用。

肾小球滤过作用的动力是有效滤过压：有效滤过压＝肾小球毛细血管压－（血浆胶体渗透压+肾小囊内压）。肾小球毛细血管压是滤过作用的唯一动力。皮质肾单位的入球小动脉粗而短，血流阻力小；出球小动脉细而长，血流阻力大，因此肾小球毛细血管血压较其他器官的毛细血管血压高。

（2）肾小管和集合管的物质转运

在近端小管，Na^+和葡萄糖一起与同向转运体蛋白结合顺着浓度梯度扩散到细胞内。Na^+和细胞内的H^+共同与管腔膜上的逆向转运体蛋白结合，以相反的方向转运，钠离子转到细胞内，氢离子转入小管腔中。

近端小管对HCO_3^-的吸收是以二氧化碳的形式进行。近端小管后半段，Na^+、Cl^-的重吸收都是被动吸收的。Cl^-可顺着浓度差经细胞旁路重吸收回血，同时引起Na^+顺着电位梯度，通过细胞旁路被重吸收。近端小管中水靠渗透作用和跨细胞两条路径被重吸收。K^+是主动重吸收。葡萄糖、氨基酸全部被肾小管重吸收。

髓袢降支对水有较好的通透性，对Na^+、K^+、尿素的通透性很低，因此，随着小管液中水的重吸收，溶质浓度和渗透压逐渐升高；髓袢升支细段对水几乎不通透，对Na^+、Cl^-和尿素都有通透性，Na^+、Cl^-的吸收为被动扩散；髓袢升支粗段对水的通透性仍很低，此时，首先是Na^+泵的活动，造成细胞内Na^+浓度较低，使Na^+顺浓度梯度从小管液扩散到细胞内，同时通过同向转运体造成2个Cl^-和1个K^+转到细胞内，此时的Cl^-、K^+是一种继发性主动转运。

远曲小管和集合管重吸收的最大特点是Na^+和水的重吸收分离。Na^+的重吸收受醛固酮的调节；水的重吸收则受抗利尿激素的控制。

1.5.2.2 影响尿生成的因素

凡能影响肾小球滤过作用和集合管重吸收和分泌作用的因素都可以影响尿的生成。

影响肾小球滤过作用的因素有肾小球滤过膜面积，肾小球有效滤过压等。

肾的血管和肾小管主要受交感神经的支配，交感神经兴奋时：入球小动脉和出球小动脉收缩，血浆流量减少，刺激球旁器中的球旁细胞释放肾素，增加肾小管对 Na^+ 和水的重吸收。

抗利尿激素由下丘脑的视上核和室旁核的神经元分泌，抗利尿激素可以提高远曲小管和集合管上皮细胞对水的通透性，增加对水的重吸收，使尿液浓缩，尿量减少，即发生抗利尿作用。当循环血量减少时，醛固酮的分泌量会增加，使 Na^+ 和水的重吸收增强，尿量减少。

1.6 生殖系统

生殖系统为繁殖器官，公畜由睾丸、附睾、输精管、尿生殖道、副性腺、阴茎、阴囊和包皮等组成。母畜由卵巢、输卵管、子宫、阴道、尿生殖前庭和阴门等组成。

1.6.1 公畜生殖器官(图1-14)

1.6.1.1 睾丸

睾丸位于阴囊内，呈椭圆形或卵圆形(图1-15)。分两面(外侧面、内侧面)、两缘(附睾缘、游离缘)和两端(睾丸头、睾丸尾)。牛、羊睾丸：长椭圆形，长轴与地面垂直，睾丸头位于上方。马睾丸：椭圆形，长轴与地面平行，睾丸头位于前方。猪睾丸：椭圆形，长轴斜向后上方，睾丸头位于前下方。

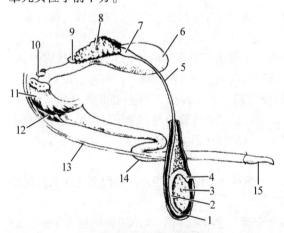

图1-14 牛生殖系统示意图
1. 附睾尾 2. 附睾体 3. 睾丸 4. 附睾头 5. 输精管
6. 膀胱 7. 输精管壶腹 8. 精囊腺 9. 前列腺
10. 尿道球腺 11. 坐骨海绵体肌 12. 球海绵体肌
13. 阴茎缩肌 14. "乙"状弯曲 15. 阴茎头

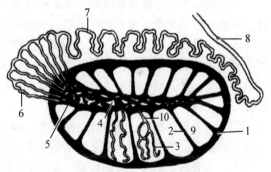

图1-15 睾丸附睾模式图
1. 白膜 2. 睾丸间隔 3. 曲细精管 4. 睾丸网
5. 睾丸纵隔 6. 输出小管 7. 附睾管 8. 输精管
9. 睾丸小叶 10. 直细精管

睾丸具有产生精子和产生性激素的功能。其结构包括被膜和实质两部分。

睾丸的表面覆盖着一层浆膜，即睾丸固有鞘膜。浆膜深面为白膜。白膜厚而坚韧，由致密结缔组织构成。在睾丸头处，白膜伸入睾丸实质内，形成睾丸纵隔。自睾丸纵隔上分出许多呈放射状排列的结缔组织隔，称为睾丸小隔。睾丸小隔伸入睾丸实质内，将睾丸实质分成许多锥形的睾丸小叶。

睾丸的实质由精小管、睾丸网和间质组织组成。每个睾丸小叶内，有2～3条精小管，精小管之间为间质组织。精小管在睾丸纵隔内汇成睾丸网。睾丸网在睾丸头处接睾丸输出小管。

精小管包括曲精小管和直精小管。曲精小管为精子发生的场所。管壁有两种类型的细胞：一种是产生精子的生精细胞（包括精原细胞、初级精母细胞、次级精母细胞、精子细胞和精子）；另一种是支持细胞（又称塞托利氏细胞，对生精细胞有营养和支持作用，并能吞噬退化的精子，参与血-睾屏障）。直精小管是曲精小管末端变直的一段，末端接睾丸网。管壁由单层立方或扁平上皮组成。

睾丸间质组织含有睾丸间质细胞，分泌雄激素，主要是睾丸酮。

1.6.1.2 附睾

附睾是贮存精子和精子进一步成熟的场所。附睾可分为附睾头（膨大，由十多条睾丸输出小管组成）、附睾体与附睾尾（延接输精管）。睾丸固有韧带连接睾丸尾和附睾尾。附睾尾借阴囊韧带（为睾丸系膜下端增厚形成）与阴囊相连。

在胚胎时期，睾丸位于腹腔内，在肾脏附近。出生前后，睾丸和附睾一起经腹股沟管下降至阴囊中，这一过程，称为睾丸下降。

1.6.1.3 输精管、精索和副性腺

附睾尾折转即延续为输精管，有些家畜输精管末端膨大形成输精管壶腹（猪除外，马最发达），末端变细，或单独开口于精阜（猪、犬），或与同侧的精囊腺导管合并形成射精管（牛、马）共同开口于精阜。

精索为扁平的圆锥形结构，走行于腹股沟管内。精索内有输精管、血管、淋巴管、神经和平滑肌束等组成，外表被有固有鞘膜。

副性腺有3种：精囊腺一对，位于膀胱颈背侧，在输精管壶腹部的外侧。牛的精囊腺发达，分叶状腺体。马的精囊腺呈梨形囊状。猪的精囊腺特别发达，为三棱柱状。前列腺不成对，分为腺体部和扩散部。体部位于尿生殖道骨盆部起始段背侧，扩散部位于尿生殖道骨盆部管壁内。牛、猪的前列腺体部较小，扩散部发达。犬只有前列腺。尿道球腺一对，位于尿生殖道骨盆部末端背面两侧。牛、马为球形或卵圆形，猪的特别发达，呈圆柱形。

1.6.1.4 阴茎

阴茎为公畜的排尿、排精和交配器官，附着于两侧的坐骨结节，经左、右股部之间向前延伸至脐部的后方，分阴茎根、阴茎体和阴茎头3部分。

牛、羊和猪的阴茎：呈圆柱状，细而长。成年公牛、公羊的阴茎体在阴囊的后方形成一个"乙"状弯曲，勃起时伸直。公羊的阴茎头前端有一细长的尿道突。公猪阴茎的"乙"状弯曲部在阴囊前方，阴茎头呈螺旋状扭转，包皮腔前部背侧壁有一圆口，通入一卵圆形盲囊，为包皮盲囊（包皮憩室），囊腔内常聚积有余尿和腐败的脱落上皮，具有特殊腥臭味。马的阴茎：直而粗大，阴茎体无"乙"状弯曲。犬的阴茎：内含阴茎骨，体型较大的犬，骨的长度10 cm以上。阴茎骨的近端有尿道海绵体扩大形成的阴茎头球（可延长阴茎在母犬阴道的停留时间）。

1.6.1.5 阴囊

由外向内依次为皮肤、肉膜（调节阴囊温度）、阴囊筋膜、睾外提肌（来自腹内斜肌，调节阴囊温度）、鞘膜。鞘膜包括总鞘膜和固有鞘膜，总鞘膜为阴囊最内面的鞘膜，由总鞘膜折转到睾丸和附睾表面的为固有鞘膜，折转处形成的浆膜褶，称为睾丸系膜。在总鞘膜和固有鞘膜之间形成鞘膜腔，其上端细窄，称为鞘膜管，通过腹股沟管以鞘膜管口与腹膜腔相通。在鞘膜管口未缩小的情况下，小肠或肠系膜可脱入鞘膜管或鞘膜腔内，形成腹股沟疝或阴囊疝（图1-16）。

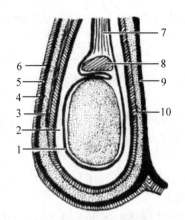
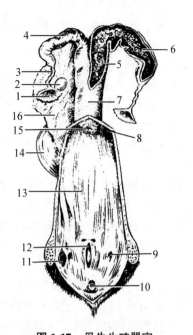

图 1-16　阴囊模式示意图
1. 固有鞘膜　2. 鞘膜腔　3. 睾外提肌　4. 阴囊筋膜　5. 肉膜　6. 皮肤　7. 精索　8. 附睾　9. 阴囊中隔　10. 总鞘膜

图 1-17　母牛生殖器官
1. 软卵管伞　2. 卵巢　3. 软卵管　4. 子宫角　5. 子宫内膜　6. 子宫阜　7. 子宫体　8. 阴道穹窿　9. 前庭大腺开口　10. 阴蒂　11. 剥开的前庭大腺　12. 尿道外口　13. 阴道　14. 膀胱　15. 子宫颈外口　16. 子宫阔韧带

1.6.2　母畜生殖器官(图 1-17)

1.6.2.1　卵巢

　　卵巢由卵巢系膜悬挂于腰下部或骨盆前口的两侧附近。一般呈卵圆形,背侧缘有卵巢系膜附着,此处有卵巢门。卵巢的子宫端借卵巢固有韧带与子宫角的末端相连。

　　牛、羊卵巢呈稍偏的椭圆形。马的卵巢呈豆形,腹侧缘游离,有凹陷的排卵窝,此处被覆生殖上皮,其余被覆浆膜,这是马属动物的特点。

　　猪的卵巢呈卵圆形。性成熟前的小母猪,卵巢较小,约为 0.4 cm × 0.5 cm,表面光滑,位于荐骨岬两侧稍靠后方;接近性成熟时,卵巢体积增大,约为 2 cm × 1.5 cm,呈桑葚状,位于髋结节前缘横断面处的腰下部;性成熟后及经产母猪卵巢体积更大,长 3～5 cm,呈结节状,位于髋结节前缘约 4 cm 的横断面上,或在髋结节与膝关节连线的中点的水平面上。

　　卵巢的被膜由生殖上皮和白膜组成。卵巢表面除卵巢系膜附着部外,都覆盖着一层扁平或立方形的生殖上皮,而马的生殖上皮仅位于排卵窝处。

　　卵巢的实质由皮质和髓质构成。皮质由基质、处于不同发育阶段的卵泡、闭锁卵泡和黄体构成。髓质位于卵巢中部,为疏松结缔组织。

　　卵泡有以下几种。原始卵泡,数量多、体积小,呈球形的卵泡,位于卵巢皮质表层,处于静止状态。初级卵泡,卵泡细胞由单层变为多层,出现透明带。次级卵泡,出现卵泡腔,形成卵丘和放射冠。成熟卵泡，透明带达最厚，排卵前初级卵母细胞完成第一次成熟分裂，分裂成大的次级卵母细胞和小的第一极体。

1.6.2.2　输卵管

输卵管是一对细长而弯曲的管道，位于卵巢和子宫角之间。其管壁由黏膜、肌膜和浆膜构成，分为漏斗部(输卵管的最前端，边缘不规则的输卵管伞，伞的中央有输卵管腹腔口)、壶腹部(精子和卵子受精的部位)、峡部(较短，细而直，管壁较厚)、子宫部(见于马和食肉类动物，输卵管末端以小的输卵管子宫口与子宫角相通)。

1.6.2.3　子宫

子宫大部分位于腹腔内，小部分位于骨盆腔内。家畜的子宫属双角子宫(牛、羊、马、猪和犬)，可分为子宫角、子宫体和子宫颈3部分。

牛、羊的子宫，子宫角较长，前部呈绵羊角状，后部形成伪体。子宫体短。子宫颈管由于黏膜突起的互相嵌合而呈螺旋状，部分突入阴道内，形成子宫颈阴道部。子宫体和子宫角的内膜上有子宫阜。

马的子宫呈"Y"形，子宫角稍弯曲呈弓状，子宫体较长，约与子宫角相等。子宫角后部无伪体，子宫角与子宫体内无子宫阜。子宫颈阴道部明显。

猪的子宫，子宫角特别长，细而弯曲似小肠，经产母猪可达1.2~1.5 m。子宫体短，长约5 cm。子宫颈较长，成年猪10~15 cm，子宫颈管呈狭窄的螺旋状，没有子宫颈阴道部，子宫角与子宫体内无子宫阜。

1.6.2.4　阴道、尿生殖前庭

阴道和阴道前庭是雌性动物的交配器官和产道，均为中空的肌性器官。阴道位于子宫颈与阴道前庭之间，背侧为直肠，腹侧为膀胱和尿道。牛、马、犬阴道前部因有子宫颈突入而形成环行(马)或半环行隐窝(牛)结构，称为阴道穹窿；阴道腔后端与阴道前庭间以尿道外口为界。

阴道前庭位于阴道和外阴之间，黏膜为复层扁平上皮，呈淡红至黄褐色，常形成纵褶。黏膜内有淋巴小结、前庭大腺和前庭小腺。在阴道前庭前方、尿道外口的腹侧，牛、猪有一短盲囊，称为尿道下憩室，导尿时应注意。

1.6.3　雄性生殖生理

1.6.3.1　睾丸的功能

睾丸由曲细精管和间质细胞组成。曲细精管上皮又由生精细胞和支持细胞构成。精子生成需要适宜的温度，如睾丸在腹腔内或腹股沟内(隐睾症)，由于温度比阴囊内温度高1~8℃，将影响精子生成而不能生育。从性成熟开始，曲细精管内的精原细胞经多次分裂生成精子。

睾丸间质细胞分泌雄激素，主要为睾酮。睾酮主要的生理作用有：①维持生精作用。②刺激生殖器官的生长发育，促进雄性副性征出现并维持其正常状态。③维持正常的性欲。④促进蛋白质合成，特别是肌肉和生殖器官的蛋白质合成，同时还能促进骨骼肌生长与钙、磷沉积和红细胞生成等。

抑制素是睾丸支持细胞分泌的糖蛋白激素，抑制素对腺垂体的促卵泡素(FSH)分泌有很强的抑制作用，对促黄体生成素(LH)不明显。

1.6.3.2　其他性器官的功能

附睾的功能主要为对精子的转运、浓缩、成熟和贮存。

副性腺主要指尿道球腺、前列腺和精囊腺3种。它们的分泌物共同组成精液的液体部分(或

叫精液），内含果糖蛋白。

尿道球腺分泌透明黏液，在射精前排出，呈碱性，主要冲洗尿道和中和阴道内酸性物质的作用。前列腺分泌物较稀，不透明，有特殊臭味，呈碱性，可中和阴道内酸性物，并吸收精子排出的二氧化碳以利于精子的活动。精囊腺分泌量大，白色胶状黏液，进入雌性阴道中可凝固成栓，防止精液倒流，有利于受精。

1.6.3.3 精子

精子是在睾丸的曲细精管内产生、贮存于附睾并由附睾排出的。它是雄性动物的生殖细胞，带有父本遗传信息。

精子由头和尾两部分组成。头部包括细胞膜和顶体等，能进入卵细胞并与卵细胞结合，而尾部则是精子运动的部分。

1.6.4 雌性生殖生理

1.6.4.1 卵巢的功能

雌性生殖过程有明显的周期性，卵子的生成与性腺的分泌活动是有节律进行的，这与体内激素调节有关，这种生殖周期，在灵长类以外的哺乳动物称为动情周期，灵长类称为月经周期。

母畜达到性成熟的主要生理特征是卵子在卵巢中的成熟和排出。

卵子的结构包括放射冠、透明带、卵黄膜及卵黄。

成熟卵泡破裂后，卵泡的外壁因压力减小而塌陷，卵泡腔内充满着由卵泡膜血管破裂时流出的血液，以后卵泡上皮细胞又逐渐形成新的细胞层，代替血凝块，并在细胞的原生质内积蓄黄色颗粒，使破裂的卵泡形成黄体。黄体存在的时间要看是否受精而定，若是卵子已受精，黄体就继续生长，这时叫作妊娠黄体，直到妊娠末期才逐渐萎缩，如未妊娠，黄体不久就萎缩退化，最后形成一个白色物叫作白体。

卵巢除产卵外，还能分泌性激素，有雌激素、孕激素及少量的雄激素。妊娠期间还可分泌一种使耻骨韧带松弛的松弛素。

体内雌激素包括雌二醇、雌酮及雌三醇，雌二醇是由卵巢的卵泡内膜细胞分泌的，效力最强。

雌二醇的生理作用：①刺激附性器官的生长，使子宫内膜增厚，增加血流和子宫平滑肌活动，提高子宫对催产素的反应，为怀孕做准备。②促进阴道上皮的增生和角化，增强抵抗力。③刺激输卵管的生长和运动。④促进乳腺导管系统的生长发育。

孕激素主要是由黄体和胎盘所分泌的类固醇激素，以孕酮作用最强，它在尿中的代谢产物是无活性的孕二醇；马和绵羊由胎盘产生孕激素，黄体消失后不会发生流产；猪、山羊、兔的黄体是产生孕激素的唯一来源，因此，妊娠阶段切除卵巢，会引起流产。孕激素通常要在雌激素作用的基础上才能发挥它的作用。

1.6.4.2 其他性器官的功能

输卵管接纳卵巢排出的卵子，输卵管还是精子获能和受精的地点。

子宫是胚胎发育的场所，妊娠期所形成的胎盘是重要的内分泌器官。

1.6.4.3 受精、妊娠、分娩

受精是指两性配子（卵子和精子）结合而形成一个新细胞——合子的复杂生理过程。它包括精子和卵子的运行、精子的获能作用、精子和卵子的相遇及顶体反应、精子进入卵细胞及合子的形成和透明带反应等重要生理过程。

妊娠是受精卵在母体子宫内生长发育为成熟的胎儿的过程。

分娩是成熟的胎儿自子宫排出母体的过程。通常分3期：开口期，子宫节律收缩，子宫颈扩大；娩出胎儿期，子宫更为频繁而持久收缩，腹膈肌收缩，内压升高；胎衣排出期，胎儿娩出，经短时间间歇，子宫又收缩排出胎衣。

1.7 心血管系统

循环系统主要由心脏、血管和血液组成，血液经动脉出心脏，将血液运输到各器官的毛细血管进行营养物质的交换，又经静脉回流到心脏。其中，由左心室出发经主动脉到全身组织，后经前后腔静脉到右心房的称为体循环，主要供给外周组织氧气，由右心室出发经肺动脉到肺，又经肺静脉到左心房的称为肺循环，主要是把静脉血转化为含氧量高的动脉血(图1-18)。

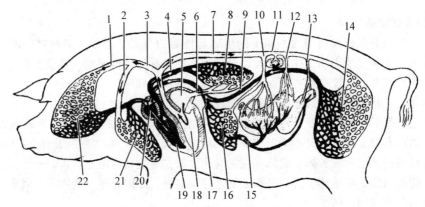

图1-18 血液循环模式图

1. 颈总动脉 2. 腹动脉 3. 臂头动脉总干 4. 肺动脉 5. 左心房 6. 肺静脉 7. 胸主动脉
8. 肺毛细血管 9. 后腔静脉 10. 腹腔动脉 11. 腹主动脉 12. 肠系膜前动脉 13. 肠系膜后动脉
14. 骨盆部和后肢的毛细血管 15. 门静脉 16. 肝毛细血管 17. 肝静脉 18. 左心室 19. 右心室
20. 右心房 21. 前肢毛细血管 22. 头颈部毛细血管

1.7.1 心血管系统解剖

1.7.1.1 心脏和心包

心脏为中空的肌质器官，呈倒圆锥形，外有心包包围(图1-19)。上部宽大，称为心基，心脏的下部尖，称为心尖。心位于腔胸纵隔内，在左右肺之间，略偏左，在第3~6肋骨之间。牛心基位于肩关节水平线上。

心腔由房间隔分为左右心房，由室间隔分为左、右心室，左心房与左心室经左房室口相通，右心房与右心室经右房室口相通，血液只能由心房流向心室。右房室口的周缘有3片三角形的右房室瓣，又称三尖瓣，其游离缘有腱索与乳头肌相连。右心室的出口周缘有3片口袋状的肺动脉瓣，可关闭肺动脉口，以防止血液逆流入心室。左心房上有5~8个肺静脉口。左房室口的周缘有2片三角形的左房室瓣，又称二尖瓣，功能与三尖瓣相同。主动脉口位于心基中部，为左心室的出口，其构造与肺动脉口相似，纤维环上也附着有3片袋状的主动脉瓣。

心传导系统由特殊的心肌细胞所组成，能自发性地产生和传导兴奋，从而使心肌进行有规律的收缩和舒张。窦房结为心的起搏点。心房肌和心室肌为两个独立的肌系。因此，心房和心室可在不同时间内收缩和舒张。心房肌薄，心室肌厚。

心包为包在心外的纤维浆膜囊，心包的浆膜层分壁层和脏层。两层之间的腔隙称为心包腔，内有少量清亮、淡黄色的心包液。心包有维持心的位置及减少心与相邻器官摩擦的功能。

1.7.1.2 血管

（1）动脉

营养心的动脉称为冠状动脉。

肺循环的血管，肺循环的动脉主干为肺动脉，静脉为肺静脉。肺动脉起始于右心室的肺动脉口，肺门入肺。肺动脉在肺内随支气管反复分支，最后形成毛细血管网，包绕在肺泡外周，为气体交换的场所。肺静脉由肺毛细血管汇集而成，最后形成数支肺静脉，开口于左心房。

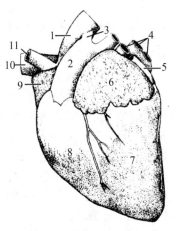

图1-19　牛心脏左侧面
1. 主动脉　2. 肺动脉　3. 动脉韧带
4. 肺静脉　5. 左奇静脉　6. 左心房
7. 左心室　8. 右心室　9. 右心房
10. 前腔静脉　11. 臂头动脉总干

体循环的动脉，主动脉起始于左心室的主动脉口，出心包后向后向上呈弓状延伸至第6胸椎腹侧，称为主动脉弓。后延续为胸主动脉；穿过膈的主动脉裂孔之后，称为腹主动脉。腹主动脉在第5或第6腰椎腹侧分为左、右髂外动脉，左、右髂内动脉及荐正中动脉。髂外动脉沿后肢的内侧面向趾端延伸，依次称为股动脉、腘动脉、胫前动脉、足背动脉和跖背侧第3动脉。

从主动脉起始部分出冠状动脉，供应心脏血液。从主动脉弓凸面向前分出臂头干，沿气管腹侧与前腔静脉之间向前延伸，约在第1肋处分出左锁骨下动脉（猪的左锁骨下动脉自主动脉弓分出），至胸前口处分出双颈动脉干后，延续为右锁骨下动脉。锁骨下动脉绕过第1肋骨前缘移行为腋动脉。腋动脉移行为前肢的臂动脉、正中动脉、指掌侧第3总动脉、第3和第4指掌轴侧固有动脉。

胸主动脉的分支有壁支和脏支。壁支为分布到胸壁、膈及腹前部的肌肉和皮肤。脏支为支气管动脉和食管动脉，分布到肺、食管与支气管等。

腹主动脉分为壁支和脏支。壁支主要为腰动脉。脏支有腹腔动脉、肠系膜前动脉、成对的肾动脉、成对的睾丸动脉或卵巢动脉和肠系膜后动脉。骨盆部的动脉主要是髂内动脉的分支。

头颈部的动脉主干是左、右颈总动脉。颈总动脉位于颈静脉沟深部，与颈内静脉（牛）和迷走交感干形成神经血管束，沿食管（左侧）或气管（右侧）背外侧向前延伸，至寰枕关节腹侧分为颈内动脉和颈外动脉。牛颈总动脉在颈部沿途发出侧支，分支分布于颈部肌肉、食管、气管、皮肤、甲状腺、咽、喉和软腭等结构。

（2）静脉

体循环的静脉可分为4部分，一为心静脉系，心静脉可分为心大静脉、心中静脉、心右静脉和心小静脉；二为奇静脉系，奇静脉为胸壁的静脉主干，直接注入右心房；三为前腔静脉系，前腔静脉为收集头、颈、前肢和部分胸壁和腹壁血液回流入右心房的静脉干；四为后腔静脉系，后腔静脉为收集腹部、骨盆部、尾部及后肢血液入右心房的静脉干。由左、右髂总静脉在第5~6腰椎腹侧汇合而成，沿腹主动脉右侧向前延伸，经肝的腔静脉沟，并在此有数支肝静脉汇入，此后穿过膈的腔静脉裂孔进入胸腔，注入右心房。

1.7.2 心血管系统生理

1.7.2.1 心动周期

心脏的一次收缩和舒张，构成一个机械活动周期，称为心动周期。在一个心动周期中，心房和心室的机械活动都可分为收缩期和舒张期。由于心室在心脏泵血活动中起主要作用，故心动周期通常是指心室的活动周期。心率是每分钟心动周期的次数，心动周期是心率的倒数，如果心率为每分钟 75 次，则每个心动周期持续约 8 s。在心动周期中，先是左、右心房收缩，继而心房舒张。心房舒张后，左、右心室收缩，随后心室舒张，此时心房也在舒张期，即心房和心室有个共同舒张期。心房和心室的收缩期都短于其舒张期。心率加快时，心动周期缩短，收缩期和舒张期都相应缩短，但舒张期缩短的程度更大，这对心脏的持久活动是不利的。

1.7.2.2 心音

在心动周期中，心肌收缩、瓣膜开闭、血液流速改变形成的涡流和血液撞击心室壁及大动脉壁引起的振动，可产生心音。第一心音发生在心室收缩期，标志着心室收缩的开始。其特点是音调较低，持续时间较长。第二心音发生在心室舒张期，标志着心室舒张期的开始。其特点是音调较高，持续时间较短。

1.7.2.3 血压和动脉脉搏

血压是指流动着的血液对于单位面积血管壁的侧压力，血管各段的血压都不相同，平常所说的血压是指动脉血压，静脉血压和心房压较低。

心室收缩时，主动脉压升高，在收缩期的中期达到最高值，此时的动脉血压值称为收缩压。心室舒张时，主动脉压下降，在心舒末期动脉血压的最低值称为舒张压。收缩压和舒张压的差值称为脉搏压，简称脉压。在动脉硬化时，由于收缩期血压变大，舒张压正常，会导致脉搏压变大。

在每个心动周期中，动脉血压发生周期性的波动。这种周期性的压力变化可引起动脉血管发生搏动，称为动脉脉搏。

1.7.2.4 微循环

微循环是指微动脉和微静脉之间的血液循环。各器官、组织的结构和功能不同，微循环的结构也不同。典型的微循环由微动脉、后微动脉、毛细血管前括约肌、真毛细血管、通血毛细血管（或称直捷通路）、微静脉和动静脉吻合支等部分组成。

血液经微动脉、后微动脉、毛细血管前括约肌、真毛细血管汇入微静脉的通路，称为微循环迂回通路，是微循环血流最重要的功能通路。微动脉和微静脉之间还可通过直捷通路和动静脉短路发生沟通。直捷通路是指血液从微动脉经后微动脉和通血毛细血管进入微静脉的通路。直捷通路经常处于开放状态，血流速度较快，其主要功能是使一部分血液能迅速通过微循环而进入静脉。动静脉短路是通过动静脉吻合支连接微动脉和微静脉的通道，其管壁结构类似微动脉。在人体某些部分的皮肤和皮下组织，特别是手指、足趾等处，动静脉吻合支较多。动静脉吻合支不能进行物质交换，但在体温调节中具有重要作用。当环境温度升高时，动静脉吻合支开放增多，皮肤血流量增加，有利于体热的发散。

1.7.2.5 血液生理

血液由血浆和悬浮于其中的血细胞组成。

血浆的基本成分为晶体物质溶液，包括水和溶解于其中的多种电解质、小分子有机化合物。血浆的另一成分是血浆蛋白。血浆蛋白是血浆中多种蛋白的总称。血浆蛋白分为白蛋白、球蛋白和纤维蛋白原3类。白蛋白和大多数球蛋白主要由肝脏产生。血浆蛋白的主要功能：形成血浆胶体渗透压，可保持部分水于血管内；作为载体运输脂质、离子、维生素、代谢废物等低分子物质；参与血液凝固。

如果血液采出后不加抗凝剂，血液就会凝固，凝固后析出的淡黄色液体称为血清，血浆中有纤维原蛋白原，而血清中没有，血凝块中含有由纤维蛋白原转变成的纤维蛋白。

血细胞可分为红细胞、白细胞和血小板3类，其中红细胞的数量最多，约占血细胞总数的99%，白细胞最少。

红细胞是血液中数量最多的血细胞。若血液中红细胞数量、血红蛋白浓度低于正常，则称为贫血。哺乳动物的成熟红细胞无核，禽类红细胞有核。红细胞的主要功能是运输氧和二氧化碳。一旦红细胞破裂，血红蛋白逸出到血浆中，即丧失其运输氧的功能。此外，红细胞内含有多种缓冲对，对血液中的酸、碱物质有一定的缓冲作用。正常红细胞的平均寿命为120 d。90%的衰老红细胞被巨噬细胞吞噬。由于衰老红细胞的变形能力减退，脆性增高，难以通过微小的孔隙，因此容易滞留于脾和骨髓中而被巨噬细胞所吞噬。

白细胞为无色、有核的细胞，在血液中一般呈球形。白细胞可分为中性粒细胞、嗜酸性粒细胞、嗜碱性粒细胞、单核细胞和淋巴细胞5类。前三者因其胞质中含有嗜色颗粒，故总称为粒细胞。各类白细胞均参与机体的防御功能。白细胞所具有的变形、游走、趋化、吞噬和分泌等特性，是执行防御功能的生理基础。除淋巴细胞外，所有的白细胞都能伸出伪足做变形运动。凭借这种运动，白细胞得以穿过毛细血管壁，这一过程称为白细胞渗出，在某些化学物质的吸引下，可迁移到炎症区发挥其生理作用，将细菌等异物吞噬，进而将其消化、杀灭。

白细胞在血液中停留的时间较短。一般来说，中性粒细胞在循环血液中停留8 h左右即进入组织，4~5 d后即衰老死亡，或经消化道排出；若有细菌入侵，中性粒细胞在吞噬过量细菌后，因释放溶酶体酶而发生"自我溶解"，与破坏的细菌和组织碎片共同形成脓液。单核细胞在血液中停留2~3 d，然后进入组织，并发育成巨噬细胞，在组织中可生存3个月左右。

血小板是从骨髓成熟的巨核细胞胞质裂解脱落下来的具有生物活性的小块胞质。血小板的体积小，无细胞核，呈双面微凸的圆盘状，血小板表面可吸附血浆中多种凝血因子。如果血管内皮破损，随着血小板黏附和聚集于破损的局部，可使局部凝血因子浓度升高，有利于血液凝固和生理止血。

血液凝固，正常情况下，小血管受损后引起的出血，在几分钟内就会自行停止，这种现象称为生理性止血。生理性止血是机体重要的保护机制之一。生理性止血分3步：血管收缩、血栓形成和血液凝固。血液凝固是指血液由流动的液体状态变成不能流动的凝胶状态的过程。其实质就是血浆中的可溶性纤维蛋白原转变成不溶性的纤维蛋白的过程。纤维蛋白交织成网，把血细胞和血液的其他成分网罗在内，从而形成血凝块。血液凝固是一系列复杂的酶促反应过程，需要多种凝血因子的参与。

1.8 免疫系统

免疫系统包括中枢免疫器官和周围免疫器官，器官内核心细胞为淋巴细胞。中枢免疫器官为淋巴细胞成熟的场所，有胸腺、骨髓（禽为法氏囊）；周围免疫器官是免疫应答的地方，有淋巴结、脾和扁桃体等。

1.8.1 中枢免疫器官

骨髓位于长骨骨体的骨髓腔和骨松质的间隙内，是富含血管的柔软组织，骨髓既是造血器官又是中枢免疫器官。骨髓中的红骨髓可以生成血中的所有血细胞。骨髓中的多能造血干细胞经增殖、分化、演化为髓系干细胞和淋巴系干细胞。髓系干细胞是粒白细胞和单核吞噬细胞的前身；淋巴干细胞则演变为淋巴细胞。哺乳动物的B淋巴细胞直接在骨髓内分化、成熟，然后进入血液和淋巴中发挥免疫作用。

胸腺位于胸腔前部纵隔内和颈部，分颈胸两部，呈红色或粉红色。胸腺在幼畜发达，性成熟后退化，到老年几乎被脂肪组织所替代。在骨髓初步发育的淋巴细胞经由血液循环迁移至胸腺，定位于胸腺的皮质外层；经机体筛选后，成为成熟的T细胞，进入血液循环。胸腺细胞能产生多种激素，如胸腺素、胸腺生成素等。这些激素可以促进T细胞的分化成熟。

1.8.2 周围免疫器官

1.8.2.1 淋巴结

淋巴结圆形或卵圆形，表面有一层结缔组织被膜，略凹陷处为门，有输出淋巴管和血管出入。被膜向外延伸有许多输入淋巴管；向内伸入实质形成许多小梁，将淋巴结分成许多小叶。淋巴结的外周部分为皮质，中央部分为髓质。皮质区有淋巴小结，又称淋巴滤泡。淋巴结是免疫应答场所，淋巴结中富含各种类型的免疫细胞，利于捕捉抗原、传递抗原信息和细胞活化增殖。B细胞受刺激活化后，高速分化增殖，生成大量的浆细胞形成生发中心；T细胞也可在淋巴结内分化增殖为致敏淋巴细胞。

在临诊上重要的畜体浅表淋巴结有以下几种。①下颌淋巴结，位于下颌间隙，牛的在下颌间隙后部，其外侧与颌下腺前端相邻；在猪位置更加靠后，表面有腮腺覆盖；在马则与血管切迹相对。②腮腺淋巴结，位于颞下颌关节后下方，部分或全部被腮腺覆盖。③颈浅淋巴结，又称肩前淋巴结，位于肩前，在肩关节上方，被臂头肌和肩胛横突肌(牛)覆盖。猪的颈浅淋巴结分背侧和腹侧两组，背侧淋巴结相当于其他家畜的颈浅淋巴结，腹侧淋巴结则位于腮腺后缘和胸头肌

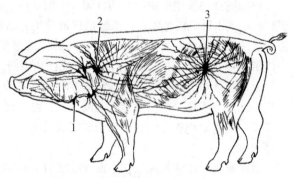

图 1-20　猪浅部淋巴结
1. 下颌淋巴结　2. 颈浅淋巴结　3. 髂下淋巴结

之间(图1-20)。④髂下淋巴结，又称股前淋巴结，位于膝关节上方，在股阔筋膜张肌前缘皮下。⑤腹股沟浅淋巴结，位于腹底壁皮下、大腿内侧、腹股沟皮下环附近。公畜的位于阴茎两侧，称为阴茎背侧淋巴结；母畜的位于乳房的后上方，称为乳房上淋巴结。此淋巴结在母猪位于倒数第2对乳头的外侧。⑥腘淋巴结，位于臀股二头肌与半腱肌之间，腓肠肌外侧头的脂肪中。

1.8.2.2 脾

脾是畜体中最大的淋巴器官，位于腹前部、胃的左侧(图1-21)。

牛脾呈长而扁的椭圆形，蓝紫色，质较硬。羊脾扁平，略呈钝三角形，红紫色，质较软。猪脾长而狭，呈暗红色，质地较硬。

脾由间质和实质构成。间质为结缔组织，包于脾外表的为被膜。被膜结缔组织伸入实质内形

成许多小梁,并与分支互相吻合,构成网状支架。实质为脾髓,分白髓和红髓。白髓呈灰白色,由致密的淋巴组织构成,沿动脉分布,分散于红髓之间。红髓位于白髓周围,因含大量红细胞而呈红色,由脾索和脾窦构成。

脾可产生淋巴细胞和巨噬细胞,参与机体的免疫和防卫活动,同时也是机体造血、滤血和贮血的器官。

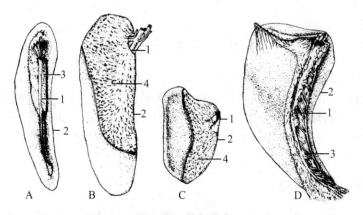

图 1-21　家畜脾脏
A. 猪　B. 牛　C. 羊　D. 马
1. 脾门　2. 前缘　3. 胃脾韧带　4. 脾和瘤胃粘连处

1.8.3　淋巴和淋巴管

血液流经毛细血管动脉端时,部分血浆渗出毛细血管壁,到达组织细胞之间,形成组织液。组织液的去路有两个:一部分渗入毛细血管静脉端,经静脉系回心;另一部分则渗入毛细淋巴管,形成淋巴,经淋巴管回流入前腔静脉。淋巴管的瓣膜可阻止淋巴的逆流。淋巴管周围动脉的搏动、肌肉的收缩、呼吸时胸腔压力变化对淋巴管的影响及新淋巴液的不断生成,均可促使淋巴向心流动,最后汇入前腔静脉,形成淋巴循环。

淋巴管为淋巴回流的管道系统,多与静脉系伴行,包括毛细淋巴管、淋巴管、淋巴干和淋巴导管。毛细淋巴管以稍膨大的盲端起始于组织间隙,彼此吻合成网,广泛分布于全身。小肠壁的毛细淋巴管还能吸收脂肪,其淋巴呈乳白色,故称乳糜管。淋巴导管为机体最大的淋巴集合管,由淋巴干汇集而成,有两条,即胸导管和右淋巴导管。

1.8.4　免疫细胞

凡能参与免疫反应的细胞统称为免疫细胞,主要有淋巴细胞、抗原提呈细胞、单核吞噬细胞等。

淋巴细胞种类繁多,各种淋巴细胞的寿命长短不一,如效应性淋巴细胞仅1周左右,而记忆性淋巴细胞可长达数年。一般将淋巴细胞分为4类。T细胞,血液中的T细胞占淋巴细胞总数的60%~75%;B细胞,血液中B细胞占淋巴细胞总数的10%~15%。B细胞受抗原刺激后增殖分化形成大量浆细胞,分泌抗体,从而清除相应的抗原,此为体液免疫应答。杀伤细胞(K细胞),在靶细胞与抗体结合后,K细胞杀伤靶细胞;自然杀伤细胞(NK细胞),它不需抗体的存在,也不需抗原的刺激即能杀伤某些肿瘤细胞。

抗原提呈细胞是免疫应答起始阶段的重要辅佐细胞,有多种类型。其中巨噬细胞分布最广,是处理抗原的主要细胞。

单核吞噬细胞系统,该系统包括结缔组织的巨噬细胞、肝的枯否细胞、肺的尘细胞、神经组织的小胶质细胞、骨组织的破骨细胞、表皮的郎格汉斯细胞和淋巴组织内的交错突细胞等。它们均来源于骨髓内的幼单核细胞,均有吞噬功能。

1.9 内分泌系统

内分泌系统通过分泌激素进入血液循环的方式(体液调节)来调节器官和细胞的正常生理活动。激素具有很强的生物活性和特异性,极微量的激素就能使特定器官或细胞发生明显的生物学效应。内分泌系统在体内分布极为广泛,除独立的内分泌腺如脑垂体、甲状腺、甲状旁腺、肾上腺、松果体以外,有的还形成细胞团包埋在其他器官中,如胰岛、肾小球旁器等,更多的则是单个分散在几乎所有的系统中,尤其在神经系统。

1.9.1 甲状腺和甲状旁腺

甲状腺位于喉后方,一般有两叶,外有被膜,被膜伸入实质将其分为许多腺小叶,每个小叶内有大量圆形或不规则的滤泡,滤泡间有大量毛细血管,滤泡上皮细胞能合成和分泌甲状腺素,滤泡旁细胞着色淡,称为亮细胞,可分泌降钙素(图1-22)。

甲状旁腺位于甲状腺附近或埋于甲状腺实质内,分泌甲状旁腺激素,可溶解骨盐,升高血钙。

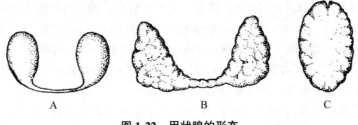

图 1-22 甲状腺的形态
A. 马 B. 牛 C. 猪

1.9.2 肾上腺

肾上腺有一对,分别位于左、右肾的前内侧缘附近。

肾上腺分为皮质和髓质两部分,周边的皮质分泌类固醇激素,其中有调节水盐代谢的醛固酮,和调节糖代谢的可的松、皮质醇。中央的髓质分泌肾上腺素和去甲肾上腺素。肾上腺素可提高心肌的兴奋性,去甲肾上腺素可收缩血管、升高血压。

1.9.3 垂体和松果体

垂体为卵圆形小体,位于颅底蝶骨形成的垂体窝内,通过神经和血管与下丘脑相连,由腺垂体和神经垂体两部分组成。腺垂体可分泌生长激素、催乳素、促卵泡激素、促黄体激素、促甲状腺激素、促甲状旁腺激素、促肾上腺皮质激素。神经垂体可分泌抗利尿素和催产素松果体,位于丘脑和四叠体之间，分泌褪黑素，调节生物节律、睡眠、情绪、性成熟等。

1.10 神经系统

神经系统分为中枢神经系和周围神经系两部分。中枢神经系包括脑(位于颅腔)和脊髓(位于椎管)。周围神经系指由中枢发出，且受中枢神经支配的神经，包括脑神经(从脑出入，主要分布于头部)、脊神经(从脊髓出入，分布于躯干和四肢)和植物性神经(分为从胸腰段脊髓发出的交感神经；从脑干和荐段脊髓发出的副交感神经)。

1.10.1 神经系统解剖

1.10.1.1 中枢神经系统

(1)脊髓

脊髓位于椎管内，前端与延髓相连，后端伸延至荐骨中部(图1-23)。呈背、腹稍扁的圆柱状，有颈膨大和腰膨大(四肢神经发出的部位)。

脊髓分为中部的灰质、灰质中央的中央管和外周的白质。灰质分为背侧柱(含中间神经元)、腹侧柱(运动神经元)和外侧柱(在脊髓胸段和腰前端为植物性神经节前神经元所在位置)。白质分为背侧索(背正中沟与背侧柱之间，纤维是由脊神经节内感觉神经元的中枢突构成的)、外侧索(背侧柱与腹侧柱之间)和腹侧索(位于腹侧柱与腹正中裂之间)。外侧索和腹侧索均由来自背侧柱的中间神经元的轴突(上行纤维束)以及来自大脑和脑干的中间神经元的轴突(下行纤维束)组成。

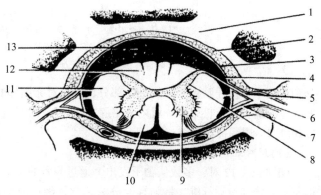

图1-23 脊髓横断

1. 椎弓 2. 硬膜外腔 3. 脊硬膜 4. 硬膜下腔 5. 背侧根
6. 脊神经节 7. 腹侧根 8. 背侧柱 9. 腹侧柱 10. 腹侧索
11. 外侧索 12. 背侧索 13. 蛛网膜下腔

脊髓外周包有3层结缔组织膜，由外向内依次为脊硬膜、脊蛛网膜和脊软膜。

(2)脑

脑可分大脑、小脑、间脑、中脑、脑桥和延髓6部分。通常将延髓、脑桥、中脑和间脑称为脑干(图1-24)。

大脑位于脑干前方，被大脑纵裂分为左、右两大脑半球，纵裂的底是连接两半球的横行宽纤维板，即胼胝体。大脑皮质为覆盖于大脑半球表面的一层灰质。皮质深面为白质，由各种神经纤维构成。大脑半球内白质由以下3种纤维构成：联合纤维是连接左、右大脑半球皮质的纤维，主要为胼胝体。联络纤维是连接同侧半球各脑回、各叶之间的纤维。投射纤维，是连接大脑皮质与脑其他各部分及脊髓之间的上、下行纤维。海马呈弓带状，位于侧脑室底的后内侧。

小脑近似球形，位于大脑后方，在延髓和脑桥的背侧。小脑的表面为灰质，称为小脑皮质；深部为白质，称为小脑髓质。髓质呈树枝状伸入小脑各叶，形成髓树。

延髓、脑桥和小脑围城的室腔为第四脑室，前端通中脑导水管(中脑内部室腔)，后端通延髓中央管。间脑位于中脑和大脑之间，被两侧大脑半球所遮盖，内有第三脑室。间脑主要分为丘

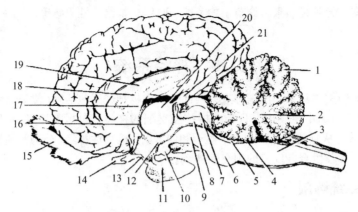

图 1-24 马脑正中切面

1. 小脑皮质 2. 小脑髓树 3. 延髓 4. 第四脑室 5. 前髓帆 6. 脑桥
7. 四叠体 8. 中脑导水管 9. 大脑脚 10. 乳头体 11. 脑垂体
12. 第三脑室 13. 灰结节 14. 视神经交叉 15. 嗅球 16. 室间孔
17. 穹窿 18. 透明隔 19. 胼胝体 20. 丘脑中间块 21. 松果体

脑和丘脑下部。丘脑占间脑的最大部分，为一对卵圆形的灰质团块。在左、右丘脑的背侧、中脑四叠体的前方，有松果体，属内分泌腺。下丘脑是植物性神经系统的皮质下中枢。

1.10.1.2 周围神经系统

（1）脑神经

脑神经共12对，多数从脑干发出，通过颅骨的一些孔出颅腔。根据脑神经所含的纤维种类，即感觉纤维和运动纤维，将脑神经分为感觉神经（Ⅰ嗅神经、Ⅱ视神经、Ⅷ前庭耳蜗神经）、运动神经（Ⅲ动眼神经、Ⅳ滑车神经、Ⅵ外展神经、Ⅺ副神经、Ⅻ舌下神经）和混合神经（Ⅴ三叉神经、Ⅶ面神经、Ⅸ舌咽神经、Ⅹ迷走神经）。

（2）脊神经

脊神经从脊髓发出，从椎间孔或椎外侧孔出椎管。

第6、第7、第8颈神经和第1、第2胸神经的腹侧支构成臂神经丛主要分支有以下几种：①肩胛上神经，在临诊上常可见到肩胛上神经麻痹。②桡神经，支配臂三头肌，并延伸至第3、4指的背侧面，临诊上可见桡神经麻痹。③正中神经，正中神经在前臂骨和腕桡侧屈肌之间的沟（正中沟）中，与正中动脉、正中静脉伴行，支配腕桡侧屈肌和指浅、深屈肌。④尺神经，支配腕尺侧屈肌、指浅屈肌、指深屈肌。

第4~6腰神经及第1、2荐神经的腹侧支构成腰荐神经丛，主要分支有：①坐骨神经，神经纤维来自第6腰神经和第1荐神经腹侧支的分支，为体内最粗、最长的神经，自坐骨大孔穿出盆腔，沿荐结节阔韧带的外侧向后向下伸延，经大转子与坐骨结节之间，绕过髋关节后方，约在股骨中部，分为腓总神经和胫神经。坐骨神经沿途分出大的肌支，分布于臀股二头肌、半膜肌和半腱肌。②闭孔神经，分布于闭孔外肌、耻骨肌、内收肌和股薄肌。③股神经，股四头肌受股神经支配，隐神经由股神经发出。

在腹壁手术时可经腰旁进行神经干传导麻醉，麻醉的3条神经为：①最后肋间神经，又称肋腹神经，为最后胸神经的腹侧支，分支分布于腹外斜肌、腹内斜肌、腹横肌、腹直肌以及胸腹皮肌、胸腹与腹底壁的皮肤。②髂腹下神经，为第1腰神经的腹侧支，分支分布于腹外斜肌、腹内斜肌、腹横肌、腹直肌、胸腹皮肌以及腹侧壁、腹底壁和膝关节外侧的皮肤。③髂腹股沟神经，为第 2 腰神经的腹侧支，分布的情况与髂腹下神经的相似，分布区域略靠后方（图 1-25）。

（3）植物性神经

植物性神经是分布于内脏器官、血管和皮肤的平滑肌、心肌和腺体等传出神经，可分为交感神经和副交感神经。

交感神经的节前神经元位于脊髓胸 1 到腰 4 节段的灰质外侧柱，交感神经的节后神经元主要位于椎旁节和椎下节。

副交感神经的节前神经元的胞体位于脑干和荐段脊髓。节后神经元的

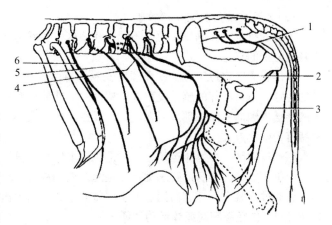

图 1-25　母牛的腹壁神经
1. 阴部神经　2. 精索外神经　3. 会阴神经的乳房支　4. 髂腹股沟神经　5. 髂下腹神经　6. 最后肋间神经

胞体位于所支配器官旁或器官内，统称终末神经节。自脑发出的节前神经纤维加入动眼神经、面神经、舌咽神经和迷走神经，自荐段脊髓发出的节前纤维形成盆神经。迷走神经和盆神经为副交感神经。迷走神经在颈后部，胸廓前口处，与交感干分离，沿食管穿过膈至腹腔分布到胃、肠、肝、脾、胰、肾和肾上腺等。盆神经来自第 3、第 4 荐神经腹侧支和腹下神经一起形成盆神经丛，在终末神经节换元，其节后神经纤维分布于降结肠、直肠、膀胱、母畜的子宫和阴道以及公畜的阴茎等器官。

1.10.2　神经系统生理

1.10.2.1　神经系统的感觉机能

（1）脊髓的感觉传导通路

①浅感觉传导路：传导皮肤和黏膜的痛觉、温觉和轻触觉冲动。传入纤维由背根进入脊髓，在背角更换神经元后，再发出纤维交叉到对侧，经脊髓丘脑侧束（传导痛、温觉）和脊髓丘脑腹束（传导轻触觉）前行到丘脑，特点为先交叉后前行，脊髓半离断后，浅感觉障碍发生在断离的对侧。

②深感觉传导路：传导肌、腱、关节等的本体感觉和深部压觉的冲动。传入纤维经背根入脊髓后，先前行到延髓后交叉，因此，脊髓半离断后，障碍发生在断离的同侧。

（2）丘脑及其感觉投射

丘脑是感觉传导的接替站。来自全身各种感觉的传导通路（除嗅觉外），均在丘脑内更换神经元，然后投射到大脑皮质。丘脑的感觉投射系统可分为特异性投射系统和非特异性投射系统。

①特异性投射系统：从机体各种感受器发出的神经冲动，进入中枢神经系统后，由固定的感觉传导路，集中到达丘脑的一定神经核（嗅觉除外），由此发出纤维投射到大脑皮质的各感觉区，产生特定感觉。这种传导系统叫作特异性投射系统。

②非特异性投射系统：各种感觉冲动进入脑干网状结构后，经过许多错综复杂交织在一起的神经元的彼此相互作用，就失去了各种感觉的特异性，因而投射到大脑皮质就不再产生特定的感觉。其可以激动大脑皮质的兴奋活动，使机体处于醒觉状态。

(3) 大脑皮质的感觉分析功能

不同的感觉在大脑皮质内有不同的代表区。各感觉区之间在功能上密切联系,协同活动,产生各种复杂的感觉。

躯体感觉区定位于大脑皮质顶叶,躯体感觉在大脑皮质的投影有以下规律:①具有左右交叉的特点,但头面部的感觉投影是双侧性的。②前后倒置,即后肢投影在大脑皮质顶部,且转向大脑半球内侧面,而头部投影在底部。③投影区的大小决定于感觉的灵敏度、机能重要程度和动物特有的生活方式。

感觉运动区,即躯体运动区,也是肌肉本体感觉投影区,它与外周神经联系是对侧的。

内脏感觉区,全身内脏感觉神经是混在交感神经和副交感神经中进入脊髓、脑干,更换神经元后,通过丘脑和下丘脑而到达大脑皮质的中央后回和边缘叶。

1.10.2.2 神经系统对躯体运动的调节

(1) 脊髓对躯体运动的调节

躯体运动最基本的反射中枢位于脊髓。最基本的脊髓反射包括两类:牵张反射和屈肌反射。

无论屈肌或伸肌,当其被牵张时,肌肉内的肌梭就受到刺激,感觉冲动传入脊髓后,引起被牵拉的肌肉发生反射性收缩,从而解除被牵拉状态,这叫作牵张反射,一般分为腱反射和肌紧张两类。

对一侧后肢的下部进行伤害性刺激,如针刺激左侧后肢跖部皮肤时,就可引起该肢屈曲,这种现象叫作屈肌反射。如果刺激很强,除本侧肢体发生屈曲外,同时引起对侧肢体伸直,以支持体重,这种对侧肢体伸直的反射叫作对侧伸肌反射。

(2) 脑干对肌紧张和姿势的调节

脑干包括延髓、脑桥和中脑。脑干有较多的神经核以及与这些核相联系的前行和后行神经传导路,还有纵贯脑干中心的网状结构。脑干网状结构是中枢神经系统中重要的皮质下整合调节机构,有多种重要功能。其中,对牵张反射和姿势反射等躯体运动就有着重要的整合调节作用。姿势反射主要有状态反射和翻正反射两种。其中,起加强肌紧张和肌肉运动的区域称为易化区,抑制肌紧张和肌肉运动的区域称为抑制区。如果在中脑上、下丘之间横断脑干,会立即出现全身肌紧张。

(3) 大脑皮质对躯体运动的调节

大脑皮质的某些区域与骨骼肌运动有着密切关系,为大脑皮质运动区。运动区对骨骼肌运动的支配有如下特点:①一侧皮质支配对侧躯体的骨骼肌,两侧呈交叉支配的关系,但对头面部肌肉的支配大部分是双侧性的。②具有精细的功能定位,即对一定部位皮质的刺激,引起一定肌肉的收缩。而这种功能定位的安排,总的呈倒置的支配关系。即支配后肢肌肉的定位区靠近中央,支配前肢和头部肌肉的定位区在外侧。③支配不同部位肌肉的运动区,可占有大小不同的定位区,运动较精细而复杂的肌群(如头部),占有较广泛的定位区,而运动较简单而粗糙的肌群(如躯干、四肢)只有较小的定位区。

锥体系统是指由大脑皮质发出并经延髓锥体而后行达脊髓的传导束。锥体系统是大脑皮质后行控制躯体运动的直接通路,调节单个肌肉的精细动作。皮质下某些核团(如尾核、壳核、苍白球、黑质、红核等)有后行通路控制脊髓运动神经元的活动。其通路在延髓锥体之外,故叫作锥体外系统。锥体外系统的机能主要是协调全身各肌肉群的运动,保持正常姿势。

(4) 小脑对躯体运动的调节

小脑是躯体运动调节的重要中枢,它通过3条途径与脑的其他部分联系,从而发挥对躯体运动的调节。①通过与前庭系统的联系，维持躯体的平衡；②通过与中脑红核等部位的联系，调节全身的肌紧张；③通过与丘脑和大脑皮质的联系，协调与控制躯体的随意运动。

1.10.2.3　神经系统对内脏活动的调节

外周神经对内脏活动的调节是通过交感和副交感神经来实现的，统称为自主神经，其特点如下：①在具有双重神经支配的器官中，它们对同一器官的作用，往往具有相互拮抗的性质。②植物性神经对器官的支配，一般具有持久的紧张性作用。③植物性神经的外周性作用与效应器本身的机能状态有关。④交感神经系统的活动，一般较广泛，往往不是波及个别神经纤维及其所支配的效应器，而常以整个系统来参与反应。⑤由于交感神经系统活动加强时常伴随肾上腺素分泌增多，因此，往往将这一活动系统叫作"交感-肾上腺"系。

交感神经和部分副交感神经，起源于脊髓灰质的侧角内，因此，脊髓是调节内脏活动的最基本中枢，通过它可以完成简单的内脏反射活动，如排粪、排尿、血管舒缩以及出汗和竖毛等活动。但是这种反射调节功能是初级的，不能更好地适应生理机能的需要，在正常时脊髓受高级中枢的调制。

部分副交感神经由脑干发出，支配头部的腺体、心脏、支气管、食管、胃肠道等。同时在延髓中还有许多重要的调节内脏活动的基本中枢，如调节呼吸运动的呼吸中枢，调节心血管活动的心血管运动中枢，调节消化管运动和消化腺活动的中枢等。可完成比较复杂的内脏反射活动。延髓一旦受到损伤，可导致各种生理活动失调，严重时可引起呼吸或心搏停止，因此延髓被称为"生命中枢"所在地。

下丘脑是大脑皮质下调节内脏活动的较高级中枢，它能够进行细微和复杂的整合作用，使内脏活动和其他生理活动相联系，以调节体温、水平衡、摄食等主要生理过程。

1.10.2.4　脑的高级功能

一般把条件反射叫作脑的高级神经活动。

非条件反射是动物在种族进化过程中，适应变化的内外环境通过遗传而获得的先天性反射，是动物生下来就有的。这种反射有固定的反射途径。反射比较恒定，不易受外界环境影响而发生改变，只要有一定强度的相应刺激，就会出现规律性的特定反应，其反射中枢大多数在皮质下部。例如，饲料进入动物口腔，就会引起唾液分泌；机械刺激角膜就会引起眨眼等，都属于非条件反射。

条件反射是动物在出生后的生活过程中，适应个体所处的生活环境而逐渐建立起来的反射，它没有固定的反射途径，容易受环境影响而发生改变或消失。因此，在一定的条件下，条件反射可以建立，如引发条件反射的刺激长时间消失，条件反射也可以消失。

条件反射是建立在非条件反射基础上的，形成条件反射的基本条件：①无关刺激与非条件刺激在时间上的反复多次结合。这个结合过程叫作强化。②无关刺激必须出现在非条件刺激之前或同时。③条件刺激的生理程度比非条件刺激要弱。例如动物饥饿时，由于饥饿加强了摄食中枢的兴奋性，食物刺激的生理强度就大大提高，从而容易形成条件食物反射。

已形成的条件反射，如果在给予条件刺激时，不伴用非条件刺激强化，久而久之，原来的条件反射逐渐减弱，甚至不再出现，这称为条件反射的消退。

条件反射的建立，极大地扩大了机体的反射活动范围，增加了动物活动的预见性和灵活性，从而对环境变化更能进行精确的适应。

1.11 被皮系统

被皮系统包括皮肤和皮肤衍生而成的特殊器官。皮肤衍生物包括家畜的蹄、枕、角、毛、乳腺、皮脂腺、汗腺以及禽类的羽毛、爪等。被皮系统具有感觉、分泌、防御、排泄、调节体温和贮存营养物质的作用,以保证动物对外界环境的适应。

1.11.1 皮肤

皮肤覆盖于动物体表,有表皮、真皮和皮下组织组成。

表皮位于皮肤最表层,由角化的复层扁平上皮构成,表皮内无血管和淋巴管,但有丰富的神经末梢。可分为4层,即生发层、颗粒层、透明层和角质层。其中生发层是表皮的最底层,是表皮中可以分裂复制的细胞,透明层存在于皮肤较厚的部位。

真皮位于表皮下面,是皮肤最厚的一层,由不规则的致密结缔组织组成,在真皮不同的平面上分布有毛囊、汗腺和皮脂腺等。真皮坚韧而富有弹性,皮革就是由真皮鞣制而成的。

皮下组织位于皮肤的最深层,皮肤以皮下组织与深部组织(肌肉、骨膜)相连,营养好的动物皮下组织内含有大量脂肪组织,猪的皮下组织内形成很厚的脂肪。

1.11.2 毛

毛是表皮的衍生物,由角化的上皮细胞构成,分毛干和毛根两部分。毛干:露在皮肤外面称为毛干。毛根:埋在真皮和皮下组织内的称为毛根。毛根外面包有上皮组织和结缔组织构成毛囊。毛根的末端与毛囊紧密相连,并膨大形成毛球,此处的上皮细胞具有分裂增殖能力,是毛的生长点。毛球底部凹陷,并有结缔组织伸入,伸入毛球内部的结缔组织叫作毛乳头。毛乳头内富有血管和神经,毛球可通过毛乳头获得营养物质。

1.11.3 皮肤腺

皮肤腺包括汗腺、皮脂腺和乳腺。

汗腺位于真皮和皮下组织内,排泄管一般开口于毛囊,无毛的穿过皮肤,直接开口皮肤表面。

皮脂腺,家畜的皮肤除少数部位,如指枕、乳头、鼻唇镜的皮肤没有皮脂腺外,全身均有皮脂腺分布,乳腺为哺乳动物所特有。雌性动物的乳腺均形成较发达的乳房。乳房(图1-26)的最外面是薄而柔软的皮肤,其深面为浅筋膜和深筋膜。深筋膜的结缔组织伸入乳腺实质内,构成乳腺的间质,将腺实质分隔成许多腺叶和腺小叶。乳腺实质由分泌部和导管部组成。分泌部包括腺泡和分泌小管,其周围有丰富的毛细血管网。导管部由许多小的输乳管汇合成较大的输乳管,较大的输乳管再汇合成乳道,开口于乳头上方的乳池。乳池为不规则的腔体,经乳头管向外开口。

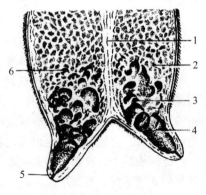

图1-26 牛乳房构造

1. 乳房中隔 2. 腺小叶 3. 乳池腺部
4. 乳头乳池部 5. 乳头管 6. 乳道

1.11.4 蹄

蹄(图 1-27)是马、牛、猪、羊等有蹄类动物指(趾)端着地的部分,由皮肤衍变而成。

蹄由蹄匣和肉蹄两部分组成。

蹄匣是蹄的表皮层,高度角化,分为角质缘、角质冠、角质壁,角质底、角质球。蹄白线位于蹄底缘,为角质壁与角质底交界处的半圈白色线,是装蹄铁时下钉的标志。

肉蹄位于蹄匣的内面,由真皮及皮下组织构成,富有血管和神经,呈鲜红色,分为肉缘、肉冠、肉壁、肉底和肉球 5 部分。

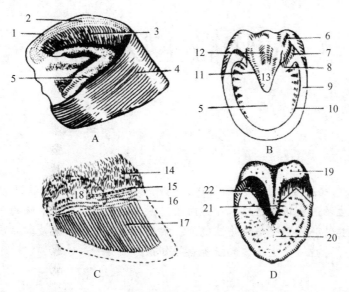

图 1-27 马蹄

A. 蹄匣　B. 蹄匣底面　C. 肉蹄　D. 肉蹄底面

1. 蹄缘　2. 蹄冠沟　3. 蹄壁小叶层　4. 蹄壁　5. 蹄底　6. 蹄球　7. 蹄踵角　8. 蹄支　9. 底缘　10. 蹄白线　11. 蹄叉侧沟　12. 蹄叉中沟　13. 蹄叉　14. 皮肤　15. 肉缘　16. 肉冠　17. 肉壁　18. 蹄软骨的位置　19. 肉球　20. 肉底　21. 肉枕　22. 肉支

1.11.5 角

牛、羊等反刍动物头上生有不同形态的角。角的基础是额骨的角突,表皮露在角突的表面,形成坚固的角鞘。角的真皮直接与角突的骨膜相连。角可分为角基、体、尖 3 部分。

第 2 章

动物微生物基础

　　动物微生物基础包括微生物基础知识、免疫基础知识和主要动物病原微生物3部分内容，主要讲述微生物的生物学特性、外界因素对微生物的影响、微生物的变异、病原微生物的致病与传染、非特异性免疫与特异性免疫、常用血清学试验、免疫学的应用及主要动物病原微生物的生物学特性与微生物学诊断要点等知识。

2.1 微生物基础知识

本部分内容主要讲述微生物概念与分类、微生物生物学特性、外界因素对微生物的影响、微生物的变异及病原微生物的致病与传染。

2.1.1 微生物概念与分类

微生物是存在于自然界中的一群不能被肉眼直接观察，必须借助显微镜的放大作用才能看清的微小生物的总称。微生物包括细菌、真菌、放线菌、螺旋体、支原体、衣原体、立克次体和病毒8类，具有个体微小、结构简单、繁殖迅速、容易变异、分布广泛、种类繁多等特性。

绝大多数微生物对人类和动植物的生存是有益而必需的。作为生物中重要的分解代谢类群，缺少了它们，生物圈的物质能量循环将中断，地球上的生命将难以繁衍生息；同时，微生物也被广泛应用于工业、农业、食品和医药等行业，如乳酸菌饮料和抗生素的生产等。但是，也有少数微生物对人和动植物具有致病性，称为病原微生物；有些微生物，在正常情况下不致病，而满足特定条件时可引发疾病，称为条件性病原微生物。例如，烟草花叶病毒可引起烟草花叶病，是病原微生物；而多杀性巴氏杆菌在机体抵抗力下降等因素影响下，可发生急性感染引起多种动物的出血性败血症，是条件性病原微生物。

微生物数量大，种类多，常将其进行分类。根据微生物有无细胞结构、分化程度和化学组成等，将其分为三大类。

①非细胞型微生物：病毒属于此类。此类微生物不具细胞结构，缺乏产生能量的酶系统，常由核酸和蛋白质构成，必须在活细胞内增殖。有的病毒，还在核酸和蛋白质外包裹有脂质囊膜和糖蛋白纤突；少数病毒，只有核酸或蛋白质中的一种，称为亚病毒因子。

②原核细胞型微生物：细菌、放线菌、螺旋体、支原体、衣原体、立克次体属于此类。此类微生物的细胞核为原核，分化程度较低，没有完整核膜，只有DNA盘绕形成的核质；细胞器也较为缺乏，仅含有核糖体。

③真核细胞型微生物：真菌属于此类。相较于原核型微生物，此类微生物的细胞核分化程度较高，有完整的核膜和核仁。同时，细胞器也较为丰富，含有内质网、高尔基体和线粒体等。

2.1.2 主要微生物类群

在微生物的八大类群中，我们重点讲述细菌和病毒的生物学特性。

2.1.2.1 细菌

（1）细菌的形态与排列

细菌是一类具有细胞壁的单细胞原核型微生物。观察细菌需用光学显微镜放大数百倍至上千倍才能看到。根据细菌在显微镜下的基本形态，可分为球菌、杆菌和螺旋菌。根据其排列方式不同，球菌又分为单球菌、双球菌、链球菌、四联球菌、八叠球菌和葡萄球菌；杆菌可分为单杆菌、双杆菌及链杆菌；螺旋菌分为弧菌和螺菌（图2-1）。各种细菌的大小有一定差别，通常以微米（μm，10^{-3} mm）作为其测量单位。球菌大小以直径表示，常为 0.5~2.0 μm，杆菌和螺旋菌用长和宽表示，中等大小的杆菌大小为 $(0.5~1.0)\mu m \times (2~3)\mu m$；螺旋菌以其两端的直线距离作长度，一般为 $(0.4~1.2)\mu m \times (2~20)\mu m$。细菌的大小介于动物细胞与病毒之间。在正常情况下，各种细菌的大小和形态相对稳定并具有特征性，可作为细菌分类、鉴定的依据。

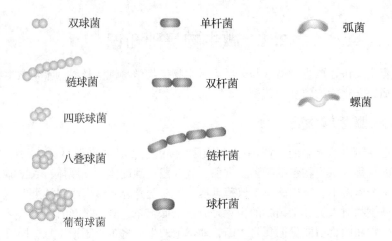

图 2-1　细菌的形态与排列模式图

（引自 https：//rsscience.com/，略作改动）

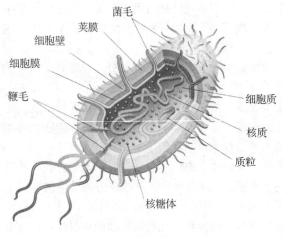

图 2-2　细菌结构模式图

（引自 https：//rsscience.com/，略作改动）

（2）细菌的结构与功能

细菌的结构分为基本结构和特殊结构，基本结构是几乎所有细菌所共有的，而特殊结构则为部分细菌在特定条件下产生（图 2-2）。

①细菌的基本结构：包括细胞壁、细胞膜、细胞质和核质。

细胞壁　是位于细菌细胞最外层较坚韧而具有一定弹性的膜状结构。根据革兰染色特性的不同，可将细菌分为革兰阳性菌和革兰阴性菌两大类，两者在细胞壁结构上存在很大差别。革兰阳性菌的细胞壁较厚，但结构简单，含有由大量肽聚糖交联而成的聚合体，其间穿插有磷壁酸、多糖和蛋白质，磷壁酸为革兰阳性菌所特有。溶菌酶能裂解肽聚糖骨架，青霉素能抑制肽聚糖合成，因而对革兰阳性菌具有较强的抗菌作用。革兰阴性菌的细胞壁较薄，但结构较为复杂，为多层结构，最内层为较薄的肽聚糖层，其外被有外膜层和周质间隙，外膜层含脂多糖（LPS）、磷脂、蛋白质和脂蛋白，脂多糖为革兰阴性菌所特有，对内部的肽聚糖起保护作用，因而革兰阴性菌对溶菌酶和青霉素抵抗力较强。同时，脂多糖也是革兰阴性菌内毒素的主要毒性成分，是重要的外源性致热原，菌体死亡后释放出的脂多糖，能引起动物机体发热，白细胞增多，甚至发生休克死亡。

细胞壁的功能主要包括以下 3 点：一是保护菌体，维持其固有形态；二是与细胞膜共同完成菌体内外的物质交换；三是与细菌的抗原性、致病性、对药物的敏感性及革兰染色特性密切相关。

细胞膜　是包围在细胞质外的一层富有弹性的半透性生物膜，由磷脂双分子层和镶嵌其中的蛋白质及少数糖类等构成，蛋白质是具有特殊功能的酶和载体蛋白。

细胞膜是细菌物质交换的重要场所，细胞膜的半透性允许可溶性物质通过，膜上的载体蛋白能选择性载入营养物质、排出代谢产物；细胞膜上的呼吸酶类参与细菌的呼吸，与能量的产生、贮存和利用有关；细胞膜还参与合成细胞壁和荚膜的组分等。

细胞质　是细菌细胞膜内包围的除核质外的无色透明的黏稠胶体状物质，主要成分为水、蛋白质、脂类、多糖、核酸和少量无机盐等。含有多种酶系统，是细菌合成蛋白质与核酸的场所，也是细菌细胞进行物质代谢的场所。此外，细胞质中还含有核糖体、质粒等重要结构，核糖体是细菌合成蛋白质的场所，质粒则是菌体内除核质 DNA 之外的游离存在的小型双股 DNA 分子，可控制产生菌毛、毒素、耐药性等遗传性状。

核质　细菌是原核细胞型微生物，不具真正意义的细胞核，其遗传物质称为核质，无完整核膜包裹，无固定形状，由双股 DNA 折叠或盘绕呈球形、棒状或哑铃形存在于菌体中，控制着细菌的遗传和变异。

②细菌的特殊结构：包括荚膜、鞭毛、菌毛和芽孢等。

荚膜　某些细菌在细胞壁表面形成的包围整个菌体、边界清楚的黏液样物质，称为荚膜（图 2-3）。荚膜多为多糖，也可为多肽或糖肽复合物。细菌荚膜的形成具有种的特征，也与外部环境条件有关，在动物体内或营养丰富的培养基上容易形成。荚膜能保护细菌抵抗吞噬细胞、抗体、溶菌酶、干燥及其他不利环境因素的作用，是某些致病菌重要的毒力因子，细菌失去荚膜，毒力减弱或消失。荚膜也是细菌营养物质贮藏和废物排出之所。同时，荚膜成分具有抗原性，称为荚膜抗原（K 抗原），并具有种和型的特异性，可用于细菌的鉴定。

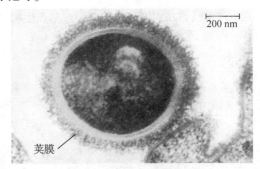

图 2-3　细菌荚膜电镜图

（引自 http://bio1151.nicerweb.com/，略作改动）

鞭毛　某些细菌的菌体表面着生有少量细长而弯曲的丝状物，称为鞭毛。产生鞭毛的细菌多为螺旋菌和杆菌，根据其鞭毛的着生位置和数量不同，可分为一端单毛菌、两端单毛菌、偏端丛毛菌、两端丛毛菌及周毛菌（图 2-4）。细菌是否产生鞭毛及鞭毛的数量和位置，都具有种的特异性，可用于鉴定细菌。鞭毛是细菌的运动器官，有鞭毛的细菌在液态环境中可活泼运动，趋利避害，因此也与细菌致病性有关。鞭毛是由蛋白质组成的，具有良好的抗原性，称为鞭毛抗原（H 抗原），对细菌分类鉴定具有重要意义。

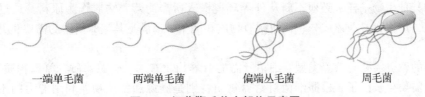

一端单毛菌　　两端单毛菌　　偏端丛毛菌　　周毛菌

图 2-4　细菌鞭毛着生部位示意图

（引自 https://www.onlinebiologynotes.com/，略作改动）

菌毛　某些细菌的菌体表面着生的比鞭毛多、短、细且直的毛状细丝，称为菌毛。产生菌毛的细菌多为革兰阴性菌，也有少数革兰阳性菌具有菌毛。分为普通菌毛和性菌毛两种。普通菌毛多具黏附性，可使细菌吸附到宿主细胞上，与细菌的致病性有关；性菌毛较粗，呈中空管状，每个细菌有 1~4 根，可传递接合性质粒（F 质粒、R 质粒等），也是噬菌体吸附于细菌的受体（图 2-5）。菌毛也是菌体表面蛋白质性质的结构，具有良好抗原性（F 抗原）。

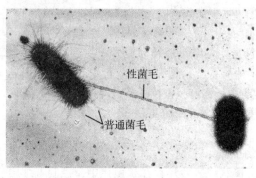

图 2-5　细菌菌毛电镜图

（引自 https：//bio.libretexts.org/，略作改动）

芽孢　某些革兰阳性菌在一定的环境条件下，可在菌体内形成一个圆形或卵圆形的休眠体，称为芽孢（图 2-6）。未形成芽孢的菌体称为繁殖体或营养体。芽孢是细菌生活周期中的一个阶段，一般在体外形成，当环境中营养缺乏，尤其是碳源、氮源和磷酸盐缺乏时，容易产生芽孢。芽孢形成后即失去繁殖能力，成为休眠体。需要指出的是，芽孢不是细菌的繁殖器官，而只是细菌对抗不利环境的一种休眠结构。各种细菌芽孢的形状、大小及在菌体中的位置具有种的特征，可用于鉴别细菌（图 2-7）。炭疽杆菌可产生中央芽孢，破伤风梭菌产生鼓槌状顶端芽孢，肉毒梭菌产生网球拍状或汤匙状近端芽孢。

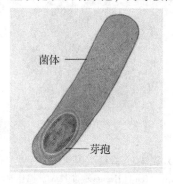

图 2-6　细菌芽孢电镜图

（引自 https：//www.sciencephoto.com/，略作改动）

图 2-7　细菌芽孢着生部位模式图

（引自 https：//www.sciencedirect.com/，略作改动）

芽孢具有结构坚实的芽孢壁和多层芽孢膜，含水少，代谢低，对高温、干燥、渗透压、化学药品和辐射等理化因素具有强大的抵抗力，故可长期生存于不良环境中，如炭疽杆菌的芽孢可在土壤中存活达数年乃至数十年之久，难以清除。因此要严防芽孢污染周围环境。杀灭芽孢最有效的方法是高压蒸汽灭菌法和干热灭菌法。

（3）细菌的营养与代谢

细菌和其他生物一样，必须不断从外界环境摄入所需的营养物质作为原料，通过菌体内各种生化反应，产生自身菌体成分、代谢调节物质和能量，以满足其生命活动的需要，并排出代谢产物。

①细菌的营养需要与营养类型：细菌所需的营养物质有水、碳源物质、氮源物质、无机盐，某些细菌还需要生长因子。根据细菌对营养物质特别是碳源和氮源物质利用能力的不同，将细菌分为自养菌、异养菌和中间型细菌，以前两种营养类型为主。自养菌可利用二氧化碳、氨等无机物的碳源和氮源合成菌体所需的复杂有机物；异养菌则必须利用糖类、蛋白质等有机物作为碳源和氮源；也有少数细菌对有机物和无机物均能利用，称为中间型细菌。其中，以无生命的有机物（如动植物尸体、腐败食物）作为营养来源的异养菌称为腐生菌；只能寄生于有生命的生物体并从中吸取营养物质的异养菌称为寄生菌。

②细菌摄取营养物质的方式：细菌营养物质的摄入是通过细菌细胞膜的渗透和选择吸收作用来完成的。主要有被动扩散、促进扩散、主动运输和基团转移 4 种方式，前两种方式营养物质

需顺浓度差进入胞内，后两种可在载体蛋白的帮助下逆浓度差运送营养物质。不同的营养物质以不同的方式进入细菌细胞内，其中，主动运输是主要方式。

③细菌的新陈代谢：细菌的新陈代谢是在细菌酶的催化下完成的复杂的生化反应，包括合成代谢和分解代谢两部分，也称同化作用和异化作用。细菌的酶包括参与生物氧化的呼吸酶和与蛋白质和糖类等代谢有关的酶等，在细菌细胞的胞内和胞外都有分布，胞外酶主要起到降解大分子物质，使其能够进入菌体而被利用。细菌借助于菌体的酶类从物质的氧化过程中获得能量的过程，称为细菌的呼吸。根据细菌在呼吸过程中对氧气的需要程度不同，将细菌分为专性需氧菌、专性厌氧菌和兼性厌氧菌3种呼吸类型。大多数病原菌属于兼性厌氧菌。

④细菌的新陈代谢产物：细菌在代谢过程中，除摄取营养、进行生物氧化和合成菌体成分外，还产生一些代谢产物，有些产物能被人类利用，有些则与细菌的致病性有关，有些可作为鉴定细菌的依据。

分解代谢产物　各种细菌的酶不同，对糖及蛋白质的分解能力及形成的产物也不同。绝大多数细菌能分解糖类产生丙酮酸，需氧菌进一步将丙酮酸分解为二氧化碳和水，厌氧菌则发酵丙酮酸生成各种酸类、醛类、醇类和酮类等。细菌分解蛋白质、氨基酸也常因细菌种类不同，产生不同的中间产物，如吲哚是某些细菌分解色氨酸的产物，硫化氢是细菌分解含硫氨基酸的产物。利用细菌代谢产物不同设计的糖发酵试验、吲哚试验、硫化氢试验等生化试验，常用于细菌的鉴定。

合成代谢产物　细菌在代谢过程中主要合成产物有热原质、毒素、酶、抗生素、细菌素、维生素和色素等。热原质是某些细菌在代谢过程中合成的一种耐高温的多糖物质（即为革兰阴性菌的脂多糖和革兰阳性菌的致热性多糖），注入人体或动物体能引起发热反应，普通的高压蒸汽灭菌法和干热灭菌法不能将其破坏，因此，制备和使用注射制剂时需严格遵守无菌操作原则，防止引入热原质。细菌产生的内、外毒素及侵袭性酶，与细菌的致病性有关，其中，内毒素是革兰阴性菌细胞壁的脂多糖成分，在细菌死亡崩解后释出；外毒素多为革兰阳性菌代谢过程中排至菌体外的蛋白质；侵袭性酶多为细菌的胞外酶。不同细菌所产生的色素有所不同，可据此进行细菌的鉴定。

(4)细菌的生长与繁殖

①细菌生长繁殖的条件：细菌生长繁殖除需要营养物质外，还需要适宜的温度、pH值、渗透压及气体。在供给充分营养物质的条件下，大多数病原菌在37 ℃左右、pH 7.2~7.6、适宜渗透压及气体环境均能良好生长繁殖。

②细菌生长繁殖的方式与速度：细菌以简单的二分裂方式进行繁殖。在适宜的人工条件下，多数细菌经20~30 min繁殖一代，某些细菌分裂较慢，如分枝杆菌繁殖一代需18~20 h。

③细菌的生长繁殖曲线：细菌在适宜的培养基中生长，呈现一定的生长曲线。根据细菌繁殖的速率不同，整个曲线可分为迟缓期、对数期、稳定期和衰亡期4个时期。其中，对数期细菌的形态特性、染色特性、生理特性等较为典型，对环境因素也比较敏感，是研究细菌生物学特性的最佳时期，可取此期的细菌进行染色镜检、生化试验和药敏试验等研究。

2.1.2.2　病毒

病毒是一类体积极小、结构简单、严格细胞内寄生、能够自我复制的非细胞型微生物。绝大多数病毒只能用电子显微镜观察，只含有一种核酸，多对抗生素不敏感而对干扰素敏感。

根据其结构不同，病毒可分为真病毒和亚病毒因子两大类。真病毒至少含有核酸和蛋白质两种组分，是我们研究的主要对象，简称病毒。亚病毒因子比病毒结构更为简单，只含有核酸和蛋白质中的一种。最重要的亚病毒有类病毒、拟病毒、卫星病毒和朊病毒等，前三者只含核酸不含蛋白质，多感染植物；朊病毒是结构发生改变的蛋白质，不含核酸，是牛海绵状脑病及羊痒病的病原体。

(1) 病毒的形态

病毒个体微小，测量单位为纳米（nm，10^{-6} mm）。最大的动物病毒为痘病毒，其直径约为300 nm，最小的圆环病毒直径仅17 nm左右。病毒多数呈球形，少数呈砖形、子弹状、杆状和蝌蚪形，有的病毒具有多形性。寄生在人和动物体内的病毒多为球形。

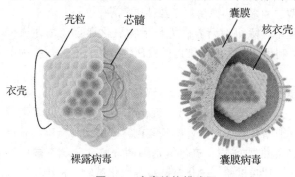

图 2-8 病毒结构模式图

（引自 https://www.sciencedirect.com/，略作改动）

(2) 病毒的结构

完整的病毒颗粒由核酸和蛋白质衣壳组成，两者构成核衣壳，这是病毒的基本结构。有些病毒在核衣壳的外面还被覆一层囊膜。只具有基本结构的病毒称为裸露病毒，具有囊膜的病毒称为囊膜病毒（图2-8）。

芯髓　位于病毒的中心，一种病毒只含有 RNA 或 DNA。据此将病毒分为 RNA 病毒和 DNA 病毒两大类。核酸携带遗传信息，控制着病毒的遗传、变异、增殖和对宿主的感染性。某些病毒裸露的核酸也具有传染性，称为传染性核酸，与完整病毒相比，它的感染范围更广，但感染力较弱。

衣壳　是包围核酸的蛋白质，由壳粒按一定的对称方式排列而成，如球形病毒多呈二十面体对称，杆状病毒呈螺旋对称，少数病毒如噬菌体呈复合对称。衣壳能保护病毒的核酸，使之不被核酸酶等外界因素破坏。衣壳还与病毒致病性有关。衣壳蛋白是病毒（特别是不具囊膜的裸露病毒）的重要抗原物质，具有良好的抗原性。

囊膜　是成熟病毒从宿主细胞出芽时获得的膜性结构，包围在核衣壳外面。囊膜易被脂溶剂（如乙酰和氯仿）和其他有机溶剂溶解，失去囊膜的病毒没有感染性。囊膜对病毒核衣壳具有保护作用，与病毒吸附宿主细胞有关。有些病毒囊膜表面具有呈放射状排列的突起，称为纤突（又称刺突），主要成分为糖蛋白，如禽流感病毒囊膜表面的血凝素和神经氨酸酶。纤突具有很强的抗原性，并与病毒的致病力及病毒对宿主细胞的亲嗜性有关。

(3) 病毒的增殖

病毒的增殖方式为复制，整个复制过程大致可分为吸附、侵入与脱壳、生物合成及装配与释放4个主要阶段。病毒缺乏完整的酶系统，不能独立进行物质代谢，必须侵入活的宿主细胞内（吸附、侵入与脱壳阶段），利用其原料、能量、酶与场所，在自身病毒基因的控制下，合成子代病毒的核酸和蛋白质（生物合成阶段），然后装配成大量的子代病毒粒子并释放到细胞外（装配与释放阶段），此为完整的病毒复制过程，又称为一个复制周期。

(4) 病毒的培养

病毒严格寄生在易感的活细胞中，动物接种、禽胚接种及组织细胞培养是人工培养病毒的主要方法。

动物接种　是一种传统的病毒培养方法，主要用于病毒致病性与毒力测定、制备抗血清及个别病毒的分离培养等。可选择病毒易感的实验动物或本种动物进行接种。此法由于较为耗时耗力、成本较高等原因，目前应用有限。

禽胚接种　禽类病毒及某些其他动物病毒可在禽胚内增殖，可用于病毒分离、鉴定和抗原与疫苗生产等。为避免禽胚带有病原微生物，最好选用 SPF 胚，可根据病毒的不同在绒毛尿囊腔、绒毛尿囊膜、羊膜腔和卵黄囊等接种部位进行接种。如禽流感和新城疫病毒，可选择 9~11 日龄鸡胚在绒毛尿囊腔进行接种后，收获尿囊液分离病毒，并根据血凝性的有无进行病毒鉴定。由于禽胚来源充足并且成本不高，操作简便等，本法目前仍应用较多。

组织细胞培养　是目前发展最快的病毒培养技术，主要用于病毒的分离培养、抗原制备及疫苗生产等。常用的细胞有原代细胞、二倍体细胞及传代细胞，常用的细胞培养方法有静置培养和旋转培养，对某些不需贴壁生长的细胞还可采用悬浮培养，微载体培养技术也已日趋成熟，可用于细胞的大规模培养，如疫苗生产等。某些病毒进行细胞培养可产生细胞病变(CPE)，如细胞圆缩、肿大、形成合胞体、脱落形成空斑等，病毒和细胞种类的不同可导致细胞病变也不同，可作为病毒鉴定和病毒收获的重要依据。

(5) 病毒的其他特性

干扰现象　两种病毒感染同一细胞时，其中一种病毒可以抑制另一种病毒的增殖，称为病毒的干扰现象。此现象可发生在异种病毒或同种异型病毒之间，也可发生自身干扰。其产生原因有多种，干扰素的产生是最常见的原因。

干扰素是机体活细胞受病毒或干扰素诱生剂的刺激后产生的一种低相对分子质量的糖蛋白。干扰素在细胞内产生后可释放至细胞外，停留在分泌部位或循环至全身，吸收了干扰素的细胞可产生抗病毒蛋白质，后者能抑制病毒 mRNA 的转录，从而抑制病毒的复制和合成。干扰素具有广谱抗病毒作用，但具有一定的动物种属特异性，如牛干扰素只能对侵入牛体内的病毒产生干扰作用。此外，干扰素还具有抗肿瘤和免疫调节作用。目前可用干扰素预防或治疗某些病毒性传染病。

血凝性　某些病毒表面存在血凝素，具有与鸡、豚鼠、人等红细胞的表面受体结合而凝集红细胞的特性，称为病毒的血凝性(相应病毒称为血凝性病毒，如新城疫病毒、禽流感病毒等)。病毒血凝性可被其特异性抗体所抑制，称为病毒的血凝抑制。病毒的血凝及血凝抑制试验常用于鸡新城疫、禽流感、流行性乙型脑炎等病毒性传染病的诊断及免疫监测。

包涵体　是某些病毒感染细胞后产生的具有特征性的特殊结构，其实质是病毒复制过程中产生的子代病毒或其前体的堆积物，经染色后在光学显微镜下即可看见。不同病毒包涵体在细胞中的形成部位、数量、形态及染色特性不同。如狂犬病病毒在病犬脑内神经细胞的细胞质中形成圆形或卵圆形嗜酸性包涵体(内基氏小体)(图 2-9)，具有诊断价值。

抵抗力　病毒对理化因素的抵抗力与细菌繁殖体相似。干燥通常难以致死病毒，但能使之致弱；高温、大剂量紫外线和长时间日光照射能杀灭病毒；大多数病毒对甘油有抵抗力，因此常用 50% 甘油生理盐水保存病毒材料；酸、碱、醇及重金属盐类消毒剂均能杀死病毒；甲醛能有效降低病毒的致病力而保存其抗原性，常用于制备灭活疫苗。乙醇、氯仿等脂溶剂能破坏病毒囊膜而使其灭活。

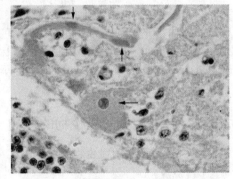

图 2-9　小脑神经细胞中的内基氏小体
(白色箭头所示为内基氏小体，HE×100，引自 ck Singh 博士)

2.1.2.3 其他微生物

(1) 真菌

真菌是一类不含叶绿素，无根、茎和叶，营腐生或寄生生活的真核细胞型微生物。真菌从外形上可分为酵母菌、霉菌和担子菌三大类群，前两者对动物具有致病性，后者属于大型真菌。酵母菌是结构简单，以芽殖为主的一类真菌，多为单细胞。霉菌是可在营养基质上生长并形成绒毛状、蛛网状或絮状菌丝体的真菌，多为多细胞，以孢子生殖为主。两类真菌均具有细胞壁，但细胞壁中不含肽聚糖。常见的病原真菌为皮肤癣菌、曲霉菌等。

(2) 放线菌

放线菌是介于细菌和霉菌之间的一类原核微生物，因菌落呈放射状而得名。可形成纤细的分枝菌丝和分生孢子。多以孢子繁殖，也可以菌丝断裂而繁殖，可产生多种色素，可为分类和鉴定提供依据。多种放线菌能产生抗生素(链霉菌、诺卡氏菌等)，可用于传染病的防治，但牛放线菌和林氏放线杆菌等可引起动物发病。

(3) 螺旋体

螺旋体是介于细菌和原虫之间、呈细长螺旋状的革兰阴性单细胞原核微生物，能依靠其特有的轴丝活泼运动。有细胞壁，不同菌株的长度极为悬殊($5\sim250~\mu m$)，螺旋数目和螺距也各不相同，可作为鉴定依据。以二分裂方式繁殖，除钩端螺旋体外，多需厌氧培养。常见的致病性螺旋体有钩端螺旋体(简称钩体)和猪痢短螺旋体等。

(4) 支原体

支原体是介于细菌和病毒之间、营独立生活的革兰阴性单细胞原核微生物，也是最小的原核微生物。无细胞壁，菌体柔软呈高度多形性，可通过细菌滤器。主要以二分裂和芽生方式繁殖，多可在固体培养基上形成特征性的"煎荷包蛋"样菌落，菌落中心长入培养基且致密色暗(猪肺炎支原体等除外)，对青霉素有抵抗力。常见的致病性支原体为猪肺炎支原体、鸡毒支原体和猪支原体(旧称附红细胞体)等。

(5) 立克次体

立克次体是介于细菌和病毒之间的专性细胞内寄生的革兰阴性单细胞原核微生物。具多形性，多呈球杆状，大小介于细菌和病毒之间，不能通过细菌滤器。姬姆萨染色呈紫色或蓝色。以节肢动物蜱、虱、螨等作为传播媒介。对动物具有致病作用的立克次体包括犬艾立希体和反刍动物艾立希体(引起山羊、绵羊和牛的心水病)等。

(6) 衣原体

衣原体是介于立克次体和病毒之间的专性细胞内寄生的革兰阴性原核细胞型微生物，具有独特的发育周期，可形成个体形态的原体和始体及集团形态的包涵体，原体对人和动物有高度感染性但无繁殖能力，始体无感染性但能进行二分裂。重要的衣原体有鹦鹉热衣原体和沙眼衣原体等。

2.1.3 外界因素对微生物的影响

2.1.3.1 物理因素对微生物的影响

(1) 温度

在适宜的温度范围内，微生物可进行正常的生长繁殖。但温度不合适时，则生长受到抑制，甚至死亡。高温能使微生物蛋白质凝固变性，丧失酶活性，代谢活动停止，导致微生物死亡，常用于消毒和灭菌。适度的低温能抑制微生物的生长繁殖，但仍保存其活力，当环境温度升高至适宜生长温度时，微生物也可恢复其生命活动，所以常用低温保存菌种。细菌、酵母菌、霉菌的培养物常在 4 ℃ 保存，病毒常在 -20 ℃ 保存。

①干热灭菌法：有火焰灭菌法和热空气灭菌法两种方法。火焰灭菌法用火焰直接杀死微生物，主要用于接种环、试管口、金属类的灭菌，也用于焚烧传染病病畜尸体、病畜的排泄物及其污染物等；热空气灭菌法主要用于玻璃器皿等实验器材的灭菌，在 160~170 ℃ 维持 2 h，可杀死所有微生物。

②湿热消毒灭菌法：有以下 4 种。

煮沸法　煮沸 10~20 min 可杀灭绝大多数细菌的繁殖体，杀灭芽孢需煮沸 60 min 以上。如在水中加入 2% 碳酸氢钠，沸点可提高至 102~105 ℃，既可增强杀菌能力，又能防止金属生锈（但对橡胶制品有损害）。多用于外科手术器械、针头的消毒。

巴氏消毒法　利用较低的高温杀死液体食品中的微生物，能减少其营养成分的损失，常用于牛奶、葡萄酒、啤酒等的消毒。如消毒牛奶用 61~63 ℃ 经 30 min 或 71~72 ℃ 经 15 s，然后迅速冷却到 10 ℃ 左右，可使细菌总数减少 90% 以上，并杀灭其中常见的病原菌。近年来食品工业常采用超高温瞬时巴氏杀菌法，将鲜牛奶通过不低于 132 ℃ 的管道 1 s，然后迅速冷却，也可达到消毒灭菌的目的。

流通蒸汽灭菌法　一般在流通蒸汽灭菌器或蒸笼内进行。100 ℃ 蒸汽维持 30 min，能杀灭细菌的繁殖体，但不能杀灭芽孢。故常将第一次灭菌后的物品置于室温中过夜，待芽孢萌发，次日再用同法进行一次灭菌，连续 3 次，即可杀灭全部细菌及其芽孢。此法也称间歇灭菌法，多用于某些不耐高热的培养基的灭菌。

高压蒸汽灭菌法　利用高压蒸汽灭菌器进行，灭菌效果确实。通常在 103.4 kPa 蒸汽压下，温度 121.3 ℃，维持 15~30 min，可杀灭所有微生物。常用于耐高温物品的灭菌，如普通培养基、生理盐水、玻璃器皿、外科手术器械、工作服、敷料、手术衣帽、污染物、小动物尸体等，灭菌时需注意物品堆放不宜过紧，确保蒸汽能充分接触灭菌物。

(2) 干燥

干燥可使微生物失去水分，代谢发生障碍，最终导致死亡。不同种类的微生物对干燥的抵抗力差异很大，在干燥的环境中短者可存活几天，长者可存活几十天甚至数年。实践工作中，常用干燥法保存饲料等。

(3) 日光与紫外线

直射日光是有效的天然杀菌方法，许多微生物经半小时至数小时的日光照射即可被杀死。紫外线是一种低能量的电磁辐射，以波长 250~265 nm 杀菌力最强，但穿透力很差，故常用于物体表面及实验室、隔离间等环境的空气消毒。紫外线对眼睛和皮肤有损伤作用，故使用时应注意防护。

(4) 过滤除菌

过滤除菌是用机械的方法除去液体和空气中的细菌。主要用于不耐高热的血清、抗毒素等生物制品的除菌。目前常用滤器为可更换滤膜的滤器或一次性滤器。常用于除菌的滤膜孔径为 0.22 μm。超净工作台的工作原理也是利用过滤法达到对空气的除菌。

2.1.3.2　化学因素对微生物的影响

许多化学药物对微生物都有抑制或杀灭作用。实际工作中应根据消毒的目的选择合适的消毒剂。最理想的消毒剂常需具备以下优点，如杀菌力强、无腐蚀性、无毒或毒性较小、能长期保存、价格低、绿色环保等。关于消毒剂的具体知识详见第 5 章相应内容。

2.1.4 微生物的变异

2.1.4.1 常见的微生物变异现象

(1) 形态变异

微生物在异常条件下生长发育时,可发生形态的变异。实验室保存的菌种,如不定期移植或通过易感动物复壮,其形态变异更为常见,如细菌的外形可变为多形性、杆菌变为球形等。

(2) 结构与抗原性变异

在特定的条件下,细菌的某些特殊结构,如荚膜、鞭毛和芽孢等,可经变异后发生缺失。随着细菌结构变异的发生,其某些生物学特性也随之发生改变。失去了荚膜的细菌,毒力减弱并失去荚膜抗原性;失去了鞭毛的细菌,失去运动能力和鞭毛抗原;丧失形成芽孢能力的细菌,其毒力也相应减弱。

(3) 菌落变异

细菌的菌落有光滑型(S型)和粗糙型(R型)两种类型。细菌因长期人工培养或培养基内含有某种异常成分,可发生菌落变异。一般而言,多发生S-R变异,菌落中细菌个体的形态可发生改变,荚膜丧失,毒力、生化反应性、抗原性等也随之改变。

(4) 毒力变异

将微生物长期培养于不适宜的环境中(如理化因素处理)或反复通过非易感动物时,可使其毒力减弱;毒力减弱的微生物连续通过易感动物,可使其毒力增强。毒力减弱且保持良好抗原性的菌株或毒株可用于疫苗的制造。

(5) 耐药性变异

细菌对原来敏感的药物失去敏感性,称为耐药性变异。细菌的耐药性多与临诊抗菌药物的不规范使用有关,大多是通过自发突变以及耐药性遗传因子(R质粒)的传递而产生。

2.1.4.2 微生物变异的实际应用

在临诊细菌学检查工作中,应注意细菌发生变异后往往出现一些非典型形态及特性,以防误诊。在传染病预防方面,可利用人工变异的方法,获得抗原性良好、毒力减弱的菌株或毒株,用于制造疫苗。在疾病治疗方面,针对细菌可产生耐药性变异的特点,应选择敏感的抗菌药物,避免滥用药物,条件允许时先做药物敏感性试验。

2.1.5 病原微生物与传染

2.1.5.1 病原微生物的致病作用

病原微生物的致病性又称病原性,是指某种特定的病原微生物,在一定条件下,使动物机体发生疾病的能力。致病性是微生物的种属特性。毒力则是指病原微生物具体某一菌株或毒株致病能力的大小,常有强毒、弱毒和无毒株之分。毒力大小多用"半数致死量"(LD_{50})和"半数感染量"(ID_{50})来表示。

(1) 病原菌的致病作用

具有致病性的细菌称为病原菌,其致病作用与细菌的毒力因子、侵入细菌的数量和侵入部位等密切相关。细菌的致病性在很大程度上取决于细菌的毒力因子,主要包括侵袭力和毒素两方面。

①侵袭力:指病原菌突破机体的防御屏障,在体内生长繁殖、蔓延扩散的能力。细菌的侵袭力与细菌的表面结构和侵袭性酶有关。

细菌的表面结构　包括荚膜、菌毛及革兰阳性菌的脂磷壁酸和革兰阴性菌的外膜蛋白等。细菌的荚膜和菌毛均能抵抗吞噬细胞的吞噬作用，因此，具有这些特殊结构的菌株其毒力常明显强于变异后缺失毒力结构的菌株。另外，脂磷壁酸和外膜蛋白等也能增强菌体的黏附性，从而起到抗吞噬等作用。如链球菌细胞壁上的脂磷壁酸与动物皮肤和黏膜表面的细胞就具有高度亲和力。

侵袭性酶　某些致病菌在代谢过程中能合成分泌一些胞外酶，有利于细菌侵入组织，并在其中扩散、蔓延。与细菌致病性有关的胞外酶主要有：透明质酸酶、胶原酶、血浆凝固酶、链激酶、卵磷脂酶和DNA酶等。如金黄色葡萄球菌分泌的血浆凝固酶，可保护细菌抵抗吞噬细胞的吞噬作用。

②毒素：细菌产生的毒素有外毒素和内毒素两种。

外毒素　是由某些革兰阳性菌和少数革兰阴性菌合成并分泌至细菌细胞外的毒性可溶性蛋白质。外毒素主要表现以下特性：一是不耐热，一般在60~80℃作用30 min左右即可被破坏；二是毒性强，如1 mg肉毒梭菌外毒素（肉毒毒素）可杀死2 000万只小鼠，1 mg破伤风梭菌外毒素（破伤风毒素）可杀死100万只小鼠；三是具有特异性，能选择性作用于某些组织和器官，引起特征性临诊症状和病理变化，据此可分为神经毒素、细胞毒素和肠毒素等；四是具有很强的抗原性。外毒素经0.4%甲醛处理一定时间后可脱毒，但仍保留原有抗原性，称为类毒素。类毒素的免疫接种可用于相应传染病的预防。同时，以类毒素作为抗原免疫动物机体后可产生特异性抗体，这种抗体称为抗毒素，可用于相应传染病的紧急治疗和预防。

内毒素　是由革兰阴性菌产生的一种多糖复合物（脂多糖）。存在于细菌细胞壁上，只在菌体死亡崩解后才被释放出来。内毒素和外毒素有如下不同之处：一是高度耐热，160℃经2~4 h才能被破坏；二是毒性较弱，并且各种细菌内毒素的毒性作用相似，常引起发热；三是抗原性较弱，并且不能用甲醛脱毒生产类毒素。

(2) 病毒的致病作用

不同病毒对宿主细胞的致病作用非常复杂，主要包括以下两种模式：一是病毒杀细胞效应，病毒通过抑制宿主细胞RNA、DNA和蛋白质的合成以及对细胞膜产生损伤，导致宿主细胞的凋亡和坏死。杀细胞性病毒在细胞培养时，常可观察到细胞病变，并可用以测定半数细胞感染量（$TCID_{50}$）来判定病毒的毒力。二是病毒的持续感染。病毒在宿主细胞内增殖，并释放出子代病毒，但并不导致宿主细胞的急性死亡，后者通常发生慢性渐进性变化，最终死亡。某些病毒在持续感染过程中发生了转化，将其基因组整合到宿主细胞的DNA中，从而改变了宿主细胞的遗传性状（如多瘤病毒和腺病毒等），或使宿主细胞成为肿瘤细胞（如禽白血病病毒）。

2.1.5.2　传染发生的条件

病原微生物侵入机体并引起不同程度的病理过程，称为传染。传染的发生与否与侵入机体的病原微生物及机体的免疫状态密切相关。

(1) 病原微生物的毒力、数量与侵入门户

侵入动物机体的病原微生物，除必须具有较强的毒力外，还必须有足够的数量和适宜的侵入门户，才能抵抗和突破机体的防御机能，向深部扩散，并生长繁殖，引起传染。

(2) 动物易感性

动物易感性是指动物机体容易感染某种病原微生物的特性。动物易感性与动物种类有关，不同种类的动物对同一种病原微生物的易感性可有不同，也可对同一种病原微生物都有易感性。如不同动物对口蹄疫病毒的易感性就存在差别，牛、羊、猪等偶蹄动物对该病毒易感性高，而马

等奇蹄动物就不具易感性。此外，动物的易感性还受年龄、性别、营养状况等因素影响。

（3）外界环境因素

外界环境因素一方面可影响病原微生物的生长、繁殖和传播，另一方面不利的环境因素（如寒冷刺激或空气污浊等）可使动物机体抵抗力下降，由不易感状态变成易感状态，因此对传染的发生有不可忽视的影响。此外，在特定环境下，还存在着一些节肢动物作为传播媒介，可促进传染病的发生和流行，如乙型脑炎在亚热带和温带地区多发生在夏、秋季，就与蚊虫叮咬传播有关。

2.2 免疫基础知识

本部分内容主要讲述免疫概念与功能、非特异性免疫与特异性免疫、常用的血清学试验及免疫学的应用。

2.2.1 免疫的概念与功能

免疫是机体对异物进行识别和清除以维持生理平衡和稳定的过程。免疫反应是动物在长期进化中形成的一种保护性生理功能，但当这一功能失调时，也会对机体造成损伤。免疫具有如下3个方面功能。

①免疫防御：指机体排斥和清除外源性抗原异物的能力。包括两方面作用，一是抗感染作用，即当病原微生物入侵时，机体能予以清除，从而免除感染。当免疫功能亢进时，会造成组织损伤和功能障碍，导致传染性变态反应；而功能低下或缺陷时，可引起机体反复感染。二是免疫排斥作用，即排斥异体细胞和组织器官，这是器官移植的主要障碍。

②免疫稳定：指机体识别和清除损伤或衰老的自身细胞，保持正常细胞的生理活动，维护机体生理平衡。此功能失调，机体将"误杀"自身正常细胞，导致自身免疫病的发生。

③免疫监视：指机体监视和及时清除体内出现的肿瘤细胞的能力。此功能降低或抑制，会使肿瘤细胞大量增殖而形成肿瘤。

2.2.2 非特异性免疫

机体免疫包括非特异性免疫和特异性免疫两大类。

非特异性免疫是动物个体出生后就具有的对某种病原微生物及其有毒产物的不感受性，故又称先天性免疫。它能识别与清除一般性异物，在抗感染免疫过程中，发挥作用最快，是特异性免疫的基础和条件。非特异性免疫由以下天然防御因素构成。

（1）防御屏障

皮肤和黏膜屏障：健康的皮肤和黏膜具有机械阻挡和排除作用，此外，汗腺、皮脂腺、黏膜分泌的多种杀菌物质及皮肤和黏膜上存在的多种正常菌群，对病原微生物都有抑制、杀灭或拮抗作用。少数病原微生物如布鲁氏菌、钩端螺旋体等可通过健康的皮肤和黏膜侵入机体。

血脑屏障：能够阻止病原微生物和大分子毒性物质随血液进入脑组织和脑脊液。仔畜的血脑屏障发育尚未完善，较易发生中枢神经感染。如仔猪易发生伪狂犬病，与其血脑屏障尚未发育完善有关。

胎盘屏障：能防止母体内的病原微生物通过胎盘而感染胎儿。但某些病原微生物能突破这一屏障，如猪瘟病毒感染妊娠母猪后，可通过胎盘感染胎儿，引起该病的垂直传播。

（2）吞噬作用

病原微生物突破机体屏障，侵入机体内部后，将会遭到体内各种吞噬细胞的吞噬和围歼。动物体内的吞噬细胞包括中性粒细胞为代表的小吞噬细胞和单核吞噬细胞系统，其吞噬功能强大，一般细菌被吞噬 1~2 h 内可被杀灭降解，但结核杆菌、布鲁氏菌等胞内寄生菌及某些病毒被吞噬后，不但不被杀灭，还在吞噬细胞内生长繁殖，甚至随吞噬细胞的游走而扩散，引起更广泛的感染。

（3）正常体液中的抗微生物物质

健康动物的体液中，含有补体系统、溶菌酶、干扰素等多种非特异性的抗微生物物质。补体系统是正常动物血清中的一组具有类似酶活性的球蛋白，生理条件下无活性，经抗原-抗体复合物激活后，通过溶细胞作用、促进吞噬作用、抗病毒作用等参与机体的免疫防御。溶菌酶是一类低相对分子质量不耐热的碱性蛋白，主要存在于血清及唾液、泪液和乳汁等分泌物中，能直接裂解革兰阳性菌，或在抗体和补体帮助下溶解革兰阴性菌；干扰素具有抗病毒、抗肿瘤和免疫调节作用。

2.2.3 特异性免疫

特异性免疫是动物出生后接受抗原刺激而获得的免疫，又称获得性免疫。动物无论是通过自然感染还是经人工接种接触抗原后，都可产生特异性免疫力。特异性免疫具有很强的针对性，而且反应强度随机体接触抗原次数的增加而提高。

2.2.3.1 免疫系统

免疫系统是机体执行免疫功能的基础，由免疫器官、免疫细胞及免疫分子构成。

（1）免疫器官

免疫器官是免疫细胞发生、分化、成熟、定居、增殖及发生免疫应答（免疫反应）的场所，包括中枢免疫器官和外周免疫器官。中枢免疫器官包括骨髓、胸腺和腔上囊（法氏囊，鸟类特有），是免疫细胞（特别是 T 细胞和 B 细胞）发生、分化和成熟的场所；外周免疫器官包括脾脏、淋巴结、扁桃体、哈德氏腺等，是 T 细胞和 B 细胞定居、增殖和免疫应答的场所。

骨髓产生的淋巴干细胞，进入胸腺和法氏囊（哺乳动物为骨髓）后，分别被诱导发育为成熟的 T 细胞和 B 细胞，它们再经血液输送到外周免疫器官进行定居，并在异物入侵时参与免疫应答。中枢免疫器官在发育成熟前受到损伤或被摘除时，会影响 T 细胞和 B 细胞的成熟，导致分布到外周免疫器官的 T 细胞和 B 细胞减少，从而严重影响机体免疫应答的发生。

（2）免疫细胞

参与免疫反应的细胞统称为免疫细胞。在免疫应答中起主要作用的免疫细胞是 T 细胞、B 细胞、巨噬细胞、树突状细胞、K 细胞和 NK 细胞等。其中，T 细胞和 B 细胞表面有大量的抗原受体，受抗原刺激后，能够发生分化、增殖，发生特异性免疫应答，称为免疫活性细胞；巨噬细胞、树突状细胞等能够对抗原进行捕捉和加工处理，并将抗原递呈给免疫活性细胞，称为抗原递呈细胞（或称辅佐细胞）；K 细胞和 NK 细胞直接来源于骨髓，前者能够杀伤与特异性抗体（IgG）结合的肿瘤细胞、寄生虫及微生物感染的细胞，后者可不依赖于抗体而直接杀伤肿瘤细胞，抵抗多种微生物感染。

（3）免疫分子

免疫分子主要指抗体、补体、细胞因子等参与机体免疫应答的物质。

2.2.3.2 抗原

特异性免疫需要在抗原刺激下才能产生。凡能刺激机体产生抗体或致敏淋巴细胞,并能与之发生特异性结合的物质称为抗原。抗原物质刺激机体产生抗体或致敏淋巴细胞的特性称为免疫原性;抗原物质与相应的抗体或致敏淋巴细胞发生反应的特性称为反应原性;免疫原性和反应原性合称为抗原性。既具有免疫原性又有反应原性的物质(如细菌、病毒、异种动物血清等)称为完全抗原;仅有反应原性而无免疫原性的物质(如某些药物、荚膜多糖等)称为不完全抗原或半抗原。半抗原与蛋白质载体结合后,可成为完全抗原。

(1)构成抗原的条件

①异物性:构成抗原的物质一般是机体的异种或同种异体物质,这种物质与机体的亲缘关系越远,则抗原性越强。例如,病毒与细菌对动物机体而言是异种物质,所以是动物机体良好的抗原;同种异体的器官、组织和细胞等也具有抗原性,因此,在不同个体间进行组织和器官移植时,可引起移植排斥反应。当自身组织受某些因素的作用(如烧伤、感染等)而发生理化性质改变时,就会产生抗原性,成为自身抗原。此外,由于机体免疫功能紊乱,将自身物质视为异物并产生免疫反应,可引起自身免疫病。

②分子大小:在一定条件下,抗原物质相对分子质量越大,免疫原性越强。良好的抗原物质,相对分子质量一般在10 000以上;相对分子质量小于5 000的物质其免疫原性一般较弱;相对分子质量低于1 000的小分子物质已无免疫原性。因此,蛋白质分子(通常相对分子质量较大且结构复杂)大多是良好的抗原,如细菌、病毒、外毒素及异种动物的血清等。

③结构的复杂性:一般而言,分子结构越复杂的物质免疫原性越强。如明胶的相对分子质量在100 000以上,但其肽链主要由直链氨基酸组成,结构简单,进入体内很快被降解,故免疫原性很差,若连接上分子结构复杂的芳香族氨基酸,则免疫原性明显增强。

④物理状态:正常情况下,颗粒性抗原比可溶性抗原的免疫原性强,聚合状态的蛋白质较单体状态的蛋白质免疫原性更强。

(2)抗原的特异性

位于抗原分子表面具有一定空间构型和免疫活性的化学基团称为抗原决定簇,或称为抗原表位。抗原的特异性取决于其抗原决定簇,即一个抗原决定簇只能刺激机体产生一种相应的特异性抗体,并且只能与该抗体结合。一个复杂的抗原物质含有多个不同的抗原决定簇,因此,机体产生的免疫血清常常是多种抗体的混合物(简称为多抗)。

(3)主要的微生物抗原

细菌和病毒均含有多种抗原成分,具有良好抗原性,可诱导机体对其产生免疫反应。细菌抗原主要有菌体抗原(O抗原)、荚膜抗原(K抗原)和鞭毛抗原(H抗原);病毒一般含有囊膜抗原(V抗原)、衣壳抗原(VC抗原)及核蛋白抗原(NP抗原)等。这些抗原成分中,通常只有1~2种能够刺激机体产生具有保护作用的抗体,因此也称为保护性抗原,如口蹄疫病毒的衣壳抗原VP1等,实践工作中,我们可将保护性抗原的抗原决定簇连接载体后合成肽疫苗,用于传染病的预防。

2.2.3.3 免疫应答

免疫应答是指机体免疫系统受抗原刺激后,免疫细胞识别抗原并进行活化、增殖、分化,最终发挥免疫效应清除抗原的过程。主要包括抗原递呈细胞对抗原的捕获、处理和递呈,抗原特异性淋巴细胞对抗原分子的识别、活化、增殖和分化,效应细胞和效应分子的产生,进而表现出一定生物学效应的全过程。

(1) 免疫应答的发生过程

免疫应答即指免疫反应，其发生过程由多种免疫细胞协同完成，其中，B细胞和T细胞为核心，巨噬细胞等抗原递呈细胞为辅佐。免疫应答包括体液免疫和细胞免疫两种类型。免疫应答过程包括3个阶段。

①致敏阶段：又称感应阶段，是抗原物质进入机体，抗原递呈细胞（巨噬细胞、树突状细胞等）对其识别、捕获和加工处理，并递呈给抗原特异性淋巴细胞（T细胞和B细胞），后者对抗原进行识别结合的一系列过程。

②反应阶段：又称增殖与分化阶段，是T细胞、B细胞识别抗原后发生活化，进行增殖与分化，并产生效应性淋巴细胞和效应分子的过程。T细胞增殖分化为淋巴母细胞，最终成为效应T细胞（或称致敏T细胞，包括细胞毒性T细胞和迟发型变态反应性T细胞），并产生多种细胞因子；B细胞增殖分化为浆细胞，合成并分泌抗体。一部分T细胞和B细胞在分化途中变为长寿的记忆细胞，长期储存抗原信息，当相同抗原再次进入机体时，可迅速引起回忆应答（记忆细胞迅速增殖分化，产生大量致敏T细胞、抗体和细胞因子）。

③效应阶段：是活化的效应细胞和效应分子（细胞因子和抗体）共同清除抗原，发挥免疫效应的过程。其中，抗体发挥体液免疫效应；效应细胞及细胞因子发挥细胞免疫效应。

(2) 抗体

抗体是机体受抗原刺激后产生的能与相应抗原特异性结合的特异性免疫球蛋白（Ig）。主要存在于动物的血液、淋巴液、组织液及外分泌液中。免疫球蛋白按其结构和抗原性的不同分为IgG、IgM、IgA、IgE和IgD 5类。

①各类免疫球蛋白功能：IgG在动物体内产生较迟，但含量高、持续时间长，是抗感染免疫的主力；IgG是动物自然感染和人工主动免疫产生的主要抗体，因而也是血清学诊断和疫苗免疫效价检测的主要抗体。IgM在机体的免疫应答中，产生最早，但含量低，消失快，只起先锋免疫作用，也可通过检查IgM进行早期诊断。IgG和IgM均具有抗菌、抗病毒、抗外毒素、抗肿瘤等多种免疫活性。分泌型IgA是黏膜表面（尤其是呼吸道和消化道黏膜表面）的主要抗菌、抗病毒抗体，在传染病预防接种中，经滴鼻、点眼、饮水及气雾途径免疫，均可产生分泌型IgA，从而建立相应的黏膜免疫力。IgE是一种亲细胞抗体，参与Ⅰ型过敏反应，并在抗寄生虫感染中发挥重要作用。IgD是成熟B细胞细胞膜上的抗原受体，也与免疫记忆（回忆应答）有关。

②抗体产生的一般规律：抗原初次进入机体后，需经过一定潜伏期（一般细菌抗原5~7 d，病毒抗原3 d左右，类毒素2~3周），血液中才能检测到抗体，并且抗体产量低，维持时间短，称为初次应答。当间隔一定时间机体再次接触相同的抗原时，潜伏期显著缩短（迅速），抗体产量大幅提高（大量），而且持续时间长（持久），抗原亲和力强（高效），称为再次应答。在预防接种时，对动物进行疫苗抗原的多次接种，目的就是刺激机体产生再次应答，可起到强化免疫的作用。

③影响抗体产生的因素：抗原的性质与用量、免疫次数及间隔时间、免疫途径、佐剂、机体的年龄因素、遗传因素、营养状况等都影响抗体的产生。在一定范围内，抗体产生的量随抗原用量的增加而增加，但抗原用量超过一定限度，反而会抑制抗体的产生，这种现象称为免疫麻痹。为使机体获得再次应答，可在一定的间隔时间内，连续接种2~3次。免疫途径可影响抗原在体内停留的时间，不同疫苗都有其相应的接种途径，可按说明书进行接种。

④单克隆抗体：由一个B细胞克隆产生的只针对一种抗原决定簇的抗体称为单克隆抗体，简称单抗。B细胞的寿命很短，采用淋巴细胞杂交瘤技术将产生特定抗体的B细胞与能无限生长

的骨髓瘤细胞融合，形成兼有两个亲本特性的 B 细胞杂交瘤，即可长期无限量生产单抗。由于 B 细胞克隆只能针对一个抗原决定簇，因而产生的抗体的生物学性状完全相同。与多克隆抗体相比，单抗具有敏感性高、纯度高、特异性强、效价高、成本低、均质性好、亲和力不变、重复性强等优点，在血清学诊断、免疫学基础研究、肿瘤免疫治疗和抗原纯化等方面均有广泛应用。

（3）细胞毒性 T 细胞(Tc)和细胞因子

①细胞毒性 T 细胞：是效应 T 细胞受抗原作用而分化成的效应 T 细胞。能够直接和连续攻击、溶解带有同种抗原的靶细胞，在机体抗感染（特别是胞内寄生菌感染）及抗肿瘤中发挥重要作用。

②细胞因子：是免疫细胞受抗原或丝裂原刺激后产生的非抗体、非补体的具有激素样活性的蛋白质分子。其种类繁多，主要包括干扰素、白细胞介素、肿瘤坏死因子、集落刺激因子等，其作用是以调节免疫应答为主。此外，还有一些多肽生长因子类的细胞因子，其主要功能是促进细胞增殖，与免疫调节的关系较小。

2.2.3.4 特异性免疫的抗感染作用

（1）体液免疫的抗感染作用

体液免疫的抗感染作用是通过抗体完成的，抗体可发挥以下作用：

①中和作用：体内针对毒素的抗体（抗毒素）与相应毒素结合后，可改变毒素的分子构型而使其失去毒性作用；抗病毒抗体与相应病毒结合后，可阻止病毒与靶细胞的结合，使细胞免受感染。

②抗吸附作用：黏膜表面的分泌型 IgA 可阻止病原微生物对黏膜上皮的吸附，发挥黏膜免疫作用。

③调理作用：是指抗体、补体与吞噬细胞表面结合，促进吞噬细胞吞噬细菌等颗粒性抗原的作用。IgG 可直接与吞噬细胞结合，IgM 可激活补体系统，从而促进吞噬作用。

④免疫溶解作用：某些革兰阴性菌或携带有病毒抗原的感染细胞，与抗体结合后可激活补体，产生溶菌和溶细胞作用。

⑤抗体依赖性细胞介导的细胞毒作用（ADCC 作用）：特异性抗体和效应细胞联合，能够杀伤含有相应微生物的宿主细胞，从而发挥效应细胞介导的细胞毒作用。能发挥 ADCC 作用的细胞主要有 NK 细胞、中性粒细胞、单核-吞噬细胞等，参与 ADCC 作用的抗体类型主要为 IgG，另外还有 IgE 和血清型 IgA。

（2）细胞免疫的抗感染作用

细胞免疫的抗感染作用是通过细胞毒性 T 细胞和细胞因子完成的，主要是针对胞内感染的病原体，包括胞内寄生菌（如结核杆菌、布鲁氏菌、鼻疽杆菌等）、病毒、真菌、寄生虫感染等。此外，细胞免疫还可通过细胞毒性 T 细胞的特异性杀伤作用、巨噬细胞的作用、细胞因子直接或间接作用，发挥抗肿瘤效应。

2.2.3.5 特异性免疫的获得途径

机体的特异性免疫可通过主动免疫和被动免疫两种方式获得。

（1）主动免疫

机体接受抗原物质刺激后，由其自身主动产生的特异性免疫。

①天然主动免疫：机体自然感染某种病原微生物后产生的特异性主动免疫，称为天然主动免疫。

②人工主动免疫：机体由于接种了某种疫苗或类毒素等生物制品所产生的特异性主动免疫，

称为人工主动免疫。人工主动免疫产生的免疫力维持时间长,免疫期可达数月甚至数年,因而是预防动物传染病的重要措施之一。

(2)被动免疫

被动免疫是机体直接接受抗体而被动获得的特异性免疫。

①天然被动免疫:机体通过胎盘、卵黄或初乳获得母源抗体而形成的特异性被动免疫,称为天然被动免疫。

②人工被动免疫:给机体注射高免血清、康复动物血清或高免卵黄抗体而获得的特异性被动免疫,称为人工被动免疫。人工被动免疫产生的免疫力维持时间较短,一般为2~3周,故多用于传染病的治疗和紧急预防。

2.2.4 变态反应

变态反应又称过敏反应或超敏反应,是机体受同种抗原再次刺激所产生的一种异常的、强烈的、对机体有害的免疫反应。引起变态反应的物质称为变应原,包括某些病原微生物、原虫和蠕虫、植物花粉、异种血清、组织蛋白及青霉素和磺胺类药物等。

变态反应可分为过敏反应(Ⅰ型变态反应)、细胞溶解(细胞毒)型变态反应(Ⅱ型变态反应)、免疫复合物型变态反应(Ⅲ型变态反应)和迟发型变态反应(Ⅳ型变态反应)4个类型。其发生机理各不相同,前3型的共同特点是反应发生较快,都有抗体参与其中,统称为速发型变态反应。迟发型变态反应是细胞作用的结果,与抗体无关,并且发生缓慢,一般在再次接触变应原后24~48 h才能达到高峰。结核杆菌、布鲁氏菌等胞内寄生菌在传染的过程中,能引起Ⅳ型变态反应。这种由病原微生物或其代谢产物作为变应原引起并在传染中发生的变态反应称为传染性变态反应。临诊上用于诊断传染病,如用提纯结核菌素(PPD)皮内注射诊断牛结核病。

2.2.5 常用的血清学试验

抗原抗体在体内发生的免疫反应称为免疫应答,在体外,抗原抗体也可发生特异性反应,将其统称为血清学反应或血清学试验,大多具有特异性强、检出率高、重复性好、方法简易快速的特点,因此广泛应用于微生物鉴定、传染病和寄生虫病的诊断和检疫。

(1)凝集试验

细菌、红细胞等颗粒性抗原与相应抗体直接结合,在电解质的参与下凝聚成团块,称为凝集试验。分为平板凝集试验和试管凝集试验两种。前者简易快速,多用于血清型鉴定、细菌鉴定及传染病的快速诊断;后者在小试管中进行,操作相对复杂些,多在平板凝集试验的基础上进行传染病的复核。如布鲁氏菌病的诊断,可在乡镇兽医站或养殖场进行大规模的虎红平板凝集试验,其中的阳性样品再送到县市级实验室用试管凝集试验进行复核确诊。

可溶性抗原不能与相应抗体发生凝集反应,但将其吸附于红细胞等不溶性载体颗粒表面,再与相应抗体结合,在适当的电解质环境中可出现肉眼可见的凝集现象,称为间接凝集试验。其中,红细胞作为载体颗粒的试验称为间接血凝试验,可广泛应用于病毒性传染病、支原体病及寄生虫病的诊断和检疫。

(2)沉淀试验

外毒素、内毒素、菌体裂解液、病毒等可溶性抗原与相应抗体结合,在适量电解质存在下,出现肉眼可见的白色沉淀,称为沉淀试验。试验方法较多,其中,环状沉淀试验(Ascoli试验)主要用于炭疽的快速诊断;琼脂扩散试验广泛应用于细菌、病毒的鉴定和传染病的诊断与检疫;此外,还有免疫电泳、火箭电泳等。

(3)中和试验

病毒或毒素与相应的抗体结合后,可失去对易感动物的致病力,据此原理建立的血清学试验,称为中和试验。中和试验可在实验动物体内进行,也可在细胞或鸡胚上进行。主要用于病毒的鉴定、毒素的定型和疫苗免疫原性的评价等。

(4)免疫标记技术

免疫标记技术是以荧光素、酶、同位素等标记抗体的试验技术,以标记物的存在与否显示试验的结果。其敏感度大大超过其他血清学试验,其中荧光抗体技术和酶标记抗体技术应用较多,已广泛用于传染病的诊断及病原体的鉴定等。

①荧光抗体技术:是利用荧光染料标记抗体制成已知的荧光抗体,再与相应的抗原结合,然后在荧光显微镜下观察荧光的有无及存在部位,从而判定标本中是否存在相应的抗原或抗原所在的部位。目前用于标记抗体的荧光染料主要是异硫氰酸荧光素(FITC),在显微镜下呈现明亮的黄绿色荧光。染色方法有直接法和间接法两种。直接法标记第一抗体(待检抗原对应的已知抗体),操作简单、快速,但一种标记抗体只能检查一种抗原;间接法标记具有种属特异性的第二抗体(抗球蛋白抗体),可用于检查未知抗原或抗体,并且同一种动物只需制备一种荧光抗体,即可用于多种抗原抗体的检测。

②酶标记抗体技术:是利用抗原抗体结合的特异性和酶的高效特异的催化作用显色而建立起来的免疫检测技术。最常用的标记酶是辣根过氧化物酶(HRP),其作用底物为过氧化氢,催化时需要供氢体,无色的供氢体氧化后生成有色产物,使不可见的抗原抗体反应转化为可见的呈色反应。常用的供氢体有3,3′-二氨基联苯胺(DAB)和邻苯二胺(OPD),前者适用于免疫酶组化法,后者是酶联免疫吸附试验(ELISA)中最常用的供氢体。ELISA是当前应用最广、发展最快的一项新技术,已广泛用于多种传染病的诊断,世界动物卫生组织(OIE)在很多传染病的诊断上指定或推荐ELISA诊断法。目前常用的ELISA检测方法有间接法、夹心法和竞争法等。

2.2.6 免疫学的应用

2.2.6.1 生物制品

生物制品是以微生物、寄生虫、动物或人的组织等作为原料而制备的用于疾病(主要是传染病)的预防、诊断和治疗的生物制剂。根据其用途,可分为疫苗、诊断液和免疫血清等。

(1)疫苗

疫苗指用各类病原微生物生产的用于预防接种的生物制品,可刺激机体产生人工主动免疫。它包括传统的灭活苗、弱毒苗、类毒素及基因工程苗等新型疫苗等。

①灭活苗:是将免疫原性强的菌种或毒种大量繁殖后经灭活处理制成的疫苗,通常加入免疫佐剂以提高其免疫原性。此类疫苗使用安全、容易保存,但只能采用注射接种,且应用剂量较大。此类疫苗在临诊上仍有较多应用。

②弱毒苗:是选用人工诱变获得的弱毒株或天然弱毒株制成的疫苗,是预防传染病常用的疫苗。此类疫苗的优点是使用剂量小,免疫潜伏期短,免疫期长,免疫效果好;但安全性较差,存在毒力返强的风险,且不易保存,目前多采用真空冻干技术进行低温保存,但需保证疫苗运输和使用前的冷链条件。

③类毒素:是将细菌外毒素用甲醛处理使其脱毒而制成的生物制品,加入适量的明矾或氢氧化铝作为吸附剂,可提高其免疫效果,常用的有破伤风类毒素等。

④新型疫苗：采用生物化学合成技术、基因工程技术等现代生物技术制造的疫苗，包括亚单位疫苗、基因工程活载体疫苗、基因缺失苗、合成肽疫苗等，已在实践中投入使用，如猪圆环病毒2型基因工程亚单位疫苗（大肠杆菌源）、禽流感重组鸡痘病毒载体活疫苗（H5亚型）、猪伪狂犬病灭活疫苗（HN1201-ΔgE株）和猪口蹄疫O型合成肽疫苗（多肽98+93）。

(2)诊断液

供免疫诊断用的生物制品称为诊断液，包括诊断抗原、诊断（抗体）血清和标记抗体。诊断抗原如布鲁氏菌凝集反应抗原、鸡白痢全血平板凝集试验抗原；诊断血清如炭疽沉淀素血清、沙门菌属诊断血清；标记抗体有荧光抗体和酶标抗体等。

(3)免疫血清

用某一抗原反复免疫同一动物体，使其产生大量抗体，采取其血液分离所得的血清（其中含有大量抗体），即为免疫血清（高免血清或抗血清）。按抗原种类不同，分为抗菌血清、抗病毒血清和抗毒素。免疫血清可用于动物传染病的紧急预防和治疗。

2.2.6.2 免疫诊断

血清学试验和变态反应诊断具有高度的特异性和敏感性，并且大多操作简易，已在传染病的诊断、细菌和病毒的鉴定等方面得到广泛应用。如布鲁氏菌病虎红平板凝集试验抗原是已知的诊断抗原，可用来检测待检血清中是否含有相应抗体，从而进行该病的初步诊断；也可用诊断抗体检查患病动物体内、分泌物或排泄物中是否存在特异性抗原，如炭疽沉淀素血清可用来检测待检皮张中是否含有炭疽抗原，从而诊断皮张的来源动物是否患过炭疽。能够引起机体发生变态反应的传染病（多为胞内菌感染所致），可用变态反应进行诊断。

2.2.6.3 免疫防治

免疫接种是防治传染病的重要手段之一，特别是病毒性疾病，因为尚无有效的防治药物，免疫防治就显得尤为重要。传染病的预防有赖于疫苗接种，应按照合理的免疫程序，定期进行。高免血清及病愈动物的血清，含有大量抗体，发挥作用快，可用于紧急免疫、运输前的短期预防及病畜的早期治疗。

2.3 主要动物病原微生物

2.3.1 主要动物病原菌

(1)葡萄球菌

致病性葡萄球菌是典型的化脓菌，可引起各种化脓性疾病，此外，还可引起人和动物的食物中毒。代表菌种为金黄色葡萄球菌。

①主要生物学特性：呈球形，直径为0.5~2.0 μm，葡萄串状排列，革兰染色阳性（图2-10）。无鞭毛，无芽孢，部分菌株形成荚膜。需氧或兼性厌氧菌，在普通培养基和血液培养基上生长良好，且能产生脂溶性色素，使菌落呈现黄色、柠檬色或白色，致病菌株在血平板上形成明显的β溶血环。多可分解葡萄糖、麦芽糖、乳糖和蔗糖，产酸不产气，产生过氧化氢酶，触酶阳性，

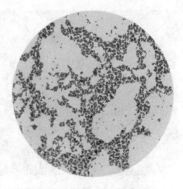

图2-10 葡萄球菌光镜图

致病菌株多可分解甘露醇，产生血浆凝固酶。毒力因子有荚膜、葡萄球菌A蛋白、黏附因子、葡萄球菌溶血素、葡萄球菌肠毒素和血浆凝固酶等。抵抗力较强，耐干燥，但对高温和消毒剂较为敏感，70%乙醇、3%~5%苯酚（石炭酸）、1∶20 000洗必泰等能在数分钟内杀死本菌。对磺胺类、青霉素、金霉素、红霉素等敏感，但易产生耐药性。

②微生物学诊断要点：采取脓汁、血液、乳汁等适宜病料涂片，经革兰染色后镜检，见有大量典型的葡萄串状排列的球菌即可初步诊断。也可将病料接种于血平板，观察其菌落特征、色素形成、有无溶血，并对菌落进行涂片染色镜检。确定其致病力可做甘露醇发酵试验、溶血性试验等，必要时可做动物试验。食物中毒病例可通过ELISA或DNA探针技术快速检出肠毒素。

（2）链球菌

致病性链球菌可引起人和多种动物的化脓性疾病，如牛乳房炎及猪、羊和禽类的败血性链球菌病等。代表菌种有无乳链球菌、猪链球菌、肺炎链球菌等。

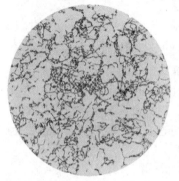

图2-11　链球菌光镜图

①主要生物学特性：呈圆形或卵圆形，直径为0.6~2.0 μm，链状或成双排列，革兰染色阳性（图2-11）。无芽孢，有菌毛样结构，多数无鞭毛、有荚膜。多为兼性厌氧菌，少数为厌氧菌。营养要求高，在加有血液、血清、腹水、葡萄糖等的培养基中才能良好生长，一般用血平板分离本菌。根据在血平板上的溶血特征分为α溶血性链球菌、β溶血性链球菌和γ溶血性链球菌3类，其中，β型致病性强，α型致病力较弱，γ型无致病力。均能发酵葡萄糖和蔗糖，对其他糖的利用能力因菌种而异，不产生过氧化氢酶，触酶阴性，可与葡萄球菌区别。毒力因子有链球菌溶血素、致热外毒素、M蛋白、脂磷壁酸和透明质酸酶等。抵抗力不强，60 ℃经30 min即被杀死。对青霉素、金霉素、红霉素以及磺胺类药物敏感，青霉素是治疗的首选药物。

②微生物学诊断要点：采取脓汁、乳汁、血液等适宜病料涂片，经革兰染色后镜检，发现有革兰阳性链状排列的球菌即可初步诊断。也可将病料接种于血平板，观察其菌落特征及溶血现象，并对培养细菌进行涂片染色镜检，必要时进行生化试验。确定群及型可应用血清学试验。

（3）大肠埃希菌

大肠埃希菌俗称大肠杆菌，是一切温血动物肠道后段的常在菌，部分菌株具有致病性或条件致病性，引起肠道外感染或肠道感染，如幼畜腹泻、猪水肿病及败血性大肠杆菌病等。

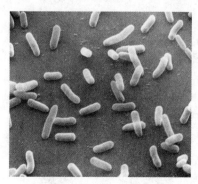

图2-12　大肠埃希菌电镜图
（引自David M. Phillips）

①主要生物学特性：为两端钝圆的革兰阴性直杆菌，大小为（0.4~0.7）μm×（2.0~3.0）μm，散在或成对排列（图2-12）。多数菌株有周生鞭毛、菌毛和微荚膜，不产生芽孢。为需氧或兼性厌氧菌，在普通培养基上生长良好，在肠道菌鉴别培养基（如麦康凯等）因发酵乳糖产酸，使指示剂变红，形成紫红色不透明菌落。在伊红美蓝培养基上形成黑色带金属光泽的菌落。生化反应活跃，分解葡萄糖、乳糖、麦芽糖、甘露醇和蔗糖产酸产气，吲哚和甲基红试验阳性，V-P试验和枸橼酸盐利用试验（IMViC试验）阴性。主要抗原包括O抗原、H抗原和K抗原，用O∶K∶H排列表示其血清型。毒力因子因菌株而异，主要有黏附素菌毛、肠毒素等。

抵抗力中等，对温度和常用的消毒药敏感。对多种抗生素敏感，但易产生耐药性。

②微生物学诊断要点：腹泻和水肿病病畜生前取粪便，死后取小肠内容物，分别在麦康凯培养基和血平板上划线分离培养，观察菌落的形成及特征，并涂片染色镜检；钩取可疑菌在三糖铁培养基和普通琼脂斜面进行纯培养，三糖铁培养基培养特性符合本菌特性者，对纯培养物进行生化试验，吲哚试验、甲基红试验、V-P试验、枸橼酸盐利用试验++--，根据需要采用凝集试验进行血清型或毒素鉴定。

(4) 沙门菌

沙门菌是一群寄生于人和动物肠道内的无芽孢直杆菌，绝大多数可引起人和动物的沙门菌病，如鸡白痢、鸡伤寒、仔猪副伤寒等，也是人类食物中毒的主要病原之一。

①主要生物学特性：大小为(0.7~1.5) μm×(2.0~5.0) μm，形态和染色特性与大肠埃希菌相似，除雏沙门菌和鸡沙门菌外，其余均有周生鞭毛(图2-13)。培养特性与大肠埃希菌相似，但鸡白痢、鸡伤寒、羊流产等沙门菌在普通培养基上生长贫瘠，形成较小菌落。在肠道菌鉴别培养基或选择性培养基(如伊红美蓝培养基等)上，大多数菌株因不发酵乳糖而形成无色菌落，可与大肠埃希菌区别。不发酵乳糖和蔗糖，不分解尿素，吲哚试验和V-P试验阴性，甲基红试验和枸橼酸盐利用试验阳性。抵抗力与大肠埃希菌相似，胆盐、亚硒酸盐、煌绿等对本菌的抑制作用小于大肠埃希菌，故常用其制作选择培养基，分离粪便中的沙门菌。

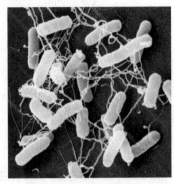

图 2-13　沙门菌电镜图

(引自 https://www.sciencephoto.com/)

②微生物学诊断要点：未污染的病料直接接种麦康凯、伊红美蓝等鉴别培养基进行分离培养；污染的病料如粪便、肠内容物等，先在增菌培养基(如亮绿-胆盐-四硫磺酸钠肉汤)增菌后再行分离，观察菌落特征，镜检形态染色特性；挑取鉴别培养基上的可疑菌落进行纯培养和生化特性鉴定，IMViC试验-+-+，以此区别于大肠埃希菌，必要时可做血清型鉴定。

(5) 布鲁氏菌

布鲁氏菌是多种动物和人布鲁氏菌病的病原菌，可引起繁殖障碍、关节炎等。它包括羊种布鲁氏菌、牛种布鲁氏菌、猪种布鲁氏菌、绵羊种布鲁氏菌等8个种。

①主要生物学特性：为革兰阴性的短小杆菌，大小为(0.5~0.7) μm×(0.6~1.5) μm，多单在。经柯兹洛夫斯基染色或改良萋-尼二氏染色等鉴别染色法染成红色，可与其他细菌相区别(图2-14)。无鞭毛、荚膜和芽孢。为专性需氧菌，初次培养需5%~10%二氧化碳，生长缓慢，但实验室保存菌株48~72 h即可生长良好。5%~10%马血清胰蛋白胨大豆琼脂适宜所有菌株生长，可形成光滑型、粗糙型或黏液型菌落。触酶、氧化酶、硝酸盐还原酶、脲酶阳性，IMViC试验均为阴性。对外界环境的抵抗力较强，在污染的土壤和水、流产胎儿中可存活1~4个月，鲜乳中可存活8 d，对湿热敏感，60 ℃加热30 min即可被杀死，煮沸立即死亡，对一般消毒药敏感。

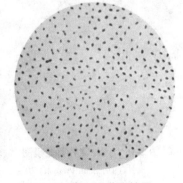

图 2-14　布鲁氏菌光镜图

(引自 Wikipedia)

②微生物学诊断要点：采集流产胎儿胃内容物、羊水等涂片，经革兰染色和柯兹洛夫斯基染色后镜检，发现红色球杆菌或

短小杆菌，可做出初步诊断。动物在感染布鲁氏菌 7~15 d 可出现抗体，可采用血清学试验检测抗体，是临诊主要的诊断和检疫手段。常用方法是采用虎红平板凝集试验、乳汁环状试验进行现场或牧区大群检疫，再以试管凝集试验等进行实验室确诊。对慢性病例可进行变态反应诊断，主要用于猪和羊。ELISA 检测也可应用于检疫，对多头奶牛的混合乳样进行初筛后，再对阳性乳样的奶牛逐个检测，可以减轻工作量，降低检疫成本。

(6) 多杀性巴氏杆菌

多杀性巴氏杆菌可引起多种动物的急性出血性败血症，是禽霍乱、猪肺疫和牛出败等病的病原菌。正常存在于多种健康动物的口腔和咽部黏膜，属于条件致病菌。

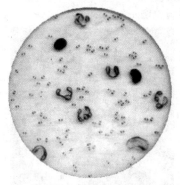

图 2-15　多杀性巴氏杆菌光镜图

① 主要生物学特性：为两端钝圆的革兰阴性球杆菌，大小为 (0.25~0.4) μm×(0.5~2.5) μm，多单在。无鞭毛和芽孢，某些菌株有周生菌毛，新分离的强毒株有荚膜。病料组织或体液经瑞氏或美蓝染色，呈典型的两极着色（图 2-15）。为需氧或兼性厌氧菌，麦康凯培养基上不生长，在加有血液、血清的培养基中生长良好，在血平板上可形成黏液型、光滑型或粗糙型菌落，急性病例多为光滑型菌落，不形成溶血环。能发酵葡萄糖、果糖、蔗糖、甘露糖和半乳糖，产酸不产气，一般不发酵乳糖，吲哚、硫化氢、氧化酶、触酶试验阳性，甲基红试验和 V-P 试验阴性，不液化明胶。抵抗力不强，对温度、干燥及多种消毒药敏感，对链霉素、四环素、磺胺类等抗菌药物敏感。

② 微生物学诊断要点：采取渗出液、心血、肝、脾、淋巴结等涂片，经碱性美蓝或瑞氏染色后镜检，发现典型的两极着色的短杆菌，结合临诊诊断可做出初步诊断。将病料接种麦康凯培养基不生长，接种血平板进行分离和纯化培养，并进行生化试验，必要时可做动物试验。如需进行血清型分型或检测动物血清中的抗体，可采用试管凝集试验、琼脂扩散试验或 ELISA 等血清学试验。

(7) 猪丹毒杆菌

猪丹毒杆菌是猪丹毒的病原菌，引起猪的急性败血症、亚急性皮肤疹块或慢性心内膜炎、关节炎和皮肤坏死。火鸡和绵羊等对本菌也有易感性，人也可感染，表现为"类丹毒"。

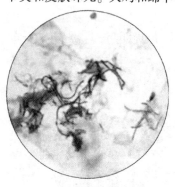

图 2-16　猪丹毒杆菌光镜图
（引自 Dr. John Prescott）

① 主要生物学特性：为直或稍弯的革兰阳性纤细小杆菌，大小为 (0.2~0.4) μm×(0.8~2.5) μm，在慢性病猪心内膜赘生物中多呈长丝状，可单在、成对、短链或成丛排列（图 2-16）。无鞭毛和芽孢，有荚膜。为微需氧菌，麦康凯培养基上不生长，在加有血液、血清的培养基上生长良好，致病菌株在血平板上形成光滑型小菌落，菌落周围有狭窄的 α 溶血环。在加有 5% 马血清和 1% 蛋白胨水的糖培养基中可发酵葡萄糖、果糖和乳糖，产酸不产气。产生硫化氢，吲哚试验、甲基红试验和 V-P 试验阴性。明胶穿刺培养呈试管刷状生长，不液化明胶。对干燥和腐败抵抗力较强，在干燥环境中可存活 3 周，在深埋的尸体中可存活 9 个月，对常用消毒剂敏感，对青霉素高度敏感，可选作治疗药物。

② 微生物学诊断要点：采取高热期病猪耳静脉血或病死猪心血、淋巴结、肝、脾等病料涂片镜检，发现典型纤细小杆菌；慢性病例时，取赘生物检查，见有长丝状菌体，可初步诊断。用

5%绵羊血平板进行分离纯化培养，并进行生化试验，必要时可做动物试验。血清学诊断多采用凝集试验、协同凝集试验、免疫荧光技术等。

(8) 分枝杆菌

分枝杆菌是人和畜禽结核病的病原菌。分为结核分枝杆菌、牛分枝杆菌和禽分枝杆菌3个种。

①主要生物学特性：为细长或稍弯曲的革兰阳性杆菌，结核分枝杆菌菌体细长，大小为(0.2~0.5)μm×(1.5~4.0)μm，牛分枝杆菌较粗短，禽分枝杆菌呈多形性，多单在、少数成丛排列(图2-17)。无鞭毛、芽孢和荚膜。常用萋-尼二氏抗酸染色法染色，本菌染成红色，组织或其他非抗酸菌染成蓝色。为专性需氧菌，营养要求特殊，生长缓慢，形成颗粒状、结节状或花菜状粗糙型菌落。对干燥、低温及一般消毒药的抵抗力较强，对湿热、紫外线敏感。对磺胺类等药物不敏感，对利福平、异烟肼、乙胺丁醇、链霉素等敏感，可选作治疗药物，但长期用药易产生耐药性。

②微生物学诊断要点：取病料涂片，经抗酸染色后镜检，发现染成红色的抗酸杆菌可初步诊断，必要时可进行分离培养及动物试验。变态反应诊断是临诊诊断和检疫的主要方法，牛常用PPD皮内注射进行检疫。血清学试验常用ELISA。

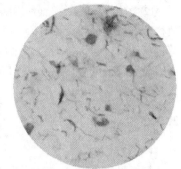

图2-17　分枝杆菌光镜图
(引自 Banani Jena)

(9) 炭疽杆菌

炭疽杆菌是各种动物和人类炭疽病的病原菌。

①主要生物学特性：为革兰阳性的粗大杆菌，大小为(1.0~1.2)μm×(3.0~5.0)μm，在动物体内单在或短链状排列，相连的菌端平截呈竹节状，无鞭毛，有荚膜；体外培养常呈长链状，并可见位于菌体中央的直径小于菌体的椭圆形芽孢(图2-18)。为需氧或兼性厌氧菌，在普通培养基上生长良好，强毒株形成粗糙型菌落，边缘呈卷发样，弱毒株为光滑型菌落。明胶穿刺培养呈倒立雪松状生长，上部逐渐液化似漏斗状。本菌繁殖体抵抗力不强，对温度、常用消毒剂和青霉素、链霉素等抗生素敏感；芽孢体抵抗力很强，耐干燥，污染土壤中可存活20~30年，但对碘敏感，0.04%碘液10 min可将其杀灭。

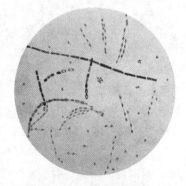

图2-18　炭疽杆菌光镜图
(引自 Wikipedia)

②微生物学诊断要点：死于炭疽的病畜尸体严禁剖检，对可疑病畜可自耳缘末梢采取血液并立即烧烙创口，严防污染。病料经涂片染色镜检，发现有荚膜的竹节状大杆菌，可做出初步诊断。确诊还需进行分离培养及动物试验。流行病学调查中常采用血清学试验检测菌体抗原，常用的有Ascoli反应和琼脂扩散试验。也可针对荚膜或毒素基因进行PCR检测，无须分离培养，反应快速，灵敏度高。

(10) 厌氧性病原芽孢梭菌

常见的病原梭菌有产气荚膜梭菌、肉毒梭菌、气肿疽梭菌、腐败梭菌及破伤风梭菌等。

①主要生物学特性：为革兰阳性的厌氧大杆菌，单在、成双或链状排列，均能形成芽孢且芽孢直径大于菌体，但芽孢在菌体内的分布部位存在差异，因而外形上可呈梭状、汤匙状或鼓槌状(图2-19)。除产气荚膜梭菌能形成荚膜而无鞭毛外，其余均不形成荚膜，而有周生鞭毛。病原

梭菌在适宜环境中均能产生外毒素(如肉毒毒素、破伤风痉挛毒素等),是其主要的致病因素。此类细菌对多种糖和蛋白质多有很强的分解作用,其中产气荚膜梭菌在牛乳培养基中引起"暴烈发酵"(分解乳糖并大量产气)具有诊断意义。繁殖体抵抗力一般,但芽孢抵抗力很强,特别是肉毒梭菌芽孢需煮沸 5~7 h 才能被杀死。

②微生物学诊断要点:诊断产气荚膜梭菌、气肿疽梭菌、腐败梭菌,可取病料涂片镜检,并进一步进行分离培养、动物试验等进行诊断,也可针对毒素基因进行 PCR 检测;破伤风梭菌感染因具有特征的临诊症状,一般不需微生物学诊断;肉毒毒素中毒多进行毒素检查。

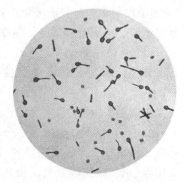

图 2-19 破伤风梭菌光镜图
(引自 Helen Branswell)

2.3.2 主要动物病毒

(1) 口蹄疫病毒

口蹄疫病毒是牛、羊、猪、骆驼等偶蹄动物口蹄疫的病原,引起成年动物口腔黏膜、蹄部和乳房等处皮肤形成水疱和溃烂,幼龄动物常因病毒性心肌炎而猝死,人也可感染出现轻微病症。

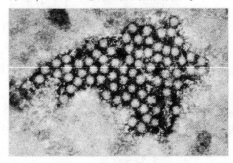

图 2-20 口蹄疫病毒电镜图
(引自 https://www.sciencephoto.com/)

①主要生物学特性:属于微 RNA 病毒科口蹄疫病毒属,近球形,直径 20~25 nm,无囊膜(图 2-20)。具有多种血清型,目前主要有 A、O、C、南非(SAT)1 型、2 型、3 型和亚洲 1 型共 7 个血清型(血清学主型),每个血清型又有若干个血清亚型。各型之间无交互免疫力,但同一型内的各亚型之间有交互免疫力。豚鼠和乳鼠是较为敏感的实验动物,可用于病毒的分离和鉴定,但实践中更常用仓鼠肾传代细胞(BHK-21)等敏感细胞分离病毒。对干燥和低温抵抗力较强,含毒组织污染的饲料、饲草、皮毛及土壤中可保持传染性达数周至数月之久;对有机溶剂和部分去污剂不敏感;对高温、阳光直射、紫外线敏感,对酸碱敏感,pH<6 及>9 很快灭活,消毒剂(如 1%~2% 氢氧化钠、0.3%过氧乙酸、1%~2%甲醛等)均具较好杀灭作用。

②微生物学诊断要点:病畜采集未破裂或刚破裂的水疱皮和水疱液,病死畜采集扁桃体、淋巴结、脊髓、心肌,目前多采用 ELISA 商品化试剂盒或反转录-聚合酶链式反应(RT-PCR)方法进行病毒检测及血清型定型,数小时之内就可获得结果。如果样品中病毒含量低,可用敏感细胞或 3 日龄乳鼠分离病毒,再通过 ELISA 等方法加以鉴定。病毒检测必须在国家指定的实验室进行。血清抗体多采用 ELISA 或中和试验进行检测。

(2) 狂犬病病毒

狂犬病病毒是狂犬病的病原,可感染所有温血动物,一旦出现临诊症状,致死率可达 100%。

①主要生物学特性:属弹状病毒科狂犬病病毒属。子弹状,直径约 75 nm,长 100~300 nm。有囊膜,病毒核酸为不分节段的单股负链 RNA(图 2-21)。只有 1 个血清型。兔、小鼠、大鼠均

可感染，人也有易感性，鸽、鹅不敏感。BHK-21或小鼠神经母细胞瘤细胞(NAC1300)均易感，可产生细胞病变。抵抗力不强，可被各种理化因素灭活。不耐高温，悬液中的病毒经56℃30~60 min或100℃2 min即失去感染力。在pH 7.2~8.0较为稳定，pH>8易被灭活。对脂溶剂（乙醚、氯仿、丙酮等）、乙醇、过氧化氢、高锰酸钾、碘制剂以及季铵类化合物（如苯扎溴铵）等敏感，但不易被甲酚皂灭活。

图2-21　狂犬病病毒电镜图
（引自OIE）

②微生物学诊断要点：病毒检测必须在国家指定的实验室进行。采取大脑海马回、小脑皮质和延髓制作触片或切片，塞勒氏染色，观察细胞质内有无内基氏小体；或采取脑组织或唾液腺进行荧光抗体染色，检测细胞质内是否有着色颗粒存在；也可采用RT-PCR方法检测组织中的病毒核酸。

（3）痘病毒

痘病毒是人和多种动物痘病的病原，哺乳动物以皮肤和黏膜出现痘疹、水疱、脓疱和结痂为特征，禽类呈现结缔组织增生和肿瘤样变。以临诊上较为常见的鸡痘和绵羊痘的病原为例。

①主要生物学特性：属于痘病毒科脊椎动物痘病毒亚科的禽痘属和山羊痘病毒属，绵羊痘病毒呈砖状，大小约为250 nm×250 nm×200 nm；鸡痘病毒呈椭圆形，大小约为260 nm×160 nm。有囊膜，病毒核酸为双股DNA（图2-22）。鸡痘病毒某些毒株含有血凝素，能凝集禽类、绵羊、兔、豚鼠等的红细胞。在禽胚绒毛尿囊膜上生长，多数可形成痘斑，其形态、颜色、大小及形成时间因病毒种类而异，如鸡痘病毒可形成白色或黄色致密或弥散分布的痘斑，并在绒尿膜表皮层上皮细胞内形成嗜酸性胞浆包涵体。同种动物经划痕或涂擦毛囊接种，能产生与自然感染相似的痘疹，也能检查到病毒包涵体。病毒在同种动物的单层细胞（肾、胚胎组织、睾丸等）上生长良好，能形成细胞病变或肉眼可见的空斑，也能形成胞浆包涵体。对干燥和低温抵抗力较强，冷冻干燥可保存3年，干燥痂皮中至少存活数

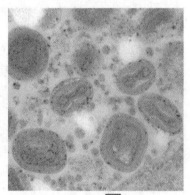

100 nm

图2-22　禽痘病毒电镜图
（引自Becki Lawson）

月，土壤中生存数周；对高温和阳光直射及紫外线敏感（皮屑和干燥痂皮中的病毒则抵抗力增加）；不耐pH<3，3%硫酸及盐酸、3%石炭酸、0.5%福尔马林等均能在数分钟内杀灭病毒。

②微生物学诊断要点：临诊症状出现后1周内，采集皮肤痘疹、肺部病变组织和淋巴结，接种绵羊睾丸细胞进行分离培养，出现细胞病变和包涵体者判为阳性。也可直接取病料进行电镜观察，或进行包涵体检测，或采用PCR技术检测病毒核酸。血清学检查常用敏感细胞做中和试验。

（4）猪瘟病毒

猪瘟病毒是猪瘟的病原。强毒株引起典型猪瘟，呈急性热性全身败血症；中、低毒力毒株引起非典型猪瘟和迟发型猪瘟并可形成猪的持续带毒，症状相对较轻。

①主要生物学特性：属黄病毒科瘟病毒属，球形，直径40~50 nm，有囊膜，基因组为单股RNA，衣壳二十面体立体对称（图2-23）。有1个血清型和3个基因型，不同毒株毒力差异大。能在猪源原代和传代细胞上复制，但不形成细胞病变，猪肾上皮细胞（PK-15、SK-6、IBRS-2）和

猪睾丸细胞(ST)等较常用。新城疫病毒能增强病毒对 ST 的致病效应(鸡新城疫病毒强化试验)。对理化因素抵抗力较强。耐低温、干燥、日光直射和紫外线，但不能反复冻融，也不耐腐败、酸碱和脂溶剂。对碱性消毒剂最敏感，在室温下，1%次氯酸钠、2%氢氧化钠经 30 min 可杀死血液中的病毒。

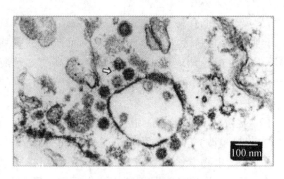

图 2-23　猪瘟病毒电镜图

②微生物学诊断要点：可采集扁桃体、淋巴结、脾脏、肾脏和脱纤全血，在 PK-15 细胞上分离病毒，并以免疫酶染色试验、直接免疫荧光抗体试验进行检测。还可采用实时荧光 RT-PCR 或 RT-nPCR 检查病毒核酸。病毒检测必须在国家指定的实验室进行。血清抗体检测可采用荧光抗体病毒中和试验和 ELISA 试验，其中单抗 ELISA 方法应用强、弱毒单抗纯化抗原检测，可区别诊断自然感染和疫苗免疫猪。

(5)非洲猪瘟病毒

非洲猪瘟病毒是非洲猪瘟的病原。引起猪的急性、亚急性或慢性感染，以急性败血症最常见，与经典猪瘟症状相似，病死率可高达 100%，病变较经典猪瘟更为严重。

①主要生物学特性：属非洲猪瘟科非洲猪瘟病毒属，呈球形，直径约 200 nm，有囊膜，基因组为双链 DNA。成熟病毒粒子结构复杂，自内向外分别为基因组、核心壳、内膜、衣壳和囊膜(图 2-24)。只有 1 个血清型，但有至少 8 个血清群(根据红细胞吸附抑制试验)；具有至少 24 个基因型。将病毒通过兔、山羊连续传代，可驯化出弱毒株；病毒可在鸡胚卵黄囊内生长，尤其是兔体适应株，6~7 d 内致死鸡胚；病毒能在猪的单核细胞、骨髓细胞和白细胞内生长，也能在 BHK-21 和非洲绿猴肾细胞(Vero)中生长，部分毒株可出现红细胞吸附现象，随后产生细胞病变，并可在胞浆内检测到嗜酸性包涵体。在环境中比较稳定，污染的

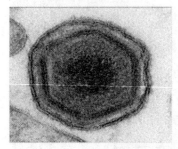

图 2-24　非洲猪瘟病毒电镜图
(引自 Wikipedia)

环境中可存活超过 3 d、猪粪中达数周，在冻肉中存活数月至数年。不耐热，紫外线和长时间日光照射能杀灭该病毒。在 pH 4~10 的溶液中比较稳定。对乙醚和氯仿敏感，2%氢氧化钠、2%~3%次氯酸钠、0.3%福尔马林等多种消毒剂均可有效灭活病毒。

②微生物学诊断要点：采集病死猪的脾脏、淋巴结等组织，也可采集发病猪的血液、血清，用于病毒的检测、分离。病毒检测必须在国家指定的实验室进行。最常用的实验室检测方法有 PCR 和实时荧光定量 PCR，这两种方法是 OIE 推荐的方法。可通过细胞分离鉴定病毒，最为准确的方法是红细胞吸附试验，特别是首次暴发地区，建议使用。也可通过 ELISA、免疫印迹试验、间接免疫荧光试验检测抗体。

(6)禽流感病毒

禽流感病毒是禽流感的病原。可引起各种家禽和野禽的感染，以鸡和火鸡最易感，人也可感染。高致病性毒株可引起急性败血症，发病率和病死率都很高。

①主要生物学特性：属正黏病毒科甲型流感病毒属，具多形性，多呈球形，新分离毒株常为丝状，最小直径 80~120 nm，病毒核酸为分节段单链 RNA(图 2-25)。有囊膜和纤突，纤突糖蛋白有血凝素(HA)和神经氨酸酶(NA)两种，是病毒重要的表面抗原，据此可将病毒分为不同的

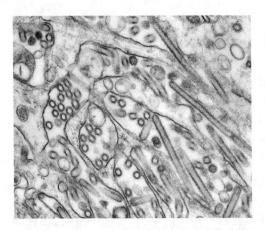

图 2-25 MDCK 细胞培养的禽流感病毒电镜图
（病毒呈椭圆形和杆状，引自 Dr. Cynthia Goldsmith）

血清亚型，病毒易变异，血清亚型众多，目前，甲型流感病毒共有 18 个 HA 亚型，11 个 NA 亚型。不同亚型的毒株致病力也存在差异，高致病性毒株多集中在 H5 和 H7 亚型，具有特异的 HA 裂解位点氨基酸序列。能够凝集鸡、牛、马、猪、猴等动物红细胞，并可被特异的抗体所抑制。能在鸡胚增殖，引起鸡胚死亡，并使胚体多部位出血；多种哺乳动物和禽类的细胞系可用于病毒的分离培养，如鸡胚成纤维细胞（CEF）、犬肾细胞（MDCK）等。病毒抵抗力不强，对高温、紫外线、各种消毒药及脂溶剂敏感。

②微生物学诊断要点：采集活禽咽喉和（或）泄殖腔拭子样品，病死禽采集气管、肺和脑等组织样品，进行病毒的快速检测、分离鉴定和致病性检测。采用 RT-PCR 或实时荧光定量 PCR 等方法进行病毒的快速检测和分型，并根据 HA 裂解位点氨基酸序列判定毒株的毒力。病毒分离可将病料接种于 9~11 日龄的鸡胚尿囊腔，致死鸡胚后，取尿囊液做血凝和血凝抑制试验，也可以细胞培养分离病毒进行鉴定。毒力测定可静脉接种 4~8 周龄鸡，测定致病指数。血清学检测采用血凝抑制试验（HI），检测血清中 H5 或 H7 亚型血凝素抗体，HI 抗体水平 $\geqslant 2^4$，结果判定为阳性；也可采用琼脂扩散试验、ELISA 或间接免疫荧光试验等进行检测。

(7) 新城疫病毒

新城疫病毒是鸡、火鸡和鸽等新城疫的病原，对鸡具有很强的致病性，常呈败血症经过，发病率和病死率可达 90%。

①主要生物学特性：属于副黏病毒科禽腮腺炎病毒属，多呈球形，直径为 140~170 nm，核酸为不分节段的单股 RNA，有囊膜和纤突，只有 1 个血清型，但有至少 19 个基因型，不同毒株致病力差异大（图 2-26）。纤突包括血凝素-神经氨酸酶（HN）和融合蛋白（F），前者使病毒能够凝集鸡、鸭、火鸡、人、豚鼠等红细胞，后者与毒株的毒力密切相关。病毒能在鸡胚中增殖，经尿囊腔接种 9~11 日龄鸡胚后，强毒株可在 36~72 h 致死鸡胚，弱毒株的致死时间约为 1 周，尿囊液中含有大量病毒；病毒可在多种原代或传代细胞中增殖，如 BHK-21、Vero、鸡胚成纤维细胞（CEF）等，细胞病变因病毒毒力和细胞种类而异，多可产生细胞圆缩脱落、形成合胞体等。病毒对日光、脂溶剂及各种消毒药敏感，3%~5% 来苏儿、2%~3% 氢氧化钠等在数分钟内即可杀灭病毒。但对 pH 值稳定，在 pH 3~10 时不被破坏。

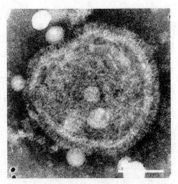

图 2-26 新城疫病毒电镜图
（引自 Jan Mast）

②微生物学诊断要点：取活禽气管或泄殖腔拭子，病死禽取脑、肺脏、脾脏等病料接种 9~11 日龄鸡胚尿囊腔，收获尿囊液测定其血凝价，再用标准血清进行血凝抑制试验。同时，需进行 ICPI 致病指数测定，结合 HI 试验结果综合判定。也可用 RT-PCR 试验进行病毒核酸的快速检测，结果阳性并且具有特征性 F 蛋白裂解位点序列的，可以做出诊断。血清学检测多采用荧光抗体技术或琼脂扩散试验。

（8）朊病毒

朊病毒是传染性海绵状脑病的病原。可引起人和动物的慢性感染，发生牛海绵状脑病（疯牛病）、羊痒病（羊瘙痒症）和人的克雅氏病等。

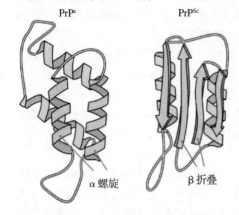

图 2-27　朊病毒蛋白结构示意图
（引自 https：//www.scienceabc.com/）

①主要生物学特性：朊病毒属于亚病毒，只有传染性的蛋白质颗粒。朊病毒蛋白（PrP）有两类，一类是细胞型朊蛋白（PrP^c），存在于正常细胞表面，无感染性；另一类是病理型朊病毒蛋白（PrP^{Sc}），是前一类蛋白的同源异构体，具有致病作用，称为朊病毒（图 2-27）。两类蛋白的氨基酸序列相同，但氨基酸构型发生改变，朊病毒的氨基酸构型以 β 折叠为主。在脑组织中朊病毒可形成纤维状物，即痒病相关纤维，可作为各种海绵状脑病的病理学诊断指标。病毒与机体正常细胞膜结合，不易被机体免疫系统识别，故不产生抗体。本病毒抵抗力很强，对热、辐射、酸碱及常用消毒药有很强的抵抗力，由含毒肉骨粉制成的饲料仍具有感染性，这也是该病传播的重要原因。

②微生物学诊断要点：主要通过动物感染试验进行朊病毒生物学测定，结合痒病相关纤维检查，做出诊断。免疫学诊断可基于朊蛋白单抗进行免疫组化试验、组织印迹及 ELISA 检测。

（9）犬瘟热病毒

犬瘟热病毒是犬瘟热的病原。能引起犬科、鼬科及部分浣熊科动物的急性感染，犬表现为多系统炎症，亚急性型可伴有神经症状和脚掌鼻镜的过度角化。

①主要生物学特性：属副黏病毒科麻疹病毒属，具多形性，多呈球形，直径为 110～550 nm，有囊膜和纤突（图 2-28）。核酸为单链 RNA。有 1 个血清型和 18 个和地理分布相关的基因型。病毒能在黏膜上皮细胞、白细胞、神经胶质细胞和神经元等细胞中形成胞浆内包涵体，也可在被覆上皮、腺上皮等细胞中形成核内包涵体。病毒能在 Vero、犬肾细胞（MDCK）、CEF 等多种细胞内增殖，产生细胞圆缩、合胞体、胞内包涵体等细胞病变，也可接种 6～7 日龄鸡胚绒毛尿囊膜培养病毒。对高温、干燥和紫外线敏感，3%氢氧化钠、5%石炭酸等多种消毒剂可在短时间内杀灭病毒。

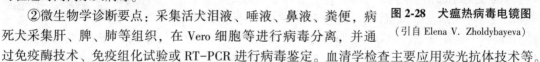

图 2-28　犬瘟热病毒电镜图
（引自 Elena V. Zholdybayeva）

②微生物学诊断要点：采集活犬泪液、唾液、鼻液、粪便，病死犬采集肝、脾、肺等组织，在 Vero 细胞等进行病毒分离，并通过免疫酶技术、免疫组化试验或 RT-PCR 进行病毒鉴定。血清学检查主要应用荧光抗体技术等。

第3章 诊 断

兽医临诊诊疗技术是研究畜禽疾病诊断及治疗的方法，内容包括兽医临诊检查技术、实验室检查技术、建立诊断的方法与病历记录、常用临诊治疗技术。通过学习，能完整地搜集病史、正确地书写病历、规范有序地进行临诊检查、识别正常与异常；能对各种症状和检查结果进行综合分析和推理，获得合乎科学的正确诊断；能规范地进行兽医临诊诊疗的各项基本操作。

3.1 动物的接近与保定

3.1.1 动物的接近

接近是指兽医人员靠近被诊治动物的过程。

3.1.1.1 方法

兽医人员接近动物时,一般由畜主或饲养人员在旁边协助进行。检查者应以温和的呼唤声,先向动物发出欲接近的信号,然后再从其侧前方徐徐靠近。接近后,可用手轻轻抚摸动物的颈侧,使其保持安静和温顺状态,以便进行检查。对猪则可在其耳根或腹下部用手轻挠,使其安静或卧下,再行检查。对牛或马属动物可轻拍其额部,另一手从饲养员或畜主手中接过绳。

3.1.1.2 注意事项

接近前应先了解动物的习性及其惊恐与欲攻击人、畜时的神态(如牛低头凝视,马竖耳、瞪眼,猪斜视、翘鼻、发出呼呼声等);除亲自观察外,还须向畜主了解动物平时的性情,如有无胆小易惊,好踢人、咬人、顶人等恶癖。接触马属动物时,一般应从其左侧前方接近,以便事先有所注意。不宜从正前方和后方贸然接近,以免被其前肢刨伤或后肢踢伤。为防止感染和疾病传播,要有相应的防护措施,并注意消毒。

3.1.2 动物的保定

保定就是以人力、器械或药物限制动物的活动,保障人、畜的安全,以便达到检查和处置的目的。

各种动物都可以在自然状态下进行检查。但必要时,可采取一些保定措施。

3.1.2.1 常用的绳结打法

(1) 单活结

一只手持绳并将绳在另一只手上绕一周,然后用被绳绕的手握住绳的另一端并将其经绳环处拉出即成(图3-1)。

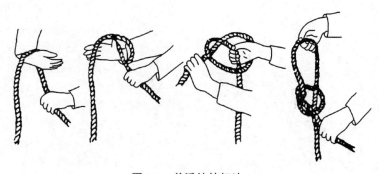

图3-1 单活结的打法

(2) 双活结

两手握绳,左手掌向上,右手掌向下,两手同时右转至两手相对为止,此时绳子形成两个圈,再使两圈并拢,左手圈通过右手圈,右手圈通过左手圈,然后两手分别向相反方向拉绳,于是形成两个套圈(图3-2)。

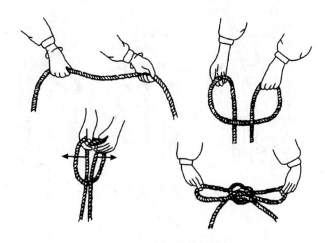

图 3-2 双活结的打法

(3) 猪蹄结(又称猪蹄扣)

一种方法是将绳端套于柱上后,再套一圈,把两绳端压在圈的里边,一端向左,另一端向右;另一种方法是两手交叉握绳,各向原来的方向移动,最后两手一转即成(图 3-3)。

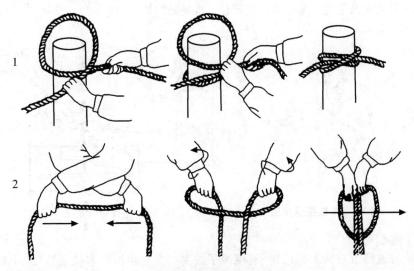

图 3-3 猪蹄结的打法
1. 在桩柱上 2. 双手打法

(4) 拴马结

左手握持缰绳的游离端,右手握持缰绳绕过木柱,再在左手上绕成一个小圈套,将左手的小圈套从大圈套向上向右拉出,同时换右手拉缰绳的游离端。把游离端做成小套穿入左手所拉的小圈内,然后抽出左手,拉紧缰绳的近端即成(图 3-4)。

3.1.2.2 牛的保定方法

(1) 徒手保定法

保定者面对牛的头部,站于牛的一侧先用一只手拉提鼻绳、鼻环,或以拇指与食指、中指捏住牛的鼻中隔略上提,然后用另一手抓住牛角加以保定(图 3-5)。适用于一般检查、灌药、肌内

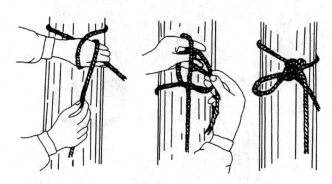

图 3-4　拴马结的打法

注射、静脉注射等。

(2) 鼻钳保定法

将鼻钳的两钳嘴抵入两鼻孔，并迅速夹紧鼻中隔，用一只手或双手握持略向上提举(图 3-6)。适用于一般检查、灌药、肌内注射、静脉注射等。

(3) 两后肢保定法

用绳子的一端扣住一后肢跗关节上方跟腱部，另一端则转向对侧肢相应部做"8"字形缠绕，最后收绳抽紧使两后肢靠拢，绳头由一人牵住，准备随时松开(图 3-7)。适用于一般检查、灌肠和肌内注射等。

图 3-5　牛徒手保定法

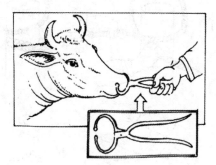

图 3-6　牛鼻钳保定法

(4) 角桩保定法

将牛头前方或侧方对准木桩或树干，用绳子或牛缰绳在角根和木桩上做"8"字形反复捆缚，

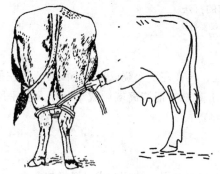

图 3-7　两后肢保定法

图 3-8　牛角桩保定法

最后将牛的嘴端也缚于木桩上(图3-8)。适用于一般检查、肌内注射、内脏器官的临诊检查或直肠检查等。

(5)二柱栏保定法

将牛牵至二柱栏前柱旁，先做颈部活结使颈部固定在前柱一侧。再用一条长绳在前柱至后柱的挂钩上做水平环绕，将牛围在前后柱之间，然后用绳在胸部或腹部做上下、左右固定，最后分别在鬐甲和腰上打结。必要时可用一根长竹竿或木棒从右前方向左后方斜过腹，前端在前柱前外侧着地，后端斜向后柱挂钩下方，并在挂钩处加以固定(图3-9)。适用于修蹄、瓣胃注射、瘤胃穿刺及瘤胃切开等手术时保定。

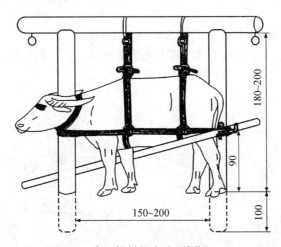

图 3-9　牛二柱栏保定法(单位：cm)

(6)四柱栏保定法

先将四柱栏的活动横梁按所保定的畜体高度调至胸部1/2水平线上，同时按该畜胸部宽度调好两横梁的间距，装系两前柱间的前带(胸带)，然后牵畜入四栏柱，再装好两后柱间后带(尾带)即可保定。需要时可装背带和腹带。解除保定的顺序是先解除背带和腹带，再解开缰绳和前带，让牛从前柱间离开。适用于临诊一般检查或治疗时保定。牛用四柱栏如图3-10所示。

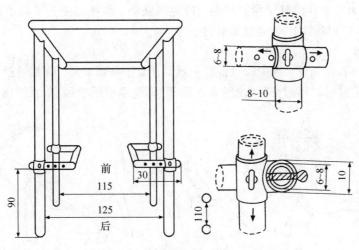

图 3-10　牛用四柱栏(单位：cm)

图3-11 背腰缠绕倒牛法

(7)倒卧保定法

取一条长约15 m的绳子,一头拴在牛的两角根处,将绳另一端沿非卧侧颈部外面的躯干上部向后牵引,在肩胛骨后角处环胸绕一圈做成第一绳套,继而向后引至胶部,再环腹一周(此套应放在乳房前方)做成第二绳套(图3-11),绳子套好后,由1人抓住牛鼻环绳和牛角,向倒卧侧按压牛头,2~3人用力向后牵拉绳的游离端,后肢屈曲而自行倒卧。

3.1.2.3 马的保定方法

(1)鼻捻保定法

一只手(右手)抓住笼头,将鼻捻子的绳套套于另一只手(左手)上,并夹于指间(图3-12),该手自鼻梁向下轻轻抚摸至上唇时,迅速有力地抓住马的上唇,将绳套套于唇上,此时抓笼头的一只手离开笼头,并迅速向一方捻转把柄,直至拧紧为止。

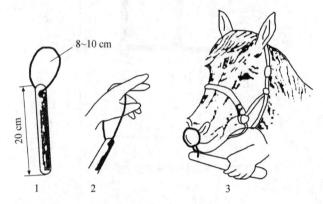

图3-12 马的鼻捻保定法

1. 鼻捻棒及绳套 2. 绳套夹于指间的姿势 3. 拧紧上唇

(2)耳夹子保定法

一手放于马的耳后颈侧,然后迅速抓住马耳,以持夹子的另一只手迅速将夹子张开,把耳夹装于耳根部并用力夹紧,此时应握紧耳夹,避免因骚动、挣扎而使夹子脱手甩出甚至伤人等(图3-13)。适用于一般的临诊检查或简单的处置。

(3)两后肢保定法

用一条长约8 m的绳子,绳中段对折打一颈套,套于马颈基部,两端通过两前肢和两后肢之间,再分别向左右两侧返回交叉,使绳套于系部,将绳端引回至颈套,系结固定(图3-14)。适

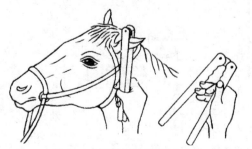

图3-13 马的耳夹子保定法

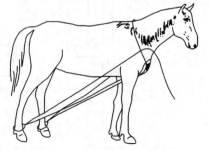

图3-14 两后肢站立保定法

用于马直肠检查或阴道检查。

(4)二柱栏保定法

先将马引至柱栏的左侧(即马的右侧靠柱栏),并令其靠近柱栏,将缰绳系于柱横梁前端的铁环上,再将脖绳系于前柱上,最后缠绕围绳及吊挂胸、腹绳(图3-15)。适用于一般临诊检查、检蹄及装蹄等。

(5)四柱栏及六柱栏内保定法

保定栏内备有胸革(或用扁绳代替)、肩革(带)及腹革(带),先挂好胸革,再将马从柱栏后方引进,并把缰绳系于某一柱上,最后挂上臀革。适用于一般临诊检查、直肠检查、外科处置及手术等。六柱栏保定法如图3-16所示。

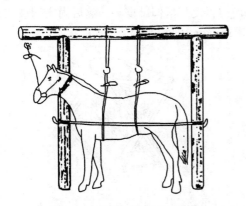 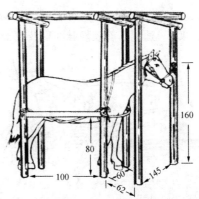

图 3-15　马的二柱栏内保定法　　　　图 3-16　马的六柱栏保定法(单位: cm)

3.1.2.4　猪的保定方法

(1)站立保定法

在绳的一端做一活套,使绳端自猪的鼻端滑下,当猪张口时迅速使之套入上腭,并立即勒紧。然后由一人拉紧保定绳的一端,或将绳拴于木桩上。此时,猪多呈用力后退姿势,从而可保持安定的站立状态(图3-17)。此法可用于体温测定、肌内注射及一般临诊检查。

(2)提举保定法

抓住猪的耳朵,迅速提举,使猪腹面朝前,并以膝部夹住其颈胸部;也可抓住两后肢飞节并将其后躯倒提,保定者用两腿夹住猪胸背部而固定之(图3-18)。适用于经口插胃管或气管内注

图 3-17　猪绳套站立保定法　　　　　　图 3-18　提举后肢保定法
1. 猪的保定后姿势　2. 绳套的结法

射；后肢提举适用于腹股沟浅淋巴结检查、腹腔注射及阴囊疝手术等。

(3) 网架保定法

将网架平放于地上（图3-19），将猪赶至网架上，随即抬起网架，并将两端的木杆放于木凳（或其他支架）上，使猪的四肢落入网孔并离开地面即可固定。较小的猪可将其捉住后放于网架固定。适用于一般临诊检查、耳静脉注射及针刺等。

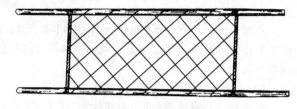

图3-19 猪保定用网架

(4) 保定架保定法

将猪放于特制的活动保定架或较适宜的木槽内，使其呈仰卧姿势，然后固定四肢或行背位保定（图3-20）。适用于前腔静脉注射及腹部手术或进行一般临诊检查。

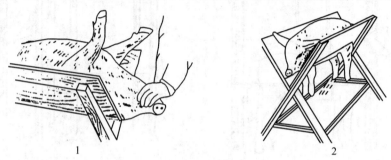

图3-20 猪的保定架保定法
1. 仰卧保定 2. 背位保定

(5) 倒卧保定法（棒绳捆猪法）

抓猪时，右手迅速握住猪的左耳，同时用左手抓住猪的左侧膝皱襞，并向检查者怀内提举靠紧；然后将猪右胸壁横放于一端系有绳的木棒上（木棒长度超出猪体的横径），以膝抵压猪的腰臀部，将绳从猪腋下向上绕过左胸至背侧，再向下绕过木棒后，引绳向前，将上下腭缠绕拉紧，使猪头部向后上方弯曲，然后将绳端再向后绕过左腋下，返回向前系。在腭与棒之间的绳上，系结固定。最后，检查者踩住地上的木棒即可（图3-21）。适用于大母猪的阉割、静脉注射及某些手术等。

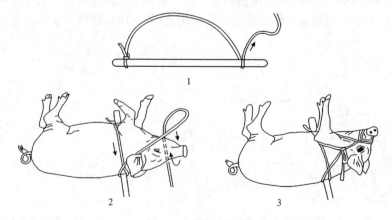

图3-21 棒绳捆猪法
1. 棒绳 2. 绳的捆法 3. 保定后状态

3.1.2.5 羊的保定方法

(1) 握角骑跨夹持保定法

两手握住羊的两角,骑跨羊身,以大腿内侧夹持羊两侧胸壁即可保定(图 3-22)。适用于一般临诊检查或治疗。

(2) 两手围抱保定法

从羊胸侧用两手(臂)分别围抱其胸加以保定(图 3-23)。适用于一般检查或治疗时的保定。

图 3-22　握角骑跨夹持保定法

图 3-23　两手(臂)围抱保定法

(3) 倒卧保定法

保定者俯身从对侧一只手抓住两前肢系部或一前肢臂部,另一只手抓住腹胁部膝襞处扳倒羊体,后一只手改为抓住两后肢的系部,前后一齐抓住即可(图 3-24)。适用于治疗或简单手术时的保定。

3.1.2.6 犬的保定方法

(1) 颌部保定法

用绷带在犬的上下颌缠绕两周后收紧,交叉绕于颈部打结,以固定其嘴不得张开(图 3-25)。适用于一般检查和治疗。

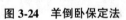

图 3-24　羊倒卧保定法

(2) 横卧保定法

先将犬做颌部保定,然后两手分别握住犬两前肢的腕部和后两肢的跗部,将犬提起横卧在平台上,以右手的臂部压住犬的颈部,即可保定(图 3-26)。适用于一般临诊检查和治疗。

图 3-25　颌部保定法

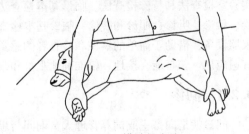

图 3-26　横卧保定法

(3) 口笼(嘴罩)保定法

将专用于套犬的口笼套入犬的口鼻部,并将罩的游离部顶带系在颈部。适用于嘴筒较长的大型犬和中型犬的临诊检查和治疗。

（4）伊丽莎白圈保定法

将其套在犬颈部后将扣扣好，形成前大后小漏斗状。适用于限制犬回头的临诊检查，也多用于术后防止动物自我损伤。

3.1.2.7　猫的保定方法

（1）徒手保定法

保定小猫时，可先把一只手放在小猫的胸腹下，用手掌托起，再用另一只手扶住头颈部即可。也可用右手抓住猫的颈背部皮肤，左手托起猫的臀部，使猫的大部分体重落在左手上。保定成年猫时，应由两人进行，一人先抓住猫颈部皮肤，另一人用双手分别抓住猫的两前肢和后两肢，将猫牢牢地固定住。适用于一般临诊检查和治疗。

（2）猫袋保定法

猫袋可用人造革、粗帆布或厚布制成，布的一侧缝上拉锁，把猫装进袋后拉上拉锁。布的前端装一根能放松的带子，把猫装进袋后先拉上拉锁，再扎紧颈部袋口，猫就不能往外跑，此时拉出后肢，可进行体温测量、注射、灌肠等。

（3）站立保定法

站立保定时，要将猫放在桌面上或手术台上，用左手把住猫颈下方，右手放在猫的背腰部，以防猫左右摆动或蹲下。适用于一般临诊检查与治疗。

（4）侧卧保定法

将猫侧卧于桌面上，用细绳或绷带将两前肢和两后肢分别捆绑在一起，用细绳系在桌腿上，助手将猫头按住。适用于临诊检查与治疗。

3.1.2.8　禽的保定方法

对于小型禽类如鸡、鸽等，可将其两脚夹于保定者的食指和中指之间，拇指和其余手指拢住翅膀；成年的鸡、鸭、鹅等禽类的保定，可用一手抓住两翅基部，另一手抓住两脚；大型禽类的保定，可用一只胳膊环绕禽体，另一只胳膊向下压住翅膀，但对于鸵鸟要先抓住其颈基部，再按住背部向下压，使之卧下。禽类保定时切忌只抓住一只翅膀，以免挣扎而造成骨折或其他损伤。

3.2　临诊检查的基本方法与基本程序

在兽医临诊工作中，为了诊断疾病，常需应用各种特定的检查方法，以获得能用于疾病诊断的症状和资料，这些特定的检查方法称为临诊检查法。临诊检查方法可概括为临诊基本检查法、实验室检查法和特殊检查法。临诊基本检查法是对动物进行病史询问和物理检查，包括问诊、视诊、触诊、听诊、叩诊和嗅诊。临诊基本检查法有3个特点：一是方法简单易行，不需要昂贵的仪器设备，借助于简单的器械和检查者的感觉器官就可施行。二是在任何场所，对任何动物都可普遍应用。三是能直接地、较准确地观察和判断病理变化。

3.2.1　问诊

问诊就是向畜主或饲养管理人员询问与患病动物发病有关的情况，又称病史调查。

3.2.1.1　方法

采用交谈或启发式询问。一般在着手检查病畜前进行，也可边检查边询问。

3.2.1.2　内容

主要包括现症病史、既往病史、饲养管理情况、卫生防疫及生产性能等。

①现症病史：主要了解本次发病的时间、地点；发病后的主要表现及经过；畜群及相邻饲养场动物发病情况；对发病原因的估计；已经采取的治疗措施与效果。

②既往病史：患病动物及动物群过去发病情况，即以往发生过哪些病，是否发生过与本次发病相类似的疾病，其经过和结局如何。

③饲养管理情况：包括日粮的组成与质量、饲喂制度和方式。

④卫生防疫情况：了解畜舍卫生及环境条件、平时消毒措施、预防接种情况及有关流行病学情况的调查。

⑤生产性能：根据动物特点，有所针对地了解。如为肥育动物要了解动物生长速度；如为产蛋禽要了解产蛋量；乳畜则应了解产奶量；役畜则应了解使役情况等。

3.2.1.3 注意事项

①语言要通俗易懂，态度要和蔼，要取得饲养、管理人员的大力配合。

②在内容上既要有重点，又要全面收集情况。

③对问诊所得到的材料，应客观对待，不要简单地肯定或否定，应结合现症检查结果进行综合分析，更不要单纯依靠问诊而草率做出诊断或给予处方、用药。

3.2.2 视诊

视诊是指通过肉眼或借助于简单器械观察动物及动物群的各种外在表现的检查法，以判断动物是否正常或寻找诊断依据。广义的视诊还可包括 X 线影像、超声显像及内窥镜检查等。

3.2.2.1 方法

分为个体视诊和群体视诊两种。视诊时一般先不要靠近病畜，也不宜进行保定，以免惊扰，应尽量使动物取自然姿势。检查者应站离病畜适当距离处，首先观察其全貌，然后由前往后、从左到右边走边看；观察病畜的头、颈、胸、脊椎、四肢。当行至病畜的正后方时，应注意尾、肛门及会阴部；并对照观察两侧胸、腹部是否有异常；为了观察步态及运动过程，可进行牵遛；最后再接近动物进行仔细观察。

3.2.2.2 应用范围

①外貌（体格、发育、营养及躯体结构等）的观察。

②精神状态、姿势、运动与行为等的观察。

③被毛、皮肤及体表病变等的观察。

④可视黏膜及与外界直通的体腔等的观察。

⑤某些生理活动情况，如呼吸动作、采食、咀嚼、吞咽、反刍与嗳气活动、排尿与排粪动作等的观察。

⑥病畜排出的分泌物、排泄物及其他病理产物的数量、性状与混杂物等的观察。

3.2.2.3 注意事项

①对初来门诊的病畜，应让其稍作休息，呼吸平稳，先适应一下新的环境后再进行检查。

②最好在自然光照的场所进行。

③收集症状要客观全面，不要单纯根据视诊所见的症状就确立诊断，要结合其他方法检查的结果，进行综合分析与判断。

3.2.3 触诊

触诊就是利用检查者的手或借助检查器具触压动物体，根据感觉了解组织器官有无异常变化的一种检查法。触诊主要是由检查者以指腹、掌指关节部掌面或手背的皮肤进行感觉。触诊可确定病变的位置、硬度、大小、轮廓、温度、压痛及移动性等。

3.2.3.1　方法及应用范围

(1) 浅表触诊法

以一手轻放于被检部位，以手掌或手背接触皮肤轻柔滑动触摸。适用于检查体表的关节、肌肉、腱及浅在血管、骨骼等，以感觉其温度、湿度、肿块的硬度与性状及其敏感性等。

(2) 深部触诊法

从外部检查内脏器官的位置、形态、大小、活动性、内容物及压痛。

①双手按压法：以两手于被检部位从左右或上下两侧同时加压，逐渐缩小两手间的距离，以检查中、小动物内脏器官及其内容物的性状。也可用于大动物颈部食道及气管的检查。

②插入触诊法：以一指或几个并拢的手指，沿一定部位用力插入或切入触压，以感知内部器官的性状和压痛点。适用于肝、脾、肾脏的外部触诊检查。

③冲击触诊法：以拳或并拢的手指，置于腹壁相应的被检部位，做2~3次急速、连续、强而有力的冲击，以感知腹腔深部器官的性状与腹腔积液状态。适用于腹腔积液及瘤胃、皱胃内容物性状的判定。当腹腔积液时，在冲击后感到有回击波或振水音。

除上述外部触诊法，对大动物还可进行直肠检查以及食道、尿道的探诊等，这些属内部触诊法。

3.2.3.2　注意事项

①注意安全，应了解被检动物的习性及有关恶癖，并在必要时进行保定。

②检查某部位的敏感性时，宜先健区后病部，先远后近，先轻后重，并注意与对应部位或健区进行对比；检查前应先遮住病畜的眼睛；注意不要使用能引起病畜疼痛或妨碍病畜表现反应动作的保定方法。

3.2.3.3　触诊常见的病变

(1) 捏粉样

捏粉样又称面团样，触压时柔软，如压生面团样，指压时形成凹陷或留有压痕，移去手指后慢慢变平。多见于皮下水肿，常发生于眼睑、胸前、四肢、腹下等部位，表明皮下组织内有浆液浸润。临诊上常见于心脏疾病、肾脏疾病、血液疾病及营养不良等。胃肠内容物积滞时也会出现捏粉样，如瘤胃积食时瘤胃内容物的性状。

(2) 波动感

触压病部时，感觉柔软而有弹性，指压不留痕，进行间歇性压迫或将其一侧固定，从对侧加以冲击时内容物呈波动样改变。为组织间有液体潴留的表现，常见于脓肿、血肿、大面积淋巴外渗等。

(3) 气肿感

触压病部时，柔软稍有弹性，并随触压而有气体向邻近组织窜动感，同时可听到捻发音。为组织间有气体积聚的表现，常见于皮下气肿、气肿疽等。

(4) 坚实感

触压病区时，感觉坚实致密，如触压肝脏一样，见于蜂窝织炎、组织增生及肿瘤等。

(5) 硬固感

触压病部时感觉组织坚硬，如触压骨、石块一样，常见于尿道结石、骨瘤等。

(6) 疼痛

触压到病部时，病畜出现皮肌抖动、回顾、躲避或抗拒等动作。

3.2.4 听诊

听诊是以听觉听取动物体内某些器官活动所产生的声音，根据声音的特性判断其机能活动及物理状态的一种检查方法。

3.2.4.1 方法

①直接听诊法：先将动物体表上放一听诊布，然后检查人员用耳紧贴于动物体表的欲检部位进行听诊。此外还可听取动物咳嗽、磨牙、呻吟及气喘等声音。

②间接听诊法：即借助听诊器在欲检器官的体表相应部位进行听诊。

3.2.4.2 应用范围

①听取心音。

②听取喉、气管及胸肺部生理或病理活动的音响。

③听取胃肠的蠕动音。

3.2.4.3 注意事项

①应在安静的室内进行。

②听诊器两耳塞与外耳道相接要松紧适当，过紧或过松都影响听诊的效果，听诊器集音头要紧密地贴在动物欲查部位的体表，防止滑动。听诊器的软管不应交叉，也不要与手臂、衣服、动物被毛等接触、摩擦，以免发生杂音。

③听诊时要聚精会神，同时要注意观察动物的活动与动作。

④听诊胆小易惊或性情暴烈的动物时要由远而近地逐渐将听诊器集音头移至听诊区，以免引起动物反抗。听诊过程中需注意人畜安全。

3.2.5 叩诊

叩诊是对动物体表某一部位进行叩击，使之振动并产生音响，根据产生音响的性质，判断被叩击部位及其深部器官的物理状态，间接地确定该部位有无异常的检查法。

3.2.5.1 方法

①直接叩诊法：用手指或叩诊锤直接向动物体表的一定部位叩击的方法。

②间接叩诊法：分指指叩诊法与锤板叩诊法。

指指叩诊法：通常以左手的中指紧贴在被检查的部位上（用作叩诊板），其他手指稍微抬起，勿与体表接触；右手中指第二指关节处呈90°屈曲状作叩诊锤，并以右腕作轴而上、下摆动，用适当的力量垂直地向左手中指的第二指节处进行叩击，听取所产生的叩诊音响。主要用于中、小动物的叩诊。

锤板叩诊法：即用叩诊锤和叩诊板进行叩诊。一般以左手持叩诊板，将其紧密地放于欲检查部位的体表；用右手持叩诊锤，以腕关节作轴，将锤上、下摆动并垂直地向叩板上连续地叩击2~3次，以听取其音响。通常适用于大家畜胸、腹部检查。

3.2.5.2 应用范围

①直接叩诊主要用于检查鼻旁窦、喉囊，以及检查马属动物的盲肠和反刍动物的瘤胃，以判断其内容物性状、含气量及紧张度。

②间接叩诊主要用于检查肺脏、心脏及胸腔的病变；也可以检查肝、脾的大小和位置以及靠近腹壁的较大肠管内容物性状。

③叩诊可作为一种刺激，判断其被叩击部位的敏感性；叩诊时除注意叩诊音的变化外，还应

注意锤下抵抗。

3.2.5.3 注意事项

①叩诊时用力的强度,不仅可影响声音的强弱和性质,同时也可决定振动向周围与深部的传播速度。因此,用力的大小应根据检查的目的和被检器官的解剖特点来决定。对深在的器官、部位及较大的病灶宜用强叩诊,反之宜用轻叩诊。

②为便于集音,叩诊最好在安静的室内进行;为有利于音响的积累,每一叩诊部位应进行2~3次间隔均等的同样叩击。

③叩诊板应紧密地贴于动物体壁的相应部位上,对瘦弱动物应该注意勿将其横放于两条肋骨上;对毛用羊只应将其被毛拨开。

④叩诊板勿需用强力压迫体壁,除叩诊板(指)外,其余不应接触动物的体壁,以免影响振动和音响。

⑤叩诊锤应垂直地叩在叩诊板上;叩诊锤或用作锤的手指在叩击后应迅速离开。

⑥为了均等地掌握叩诊的用力强度,叩诊的手应以腕关节作轴,轻松地上、下摆动进行叩击,不应强加臂力。

⑦在相应部位进行对比叩诊时,应尽量做到叩击的力量、叩诊板的压力以及动物的体位等都相同。

3.2.5.4 叩诊音

叩诊音的高低、强弱、持续时间的长短受被叩击部位及其深部脏器的致密度、弹性和含气量的多少,邻近器官的含气量和距离,叩击力量的轻重及脏器与体表的距离等因素的影响。动物体表叩诊时通常能产生5种叩诊音,即清音、过清音、鼓音、半浊音和浊音。其中清音、浊音和鼓音是3种基本叩诊音,其余两种为过渡音。过清音是清音与鼓音之间的过渡音,半浊音是清音与浊音之间的过渡音。

(1)清音

清音是一种振动时间较长、比较强大而清晰的叩诊音,表明被叩击部位的组织或器官有较大弹性,并含有一定量的气体。叩诊健康动物正常肺部呈清音。

(2)浊音

浊音是一种音调高、声音弱、持续时间短的叩诊音,表明被叩击部位的组织或器官柔软、致密、不含空气且弹性不良。叩诊健康动物厚层肌肉部位(如臀部)以及不含气体的心脏、肝脏等实质脏器与体表直接接触部位呈浊音。

(3)鼓音

鼓音是一种音调比较高朗、振动比较有规则,比清音强,持续时间也较长,类似敲击小鼓时的叩诊音。叩击健康牛瘤胃上1/3部或马盲肠基部呈鼓音。

(4)半浊音

半浊音是介于清音与浊音之间的过渡音,表明被叩击部位的组织或器官柔软、致密、有一定的弹性,含有少量气体。叩击健康动物肺区边缘、心脏相对浊音区呈半浊音。

(5)过清音

过清音是一种介于清音与鼓音之间的过渡音响,音调较清音低,音响较清音强。表明被叩击部位的组织或器官内含有大量气体,但弹性较弱。叩击健康动物额窦、上颌窦呈过清音。

当被叩击部位及其深部器官的致密度、弹性与含气量等物理状态发生病理性改变时,其叩诊音也会发生相应的病理性变化。如当肺部发生炎性渗出、实变、肿瘤等病变,使肺组织变得致密、丧失弹性，不含气体时，则叩诊音转为浊音；当动物患肺气肿时，肺组织含气量增多，弹性减弱时，叩诊呈过清音；当额窦内有炎性渗出物或脓液积聚，则叩诊时呈浊音。

3.2.6 嗅诊

嗅诊是借助于嗅觉检查动物的分泌物、排泄物、呼出气及皮肤气味等的一种方法。

3.2.6.1 方法

检查者用手将动物散发的气味煽向自己鼻部，然后判定气味的特点与性质。

3.2.6.2 诊断意义

呼出气、皮肤、乳汁及尿液带有似烂苹果散发出的丙酮味，常提示牛、羊酮病。呼出气和流出的鼻液有腐败臭味，可怀疑支气管或肺脏发生坏疽性病变。皮肤、汗液有尿臭味，常提示尿毒症。呕吐物出现粪臭味，可提示长期剧烈呕吐或肠梗阻。

3.2.7 临诊检查程序

3.2.7.1 病畜登记

病畜登记就是系统地记录就诊动物的标志和特征。登记的目的主要用于明确病畜的个体特征，以便于识别，同时也可为诊疗工作提供参考。

①动物种类：如马、牛、水牛、羊、猪、鸡、犬、猫等。不同种类动物有其固有的传染病（如猪瘟仅发生于猪，牛瘟不侵害马等），也各有其不同的常见、多发病（如牛前胃病，马的腹痛病等）。

②动物品种：不同品种动物有不同的生产性能，且与其个体抵抗力及体质类型有关，不同品种动物也有不同的常发病（如高产乳牛易患某些代谢紊乱性疾病，本地品种的猪较耐粗饲料等）。

③性别：不同性别动物的解剖、生理特点，在临诊过程中尤应给予注意，母畜在妊娠及分娩前、后的特定生理阶段，常有特定的多发病及治疗中的特别注意事项，因此，登记时对妊娠动物应加以标明。

④年龄：动物不同年龄阶段，常有其固有的、多发的疾病（如马腺疫），仔畜则表现更为明显。此外，年龄因素与发育状态在确定药量、判断预后上也值得参考。

此外，作为动物个体特征的标志，还应注明畜名、号码、毛色、特征或烙印。为便于联系应登记所属单位及管理员的姓名、住址或电话。通常应注明就诊日期及时间。

3.2.7.2 问诊及发病情况的调查

一般通过问诊调查发病情况，必要时还需深入现场了解病畜的全部情况。

3.2.7.3 流行病学调查

对病畜怀疑为传染病、寄生虫病、代谢病和中毒病时，除了询问上述内容外尚应对病畜所在的畜群及周围的发病情况或流行病学情况进行调查。

3.2.7.4 现症的临诊检查

对病畜进行客观的临诊检查，包括一般检查、辅助或特殊的检查。检查必须仔细、认真。临诊检查的程序并不是固定不变的，可根据具体情况而灵活运用。

3.3 一般临诊检查

一般检查是对动物进行临诊诊断的初步阶段。通过检查可以了解动物全貌，并可发现疾病的某些重点症状，为进一步系统检查提供线索。一般检查以视诊和触诊为主要检查方法。检查的内容包括全身状态的观察、被毛及皮肤的检查、眼结膜检查、浅表淋巴结检查以及体温、脉搏及呼吸数的测定等。

3.3.1　全身状态的观察

3.3.1.1　精神状态

主要观察动物的神态，根据动物面部表情、眼和耳的活动及其对外界刺激的各种反应、举动而判定。

（1）正常状态

健康动物表现为头耳灵活，眼睛明亮，反应迅速，动作敏捷，毛、羽平顺有光泽。幼龄动物则显得活泼好动。

（2）病理状态

精神异常可表现为抑制或兴奋。

①抑制状态：一般动物表现为双耳耷拉，头低下，眼半闭，行动迟缓或呆然站立，对周围淡薄而反应迟钝，重则可见嗜睡甚至昏迷。而禽类则表现为羽毛蓬松，垂头缩颈，两翅下垂，闭目呆立。可见于各种发热性疾病、消耗性疾病和衰竭性疾病等。

②兴奋状态：轻者左顾右盼，惊恐不安，竖耳刨地；重则不顾障碍前冲后退，狂躁不驯或挣扎脱缰。牛可哞叫或摇头乱跑，猪则有时伴有痉挛与癫痫样动作，严重时可见攀登饲槽，跳越障碍，甚至攻击人畜。可见于脑及脑膜炎症、中暑及某些中毒病。

3.3.1.2　营养、发育与体格结构

（1）营养

营养主要根据肌肉的丰满度、皮下脂肪的蓄积量及被毛情况而判定。确切测定应称量体重。

①营养良好：健康动物表现肌肉丰满、皮下脂肪充盈、骨骼棱角不显露、被毛光顺。

②营养不良：动物表现消瘦，骨骼表露明显，被毛粗乱无光，皮肤松弛缺乏弹性。常见于消化不良、长期腹泻、代谢障碍、慢性传染病和寄生虫病等。

③营养过剩（肥胖）：表现体内中性脂肪积聚过多，体重增加。多因饲养水平过高、运动不足或内分泌紊乱而引起。如肥胖母牛综合征、肾上腺皮质功能亢进、甲状腺功能减退等。

（2）发育

发育主要根据骨骼的发育程度及躯体的大小而确定。必要时应测量体长、体高、胸围等体尺。

①正常状态：健康动物发育良好，体躯发育与年龄相称，肌肉结实，体格健壮。

②病理变化：发育不良的病畜，多表现为躯体矮小，发育程度与年龄不相称，在幼畜多呈发育迟缓甚者发育停滞。

（3）躯体结构

①检查方法：主要注意病畜的头、颈、躯干及四肢、关节各部的发育情况及其形态比例关系。

②正常状态：健康动物的躯体结构紧凑而匀称，各部的比例适当。

③病理变化：单侧耳、眼睑、鼻唇松弛、下垂而致头面歪斜，是面部神经麻痹的表现；头大颈短，面骨膨隆，胸廓扁平，腰背凹凸，四肢弯曲关节粗大多为骨软症或幼畜佝偻病的特征；腹围极度膨大、肋部胀满提示反刍动物的瘤胃臌气或马、骡的肠臌气；马因鼻唇部浮肿而引起类似

河马头样病变形态,常为出血性紫癜(血斑病)的特征;猪的鼻面部歪曲、变形,应提示传染性萎缩性鼻炎等。

3.3.1.3 姿势与步态

(1)正常姿势

健康动物姿态自然,且不同种类动物通常各有特点。

马多站立,常轮流歇其后蹄,偶尔卧下,但闻吃喝声而起;牛站立时常低头,食后喜四肢集腹下而卧,起立时先起后肢,动作缓慢;羊、猪于食后好躺卧,生人接近时迅即起立、逃避。

(2)异常状态

①异常站立姿势:常见的有病马两前肢交叉站立而长时间不改换,提示脑室积水;鸡呈两腿前后叉开,常为鸡马立克病的特征;病畜单肢悬空或不敢负重,提示肢蹄疼痛;两前肢后踏、两后肢前伸或四肢集向腹下均为多肢疼痛的表现,典型病例应注意蹄叶炎。

②站立不稳:躯体歪斜或四肢叉开、依墙靠壁而站立,常为共济失调与躯体失去平衡的表现,可见于脑病或中毒;鸡呈扭头曲颈,甚至躯体滚转,应注意鸡新城疫、复合维生素B缺乏症或呋喃类药物中毒。

③骚动不安:马、骡可表现为前肢刨地、后肢踢腹、回视腹部、伸腰摇摆、时起时卧、起卧滚转呈犬坐姿势或呈腹朝天等;牛、羊可见以后肢蹴腹动作。骚动不安姿势是腹痛病的特有表现。

④异常躺卧姿势:病畜躺卧而不能起立,常见于多肢的瘫痪或疼痛性疾病以及重度软骨症;如伴有痉挛与昏迷常提示为脑及脑膜的重度疾病(包括侵害中枢神经系统的传染病)或中毒病的后期,也可见于某些代谢紊乱性疾病(如乳牛的产后瘫痪及醋酮血病,新生仔猪的低血糖症等)。

⑤步态异常:跛行是动物躯干或肢蹄发生结构性或功能性障碍引起的姿势或步态的异常。可见于口蹄疫、腐蹄病、乳房炎、维生素缺乏、钙磷等矿物质缺乏等;步态不稳是指四肢运动不协调或呈蹒跚、踉跄、摇摆、跌晃而似醉酒状,多为中枢神经系统疾病或中毒,也可见于重病后期的垂危病畜。

3.3.2 体温、脉搏及呼吸数的测定

体温、脉搏和呼吸数是动物生命活动的重要生理指标。正常情况下,除外界气候及运动等环境条件的暂时性影响外,一般均维持在一个较为恒定的范围之内。但在病理过程中,受病原因素影响将发生不同程度和形式的变化。

3.3.2.1 体温的测定

体温测定用特制的兽医用体温计,一般以动物直肠内温度为标准。各种动物的正常体温见表3-1。

表3-1 健康动物的正常体温

动物种类	正常范围/℃	动物种类	正常范围/℃
猪	38.0~39.5	马	37.5~38.5
奶牛	37.5~39.5	骡	38.0~39.0
黄牛	37.5~39.0	山羊	38.0~40.5
水牛	36.5~38.5	绵羊	38.0~40.0
犬	38.5~39.5	猫	38.0~39.5
兔	38.5~39.5	鸡	40.0~42.0
鸭	41.0~43.0	鹅	40.0~41.5

健康动物的体温因品种和个体不同而有一定的差异，同时受一些因素的影响而出现生理性的变化，但其温差变动在1℃以内。例如，幼龄动物体温比成年动物高；雌性动物体温比雄性动物略高；一般母畜在妊娠后期及分娩前体温稍高；高产乳牛比低产乳牛稍高；动物在兴奋、运动与使役以及采食、咀嚼活动后，体温会暂时性升高。此外，早晨的体温稍低，午后稍高；动物在炎热的烈日下暴晒或圈舍内动物密度过高、通风不良等，体温可上升；而冬季放牧露营时，体温可稍低。

测温时，先将被检动物适当地保定；再将体温计水银柱甩至35℃以下；用酒精棉球擦拭消毒，并涂以润滑剂后，再徐徐插入肛门至直肠内，并将附有的尾毛夹夹于尾根部的被毛上；经3~5 min后取出，用酒精棉球拭净粪便或黏液后读取度数。用后甩下水银柱并放于消毒瓶内备用。给马属动物测温时，检查者通常位于动物的左侧后方；给牛测温时检查者应站在其正后方。

(1) 注意事项

体温计于用前应统一进行检查、验定，以防误差过大；对门诊病畜，应使其适当休息并安静后再测定；对病畜应每日定时(午前与午后各一次)进行测温，并逐日记录绘成体温曲线表；测温时应注意人、畜安全。例如，通常对病畜进行必要的保定；体温计的玻璃棒插入的深度要适宜(一般大动物可插入其全长的2/3；小动物则不宜过深)；遇有直肠发炎、频繁下痢或肛门松弛的病畜，为较准确地测量体温，对母畜宜测阴道的温度，但应注意，通常阴道的温度较直肠稍低(低0.2~0.5℃)。

(2) 病理变化

①体温升高：又称发热，是指体温高于正常范围。常见于许多传染病和某些炎症的病程中。

根据体温升高的程度，将发热分为微热、中热、高热和极高热4种。体温升高0.5~1.0℃叫微热，仅见于感冒等局限性炎症；体温升高1~2℃叫中热，见于支气管肺炎、支气管炎、急性胃肠炎及某些亚急性传染病过程中；体温升高2~3℃叫高热，多见于急性感染性疾病与广泛性的炎症，如猪瘟、巴氏杆菌病、败血性链球菌病、流行性感冒、急性胸膜炎与腹膜炎等；体温升高3℃以上，叫极高热，可见于某些严重的急性传染病，如猪丹毒、炭疽、脓毒败血症等。

在发热过程中，将每天上、下午测得的体温在特制的表格里记录下来，连成的曲线，叫热曲线。热曲线的特点称为热型。兽医临诊上常见的热型有下列几种：

稽留热型：指体温升高到一定程度，并持续数天或更长时期，且每日昼夜的温差很小(一般在1.0℃以内)而不降至常温的热型(图3-27)。可见于猪瘟、炭疽、大叶性肺炎、流行性感冒等。

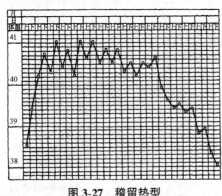

图3-27 稽留热型

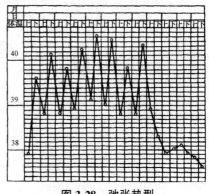

图3-28 弛张热型

弛张热型：指体温升高，昼夜间有较大的升降变动（常在1.0℃以上），而不降至常温的热型（图3-28）。可见于败血症、小叶性肺炎等。

间歇热型：在持续数天的发热后，经过一段时间后体温下降至正常温度，再过一段时间又重新升高，如此以一定间隔时间而反复交替出现发热的现象，称为间歇热（图3-29）。可见于慢性结核病、血孢子虫病及马传染性贫血等。

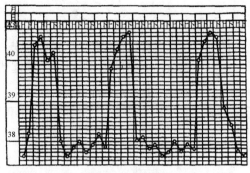

图3-29 间歇热型

不定型热型：指体温热曲线变化没有规律，日温差有时极其有限，有时波动很大的热型。可见于传染性胸膜炎、非典型腺疫等。

②体温降低：临诊上多见于贫血、休克、大失血、严重营养不良及濒死期的动物等。体温长时间低于36℃，同时伴有发绀、末梢发凉、高度沉郁或昏迷等，多提示预后不良。

3.3.2.2 脉搏数的测定

测定每分钟脉搏的次数，以次/min表示。牛通常检查尾动脉，检查者站在牛的正后方，一只手（左手）握住尾梢部抬起牛尾，右手拇指放于尾根部的背面，用食指、中指在距尾根10 cm左右处尾的腹面正中尾动脉处，用手指轻压即可感知。马属动物可检查颌外动脉，检查者站在马头一侧，一只手握住笼头，另一只手拇指置于下颌骨外侧，食指、中指伸入下颌骨内侧，在下颌骨的血管切迹处，前后滑动，发现动脉血管后，用手指轻压即可感知。猪、羊、犬和猫可在后肢股内侧的股动脉处检查，检查者用一只手（左手）握住动物的一侧后肢的下部，检手（右手）的食指及中指放于股内侧的股动脉上，拇指放于股外侧。

健康动物每分钟的脉搏数较为恒定，其参考范围见表3-2所列。

表3-2 健康动物脉搏频率

动物种类	脉搏频率/(次/min)	动物种类	脉搏频率/(次/min)
奶牛	60~70	猪	60~80
水牛	30~50	犬	70~120
黄牛、肉牛	50~80	猫	110~130
鹿	40~80	兔	120~140
绵羊、山羊	70~80	马	35~45
鸡（心率）	120~200	驴	40~50

注意事项：脉搏检查应待动物安静后再行测定；一般应检测1 min；如动物不安静宜测2~3 min再取其平均值；当动脉脉搏过于微弱不感于手时，可依心跳次数代替。

脉搏次数增多是心脏活动加快的结果。可见于多数的发热性病、心脏病(如心衰、心肌炎、心包炎)、呼吸器官疾病、各型贫血、伴有剧烈疼痛的疾病(如马腹痛症、四肢疼痛性疾病)、严重贫血性疾病以及某些中毒病等。

脉搏次数减少是心动徐缓的指征。主要见于某些脑病(如脑肿瘤、脑脊髓炎等)及中毒(如洋地黄),也可见于胆血症(胆道阻塞性疾病)及垂危病畜等。

3.3.2.3 呼吸数的测定

呼吸数是测定动物每分钟的呼吸次数,以次/min 表示(表 3-3)。一般可根据胸腹部的起伏动作而测定,检查者立于动物的侧方,注意观察其腹胁部的起伏,一起一伏为一次呼吸。在寒冷季节也可观察呼出气流来测数。鸡的呼吸数,可观察肛门下部的羽毛起伏动作来测定。

表 3-3　健康动物呼吸频率

动物种类	呼吸频率/(次/min)	动物种类	呼吸频率/(次/min)
奶牛、黄牛、肉牛	10~30	猪	18~30
水牛	10~50	犬	10~30
鹿	15~25	猫	10~30
绵羊、山羊	12~30	兔	50~60
鸡	15~30	马	8~16

注意事项:检查呼吸频率时宜于动物休息、安静时检测。一般宜测 1 min 的次数或测 2 min 再平均;观察动物鼻翼的活动或以手放于其鼻前感知气流的测定方法不够准确,应注意。必要时可以听取肺部呼吸音或喉、气管呼吸音的次数代替。

呼吸次数增多可见于呼吸器官特别是支气管、肺、胸膜的疾病(如肺炎、肺水肿);多数的热性病;心脏衰弱及贫血、失血性疾病;膈的运动受阻(如膈麻痹、膈破裂)、腹压显著升高(如胃肠臌气、腹水)或胸壁疼痛(如胸膜炎、肋骨骨折)的病理过程;脑及膜充血、炎症的初期等。

呼吸次数减少主要由于呼吸中枢高度抑制而引起。见于颅内压的显著升高(如脑炎、脑肿瘤、慢性脑积水),某些中毒(如麻醉药中毒)与代谢紊乱,当上呼吸道高度狭窄时由于每次吸气的持续时间过长也可引起呼吸次数的减少。

3.3.3 被毛和皮肤的检查

3.3.3.1 鼻盘、鼻镜及鸡冠的检查

检查牛、猪、犬时,要特别注意鼻镜、鼻盘及鼻尖的观察;而检查鸡时则应注意观察冠及肉髯。主要检查其颜色、温度、湿度等。

健康牛、猪的鼻镜或鼻盘均湿润,并附有少许小而密集的水珠,触之有凉感。

鼻镜干燥、增温时多为热性病或前胃弛缓的表现,严重者可出现龟裂;猪鼻盘干燥、热感一般为病态,多见于热性病时。在治疗过程中,鼻镜或鼻盘由干变湿,常为病情好转的象征。在观察白猪的鼻盘时,尚应注意其颜色,可反应血液循环状态及血液运输氧的能力,乏氧或亚硝酸盐中毒时,常可见到鼻盘发绀的现象。

鸡的冠及肉髯的颜色要符合品种特征,质地柔软,触之有温感。鸡冠和肉髯正常为鲜红色,当患高致病性禽流感、鸡新城疫等疾病时可呈蓝紫色;颜色变淡多为营养不良和贫血的表现;如出现疱疹,常提示鸡痘。

3.3.3.2 被毛的检查

检查时应注意观察被毛的清洁度、光泽、分布状态、完整性及与皮肤结合的牢固性等。

健康动物的被毛整洁、平顺而富有光泽、生长牢固，动物多于每年春、秋两季脱换新毛，而家禽多于每年秋末换羽。

被毛蓬松粗乱、失去光泽、易脱落或换毛季节推迟，多是营养不良和慢性消耗性疾病的表现。局部被毛脱落，多见于湿疹和毛癣、疥螨等皮肤病。

检查被毛时，还要注意被毛的污染情况。当病畜下痢时，肛门附近、尾部及后肢等可被粪便污染。马、骡腹痛病时，可由于起卧、滚转被毛也会为泥土污染。

3.3.3.3 皮肤的检查

①颜色：主要观察白色或浅色皮肤的动物。猪皮肤上出现的小点状出血（指压不褪色）多见于败血性疾病，如猪瘟；而出现较大的红色充血性疹块（指压褪色），常提示为猪丹毒。猪亚硝酸盐中毒时，皮肤可呈青白或蓝紫色。皮肤发绀，多见于心脏衰弱、呼吸困难及某些中毒；仔猪耳尖、鼻盘发绀又常见于慢性副伤寒。雏鸡胸腹、腿侧、翼部皮下呈淡绿色（渗出性素质）及其周边呈红紫蓝色，见于雏鸡硒及维生素 E 缺乏症。

②温度：检查皮温，用手背触诊为宜。对马可触摸耳根、颈部及四肢；牛、羊可检查鼻镜（正常时发凉）、角根（正常时有温感）、胸侧及四肢；猪可检查耳及鼻端；禽类可检查肉髯。全身皮温增高，常见于热性病；局限性皮温增高是局部发炎的结果。全身皮温降低，常为体温过低的标志，可见于衰竭症、大失血及牛的生产瘫痪等；局限于一定部位的冷感，可见于该部的水肿或外周神经麻醉。皮温分布不均而耳根、鼻端及四肢末梢厥冷，主要提示为末梢循环障碍。

③湿度：皮肤湿度与汗腺的分布及分泌状态有关。马属动物汗腺最发达，其次为羊、牛、猪、犬和猫，禽类无汗腺。出汗可见于发热病、剧痛性疾病、有机磷中毒、内分泌失调（如甲状腺功能亢进、糖尿病）以及伴有高度呼吸困难的疾病等。另外，动物大剂量注射拟胆碱类药物、肾上腺素或水杨酸等均可引起全身出汗。皮肤干燥又称少汗或无汗。表现被毛粗乱无光，缺乏黏滞感，牛鼻镜、猪鼻盘及肉食动物的鼻端干燥。多见于发热性疾病及各种原因引起的机体脱水。

④弹性：检查皮肤弹性的部位，马在颈侧，牛在最后肋骨后部，小动物可在背部。检查方法是将该处皮肤做一皱襞提起后再放开，观察其恢复原态的情况。健康动物放手后立即恢复原状，老龄动物的皮肤弹性略差。皮肤弹性降低，表现为放手后恢复很慢，可见于营养不良、脱水及皮肤病等。

⑤疹疱：注意观察体表被毛稀疏部位，检查时要特别注意眼、唇周围及蹄部、趾间等处。牛、羊、猪的皮肤疱疹性病变，应特别注意于口蹄疫、猪传染性水泡病及痘病，犬发生犬瘟热时皮肤出现小脓疱。

3.3.3.4 皮下组织的检查

用触诊配合视诊进行检查，发现皮下或体表有肿胀时，应注意肿胀部位的大小、形态，并触诊判定其内容物性状、硬度、温度、移动性及敏感性等。常见的肿胀有炎性肿胀、浮肿、气肿、血肿、淋巴外渗、疝及肿瘤等。

①皮下浮肿：表面扁平，与周围组织界限明显，压之如生面团状，留有指压痕，且较长时间不易恢复，触之无热、无痛感；而炎性肿胀则有热、痛，无指压痕。

浮肿可因重度营养不良、心脏疾病、局部静脉或淋巴液回流受阻及微血管损伤等原因引起。马、骡的心性、营养性及肾性浮肿，其常发部位为胸下、腹下、阴囊、阴筒及四肢下部或少见于眼睑；牛、羊则多发生在下颌间隙及颈下、胸垂，除以上原因外，常见于牛的创伤性心包炎及寄生虫病，特别是肝片吸虫病时；猪可见于眼睑或面部，常见于猪水肿病；雏鸡皮下淡绿色水肿见于硒及维生素 E 缺乏症。

②皮下气肿：边缘轮廓不清，触诊时发捻发音(沙沙声)，压之有向周围皮下组织窜动的感觉。颈侧、胸侧、肘后的皮下气肿，多为窜入性且局部无热、痛反应；当气肿疽(牛、羊)、恶性水肿(马)等厌氧菌感染时，气肿局部并有热痛反应且局部切开后可流出混有泡沫的腐臭液体。

③脓肿、血肿及淋巴外渗：外形多呈圆形突起，触之有波动感，多因局部创伤或感染而引起，可行穿刺鉴别。

④疝：触诊也有波动感，可通过查到疝环及整复试验而与其他肿胀相鉴别。猪常发生阴囊疝及脐疝；大动物多发腹壁疝，常因创伤而继发。

3.3.4 眼结膜的检查

3.3.4.1 方法

首先观察眼睑有无肿胀、外伤及眼分泌物的数量、性状。然后打开眼睑进行检查(图 3-30)，主要注意观察眼结膜的颜色。

检查马的眼结膜时，通常检查者立于马头一侧，一只手持缰，另一只手食指第一指节置于上眼睑中央的边缘处，拇指放于下眼睑上缘，其余三指屈曲并入于眼眶上面作为支点，食指向眼窝略加压力，拇指则同时拨开下眼睑，即可使结膜露出而检视之。

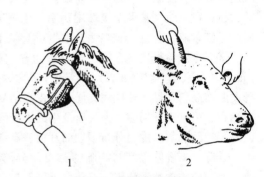

图 3-30 眼结膜的检查
1. 马结膜 2. 牛巩膜

检查牛时，主要观察其巩膜的颜色及其血管情况，检查时可一只手握牛角，另一只手握住其鼻中隔并用力扭转其头部，即可使巩膜露出；也可用两手握牛角并向一侧扭转，使牛头偏向侧方；欲检查牛眼睑结膜时，可用一只手握住缰绳基部或鼻中隔，另一只手操作与检查马的方法相同。

检查羊、猪、犬等中小动物的眼结膜时，可用两手拇指分别打开其上、下眼睑。

3.3.4.2 健康状态

健康马眼结膜呈淡红色；牛的颜色较马稍淡，呈淡粉红色，但水牛则较深且潮红；猪、羊的眼结膜也呈粉红色；犬的眼结膜为淡红色，但很容易因兴奋而变为红色。

3.3.4.3 病理变化引起的眼结膜颜色变化

①潮红(发红)：是充血的征兆。单眼的潮红，可能系局部的炎症所致；双眼均潮红，多标志全身的循环状态。弥漫性潮红常见于热性病、肺炎、肠臌气等；树枝状充血，多见于伴有血液循环障碍的一些疾病。

②苍白：是贫血的象征。可见于各种类型的贫血，如马传染性贫血、仔猪贫血；血孢子虫病、锥虫病；大失血及内出血；牛的血红蛋白尿病等。

③黄染：主要是胆色素代谢障碍的结果。可见于肝脏病(如肝炎)、胆道阻塞(如肝片吸虫病)及溶血性病(如新生幼畜溶血病、血孢子虫病等)。

④发绀：呈不同程度的蓝紫色，可见于缺氧(如肺炎时)、循环障碍及某些中毒等。

⑤出血：结膜上出现出血点或出血斑，是出血性素质的特征，在马多见于传染性贫血、焦虫病及血斑病。

注意事项：

①检查眼结膜，最好在自然光线下进行，在灯光下不易识别黄色。

②眼结膜受压迫或摩擦时易引起充血，因此不宜反复进行检查。

③要对两侧眼结膜进行对照检查，并注意区别是由眼的局限性疾病，还是全身性或其他疾病所引起。

3.3.5 体表浅在淋巴结的检查

检查体表浅在淋巴结，主要进行触诊。检查时，应注意其大小、形状、硬度、敏感性及皮下的移动性。

牛常检查颌下、肩前、膝襞、乳房上淋巴结等（图3-31）。

猪可检查腹股沟浅淋巴结等。

马常检查下颌淋巴结（位于下颌间隙，正常时呈扁平分叶状；较小，不坚实，可向周围滑动）。检查时，一只手持笼头，另一只手伸于下颌间而揉捏或擦压之。

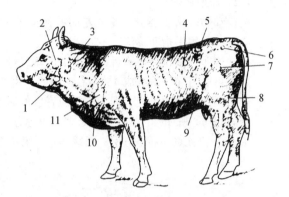

图 3-31　牛的体表浅在淋巴结位置
1. 颌下淋巴结　2. 耳下淋巴结　3. 颈上淋巴结
4. 髂上淋巴结　5. 髂内淋巴结　6. 坐骨淋巴结
7. 髂外淋巴结　8. 腘淋巴结　9. 膝襞淋巴结
10. 颈下淋巴结　11. 肩前淋巴结

病理状态有：

①急性肿胀：表现淋巴结体积增大，并有热、痛反应，常较硬；有时可有波动感。多见于马腺疫；也可见于炭疽；牛患泰勒氏焦虫病时全身淋巴结可呈急性肿胀。

②慢性肿胀：多无热、痛反应，较坚硬，表面不平，且不易向周围移动。常见于马鼻疽、鼻旁窦炎、结核病及牛淋巴细胞性白血病等。

3.4　心血管系统的临诊检查

3.4.1　心脏的检查

3.4.1.1　心搏动检查

心搏动检查主要应用视诊与触诊进行。检查者位于动物左侧方，视诊时仔细观察左侧肘后心区被毛及胸壁的震动情况；触诊时，一般在左侧进行，检查者一只手（通常是右手）放于动物的鬐甲部，用另一只手（通常是左手）的手掌紧贴与动物的左侧肘后心区。必要时可在右侧进行检查。注意感知胸壁的振动，主要判定其频率及强度。

健康动物，随每次心室的收缩而引起左侧心区附近胸壁的轻微振动。牛、羊心搏动在肩端线下 1/2 部的第 3～5 肋间，以第 4 肋间最明显；马的心搏动在左侧胸廓下 1/3 部的第 3～6 肋间，以第 5 肋间最明显；犬的心搏动在左侧第 4～6 肋间的胸廓下 1/3 处，以第 5 肋间最明显。

病理状态有：

①心搏动减弱：触诊时感到心搏动力量减弱，并且区域缩小，甚至难以感知。多因胸壁浮肿、气肿、脂肪过多沉积及心功能衰竭。也可见于胸腔积液、肺气肿及创伤性心包炎。

②心搏动增强：触诊时感到心搏动强而有力，且区域扩大，甚至引起动物全身的震动，有时沿脊柱也可感到心搏动。当心搏动过强，伴随每次心动而引起的动物的体壁发生震动时称为心悸。主要见于热性病初期、心脏病代偿期、贫血性疾病及伴有剧烈疼痛的疾病。

③心搏动移位：向前移位，见于胃扩张、腹水、膈疝；向右移位，见于左侧胸腔积液；向后移位，见于气胸或肺气肿。

④心区压痛：触压心区时，动物表现敏感、躲闪、呻吟等疼痛症状等，可见于心包炎、胸膜炎等。

3.4.1.2　心脏的叩诊

被检动物取站立姿势，使其左前肢伸出半步，以充分显露心区。对大动物，宜用锤板叩诊法；小动物可用手指叩诊法。

按常规叩诊法，沿肩胛骨后角向下的垂线进行叩诊，直至心区，同时标记由清音转变为浊音的一点；再沿与前一垂线成45°左右的斜线，由心区向后上方叩诊，并标记由浊音变为清音的一点；连接两点所成的弧线，即为心脏浊音区的后上界。

健康的马心脏叩诊区在左侧成近似的不等边三角形，其顶点相当于第3肋间距肩关节水平向下3~4 cm处；由该点向后下方引一弧线并止于第6肋骨下端，为其后上界（图3-32）。

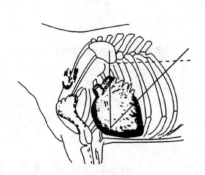 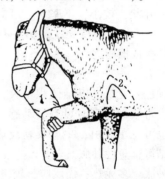

图 3-32　马心区叩诊示意图　　　图 3-33　马的心脏叩诊浊音区
　　　　　　　　　　　　　　　　　　1. 绝对浊音区　2. 相对浊音区

在心区反复地用较强的和较弱的叩诊进行检查，依产生浊音（实音）及半浊音的区域，可判定马的心脏绝对浊音区及相对浊音区。相对浊音区在绝对浊音区的后上方、成带状，宽 3~4 cm （图3-33）。

牛则仅在第 3~4 肋间为相对浊音区，且其范围较小。

病理状态有：

①心脏叩诊浊音区缩小：主要提示肺气肿。

②心脏叩诊浊音区扩大：可见于心肥大、心扩张及渗出性心包炎、心包积水。

③心脏叩诊敏感：当心区叩诊时，动物表现回视、躲闪或反抗而呈疼痛不安，是心区敏感反应，常为心包炎或胸膜炎的特征。

当牛患创伤性心包炎时除可见浊音区扩大、呈敏感反应外，有时可呈鼓音或浊鼓音。

3.4.1.3　心音的听诊

被检动物取站立姿势，使其左前肢向前伸出半步，以充分显露心区。

通常以软质听诊器进行间接听诊，将集音头放于心区部位即可。当需要辨认各瓣膜口音的变化时，可按表3-4和图3-34的部位确定其最佳听取点。

表 3-4　常见动物心音最佳听取点

动物种类	第一心音		第二心音	
	二尖瓣口	三尖瓣口	主动脉口	肺动脉口
牛、羊	左侧第4肋间，主动脉口的远下方	右侧第3肋间，胸廓下1/3的中央水平线上	左侧第4肋间，肩端线下1~2指处	左侧第3肋间，胸廓下1/3的中央水平线上
马	左侧第5肋间，胸廓下1/3的中央水平线上	右侧第4肋间，胸廓下1/3的中央水平线上	左侧第4肋间，肩端线下1~2指处	左侧第3肋间，胸廓下1/3的中央水平线上
猪	左侧第5肋间，胸廓下1/3的中央水平线上	右侧第4肋间，肋骨和肋软骨结合部稍下方	左侧第4肋间，肩端线下1~2指处	左侧第3肋间，接近胸骨处
犬	左侧第5肋间，胸壁下1/3中央	右侧第4肋间，肋骨与肋软骨结合部一横指上方	左侧第4肋间，肩端线下方	左侧第3肋间，接近胸骨处或肋骨与肋软骨结合处

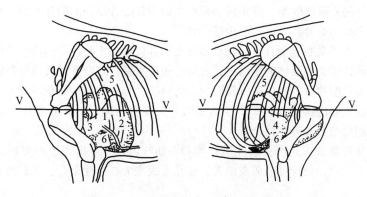

图 3-34　马的各瓣膜口心音最佳听取点
V. 肩关节水平线　1. 主动脉口　2. 左房室口　3. 肺动脉口　4. 右房室口　5. 第5肋间　6. 心浊音区

当心音过于微弱而听取不清时，可使动物做短暂的运动，并在运动之后立即听诊，可使心音加强而便于辨认。听诊心音时，主要应注意心音的频率、强度、性质及是否有分裂、杂音或节律不齐。

（1）正常特点

①马：第一心音的音调较低，持续时间较长且音尾拖长；第二心音短促、清脆、且音尾突然停止。

②牛：黄牛一般较马的心音清晰，尤其第一心音明显，但持续时间较短；水牛及骆驼的心音则不如马和黄牛清晰。

③猪：心音较钝浊，且两个心音的间隔大致相等。

④犬：心音清亮，且第一与第二心音的音调、强度、间隔及持续时间均大致相同。

区别第一与第二心音时，除可根据上述心音的特点外，第一心音产生于心室收缩期中，与心搏动、动脉搏动同时出现，于心尖部听诊清晰，第一心音至第二心音间隔的时间短；而第二心音则产生于心室舒张期中，与心搏动、动脉搏动出现时间不一致，在心基部听诊清晰，第二心音至下次心动间隔的时间稍长。

（2）病理状态及诊断意义

①心音频率改变：心音频率是指每分钟的心音次数。高于正常值时，称为心率过速；低于正

常值时，称为心率徐缓；其引起的原因和诊断意义与心搏动及动脉搏动频率的异常变化基本相同。

②心音性质的改变：常表现为心音混浊，音调低沉且含混不清；主要见于热性病及其他导致心肌损害的多种病理过程。

③心音的强度变化：第一、二心音均增强，可见于热性病的初期，心机能亢进以及兴奋或伴有剧痛性的疾病及心脏肥大时；第一、二心音均减弱，可见于心机能障碍的后期以及渗出性胸膜炎、心包炎时；第一心音增强，在第一心音显著增强的同时，常伴有明显的心悸，而第二心音微弱甚至听取不清，主要见于心脏衰弱或大失血、失水以及其他引起动脉血压显著下降的各种病理过程；第二心音增强，主要由于肺动脉及主动脉血压升高所致，可见于肺气肿或肾炎。

④心音分裂：表现为某个心音分成两个相连的音响，以致每一心动周期中出现近似3个心音。第一心音分裂，可见于心肌损害及其传导机能的障碍；第二心音分裂，主要由于主动脉瓣与肺动脉瓣的不同时关闭所致，可见于重度的肺充血或肾炎。

⑤心杂音：伴随心脏的收缩、舒张活动而产生的正常心音以外的附加音响，称为心杂音。依病变存在的部位而分为心外性杂音与心内性杂音。

心外性杂音：主要是心包杂音，其特点是听之距耳较近；用听诊器的集音头压迫心区则杂音可增强。若杂音的性质类似液体的振荡声，称为心包击水音；若杂音的性质呈断续性的、粗糙的擦过音，则称为心包摩擦音。心包杂音是心包炎的特征，当牛创伤性心包炎时尤为典型而明显。

心内性杂音：依心内膜是否有器质性病变而分为器质性杂音与非器质性杂音。依杂音出现的时间又分为缩期性杂音及舒期性杂音。

心内性非器质性杂音，其声音的性质较柔和，如吹风样，多出现于心缩期，且随病情的好转、恢复或用强心剂后，杂音可减弱或消失，在马常表现为贫血性杂音，尤其当马患慢性传染性贫血时更为明显。

心内性器质性杂音是慢性心内膜炎的特征。在猪常继发于猪丹毒，其杂音的性质较粗糙，随动物运动或用强心剂后而增强。因瓣膜发生形态的改变，故杂音多是持续性（永久性）的，应用强心剂会使杂音更加明显。

为确定心内膜的病变部位及性质，应注意明确杂音的分期性与杂音最明显的部位，以判定发生部位与引起的原因。

⑥心律不齐：正常心脏收缩频率和节律遭到破坏，表现为心脏活动的快慢不均及心音的间隔不等或强弱不一。主要提示心脏的兴奋性与传导机能的障碍或心肌损害，常见于心肌的炎症、心肌营养不良或变性、心肌硬化等。

为进一步分析心律不齐的特点和意义，必要时应进行心电图描记，依心电图的变化特征而使之明确。

3.5　呼吸系统的临诊检查

3.5.1　呼吸运动的检查

3.5.1.1　计测呼吸次数

详见一般检查。

3.5.1.2 观察呼吸类型

(1) 方法

注意观察呼吸过程中胸、腹壁的起伏活动强度及对称性,以判定呼吸类型。

(2) 正常状态

健康动物除犬外均为胸腹式呼吸,即在呼吸时,胸壁和腹壁的起伏动作协调,呼吸肌的收缩强度也大致相等。健康犬则以胸式呼吸占优势。

(3) 病理状态

①胸式呼吸:表现为呼吸活动中胸壁的起伏动作占优势,腹部的肌肉活动微弱或消失,表现胸壁的起伏明显大于腹壁,表明病变在腹腔器官和腹壁。主要见于膈肌的活动受阻及引起腹压显著升高的疾病,如牛创伤性网胃膈肌炎、马的急性胃扩张、重度肠臌气、急性腹膜炎及腹壁外伤等。

②腹式呼吸:呼吸过程中腹壁的活动特别明显,而胸壁起伏活动很微弱,提示病变在胸部。可见于肺气肿及伴有胸壁疼痛的疾病(如胸膜炎、肋骨骨折等);猪气喘病时也多呈明显的腹式呼吸。

3.5.1.3 观察呼吸节律

(1) 方法

注意观察呼吸过程,根据每次呼吸的深度及间隔时间的均匀性判定呼吸节律。

(2) 正常状态

健康动物呼吸运动呈一定的节律性,即每次呼吸之间间隔的时距相等,并且具有一定的深度和长度,如此周而复始的呼吸称为节律呼吸。吸气与呼气时间之比因动物种类不同而有一定差异,牛为1:1.26,绵羊和猪为1:1,山羊为1:2.7,马为1:1.8,犬为1:1.64。生理情况下,呼吸节律随运动、兴奋、尖叫、嗅闻及惊恐等因素而发生暂时性的改变。

(3) 病理状态

①吸气延长:气体吸入障碍,表现吸气时间明显延长,吸气费力。提示上呼吸道发生狭窄或阻塞,见于鼻炎、喉水肿等。

②呼气延长:肺内气体排出受阻,表现呼气时间明显延长。提示肺泡弹性下降及细支气管狭窄。见于细支气管炎、肺气肿等。

③间断性呼吸:吸气或呼气过程分成二段或若干段,表现断续性的浅而快的呼吸。可见于胸膜炎、细支气管炎、慢性肺气肿以及伴有疼痛的胸腹部疾病,也见于呼吸中枢兴奋性降低时,如脑炎、脑膜炎、中毒性疾病等。

④陈-施二氏呼吸:表现为呼吸活动由微弱开始并逐渐加深、加强、加快,达到一定高度后又逐渐变浅、减弱、变慢,最后经短暂停息(数秒至数十秒),然后重复上述呼吸,而呈周期性,这种波浪式呼吸节律又称为潮式呼吸。可见于呼吸中枢的供氧不足及其兴奋性减退,如脑病、重度的肾脏疾病及某些中毒性疾病等。

⑤毕欧特氏呼吸:表现连续的数次深度大致相等的深呼吸与呼吸暂停交替出现的呼吸节律,又称间停式呼吸。主要提示呼吸中枢兴奋性极度降低,病情较潮式呼吸严重。如各型脑膜炎、中毒性疾病及濒死期,多预后不良。

⑥库斯茂尔氏呼吸:呼吸明显加深并延长,同时呼吸次数减少,但不中断,并伴有如鼻鼾声或狭窄音的呼吸杂音。提示呼吸中枢衰竭的晚期,是病危的征兆。可见于脑脊髓炎、脑水肿、大失血、尿毒症及濒死期状态。

3.5.1.4 呼吸困难的判定

呼吸频率增加，呼吸深度和呼吸节律异常，并有辅助呼吸肌参与呼吸活动，呈现一种复杂的呼吸障碍，称为呼吸困难。高度的呼吸困难称为气喘。

(1) 方法

观察动物的姿态及呼吸类型、节律是否发生改变，同时注意辅助呼吸肌是否参与呼吸活动。

(2) 病理状态

①吸气性呼吸困难：指呼吸时吸气动作困难。表现为动物头颈平伸、鼻翼开张、胸廓极度扩展、肋间凹陷、吸气时间延长并常伴有吸气时的狭窄音，此时呼气并不发生困难；同时多伴呼吸次数减少，严重者甚至可呈张口吸气。见于上呼吸道狭窄或阻塞性疾病。

②呼气性呼吸困难：指肺泡内的气体呼出困难。表现辅助呼气肌(主要是腹肌)参与活动，呼气时间显著延长，多呈两段呼出，沿肋弓形成凹陷(称喘线)，脊背弓起，肷窝变平，甚至肛门外突或伴有全身震动。多见于慢性肺气肿、细支气管炎、细支气管痉挛，也可见于弥漫性支气管炎。

③混合性呼吸困难：指吸气及呼气均发生困难，同时多伴有呼吸次数的增多。混合性呼吸困难可见于支气管炎、肺和胸膜的各种疾病、心机能障碍、重度贫血及急性感染性疾病等。

3.5.2 呼出气、鼻液、咳嗽的检查

3.5.2.1 呼出气的检查

(1) 方法

将手置于鼻孔前，感觉两侧鼻孔呼出气流的强度、温度，嗅诊呼出气体的气味。

(2) 正常状态

健康动物两侧鼻孔呼出气流的强度相等，呼出的气流稍有温感，没有异味。

(3) 病理状态

①两侧鼻孔呼出的气流强度不一或变弱：提示单侧或两侧鼻腔或咽喉部狭窄，可见于鼻腔内有肿瘤或鼻黏膜、鼻旁窦、喉囊存在炎性肿胀或大量蓄脓。

②呼出气流温度变化：呼出气流温度增高，可见于发热性疾病；温度显著降低，可见于虚脱、重症脑病及严重的中毒等。

③呼出气有异味：有难闻的腐败臭味，表示上呼吸道或肺脏的化脓或腐败性炎症，有肺坏疽时更为典型，也可见于霉菌性肺炎及鼻旁窦炎；当牛患醋酮血病时，呼出气体有酮臭味。

3.5.2.2 鼻液检查

(1) 方法

观察鼻液的量、颜色、性状、稠度及混有物，同时注意鼻液有无特殊臭味。

(2) 正常状态

健康动物鼻黏膜均分泌少量浆液和黏液，不同动物都有其特殊的排鼻液的方式，如马、猪和羊等动物均以喷鼻或咽下的方式排出鼻液，牛、犬和猫等动物则用舌舔去鼻液，故从外表看不见或仅能看到少量鼻液。

(3) 病理状态

①鼻液数量改变：鼻液量可反映炎症渗出的范围、程度及病期。单侧性鼻液，提示鼻腔、喉囊和鼻旁窦的单侧性病变；双侧性鼻液则多来源于喉以下的气管、支气管及肺。一般炎症的初期、局灶性病变及慢性呼吸道疾病鼻液少，如慢性卡他性鼻炎、轻度感冒、气管炎初期等。上呼

吸道疾病的急性期和肺部严重疾病时，常出现大量的鼻液，如犬瘟热、流行性感冒、牛肺结核、急性咽喉炎、肺脓肿、大叶性肺炎的溶解期、马腺疫、开放性鼻疽等。

②鼻液的性状改变：由于炎症性质和病理过程的不同，鼻液性状可分为浆液性、黏液性、黏脓性、腐败性和出血性等。

浆液性鼻液：流出的鼻液稀薄如水，无色透明，不黏在鼻孔的周围，可见于急性鼻卡他、流行性感冒、马腺疫初期等。

黏液性鼻液：鼻液呈蛋清样或粥状，黏稠，白色或灰白色，常混有脱落的上皮细胞、黏膜和炎性细胞等，有腥臭味。常见于呼吸道卡他性炎症中期或恢复期以及慢性呼吸道炎症的过程。

黏脓性鼻液：鼻液黏稠混浊，呈糊状、凝乳状或凝集成块，黄色或淡黄色，具有脓味或恶臭味，为化脓性炎症的特征。常见于化脓性鼻炎、鼻旁窦蓄脓、肺脓肿破裂、犬瘟热、马腺疫、鼻疽等。

腐败性鼻液：鼻液污秽不洁，呈灰色或暗褐色，具有腐败性的恶臭。常见于坏疽性鼻炎、腐败性支气管炎、肺坏疽。

出血性鼻液：鼻液中混有血液，如混有的血液为淡红色，其中混有泡沫或小气泡，则为肺充血、肺水肿和肺出血的征兆。有较多的血液流出，主要见于鼻黏膜外伤、鼻出血、猪的传染性萎缩性鼻炎等。

铁锈色鼻液：鼻液为均匀的铁锈色，是大叶性肺炎和传染性胸膜肺炎的特征。

③鼻液中出现混杂物：鼻液中混有多量小气泡，反映病理产物来源于细支气管或肺泡；混有红褐色组织块可见于肺坏疽；混有饲料或其残渣，提示伴有吞咽障碍或呕吐。

3.5.2.3 咳嗽检查

咳嗽是动物的一种保护性反射动作，同时也是呼吸器官疾病过程中最常见的一种症状。当喉、气管、支气管、肺、胸膜等部位发生炎症或受到刺激时，使呼吸中枢兴奋，在深吸气后声门关闭，继而以突然剧烈呼气，则气流猛烈冲开声门，形成一种爆发的声音，即为咳嗽。

（1）正常状态

健康动物通常不发生咳嗽，或仅发生一两声咳嗽。在人工诱咳时可引起一两声的咳嗽反应；如呈连续性的频繁咳嗽，常为喉、气管的敏感反应。

（2）病理状态

①湿咳：咳嗽声音低而长伴有湿啰音，称为湿咳，反应炎症产物较稀薄。可见于咽喉炎、支气管炎、支气管肺炎和肺坏疽的中期。

②干咳：若咳声高而短，是干咳的特征，表示病理产物较黏稠或管腔发炎肿胀。可见于急性喉炎初期、慢性支气管炎等。

③稀咳：稀咳常发生在清晨、饲喂或运动之后，常是呼吸器官慢性疾病的启示，应特别注意于牛结核、马鼻疽、轻度的猪气喘病。

④痉挛性咳嗽：频繁、剧烈而连续性的咳嗽，常为喉、气管炎的特征；马的传染性上呼吸道卡他更为典型；猪的频繁而剧烈甚至呈痉挛性的咳嗽，多见于重症的气喘病、慢性猪肺疫，当猪后圆线虫病时常见阵发性咳嗽。

⑤痛咳：咳嗽的同时动物表现疼痛、不安、尽力抑制，则为疼痛性的表现，可见于呼吸道异物、喉炎、胸膜炎、异物性肺炎等。

3.5.3 上呼吸道的检查

3.5.3.1 鼻面部及鼻旁窦的检查

(1)方法

观察鼻面部及鼻旁窦的外形有无改变及其表在病变;触诊或叩诊鼻旁窦部有无敏感反应及叩诊音的改变。

(2)病理状态

①鼻面部的肿胀、膨隆和变形:马的鼻面部、唇周围皮下浮肿,外观呈河马头状特征,可见于血斑病;鼻面部膨隆,常见于骨软症,而以幼驹更为典型;窦炎或蓄脓症时可见局部隆突、胀肿,甚至骨质变软;猪的鼻面部短缩、歪曲、变形,是传染性萎缩性鼻炎的特征。

②马的鼻旁窦敏感及叩诊呈浊音:提示窦炎或鼻旁窦蓄脓症,重者多伴有颜面、鼻窦部的肿胀、变形,且患侧鼻孔常流脓性分泌物,低头时流出量增多。

3.5.3.2 鼻腔检查

(1)方法

在光线明亮的地方或借助人工光源检查。用单手法时,一只手握笼头,另一只手(右手)的拇指和中指夹住其外鼻翼并向外拉开,食指将其内鼻翼挑起;用双手法时,由助手保定并抬起动物的头部,检查者分别用两手拉开动物的两侧鼻翼即可(图3-35)。

检查时,应注意鼻黏膜的颜色、有无肿胀、结节、溃疡或瘢痕。

(2)正常状态

健康动物的鼻黏膜稍湿润、有光泽、呈淡红色。牛的鼻黏膜前部多有色素附着。

(3)病理状态

鼻黏膜的潮红、肿胀主要见于鼻卡他及流行性感冒。马鼻黏膜出现的结节、溃疡或瘢痕(冰花样或星芒状),常提示为鼻腔鼻疽。

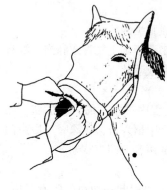

图 3-35 马的鼻腔检查法

3.5.3.3 喉及气管的检查

(1)方法

主要采用视诊、触诊和听诊的方法进行。检查大动物及羊时,检查者可站于动物的头颈部侧方,分别以两手自喉部两侧同时轻轻加压并向周围滑动,以感知局部的温度、硬度和敏感度,注意观察局部有无肿胀。用听诊器分别听喉和气管的呼吸音,注意呼吸音有无改变。猪和禽类、肉食动物,可开口直接对喉腔及其黏膜进行视诊。

(2)正常状态

健康动物的触诊和视诊多无异常表现,听诊喉呼吸音为类似"赫、赫"的声音,而气管呼吸音则较为柔和。

(3)病理状态

①喉部周围组织和附近淋巴结有热感、肿胀、敏感性增高:主要见于喉炎、咽喉炎、马腺疫、急性猪肺疫或猪、牛的炭疽等。禽类喉腔若出现黏膜肿胀、潮红或附有黄白色伪膜,是各型喉炎的特征。

②喉和气管呼吸音异常:

呼吸音增强：即喉和气管呼吸音强大粗糙，见于各种出现呼吸困难的病畜。

喉狭窄音：其性质类似口哨声、呼噜声以致似拉锯声，有时声音相当强大，以至于在数十步之外都可听到。常见于喉水肿、咽喉炎、喉和气管炎、喉肿瘤、放线菌病及马腺疫等。

啰音：当喉和气管内有分泌物存在时，可听到啰音。若分泌物黏稠，类似吹哨音或咝咝音，称为干啰音；若分泌物稀薄，则出现湿啰音，呈呼噜声。多见于喉炎、气管炎和气管内异物等。

3.5.4 胸廓及胸壁的视诊和触诊

（1）方法

观察动物胸廓的外形，并由正前方或后方对比观察两侧的对称性。触诊胸壁的目的在于判断其敏感性、胸壁或胸下有无浮肿、气肿和胸壁震颤，并注意肋骨有无变形或骨折。

（2）病理状态

①狭胸：表现为胸廓的左右横径短小，见于发育不良或骨软病；圆筒状胸，表现为左右横径增大，主要见于慢性肺气肿；单侧气胸时，可见胸廓左右不对称。

②胸壁敏感：触诊胸壁时动物回视、躲闪、反抗，是胸壁敏感反应，主要见于胸膜炎及肋骨骨折；纤维素性胸膜炎时，可感知胸壁震颤。

③胸骨与肋骨变形：幼畜的各条肋骨与肋软骨结合处呈串珠状肿胀，是佝偻病的特征；鸡的胸骨脊弯曲、变形，提示钙缺乏。肋骨变形、有折断痕迹或有骨折、骨瘤，可提示骨软症及氟骨病。

3.5.5 胸肺部的听诊

（1）方法

一般多用听诊器进行间接听诊，肺听诊区和叩诊区基本一致。听诊时，首先从肺叩诊区的中1/3开始，由前向后逐渐听取，其次为上1/3，最后听诊下1/3，每一听诊点的距离为3~4 cm，每一听诊点应连续听诊3~4次呼吸周期，对动物的两侧肺区，应普遍地进行听诊。

听诊时，应密切注视动物胸壁的起伏活动，以便辨别吸气与呼气阶段。如呼吸活动微弱、呼吸音响不清时，可人为地使动物的呼吸活动加强，以便于辨认。为此，可短时地捂住动物的鼻孔并于放开之后立即听诊；或使动物做短暂的运动后听诊。

应对病变区域与周围健区以及左右两侧的相应区域进行比较听诊，以确切地判断病理变化。

（2）正常状态

健康动物可听到微弱的肺泡呼吸音，于吸气阶段较清楚，尤其是吸气末尾时最强，音调较高，而呼气时音响较弱，音调较低，呼气末尾时听不清楚，其音质状如柔和的吹风样或类似轻读"夫、夫"的声音。整个肺区均可听到肺泡呼吸音，但以肺区的中部为最明显。各种动物中，犬和猫的肺泡呼吸音最强，其次是绵羊、山羊和牛，而马的肺泡音最弱；幼畜比成年动物肺泡音强。

支气管呼吸音实为喉呼吸音和气管呼吸音的延续，但较气管呼吸音弱，比肺泡呼吸音强，其性质类似舌尖抵住上腭呼气所发出的"赫、赫"音。特征为吸气时弱而短，呼气时强而长，声音粗糙而大。马的肺区通常听不到支气管呼吸音，其他动物仅在肩后3~4肋间，靠近肩关节水平线附近区能听到，但常与肺泡呼吸音形成支气管肺音（混合性呼吸音），其声音特征为吸气时主要是肺泡呼吸音，声音较为柔和，而呼气时则主要为支气管呼吸，声音较粗糙，近似于"夫、赫"的声音。

（3）病理状态

①病理性肺泡呼吸音：

肺泡音增强：普遍地增强，为两侧整个肺区肺泡呼吸音均增强，表明呼吸中枢兴奋、呼吸运动和肺换气功能增强的结果,见于发热性疾病、贫血、代谢性酸中毒及支气管炎、肺炎或肺充血的初期。局限性增强,又称代偿性增强,是由于一部分或一侧肺组织有病变而使其呼吸机能减弱或消失,健康或无病变肺组织呼吸机能代偿性增强,见于大叶性肺炎、小叶性肺炎、肺结核、渗出性胸膜炎等疾病时的健康肺区。

肺泡呼吸音减弱或消失:表现为肺泡呼吸音变弱或完全听不到。表明进入肺泡的空气量减少或空气完全不能进入肺泡,见于上呼吸道狭窄、胸部疼痛性疾病、全身极度衰弱(脑炎后期、中毒性疾病后期以及濒死期等)、呼吸麻痹及膈肌运动障碍等;或肺组织的弹性减弱或消失,见于各型肺炎、肺结核、引起肺部分泌物增加的疾病及肺气肿等;或呼吸音传导障碍,见于渗出性胸膜炎、胸壁肥厚和气胸等。

②病理性支气管呼吸音:在马的肺区内听到支气管呼吸音,其他动物的肺区听到单纯的支气管呼吸音,均为病理性支气管呼吸音。可见于大叶性肺炎的实变期、广泛的肺结核、牛肺疫、猪肺疫及渗出性胸膜炎、胸水等压迫肺组织所致。

③病理性混合呼吸音:在正常肺泡音的区域内听到混合性呼吸音,系病理性的,表明较深的肺组织发生实变,而周围被正常的肺组织所覆盖,或较小的肺部实变组织与正常含气的肺组织混合存在。可见于大叶性肺炎或胸膜肺炎的初期、小叶性肺炎和散在性肺结核等。

④呼吸音杂音:伴随呼吸活动产生肺泡呼吸音和支气管呼吸音以外的附加音响。

啰音:主要出现于吸气的末期,呈尖锐或断续性,可因咳嗽而消失,是呼吸道内积有病理性产物的标志。啰音分干啰音与湿啰音。干啰音:声音尖锐,似蜂鸣、飞箭、类鼾声,表明支气管肿胀、狭窄或分泌物较为黏稠,主要见于弥漫性支气管炎、支气管肺炎、慢性肺气肿、牛结核和间质性肺炎等。湿啰音:又称水泡音,似水泡破裂声。水泡音是支气管炎与肺炎的重要症状,反映气道内有较稀薄的病理产物,主要见于支气管炎、各型肺炎、肺水肿、肺淤血及异物性肺炎等。

捻发音:捻发音是肺泡内有少量黏稠分泌物,使肺泡壁或毛细支气管壁互相黏合在一起,当吸气时气流可使黏合的肺泡壁或毛细支气管壁被突然冲开所发出的一种爆裂音。类似在耳边揉捻毛发所发出的极细碎而均匀的"噼啪"音,其特征是仅在吸气时可听到,在吸气之末最为清楚。捻发音比较稳定,不因咳嗽而消失。可见于毛细支气管炎、肺水肿、肺充血的初期等。

胸膜摩擦音:当发生胸膜炎时,特别是有纤维蛋白沉着,使胸膜的脏层与壁层面变得粗糙不平,呼吸时两层粗糙的胸膜面互相摩擦所发生的声音,即为胸膜摩擦音。胸膜摩擦音的特点是干而粗糙,声音接近体表,出现于吸气末期及呼气初期,且呈断续性,摩擦音常发生于肺移动最大的部位,即肘后、肺叩诊区下1/3、肋弓的倾斜部。有明显摩擦音的部位,触诊可感到有胸膜摩擦感和疼痛表现。胸膜摩擦音是纤维素性胸膜炎的特征。可见于大叶性肺炎、各型传染性胸膜肺炎及猪肺疫等。

3.6 消化系统的临诊检查

3.6.1 饮食与吞咽状态的检查

(1)方法

首先通过问诊了解动物采食与饮水状态;现场对动物仔细观察采食和饮水活动与表现,必要时可进行试验性的饲喂或饮水。主要根据采食和饮水的方式、食量多少、采食持续时间的长短、咀嚼状态(力量和速度)、吞咽活动,还可参考腹围大小等综合条件判定动物的食欲和饮欲状态。检查时应注意饲料的种类及质量、饲料配制、饲养制度、饲喂方式、环境条件及动物的劳役和饥饿程度等因素。

(2) 正常状态

健康动物其采食、饮水的方式各异:马用唇和切齿摄取饲料;牛用舌卷食饲草;羊大致与马相同;猪主要靠上、下腭动作而采食。

(3) 病理状态

①饮欲和食欲改变:

食欲减少甚至废绝:表现为对优质适口的饲料采食无力、食量显著减少甚至完全拒食。食欲减少主要见于消化器官的各种疾病以及热性病、全身衰竭、消化及代谢功能紊乱,完全拒食提示疾病严重。

食欲亢进:表现为食欲旺盛,采食量多。主要见于重病恢复期、糖尿病、甲状腺机能亢进及某些代谢病和寄生虫病等。

异嗜:表现为啃食泥土、煤渣、墙灰,舐食污水、粪尿,羊只有时互相舐毛。异嗜多为矿物质、微量元素代谢紊乱及某些氨基酸缺乏的征兆,多见于幼畜;也可见于慢性胃卡他。母猪食仔、吞食胎衣,鸡的啄羽、啄肛,也是异嗜的一种表现,后者在鸡群中常有相互模仿的倾向。

饮欲增加:表现为贪饮甚至狂饮,常见于某些热性病、大出汗、严重的腹泻以及食盐中毒。

饮欲减少:表现为不饮水或饮水量少,可见于马的重度疝痛及伴有昏迷的脑病等。

②饮食方式的异常:马以门齿衔草,多见于面神经麻痹或中枢神经的疾病。饮水时将鼻孔伸入水中,后因呼吸困难而急剧抬头;口衔草而忘却咀嚼,是马慢性脑室积水的特有症状。重度破伤风、某些舌病、颌骨疾病时,可表现采食障碍。

③咀嚼障碍:表现为采食不灵活,咀嚼小心、缓慢、无力,并因疼痛而中断,有时将口中食物吐出。咀嚼障碍多提示黏膜、舌、牙齿的疾病,骨软症、慢性氟中毒时也可引起。空嚼和磨牙,可见于狂犬病、某些脑病及胃肠道阻塞和高度疼痛性疾病。

④吞咽障碍:表现为吞咽时动物伸颈、摇头,屡次试图吞咽而被迫中止,或吞咽同时引起咳嗽,某些动物则常可见有食物、饮水的经鼻返流。吞咽障碍主要提示咽与食管的疾病,如咽炎、食管阻塞等。

3.6.2 反刍、嗳气及呕吐检查

(1) 方法

对反刍动物注意观察其反刍的开始出现时间、每次持续时间、昼夜间反刍的次数、每次食团的再咀嚼情况和嗳气的情况等。检查呕吐时应注意呕吐发生的时间、频率及呕吐物的数量、性质、气味及混杂物。

(2) 正常状态

健康反刍动物,一般于采食后经 0.5~1 h 即开始反刍;每次反刍持续时间在 0.25~1 h;每昼夜进行反刍 4~8 次;每次返回的食团再咀嚼 40~60 次(水牛 40~45 次)。高产乳牛的反刍次数较多,且每次的持续时间长。

健康牛一般每小时嗳气 15~30 次,羊 9~11 次,采食后增多,空腹时减少。除反刍动物外的其他动物不表现嗳气。

(3) 病理状态

①反刍障碍：可表现为反刍开始出现的时间晚，每次反刍的持续时间短，昼夜间反刍的次数少以及每个食团的再咀嚼次数减少；严重时甚至反刍完全停止。反刍障碍是前胃机能障碍的结果，可见于多种疾病，如前胃弛缓、瘤胃积食、瘤胃臌气、瓣胃及真胃阻塞、高热性疾病、中毒、多种传染病等。

②嗳气的改变：嗳气频繁和增多，是瘤胃内容物异常发酵，产生大量的游离气体，可见于瘤胃臌气的初期。嗳气减少也是前胃机能紊乱的一种表现，由于嗳气显著减少而使瘤胃积气并可继发瘤胃臌气，可见于前胃弛缓、瘤胃积食、瓣胃阻塞、真胃疾病及发热性疾病等。偶见有马的嗳气，常提示胃扩张。

③呕吐：呕吐是动物将胃内容物或部分小肠内容物不自主地经口腔或鼻腔排出体的一种病理性的反射活动。肉食动物最易发生呕吐，其次是猪，牛、羊等反刍动物较少发生，马则极难发生。反刍动物呕吐时，表现不安、呻吟，同时腹肌强烈收缩；马呕吐时多呈恐惧而极度不安，腹肌强烈收缩，常见战栗与出汗，马呕吐时常见胃内容物的经鼻返流。猪呕吐时，常见于胃食滞、肠阻塞、中毒病与中枢神经系统疾病。反刍动物的呕吐可见于前胃、肠的疾病、中毒以及中枢神经系统疾病。马呕吐，多提示为急性胃扩张，且常继发胃破裂而致死。

3.6.3 口腔、咽及食管的检查

3.6.3.1 口腔检查

(1) 方法

一般多用视诊、触诊和嗅诊等方法进行。注意观察口唇状态和流涎情况，检查口腔气味、温度与湿度，观察口腔黏膜的颜色及完整性、舌及牙齿有无变化等，另外尚须注意舌苔的变化。进行口腔检查，根据临诊需要，采用徒手开口法或借助一些特制的开口器进行，并因动物种类不同而采取不同的方法。

①牛的徒手开口法：检查者位于牛头侧方，一只手握住牛鼻环或捏住鼻中隔并向上提举，另一只手从口角处伸入并握住舌体向侧方拉出，即可使口腔打开（图3-36）。

②马的徒手开口法：徒手开口时，检查者站于马头的侧方，一只手把住笼头，另一只手食指和中指从一侧口角伸入并横向对侧口角；手指下压并握住舌体；将舌拉出的同时用另一只手的拇指从它侧口角伸入并顶住上腭，使口张开（图3-37）。

图 3-36 牛的徒手开口法　　　　图 3-37 马的徒手开口法

开口器开口时，一般可使用单手开口器，一只手把住笼头，另一只手持开口器自口角处伸入，随动物张口而逐渐将开口器的螺旋形部分伸入上、下臼齿之间，而使口腔张开；检查完一侧后，再以同样方法检查另一侧（图 3-38）。必要时可应用重型开口器，首先应妥善地进行动物的头部保定，检查者取开口器并将其齿嵌入上、下门齿之间，同时保持固定；由另一只手迅速转动螺旋柄，渐渐随上、下齿板的离开而打开口腔（图 3-39）。

图 3-38　马的单手开口器及其应用

图 3-39　马的开口器及其应用

③猪的开口法：由助手握住猪的两耳进行保定；检查者持猪开口器，将其平直伸入口内，达口角后，将把柄用力下压，即可打开口腔进行检查或处置（图 3-40）。

④犬的开口法：性情温顺的犬可用徒手开口法，检查者一只手拇指与中指由颊部捏住上颌，另一只手的拇指与中指由左、右口角处握住下颌，分别将其上、下唇向内压迫在臼齿面上，以食指抵住犬齿，同时用力上下稍拉开，即可开口，但应注意防止被咬伤手指。烈性犬须用特制的开口器进行，方法同猪。

图 3-40　猪的开口器及应用

⑤猫的开口法：徒手开口时，以一只手的小指抵在颈部作支点，用拇指和食指捏紧上颌，并将猫的头部向上抬起，即可开口。

（2）注意事项

①徒手开口时，应注意防止咬伤手指。

②拉出舌时，不要用力过大，以免造成舌系带的损伤。

③使用开口器时应注意动物的头部保定；对患骨软症的马应注意防止开口过大，造成颌骨骨折。

（3）正常状态

健康动物上、下口唇闭合良好，老龄和瘦弱动物的下唇常松弛下垂；老龄动物偶有流涎；口腔稍湿润，口腔温度与体温一致；口腔黏膜呈淡红色、有光泽；牙齿排列整齐。

（4）病理状态

①口唇异常：口唇下垂，可见于面神经麻痹、狂犬病、唇舌损伤和炎症、下颌骨骨折等；双唇紧闭，见于脑膜炎和破伤风等；唇部肿胀，见于口黏膜深层炎症、牛瘟、马血斑病等；唇部疱疹，常见于牛和猪的口蹄疫等。

②流涎：口腔分泌物或唾液流出口外，称为流涎。表示唾液腺在病理因素刺激下分泌增多，或咽及食管疾病导致唾液咽下发生障碍。可见于各型口炎、恶性卡他热、猪水泡病、犬瘟热、鸡

新城疫、唾液腺炎、咽麻痹、食道梗塞、有机磷中毒、面神经麻痹等。牛的大量牵缕性流涎，应注意口蹄疫。

③口腔温度与湿度：口腔温度增高、热感，可见于口炎或热性病；口腔温度低下，见于重度贫血、虚脱及动物濒死期。口腔分泌物减少或干燥，可见于一切热性病、失水性疾病、阿托品中毒及某些消化器官的疾病。口腔过湿，则引起流涎。

④口腔黏膜颜色改变：潮红、肿胀，是口炎的特征；马的口唇，特别是舌下的出血点，可见于各种出血性素质的疾病；口腔黏膜苍白，见于各型贫血；黄胆则提示各型黄疸。

⑤口腔黏膜的破损：可表现为疱疹、溃疡；马的溃疡性口炎，其病变常在舌下，应注意；反刍动物及猪的口黏膜疱疹、溃疡性病变，特别应注意口蹄疫。

⑥舌与舌苔：舌的颜色变化与口腔黏膜颜色变化诊断意义大致相同。舌的外伤常由于受异物的刺伤或受磨灭不整的牙齿损伤所引起；舌面的溃疡多并发于口炎。舌硬如木、体积增大，甚至垂于口外，可见于放线菌病；舌麻痹，可见于各种类型脑炎后期、霉玉米中毒和肉毒梭菌中毒等；猪舌下和舌系带两侧有水泡样结节，是囊尾蚴病的特征。

舌苔是一层脱落不全的舌上皮细胞沉淀物，并混有唾液、饲料残渣等，表现为舌面上附有一层灰白、灰黄、灰绿色附着物，是胃肠消化不良时所引起的一种保护性反应。主要见于热性病及慢性消化障碍等，舌苔黄厚，一般表示病情重或病程长；舌苔薄而白，一般表示病情轻或病程短。

⑦牙齿的不整：常发生于骨软病或慢性氟中毒，后者在门齿表面多见有特征性的氟斑。

3.6.3.2 咽的检查

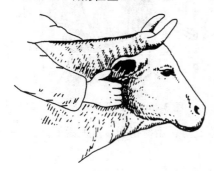

图 3-41 牛的咽部外部触诊

（1）方法

通过进行咽的外部视、触诊，视诊注意头颈的姿势及咽周围有否肿胀；触诊时，可用两手同时自咽喉部左右两侧加压并向周围滑动，以感知其温度、敏感反应及肿胀的硬度和特点（图 3-41）。小动物及禽类的咽内部视诊比较容易，大动物须借助于喉镜检查。

（2）病理状态

咽喉部及其周围组织的肿胀、热感，并呈疼痛反应，提示咽炎或咽喉炎；幼驹的咽喉及其附近的淋巴结的肿胀、发炎，应注意马腺疫；牛的咽喉周围的硬性肿物，应注意于结核、腮腺炎及放线菌病；猪则应注意于咽炭疽及急性猪肺疫。

3.6.3.3 食管及嗉囊的检查

（1）方法

大动物的颈部食管，可进行视诊、触诊检查；必要时可应用食管探诊（探诊方法详见胃管投药部分）。

视诊时，注意吞咽过程饮食物沿食管通过的情况及局部有无肿胀；触诊时检查者用两手分别由两侧沿颈部食管沟自上而下加压滑动检查，注意感知有无肿胀、异物，以及内容物硬度，有无波动感及敏感反应。

鸡的嗉囊主要用触诊检查，注意内容物的多少、软硬度等情况。

（2）病理状态

①牛、马的食道阻塞时，如阻塞物在颈部食管，触诊常能发现该部肿大、硬结，压迫时动物常呈疼痛反应；其上部食管常因贮积饲料、分泌物而扩张，如扩张部内容物为液体，则触诊呈波

动感。食管痉挛则可感知呈一条较硬的索状物，并同时呈敏感反应。

②鸡的嗉囊积食，可见容积扩大并可感知内容物量多或食物坚硬；少食、拒食则嗉囊内空虚；如嗉囊存有多量气体则膨胀并有弹性；嗉囊积液可见于鸡新城疫及有机磷中毒等。

3.6.4 反刍动物(牛)的腹部及胃肠检查

3.6.4.1 腹部的检查

(1) 方法

主要用视诊和触诊进行，注意观察腹围的大小、形状，尤其是肷窝充盈程度；触诊腹壁的敏感性及紧张度。

(2) 病理状态

①腹围增大：广泛性增大，主要提示瘤胃臌气、瘤胃积食、皱胃变位等；局限性增大，可见于腹壁疝、脓肿、血肿及淋巴外渗等。

②腹围缩小：表示胃肠内容物显著减少。

③腹下浮肿：触诊留有指压痕，可见于腹膜炎、肝片吸虫病、肝硬化以及创伤性心包炎和心脏衰弱。

④腹壁敏感：主要提示腹膜炎。

3.6.4.2 瘤胃的检查

(1) 方法

反刍动物的瘤胃占据左侧腹腔的绝大部分位置，与腹壁紧贴(图 3-42)。主要用视诊、叩诊、触诊及听诊检查。

视诊时，注意观察瘤胃的充盈度；叩诊是用手指或叩诊器在肷部进行直接叩诊，以判定其内容物性状；触诊时，检查者位于动物的左腹侧，左手放于动物背部，检手(右手)可握拳、屈曲手指或以手掌放于左肷部，先用力反复触压瘤胃，以感知内容物性状，后静静放置以感知其蠕动力量并计算蠕动强度、频率；听诊时，多以听诊器行间接听诊，以判定瘤胃蠕动音的频率、强度、性质及持续时间。

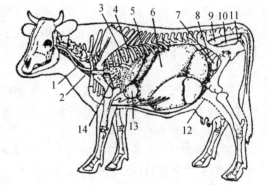

图 3-42 母牛内脏器官(左侧)
1. 食道 2. 气管 3. 肺 4. 横膈圆顶轮廓 5. 脾
(其前缘以虚线表示) 6. 瘤胃 7. 膀胱 8. 左子宫角
9. 直肠 10. 阴道 11. 阴道前庭 12. 空肠
13. 网胃 14. 心脏

(2) 正常状态

正常时瘤胃上部叩诊呈鼓音，中、下部依次呈半浊音或浊音；触诊时内容物似面团状硬度，轻压后可留压痕，随胃壁缩动而将检手抬起，蠕动力量较强。听诊瘤胃随每次蠕动波可出现逐渐减弱的沙沙声，似吹风样或远雷声，健康牛每 2 min 蠕动 2~3 次。

(3) 病理状态

①左肷部膨隆、触诊柔软有弹性、叩诊鼓音区下移，是瘤胃臌胀的特征。

②触诊内容物硬固，可见于瘤胃积食；内容物稀软可见于前胃弛缓。

③瘤胃蠕动频繁及蠕动音增强，可见于瘤胃臌气和瘤胃积食的初期；蠕动稀少、微弱、蠕动音短促，可见于前胃弛缓、瘤胃积食以及其他原因引起的前胃功能障碍；瘤胃蠕动音消失，是瘤

胃运动机能高度障碍的结果,临诊上多见于急性瘤胃臌气和瘤胃积食的后期以及其他严重的全身性疾病。

3.6.4.3 网胃(蜂窝胃)的检查

(1)方法

网胃位于胸骨后缘、腹腔的左前下方剑状软骨突起的后方,相当于第6~8肋间,前缘紧贴膈肌(图3-42)。

①叩诊法:可于左侧心区后方的网胃区内,进行强叩诊或用拳轻击,以观察动物反应。

②触压法:检查者面向动物蹲于其左胸侧,屈曲右膝于动物腹下,将右肘支于右膝上;右手握拳并抵在动物的剑状突起部,然后用力抬腿并以拳顶压网胃区;或由二人分别站于动物胸部两侧,各伸一只手于剑突下相互握紧,各将其另一只手放于动物的鬐甲部,二人同时用力上抬紧握的手,并用放于鬐甲部的手紧捏其背部皮肤,以观察动物的反应;或先用一木棒横放于动物的剑突下,由二人分别自两侧同时用力上抬,迅速放下并逐渐后移压迫网胃区;或由助手握住牛鼻中隔并朝上提举,使牛的额线与背线相平,检查者用手强力捏压鬐甲部等方法进行检查,以观察动物反应。

③视诊:牵着牛由陡峭的坡路向下行走,或急转弯等运动,观察其反应。

(2)检查结果及意义

当进行上述检查时,动物表现不安、痛苦、呻吟或抗拒,企图卧下;或下坡时运步小心,步态紧张,不敢前进,甚至横着下坡;或急转弯时表现痛苦等,均为网胃的疼痛敏感反应。检查呈敏感反应,主要提示创伤性网胃炎、膈肌炎、心包炎。

3.6.4.4 瓣胃的检查

(1)方法

主要采用听诊和触诊的方法进行,牛的瓣胃检查部位在右侧第7~9肋间沿肩关节水平线上下3~5 cm的范围内(图3-43)。

进行听诊时,是听取瓣胃蠕动音。在右侧瓣胃区进行强力触诊或以拳轻击,以观察动物是否有疼痛反应。

(2)检查结果

瓣胃的蠕动音呈断续性细小的捻发音,于采食后较为明显。瓣胃蠕动音消失,可见于瓣胃阻塞;触诊敏感表现为动物疼痛不安、呻吟、抗拒,主要提示瓣胃创伤性炎症,也可见于瓣胃阻塞或瓣胃炎。

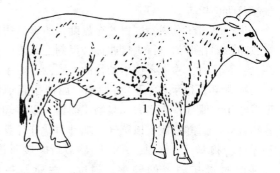

图3-43 牛的网胃(1)、瓣胃(2)、真胃(3)位置

3.6.4.5 真胃及肠的检查

(1)方法

真胃及肠管在体表的投影位置如图3-44所示。

①真胃的视诊与触诊:于牛右侧第9~11肋间,沿肋弓下,进行视诊和深触诊;对羊、犊牛则使呈左侧卧姿势,检手插入右肋下行深触诊。

②真胃的听诊:在真胃区可听到蠕动音,类似肠音,呈流水声或含漱音。

③肠蠕动音的听诊:于右腹侧后部可听诊短而稀少的肠蠕动音,小肠蠕动音类似含漱音、流水音;大肠蠕动音类似鸠鸣音。

(2)病理状态

①右侧腹壁肋弓下向侧方隆起,可提示真胃阻塞或扩张;右腹壁膨大或肋弓突起,可提示真胃扭转;真胃触诊敏感,提示真胃炎或真胃溃疡;真胃区坚实或坚硬,则提示真胃阻塞;冲击触诊有波动感,并听到击水音,提示真胃扭转或幽门阻塞、十二指肠阻塞。

②真胃蠕动音亢进,见于真胃炎;真胃蠕动音稀少、微弱,则提示胃内容物干涸或机能减弱,见于真胃阻塞。

③肠音增强,见于急性肠炎、肠痉挛、有机磷农药中毒或服用泻剂等;肠音减弱,见于发热性疾病及消化机能障碍等;肠音消失,见于肠套叠及肠便秘等。

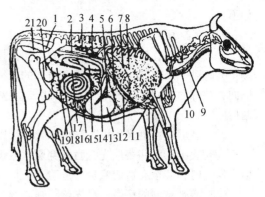

图 3-44　母牛内脏器官(右侧)
1. 直肠　2. 腹主动脉　3. 左肾　4. 右肾　5. 肝脏
6. 胆囊　7. 横膈圆顶轮廓线　8. 肺　9. 食管　10. 气管
11. 心脏　12. 横膈膜沿肋骨附着线　13. 真胃
14. 十二指肠　15. 胰腺　16. 空肠　17. 结肠
18. 回肠　19. 盲肠　20. 膀胱　21. 阴道

3.6.5　粪便的感官检查

(1)方法

注意检查粪便的臭味、数量、形状、颜色及混有物。

(2)正常状态

各种动物的排粪量和粪便性状,受饲料的数量特别是质量的影响极大。

马:每昼夜排粪为8~11次,粪量15~20 kg;呈球形,落地后部分碎开;多为黄绿色。

牛:每昼夜排粪便12~18次,粪量15~35 kg;较软,落地形成迭层状粪盘;但水牛的粪便多较稀;乳牛采食大量青饲料时则粪便也很稀薄。

羊:其粪多呈极小的干球状。

猪:依饲料的性质、组成不同而异。

(3)病理状态

①粪便有特殊腐败或酸臭味,多见于各型肠炎或消化不良。

②粪便坚硬、色深,见于肠弛缓、便秘、热性病;牛在稀粪中混有片状硬粪块提示瓣胃阻塞;粪便稀软、水样,常是下痢之症;水牛粪便呈柏油样可见于胃肠阻塞。

③粪便呈黑色,提示胃或前部肠道的出血性疾病;粪球外部附有红色血液,是后部肠管出血的特征。粪便呈灰色黏土状而缺乏粪胆素,可见于某些动物的阻塞性黄疸。

④粪便混有未消化饲料残渣,提示消化不良;混有多量黏液,可见于肠卡他;混有血液或排血样便,是出血性肠炎的特征;混有灰白色、成片状的脱落黏膜,提示伪膜性肠炎,也可见于猪瘟等。

3.6.6　直肠检查

直肠检查主要应用于大家畜(马、骡、牛等)。将手伸入直肠内,隔着肠壁间接地对后部腹腔器官(胃、肠、肾、脾等)及盆腔器官(子宫、卵巢、腹股沟环、骨盆骨骼、大血管等)进行触诊。中、小家畜在必要时可用手指检查。直肠检查不仅对这些部位的疾病诊断具有一定的价值,而且对某些疾病具有重要的治疗作用(如隔肠破结等)。现以马的直肠检查为主要内容,简述如下。

(1) 准备工作

①确实保定，以六柱栏保定，为方便去掉臀革并将被检马左、右后肢分别进行保定，以防后踢；为防卧下及跳跃，要加腹带及肩部的压绳，尚应吊起尾巴。若在野外，可于车辕内（使病马倒向，臀部向外）保定；根据情况和需要，也可横卧保定。牛的保定可钳住鼻中隔，或用绳套住两后肢。

②术者剪短、磨光指甲，露出手臂并涂以润滑油类，必要时用胶手套。

③对腹围膨大病畜应先行盲肠穿刺术或瘤胃穿刺术排气，否则腹压过高，不宜检查，特别是横卧保定时，甚至有造成窒息的危险。

④对心脏衰弱的病畜，可先给予强心剂；对腹痛剧烈的病马应先行镇静等，以便于检查。

⑤一般先应进行灌肠，然后行直肠检查。

(2) 方法

①术者的手将拇指放于掌心，其余四指并拢集聚呈圆锥状，稍旋转前伸即可通过肛门进入直肠，当肠内蓄积粪便时应将其取出，如膀胱内贮有大量尿液，应按摩、压迫膀胱排空。

②术者的手沿肠腔方向徐徐伸入，当被检动物频频努责时，术者的手可暂停前进或随之后退；肠壁极度收缩时，则暂时停止前进，并可有部分肠管套于手臂上；待肠壁弛缓时再徐徐伸入，一般术者的手伸到直肠狭窄部后，即可进行各部及器官的触诊。若被检动物努责过甚，可用1%普鲁卡因10~30 mL进行尾骶穴封闭，使直肠及肛门括约肌弛缓而便于直肠检查。

③术者的手在肠管内不许随意搔抓或以手指锥刺；前进、后退时宜徐缓小心，切忌粗暴；并应按一定顺序进行检查。

(3) 检查顺序

①肛门及直肠状态：检查肛门的紧张程度及其附近有无寄生虫、黏液、血液、肿瘤等，并要注意直肠内容物的多少与性状以及黏膜的温度和状态等。

②骨盆腔内部检查：术者的手稍向前下方检查可摸到膀胱、子宫等。膀胱位于骨盆腔底部。膀胱无尿时，可感触到如梨子状大的物体，当膀胱有尿液过度充满时，感觉像一球形囊状物、有弹性波动感。并可触诊骨盆壁是否光滑，有无脏器充塞或粘连现象。如被检马、牛有后肢运动障碍时，须检查有无盆骨骨折。

③腹腔内部检查：术者手指到达直肠狭窄部时常遇到肠管收缩，找不到肠腔孔，有的初学者就忙于向前去触摸腹腔脏器，往往易牵引、撕裂直肠狭窄部肠管（尤其是老龄瘦弱及幼龄马）。因此，术者手在肠管收缩时，要暂停前进，待部分肠管套于手上，肠管弛缓时，再细心地用指腹沿肠管壁上下左右寻找肠腔孔，把并拢的手指慢慢地通过直肠狭窄部（在多数情况下，手掌是不能通过直肠狭窄部的）以便于检查。

(4) 病理状态

①脾位的后移及胃囊的膨大，主要提示马的胃扩张。

②小结肠、大结肠的骨盆曲、胃状膨大部或左侧上下大结肠、盲肠、十二指肠等部位发现较硬的积粪，主要提示该部位的肠便秘。

③大结肠及盲肠内充满大量的气体，腹内压过高，检手移动困难，主要提示肠臌气。

④肠系膜动脉根部有明显的动脉瘤，提求肠系膜动脉栓塞。

注意：必须将直肠检查结果和临诊检查的结果加以综合分析，才能提出合理的诊断意见。

3.7 泌尿生殖器官的临诊检查

3.7.1 排尿动作及尿液的感官检查

3.7.1.1 排尿动作的检查
（1）方法

观察动物在排尿过程中的行动与姿势。

（2）病理状态

正常时，各种动物依其性别的不同而采取固有的排尿姿势。排尿活动的异常可表现如下：

①多尿与频尿：多尿表现为排尿次数增多，同时每次均有大量尿液排出，多尿可见于慢性肾病或渗出性胸膜炎的吸收期。频尿则表现为时呈排尿动作，而每次仅有少量尿液排出，主要见于膀胱炎及尿道炎。

②少尿与无尿：少尿表现为排尿次数减少而且尿量也减少，可见于热性病、急性肾炎；真性无尿则无尿排出，是泌尿机能的严重障碍，为急性肾炎的重要表现；假性无尿可见于尿道结石或阻塞（主要见于公牛和公猪），此时可见有排尿行为，但无尿液排出，也可见于膀胱括约肌痉挛、膀胱破裂。

③尿失禁与尿淋漓：不自主地或不通过固有的排尿姿势与动作，而尿液自行流出，称为尿失禁；在动物腹压增高或姿势改变时，经常有少量尿液呈滴状流出，称为尿淋漓，此时，母畜的后肢常被尿液淋湿，主要见于膀胱及其括约肌的麻痹或中枢神经系统疾病。

④排尿疼痛：动物于排尿时表现疼痛、不安、呻吟或屡取排尿姿势而排尿谨慎、痛苦，可见于膀胱炎、尿道炎或尿道结石与阻塞。

3.7.1.2 尿液的感官检查
（1）方法

动物排尿时或导尿时搜集尿液，注意检查尿的气味、透明度、颜色及混有物，并估计其数量。

（2）正常性状

尿量：依饮水及饲料的质和量以及外界温度、使役、运动情况而不同，通常马每昼夜3~6 L，牛6~12 L，猪2~4 L。

尿色：马尿呈淡黄色，牛尿色淡，猪尿几乎无色，犬的尿液呈鲜黄色。

透明度：马尿因含有大量的碳酸钙而混浊，其他动物尿均透明。

（3）病理状态

①尿呈强烈的氨臭味，可见于膀胱炎；牛酮尿病时，尿呈醋酮（近似氯仿）味，猪尿有腐败臭味，应注意于猪瘟。

②马尿变为透明，多呈酸性，是病态反应，可见于发热病、饥饿及骨软症。

③尿色变深，可见于热性病或尿量减少；尿呈深黄色且其泡沫也被染成黄色，可提示肝病及胆道阻塞性黄疸。

红尿在排除因药物影响的因素外，是血尿或血红蛋白尿的特征。血红蛋白尿多透明，放置后无红细胞沉淀，血红蛋白尿是溶血性病的特征，可见于新生仔畜溶血病、牛血红蛋白尿症或梨形虫病及成年动物（马、牛、猪）硒缺乏症等，马则还应注意肌红蛋白尿病；血尿则混浊，放置后可出现红细胞沉淀,血尿是肾或尿路、膀胱出血的结果,如为鲜血,多系尿道损伤;如混有大量凝血块,则多为膀胱出血,也可见于肾或膀胱肿瘤。

白色尿和脓尿:白尿可见于乳糜尿及饲喂钙质过多;脓尿见于肾、膀胱和尿道的化脓性炎症及猪的肾虫病等。

3.7.2 肾、膀胱及尿道的检查

3.7.2.1 肾脏的临诊检查

(1)方法

动物的肾脏一般用视诊、触诊和叩诊的方法进行,必要时应配合尿液的实验室检查。

①视诊:注意观察动物肾区背腰状态、运步状态。此外,应特别注意眼睑、腹下、阴囊及四肢下部是否水肿。

②触诊和叩诊:大动物可行外部触诊、叩诊和直肠触诊,外部触诊或叩诊时,检查者先将左手掌平于肾区腰背部上,然后用右手握拳,轻轻在左手背上叩击,同时观察动物的反应;直肠检查肾脏时,体格小的大动物可触及左肾的全部、右肾的后半部,检查时应注意肾脏的大小、形状、硬度、敏感性、活动性、表面是否光滑等;小动物则只能进行外部触诊,动物取站立姿势,检查者用两手拇指压于腰区,其余手指向下压于髋结节之前、最后肋骨之后的腹壁上,然后两手手指由左右挤压并前后移动,即可触及肾脏。

(2)正常状态

①牛肾:呈椭圆形,具有分叶结构。右肾呈长椭圆形,位于第12肋间及第2~3腰椎横突的下面。左肾位于第3~5腰椎横突的下面,不紧靠腰下部,略垂于腹腔中,当瘤胃充满时,可完全移向右侧。

②羊肾:表面光滑,不分叶。右肾位于第1~3腰椎横突的下面,左肾位于第4~6腰椎横突下。

③马肾:右肾类似心形,位于最后2~3胸椎及第1腰椎横突的下面;左肾呈蚕豆形,位于最后胸椎及第2、3腰椎横突的下方。

④猪肾:左右两肾几乎在相对位置,均位于第1~4腰椎横突的下面。

⑤肉食动物的肾:右肾位于第1~3腰椎横突的下面;左肾位于第2~4腰椎横突的下面。

(3)病理状态

肾区的捶击试验或触诊时动物呈疼痛不安,视诊动物表现背腰僵硬、拱起、运步小心,后肢运动迟缓,可见于肾炎、肾脏及周围组织发生化脓性感染、肾脓肿等;肾脏质地坚硬、体积增大、表面粗糙不平,可提示肾硬变、肾肿瘤、肾结核、肾结石等;肾萎缩时,其体积显著缩小,常提示为先天性肾发育不全、萎缩性肾盂肾炎及慢性间质性肾炎。

3.7.2.2 膀胱的检查

(1)方法

大动物只能进行直肠触诊;中、小动物可将手指伸入直肠内进行触诊,或在腹腔入口前沿下方或侧方进行触诊。主要注意检查膀胱的位置、大小、充盈度、膀胱壁的厚度以及有无压痛等。

(2)病理状态

触诊膀胱区呈波动感,提示膀胱内尿液潴留;如随触压而被动地流出尿液,则提示膀胱麻痹;动物对触诊呈敏感的反应,可见于膀胱炎。

3.7.2.3 尿道探诊及导尿

尿道探查及导尿主要用于怀疑尿道阻塞,以探查尿路是否畅通;或当膀胱充满而又不能排尿时,以导出尿液排空膀胱,必要时可用消毒药进行膀胱冲洗以做治疗;也可用于采集尿液以供检验。

通常应用与动物尿道内径相适应的橡皮导尿管;对母畜也可用特制的金属导尿管进行。

①准备工作:所用导尿管应先用消毒药液浸泡消毒;术者的手臂及被检动物的外生殖器也应清洗、消毒。通常应使动物站立保定,特别应保定其后肢,以防踢人。

②公马的探诊及导尿法:动物保定、清洗其包皮囊的污垢后,一般先用右手抓住其阴茎的龟头并慢慢拉出;再用左手固定其阴茎,以右手用消毒药液(2%硼酸液或0.1%高锰酸钾液等)清洗其龟头及尿道口;之后,取消毒的导尿管,自尿道口处徐徐插入;当导尿管尖端达坐骨弓处时,则有一定阻力而难于继续插入,此时,可由助手在该部稍加压迫,以使导管前端弯向前方,术者再稍稍用力插入,即可进入骨盆腔而达膀胱,尿液则自行流出(图3-45)。

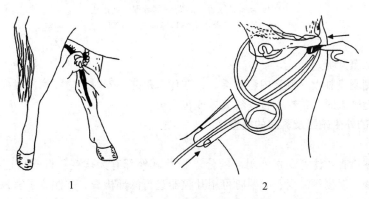

图3-45 公马的尿道探诊及导尿法
1. 插入导尿管 2. 当导管前端达坐骨弓时,由助手在外部稍加压迫

如以采尿为目的,应以清洁、无菌、干燥的容器采集并送往实验室供检。

公牛及公猪因尿道有S状弯曲,一般尿道探查及导尿较为困难。

③母马的导尿法:先将外阴部用0.1%高锰酸钾液洗净;术者右手清洗、消毒后伸入阴道内,在前庭处下方触摸外尿道开口;以左手送入导尿管直至尿道开口部;用右手食指将导管头引入尿道口,再继续送入10 cm左右深度,即达膀胱。必要时,可用阴道扩开器打开阴道而进行操作(图3-46)。

母牛及母猪的导尿法基本同上。

注意:所用导尿管应事先消毒并涂以润滑油,且在导尿管插入或拉出时,动作应轻柔,防止粗暴,以免损伤尿道黏膜。

3.7.3 外生殖器及乳房的检查

3.7.3.1 公畜的外生殖器检查

(1)方法

观察动物的阴囊、阴茎有无变化,且应配合触诊进行检查。

(2)病理状态

阴筒肿胀时,触诊留有指压痕,多为皮下浮肿的表现;阴囊肿大时,触诊睾丸肿胀、硬结或

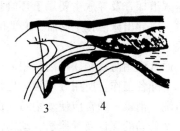

图 3-46　母畜的导尿
1. 金属导尿管　2. 母马的导尿管插入法
3. 母牛导尿时用左手食指尖端将导尿管引入尿道口　4. 憩室

有热痛反应提示睾丸炎。

如马的单侧阴囊肿大，触诊内容物柔软，在伴有疼痛不安时，应注意阴囊疝。

猪的包皮囊肿大时，常提示包皮囊集尿或包皮炎。

3.7.3.2　母畜的外生殖器及乳房的检查

（1）方法

①外生殖器检查：注意观察外阴部的分泌物及其外部有无病变；打开阴道检视阴道黏膜的颜色及有无疱疹、溃疡等病变；必要时可用开膣器进行深部检查，并注意子宫颈口的状态。

②乳房的检查：观察乳房、乳头的外部状态，注意有无疱疹；触诊判定其温热度、敏感度及乳腺的肿胀和硬结等；同时触诊乳腺淋巴结，注意有无异常变化；必要时可挤取少量乳汁，进行乳汁的感官检查。

（2）病理状态

①阴道分泌物增多，流出脓性或腐败物，可提示阴道炎、子宫炎。

②马外阴部皮肤有圆形或椭圆形褪色斑疹块，应提示媾疫；猪、牛的阴户肿胀应注意镰刀菌、赤霉菌中毒病。

③阴道黏膜潮红、肿胀、溃疡，提示阴道炎；阴道黏膜黄染，可见于各型黄疸；黏膜有斑点状出血点，提示出血性素质。

④乳房肿胀、有热痛反应，乳腺硬结、乳汁成絮状、凝结或混有血液、脓汁，是乳房炎的症状。

乳牛的乳房淋巴结肿胀、硬结，无热痛反应，多应注意乳腺结核。牛、绵羊、山羊乳房皮肤上的疱疹、脓疱及结痂，应注意痘疹。

3.8 神经系统的临诊检查

3.8.1 精神状态的检查

(1)方法

除通过问诊外,需要注意观察和检查动物的面部表情、姿势、神态、面部表情、耳、尾及四肢的活动有无异常行为,以及对呼唤、刺激或强迫其运动时的反应。健康动物姿态自然、动作敏捷而协调、反应灵活。

(2)病理状态

①精神兴奋:是动物中枢神经机能亢进的结果。动物常表现为不安、惊恐,重则直向前冲,不顾障碍,挣扎脱缰、狂奔乱走,甚至攻击人畜。见于脑及脑膜的充血和炎症以及毒物中毒等,而特征性的疾病则是狂犬病。

②精神抑制:是大脑皮层抑制的表现,是中枢机能障碍的另一种表现形式。中枢神经系统轻度抑制现象称为精神沉郁,动物表现为低头垂耳、眼半闭、尾不摆而呆立不动、不注意周围事物、反应迟钝。这多见于脑组织受毒素作用,一定程度的缺氧和血糖过低所致,许多疾病常见之。中枢神经系统中度抑制的现象称为昏睡(或嗜眠),动物表现处于不自然的熟睡状态,如将鼻、唇抵在饲槽上或倚墙或躺卧而沉睡,只有在给以强烈刺激的情况下才产生迟钝的反应和暂时性反应,但很快又陷入沉睡状态,见于脑炎、颅内压增高等疾病。中枢高度抑制的现象称为昏迷,动物表现卧地不起、昏迷不醒、呼唤不应、意识完全丧失、反射消失、甚至瞳孔散大、粪尿失禁等,常为预后不良的征兆,可见于脑炎、脑创伤、代谢性脑病以及由于感染、中毒引起的脑缺血、缺氧、低血糖等,另外也是各种疾病引起的动物濒死期的表现。

3.8.2 头颅和脊柱的检查

(1)方法

观察头颅、大小及脊柱的外形,配合进行触诊及叩诊。

(2)病理状态

①头颅局部膨大变形:见于外伤、肿瘤、额窦炎,触诊头颅,可见动物呈敏感反应。若用力按压,局部有向内陷入特点时,常因脑患多头蚴病致使骨质菲薄所致。

②头颅增温:除局部外伤、炎症外,常为脑、脑膜充血及炎症、热射病及日射病等疾患的一个特征。

③头颅叩诊浊音:见于脑瘤、额窦炎、脑多头蚴病。叩诊时应两侧对照检查。

④脊柱变形:脊柱上凸(脊柱向上弯曲)、下凹(脊柱向下弯曲)、脊柱侧凸(向侧方弯曲)可见于骨软症或佝偻病。

⑤脊柱局部肿胀、疼痛:常为外伤,如挫伤或骨折。

⑥脊柱僵硬:表现快速运动或转圈运动时不灵活,常见于破伤风、腰肌风湿、猪肾虫病等;慢性骨质病或老龄役马也可见。

3.8.3 感觉器官的检查

3.8.3.1 视觉器官

(1) 方法

观察眼睑、眼球、角膜、瞳孔的状态,着重检查眼的视觉能力及瞳孔对光的反应。

检查视力时,可牵引病畜前进,使其通过障碍物,还可用手在动物眼前晃动,或做欲行打击的动作,观察其是否躲闪或有无闭眼反应。然后,用手遮盖动物的眼睛,并立即放开以观察光线射入后瞳孔的缩小反应;也可在较暗的条件下,突然用手电筒从侧方照射动物的眼睛,同时观察瞳孔的缩动变化。

(2) 病理状态

①眼睑变化:上眼睑下垂,多由眼睑举肌麻痹所致,见于面神经麻痹、脑炎、脑肿瘤及某些中毒病;眼睑肿胀,见于流行性感冒、牛恶性卡他热、猪瘟;眼睑水肿,常是仔猪水肿病的特征。

②眼球变化:眼球下陷,见于严重失水、眼球萎缩;慢性消耗性疾病及老龄消瘦动物的眼球下陷,是眼眶内脂肪减少的结果。眼球呈有节律性的摇搠,两眼短速地来回转动,称为眼球震颤,见于急性脑炎、癫痫等。

③角膜变化:角膜混浊,见于马流感、牛恶性卡他热及泰勒氏焦虫症;也可见于创伤或维生素 A 缺乏症及马的周期性眼炎和其他眼病。

④瞳孔变化:瞳孔的变化除见于眼本身的疾病外,尚可反映全身的疾病,其中尤以对中枢神经系统病变的判断有重要价值。故在检查时应列为常规内容。瞳孔散大,主要见于脑膜炎、脑肿瘤或脓肿、多头蚴病、阿托品中毒。若两侧瞳孔呈迟发性散大,对光反应消失,眼球固定前视,表示脑干功能严重障碍,病畜已进入垂危期。当病畜高度兴奋和剧痛性疾病时,也可出现瞳孔散大,但仍保持有对光反应。瞳孔缩小,若伴发对光反应迟缓或消失,提示颅内压升高或交感神经、传导神经受损害,见于慢性脑室积水、脑膜炎、有机磷中毒及多头蚴病等;若瞳孔缩小,眼睑下垂,眼球凹陷,三者同时出现,为交感神经及其中枢受损的指征。

⑤视力改变:病畜视物不清,甚至失明,可见于犊牛和猪的维生素 A 缺乏症、猪的食盐中毒、马的周期性眼炎以及其他重度眼病的后期。

3.8.3.2 听觉器官

(1) 方法

一般在安静的环境下,利用人的吆唤声或给以其他音响(如鼓掌)的刺激,以观察动物的反应。

(2) 病理状态

①听觉增强(听觉过敏):病畜对轻微声音,即将耳郭转向发音的方向或一耳向前、一耳向后,迅速来回转动,同时惊恐不安、肌肉痉挛等,可见于破伤风、马传染性脑脊髓炎、牛酮血症、狂犬病等。

②听觉减弱:对较强的声音刺激,无任何反应,主要提示脑中枢疾病。临诊可见于延脑和大脑皮质颞叶受损害等。

3.8.4 运动机能的检查

(1) 方法

检查时，首先观察动物静止间肢体的位置、姿势；然后将动物的缰绳、鼻绳松开，任其自由活动，观察有无不自主运动、共济失调等现象。此外，用触诊的方法，检查肌腱的硬度及机能状况，并对肢体做他动运动，以感觉其抵抗力。

(2) 病理状态

①盲目运动：动物表现为无目的地行走，直冲、后退，呈转圈或时针样运动等。主要见于脑及脑膜的局灶性刺激，如脑炎或脑膜炎以及某些中毒病时；若呈慢性经过，反复出现上述运动，可见于颅内占位性病变，如多头蚴病、猪的脑囊虫病。

②共济失调：动物肌肉收缩力正常，在运动时肌群动作相互不协调，导致动物体位和各种运动的异常表现，称为共济失调。表现为静止时站立不稳、四肢叉开、倚墙靠壁；运动时的步态失调、后躯摇摆、行走如醉、高抬肢体似涉水状等。前者常见于小脑、小脑脚、前庭神经和迷路受损；后者见于大脑皮层、小脑、前庭、脊髓受害。临诊上一般多见于小脑性失调，动物不仅呈现静止性失调，而且呈现运动性失调，可见于脑炎、脑脊髓炎以及侵害脑中枢的某些传染病、中毒病；某些寄生虫病(如脑脊髓丝虫病)时也可见到。

③痉挛(运动过强)：是指横纹肌的不随意收缩的一种病理现象。可表现阵发性、强直性两种痉挛。大多由大脑皮层受刺激、脑干或基底神经节受损伤所致。主要见于破伤风、某些中毒、脑炎与脑膜炎、侵害脑与脑膜的传染病；也可见于矿物质、维生素代谢紊乱；牛的创伤性网胃心包炎时，可见有肘后肌群的震颤。发热、伴发剧痛性的疾病、内中毒时，常见肌肉的纤维性痉挛或称为战栗。

④麻痹(瘫痪)：是指动物的随意运动减弱或消失。

根据病变部位不同，可出现末梢性麻痹和中枢性麻痹两种类型。

末梢性麻痹：临诊特点为受害区域的肌肉显著萎缩，其紧张性减弱，皮肤和腱反射减弱。常见有面神经麻痹、三叉神经麻痹、坐骨神经麻痹、桡神经麻痹等。

中枢性麻痹：表现的特征是腱反射增加，皮肤反射减弱和肌肉紧张性增强，并迅速使肌肉僵硬。常见于狂犬病、马的流行性脑脊髓炎，某些重度中毒病等。中枢性麻痹时，多伴有中枢神经过敏机能障碍(如昏迷)。

按其发生的肢体部位，可分为单瘫、偏瘫和截瘫3种形式。

单瘫：表现为某一肌群或一肢的麻痹，多由于末梢脑神经损伤，如三叉神经或颜面神经受害，影响咀嚼、开口和采食。

偏瘫：即一侧肢体的麻痹，见于脑病，常表现为上位对侧肢体瘫痪。

截瘫：为身体两侧对称部位发生麻痹，多由脊髓横断性损伤所致。

3.9 血液一般检验

3.9.1 血液的采集与送检

3.9.1.1 静脉采血

(1) 马、牛、羊

一般多在颈静脉采血。在颈静脉上 1/3 与中 1/3 交界处，局部剪毛、消毒，术者左手大拇指紧压颈静脉近心端，待颈静脉怒张时，右手持针头对准血管刺入，即可获得血液样品。此外，奶牛可在腹壁皮下静脉(乳前静脉)采血。牛也可在尾中静脉采血，助手尽量将牛尾向上高举，术者用针头在第 2、3 尾椎间垂直刺入，轻轻抽动注射器内芯，直到抽出一定量的血液为止。

(2) 猪

耳静脉采血：成年猪一般在耳静脉采血。将耳根捏紧，待静脉怒张时，在此局部消毒，用较细的针头刺入血管即可抽出血液。

前腔静脉穿刺采血：如所需血液量大或特殊需要可采用此法。将猪仰卧保定(仔猪或中等大小的猪)或站立保定(肥育猪)，将两前肢向后拉直或用绳环套住上颌拴于柱栏内，在左侧或右侧胸前窝处局部消毒，然后使针头斜向对侧或向后内方与地面呈 60°角刺入 2~3 cm 即可抽出血液，术后常规消毒。

(3) 犬、猫

常在前臂皮下静脉(头静脉)和后肢外侧小隐静脉采血。前臂皮下静脉(头静脉)位于前肢腕关节正前方稍偏内，后肢外侧小隐静脉位于后肢胫部下 1/3 的外侧浅表的皮下，由前侧方向后行走。采血前适当保定，局部剪毛、消毒。术者左手拇指和食指握紧剪毛区近心端或用乳胶管适度扎紧，使静脉充盈，右手用接有 6 号或 7 号针头的注射器迅速刺入静脉，左手放松将针头固定，以适当速度抽血。

(4) 鸡

翼根静脉采血：将翅膀展开，露出腋窝，将羽毛拔去，即可见明显的由翼根进入腋窝较粗的翼根静脉，局部消毒，术者用左手拇指、食指压迫此静脉向心端，使血管怒张，右手将针头由翼根向翅膀方向沿静脉平行刺入血管内，让血液自由流入集血管内，不可用注射器用力抽取，以防引起静脉塌陷和出现气泡。

3.9.1.2 末梢采血

末梢采血适用于需血量少且采血后立即进行检验的项目，如涂制血片、血细胞计数、血红蛋白测定、出血时间和凝血时间的测定等。马、牛在耳尖部；猪、羊在耳边缘；仔猪和小动物也可剪去尾尖部采取血样。

3.9.1.3 心脏采血

对于家禽和某些小动物，当需要血液量大时，可取心脏采血。常采取右侧卧保定，于左侧胸部触摸心搏动最明显的地方刺入，即有血液自由进入注射器内。成年鸡心脏采血时可行仰卧或侧卧保定，从胸骨嵴前端至背部下凹处连线的 1/2 处垂直刺入 2~3 cm 即可采得血液。

各种动物的采血部位见表 3-5 所列。

表 3-5　各种动物的采血部位

采血部位	动物类别	采血部位	动物类别
颈静脉	马、牛、羊	耳静脉	猪、羊、犬、猫、实验动物
前腔静脉	猪	翼下静脉	家禽
隐静脉	犬、猫、羊	脚掌	鸭、鹅
前臂头静脉	犬、猫、猪	肉髯	鸡
心脏	兔、家禽、豚鼠	断尾	猪、实验动物

3.9.1.4　血液的处理与送检

一般根据检测项目的方法和对标本的要求不同，临诊检验采用的血液标本分为全血、血清和血浆。全血主要用于血细胞成分的检查，血清和血浆则用于大部分临诊化学检查和免疫学检查。

如分离血清(不需加抗凝剂)，采血后将试管倾斜放置于室温或放置在盛有 25~37 ℃ 温水容器中。牛、羊、猪的血样应先离心数分钟，然后斜置于装有温水的容器内可加快血清析出。血浆则应在抗凝血采集后，让其自然下沉或离心后取上层液即可。

血样采集后，应尽快检验和送检。不能立即送检的血样，血片应固定，抗凝血、血浆和血清应置于 2~8 ℃ 冰箱内保存。送检血样应编号，并避免剧烈振摇。

3.9.2　血红蛋白含量的测定

血红蛋白(hemoglobin，Hb)是一种含铁的色素蛋白，是红细胞的主要内含物，是血红素和珠蛋白肽链连接而成的一种结合蛋白。血红蛋白占红细胞总量的 32%~36%，占红细胞干重的 96%。

血红蛋白的测定方法很多，目前最常用的是血细胞分析仪检测。此法简单方便，检测速度快、结果准确。

3.9.2.1　使用方法

按仪器使用说明书使用，用与仪器相配套的试剂即可测定。

3.9.2.2　正常参考值

健康动物血红蛋白参考值见表 3-6 所列。

表 3-6　各种动物血红蛋白正常参考值(沙利氏法)　　　　　　g/100 mL

动物种类	血红蛋白	动物种类	血红蛋白
马	12.77±2.05	骆驼	11.8±1.03
骡	12.74±2.18	绵羊	7.2±1.27
驴	10.99±3.02	奶山羊	8.33±0.75
黄牛	9.55±1.0	猪	11.16±1.42
水牛	12.3±1.66	犬	14.9(12.0~18.0)
奶牛	8.37±0.7	猫	12.0(8.0~15.0)

3.9.2.3　临诊意义

血红蛋白含量增多：一般为相对增多。见于各种原因引起的脱水，如严重呕吐、腹泻、大量出汗、急性胃炎、肠阻塞、肠变位、瘤胃积食、瓣胃阻塞、渗出性胸、腹腔膜炎、某些传染病及发热性疾病等。此外,真性红细胞增多症及继发性红细胞增多症也可使血红蛋白含量增加。

血红蛋白含量降低:主要是由于红细胞损失过多或生成不足所致,可见于各种贫血和失血、溶血、红细胞生成障碍(缺铁、维生素 B_{12}、叶酸)和骨髓受抑制(抗生素、化学药物)等。

3.9.3 红细胞计数

红细胞计数(red blood cell count,RBC)是指计算一定体积血液内所含红细胞的数目。其计数方法有多种,这里介绍显微镜计数法。

3.9.3.1 原理

将一定量的供检血液经一定倍数稀释后(200 倍或 400 倍),在显微镜下计数 1 mm^3 内的红细胞数,并换算为 1 L 血液中的红细胞数。

3.9.3.2 器材与试剂

血细胞计数板(图 3-47、图 3-48)、沙利氏血红蛋白吸管,血盖片,5 mL 吸管,小试管,计数器,显微镜,擦镜纸,0.9%氯化钠或赫姆氏液,蒸馏水,乙醇,乙醚等。

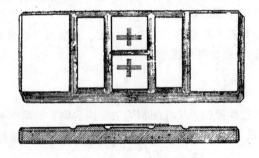

图 3-47　计数板结构

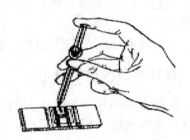

图 3-48　计数室充液法

3.9.3.3 计数方法

(1)血液稀释

取清洁、干燥小试管一支,加红细胞稀释液 4.0 mL(准确来说应该是吸 3.99 mL 或 3.98 mL),而后用沙利氏吸管吸取供检血液至 10 刻度(10 μL)或 20 刻度(20 μL)处,用棉球拭去管壁外血液,将沙利氏吸管插入小试管内稀释液底部,挤出血液,并吸上清液洗 2~3 次,将血液与稀释液充分混匀。此时血液被稀释 400 倍或 200 倍。

(2)充液

取清洁干燥的计数板和血盖片,将血盖片紧密覆盖于血细胞计数板上,并将计数板平置于显微镜载物台上,用低倍镜先找到计数室;然后用吸管吸取已摇匀稀释血液,使吸管尖端接触血盖片边缘和计数室交界处,稀释血液即可自然流入并充满计数室。

(3)计数

于计数室充液后,应静置 1~2 min,待红细胞分布均匀并下沉后开始计数。计数红细胞使用高倍镜。一般计数红细胞计数室四角及中央一个方格(共 5 个中方格内的红细胞数,即 80 个小方格)内的细胞数(图 3-49)。为避免重复和遗漏,计数每个中方格内红细胞数时,均应从左至右,再从右至左,计数完 16 个小方格的红细胞数(图 3-50)。在计数每个小方格内红细胞时,只计压在上边和左边线上的红细胞,不计压在下边和右边线上的红细胞,即"数左不数右,数上不数下"的计数法则。红细胞呈圆形,中央透亮。

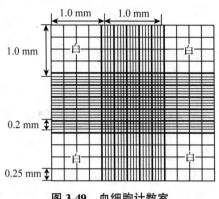
图 3-49　血细胞计数室

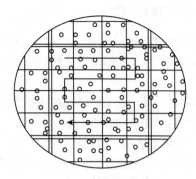
图 3-50　红细胞计数顺序

(4) 计算

红细胞数(个/mm³) = R×5×10×血液稀释倍数(400 或 200)
　　　　　　　　　= R×20 000(或 R×10 000)/mm³

或　　　红细胞数(个/mm³) = R/80×400×血液稀释倍数(400 或 200)×10

其中，R 为计数的 5 个中方格(80 个小方格)内红细胞数；5 为所计数 5 个中方格的面积(1/5 mm²)，要换算为 1 mm² 时，应乘以 5；10 为计数室深度(0.1 mm)，要换算为 1 mm 时，应乘以 10；80 为 5 个中方格内小方格数，R/80 则为一个小方格内红细胞数。

单位换算：红细胞数(个/L) = 红细胞(个/mm³)×10⁶。

3.9.3.4　正常参考值

各种动物红细胞正常参考值见表 3-7。

表 3-7　各种动物红细胞正常参考值　　　　　　　　　　　　　　10¹²/L

动物种类	平均值±标准差	动物种类	平均值±标准差
马	7.93±1.40	绵羊	8.42±1.20
骡	7.55±1.30	奶山羊	17.20±3.93
驴	5.42±0.98	猪	5.50±0.33
黄牛	7.24±1.57	仔猪	6.26±0.84
水牛	5.91±0.98	犬	6.80±1.40
奶牛	5.97±0.86	猫	7.50±2.10

3.9.3.5　诊断意义

红细胞含量增多：绝大多数为相对增多，绝对增多较为少见。相对增多多为机体脱水，造成血液浓缩而使血红蛋白量和红细胞相对增加，见于严重呕吐、腹泻、大量出汗、急性胃炎、肠阻塞、肠变位、瘤胃积食、瓣胃阻塞、渗出性胸膜炎、腹膜炎、某些传染病及发热性疾病等；绝对增多，为红细胞增生过盛所致，分为原发性和继发性两种。原发性红细胞增多症又叫真性红细胞增多症，红细胞数可增加 2~3 倍，是一种不明原因的骨髓增生性疾病；继发性红细胞增多，始红细胞生成素增多，见于代偿机能不全的心脏病及慢性肺部疾病。

红细胞含量降低：主要是由于红细胞损失过多或生成不足所致，可见于各种贫血和失血(体内、体外、寄生虫)、溶血(细菌、寄生虫、药物、骨髓瘤、洋葱中毒)、红细胞生成障碍(缺铁、维生素 B_{12}、叶酸)和骨髓受抑制(抗生素化学药物)等。

3.9.4 白细胞计数

白细胞计数(white blood cell count,WBC)指一定体积血液内所含的白细胞总数。白细胞计数的方法有很多,这里介绍试管稀释后经显微镜计数的方法。

3.9.4.1 原理

白细胞计数是用冰醋酸将血液中的红细胞破坏后,计数一定容积的白细胞数,再推算出每升血液中的白细胞数(10^9/L)。

3.9.4.2 器材与试剂

器材基本同红细胞计数,5 mL刻度吸管改用0.5 mL刻度吸管。

试剂为白细胞稀释液:1%~3%冰醋酸,其中加1%结晶紫数滴,使溶液呈淡紫色,以便与红细胞稀释液相区别;或1%盐酸。

3.9.4.3 计数方法

①血液稀释(试管稀释法):取清洁、干燥小试管1支,加入白细胞稀释液0.38 mL;用沙利氏吸管吸取血液至"20"刻度处加入试管内,混匀,即可得20倍稀释的血液。

②充液:与红细胞计数法相同(注意不要将气泡充入计数室内)。

③计数:基本与红细胞计数法相同,所不同的是用低倍镜将计数室四角上的4个大方格的白细胞依次全部计数完。白细胞呈圆形有核,周围透亮(注意任意两个大方格之间的白细胞数目在8~10个,否则说明充液不均匀)。

④计算:可按下式计算

$$白细胞数(个/mm^3) = W/4 \times 10 \times 20 = W \times 50$$

式中,W为4个大方格(白细胞计数室)内白细胞总数;W/4指因4个大方格的面积为4 mm^2,故W/4为1 mm^{2}内的白细胞数;10指计数室的深度为0.1/mm,换算为1 mm,应乘以10;20为血液的稀释倍数。

标准制的换算:白细胞(个/L)= 白细胞(个/mm^3)×10^6。

3.9.4.4 正常参考值

各种动物白细胞的正常值见表3-8所列。

表3-8 各种动物白细胞数正常参考值 个/mm^3

动物种类	平均值±标准差	动物种类	平均值±标准差
马	5 400~12 000	绵羊	8 450±1 900
骡	4 600~12 000	奶山羊	13 200±1 880
驴	7 200±2 725	猪	14 020±930
黄牛	8 434.4±2 083.5	仔猪	12 100±2 940
水牛	8 040±770	犬	6 000~17 000
奶牛	9 411.8±2 130.6	猫	5 500~19 500

3.9.4.5 诊断意义

①白细胞总数增多:见于多数细菌性感染,如链球菌、肺炎双球菌等感染时,白细胞数明显升高;当组织器官发生急性炎症,如肺炎、胃炎、乳腺炎、特别是化脓性炎症,可引起白细胞的增多;在严重的组织损伤、急性大出血、急性溶血、某些中毒(敌敌畏中毒、酸中毒及尿毒症

等)以及注射异体蛋白(血清、疫苗)后,均可致白细胞数目增多。另外,白血病时,白细胞数持久性、进行性增多。

②白细胞总数减少:某些病毒性疾病,如犬传染性肝炎、猫泛白细胞减少症、流行性感冒、马传染性贫血等时,白细胞总数减少;伴有再生障碍性贫血的疾病时,白细胞总数减少;此外,长期使用磺胺类药及氯霉素、X线照射、恶病质及各种疾病的濒死期等均会引起白细胞数减少。

3.9.5 白细胞分类计数

白细胞分类计数是指计算出 1 mm³ 血液中种类白细胞的绝对值。

3.9.5.1 器材与试剂

载玻片,染色用具,玻璃铅笔,白细胞分类计数器,显微镜,擦镜纸,香柏油,染色液,磷酸盐缓冲液(pH 6.8),蒸馏水等。

3.9.5.2 计数方法

①血片的制作:选取一边缘光滑平整的载玻片作推片,用左手的拇指和中指夹持一洁净载玻片,取被检血液一滴(最好是新鲜的未加抗凝剂的血液),置于其右端,右手持推片置于血滴前方,并轻轻向后移动推片,使与血液接触,待血液扩散开后,再以 30°~40° 角向前均速推进涂抹,即形成一血膜,迅速自然风干(图 3-51)。涂片时,血滴越大,角度(两玻片之间的锐角)越大,推片速度越快,则血膜越厚;反之则血膜越薄。白细胞分类计数的血膜宜稍厚,进行红细胞形态及血

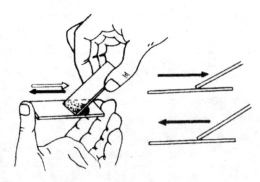

图 3-51 涂制血片的方法

原虫检查的血片宜稍薄。血液分布应均匀,厚度适当,对光观察呈霓虹色,血膜位于玻片中央,两端留有适当空隙,以便注明动物类别、编号及日期,即可染色。反之,重行制作,直至合格后,再行染色。

②血片的染色:常用瑞氏染色法。

先用玻璃铅笔在血膜两端各划一线,以防染液外溢,将血片平放于水平支架上;滴加瑞氏染液于血片上,直至将血膜盖满为止;待染色 1~2 min 后,再加等量磷酸盐缓冲液,并用洗耳球轻轻吹动,使染色液与缓冲液混合均匀,再染色 3~5 min;最后用蒸馏水冲洗血片,待自然干燥或用吸水纸吸干后镜检。所得血片呈樱桃红色者为佳。

③镜检计数:先用低倍镜做大体观察,观察血膜细胞上分布情况及染色质量等。如染色合格,在血片上滴上一滴香柏油,再换用油镜进行观察计数。由于密度大的细胞多分布在血片的边缘和尾部,如粒细胞、单核细胞等,密度小的细胞则多分布在血片的头部和中间,如小淋巴细胞等。为减少细胞分布的固有误差和避免重复计数,通常在血片的两端或两端的上下部按二区或四区计数法(图 3-52、图 3-53)有顺序地移动血片,计数白细胞 100~200 个(白细胞总数在 10 000 个/mm³ 以下计数 100 个,在 20 000 个/mm³ 以下计数 200 个,在 20 000 万个/mm³ 以上计数 400 个),分别记录各种白细胞数,最后计算出各种白细胞所占百分比。

记录时,可用白细胞分类计数器,或设计一个表格用画"正"字的方法加以记录。

某种白细胞的百分率=(某种白细胞数/分类计数白细胞总数)×100%;某种白细胞的绝对值=白细胞总数×某种白细胞的百分率。

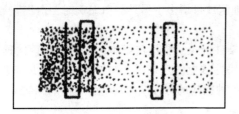

图 3-52　二区法分类记数

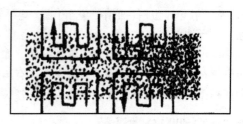

图 3-53　四区法分类记数

3.9.5.3　各类白细胞的形态特征

各种白细胞的形态特征主要表现在细胞核及细胞质的特有性状上，并应注意细胞的大小。各种白细胞的形态特征见表 3-9 所列。

表 3-9　各种白细胞的形态特征（瑞氏染色法）

白细胞种类	细胞核					细胞质			
	位置	形态	颜色	核染色质	细胞核膜	多少	颜色	透明带	颗粒
中性晚幼细胞	偏心性	椭圆	紫红	细致	不清楚	中等	蓝/粉红	无	红或蓝，细致分布均匀
中性杆状核	中心或偏心性	马蹄形/带状/"S"形	浅紫蓝色	细致	存在	多	粉红色	无	粉色或蓝色的微细颗粒
中性分叶核	中心或偏心性	分叶，2~3叶者居多	深紫蓝色	粗糙	存在	多	浅粉红色	无	粉红/紫红色微细颗粒
嗜酸性粒细胞	中心或偏心性	杆状或分叶2~3叶居多	较淡紫蓝色	粗糙	存在	多	鲜红色	无	深红，粗大，分布不均匀
嗜碱性粒细胞	中心	分叶不明显	较淡紫蓝色	粗糙	存在	多	蓝紫色	无	蓝黑色，粗大，分布不均，多在边缘
淋巴细胞	偏心性	圆形或微凹陷	深紫蓝色	大块/中等块或致密	浓密	少	蓝色	深染时存在	无或有少数嗜天青蓝色颗粒
大单核细胞	偏心或中心	豆形/山字形/椭圆形	淡紫蓝色	细致网状边缘不齐	存在	很多	烟灰/天蓝色	无	很多，非常细小，淡紫色

3.9.5.4　正常参考值

健康动物白细胞分类正常参考值见表 3-10 所列。

表 3-10　各种动物白细胞分类百分比　　　　　　　　　　　%

动物种类	嗜碱性粒细胞	嗜酸性粒细胞	中性粒细胞			淋巴细胞	单核细胞
			晚幼细胞	杆状核	分叶核		
马	0.5	4.5	0.5	4.0	54.0	34.0	2.5
牛	0.5	4.0	0.5	3.0	33.0	57.0	2.0
羊	0.5	4.5		3.0	33.0	55.5	3.5
猪	0.5	2.5	1.0	5.5	32.0	55.0	3.5
犬	稀少	4.0		1.5	68.5	20.0	5.2
猫	稀少	5.5		1.5	55.0	32.0	3.0

3.9.5.5 诊断意义

（1）中性粒细胞增多与减少

①中性粒细胞增多：中性粒细胞病理性增多是机体抵抗外来感染和对体内炎症性刺激的一种防御性反应，常见于各种急性感染性疾病、急性炎症及重症烧伤、创伤时。

分析中性粒细胞的增减变化时，应特别注意核象的变化。杆状核和晚幼细胞增多，并出现中幼细胞，甚至出现早幼细胞及原始粗细胞，称为"核左移"，通常表示骨髓造血机能增强；如分叶核细胞显著增多，并且细胞核分为4~5叶甚至多叶的比例较多者，则称为"核右移"，表示造血机能减退。

结合白细胞总数的变化，分析中性粒细胞核象的变化，更有意义。核左移，同时粒细胞总数也增多，称为再生性核左移，为骨髓造血机能增强，机体处于紧急动员、积极防御阶段的表现；核左移，但粒细胞总数仍维持在正常范围内，甚至减少者，则称为退行性核左移，为感染严重、骨髓造血机能衰竭、释放功能不良、机体抗病能力降低的表示；核右移则为骨髓造血机能减退、机体抗病能力降低表示。

②中性粒细胞减少：多由于骨髓造血机能受到抑制，对中性粒细胞的生成不足，或因最急性感染，致使中性粒细胞向组织中的游走速度超过由骨髓向血液中的释放速度等因素所致。常见于病毒性疾病及各种疾病的重危期（如中毒性休克、胃肠破裂等）。

（2）嗜酸性粒细胞增多与减少

嗜酸性粒细胞的功能，可能与机体的过敏反应有关，具有抗组织胺及吞噬抗原-抗体复合物的作用。

①嗜酸性粒细胞增多：常见于某些寄生虫病（如肝片吸虫病、球虫病、旋毛虫病等），某些过敏性疾病（荨麻疹等）以及湿疹、疥癣等皮肤病过程中。

②嗜酸性粒细胞减少：常见于某些疾病的重症期，也可见于应用皮质类固醇药物时。

（3）淋巴细胞增多与减少

①淋巴细胞增多：常见于某些慢性传染病（如结核病、布鲁氏菌病等）、急性传染病的恢复期、某些病毒性疾病（如流行性感冒等）及血孢子虫病等。

②淋巴细胞减少：常见于急性传染病的初期及各种疾病的垂危期。

（4）单核细胞增多与减少

①单核细胞增多：可见于某些原虫病（如锥虫病、梨形虫病等）、某些慢性细菌性疾病（如结核、布鲁氏菌病等）以及某些病毒性疾病（如马传染性贫血）时。

②单核细胞减少：见于急性传染病的初期和各种疾病的垂危期。

（5）嗜碱性粒细胞

在一些慢性变态反应性疾病、高脂血症、伴有IgE长期刺激的疾病（如犬慢性恶丝虫病）、白血病时，出现嗜碱性粒细胞增多。

3.10 尿液检验

3.10.1 尿液的物理学检验

3.10.1.1 尿量

动物的尿量不仅与饲料、饮水、运动有关，而且与环境温度相关。动物的尿量一般较为恒定。

当尿量增高到一定程度时，便出现多尿。多尿可分为生理性多尿和病理性多尿。生理性多尿见于大量的饮水及使用利尿药物；病理性多尿常见于糖尿病、急性肾功能衰竭的多尿期及肾小管酸性中毒等。当尿量减少到一定程度时，出现少尿。

尿量减少常见于急性肾小球肾炎，急性肾功能衰竭少尿期，心力衰竭、高热及各种原因引起的脱水等。

3.10.1.2　混浊度(透明度)

正常情况下马属动物尿中含有大量悬浮在黏蛋白中的碳酸钙和不溶性磷酸盐，故刚排出的尿液呈不透明而呈混浊状。肉食动物尿液正常时清亮、透明。马尿混浊度增加或其他动物新鲜尿液呈混浊不透明者，均为异常现象。可能因含有炎性细胞、血细胞、上皮细胞、管型、坏死组织碎片、细菌或混入大量黏液，而见于肾脏、肾盂(盏)、输尿管、膀胱、尿道或生殖器官疾病，也可能因含有各种有机盐或无机盐类而见于泌尿系统或全身性疾病过程中。

3.10.1.3　尿色

在正常情况下，尿液因含有尿色素、尿胆素及卟啉等，呈现黄色，其颜色深浅随尿量的多少而异，且常与密度相平行。健康动物尿色因动物种类、饲料、饮水及使役状况等不同而存在差异。马尿液为较深黄色，犬尿液为鲜黄色，黄牛尿液为淡黄色，水牛尿液为水样外观。尿液的颜色可因各种病理变化及某些代谢物、药物等的影响而改变。尿色变棕黄色或深黄色，多为饮水不足或脱水性疾病所致。当阻塞性黄疸或肝实质性黄疸时，尿中胆色素增加，此时尿液呈黄褐色或啤酒色，摇晃时易起泡沫，其泡沫也被染为黄色。

尿液变红色、红棕色甚至棕黑色，并非指某一种尿，有可能是血尿、血红蛋白尿、肌红蛋白尿、卟啉尿或药尿。

尿液呈乳白色，多因肠道吸收的乳糜液进入受阻淋巴道，逆流入尿液所致，或是由于泌尿道细菌感染引起的脓尿和菌尿。此外，白色尿也见于肾盂及尿路的化脓性炎症。

3.10.1.4　气味

尿液的气味来自尿内的挥发性有机物和酸，正常动物刚排出的尿略带有机芳香族气味。尿液存储较长时间后，因尿素分解而有氨臭味，见于膀胱炎、膀胱麻痹、膀胱括约肌痉挛、尿道阻塞等时；当发生膀胱或尿道溃疡、坏死、化脓或组织崩解时，由于蛋白质分解而尿液带腐臭味；羊妊娠毒血症、牛酮病、产后瘫痪等时，尿液有酮味，如同烂苹果样气味。

3.10.1.5　密度(比重)

尿液比重是尿中溶解物质浓度的指标，溶解在尿中的固体物质主要有尿素和氯化钠。正常情况下，尿比重与肾脏排出的水分、盐类和尿素量有关。在病理情况下，尿比重还与糖、蛋白、细胞损伤程度、代谢、组织分解与合成情况等有关。尿比重增高：见于动物饮水过少，繁重劳役和外界气温高而出汗多时，尿量减少，比重增高，此为生理现象。在病理情况下，凡是伴有少尿的疾病，如发热性疾病、便秘以及一切使机体失水的疾病(严重胃肠炎)、急性肾小球肾炎时，尿比重可增加。尿量增多同时比重增加，常见于糖尿病。

尿比重减低：见于动物大量采食多汁饲料和青饲料、饮用大量水后，尿量增多，尿比重减低，此为正常现象。在病理情况下，肾机能不全，不能将原尿浓缩而发生多尿时，尿比重减低(糖尿病例外)。在间质性肾炎、肾盂炎、非糖性多尿症及神经性多尿症、牛酮病时，尿的比重也可降低。

3.10.2 尿液的化学检验

3.10.2.1 酸碱度测定

检查尿的酸碱度常用广泛 pH 试纸法，将试纸浸入被检尿内后立即取出，根据试纸的颜色改变与标准色板比色，判定尿的 pH 值。

健康动物尿液的 pH 值为：马 7.2~7.8，牛 7.7~8.7，犊牛 7.0~8.3，山羊 8.0~8.5，羔羊 6.4~6.8，猪 6.5~7.8，犬 6.0~7.0，猫 6.0~7.0，兔 7.6~8.8。

生理性酸性尿液主要见于食肉、吮乳仔畜、过量饲喂蛋白质、饥饿和长时间运动等。病理性酸性尿液主要见于各种热性病、严重腹泻、呼吸性酸中毒、酸中毒（糖尿病、尿毒症）、内服酸性盐类药物（如酸性磷酸盐、氯化铵）等。

生理性碱性尿液见于草食动物。病理性碱性尿液主要见于膀胱炎和膀胱麻痹造成的尿潴留、碱中毒等，以及使用碱性盐类药物（如碳酸氢钠、柠檬酸钠、乳酸钠）等。

3.10.2.2 蛋白质检验

健康动物尿中仅有微量蛋白质，一般方法不能检出。检验尿中蛋白质时，被检尿必须澄清透明，对碱性尿和不透明尿，需经过滤或离心沉淀，或加酸使之透明，如向被检尿内加入 10% 醋酸以使尿液酸化、透明。

(1) 操作方法（煮沸加酸法）

取酸化的澄清尿液约半试管（酸性及中性尿不需酸化，如混浊则静置过滤或离心沉淀使之透明），用酒精灯于尿液的上部缓慢加热至沸腾，观察。如煮沸部分的尿液变混浊而下部未煮沸的尿液不变，则需判断是尿蛋白阳性和假阳性。待尿液冷却后，原为碱性尿，加 10% 硝酸 1~2 滴，原为酸性或中性尿，加 10% 醋酸 1~2 滴，如混浊不消失，证明尿中含有蛋白质，为蛋白质阳性；如混浊物消失，证明尿液中含磷酸盐类、碳酸盐类，为尿蛋白阴性。

(2) 结果判定

阴性(-)：不见混浊；+：白色混浊，不见颗粒状沉淀；++：明显白色颗粒混浊，但不见絮状态沉淀；+++：大量絮状混浊，不见凝块；++++：可见到凝块，有大量絮状沉淀。

(3) 临诊意义

病理性蛋白尿常见于肾脏的器质性病变、某些药物和化学物质引起的肾脏损伤、许多发热性传染病以及采食了霉变饲料等。

3.10.2.3 尿中血液及血红蛋白的检验

健康动物的尿液中不含有红细胞或血红蛋白。尿液中含有不能用肉眼直接观察的红细胞或血红蛋白叫作尿潜血（或叫隐血）。

(1) 操作方法（改良联苯胺法）

取尿液 10 mL 置于试管中加热煮沸（以破坏可能存在的过氧化氢酶，防止假阳性的干扰），待冷却后，加入冰醋酸 10~15 滴，使尿呈酸性，再加乙醚约 3 mL，加塞充分振摇，然后静置片刻，使乙醚层分离，如果乙醚层成胶状不易分离时，可加入 95% 乙醇数滴以促进其分离。血红蛋白在酸性环境下，可溶于乙醚内，取滤纸一小片，滴加联苯胺冰醋酸饱和液数滴，再在此处滴加上述乙醚浸出液数滴，待乙醚蒸发后，再滴加新鲜 3% 过氧化氢 1~2 滴，如果尿液内有血液存在，滤纸上可显现蓝色或绿色，其颜色深度与含量成正比。

(2) 结果判定

根据颜色的深浅判定，阴性(-)：未见颜色变化；+：绿色；++：蓝绿色；+++：蓝色；++++：深蓝色。

(3) 临诊意义

正常情况下 1 L 尿液中含有 1 mL 血液，便可呈肉眼血尿。离心后的尿液中，如高倍视野平均见到 1~2 个红细胞，即为异常表现；若仅在显微镜下发现红细胞达高倍视野 3 个以上，而尿的外观无血色的，称为镜下血尿。镜下血尿常见于急性或慢性肾小球肾炎、急性膀胱炎、肾结石、肾盂肾炎等，也见于出血性疾病、泌尿系统肿瘤和外伤等。某些细菌造成的泌尿系统感染时，尿液中多有红细胞，并伴有较多的白细胞。如尿液中发现红细胞管型或红细胞淡影（即新鲜红细胞为淡黄色，略有折光性，在高渗尿液中可皱缩成桑葚形或星状，在低渗尿液中则胀大，甚至可使血红蛋白逸出，成为大小不等的空杯，称为红细胞淡影），提示血液来自肾脏。此外，新生幼龄动物溶血性疾病、锥虫病、焦虫病、大面积烧伤及氟化物中毒、四氯化碳中毒等时，尿中也可出现潜血阳性。

3.11　临诊治疗技术

3.11.1　经口给药

3.11.1.1　灌服给药

对于多数病情危重的、饮食欲废绝的病畜，以及食欲尚可但不愿自行采食药物的病畜，都可以用强制的方法将药液经口灌入其胃内。此法适用于水剂药物或散剂及研碎的片剂等加适量的水而制成的溶液、混悬液。多用于猪、犬、猫等中小动物，其次是牛及马属动物。

①牛灌药法：将牛保定于保定栏内站立，助手握住角根和鼻中隔（或术者自己徒手保定）使牛头稍抬高，固定头部；术者用一只手从一侧口角伸入打开口腔，另一只手持橡胶瓶从另一侧口角伸入口腔，边摇边缓慢注入药液，防止药物沉积；当橡胶瓶中药物所剩不多时，提醒助手将牛头抬高，术者顺势将剩余药物全部投入口腔。

②猪灌药法：哺乳仔猪给药时，助手右手持两后肢，左手从耳后握住头部，使猪呈腹部向前，头在上的姿势；并用拇指、食指压住两边口角，猪口腔自然张开。术者用药匙或注射器（不连接针头）自口角处，徐徐灌入药液；投入药后使其闭嘴，可自行咽下；仔猪、育成猪或后备猪灌药时，助手握住两耳基部，使腹部向前将猪提起，并将后躯夹于两腿间，或将猪仰卧在猪槽中。术者一手用小木棒（或开口器）将嘴撬开，另手用药匙或小灌角分次少量进行灌服。

③犬、猫灌药法：站立保定，助手或主人抓住犬、猫上下颌，将其上下分开，术者持投药器将药液倒入口腔深部或舌根上，慢慢松开手，让其自行咽下，直到灌完所有药液。

3.11.1.2　胃管给药

用胃管经鼻腔或口腔插入食道，将大量的水溶性药液、可溶于水的流质药液或有异味的或刺激性药物投入患病动物食道（或胃）内的给药方法，适用于各种动物。

①牛胃管投药法：保定栏内站立保定，使牛头稍抬高，然后安装横木开口器（或特制开口器），并用绳系在两角根后部；术者取胃管，从开口器的中间孔插入，前端抵达咽部时，轻轻来回抽动以刺激吞咽动作，随动物吞咽时将胃管插入食道中。要注意不要误插入气管内，为了检查胃管是否正确进入食道内，可做鉴别，鉴别要点见表 3-11 所列。确定胃管通过咽部进入食道后，再将胃管前端推送到颈部下 1/3 处，在胃管另一端连接漏斗，即可投药。投药完毕，再灌以少量清水，冲净胃管内残留药液，然后右手将胃管折曲一段，徐徐抽出。最后取下开口器，解除保定

(图 3-54)。

表 3-11 胃管插入食道或气管的鉴别

鉴别方法	插入食道内	插入气管内
手感	推动胃管稍有阻力感	无阻力
观察食道	胃管前端在食管沟内呈明显的波动式蠕动下行	无
触摸	手摸食管沟区感到有一硬的管状物	无
听诊	将胃管后端放在耳边,可听到不规则的咕噜或水泡音	随呼吸动作听到有节奏的呼出气流冲击耳边
嗅诊	胃管外端有胃内容物的酸臭味	无异味
捏扁洗耳球接于胃管外端胃管外端插入水	不鼓起,无气泡	迅速鼓起,随呼吸动作水内出现气泡

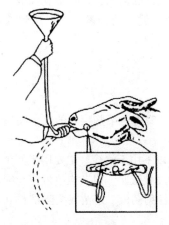

图 3-54 牛胃导管给药

图 3-55 猪胃管给药

②猪、羊胃管投药法:助手抓住动物的两耳(或羊角),将前躯夹于两腿之间,如果是大猪可用鼻端固定器固定,并装上横木开口器(或特制开口器)固定于两耳后(图 3-55),术者取胃管,从开口器的中间孔插入食道内,以后的操作要领与成年马相同,但胃管应细,一般使用大动物导尿管即可。

③犬胃管投药法:投药时对犬施以坐姿保定;打开口腔,选择大小适合的胃导管,用胃导管测量犬鼻端到第 8 肋骨的距离后,做好记号;用润滑剂涂布胃导管前端,插入口腔从舌面上缓缓地向咽部推进,在犬出现吞咽动作时,顺势将胃导管推入食管直至胃内。判定插入胃内的标志是,从胃管末端吸气呈负压,犬无咳嗽表现。然后连接漏斗,将药液灌入;灌药完毕,除去漏斗,压扁导管末端,缓缓抽出胃导管。

3.11.1.3 混饲给药法

混饲给药法是将药物均匀混拌在饲料中,让动物采食时连同药物一并吃入胃内的一种给药方法。该法简便易行、节省人力,故常用于集约化养猪场、养禽场的预防性给药,也适合于对尚有食欲的发病动物进行治疗。混饲给药法应注意以下几点:

①准确掌握药物拌料的比例:按照拌料给药的标准,准确、认真计算所用药物剂量,如按动物体重给药,应严格按照个体体重,计算出动物群体体重,再按要求将药物拌入料内。同时,也要注

意拌料用药标准与饲喂次数相一致,以免造成药量过小起不到作用或药量过大引起动物中毒。

②药物与饲料必须混合均匀:特别在大批量饲料拌药时,更需多次逐步分级扩充,以达到充分混匀的目的。切忌将全部药量一次加入所需饲料中,因为简单混合难以将药物混合均匀,容易造成部分动物药物中毒而大部分动物吃不到药物,达不到防治疾病的目的或贻误病情。

③密切注意不良反应:有些药物混入饲料后,可与饲料中的某些成分发生拮抗作用。例如,饲料中长期混合磺胺类药物时,就容易引起鸡 B 族维生素或维生素 K 缺乏,此时就应适当补充这些维生素。

3.11.1.4 饮水给药法

饮水给药法是将药物溶解在动物饮水中,让动物饮水时食入药物,从而使药物在体内发挥药效的一种给药方法。常用于预防给药和治疗疾病,尤其在动物发病后,食欲降低而仍能饮水的情况下更为适用。饮水给药除拌料给药的注意事项外,还应注意以下几点:

①对一些在水中不容易被破坏的药物,可以加入动物饮水中,让动物长时间自由饮用,而对一些容易被破坏的药物,则要求动物在一定的时间内饮入定量的药物,以保证其药效。

②对一些不容易溶解的药物可以采用适当加热或搅拌,促进药物溶解,以达到饮水给药的目的。

3.11.2 注射给药法

3.11.2.1 皮内注射

皮内注射是将药液注入表皮与真皮之间的注射方法,主要用于某些疾病的变态反应诊断。

(1)应用

皮内注射与其他治疗注射相比,其药液的注入量少,所以不用于治疗。主要用于如牛结核、副结核、牛肝蛭病、马鼻疽等疾病的变态反应诊断,或做药物过敏试验,以及炭疽疫苗、绵羊痘苗等的预防接种。也可作为局部麻醉的起始步骤。一般仅在皮内注射药液、疫苗或菌苗 0.1~0.5 mL。

(2)注射部位

通常选择被毛稀少、色素少、皮肤较薄的部位。牛、马多在颈侧中上 1/3 处或尾根内侧;猪在耳根;鸡在肉髯。

(3)方法

吸取药液,排尽注射器内空气;动物适当保定,注射部位常规剪毛、消毒,左手绷紧注射部位,右手持注射器,针头斜面向上,与皮肤成 5°角刺入皮内(图 3-56);待针头斜面全部进入皮内后,左手拇指固定针体,右手推注药液,局部可见一半球形隆起,俗称"皮丘";注毕,迅速拔出针头,术部轻轻消毒,但应避免按压局部。

3.11.2.2 皮下注射

皮下注射是指将药物注射到皮下结缔组织内,经毛细血管、淋巴管吸收进入血液,以发挥药效,从而达到防治疾病

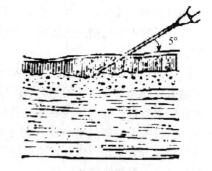

图 3-56 皮内注射

的目的。因皮下有脂肪层,吸收较慢,皮下注射一般需 5~10 min 才能显现药效,但皮下注射维持时间较长。

(1)应用

凡是易溶解、无强刺激性的药品及疫苗、菌苗、血清、抗蠕虫药(如伊维菌素)、某些局部

麻醉药、不能口服或不宜口服的药物，以及要求在一定时间内发生药效时，均可做皮下注射。如胰岛素口服在胃肠道内易被消化酶破坏，失去作用，而皮下注射迅速被吸收。主要用于局部麻醉用药或术前给药，以及预防接种。

（2）部位

多选皮肤较薄、富有皮下组织、活动性较大的部位。大动物多在颈部两侧；猪在耳根后或股内侧；羊在颈侧、背胸侧、肘后或股内侧；犬、猫在背胸部、股内侧、颈部和肩胛后部；禽类则选在翼下。

（3）方法

吸取药液排尽空气。助手适当保定动物，注射部位常规剪毛、消毒；术者左手中指和拇指捏起注射部位的皮肤，同时用食指尖下压使其呈皱褶陷窝，右手持连接针头的注射器，针头斜面向上，从皱褶基部陷窝处与皮肤成 30°～40°角刺入深 1.5～2.0 cm（根据动物体型的大小及皮肤的厚度，适当调整进针深度）（图 3-57）；此时如感觉针头无阻抗，且能自由活动针头时，左手把持针头与注射器连接部，右手抽吸，无回血即可推压针筒活塞注射药液；注完后，左手持干棉球轻按刺入点，右手拔出针头，局部消毒。

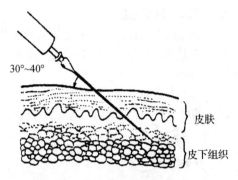

图 3-57 皮下注射部位及方法

3.11.2.3 肌内注射

肌内注射是将药物注入肌肉组织内的给药方法，肌内注射是兽医临诊上应用最多的方法之一。肌内注射由于吸收缓慢，能长时间保持药效，维持血液中药物浓度。

（1）应用

由于肌肉内血管丰富，故药液吸收较快。又因肌肉内的感觉神经较少，所以注射时疼痛较轻微。因此，刺激性较强和较难吸收的药液，进行血管内注射而有副作用的药液，不能进行血管内注射的油剂、乳剂，或为了减缓吸收速度、持续发挥作用的药液等，均可采用肌内注射。但由于肌肉组织致密，仅能注射较少量的药液。

（2）部位

肌内注射时，应选择肌肉丰满无大血管的部位，如臀部、颈部和背部肌肉（图 3-58）。大动物与犊、驹、羊等多在颈侧、臀部及股前部；猪在耳根后、臀部或股内侧；犬、猫等宜在背部或臀部；禽类在胸肌部或大腿部。

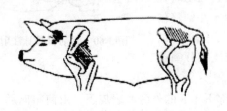 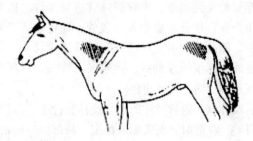

图 3-58 肌内注射部位

（3）方法

吸取药液排尽空气。动物适当保定，局部常规消毒处理；左手的拇指和食指将注射部皮肤绷紧，右手持注射器，使针头与注射部皮肤垂直（小动物宜使针头与皮肤成60°角），迅速刺入肌肉内。一般刺入2~3 cm（小动物刺入深度酌减）；用左手拇指与食指握住露出皮外的针头与注射器结合部分，以食指指节顶在皮上，再用右手抽动针管活塞，观察无回血后，即可注入药液。如有回血，可将针头拔出少许再行试抽，直至无回血后方可注入药液；注射完毕，左手持酒精棉球压迫针孔部，迅速拔出针头。

3.11.2.4 静脉注射

静脉注射是将药液注入静脉内或利用液体静压将一定量的无菌溶液、药液或血液直接滴入静脉的方法，是临诊治疗和抢救患病动物的重要给药途径。

（1）应用

用于大量的输液、输血；以治疗为目的的急需速效的药物（如急救、强心等）；注射药物有较强的刺激作用，不能皮下、肌内注射，只能通过静脉注射才能发挥药效的药物。

（2）方法

①牛的静脉注射：牛的颈静脉位于颈静脉沟内（图3-59）。皮肤较厚且敏感，一般应用突然刺针的方法进针。助手将牛的头部安全固定，并将颈静脉沟部剪毛、消毒；术者左手中指及无名指压迫颈静脉的下方，或用一根细绳或乳胶管，在颈部的中1/3下方缠紧，使静脉怒张；右手持针头，对准注射部位并使针头与皮肤垂直，用腕力迅速将其刺入血管，见有血液流出后，将针头再沿血管向前推送，然后连接输液瓶的乳胶管，药液即可

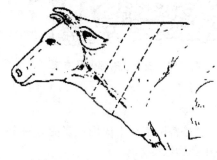

图3-59 牛颈静脉注射部位

徐徐注入血管中。注射完毕，左手持酒精棉球压紧针孔，右手迅速拔出针头，然后涂2%碘酊消毒。

②犬的静脉注射：

前臂皮下静脉（也称头静脉）注射法：此静脉位于前肢腕关节正前方稍偏内侧（图3-60）。卧或站立保定，助手或犬主人从犬的后侧握住犬的肘部，使皮肤向上牵拉和静脉怒张，也可用止血带或乳胶管结扎，使静脉怒张。操作者位于犬的前面，注射针由近腕关节1/3处刺入静脉，当确定针头在血管内后，针头连接管处见到回血，再顺静脉管进针少许，以防犬骚动时针头滑出血管；松开止血带或乳胶管，即可注入药液，并调整输液速度。静脉输液时，可用胶布缠绕固定针头。注射完毕，以干棉签或棉球按压穿刺点，迅速拔出针头，局部按压或叮嘱畜主按压片刻，防止针孔出血。

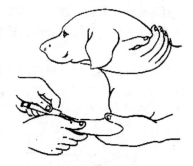

图3-60 犬前臂静脉注射

后肢外侧小隐静脉注射法：此静脉位于后肢胫部下1/3的外侧浅表皮下，由前斜向后上方，易于滑动。注射时，使犬侧卧保定，局部剪毛消毒。用乳胶带绑在犬股部，或由助手用手紧握股部，使静脉怒张。操作者位于犬的腹侧，左手从内侧握住下肢以固定静脉，右手持注射针由左手指端处刺入静脉。

③猪的静脉注射：耳静脉注射法（图3-61）：将猪站立或侧卧保定，耳静脉局部剪毛、消毒。

具体操作如下：一人用手压住猪耳背面耳根部静脉管处，使静脉怒张，或用酒精棉球反复涂擦，并用手指头弹叩，以引起血管充盈。术者用左手把持耳尖，并将其托平；右手持连接注射器的针头，沿静脉管的径路刺入血管内，轻轻抽动针筒活塞，见有回血后，再沿血管向前进针。松开压迫静脉的手指，术者用左手拇指压住注射针头，连同注射器固定在猪耳上，右手徐徐推进针筒活塞或高举输液瓶即可注入药液。注射

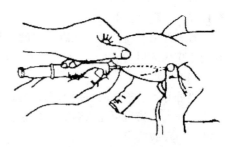

图 3-61　猪耳静脉注射

完毕，左手拿灭菌棉球紧压针孔处，右手迅速拔针。为了防止血肿或针孔出血，应压迫片刻，最后涂擦碘酊。

3.11.2.5　气管注射

气管注射是将药液注入气管内，使药物直接作用于气管黏膜的注射方法（图 3-62）。

（1）应用

适用于气管及肺部疾病的治疗。临诊上常将抗生素注入气管内治疗支气管炎和肺炎，或进行肺脏的驱虫，注入麻醉剂以治疗剧烈的咳嗽。

（2）部位

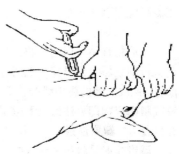

图 3-62　猪气管注射

根据动物种类及注射目的不同，注射部位也不同。一般在颈部上 1/3 处，腹侧面正中，两个气管软骨环之间进行注射。

（3）方法

动物仰卧、侧卧或站立保定，使前躯稍高于后躯，注射部剪毛消毒后。术者一手持连接针头的注射器，另一手握住气管，于两个气管软骨环之间，垂直刺入气管内。当穿透气管内壁时，感觉针前端空虚、无阻力，此时摆动针头，针尖紧靠气管内壁后，接上预先吸取药液的针筒，缓缓注入。注射过程中要妥善保定好动物头部，以防动物头颈部活动而使针头脱出或折断针头。注完后拔出针头，涂擦碘酊消毒。

3.11.2.6　胸腔注射

胸腔注射也称胸膜腔内注射，是将药液注入胸膜腔内的注射方法。

（1）应用

注入胸腔的药物吸收较快，对胸腔炎症疗效显著。同时可用作排除积液、气体或冲洗，会使病情减轻。因此，本法对于治疗胸腔内出血、胸腔积液、胸腔积气等病症，疗效显著。

（2）部位

牛、羊在右侧第 5~6 肋间，左侧第 6 肋间；马在右侧第 6~7 肋间，左侧第 7~8 肋间；猪在右侧第 5~6 肋间，左侧第 6 肋间；犬、猫在右侧第 6 肋间或左侧第 7 肋间。各种动物都是在与肩关节水平线相交点下方 2~3 cm 处，即胸外静脉上方沿肋骨前缘刺入。大动物取站立姿势，小动物以犬坐姿势为宜。

（3）方法

动物站立保定，术部剪毛消毒；术者左手将穿刺部位皮肤稍向前方移动 1~2 cm；右手持连接针头的注射器，沿肋骨前缘垂直刺入，深度为 3~5 cm，可依据动物个体大小及营养程度确定；注入药液后，拔出针头，使局部皮肤复位，并进行消毒处理。

3.11.2.7 腹腔注射

腹腔注射是将药液注入腹腔内的一种注射方法,利用药物的局部作用和腹膜的吸收作用达到治疗疾病的目的。

(1) 应用

当静脉不宜输液时可用本法。腹腔内注射在大动物较少应用,而在小动物的治疗上则经常采用。在犬、猫也可注入麻醉剂。本法还可用于腹水的治疗,利用穿刺排出腹腔内的积液,借以冲洗、治疗腹膜炎。

(2) 部位

牛在右侧肷窝部;马在右侧肷窝部;犬、猫则宜在两侧后腹部;猪在第5、6对乳头之间,腹下静脉和乳腺中间也可进行。单纯为了注射药物,牛、马可选择肷部中央。如有其他目的则可依据腹腔穿刺法进行。

(3) 方法

大动物宜站立保定,将注射部位进行剪毛、消毒,给犬、猪、猫注射时,先将其两后肢提起,行倒立保定;局部剪毛消毒。术者一手把握腹侧壁,另一手持连接针头的注射器,在距耻骨前缘3~5 cm处的腹中线旁,垂直刺入。刺入腹腔后,摇动针头有空虚感时,回抽注射器没有血液或肠内容物即可注射(图3-63)。注射完毕用灭菌棉球轻压注射部位,退出注射器,局部消毒。

3.11.2.8 瓣胃注射

瓣胃注射是将药液注入牛、羊等反刍动物瓣胃的注射方法。目的是使瓣胃内容物软化。

(1) 应用

将药液直接注入瓣胃中,主要用于治疗瓣胃阻塞或某些特殊药品给药(如治疗血吸虫的吡喹酮)。

(2) 部位

瓣胃位于右侧第7~10肋间,其注射部位在右侧第9肋间与肩关节水平线交点的下方2 cm处(图3-64)。

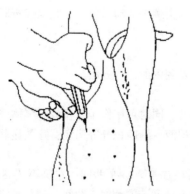
图 3-63 小猪腹腔注射

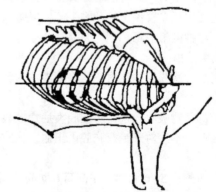
图 3-64 牛瓣胃注射部位

(3) 方法

局部剪毛、消毒。术者左手稍移动注射部位的皮肤,右手持针头从注射部位垂直刺入皮肤后通过肋间隙进入腹腔,使针头朝向对侧(左侧)肘头方向,刺入深度为8~10 cm(羊稍浅),先有阻力感,刺入瓣胃内则阻力减小,并有沙沙感。此时注入20~50 mL生理盐水,再迅速回抽,如混有食糜或胃内容物,即可确定刺入瓣胃内,可开始注入所需药物(如25%硫酸镁、生理盐水、液状石蜡等)。注射完毕,迅速拔出针头,术部擦涂碘酊,也可用碘仿火棉胶封闭针孔。

3.11.2.9 乳房注入

乳房注射是指经导乳管将药液注入乳池的注射方法。

(1)应用

主要用于治疗奶牛、奶山羊乳房炎,或通过导乳管送入空气治疗奶牛生产瘫痪。

(2)方法

动物站立保定,挤净乳汁,清洗乳房,拭干后用70%酒精消毒乳头;以左手将乳头握于掌内,轻轻向下拉,右手持消毒的导乳管,自乳头口慢慢插入。并顺势以左手把握乳头及导乳管右手持注射器与导乳管连接(或将输液瓶的乳胶导管与导乳管连接),然后徐徐注入药液;注完后拔出导乳管或针头,以左手拇指和食指捏闭乳头口,右手按摩乳房,使药液扩散。如治疗产后瘫痪需要送风时,可使用乳房送风器、100 mL注射器及消毒打气筒送风。送风之前,在金属滤过筒内,放置灭菌纱布,滤过空气,防止感染。先将乳房送风器与导乳管连接。4个乳头分别充满空气,充气量以乳房的皮肤紧张、乳腺基部边缘清楚变厚、轻敲乳房发出鼓音为标准。充气后,可用手指轻轻捻转乳头,并结系一条纱布,防止空气溢出,经1 h后解除。

3.11.3 穿刺技术

3.11.3.1 腹腔穿刺

采取腹腔内液体供实验室检验,以辅助诊断肠变位、胃肠破裂、膀胱破裂、肝脾破裂以及腹腔积水、腹膜炎等疾病,排除腹腔内积液,或向腹腔注射药液用以治疗疾病。

(1)部位

牛、羊的穿刺部位在脐与膝关节连线的中点。猪、犬、猫穿刺部位均在脐与耻骨前缘连线的中间腹白线上或腹白线的侧旁1~2 cm处。

(2)方法

动物站立保定或侧卧,术部剪毛、消毒。术者左手固定穿刺部位的皮肤并稍向一侧移动皮肤,右手控制套管针及针头的深度,垂直刺入腹壁3~4 cm,即可回抽注射器。小动物可采用注射器抽出。放液后拔出穿刺针,无菌棉球压迫片刻,覆盖无菌纱布,胶布固定。牛在右侧肷窝中央,小动物在肷窝或两侧后腹部。右手持针头垂直刺入腹腔,连接输液瓶胶管或注射器,注入药液,再由穿刺部排出,如此反复冲洗2~3次。

3.11.3.2 胸腔穿刺

胸腔穿刺主要用于胸膜疾病的诊断,并辅助胸膜疾病的治疗。穿刺部位:牛、羊右侧第6肋间或左侧第7肋间;猪、犬右侧第7肋间,与肩关节水平线交点下方2~3 cm处,胸外静脉上方约2 m处。术部剪毛、消毒,术者左手将术部皮肤稍向上方移动1~2 cm,右手持套管针,指头控制在3~5 cm处,在靠近肋骨前缘垂直刺入,穿刺肋间肌时有阻力感,当阻力消失而感空虚时,即表明已刺入胸腔内,套管针刺入胸腔后,左手把持套管,右手拔去内针,即可流出积液或血液,需要洗涤胸腔,可将装有清洗液的输液瓶乳胶管或输液器连接在套管口或注射针上,高举输液瓶,药液即可流入胸腔,然后将其放出,如此反复冲洗2~3次,最后注入治疗性药物。

3.11.3.3 瘤胃穿刺

牛、羊急性瘤胃膨胀时,可穿刺放气进行紧急救治,并向瘤胃内注入防腐制酵药液制止瘤胃内继续发产气。

(1) 部位

在左侧䏶窝部,由髋结节向最后肋骨所引水平线的中点、距牛腰椎横突下方 10~12 cm、羊距腰椎横突下方 3~5 cm 处,也可选在瘤胃隆起最高点穿刺。

(2) 方法

牛、羊站立保定,术部剪毛、消毒,先在穿刺点旁 1 cm 处做一个小的皮肤切口,有时也可不做切口。用左手将皮肤切口移向穿刺点,右手持套管针将针尖置于皮肤切口内,向对侧肘头方向迅速刺入 10~12 cm,左手固定套管,右手拔出内针,用手指不断地堵住管口,间歇放气,使胃内的气体间断排出。若套管堵塞,可插入内针疏通。气体排出后,为防止复发,可经套管向瘤胃内注入制酵剂。穿刺完毕,用力压住皮肤切口。拔出套管针,消毒创口,皮肤切口行结节缝合 1 针,涂碘酊。

3.11.3.4 膀胱穿刺

当患畜尿路阻塞或膀胱麻痹时,尿液在膀胱内潴留,易导致膀胱破裂,须采取膀胱穿刺排出尿液,以缓解症状,为进一步治疗提供条件。牛、马可通过直肠对膀胱进行穿刺,猪、羊、犬在耻骨前缘腹白线侧旁 1 cm 处。大家畜站立保定,先灌肠排除粪便,术者将事先消毒好的连有胶管的针头握于手掌中并使手呈锥形缓缓伸入直肠,在直肠正下方触到充满尿液的膀胱,在其最高处将针头向前下方刺入,并固定好针头,直至排完尿为止;猪、羊、犬可采取横卧保定,助手将其左或右后肢向后牵引,充分暴露术部。术部剪毛、消毒后,在耻骨前缘或触诊腹壁波动最明显处进针,向后下方刺入深达 2~3 cm,刺入膀胱后,固定好针头,待尿液排完后拔出针头,术部涂以碘酊消毒。

3.11.4 导胃与洗胃技术

用一定量的溶液灌洗胃,清除胃内容物的方法即洗胃法,临诊上主要用于治疗急性胃扩张、瘤胃积食、瘤胃酸中毒以及饲料或药物中毒的病畜,清除内容物及刺激物,避免毒物的吸收,常用导胃与洗胃法。导胃与洗胃时先用胃管测量从口、鼻到胃的长度,并做好标记。管到胸腔入口及贲门处时阻力较大,应缓慢插入,以免损伤食管黏膜,必要时灌入少量温水,待贲门弛缓后,再向前推送入胃。冲洗完后,缓慢抽出胃管,解除保定。

3.11.5 灌肠技术

向直肠内注入大量的药液、营养溶液或温水,直接作用于肠黏膜,使药液、营养液被吸收或排出宿粪,以及除去肠内分解产物与炎性渗出物,达到疾病治疗的目的的技术称为灌肠技术。

3.11.5.1 浅部灌肠法

动物站立保定,助手把尾拉向一侧。术者一手提盛有药液的灌肠用吊筒,另一手将连接吊筒的橡胶管徐徐插入肛门 10~20 cm,然后高举吊筒,使药液流入直肠内。灌肠后使动物保持安静,以免引起排粪动作而将药液排出。对以人工营养、消炎和镇静为目的的灌肠,在灌肠前应先把直肠内的蓄粪取出。

3.11.5.2 深部灌肠法

将病牛在柱栏内确实保定,用绳子吊起尾巴;为使肛门括约肌及直肠松弛,可施行后海穴封闭,即以 10~12 cm 长的封闭针头,与脊柱平行地向后海穴刺入 10 cm 左右,注射 1%~2% 普鲁卡因溶液 20~40 mL;塞入塞肠器,将灌肠器的胶管插入木制塞肠器的孔道内,缓慢地灌入温水或 1% 温盐水 10 000~30 000 mL。灌水量的多少依据便秘的部位而定。

第4章

动物病理

　　动物病理是关于动物疾病的发生、发展规律及疾病过程中机体代谢、功能和形态结构变化的一门科学。通过阐述动物疾病的发生原因、发病机制、病理变化等特点，为临诊上识别病理现象，科学地进行疾病防控提供坚实的理论和实践基础。主要内容包括基础病理、器官病理、临诊病理和病理诊断技术4个方面。

4.1 血液循环障碍

心血管系统是由心脏、动脉、静脉和毛细血管组成的一个封闭的管道系统,血液循环是维持机体生命活动的重要保证。血液循环障碍是指心脏、血管系统受到损伤或血液性状发生改变,从而导致血液在血管内的运行发生异常,并于机体的相应部位出现一系列病理变化过程,常可引起各组织器官的代谢紊乱、机能失调和形态结构的改变。

4.1.1 充血

局部组织、器官由于血管扩张,血液含量增多的现象称为充血。充血可分为动脉性充血和静脉性充血两种类型。

4.1.1.1 动脉性充血

动脉性充血指局部组织或器官的小动脉及毛细血管扩张,输入过多的动脉性血液的现象,简称充血。

(1) 原因及类型

① 生理性充血:在生理条件下,某些组织、器官机能活动增强时,支配该器官组织的小动脉和毛细血管反射性地扩张,引起的充血。如采食后胃肠黏膜的充血、妊娠时的子宫充血、运动时横纹肌充血等。

② 病理性充血:各种致病因素作用于局部组织引起的充血,称为病理性充血。常见于各种病理过程,根据病因可分为以下几个类型。

炎性充血:在炎症过程中,由于致炎因子直接刺激舒血管神经或麻痹缩血管神经,以及炎症时组织释放的血管活性物质(如激肽、组织胺、白细胞三烯、5-羟色胺等)的作用,引起局部组织小动脉及毛细血管扩张充血。几乎所有炎症都可看到充血现象,尤其是急性炎症或炎症早期表现得更为明显,所以常把充血看成炎症的标志。

神经性充血:由于温热、摩擦等物理性致病因素或各种化学性致病因素、体内局部病理产物作用于组织、器官的感受器,反射性地使缩血管神经兴奋性降低或舒血管神经兴奋性升高,导致小动脉、毛细血管扩张充血。这种充血也称为反射性充血,通常认为其机制与炎性充血类似。

侧枝性充血:当某一动脉内腔被栓子阻塞或受肿瘤压迫而使血流受阻时,与其相邻的动脉吻合支(侧枝)就发生反射性扩张而充血,以代偿局部血管受阻所造成的缺血性病理过程。侧枝性充血的发生,是由于阻塞处上部血管内的血压增高和阻塞局部氧化不全产物蓄积刺激血管共同作用的结果,它在一定程度上改善了阻塞处下方的缺血状况,对机体是一种有益的反应。

贫血后充血:又称减压后充血。动物机体局部血管因长期受压,发生贫血和血管紧张性下降,当压力突然解除后,则受压组织内的小动脉和毛细血管立即发生反射性扩张,血液流入量骤然增加而发生充血。例如,当马、骡发生肠臌胀和牛发生瘤胃臌气、腹腔积水时,腹腔内其他脏器中的血液大多被挤压到腹腔以外的血管中,结果造成肝脏、脾脏和胃等脏器发生贫血。治疗时,倘若放气或排除腹水的速度过快,腹腔内压突然降低,则大量血液流入腹腔脏器,使小动脉和毛细血管强烈扩张充血,而腹腔以外器官的血量短时间内显著减少,血压下降,常引起反射性的脑贫血而造成动物昏迷甚至死亡。故在施行瘤胃放气或排除腹水时应特别注意防止速度过快。

(2)病理变化

发生充血的组织色泽鲜红，皮肤和黏膜充血时常称为"潮红"，体积轻度增大。因充血时流入的是动脉血而局部组织代谢加强，温度升高，腺体和黏膜的分泌增多。位于体表的血管有明显的波动感。镜检：充血组织的小动脉和毛细血管扩张，充满红细胞，平时处于闭锁状态的毛细血管也开放，有毛细血管数增多的感觉。由于充血大多数是炎性充血，此时在充血的组织中还可见炎性细胞渗出、出血以及实质细胞变性、坏死等病理变化。

4.1.1.2 静脉性充血

静脉血液回流受阻，血液淤积在小静脉和毛细血管内，使局部组织或器官内的静脉性血液增多的现象，称为静脉性充血，简称淤血。

(1)原因及类型

根据发生原因和范围不同，可将淤血分为全身性淤血和局部性淤血。

①全身性淤血：常见于动物心脏机能障碍、胸膜及肺脏疾病时。在某些急性传染病和急性中毒等情况下，体内的有毒产物损害心脏，导致心肌严重变性、坏死，心肌收缩力减弱，心输出量减少，静脉血液回流心脏受阻，使各器官发生淤血。胸膜炎时，由于胸腔内蓄积大量的炎性渗出物，使胸腔内压升高，可直接影响心脏的舒张，同时又因胸膜炎时胸廓部疼痛而扩张受限，使前后腔静脉内的血液回流受阻，也可引发全身性淤血。

②局部性淤血：主要见于局部静脉受压或静脉管腔阻塞。当静脉受到肿瘤、寄生虫包囊、肿大的淋巴结等压迫时，其管腔发生狭窄或闭塞，相应部位的器官和组织发生淤血。如肠扭转、肠套叠时引起肠系膜和肠管的淤血；妊娠子宫压迫髂静脉引起的后肢静脉淤血；绷带包扎过紧对肢体静脉压迫引起的局部淤血等。

静脉管腔受阻常见于静脉内血栓形成、栓塞或因静脉内膜炎使血管壁增厚等，而引起相应器官、组织淤血。但因静脉分支多，只有当静脉管腔完全阻塞而血液又不能通过侧枝回流时，才会发生淤血。

(2)病理变化

局部淤血的组织器官，由于血液中氧分压降低和氧合血红蛋白减少而还原血红蛋白增多，血管内充满紫黑色的血液，故使局部组织呈暗红色或蓝紫色(发绀)，指压褪色。淤血时血流缓慢，热量散发增多，局部组织缺氧，代谢降低，产热减少，故淤血区温度下降。淤血时因局部血量增加，静脉压升高而导致体液外渗，结果使淤血组织体积增大。镜检，淤血组织的小静脉及毛细血管扩张，充满红细胞。

若淤血时间较长，局部组织缺氧，代谢产物蓄积，使毛细血管通透性升高，大量液体漏入组织间隙，造成淤血性水肿。若毛细血管损伤严重，红细胞也可通过损伤的内皮细胞和基底膜进入组织形成出血，称为淤血性出血。如淤血持续发展，局部组织代谢严重障碍，可引起淤血器官实质细胞萎缩、变性甚至坏死。继之可引起间质结缔组织大量增生，结果使淤血器官变硬，称为淤血性硬化。临诊上，动物肺脏、肝脏和肾脏的淤血最为常见。

①肺淤血：由于左心机能不全，血液淤积在左心房，肺静脉血液回流受阻所致。急性肺淤血时，眼观肺脏体积膨大，肺胸膜呈暗红色或蓝紫色，质地稍变韧，质量增加，被膜紧张而光滑，切面外翻，切面流出大量混有泡沫的血样液体，切一块淤血的肺组织放于水中，呈半浮半沉状态。镜检，肺内小静脉及肺泡壁毛细血管高度扩张，充满大量红细胞，肺泡腔内出现淡红色的浆液和数量不等的红细胞。

慢性肺淤血时，支气管内有大量白色或淡红色泡沫样液体，肺间质增宽，呈灰白色半透明状。

肺质地变硬，肺泡壁变厚及纤维化，间质结缔组织增生，同时伴有大量含铁血黄素在肺泡腔和间质内沉积，使肺组织呈棕褐色，称为肺的"褐色硬化"。在肺泡腔内可见吞噬有红细胞或含铁血黄素的巨噬细胞，由于这种细胞常见于心力衰竭的病例，故又称为"心力衰竭细胞"(图4-1)。

②肝淤血：因右心功能不全，肝静脉和后腔静脉回流受阻所致。急性肝淤血时，肝脏稍肿大，被膜紧张，边缘钝圆，质量增加，表面呈暗红色，质地较实。切面外翻，从切面上流出大量暗红色凝固不良的血液。光镜下，肝小叶中央静脉和窦状隙扩张，充满红细胞。

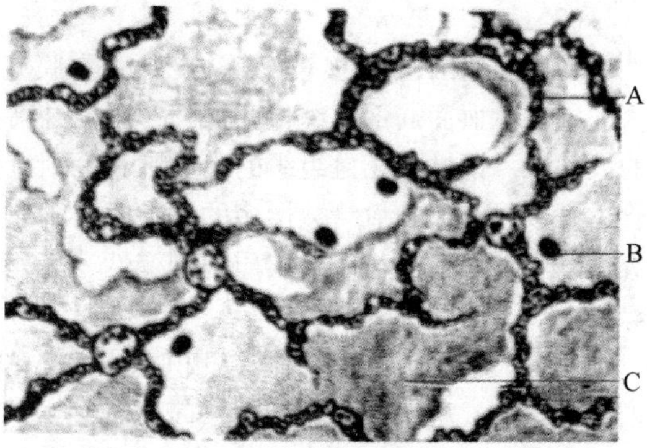

图 4-1　慢性肺淤血
A. 肺泡壁毛细血管扩张，充满红细胞
B. 心力衰竭细胞　C. 肺泡腔内水肿液

慢性肝淤血时，由于肝小叶周边肝细胞因淤血、缺氧发生脂肪变性而呈黄色，在肝切面上形成暗红色淤血区和土黄色脂变区相间的网格状花纹，如槟榔切面，故有"槟榔肝"之称。镜检：肝小叶中心部的窦状隙和中央静脉显著扩张，充满红细胞，肝细胞因受压迫而发生萎缩和坏死；而周边肝细胞因缺氧发生脂肪变性。长期的慢性肝淤血，实质细胞萎缩逐渐消失，局部网状纤维胶原化，间质结缔组织增生，发生淤血性肝硬化。

③肾淤血：多见于右心衰竭的情况下。肾脏体积稍肿大，表面呈暗红色，质地稍变硬。切开时，从切面流出多量暗红色血液，皮质因变性而呈红黄色。皮质和髓质界限清晰。镜检：肾间质毛细血管扩张明显，充满大量红细胞，肾小管上皮细胞常发生不同程度的变性、坏死。慢性淤血则可导致间质水肿和增生性变化。

4.1.2　出血

血液(主要指红细胞)流出心脏或血管之外，称为出血。血液流出体外称为外出血，流入组织间隙或体腔内，称为内出血。

4.1.2.1　原因和发生机理

(1) 破裂性出血

心血管壁的完整性遭到破坏而引起的出血。

①机械损伤：如刺伤、切伤、火器伤和挫伤等。若损伤大血管，可因大出血而发生休克甚至死亡。

②侵蚀性损伤：血管壁受到溃疡、炎症和肿瘤等病变的慢性侵蚀，如肺坏疽和结核性肺空洞时引起的肺出血和胃溃疡引起的胃出血等。

③血管壁自身的损伤：血压异常升高、动脉硬化、动脉瘤及其他心脏或血管壁自身病变，均可导致血管破裂而出血。

(2) 渗出性出血

毛细血管和微静脉的内皮细胞受损，血管壁通透性增大或凝血因子数量和质量改变引起的出血。出血常发于浆膜、黏膜和各实质器官的被膜，是临诊上最常见的出血类型。其原因概况起来主要有以下几种：

①血管壁的损伤：如急性传染病(猪瘟、巴氏杆菌病、鸡新城疫等)、寄生虫病(球虫病、弓

形虫病等)、中毒病(如霉菌毒素中毒、有机磷中毒)使毛细血管壁损伤,通透性增大;淤血和缺氧时,毛细血管内皮细胞变性、坏死,酸性代谢产物损伤基底膜,加之毛细血管内流体静压升高而引起出血;维生素C缺乏可引起毛细血管基底膜破裂,毛细血管中胶原蛋白合成受影响及内皮细胞连接处分开而导致血管壁通透性升高;过敏性紫癜时由于免疫复合物沉着于血管壁引起变态反应性血管炎。

②血小板减少或功能障碍:再生障碍性贫血、白血病、骨髓内广泛性肿瘤转移等均可使血小板生成减少;原发性血小板减少性紫癜、弥散性血管内凝血(DIC)使血小板破坏或消耗过多;某些药物在体内诱发抗原抗体反应所形成的免疫复合物吸附于血小板表面,使血小板连同免疫复合物被巨噬细胞所吞噬等。

③凝血因子缺乏:凝血因子Ⅷ、凝血因子Ⅸ、纤维蛋白原、凝血酶原等因子的先天性缺乏;DIC、败血症或休克等病理过程中,凝血因子大量消耗;维生素K缺乏、重症肝炎和肝硬化时,凝血因子合成障碍等。

4.1.2.2 病理变化

(1)破裂性出血的病理变化

其病变常因损伤的血管不同而异。

①血肿:小动脉发生破裂而出血时,由于血压高而出血量多,流出的血液挤压周围组织,呈肿块样隆起。

②积血:血液流入体腔称为积血,此时体腔内可见到血液或血凝块,如胸腔积血、心包积血等。

③溢血:某些器官的浆膜或组织内常见不规则的弥散性出血,如脑溢血。

(2)渗出性出血的病理变化

渗出性出血只发生于毛细血管、小动脉和小静脉,常伴发组织或细胞的变性、坏死,而血管壁却不见明显的组织学变化。其病变常见有以下几种:

①点状出血:又称淤点,出血直径不大于1 mm,出血量少,多呈粟粒大至高粱米粒大散在或弥漫分布,常见于黏膜、浆膜和肝、肾等器官的表面。

②斑状出血:又称淤斑,出血直径由几毫米至10 mm不等,出血量较多,常形成绿豆大、蚕豆大或更大的密集状出血斑。

③出血性浸润:出血弥散性地浸润于组织内,使出血的局部呈大片暗红色。

4.1.3 血栓形成

在活体的心脏或血管内,血液中某些成分析出、黏集或凝固,形成固体物质的过程,称为血栓形成,所形成的固体物质称为血栓。

4.1.3.1 原因和发生机理

(1)心、血管内膜的损伤

正常的心、血管内膜完整而光滑,对保证血液流动状态和防止血栓形成有重要作用。当心血管内膜受到损伤时,内皮下胶原纤维暴露,凝血因子Ⅻ与胶原纤维接触而被激活,启动内源性凝血系统,释放凝血酶,成为血栓形成的始动因素。另外,内膜损伤后表面变粗糙,有利于血小板的沉积和黏附。黏附的血小板破裂后,释放多种血小板因子,如二磷酸腺苷(ADP)、去甲肾上腺素、血栓素A_2(TXA2)等,激发凝血过程。其中ADP能对抗二磷酸腺苷酶,对血小板聚集有积极作用;血栓素A_2使血小板聚集成堆不易分散,是血小板的强促聚物。同时,内膜损伤可释放组织凝血因子，激活外源性凝血系统，从而形成血栓。

临诊上，心、血管内膜的损伤常见于各种炎症，如牛肺疫时的肺血管炎、慢性猪丹毒时的心内膜炎以及同一部位反复进行静脉注射，均可促使血栓形成。

(2) 血流状态的改变

正常情况下，血液中的有形成分(如红细胞、白细胞和血小板)在血流的中轴流动，称为轴流，血浆在周边部流动，称为边流。边流的血浆带将血液中的有形成分与血管壁隔离，避免血小板和内膜接触。

当血流缓慢或血流产生漩涡时，血小板进入边流，增加了与血管内膜接触的机会，进而黏附于内膜。另外，血流缓慢和漩涡产生时，既可使被激活的凝血因子和凝血酶在局部达到凝血过程所必须的浓度，还可使已形成的血栓不易冲走，固定在血管壁上而不断地增长。

临诊实践表明，静脉血栓发生的概率约比动脉多4倍，下肢静脉血栓又比上肢静脉血栓多3倍，而且常发生于久病卧床和静脉曲张患者的静脉内，这是因为静脉血比动脉血流动得慢，并且静脉瓣处血流易产生漩涡、静脉血黏度高也使发生血栓的概率大大增加。心脏和动脉内的血流快，不易形成血栓，但在致病因素的作用下，如二尖瓣狭窄时左心房血流缓慢并出现漩涡；动脉瘤内的血管内皮损伤，血流不规则并呈漩涡状流动时，均可导致血栓形成。

(3) 血液性质的改变

血液性质的改变指血液内凝血成分量和质的变化，或因血液的性状改变而凝固性增高的情况。如严重的创伤、产后及大手术后，由于大量失血，血液中补充了大量易于黏集的幼稚型血小板，同时纤维蛋白原、凝血酶原及凝血因子等含量也增多，血液呈高凝状态，故易形成血栓；DIC 时，体内凝血系统被激活，凝血因子和血小板大量释放，使血液凝固性增高；严重脱水时，由于血液浓缩，相同容积内凝血物质相对增多，再加上血流缓慢，从而使血栓易于形成。

在血栓形成的过程中，上述3个因素往往同时存在并相互影响，如传染性疾病的血栓形成中，常是心、血管内膜的损伤，血液凝固性增高和血流速度减慢等因素共同作用的结果。但在血栓形成的不同阶段，其作用又各有侧重，如慢性猪丹毒的疣性心内膜炎，主要是由于心内膜的损伤。故在临诊中应针对实际情况，采取相应措施，防止血栓形成，如外科手术中应注意操作轻柔，应尽量避免损伤血管。

4.1.3.2 血栓形成的过程及类型

(1) 血栓形成的过程

无论心脏或动脉、静脉内的血栓，其形成过程都从血小板黏附于受损的内膜开始。血小板成功黏附是血栓得以形成的关键，血栓形成过程如下(图4-2)：首先，血小板从轴流中分离、析出，黏附于受损的心血管内膜上，并不断沉积。沉积的血小板体积增大，伸出伪足而发生变形，呈不规则圆形，同时释放 ADP，从血流中黏集更多的血小板，形成小丘状的血小板堆。此时的血小板黏集堆是通过 ADP 作用形成的，可以重新散开，称为临时性止血塞。随着血栓素 A_2 和凝血酶的释放，血浆纤维蛋白原变成凝固状态的纤维蛋白；血栓素 A_2 和凝血酶还作用于血小板黏集堆使之发生黏性变态，这样的血小板黏集堆便不再散开，称为持久性止血塞。黏性变态的血小板堆牢固附着于血管壁损伤处，体积不断增大，形成质地较坚实的灰白色小丘，称为血小板血栓，因为它是血栓形成的起始点，又称为血栓的头部。

血小板血栓形成后，其头部突入管腔中，使血流进一步减慢和产生涡流，血小板继续不断析出和凝集。随着析出、凝集过程不断进行，结果形成许多与血管壁垂直而互相吻合的珊瑚状血小板梁，表面黏附许多白细胞。小梁间血流缓慢，被激活的凝血因子可达到较大浓度，使大量纤维蛋白单体聚合成大分子的纤维蛋白，并交织成网，在网眼间网罗了大量红细胞及少量白细胞，于是形成了红白相间的层状波纹样"混合血栓"，又称为层状血栓。它构成静脉延续性血栓的体部。

随着血栓继续延长、增大，血流更加缓慢，当管腔完全被阻塞后，则局部血流停止，血液迅速凝固，形成条索状的血凝块，称为红色血栓，构成血栓的尾部。

（2）血栓的类型

①白色血栓：即血栓的头部，通常见于心脏和动脉系统，在静脉血栓的起始部也可看到，这是由于动脉和心脏的血流速度较快，血小板在动脉内膜和心瓣膜上黏集后，崩解释放的血小板因子易被血液迅速地稀释、冲走，血液不易发生凝固。眼观，血栓呈灰白色，质地坚实，表面粗糙有波纹，牢固地黏附于心瓣膜及血管壁上。镜检，白色血栓由许多聚集呈珊瑚状的血小板小梁和少

1. 血小板沉着在血管壁上

2. 血小板形成小梁，并有白细胞附着

3. 血液凝固，纤维蛋白网形成

图 4-2　血栓形成过程模式图

量的白细胞及纤维蛋白构成，血小板紧密接触，保持一定的轮廓，但颗粒已经消失。白色血栓的形态随部位不同而异，如在心瓣膜上为疣状物，在心房内或动脉内膜上多为球状或块状，甚至呈小结节状。

②混合血栓：即血栓的体部，多发生于血流缓慢的静脉内。眼观，呈红、白相间的层状结构，无光泽，干燥，质地较坚实。如果时间较久，由于血栓内的纤维蛋白收缩，表面呈波纹状。镜检，混合血栓主要由淡红色无结构的珊瑚状血小板小梁和充满于小梁间的纤维蛋白网及红细胞构成，在血小板小梁的边缘，有大量中性粒细胞黏附。

③红色血栓：即血栓的尾部，多发生于静脉，其形成过程与血管外凝血相同，常发生在血流极度缓慢或血流停止之后，常常构成延续性血栓的尾部。眼观，新鲜血栓表面呈暗红色，光滑、湿润并富有弹性，与一般死后血凝块一样。陈旧的红色血栓因水分被吸收，变得干燥，表面粗糙，质脆易碎，失去弹性。镜检，可见纤维蛋白网眼内充满红细胞、白细胞。红色血栓易脱落随血流运行阻塞血管形成血栓性栓塞。

4.1.4　栓塞

循环血液中出现不溶于血的异常物质，随血流运行，阻塞相应血管的现象，称为栓塞。引起栓塞的异常物质称为栓子。

4.1.4.1　栓塞的种类

（1）血栓性栓塞

血栓性栓塞由血栓软化、脱落引起的栓塞，是栓塞中最常见的一种，约占栓塞的 99%。

①肺动脉栓塞：有 90% 的栓子来自静脉血栓脱落，随静脉回流到达右心，然后阻塞肺动脉及其分支。因为肺动脉和支气管动脉之间有丰富的吻合支，若仅阻塞肺动脉小分支，一般不会引

起严重的后果。但若肺脏淤血严重，或被栓塞的动脉较多，侧支循环不能有效代偿，可导致患畜呼吸急促、黏膜发绀、休克，甚至突然死亡。

②大循环动脉栓塞：来自动脉及左心的栓子，可随血流运行引起全身各组织器官栓塞，若心、脑发生栓塞，则会导致动物突然死亡。慢性猪丹毒伴发心内膜炎时，瓣膜上的白色血栓脱落，随血流运行到肾脏、脾脏等器官，引起相应组织的缺血和梗死，有时还会引起脑部梗塞和心肌梗死等。肝有肝动脉和门静脉双重血液供应，故肝动脉分支栓塞时很少引起梗死。

(2) 脂肪性栓塞

脂肪性栓塞是指脂肪滴进入血液引起的栓塞，多见于长骨骨折、骨手术和脂肪组织严重挫伤，脂肪细胞破裂释放出的脂肪滴通过破裂的血管进入血流而引起器官组织的栓塞；偶见于脂肪肝、胰腺炎、糖尿病和烧伤等情况，如脂肪肝受压后，肝细胞破裂，释放脂肪滴进入肝窦，随后进入血液循环。临诊上还可见误将含脂质的药物静脉注射引起脂肪性栓塞。少量的脂肪栓子主要影响小动脉和毛细血管，血液中的脂肪滴可被血液内酯酶分解或被巨噬细胞吞噬而清除；大量的脂肪栓子阻塞肺毛细血管可引起肺内循环血量减少，最后引起呼吸加快、缺氧、发热、意识障碍、心跳加快等。有研究表明，人肺脂肪栓塞量达 $9\sim20\,g$ 时，则肺循环减少 3/4，导致急性右心衰竭。

(3) 气体性栓塞

气体性栓塞是指大量气体进入血液，或溶解于血液内的气体迅速游离，在循环血液中形成气泡并阻塞血管引起的栓塞。空气性栓塞多见于外伤、手术时导致的大静脉破裂；胎盘早期剥离导致的子宫静脉破裂；静脉注射时误将空气带入血流。人在深水或高空作业时，压力增高，溶解于血中的气体增多，当压力减小时，则游离出气体，形成空气性栓塞。静脉破裂时，空气可因静脉腔内负压而经破裂口进入静脉，形成气体栓子。

空气经血流到达右心后，由于心脏的搏动，将空气和心腔内的血液搅拌形成泡沫状血液，这些泡沫状血液具有很大的伸缩性，可随心脏舒缩而变大或缩小，当右心腔充满泡沫状血液时，静脉血回心受阻，并使肺动脉充满空气栓塞，引起血管反射性痉挛、呼吸麻痹、心力衰竭，甚至急性死亡。但进入血液内的气体量少时，可被溶解于血液而不引起栓塞。

(4) 寄生虫及虫卵栓塞

寄生虫及虫卵栓塞是指某些寄生虫或虫卵进入血流而引起的栓塞。如血吸虫寄生在门静脉系统内，所产的虫卵常造成肝门静脉分支阻塞，或逆流进入肠壁小静脉形成栓塞；旋毛虫进入肠壁淋巴管，经胸导管进入血液等均可形成寄生虫性栓塞。寄生虫和虫卵不但能造成栓塞，死亡的成虫还可释放出毒性物质而引起局部血栓形成、动脉壁坏死和周围组织坏死。

(5) 细胞及组织性栓塞

细胞及组织性栓塞是指组织碎片或细胞团块进入血流引起的栓塞。多见于组织外伤、坏死及恶性肿瘤等。恶性肿瘤细胞形成的瘤细胞栓塞不仅构成一般组织性栓塞的恶果，还可以引起肿瘤的转移。

(6) 细菌性栓塞

机体内感染灶中的病原菌，可能以单纯菌团的形式或与坏死组织、血栓相混杂，进入血液循环引起细菌性栓塞。细菌性栓塞多见于细菌性心内膜炎及脓毒血症，带有细菌的栓子可以导致病原体在全身扩散，并在全身各处造成新的感染病灶，引起败血症或脓毒败血症。

4.1.4.2 栓子的运行途径

栓子在体内运行与血流方向一致。各种栓子在体内运行和阻塞血管的部位都具有一定的规律性,根据栓子栓塞部位,一般可追溯到栓子的来源。

①来自肺静脉、左心或动脉系统的栓子:随动脉血流运行,最后多阻塞在脾、肾、脑等器官的小动脉和毛细血管,称为动脉性栓塞(大循环性栓塞)。

②来自右心及静脉系统的栓子:一般经右心室进入肺动脉,随血流运行而阻塞肺动脉的大小分支,称为静脉性栓塞(小循环性栓塞)。

③来自门脉系统的栓子:多随血流进入肝脏,一般在肝脏的门静脉分支处形成栓塞,称为门脉性栓塞。

4.1.5 梗死

组织或器官的动脉血流供应中断而导致的缺血性坏死称为梗死。梗死通常是由于动脉阻塞引起,但在一些器官,静脉或广泛的微循环阻塞也可引起梗死。

4.1.5.1 原因和发生机理

(1)动脉血栓形成

如心冠状动脉血栓形成引起的心肌梗死;马前肠系膜动脉干和回肠结肠动脉因普通圆线虫寄生,发生慢性动脉炎时诱发的血栓形成,可将动脉完全阻塞,而引起结肠或盲肠梗死。

(2)动脉栓塞

各种类型的栓子随血液循环运行阻塞血管,造成局部组织血流断绝而发生梗死。多见于肾、肺、脾梗死中,如肾小叶间动脉栓塞引起的肾梗死等。

(3)动脉受压

如肿瘤、腹水或肠扭转、肠套叠等外力压迫动脉血管,使动脉管腔狭窄或闭塞,引起局部贫血,甚至血流断绝。

(4)动脉持续性痉挛

单纯动脉痉挛一般不会引起梗死,但当某种刺激(低温、化学物质和创伤等)作用于缩血管神经,反射性引起动脉管壁的强烈收缩(痉挛),造成局部血液流入减少,或完全停止,则可发生梗死,如严寒刺激、过度使役等均可引起动脉持续性痉挛而使血流供应中断造成坏死。

4.1.5.2 类型及病理变化

(1)贫血性梗死

多发生于血管吻合支少,侧支循环不丰富而组织结构比较致密的实质器官,如心、脾、肾等。当这些器官的小动脉被阻塞时,其分支及邻近的动脉发生反射性痉挛,一方面将梗死灶内的血液挤出病灶区,另一方面又妨碍血液经毛细血管吻合支流入缺血组织,使局部组织呈现贫血状态,随后,梗死灶内红细胞溶解消失,使梗死灶呈灰白色,故又称白色梗死。

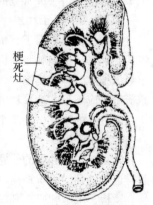

图 4-3 肾贫血性梗死

病理变化特点:眼观新形成的梗死灶因吸收水分而稍肿胀,向器官表面隆起,经数日后,梗死灶变干、变硬,稍低陷于器官表面。梗死灶与周围健康组织有明显的界限,在交界处常形成明显的充血和出血带,颜色暗红,称此为炎性反应带。梗死灶的形状因血管分布不同而各异。脾、肾等器官内的动脉血管分支呈锥体形,故其梗死灶切面也呈锥形,锥尖朝向血管阻塞部位,锥底位于器官的表面呈不正圆形(图 4-3)。心肌发生梗死时由于冠状动脉分支不呈树枝状,故梗死灶呈不规则的地图状。光镜下,早期实质细胞无明显变化,后呈现坏死的特征，细胞核逐渐溶解、消失，胞浆呈颗粒状，嗜伊红性增强，但组织的结构轮廓尚能辨认。在梗死灶的外围有数量不等的炎性细胞浸润，形成炎性细胞浸润带。陈旧的梗死灶还可见肉芽组织或结缔组织增生，形成瘢痕。

(2) 出血性梗死

出血性梗死又称红色梗死，多发生于侧支循环丰富、血管吻合支多而组织结构疏松的脏器，如肺、肠等。当局部动脉发生阻塞时，局部小动脉发生反射性痉挛，但由于肺、肠等组织结构疏松，富有弹性，加之梗死之前这些器官就已处于高度淤血状态，静脉和毛细血管内压升高，因而不能把血液挤出梗死区，随着血管壁的破损，通透性升高，进而发生出血，使梗死灶呈现暗红色。

病理变化特点：眼观梗死灶呈暗红色，切面湿润，与周围健康组织有明显的界限。肠管发生梗死时，因肠系膜血管呈扇形分布，故梗死灶呈节段状；肺的梗死灶呈倒圆锥形。光镜下，组织结构大体轮廓尚可辨认，但精细结构不清。细胞变性、坏死，小血管内充满红细胞，间质充血水肿。

4.2 细胞和组织的损伤

在环境的变化或刺激因子的作用下，动物机体的细胞和组织会发生形态、代谢与功能的应答反应，当这些作用超过了细胞和组织的适应能力，就会导致细胞、组织或器官的损伤，引起一系列代谢、功能和形态方面的变化。形态、功能、代谢三者之间的变化是相互影响的。

4.2.1 变性

变性是指细胞或组织损伤引起的一系列形态学改变，同时伴有结构和功能的变化，主要表现为细胞或细胞间质内出现异常物质或正常物质的数量增多或位置改变。变性多为可逆性的病理过程，发生变性的细胞仍具有一定的活力，但功能降低，严重时可进一步发展为坏死。

根据病理变化的不同，可将变性分为许多种，但常见的主要有：细胞肿胀、脂肪变性、透明变性、淀粉样变性、纤维素样变性及黏液样变性。

4.2.1.1 细胞肿胀

细胞肿胀指细胞内水分增多而使胞体增大，或细胞浆内充满了大量微细的蛋白颗粒或大小不等的水泡，是一种常见的细胞变性。多见于肝细胞、肾小管的上皮细胞和心肌细胞。

(1) 原因和发生机理

生物性的致病因子、机械性损伤、中毒、缺氧等，只要能够影响细胞供能的因素均有可能导致细胞肿胀。细胞肿胀的机制十分复杂，但主要是由于ATP的生成减少所致。当致病因素作用于组织细胞时，可使细胞线粒体内的氧化磷酸化过程发生障碍，进而导致ATP的生成减少，细胞能量供应不足，钠泵功能降低，使细胞膜对电解质的主动运输功能发生障碍，或造成细胞膜结构与渗透性的改变，导致细胞内水分增多，细胞肿胀。

(2) 病理变化

眼观，发生肿胀的器官表现为体积肿大，被膜紧张，质地脆软。色泽变淡且混浊，切面隆起，边缘外翻，组织结构模糊。

镜检，细胞肿胀在其发展的不同时期所显示的病理变化也有所不同。早期，主要表现为细胞的体积肿大，胞浆内有许多嗜伊红的蛋白质颗粒，故将早期具有该病变的细胞肿胀称为"颗粒变性"(图 4-4)。如病因未及时消除，随着病程的发展，细胞内的水分逐渐增加，胞体进一步增大，胞浆淡染且出现许多大小不一的水泡，呈蜂窝状或网状，由于水泡的存在，故称为"水泡变性"。如果病情继续加重，大小不等的水泡相互融合，胞核悬浮其中或被挤在一侧，使整个胞浆全被充盈，镜下胞浆空白无色，形似气球，故有"气球样变"之称。

4.2.1.2 脂肪变性

脂肪变性指器官实质细胞的胞浆内出现了脂滴的现象，简称脂变。胞浆内脂滴的主要成分大多数为中性脂肪(甘油三脂)，也可能是磷脂和胆固醇。脂肪变性多由缺氧、中毒、发热等原因引起，发生于细胞肿胀之后，或二者同时发生，多见于肝脏，其他实质器官(如心、肾等)也可发生。

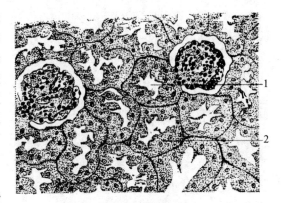

图 4-4　肾小管上皮细胞肿胀
1. 肾小管管腔狭小变形
2. 肾小管内皮肿胀，充满颗粒样物

(1) 原因和发生机理

常见的病因有急性热性传染病、中毒、缺氧、饥饿、必需营养物质缺乏等，不同病因引起脂肪变性的机理不尽相同，但都有一个共同点，那就是干扰或破坏脂肪的代谢。由于肝是脂肪代谢的重要场所，以及脂肪变性多见于肝，故下面以肝为例来对脂肪变性的机理加以说明。其主要包含 4 个方面：

①脂蛋白合成障碍：进入肝脏的大部分脂肪酸在光面内质网中合成磷脂和甘油三脂，并与这里的胆固醇和载脂蛋白结合组成脂蛋白，通过细胞膜进入血液，贮存于脂库或供给其他组织利用。如果脂蛋白的合成发生障碍，如合成脂蛋白的原料缺乏，或因于缺氧、中毒破坏了内质网的结构或抑制了某些酶的活性，就会导致肝内脂肪酸无法运出肝外，在肝内蓄积，引起脂肪变性。

②脂肪酸氧化供能障碍：肝内的脂肪酸少部分在线粒体内氧化，给肝细胞供能。如果发生中毒或缺氧时，抑制了某些酶的活性，使脂肪酸的氧化发生障碍，进而导致肝细胞对脂肪酸的利用减少。

③细胞结构被破坏，脂肪析出：肝内有部分磷脂及其他类脂参与组成细胞的各种结构。在感染、缺氧或中毒等致病因素的影响下，细胞结构被破坏，结构脂蛋白崩解，脂质析出形成脂滴。

④中性脂肪的合成增加：生理条件下，进入肝脏的脂肪酸和甘油三酯主要来自脂库和肠道的吸收。当机体处于饥饿或因疾病造成饥饿状态时，糖的利用发生了障碍，机体需利用脂肪供能，脂库中的脂肪以脂肪酸的形式大量进入肝内，超过了肝脏利用的能力，脂肪在肝内蓄积，引起脂肪变性。

(2) 病理变化

眼观，轻度脂变病变常不明显。仅见病变器官颜色稍有发黄。严重者，则表现为体积肿大，边缘钝圆，呈土黄色或灰黄色，切面微隆，结构模糊，手触有油腻感。发生在肝脏时，肝小叶切面结构模糊，若同时伴有慢性肝淤血，则在切面上可见到土黄色的脂变区和暗红色的淤血区相间在一起，如槟榔切面的花纹，所以称为"槟榔肝"。如果心脏发生脂变时，主要表现为心肌色黄无光泽，松软。在心外膜下、心内膜尤其是在心室乳头肌和肉柱的静脉血管周围，可见正常心

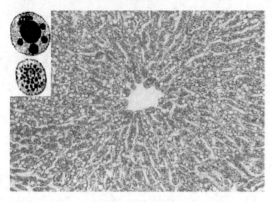

图 4-5 肝脂肪变性

肌之间夹有灰黄色的条纹或斑点，状似虎皮样花纹，称为"虎斑心"。如果肾脏发生脂变时，可在其切面见到黄色条纹和斑纹。

镜检，在 HE 染色的石蜡切片中，脂肪变性和水泡变性不易区别，因为细胞中的脂滴在制作切片时被有机溶剂所溶解，因此，在视野下主要见到的是实质细胞的胞浆内有大小不等的空泡。如要将两者进行区别，可以使用冰冻切片苏丹Ⅲ或锇酸对脂肪进行染色，苏丹Ⅲ可以将脂肪染成橘红色，锇酸可以将其染成黑色。肝脏脂肪变性时（图 4-5），镜下，肝细胞的细胞浆内充满了大小不等的脂肪滴空泡，严重时，空泡大而多，可占据整个胞浆，细胞肿大，肝窦狭窄。心肌脂变时，脂滴在肌纤维内的肌原纤维间呈串珠状排列。肾脏发生脂变时，肾小管上皮细胞内出现了大小不等的脂肪空泡，同时细胞的刷状缘和基纹消失。

4.2.2 坏死

坏死是指活体内局部组织、细胞或器官的病理性死亡，主要表现为代谢的停止、功能丧失，并出现形态结构的一系列变化，是一种不可逆的病理变化。坏死大多数是一个渐进性过程，即首先经过各种变性过程，由于损伤严重再进入坏死阶段，这是一个由量变到质变的过程。但坏死也可迅速发生，如剧毒的直接作用，可使坏死直接发生，没有任何前期变性。

4.2.2.1 原因

凡是能引起损伤的因子只要其作用达到一定强度和时间，使受损组织和细胞的物质代谢完全停止，均能引起局部组织和细胞坏死。常见原因有血管源性因素（如缺血），生物性因素（如细菌、病毒），化学、物理性因素（如强酸、强碱、高温、低温），机械性因素，变态反应性因素（如抗原、抗体的沉积）等。

4.2.2.2 病理变化

如果组织和细胞迅速发生死亡，一般很难观察到细胞的变化。如果是渐进发生的，可在镜下看到细胞的明显变化。

眼观，组织、细胞刚发生坏死时，形态结构无明显变化，肉眼不易识别。严重时，切面结构模糊，缺乏弹性，提起或切割后，组织回缩不良，且坏死部位与正常组织之间常有一红色的炎性反应带。

镜下，主要表现为细胞结构的形态变化。

（1）细胞核变化

细胞核变化主要包括核浓缩、核碎裂、核溶解 3 个步骤，是镜下判断细胞坏死的主要形态学标志。当病变缓慢发展时，3 个步骤均可相继观察到；如果病变发展迅速，细胞核可直接发生碎裂、迅速溶解（图 4-6）。

核浓缩：即由于核液减少使染色质浓缩和凝聚，染色加深，核膜皱缩，核的体积变小。

核碎裂：核染色质崩解，核膜破裂，崩解的染色质碎片分散在胞浆内。

核溶解：表现为核染色质消失。由于脱氧核糖核酸酶的作用，染色质 DNA 被分解，导致细胞核失去了嗜碱性染色的特征，因此在细胞内仅能见到核的轮廓，甚至到后期核的轮廓也完全

　　　正常细胞　　　　核浓缩　　　　核碎裂　　　核溶解消失

图 4-6　细胞坏死时核的变化

消失。

　　(2) 细胞浆变化

　　由于嗜碱性核蛋白体减少或丧失，胞浆对嗜酸性染料的亲和力增强，红染。胞浆内的微细结构崩解后分散在胞浆内，呈颗粒状，当细胞膜破裂后，细胞轮廓消失，变成一片红染的颗粒状物质。有时实质细胞坏死时，核消失，胞浆水分逐渐丧失，呈强嗜酸性的深红色，整个细胞固缩成一个红色小球，将其称为嗜酸性小体。

　　(3) 细胞间质变化

　　组织、细胞坏死后的一定时间内，由于间质的耐受性强，常无明显变化。随后，在各种水解酶的作用下，间质的基质崩解，胶原纤维肿胀、崩解、断裂或液化。坏死的细胞和崩解的间质融合为无结构的颗粒状红染物质。

4.2.2.3　坏死的类型

　　根据坏死组织形态变化的不同，可将坏死分为以下几种：

　　(1) 凝固性坏死

　　坏死的组织由于失水变干、蛋白质发生凝固，不能被分解，而变为灰白色或黄白色比较干燥结实而无光泽的凝固体，故称为凝固性坏死。眼观，坏死组织早期常有肿胀，色泽灰暗，组织结构模糊，坏死区界限清楚，而后逐渐变为灰白色或黄白色，质地坚实，与正常组织之间常有一条充血或出血带。镜下，坏死细胞核消失或残存小部分碎片，胞浆内的微细结构消失、崩解，并融合一片呈红色的凝固物质，组织结构的轮廓仍有保留。

　　①贫血性梗死：是一种典型的凝固性坏死。主要表现为灰白色、干燥，切面坏死区呈扇形，镜下可见细胞核消失，组织轮廓仍有保留。如肾的贫血性梗死，肾小管和肾小球的轮廓仍然可以辨认。

　　②干酪样坏死：是一种特殊类型的凝固性坏死，常见于结核病时器官发生的坏死。眼观，坏死灶呈灰黄色，质地较松软，由于坏死组织中除凝固的蛋白外，还含有一定量的脂类，外观干酪或豆腐渣样，故称干酪样坏死。镜下，由于干酪样坏死的组织分解较为彻底，因此仅看到红染的无结构物质而不见组织轮廓。

　　③蜡样坏死：主要指发生于肌肉的凝固性坏死。眼观，肌肉肿胀，灰黄或灰白，无光泽，干燥坚实，外观如石蜡般，故称蜡样坏死。镜下可见肌纤维肿胀、横纹消失，甚至断裂，胞核溶解，胞浆变成一片红染无结构的玻璃样物质，如白肌病。

　　(2) 液化性坏死

　　由于坏死组织中可凝固的蛋白质含量较少，或坏死细胞自身及浸润的中性粒细胞等释放出大量水解酶，或组织本身富含水分和磷脂，细胞组织坏死后易溶解成液状，称为液化性坏死。如大脑富含水分和磷脂，而蛋白质含量较少，易发生液化性坏死，也称为脑软化。此外，由于胰腺、胃肠道能够分泌大量消化酶，化脓的组织含有大量的中性粒细胞，以上组织发生坏死时，均为液化性坏死。

（3）坏疽

坏疽是组织坏死后由于环境的影响或继发腐败菌的感染，所引起的病理变化。眼观病变组织呈黑色或暗绿色。坏疽可分为以下3种类型。

①干性坏疽：多发于体表，尤其是耳壳边缘、尾尖和四肢末端。由于水分易于蒸发，故病变部位干涸皱缩，呈黑褐色或棕黑色。病变的部位与周围正常组织之间的界限明显，最终坏死组织可发生脱落。干性坏疽常发生于一些传染病(如猪丹毒、猪钩端螺旋体病)和冻伤。

②湿性坏疽：多发生于与外界相通的脏器或伴有淤血、水肿的皮肤，如肺、肠、子宫等。由于坏死的组织含水较多，有益于腐败菌生长繁殖，使坏死组织发生腐败分解。眼观，发生湿性坏疽的组织崩解，呈污灰色或黑色的糊状物或液状物，有恶臭。坏死组织腐败后产生的腐败物可被组织吸收，引起机体全身中毒，故湿性坏疽的危害要大于干性坏疽。

③气性坏疽：多见于深部创伤继发感染厌氧产气的腐败菌所致。临诊上主要表现为伤口红肿，皮肤苍白。腐败菌在分解坏死组织的过程中产生了大量气体(H_2、CO_2、N_2等)，使坏死组织呈蜂窝状，手指按压时有捻发音，切开流出暗红恶臭、混有气泡的液体，可引起全身中毒。

4.3 代偿、适应与修复

4.3.1 代偿

在致病因素的作用下，动物体内出现代谢、功能障碍或结构破坏时，机体通过相应组织、器官的代谢改变、功能加强或形态结构的变化来进行替代、补偿的过程，称为代偿。代偿是动物机体在长期进化过程中逐渐形成和发展而来的一种重要的适应性反应。代偿通常有3种形式。

4.3.1.1 代谢性代偿

代谢性代偿是指在疾病过程中，体内出现以物质代谢改变为特征的代偿形式。例如，家畜发生代谢性酸中毒时，机体可通过血液缓冲体系的调节以及肺脏、肾脏代谢改变来进行代偿，结果中和、排出过多的酸性产物，维持体内的酸碱平衡。又如慢性饥饿的动物，由于营养物质的缺乏，机体主要依靠糖原异生增加分解脂库中的脂肪，提供能量和维持机体的生存。

4.3.1.2 功能性代偿

功能性代偿是指机体通过各器官功能增强，来补偿体内出现的功能障碍和损伤的一种代偿方式。例如，在一侧肾脏或肝脏的一部分因损伤而导致功能障碍时，另一侧肾脏或肝脏中的健康部分则可出现功能加强，来代偿受损一侧肾脏或局部肝脏的功能。全身性贫血时，心脏功能加强，以保障组织器官对氧的需求。功能代偿是最常见的一种形式。

4.3.1.3 结构性代偿

结构性代偿是以组织、器官实质细胞体积增大(肥大)或数量增多，功能增强来实现代偿的一种方式，是在功能性代偿的基础上进一步发展而来的。例如，家畜心内膜炎后期发生的心脏肥大；肠管狭窄处前段肠壁肌层增厚；患病一侧肾脏切除后另一侧肾脏体积增大等，均属结构性代偿，是一个慢性过程。

疾病过程中，机体常表现出巨大的代偿能力，但这种代偿能力也是有限的，当损伤和障碍超出了机体代偿的限度，则可导致相应的组织、器官新建立起来的平衡又被打破，出现各种障碍，发生代偿失调或称失代偿。

机体的代谢性代偿、功能性代偿和结构性代偿，三者之间相互联系、相互促进，共同构成家畜的整体性反应。通过代偿，可补偿致病因素所造成的障碍和损伤，使家畜机体建立起新的动态平衡。但有时代偿可能掩盖疾病的真相，使病畜表现出"健康"的假象，给临诊诊断和治疗造成困难。甚至在代偿过程中还可能导致其他病理过程的发生。例如，长期饥饿的家畜主要依靠分解体内贮备的脂肪来满足能量的需求，这是代偿的有利一面；当大量而持续的脂肪分解所产生的中间代谢产物超过机体组织所能利用的限度时，血中酮体含量增多，导致酮血症的发生，甚至引起酸中毒。因此，要充分认识和掌握代偿的规律，利用代偿的积极作用，防止可能出现的不利影响。

4.3.2 适应

适应是指机体细胞、组织、器官在内外环境改变、持续有害刺激时，改变自身代谢、功能和结构加以协调的过程，是机体在进化过程中获得的适应性反应。适应性改变一般是可逆的，只要组织和细胞的局部环境恢复正常，其形态结构的适应性改变即可恢复。常见形态结构的适应性改变有下列几种。

4.3.2.1 萎缩

已发育正常的组织、器官，发生实质细胞体积缩小或数量减少、功能减退的过程称为萎缩。

(1) 原因及类型

根据萎缩发生原因，可分为生理性萎缩和病理性萎缩两种。生理性萎缩是指家畜机体在发育到一定阶段时，一些组织、器官逐渐发生的萎缩。这种萎缩往往与动物的年龄增长有关，故称为年龄性萎缩，也称退化，如畜、禽成年后胸腺、法氏囊的萎缩，老龄家畜全身各组织、器官的萎缩等。病理性萎缩是指在致病因素作用下引起的萎缩。根据病变波及范围可分为全身性萎缩和局部性萎缩。

①全身性萎缩：多见于长期饲料营养不足、慢性消化道疾病(如慢性肠炎)、严重的消耗性疾病(如结核病、寄生虫病、恶性肿瘤)等。整体的消耗性萎缩特别是脂肪减少称为消瘦，极度消瘦并伴有贫血和衰竭的称为恶病质。

②局部性萎缩：由于局部原因引起器官、组织的萎缩，可分为以下几种：

废用性萎缩：器官组织长时间不活动状态引起，如肢体骨折或关节疾患而被固定时，关节和肌肉的活动受到限制，有关的肌肉、韧带和关节软骨发生的萎缩。

神经性萎缩：中枢或外周神经发炎或损伤时，受其支配的肌肉发生萎缩，如鸡马立克病时，由于外周神经受侵害，同侧腿部肌肉萎缩。

压迫性萎缩：组织、器官长期受机械性压迫而引起的萎缩，如肿瘤、寄生虫(棘球蚴、囊尾蚴)压迫邻近组织、器官引起的萎缩，肾盂积液时压迫肾组织而引起肾萎缩。

缺血性萎缩：指小动脉不全阻塞时，由于血液供应不足，引起相应部位的组织萎缩。多见于动脉硬化、血栓形成或栓塞造成动脉内腔狭窄。

激素性萎缩：由于内分泌功能异常而引起相应靶器官的萎缩，如动物去势后性器官的萎缩；甲状腺功能低下时，皮肤、毛囊、皮脂腺萎缩。

(2) 病理变化

①全身性萎缩：机体各组织器官的萎缩程度并不完全相同。脂肪组织的萎缩发生得最早且最显著，几乎完全消失；其次是肌肉组织，可减少45%；最后是肝、胃、脾、淋巴结、肠等器

官；而心、脑、内分泌腺(肾上腺、垂体、甲状腺等)的萎缩发生较晚，也较轻微。

眼观：萎缩的器官一般表现为体积均匀缩小，原有形状基本保存，边缘锐薄，被膜增厚皱缩，质量减轻，质地变韧，色泽变深呈褐色。全身骨骼肌变薄，色泽变淡。血液稀薄，色淡。肝、肾、脾等内脏器官体积缩小，质量减轻，色泽加深呈褐色，间质增生或相对集中，器官质地变韧，包膜常因纤维结缔组织的增生而增厚。胃肠道萎缩时管壁变薄，呈半透明状，撕拉时容易破碎。脂肪组织萎缩后，空缺被渗出的浆液充填呈黄白色半透明胶冻状，称为脂肪浆液性萎缩或胶冻样萎缩。骨骼萎缩后，骨质变薄疏松，质地变脆，红骨髓减少，黄骨髓也呈浆液性萎缩。

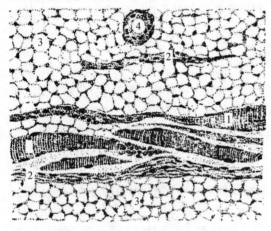

图 4-7　骨骼肌萎缩
1. 正常肌纤维　2. 萎缩的肌纤维
3. 脂肪细胞　4. 小动脉

镜检：萎缩器官的实质细胞体积缩小，数量减少，胞浆致密，染色较深，胞核皱缩浓染，间质组织相对增多(图 4-7)。由于自噬体内含未被彻底"消化"的脂代谢产物所形成的残体，因此萎缩细胞的胞浆中常常可见多量棕色细微色素颗粒(脂褐素)。

②局部性萎缩：局部性萎缩的形态变化与全身性萎缩时基本相同。所不同的是，除可看到萎缩的病变外，还可看到引起萎缩的原始病变。如肝脓肿时，可见肝脏的脓肿病灶和脓肿周围肝脏凹陷、皱缩。由于与萎缩邻近的组织发生代偿性肥大，间质增生，同一器官中萎缩、肥大、增生的组织交替分布，故脏器常呈现凹凸不平的外观。

4.3.2.2　肥大

组织或器官的体积增大并伴有功能增强，称为肥大。主要是由于组成该组织或器官的实质细胞体积增大或数目增多，或二者同时发生而形成的。肥大可分为代偿性肥大和内分泌性肥大两类。

(1) 代偿性肥大

动物代偿性肥大可见于多种情况。当心脏因某种病变(如慢性心瓣膜炎、主动脉瓣口狭窄、肺动脉瓣口狭窄、肺气肿等)使驱血受到阻碍时，心脏相应部分或整个心脏的心肌纤维发生肥大，以增强心肌的收缩力；消化道(如肠道、食管等)某段管腔狭窄时，位于狭窄处上部管壁的平滑肌纤维为克服阻力而发生肥大；当一侧肾脏因发育不全、手术摘除或其他原因导致功能受损时，另一侧肾脏为代偿受损肾脏的功能而发生肥大；肝脏局部受损时，病灶周围健康的肝细胞发生代偿性肥大来替代受损细胞的功能。这种由实质细胞体积增大并伴有功能增强的肥大又称为真性肥大。有时也可能是由间质增生而外观体积增大，实质细胞因受压迫而萎缩，这种肥大称为假性肥大，实际上是一种萎缩过程，其功能往往降低。

(2) 内分泌性肥大

某些激素分泌增多时，其效应器官可出现肥大，如雌激素可刺激妊娠子宫平滑肌受体引起肌纤维肥大，泌乳动物的乳腺肥大等，又称生理性肥大。

代偿性肥大可使整个组织、器官的体积增大和功能加强，但代偿作用是有限的，当负荷超过一定的限度就会导致代偿失调，使组织、器官的功能减弱。例如，严重心脏瓣膜病的后期，肥大的心肌逐渐因过度劳损而最终发生心力衰竭。

4.3.2.3 增生

增生是指实质细胞数量增多并通常伴有组织器官体积增大,增生细胞的各种功能物质(如细胞器和核蛋白等)并不增多或轻微增多。细胞增生是由于各种原因引起的细胞分裂增殖的结果,当原因消除后可恢复原状。增生和再生可同时出现。如皮肤创伤愈合时,丧失的表皮发生再生,而创伤变硬却出现明显的上皮增生,说明增生和再生的刺激是相同的。一般来说,增生主要是为了适应增强的机能需求,而再生则是为了替代丧失的细胞。增生可分为生理性增生和病理性增生。

(1) 生理性增生

生理性增生是指在生理条件下,组织器官由于生理机能增强而发生的增生,如妊娠后期和泌乳期,由于雌激素和孕酮的刺激引起的子宫平滑肌和乳腺上皮增生(激素性增生)。

(2) 病理性增生

病理性增生是指在致病因素作用下引起的组织器官的增生,如过量雌激素刺激引起的子宫内膜的增生;慢性传染病和抗原刺激所引起的网状内皮系统和淋巴组织的增生(慢性感染与抗原刺激的增生);发生慢性马传染性贫血时脾脏淋巴细胞的增生;某些器官可因内分泌障碍而出现增生(内分泌障碍性增生),如缺碘时可引起甲状腺上皮细胞增生,当皮肤、消化道、呼吸道有寄生虫寄生时,被覆上皮由于长期受到刺激而增生(慢性刺激性增生),如牛、羊发生肝片吸虫病时,由于肝片吸虫的成虫寄生在胆管内生长、成熟而长期刺激胆管上皮,引起胆管上皮呈瘤样增生。

无论是生理性还是病理性增生,皆由刺激所引起,是适应机体需求并在机体控制下进行的一种局部细胞有限的分裂增殖现象,一旦刺激消除,则停止增生,这是与肿瘤性增生的主要区别。

4.3.2.4 化生

已分化成熟的组织为了适应环境改变或理化刺激,在形态和功能上转变成为另一种组织的过程,称为化生。化生主要见于上皮细胞和间叶细胞。慢性炎症、维生素A缺乏、某些化学物质及机械刺激,都可引起化生。根据化生发生的过程不同,化生可分为两种情况。

(1) 直接化生

直接化生较为少见,即一种组织不经过细胞分裂增殖而直接转变为另一种类型的组织。如结缔组织的骨化生,就是通过胶原纤维融合、纤维细胞直接转变为骨细胞完成的。

(2) 间接化生

间接化生是较多见的化生,指一种组织通过新生的幼稚细胞转变为另一种组织的化生。如气管和支气管黏膜长时间受到刺激性气体刺激、慢性炎症的损伤,黏膜的柱状纤毛上皮化生为鳞状上皮;肾盂、膀胱结石时黏膜的移行上皮化生为鳞状上皮;鸡维生素A缺乏时食管腺由单层柱状上皮化生为角化性复层鳞状上皮。

组织化生后虽然能增强局部组织对某些刺激的抵抗力,但其却丧失了原有组织的功能,如支气管黏膜的鳞状上皮化生,由于丧失了黏液分泌和纤毛细胞,反而削弱了支气管的防御功能,易于发生感染。更有甚者,诱发组织化生的刺激因子若长期存在,可能引起局部组织发生癌变。

4.3.2.5 改建

器官、组织的功能负担发生改变后,为适应新的功能需要,其形态结构发生相应变化,称为改建。组织改建一般有以下3种类型。

(1) 血管的改建

动脉内压长期增高，使小动脉壁弹性纤维和平滑肌增生，管壁增厚，毛细血管可转变成小动脉、小静脉；反之，当血管由于器官的功能减退时，其原有的一部分血管将发生闭塞，如胎儿的脐动脉在它出生后由于血流停止而转变为膀胱圆韧带。

(2) 骨组织的改建

患关节性疾病或骨折愈合后，由于骨的负重方向发生改变，骨组织结构就会发生相应的改变。此时骨小梁将按力学负荷所赋予的新要求而改变其结构与排列，不符合重力负重需要的骨小梁逐渐萎缩，而符合重力负荷需要的则逐渐肥大，经一定时间之后，骨组织内形成适应新的机能要求的新结构。

(3) 结缔组织的改建

创伤愈合过程中，肉芽组织内胶原纤维的排列因适应皮肤张力增加的需要而变得与表皮方向平行。

4.3.3 修复

当细胞和组织所形成的缺损由周围健康组织再生来修补恢复的过程称为修复。修复的形式包括再生、纤维性修复、创伤愈合、骨折愈合、机化等。

4.3.3.1 再生

机体内死亡或损伤的细胞、组织，由邻近健康的细胞分裂增殖来完成修复的过程，称为再生，可分为生理性再生与病理性再生。在正常的生命活动中，有许多细胞不断衰老、死亡并被分裂新生的同种细胞所补充，以保持原组织的结构和功能，这种再生称为生理性再生。例如，外周血液中血细胞不断的衰老、凋亡，同时造血器官再生的血细胞又不断补充到血液中来；皮肤的表皮细胞经常衰老、凋亡、脱落，而表皮的基底细胞不断补充，以保持皮肤的正常结构和功能。病理性再生是指机体在病因作用下导致局部细胞死亡或组织破坏后，由邻近健康的细胞分裂增殖来完成的修复过程。

(1) 再生的类型及组织的再生能力

病理性再生可根据再生的完善程度，分为完全再生和不完全再生两类。再生的组织其结构和功能与原来的组织完全相同，称为完全再生；缺损的组织不能完全由结构和功能相同的组织来修复，而由肉芽组织来代替，最后形成疤痕，称为不完全再生，也叫疤痕修复。组织能否完全再生主要取决于组织的再生能力及组织缺损的程度。各种组织有不同的再生能力，这是动物在长期的生物进化过程中获得的。低等动物的组织再生能力比高等动物强；分化程度低的组织再生能力比高度分化的组织强；平常容易遭到损伤的组织，以及在生理条件下经常更新的组织，有较强的再生能力，反之则再生能力较弱。按再生能力的强弱可将动物体的组织、细胞分为以下3种：

①再生能力较强的组织：结缔组织细胞、小血管、淋巴造血组织的一些细胞、表皮、黏膜、骨、周围神经、肝细胞及某些腺上皮等，再生能力较强，损伤后一般能够完全再生。但是如果损伤很严重，也会发生不完全再生。

②再生能力较弱的组织：平滑肌、横纹肌等再生能力较弱，而心肌的再生能力更弱，缺损后基本上为疤痕修复。

③缺乏再生能力的组织：神经细胞在出生后缺乏再生能力，缺损后由神经胶质细胞再生来修复。

（2）各种组织的再生过程

①上皮组织的再生：

被覆上皮再生：具有强大的再生能力。当皮肤复层鳞状上皮缺损时，由创缘或创底基底层细胞分裂增殖修复，先形成单层上皮细胞层，向缺损中心延伸，以后增生分化为复层鳞状上皮。黏膜（如胃肠黏膜）的柱状上皮细胞缺损后，同样也由邻近的上皮细胞分裂增生，初为立方形的幼稚细胞，以后逐渐分化为柱状细胞，有的还可向深部生长形成管状腺。

腺上皮再生：具有较强的再生能力。如果只有腺上皮的缺损，而腺体的基底膜未被破坏，则由残存腺上皮分裂增殖补充，沿基底膜排列，可完全恢复原来腺体结构。如果损伤较重，腺上皮和基底膜（网状纤维支架）均被破坏，则腺上皮不能完全再生。例如，当中毒等病因导致肾小管上皮细胞或肝细胞发生坏死，但肾小管基底膜或肝小叶的网状支架依然保持完整时，可由存活的肾小管上皮细胞或肝细胞分裂增殖补充，使原有结构和功能得到完全的恢复（完全再生）。如果肝脏发生广泛坏死，原有网状支架也遭到破坏，此时肝细胞的再生不能重建肝小叶，肝细胞再生形成结构紊乱的肝细胞团块（假小叶），间质结缔组织和小胆管大量增生，网状纤维胶原化，使肝脏的原有结构发生改变，质地变硬，发生肝硬变。同样，如果肾小管、肾小球和间质结缔组织同时遭到破坏，只能进行不完全再生，最终导致肾脏固缩。

②结缔组织的再生：结缔组织具有强大的再生能力，它不仅在本身损伤时能够再生，还积极参与其他组织的损伤修复。结缔组织再生时，原有的纤维细胞活化、分裂、增生，成纤维细胞可由静止状态的纤维细胞转变而来，或由未分化的间叶细胞分化而来。幼稚的成纤维细胞胞体大，两端常有突起，突起可呈星状，胞浆丰富，核淡染。当成纤维细胞停止分裂后，开始合成并分泌前胶原蛋白，在细胞周围形成胶原纤维，细胞逐渐成熟，变成长梭形，胞浆逐渐减少，核深染，成为纤维细胞。

③血细胞的再生：血细胞具有很强的再生能力。当机体因频繁的出血而发生失血性贫血时，会出现造血功能亢进，一方面原有红骨髓中成血细胞分裂增殖能力增强，大量新生的血细胞进入血液循环；另一方面黄骨髓转变为红骨髓，恢复造血功能，甚至在淋巴结、脾脏、肝、肾以及其他器官出现新生的造血组织，称为髓外造血灶。

④血管的再生：动、静脉血管损伤后，管腔被血栓堵塞，以后被结缔组织取代，通常不能再生，血液循环靠侧支循环恢复。毛细血管的再生是以出芽方式来完成的。首先在蛋白分解酶作用下，局部基底膜分解，该处原有毛细血管内皮细胞分裂增殖，向外形成突起的幼芽，随着分裂增殖不断进行，增殖的内皮细胞向前移动及后续细胞的不断增生而形成一条实心的细胞条索，在血流冲击下数小时后细胞条索中出现管腔，形成新生的毛细血管，进而彼此吻合构成毛细血管网。新生的毛细血管基底膜不完整，内皮细胞间空隙较大，通透性较高。为适应功能的需要，有些毛细血管还不断进行改建，逐渐演变为小动脉或小静脉。此时，血管外的未分化间叶细胞可进一步分化为平滑肌等，使管壁增厚。有的新生毛细血管也可因血液断流而关闭。

⑤骨组织的再生：骨组织的再生能力很强，骨组织损伤后主要由骨外膜和骨内膜内层的细胞分裂增生形成骨母细胞，也可由原始间叶细胞和纤维母细胞转变为骨母细胞，先形成骨样组织或类骨组织，以后钙盐沉着并逐渐形成骨小梁分化为骨组织。

⑥软骨组织的再生：软骨组织的再生能力较骨组织差，小的损伤由软骨膜内层的成软骨细胞增殖，形成软骨细胞与软骨基质来修复，大的损伤则由结缔组织修复。

⑦肌肉组织的再生：当损伤轻微时，仅肌纤维变性或部分发生坏死，而肌膜完整和肌纤维未完全断裂，此时由中性粒细胞和巨噬细胞进入病变肌纤维内，吞噬清除坏死物质，而后由残留的

肌细胞核分裂增殖，形成多核的原浆条索并逐渐分化形成肌原纤维和横纹。如果肌纤维完全断裂，则断端肌细胞核分裂增殖，断端肌浆增多，断端膨大，形成多核巨细胞样的肌芽，形如花蕾，又称肌蕾，但这时肌纤维断端不能直接连续，依靠结缔组织增生修复。

平滑肌再生能力有限，损伤不大时，可由残存的平滑肌细胞再生修复。损伤严重时，则由结缔组织修复。

心肌没有再生能力。心肌细胞死亡之后，通常都由结缔组织修复而形成瘢痕。

⑧腱的再生：腱能够再生，但再生过程非常缓慢，而且需要精确的对合，并有一定的张力，否则不能再生而由纤维组织连接。

⑨神经组织的再生：成熟的神经细胞和中枢神经系统内的神经纤维不能再生，受损之后只能由神经胶质细胞进行修补，形成胶质疤痕。而外周神经的神经纤维受损后，只要神经细胞还存活，神经纤维的断端与发出纤维的神经细胞仍然保持联系，则可以完全再生。首先，断处远端段的神经纤维髓鞘及轴突崩解，并被吸收；随后，近侧段的数个郎飞结神经纤维也发生同样变化。然后由两端的神经鞘细胞（雪旺细胞）增生形成带状的合体细胞，将断端连接。与此同时，近端轴突逐渐向远端生长，穿过神经鞘细胞带，最后达到末梢鞘细胞，鞘细胞产生髓磷脂将轴索包绕形成髓鞘，再生过程完成并恢复传导功能。如果断离的两端相隔太远，或者两端之间有瘢痕或其他组织阻隔等，再生轴突则不能到达远端，而与增生的结缔组织混杂在一起，卷曲成团，形成创伤性神经瘤，可引起顽固性疼痛。

4.3.3.2 纤维性修复

在组织细胞不能进行再生性修复时，由损伤局部的间质新生出的肉芽组织溶解吸收异物并填补缺损进行修复的形式，称为纤维性修复，是一种不完全性修复。

（1）肉芽组织

肉芽组织是由新生的毛细血管和成纤维细胞构成并伴有炎性细胞浸润的幼稚结缔组织。在伤口愈合过程中，肉芽组织填充伤口的缺损，使创面得以修复，因而它是创伤愈合的物质基础，参与各种修复过程。

眼观，肉芽组织表面被覆有一薄层红黄色黏稠状渗出物，表面湿润呈鲜红色，颗粒状，形似鲜嫩肉芽，故名肉芽组织。肉芽组织因具有丰富的血管，触之易出血，但其中尚无神经长入，所以无痛觉。光镜下，肉芽组织常具有明显的层次性结构，表层往往是均质红染、散在有许多炎性细胞（主要是中性粒细胞）和破碎核的坏死层。坏死层下主要为幼稚的成纤维细胞和丰富的毛细血管（垂直于创面生长，近表面处弯曲），其中混有一定数量的炎性细胞。再下层成纤维细胞逐渐成熟，并分泌、合成许多胶原纤维，但排列紊乱，毛细血管和炎性细胞逐渐减少，这是基本成熟的结缔组织。最下层为排列规则的胶原纤维束和少量纤维细胞构成的成熟结缔组织。

肉芽组织在组织损伤修复过程中具有重要的作用：①抗感染，保护创面。②填补创口及其他组织缺损。③机化或包裹坏死物、血栓、炎性渗出物及其他异物。

（2）瘢痕组织

瘢痕组织是肉芽组织经改建后成熟的纤维结缔组织。在组织损伤后 2~3 d 肉芽组织即可出现，自下而上或从周围向中心生长，按其生长先后，逐渐成熟。表现为毛细血管停止增殖，逐渐萎缩，仅少量转变为小动脉和小静脉；成纤维细胞停止分裂，胞体变为扁平、细长的纤维细胞，产生的胶原纤维玻璃样变。这种纤维化的肉芽组织呈灰白色，质地较硬，无弹性，称为瘢痕。

瘢痕组织可使损伤的创口或缺损填补并连接起来，保持组织器官完整性；由于瘢痕组织中有大量胶原纤维，使修补及连接相对牢固，可使组织器官保持其坚固性。但瘢痕收缩，尤其是发生于关节和重要器官(如气管)的瘢痕，常常导致关节活动受限或器官机能受损(如通气障碍)；瘢痕性粘连，尤其是在器官之间或器官与体腔壁之间发生的纤维性粘连，常不同程度地影响其功能。

4.3.3.3 创伤愈合

创伤愈合是指创伤造成组织断离或缺损后，由损伤周围健康组织再生进行修补的过程。创伤愈合以炎症和组织再生为基础，通过肉芽组织来修复创口。创伤愈合过程较复杂，以皮肤创伤为例，通常首先需止血，然后净创，以炎症为基础，清除创腔内坏死组织、细菌等，紧接着创口开始收缩，在创口内无感染、无异物的情况下，开始肉芽组织增生修复。

(1) 第一期愈合

第一期愈合多见于手术创或创缘平整且无感染的创伤。这种创伤由于组织损伤较小，创缘互相接近，炎症反应轻微，伤口中仅有少量渗出物和血凝块，随着血液凝固将创缘黏合起来。一般在损伤后 1~2 h，创口周围发生轻度充血和少量炎性细胞浸润，以溶解吸收创口内的血凝块和渗出物，12~24 h 后，创底和创缘的成纤维细胞和毛细血管内皮细胞开始向创口内生长，形成肉芽组织。3 d 左右肉芽组织可填平创腔。同时表皮也明显增生，向创面生长，逐渐把创伤表面覆盖起来，5~6 d 胶原纤维形成(此时可拆线)，2~3 周可完全愈合，仅留下一条线状疤痕。第一期愈合的时间短，形成的疤痕小。

(2) 第二期愈合

第二期愈合多见于组织缺损较大、创缘不整、无法对合而呈开口状，或伴有感染的创伤。这种创口由于坏死组织多，并有不同程度的感染，创口周围常有明显的炎症反应，只有感染被控制、坏死组织被清除后，组织再生才能开始。从创口底部和创缘生长出红色颗粒状的肉芽组织，逐渐将伤口填平。当肉芽组织填满创口时，创口边缘上皮从周围向中心生长，最后覆盖创口。上皮下的肉芽组织逐渐成熟，形成疤痕。疤痕组织中通常没有毛囊、汗腺、皮脂腺、色素等。

4.3.3.4 骨折愈合

骨折愈合是指骨折后局部所发生的一系列修复过程。轻度的骨折经过良好的复位、固定后可以完全恢复正常的结构和功能。骨折愈合的基础是骨膜的成骨细胞再生。

(1) 骨折愈合过程

①血肿形成：骨折处血管破裂出血，在骨折断端之间及其周围受损的软组织中形成血肿，随后凝固。血凝块使骨折两端初步连接，为肉芽组织生长提供了一个支架。骨折与其他创伤一样，局部出现炎症反应，故外观局部红肿。

②骨折断端坏死骨的吸收：由于骨折伴有血管断裂，使局部血液循环中断，骨细胞缺血导致骨折局部骨细胞坏死、溶解和骨陷窝内出现无骨细胞的骨质(即坏死骨)。同时，常常可见骨髓组织的坏死。如果坏死灶较小，可被破骨细胞吸收；如果坏死灶较大，可形成游离的死骨片。

③纤维性骨痂形成：自骨折后第 2 天开始，骨折断端的骨膜处有肉芽组织逐渐向血凝块中长入，最终将其完全取代而机化。2~3 周，肉芽组织逐渐纤维化而形成纤维性骨痂。纤维性骨痂使骨折两断端紧密连接起来，局部呈梭形膨大。

④骨性骨痂形成：继纤维性骨痂形成之后，成骨细胞分泌骨基质，本身则成熟为骨细胞而形成类骨组织，类骨组织钙化后便成为骨组织。这一过程约需几周。骨性骨痂虽然使断骨连接比较牢固，但由于结构不很致密，骨小梁排列较紊乱，故比正常骨脆弱。

⑤骨的改建：经功能锻炼，新形成的骨组织进一步发生改建，以适应功能需要。改建是在破骨细胞吸收骨质和成骨细胞形成新骨质的协调作用下进行的，它使骨质逐渐变得更加致密，骨

小梁排列逐渐适应力学方向,并吸收多余的骨痂,并慢慢恢复正常骨的结构和功能。骨的改建一般需 6~12 个月。

(2)影响骨折愈合的因素

除影响创伤愈合的全身及局部因素对骨折愈合都有作用外,以下几个因素也具有明显影响:

①骨折性质:骨组织的恶性循环能力虽然很强,但如发生粉碎性骨折,尤其是骨膜破坏严重时,会影响骨折愈合。

②复位:完全性骨折常常发生错位或有其他组织、异物的嵌塞,可导致骨折愈合延迟或不能进行愈合。故及时、正确地复位对骨折完全愈合十分重要。

③固定:有时骨折断端虽已复位,但由于肌肉活动的影响仍可导致错位。故复位后及时、牢靠地固定有利于骨折的愈合。通常需固定到骨性骨痂形成后。

④血液供应:骨折后的复位、固定等,虽有利于局部愈合,但固定时间过长、过紧,机体长期不运动,可使局部血液循环不良,又会延迟愈合。局部长期固定不动也会引起骨及肌肉的废用性萎缩、关节强直。故在不影响局部固定的情况下,应尽量保持一定的活动性。

4.3.3.5 机化和包囊形成

在疾病过程中所出现的各种病理产物(如坏死组织、炎性渗出物、血栓、血凝块等),不能被炎性细胞吞噬、清除,而由新生肉芽组织取代的过程,称为机化。不能完全被机化的(如寄生虫、干酪样坏死、缝线或异物)由新生肉芽组织将其包囊,称为包囊形成。脑组织坏死后,机化不是由肉芽组织所取代,而是由神经胶质细胞完成。

机化与包囊形成可以消除或限制各种病理性产物或异物的致病作用,是机体抗御疾病的重要修复形式。但机化能造成永久性病理状态,在一定条件下或在某些部位,会给机体带来严重的不良后果。如心肌梗死后机化形成疤痕,伴有心脏机能障碍;心瓣膜赘生物机化能导致心瓣膜增厚、粘连、变硬、变形,造成瓣膜口狭窄或闭锁不全,严重影响瓣膜机能;浆膜面纤维素性渗出物机化,可使浆膜增厚、不平,形成一层灰白、半透明绒毛状或斑块状的结缔组织,有时造成内脏之间或内脏与胸、腹膜间的结缔组织性粘连;肺泡内纤维素性渗出物发生机化,肺组织形成红褐色、质地如肉的组织,称其为肺肉变,使肺组织呼吸机能丧失。

4.3.4 钙化

在骨和牙齿以外的组织内有固体的钙盐沉着,则称为病理性钙化。沉着的钙盐主要是磷酸钙,其次为碳酸钙。发生钙化的基本机理是组织液中呈解离状态的钙离子(Ca^{2+})和磷酸根离子(PO_4^{3-})结合而发生沉淀所致。

组织中沉着少量钙盐时,肉眼不能辨认;量多时,则表现为白色石灰样的坚硬颗粒或团块,刀切时发出沙沙声。例如,宰后常见牛和马肝脏表面形成大量钙化的寄生虫小结节,称为砂粒肝。在 HE 染色的组织切片中,钙盐呈蓝色粉末、颗粒或斑块状。

钙化是机体的一种防御适应性反应,可使病变局限化,固定和杀灭病原微生物,消除其致病作用。但是,钙化后影响局部功能,如血管壁发生钙化时,血管壁失去弹性,变脆,容易破裂出血;胆管寄生虫引起的钙化,可导致胆道狭窄。

4.4 炎症

4.4.1 炎症概述

4.4.1.1 炎症的概念和特征
炎症是动物活体对各种致炎因子引起的损害所发生的一种以血管渗出为中心、以防御为主的复杂病理过程。它是机体各器官、组织与有害因素斗争、自卫能力的综合表现。其作用在于抵御、消灭侵入机体的致病因子，修复其造成的损伤。

4.4.1.2 炎症的原因
任何能够引起组织损伤并诱发炎症反应的因素，称为致炎因子。虽然致炎因子种类繁多，但按其来源可归纳为外源性和内源性，按其性质分为以下几大类：

①物理性因素：放射线、紫外线、高温、低温等。

②化学性因素：外源性化学物质如强酸、强碱、重金属盐、各种毒物、毒气、松节油、巴豆油等以及其他化学药物。内源性毒性物质有坏死组织的分解产物（各种胺、肽类物质），以及在某些病理条件下蓄积于体内的代谢产物（如胆酸盐、尿素）等。

③机械性因素：创伤、扭伤、挫伤、挤压及摩擦等。

④生物性因素：细菌、病毒、寄生虫、螺旋体、致病性真菌、立克次体、衣原体等是炎症最常见的原因。细菌和病毒不仅能在体内生长繁殖、产生毒素，导致细胞和组织损伤，而且也可通过其抗原性诱发免疫反应导致炎症。由生物病原体引起的炎症又称感染。

⑤变态反应因素：变态反应所造成的组织损伤最常见于各种类型的超敏反应，如皮内注射结核菌素引起致敏动物局部炎症。某些抗原抗体复合物也可引起炎症。

致炎因子作用于机体后，是否引起炎症，以及炎症反应的性质与强弱不仅与致炎因子强度有关，并且与机体对致炎因子的敏感性有关。因此，炎症反应的发生和发展取决于致炎因子和机体两方面。

4.4.2 炎症的基本病理变化

不同病因、作用于不同部位引起的炎症，均有各自的特点，所引起的症状和病理变化千变万化。但不管是什么炎症，都有其共同的基本病理变化过程，包括局部组织损伤、血管反应和组织增生。通常归纳为局部组织的变质、渗出和增生，三者之间相互密切联系。在炎症过程中，这些病理变化可同时存在，但基本上是按照一定的先后顺序发生。一般早期以变质和渗出变化为主，后期以增生变化为主。变质属于损伤过程，而渗出和增生则属于抗损伤过程。

4.4.2.1 变质性变化
炎症局部组织在致炎因子的直接损伤作用、炎症过程中发生的血液循环障碍和炎症反应产物（如氧自由基等）的共同作用下，代谢改变和组织细胞变性、坏死全过程，统称为变质。变质既可发生在实质细胞，也可见于间质细胞。实质细胞常出现的变质包括细胞水肿、脂肪变性、凝固性或液化性坏死等。间质结缔组织的变质可表现为黏液变性、纤维素样变性或坏死等。

4.4.2.2 渗出性变化
炎症局部血管内的液体、蛋白质和细胞成分透过血管壁进入组织间质、体腔、黏膜表面或体表的过程称为渗出。所渗出的液体和细胞等统称为渗出物或渗出液。在炎症渗出液内蛋白质含量较高，并含有较多的细胞成分及其碎屑。渗出病变是炎症最有特征性的变化，炎症介质在渗出过程中发挥了重要作用。

渗出性变化包含了血流变化（炎性充血）、血管通透性增高（炎性渗出）、白细胞游出和聚集（炎性浸润）3个密切相关的过程。这3个以血管现象为基础的过程，组成了机体对各种损伤因子的第一道防线，使炎症局限化。因此，渗出性病变是炎症的重要标志，渗出的成分在局部具有重要的防御作用。

(1) 血管反应

主要是血液动力学的变化，即微循环中血管口径和血流速度及血流量的变化。病变发展速度取决于损伤的严重程度。

①细动脉痉挛：局部组织在致炎因子作用下，通过神经反射或产生各种炎症介质，迅速出现细动脉短暂痉挛。痉挛持续时间仅几秒钟到几分钟，随即发生血管扩张。一般认为白三烯可引起炎区血管挛缩，而组胺等引起血管扩张。

②动脉性充血：小动脉毛细血管短暂痉挛性收缩后，由于神经反射和某些炎症介质（组胺、PGE2、PGI2、激肽等）的作用，细动脉和毛细血管瞬即扩张，局部血流加快，血流量增加，形成动脉性充血。这是急性炎症早期血液动力学改变的标志，也是局部红、热的原因。动脉性充血持续时间不等，长者可达几小时。

③淤血：此后由于炎症病灶局部代谢障碍，酸性代谢产物（如乳酸等）蓄积，使毛细血管后微静脉壁平滑肌发生麻痹而扩张。微血管通透性升高，血液中液体成分渗出，引起局部血液浓缩，血液黏稠度增加，使毛细血管和细静脉血流减慢，出现静脉性充血（淤血）。此外，组织水肿使静脉受压，也可影响静脉血的回流。

由于淤血，炎区由鲜红色变为暗红色，再变为蓝紫色（发绀），淤血可导致代谢障碍的发展，此时炎区的各种变化往往加重。

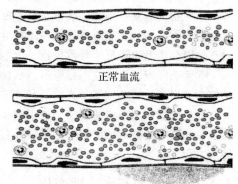

正常血流

血管扩张，血液开始减慢，血浆渗出

④血管通透性增加：这是导致炎症局部液体和蛋白质渗出的最重要原因。正常的液体交换和血管通透性的维持主要依赖于结构完整、功能正常的血管内皮细胞。炎症过程中，由于致炎因子对血管内皮细胞的直接损伤、炎症介质的作用等损害血管壁的黏合质和基膜，使血管内皮细胞收缩、坏死或脱落，导致血管的通透性增加。

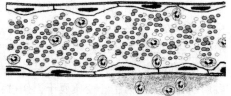

血液缓慢，白细胞附壁并游出血管外

(2) 液体渗出

由于炎区血流缓慢，静脉淤血，毛细血管内流体静压升高，同时致病因素（细菌毒素、化学物质、高温等）直接作用、炎区酸性代谢产物积聚和炎症介质（血管活性胺、激肽）间接作用，使血管的通透性增强，血液中的液体成分、细胞成分通过细静脉和毛细血管壁进入炎区组织。血浆蛋白外渗进入炎区，以及组织分解加强，引起组织液内分子和离子浓度升高，使炎

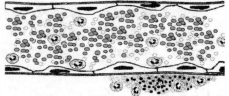

血管损伤加重，红细胞渗出血管外

图4-8 渗出时血管变化示意图

区组织液渗透压增高,加剧了液体外渗。由于血管壁受损的程度不同,渗出液的成分也有所不同。血管壁受损较轻时,渗出液中仅含有电解质和相对分子质量较小的白蛋白;当血管壁损害较重时,相对分子质量较大的球蛋白,甚至纤维蛋白原也能渗出(图4-8)。

炎性渗出液在组织间隙积聚称为炎性水肿。这与因血液循环障碍、血管壁内外流体静压平衡失调形成的漏出液不同(表4-1),但不管渗出液还是漏出液都可造成组织水肿和体腔积液。

表4-1 渗出液与漏出液的比较

	蛋白量/(g/L)	比重	有核细胞数	李凡他(Rivalta)试验	凝固性	外观
渗出液	>25	>1.018	>1 000×10^6/L	阳性	能自凝	混浊
漏出液	<25	<1.018	<300×10^6/L	阴性	不自凝	澄清

炎性渗出是急性炎症的重要特征,对机体具有积极意义。大量渗出液能稀释、吸附、中和毒素,带来氧及营养物,带走炎症区内的有害物质;通过渗出液,将抗体、补体、溶菌素和炎性细胞带入炎区,有利于防御、消灭病原微生物;渗出的纤维蛋白原转变成纤维蛋白,交织成网,具有包围病灶使炎症局限化,阻止细菌蔓延和扩散的作用,并有利于吞噬细胞发挥吞噬作用。但过多的渗出液可影响器官功能,压迫邻近的组织和器官,造成不良后果。如肺泡腔内渗出液可影响换气功能,心包积液可压迫心脏。渗出液中大量纤维蛋白不能被完全吸收时,最终发生机化粘连,影响器官功能,如纤维素性心包炎,心包粘连可影响心脏的舒缩功能。

(3)细胞渗出

炎症中,白细胞以阿米巴样运动方式主动游出血管外,在阳性趋化因子作用下,向炎区聚集并发挥吞噬作用。

①白细胞游出:在生理情况下,血液的有形成分大多在血管的中心部流动(称为轴流);而在血管边缘部流动者则主要是血浆和少数白细胞(称为边流)。炎症发生后,随着病灶内血流的减慢或停滞,在血浆渗出的同时,大量白细胞就进入边流,逐渐向血管壁靠近,并黏着在血管内膜上,称为白细胞附壁。开始时尚可随血流缓慢滚动,很快与内皮细胞紧密黏着一起,称为白细胞黏着。当白细胞附壁后,它的胞浆即形成伪足,在两个邻近内皮细胞的连接处伸出并插入,然后整个白细胞逐步挤出至内皮细胞和基底膜之间,在此停留片刻,最后穿过基底膜到达血管外。

白细胞逐步游出血管壁(主要是细静脉和毛细血管)而进入炎区,该过程称为白细胞游出,渗出的白细胞也称为炎性细胞。白细胞游出是一个主动运动过程,而且游出速度很快,一般需2~12 min。血液内各种白细胞都以同样方式游出血管(图4-9)。

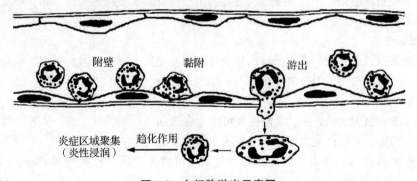

图4-9 白细胞游出示意图

白细胞渗出后,在某些化学刺激物(趋化因子)作用下,向着炎症灶移动集中,白细胞在炎区组织聚集,称为炎性细胞浸润,这是炎症反应的重要形态学特征。

不同炎症、炎症的不同阶段,游出的白细胞种类不同。急性炎症早期和化脓性炎症,中性粒细胞首先游出;慢性炎症、炎症后期或病毒性感染时,多以淋巴细胞渗出为主;某些过敏性炎症及寄生虫感染时,多以嗜酸性粒细胞渗出为主。

②白细胞吞噬作用:白细胞自血管内游出并向炎症灶移动和集中时,与病原体或组织崩解碎片等接触后,就能伸出伪足将其包围并逐渐摄入胞浆中予以杀死和消化,称为吞噬作用,这是机体消灭致病因子的一种重要手段。有吞噬能力的细胞称为吞噬细胞,以中性粒细胞和单核巨噬细胞为代表(图4-10)。

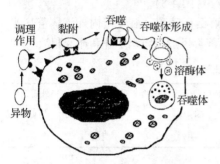

图4-10 白细胞吞噬示意图

4.4.2.3 增生性变化

在致炎因子、组织崩解产物或某些理化因子刺激下,炎症局部的实质细胞、巨噬细胞、内皮细胞和纤维母细胞等发生增殖分化、数量增多,称为炎性增生。炎症早期一般增生不明显,后期则占主导地位。但也有一些炎症(如伤寒、结核)在初期即有明显的增生性变化。炎性增生具有限制炎症扩散和修复作用,但过度的组织增生可使原有组织结构遭受破坏,影响器官的功能,如肝硬变和心肌炎后的心肌硬化等。

总之,任何炎症都有变质、渗出和增生这3种基本病理变化,而且彼此有着紧密的关系。但是这3个过程在不同的炎症或在炎症的不同阶段都有所差别。在每一种具体的炎症性疾病中,又可由于致炎因子的质和量的不同、机体的反应性和抵抗力的差异,炎症的表现有所不同。一般说来,急性炎症或炎症的早期,往往以渗出性和变质性病变为主,而慢性炎症或炎症的后期,则增生性病变较突出。

4.4.3 炎症的分类

4.4.3.1 变质性炎

变质性炎是指以实质细胞发生严重的变性、坏死为特征,渗出、增生性变化较轻微的炎症。如坏死广泛,则称为坏死性炎。变质性炎症常见于肝、肾、心、脑等实质性器官,故又称实质性炎。常见于某些重症感染、中毒及变态反应等,由于器官的实质细胞变性、坏死明显,常引起相应器官的功能障碍。

4.4.3.2 渗出性炎

渗出性炎是指以炎症灶内有大量渗出物为特征,而变质、增生轻微的炎症。根据渗出物的主要成分不同,一般将渗出性炎分为浆液性炎、纤维素性炎、化脓性炎、出血性炎等类型。

(1)浆液性炎

以大量浆液渗出为主的炎症。浆液性炎可发生在疏松结缔组织和皮肤、浆膜、黏膜等处,一般较轻,易于消退,但也可能为纤维素性炎或化脓性炎的早期变化。

①发生于浆膜的浆液性炎:浆膜面充血肿胀,粗糙无光泽。浆膜腔(如胸腔、心包腔、腹腔)积液,呈淡黄透明或稍混浊。初期渗出液透明无色或淡黄稀薄,久后则混浊。在体外或死后因纤维蛋白析出而凝固成半透明状胶冻样物(与漏出液相区别)。

②浆液性黏膜炎：又称浆液性卡他。黏膜充血肿胀，渗出的浆液混有黏液。如鼻炎时流出鼻液，肠炎时排水样粪便。

③浆液性炎发生于皮肤和皮下组织：在表皮棘细胞间或真皮乳头层，局部形成结节或水疱。如口蹄疫、猪水疱病、冻伤、烧伤、烫伤。皮下结缔组织浆液性炎时，局部呈明显的炎性水肿、切面流出多量淡黄色液体，皮下呈黄色胶冻样。如猪巴氏杆菌病颈部皮下肿胀。

④浆液性肺炎：眼观肺体积增大，质量增加，半透明状，肺胸膜光泽、湿润，小叶间质增宽，充满渗出液，挤压切面，有多量泡沫样液体流出。组织学观察，可见肺泡腔和间质内有多量浆液及白细胞、脱落上皮细胞。如猪支原体肺炎（气喘病）早期。

(2) 卡他性炎（黏液性炎）

卡他性炎是指发生于呼吸道、胃肠道等处黏膜的、以黏液增多为主的渗出性炎症。由于黏膜腺体受刺激而分泌大量黏液，故渗出物有经管道向外排流的特点，因此称为"卡他"（原为拉丁语"溢出"之意），如上呼吸道卡他。

①急性卡他性炎：眼观黏膜充血肿胀，有时见斑点状、条纹状出血，表面附着多量黏液。初期渗出物透明稀薄，只含少量黏液、白细胞和脱落上皮，称为浆液性卡他；继之黏液分泌增加，呈灰白色黏稠液，称为黏液性卡他；当渗出液含大量白细胞和脱落的上皮细胞，呈黄白色或浅绿色、灰黄色脓样黏稠混浊液，则称为脓性卡他。镜检可见黏膜分泌增多，上皮坏死脱落，毛细血管充血出血，白细胞、杯状细胞增多。

②慢性卡他性炎：黏膜轻度充血，渗出物以淋巴细胞、浆细胞为主，局部有褐色或灰青色色素沉着（渗出物的红细胞生成的含铁血黄素与组织分解的硫化氢化合成硫化铁而成）。若见黏膜菲薄，表面平坦（上皮脱落，腺体、肌层萎缩），称为萎缩性卡他；也有因为腺体增殖，结缔组织增生，大量炎性细胞浸润，引起黏膜呈肥厚状（有时肥厚与萎缩同时存在，故表面凹凸不平，形成皱襞，如羊副结核），称为肥厚性卡他。

③支气管肺炎（小叶性肺炎）：是畜禽肺炎的一种最基本的形式。肺泡内主要为浆液-细胞性渗出物，故也称卡他性肺炎。病变从支气管炎开始，后蔓延到邻近的肺泡。病灶大致在肺小叶内，可互相融合扩大。眼观病变部灰红，质地变实，表面岛屿状，切面粗糙，灰黄或灰红色，稍突出于切面。用手挤压，即从小支气管中流出一些脓性渗出物，支气管黏膜充血水肿。组织学检查，可见支气管腔中有浆液性渗出物，并混有较多的中性粒细胞和脱落上皮。支气管壁充血、白细胞浸润。周围肺泡腔充满浆液，并混有少量纤维素、中性粒细胞、红细胞等。

(3) 纤维素性炎

纤维素性炎是指渗出物中含有多量的纤维蛋白为特征的渗出性炎症。常见于黏膜（咽、喉、气管、肠）、浆膜（胸膜、腹膜和心包膜）和肺脏。由于血管壁损伤较重，通透性增高，较大的纤维蛋白原分子渗出后，受到损伤组织释放的酶的作用，即凝固成淡灰黄色的纤维蛋白。

(4) 化脓性炎

以大量中性粒细胞渗出和组织不同程度的液化坏死，形成脓汁的炎症，称为化脓性炎症。

①脓性卡他：是黏膜表面的化脓性炎。此时，中性粒细胞主要向黏膜表面渗出，深部组织没有明显的炎性细胞浸润。如布鲁氏菌病、外伤感染引起的化脓性子宫内膜炎、马鼻疽时的化脓性鼻炎，可见黏膜充血肿胀，被覆黄色（灰白）脓性分泌物。

②蓄脓（积脓）：浆膜化脓性炎时，脓性渗出物大量蓄积于浆膜腔，称为积脓。如心包积脓（化脓性心包炎）、脓胸（化脓性胸膜炎）、腹腔积脓（化脓性腹膜炎）。

③脓肿：指局部组织发生坏死溶解，形成充满脓汁的囊腔。时久则在脓腔周围形成结缔组织

包膜,称为脓肿膜,使脓肿局限化。如脓汁通过狭窄而有肉芽组织增生的管道不断向体外排出,临诊上称为"瘘管",可长期不愈合,并从管中不断排出脓性渗出物。

④蜂窝织炎:指发生在疏松组织(如皮下、肌膜下、肌间)的一种弥漫性化脓性炎。范围大,发展快,大量脓汁浸润于疏松组织间,与周围界限不清,组织被脓液分隔,状如蜂窝,故名蜂窝织炎。主要因某些细菌(如溶血性链球菌)能产生透明质酸酶,分解结缔组织的透明质酸;分泌链激酶,溶解渗出物中的纤维素,使细菌容易在组织内扩散,或沿淋巴管扩散蔓延造成弥漫性浸润。

(5) 出血性炎

出血性炎为渗出液中含有大量红细胞的炎症。出血性炎不是一种独立的炎症,而是炎症灶内的血管损伤严重时,多量红细胞漏出的结果。

①出血性淋巴结炎:淋巴结肿胀,表面暗红,切面隆起,湿润,有时呈弥漫性暗红色(急性猪丹毒、猪肺疫、炭疽),有些边缘和中间暗红,切面红白相间如大理石样花纹(猪瘟)。

②出血性胃肠炎:黏膜肿胀,呈弥漫性暗红色或斑点状出血,黏膜表面附有红褐色黏液或凝血(见于牛炭疽、急性猪丹毒、猪肺疫的出血性肠炎、犊牛球虫出血性肠炎等),严重者肠内容物呈血样外观。显微镜观察可见炎性渗出物中有多量红细胞、中性粒细胞、黏膜上皮变性、坏死及脱落,黏膜下层血管扩张充血、出血和白细胞浸润。

4.4.3.3 增生性炎

以纤维母细胞、血管内皮细胞和组织细胞增生为主,变质和渗出性变化都较轻微的炎症称为增生性炎。主要见于慢性炎症,常伴有淋巴细胞、浆细胞和巨噬细胞等炎细胞浸润。但也有少数急性炎症是以细胞增生性病变为主,如链球菌感染后的急性肾小球肾炎,病变以肾小球的血管内皮细胞和系膜细胞增生为主。

根据病变的形态学特点,可分为非特异性增生性炎及特异性增生性炎两种。

(1) 非特异性增生性炎

非特异性增生性炎指增生的病理组织不形成特殊结构的增生性炎症。病变主要表现为纤维母细胞、血管内皮细胞和组织细胞增生,伴有淋巴细胞、浆细胞和巨噬细胞等炎细胞浸润,同时局部的被覆上皮、腺上皮和实质细胞也可增生。炎症早期,由于组织间质内有多量炎性细胞浸润(主要为淋巴细胞、组织细胞、单核细胞),肉眼见炎症器官中出现白色病灶。炎症后期,大量结缔组织增生,纤维组织收缩后,器官缩小,质地变硬,表面高低不平,被膜不易剥离,形成皱缩。

(2) 特异性增生性炎(肉芽肿性炎)

特异性增生性炎是指炎症局部形成由巨噬细胞增生构成的境界清楚的结节状病灶为特征的增生性炎症。由病原体(如结核杆菌、马鼻疽杆菌、牛放线菌、血吸虫卵等)引起的称为感染性肉芽肿,由外科缝线、粉尘、木刺等异物引起的称为异物性肉芽肿。

4.5 水肿

4.5.1 水盐代谢及其调节

正常情况下,动物体液约占体重的60%左右,其中细胞内液约占体重的40%,细胞外液约占体重的20%,细胞外液包括存在于血管中的血浆和细胞周围的组织间液。过多的液体在组织间隙和体腔内积聚称为水肿(edema)。水肿发生的部位不同,其名称也不同。当水肿发生于皮下时称为浮肿;当大量液体积于体腔时称为积水或积液,如心包积水、胸腔积水等。水肿不是一种独立的疾病,而是多种疾病的一种共同病理过程和体征。

正常动物的组织间液容量是相对恒定的,组织液的生成和回流之间保持相对平衡。血液中的液体成分在动脉端毛细血管进入组织间隙,生成组织液,而静脉端又不断回流进入血管,少部分不能回流则进入毛细淋巴管,成为淋巴液。生理状况下,组织液的生成与回流处于动态平衡,这种动态平衡的维持主要取决于有效流体静压、有效胶体渗透压、淋巴回流等因素。有效流体静压是促使组织液生成的力量,有效胶体渗透压是促使组织液回流的因素。正常情况下,毛细血管动脉端有效流体静压大于有效胶体渗透压,可见动脉端组织液的不断生成。毛细血管静脉端有效胶体渗透压大于有效流体静压,组织液又可不断回流至毛细血管内(图4-11)。

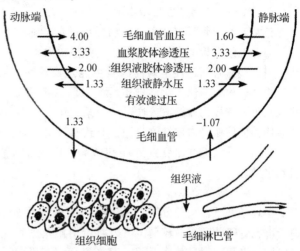

图4-11 正常血管内外液体交换示意图(单位:kPa)

4.5.2 水肿发生的原因和发生机理

不同类型水肿的发生原因和机理不尽相同,但多数具有共同的发病环节,主要由于血管内外液体交换平衡失调,以及水、钠在体内的潴留。

4.5.2.1 血管内外液体交换的平衡失调

(1) 毛细血管流体静压(血压)增高

有效流体静压是毛细血管血压减去组织间隙流体静压的差值,可促使组织液生成。毛细血管的流体静压增高可导致有效流体静压增高,促使组织液生成增多,当超过淋巴回流的代偿限度时,即可发生水肿。动脉充血(如炎症)和静脉压增高均可引起毛细血管流体静压增高。如血栓引起的静脉阻塞,肝硬变引起的门静脉高压,心力衰竭引起的静脉回流障碍均可引起静脉压增高。

(2) 有效胶体渗透压降低

血浆胶体渗透压减去组织胶体渗透压的差值即为有效胶体渗透压,是促使组织间液回流的力量。若有效胶体渗透压降低,可导致组织液回流的力量不足,引起水肿。有效胶体渗透压降低主要由于血浆胶体渗透压降低或组织胶体渗透压增高所致。

①血浆胶体渗透压降低:血浆蛋白含量的降低可引起血浆胶体渗透压降低,进而导致有效胶体渗透压降低,引起水肿。引起血浆蛋白含量降低的原因很多,常见的有:蛋白质的摄入不足,如营养不良、消化吸收障碍;血浆中蛋白的合成不足,如严重的肝病等;蛋白质的丢失过多,如肾功能不全时,大量蛋白质随尿液排出,引起蛋白质的丢失;严重的烧伤,大量血浆蛋白从创面漏出;蛋白质的分解代谢增强,如慢性消耗性疾病、癌症晚期等。

②组织液胶体渗透压增高:组织液胶体渗透压可阻止组织液回流进入血管和淋巴管。引起

组织液胶体渗透压增高的因素有很多，如在致病因素（如炎症）的作用下，组织细胞变性、坏死及崩解，可引起局部组织的蛋白质含量增加；毛细血管的通透性增加，可使大量血浆蛋白渗入组织间隙，这些因素均可促使组织液胶体渗透压增高。

(3) 微血管壁的通透性增高

正常毛细血管只容许小分子物质和微量的血浆蛋白滤出，其他微血管则完全不容许蛋白滤过，因此毛细血管的内外胶体渗透压差值较大。

引起微血管通透性增高的因素可能是物理性、化学性或生物性方面的，如感染、创伤、冻伤、烧伤、放射损伤、化学物质（酸、碱）、某些变态反应（荨麻疹、药物过敏）、酸中毒等，这些因素可直接损伤血管壁或通过释放某些化学介质，如组胺、缓激肽、前列腺素等，改变血管壁的结构，促使血管内皮细胞收缩，导致血管壁的通透性增高。血浆蛋白即可从微血管尤其是微静脉壁滤出，导致毛细血管静脉端和微静脉内的血浆胶体渗透压下降及组织液胶体渗透压升高，引起水肿。

(4) 淋巴回流受阻

生理条件下，一部分组织液（约1/10）通过毛细淋巴管回流，淋巴回流具有较大的代偿能力，由于淋巴管壁的通透性较高，可以将蛋白质及细胞代谢所产生的大分子物质回收入体循环。当淋巴回流受阻或超过其代偿能力时，含有较多蛋白质的组织液在组织间隙积聚，使组织胶体渗透压增加，导致水肿。淋巴性水肿的水肿液中蛋白质含量较高。引起淋巴回流受阻常见的原因有淋巴管阻塞（如肿瘤、异物等）、淋巴管痉挛等。

4.5.2.2 水、钠潴留

生理条件下，机体内的钠、水摄入和排出主要通过神经-体液调节保持动态平衡，在其过程中肾脏的作用尤为重要。正常经肾小球滤过的钠、水若为100%，最终排出只占总量的0.5%~1%，其中99%~99.5%被肾小管重吸收，其中近曲小管主动吸收60%~70%，远曲小管和集合管对钠、水的重吸收受醛固酮、抗利尿激素等的调节。这种通过肾小球的滤过和肾小管的吸收来维持钠、水平衡的方式，称其为肾小球-肾小管平衡或球管平衡。一旦球管平衡失调，就会导致水、钠潴留，形成水肿。当肾小球的滤过减少，而肾小管重吸收未发生变化，或肾小球滤过未发生变化，而肾小管的重吸收增加时，均可导致球管失衡，引起水肿。

(1) 肾小球滤过减少

急性肾小球肾炎时，肾小球毛细血管内皮增生、肿胀，导致肾小球滤过膜的通透性降低；慢性肾小球肾炎时，肾单位受到严重破坏，导致滤过面积减少。当失血、休克、心功能不全时，有效循环血量降低，可使肾的灌血量降低，还可反射性地引起交感-肾上腺髓质系统和肾素-血管紧张素系统兴奋，使入球小动脉收缩，肾的血流量进一步减少。以上因素均可导致肾小球的滤过下降。

(2) 肾小管重吸收增加

不同节段肾小管吸收钠、水增多的机制不尽相同，无论是否伴有肾小球的滤过下降，肾小管的重吸收增加均可引起钠、水潴留，引起水肿。

①激素：醛固酮能促进远曲小管对钠的重吸收；抗利尿激素（ADH）可促进远曲小管和集合管对水的吸收，当醛固酮和ADH分泌增加或灭活减少时（如肝有损害时），均可导致钠、水潴留。

此外，研究发现当血容量或有效循环血量下降时，可引起利钠激素减少（相反则增多）。此激素有抑制近曲小管对钠的重吸收，当其分泌减少时，近曲小管对钠、水的重吸收就增加。心房肽或心房利钠多肽(ANP)，也可引起较强的排钠利尿作用。近期资料表明，ANP 能抑制醛固酮和 ADH 的释放。因此，心房肽的减少也可导致钠、水潴留而引起水肿的发生。

②肾血流重新分布：动物皮质肾单位的肾小管髓袢比较短，不进入髓质高渗区，对钠、水的重吸收较少；髓旁肾单位的髓袢较长，可深入髓质高渗区，对钠、水的重吸收较多。正常时，肾内血流大部分通过皮质肾单位，仅小部分通过髓旁肾单位，当有效循环血量下降(如心力衰竭)时，则皮质肾单位的血管收缩，使大量的血液流向重吸收钠、水较强的髓旁肾单位。当出现这种肾血流重新分布时，就可能有较多的钠、水被重吸收，造成水、钠潴留。

4.5.3　水肿的病理变化

一般来说，发生水肿的组织器官主要表现为体积增大，颜色变浅，被膜紧张，切面隆起，有液体流出。但不同的组织器官发生水肿时，其病理形态学改变有所不同。

4.5.3.1　皮下水肿

初期或水肿程度轻微时，水肿液与皮下疏松结缔组织中的凝胶网状物(胶原纤维和由透明质酸构成的凝胶基质等)结合，液体被吸附呈凝胶态不能自由移动，受到压力时也不易移动，而呈隐性水肿。随病情的发展，积聚的液体超过凝胶体结构的吸附力和膨胀度后，可产生自由液体，扩散于组织细胞间，指压留痕，称为凹陷性水肿。眼观皮肤肿胀，皱纹变浅，局部组织呈苍白色或灰白色，弹性降低，触之如面团。切开皮肤有大量浅黄色液体流出，皮下组织呈淡黄色胶冻状。

镜检观察，皮下组织间隙增宽，有大量液体积聚其间，间质中胶原纤维肿胀，甚至崩解。结缔组织细胞、肌纤维、腺上皮细胞肿大，胞浆内出现水泡，有些甚至发生坏死。腺上皮细胞往往与基底膜分离。淋巴管扩张。HE 染色标本中水肿液可因蛋白质含量多少而呈深红色、淡红色或不着染(仅见组织疏松或出现空隙)。

4.5.3.2　肺水肿

眼观体积肿大，质量增加，被膜紧张有光泽，边缘钝圆，质地变实，颜色苍白，如伴有淤血而呈暗红色。肺间质增宽，猪、牛的肺脏此病变尤为明显。肺切面可见大量的白色泡沫状液体流出。

镜检观察，非炎性肺水肿时，可见肺泡壁毛细血管扩张充血，肺泡腔内有大量均质、红染的浆液，其中混有少量脱落的肺泡上皮。间质由于水肿液积聚而增宽，结缔组织疏松呈网状，淋巴管怒张。在炎性水肿时，除有上述病变外，还可见肺泡腔水肿液内混有大量白细胞，蛋白质含量明显增多。纤维素性肺炎时，可见肺泡腔的水肿液中含有大量丝网状纤维素性物质。

4.5.3.3　脑水肿

眼观主要表现为软脑膜充血，脑体积和质量增加，脑回变宽而扁平，脑沟狭窄，白质水肿明显，脉络丛血管常呈淤血，脑室扩张，脑脊液增多。

镜检可见软脑膜和脑实质内毛细血管充血，脑组织疏松，细胞和血管周围空隙变大，充满水肿液。白质中的变化较灰质更加明显。神经细胞肿胀，体积增大，胞浆内出现大小不等的水泡，核偏位，严重时可见核浓缩甚至消失(神经细胞坏死)。神经细胞内尼氏小体数量明显减少，细胞周围因水肿液积聚而出现空隙。

4.5.3.4　实质器官水肿

心、肝、肾和脾等实质器官发生水肿时，水肿液仅存留于间质内，故体积肿大并不明显，但可见切面外翻，颜色变浅。镜检可发现明显的病理变化，肝脏水肿时，水肿液主要积聚在狄氏间隙内，使肝细胞索与窦状隙发生分离，严重时可导致肝细胞的萎缩。心脏水肿时，水肿液在心肌纤维之间积聚，使相邻心肌纤维间隙增宽，彼此分离，受水肿液挤压的心肌纤维可发生变性或萎缩。肾脏水肿时，水肿液在肾小管之间的间质积聚，肾小管受到压迫，可导致上皮细胞发生变性并与基底膜分离。

4.5.3.5 浆膜腔积水

浆膜腔发生积水时，水肿液一般为淡黄色透明液体。浆膜小血管和毛细血管扩张充血，浆膜面湿润有光泽。如由炎症所引起，则水肿液内含有较多蛋白质，并混有渗出的炎性细胞、纤维蛋白和脱落的间皮细胞而混浊黏稠，呈黄白色或黄红色。可见浆膜肿胀、充血或出血，表面常被覆有一层灰白色的网状纤维蛋白。根据水肿发生的原因和机制的不同，水肿液可分为渗出液（一般见于炎性水肿）和漏出液（一般见于非炎性水肿）。

4.6 脱水与酸中毒

4.6.1 脱水

机体在某些情况下，因摄水过少或失水过多，超过机体生理调节能力所致的体液明显减少的现象，称为脱水。机体在丢失水分的同时，均伴有不同程度的电解质尤其是钠离子的丢失，引起血浆渗透压的变化。根据血浆渗透压或血钠浓度的变化，可将脱水分为高渗性脱水、低渗性脱水、等渗性脱水。

4.6.1.1 高渗性脱水

以丢失水分为主，盐的丢失较少，即失水大于失钠的脱水，称为高渗性脱水，又称缺水性脱水、单纯性脱水、低血容量性高钠血症。该型脱水的病理特点主要表现为血钠和血浆渗透压均高于正常范围，细胞外液容量减少呈高渗状态，患畜常表现口渴、乏力、尿少、尿比重高、唇干舌燥、皮肤弹性差、眼窝凹陷等症状。

(1) 原因

①水分摄入不足：常见于缺水地区的放牧与运输的动物；也可因外伤、昏迷、食管疾病等引起吞咽困难，饮水障碍；危重动物给水不足，输注大量高渗葡萄糖溶液等。

②丢失过多，未及时补充：如天气炎热、动物过度劳役或发热时，引起的大出汗及过度通气，水分经肺和皮肤丢失；呕吐、腹泻、胃扩张、肠梗阻等经胃肠道丧失大量含钠量低的消化液；抗利尿激素的合成或分泌障碍，或肾小管对抗利尿激素反应性降低，大量低渗尿经肾脏排出；此外，过多使用甘露醇、速尿、高渗葡萄糖等时，可因肾小管液渗透压增高而引起渗透性利尿，排水多于排钠。

(2) 病理过程

①血浆胶体渗透压升高，组织间液的水分过多地转入血液，组织间液的渗透压升高，促使细胞内液转入胞外，造成细胞脱水。通过位于下丘脑视上核的口渴中枢，可引起患畜的渴感，促使其饮水，但动物有饮水困难时，该代偿方式不能发挥作用。

②血钠浓度升高，可促使机体对醛固酮的分泌减少，从而使肾脏对钠离子的重吸收减少，促进了钠的排出，以降低血浆和细胞间液的渗透压。

③脱水时有效循环血量下降和血浆胶体渗透压升高，刺激容量感受器和渗透压感受器引起反射调控，使脑垂体后叶释放 ADH 增多，使肾对水的重吸收增多，尿量减少而比重增高。

通过上述一系列的调节，可使细胞外液得到暂时补充，血浆胶体渗透压及血钠浓度均有所降低，循环血量得以恢复，脱水得到缓解。如果病因持续存在，脱水过程持续发展，超过了机体适应性代偿的能力而进入失代偿期，则对机体造成较大的影响。

(3) 对机体的影响

①脱水热：脱水持续进行，血容量减少，血液黏稠度增加，组织间液减少，从皮肤、呼吸系统及各种腺体分泌和蒸发的水分减少，机体散热困难，热量蓄积，引起体温升高，称为脱水热。

②细胞内脱水：持续的脱水引起细胞内脱水，胞内氧化酶活性降低，分解代谢增强，非蛋白氮的含量增多，加之尿液生成减少，易导致氮质血症；另外，胞内氧化酶活性降低，使胞内代谢发生障碍，酸性产物在体内蓄积，易导致机体的酸中毒。

③自体中毒：脱水时，由于组织间液得不到及时更新和补充，加之血液循环衰竭，体内大量的代谢产物无法及时排出体外，在体内蓄积，引起自体中毒。

此外，脱水严重时，可发生脑细胞脱水，使脑的体积缩小，大脑皮层及皮层下各级中枢机能紊乱，患畜出现神经症状，如步态不稳、抽搐、嗜睡、昏迷，甚至死亡。

4.6.1.2 低渗性脱水

缺钠大于缺水，即盐的丢失多于水分的丢失时，称为低渗性脱水，又称缺盐性脱水、低血容量性低钠血症。病理特点主要表现为血清钠低于正常范围，细胞外液呈低渗状态，血浆和组织间液量减少，细胞内液量增多。患畜无渴感，早期多尿，尿比重下降，后期可由于血容量的降低，出现低血容量性休克。这种因大量失钠而致的休克，也称为低钠性休克。此时尿量减少或无尿。

(1) 原因

①补液不当：大量消化液丢失、大汗、大面积烧伤及高渗性脱水后，只补充水分或输入葡萄糖溶液，而未补充氯化钠。

②肾性失钠：慢性肾功能不全时，由于醛固酮的分泌减少或肾小管上皮细胞对醛固酮的反应降低，肾小管对钠的重吸收减少，或由于 H^+ 不足使钠离子不能被回收，随尿排出；药物的使用不当，长期使用的排钠性利尿剂，可抑制肾小管对钠离子的重吸收，钠从尿中大量丢失。

发生肾性失钠时，如进行单纯的补水，可使低渗性脱水更加明显。

(2) 病理过程

主要是一系列保钠的代偿反应，以改善血浆渗透压。

①血浆钠离子的浓度降低：Na^+/K^+ 比值减小和容量减少，可使醛固酮的分泌增加，加强了肾小管对钠的重吸收，以提高血浆和组织液中钠离子的浓度，故尿呈低渗状态。

②血浆渗透压的降低：一方面，可以抑制 ADH 的分泌，使肾小管对水的吸收减少，所以该型脱水早期表现为多尿；另一方面，由于血浆渗透压的降低，可以使组织间液中部分钠离子进入血液，导致血浆渗透压升高的同时又伴有组织间液的渗透压下降。

③由于血浆渗透压和组织间液的渗透压下降，故使水分向渗透压较高的细胞内转移，虽可暂时改善血浆渗透压和组织间液的渗透压，但细胞外液量的进一步减少且伴有细胞水肿。如发生脑细胞水肿，可引起颅内压的升高，出现神经系统的紊乱。

(3) 对机体的影响

①低容量性休克：低渗性脱水持续进行时，体液量明显减少，大量水分通过肾脏排出或在细胞内积聚，使细胞外液量进一步减少，有效循环血量也随之减少，可使患畜出现血压下降、脉搏细数等症状。严重时，可使重要脏器的血液的灌注量不足，导致低血容量性休克，由于此休克的起因主要是低渗性脱水，故也称低钠性休克。

②自体中毒：低渗性脱水发展到严重阶段时，有效循环血量明显减少，血压下降，使肾脏的血液灌流量下降，肾小球的滤过也降低，所以低渗性脱水后期，尿量减少或无尿，机体的代谢产物无法通过肾脏及时排出体外，在体内蓄积，导致自体中毒，严重时可致死亡。

4.6.1.3 等渗性脱水

体液中的水和钠成比例地丢失，失水后血清钠在正常范围，细胞外液渗透压也维持正常，称为等渗性脱水，又称混合性脱水、低容量血症。其病理特点主要表现为细胞外液量的减少，渗透压基本无变化。

（1）原因

消化液的急性丧失是最为常见的原因，如大量呕吐、腹泻、肠瘘等；大量胸、腹水的形成，软组织的损伤致使体液转移，大面积的烧伤液体的流出，大出汗等，均可导致等渗性体液丢失。

（2）病理过程

①等渗性脱水初期，细胞外液渗透压基本正常，但如果得不到及时的处理，患畜可通过皮肤出汗和呼吸蒸发继续使水分丢失，从而转变成高渗性脱水。病理过程与高渗性脱水相似。

②由于细胞外液量减少，机体有效循环血量降低，可引起 ADH 和醛固酮的分泌，使肾小管对钠、水的吸收增加，细胞外液量得到补充。

（3）对机体的影响

①细胞外液量的减少，心回血量和输出量均减少，严重时可导致低血容量性休克。

②等渗性脱水不及时处理可导致高渗性脱水，出现类似于高渗性脱水的病理表现；若处理不当，只补充水分而不补钠盐，可出现低渗性脱水。由此可见，等渗性脱水是高渗性脱水和低渗性脱水的综合表现。

③由于细胞外液量减少的同时细胞内液量变化不大，故单位体积血液中的红细胞数增加，血红蛋白含量增高，红细胞压积增大。

4.6.1.4 脱水的补液原则

脱水是常见的一种病理过程，引起脱水的原因很多，不同的病因引起的脱水类型也所不同，因此，在补液时，要明确病因，治疗原发病，确定脱水类型，遵循缺什么补什么，缺多少补多少的原则，确定补液量和水、盐的比例。

高渗性脱水时，由于失水多于失钠，血钠和血浆渗透压均高于正常范围，故在补液时以补水为主，再适当补钠，可给予2份5%葡萄糖和1份生理盐水的混合液。

低渗性脱水时，失水少于失钠，细胞外液量减少，首先要恢复细胞外液量尤其是血容量，针对缺钠多于缺水的特点，可给予1份5%葡萄糖和2份生理盐水的混合液。如缺钠严重时，可给予高渗盐水静脉滴注，以纠正体液的低渗状态和补充血容量。

等渗性脱水时，可先用生理盐水扩充血容量，血压恢复后，改用5%葡萄糖和等量生理盐水的混合液，以防水分进一步丢失，引起高渗性脱水。

脱水补液仅是一种对症治疗，必须找出病因，治疗原发病，消除脱水的病因，才能彻底解除脱水。

4.6.2 酸中毒

正常体液的酸碱度即 pH 值始终保持一定的水平，变动范围较小，这是维持正常生化、生理活动的基本条件之一。细胞内的细胞质溶液及大部分细胞器内 pH 值呈中性；对于细胞外液，不同的部位其 pH 值有一定的差异，如胃液偏酸性，小肠液则偏碱性；而血液的 pH 值为 7.35～

7.45，当超过7.8或低于6.8时，便不能维持生命的正常活动。

机体在每天的代谢过程中，不断产生酸性和碱性物质，同时也有一定量的酸性或碱性物质随饮水或采食进入体内。动物体通过酸碱缓冲体系的作用、肺脏和肾脏的调节以及细胞内外离子的交换，使体内酸碱度保持相对平衡状态。机体这种调节酸碱物质含量及其比例，维持血液pH值在正常范围内的过程，称为酸碱平衡。

4.6.2.1　酸碱平衡及其调节

体内的酸性物质主要包括由CO_2和H_2O生成的碳酸；蛋白质分解代谢产生的氨基酸、硫酸、尿酸；糖不完全代谢产生的甘油酸、丙酮酸、乳酸；脂肪代谢产生的脂肪酸、乙酰乙酸等。由于碳酸在肺部又分解成CO_2和H_2O，CO_2可由肺排出，因此碳酸又称为挥发性酸，其余的酸性物质称为非挥发性酸或固定酸。体内的碱性物质主要有碳酸氢盐、氨、草酸盐等。机体的酸碱平衡调节主要通过以下几个途径来实现。

(1) 血液中缓冲系统的调节

血液中的缓冲对主要有4种，分布于血浆和红细胞内，由一些弱酸及弱酸盐组成。

①碳酸氢盐缓冲对：缓冲能力最强，是体内最大的缓冲系，包括$NaHCO_3/H_2CO_3$（在细胞外液中）、$KHCO_3/H_2CO_3$（在细胞内）两种缓冲对。

②磷酸氢盐缓冲对：由Na_2HPO_4/NaH_2PO_4构成，是红细胞和其他细胞内的主要缓冲对，在肾小管内其作用尤为重要。

③蛋白缓冲对：由NaPr/HPr构成，主要存在于血浆和细胞内。

④血红蛋白缓冲对：由KHb/HHb和$KHbO_2/HHbO_2$构成，主要存在于红细胞内，是红细胞内的主要缓冲对。

以上4对缓冲系统，血浆中的碳酸氢盐-碳酸缓冲系统的含量最多，在一定程度上它可以代表对固定酸的缓冲能力，故把其中的碳酸氢钠看成是血浆中的碱储备，临诊上常用血浆中这一对缓冲系统的量代表体内的缓冲能力。

缓冲系统能有效地将进入血液中的强酸转化为弱酸，强碱转化为弱碱，最大限度降低强酸强碱对机体的损害，维持体液pH值的正常。

(2) 肺脏的调节

肺脏的调节作用较快、代偿能力大，但只对挥发性酸有效。主要通过调节呼吸频率和幅度来控制CO_2的排出量，从而调节血液pH值。延髓的呼吸中枢对动脉血中CO_2分压的变化较敏感，当动脉血CO_2分压升高或pH值下降时，就会引起呼吸中枢兴奋，呼吸运动加深变快，使CO_2的排出量增多，血中H_2CO_3含量减少。反之，若血液CO_2分压下降或pH值上升时，则呼吸中枢受到抑制，使CO_2的排出量减少而血液中的H_2CO_3浓度增加。通过这种调节，以维持血浆中$NaHCO_3/H_2CO_3$的比值，确保血液pH值的稳定。

(3) 肾的调节

肾脏主要通过排酸（H^+、NH_4^+）和保碱（重吸收HCO_3^-）功能来调节血浆固定酸的浓度，以保持pH值的相对恒定。与血液和肺脏的调节相比，肾脏的调节作用较慢，但作用时间持久。

①H^+的分泌，HCO_3^-的重吸收：肾小管和集合管都能分泌H^+，在肾小管形成H^+-Na^+交换。肾小管对H^+的分泌，主要依靠肾小管上皮细胞内碳酸酐酶(CA)的催化，使H_2O和CO_2结合生成H_2CO_3，部分H_2CO_3再解离成H^+和HCO_3^-，H^+被分泌入肾小管液，与Na^+交换，Na^+进入肾小管上皮细胞内与HCO_3^-回到血液结合形成$NaHCO_3$，以补充血液中被消耗的HCO_3^-。分泌的H^+可

与肾小管液中 HCO_3^- 结合而成 H_2CO_3，H_2CO_3 进一步分解为 H_2O 和 CO_2。其中，H_2O 随尿排出，CO_2 则弥散进入肾小管上皮细胞内，重新在碳酸酐酶的催化下合成 H_2CO_3，以继续供应 H^+。通过这一"重吸收"过程，使得血浆中的 HCO_3^- 得以保持，但此时血浆中的 HCO_3^- 是由肾小管上皮细胞合成的，而非原有的 HCO_3^-。

此外，分泌的 H^+ 也可与小管液中的 Na_2HPO_4（碱性磷酸钠）或其他与 Na^+ 结合的有机酸（如乙酰乙酸盐、乳酸盐等）中的 Na^+ 置换，Na^+ 与 HCO_3^- 回到血管后结合为 $NaHCO_3$，而 H^+ 则与 $NaHPO_4^-$ 结合成 NaH_2PO_4（酸性磷酸钠）或与这些有机酸中的负离子结合，然后随尿排出。这些调节均起着排氢保钠的作用。

②NH_4^+ 的排出：肾小管细胞内谷氨酰胺酶水解谷氨酰胺和某些氨基酸脱下氨，产生 NH_3，NH_3 不带电荷，脂溶性，易通过细胞膜进入管腔液中，使之与肾小管上皮细胞分泌的 H^+ 结合形成 NH_4^+，NH_4^+ 再与小管液中的强酸盐负离子（如 Cl^-、SO_4^{2-}）结合形成酸性铵盐[如 NH_4Cl、$(NH_4)_2SO_4$]随尿排出。强酸盐离解的正离子 Na^+ 则与肾小管上皮细胞分泌的 H^+ 交换而进入肾小管上皮细胞内，与 HCO_3^- 结合，一起转运回细胞外液。因此，肾小管细胞分泌 NH_3，并以铵盐的形式排出体外，这一过程，起到了排氢保钠的作用。

③碱多排碱：当体内碱性物质过多时，血液 pH 值上升，就会抑制肾小管上皮细胞内碳酸酐酶的活性，使 H^+ 的分泌减少，HCO_3^- 和 $H_2PO_4^-$ 等碱性物质的重吸收减少，随尿排出体外，使血液 pH 值得到改善。

(4) 细胞的调节

组织细胞的调节主要通过细胞内外离子交换，细胞内缓冲来完成的，主要有 H^+-K^+、H^+-Na^+、Na^+-K^+、$Cl^--HCO_3^-$。如当细胞间液中的 H^+ 增多时，H^+ 弥散入细胞内，同时细胞内等量的 K^+ 转移至胞外，以维持细胞内外离子的平衡。进入细胞内的 H^+ 可被细胞内的缓冲系统处理。上述过程也可相反进行。此外，代谢性酸中毒持续发生时，骨盐中的 $Ca_3(PO_4)_2$ 的溶解度增加，进入血浆，参与对 H^+ 的缓冲，每一个分子的磷酸钙可缓冲 4 个 H^+。

血液中的 pH 值主要取决于血浆中 $NaHCO_3$ 和 H_2CO_3 的比值，当血液中的 H^+ 浓度上升或 HCO_3^- 下降、pH 值下降时，我们称为酸中毒。其中，H_2CO_3 的含量主要受呼吸状况的影响，HCO_3^- 含量的增多或减少，常与代谢相关。所以，将血浆中由于 H_2CO_3 含量原发性升高（或降低）而引起的酸中毒（或碱中毒），称为呼吸性酸中毒（或碱中毒）；如果由于血浆中 HCO_3^- 的含量原发性降低（或升高）而引起的酸中毒（或碱中毒），称为代谢性酸中毒（或碱中毒）。由于碱中毒在兽医临诊上较为少见，在此不做详细介绍。

4.6.2.2 代谢性酸中毒

由于代谢障碍引起的体内固定酸的增多或碱性物质（HCO_3^-）的丢失过多，而引起的酸碱平衡紊乱的现象，称为代谢性酸中毒。

(1) 原因

①体内固定酸增多：主要见于体内酸性物质的生成和摄入过多以及排出障碍。如缺氧、发热、血液循环障碍、病原微生物感染或饥饿引起的物质代谢紊乱，导致糖、蛋白质、脂肪氧化不全，产生大量酸性物质；在治疗时给予动物服用大量盐酸或水杨酸盐等酸性药物；肾功能不全时，肾小管分泌 H^+、NH_3 的能力减退，使 HCO_3^- 的重吸收减少，机体酸性产物蓄积的同时伴有缓冲能力的下降。血钾浓度升高也可抑制肾内的 H^+-Na^+ 的交换，使 H^+ 在体内蓄积，所以高钾血症也可引起代谢性酸中毒。兽医临诊上主要见于乳酸性酸中毒和酮血症性酸中毒。

②碱性物质丢失过多：主要见于 HCO_3^- 的排出增加。当动物发生剧烈腹泻或肠扭转时，可使大量碱性肠液排出或在肠腔内蓄积；肾功能障碍时，HCO_3^- 的重吸收减少，使大量 HCO_3^- 随尿排出；均可造成碱性物质的丢失。

(2) 代偿性调节

①血液缓冲系统的调节：当体内酸性物质过多时，血浆中增多的 H^+ 可被血浆缓冲体系中的 HCO_3^- 所中和，生成 H_2CO_3。H_2CO_3 又可分解为 H_2O 和 CO_2，其中 CO_2 随呼吸排出体外。

②呼吸系统的调节：代谢性酸中毒时，由于动脉血 CO_2 分压升高，刺激机体外周化学感受器和中枢化学感受器，使呼吸中枢兴奋，呼吸加深加快，CO_2 呼出增多，随之血浆中的 H_2CO_3 含量也相应降低，从而调节 $NaHCO_3/H_2CO_3$ 的比值，保证了血浆缓冲系统作用的持续性。

③肾脏的调节：血浆中 H^+ 浓度的增加和 pH 值的下降，均可使肾小管上皮细胞分泌 H^+、NH_3 增多，与此同时 $NaHCO_3$ 的重吸收增加，使血浆中的碱性物质及时得到补充。但肾功能障碍引起的酸中毒无法通过该方法得到缓解。

④组织细胞的调节：主要为红细胞内外 H^+ 和 K^+ 的交换，H^+ 进入细胞内，被细胞内的缓冲系统（磷酸盐、血红蛋白缓冲系统）缓冲。同时细胞内的 K^+ 被置换到细胞外，可引起血钾浓度的升高。

机体通过以上几种代偿的调节，可使血浆中的 $NaHCO_3$ 量升高，或 H_2CO_3 浓度下降，使血浆中 HCO_3^- 和 H_2CO_3 的浓度比值得以调整，从而使血浆的 pH 值得以恢复。但如果病因未及时消除，体内酸性物质仍在不断增加，或碱性物质不断消耗或丢失，超过了机体代偿的极限，血浆 pH 值不断下降，就会导致失代偿性酸中毒，对机体造成损害。

4.6.2.3 呼吸性酸中毒

由于某些病因，使机体内生成的 CO_2 呼出减少或吸入过多，引起以血浆 H_2CO_3 含量原发性升高为特征的病理过程，称为呼吸性酸中毒。

(1) 原因

①CO_2 排出减少：如呼吸中枢抑制（颅脑损伤、全身麻醉剂用量过多等）而造成通气不足或呼吸停止；呼吸肌麻痹（有机磷中毒、脑脊髓炎等）引起的呼吸肌随意运动减弱、停止；呼吸道阻塞（喉头黏膜的水肿、溺水、异物阻塞气管等），CO_2 排出减少；胸廓和肺部疾患（创伤性气胸、胸腔积液、肺水肿、肺炎等）引起的肺部扩张与回缩障碍以及肺的换气障碍；此外，还见于血液循环障碍等。以上这些因素均可造成 CO_2 排出障碍，在体内的蓄积。

②CO_2 吸入过多：动物的饲养密度较大、通风不良或冬天取暖保温不当，可造成畜舍内空气中 CO_2 过多，动物因吸入过多 CO_2，导致呼吸性酸中毒。

(2) 代偿性调节

①血液缓冲系统的调节：由于血浆中的 H_2CO_3 含量升高，$NaHCO_3/H_2CO_3$ 比值下降，H_2CO_3 解离出的 H^+ 主要依靠血浆中非 HCO_3^- 的缓冲碱与之缓冲，主要为血浆蛋白缓冲对和磷酸盐缓冲对：

$$H^+ + Na\text{-}Pr \longrightarrow HPr + Na^+$$
$$H^+ + Na_2HPO_4 \longrightarrow NaH_2PO_4 + Na^+$$

缓冲过程中生成的 Na^+ 可与血浆中的 HCO_3^- 结合，补充血浆中的 $NaHCO_3$，调整 $NaHCO_3/H_2CO_3$ 比值。但血浆中主要为 $NaHCO_3/H_2CO_3$ 缓冲对，血浆蛋白缓冲对和磷酸盐缓冲对含量较少，所以对 HCO_3^- 的结合也较少。

②组织细胞的调节：血液中 CO_2 分压升高，可使其弥散入红细胞内，在碳酸酐酶的作用下，可使 CO_2 与 H_2O 结合生成 H_2CO_3，H_2CO_3 再解离为 HCO_3^- 和 H^+，HCO_3^- 可进入血浆，等量被 Cl^- 置换到细胞内，血浆内 HCO_3^- 得到补充；H^+ 可被细胞内的缓冲系统缓冲。同时，血浆中的 H^+ 浓度的升高，可以通过 H^+-K^+ 交换使 H^+ 进入细胞内。

呼吸性酸中毒除了可通过上述方式进行调节，也可通过肾脏的调节，其调节方式与代谢性酸中毒时相似。但肾的调节比较缓慢，需经过一段时间才见效。此外，呼吸系统的调节在此意义不大，因为此酸中毒大多数由呼吸系统功能障碍引起。

4.7 缺氧

4.7.1 常用的血氧指标

氧的摄取和利用是一个复杂的过程，包括外呼吸、气体运输和内呼吸。组织的供氧量=动脉血氧含量×组织血流量，组织的耗氧量=（动脉血氧含量-静脉血氧含量）×组织血流量。故血氧是反映组织供氧量与耗氧量的重要指标。

血氧分压（PO_2） 指以物理状态溶解在血浆内的氧分子所产生的张力，也称为血氧张力。动脉血氧分压（PaO_2）取决于吸入气体的氧分压和肺的呼吸功能，静脉血氧分压（PvO_2）取决于组织摄氧和利用氧的能力，它可反映内呼吸状况。

血氧容量（CvO_{2max}） 指 100 mL 血液中血红蛋白（Hb）充分结合氧和溶解于血浆中氧的总量，它反映了血液运输氧的能力。血氧容量的高低主要取决于血液中血红蛋白的质（和 O_2 结合的能力）和量。

血氧含量（CvO_2） 指 100 mL 血液中实际含氧量，它反映了体内血液的实际供氧水平。血氧含量取决于血氧分压和血氧容量。

氧饱和度（SvO_2） 指血液中与氧结合的血红蛋白占血液中总血红蛋白的百分比。即 SvO_2=（血氧含量-溶解的氧）/氧含量×100%，它反映了血红蛋白结合的氧量。SvO_2 主要取决于氧分压。

动-静脉氧差（A-V） 指动脉血氧含量减去静脉血氧含量的差值，它反映组织对氧的消耗量。动-静脉氧差主要取决于血红蛋白的数量、血红蛋白与氧结合能力及组织氧化代谢情况。

氧合血红蛋白解离曲线（ODC） 指血氧分压与血氧饱和度关系的曲线，简称氧离曲线。由于血红蛋白结合氧的生理特点，氧离曲线呈"S"型。红细胞内 2,3-二磷酸甘油酸（2,3-DPG）增多、血液 CO_2 分压升高、酸中毒、血液温度上升，均可使血红蛋白与氧的结合力下降，导致在相同动脉血氧分压下血氧饱和度降低，即氧离曲线右移；反之，称为氧离曲线左移。

4.7.2 缺氧的类型及特点

缺氧是指机体组织（细胞）氧的供应不足、运输障碍或由于细胞氧化过程障碍，导致机体组织器官机能、代谢和形态结构发生异常变化的病理过程。动物临诊上缺氧极为常见，循环、呼吸、血液系统的疾病以及某些化学物质中毒都可以引起缺氧，它是动物死亡的直接原因之一。

4.7.2.1 低张性缺氧

低张性缺氧（大气性缺氧、呼吸性缺氧、低张性低氧血症、乏氧性缺氧），是指动脉血氧分压下降引起的组织供氧不足。特点为动脉血氧分压下降，血氧含量减少，组织供氧不足。

(1) 发生原因

①大气中氧分压降低：常发生于高原或高空、平原动物初入高原，也可发生于通风不良的畜舍以及吸入被惰性气体或麻醉药过度稀释的空气时。由于大气中氧分压降低，吸入肺泡内的氧分压也降低，从而导致血氧分压和血氧含量下降。此型缺氧又称为大气性缺氧。

②外呼吸功能障碍：由肺的通气或换气功能障碍引起，也称为呼吸性缺氧，常见于呼吸中枢抑制、呼吸肌麻痹、呼吸道阻塞、胸腔和肺部疾病等。

(2) 血氧变化特点

低张性缺氧时，动脉的血氧分压、血氧含量和血氧饱和度均降低，使动脉氧分压与组织氧分压差减小，影响氧向组织内弥散，导致缺氧。但此时组织利用氧的能力正常，氧容量正常，动-静脉氧差降低或变化不明显。由于动脉血和静脉血的氧合血红蛋白（HbO_2）浓度均降低，还原血红蛋白（HHb）的浓度则相应增加，如果每 100 mL 血液中还原血红蛋白的浓度达到 5 g 以上时，患畜皮肤、黏膜可出现不同程度青紫色，称为发绀。

4.7.2.2 血液性缺氧

血液性缺氧（等张性缺氧、等张性低氧血症），是指由于血红蛋白的数量减少或性质改变以及血氧含量降低或血红蛋白结合的氧不易释放所引起的缺氧。其特点为血氧分压正常，而血氧含量降低，故又称为等张性缺氧。

(1) 发生原因

①贫血：常见于各种原因引起的严重贫血，如急性大失血、全身性营养不良、骨髓造血机能障碍等。由于血红蛋白数量减少，使血液运输氧的能力下降，贫血是血液性缺氧最常见的原因。

②血红蛋白性质的改变：

高铁血红蛋白血症：某些化学物质如亚硝酸盐、磺胺类、苯胺、硝基苯化合物等可使血红蛋白中的二价铁（Fe^{2+}）氧化成三价铁（Fe^{3+}），形成高铁血红蛋白（MHb）。MHb 中的 Fe^{3+} 与羟基牢固结合形成羟化血红蛋白（$HbFe^{3+}OH$），从而失去携氧的能力。

一氧化碳中毒：CO 与血红蛋白结合形成碳氧血红蛋白（HbCO），从而失去运氧的功能。CO 与 Hb 的亲和力比 O_2 大，当吸入气体中含有少量的 CO，就会使血液中血红蛋白失去携氧的能力。另外，CO 还能抑制细胞的氧化酶，导致组织不易利用氧，引起组织中毒性缺氧，故 CO 中毒引起的缺氧要比同等程度的贫血更为严重。

(2) 血氧变化特点

血液性缺氧时，由于外呼吸功能正常，故动脉血氧分压和血氧饱和度正常，但因血红蛋白数量减少或性质改变，使血氧容量及动脉血氧含量下降，动-静脉氧差低于正常。

贫血引起血液性缺氧时，一般不出现发绀现象。CO 中毒时，皮肤、黏膜呈樱桃红色，严重中毒时，因毛细血管收缩，可视黏膜呈苍白色。高铁血红蛋白血症时，由于 MHb 呈咖啡色或青石板色，故皮肤、黏膜可呈咖啡色或青紫色。

4.7.2.3 循环性缺氧

循环性缺氧（低血流性缺氧），是指因组织器官血流量减少或流速减慢而引起的细胞供氧不足。它包括缺血性缺氧和淤血性缺氧，前者是由于动脉血压下降或动脉阻塞使毛细血管床灌流不足，后者则是由于静脉回流受阻，导致毛细血管床淤血所致。

(1) 发生原因

①全身性血液循环障碍：见于心力衰竭和休克。严重心力衰竭和休克的动物由于心输出量减少，心、脑、肾等生命重要器官因严重缺血而缺氧，导致功能衰竭，甚至引起动物死亡。

②局部性血液循环障碍：见于局部淤血、栓塞、血管病变等，如动脉粥样硬化、脉管炎或血栓形成等。局部血液循环障碍的后果主要取决于发生部位，如发生在心或脑血管可引起动物死亡。

(2) 血氧变化特点

循环性缺氧时，动脉的血氧分压、血氧容量、血氧含量以及血氧饱和度均正常。由于血流缓慢，血液流经毛细血管的时间延长，细胞从血液中摄取的氧增多，故动-静脉氧差增大，但单位时间内流经毛细血管的血量减少，弥散到组织、细胞的氧量减少，导致组织缺氧。由于静脉的氧含量和氧分压较低，毛细血管中还原血红蛋白增多，在临诊上动物常出现皮肤、黏膜发绀。

4.7.2.4 组织性缺氧

组织性缺氧，是指组织细胞生物氧化过程障碍导致利用氧能力下降引起的缺氧。

(1) 发生原因

①组织中毒：某些毒物，如氰化物、硫化物、磷等可抑制细胞内呼吸酶系，使电子传递中断，引起组织中毒性缺氧。如 HCN、KCN、NaCN 等由消化道、呼吸道或皮肤进入体内，迅速与氧化型细胞色素氧化酶的三价铁结合为氰化高铁细胞色素氧化酶，使之不能还原成还原型细胞色素氧化酶，以致失去传递电子和激活氧的能力，呼吸链中断，组织不能利用氧。硫化氢、砷化物和一些麻醉剂(如巴比妥、吗啡等)也能抑制电子传递，导致细胞生物氧化过程障碍。

②细胞损伤：细菌毒素、大剂量的放射线照射等均可损伤线粒体，导致细胞利用氧障碍。

③维生素缺乏：一些维生素是生物氧化酶的重要组成部分，如硫胺素(维生素 B_1)是丙酮酸脱氢酶的辅酶成分，烟酰胺(维生素 B_5)组成的 NAD^+ 和 $NADP^+$，以及核黄素(维生素 B_2)组成的黄素辅酶，均为许多氧化还原酶的辅酶，这些维生素的严重缺乏，可使相应的呼吸酶减少，导致生物氧化过程障碍。

④组织需氧量过多：组织需氧过多可发生"利用过多性缺氧"，常见于剧烈运动、过度使役、发热、甲状腺机能亢进等情况。

此外，组织水肿时，增加氧向细胞弥散的距离，也可引起组织的缺氧；冠状动脉硬化的病人运动或情绪激动时，心肌耗氧量增加可诱发组织缺氧。

(2) 血氧变化特点

组织性缺氧时，动脉血氧分压、血氧容量、血氧含量和血氧饱和度一般均正常。但由于内呼吸障碍使组织不能充分利用氧，故静脉的血氧含量、血氧分压和血氧饱和度上升，动-静脉氧差降低。因静脉、毛细血管中氧合血红蛋白浓度增加，所以血液呈鲜红色，动物皮肤、黏膜呈鲜红或玫瑰红色。

缺氧虽然可分为4种类型，但在临诊上缺氧的原因往往不是单一的，常表现为混合缺氧。如心力衰竭时，除因血流缓慢引起的循环性缺氧外，还可引起肺淤血和肺水肿，使肺的呼吸面积减少，氧气弥散困难而导致低张性缺氧。失血性休克时，既有血红蛋白减少引起的血液性缺氧，又有微循环障碍导致的循环性缺氧。各种类型缺氧时血氧变化情况见表4-2所列。

表4-2 各型缺氧的血氧变化情况

缺氧的类型	动脉血氧分压	血氧容量	动脉血氧含量	动脉血氧饱和度	动-静脉氧差
低张性缺氧	↓	N	↓	↓	↓或N
血液性缺氧	N	↓	↓	N	↓
循环性缺氧	N	N	N	N	↑
组织性缺氧	N	N	N	N	↓

注：↓-降低，↑-升高，N-正常。

4.7.3 缺氧时机体的机能和代谢的变化

缺氧对机体的影响包括机能、代谢的代偿适应性反应和由缺氧引起的机能和代谢障碍。缺氧作为一种应激原,可引起机体产生非特异性的应激反应。在中枢神经系统的调节下,交感-肾上腺髓质系统和下丘脑-垂体-肾上腺皮质系统活动增强,使机体出现一系列代偿适应性变化。轻度缺氧主要引起机体代偿性反应,快速严重缺氧而机体代偿不全时,则引起代谢或机能障碍,出现不可逆性损伤,甚至导致死亡。

4.8 发热

发热是指恒温动物在致热原作用下,使体温调节中枢的"调定点"(SP)上移而引起的调节性体温升高(超过正常值的 0.5 ℃),并伴有全身性反应的病理过程。

4.8.1 正常体温调节

体温调节是动物在长期进化过程中获得的较高级的调节功能,其特点是产热过程和散热过程处于相对平衡状态。如产热量大于散热量时,体温升高;反之,则降低。产热过程与散热过程在体温调节中之所以能协同作用,主要是靠神经系统的调节来实现的。

体温调节由温度感受器、体温调节中枢、效应器共同完成。通常健康动物的体温都能维持在一个正常范围内,当机体内外环境发生变化时,可通过反馈途径协调产热和散热过程,从而建立相应的体热平衡,使体温保持稳定。

4.8.2 发热原因

凡能引起机体发热的物质称为热原刺激物,或叫致热原(EP)。根据致热原的来源不同,可将其分为外源性致热原和内生性致热源。

(1) 外源性致热原

来自体外能致热的物质称为外源性致热原,可分为传染性致热原和非传染性致热原。

①传染性致热原:引起机体发热的物质是以病原微生物及其毒素为主,称为传染性致热原。

②非传染性致热原:某些体内产物以诱导产生内生性致热原的方式引起发热,也称为非传染性致热原。如无菌性炎症、变态反应、肿瘤性发热、化学药物性发热及激素等。

(2) 内生致热原

产内生性致热原细胞(能够产生和释放内生性致热原的细胞)在发热激活物的作用下,所产生和释放的能引起体温升高的产物,统称为内生性致热原。主要有白细胞介素-1、白细胞介素-6、肿瘤坏死因子、干扰素等。

4.8.3 发热机理

目前认为发热有 3 个基本环节:

(1) 内生性致热原的产生和释放

这一过程包括信息传递、内生性致热原细胞的激活、内生性致热原的产生和释放,最后经过血流到达下丘脑的体温调节中枢。

(2)体温调节中枢"调定点"的上移

研究证明,内生性致热原从外周产生后,经过血液循环到达颅内,但它并不是引起调定点上移的最终物质,期间还有某些介质参与。体温中枢调节介质有正调介质和负调介质。引起体温调定点上移的介质为正调介质,主要有3种,即前列腺素E(PGE)、Na^+/Ca^{2+}比值、环磷酸腺苷(cAMP);负调节介质是限制体温过高的物质,主要有精氨基酸加压素、黑素细胞刺激素和其他一些存在于尿液的物质。内生性致热原作用于血脑屏障外的巨噬细胞,使其释放中枢介质,后者作用于视前区前下丘脑或终板血管器靠近视前区前下丘脑等部位的神经原,体温调节中枢以某种方式改变下丘脑温度神经元的化学环境,使其调定点上移。于是,正常血液温度则变为冷刺激并发出冲动,引起调温效应器反应,从而引起体温调定点的改变。

(3)效应器的改变

体温调节中枢的调定点上移后,体温调节中枢发出冲动,对产热和散热过程进行调整,引起调温效应器反应,把体温升高到与调定点相适应的水平。一方面通过交感神经系统引起皮肤血管收缩,减少散热;另一方面通过运动神经引起骨骼肌紧张度增高或寒战,肌肉的分解代谢加强,增加产热,结果使产热大于散热,从而使体温升到与调定点相应的水平。

4.8.4 发热经过与热型

(1)发热的经过

发热的临诊经过与体温调节中枢调定点变化密切相关,大致可分为3个阶段,即体温上升期、高热持续期和退热期,每个时期均有各自的临诊症状和热代谢特点。

①体温上升期:这是发热的早期,其代谢特点是产热量大于散热量。由于体温调节中枢的体温调定点上移,血液温度低于调定点的温热感受阈值,从而使寒战中枢兴奋,肌肉收缩加强,肌糖原分解加强导致产热增多;同时,通过交感神经发出散热减少的信号,使皮肤血管收缩,汗腺分泌减少,导致皮肤的散热减少,进而使体温从正常逐渐上升到新的调定点水平为止。

此时患病动物表现为精神沉郁、食欲减退或废绝、呼吸和心跳加快、皮肤因血流量减少呈苍白色、皮肤干燥、被毛蓬乱、寒战等症状,反复寒战超过1 d可能是菌血症,在传染病诊断上有参考意义。

②高热持续期:又称热稽留期,此期的代谢特点是产热量接近散热量。由于体温达到新的调定点水平后,体温在较高水平上维持平衡。血温升高同时又使皮肤温度升高,皮肤血管继而扩张,散热增加。在不同的疾病中,该期持续时间的长短也有不同,如牛传染性胸膜肺炎的高热期2~3周之久,慢性猪瘟的高热期可维持1周以上;而牛流行性感冒的高热期仅为数小时或几天。

此时患病动物临诊表现为皮温增高、眼结膜充血潮红、呼吸和心跳加快、胃肠蠕动减弱、粪便干燥、尿量减少、口干舌燥等症状。

③体温下降期:这是发热的后期,又称退热期。其代谢特点是产热量小于散热量。由于病因被消除,血液中的致热原减少或消失,使体温中枢上升的调定点又恢复到正常水平,因此,体温也逐渐调整到正常范围。此时患病动物临诊表现为体表血管继续扩张,大量排汗,尿量增加。

热的消退可快可慢,往往因病情不同而异,通常有两种形式。如果体温缓慢下降至正常水平,称为渐退;如体温迅速下降至正常,称为骤退。在兽医临诊上,对体质衰弱的病畜要谨防体温骤退,引起急性循环衰竭而造成的严重后果。

(2)热型

发热过程持续时间与体温升高水平常常因疾病不同而异。按一定的时间间隔对动物进行体

温检测,并将记录下来的体温绘制成曲线图称为热型。常见的热型有下列几种:

①稽留热:体温升高到一定程度后,高热持续数天不退,且昼夜温差变动不超过1℃。临诊常见于大叶性肺炎、猪瘟、猪丹毒、流感、猪急性痢疾等急性发热性传染病。

②弛张热:体温升高后,昼夜温差超过1℃以上,但不降至常温。临诊常见于小叶性肺炎、胸膜炎、灶性化脓性疾病、败血症、严重肺结核。

③间歇热:高热期与无热期有规律地交替出现,间歇时间较短而且重复出现。临诊常见于血孢子虫病、锥虫病、化脓性局灶性感染等。

④回归热:高热期与无热期有规律地交替出现,二者持续时间大致相等,且间歇时间长。临诊常见亚急性和慢性马传染性贫血。

⑤不定型热:发热持续时间不定,体温变动无规律,体温曲线呈不规则变化。临诊常见于慢性猪瘟、慢性副伤寒、慢性猪肺疫、流感、支气管肺炎、渗出性胸膜炎、肺结核等许多非典型经过的疾病。

⑥暂时热:发热持续时间很短暂。见于轻度消化不良、分娩后、结核菌素和鼻疽菌素反应。

⑦消耗热:体温波动范围比弛张热显著,昼夜温差在3~5℃。临诊常见于败血症、重症活动性肺结核病等。

⑧波状热:体温在数天内逐渐上升至高峰,然后又逐渐下降至微热或常温,不久再发,体温曲线呈波浪式起伏。临诊常见于布鲁氏菌病、恶性淋巴瘤、胸膜炎等。

⑨双峰热:高热体温曲线在24 h内有两次小波动,形成双峰。临诊常见于黑热病、大肠杆菌败血症、绿脓杆菌败血症等。

⑩双相热:即第一次热程持续数天,然后经一至数天的解热期,又突然发生第二次热程。临诊常见于某些病毒性疾病,如犬瘟热。

4.8.5 发热时机能和代谢变化

(1)机能变化

①中枢神经系统功能改变:一般在发热初期,中枢神经系统的兴奋性升高,病畜表现兴奋不安、惊厥等;但也有的动物表现精神沉郁,反应迟钝等兴奋性下降的症状。高热持续期,中枢神经系统常常是抑制占优势,出现嗜睡,甚至昏迷等症状。而在体温下降期,副交感神经兴奋性相对较高。

②循环系统功能改变:发热时常引起心率加快。一般体温每上升1℃,心跳每分钟平均增加10~15次。在体温上升期和高热持续期,由于心率加快,心肌收缩力增强,血压会有所升高。但长期发热时,由于氧化不全产物和毒素对心脏作用,容易引起心肌变性,严重时导致心力衰竭。此外,体温骤降,可因大汗而致虚脱、休克甚至循环衰竭。

③呼吸系统功能改变:发热时血温升高和酸性代谢产物对呼吸中枢的刺激作用,以及呼吸中枢对CO_2的敏感性增强,促使呼吸加深加快,这有利于气体交换和散热。但持续高热时,反而会引起呼吸中枢的兴奋性降低,出现呼吸变慢、变浅、精神沉郁等症状。

④消化系统功能改变:发热时交感神经兴奋,水分蒸发过多,导致消化液减少,各种消化酶活性降低,食欲减退、胃肠道蠕动减弱、口干腹胀、便秘等。有时可因肠内容物发酵、腐败而引起自体中毒。

⑤泌尿系统的变化:在体温上升期和高热持续期,因血液的重新分布,使肾小球血流量减少,尿量也随之减少。严重的发热或持续过久的发热,肾组织可发生轻度变性,以及水和钠盐的

潴留，酸性代谢产物的增多，一方面使尿液减少，尿比重增加，另一方面尿中常出现含氮产物。到体温下降期，由于肾脏血液循环的改善，大量盐类又从肾脏排出，因此又表现为尿量增加。

⑥防御功能改变：发热时，机体内单核巨噬细胞系统的功能活动增强。表现在抗感染能力增强，抗体形成增多，补体活性增高，肝脏解毒功能增强，对肿瘤细胞的影响和急性期反应加强。

（2）代谢变化

一般认为，体温升高1℃，基础代谢率提高13%。因此，持久发热使物质消耗明显增多。如果营养物质摄入不足，就会消耗自身物质，呈现物质代谢的改变。

①糖代谢变化：发热时糖分解代谢加强，血糖增多，葡萄糖的无氧酵解加强组织内乳酸含量增加。

②脂肪代谢变化：发热时脂肪分解明显加强，由于糖代谢加强使糖原储备不足，摄入相对减少，乃至大量消耗储备脂肪致消瘦。脂肪分解加强和氧化不全，则出现酮血症和酮尿。

③蛋白质代谢变化：高热时蛋白质分解加强，尿氮比正常增加2~3倍，可出现负氮平衡，即摄入不能补足消耗。长期和反复发热的病畜，由于蛋白质严重的消耗，还会引起肌肉和实质器官的萎缩。

④水、电解质代谢变化：发热时出汗、排尿增多及机体内代谢的加强，使水、电解质大量消耗。高热可引起脱水，脱水又可加重发热，因此必须补足水分尤其是高热持续期、体温下降期。此外，由于氧化不全的酸性中间产物（乳酸、酮体）在体内增多，故导致代谢性酸中毒。

⑤维生素代谢变化：发热时，维生素C和B族维生素显著消耗，同时由于病畜食欲减退，常会导致维生素缺乏症。

4.8.6　发热的意义和处理原则

（1）发热的生物学意义

发热是机体在长期进化过程中所获得的一种以抗损伤为主的防御适应反应，对机体有利也有弊。一般来说，短时间的中度发热对机体是有益的，因为它有利于机体抵抗感染，抑制致病因素对机体的损伤，而且还能增强单核巨噬细胞系统功能，提高机体对致热原的清除能力。还能使肝脏氧化过程加速，提高其解毒能力。从生物进化角度看，发热对机体的生存和种族延续具有重要的保护意义。

但长期持续高热，则对机体有害。因它不仅会导致机体过度的消耗，加重器官的负荷，而且还能诱发相关脏器的功能不全，引起物质代谢障碍、各器官系统功能紊乱和实质细胞的变性坏死，甚至危及生命。

（2）发热的处理原则

除了病因学治疗外，针对发热的治疗应谨慎权衡利弊。

①一般处理：非高热者一般不宜盲目退热，干扰热型和热程不利于疾病的诊断。对长期不明原因的发热，应做详细检查，注意寻找体内隐蔽的炎症灶或化脓部位，及早治疗原发病。

②及时解热：对持续高热（如40℃以上）、患心脏病（发热加重心肌负荷）、有严重肺或心血管疾病患畜、妊娠期的动物，在治疗原发病同时采取退热措施，但高热不可骤退。

③解热的具体措施：包括药物解热和物理降温及其他措施（包括休息、补充水分营养）。此外，对高热惊厥者可酌情应用镇静剂（如安定）。

④加强护理：对高热或持久发热的病畜，应补足水分，预防脱水，并纠正水电解质和酸碱平衡紊乱。保证充足易消化的营养食物（包括维生素），保护心血管功能，大量排汗时要防止休克的发生。

4.9 黄疸

4.9.1 胆色素的正常代谢

由于胆色素代谢障碍，血浆酯性或非酯性胆红素浓度增高，使动物皮肤、黏膜、巩膜等组织黄染的病理现象称为黄疸。因巩膜富含与胆红素亲和力高的弱性蛋白，往往是临诊上首先发现黄疸的部位。黄疸是动物临诊上常见的病理现象，尤其是肝脏疾病的先兆症状。

胆色素是血红素一系列代谢产物的总称，包括胆绿素、胆红素、胆素原和胆素。其中，胆绿素是胆红素的前体，而胆素原和胆素是胆红素的产物。

正常情况下，动物每天大约有1%的循环性红细胞衰老和更新。机体中80%~90%的胆红素来自经过巨噬细胞系统处理过的衰老红细胞。约15%的胆红素来源于骨髓中尚未成熟的红细胞、网状细胞在未进入血液前被破坏，以及细胞色素、过氧化物酶、肌红蛋白等含有血红素的色素蛋白被破坏而产生。有人把不是由衰老红细胞分解而产生的胆红素称为"旁路性胆红素"。

衰老的红细胞被巨噬细胞所吞噬、破坏（主要在脾脏），释放出血红蛋白。血红蛋白进一步分解，脱去铁及蛋白质（被机体再利用），形成胆绿素。胆绿素经还原酶（胆绿素还原酶大量存在于哺乳动物的组织中，但在鸡组织中的活性很低，所以鸡胆汁中含有较高比例的胆绿素）作用生成胆红素。这种胆红素进入血液与血浆中的蛋白结合（主要是白蛋白），称为血胆红素。血胆红素不能通过半透膜，故不能由肾小球滤出，不溶于水，但能溶于乙醇。临诊上做血胆红素定性试验（范登白氏反应）时，不能和偶氮试剂直接作用，必须加入乙醇处理后，才能起紫红色阳性反应（间接反应阳性），故又称间接胆红素。间接胆红素随血液进入肝脏，脱去白蛋白进入肝细胞内，经酶的催化，除少量与活性硫酸根和甘氨酸结合外，大部分在葡萄糖醛酸基转移酶和尿嘧啶核苷二磷酸葡萄糖醛酸的作用下，与葡萄糖醛酸结合，形成胆红素葡萄糖醛酸酯，即水溶性的能经肾脏滤过的肝胆红素，这种胆红素能与偶氮试剂直接反应呈紫红色阳性反应，故又称直接胆红素。直接胆红素与胆汁酸、胆酸盐等共同构成胆汁，经胆道系统排入十二指肠，直接胆红素经细菌等的还原作用，转化为无色胆素原。胆素原的大部分氧化为黄褐色粪胆素，随粪便排出，因而粪便有一定色泽。小部分（约1/10）被肠黏膜吸收入血，经门静脉进入肝脏，这部分胆素原又有两个去向，其中一部分重新转化为直接胆红素，再随胆汁排入肠管，这种过程称为胆红素的肠肝循环；仅有小部分经体循环到达肾脏，成为尿胆素原，氧化后形成尿胆素，随尿排出。

从以上胆红素的代谢过程看，胆红素的代谢是与红细胞的破坏、肝脏对胆红素的转化及排泄和胆道的排泄密切关联。如果上述过程中的任何一个环节发生障碍，则必然引起胆红素代谢失调，出现黄疸。引起黄疸发生的原因很多，根据发生高胆红素血症的环节来分析，可归纳为胆红素生成过多、胆红素转化和处理障碍及胆红素排泄障碍三大类，即溶血性黄疸、实质性黄疸和阻塞性黄疸。

4.9.2 溶血性黄疸

(1) 原因

溶血性黄疸主要是由于红细胞破坏过多，胆红素生成增多而发生的黄疸。引起动物溶血的原因有：

①生物因素：如犬瘟热、流感等急性传染病，焦虫病、锥虫病、边虫病等血液原虫病，毒蛇咬伤。

②理化因素：如严重烧伤、放射病、霉败饲料、某些化学物质（氨基苯、硝基苯等）以及有毒植物中毒等造成的红细胞破坏。

③免疫因素：如异型输血、犬自身免疫溶血性疾病、新生幼畜溶血病等。

④代谢因素：牛产后血红蛋白尿症等。

⑤其他因素：如先天性红细胞膜、代谢酶或血红蛋白的遗传缺陷。偶而也可因未成熟的红细胞、肌红蛋白等大量破坏，进入血液，引起旁路性胆红素增多。

当大量溶血或其他来源的血红素在体内增多时，在单核巨噬细胞系统中所形成的胆红素（未结合胆红素）增多。大量未结合胆红素超过肝脏处理的能力时，积聚在血中而发生黄疸。

(2) 理变化特点

①血清总胆红素量增加，由于增多的主要是未结合胆红素，所以胆红素定性试验为间接反应阳性。

②未结合胆红素是脂溶性的，不能通过肾小球滤出而出现在尿中。

③当血中未结合胆红素的量增多时，肝脏代偿性地使结合胆红素的生成增多，故肠道中生成的胆素原量也增多。粪中胆素原和胆素的含量增高，粪色加深。通过门静脉进入血中的胆素原的量增多，导致尿中胆素原和胆素的含量增加。

④未结合胆红素在血中与白蛋白结合后，其相对分子质量增大，脂溶性降低。当胆红素的增加超过了白蛋白的结合能力时，就可充分发挥其脂溶性的特点，透过各种细胞膜，进入细胞内产生毒性作用。幼畜由于血脑屏障发育不完善，通过血脑屏障的胆红素继而透过神经细胞膜，而引起黄疸。

4.9.3 实质性黄疸

(1) 原因

实质性黄疸主要是由于肝细胞损伤对胆红素的代谢障碍所引起的黄疸。常见于败血性疾病、传染性肝炎、中毒症（磷、汞）等。主要是肝脏对胆红素处理能力下降。

肝脏对胆红素的处理包括摄取、酯化和排泄3个方面，其中任何一个过程出现障碍都可导致肝性黄疸的发生。

①肝细胞对胆红素的摄取障碍：肝细胞对胆红素的摄取，主要依赖于肝细胞膜表面的受体及其载体（Y蛋白和Z蛋白）。当这些载体不足或与其竞争的结合物增多时，就会影响肝细胞对胆红素的摄取。如新生幼畜可因Y蛋白和Z蛋白的合成能力低下而致黄疸。体内的有机阴离子是胆红素与细胞膜表面受体及Y蛋白和Z蛋白结合的有力竞争者，故当体内代谢异常引起脂肪酸、乳酸等有机阴离子产生过多，如新生霉素、利福平等药物摄入太多时，都可使肝细胞对胆红素的摄取发生障碍而引发黄疸。

②肝细胞对胆红素的酯化障碍：肝细胞对胆红素的酯化是指胆红素在肝细胞内酶的作用下，形成结合胆红素的过程。这一过程中的关键是胆红素葡萄糖醛酸基转移酶（BGT）的活性。当BGT合成不足或活性受到抑制时，将导致胆红素在肝内的酯化障碍。

在动物中可见于新生吮乳动物黄疸。某些药物，如新生霉素、氯霉素、孕二醇等可抑制BGT的活性，导致胆红素的酯化障碍。

③肝细胞胆红素分泌和胆管排泄功能障碍：在病毒性肝炎、钩端螺旋体病、败血症、肝脓

肿、肝癌、四氯化碳中毒或磷中毒时，如果肝细胞和毛细胆管的损害比较广泛或严重，可以发生黄疸。肝细胞受损时，其对胆红素的摄取、酯化和排泄都受到影响。但排泄是一个限速步骤，最易发生障碍。由于肝细胞对结合胆红素出现排泄障碍，大量结合胆红素反流入血。同时血中未结合胆红素也可升高。

（2）病理变化特点

①血清总胆红素浓度升高，胆红素定性试验则有差异。由于肝细胞对胆红素的摄取或酯化障碍所引起的黄疸，血中增加的是未结合胆红素，定性试验呈间接阳性反应；而肝细胞对胆红素的排泄障碍所引起的黄疸，血中结合和未结合胆红素都升高，定性试验呈双阳性反应。

②血中结合胆红素量增加，尿中可出现胆红素。这在犬和马特别明显，因犬和马的结合胆红素肾阈较低。

③由于生成或排入肠腔的结合胆红素减少，胆素原的生成减少，粪中胆素原的含量下降，而尿中胆素原的含量可因肝脏从血中吸收胆素原并再排入胆汁的功能低下而增多。

4.9.4 阻塞性黄疸

（1）原因

阻塞性黄疸主要是由于胆管阻塞所引起的黄疸，在犬多见，如结石、炎性渗出物的阻塞，寄生虫的阻塞等。主要是胆红素在肝外排泄障碍所引起。由于肝外胆管梗阻，胆红素在肝外排泄障碍时，结合胆红素可由肝细胞返流到狄氏间隙逆流血，或由于毛细胆管内压过高，乃至肝细胞从毛细胆管摄取胆红素，然后逆流入血。

（2）病理变化特点

①血清总胆红素增高，胆红素定性试验直接阳性反应。

②由于血中增加的主要是结合胆红素，故尿中胆红素的含量增高。

③排入肠道的胆红素量减少，致胆素原的生成减少，粪和尿中胆素原含量均减少。

④由于胆道阻塞，肠中缺乏胆汁，常伴有脂肪的消化和吸收不良，脂溶性维生素吸收不足，时间较长，常伴有出血倾向。

以上关于黄疸发病机理的讨论，都是从单一因素进行的，实际上任何黄疸的发生发展往往都是由多个因素的复合作用所致。因此，必须结合临诊特点，综合考虑。现将各型黄疸特点归纳见表4-3所列。

表4-3　3种类型黄疸的主要特点

区别项目	黄疸类型		
	溶血性黄疸	阻塞性黄疸	实质性黄疸
胆红素代谢情况	红细胞大量破坏，胆红素生成过多	肠道阻塞，胆红素排泄障碍	肝细胞受损，胆红素处理障碍
血清中未结合胆红素	增多明显	无变化或增多	增多
血清中结合胆红素	无变化	增多明显	增多
胆红素定性试验	间接反应阳性	直接反应阳性	双向反应阳性
尿胆红素	无	有	有
尿胆素原含量	增加	无	增加
粪胆素原含量	增加	减少或无	减少

4.9.5 黄疸对机体的影响

黄疸对机体的影响主要是对神经系统的毒性作用。尤其是未结合胆红素,因其具脂溶性,可透过各种生物膜。特别是通过血脑屏障而进入脑内,使大脑基底核发生黄染、变性、坏死,引起核黄疸(也称为胆红素脑病),故对神经系统的毒性较大。如新生幼畜发生黄疸后,由于胆红素侵犯较多的脑神经核,严重时可出现抽搐、痉挛、运动失调等神经症状,往往导致幼畜的迅速死亡。其机理可能是未结合胆红素抑制细胞内的氧化磷酸化作用,从而阻断脑的能量供应所致。

实质性黄疸时,由于肝细胞变性、坏死及毛细胆管破损,常有部分胆汁流入血液,病畜常表现轻兴奋,血压稍有下降,消化不良。有时可因肝脏解毒功能下降而导致自体中毒。

黄疸时在血中聚积的异常成分,除胆红素外,还可有胆汁的其他成分,因此也可影响正常的消化吸收功能,尤其是对脂类及脂溶性维生素的吸收发生障碍。同时,胆酸盐也有刺激皮肤感觉神经末梢,引起搔痒、抑制心跳等作用。

4.10 动物病理诊断技术

4.10.1 尸体剖检技术

动物尸体剖检是运用病理基本知识和技能,通过解剖动物尸体,检查病理变化,来诊断疾病、确定死因的一种方法。

在兽医临诊实践中,尸体剖检是较为简便、快速的畜禽疾病诊断方法之一,因而被广泛应用。通过尸体剖检,直接观察器官特征病变,结合临诊症状和流行病学调查等,可以及早做出诊断(死后诊断),为及时采取有效的防控措施提供可靠的诊断依据。通过尸体剖检,还可以检验临诊诊断和治疗的准确性,积累经验,提高诊疗质量。

尸体剖检的对象是患病动物,诊断学剖检的目的在于查明病畜发病和致死的原因、应采取的措施。因此,在剖检操作过程中必须遵循一定的规程,保证真实反映疾病所造成的病变,严格防止个人感染和污染环境。必须对病尸进行全面、细致的观察检查,并汇总相关资料进行科学、综合的分析,才能得出可靠的结论。

4.10.1.1 尸体变化

动物死亡后,因体内酶和细菌的作用以及外界环境的影响,其尸体逐渐发生一系列的死后变化。正确地辨认尸体变化,可以避免把某些死后变化误认为生前的病理变化。

(1)尸冷

尸冷指动物死亡后,尸体温度逐渐降至外界环境温度相等的现象。由于动物死亡后,机体的新陈代谢停止,产热过程终止,而散热过程仍在继续进行。在死后的最初几小时,尸体温度下降的速度较快,以后逐渐变慢。通常在室温条件下,一般以 1 ℃/h 的速度下降,因此动物的死亡时间大约等于动物的体温与尸体温度之差。尸体温度下降的速度受外界环境温度的影响,如冬季天气寒冷,尸冷过程较快,而夏季则尸冷速度较慢。检查尸体的温度有助于确定死亡的时间。

(2)尸僵

动物死亡后,由于肌肉收缩,使肢体各关节固定于一定的形状,称为尸僵。动物死后最初由于神经系统功能丧失,肌肉失去紧张力而变得松弛柔软。但经过很短时间后,肢体的肌肉即行收缩变为僵硬。尸僵开始的时间,因外界条件及机体状态不同而异。大、中动物一般在死后 1.5~6 h

开始发生，10~24 h 最明显，24~48 h 开始缓解。尸僵从头部开始，然后是颈部、前肢、后躯和后肢的肌肉逐渐发生，此时各关节因肌肉僵硬而被固定，不能屈曲。解僵的过程也是从头、颈、躯干到四肢。

除骨骼肌以外，心肌和平滑肌同样可以发生尸僵。在死后 0.5 h 左右心肌即可发生尸僵，心肌收缩变硬，同时将心脏内的血液驱出，肌层较厚的左心室表现得最明显，而右心室往往残留少量血液。经 24 h，心肌尸僵消失，心肌松弛。如果心肌变性或心力衰竭，则尸僵可不出现或不完全，这时心脏质度柔软，心腔扩大，并充满血液。血管、胃、肠、子宫和脾脏等处平滑肌僵硬收缩时，可使腔状器官的内腔缩小，组织质度变硬。当平滑肌发生变性时，尸僵同样不明显，如败血症的脾脏，由于平滑肌变性而使脾脏质度变软。

尸僵出现的早晚，发展程度，以及持续时间的长短，与外界因素和自身状态有关。如周围气温较高，尸僵出现较早，解僵也较迅速；寒冷时则尸僵出现较晚，解僵也较迟。肌肉发达的动物，要比消瘦动物尸僵明显。死于破伤风或番木鳖碱中毒的动物，死前肌肉运动较剧烈，尸僵发生快而明显。死于败血症的动物，尸僵不显著或不出现。另外，如尸僵提前，说明动物急性死亡并有剧烈的运动或高热疾病，如破伤风；如尸僵时间延缓、拖后，尸僵不全或不发生尸僵，应考虑到生前有恶病质或烈性传染病，如炭疽等。

检查尸僵时，应与关节本身的疾病相区别。发生慢性关节炎时关节也不弯曲。但若是尸僵，4 个关节均不能弯曲，若是慢性关节炎，不能弯曲的关节只有一个或两个。

(3) 尸斑

动物死亡后，由于心脏和大动脉的临终收缩及尸僵，血液被排挤到静脉系统内，并因重力作用，血液流向尸体的低下部位，使该部血管充盈血液，这种现象称为坠积性淤血。尸体倒卧侧组织器官的坠积性淤血称为尸斑，一般在死后 1~1.5 h 即可出现。尸斑坠积部的组织呈暗红或青紫色。初期，用指按压该部可使红色消退，并且这种暗红色的斑可随尸体位置的变更而改变。随着时间的延长，红细胞发生崩解，形成的血红蛋白通过血管壁向周围组织浸润，使心内膜、血管内膜及血管周围组织染成紫红色，这种现象称为尸斑浸润，一般在死后 24 h 左右开始出现。此时改变尸体的位置，尸斑浸润的变化也不会消失。

检查尸斑，对于死亡时间和死后尸体位置的判定有一定的意义。临诊上应与淤血和炎性充血加以区别。淤血发生的部位和范围，一般不受重力作用的影响，如肺淤血或肾淤血时，两侧的表现是一致的，肺淤血时还伴有水肿和气肿。炎性充血可出现在身体的任何部位，局部还伴有肿胀或其他损伤。而尸斑则仅出现于尸体的低下部，除重力因素外没有其他原因，也不伴发其他变化。

(4) 尸体自溶和尸体腐败

尸体自溶是指动物体内的溶酶体酶和消化酶（如胃液、胰液中的蛋白分解酶），在动物死亡后，引起的自体消化过程。表现最明显的是胃和胰腺，胃黏膜自溶时表现为黏膜肿胀、变软、透明，极易剥离或自行脱落和露出黏膜下层，严重时自溶可波及肌层和浆膜层，甚至可出现死后穿孔。尸体腐败是指由于细菌作用而发生尸体组织蛋白腐败分解的现象，主要是由于肠道内的厌氧菌的分解、消化作用，或血液、肺脏内的细菌作用，也有从外界进入体内的细菌的作用。腐败过程中，产生大量气体，如氨、二氧化碳、甲烷、氮、硫化氢等。因此，腐败的尸体内含有多量的气体，并产生恶臭。尸体腐败可表现在以下几个方面：

①死后臌气：这是胃肠内细菌繁殖，胃肠内容物腐败发酵、产生大量气体的结果。这种现象在胃肠道表现明显，尤其是反刍动物的前胃和单蹄兽的大肠更明显。此时，气体可以充满整个胃

肠道，使尸体的腹部膨胀，肛门突出且哆开，严重臌气时可发生腹壁或横膈破裂。死后臌气应与生前臌气相区别，生前臌气压迫横膈使其前伸造成胸内压升高，引起静脉血回流障碍呈现淤血，尤其头、颈部，浆膜面还可见出血，而死后臌气则无上述变化。死后破裂口的边缘没有生前破裂口的出血性浸润和肿胀。在肠道破裂口处有少量肠内容物流出，但没有血凝块和出血，只见破裂口处的组织撕裂。

②肝、肾、脾等内脏器官的腐败：肝脏腐败往往发生较早，变化也较明显。此时，肝脏体积增大，质度变软，污灰色，肝包膜下可见到小气泡，切面呈海绵状，从切面可挤出混有泡沫的血水，这种变化，称为泡沫肝。肾脏和脾脏发生腐败时也可见到类似肝脏腐败的变化。

③尸绿：动物死后尸体变为绿色，称为尸绿。由于组织分解产生的硫化氢与红细胞分解产生的血红蛋白和铁相结合，形成硫化血红蛋白和硫化铁，致使腐败组织呈污绿色，这种变化在肠道表现得最明显。临诊上可见到动物的腹部出现绿色，尤其是禽类，常见到腹底部的皮肤为绿色。

④尸臭：尸体腐败过程中产生大量带恶臭的气体，如硫化氢、己硫醇、甲硫醇、氨等，致使腐败的尸体具有特殊的恶臭气味。

尸体腐败的快慢，受周围环境的温度和湿度及疾病性质的影响。适当的温度、湿度或死于败血症和有大面积化脓性炎症的动物，尸体腐败较快且明显。在寒冷、干燥的环境下或死于非传染性疾病的动物，尸体腐败缓慢且微弱。

尸体腐败可使生前的病理变化遭到破坏，会给剖检工作带来困难。因此，病畜死后应尽早进行尸体剖检，以免死后变化与生前的病变发生混淆。

(5) 血液凝固

动物死后不久，心脏和大血管内的血液凝固成血凝块。血液凝固较快时，血凝块呈一致的暗红色。血液凝固缓慢时，血凝块分成明显的两层，上层为主要含血浆成分的淡黄色鸡脂样凝血块，下层为主要含红细胞的暗红色血凝块，这是由于血液凝固前红细胞沉降所致。

血凝块表面光滑、湿润、有光泽，质柔软，富有弹性，并与血管内膜分离。血凝块与血栓不同，应注意区别。血栓为动物生前形成，表面粗糙，质脆而无弹性，并与血管壁有粘连，不易剥离，硬性剥离可损伤内膜。在静脉内的较大血栓，可同时见到黏着于血管壁上呈白色的头部(白色血栓)、红白相间的体部(混合血栓)和全为红色的游离的尾部(红色血栓即血凝块)。

因败血症、窒息及一氧化碳中毒等死亡的动物，往往血液凝固不良。

4.10.1.2 尸体剖检准备

尸体剖检前，必须做好相应的准备工作，以保证剖检能顺利进行，既要注意防止病原扩散，又要预防自身感染。

(1) 场地选择

一般应在病理剖检室进行，方便消毒和防止病原扩散。如条件不许可而在室外剖检时，应选择地势较高、环境干燥、远离水源、道路、房舍和畜舍的地点进行。剖检前挖一不低于 2 m 的深坑，剖检后将内脏、尸体连同被污染的土层投入坑内，再撒上石灰或喷洒10%石灰水、3%～5%来苏儿或臭药水，然后用土掩埋。

(2) 常用器械和药品

根据动物死前症状、剖检目的准备解剖器械。一般应有解剖刀、剥皮刀、脏器刀、外科刀、外科剪、肠剪、骨剪、骨钳、镊子、骨锯、双刃锯、斧头、骨凿、阔唇虎头钳、探针、量尺、量杯、注射器、针头、天平、磨刀棒或磨刀石等。如没有专用解剖器材，也可用其他合适的刀、剪代替。准备装检验样品的灭菌平皿、棉拭子和固定组织用的内盛10%福尔马林或95%乙醇的广口瓶。常用消毒液，如3%~5%来苏儿、石炭酸、臭药水、0.2%高锰酸钾、70%乙醇、3%~5%碘酒等。此外，还应准备凡士林、滑石粉、肥皂、棉花和纱布等。

（3）动物致死

对于尚未死亡的动物，通常采用放血致死。如有特殊需要，可采用注射药物、静脉注射空气致死。

（4）自我防护

剖检人员应穿工作服，外罩胶皮或塑料围裙，戴胶手套或线手套、工作帽、穿胶鞋。必要时还要戴上口罩和眼镜。如缺乏上述用品时，可在手上涂抹凡士林或其他油类，保护皮肤，以防感染。在剖检中不慎切破皮肤时应立即消毒和包扎。

在剖检过程中，应保持清洁，注意消毒。常用清水或消毒液洗去剖检人员手上和刀剪等器械上的血液、脓液和各种污物。

剖检后，双手先用肥皂洗涤，再用消毒液冲洗。为了消除粪便和尸腐臭味，可先用0.2%高锰酸钾浸洗，再用2%~3%草酸洗涤，褪去棕褐色后，再用清水冲洗。

4.10.1.3 尸体剖检注意事项

（1）剖检时间

病畜死后应尽早剖检。尸体放久后，容易腐败分解，尤其在夏天，尸体腐败分解过程更快，这会影响对原有病变的观察和诊断。剖检最好在白天进行，因为在灯光下，一些病变的颜色（如黄疸、变性等）不易辨认。供分离病毒的脑组织要在动物死后5 h内采取。一般死后超过24 h的尸体，就失去了剖检意义。此外，细菌和病毒分离培养的病料要先无菌采取，最后再取病料做组织病理学检查。如尸体已腐烂，可锯一块带骨髓的股骨送检。

（2）尸体运送

小动物可用不漏水的容器加盖运送，搬运大动物尸体时，应在尸体体表喷洒消毒液，并用浸透消毒液的棉花团塞住天然孔，防止病原在搬运过程中沿途扩散。

（3）了解病史

尸体剖检前，应先了解病畜所在地区疾病流行情况、病畜生前病史，包括临诊化验、检查和诊断等。还应注意治疗、饲养管理和临死前的表现等情况。

（4）尸体检查

剖检时，先对尸体进行外部检查，内容包括：①畜别、品种、性别、年龄、毛色等基本特征。②被毛的光泽度，皮肤的完整性及弹性，有无脱毛、创伤，有无皮下水肿和气肿。③肌肉发育情况及尸体营养状态。④可视黏膜色泽，天然孔的开闭状态，有无分泌物、排泄物及其性状、量、颜色、气味和浓度。⑤检查尸僵等尸体变化。内部检查从剥皮开始，边切开边检查。

（5）脏器采出

在采出脏器前，应先观察脏器位置和概貌，经初步检查后采出做详细检查。未经检查的脏器切面，不可用水冲洗，以免改变其原来的颜色和性状。切脏器的刀、剪应锋利，切开脏器时，要由前向后，一刀切开，切忌挤压或拉锯式切开。切开未经固定的脑和脊髓时，应先使刀口浸湿，然后下刀，否则切面粗糙不平。

通常情况下，先取与发病和致死的原因最有关系的器官进行检查，与该病理过程发生发展有联系的器官可一并检查。检查顺序服从检查目的和现场的情况，不应墨守成规。既要细致搜索和观察重点的病变，又要照顾到全身一般性检查。脏器在检查前要注意保持其原有的湿润程度和色彩，尽量缩短其在外界环境中暴露的时间。

（6）尸检后处理

①衣物和器材：剖检中所用衣物和器材最好直接放入煮锅或高压锅内，经灭菌后，方可清洗和处理；解剖器械也可直接放入消毒液内浸泡消毒后，再清洗处理。橡胶手套消毒后，用清水洗净，擦干，撒上滑石粉。金属器械消毒清洁后擦干，涂抹凡士林，以免生锈。

②尸体：为了不使尸体和解剖时的污染物成为传染源，剖检后的尸体最好焚化或深埋。野外剖检时，尸体要就地深埋，深埋之前在尸体上用具有强烈刺激气味的消毒药（如甲醛等）喷洒消毒，以免尸体被意外挖出。

③场地：彻底消毒剖检场地，以防污染周围环境。如遇特殊情况（如禽流感），检验工作在现场进行，当撤离检验工作点时，要做终末消毒，以保证继用者的安全。

4.10.1.4 尸体剖检记录

剖检记录是综合分析疾病的原始资料，也是尸体剖检报告的重要依据，必须遵守系统、客观、准确的原则，对病变的形态、大小、质量、位置、色彩、硬度、性质、切面的结构变化等都要客观地描述和说明，应尽可能用数据表示，避免使用诊断术语或名词来代替。有的病变用文字难以表达时，可绘图补充说明，有的可以拍照或将整个器官保存下来。

剖检记录最好与剖检同时进行，专人记录，与剖检顺序一致（表4-4）。

表4-4　动物尸体剖检记录

畜主		畜种		年龄		剖检号	
		性别		特征		死亡日期	
临诊摘要及临诊诊断							
剖检所见							
病理解剖学诊断							
结论							
剖检者							
剖检地点			剖检时间			年　月　日　时	

4.10.2 反刍动物尸体剖检术式

4.10.2.1 外部检查

外部检查包括检查畜别、品种、年龄、性别、毛色、营养状态、皮肤和可视黏膜等。

4.10.2.2 内部检查

内部检查包括剥皮、皮下检查、体腔的剖开及内脏器官的采出等。

（1）剥皮

将尸体仰卧，自下颌部起沿腹部正中线切开皮肤，至脐部后把切线分为两条，绕开生殖器或乳房，最后于尾根部会合。再沿四肢内侧的正中线切开皮肤，到球节做一环形切线，然后剥下全身皮肤。传染病尸体，一般不剥皮。在剥皮过程中，应注意检查皮下的变化。

（2）切离前、后肢

为了便于操作，反刍动物的尸体剖检，通常采取左侧卧位。先将右侧前、后肢切离。将前肢或后肢向背侧牵引，切断肢内侧肌肉、关节囊、血管、神经和结缔组织，再切离其外、前、后3方面肌肉即可取下。

（3）腹腔脏器的采出

①切开腹腔：先将母畜乳房或公畜外生殖器从腹壁切除，然后从肷窝沿肋弓切开腹壁至剑状软骨，再从肷窝沿髂骨体切开腹壁至耻骨前缘。注意不要刺破肠管，造成粪水污染。

切开腹腔后，检查有无肠变位、腹膜炎、腹水或腹腔积血等。

②腹腔器官采出：先将网膜切除，并依次采出小肠、大肠、胃和其他器官。

切取网膜：检查网膜的一般情况，然后将两层网膜撕下。

采出小肠：提起盲肠的盲端，沿盲肠体向前，在三角形的回盲韧带处分离一段回肠，在距盲肠约 15 cm 处做双重结扎，从结扎间切断。再抓住回肠断端向身前牵引，使肠系膜呈紧状态，在接近小肠部切断肠系膜。由回肠向前分离至十二指肠空肠曲，再做双重结扎，于两结扎间切断，即可取出全部小肠。采出小肠的同时，要边切边检查肠系膜和淋巴结等有无变化。

采出大肠：先在骨盆口找出直肠，将直肠内粪便向前挤压并在直肠末端做一次结扎，并在结扎后方切断直肠。抓住直肠断端，由后向前分离直肠系膜至前肠系膜根部。再把横结肠、肠盘与十二指肠回行部之间的联系切断。最后切断前肠系膜根部的血管、神经和结缔组织，可取出整个大肠。

采出胃、十二指肠和脾：先将胆管、胰管与十二指肠之间的联系切断，然后分离十二指肠系膜。将瘤胃向后牵引，露出食管，并在末端结扎切断。再用力向后下方牵引瘤胃，切离瘤胃与背部联系的组织，切断脾膈韧带，将胃、十二指肠及脾脏同时采出。

采出胰、肝、肾和肾上腺：胰脏可从左叶开始逐渐切下或将胰脏附于肝门部和肝脏一同取出，也可随腔动脉、肠系膜一并采出。

肝脏采出，先切断左叶周围的韧带及后腔静脉，然后切断右叶周围的韧带、门静脉和肝动脉（勿伤右肾），便可采出肝脏。

采出肾脏和肾上腺时，首先应检查输尿管的状态，然后先取左肾，即沿腰肌剥离其周围的脂肪囊，并切断肾门处的血管和输尿管，采出左肾。右肾用同样方法采出。肾上腺可与肾脏同时采出，也可单独采出。

（4）胸腔脏器的采出

①锯开胸腔：锯开胸腔之前，应先检查肋骨的高低及肋骨与肋软骨结合部的状态。然后将膈的左半部从季肋部切下，用锯把左侧肋骨的上下两端锯断，只留第一肋骨，即可将左胸腔全部暴露。

锯开胸腔后，应注意检查左侧胸腔液的量和性状，胸膜的色泽，有无充血、出血或粘连等。

②心脏的采出：先在心包左侧中央做十字形切口，将手洗净，把食指和中指插入心包腔，提取心尖，检查心包液的量和性状；然后沿心脏的左侧纵沟左右各 1 cm 处，切开左、右心室，检查血量及其性状；最后将左手拇指和食指分别伸入左、右心室的切口内，轻轻提取心脏，切断心基部的血管，取出心脏。

③肺脏的采出：先切断纵膈的背侧部，检查胸腔液的量和性状；然后切断纵膈的后部；最后切断胸腔前部的纵膈、气管、食管和前腔动脉，并在气管轮上做一小切口，将食指和中指伸入切

口牵引气管,将肺脏取出。

④腔动脉的采出:从前腔动脉至后腔动脉的最后分支部,沿胸椎、腰椎的下面切断肋间动脉,即可将腔动脉和肠系膜一并采出。

(5)骨盆腔脏器的采出

先锯断髂骨体,然后锯断耻骨和坐骨的髋臼支,除去锯断的骨体,盆腔即暴露。用刀切离直肠与盆腔上壁的结缔组织。母反刍动物还应切断子宫和卵巢,再由盆腔下壁切断膀胱颈、阴道及生殖腺等,最后切断附着于直肠的肌肉,将肛门、阴门做圆形切离,即可取出骨盆腔脏器。

(6)口腔及颈部器官的采出

先切断咬肌,再在下颌骨的第一臼齿前,锯断左侧下颌支;再切断下颌支内面的肌肉和后缘的腮腺、下颌关节的韧带及冠状突周围的肌肉,将左侧下颌支取下;然后用左手握住舌头,切断舌骨支及其周围组织,再将喉、气管和食管的周围组织切离,直至胸腔入口处,即可采出口腔及颈部器官。

(7)颅腔的打开与脑的采出

①切断头部:沿环枕关节切断颈部,使头与颈分离,然后除去下颌骨体及右侧下颌支,切除颅顶部附着的肌肉。

②取脑:先沿两眼的后缘用锯横行锯断,再沿两角外缘与第一锯相接锯开,并于两角的中间纵锯一正中线,然后两手握住左右两角,用力向外分开,使颅顶骨分成左右两半,这样脑即取出。

(8)鼻腔的锯开

沿鼻中线两侧各1 cm纵行锯开鼻骨、额骨,暴露鼻腔、鼻中隔、鼻甲骨及鼻窦。

(9)脊髓的采出

剔去椎弓两侧的肌肉,凿(锯)断椎体,暴露椎管,切断脊神经,即可取出脊髓。

上述各体腔的打开和内脏的采出,是系统剖检的程序。实际工作中,可根据生前的病情,进行重点剖检,适当地改变或取舍某些剖检程序。

4.10.3 猪的尸体剖检术式

4.10.3.1 外部检查

除了对尸体进行外部一般检查外,要详细了解病死猪的生前情况,以便缩小对所患疾病的考虑范围,剖检时有重点地进行检查。

4.10.3.2 内部检查

猪的剖检一般不剥皮,采用背位姿势。先切断四肢内侧的所有肌肉和髋关节的圆韧带,使四肢平摊,借以抵住躯体,保持仰卧。然后从颈、胸、腹的正中切开皮肤,只腹侧剥皮。如能确定不是传染病死亡,皮肤有加工利用价值时,可仍按常规方法剥皮,然后切断四肢内侧肌肉,使尸体保持背位。

(1)皮下检查

皮下检查在剥皮过程中进行。查看皮下有无充血、炎症、出血、淤血、水肿(多呈胶冻样)、体表淋巴结的大小、颜色,有无出血、充血,有无水肿、坏死、化脓等。断奶前仔猪还要检查肋骨和肋软骨交界处,有无串珠样肿大。

(2)腹腔剖开和腹腔脏器的采出

从剑状软骨后方沿白线由前向后切开腹壁至耻骨前缘,观察腹腔中有无渗出液;渗出液的数量、颜色和性状，腹膜及腹腔器官浆膜是否光滑，肠壁有无粘连；再沿肋骨弓将腹壁两侧切开，则腹腔器官全部暴露。

采出脾脏和网膜：在左季肋部提起脾脏，并在接近脾脏根部切断网膜和其他联系后取出脾脏，然后将网膜从其附着部分离采出。

采出空肠和回肠：将结肠盘向右侧牵引，盲肠拉向左侧，显露回盲韧带与回肠。在离盲肠约15 cm 处，将回肠做二重结扎并切断。然后握住回肠断端，用刀切离回肠、空肠上附着的肠系膜，直至十二指肠空肠曲，在空肠起始部做二重结扎并切断，取出空肠和回肠。一边分离一边检查肠系膜、肠浆膜、肠系膜淋巴结有无肿胀、出血、坏死等。

大肠的采出：在骨盆腔口分离直肠，将其中粪便挤向前方做一次结扎，并在结扎后方切断直肠。从直肠断端向前方分离肠系膜，至前肠系膜根部。分离结肠与十二指肠、胰腺之间的联系，切断前肠系膜根部血管、神经和结缔组织，以及结肠与背部之间的联系，即可取出大肠。

依次采出胃和十二指肠，肾脏和肾上腺，胰腺和肝脏。

(3) 胸腔剖开及胸腔脏器的采出

用刀先分离胸壁两侧表面的脂肪和肌肉，检查胸腔的压力，用刀切断两侧肋骨与肋软骨的接合部，再切断其他软组织，除去胸壁腹面，胸腔即可露出。检查胸腔、心包腔有无积液及其性状，胸膜是否光滑，有无粘连。

分离咽、喉头、气管、食道周围的肌肉和结缔组织，将喉头、气管、食道、心和肺一同采出。

(4) 颅腔剖开

可在脏器检查完后进行。清除头部的皮肤和肌肉，在两眼眶之间横劈额骨，然后再将两侧颞骨(与颧骨平行)及枕骨髁劈开，即可掀掉颅顶骨，暴露颅腔。检查脑膜有无充血、出血。必要时，取材送检。

剖检仔猪时，可自下颌沿颈部、腹部正中线至肛门切开，暴露胸腹腔，切开耻骨联合露出骨盆腔。然后将口腔、颈部、胸腔、腹腔和骨盆腔的器官一起取出。

4.10.4 禽的尸体剖检术式

4.10.4.1 外部检查

了解死禽的种别、性别、年龄、生前症状、发病和治疗经过、死亡数及饲养管理状况。观察全身羽毛是否光洁，有无污染、蓬乱、脱毛等现象；泄殖腔周围的羽毛有无粪便污染；皮肤、关节及脚趾有无肿胀或其他异常。检查冠、肉垂和面部的颜色、厚度、有无痘疹等。压挤鼻孔和鼻窦下窦，观察有无液体流出，口腔有无黏液。检查两眼虹彩的颜色。最后触摸腹部有无变软或积有液体。

4.10.4.2 致死

如为活鸡，用脱颈法或颈部放血致死。

4.10.4.3 内部检查

剖检前用水或消毒液将尸体表面及羽毛浸湿，以防剖检时绒毛和尘埃飞扬。将尸体仰卧于搪瓷盘内或垫纸上，用力掰开两腿，使髋关节脱位，拔掉颈、胸、腹正中部的羽毛(不拔也可)，在胸骨嵴部纵行切开皮肤，然后向前、后延伸至嘴角和肛门，向两侧剥离颈、胸、腹部皮肤。观察皮下有无充血、出血、水肿、坏死等病变，注意胸部肌肉的丰满程度、颜色，有无出血、坏死，观察龙骨是否变形、弯曲。在颈椎两侧寻找并观察胸腺的大小及颜色，有无小的出血、坏死点。检查嗉囊是否充盈食物，内容物的数量及性状。腹围大小，腹壁的颜色等。

在后腹部，将腹壁横行切开。顺切口的两侧分别向前剪断胸肋骨（注意不要剪破肝和肺）、喙骨及锁骨，最后把整个胸壁翻向头部，使整个胸腔和腹腔器官都清楚地显露出来。

如进行细菌分离，应采用无菌技术打开胸、腹腔，采取病料进行分离接种。

体腔打开后，注意观察各脏器的位置、颜色、浆膜的状况，体腔内有无液体，各脏器之间有无粘连。然后再分别取出各个内脏器官。可先将心脏连同心包一起剪离，再取出肝。在食管末端将其切断，向后牵拉腺胃，边牵拉边剪断胃肠与背部的联系，然后在泄殖腔前切断直肠（或连同泄殖腔一同取出），即可将胃肠道、胰、脾一同取出。在分离肠系膜时，要注意肠系膜是否光滑，有无肿瘤。在胃肠采出时，注意检查在泄殖腔背侧的腔上囊（原位检查即可，也可采出）。

气囊在禽类分布很广，胸腔、腹腔皆有，在体腔打开、内脏器官采取过程中，随时注意检查，主要是看气囊的厚薄，有无渗出物、霉斑等。

肺和肾陷藏于肋间隙内及腰荐骨的凹陷处，可用外科刀柄或手术剪剥离取出。取出肾脏时，要注意输尿管的检查。

卵巢、输卵管、睾丸可在原位检查，注意其大小、形状、颜色（注意和同日龄鸡比较），卵黄发育状况和病变。输卵管位于左侧，右侧已退化，只见一水泡样结构。

口腔、颈部器官检查时，剪开一侧口角，观察后鼻孔、腭裂及喉口有无分泌物堵塞、口腔黏膜有无伪膜。再剪开喉头、气管、食道及嗉囊，观察管腔及黏膜的性状，有无渗出物、渗出物的性状、黏膜的颜色，有无出血、伪膜等，注意嗉囊内容物的数量、性状及内膜的变化。

脑的采出，可先用刀剥离头部皮肤，再剪除颅顶骨，即可露出大脑和小脑，剪断脑下部神经，将脑取出。

外周神经检查，在大腿内侧，剥离内收肌，即可暴露坐骨神经；在脊椎的两侧，仔细地将肾脏剔除，露出腰荐神经丛。对比观察两侧神经的粗细、横纹及色彩、光滑度。

4.10.4.4　鹅、鸭剖检

方法与鸡相同，所不同的是，鹅、鸭有两对淋巴结，一对颈胸淋巴结位于颈的基部，紧贴颈静脉，呈纺锤形；另一对为腰淋巴结，位于腹部主动脉两侧，呈长圆形。剖检时要注意检查。

4.10.5　器官组织检查的方法

4.10.5.1　淋巴结

要特别注意颌下淋巴结、颈浅淋巴结、髂下淋巴结、肠系膜淋巴结、肺门淋巴结等的检查。注意检查其大小、颜色、硬度，与周围组织的关系及横切面的变化。

4.10.5.2　肺脏

首先注意其大小、色泽、质量、质度、弹性、有无病灶及表面附着物等。然后用剪刀将支气管剪开，注意检查支气管黏膜的色泽、表面附着物的数量、黏稠度。最后将整个肺脏纵横切数刀，观察切面有无病变，切面流出物的数量、色泽变化等。

4.10.5.3　心脏

先检查心脏纵沟、冠状沟的脂肪量和性状，有无出血。然后检查心脏的外形、大小、色泽及心外膜的性状。最后切开心脏检查心腔。沿纵沟两侧切开右心室及肺动脉、左心室及主动脉。检查心腔内血液的性状，心内膜、心瓣膜是否光滑，有无变形、增厚，心肌的色泽、质度，心壁的厚薄等。

4.10.5.4 脾脏

脾脏摘出后,注意其形态、大小、质度;然后纵行切开,检查脾小梁、脾髓的颜色,红、白髓的比例,脾髓是否容易刮脱。

4.10.5.5 肝脏

检查肝门部的动脉、静脉、胆管和淋巴结。然后检查肝脏的形态、大小、色泽、包膜性状,有无出血、结节、坏死等。最后切开肝组织,观察切面的色泽、质度和含血量等情况。注意切面是否隆突,肝小叶结构是否清晰,有无脓肿、寄生虫性结节和坏死等。

4.10.5.6 肾脏

先检查肾脏的形态、大小、色泽和质度,然后由肾的外侧面向肾门部将肾脏纵切为相等的两半(禽除外),检查包膜是否容易剥离,肾表面是否光滑,皮质和髓质的颜色、质度、比例、结构,肾盂黏膜及肾盂内有无结石等。

4.10.5.7 胃的检查

检查胃的大小、质度,浆膜的色泽,有无粘连,胃壁有无破裂和穿孔等,然后沿胃大弯剖开胃,检查胃内容物的性状、黏膜的变化等。

反刍动物胃的检查,特别要注意网胃有无创伤,是否与膈相粘连。如果没有粘连,可将瘤胃、网胃、瓣胃、皱胃之间的联系分离,使4个胃展开。然后沿皱胃小弯与瓣胃、网胃的大弯剪开;瘤胃则沿背缘和腹缘剪开,检查胃内容物及黏膜的情况。

4.10.5.8 肠管的检查

从十二指肠、空肠、回肠、大肠、直肠分段进行检查。在检查时,先检查肠管浆膜面的情况。然后沿肠系膜附着处剪开肠腔,检查肠内容物及黏膜情况。

4.10.5.9 骨盆腔器官的检查

公畜生殖系统的检查:从腹侧剪开膀胱、尿管、阴茎,检查输尿管开口及膀胱、尿道黏膜,尿道中有无结石,包皮、龟头有无异常分泌物;切开睾丸及副性腺检查有无异常。

母畜生殖系统的检查:沿腹侧剪开膀胱,沿背侧剪开子宫及阴道,检查黏膜、内腔有无异常;检查卵巢形状、卵泡、黄体的发育情况,输卵管是否扩张等。

4.10.5.10 脑和脊髓检查

(1)脑

首先检查硬脑膜有无充血、出血和淤血。其次切开大脑,检查脉络丛的性状和脑室有无积水。最后横切脑组织,检查有无出血及坏死等病理变化。

(2)脊髓

打开椎管,先检查脊髓硬膜有无充血、出血、胶样浸润等变化;剪开硬膜,检查硬膜下腔有无出血及纤维素性渗出物或丝虫寄生;再检查脊髓软膜有无充血、出血等。然后将脊髓做 $0.8 \sim 1\,\text{cm}$ 的分节横断,检查断面有无出血、液化坏死、空洞等病变。

(3)外周神经

剖检家禽时,可在大腿内侧剥离内收肌,暴露坐骨神经。在脊柱两侧,仔细地将肾脏剔除,露出腰荐神经丛。对比观察两侧神经的粗细、横纹、色彩和光滑度等。鸡神经性马立克病时,坐骨神经可发生肿大。

第 5 章

动物药理

　　动物药理是研究药物与动物机体之间相互作用规律的一门学科，是一门为临诊合理用药提供基本理论的兽医基础学科。动物药理主要内容包括总论、抗微生物药物、抗寄生虫药物、用于神经系统的药物、用于消化系统的药物、用于呼吸系统的药物、用于血液循环系统的药物、用于泌尿系统的药物、用于生殖系统的药物、调节新陈代谢的药物、解热镇痛抗炎药及特效解毒药等。

5.1 总论

5.1.1 药物的基本知识

5.1.1.1 药物相关概念

药物是指用于预防、治疗、诊断疾病或有目的地调节机体生理机能的化学物质。兽药是指用于动物方面的药物，主要包括血清制品、疫苗、化学药品、抗生素等。毒物是指较小剂量就能够对动物体产生损害作用或使动物体出现异常反应的化学物质。药物超过一定的剂量也能产生毒害作用，药物与毒物之间仅存在量的差别，并无绝对的界限，应用时加以注意。

5.1.1.2 药物的来源

药物根据其来源可以分为天然药物、人工合成药物及生物技术药物3类。①天然药物是利用自然界的物质经加工而成的药物，还可分为来源于动物的药物、来源于植物的药物、来源于矿物的药物以及来源于微生物的药物。②人工合成药物是应用分解、结合与取代等化学方法合成的药物，如磺胺类药物等。当然，许多人工合成药物是在天然药物的基础上加以改造而成的。因此，天然药物和人工合成药物并无绝对区别。③生物技术药物是采用DNA重组技术或其他生物技术生产的药物，如疫苗、单抗、纤溶酶原激活剂、生长因子等。

5.1.1.3 药物的制剂与剂型

根据《中华人民共和国兽药典》或药政管理部门批准的标准，为适应治疗或预防的需要而制备的药物应用形式的具体品种，称为药物制剂。

药物剂型是指将药物制成适用于临诊使用的形式，简称剂型，如片剂、注射剂、胶囊剂等。适合于疾病的诊断、治疗或预防的需要而制备的不同药物剂型，药物剂型按形态可分为液体剂型、气体剂型、固体剂型及半固体剂型。

5.1.1.4 药物的保管与贮存

药物在保管和贮存过程中容易受到多种因素的影响，如空气、温度、湿度、光线、贮存时间等，这些影响因素常常会引起药物失效或效价降低，甚至发生变质导致毒副作用增强，因此，保管员必须了解药物保存的基本常识，对药物进行正确的贮存。

药物保管与贮存的一般方法：①药品的包装必须密封、密闭、熔封、避光。②根据药品的性质和剂型分类保管。③建立药物保管账目。④根据药品的特性采取不同的贮存方法。

5.1.2 药物对机体的作用

5.1.2.1 药物的治疗作用

药物的治疗作用分为对因治疗和对症治疗。对因治疗在于消除原发致病因子，彻底治愈疾病的药物作用，如抗生素消除体内致病菌。对症治疗是改善症状的药物作用，对症治疗虽然不能根除病因，但在病因不明时控制疾病却必不可少。在某些重危急症，如休克、惊厥、急性心力衰竭、呼吸困难、剧痛等，对症治疗可能比对因治疗更为迫切。

5.1.2.2 药物的不良反应

药物的不良反应是指与用药目的无关或对动物有害的作用，包括副作用、毒性反应、过敏反应、后遗效应和继发性反应等。多数不良反应是药物固有效应的延伸，一般是可预知且不可避免的。

5.1.2.3 药物的作用机制

非特异性药物作用机制主要通过渗透压、络合、酸碱度等改变细胞周围的理化环境而发挥作用，与药物的解离度、溶解度、表面张力等有关。如甘露醇利用渗透压发挥组织脱水和利尿作用；二巯基丁二酸钠等能与汞、砷等络合形成无活性可溶性络合物，可随尿排出；碳酸氢钠等抗酸药能中和胃酸，可治疗胃溃疡。

特异性药物作用机制包括受体的激活或拮抗，改变酶的活性，影响离子通道或细胞膜的通透性，影响神经递质或体内活性物质和参与或干扰细胞代谢等。

5.1.2.4 药物的构效关系与量效关系

药物的化学结构与药理效应或活性有着密切的关系，因为药物作用的特异性取决于特定的化学结构，这就是药物的构效关系。化学结构类似的药物能与同一受体或酶结合，产生相似或相反的作用。例如，肾上腺素、去甲肾上腺素等拟肾上腺素药与普萘洛尔等抗肾上腺素药化学结构相似，但却有相反的药理作用。

在一定的范围内，药物的效应与靶部位的浓度呈正相关，而后者决定于用药剂量或血中药物浓度，定量地分析与阐明两者间的变化规律称为药物的量效关系，它有助于了解药物作用的性质，也为临诊用药提供依据。

5.1.3 机体对药物的作用

5.1.3.1 药物的转运方式

药物从给药部位进入全身血液循环，分布到各个器官、组织，经生物转化最后由体内排出，要经过一系列的细胞膜或生物膜，这一过程称为跨膜转运。跨膜转运方式有被动转运、主动转运和膜动转运3种。

被动转运是药物通过生物膜由高浓度向低浓度转运的过程，其转运速度与膜两侧药物浓度差成正比，当膜两侧药物浓度达到平衡时，转运停止。这种转运不需消耗能量，不受饱和限速及竞争抑制的影响，一般包括简单扩散、滤过和易化扩散。

主动转运是细胞在特殊的蛋白质介导下消耗能量，将物质从低浓度一侧转运到高浓度一侧的过程。如Na^+、K^+的转运，小肠上皮细胞吸收葡萄糖，肾小管上皮细胞从小管液中吸收葡萄糖等都是采用这种转运方式，其特点是必须借助于载体、逆浓度差或电位差转运并需要消耗能量。

膜动转运是指大分子物质的转运伴有膜的运动，又可分为胞饮和胞吐。

5.1.3.2 药物的体内过程

药物进入动物机体后，在对机体产生效应的同时，本身也受机体的作用而发生变化，变化的过程分为吸收、分布、生物转化和排泄。药物在体内的吸收、分布和排泄统称为药物在体内的转运，生物转化和排泄统称为消除。

药物的吸收是指药物从给药部位进入血液循环的过程，除静脉注射外，一般的给药途径都存在吸收过程。药物的吸收速度和吸收量与给药途径、药物的剂型及理化性质等有关。

药物的分布是指药物吸收后随血液循环到各器官、组织的过程。药物在动物体内分布是不均匀的，影响药物在体内分布的因素很多，包括药物与血浆蛋白的结合率、药物的理化性质、组织的血流量、药物与组织的亲和力、组织屏障以及体液pH值等。

药物在体内经化学变化生成代谢产物的过程称为生物转化，多数药物生物转化包括氧化、还原、水解、结合等反应，药物生物转化的主要器官是肝脏，此外，血浆、肾、肺、胃肠黏膜等也能进行部分的生物转化。

药物的代谢产物或原形通过各种途径从体内排出的过程称为排泄。当药物排泄速度增大时，血中药量减少，药效降低；当药物排泄速度降低，血中药量增大时，如不及时调整剂量，往往会出现不良反应，甚至出现中毒现象。肾脏是药物排泄的最主要器官，胃肠道、肺、乳腺、汗腺等也可排泄某些药物。

5.1.4 影响药物作用的因素

药物的作用是药物与机体相互作用的综合表现，很多因素都会干扰或影响这个过程，使药效发生影响，这些因素包括药物方面的因素、动物方面的因素、饲养管理与环境方面的因素。

5.1.4.1 药物方面的因素

药物方面的因素包括剂型、剂量、给药途径、联合用药等。例如，内服溶液剂比片剂吸收的速率要快得多；巴比妥类小剂量有催眠作用，随着剂量的增加表现为镇静、抗惊厥和麻醉作用；硫酸镁内服产生泻下作用，静脉注射则产生抗惊厥作用。

5.1.4.2 动物方面的因素

动物方面的因素包括种属差异、生理因素、病理状态及个体差异等。例如，吗啡对犬表现为抑制作用，而猫则表现为兴奋作用；牛、羊在哺乳期内服四环素类药物不会影响其消化机能，而成年牛、羊则会造成消化障碍，甚至会引起继发感染；解热镇痛药能使发热动物体温恢复正常，但对正常体温无影响。

5.1.4.3 饲养管理与环境方面的因素

饲养方面要注意饲料营养全面，根据动物需要合理调配日粮成分，以免出现营养不良或营养过剩；管理方面应考虑动物群体的大小，防止密度过大，房舍的建设要注意通风、采光和动物活动的空间，要为动物的健康生长创造良好的条件。如用镇静药治疗破伤风时，要注意环境的安静，最好把患畜安置在黑暗的房舍。

环境条件对药物的作用也能产生直接或间接的影响。如不同温度和湿度均可影响消毒药、抗寄生虫药的疗效；通风不良、空气污染可增加动物的应激反应，加重疾病过程，影响药效。

5.1.5 动物诊疗处方的开写

5.1.5.1 动物诊疗处方

动物诊疗处方是由动物诊疗机构有处方资格的执业兽医师在动物诊疗活动中开具，由兽医师、兽药学专业技术人员审核、使用、核对，并作为发药凭证的诊疗文书。

兽用处方药必须凭动物诊疗机构执业兽医师出具的处方销售、调剂和使用。兽用药处方应当遵循安全、有效、经济的原则。执业兽医师须在当地县级以上兽医行政管理部门签名留样及专用签章备案后方可开具处方。

5.1.5.2 处方格式与内容

处方是由县级以上兽医行政管理部门按省统一要求的格式统一印制，处方格式由处方前记、处方正文和处方后记3部分组成。

处方前记部分可用中文书写，主要登记或说明处方的对象，包括诊疗机构名称、处方编号、畜主姓名、畜种、畜龄、门诊登记号、临诊诊断、开具日期等。

处方正文部分左上角印有 Rp 或 R 符号，为拉丁文 *Recipe* 的缩写，其意思是"请取下列药品"。在 Rp 之后或下一行分列药品的名称、规格、数量、用法用量。每行只写一种药物，如一个处方中有两种以上的药物，应按各药在处方中的作用主次先后排列书写，即主药、佐药、矫形药、赋形药。兽药名称以《中华人民共和国兽药典》收载或国家标准、省地方标准批准兽药名称为准。如无收录，可采用通用名或商品名。药名简写或缩写必须为国内通用写法。药品剂量与数量一律用阿拉伯数字书写。剂量应当使用公制单位：质量以克(g)、毫克(mg)、微克(μg)、纳克(ng)为单位；容量以升(L)、毫升(mL)为单位；有效量单位以国际单位(IU)、单位(U)计算。片剂、丸剂、散剂分别以片、丸、袋(或克)为单位；溶液剂以升或毫升为单位；软膏以支、盒为单位；注射剂以支、瓶为单位，应注明含量；饮片以剂或副为单位。

处方后记部分为兽医师签章、药品金额以及审核、调配、核对、发药的人员签名。兽药房处方药调剂专业技术人员应当对处方兽药适宜性进行审核。

5.1.5.3 处方举例

处方的意义在于它写明了药物名称、数量、剂型及用法用量等，保证了药剂的规格和安全有效。从经济观点来看，按照处方检查和统计药品的消耗量及经济价值，尤其是贵重药品、毒药和麻醉药品，供作报销、采购、预算、生产投料和成本核算的依据。处方笺格式如下：

×××动物医院处方笺

畜主姓名		地址			
畜种		性别		年龄(体重)		特征	

Rp

磺胺嘧啶	2.5 g
次碳酸铋	1.0 g
碳酸氢钠	2.5 g
常　　水	适量，加至 100 mL

用法：混合摇匀，一次灌服。

药价：

兽医师(签名)：　　药剂师(签名)：　　　　年　月　日

5.1.5.4 开写处方的注意事项

处方记载的患病动物项目应清晰、完整，并与门诊登记相一致；每张处方只限于一次诊疗结果用药；处方字迹应当清楚，不得涂改。如有修改，必须在修改处签名及注明修改日期；处方一律用规范的中文书写。动物诊疗机构或兽医不得自行编制药品缩写名或用代号。书写药品名称、剂量、规格、用法、用量要准确规范，不得使用含糊不清字句；西兽药、中成兽药处方，每一种药品须另起一行。每张处方不得超过 5 种药品；中兽药饮片处方的书写，可按君、臣、佐、使的顺序排列；药物调剂、煎煮的特殊要求注明在药品之后上方，并加括号，如布包、先煎、后下等；对药物的产地、炮制如有特殊要求的，应在药名之前写出；一般应按照兽药说明书中的常用剂量使用，特殊情况需超剂量使用时，应注明原因并再次签名；为便于处方审核，兽医开具处方时，除特殊情况外必须注明临诊诊断；开具处方后的空白处应划一斜线，以示处方完毕；处方兽医的签名式样和专用签章必须与在动物防疫监督机构留样备查的式样相一致，不得任意改动，否则，应重新登记留样备案。

5.2 抗微生物药物

5.2.1 抗生素

5.2.1.1 基本概念

抗生素是细菌、真菌、放线菌等微生物在生长繁殖过程中所产生的具有抑制或杀灭病原微生物的化学物质。临诊常用的抗生素是微生物培养液提取物及用化学方法合成或半合成的化合物。

抗菌谱是指抗菌药物抑制或杀灭病原菌的范围。仅对单一菌种或单一菌属有抗菌作用的抗生素称为窄谱抗生素,如青霉素只对革兰阳性菌有抗菌作用,而对革兰阴性菌、结核菌、立克次体等均无效。而具有抑制或杀灭多种不同种类细菌的作用的抗生素称为广谱抗生素,但易产生耐药性、二重感染等,针对性不如窄谱抗生素强。

抗菌活性是指抗菌药抑制或杀灭病原微生物的能力。能够抑制培养基内细菌生长的最低浓度称为最小抑菌浓度(MIC)。能够杀灭培养基内99%以上细菌的最低浓度称为最小杀菌浓度(MBC)。抗菌药的抑菌作用和杀菌作用是相对的,有些抗菌药在低浓度时呈抑菌作用,而高浓度呈杀菌作用。

细菌耐药性是指细菌与药物多次接触后,对药物的敏感性下降甚至消失,致使药物对耐药菌的疗效降低或无效。当长期应用抗菌药物时,占多数的敏感菌株不断被杀灭,耐药菌株大量繁殖,代替敏感菌株,而使细菌对该种药物的耐药率不断升高。

5.2.1.2 作用机理

抗生素通过干扰细菌的代谢而发挥作用,作用机理有抑制细菌细胞壁合成、影响细胞膜的通透性、抑制蛋白质合成及抑制核酸合成等。例如,青霉素类、头孢菌素类、杆菌肽等能阻碍黏肽合成,导致细菌细胞壁缺损,使菌体破裂死亡;氨基糖苷类、大环内酯类、林可胺类、四环素类、氯霉素类等能阻断蛋白质的合成从而产生抑菌或杀菌作用;喹诺酮类能抑制DNA的合成等。

5.2.1.3 常用药物

(1) 青霉素类

青霉素类抗生素分为天然青霉素与半合成青霉素。天然青霉素以青霉素G为代表,具有杀菌力强、毒性低、使用方便、价格低廉等优点,但不耐酸、不耐酶、抗菌谱窄、易过敏。而半合成青霉素,如氨苄西林、阿莫西林、苯唑西林、氯唑西林等,具有广谱、耐酶、长效等特点,但抗菌活性均不及天然青霉素。

青霉素G

本品又称苄青霉素,是一种有机酸,难溶于水。其钾盐或钠盐为白色结晶性粉末,易溶于水,无臭或微臭,遇酸、碱或氧化剂等迅速失效,常制成粉针。

【作用与应用】 ①本品为窄谱杀菌性抗生素,抗菌活性强,对繁殖期细菌作用强,对大多数革兰阳性菌、革兰阴性球菌、放线菌和螺旋体等敏感。其中,对链球菌、葡萄球菌、肺炎球菌、脑膜炎球菌、丹毒杆菌、化脓棒状杆菌、炭疽杆菌、破伤风梭菌、李氏杆菌、产气荚膜梭菌、牛放线杆菌和钩端螺旋体等所致感染有效。②大多数革兰阴性杆菌对青霉素不敏感,对结核杆菌、立克次体及真菌无效。

本品主要用于敏感菌所致的各种感染,如猪丹毒、炭疽、气肿疽、恶性水肿、放线菌、马腺疫、关节炎、坏死杆菌、钩端螺旋体等感染以及乳腺炎、皮肤软组织感染、子宫炎、肺炎、败血症、破伤风等；此外，大剂量应用可治疗禽巴氏杆菌病及鸡球虫病。

【注意事项】 ①本品内服易被胃酸和消化酶破坏，肌内注射吸收快，分布广泛，脑炎时脑脊液中浓度增高。②本品毒性小，但局部刺激性强，可产生疼痛反应，其钾盐较明显。③少数动物可出现皮疹、水肿、流汗、不安、肌肉震颤、心率加快、呼吸困难和休克等过敏反应，可应用肾上腺素、糖皮质激素、抗组胺药物等救治。④青霉素 β-内酰胺环在水溶液中可裂解成青霉烯酸和青霉噻唑酸，使抗菌活性降低，过敏反应发生率增高，故应用时要现配现用。⑤与氨基糖苷类有协同作用，与红霉素、四环素类和酰胺醇类等快效抑菌剂合用，可降低青霉素的抗菌活性。⑥使用青霉素 G 钾时，剂量过大或注射速度过快，可引起高钾性心跳骤停，对心、肾功能不全的动物慎用。

【用法与用量】 肌内注射，一次量，马、牛 1 万~2 万 U/kg，羊、猪、驹、犊 2 万~3 万 U/kg，犬、猫 3 万~4 万 U/kg，禽 5 万 U/kg，每日 2~3 次，连用 2~3 d。乳管内注入，一次量，奶牛每个乳室 10 万 U，每日 1~2 次，弃奶期 3 d。

阿莫西林

本品又称羟氨苄青霉素，为白色或类白色结晶性粉末，味微苦，较难溶于水，在乙醇中几乎不溶，常制成可溶性粉、片剂、胶囊、粉针、混悬液等。

【作用与应用】 本品抗菌谱广，杀菌力强，对革兰阳性菌和革兰阴性菌有强大杀菌作用。

本品可用于防治家禽呼吸道感染，对大肠杆菌病、禽霍乱、禽伤寒及其他敏感菌所致的感染也有显著疗效。

【注意事项】 ①本品在碱性溶液中可迅速破坏，应避免与磺胺嘧啶钠、碳酸氢钠等碱性药物合用。②本品不耐青霉素酶，对产生青霉素酶的细菌，特别是对耐药的金黄色葡萄球菌无效。③本品与克拉维酸联合应用，可克服其不能耐青霉素酶的缺点，从而增强抗菌作用。

【用法与用量】 内服，一次量，家畜 10~15 mg/kg，每日 2 次。肌内注射，一次量，家畜 4~7 mg/kg，每日 2 次。乳管内注入，一次量，每乳室，奶牛 200 mg，每日 1 次。

(2) 头孢菌素类

头孢菌素类抗生素是一类半合成广谱抗生素，与青霉素化学结构相似，均有 β-内酰胺环，具有抗菌谱广、杀菌力强、对胃酸及对 β-内酰胺酶稳定、过敏反应少等优点。

头孢噻呋

本品为类白色至淡黄色粉末，是动物专用的第三代头孢菌素，不溶于水，其钠盐易溶于水，常制成粉针、混悬型注射液。

【作用与应用】 本品抗菌谱广，抗菌活性强，对革兰阳性菌、阴性菌及部分厌氧菌有很强的抗菌活性。对多杀性和溶血性巴氏杆菌、大肠杆菌、沙门菌、链球菌、葡萄球菌等敏感，对链球菌的作用强于氟喹诺酮类药物，对铜绿假单胞菌、肠球菌不敏感。

本品主要用于耐药金黄色葡萄球菌及某些革兰阴性杆菌(如大肠杆菌、沙门菌、伤寒杆菌、痢疾杆菌、巴氏杆菌等)引起的消化道、呼吸道、泌尿生殖道感染，牛乳腺炎和预防术后败血症等。

【注意事项】 ①对本品过敏动物禁用，对青霉素过敏动物慎用。②与氨基糖苷类药物联合使用有增强肾毒性作用。③长期或大剂量使用可引起胃肠道菌群紊乱或二重感染。④牛可引起特征性的脱毛和瘙痒。

【用法与用量】 注射用头孢噻呋钠，肌内注射，一次量，牛 1.1 mg/kg，猪 3~5 mg/kg，犬

2.2 mg/kg，每日 1 次，连用 3 d；1 日龄雏鸡，每只 0.1 mg/kg。

头孢氨苄

本品又称先锋霉素Ⅳ，为白色或乳黄色结晶性粉末，微臭，微溶于水，常制成乳剂、片剂、胶囊。

【作用与应用】 本品抗菌谱广，对革兰阳性菌作用较强，对大肠杆菌、沙门菌、克雷伯杆菌等革兰阴性菌也有抗菌作用，对铜绿假单胞菌等不敏感。

本品主要用于治疗大肠杆菌、葡萄球菌、链球菌等敏感菌引起的泌尿道、呼吸道感染和奶牛乳腺炎等。

【注意事项】 ①对本品有过敏反应的患畜禁用，犬较易发生过敏反应。②应用本品期间偶可出现一过性肾损害作用。③对犬、猫能引起厌食、呕吐或腹泻等胃肠道反应。

【用法与用量】 内服，一次量，犬、猫 15 mg/kg，每日 3 次，家禽 35～50 mg/kg。乳管内注入，奶牛每个乳室 200 mg，每日 2 次，连用 2 d。

(3) β-内酰胺酶抑制剂

β-内酰胺酶抑制剂是一类新的 β-内酰胺类药物，单独使用基本无抗菌作用，但能抑制 β-内酰胺酶对青霉素、头孢菌素的破坏，提高抗生素的疗效。本类药物有克拉维酸和舒巴坦两种。

克拉维酸

本品又称棒酸，为无色针状结晶，易溶于水，水溶液不稳定。

【作用与应用】 本品有微弱的抗菌活性，属于不可逆性竞争型 β-内酰胺酶抑制剂，与酶牢固结合后使酶失活，因而作用强，不仅作用于金黄色葡萄球菌的 β-内酰胺酶，对革兰阴性杆菌的 β-内酰胺酶也有作用。

本品单独使用无效，常与青霉素类、头孢菌素类药物联合应用提高疗效。

【注意事项】 ①对青霉素等过敏动物禁用。②使用复方阿莫西林粉，鸡休药期 7 d，蛋鸡产蛋期禁用；阿莫西林克拉维酸注射液，牛、猪休药期 14 d，弃奶期 60 h。

【用法与用量】 以阿莫西林计，内服，一次量，家畜 10～15 mg/kg，鸡 20～30 mg/kg，每日 2 次，连用 3～5 d。肌内或皮下注射，一次量，牛、猪、犬、猫 7 mg/kg，鸡 20～30 mg/kg，每日 1 次，连用 3～5 d。

(4) 大环内酯类

大环内酯类抗生素是一类具有 12～16 碳内酯环及配糖体组成的抗生素。主要对多数革兰阳性菌、部分革兰阴性菌、厌氧菌、衣原体和支原体等有抑制作用，尤其对支原体作用强。临诊上常用的有红霉素、泰乐菌素、替米考星和吉他霉素等。

红霉素

本品为白色或类白色的结晶或粉末，无臭，味苦，难溶于水，碱性溶液中稳定，抗菌作用强。其乳糖酸盐易溶于水，常制成可溶性粉、片剂、注射用无菌粉末。

【作用与应用】 本品一般起抑菌作用，高浓度时对敏感菌有杀菌作用。其抗菌谱与青霉素相似，对革兰阳性菌(如金黄色葡萄球菌、链球菌、肺炎球菌、猪丹毒杆菌、梭状芽孢杆菌、炭疽杆菌、棒状杆菌等)有强大的抗菌活性，对某些革兰阴菌(如巴氏杆菌、布鲁氏菌)有较弱抗菌作用，对大肠杆菌、克雷白杆菌、沙门菌等无作用，对螺旋体、肺炎支原体、立克次体、衣原体也有抑制作用。

本品主要用于轻、中度的耐药金黄色葡萄球菌感染和对青霉素过敏病例，如肺炎、败血症、子宫内膜炎、乳腺炎和猪丹毒等。对禽的慢性呼吸道病、猪支原体性肺炎有较好疗效。

【注意事项】 ①本品毒性低但刺激性强,口服可引起消化道反应,如呕吐、腹痛、腹泻等。②肌内注射可发生局部炎症,宜采用深部肌内注射。③红霉素酯化物引起肝损害,出现转氨酶升高、肝肿大及胆汁淤积性黄疸等,及时停药可恢复。

【用法与用量】 内服,一次量,仔猪、犬、猫 10~20 mg/kg,每日 2 次,连用 3~5 d。静脉注射,一次量,马、牛、羊、猪 3~5 mg/kg,犬、猫 5~10 mg/kg,每日 2 次,连用 2~3 d。混饮,每 1 L 水,鸡 125 mg,连用 3~5 d。

泰乐菌素

本品为白色至浅黄色粉末,微溶于水,其酒石酸盐、磷酸盐易溶于水,常制成可溶性粉、注射剂、预混剂。

【作用与应用】 本品为畜禽专用抗生素,抗菌谱与红霉素相似,但对革兰阳性菌抗菌作用不及红霉素,对支原体有特效,对大多数革兰阴性菌作用较差。另外,本品对牛、猪、鸡还有促生长作用。

本品主要用于防治鸡、火鸡和其他动物的支原体及革兰阳性菌感染,如鸡的慢性呼吸道病、猪的支原体性肺炎和关节炎等,也可用于浸泡种蛋以预防鸡支原体传播,以及猪、鸡的生长促进剂。

【注意事项】 ①本品毒性较小,肌内注射时可导致局部刺激。②本品不能与聚醚类抗生素合用,否则导致后者的毒性增强。③若水中含有铁、铜、铝等金属离子时,则可与本品形成络合物而失效。

【用法与用量】 肌内注射,一次量,牛 10~20 mg/kg,猪 5~13 mg/kg,猫 10 mg/kg,每日 1~2 次,连用 5~7 d。内服,一次量,猪 7~10 mg/kg,每日 3 次,连用 5~7 d。混饮,每 1 L 水,禽 500 mg,连用 3~5 d,蛋鸡产蛋期禁用,休药期鸡 1 d,猪 200~500 mg(治疗弧菌性痢疾)。混饲,每 1 000 kg 饲料,猪 10~100 g,鸡 4~50 g。

(5)氨基糖苷类

氨基糖苷类抗生素为静止期杀菌药,临诊上常用的有链霉素、卡那霉素、庆大霉素、新霉素、安普霉素及阿米卡星等。它们具有以下共同特征:①均为较强的有机碱,能与酸形成盐,常用制剂为硫酸盐,易溶于水,性质稳定,在碱性环境中抗菌作用增强。②内服难吸收,几乎完全从粪便排出,可作为肠道感染和肠道消毒用药,对全身感染需注射给药。③抗菌谱较广,对需氧革兰阴性菌作用较强,对革兰阳性菌较弱,大部分以原形经肾小球滤过排泄,尿药浓度高,适用于泌尿道感染,在碱性尿液中抗菌作用增强。④不良反应主要是损害第八对脑神经、肾毒性及对神经肌肉的阻断等。

链霉素

本品是从灰链霉菌培养液提取的,常用其硫酸盐,为白色或类白色粉末,性质稳定,易溶于水,常制成粉针。

【作用与应用】 本品抗菌谱广,对大多数革兰阴性杆菌有较强的抗菌作用,抗结核杆菌的作用在氨基糖苷类中最强,对铜绿假单胞菌作用弱,对金黄色葡萄球菌、钩端螺旋体、放线菌也有一定的作用。在弱碱性环境中抗菌活性最强,在酸性环境中活性下降。细菌易产生耐药性,产生的速度比青霉素快。

本品主要用于敏感菌所致的急性感染,如大肠杆菌所引起的各种腹泻、乳腺炎、子宫炎、败血症、膀胱炎等,巴氏杆菌所引起的牛出血性败血症、犊牛肺炎、猪肺疫、禽霍乱等,也常作为结核病的首选药。

【注意事项】 ①反复使用极易产生耐药性,一旦产生,停药后不易恢复。②过敏反应发生率较青霉素低,但也可出现皮疹、发热、血管神经性水肿、嗜酸性粒细胞增多等。③对第八对脑神经有损害作用,造成前庭功能和听觉的损伤,但家畜中少见。④用量过大可引起神经肌肉传导阻滞作用,出现呼吸抑制、肢体瘫痪和骨骼肌松弛等症状,严重者肌内注射新斯的明或静脉注射氯化钙缓解。

【用法与用量】 肌内注射,一次量,家畜 10~15 mg/kg,家禽 20~30 mg/kg,每日 2~3 次。

卡那霉素

本品为目前最常用的氨基糖苷类抗生素,也是临诊治疗革兰阴性杆菌感染的常用药物。常用其硫酸盐,为白色或类白色结晶性粉末,无臭,易溶于水,常制成粉针、注射液。

【作用与应用】 抗菌谱与链霉素相似,抗菌活性稍强。对多数革兰阴性杆菌(如大肠杆菌、沙门菌和巴氏杆菌等)敏感,对结核杆菌和耐青霉素金黄色葡萄球菌也有效,但对铜绿假单胞菌无效。细菌耐药比链霉素慢,与链霉素单向交叉耐药。

本品主要用于治疗多数革兰阴性杆菌和部分耐青霉素金黄色葡萄球菌所致的感染,如呼吸道、肠道和泌尿道感染、乳腺炎、禽霍乱和雏鸡白痢等。此外,也可用于治疗猪萎缩性鼻炎。

【注意事项】 与链霉素相似。

【用法与用量】 肌内注射,一次量,家畜、家禽 10~15 mg/kg,每日 2 次,连用 2~3 d。

庆大霉素

本品又称正泰霉素,常用其硫酸盐,为白色或类白色结晶性粉末,无臭,易溶于水,常制成片剂、粉剂、注射液。

【作用与应用】 本品在氨基糖苷类药物中抗菌谱最广,抗菌活性最强。对革兰阴性菌和革兰阳性菌均有作用,特别对肠道菌及铜绿假单胞菌及耐药金黄色葡萄球菌的作用最强。此外,对支原体也有一定的作用。细菌耐药不如链霉素、卡那霉素耐药菌株普遍,与链霉素单向交叉耐药,对链霉素耐药有效。

本品主要用于治疗耐药金黄色葡萄球菌、铜绿假单胞菌、变形杆菌和大肠杆菌等所引起的疾病,如呼吸道、肠道、泌尿道感染和败血症等。内服还可用于肠炎和细菌性腹泻。

【注意事项】 ①与链霉素相似。②对肾脏有较严重的损害作用,临诊应用不要随意加大剂量及延长疗程。

【用法与用量】 肌内注射,一次量,马、牛、羊、猪 2~4 mg/kg,犬、猫 3~5 mg/kg,家禽 5~7.5 mg/kg,每日 2 次,连用 2~3 d。内服,一次量,驹、犊、羔羊、仔猪 10~15 mg/kg,每日 2 次。

阿米卡星

本品又称丁胺卡那霉素,其硫酸盐为白色或类白色结晶性粉末,几乎无臭,无味,极易溶解于水,常制成粉针、注射液。

【作用与应用】 本品为半合成的氨基糖苷类抗生素,其作用、抗菌谱与庆大霉素相似,对庆大霉素、卡那霉素耐药的铜绿假单胞菌、大肠杆菌、变形杆菌、克雷伯杆菌等仍有效,对金黄色葡萄球菌也有较好作用。

本品主要用于治疗耐药菌引起的菌血症、败血症、呼吸道感染、腹膜炎及敏感菌引起的各种感染等。

【注意事项】 ①有耳毒性和肾毒性,耳毒性以耳蜗损害为主,偶见过敏反应。②不能直接静脉注射,易引起神经肌肉传导阻滞及呼吸抑制。③用药期间应给予足够的水分,以减少肾小管损害。

【用法与用量】 肌内注射，一次量，家畜 5~7.5 mg/kg，每日 2 次，连用 3~5 d。

(6) 多肽类

多肽类抗生素是具有多肽结构特征的一类抗生素，包括多黏菌素 B、多黏菌素 E、杆菌肽、短杆菌肽和万古霉素。本类药物细菌不易产生耐药性，但对肾脏和神经系统损害较大。

多黏菌素

本类抗生素是由多黏芽孢杆菌产生的，其硫酸盐为白色或类白色结晶性粉末，无臭，易溶于水，常制成可溶性粉、预混剂。

【作用与应用】 本品为窄谱杀菌剂，对革兰阴性杆菌的抗菌活性强，尤其以铜绿假单胞菌作用最为敏感，对大肠杆菌、沙门菌、巴氏杆菌、痢疾杆菌、布鲁氏菌和弧菌等革兰阴性菌作用较强，对变形杆菌、厌氧杆菌属、革兰阴性球菌、革兰阳性菌等不敏感。本品不易产生耐药性，但与多黏菌素 E 之间有交叉耐药性，与他类抗菌药物之间未发现有交叉耐药性。另外，还有促进雏鸡、犊牛和仔猪生长作用。

本品主要用于防治猪、鸡的革兰阴性菌的肠道感染，外用治疗烧伤和外伤引起的铜绿假单胞菌感染，也可作为饲料添加剂使用，促进畜禽生长。

【注意事项】 ①本品常作为铜绿假单胞菌、大肠杆菌感染的首选药。②注射给药刺激性强，局部疼痛显著，并可引起肾毒性和神经毒性，多用于内服或局部用药。

【用法与用量】 混饲，每 1 000 kg 饲料，犊牛 5~40 g，乳猪 2~40 g，仔猪、鸡 2~20 g。混饮，每 1 L 水，猪 40~200 mg，鸡 20~60 mg。

杆菌肽

本品为白色或淡黄色粉末，易溶于水，本品的锌盐为灰色粉末，不溶于水，性质稳定，常制成可溶性粉、预混剂。

【作用与应用】 本品抗菌谱与青霉素相似，对各种革兰阳性菌有杀菌作用，包括耐药的金黄色葡萄球菌、肠球菌、链球菌，对螺旋体和放线菌也有效，对少数革兰阴性菌、螺旋体和放线菌也有作用。另外，本品的锌盐有促进动物生长和提高饲料转化率作用。

本品主要用于治疗革兰阳性菌及耐药的金黄色葡萄球菌所致的皮肤、伤口感染，眼部感染和乳腺炎等。

【注意事项】 ①肌内注射易吸收，但对肾脏毒性大，不宜用于全身感染。②偶有过敏反应，皮肤局部瘙痒、皮疹、红肿，一般反应轻微。

【用法与用量】 内服，一次量，猪 20~30 mg/kg，禽 20~50 mg/kg，每日 2 次，连用 3~5 d。混饲，每 1 000 kg 饲料，3 月龄以下犊牛 10~100 g，3~6 月龄 4~40 g，4 月龄以下猪 4~40 g，16 周龄以下禽 4~40 g。

(7) 四环素类

四环素类抗生素为广谱抗生素，包括金霉素、土霉素、四环素及多西环素等，广泛用于多种细菌及立克次体、衣原体、支原体、原虫等感染。临诊常用的有四环素、土霉素、金霉素、多西环素等。

多西环素

本品又称脱氧土霉素、强力霉素，其盐酸盐为淡黄色或黄色结晶性粉末，无臭、味苦，易溶于水，常制成片剂、可溶性粉。

【作用与应用】 本品抗菌谱与其他四环素类相似，抗菌活性较土霉素、四环素强。对革兰阳性菌作用优于革兰阴性菌，但对肠球菌耐药。本品与土霉素、四环素等存在交叉耐药性。

本品用于治疗革兰阳性菌、革兰阴性菌和支原体引起的感染性疾病，如溶血性链球菌病、葡萄球菌病、大肠杆菌病、沙门菌病、巴氏杆菌病、布鲁氏菌病、炭疽、猪螺旋体病及畜禽的支原体病等。

【注意事项】 ①本品在四环素类中毒性最小，但马属动物静脉注射可致心律不齐、虚脱和死亡。②肾功能损害时，药物自肠道排泄量增加，成为主要排泄途径，故可用于有肾功能损害的动物。

【用法与用量】 内服，一次量，猪、驹、犊、羔羊 3~5 mg/kg，犬、猫 5~10 mg/kg，禽 15~25 mg/kg，每日 1 次，连用 3~5 d。混饲，每 1 000 kg 饲料，猪 150~250 g，禽 100~200 g。混饮，每 1 L 水，猪 100~150 mg，禽 50~100 mg。

(8) 酰胺醇类

酰胺醇类抗生素包括氯霉素、甲砜霉素、氟甲砜霉素等，由于氯霉素可引起可逆性血细胞减少及不可逆的再生障碍性贫血。目前，世界各国几乎都禁止氯霉素用于所有食品动物。

甲砜霉素

本品为白色结晶性粉末，无臭，微溶于水，常制成片剂和粉剂。

【作用与应用】 本品抗菌谱广，对革兰阴性菌作用强于革兰阳性菌。对其敏感的革兰阴性菌有大肠杆菌、沙门菌、产气荚膜梭菌、布鲁氏菌及巴氏杆菌，革兰阳性菌有炭疽杆菌、链球菌、棒状杆菌、肺炎球菌、葡萄球菌等。对衣原体、螺旋体、立克次体也有一定的作用，对铜绿假单胞菌不敏感。

本品用于治疗畜禽肠道、呼吸道等敏感菌所致的感染，尤其是大肠杆菌、沙门菌及巴氏杆菌感染。

【注意事项】 ①有抑制红细胞、白细胞和血小板生成作用，但不产生再生障碍性贫血。②有较强的免疫抑制作用，疫苗接种期禁用。③有胚胎毒，妊娠期及哺乳期动物慎用。④长期内服可引起消化机能紊乱，出现二重感染。

【用法与用量】 内服，一次量，畜禽 5~10 mg/kg，每日 2 次，连用 2~3 d。

氟甲砜霉素

本品为白色或类白色结晶性粉末，无臭，水中极微溶解，常制成粉剂、溶液、预混剂、注射液。

【作用与应用】 本品为动物专用广谱抗生素，抗菌作用与甲砜霉素相似，抗菌活性优于甲砜霉素。

本品主要用于敏感细菌所致的牛、猪和鸡的细菌性疾病，如牛的呼吸道感染、乳腺炎，猪传染性胸膜肺炎、黄痢、白痢，鸡大肠杆菌病、霍乱等。

【注意事项】 ①不引起骨髓抑制或再生障碍性贫血，但有胚胎毒，妊娠动物禁用。②与甲氧苄啶合用产生协同作用。③肌内注射有一定刺激性，应深部注射。

【用法与用量】 内服，一次量，猪、鸡 20~30 mg/kg，每日 2 次，连用 3~5 d。肌内注射，一次量，猪、鸡 20 mg/kg，每 2 日 1 次，连用 2 次。

5.2.2 化学合成抗菌药

抗菌药物除抗生素外，还有许多人工合成的抗菌药，目前应用比较广泛的合成抗菌药有磺胺类、氟喹诺酮类等药物。

5.2.2.1 磺胺类

磺胺嘧啶

本品为白色或类白色的结晶或粉末,无臭,无味,几乎不溶于水,其钠盐易溶于水,常制成片剂、预混剂、注射液。

【作用与应用】 ①本品抗菌谱广,抗菌活性强,对脑膜炎双球菌、肺炎双球菌、溶血性链球菌、沙门菌、大肠杆菌等革兰阳性菌及革兰阴性菌作用强,但对金黄色葡萄球菌作用较差。②对衣原体和某些原虫也有作用。

本品主要用于各种动物敏感菌所致的全身感染,如马腺疫、坏死杆菌病、牛传染性腐蹄病、猪萎缩性鼻炎、副伤寒、球虫病、鸡卡氏住白细胞虫病,本品能通过血脑屏障进入脑脊液,常作为治疗脑部细菌感染的首选药。

【注意事项】 ①本品内服易吸收,代谢的乙酰化物易在肾脏析出,可引起血尿、结晶尿等。②注射液遇酸可析出结晶,不能与四环素、卡那霉素、林可霉素等配伍应用,也不宜用5%葡萄糖稀释。③肾毒性较大,与呋塞米等利尿药合用增加肾毒性。④常与抗菌增效剂制成复方制剂,增强抗菌效果,用于家畜敏感菌及猪弓形虫感染。

【用法与用量】 内服,一次量,家畜首次量140~200 mg/kg,维持量70~100 mg/kg,每日2次,连用3~5 d。混饲,一次量,猪15~30 mg/kg,连用5 d,鸡25~30 mg/kg,连用10 d。混饮,每1 L水,鸡80~160 mg,连用5~7 d。肌内注射,一次量,家畜20~30 mg/kg,每日1~2次,连用2~3 d。

磺胺二甲嘧啶

本品为白色或微黄色结晶或粉末,无臭,味微苦,几乎不溶于水,易溶于稀酸或稀碱溶液,其钠盐易溶于水,常制成片剂、注射液。

【作用与应用】 本品抗菌谱与磺胺嘧啶相似,抗菌作用稍弱于磺胺嘧啶,对球虫和弓形虫也有抑制作用。

本品主要用于敏感病原体引起的感染,如巴氏杆菌病、乳腺炎、子宫内膜炎、兔和禽球虫病、猪弓形虫病等。

【注意事项】 ①本品体内乙酰化率低,不易引起肾脏损害。②对鸡小肠球虫比盲肠球虫更为有效,若要控制盲肠球虫,必须提高其浓度。③长期连续饲喂,除明显影响增重外,可阻碍维生素K的合成,使血凝时间延长,甚至出现出血病变。④产蛋鸡禁用。

【用法与用量】 内服,一次量,家畜首次量140~200 mg/kg,维持量70~100 mg/kg,每日2次,连用3~5 d。肌内注射,一次量,家畜50~100 mg/kg,每日1~2次,连用2~3 d。

磺胺对甲氧嘧啶

本品又称磺胺-5-甲氧嘧啶,为白色或微黄色粉末,无臭,味苦,几乎不溶于水,微溶于酸,易溶于碱,其钠盐易溶于水,常制成片剂、预混剂、注射液。

【作用与应用】 ①本品抗菌谱广,对非产酶金黄色葡萄球菌、化脓性链球菌、肺炎链球菌、沙门菌、大肠杆菌等革兰阳性菌及革兰阴性菌有较好的抗菌作用,其抗菌作用比磺胺嘧啶强,与磺胺间甲氧嘧啶相似,但较弱。②本品对球虫也有一定的抑制作用。

本品主要用于敏感病原体引起的泌尿道、呼吸道、消化道、生殖道、皮肤感染及弓形虫病、球虫病。

【注意事项】 ①本品体内乙酰化率低,不易引起肾脏损害。②常与抗菌增效剂制成复方片剂、预混剂使用。

【用法与用量】 内服，一次量，家畜，首次量 50~100 mg/kg，维持量 25~50 mg/kg，每日 2 次，连用 3~5 d。混饲，每 1 000 kg 饲料，猪、禽 1 000 g。肌内注射，一次量，家畜 15~20 mg/kg，每日 1~2 次，连用 2~3 d。

磺胺脒

本品为白色针状结晶性粉末，无臭，无味，不溶于水，常制成片剂。

【作用与应用】 本品抗菌作用与其他磺胺类药物相似，内服几乎不吸收，肠内浓度高，常用于治疗各种细菌性痢疾、肠炎。

【注意事项】 ①本品不易吸收，但新生仔畜的肠内吸收率高于幼畜。②成年反刍动物少用，因瘤胃内容物可使之稀释而降低药效。

【用法与用量】 内服，一次量，家畜，首次量 100~200 mg/kg，每日 2 次，连用 3~5 d。

磺胺嘧啶银

本品为白色或类白色结晶性粉末，不溶于水，遇光或遇热易变质，应避光、密封在阴凉处保存，常制成粉剂。

【作用与应用】 本品具有磺胺嘧啶的抗菌作用与银盐的收敛作用，对铜绿假单胞菌具有强大抑制作用。本品主要用于预防烧伤后感染，对已发生的感染疗效较差。

【注意事项】 本品用于治疗局部创伤时，应彻底清除创面的坏死组织和脓汁，以免影响疗效。

【用法与用量】 外用，撒布于创面或配成 2% 混悬液敷于创面。

5.2.2.2 抗菌增效剂

抗菌增效剂是一类广谱抗菌药物，由于能增强多种抗生素的疗效，目前国内常用的有甲氧苄啶(TMP)、二甲氧苄啶(DVD)等。

甲氧苄啶

本品为白色或淡黄色结晶性粉末，无臭，味苦，几乎不溶于水，常制成粉剂、片剂、预混剂、注射液。

【作用与应用】 本品为广谱抗菌剂，与磺胺类药物相似，对化脓链球菌、大肠杆菌、变形杆菌等革兰阳性菌和革兰阴性菌抑制作用，对铜绿假单胞菌、结核杆菌、猪丹毒杆菌、钩端螺旋体不敏感。

本品一般不单独使用，常与磺胺类药物组成复方制剂用于由链球菌、葡萄球菌及某些革兰阴性菌等引起的呼吸道、泌尿道和软组织的感染。

【注意事项】 ①本品易产生耐药性，不宜单独使用。②大剂量长期使用会引起骨髓造血机能抑制，孕畜和初生仔畜的叶酸摄取障碍。③与磺胺类药物制成的刺激性较强的复方注射液应做深部肌内注射。④蛋鸡产蛋期禁用，猪宰前 5 d、肉鸡宰前 10 d 停止给药。

【用法与用量】 复方磺胺嘧啶预混剂：混饲，一次量，猪 15~30 mg/kg（以磺胺嘧啶计），鸡 25~30 mg/kg，每日 2 次，连用 5 d。

常按组成的具体复方制剂计算使用剂量。

5.2.2.3 喹诺酮类

喹诺酮类是人工合成的含 4-喹诺酮基本结构的杀菌性抗菌药物，对细菌 DNA 螺旋酶具有选择性抑制作用。

喹诺酮类主要共同特性：①抗菌谱广、抗菌活性强，对革兰阴性杆菌包括铜绿假单胞菌在内有强大的杀菌作用，对金黄色葡萄球菌及产酶金黄色葡萄球菌也有良好抗菌作用，对结核杆菌、支原体、衣原体及厌氧菌也有作用。②适用于敏感病原菌所致的呼吸道感染、尿路感染及革兰阴性杆菌所致各种感染，骨、关节、皮肤软组织感染。③细菌对本类药与其他抗菌药物间无交叉耐药性。④口服吸收良好，部分可静脉给药，体内分布广，组织体液浓度高，可达有效抑菌或杀菌浓度。⑤不良反应少，大多轻微，偶有抽搐等神经症状，停药可消退。

喹诺酮类不良反应：①对幼年动物可引起软骨组织损害，药物可分泌于乳汁，哺乳期需注意。②可引起中枢神经系统不良反应，不宜用于有中枢神经系统病史的患畜，尤其是有癫痫病史的患畜。③可抑制茶碱类、咖啡因和口服抗凝血药在肝脏中代谢，使其浓度升高引起不良反应。④与制酸药的同时应用，可形成络合物而减少其自肠道吸收，应避免合用。

诺氟沙星

本品是第一个氟喹诺酮类药，又称氟哌酸，为类白色至淡黄色结晶性粉末，无臭，味微苦，极微溶于水，常制成溶液、可溶性粉、片剂、注射液。

【作用与应用】 本品为广谱杀菌药，对革兰阳性菌和革兰阴性菌包括铜绿假单胞菌均有良好抗菌活性，对支原体也有一定的作用，对大多数厌氧菌不敏感。

本品主要用于敏感菌引起的消化系统、呼吸系统、泌尿系统感染的治疗，如鸡大肠杆菌病、鸡白痢、禽巴氏杆菌病、鸡慢性呼吸道病、仔猪黄痢、仔猪白痢等。

【注意事项】 ①本品肌内注射有一过性刺激作用。②细菌对本品有明显的耐药现象。③氨茶碱及咖啡因代谢途径与本品类似，其代谢均可被抑制。

【用法与用量】 混饮，每1 L水，鸡 50~100 mg，连用3~5 d。内服，一次量，猪、犬 10~20 mg/kg。肌内注射，一次量，猪 10 mg/kg，每日2次，连用3~5 d。

环丙沙星

本品又称环丙氟哌酸，其盐酸盐和乳酸盐为白色或微黄色结晶性粉末，均易溶于水，常制成可溶性粉、注射液、预混剂。

【作用与应用】 本品为广谱杀菌药，抗菌活性是喹诺酮类中最强的一种作用于革兰阴性菌的抗菌药物，对革兰阳性菌、支原体、厌氧菌的作用也较强。

本品主要用于畜禽细菌性疾病及支原体感染，如鸡的慢性呼吸道病、大肠杆菌病、传染性鼻炎、禽巴氏杆菌病、禽伤寒、葡萄球菌病、仔猪黄痢、仔猪白痢等。

【注意事项】 ①本品与氨基糖苷类抗生素、磺胺类药物合用对大肠杆菌或葡萄球菌有协同作用，但增加肾毒性作用，仅限于重症及耐药时应用。②犬、猫大剂量使用可出现中枢神经反应，雏鸡出现强直性痉挛。

【用法与用量】 内服，一次量，猪、犬 5~15 mg/kg，每日2次。混饮，每1 L水，禽 40~80 mg，每日2次，连用3 d。肌内注射，一次量，家畜 2.5 mg/kg，家禽 5 mg/kg，每日2次。静脉注射，一次量，家畜 2 mg/kg，每日2次，连用2~3 d。

恩诺沙星

本品又称乙基环丙沙星、恩氟沙星，为黄色或淡橙黄色结晶性粉末，无臭，味微苦，微溶于水，在醋酸、盐酸或氢氧化钠溶液中易溶，其盐酸盐及乳酸盐均易溶于水，常制成可溶性粉、溶液、注射液、片剂。

【作用与应用】 本品为动物专用广谱杀菌药，对支原体有效特，对耐泰乐菌素或泰妙菌素的支原体也有效，对由厌氧菌、寄生虫、霉菌等感染无效。

本品主要用于家畜的敏感菌及支原体引起的消化系统、呼吸系统、泌尿生殖系统及皮肤软组织的感染，如仔猪黄痢、仔猪白痢、猪水肿病、仔猪副伤寒、猪萎缩性鼻炎、猪气喘病、子宫炎、乳腺炎、猪的链球菌病等疾病。

【注意事项】 ①本品临诊应用可影响幼龄动物关节软骨发育，马肌内注射有一过性刺激作用。②偶发结晶尿和诱导癫痫发作，可引起消化系统出现呕吐、腹痛、腹胀、皮肤出现红斑、瘙痒、荨麻疹及光敏反应等。③与氨基糖苷类、广谱青霉素有协同作用，与利福平、氟苯尼考有拮抗作用。④不宜与含钙、镁、铁等多价金属离子药物或饲料合用，以防影响吸收。

【用法与用量】 混饮，每 1 L 水，禽 50~75 mg，连用 3~5 d。内服，一次量，犊、羔、仔猪、犬、猫 2.5~5 mg/kg，禽 5~7.5 mg/kg，每日 2 次，连用 3~5 d。肌内注射，一次量，牛、羊、猪 2.5 mg/kg，犬、猫、兔、禽 2.5~5 mg/kg，每日 1~2 次，连用 2~3 d。

二氟沙星

本品又称双氟沙星，为动物专用的抗菌药，其盐酸盐为类白色或淡黄色结晶性粉末，无臭，味微苦，微溶于水，常制成粉剂、溶液、片剂、注射液。

【作用与应用】 本品抗菌谱与恩诺沙星相似，抗菌活性略低，对畜禽呼吸道致病菌有良好的活性，尤其对葡萄球菌的活性较强，对多数厌氧菌也有抑制作用。

本品主要用于敏感菌所致的消化系统、呼吸系统、泌尿系统感染及霉形体感染，尤其对鸡大肠杆菌病、仔猪红痢、仔猪黄痢、仔猪白痢有特效。

【注意事项】 ①本品较高剂量使用时偶尔出现结晶尿。②本品内服、肌内注射吸收均好，猪比鸡吸收完全。③休药期，猪 45 d，鸡 1 d。

【用法与用量】 内服，一次量，鸡 5~10 mg/kg，每日 2 次，连用 3~5 d。肌内注射，一次量，猪 5 mg/kg，每日 1 次，连用 3 d。

5.2.3 抗微生物药的合理应用

抗微生物药是目前兽医临诊使用最广泛的抗感染药，在控制畜禽传染病起着巨大的作用。为了充分发挥抗菌药的疗效，减少细菌产生耐药性，必须合理使用抗微生物药。

(1) 正确诊断，准确选药

正确诊断是选择药物的前提，有了正确的诊断，才能了解致病菌，才能选择对致病菌高度敏感的药物。要尽量避免对无指征或指征不明患畜使用抗菌药，如病毒感染、真菌感染不宜选用一般的抗菌药。

(2) 制订合理的给药方案

使用抗微生物药必须有合理的剂量、间隔时间及疗程。疗程应充足，一般感染性疾病可连续用药 3~4 d，症状消失后再巩固 1~2 d，以防复发，磺胺类药物的疗程需要更长一些，且首次用量要加倍。另外，对于感染性疾病(如支原体性肺炎)，除了需要选择敏感药外，还应考虑该药在肺组织中的分布。

(3) 防止产生耐药性

随着抗菌药物在兽医临诊的广泛应用，细菌耐药性逐年升高，细菌耐药性的问题变得日益严重。为了防止耐药菌株的产生，应注意以下几点：①严格掌握适应症，不滥用抗菌药物。能不用的尽量不用；禁止将抗菌药作为动物促生长剂使用；用单一抗菌药物有效的就不采用联合用药。②严格掌握用药指征，剂量要够，疗程要恰当。③尽可能避免局部用药，并杜绝不必要的预防应用。④病因不明者，不要轻易使用抗菌药。⑤发现耐药菌株感染，应改用对病原菌敏感的药物或采取联合用药。⑥尽量减少长期用药，不要长期固定使用同一类药物，要有计划地分期、分批交替使用不同作用机理的抗菌药。

(4) 正确的联合用药

联合应用抗菌药的目的是扩大抗菌谱、增强疗效、减少用量、降低或避免毒副作用，减少或延缓耐药菌株的产生。多数细菌性感染只需用一种抗菌药物进行治疗。联合用药必须有明确的指征：①用一种药物不能控制的严重感染或混合感染，如败血症、慢性尿道感染、腹膜炎、创伤感染等。②病因不明的严重感染，先联合用药，待确诊后，再调整用药。③长期用药易出现耐药性的细菌感染。④使毒性较大的抗菌药减少药量。

为了获得联合用药的协同作用，必须根据抗菌药的作用特性和机理进行选择，防止盲目组合。目前，一般将抗菌药按其作用性质分为四大类：Ⅰ类为繁殖期或速效杀菌药，如青霉素类、头孢菌素类；Ⅱ类为静止期或慢效杀菌药，如氨基糖苷类、氟喹诺酮类、多黏菌素类；Ⅲ类为速效抑菌药，如四环素类、酰胺醇类、大环内酯类；Ⅳ类为慢效抑菌药，如磺胺类等。Ⅰ类与Ⅱ类合用一般可获得增强作用，如青霉素和链霉素合用，前者破坏细菌细胞壁的完整性，有利于后者进入菌体内作用于其靶位。Ⅰ类与Ⅲ类合用出现拮抗作用，如青霉素与四环素合用，在四环素的作用下，细菌蛋白质合成迅速抑制，细菌停止生长繁殖，使青霉素的作用减弱。Ⅰ类与Ⅳ类合用，可出现相加或无关作用，因Ⅳ类对Ⅰ类的抗菌活性无重要影响，如在治疗脑膜炎时，青霉素与磺胺嘧啶合用可获得相加作用而提高疗效。

(5) 采取综合给药措施

机体的免疫力是影响抗菌药作用的重要因素，外因通过内因而起作用，在治疗中过分强调抗菌药的功效而忽视机体内在因素，往往是导致治疗失败的重要原因之一。因此，在使用抗菌药物时，要根据病畜的种属、年龄、生理、病理状况，采取综合治疗措施，增强抗病能力。

5.3 抗寄生虫药

5.3.1 抗蠕虫药

抗蠕虫药是指能杀灭或驱除寄生于畜禽体内蠕虫的药物，分为驱线虫药、驱绦虫药、驱吸虫药和抗血吸虫药。

5.3.1.1 驱线虫药

敌百虫

本品为白色结晶或结晶性粉末，在碱性溶液中可迅速变成毒性更强的敌敌畏，易溶于水，常制成片剂。

【作用与应用】 本品驱虫谱广，对多数消化道线虫和部分吸虫有效，也可杀灭体外寄生虫，如螨、蜱、蚤、虱等。敌百虫的驱虫机理是能与虫体内胆碱酯酶结合导致乙酰胆碱蓄积，而使虫体肌肉兴奋、痉挛、麻痹直至死亡。

【注意事项】 ①家禽对敌百虫较敏感，易中毒。②敌百虫溶液应现配现用。③敌百虫中毒的体表不宜用碱水洗涤，而应使用清水清洗。④如果用药浓度过高、剂量过大，易发生中毒反应。

【用法与用量】 内服，一次量，马 30~50 mg/kg，牛 20~40 mg/kg，绵羊 80~100 mg/kg，山羊 50~70 mg/kg，猪 80~100 mg/kg。喷洒，配成 1%~3% 溶液喷洒于动物体表，治疗体虱疥螨，0.1%~0.5% 喷洒于环境，杀灭蝇、蚊、虱、蚤等。药浴，0.5% 溶液适用于疥螨、0.2% 溶 7 液适用于痒螨病。涂擦，2% 溶液涂擦牛背部，治疗牛皮蝇蛆。喷淋，0.25%~1% 药液高压喷雾，使牛毛皮全湿,用于肉牛、泌乳奶牛的体表杀虫。

左旋咪唑

本品为四咪唑的左旋异构体,其盐酸盐或磷酸盐为白色或类白色针状结晶或结晶性粉末,无臭,味苦,在水中极易溶解,常制成片剂、注射液。

【作用与应用】 本品为广谱、高效、低毒的驱线虫药,对多种动物的胃肠道线虫和肺线虫有驱杀作用,对成虫及某些线虫的幼虫均有效。其驱虫机理是药物通过虫体表皮吸收,迅速到达作用部位,水解成不溶于水的代谢产物,与酶活性中的巯基相互作用,形成稳定的S—S链,使延胡索酸还原酶失活,从而影响能量产生。此外,本品还能使虫体肌肉痉挛收缩,加之药物的拟胆碱作用,使麻痹的虫体迅速排出体外。

本品具有明显的免疫调节功能,是通过刺激淋巴细胞的T细胞系统,增强淋巴细胞对有丝分裂原的反应,提高淋巴细胞活性物质的产生,增加淋巴细胞数量,并增强巨噬细胞和中性粒细胞的吞噬功能。

【注意事项】 ①本品安全范围窄,注射给药易中毒,单胃动物驱虫时常内服给药。②马较敏感需慎用,骆驼禁用,泌乳期动物禁用。③中毒症状与有机磷中毒相似,可用阿托品解救。④本品刺激性较强,盐酸左旋咪唑对局部组织反应严重,磷酸左旋咪唑稍弱,常供皮下、肌内注射。

【用法与用量】 盐酸左旋咪唑片,内服,一次量,牛、羊、猪 7.5 mg/kg,犬、猫 10 mg/kg,禽 25 mg/kg。休药期,牛 2 d,羊 3 d,猪 3 d。盐酸左旋咪唑注射液,皮下、肌内注射,一次量,牛、羊、猪 7.5 mg/kg,犬、猫 10 mg/kg,禽 25 mg/kg。休药期,牛 14 d,羊 28 d,猪 28 d。磷酸左旋咪唑注射液,注射剂量同盐酸左旋咪唑注射液。

阿苯达唑

本品又称丙硫苯咪唑、抗蠕敏,为白色或类白色粉末,无臭,无味,在水中不溶,常制成片剂。

【作用与应用】 本品为广谱、高效、低毒的新型驱虫药,对线虫、绦虫、某些吸虫均有效。其驱虫机理是抑制延胡索酸还原酶的活性,影响虫体对葡萄糖的摄取和利用,ATP 生成减少,导致虫体肌肉麻痹而死亡。

【注意事项】 ①马、兔、猫较敏感,不宜连续大剂量给药。②牛、羊妊娠45 d内,猪妊娠30 d内禁用,产奶期禁用。③休药期,牛 28 d,羊 10 d。

【用法与用量】 内服,一次量,马 5~10 mg/kg,牛、羊 10~15 mg/kg,猪 5~10 mg/kg,犬 25~50 mg/kg,禽 10~20 mg/kg。

伊维菌素

本品又称艾佛菌素、灭虫丁,主要成分为22,23-双氢阿维菌素 $B_{1\alpha}$,为白色结晶性粉末,无味,在水中几乎不溶,常制成注射液。

【作用与应用】 本品是新型广谱、高效、低毒大环内酯类驱虫药,对体内外寄生虫特别是线虫、昆虫、螨均有良好驱杀作用。其驱虫机理是增加虫体 γ-氨基丁酸(GABA)的释放,增强神经膜对 Cl^- 的通透性,抑制神经接头的信号传递,导致虫体麻痹死亡。吸虫和绦虫不以 GABA 为传递递质,并且缺少受谷氨酸控制的 Cl^- 通道,故本类药物对其无效。哺乳动物外周神经递质为乙酰胆碱,GABA 虽分布于中枢神经系统,由于本类药物不易透过血脑屏障,因而对其影响极小。

【注意事项】 ①本品安全范围较大,但剂量过大也可引起中毒,无特效解毒药。②肌内注射可产生严重的局部反应,犬和马较明显,应慎用,一般采用内服或皮下注射。③长毛牧羊犬对本品敏感,不宜使用。④本品驱虫作用缓慢,有些内寄生虫要数天甚至数周才能出现明显药效。⑤对虾、鱼及水生生物有剧毒,切勿污染水源。⑥注射剂休药期,牛 35 d,羊 42 d,产奶期禁用,猪 18 d。预混剂休药期,猪 5 d。

【用法与用量】 内服,一次量,家畜 0.2~0.3 mg/kg。皮下注射,一次量,牛、羊 0.2 mg/kg,猪 0.3 mg/kg。

5.3.1.2 驱绦虫药

氯硝柳胺

本品又称灭绦灵,为浅黄色结晶性粉末,无臭,无味,本品在水中不溶,置于空气中易呈黄色,常制成片剂。

【作用与应用】 本品具有驱绦虫谱广、效果好、毒性低、使用安全等优点。内服难吸收,在肠道内保持较高浓度,对畜禽多种绦虫均有杀灭效果。此外,还有较强的杀钉螺作用,对螺卵和尾蚴也有杀灭作用。其驱虫机理是通过抑制虫体线粒体内的氧化磷酸化过程,阻断绦虫三羧酸循环,使乳酸蓄积而起杀灭作用。

【注意事项】 ①本品安全范围较广,多数动物使用安全,但犬、猫较敏感,2 倍治疗量,则出现暂时性下痢。②鱼类敏感,易中毒致死。

【用法与用量】 内服,一次量,牛 40~60 mg/kg,羊 60~70 mg/kg,马 200~300 mg/kg,犬、猫 80~100 mg/kg,禽 50~60 mg/kg。

硫双二氯酚

本品又称别丁、硫氯酚,为白色或类白色,结晶性粉末,无臭,难溶于水,易溶于稀碱溶液中,常制成片剂。

【作用与应用】 本品对畜禽多种绦虫和吸虫均有驱虫效果。对牛、羊肝片吸虫、前后盘吸虫,猪姜片吸虫有效。内服仅少量由消化道吸收,并由胆汁排泄,大部分由粪便排泄,因此,可以驱除胆道吸虫和肠道绦虫。其驱虫机理是降低虫体葡萄糖分解和氧化代谢,特别是抑制琥珀酸的氧化,阻断了吸虫能量的获得。

【注意事项】 ①本品安全范围窄,多数动物用药后出现短暂性腹泻,但数日内可自行恢复。②马属动物较敏感,应慎用。

【用法与用量】 内服,一次量,牛 40~60 mg/kg,羊、猪 75~100 mg/kg,马 10~20 mg/kg,犬、猫 200 mg/kg,鸡 100~200 mg/kg。

5.3.1.3 驱吸虫药

硝氯酚

本品又称拜耳-9015,为黄色结晶性粉末,无臭,在水中不溶,在氢氧化钠溶液中溶解,常制成片剂和注射液。

【作用与应用】 本品对牛、羊肝片吸虫成虫有很好的驱杀作用,具有高效、低毒等特点,是反刍动物肝片吸虫较理想的驱虫药,对肝片吸虫幼虫虽然有效,但需要较高剂量,不安全。其驱虫机理是通过抑制虫体琥珀酸脱氢酶的活性,影响虫体的能量代谢而发挥驱虫作用。

【注意事项】 ①本品治疗量较安全,过量引起的中毒,可选用安钠咖、毒毛旋花子苷、维生素 C 等治疗,禁用钙剂。②黄牛对本品较耐受,羊较敏感。

【用法与用量】 内服,一次量,黄牛 3~7 mg/kg,水牛 1~3 mg/kg,猪 3~6 mg/kg,羊 3~4 mg/kg。皮下、肌内注射,一次量,牛、羊 0.5~1 mg/kg。

5.3.1.4 抗血吸虫药

吡喹酮

本品又称环吡异喹酮,为白色或类白色结晶性粉末,味苦,在水中不溶,常制成片剂。

【作用与应用】 本品为较理想的新型、广谱、低毒的抗血吸虫药、抗吸虫药和抗绦虫药,目前世界各国已广泛应用。主要用于动物的血吸虫病,也可用于绦虫病、囊尾蚴病。其驱虫作用可能是有 5-HT 样作用,使宿主体内血吸虫产生痉挛性麻痹脱落,同时能影响虫体肌细胞内钙离子通透性,使钙离子内流增加,抑制肌浆网钙泵的再摄取,虫体肌细胞内钙离子含量大增,使虫体麻痹脱落。

【注意事项】 ①用药后,虫体被杀释放出抗原物质,可引起发热、嗜酸性粒细胞增多等过敏反应。②严重心、肝、肾患畜慎用。③部分牛出现体温升高、肌震颤、鼓起等反应。

【用法与用量】 内服,一次量,牛、羊、猪 10~35 mg/kg,犬、猫 2.5~5 mg/kg,禽 10~20 mg/kg。

5.3.2 抗原虫药

抗原虫药是指能杀灭或抑制寄生于畜禽机体的原虫的药物,抗原虫药包括抗球虫药、抗锥虫药和抗梨形虫药等。

5.3.2.1 抗球虫药

莫能菌素

本品又称莫能星、瘤胃素,是由肉桂链霉菌培养液中提取的聚醚类抗生素,其钠盐为白色粉末,难溶于水,常制成预混剂。

【作用与应用】 本品属于单价离子载体类抗生素,是聚醚类抗生素的代表性药物,广泛用于世界各国。对鸡柔嫩、毒害、堆型、巨型、布氏和变位艾美耳球虫均有高效,用于预防鸡球虫病。本品对子孢子和第一代裂殖体都有抑制作用,作用峰期为感染后第 2 天,其杀球虫作用是通过兴奋子孢子的 Na^+-K^+-ATP 酶,使子孢子 Na^+ 离子浓度增加,Na^+ 离子增加必然导致 Cl^- 离子增加,从而使子孢子吸水肿胀和空泡化。因为球虫没有渗透调节细胞器,内部渗透压改变,必然对球虫有不良影响。

除了杀球虫作用外,对产气荚膜芽孢梭菌有抑杀作用,可防止坏死性肠炎发生。此外,对肉牛有促生长效应。

【注意事项】 ①本品对马属动物毒性大,应禁用;10 周以上火鸡、珍珠鸡及鸟类也有较强毒性,不宜应用。②禁与泰乐菌素、泰妙菌素、竹桃霉素及其他抗球虫药等合用。③产蛋期禁用,鸡休药期 3 d。

【用法与用量】 混饲,每 1 000 kg 饲料,禽 90~110 g、兔 20~40 g、犊牛 17~30 g、羔羊 10~30 g。

尼卡巴嗪

本品为黄色或黄绿色粉末,无臭,稍具异味,难溶于水,常制成预混剂。

【作用与应用】 本品对鸡盲肠球虫(柔嫩艾美耳球虫)和堆型、巨型、毒害、布氏艾美耳球虫(小肠球虫)均有良好的预防效果,推荐剂量不影响鸡对球虫产生免疫力。作用峰期在第二代裂殖体,感染后 48 h 用药,能完全抑制球虫发育,72 h 用药,抑制效果明显降低。

【注意事项】 ①本品对蛋质量和孵化率有一定的影响,产蛋期禁用。②高温季节,室温超过 40 ℃ 时,本品能增加雏鸡死亡率,应慎用。③预防用药过程中,若鸡群大量接触感染性卵囊而暴发球虫病时,应迅速改用更有效的药物(如磺胺药)治疗。④休药期,肉鸡4 d。

【用法与用量】 混饲,每1 000 kg饲料,禽125 g。

地克珠利

本品又称杀球灵,为类白色或淡黄色粉末,几乎无臭,难溶于水,常制成预混剂、溶液。

【作用与应用】 本品为新型、高效、低毒抗球虫药,广泛用于鸡球虫病,抗球虫效果优于莫能菌素等离子载体抗球虫药及其他常用的抗球虫药。抗球虫峰期可能在子孢子和第一代裂殖体早期阶段。其抗球虫作用机理尚不太清楚。

【注意事项】 ①本品长期使用易产生耐药性,需与其他药物交替使用。②半衰期短,停药1 d作用基本消失,须连续用药以防球虫病再度暴发。③安全范围较窄,用药时必须使药料充分拌匀。④休药期,肉鸡5 d。

【用法与用量】 混饲,每1 000 kg饲料,禽1 g。混饮,每1 L水,禽0.5~1 mg。

磺胺喹沙啉

本品为淡黄色或黄色粉末,无臭,难溶于水,其钠盐在水中易溶,常制成预混剂、可溶性粉。

【作用与应用】 本品为抗球虫的专用磺胺药,至今仍广泛用于畜禽球虫病,对巨型、布氏和堆型艾美耳球虫作用最强,但对柔嫩、毒害艾美耳球虫作用较弱,通常需更高浓度才能有效。用药后不影响宿主对球虫产生免疫力,同时具有一定的抗菌作用。作用峰期是第二代裂殖体,对第一代裂殖体也有一定作用,对有性周期无效。

【注意事项】 ①本品与氨丙啉或抗菌增效剂合用,可产生协同作用。②与其他磺胺类药物之间容易产生交叉耐药性。③对雏鸡有一定的毒性,高浓度(0.1%)药料连喂5 d以上,则引起与维生素K缺乏有关的出血和组织坏死现象。④本品能使产蛋率下降,蛋壳变薄,产蛋鸡禁用。⑤休药期,肉鸡7 d,火鸡10 d,牛、羊10 d。

【用法与用量】 磺胺喹沙啉,混饲,每1 000 kg饲料,禽125 g。磺胺喹沙啉、二甲氧苄啶预混剂,混饲,每1 000 kg饲料,禽500 g。磺胺喹沙啉钠可溶性粉,混饮,每1 L水,禽0.3~0.5 g;磺胺喹沙啉、三甲氧苄啶可溶性粉,混饮,每1 L水,禽0.28 g。

磺胺氯吡嗪

本品为白色或淡黄色粉末,无臭,易溶于水,一般用其钠盐,常制成粉剂。

【作用与应用】 本品对家禽球虫的作用与磺胺喹沙啉相似,且具有更强的抗菌作用,甚至可治疗禽霍乱及鸡伤寒,常用于球虫病暴发时治疗用,用药后不影响宿主对球虫产生免疫力。作用峰期是球虫第二代裂殖体,对第一代裂殖体也有一定作用,但对有性周期无效。

【注意事项】 ①本品毒性低,但长期应用仍会出现中毒症状,按推荐剂量连用3 d,最多不超过5 d。②球虫对本品可能产生耐药性,甚至交叉耐药性,疗效不佳时,应及时更换药物。③产蛋鸡禁用。休药期,火鸡4 d,肉鸡1 d。

【用法与用量】 磺胺氯吡嗪钠,混饮,每1 L水,家禽0.3 g,连用3 d。磺胺氯吡嗪钠可溶性粉,混饮,每1 L水,家禽1 g,连用3 d。

氨丙啉

本品为白色或类白色粉末,无臭或几乎无臭,溶于水,常制成预混剂。

【作用与应用】 本品对鸡球虫均有作用,对鸡柔嫩、堆型艾美耳球虫作用最强,但对毒害、布氏和巨型艾美耳球虫作用较弱,用药后对机体球虫免疫力的抑制作用不太明显。作用峰期是阻止第一代裂殖体形成裂殖子,对球虫有性周期和孢子形成的卵囊也有抑杀作用。本品主要用于家禽的球虫病，对牛、羊球虫病也有较好的抑制作用。

【注意事项】 ①本品作用机理是干扰虫体硫胺素(维生素 B_1)的代谢，对硫胺素有拮抗作用，药量过大或长期使用，易导致雏鸡患维生素 B_1 缺乏症。②产蛋期禁用。休药期，鸡 3 d。

【用法与用量】 混饲，每 1 000 kg 饲料，家禽 125 g。

5.3.2.2 抗锥虫药

锥虫病是由寄生于血液和组织细胞间的锥虫引起的，危害牛、马、骆驼的主要有伊氏锥虫和马媾疫锥虫。

苏拉明

本品又称萘磺苯酰脲、那加宁，为白色、微粉红色或带乳酪色粉末，味涩，微苦，易溶于水，常制成注射液。

【作用与应用】 本品对牛、马、骆驼的伊氏锥虫有效，对牛泰勒虫也有一定效果，对马媾疫锥虫疗效较差，用于早期感染，效果显著。本品能抑制虫体正常代谢，导致分裂和繁殖受阻，最终使虫体溶解死亡。

【注意事项】 ①本品对牛、骆驼的毒性反应轻微，用药后仅出现肌震颤，步态异常，精神委顿等轻微反应，但对严重感染的马属动物，有时出现发热、跛行、水肿、步行困难甚至倒地不起。②预防可采用一般治疗量，皮下或肌内注射，治疗须采用静脉注射。

【用法与用量】 静脉注射、皮下或肌内注射，一次量，马 10~15 mg/kg，牛 15~20 mg/kg，骆驼 8.5~17 mg/kg，临用前配成 10% 灭菌水溶液。

喹嘧胺

本品又称安锥赛，有甲硫喹嘧胺和喹嘧氯胺两种，均为白色或微黄色结晶性粉末，无臭、味苦，前者易溶于水，后者难溶于水，常制成注射液。

【作用与应用】 本品抗锥虫范围较广，对伊氏锥虫、马媾疫锥虫、刚果锥虫、活跃锥虫作用明显，但对布氏锥虫作用较差。临诊主要用于防治马、牛、骆驼伊氏锥虫病和马媾疫。甲硫喹嘧胺主要用于治疗锥虫病，而喹嘧氯胺则适用于预防。本品主要是影响虫体的代谢过程，使虫体细胞分裂受阻，当剂量不足时虫体易产生耐药性。

【注意事项】 ①本品应用时常出现毒性反应，尤以马属动物最敏感，通常注射后 15~120 min，动物出现兴奋不安、呼吸急促、排便、心率增加、全身出汗等不良反应，一般在 3~5 h 消失。②本品刺激性较强，注射局部能引起肿胀和硬结，大剂量时，应分点注射。

【用法与用量】 肌内、皮下注射，一次量，马、牛 4~5 mg/kg。

5.3.2.3 抗梨形虫药

梨形虫主要寄生于动物的红细胞内，常危害牛、马等动物。防治本类疾病除用三氮脒、青蒿琥酯等药物外，还要消灭蜱等传播媒介。

三氮脒

本品又称贝尼尔、血虫净，为黄色或橙色结晶性粉末，无臭，易溶于水，常制成注射液。

【作用与应用】 本品属于广谱抗血液原虫药，对家畜梨形虫、锥虫和无形体均有较好的治疗作用，但预防效果差。本品选择性阻断锥虫动基体 DNA 合成或复制，并与核产生不可逆的结合，从而使虫体动基体消失，使虫体不能繁殖而发挥抗虫作用。

【注意事项】 ①本品安全范围较窄，治疗量时也会出现不良反应，但通常能自行耐过。②注射液对局部组织刺激性较强，宜分点深部肌内注射。③马较敏感，大剂量应用宜慎重；水牛较黄牛敏感，连续应用时，易出现毒性反应。④食品动物休药期为 28~35 d。

【用法与用量】 肌内注射,一次量,马 3~4 mg/kg,牛、羊 3~5 mg/kg,犬 3.5 mg/kg,临用前配成 5%~7% 灭菌溶液。

青蒿琥酯

本品是菊科植物黄花蒿提取物,为白色结晶性粉末,无臭,几乎无味,略溶于水,常制成片剂。

【作用与应用】 本品对红细胞疟原虫裂殖体有强大杀灭作用,其作用机理还不太清楚,但通常认为是作用于虫体的生物膜结构,干扰了细胞膜和线粒体的功能,从而阻断虫体对血红蛋白的摄取,最后细胞膜破裂死亡。另外,本品还可试作牛、羊泰勒虫和双芽巴贝斯虫防治药。

【注意事项】 ①本品对实验动物有明显胚胎毒作用,妊娠家畜慎用。②鉴于反刍动物内服本品极少吸收,最好静脉注射给药。

【用法与用量】 内服,试用量,牛 5 mg/kg,首次量加倍,每日 2 次,连用 2~4 d。

5.3.3 杀虫药

对体外寄生虫具有杀灭作用的药物称为杀虫药,目前常用的杀虫药有有机磷类、拟除虫菊酯类等。

5.3.3.1 有机磷类

本类药物仍广泛应用于畜禽体外寄生虫病,具有杀虫谱广、作用强、残效期短的特点,大多数兼有触毒、胃毒和内吸毒。

二嗪农

本品为无色油状液体,有淡酯香味,微溶于水,性质稳定,在水和酸性溶液中迅速水解,常制成溶液。

【作用与应用】 本品为新型的有机磷杀虫剂、杀螨剂,具有触杀、胃毒、熏蒸和较弱的内吸作用。对各种螨类、蝇、虱、蜱均有良好杀灭效果,喷洒后在皮肤、被毛上的附着力很强,能维持长期的杀虫作用,一次用药的有效期可达 6~8 周。主要用于驱杀家畜体表寄生的疥螨、痒螨及蜱、虱等。

【注意事项】 ①本品对禽、猫、蜜蜂较敏感,毒性较大。②药浴时必须精确计量,动物全身浸泡 1 min 为宜。③休药期,牛、羊、猪为 14 d,弃奶期为 3 d。

【用法与用量】 药浴,每 1 000 L 水,绵羊初次浸泡用 250 g,牛初次浸泡用 625 g。喷淋,每 1 L 水,牛、羊 600 mg,猪 250 mg。

敌敌畏

本品为带有芳香气味的无色透明油状液体,有挥发性,在强碱和热水中易水解,在酸性溶液中较稳定。

【作用与应用】 本品是一种高效、速效和广谱的杀虫剂,对畜禽的多种外寄生虫和马胃蝇、牛皮蝇、羊鼻蝇具有熏蒸、触杀和胃毒 3 种作用,其杀虫力比敌百虫强 8~10 倍,毒性高于敌百虫。

【注意事项】 ①本品加水稀释后易分解,宜现用现配,原液及乳油应避光密闭保存。②喷洒药液时应避免污染饮水、饲料、饲槽、用具及动物体表。③对人畜毒性较大,易从消化道、呼吸道及皮肤等途径吸收而中毒。④禽、鱼、蜜蜂对本品敏感,应慎用。

【用法与用量】 喷洒或涂擦,配成 0.1%~0.5% 溶液喷洒空间、地面和墙壁,每 100 m^2 面积约 1 L 左右为宜,在畜禽粪便上喷洒 0.5% 药液,可以杀灭蝇蛆。喷雾,配成 1% 溶液喷雾于动物头、背、四肢、体侧、被毛，不能湿及皮肤；杀灭牛体表的蝇、蚊，每头牛每日用量不得超过60 mL。

5.3.3.2 拟除虫菊酯类

拟除虫菊酯扰乱昆虫神经的正常生理，使之兴奋、痉挛、麻痹死亡。用量小、使用浓度低，对人畜较安全，对环境的污染很小。

溴氰菊酯

本品又称敌杀死、倍特，为白色结晶性粉末，难溶于水，在酸性、中性溶液中稳定，遇碱迅速分解。

【作用与应用】 本品具有杀虫范围广，对多种有害昆虫有杀灭作用，具杀虫效力强、速效、低毒、低残留等优点。本品广泛用于防治家畜体外寄生虫病以及杀灭环境、仓库等卫生昆虫。

【注意事项】 ①本品对人畜毒性虽小，但对皮肤、黏膜、眼睛、呼吸道有较强的刺激性，特别对大面积皮肤病或有组织损伤者，影响更严重，用时注意防护。②本品急性中毒无特殊解毒药，误服中毒时可用4%碳酸氢钠洗胃。③本品对鱼有剧毒，使用时切勿将残液倒入鱼塘。蜜蜂、家蚕也较敏感。④休药期，羊7 d，猪21 d。

【用法与用量】 药浴、喷淋，5%溴氰菊酯乳油，每1 000 L中加100~300 mL。

氰戊菊酯

本品为淡黄色黏稠液体，难溶于水，耐光性较强，在酸性中稳定，碱性中逐渐分解。

【作用与应用】 本品对畜禽的多种体外寄生虫及吸血昆虫（如螨、虱、蚤、蜱、蚊、蝇、虻等）有良好的杀灭作用，杀虫力强，效果确切。以触杀为主，兼有胃毒和驱避作用，有害昆虫接触后，药物迅速进入虫体的神经系统，表现强烈兴奋、抖动，很快进入全身麻痹、瘫痪，最后击倒而杀灭。此外，本品在体内外很快被降解，对哺乳动物毒性小，在畜产品中残留低，不污染环境。

【注意事项】 ①配制溶液时，水温以12 ℃为宜，如水温超过25 ℃将会降低药效，超过50 ℃则失效。应避免使用碱性水，并忌与碱性物质合用。②治疗畜禽体外寄生虫病时，无论是喷淋、喷洒还是药浴，都应保证畜禽的被毛、羽毛被药液充分浸透。③本品对蜜蜂、鱼虾、家蚕毒性较高，使用时不要污染河流、池塘、桑园、养蜂场等。

【用法与用量】 药浴、喷淋，每1 L水，马、牛螨病20 mg，猪、羊、犬、兔、鸡螨病80~200 mg，牛、猪、兔、犬虱病50 mg，鸡虱及刺皮螨40~50 mg，杀灭蚤、蚊、蝇、牛虻40~80 mg。喷雾，稀释成0.2%浓度，鸡舍按3~5 mL/m^2，喷雾后密闭4 h杀灭鸡羽虱、蚊、蝇、蠓等害虫。

5.4 用于神经系统的药物

5.4.1 中枢兴奋药

中枢兴奋药是能选择性地兴奋中枢神经系统，增强其活动的一类药物，根据药物作用部位，中枢兴奋药分为大脑兴奋药、延髓兴奋药和脊髓兴奋药3类。

5.4.1.1 大脑兴奋药

咖啡因

本品是咖啡豆和茶叶等多种植物中生物碱，为白色或带极微黄绿色、有丝光的针状结晶，无臭，味苦，水溶性低，常与苯甲酸钠混合制成苯甲酸钠咖啡因，又称安钠咖。

【作用与应用】 ①对中枢神经系统的作用。咖啡因对中枢神经系统有兴奋作用,对大脑皮层特别敏感。小剂量能提高对外界的感应性,表现精神兴奋等症状;治疗量能兴奋大脑皮层,提高精神与感觉能力,消除疲劳,增加骨骼肌的工作能力;较大剂量能直接兴奋延髓中枢,使呼吸中枢对 CO_2 的敏感性增加,呼吸加深加快,换气量增加等;大剂量能兴奋整个中枢神经系统。②对心血管系统的作用。对心脏,较小剂量能兴奋迷走神经使心率减慢,稍大剂量直接兴奋心肌使心肌收缩力增强,使心率与心输出量均增加。对血管,较小剂量兴奋延髓血管运动中枢,使血管收缩,稍大剂量对血管壁的直接作用,使血管舒张。③对平滑肌的作用。除了对血管平滑肌有舒张作用外,对支气管平滑肌、胆道与胃肠道平滑肌也有舒张作用。④利尿作用。通过加强心肌收缩力,增加心输出量,肾血管舒张,肾血流量增多,增加肾小球的滤过率,抑制肾小管对钠离子和水的重吸收而呈现利尿作用。

本品作为中枢兴奋药可用于重病、中枢抑制药过量、过度劳役引起的精神沉郁、血管运动中枢和呼吸中枢衰竭,或用于剧烈腹痛时保持体力等;作为强心药可用于治疗各种疾病所致的急性心力衰竭;可用于心、肝和肾病引起的水肿。

【注意事项】 ①本品剂量过大可引起反射亢进、肌肉抽搐乃至惊厥。②与氨茶碱同用可增加其毒性,与麻黄碱、肾上腺素有相互增强作用,不宜同时注射。③与阿司匹林配伍可增加胃酸分泌,加剧消化道刺激反应;但咖啡因与解热镇痛药合用可增强镇痛效果。④与溴化物合用,可调节大脑皮层兴奋过程与抑制过程。氟喹诺酮类抗菌药可不同程度增加咖啡因的血药浓度,从而增加其副作用。⑤溴化物或巴比妥类药物可对抗本品兴奋症状。

【用法与用量】 内服,一次量,马 2~6 g,牛 3~8 g,羊、猪 0.5~2 g,犬 0.2~0.5 g,猫 0.05~0.1 g。皮下、肌内、静脉注射,一次量,马、牛 2~5 g,羊、猪 0.5~2 g,犬 0.1~0.3 g,鸡 0.025~0.05 g,鹿 0.5~2 g。一般每日 1~2 次,重症给药间隔 4~6 h。

5.4.1.2 延髓兴奋药

尼可刹米

本品又称可拉明,为无色或淡黄色的澄明油状液体,放置冷处即成结晶,微臭,味苦,有引湿性,易溶于水,常制成注射液等。

【作用与应用】 ①本品可直接兴奋延髓呼吸中枢,也能作用于颈动脉体和主动脉弓化学感受器,反射性地兴奋呼吸中枢,提高呼吸中枢对缺氧的敏感性,使呼吸加深加快。②对大脑皮层、血管运动中枢和脊髓有较弱的兴奋作用。

本品用于各种原因引起的呼吸中枢抑制,如中枢抑制药中毒、因疾病引起的中枢性呼吸抑制、一氧化碳中毒、溺水、新生动物窒息或加速麻醉动物的苏醒等。

【注意事项】 本品作用较温和,安全范围较宽,不良反应少,但剂量过大可引起血压升高、出汗、心律失常、震颤及肌肉僵直,过量也可引起惊厥。

【用法与用量】 静脉、肌内或皮下注射,一次量,马、牛 2.5~5 g,羊、猪 0.25~1 g,犬 0.125~0.5 g。

5.4.1.3 脊髓兴奋药

士的宁

本品为无色针状结晶或白色结晶性粉末,无臭,味极苦,硝酸盐易溶于水,是从番木鳖或马钱子种子中提取的生物碱,常制成注射液等。

【作用与应用】 本品对脊髓具有选择性兴奋作用,增强脊髓反射的应激性。对中枢神经系统的其他部位也有兴奋作用,能增强听觉、味觉、视觉和触觉的敏感性,能增强骨骼肌的紧张度。中毒时对中枢神经系统的所有部位均有兴奋作用,使全身骨骼肌同时挛缩,出现典型强直性惊厥。

本品常用于治疗脊髓性的不全麻痹,如直肠、膀胱括约肌的不全麻痹,因挫伤引起的臀部、尾部与四肢的不全麻痹以及颜面神经麻痹等,也可用于巴比妥类中毒。

【注意事项】 ①本品毒性大,安全范围小,排泄缓慢,有蓄积作用,过量或长期使用可引起脊髓中枢过度兴奋而产生中毒反应,出现对声音及光敏感,肌肉震颤、脊髓惊厥、角弓反张。②中毒解救期间应保持环境安静,避免声音及光线刺激并静脉注射硫酸镁或肌内注射戊巴比妥钠等。③对孕畜、癫痫和破伤风患畜禁用。

【用法与用量】 皮下、肌内注射,一次量,马、牛 15~30 mg,猪、羊 2~4 mg,犬 0.5~0.8 mg。

5.4.2 镇静药与抗惊厥药

5.4.2.1 镇静药

镇静药是指对中枢神经系统具有轻度抑制作用,从而起到减轻或消除动物狂躁不安,恢复安静的一类药物。

氯丙嗪

本品又称氯普马嗪、冬眠灵,其盐酸盐为白色或微乳白色结晶性粉末,有微臭,味苦而麻,易溶于水,常制成片剂、注射液等。

【作用与应用】 ①本品能使精神不安或狂躁的动物转入安定和嗜睡状态,使性情凶猛的动物变得较驯服和易于接近,呈现安定作用。此时,动物对各种刺激有感觉但反应迟钝。②有一定的镇痛作用,与其他中枢抑制药(如硫酸镁注射液)配用,可增强及延长药效。③小剂量能抑制延髓化学催吐区,大剂量能直接抑制延脑呕吐中枢,呈现止吐作用。④本品能抑制体温调节中枢,降低基础代谢,使正常体温下降 1~2 ℃。⑤可阻断外周 α 受体,直接扩张血管、解除小血管痉挛,可改善微循环,具有抗休克作用。

本品用于有攻击行为的犬、猫和野生动物,使其安静;缓解大家畜因脑炎、破伤风引起的过度兴奋以及作为食道梗塞、痉挛疝的辅助治疗药;用于麻醉前给药,能显著增强全麻药的作用,延长麻醉时间和减少毒副作用;用于严重外伤、烧伤、骨折等防止休克和镇痛;还可用于减少高温季节长途运输时的应激反应。

【注意事项】 ①本品治疗量时较安全,但马用药后能引起兴奋,不宜使用。②应用过量可引起心率加快、呼吸浅表、肌肉震颤,血压降低时,禁用肾上腺素,可选用去甲肾上腺素解救。③本品刺激性较强,静脉注射时需稀释且缓慢进行。

【用法与用量】 肌内注射,一次量,牛、马 0.5~1 mg/kg,猪、羊 1~2 mg/kg,犬、猫 1~3 mg/kg,虎 4 mg/kg,熊 2.5 mg/kg,单峰骆驼 1.5~2.5 mg/kg,野牛 2.5 mg/kg。内服,一次量,犬、猫 2~3 mg/kg。

5.4.2.2 抗惊厥药

抗惊厥药物是指能对抗或缓解中枢神经过度兴奋、消除或缓解全身骨骼肌非自主强烈收缩的一类药物,常用药物有硫酸镁注射液、地西泮等。

硫酸镁

本品为细小的无色针状晶体,略带有苦味,易溶于水,常制成注射液。

【作用与应用】 本品注射给药主要发挥镁离子的作用。当血浆镁离子浓度过低时,出现神经和肌肉组织过度兴奋，可致激动。随着剂量的增加，可抑制中枢神经系统，产生镇静、抗惊厥与全身麻醉作用，但产生麻醉作用的剂量却能麻痹呼吸中枢，故不宜单独作全身麻醉药使用。同时镁离子还能抑制神经肌肉的运动终板部位的传导，使骨骼肌松弛。

本品常用于破伤风、脑炎、士的宁等中枢兴奋药中毒所致的惊厥，治疗膈肌痉挛及分娩时子宫颈痉挛等。

【注意事项】 ①静脉注射过快或过量均可导致血镁浓度过高，可抑制延髓呼吸中枢和血管运动中枢，引起呼吸抑制、血压骤降和心搏骤停。若发生呼吸麻痹等中毒现象时，应立即静脉注射钙剂解救。②本品与多黏菌素、链霉素、葡萄糖酸钙、普鲁卡因、四环素、青霉素等药物有配伍禁忌。

【用法与用量】 肌内、静脉注射，一次量，牛、马 10~25 g，猪、羊 2.5~7.5 g，犬、猫 1~2 g。

5.4.3 全身麻醉药

5.4.3.1 非吸入性麻醉药

非吸入性麻醉药多数经静脉注射产生麻醉效果，麻醉诱导期短，操作简便，不需特殊装置，但不易控制麻醉深度、药量与时间，常用药物有硫喷妥钠、戊巴比妥类等。

硫喷妥钠

本品为乳白色或淡黄色粉末，有蒜臭味，味苦，有引湿性，易溶于水，常制成粉针。

【作用与应用】 本品属于超短效巴比妥类药物。作用快速，通常在 0.5~1 min 内进入麻醉状态，由于迅速再分布，大多数动物麻醉持续时间仅 5~10 min。加大剂量或重复给药，可增强麻醉强度和延长麻醉时间。

本品常用于各种动物的诱导麻醉和基础麻醉，也用于中枢兴奋药中毒、脑炎、破伤风引起的惊厥。

【注意事项】 ①反刍动物在麻醉前需注射阿托品，以减少腺体分泌。②本品只供静脉注射，注射时要缓慢且不可漏到血管外。不宜快速注射，否则将引起血管扩张和低血糖。③本品过量导致的呼吸与循环抑制，可用尼可刹米等解救。④由于本品作用持续时间过短，临诊使用时应及时补给作用时间较长的药物。⑤乙酰水杨酸、保泰松能减少本品与血浆蛋白的结合，从而提高其游离药量和增强麻醉效果。

【用法与用量】 静脉注射，一次量，马 7.5~11 mg/kg，牛 10~15 mg/kg，犊牛 15~20 mg/kg，猪、羊 10~25 mg/kg，犬、猫 20~25 mg/kg（临用时用生理盐水配成 2.5%溶液）。

戊巴比妥

本品常用其钠盐，为无色结晶或白色结晶性粉末，无臭，味微苦，易溶于水，常制成注射液。

【作用与应用】 本品属中效巴比妥类药物，显效快，作用时间可维持 3~6 h。小剂量有镇静、催眠作用，较大剂量能产生麻醉甚至抗惊厥作用，但无镇痛作用。

本品主要用于中、小动物的全身麻醉，也可用于各种动物的镇静药、基础麻醉药和抗惊厥药以及中枢神经兴奋中毒的解救。

【注意事项】 ①本品在麻醉剂量下对呼吸和循环有显著抑制作用，注射时速度宜慢。②肝、肾和肺功能不全的动物禁用。

【用法与用量】 麻醉，静脉注射，一次量，马、牛 15~20 mg/kg，羊 30 mg/kg，猪 10~

25 mg/kg，犬 25~30 mg/kg。镇静，肌内、静脉注射，马、牛、猪、羊 5~15 mg/kg。

5.4.3.2 吸入性麻醉药

吸入性麻醉药通过呼吸吸收，并以原形经肺排出，包括挥发性液体和气体，使用时需一定设备，临诊常用的药物有乙醚、氟烷等。

乙醚

乙醚为无色透明、易挥发液体，遇光与空气氧化为过氧乙醚及乙醛，毒性增强，有特臭，微甜，能溶于水。

【作用与应用】 本品麻醉作用较弱，麻醉浓度对呼吸和血压几乎无影响，对心脏、肝脏、肾脏毒性小，安全范围广，有较强的骨骼肌松弛作用，但麻醉诱导期和苏醒期较长。本品主要用于犬、猫及其他小动物的全身麻醉。

【注意事项】 ①本品开瓶后在室温下不能超过 1 d 或冰箱中存放不超过 3 d。②吸入初期对呼吸道黏膜刺激较大，使腺体分泌大量黏液，故麻醉前需使用阿托品减少腺体的分泌。③麻醉后可导致胃肠蠕动减缓，可出现呕吐和恶心。

【用法与用量】 犬吸入前注射硫喷妥钠、硫酸阿托品 0.1 mg/kg，麻醉面罩吸入乙醚，直至出现麻醉体征。

5.4.4 化学保定药

化学保定药是指在不影响动物意识和感觉的情况下，使动物安静、嗜眠与肌肉松弛，停止抗拒与挣扎，以达到类似保定的药物，兽医临诊上常用的有赛拉嗪、赛拉唑等。

赛拉嗪

本品又称隆朋，为白色或类白色结晶性粉末，味微苦，不溶于水，常制成注射液。

【作用与应用】 本品属 α_2 肾上腺素受体激动剂，为镇痛性化学保定药，具有明显的镇静、镇痛和肌肉松弛作用，可引起反刍动物唾液分泌增多、呼吸频率下降及兴奋子宫平滑肌的作用。本品主要用于各种动物的镇痛和镇静；可与某些麻醉药合用于外科手术；也用于猫的催吐。

【注意事项】 ①犬、猫用药后出现呕吐等不良反应，猫出现排尿增多。②反刍动物对本品敏感，用前应禁食并注射阿托品。③产奶动物禁用。④休药期，牛、马 14 d，鹿 15 d。

【用法与用量】 肌内注射，一次量，马 1~2 mg/kg，牛 0.1~0.3 mg/kg，羊 0.1~0.2 mg/kg，犬、猫 1~2 mg/kg，鹿 0.1~0.3 mg/kg。

赛拉唑

本品又称二甲苯胺噻唑、静松灵，为白色结晶性粉末，味微苦，难溶于水，常与盐酸结合制成盐酸赛拉唑注射液。

【作用与应用】 ①本品为我国合成的一种中枢性制动药，具有镇静、镇痛和肌肉松弛作用，但镇静有明显的种属与个体差异，牛最敏感，犬、猫、猪敏感性较差。②本品静脉注射后，约 1 min 或肌内注射后 10~15 min，即出现良好的镇静和镇痛作用。③对胃肠痉挛引起的疼痛有较好的效果，对皮肤创伤性疼痛效果较差。

【注意事项】 ①为避免本品对心、肺的抑制和减少腺体分泌，在用药前给予小剂量阿托品。②牛大剂量应用时，应先停饲数小时，卧倒后宜将头放低，以免唾液和瘤胃液进入肺内，并应防止瘤胃臌胀。③猪对本品有抵抗，不宜用于猪；④妊娠后期动物禁用。

【用法与用量】 肌内注射，一次量，马、骡 0.5~1.2 mg/kg，驴 1~3 mg/kg，黄牛、牦牛 0.2~0.6 mg/kg，水牛 0.4~1 mg/kg，羊 1~3 mg/kg，鹿 2~5 mg/kg。

5.4.5 局部麻醉药

局部麻醉药是指在用药局部可逆性地阻滞神经末梢或神经干神经冲动的传导，使其所支配的区域失去感觉、消除疼痛的药物，临诊常用药物有普鲁卡因、利多卡因和丁卡因等。

普鲁卡因

本品又称奴佛卡因，为白色结晶或结晶性粉末，无臭，味微苦，易溶于水，常制成注射液。

【作用与应用】 ①本品为最早人工合成的短效酯类局麻药，其麻醉效果好，毒性低，作用快，注射后 1~3 min 起效，可维持 45~60 min，若在药液中加入微量盐酸肾上腺素，可延长药效至 1~1.5 h。②对组织无刺激性，但对皮肤、黏膜的穿透力较弱，不宜作表面麻醉。③本品吸收后对中枢神经系统与心血管系统产生作用，小剂量表现轻微中枢抑制，大剂量时出现兴奋。另外，能降低心脏兴奋性和传导性。

本品主要用于浸润麻醉、传导麻醉、硬膜外腔麻醉和封闭麻醉。

【注意事项】 ①普鲁卡因禁与磺胺药、抗胆碱酯酶药、肌松药、碳酸氢钠、硫酸镁等配伍使用。②用量过大、浓度过高时，吸收后对中枢神经产生毒性作用。表现先兴奋后抑制，甚至造成呼吸麻痹等。一旦中毒应采取对症治疗，但抑制期禁用中枢兴奋药，应采取人工呼吸等措施。③硬膜外麻醉和四肢环状封闭时，不宜加入肾上腺素。

【用法与用量】 浸润麻醉、封闭麻醉，0.25%~0.5% 的普鲁卡因溶液；传导麻醉，小动物用 2% 的普鲁卡因溶液，每个注射点为 2~5 mL，大动物用 5% 的普鲁卡因溶液，每个注射点为 10~20 mL；硬膜外麻醉，2%~5% 的普鲁卡因溶液，马、牛 20~30 mL，小动物 2~5 mL。

利多卡因

本品盐酸盐为白色结晶性粉末，无臭，味苦，易溶于水，常制成注射液。

【作用与应用】 ①本品为酰胺类中效局麻药，局麻作用较普鲁卡因强 1~3 倍，穿透力强，作用快，维持时间为 1~2 h。②本品还能抑制心室自律性，缩短绝对不应期，延长相对不应期，控制室性心动过速。

本品用于动物的表面麻醉、浸润麻醉、传导麻醉及硬膜外腔麻醉，也可以用于治疗心律失常。

【注意事项】 ①应用剂量过大或静脉注射过快可引起毒性反应。②对患有严重心传导阻滞的动物禁用。③肝、肾功能不全及慢性心力衰竭的动物慎用。

【用法与用量】 表面麻醉用 2%~5% 的利多卡因溶液；浸润麻醉 0.25%~5% 的利多卡因溶液；传导麻醉用 2% 的利多卡因溶液，每个注射点，马、牛 8~12 mL，羊 3~4 mL；硬膜外腔麻醉用 2% 的利多卡因溶液，马、牛 8~12 mL，犬 1~10 mL，猫 2 mL。

5.4.6 作用于传出神经的药物

作用于传出神经的药物按其作用性质分为拟胆碱药、抗胆碱药和拟肾上腺素药等。

5.4.6.1 拟胆碱药

氨甲酰胆碱

本品又称碳酰胆碱、卡巴可，为无色或淡黄色小棱柱状的结晶或结晶性粉末，易溶于水，常制成注射液和滴眼液。

【作用与应用】 本品能直接兴奋 M 受体和 N 受体，并可促进胆碱能神经末梢释放乙酰胆碱，发挥间接拟胆碱作用。本品是胆碱酯类中作用最强的一种，性质稳定，不易被胆碱酯酶水解，作用强而持久。M 受体兴奋时，腺体分泌增加，胃肠、膀胱、子宫等器官的平滑肌收缩加强，小剂量即可促使消化液分泌，加强胃肠蠕动，促进内容物迅速排出，增强反刍动物的反刍机能。对骨骼肌和心血管系统作用不明显。

本品主要用于治疗胃肠蠕动减弱的疾病，如胃肠弛缓、肠便秘、胃肠积食、术后肠管麻醉及子宫弛缓、胎衣不下、子宫蓄脓等，也可点眼用于治疗青光眼。

【注意事项】 ①禁用于老年、瘦弱、妊娠、心肺疾患及机械性肠梗阻等动物。②禁止肌内注射和静脉注射。③中毒时可用阿托品进行解毒，但效果不理想。④为避免不良反应，可将一次剂量分做 2~3 次注射，每次间隔 30 min 左右。

【用法与用量】 皮下注射，一次量，马、牛 1~2 mg，猪、羊 0.25~0.5 mg，犬 0.025~0.1 mg。治疗前胃弛缓用量，牛 0.4~0.6 mg，羊 0.2~0.3 mg。

毛果芸香碱

本品又称匹鲁卡品，是从毛果芸香属植物中提取的一种生物碱，现已能人工合成。其硝酸盐为白色结晶性粉末，易溶于水，水溶液稳定，常制成注射液和滴眼液。

【作用与应用】 本品选择性兴奋 M 胆碱受体，呈现 M 样作用。对腺体、胃肠道平滑肌及眼虹膜括约肌作用显著，用药后表现唾液腺、泪腺、支气管腺、胃肠腺分泌加强和胃肠蠕动加快，促进粪便排出；使眼虹膜括约肌收缩，瞳孔缩小。

本品可用于治疗不完全阻塞的便秘、前胃弛缓、手术后肠麻痹、猪食道梗塞等。与扩瞳药交替使用，治疗虹膜炎或周期性眼炎，防止虹膜与晶状体粘连。

【注意事项】 ①治疗马便秘时，用药前要大量饮水并注射安钠咖等强心剂。②本品易引起呼吸困难和肺水肿，用药后应加强护理，必要时采取对症治疗，如注射氨茶碱扩张支气管或注射氯化钙制止渗出等。③禁止用于体弱、妊娠、心肺疾病的动物和完全阻塞的便秘。④发生中毒时，可用阿托品解救。

【用法与用量】 皮下注射，一次量，马、牛 30~300 mg，猪 5~50 mg，羊 10~50 mg，犬 3~20 mg。兴奋瘤胃，牛 40~60 mg。

新斯的明

本品又称普洛色林、普洛斯的明，为白色结晶性粉末，无臭，味苦，易溶于水，常制成注射液。

【作用与应用】 ①本品可逆地抑制胆碱酯酶的活性，提高体内乙酰胆碱的浓度，呈现拟胆碱样作用。②本品能直接兴奋骨骼肌运动终板 N_2 受体，对骨骼肌的兴奋作用最强，对胃肠道、子宫和膀胱平滑肌的兴奋作用较强。③兴奋腺体、虹膜和支气管平滑肌及抑制心血管作用较弱。

本品主要用于重症肌无力、术后腹胀及产后子宫复位不全、胎衣不下及尿潴留等，也可用于竞争性骨骼肌松弛药中毒的解救。

【注意事项】 ①腹膜炎、肠道或尿道的机械性阻塞、胃肠完全阻塞或麻痹患畜及孕畜禁用。②癫痫、哮喘动物慎用。③中毒时可肌内注射阿托品或静脉注射硫酸镁解救。

【用法与用量】 皮下或肌内注射，一次量，马 4~10 mg，牛 4~20 mg，猪、羊 2~5 mg，犬 0.25~1 mg。

5.4.6.2 抗胆碱药

阿托品

本品硫酸盐为无色结晶或白色结晶性粉末，无臭，味极苦，易溶于水，常制成片剂和注射液。

【作用与应用】 本品竞争性与M受体相结合，阻断M受体与乙酰胆碱或其他拟胆碱药结合，表现胆碱能神经被阻断的作用，剂量很大，甚至接近中毒量时，也能阻断N_1受体。

①对平滑肌的作用：对胆碱能神经支配的内脏平滑肌具有松弛作用，一般对正常活动的平滑肌影响较小，当平滑肌过度兴奋时，松弛作用极显著。对胃肠道、输尿管平滑肌和膀胱括约肌松弛作用较强，但对支气管平滑肌松弛作用不明显。对子宫平滑肌一般无效。对眼内平滑肌的作用是使虹膜括约肌和睫状肌松弛，表现为瞳孔散大、眼内压升高。

②对腺体的作用：本品可抑制多种腺体的分泌，小剂量就可使唾液腺、气管腺及汗腺（马除外）分泌减少，引起口干舌燥、皮肤干燥和吞咽困难等；较大剂量可减少胃液分泌，但对胃酸的分泌影响较小；对胰腺、肠液等分泌影响很小。

③对心血管系统的作用：本品对正常心血管系统无明显影响，大剂量时可直接松弛外周与内脏血管平滑肌，扩张外周及内脏血管，解除小血管的痉挛，增加组织血流量，改善微循环。另外，较大剂量时还可解除迷走神经对心脏的抑制作用，对抗因迷走神经过度兴奋所致的传导阻滞及心律失常，使心率加快。

④对中枢神经系统的作用：大剂量时有明显的中枢兴奋作用，可兴奋迷走神经中枢、呼吸中枢、大脑皮层运动区和感觉区，对治疗感染性休克和有机磷中毒有一定意义。中毒量时，使大脑和脊髓强烈兴奋，动物表现异常兴奋，随后转为抑制，终因呼吸麻痹，窒息死亡。毒扁豆碱可对抗阿托品的中枢兴奋作用，其他拟胆碱药无对抗作用。

本品可用于胃肠痉挛、肠套叠等，以调节胃肠蠕动；用于麻醉前给药，减少呼吸道腺体分泌，以防腺体分泌过多；用于有机磷中毒和拟胆碱药中毒的解救；作散瞳剂，治疗虹膜炎。另外，对洋地黄中毒引起的心动过缓和房室传导阻滞有一定防治作用，大剂量时用于治疗失血性休克及中毒性菌痢、中毒性肺炎等并发的休克。

【注意事项】 ①本品有口干和皮肤干燥等不良反应，一般停药后可自行消失。②大剂量可继发胃肠臌气、便秘、心动过速、体温升高等，甚至发生中毒。③中毒时所有动物的症状基本类似，即表现为口干、瞳孔扩大、脉搏快且弱、兴奋不安、肌肉震颤等，严重时，昏迷、呼吸浅表、运动麻痹等，最后终因惊厥、呼吸抑制、窒息死亡。

【用法与用量】 肌内、皮下或静脉注射，一次量，麻醉前给药，马、牛、羊、猪、犬、猫 0.02～0.05 mg/kg。解除有机磷中毒，马、牛、猪、羊 0.5～1 mg/kg，犬、猫 0.1～0.15 mg/kg，禽 0.1～0.2 mg/kg。马迷走神经兴奋性心律不齐，0.045 mg/kg；犬、猫心动过缓，0.02～0.04 mg/kg。

5.4.6.3 拟肾上腺素药

肾上腺素

本品为白色或类白色结晶性粉末，无臭，味苦，易氧化变质，极微溶于水，其盐酸盐易溶于水，常制成盐酸盐注射液。

【作用与应用】 本品通过兴奋 α、β 受体产生作用，其作用因剂量、机体的生理与病理情况的不同存在差异，对 β 受体的作用强于 α 受体。

①对心脏的作用：可兴奋心脏的传导系统与心肌上的 β 受体，动物表现心脏兴奋性提高，心肌收缩力加强，传导加速，心率加快，心脏输出量增加。扩张冠状血管，改善心肌血液供应，呈现快速强心作用。当剂量过大或静脉注射过快时，因其使心肌代谢增强，耗氧量增加，加之心肌兴奋性提高，此时可引起心律失常，出现期前收缩，甚至心室纤颤。

②对血管的作用：可引起皮肤、黏膜和内脏（如肾脏）血管强烈收缩，骨骼肌、冠状血管扩

张；脑和肺血管收缩作用很微弱，但有时血压上升而被动扩张。本品对小动脉、毛细血管作用强，而对大动脉、静脉作用弱。

③对血压的影响：通过心收缩力加强、心率加快和血管收缩3个因素共同作用引起血压升高。骨骼肌血管扩张作用对血压的影响抵消或超过了皮肤黏膜血管收缩产生的影响，故舒张压不变或下降，在较大剂量静脉注射时，收缩压和舒张压均升高。

④对平滑肌器官的作用：可兴奋β受体，使支气管平滑肌松弛，尤其当支气管平滑肌痉挛时，作用更显著。对胃肠道、膀胱平滑肌松弛作用较弱。收缩虹膜瞳孔开大肌(辐射肌)，使瞳孔散大。

⑤对代谢的影响：能提高血中乳酸含量，促进脂肪和糖原的水解而出现高血糖反应。

⑥其他作用：可使马、羊等动物发汗，兴奋竖毛肌。收缩脾被膜平滑肌，使脾脏中储备的红细胞进入血液循环，增加血液中红细胞数。

本品可用于心脏骤停的急救；缓解严重过敏性疾患的症状；常与局部麻醉药配伍，以延长麻醉时间；作为局部止血药，用于鼻黏膜出血、齿龈出血等。

【注意事项】 ①可引起心律失常，表现为早搏、心动过速，甚至心室纤颤。②本品对光、空气不稳定，在5%葡萄糖溶液中也不稳定，如发现溶液呈粉红色、褐色或有沉淀，则不可使用。③与全麻药合用时易发生心室颤动，也不能与洋地黄、钙剂等合用。

【用法与用量】 皮下注射，一次量，马、牛 2~5 mg，猪、羊 0.2~1.0 mg，犬 0.1~0.5 mg，猫 0.1~0.2 mg。静脉注射，一次量，马、牛 1~3 mg，猪、羊 0.2~0.6 mg，犬 0.1~0.3 mg，猫 0.1~0.2 mg。

5.5 用于消化系统的药物

消化系统疾病种类较多，是家畜的常发病。由于家畜种类不同，其消化系统的结构和机能各异，因而发病情况和种类皆不相同。用于消化系统的药物包括健胃药与助消化药、制酵药与消沫药、瘤胃兴奋药、泻药与止泻药等。

5.5.1 健胃药与助消化药

5.5.1.1 健胃药

健胃药是指能促进唾液和胃液分泌，调整胃的机能活动，提高食欲和加强消化的一类药物。健胃药可分为苦味健胃药、芳香性健胃药和盐类健胃药3种。

苦味健胃药具有强烈的苦味，经口内服时，刺激舌部味感受器，反射性地增加唾液与胃液的分泌，提高食欲，起到健胃作用，常用药物有龙胆、马钱子酊、大黄等。

临诊应用注意事项：①制成合适的剂型，如散剂、舔剂、溶液剂、酊剂等。②给药必须经口且接触味觉感受器，不能用胃管投药。③给药宜在饲前 5~30 min 进行。④不宜长期反复使用同一类药物，以防降低药效。⑤用量不宜过大，否则反而抑制胃液的分泌。

芳香性健胃药常用的有陈皮、桂皮、姜等制剂，此类药物均含有挥发油，内服能刺激味觉感受器、消化道黏膜，通过迷走神经反射，增加消化液的分泌，促进胃肠蠕动，增加食欲。

盐类健胃药常用的有氯化钠、碳酸氢钠、人工盐等，此类药物内服后通过渗透压作用，轻度刺激消化道黏膜，反射性地引起胃肠蠕动增强，消化液分泌增加，食欲增强，促进消化。

5.5.1.2 助消化药

稀盐酸

本品为无色澄明液体，无臭，呈强酸性反应，应置玻璃塞瓶内，密封保存。

【作用与应用】 ①本品为10%盐酸溶液，用后增加胃酸浓度，增强胃蛋白酶活性，主要用于胃酸缺乏引起的消化不良，胃内发酵等。②使胃内保持一定的酸度，有利于胃排空及钙、铁等矿物质的溶解与吸收，同时还有抑菌制酵作用。

【注意事项】 ①禁与碱类、有机酸盐类等配伍应用。②用量不宜过大，否则胃酸度过高刺激胃黏膜，反射性地引起幽门括约肌痉挛，影响胃排空。③用前须加水50倍稀释成0.2%的溶液。

【用法与用量】 内服，一次量，马 10～20 mL，牛 15～20 mL，羊 2～5 mL，猪 1～2 mL，犬、禽 0.1～0.5 mL。

胃蛋白酶

本品为白色或淡黄色粉末，是从牛、猪、羊等动物胃黏膜提取的一种蛋白分解酶，每克中含蛋白酶活力不得少用 3 800 IU。

【作用与应用】 内服本品可使蛋白质初步水解成蛋白胨，有助消化。常与稀盐酸同服用于胃蛋白酶缺乏引起的消化不良。本品在 0.2%～0.4%(pH 1.6～1.8)盐酸的环境中作用最强。

【注意事项】 ①禁与碱性药物、鞣酸、金属盐等配伍。②温度超过 70 ℃很快失效，宜饲前服用。

【用法与用量】 内服，一次量，马、牛 4 000～8 000 IU，羊、猪 800～1 600 IU，驹、犊 1 600～4 000 IU，犬 80～800 IU，猫 80～240 IU。

5.5.2 制酵药与消沫药

5.5.2.1 制酵药

鱼石脂

本品为棕黑色浓厚的黏稠性液体，有特臭，能溶于热水，呈弱酸性，常制成软膏。

【作用与应用】 ①内服能抑制胃肠内微生物的繁殖，有促进胃肠蠕动、防腐、制酵作用，常用于瘤胃臌胀、前胃弛缓、急性胃扩张等。②外用对局部有温和刺激作用，可消肿，促使肉芽新生，常配成 10%～30%软膏用于慢性皮炎、蜂窝织炎等。

【注意事项】 内服时，用倍量的乙醇溶解，再加水稀释成 3%～5%的溶液。

【用法与用量】 内服，一次量，马、牛 10～30 g，羊、猪 1～5 g，兔 0.5～0.8 g。

5.5.2.2 消沫药

二甲硅油

本品为无色透明油状液体，无臭，无味，不溶于水与乙醇。

【作用与应用】 内服后降低泡沫液膜的局部张力，使小气泡破裂，融合成大气泡，气体随嗳气排出，常用于瘤胃泡沫性臌胀病。本品作用迅速，在用药后 5 min 左右起作用，15～30 min 时作用最强。

【注意事项】 临用时配成 2%～3%乙醇或煤油溶液，常采用胃管投药，灌服前后灌小量温水减轻局部刺激。

【用法与用量】 内服，一次量，牛 3～5 g，羊 1～2 g。

5.5.3 瘤胃兴奋药

浓氯化钠注射液

本品为10%氯化钠灭菌水溶液,无色透明,味咸,pH值为4.5~7.5,专供静脉注射。

【作用与应用】 注射后可提高血液渗透压,使血容量增多,从而改善心血管活动,同时能反射性地兴奋迷走神经,促进胃肠蠕动与分泌,增强反刍,当胃肠机能减弱时,这种作用更加显著。常用于前胃弛缓、瘤胃积食,马、骡便秘疝等。本品作用缓和,疗效较好,一般在用药后2~4 h作用最强,12~24 h逐渐消失。

【注意事项】 ①静脉注射时不能稀释,注射速度宜慢,不可漏到血管外,一般只用一次,必要时次日再用一次。②心力衰竭和肾功能不全的患畜慎用。

【用法与用量】 静脉注射,一次量,牛、羊0.1 g/kg。

5.5.4 泻药与止泻药

5.5.4.1 泻药

泻药是指能促进肠蠕动,增加肠内水分,软化粪便,加速排泄的一类药物。临诊主要用于治疗便秘、排除肠内腐败产物或毒物,还可与驱虫药合用驱除肠道内寄生虫。根据作用特点泻药可分为容积性泻药、刺激性泻药和润滑性泻药3类。

硫酸钠

本品为无色透明结晶,味苦而咸,易溶于水。干燥硫酸钠具有吸湿性,应密闭保存。

【作用与应用】 ①内服小剂量硫酸钠溶液发挥盐类健胃作用。②内服大剂量溶液,因不易被吸收而提高肠内渗透压,保持大量水分,增加肠内容积,软化粪便,产生泻下作用。临诊上常配成4%~6%溶液用于治疗大肠便秘,排除肠内腐败产物、毒物,还可与驱虫药合用驱除肠道内寄生虫。③外用10%~20%溶液可治疗化脓创、瘘管等。

【注意事项】 ①小肠便秘或便秘后局部产生炎症不宜选用。②孕畜或衰弱病不安全,孕畜易导致流产。③用药前应进行补液或大量饮水,否则影响泻下效果。

【用法与用量】 健胃,内服,一次量,马15~50 g,羊、猪3~10 g。导泻,内服,一次量,马200~500 g,牛300~800 g,羊50~100 g,猪25~50 g,犬10~20 g,猫2~5 g。

大黄

本品为蓼科植物掌叶大黄、药用大黄或鸡爪大黄的根茎。味苦、性寒。其主要成分是苦味质、鞣质及蒽醌苷类衍生物,常制成大黄粉、大黄酊。

【作用与应用】 大黄作用与所含成分及用量有关。内服小剂量大黄,呈现苦味健胃作用;中等剂量大黄,其鞣质发挥收敛止泻作用;大剂量时蒽醌苷类衍生物大黄素等起主要作用,产生致泻作用。大黄泻下作用缓慢,因含鞣质排便后易继发便秘。常与硫酸钠配合用于治疗便秘。

【用法与用量】 健胃,内服,一次量,马10~25 g,牛20~40 g,羊2~4 g,猪2~5 g,犬0.2~2 g。止泻,内服,一次量,马25~50 g,牛50~100 g,猪5~10 g,犬3~7 g。致泻,内服,一次量,马60~100 g,牛100~150 g,驹、犊10~30 g,仔猪2~5 g,犬2~7 g。

蓖麻油

本品是大戟科植物蓖麻籽中制取的植物油,几乎无色或微带黄色的澄清黏稠液体,不溶于水,易溶于醇。

【作用与应用】 本品本身无刺激性,只有润滑作用,内服后在十二指肠受胰脂肪酶作用部分分解生成甘油和蓖麻油酸,后者转成蓖麻油酸钠,刺激小肠黏膜感受器,引起小肠蠕动,导致泻下。临诊主要用于幼畜或小动物小肠便秘。

【注意事项】 ①本品有刺激性不宜用于孕畜、肠炎病畜。②不宜用于排除毒物或与驱虫药并用。③不能长期反复应用,以免妨碍消化功能。

【用法与用量】 内服,一次量,马 250~400 mL,牛 300~600 mL,羊、猪 50~150 mL,犬 15~60 mL,猫 10~20 mL。

液状石蜡

本品为石油提炼过程中制得的由多种液状烃组成的混合物,无色透明,无臭,无味,不溶于水。

【作用与应用】 本品在消化道中不被代谢和吸收,大部分以原形通过全部肠管,产生润滑肠道和保护肠黏膜的作用,也可阻碍肠内水分吸收而软化粪便。临诊常用于小肠阻塞、瘤胃积食及便秘,也可用于孕畜和患肠炎病畜。

【注意事项】 本品作用温和,不宜反复使用,以免影响消化,阻碍脂溶性维生素及钙、磷吸收等。

【用法与用量】 内服,一次量,马、牛 500~1 500 mL,驹、犊 60~120 mL,羊 100~300 mL,猪 50~100 mL,犬 10~30 mL,猫 5~15 mL。

5.5.4.2 止泻药

止泻药是指能控制腹泻的药物,主要通过减少肠道蠕动或保护肠道免受刺激而达到止泻作用。适用于剧烈腹泻或长期慢性腹泻,以防机体过度脱水、水盐代谢紊乱、营养吸收障碍。根据作用特点可分为保护性止泻药、吸附性止泻药、肠道平滑肌蠕动抑制药等。

鞣酸蛋白

本品为淡黄色或淡棕色粉末,无臭,无味,不溶于水,在氢氧化钠或碳酸钠溶液中易分解,由鞣酸和蛋白各 50% 制成。

【作用与应用】 本品在肠道内遇碱性肠液才逐渐分解成鞣酸及蛋白,鞣酸与黏液蛋白生成薄膜产生收敛而呈止泻作用。肠炎和腹泻时肠道内生成的鞣酸蛋白薄膜对炎症部位起消炎、止血及制止分泌作用。临诊主要用于非细菌性腹泻和急性肠炎等。

【注意事项】 ①细菌性肠炎时应先用抗菌药物控制感染后再用本品。②猫较敏感,应慎用。

【用法与用量】 内服,一次量,马、牛 10~20 g,羊、猪 2~5 g,犬 0.2~2 g,猫 0.15~2 g。

碱式碳酸铋

本品为白色或微淡黄色的粉末,无臭,无味,遇光可缓慢变质,在水或乙醇中不溶。

【作用与应用】 内服难吸收,大部分覆盖于胃肠黏膜表面,且能与肠内硫化氢反应,形成不溶性硫化铋,覆盖于肠黏膜表面,起到机械性保护作用,同时减少硫化氢对肠黏膜的刺激。小部分在胃肠内缓慢解离出铋离子与蛋白质结合,呈收敛保护作用。此外,在炎性组织中能缓慢解离出铋离子,能与组织蛋白和细菌蛋白结合,产生收敛与抑菌作用。临诊常用于胃肠炎和腹泻症。

【注意事项】 病原菌引起的腹泻,先用抗菌药控制感染后再用本品。

【用法与用量】 内服,一次量,马、牛 15~30 g,羊、猪、驹、犊 2~4 g,犬 0.3~2 g,猫 0.4~0.8 g。

药用炭

本品为黑色疏松粉末,无臭,无味,不溶于水。在空气中吸收水分而降低药效,必须干燥密闭保存。

【作用与应用】 本品颗粒小，表面积大（500~800 m²/g），吸附作用强。内服后不被消化吸收，能吸附胃肠内多种有毒物质，减少毒物等对肠黏膜的刺激。常用于腹泻、肠炎或生物碱类药物中毒的解救。

【注意事项】 ①本品能吸收有害物质，也能吸附营养物质，影响消化，不宜反复使用。②本品吸附作用是可逆的，吸附毒物时，必须用盐类泻药促使排出。③禁与抗生素等合用，以免影响药效。

【用法与用量】 内服，一次量，马、牛 100~300 g，羊、猪 10~25 g，犬 0.3~2 g，猫 0.15~0.25 g。

5.6 用于呼吸系统的药物

5.6.1 祛痰药

氯化铵

本品为无色立方晶体或白色结晶性粉末，味咸、微苦，水溶液呈弱酸性，加热时酸性增强，常制成片剂和粉剂。

【作用与应用】 ①本品有较强的祛痰作用，内服后刺激胃黏膜迷走神经末梢，反射性引起支气管腺分泌增加，使痰液变稀，易于咳出。②本品内服后有酸化体液和尿液的作用，可用于纠正碱中毒。③本品在体内解离出氯离子，过多的氯离子在肾小管不能被完全吸收，与水、阳离子一同排出，故有一定的利尿作用。

本品主要用于支气管炎症初期的祛痰，也作为酸化剂，弱碱性药物中毒时可加速药物的排泄。

【注意事项】 ①单胃动物服用后有恶心、呕吐反应，过量或长期服用可造成酸中毒。②严重肝肾功能不全、溃疡病、代谢性酸血症患畜禁用。③本品与碱或重金属盐类发生分解反应，与磺胺类药物并用可使其在尿道中析出结晶，发生泌尿道损伤。

【用法与用量】 内服，一次量，马 5~10 g，羊、猪 1~2 g，犬、猫 0.2~1 g，禽 0.5 g。

5.6.2 镇咳药

二氧丙嗪

本品又称克咳敏，为白色或微黄色粉末或结晶性粉末；无臭，味苦，在水中溶解，常制成片剂。

【作用与应用】 ①本品具有较强的镇咳作用，并具有抗组胺、解除平滑肌痉挛、抗炎和局部麻醉作用。②本品镇咳作用于服用后 30~60 min 显效，持续 4~6 h，病程越短疗效越好。

本品主要用于支气管炎等多种原因引起的咳嗽及过敏性哮喘。

【注意事项】 ①本品安全范围比较窄，不得超过治疗量使用。②动物可出现嗜睡、乏力，使用过量可造成惊厥。

【用法与用量】 内服，一次量，羊、猪 5~10 mg，犬 0.25~5 mg，鸡 0.5 mg。混饮，每 1 L 水，鸡 2.5~5 mg。

喷托维林

本品又称咳必清,为白色或类白色结晶性或颗粒性粉末,无臭,味苦,易溶于水,常制成片剂。

【作用与应用】 ①本品具有选择性抑制咳嗽中枢作用,但作用较弱。②部分从呼吸道排出,对呼吸道黏膜有轻度的局部麻醉作用,故有外周性镇咳作用。③较大的剂量有阿托品样平滑肌解痉作用,有松弛支气管平滑肌作用。

本品常与祛痰药合用治疗急性上呼吸道感染伴有的剧烈干咳。

【注意事项】 ①本品主要用于各种原因引起的干咳。②大剂量使用易引起腹胀和便秘。③多痰、心脏功能不全并伴有肺部淤血的病畜禁用。

【用法与用量】 内服,一次量,牛、马 0.5~1 g,羊、猪 0.05~0.1 g。

5.6.3 平喘药

氨茶碱

本品为白色或微黄色颗粒或粉末状,易结块,微有氨臭,味苦,在空气中吸收 CO_2 并分解成茶碱,在水中溶解,常制成片剂和注射液。

【作用与应用】 ①本品对呼吸道平滑肌有直接松弛作用,解除支气管平滑肌痉挛,缓解支气管黏膜的充血水肿,发挥相应的平喘功效。②本品对呼吸中枢有兴奋作用,可使呼吸中枢对 CO_2 的刺激阈下降,呼吸深度增加。③有较弱的强心和利尿作用。

本品用于缓解支气管哮喘症状,也可用于心功能不全或肺水肿的患畜。

【用法与用量】 内服,一次量,马 5~10 mg/kg,犬、猫 10~15 mg/kg。肌内、静脉注射,一次量,马、牛 1~2 g,羊、猪 0.25~0.5 g,犬、猫 0.05~0.1 g。

5.7 用于血液循环系统的药物

血液循环系统药物的主要作用是能改变心血管和血液的功能,根据药物作用特点分为强心药、止血药、抗凝血药、抗贫血药及血容量扩充药。

5.7.1 强心药

洋地黄毒苷

本品为白色或类白色结晶性粉末,无臭,不溶于水,常制成注射液和片剂。

【作用与应用】 本品具有加强心肌收缩力、减慢心率和房室传导等作用。使用本品后能使每搏输出量增加,使心动周期的收缩期缩短,舒张期延长,有利于静脉回流,增加每搏输出量,此外还有一定的利尿作用。

本品主要用于慢性充血性心力衰竭,阵发性室上性心动过速和心房颤动等。

【用法与用量】 内服,一次量,洋地黄化量,马 0.03~0.06 mg/kg,犬 0.11 mg/kg,每日 2 次,连用 24~48 h。维持量,马 0.01 mg,犬 0.011 mg,每日 1 次。

5.7.2 止血药

明胶

本品为无色或微黄透明的脆片或粗粉状,在温水中溶胀形成凝胶,常制成吸收性海绵

【作用与应用】 本品用于出血部位，可形成良好的凝血环境，促进凝血因子的释放与激活，加速血液凝固。此外，还有机械性压迫止血作用。主要用于外伤性出血的止血、手术止血等。

【注意事项】 本品为灭菌制剂，使用过程中要求无菌操作，以防污染；打开包装后不宜再消毒，以免延迟吸收时间。

【用法与用量】 将本品敷于创口出血部位，再用干纱布按压。

三氯化铁

本品为橙黄色或棕黄色结晶块，无臭或稍带盐酸臭，味带铁涩，极易溶于水，露置空气中极易潮解，常制成溶液和止血棉。

【作用与应用】 本品用于局部可使血液和组织蛋白沉淀，有封闭断端小血管作用，对局部有收敛和止血作用。主要用于皮肤和黏膜的出血。

【注意事项】 水溶液应现配现用，浓度过高可损伤局部组织。

【用法与用量】 外用，配成1%~6%溶液涂于出血部位，或制成止血棉应用。

安络血

本品又称安特诺新、肾上腺色腙，为橘红色结晶或结晶性粉末，无臭，无味，易溶于水，常制成注射液。

【作用与应用】 本品能增强毛细血管对损伤的抵抗力，降低毛细血管的通透性，减少血液渗出，促进断裂毛细血管断端回缩，对大出血无效。本品适用于毛细血管损伤或通透性增加引起的出血，如鼻出血、产后出血、手术后出血等。

【注意事项】 ①本品含有水杨酸，长期使用可产生水杨酸反应。②抗组胺药能抑制本品的作用。

【用法与用量】 肌内注射，一次量，马、牛5~20 mL，羊、猪2~4 mL。

酚磺乙胺

本品又称止血敏，为白色结晶或结晶性粉末；无臭，味苦，易溶于水，常制成注射液。

【作用与应用】 本品能促进血小板生成，增强血小板的聚集和黏附力；促进凝血活性物质的释放，缩短凝血时间；增强毛细血管的抵抗力，降低其通透性而产生止血效果。

本品主要用于各种出血，如手术前预防出血和手术后止血，也用于防治内脏出血和血管脆弱引起的出血。

【注意事项】 ①预防外科手术出血，应在手术前15~30 min给药。②可与其他止血药并用。

【用法与用量】 肌内、静脉注射，一次量，马、牛1.25~2.5 g，羊、猪0.25~0.5 g。

亚硫酸氢钠甲萘醌

本品又称维生素K_3，为白色结晶性粉末，无臭或微臭，属于人工合成，易溶于水，常制成注射液。

【作用与应用】 本品为肝脏合成凝血因子Ⅱ的必需物质，参与凝血因子Ⅶ、Ⅸ和Ⅹ的合成，维持动物的血液凝固过程。缺乏时可致上述凝血因子合成障碍，影响凝血过程而引起出血。主要用于维生素K缺乏症和低凝血酶原症。如禽维生素K缺乏，猪、牛水杨酸钠中毒，双香豆素的腐败霉烂饲料中毒，犬、猫误食华法林杀鼠药中毒等。

【注意事项】 ①本品较大剂量可致幼畜溶血性贫血、高胆红素血症及黄疸。②长期应用，可损害肝脏，肝功能不良患畜可改用维生素K_1。③内服可吸收，也可肌内注射，但可出现疼痛、肿胀等症状。④较大剂量的水杨酸类、磺胺药等影响其作用，巴比妥类可诱导加速其代谢，故均不宜合用。

【用法与用量】 肌内注射，一次量，马、牛 100~300 mg，羊、猪 30~50 mg，犬 10~30 mg，禽类 2~4 mg。

5.7.3 抗凝血药

枸橼酸钠

本品又称柠檬酸钠，为无色或白色结晶粉末，无臭，味咸，易溶于水，常制成注射液。

【作用与用途】 本品能与血浆中的钙离子形成难解离的可溶性复合物枸橼酸钙，使血浆中的钙离子浓度迅速降低而起到抗凝血作用。本品主要用于体外抗凝，如间接输血、化验室血样的抗凝等。

【注意事项】 大量输血时，应另注射适量钙剂，以预防低血钙症。

【用法与用量】 体外抗凝，配成 2.5%~4%溶液使用，输血时每 100 mL 全血加 2.5%枸橼酸钠溶液 10 mL。

肝素

本品因首先从肝脏发现而得名，天然存在于肥大细胞中，现主要从动物肺或猪小肠黏膜提取得到，是一种黏多糖的多硫酸酯，白色粉末，易溶于水，常制成注射液。

【作用与应用】 本品能作用于内源性和外源性凝血途径的凝血因子，所以在体内或体外均有抗凝血作用，对凝血过程每一步几乎都有抑制作用。静脉快速注射后，其抗凝作用可立即发生，但深部皮下注射则需要 1~2 h 后才起作用。

本品主要用于马和小动物的弥散性血管内凝血的治疗；血栓栓塞性或潜在的血栓性疾病防治，如肾综合征、心肌疾病等；体外血液样本的抗凝血。

【注意事项】 ①过量使用可导致出血，应立即停药，并注射带强碱性的鱼精蛋白解救。②不可肌内注射，可形成高度血肿。③马连续用药可引起红细胞显著减少。

【用法与用量】 治疗血栓栓塞症：静脉或皮下注射，一次量，犬 150~250 U，猫 250~375 U/kg，每日 3 次。治疗弥散性血管内凝血：静脉或皮下注射，马 25~100 U，小动物 75 U。

5.7.4 抗贫血药

硫酸亚铁

本品为透明淡蓝绿色柱状结晶或颗粒，无臭，味咸，易溶于水。在干燥空气中即风化，在湿空气中易氧化并在表面生成黄棕色的碱式硫酸铁，常制成片剂或溶液剂。

【作用与应用】 铁是构成血红蛋白、肌红蛋白和多种酶的重要组成部分。因此，缺铁不仅引起贫血，还可能影响其他生理功能。本品主要用于治疗缺铁性贫血，如慢性失血、营养不良、孕畜及哺乳仔猪贫血和饲料添加剂中铁强化剂的补充。

【注意事项】 ①本品刺激性强，内服可致食欲减退、腹痛、腹泻等，故宜饲后投药。②投药期间，禁喂高钙、高磷及含鞣质较多的饲料。③可与肠内硫化氢结合生成硫化铁，减少硫化氢对肠道的刺激，可引起便秘。

【用法与用量】 内服，一次量，马、牛、骆驼 2~10 g，羊、猪、鹿 0.5~3 g，犬 0.05~0.5 g，猫 0.05~0.1 g。

右旋糖酐铁注射液

本品为右旋糖酐与氢氧化铁的灭菌胶体络合物，为深褐色或棕黑色结晶性粉末，本品略溶于水，常制成注射液。

【作用与用途】 作用同硫酸亚铁。主要用于重症缺铁性贫血,如驹、犊、仔猪、幼犬和毛皮动物的缺铁性贫血,用于严重消化道疾病而严重缺铁、急需补铁的患畜。

【注意事项】 ①本品刺激性较强,故应做深部肌内注射,静脉注射时,切不可漏出血管外。②注射量若超过血浆结合限度时,可发生毒性反应。

【用法与用量】 肌内注射,一次性量,驹、犊 200~600 mg,仔猪 100~200 mg,幼犬 20~200 mg。

5.7.5 血容量扩充药

右旋糖酐

本品为白色或类白色无定形粉末或颗粒,是葡萄糖聚合物。常用的有中相对分子质量(平均相对分子质量约为 70 000,又称右旋糖酐 70)、低相对分子质量(约 40 000,又称右旋糖酐 40)和小相对分子质量(约 10 000)3 种右旋糖酐,均易溶于水,常制成注射液。

【作用与应用】 ①中相对分子质量的右旋糖酐静脉注射后,能增加血浆胶体渗透压,吸收组织水分而起扩容作用。因相对分子质量大,不易透过血管,扩容作用持久,约 12 h。主要用于低血容量性休克。②低相对分子质量的右旋糖酐静脉注射后经肾脏排泄较快,在体内停留时间较短,扩容作用持续约 3 h。与中相对分子质量右旋糖酐不同,低相对分子质量的右旋糖酐还能降低血液的黏稠度,增加红细胞外负电荷,抑制血小板黏附和聚集,防止弥漫性血管内凝血,具有抗血栓和改善循环的作用。此外,因其相对分子质量小,易经肾小球滤过而又不被肾小管重吸收,还有渗透性利尿作用。主要用于各种休克,尤其是中毒性休克。③小相对分子质量的右旋糖酐扩容作用弱,但改善循环和利尿作用好,主要用于解除弥漫性血管内凝血和急性肾中毒。

【注意事项】 ①静脉注射应缓慢,用量过大可致出血。②充血性心力衰竭和有出血性疾病动物禁用,肝肾疾病动物慎用。③偶见过敏反应,可用抗组胺药或肾上腺素治疗。

【用法与用量】 右旋糖酐 70 葡萄糖注射液,静脉注射,一次量,牛、马 500~1 000 mL,猪、羊 250~500 mL,犬 5~25 g。右旋糖酐 40 葡萄糖注射液同右旋糖酐 70 葡萄糖注射液。

5.8 用于泌尿系统的药物

5.8.1 利尿药

利尿药是一类直接作用于肾脏,能促进电解质与水排出,增加尿量的一类药物。兽医临诊主要用于水肿和腹水的对症治疗,临诊常用药物有呋噻米、氢氯噻嗪及螺内酯等。

呋噻米

本品又称速尿,为白色或类白色的结晶性粉末,无臭,几乎无味,在水中不溶,其钠盐溶于水,常制成片剂和注射液。

【作用与应用】 ①本品能抑制肾小管髓袢升支髓质部和皮质部对氯离子和钠离子的重吸收,导致髓质间液氯离子和钠离子浓度降低,肾小管浓缩功能下降,从而导致水、氯离子和钠离子排泄增多。②本品作用迅速,内服后 30 min 开始排尿,1~2 h 达到高峰,维持 6~8 h。

本品用于治疗各种原因引起的全身水肿及其他利尿药无效的严重病例,还可用于治疗药物中毒时加速药物的排出以及预防急性肾功能衰竭。

【注意事项】 ①长期大量用药可出现低血钾、低血氯及脱水,应补钾或与保钾性利尿药配伍应用。②应避免与氨基苷类抗生素合用。③应避免与头孢菌素类抗生素合用，以免增加后者对肝脏的毒性。

【用法与用量】 内服，一次量，马、牛、羊、猪 2 mg/kg，犬、猫 2.5~5 mg/kg。肌内、静脉注射，一次量，马、牛、羊、猪 0.5~1 mg/kg，犬、猫 1~5 mg/kg。

氢氯噻嗪

本品为白色结晶性粉末，无臭，味微苦，在水中不溶，常制成片剂。

【作用与应用】 ①本品主要抑制髓袢升支粗段皮质部对氯化钠的重吸收，从而促进肾脏对其的排泄而产生利尿作用。②本品对碳酸酐酶也有轻度的抑制作用，减少 Na^+-H^+ 交换，增加 Na^+-K^+ 交换，故可使 K^+、HCO_3^- 排出增加，大量或长期应用可致低血钾症。③本品内服后 1 h 开始利尿，2 h 达到高峰，一次剂量可维持 12~18 h。

本品适用于心、肺及肾性水肿，还可用于治疗局部组织水肿以及促进毒物的排出。

【注意事项】 ①利尿时应与氯化钾合用，以免产生低血钾。②与强心药合用时，也应补充氯化钾。

【用法与用量】 内服，一次量，马、牛 1~2 mg/kg，羊、猪 2~3 mg/kg，犬、猫 3~4 mg/kg。

螺内酯

本品为白色或类白色细微结晶性粉末，有轻微硫醇臭，在水中不溶，常制成片剂。

【作用与应用】 与醛固酮有相似的结构，能与远曲小管和集合管上皮细胞膜的醛固酮受体结合产生竞争性拮抗作用，从而产生保钾排钠的利尿作用。其利尿作用较弱，显效缓慢，但作用持久。

本品在兽医临诊上一般不作为首选药，常与呋噻米、氢氯噻嗪等其他利尿药合用，以避免过分失钾，并产生最大的利尿效果。

【注意事项】 ①本品有保钾作用，应用时无需补钾。②肾功能衰竭及高血钾患畜忌用。

【用法与用量】 内服，一次量，马、牛、猪、羊 0.5~1.5 mg/kg，犬、猫 2~4 mg/kg。

5.8.2 脱水药

脱水药是指能消除组织水肿的药物，在体内多数不被代谢，能提高血浆渗透压，临诊上主要用于局部组织水肿的脱水，如脑水肿、肺水肿等。常用药物有甘露醇、山梨醇、尿素、高渗葡萄糖等。

甘露醇

本品为白色结晶性粉末，无臭，味甜，在水中易溶，常制成注射液。

【作用与应用】 ①本品内服不易吸收，静脉注射高渗溶液后，不能由毛细血管透入组织，故能迅速提高血液渗透压，使组织水分向血液扩散，产生脱水作用。②本品在体内不被代谢，易经肾小球滤出，很少被重吸收，使原尿形成高渗，影响水及电解质的重吸收，产生利尿作用。

本品主要用于急性肾功能衰竭后的无尿或少尿症，加快毒物的排泄，降低组织水肿等。

【注意事项】 ①静脉注射时勿漏出血管外，以免引起局部肿胀、坏死。②心脏功能不全患畜不宜应用，以免引起心力衰竭。③用量不宜过大，注射速度不宜过快，以防组织严重脱水。

【用法与用量】 静脉注射，一次量，马、牛 1 000~2 000 mL，羊、猪 100~250 mL。

山梨醇

本品为白色结晶性粉末，无臭，味甜，在水中易溶，常制成注射液。

【作用与应用】 本品为甘露醇的异构体，作用及其机理同甘露醇。因进入体内后可在肝内部分转化为果糖,故持效时间稍短,常配成25%注射液使用。应用同甘露醇。

【注意事项】 同甘露醇。

【用法与用量】 静脉注射,一次量,马牛1 000~2 000 mL,羊、猪100~250 mL。

5.9 用于生殖系统的药物

子宫收缩药是一类能选择性兴奋子宫平滑肌的药物,临诊上常用于催产、排出胎衣、治疗产后子宫出血或子宫复原等,常用药物有缩宫素、垂体后叶素、麦角新碱等。

缩宫素

本品为白色粉末或结晶性粉末,能溶于水,水溶液为酸性的无色澄明的液体,是从垂体后叶素中提纯而得,现已能人工合成,合成品不含加压素。

【作用与应用】 ①本品能选择性兴奋子宫平滑肌,其作用强度与与体内激素水平及剂量有关。妊娠末期,雌激素浓度逐渐增高,子宫对缩宫素的反应逐渐增强。小剂量能增加妊娠末期子宫肌的节律性收缩和张力,较少引起子宫颈兴奋,适用于催产。大剂量能引起子宫平滑肌强直性收缩,适用于产后子宫出血或子宫复原。②还能加强乳腺泡收缩,松弛乳导管和乳池,促进排乳。本品主要用于催产、引产、产后子宫出血、胎衣不下及子宫复原等。

【注意事项】 产道阻塞、胎位不正、骨盆狭窄等临产家畜禁用于催产。

【用法与用量】 肌内或皮下注射,一次量,马、牛50~100 U,羊10~20 U,猪30~50 U,犬2~10 U。

麦角新碱

本品为白色或微黄色结晶粉末,无臭,能溶于水,是从麦角中提取出的生物碱,包括麦角胺、麦角毒碱和麦角新碱。麦角新碱常制成马来酸麦角新碱注射液。

【作用与应用】 本品对子宫体、子宫颈平滑肌都有很强的选择性兴奋作用,剂量稍大即可引起强直性收缩。本品主要用于产后出血、产后子宫复原等。

【注意事项】 禁用于催产及引产等。

【用法与用量】 静脉或肌内注射,一次量,马、牛5~15 mg,猪、羊0.5~1 mg,犬0.1~0.5 mg。

5.10 调节新陈代谢的药物

5.10.1 调节水盐代谢药

氯化钠

本品为无色、透明的立方形结晶或白色结晶性粉末,无臭,味咸,易溶于水,几乎不溶于乙醇,常制成注射液。

【作用与应用】 ①钠离子是细胞外液中极为重要的阳离子,是保持细胞外液渗透压的重要成分。②钠离子还以碳酸氢钠形式构成缓冲系统,对调节体液的酸碱平衡具有重要作用。③钠离子也是维持细胞的兴奋性、神经肌肉应激性的必要成分。机体丢失大量钠离子可引起低钠综合征,表现为全身虚弱、肌肉阵挛、循环障碍等,重则昏迷直至死亡。

本品主要用于调节体内水和电解质平衡，在大量出血而又无法进行输血时，可输入本品以维持血容量进行急救。

【注意事项】 ①脑、肾、心脏功能不全及血浆蛋白过低时慎用。②肺水肿病畜禁用。③生理盐水所含的氯离子比血浆氯离子浓度高，已发生酸中毒的犬、猫，如大量应用，可引起高氯性酸中毒。

【用法与用量】 0.9%氯化钠注射液，静脉注射，一次量，犬、猫50～60 mL/kg，每日1次。5%～7.5%氯化钠注射液，低血压或休克，静脉注射，一次量，犬、猫3～8 mL。肾上腺皮质机能减退症，内服，一次量，犬、猫1～5 g/kg，每日1次。复方氯化钠注射液，静脉注射，一次量，犬100～500 mL/kg。

氯化钾

本品为无色长棱形、立方形结晶或白色结晶性粉末，无臭，味咸涩，易溶于水，常制成注射液。

【作用与应用】 ①钾离子为细胞内主要阳离子，是维持细胞内渗透压的重要成分。②钾离子通过与细胞外的氯离子交换参与酸碱平衡的调节。③钾离子是心肌、骨骼肌、神经系统维持正常功能所需的离子。适宜浓度的钾离子，可保持神经肌肉的兴奋性。④钾离子参与糖、蛋白质的合成及二磷酸腺苷转化为三磷酸腺苷的能量代谢。缺钾则导致神经肌肉传导障碍，心肌自律性增高。

本品主要用于钾离子摄入不足或排钾过量所致的钾缺乏症，也可用于强心苷中毒引起的阵发性心动过速等。

【注意事项】 ①静脉滴注过量时可出现疲乏、肌张力减低、反射消失、循环衰竭、心率减慢甚至心脏停搏。②静脉滴注时，速度宜慢，溶液浓度一般不超过0.3%，否则不仅引起局部剧痛，且可导致心脏骤停。③脱水病例一般先给不含钾的液体，等排尿后再补钾。④肾功能障碍或尿少时慎用，无尿或血钾过高时禁用。⑤内服本品溶液对胃肠道有较强的刺激作用，应稀释于食后灌服，以减少刺激。

【用法与用量】 氯化钾片0.5 g，内服，一次量，犬0.1～1 g/kg。10%氯化钾注射液，静脉注射，一次量，犬2～5 mL/kg，猫0.5～2 mL/kg。

5.10.2 调节酸碱平衡药

碳酸氢钠

本品又称小苏打，为白色结晶性粉末，无臭，味咸。在潮湿空气中易分解，水溶液放置稍久，或振摇，或加热，碱性即增强。在水中溶解，常制成注射液和片剂。

【作用与应用】 ①本品呈弱碱性，内服后能迅速中和胃酸，减轻胃痛，但作用时间短。②内服或静脉注射本品能直接增加机体的碱贮，迅速纠正代谢性酸中毒，并碱化尿液，可用于加速体内酸性物质的排泄。

本品主要用于犬、猫严重酸中毒、胃肠卡他；碱化尿液，防止磺胺类药物对肾脏的损害；提高庆大霉素等对泌尿道感染的疗效，也可用于高血钾与高血钙的辅助治疗。

【注意事项】 ①本品注射液应避免与酸性药物、复方氯化钠、硫酸镁、盐酸氯丙嗪注射液等混合应用。②本品对组织有刺激性，静脉注射勿漏出血管外。③纠正严重酸中毒时，用量要适当。④充血性心力衰竭、肾功能不全、水肿、缺钾等病例慎用。

【用法与用量】 静脉注射，一次量，牛、马15～30 g/kg，猪、羊2～6 g/kg，犬0.5～1.5 g/kg。

5.10.3 维生素

维生素一般根据其溶解性能分为脂溶性和水溶性维生素，常用的脂溶性维生素包括维生素 A、维生素 D、维生素 E、维生素 K 等，水溶性维生素主要包括 B 族维生素和维生素 C。

维生素 A

本品为淡黄色的油溶液，或结晶与油的混合物，在空气中易氧化，遇光易变质，常制成注射液、微胶囊。

【作用与应用】 本品具有促进生长、维持正常视觉、维持上皮组织正常机能等功能。除猫外，其他动物可将食入的 β-胡萝卜素转变为维生素 A。不足时，幼年动物生长停顿、发育不良，皮肤粗糙、干燥和角质软化，并发生干眼病和夜盲症。

本品可用于防治犬、猫的角膜软化症、干眼病、夜盲症及皮肤粗糙等维生素 A 缺乏症；用于体质虚弱、妊娠和泌乳动物以增强机体对感染的抵抗力；局部应用可促进创伤愈合，用于烧伤、皮肤与黏膜炎症的治疗。

【注意事项】 本品过量可导致中毒。急性中毒表现为兴奋、视力模糊、脑水肿、呕吐；慢性中毒表现为厌食、皮肤病变等。中毒时，一般停药 1～2 周中毒症状可逐渐消失。

【用法与用量】 维生素 AD 油，内服，一次量，牛、马 20～60 mL，猪、羊 10～15 mL，犬 5～10 mL。维生素 AD 注射液，肌内注射，一次量，牛、马 5～10 mL，猪、羊 2～4 mL，犬 0.5～2 mL。

维生素 D

本品为无色针状结晶或白色结晶性粉末，无臭，无味，遇光或空气易变质，应密封保存，主要有维生素 D_2 和 D_3 两种形式，常制成注射液。

【作用与应用】 本品对钙、磷代谢及幼年动物骨骼生长有重要影响，其主要功能是促进钙、磷在小肠内吸收，其代谢活性物质能调节肾小管对钙的重吸收，维持循环血液中钙的水平，促进骨骼的正常发育。

本品主要用于防治犬、猫维生素 D 缺乏所致的疾病，如佝偻病、骨软症等。

【注意事项】 ①长期大剂量使用本品，可使骨变脆，易发生骨折。此外，还可导致心律失常和神经功能紊乱等症状。②中毒时应立即停止使用本品和钙剂。③本品与噻嗪类利尿药同时使用，可引起高钙血症。

【用法与用量】 维生素 D_2 注射液，皮下、肌内注射，一次量，家畜 1 500～3 000 IU/kg。维生素 D_3 注射液，肌内注射，一次量，家畜 1 500～3 000 IU/kg。

维生素 E

本品又称生育酚，为微黄色或黄色透明的黏稠液体，几乎无臭，遇光颜色逐渐变深。不易被酸、碱或热所破坏，遇氧迅速被氧化，常制成注射液、预混剂。

【作用与应用】 ①本品主要作用是抗氧化作用，对保护和维持细胞膜结构的完整性起重要作用，与硒合用可提高作用效果。②维持正常的繁殖机能，本品可促进性激素的分泌，调节性机能，缺乏时影响繁殖机能。③保证肌肉的正常生长发育，缺乏时肌肉中能量代谢受阻，易患白肌病。④维持毛细血管的结构完整与中枢神经系统的机能健全，缺乏时雏鸡毛细血管通透性增加，易患渗出性素质病。⑤增强免疫机能，本品可促进抗体的生成及淋巴细胞的增殖，增强机体的抗病力。

本品主要用于防治维生素 E 缺乏症，如仔猪、羔羊的白肌病、雏鸡渗出性素质病、脑软化猪的肝坏死等。

【注意事项】 ①本品毒性小，但过量可导致凝血障碍。②日粮中高浓度可抑制动物生长，并加重钙、磷缺乏引起的骨钙化不全。

【用法与用量】 内服，一次量，驹、犊 0.5~1.5 g，羔羊、仔猪 0.1~0.5 g，犬 0.03~0.1 g，禽 5~10 mg。皮下、肌内注射，一次量，驹、犊 0.5~1.5 g，羔羊、仔猪 0.1~0.5 g，犬 0.01~0.1 g。

维生素 B_1

本品又称硫胺素，为白色结晶或结晶性粉末，有微弱的臭味，味苦，其干燥品在空气中迅速吸收约 4% 的水分，易溶于水，微溶于乙醇，常制成片剂、注射液。

【作用与应用】 ①本品能促进糖代谢，是维持神经传导和消化系统正常机能所必须的物质。②增强乙酰胆碱的作用，轻度抑制胆碱酯酶的活性。缺乏时，动物可出现多发性神经炎症状，如疲劳、食欲不振、便秘或腹泻，严重时出现运动失调、惊厥、昏迷甚至死亡。

本品主要用于防治维生素 B_1 缺乏症，还可作为高热、重度损伤、牛酮血病、神经炎和心肌炎的辅助治疗药物。

【注意事项】 ①生鱼肉、某些鲜海产品内含大量硫胺素酶，能破坏维生素 B_1 活性，故不可生喂。②本品对氨苄青霉素、头孢菌素、氯霉素、多黏菌素和制霉菌素等，均具不同程度的灭活作用，故不宜混合注射。③影响抗球虫药氨丙啉的活性。

【用法与用量】 皮下、肌内注射或内服，一次量，马、牛 100~500 mg，羊、猪 25~50 mg，犬 10~50 mg，猫 5~30 mg。

维生素 B_{12}

本品又称钴胺素，为深红色结晶或结晶性粉末，无臭，无味，微溶于水，常制成注射液。

【作用与应用】 本品参与核酸和蛋白质的生物合成，并促进红细胞的发育和成熟，维持骨髓的正常造血机能，还能促进胆碱的生成。缺乏时生长发育受阻，抗病力下降，皮肤粗糙。

本品主要用于维生素 B_{12} 缺乏所致的猪巨幼红细胞性贫血、幼龄动物生长迟缓等，也可用于神经炎、神经萎缩等疾病的辅助治疗。

【注意事项】 ①本品用于防治猪巨幼红细胞性贫血时，常与叶酸合用。②反刍动物瘤胃内微生物能直接利用饲料中的钴合成维生素 B_{12}，一般很少发生缺乏症。

【用法与用量】 肌内注射，一次量，马、牛 1~2 mg，羊、猪 0.3~0.4 mg，犬、猫 0.1 mg。

维生素 C

本品又称抗坏血酸，为白色结晶或结晶性粉末，无臭，味酸，久置色渐变微黄，水溶液显酸性反应，常制成片剂、注射液。

【作用与应用】 ①本品参与体内氧化还原反应。例如，使铁离子还原成亚铁离子，促进铁的吸收；使叶酸还原成二氢叶酸，继而还原成四氢叶酸。②促进细胞间质的合成，抑制透明质酸酶和纤维素溶解酶，保持细胞间质的完整，增加毛细血管的致密度，降低其通透性及脆性。缺乏时可引起坏血病，主要表现为毛细血管脆性增加，易出血，骨质脆弱，贫血和抵抗力下降。③本品还具有解毒作用，并可增强肝脏解毒能力，可用于铅、汞、砷、苯等慢性中毒以及磺胺类药物和巴比妥类药物等中毒的解救。④维生素 C 还可增强机体的抗病力、抗应激能力，改善心肌和血管代谢机能，并具有抗炎、抗过敏作用。

本品主要用于防治维生素 C 缺乏症、解毒、抗应激外，还可用于急、慢性感染，高热、心源性和感染性休克，以及过敏性皮炎、过敏性紫癜和湿疹的辅助治疗。

【注意事项】 ①本品不宜与维生素 K_3、维生素 B_2、碱性药物、钙剂等混合注射。②本品在瘤胃中易被破坏,故反刍动物不宜内服使用。③本品对氨苄西林、四环素、金霉素、土霉素、强力霉素、红霉素、卡那霉素、链霉素、林可霉素和多黏菌素等,均有不同程度的灭活作用。

【用法与用量】 内服,一次量,马 1~3 g,猪 0.2~0.5 g,犬 0.1~0.5 g。肌内或静脉注射,一次量,马 1~3 g,牛 2~4 g,羊、猪 0.2~0.5 g,犬 0.02~0.1 g。

5.10.4 钙、磷及微量元素

氯化钙

本品为白色、坚硬的碎块或颗粒,无臭,味微苦。极易潮解,在水中极易溶解,常制成注射液。

【作用与应用】 ①促进骨骼和牙齿正常发育,维持骨骼正常的结构和功能,缺钙时,幼畜的骨骼不能正常钙化,易形成佝偻病,成年动物易出现骨质疏松症。②维持神经和肌肉的正常兴奋性,参与神经递质的正常释放。③对抗镁离子中枢抑制及神经肌肉兴奋传导阻滞作用。④增强毛细血管的致密性,降低其通透性。⑤参与正常的凝血过程,钙是重要的凝血因子,是凝血过程所必需的物质。

本品主要用于缺钙引起的佝偻病、骨质疏松症、产后瘫痪等,也可用于治疗毛细血管渗透性增强导致的各种过敏性疾病,如荨麻疹、血管神经性水肿、瘙痒性皮肤病等,还可用于硫酸镁中毒的解救。

【注意事项】 ①本品具有较强刺激性,不宜肌内或皮下注射,静脉注射时避免漏出血管,以免引起局部肿胀或坏死。②在应用强心苷、肾上腺素期间禁用钙剂。③静脉注射钙剂速度过快可引起低血压、心律失常和心跳暂停。④常与维生素 D 合用,促进钙的吸收,提高佝偻病、骨质疏松症、产后瘫痪等疗效。

【用法与用量】 静脉注射,一次量,马、牛 5~15 g,羊、猪 1~5 g,犬 0.1~1 g。

磷酸二氢钠

本品为无色结晶或白色结晶性粉末,无臭,味咸、酸,易溶于水,常制成注射液、片剂。

【作用与应用】 ①磷是骨骼和牙齿的主要成分。②维持细胞膜的正常结构和功能。③磷是体内磷酸盐缓冲液的组成成分,参与调节体内酸碱平衡。④磷是核酸的组成成分,可参与蛋白质的合成。⑤参与体内脂肪的转动与贮存。

本品为磷补充剂,用于低磷血症预防和治疗,或用于其缺乏引起的佝偻病、骨质疏松症、产后瘫痪等治疗。

【注意事项】 本品与钙剂合用,可提高疗效。

【用法与用量】 内服,一次量,马、牛 90 g,每日 3 次。静脉注射,一次量,牛 30~60 g。

亚硒酸钠

本品为白色结晶性粉末,无臭,在空气中稳定,本品在水中溶解,常制成注射液和预混剂。

【作用与应用】 ①硒有抗氧化作用,是谷胱甘肽过氧化物酶的组成成分,此酶可分解细胞内过氧化物,防止对细胞膜的氧化破坏作用,保护生物膜免受损害。②参与辅酶 Q 的合成,辅酶 Q 在呼吸链中起递氢的作用,参与 ATP 的生成。③提高抗体水平,增强机体的免疫力。④有解毒功能,硒能与汞、铅、镉等重金属形成不溶性硒化物,降低重金属对机体的毒害作用。⑤维持精细胞的结构和机能,公猪缺硒可导致睾丸曲细精管发育不良,精子数量减少。

本品主要用于防治犊牛、羔羊、仔猪的白肌病和雏鸡渗出性素质。

【注意事项】 ①本品与维生素 E 联用，可提高治疗效果。②安全范围很小，在饲料中添加时，应注意混合均匀。③肌内或皮下注射有局部刺激性，动物表现为不安，注射部位肿胀、脱毛等。

【用法与用量】 亚硒酸钠注射液，肌内注射，一次量，马、牛 30~50 mg，驹、犊 5~8 mg，仔猪、羔羊 1~2 mg。亚硒酸钠维生素 E 注射液，肌内注射，一次量，驹、犊 5~8 mL，羔羊、仔猪 1~2 mL。亚硒酸钠维生素 E 预混剂，混饲，每 1 000 kg 饲料畜禽 500~1 000 g。

硫酸锌

本品为无色透明的棱柱状或细针状结晶或颗粒状的结晶性粉末，无臭，味涩，有风化性。本品在水中极易溶解，常制成粉剂、注射液。

【作用与应用】 ①锌是动物体内多种酶的成分或激活剂，可催化多种生化反应。②锌是胰岛素的成分，可参与碳水化合物的代谢。③参与胱氨酸和黏多糖代谢，维持上皮组织健康与被毛正常生长。④参与骨骼和角质的生长并能增强机体免疫力，促进创伤愈合。

本品主要用于防治锌缺乏症。

【注意事项】 锌对畜禽毒性较小，但摄入过多可影响蛋白质代谢和钙的吸收，并可导致铜缺乏症。

【用法与用量】 内服，一日量，牛 50~100 mg，驹 200~500 mg，羊、猪 200~500 mg，禽 50~100 mg。

5.11 解热镇痛抗炎药

解热镇痛抗炎药是一类具有解热、镇痛，而且大多数还有抗炎、抗风湿作用的药物。在化学结构上虽属不同类别，但都可抑制体内前列腺素的生物合成而发挥解热、镇痛、抗炎等作用。常用药物有阿司匹林、对乙酰氨基酚、氨基比林、安乃近及氟尼辛葡甲胺等。

阿司匹林

本品又称乙酰水杨酸，为白色结晶或结晶性粉末，无臭或微带醋酸臭，微溶于水，常制成片剂。

【作用与应用】 ①解热、镇痛作用较好，抗炎、抗风湿作用强，还可促进尿酸排泄。②抑制抗体产生和抗原抗体的结合反应，抑制炎性渗出而呈现抗炎作用，对急性风湿症有特效。

本品常用于发热、风湿症和神经、肌肉、关节疼痛及痛风症的治疗。

【注意事项】 ①本品大剂量或长期应用，可抑制凝血酶原形成，发生出血倾向，可用维生素 K 治疗；②对消化道有刺激作用，不宜空腹投药，可与碳酸钙同服减轻对胃的刺激；③治疗痛风时，可同服等量的碳酸氢钠，以防尿酸在肾小管内沉积。④本品对猫毒性大，不宜使用。

【用法与用量】 内服，一次量，马、牛 15~30 g，猪、羊 1~3 g，犬 0.2~1 g。

对乙酰氨基酚

本品又称扑热息痛，为白色结晶性粉末，无味，溶于水，常制成片剂和注射液。

【作用与应用】 ①本品具有解热镇痛作用，其作用与阿司匹林相似，强而持久，副作用小。②抗炎及抗风湿作用较弱，无实际疗效。

本品主要用于中、小动物的解热镇痛。

【注意事项】 ①猫易引起严重毒性反应，不宜使用。②治疗量的不良反应较少，偶见发绀、厌食、恶心、呕吐等副作用，停药后自行恢复。③大剂量引起肝、肾损害，可在给药后 12 h 内应用乙酰半胱氨酸或蛋氨酸以预防肝损害。肝、肾功能不全患畜或幼畜慎用。④长期过量应用，可诱发再生障碍性贫血。

【用法与用量】 内服，一次量，牛、马 10~20 g，羊 1~4 g，猪 1~2 g，犬 0.5~1 g。肌内注射，一次量，牛、马 5~10 g，羊 0.5~2 g，猪 0.5~1 g，犬 0.1~0.5 g。

氨基比林

本品又称匹拉米洞，为白色或几乎白色的结晶性粉末，无臭，味微苦，溶于水，常制成片剂及与巴比妥制成复方氨基比林注射液。

【作用与应用】 ①本品内服吸收迅速，即时产生镇痛作用，半衰期为 1~4 h。其解热镇痛作用强而持久。②与巴比妥类合用能增强其镇痛作用。③对急性风湿性关节炎的疗效与水杨酸类相似。

本品主要用于治疗肌肉痛、关节痛和神经痛，也用于马、骡疝痛。

【注意事项】 ①长期连续用药，可引起粒性白细胞减少症。②偶有皮疹和剥脱性皮炎。③在胃酸条件与食物作用，可形成致癌性亚硝基化合物，如亚硝胺。④服用本品后出现红斑或水肿症状应立即停药。

【用法与用量】 内服，一次量，牛、马 8~20 g，猪、羊 2~5 g，犬 0.13~0.4 g。皮下或肌内注射，一次量，牛、马 0.6~1.2 g，猪、羊 0.05~0.2 g。复方氨基比林注射液皮下或肌内注射，一次量，牛、马 20~50 mL，猪、羊 5~10 mL。

安乃近

本品又称罗瓦而精、诺瓦经，为氨基比林和亚硫酸钠相结合的化合物，白色或微黄色结晶性粉末，易溶于水，常制成片剂、注射液。

【作用与应用】 ①本品解热作用较显著，镇痛作用也较强，肌内注射吸收迅速，药效维持 3~4 h。②还具有一定的抗炎、抗风湿作用。

本品主要用于解热、镇痛、抗风湿，也常用于肠痉挛及肠臌气等症。

【注意事项】 ①本品长期应用，可引起粒性白细胞减少症。②不能与氯丙嗪合用，以防引起体温剧降。③剂量过大有时出汗过多而引起虚脱。④不宜用于穴位注射，尤其是关节部位，易引起肌肉萎缩及关节功能障碍。

【用法与用量】 内服，一次量，牛、马 4~12 g，猪、羊 2~5 g，犬 0.5~1 g。皮下、肌内注射，一次量，牛、马 3~10 g，猪 1~3 g，羊 1~2 g，犬 0.3~0.6 g。静脉注射，一次量，牛、马 3~6 g。

5.12 特效解毒药

5.12.1 有机磷类中毒特效解毒药

5.12.1.1 中毒机理

有机磷酸酯类化合物与体内胆碱酯酶结合形成磷酰化胆碱酯酶，使胆碱酯酶失活，不能水解乙酰胆碱，导致乙酰胆碱在体内大量蓄积，引起胆碱受体兴奋，出现一系列胆碱能神经过度兴奋的中毒症状，包括毒蕈碱样（M 样症状）和烟碱样症状（N 样症状）等。

5.12.1.2 解毒机理

以生理颉颃剂结合胆碱酯酶复活剂进行解毒，配合对症治疗。生理颉颃剂又称 M 胆碱受体阻断药,如阿托品,它可竞争性的阻断 M 胆碱受体与乙酰胆碱结合,从而迅速解除有机磷中毒的 M 样症状,但对骨骼肌震颤等 N 样症状无效。胆碱酯酶复活剂,如碘解磷定、氯解磷啶,与磷原子亲和力强,能夺取胆碱酯酶上带有磷的化学基团,使胆碱酯酶恢复活性。

5.12.1.3 解救药物

碘解磷定

本品又称派姆,为黄色颗粒状结晶或晶粉,无臭,味苦,遇光易变质,常制成注射液。

【作用与应用】 ①本品对胆碱酯酶有复活作用,对有机磷引起的 N 样症状抑制作用明显。②对 M 样症状抑制作用较弱,对中枢神经症状抑制作用不明显,对体内已蓄积的乙酰胆碱无作用。

本品主要用于内吸磷、对硫磷、特普、乙硫磷等中毒解救;对马拉硫磷、敌敌畏、敌百虫、乐果、甲氟磷、丙胺氟磷和八甲磷等中毒的疗效较差;对氨基甲酸酯类杀虫剂中毒无效。

【注意事项】 ①血液胆碱酯酶应维持在 50%~60%以上,否则需要重复应用。②为防止延迟吸收的有机磷加重中毒症状,甚至引起动物死亡,应用本品至少维持 48~72 h。③中毒超过 36 h,应用本品效果差。④在碱性溶液中易分解成有剧毒的氰化物,禁与碱性药物配伍。⑤静脉注射过快会产生呕吐、心动过速、运动失调等,药液刺激性强,应防止漏至皮下。

【用法与用量】 静脉注射,一次量,家畜 15~30 mg/kg,症状缓解前,每 2 h 1 次。

5.12.2 亚硝酸盐中毒特效解毒药

5.12.2.1 中毒毒理

亚硝酸盐吸收入血后,将血液中的亚铁血红蛋白氧化成高铁血红蛋白,使其失去携氧的能力,导致血液不能为组织供氧而引起中毒;亚硝酸盐还能抑制血管运动中枢,使血管扩张,血压下降。

5.12.2.2 解毒机理

亚硝酸盐中毒通常使用高铁血红蛋白还原剂解毒,如小剂量亚甲蓝、维生素 C 等能使高铁血红蛋白还原为亚铁血红蛋白,恢复其携氧功能。

5.12.2.3 解救药物

亚甲蓝

本品又称美蓝,为深绿色、有铜样光泽的柱状结晶或结晶性粉末,无臭,在水中易溶,常制注射液。

【作用与应用】 小剂量亚甲蓝进入机体后,在体内脱氢辅酶的作用下,迅速被还原成还原型亚甲蓝,具有还原作用,能将高铁血红蛋白还原成亚铁血红蛋白,重新恢复其携氧的功能。同时还原型亚甲蓝又被氧化成氧化型亚甲蓝,如此循环进行。

使用大剂量亚甲蓝时,体内脱氢辅酶来不及将亚甲蓝完全转化为还原型亚甲蓝,未被转化的氧化型亚甲蓝直接利用其氧化作用,使正常的亚铁血红蛋白氧化成高铁血红蛋白,此作用可加重亚硝酸盐中毒,但高铁血红蛋白与氰离子有较强的亲和力,可用于解除氰化物中毒。

本品小剂量用于亚硝酸盐中毒,大剂量用于氰化物中毒。

【注意事项】 ①本品刺激性大,禁止皮下或肌内注射。②本品与强碱性溶液、氧化剂、还原剂和碘化物等有配伍禁忌。③葡萄糖能促进亚甲蓝的还原作用,常与高渗葡萄糖溶液合用以提高疗效。

【用法与用量】 静脉注射,一次量,家畜,解救高铁血红蛋白血症 1~2 mg/kg,解救氰化物中毒 5~10 mg/kg。

5.12.3 氰化物中毒特效解毒药

5.12.3.1 中毒毒理

氰化物的氰离子能迅速与氧化型细胞色素氧化酶中的铁离子结合，从而阻碍酶的还原，使酶失去传递氧的功能，组织细胞不能得到足够的氧，导致中毒。

5.12.3.2 解毒机理

目前一般采用亚硝酸钠与硫代硫酸钠联合解毒。先用3%亚硝酸钠使血红蛋白中的亚铁离子氧化成铁离子，氧化形成的铁离子与氰离子结合力比氧化型细胞色素氧化酶的铁离子强，可使已与氧化型细胞色素氧化酶结合的氰离子重新释放，恢复酶的活力。高铁血红蛋白还能竞争性地结合组织中未与细胞色素氧化酶起反应的氰离子。高铁血红蛋白与氰离子结合后形成的氰化高铁血红蛋白在数分钟后又逐渐解离，释出的氰离子又重现毒性，接着用硫代硫酸钠与氰离子形成毒性很小的硫氰酸盐，随尿液排出。

5.12.3.3 解救药物

亚硝酸钠

本品为无色或白色至微黄色结晶，无臭，味微咸，在水中易溶，水溶液显碱性反应，常制成注射液。

【作用与应用】 本品可将血红蛋白中的亚铁离子氧化成铁离子，形成高铁血红蛋白而解救氰化物中毒，主要用于氰化物中毒。

【注意事项】 ①本品仅能暂时性地延迟氰化物对机体的毒性，静脉注射数分钟后，应立即用硫代硫酸钠。②本品容易引起高铁血红蛋白症，故不宜大剂量或反复使用。③有扩张血管作用，注射速度过快时，可致血压降低、心动过速、出汗、休克、抽搐。

【用法与用量】 静脉注射，一次量，马、牛 2 g/kg，羊、猪 0.1~0.2 g/kg。

硫代硫酸钠

本品又称大苏打，为无色透明结晶或结晶性细粒，无臭，味咸，在水中极易溶解，水溶液呈微弱的碱性反应，常制成注射液。

【作用与应用】 ①本品可与游离的或已与高铁血红蛋白结合的氰离子结合，生成无毒的且比较稳定的硫氰酸盐由尿排出，故可配合亚硝酸钠解救氰化物中毒。②本品可使高铁血红蛋白还原为亚铁血红蛋白，并可与多种金属或类金属离子结合形成无毒硫化物，可用于亚硝酸盐中毒及砷、汞、铅、铋、碘等中毒的解救。③因硫代硫酸钠被吸收后能增加体内硫的含量，增强肝脏的解毒机能，可用作一般解毒药。

本品主要用于氰化物中毒，也可用于砷、汞、铅、铋、碘等中毒。

【注意事项】 ①本品解毒作用产生较慢，应先静脉注射氧化剂（如亚硝酸钠）再缓慢注射本品，但不能混合静脉注射。②对内服中毒动物，还应使用5%本品溶液洗胃，并于洗胃后保留适量溶液于胃中。

【用法与用量】 静脉、肌内注射，一次量，马、牛 5~10 g，羊、猪 1~3 g，犬、猫 1~2 g。

第6章

动物常见内科病

消化系统和呼吸系统是构成动物体及维持生命的两大重要系统，消化系统和呼吸系统疾病是动物内科病中最常见和多发的疾病。常见的消化系统疾病包括口炎、反刍动物前胃疾病（前胃弛缓、瘤胃积食、瘤胃臌气、瘤胃酸中毒、创伤性网胃炎、瓣胃阻塞）、胃肠炎、幼畜消化不良、急性胃扩张、肠阻塞、肠痉挛及肠臌气等；常见的呼吸系统疾病包括感冒、大叶性肺炎及胸膜炎等。本章从病因、症状、诊断、治疗及预防方面介绍了常见的消化和呼吸系统疾病。

6.1 消化系统疾病

消化系统疾病是动物内科病中最常见和多发的疾病。消化系统疾病临诊表现为消化障碍、流涎、呕吐、腹痛、腹泻、便秘和少便、腹胀及脱水等。在治疗消化系统疾病时应注意：一是确保消化系统结构的完整性，二是各器官的功能必须正常。本章的重点内容是食道阻塞、胃肠炎及反刍动物前胃疾病等常见消化系统疾病诊断及防治技术。

6.1.1 口炎

口炎是指口腔黏膜及其深层炎症的总称，包括舌炎、腭炎和齿龈炎，临诊上以流涎及口腔黏膜潮红、肿胀或损伤为特征。按照炎症性质的不同将口炎分为卡他性、水泡性、溃疡性、糜烂性、脓疱性、蜂窝织炎、中毒性、真菌性和牛口疮性等多种类型，以卡他性、水泡性、溃疡性和真菌性口炎较为常见。本病发生于各种动物，牛、马、幼畜及年老体弱的动物较为常见。

(1) 病因

口炎主要因口腔黏膜受到机械性的、物理化学性的或有毒物质以及传染性因素的刺激和侵害所致。例如，动物采食过于粗硬带刺的饲草，饲料中混有尖锐的异物刺激口腔黏膜；误食高浓度有刺激性的药物；采食过热的饲料；犬、猫常因采食鱼刺、骨头、碎玻璃等尖锐物体而刺伤口腔黏膜。

口炎常继发于咽炎、舌伤、前胃疾病、胃炎、肠阻塞、肝炎、血斑病及维生素 A 缺乏等，也常继发或并发于一些传染病和寄生虫病，如小反刍兽疫、牛恶性卡他热、坏死杆菌病、口蹄疫、牛瘟、放线菌病、羊痘、猪口蹄疫、猪水疱病、犬瘟热等。

(2) 症状

任何一种性质的口炎，初期口腔黏膜潮红、肿胀、疼痛，口温增高，下颌淋巴结肿胀。采食、咀嚼缓慢，流涎，口角附着白色泡沫。因口炎的炎症性质不同，临诊表现也有所不同。

卡他性口炎　常于见马。口黏膜弥漫性或斑点状潮红，硬腭肿胀。舌面上有灰白色或草绿色舌苔。幼驹换牙期，常伴发齿龈炎。牛因丝状乳突上皮增殖，舌面粗糙，呈白色或黄色。夏收季节如因麦芒刺伤，舌系带、颊及齿龈等部位常有成束的麦芒。

水泡性口炎　常见于牛、马、仔猪和兔。唇内面、硬腭、口角、颊、舌缘和舌尖以及齿龈有粟粒大乃至蚕豆大透明水泡，3~4 d 后，破溃形成鲜红色烂斑。体温有时轻微升高。口腔疼痛，食欲减退。

溃疡性口炎　多发于肉食动物，犬最常见。一般多在门齿和犬齿的齿龈部发生肿胀，呈暗红色或紫红色，容易出血。1~2 d 后，病变部变为苍白稍带黄色，或黄绿色糊状脂样的坏死、糜烂，逐渐与邻近唇黏膜和颊黏膜形成污秽不洁的溃疡。口腔散发腐败性腥臭味，流涎混血丝带恶臭。往往伴发败血症，食欲废绝、下痢、消瘦、体质衰竭。

真菌性口炎　常见于猫和禽类。口腔黏膜发生白色或灰白色小斑点并逐渐增大，变为灰色乃至黄色伪膜，周围组织红润。剥离伪膜出现红色出血烂斑，后期伪膜脱落，可自然康复。若动物采食障碍，吞咽困难，流涎，便秘或腹泻，可因营养衰竭而死亡。

(3) 诊断

根据发病症状，通过流行病学调查、实验室检查，结合病因及其特征分析论证。应注意与传染性水泡性口炎、口蹄疫、犬瘟热和猫瘟等传染病鉴别诊断。口炎临诊诊断要点：咀嚼缓慢，流涎，有时吐草；口腔黏膜潮红、肿胀，有的出现水疱，或溃疡，病畜口中不洁，口温高，有口臭和舌苔；体温、呼吸、脉搏等全身症状不明显。

(4) 治疗

治疗原则在于去除病因，采取消炎、收敛、净化口腔等治疗措施，促进康复过程。

加强饲养管理。草食动物给予优质青干草、营养丰富含有维生素的青绿饲料和块根饲料；肉食动物可给予牛奶、肉汤、稀粥、鸡蛋等，以维持其营养需要。注意畜舍卫生，防止受寒感冒和继发感染，增进治疗效果。

净化口腔、消炎、收敛，可用1%食盐水或2%~3%硼酸洗涤口腔，每日3~4次。口腔有恶臭，宜用0.1%高锰酸钾冲洗。不断流涎时，则用1%明矾或鞣酸洗涤口腔。溃疡性口炎或真菌性口炎，病变部可用硝酸银棒或5%硝酸银腐蚀，然后用生理盐水充分洗涤，再用碘甘油（碘酊与甘油1:9），龙胆紫也可，涂于患部，或者用2%硫酸铜、2%硼酸钠甘油混悬液、1%磺胺甘油混悬液，涂于患部，也都有效。溃疡面好转后，再继续用消毒溶液或收敛溶液洗涤口腔，并用B族维生素和维生素C肌内注射。大动物重剧性口炎，可用磺胺类药加明矾装入布袋内，给病畜衔在口中，饲喂时取出，每日换一次。为防止病畜继发感染，应及时应用磺胺类药物或抗菌药物，以提高治疗效果。

中药治疗，使用青黛散：青黛10 g、黄柏6 g、黄芩6 g、儿茶6 g、桔梗6 g、冰片6 g，共研细末，装入小布袋，置于温水中浸透后给病畜衔于口中，给食时取下，每日换一次，2~3次可痊愈；也可用"冰硼散""西瓜霜""锡类散"等中药制剂。

(5) 预防

加强饲养管理，合理调配饲料，除去其中尖锐异物，严防误食有刺激性和腐蚀性的物质。经口投药，尽量避免选用刺激性药物，必须口服的应充分稀释或加黏浆剂，或用胃管给药。大动物，应定期检查口腔，牙齿磨灭不齐时应及时修整。

6.1.2 反刍动物前胃疾病

6.1.2.1 前胃弛缓

前胃弛缓是在各种致病因素的作用下，前胃兴奋性降低、收缩力减弱，瘤胃内容物不能正常消化和后移，在前胃内产生大量腐败和酵解的有毒物质，引起消化障碍，食欲、反刍减退以及全身机能紊乱现象的一种综合征。本病常常不是一种原发性疾病，而是许多疾病过程中的一种症状，是耕牛、奶牛及肉牛的一种多发病，特别是舍饲牛群更为常见。

(1) 病因

前胃弛缓的病因比较复杂，一般分原发性和继发性两种。

原发性前胃弛缓病因与饲养管理不当、缺钙以及应激因素有关。饲料过于单纯，长期饲喂粗纤维多、营养成分少的稻草、麦秸、豆秸、甘薯蔓、花生蔓等；饲料质量低劣或霉败变质；日粮中矿物质和维生素缺乏，饲料日粮配合不当，特别是缺钙，引起低血钙症，影响到神经体液调节机能，成为前胃弛缓发病的主要因素之一。饲养失宜：不按时饲喂，饥饱无常；或因精料过多，饲草不足；或于农忙季节，耕牛加喂豆谷精料；奶牛或因突然变换新收的大麦、小麦、燕麦等谷物或优良青贮，任其采食，都易扰乱其消化程序，而成为本病的发病原因。管理不当：耕牛劳役过度；冬季休闲，运动不足；缺乏日光照射，神经反应性降低，消化道陷于弛缓，也易导致本病的发生。应激反应：在动物中，特别是奶牛、奶山羊，由于受到饲养管理方法与严寒、酷暑、饥饿、疲劳、断乳、离群、恐惧、剧烈疼痛、感染及中毒等诸多因素的刺激，发生前胃弛缓。

继发性前胃弛缓通常是一种临诊综合征。可继发于某些寄生虫病，如肝片吸虫病；也可继发于某些传染病，如口蹄疫等；还可继发于牛骨软症、生产瘫痪、酮血症等代谢病，以及前胃其他疾病。此外，长期应用大剂量的磺胺类或其他抗菌药物制剂，使瘤胃内菌群失调，因而发生消化不良，呈现前胃弛缓。

(2) 症状

前胃弛缓按其病情发展过程，可分为急性型和慢性型两种类型。

急性型：病畜精神委顿，食欲减退或消失，反刍减少或停止，体温、呼吸、脉搏及全身机能状态无明显异常。瘤胃收缩力减弱，蠕动次数减少或正常，瓣胃蠕动音低沉；奶牛泌乳量下降；时而嗳气，有酸臭味，便秘，粪便干硬、呈深褐色。触诊瘤胃表现松软，张力下降，内容物黏硬或呈粥状。如因变质饲料引起的，瘤胃收缩力消失，轻度或中度臌胀，下痢。由应激因素引起的，瘤胃内容物黏硬，无臌胀现象。如果伴发前胃炎或酸中毒，病情加剧恶化，呻吟，食欲、反刍废绝，排出大量棕褐色糊状粪便、具有恶臭；有的患病牛空口咀嚼，精神高度沉郁，体温下降，鼻镜干燥，眼球下陷，黏膜发绀，发生脱水现象。

慢性型：常为继发性因素引起，或由急性型转变而来，多数病例食欲不定，发生异嗜，舔砖吃土，或摄食被尿粪污染的褥草、污物。反刍不规则，日渐消瘦，皮肤干燥，弹力减退，周期性消化不良，体质衰弱。便秘，粪便干硬、呈暗褐色、附着黏液；下痢，或下痢与便秘互相交替。排出糊状粪便，散发腥臭味。

病的后期，伴发瓣胃阻塞，精神沉郁，鼻镜龟裂，不愿移动，或卧地不起，食欲、反刍停止，瓣胃蠕动音消失，继发瘤胃臌胀，脉搏急速，呼吸困难。眼球下陷，结膜发绀，全身衰竭、病情危重。

(3) 诊断

根据临诊症状，结合病史与瘤胃内容物性质的变化进行诊断。前胃弛缓导致瘤胃内容物的性质出现变化，瘤胃内容物纤毛虫存活率显著降低或消失，瘤胃 pH 值可下降至 5.5 以下。应注意与酮血症、创伤性网胃腹膜炎、迷走神经性消化不良、皱胃变位、瘤胃积食相鉴别。

(4) 治疗

治疗原则是改善饲养管理，排除病因，增强神经体液调节机能，恢复前胃运动功能，改善和恢复瘤胃内环境，防止脱水和自体中毒。

继发性的前胃弛缓应首先查明并治疗原发病。原发性前胃弛缓，病初禁食 1~2 d 后，少量多次给予适口性好、易消化的优质干草或放牧，增进消化机能。促进瘤胃蠕动，可用氨甲酰胆碱，牛 1~2 mg，羊 0.25~0.5 mg；或新斯的明，牛 10~20 mg，羊 2~4 mg；或毛果芸香碱，牛 30~50 mg，羊 5~10 mg，皮下注射。但对妊娠母畜、心脏衰弱者禁用，以防虚脱和流产。

应用促反刍液，10%氯化钠 100 mL、5%氯化钙 200 mL、20%安钠咖 10 mL，静脉注射，可促进前胃蠕动，提高治疗效果。

防腐止酵，牛可用稀盐酸 15~30 mL、酒精 100 mL、常水 500 mL，内服，每日 1~2 次。或用鱼石脂 15~20 g、酒精 50 mL、常水 1 000 mL，一次内服，每日 1 次。

缓泻，可用硫酸镁或硫酸钠 300~500 g，鱼石脂 20 g，温水 6 000~10 000 mL，内服。或内服液体石蜡 1 000 mL，起润肠消导作用。

防止脱水和酸中毒。伴发脱水和自体中毒时，可用 25%葡萄糖溶液 500~1 000 mL，静脉注射；或用 5%葡萄糖生理盐水 1 000~2 000 mL、40%乌洛托品 20~40 mL、20%安钠咖注射液 10~20 mL，静脉注射。或 5%碳酸氢钠 500~1 000 mL，静脉注射。

(5) 预防

加强饲养管理，禁止突然变更饲料，或任意加料。注意劳逸结合和适当运动，避免应激因素刺激。

6.1.2.2 瘤胃积食

瘤胃积食又名瘤胃滞症，中兽医称为宿草不转，是因前胃的兴奋性和收缩力减弱，采食大量难以消化的饲料或容易膨胀的饲料蓄积于瘤胃中所致的一种疾病。临诊表现为瘤胃扩张、容积增大，内容物停滞和阻塞，瘤胃运动和消化机能发生障碍，形成脱水和毒血症。本病是牛、羊常见的多发病之一，特别是舍饲的耕牛更为常见。

(1) 病因

主要因为采食大量的青草、苜蓿、红花草、甘薯、胡萝卜、马铃薯等饲料；或因饥饿采食了大量谷草、稻草、豆秸等难以消化的饲料；或因采食较多的大麦、玉米、大豆等谷物，又大量饮水，使饲料膨胀而致病。长期舍饲的牛、羊运动不足，神经反应性降低；突然变换可口的饲料，采食过量；耕牛饲喂后立即使役，体制虚弱，产后失调及过度疲劳，使前胃消化功能降低，发生本病。

此外，饲养管理不当，受各种不利因素的影响，如精神恐惧不安、中毒或感染、妊娠后期运动不足等，也可发生瘤胃积食。还可继发于前胃弛缓、创伤性网胃心包炎、瓣胃阻塞、迷走神经损伤及皱胃变位、皱胃阻塞等疾病。

(2) 症状

本病发展迅速，通常在采食后数小时内发病。

病牛腹痛不安，目光凝视，回顾腹部，后肢踢腹，前肢刨地。拱背，空嚼，不断起卧，并伴有呻吟。表现嗳气、食欲、反刍消失；腹部听诊瘤胃蠕动音减弱或消失；肠音微弱或沉寂，便秘，粪便干硬呈饼状，有时发生下痢。触诊瘤胃，病畜不安，内容物黏硬，用拳按压，遗留压痕。有的病畜瘤胃内容物坚硬如石。腹部膨胀，左侧瘤胃上部饱满，中下部向外突出。直肠检查发现瘤胃扩张，容积增大，瘤胃内充满黏硬或粥状内容物。

发病后期，病情急剧恶化，奶牛泌乳量减少或停止。肚腹膨隆，瘤胃积液，呼吸迫促而困难。心悸，脉搏急速，皮温不整，四肢、角根和耳冰凉，体温下降至35℃以下，全身战栗，眼球下陷，黏膜发绀，全身衰弱，卧地不起，陷于昏迷状态。

(3) 诊断

依据病史和临诊检查容易进行诊断。诊断要点：有一次采食过多的病史；腹围增大，左侧瘤胃上部饱满，中下部向外突出；腹痛，按压瘤胃，内容物充满、坚硬，甚至不易压下，拳压留有压痕；瘤胃蠕动力量减弱，蠕动次数减少。注意与前胃弛缓、急性瘤胃膨胀、创伤性网胃炎、真胃阻塞和牛黑斑病甘薯中毒病鉴别诊断。

(4) 治疗

治疗原则是促进瘤胃内容物运转，消积化滞，恢复前胃运动机能，防止脱水与自体中毒。

消积化滞　首先禁食1~2 d，并进行瘤胃按摩，每次5~10 min，每隔30 min 一次。或先灌服大量温水，再按摩，效果更好。也可用酵母粉500~1 000 g，每日2次内服，具有化食作用。清肠消导，可用硫酸镁或硫酸钠300~500 g，液休石蜡或植物油500~1 000 mL，鱼石脂15~20 g，75%酒精50~100 mL、常水6 000~10 000 mL，一次内服。如内容物已排空而食欲尚未恢复时，可用健胃剂，如大蒜酊、龙胆末等，中药可用大承气汤等。

促进前胃蠕动　可用毛果芸香碱0.02~0.05 g，或新斯的明0.01~0.02 g，皮下注射，但心脏功能不全牛或孕牛禁用。也可用10%氯化钠溶液100~200 mL,静脉注射;或先用1%温食盐水洗涤瘤胃,再用促反刍液静脉注射。

防止脱水与自体中毒 可用5%葡萄糖氯化钠溶液2 000~3 000 mL,20%安钠咖注射液10 mL,维生素C 0.5~1 g,静脉注射,每日2次。强心补液,保护肝功能,促进新陈代谢,防止脱水。当血液碱贮下降,酸碱平衡失调时,可静脉注射5%碳酸氢钠300~500 mL。若出现碱中毒,呼吸急速,全身抽搐时,可内服稀盐酸15~30 mL。

在病程中,若继发瘤胃臌胀时,应及时穿刺放气,以缓和病情。药物治疗无效时,尽快进行瘤胃切开术。

(5) 预防

本病的预防在于加强饲养管理,防止突然变换饲料或过食。奶牛和肉牛应按日粮标准饲养;耕牛不要劳役过度,避免外界各种不良因素的刺激和影响,保持其健康状态。

6.1.2.3 瘤胃臌气

瘤胃臌气也叫瘤胃臌胀,是反刍动物支配前胃神经的反应性降低,收缩力减弱,采食了大量易发酵饲料,在瘤胃内迅速发酵,产生大量的气体,引起瘤胃和网胃急剧膨胀。临诊上以呼吸极度困难,反刍、嗳气障碍,腹围急剧增大和突然死亡为特征。

瘤胃臌气按病因可分为原发性和继发性两种,按病程可分为急性和慢性两种,按病性分泡沫性和气体性臌气。本病多发于牛和绵羊,山羊少见。通常多发于牧草茂盛的夏季,每年于清明之后夏至之前多见。

(1) 病因

原发性瘤胃臌气最为常见。发病原因主要是采食了大量易发酵的青绿饲料,特别是舍饲转为放牧的牛、羊群,最容易导致急性瘤胃臌气的发生。

①过多采食开花前的幼嫩多汁的豆科植物,如苜蓿、紫云英、三叶草、野豌豆等,或鲜甘薯蔓、萝卜缨、白菜叶等,产生大量气体而引起。

②采食堆积发热的青草,或经霜、露、雨、雪、冰箱冻结的牧草,霉败的干草以及多汁易发酵的青贮料,特别是舍饲的牛、羊,突然饲喂这类饲料,往往引起本病。

③奶牛和肉牛饲喂的饲料配合或调整不当,谷物饲料过多,而粗饲料不足,或给予黄豆、豆饼、花生饼、酒糟等未经浸泡和调理;或饲喂胡萝卜、甘薯、马铃薯等块根饲料过多;或因矿物质不足,钙、磷比例失调等,都可成为本病的发病原因。

④舍饲的耕牛,长期饲喂干草,突然改喂青草或放牧,采食过多,或误食毒芹、乌头、白藜芦、佩兰、白苏等有毒植物,或桃、李、梅、杏等的幼嫩枝叶,均可导致急性瘤胃臌气的发生。

继发性瘤胃臌气,可继发于前胃弛缓、创伤性网胃腹膜炎、食管阻塞、食道痉挛和麻痹、瘤胃与腹膜粘连、瓣胃阻塞、膈痛等疾病。

(2) 症状

急性瘤胃臌气,常在采食大量发酵性饲料后迅速发病,有的在采食过程中突然呆立,停止采食,食欲消失,临诊症状急剧发展。

病的初期患病动物举止不安,不断起卧,回头望腹,腹围迅速臌大。左肷部凸出;腹壁紧张而有弹性,叩诊瘤胃紧张呈鼓音;下腹部触诊瘤胃内容物不硬而呈粥状。瘤胃蠕动出现短暂的增强,但很快就减弱或消失,呼吸困难,头颈伸展,张口伸舌,呼吸数可达60~80次/min以上。心悸,脉搏急速,脉搏数在100~120次/min以上。后期心力衰竭,脉不感手,病情危急。结膜先充血而后发绀,颈静脉及浅表静脉怒张,但体温一般正常。

泡沫性臌气，常有泡沫状唾液从口腔中逆出或喷出。瘤胃穿刺时，只能断断续续地排出少量气体。瘤胃液随着瘤胃紧张收缩向上涌出，阻塞穿刺针孔，排气困难。

发病后期，家畜心力衰竭，血液循环障碍，目光恐惧，出汗，有时肩背部皮下气肿，站立不稳，步态蹒跚，往往突然倒地、痉挛、抽搐，陷于窒息和心脏麻痹状态。

慢性瘤胃臌气，多为继发性因素引起，病情弛张，瘤胃中度臌胀，时而消长，常在采食或饮水后反复发生，通常为非泡沫性臌胀。但继发于食道阻塞或食道痉挛的病例，则发病快而急。

(3) 诊断

根据临诊症状，结合病史不难进行诊断。应注意区分原发性和继发性的原因，继发性的瘤胃臌气还表现有原发病的症状。还应注意确诊是泡沫性还是非泡沫性的瘤胃臌气。

(4) 治疗

治疗原则是着重于排气减压，止酵消沫，健胃消导，强心补液。

排气减压　病的初期，使病畜头颈抬举，用手掌适度地按摩腹部，促进瘤胃内气体排除。至于病情轻的病例，使病牛立于斜坡上，保持前高后低姿势，不断牵引其舌，或用木棒涂煤酚皂溶液，给病牛衔在口内，同时按摩瘤胃，促进气体排出，也能奏效。当发生窒息危险时，首先应用胃管放气或进行瘤胃穿刺放气，防止窒息。

止酵消沫　应用松节油 20~30 mL、鱼石脂 10~15 g、75% 酒精 30~50 mL，加适量温水，或 8% 氧化镁 600~1 000 mL，一次内服，具有消胀作用。非泡沫性臌气，放气后，宜通过胃导管或穿刺针注入稀盐酸 10~30 mL，或鱼石脂 15~25 g、75% 酒精 100 mL、常水 1 000 mL；也可用生石灰水 1 000~3 000 mL 灌服。放气后用 0.25% 普鲁卡因溶液 50~100 mL、青霉素 100 万 U，注入瘤胃，效果更佳。

泡沫性臌气，直接放气效果会不明显，可通过胃管或穿刺针向瘤胃内注入表面活性药物，如二甲基硅油，牛 2~2.5 g，羊 0.5~1 g；或用消胀片（二甲基硅油 15 mg/片），牛 30~60 片、松节油 30~60 mL、鱼石脂 10~20 g、75% 酒精 30~40 mL 混合内服；也可应用菜子油、豆油、花生油或香油 300 mL，温水 500 mL，制成油乳剂内服；或者用松节油 30~40 mL、液体石蜡 500~1 000 mL，常水适量，一次内服，均可消除泡沫利于放气。

健胃消导　用 2%~3% 碳酸氢钠溶液，调节瘤胃内 pH 值。若因采食紫云英而引起的，可用盐类或油类泻剂；或用毛果芸香碱 0.02~0.05 g，或新斯的明 0.01~0.02 g，皮下注射，排出瘤胃内易发酵的内容，促进瘤胃蠕动，有利于反刍和嗳气。

在治疗过程中，应注意全身机能状态，及时强心补液（方法参照瘤胃积食）。严重的瘤胃泡沫性臌气，药物治疗无效时，应进行瘤胃切开术，取出瘤胃内容物，按照外科手术要求进行处理，防止感染。

接种瘤胃液　在排除瘤胃臌气或手术后，可采用健康瘤胃液 3~6 L，灌入瘤胃内，以促进瘤胃功能的迅速恢复。

(5) 预防

本病的预防着重加强饲养管理，增强前胃神经反应性，恢复瘤胃消化机能。在放牧或改喂青绿饲料前一周，先饲喂青干草、稻草，或作物秸秆，然后放牧或青饲，以免饲料骤变发生过食。幼嫩牧草，采食后易发酵，应晒干后掺杂干草饲喂，饲喂量应有所限制；牛、羊放牧还应注意茂盛牧区和贫瘠草场进行轮牧，避免过食。注意饲料保管，防止霉败变质。舍饲牛、羊，在开始放牧前 1~2 d，先给予聚氧化乙烯或聚氧化丙烯，牛 20~30 g，羊 3~5 g，加豆油少量；放在饮水中内服，然后再放牧，可预防本病。

6.1.2.4 瘤胃酸中毒

瘤胃酸中毒又称急性碳水化合物过食症,是由于反刍动物采食过量的精料或长期饲喂酸度过高的青贮饲料或富含碳水化合物的饲料,在瘤胃内产生大量乳酸等有机酸而引起的一种代谢性酸中毒。临诊以严重的毒血症、脱水、瘤胃蠕动停止、精神沉郁、食欲下降、瘤胃 pH 值下降、血浆 CO_2 结合力降低、虚弱、卧地不起、神志昏迷和高的死亡率等为特征。乳牛、肉乳、绵羊、奶山羊等均可发生。

(1) 病因

常因突然采食过量的精料,如大麦、小麦、高粱、黄豆、稻谷、玉米、豆饼以及含糖量高的块根、块茎类饲料,尤其是加工成粉状的饲料;精粗比例不当或青贮饲料酸度过大是本病最常见的病因。据文献报道,过食谷物致死量:绵羊为 50~80 g/kg,牛为 25~62 g/kg。

(2) 症状

本病常呈急性经过,一般 24 h 发生,与饲料种类、性质、采食量有关,一般采食粉碎的谷物比不粉碎的发病快,特别是含淀粉丰富的谷物和黄豆,采食量越多,危险性越大。

初期,食欲和反刍减少或废绝,瘤胃蠕动衰弱,瘤胃胀满,偶有腹痛表现;听诊时常可听到气体通过瘤胃内积聚的大量液体上升时发出的咕噜声,但瘤胃的原发性收缩完全消失。腹泻,粪酸臭。脱水,急性病例常见无尿。随后可见盲目直行或转圈,严重者呈现狂躁不安,难以控制,特别是耕牛过食黄豆后神经症状更为明显。严重的病例步态蹒跚,行如酒醉,视力障碍。随着病情的发展,后肢麻痹、瘫痪、卧地不起、昏睡,以后兴奋与抑制交替出现,进一步发展会陷入昏迷死亡。

体温偏低,一般 36.5~38.5 ℃;心率加快,每分钟 100 次以上;呼吸浅而快,每分钟达 60~90 次。瘤胃液、血液、尿液及乳汁等检查均发生变化。瘤胃液 pH 值显著降低,正常瘤胃中的革兰阴性细菌丛被革兰阳性细菌丛所取代,无纤毛虫;血液红细胞压积容量值增高,pH 值下降到 6.9 以下,CO_2 结合力降低;尿液 pH 值降低到 5.0 以下。多数病例呈现蹄叶炎症状,跛行,站立困难。

(3) 诊断

诊断要点:发病急骤,病程短;有过食豆、谷等精饲料的病史;瘤胃胀满,视觉障碍,中枢神经兴奋、脱水、酸中毒、腹泻、无尿或少尿等。注意与瘤胃积食、皱胃阻塞和变位、急性弥漫性腹膜炎、生产瘫痪、酮病、肝昏迷、奶牛妊娠毒血症等进行鉴别。

(4) 治疗

以阻止乳酸的继续产生及中和已产生的酸,解除脱水,调节电解质平衡,维持血液循环,促进前胃运动,强心补液,解毒及对症治疗为原则。在治疗过程中,先禁食 1~2 d,然后给予优质干草。要限制饮水,因瘤胃酸中毒致使瘤胃积液,渴欲增加,如饮水过量,易促进死亡。病情轻且稳定的病畜,可不治疗,在 3~4 d 恢复采食。

①缓解酸中毒,中和胃酸。可用饱和石灰水或 5% 碳酸氢钠洗胃,直至胃液的 pH 值呈碱性为止;或静脉注射 5% 碳酸氢钠 1 000~2 500 mL,每日 1~2 次,并内服小苏打粉 100~200 g;也可静脉注射硫代硫酸钠 5~20 g,或 28.75% 谷氨酸钠 40~80 mL,为促进乳酸代谢,可肌内注射维生素 B_1 0.2~0.4 g,并内服酵母片。

②补充水及电解质,促进血液循环和毒素的排出。常用生理盐水、糖盐水、复合生理盐水、低分子右旋糖酐各 500~1 000 mL,混合静脉注射(牛),需要时在输液过程中加入强心药物(如安钠咖等)。

③对症治疗：兴奋瘤胃可皮下注射新斯的明或毛果芸香碱；使用抗组胺的药物治疗蹄叶炎；用皮质类固醇激素治疗休克；出现神经症状时，可肌内注射盐酸氯丙嗪。

④保守疗法效果不佳时，应及时进行瘤胃切开术，取出瘤胃内容物，并加以冲洗，冲洗后接种适量的健康牛瘤胃液。

(5) 预防

预防关键在于饲养管理，在饲喂高碳水化合物时，要有一个适应过程，不能随意增加碳水化合物精料的用量。

6.1.2.5 创伤性网胃炎

创伤性网胃炎，是由于针、钉、碎铁丝等尖锐异物混杂在饲料内，被采食吞咽进入并刺伤网胃，临诊以顽固性前胃弛缓、瘤胃反复臌胀、消化不良和网胃区敏感性增高为特征。本病主要发生于舍饲的耕牛和奶牛，有时发生于山羊。草原上放牧牛羊群，距离城市和工矿区远，很少发生。

(1) 病因

牛、羊采食迅速，并不充分咀嚼，以唾液裹成食团，囫囵吞咽，往往将随同饲料的尖锐异物吞咽入网胃，导致本病的发生。

在瘤胃积食或臌胀、重剧劳役、妊娠、分娩以及奔跑、跳沟、滑倒、手术保定等过程中，腹内压升高，从而导致本病的发生和发展。

(2) 症状

通常存留在网胃内的异物，当分娩阵痛、长途输送、犁田耙地、瘤胃积食以及其他致使腹腔内压增高的因素影响下，突然呈现临诊症状。

发病初期，一般多见前胃弛缓、食欲减退，有时异嗜，瘤胃收缩力减弱，反刍受到抑制而弛缓，不断嗳气，常常呈现间歇性瘤胃臌胀。肠蠕动音减弱，有时发生顽固性便秘，后期下痢，粪有恶臭。奶牛的泌乳量减少。由于网胃疼痛，病牛有时突然骚扰不安。病情逐渐增剧，久治不愈，并因网胃和腹膜或胸膜受到金属异物损伤，出现异常临诊表现：姿态异常，常取前高后低的站立姿势，甚至前肢攀登于饲槽之上，或以后肢踏在尿沟内，头颈伸展，肘关节向外展，拱背；运动异常，病牛行走时，忌下坡、跨沟或急转弯，在砖石或水泥路面上行走时止步不前，或行动缓慢。当卧地、起立时，因感疼痛，极为谨慎，肘部肌肉颤动，甚至呻吟和磨牙。病牛立多卧少，一旦卧地后不愿起立，或持久站立，不愿卧下，也不愿行走。

网胃区叩诊，病牛有疼痛感，呈现不安，呻吟退让、躲避或抵抗。用力压迫胸椎脊突和剑状软骨，双手将鬐甲皮肤捏成皱襞，病牛表现出敏感不安，呻吟，并引起背部下凹现象。或用一根木棍通过剑状软骨区的腹底部猛然抬举，给网胃施加强大压力，对急性病例阳性反应最明显。

应用副交感神经兴奋剂，皮下注射，促进前胃运动机能，病情随之增剧，表现疼痛不安状态。血象检查可见白细胞总数增多，其中中性粒细胞多，淋巴细胞减少，核左移。

病畜体温、呼吸、脉搏一般无明显变化，但在网胃穿孔后，最初几天体温可能升高至 40 ℃以上，其后降至常温，转为慢性过程，精神沉郁，消化不良，病情时而好转、时而恶化，逐渐消瘦。乳牛突出的症状是发病一开始泌乳量显著下降。

(3) 诊断

姿态与运动异常，顽固性前胃弛缓，逐渐消瘦，网胃区触诊敏感与疼痛试验阳性，以及长期药物治疗不见效果，是为本病的基本病征。应用金属探测器检查，可获得阳性结果。应用 X 线透视或摄影，也可获得正确诊断。

(4)治疗

创伤性网胃炎,在早期如无继发病,采取手术疗法,施行瘤胃切开术或网胃切开术,从网胃壁上摘除金属异物,同时加强护理措施。

保守疗法,将病牛立于斜坡上,或斜台上,保持前躯高后躯低的姿势,减轻腹腔脏器对网胃的压力,促使异物退出网胃壁。同时应用青霉素300万U与链霉素3g,分别肌内注射,连续用3d。也可用特制磁铁经口投入网胃中,尝试吸取胃中金属异物,同时应用抗生素消炎,但有少数病例复发。

此外,加强饲养和护理,使病牛保持安静,先禁食2~3d,其后给予易消化的饲料,并适当应用防腐止酵剂、高渗葡萄糖或葡萄糖酸钙溶液,静脉注射,增强治疗效果。

(5)预防

第一,应加强饲养管理工作,注意饲料选择和调理,防止饲料中混杂金属异物。第二,村前屋后、金属加工厂、作坊、仓库、垃圾等地,不可任意放牧。从工矿区附近收割的草料,也应注意检查。特别是奶牛、肉牛饲养场,种牛繁殖场,加工饲料应增设清除金属异物的电磁装置,除去饲料、饲草中的异物,以防本病的发生。第三,建立定期检查制度。特别是对饲养场的牛群,请兽医人员应用金属探测器进行定期检查,必要时再应用金属异物摘除器从瘤胃和网胃中摘除异物。第四,给牛网胃内投放磁铁环,吸附金属异物,每隔6~7年更换一次。也有应用磁铁鼻环,以减少本病的发生。第五,新建牛场选址应远离工矿区、仓库和作坊。乡镇与农村饲养的牛舍,也应远离铁匠铺、木工房及修配车间,减少本病发生性。

6.1.2.6 瓣胃阻塞

瓣胃阻塞,也称瓣胃秘结,中兽医称为"百叶干",是瓣胃收缩力减弱、内容物积滞、干涸而形成阻塞,瓣胃内小叶压迫性坏死为特征的疾病。临诊上以前胃弛缓、瓣胃听诊蠕动音减弱或消失,触诊疼痛,排粪干少、色暗为特征。本病多见于耕牛、奶牛。

(1)病因

原发性瓣胃阻塞,主要见于长期饲喂糠麸、粉渣、酒糟等柔软刺激性小或缺乏刺激性的饲料,或过多饲喂含有泥沙的饲料,或粗纤维坚硬的甘薯蔓、花生秧、豆秸以及豆荚、麦麸等。特别是铡短草喂牛,是本病的病因之一。其次,由放牧转变为舍饲,或饲料突然变换,饲料质量低劣,缺乏蛋白质、维生素以及微量元素,或因饲养不正规,饲喂后缺乏饮水以及运动不足等都可引起。

继发性阻塞,常见于皱胃阻塞、皱胃变位、皱胃溃疡、腹腔脏器粘连、生产瘫痪、牛产后血红蛋白尿病、黑斑病甘薯中毒、急性热性病以及血液原虫病等。

(2)症状

本病的初期,精神沉郁,呈现前胃弛缓,食欲不定或减退,便秘,粪成饼状;瘤胃轻度臌胀,瓣胃蠕动音微弱或消失。于右侧腹壁瓣胃区触诊,病牛表现疼痛;叩诊,浊音区扩张;奶牛泌乳量下降。病情进一步发展,鼻镜干燥、龟裂,空嚼、磨牙,时而呻吟。呼吸浅表、急速,心脏机能亢进,脉搏数增至80~100次/min。食欲、反刍消失,瘤胃收缩力减弱。进行瓣胃穿刺检查,进针阻力增大,瓣胃收缩运动减弱或消失。

直肠检查可见肛门与直肠痉挛性收缩,直肠内空虚、有黏液,直肠壁附有少量暗褐色粪块。发病末期,尿量减少、呈黄色,或无尿。呼吸急速,心悸,脉搏数可达100~140次/min,心律不齐,微循环障碍,结膜发绀,卧地不起,形成脱水与自体中毒现象。

(3) 诊断

诊断要点：瓣胃蠕动音减弱或消失，触诊瓣胃敏感性增高，叩诊瓣胃浊音区扩大，鼻镜干燥龟裂，粪便干硬，表面黏液多。病程 7~10 d，预后一般不良。

(4) 治疗

治疗原则是增强前胃运动机能，促进瓣胃内容物排出。

初期，病情轻的，可用硫酸镁或硫酸钠 400~500 g、常水 8 000~10 000 mL，或液体石蜡 1 000~2 000 mL，或植物油 500~1 000 mL，一次内服。同时应用10%氯化钠100~200 mL、20%安钠咖注射液10~20 mL，静脉注射，增强前胃神经兴奋性，促进前胃内容物运转与排除。病情严重的，可同时皮下注射毛果芸香碱 0.02~0.05 g，或新斯的明 0.01~0.02 g，或氨甲酰胆碱 1~2 mg。须注意，体弱、妊娠、心肺功能不全病牛禁用。

瓣胃注射对软化和排出瓣胃内容物有较好效果。可用10%硫酸钠 2 000~3 000 mL，液体石蜡或甘油 300~500 mL，普鲁卡因 2 g，盐酸土霉素 3~5 g，配合一次瓣胃内注入。

病牛若有肠炎或全身败血症现象时，可根据病情发展，应用撒乌安注射液 100~200 mL，静脉注射，同时尚须注意及时输糖补液，防止脱水和自体中毒，缓和病情。

对上述治疗无效的病例，可采取瓣胃冲洗疗法，即应用瘤胃切开术，用胃管插入网瓣孔，冲洗瓣胃，效果较好。在治疗过程中，应加强护理，停止使役，充分饮水，给予青绿饲料，有利于恢复健康。

(5) 预防

本病的预防，在于注意避免长期应用麸糠及混有泥沙的饲料喂养，同时注意适当减少坚硬的粗纤维饲料；铡草饲喂时不宜将饲草铡得过短，糟粕饲料也不宜长期饲喂过多，注意补充矿物质饲料，并给予适当运动。

6.1.3 胃肠炎

胃肠炎是胃肠表层黏膜及其深层组织发生的重剧炎症的疾病。临诊上常表现为严重的胃肠机能紊乱、脱水、自体中毒和毒血症症状，胃肠壁出现充血、出血、化脓或坏死等病变。本病是动物的常见多发病，尤其是马、牛、猪、犬最为多见。

(1) 病因

原发性胃肠炎，凡能引起胃肠卡他的致病因素，同样可以导致胃肠炎。所不同的是，造成胃肠炎的病原的刺激作用强，或是动物对刺激的耐受或抵抗力减弱，或两者同时存在。

胃肠炎的原因是多种多样的，不规范的饲养管理占据首要地位：动物吃进品质不良的草料，如霉败的干草、冷冻腐烂块根、发霉变质的玉米等；或营养不良，使胃肠屏障机能减弱，平时存在于肠道的条件致病菌，如大肠杆菌、坏死杆菌等，此时往往由于毒力相对增强而致病；或者由于抗菌药物的滥用，一方面细菌产生抗药性，另一方面在用药过程中造成肠道菌群失调引起二重感染。

继发性胃肠炎见于某些传染病（如猪瘟、猪传染性胃肠炎、仔猪大肠杆菌病、沙门菌病、犬细小病毒感染等）、寄生虫病（鸡球虫病、蛔虫病等）及很多内科病（如急性胃扩张、肠便秘和肠变位等）的发病过程中。

(2) 症状

全身症状重剧，患畜精神沉郁，食欲减退或废绝，渴欲或增加或废绝，眼结膜先潮红后黄染，舌苔重，口干臭，四肢、鼻端等末梢冷凉。

在猪、犬、猫病初出现呕吐，呕吐物带有血液或胆汁。腹部有压痛反应，如仅胃受侵害时，肠音减弱，否则肠音多活泼。

持续而重剧的腹泻是胃肠炎的重要症状之一。排泄软粪含水较多，并杂有血液、黏液和黏膜组织，有时混有脓液，恶臭。病的后期，肠音减弱或停止，肛门松弛，排便失禁；腹泻时间持续较长的患畜，肠音消失，呈现里急后重现象，并伴发不同程度的腹痛症状。

全身症状比胃肠卡他严重。脱水体征明显，眼球下陷，皮肤弹性减退，被毛逆立无光泽。脉搏快而弱。大多数患畜体温突然高达40℃以上，随着病情恶化体温降至常温以下。严重的脱水患畜，血液浓稠，尿量减少，颜色变深。

(3) 诊断

首先应根据全身症状重剧，食欲紊乱，舌苔变化，肠音初期增强以后减弱或消失，腹泻明显，以及粪便中含有病理性产物等，多不难做出正确诊断。进行流行病学调查，血、粪、尿的化验，对单纯性胃肠炎、传染病、寄生虫病的继发性胃肠炎可进行鉴别诊断。怀疑中毒时，应检查草料和其他可疑物质。若口臭显著，食欲废绝，肠音沉衰，粪球干小，主要病变可能在胃；若黏膜黄染及腹痛明显，初期便秘，腹泻出现较晚，主要病变可能在小肠；若腹泻出现早，脱水迅速并有里急后重症状，主要病变在大肠。

(4) 治疗

治疗原则是抑菌消炎，清理胃肠，止吐止泻，补液，解毒，强心。

抑菌消炎　抑制肠道内致病菌增殖，消除胃肠炎症，是治疗胃肠炎的根本措施。在选用抗菌药物时，最好送检患畜粪便，做药物敏感试验，为选用或调整药物的参考。可选用阿莫西林、头孢噻呋钠、强力霉素、氟苯尼考、磺胺脒、环丙沙星等抗菌药物进行治疗。

清理胃肠，保护胃肠黏膜　根据腹泻情况进行适时缓泻和止泻，是相辅相成的两种措施。当病畜腹泻剧烈，粪便混有黏液、脓汁、恶臭，应用缓泻药物。泻剂常用液体石蜡油500~1 000 mL，或植物油500 mL，或鱼石脂10~30 g，混合温水内服。也可以用硫酸钠200~300 g或人工盐200~400 g配成6%~8%溶液，另加酒精50 mL及鱼石脂10~30 g调匀内服。马在用泻下剂时，要注意防止剧泻。当粪便稀薄如水，臭味不浓时，应及时止泻。常用吸附剂和收敛剂，对腹泻牛、马可用药用炭100~200 g加适量常水一次内服。此外，还可试用矽炭银片30~50 g、鞣酸蛋白20 g、碳酸氢钠40 g加水适量。中小动物按体重比例使用。

强心补液，纠正酸中毒　补液应尽早进行，可将生理盐水、低分子右旋糖酐和5%碳酸氢钠溶液按2∶1∶1比例进行混合输液。补液量一般以开始大量排尿作为基本补足的临诊标志。在500 mL的输液中加入10%氯化钾10 mL以补充钾。患畜尿液的酸碱反应已变碱性时，可将5%碳酸氢钠自混合性输液中撤除。此外，如有条件输入血液或血浆对重剧性胃肠炎患畜可获良好效果。为了改进血液循环，还可试用咖啡因和肾上腺素。

对症治疗　腹痛剧烈者应用镇痛剂；肠出血可静脉注射葡萄糖酸钙溶液250~500 mL。为了增强胃肠炎患畜的抵抗力，还可皮下注射维生素C等。

(5) 预防

合理饲养，防止给予动物发霉、腐败、虫蛀、含泥沙以及有毒物的饲料。饲料搭配要适当，防止精料过多或饲草单一，切勿突然更换饲料。加强管理，防止动物过劳，应用药物要适宜，减少过量泻药的使用。

6.1.4　幼畜消化不良

幼畜消化不良是幼畜胃肠消化机能障碍的统称，系哺乳期幼畜常发的一种胃肠疾病。主要特征是明显的消化机能障碍、腹泻、营养不良和自体中毒等。本病具有群发性特点，但一般不具有传染性，以犊牛、羔羊、仔猪最为多发，幼驹也有发生者。

(1) 病因

母畜乳汁质量对本病发生有密切的关系，妊娠母畜饲喂不全价饲料时，不仅使刚出生的幼畜体质衰弱，抵抗力低下，同时乳汁质量不佳；相反，分娩前给予母畜大量精饲料，乳汁浓稠，蛋白质含量过多；或母畜患乳房炎时，乳汁发生改变，都极易引起幼畜消化不良。

幼畜管理不善，幼畜没能及时吸吮初乳，过早采食，或人工哺乳不定时定量及乳温过低；或幼畜舔食脏物；或饮水不洁，甚至食母畜粪便，母畜乳头不洁等皆易引起发病。此外，幼畜受寒、厩舍潮湿等也为本病发生的原因。

(2) 症状

主要临诊表现是腹泻。

患病幼畜精神不振，喜躺卧，食欲减退或完全拒乳，体温一般正常或低于正常。腹泻，粪便的结构和颜色是多种多样的，一般无恶臭。犊牛开始时，多呈粥样稀便，以后则呈水样的深黄色，有时呈黄色，也有时呈粥样的暗绿色。仔猪粪便的结构及颜色与日龄有一定关系。凡在10日龄以内的病仔猪，多数为黄色黏性的稀粪，少数开始就呈黄色水样稀粪。以后粪色依病程而异：在10~30日龄的仔猪发生消化不良时，多数于开始时就呈灰色黏性或水样粪便，以后可能转为灰色或灰黄色条状，最后为球状而痊愈。羔羊消化不良时的粪便多呈灰绿色，且其中混有气泡和白色小凝块。

持续腹泻的幼畜，肛门松弛，排粪失禁。皮肤弹性降低，眼球明显凹陷。心音混浊，心跳加快，脉搏细弱，呼吸浅表急速。病至后期，体温多突然下降，四肢及耳尖、鼻端厥冷，终至昏迷而死亡。

(3) 诊断

幼畜消化不良的诊断，根据病史及临诊表现，便可做出诊断。必要时，进行粪便的细菌学检查，哺乳母畜的乳汁，特别是初乳质量的检验，粪便成分的检查以及血液化验，综合判定。

(4) 治疗

应采取综合性治疗措施。

加强饲养管理 应将患病幼畜(犊牛、羔羊)置于干燥、温暖、清洁、单独的畜舍或畜栏内；对仔猪应改善哺乳母猪的饲养环境，并厚铺干燥、清洁的垫草。

缓解胃肠负担 可施行饥饿疗法，即令患畜禁食8~10 h，此时可饮氯化钠盐酸水溶液(氯化钠5 g，33%盐酸1 mL，凉开水1 000 mL)；或饮温红茶水，犊牛250 mL，每日3次，羔羊、仔猪酌减。为排除胃肠内容物，对腹泻不甚严重的病畜，可应用油类或盐类缓泻剂。清除胃肠内容物后，为维持机体营养，可给予稀释乳或人工乳(鱼肝油10~15 mL，氯化钠10 mL，鲜鸡蛋3~5枚，鲜温牛乳1 000 mL，混合搅拌均匀)，犊牛每次饮用1 000 mL，羔羊、仔猪50~100 mL，每日喂饮5~6次。

促消化 为促进消化可给予胃液、人工胃液或胃蛋白酶。胃液可采自空腹时的健康马或牛。犊牛剂量：30~50 mL，每日1~3次，于喂饲前20~40 min给予。为预防目的，可于出生后2 h给予。仔猪剂量：2~10日龄，每次2~4 mL；10~30日龄，每次4~6 mL，每日2次，连用2~4 d。人工胃液(胃蛋白酶10 g，稀盐酸5 mL，常水1 000 mL，也可添加适量的B族维生素或维生素C)，剂量：犊牛30~50 mL，仔猪10~30 mL，灌服。

抑菌消炎 为防止肠道感染，特别是对中毒性消化不良的幼畜，可选用阿莫西林、强力霉

素、环丙沙星等抗菌药物进行抑菌消炎。为制止肠内容物腐败发酵，除应用抗菌药物外，也可适当选用乳酸、鱼石脂、克辽林等防腐制酵药物。对持续腹泻不止的幼畜，可选用明矾、鞣酸蛋白、次硝酸铋、矽碳银等内服。

保持水盐代谢平衡　病初，可给幼畜饮用生理盐水或口服补液盐，犊牛 500 mL，羔羊 250～300 mL，仔猪 150～200 mL，每日 5～8 次。也可应用 10%葡萄糖溶液或 5%葡萄糖氯化钠溶液，驹、犊 100～300 mL，羔羊、仔猪 50～100 mL，静脉或腹腔注射。

此外，对仔猪消化不良，可应用碘淀粉治疗。碘淀粉是由 5%碘酊 5～8 mL，淀粉 10 g，凉开水 200 mL，混合制成。剂量：2～10 日龄，每次 2～4 mL；10～30 日龄，4～6 mL，每日 2 次，灌服或涂于母猪奶头上，连续用药 4 d。

(5) 预防

主要是加强妊娠母畜的饲养管理，注意做好幼畜的护理工作。

6.1.5　急性胃扩张

急性胃扩张是指单胃动物采食过量容易膨胀和容易发酵的饲料、幽门痉挛或肠道阻塞，使胃内充满食物、液体和气体的疾病。急性胃扩张是马属动物常见的真性腹痛病之一。以发病急、病程短、腹痛剧烈为特征。本病主要见于马、骡、猪和犬，尤其是胸深狭长的犬最易发生。

(1) 病因

原发性胃扩张，常见的病因主要是由于采食过量难以消化的和容易膨胀的饲料，或采食易于发酵的嫩青草或堆积发热变黄的青草以及发霉的草料；或饲料中混有大量沙土砾石等。或由于偷食大量精料，或饱食后久渴失饮，突然喝大量冰冷饮水。也可因异物阻塞幽门，使胃排空不畅而发病。

继发性胃扩张，主要是小肠不通，如小肠阻塞、小肠变位等，以致引起以液体为主要内容物的胃扩张状态。犬的胃扭转也易引起本病。

(2) 症状

原发性急性胃扩张，常在采食后 1～3 h 内突然出现一系列临诊症状。一般可见饮食欲废绝，精神沉郁。剧烈腹痛，病初多呈轻微间歇性腹痛，很快即发展成剧烈而持续的腹痛。表现急起急卧、前蹄刨地、卧地滚转，有时也出现回顾腹部。在病畜起立过程中，有时保持一定时间的犬坐姿势。犬、猫等可见腹部迅速膨胀、流口水、干呕等表现。

一般症状，眼结膜发红甚至发绀，呼吸急促，有灰黄色舌苔。脉搏在病初无明显变化，不久，脉数增加，由强转弱。病初肠音活泼，频频排少量松软粪便，随后肠音逐渐变弱，最后消失，排粪减少或停止，有嗳气表现。胸前、肘后、股内侧、颈侧、耳根和眼周围等局部出汗，个别病例则全身出汗。有的出现塞唇似笑症状，并具有程度不同的脱水现象。

胃管检查，是临诊上探查胃扩张性质和解除胃扩张状态的较为简单实用的方法。送入胃管后，若从胃管不断排出酸臭气体和少量稀糊状食糜，腹痛症状随即减轻，甚至消失，则多为原发性气胀性胃扩张。食滞性胃扩张，仅能从胃管排出少量气体，腹痛症状并不减轻，少数病畜出现缩颈症状，颈部食管沟出现逆蠕动波，听诊可听到含漱声。

直肠检查，在左肾下方常能摸到膨大的胃后壁，随呼吸前后移动，触压紧张而有弹性，多为气胀性或积液型；触压呈捏粉样硬度，多为食滞型。

继发性胃扩张，在原发病的基本症状的基础上病情很快转重。其特点是大多数病畜经鼻流出少量粪水；送入胃管后，随着胃的蠕动可间断地或者连续地排出大量具有酸臭气味的、混有少量食糜和黏液、淡黄色或暗黄绿色的液体;随着液体的排出,病畜逐渐安静,但经一定时间后,又复发,再次经胃管排出大量液体,病情又有所缓解。如此反复发作,为继发性胃扩张的重要特征之一。此外,两次发作的间隔时间越短,常表示小肠不通的部位距离胃越近,腹痛症状也越严重,脱水症状的发展就越快。

当胃破裂时,病畜腹痛突然消失,但全身症状则迅速恶化,呆立不动,大出汗,若强使行走,步伐散乱,摇晃不稳,脉搏极弱,甚至摸不到,病畜体温多迅速下降,很快死亡。如胃扩张过度压迫横膈,可造成膈肌破裂,并形成膈疝,呼吸高度困难,甚至窒息死亡。

(3) 诊断

诊断要点:病情急剧,间歇性腹痛很快即转为持续性的腹痛;胃管探查可辅助诊断。经鼻反复排出粪水,通过胃管可排出酸臭的、淡黄或者暗黄微绿色的大量液体,其中混有胆色素者,为继发性胃扩张的特点,且多为小肠不通的一种常见症状。

(4) 治疗

治疗原则是制酵减压,镇痛解痉,消积化滞,强心补液。

制酵减压 用胃管导胃,当放出部分气体或液体后,灌温水 1~2 L,反复洗涤,直至洗出液体无酸臭味,并含少量黏性液体时为止。后用乳酸 8~15 mL,稀盐酸 20~30 mL,或稀醋酸 40~60 mL,普鲁卡因粉 3~4 g,温水 50 mL 灌服。防腐制酵也可用鱼石脂酒精,即在洗胃之后,用鱼石脂 10~20 g、酒精 50~80 mL,溶解后加温水 500 mL,一次灌服。

镇痛解痉 肌内注射 10% 戊巴比妥钠 20 mL(马)、杜冷丁 1 mg/kg(犬),尤其对腹痛明显的病畜,应首先安静动物。

消积化滞 可用油类泻剂,如内服石蜡油或植物油 500~1 000 mL,静脉注射 10% 氯化钠 200~300 mL。

强心补液 后期应时刻注意强心补液,保持心脏功能,可用生理盐水或复方氯化钠溶液,切忌补给碳酸氢钠溶液。

(5) 预防

本病预防应控制饲喂量,防止过食,尤其是易膨胀和易发酵的饲料更应限饲。严禁饱食干粉料后大量饮水或做剧烈运动,饱食后一旦有异常反应,需及时诊治。定期驱除消化道寄生虫,加强营养。

6.1.6 肠阻塞

肠阻塞,是因肠管运动机能和分泌机能紊乱,粪便积滞不能后移,致使某段或某几段肠腔完全或不完全阻塞的一种急性腹痛病,是马属动物以腹痛为主症的胃肠疾病中最常见的一种疾病。其中以大肠阻塞、小结肠阻塞最多,小肠和直肠阻塞较少。

(1) 病因

构成肠阻塞的病因较为复杂,常见的病因主要有以下几种:

饲养方面 饮水不足:当供水不足或久渴失饮,使消化腺在内的腺体分泌机能降低,影响正常消化机能。其后果可以引起胃肠特别是肠(其吸收功能较强)内容物逐渐变干燥,是构成肠阻塞的原因之一。食盐不足:草食动物如果喂食盐不足,特别是炎热季节,或剧烈劳役大量出汗,经汗液所排出的无机成分主要是钠、氯和钾,不仅能引起消化不良、胃肠蠕动变弱,而且易导致体液减少,甚至使分泌机能减弱,从而增加肠内容物后移阻力,后移缓慢,粪内水分被吸收而引起秘结。饲料质量低劣:饲料发霉变质,饲料单一,草质低劣,纤维质多养分少的草,受潮湿柔韧切铡不碎者，牲畜不易嚼细，特别是老龄及牙齿磨灭不整的牲畜尤其如此。

使役不当 饱食后立即服重役，则供应胃肠的血液相对减少，消化液的分泌也相应降低，极易引起肠弛缓。缺乏运动也易成为肠阻塞的原因。

气候突变 气温下降，天气突然变冷后的头几天内，真性疝痛尤其是肠阻塞的病畜增多。对这一客观存在现象的本质，认为是应激反应，尚待进一步研究证实。

(2) 症状

肠阻塞症状主要取决于阻塞的部位、程度和结粪硬度3个方面因素，临诊主要表现大致可分为共同症状和特有症状。

①共同症状：

腹痛 凡结粪坚硬且呈完全阻塞，腹痛多剧烈；表现为回头顾腹，后肢踢腹，前肢刨地，时想卧地打滚。小结肠阻塞要比大结肠阻塞腹痛剧烈。

肠音 病初肠音频繁而偏强，尤其是肠腔不完全阻塞的病畜，病畜排粪次数增多，甚而出现排软粪、稀粪现象，后则肠音变弱，甚至听不到肠音。当继发肠臌气只能听到不同程度的金属音。

全身反应 除肠管不完全阻塞的病畜尚保持极低的饮食欲外，其余患肠阻塞的病畜饮食欲均废绝。病程稍长者，口臭明显，舌苔黄腻甚至发黏、发黑，齿龈边缘呈青紫色。初期，体温、呼吸和脉搏多无明显变化；当继发肠炎、蹄叶炎、腹膜炎和自体中毒等疾病时，可引起体温升高；若继发胃扩张和肠臌气时，则呼吸变急促，同时还能影响到血液循环器官的功能。

血液学变化 血沉逐渐变慢。红细胞数与血红蛋白含量随病情加重而增加，白细胞增多见于严重的结症病例，至末期反而减少，多表示预后不良。血浆二氧化碳结合力下降。

②特有症状：

小肠阻塞 为小肠某段完全阻塞，其中以十二指肠的乙状弯曲及回肠末端阻塞较为常见。发生阻塞的部位距离胃越近，疾病发展的越快、越严重、越容易继发胃扩张。鼻流粪水，或在颈部食道出现逆蠕动波。听诊食道沟处发生含漱音，表明已经引起继发性胃扩张。直肠检查仅能触及位于右肾附近横行的十二指肠阻塞部分，约有手臂粗细、呈块状或棒状的阻塞物，触之，病畜不安。回肠末端与盲肠相连，故位置较为固定，阻塞部易于辨别。

大肠阻塞 大肠常发生阻塞的部位在骨盆曲、小结肠、胃状膨大部和盲肠。前两个部位多为完全阻塞，后二者常为不完全阻塞，尤其盲肠更是如此。

骨盆曲阻塞：为肠腔完全阻塞不通，病畜常呈现剧烈腹痛。当骨盆曲阻塞时肠臌气多不严重。直肠检查，可在骨盆腔耻骨前缘体中线两侧前缘下方摸到像马蹄形圆柱状粗肠管，内有硬结粪，且有时伸向腹腔的右方或向后伸至骨盆腔内，移动性较小。

小结肠阻塞：腹痛很剧烈。易继发肠臌气。排粪量少、干硬，表面附有黄白色糨糊状黏液。直肠检查，通常于耻骨前缘的水平线上或体中线的左侧（有时偏向右侧）可触到1~2个拳头大较坚硬的粪块。当发生肠臌气之后，腹压增加，直肠检查更为困难，宜先穿肠放气再进行操作，以被拉紧的肠系膜为线索，适当牵引，有时可摸到结粪肠段。

胃状膨大部阻塞：常为完全或不完全阻塞。病期较长，通常为3~10 d，发病缓慢，多在3~5 d后出现间歇性轻度腹痛。排泄水粪者，多为不完全阻塞。完全阻塞者，腹痛剧烈，病期也短，直肠检查，可在腹腔右前方摸到呈半球状、随呼吸动作而略有前后移动的硬结粪。

左侧大结肠阻塞：左下较左上大结肠粗、管腔大，前者多为不完全阻塞，后者常为完全阻塞。症状类似骨盆曲或胃状膨大部完全阻塞的病例；继发者依原发病的症状为转移。直肠检查，在左腹下部可摸到左上、左下大结肠内的坚硬结粪，为该部位阻塞的特点。

盲肠阻塞：为不完全阻塞。病期可达10~15 d。饮食欲大减，但大多数不废绝；当排泄具有恶臭气味的稀粪时，饮水量不但不减，反而有增加趋势。肠音变弱，尤其以盲肠音减弱最为明显。排粪并不停止，但量明显减少，干粪和稀粪交互出现。直肠检查，从右腹肋部开始，伸向中间前下方的盲肠，充满坚硬干粪为其特征。

直肠阻塞：发病较急，腹痛较轻微，不时拱腰举尾做排粪姿势，但排不出粪便。手入直肠即可触及秘结的粪块。

③牛肠阻塞症状：牛病初腹痛较轻微，但呈持续性；病牛两后肢交替踏地，或后肢踢腹；拱背，努责，屡呈排粪姿势，通常不见排粪，仅排出一些胶冻样团块。腹痛增剧以后，常卧地不起，头颈贴地，体力衰疲。病程延长以后，腹痛减轻或消失，卧地和厌食；偶尔反刍，但咀嚼无力。鼻镜干燥，结膜呈污秽的灰红色或黄色。口腔干臭，有灰白或淡黄白舌背。直肠检查，肛门紧缩，直肠内空虚，有时在直肠壁上附着干燥的少量粪屑。有的在便秘部的前方胃肠积液，用拳冲击右腹侧往往出现振水音。病至后期，有明显的眼球下陷，最终发生脱水和虚脱而死亡。

④猪肠阻塞症状：病猪采食减少，口渴增加，腹围逐渐增大，喜躺卧，有时呻吟，经常努责，腹痛不明显。开始时可缓慢地排出少量干燥、颗粒状的粪球，在颗粒状粪球积聚的粪块上及颗粒状粪球之间覆盖或镶嵌着稠厚的灰色黏液；当直肠黏膜破损时，黏液中混有鲜红的血液，随后黏膜水肿，肛门突出，再经1~2 d，排粪停止和直肠积粪。有些病猪还可能少量采食，因此腹围更明显增大。有的病猪呕吐，呕吐物有粪臭味。体小的病猪，通过腹壁触诊，能摸到腹腔内存在一条屈曲的圆柱状的肠管或串珠状的坚硬粪球。

⑤其他动物肠阻塞症状：犬、猫发生肠阻塞时，主要表现顽固性的呕吐或呕粪状物，食欲不振，饮欲亢进；腹痛，并表现不断变更躺卧地点，号叫。十二指肠阻塞时，出现黄疸；腹部触诊可摸到臌气的肠段，有时可触及肠内异物和阻塞包块。

(3) 诊断

依据腹痛、排粪减少、脱水表现，结合触诊、听诊，可进行诊断。有条件的可以进行X线造影检查，利于确诊。肠阻塞的继发症有肠臌气、肠炎、蹄叶炎、腹膜炎、膈肌痉挛、肠变位和肠破裂等，临诊中应注意区别。

(4) 治疗

治疗原则是积极治疗原发病，促进内容物排出，通畅肠管，防止脱水和自体中毒。治疗时注意标本兼治，急则治其标，缓则治其本。

镇静镇痛　常肌内注射盐酸氯丙嗪1~2 mg/kg，或30%安乃近注射液30~40 mL。或静脉注射普鲁卡因溶液等。针刺三江、分水、姜芽穴，也可达镇痛的目的。

补液补碱　补液目的是维护血管机能，缓解脱水过程，纠正机体酸中毒，以增强机体抗病力，提高疗效。常用复方氯化钠溶液，5%葡萄糖氯化钠溶液等。纠正酸中毒，可用5%碳酸氢钠溶液，或应用11.2%乳酸钠溶液。

放气减压　及时采用胃管，或穿肠放气法，解除胃肠臌胀状态，降低腹压，改善血液循环机能，既能够为诊断工作创造方便条件，又是治疗肠阻塞的一项重要措施。

加强护理　做适当牵遛活动，防止病畜受凉、急剧滚转和摔伤等。

疏通肠道　疏通肠道的方法很多，碎结、泻下、手掏等。

碎结：直肠检查时，若能摸到结粪部位，根据其可能移动的范围，采用压、握等手法，使结粪破碎，常可获得成功。骨盆曲、小结肠阻塞，可选用适当的手法（以压、捶法为主）破除结粪，疗效快而确实。破结手法,严防用力过猛、动作粗暴,以免损伤肠壁,甚至引起肠破裂和肠穿孔等不良后果。必要时也可采用手术破结法。

泻下:利用油类、盐类泻剂治疗肠阻塞。用各种植物油(蓖麻油200~300 mL)或石蜡油0.5~2 kg,也可用各种盐类泻剂,如硫酸钠(或硫酸镁)300~800 g(水溶液以6%的含量为宜),或人工盐300~500 g。可将油类与盐类适宜配比应用,效果更佳。同时,尚须配合应用镇痛、止酵剂(鱼石脂,或芳香氨醑)和酊剂,如大黄酊、陈皮酊等,一并灌服。在小结肠阻塞对幼驹不能施行破结术者,可开腹按摩。如采用泻法,可用石蜡油150 mL,甘油100 mL,鱼石脂10 g,内服(6月龄驹),效果良好。中药疗法可用大承气汤(大黄120 g,厚朴60 g,枳实60 g,芒硝120 g,将前三味研成细末,再加芒硝)用开水冲服。

手掏:主要用于直肠阻塞,往往可以迅速得到治愈。若直肠黏膜发炎肿胀者,用0.1%高锰酸钾和5%~10%高渗硫酸镁溶液分别灌肠,并以0.25%盐酸普鲁卡因溶液50 mL,溶解青霉素40万U,做后海穴封闭。也可用石蜡油灌肠,有助于排出结粪。

多段肠阻塞,可采用压、捶等手法破除结粪。根据具体病例可采用剖腹压结,或肠管侧壁切开术取结等方法。

为促进肠蠕动、分泌机能,可用10%氯化钠溶液300~500 mL,静脉注射。灌服泻剂后出现肠音者,可皮下注射2%毛果芸香碱溶液1~3 mL;或者0.1%氨甲酰胆碱溶液1~2 mL;新斯的明,每100 kg体重用0.5~1.0 mg,皮下注射。

用温水、肥皂水或1%食盐水灌肠,在一定程度上具有兴奋肠蠕动和软化积粪的作用,尤其是高压灌肠法。

(5)预防

加强饲养管理,注意饲料的精粗搭配,给与充足的饮水。放牧时注意场地上异物的清理,避免动物食入不能消化的异物。积极治疗肠便秘、胃肠弛缓等原发病。

6.1.7 肠痉挛

肠痉挛又名痉挛疝、卡他性肠痛,中兽医称为冷痛和伤水起卧。该病是由于某种因素刺激而引起肠壁平滑肌发生痉挛性收缩,并以明显的间歇性腹痛和肠音增强为特征的一种疾病。常见于马,偶尔见于牛、猪和羊,秋、冬、春季较为多见。

(1)病因

寒冷因素和饲养管理不善,往往是构成本病的主要因素。气温、气压和湿度的剧变,风雪侵袭,汗后淋雨,舍饲动物寒夜露宿等,都可能促进本病的发生。不适宜地饮冷水,尤其在服重役或大汗之后立即暴饮,采食霜冻的或发霉、腐败的草料等,都有可能成为发病条件。

(2)症状

多以阵发性轻度或者剧烈腹痛为特征,腹痛时表现顾腹、刨地、蹴踢,甚至卧地滚转、出汗,每次腹痛持续5~15 min。在腹痛间歇期,外观上似健康,安静站立,有的尚能采食饮水;但经一段时间(10~30 min)腹痛又发作。随着时间的推移腹痛持续时间多有延长的趋势。腹痛也多由轻转为严重,继则,向其相反方面变化,即腹痛间歇期延长,并逐渐轻微,故有的病例不治而自愈,或做适当的骑乘运动,便可自愈。

口腔湿润,口色淡或发青,重者口色发白,口温偏低,耳鼻部及四肢末梢发凉。腹痛发作期间,大、小肠音增强,连绵不断,有时在数步之外都可听到高朗如雷鸣流水的肠音;偶尔出现金属音。随肠音增强,排粪次数也相应增加,粪便性状很快由稠变稀,但其量逐次递减。如腹痛逐渐转为持续而剧烈时,全身症状也随之恶化;肠音变弱,甚至消失,往往形成肠阻塞或者肠变位。

(3) 诊断

依据间歇性腹痛,高朗连绵的肠音,松散稀软的粪便以及眼结膜颜色正常、口腔湿润、腹痛间歇期精神食欲正常等相对良好的全身状态,可做出本病的诊断。诊断时注意与子宫痉挛、急性肠卡他进行鉴别。

(4) 治疗

治疗原则是解痉镇痛,清肠止酵。

解痉镇痛 可用30%安乃近注射液20~40 mL,皮下注射;安溴合剂80~100 mL,静脉注射;0.25%普鲁卡因溶液200~300 mL,缓慢地静脉注射。绝大多数病例一剂即愈。阿托品虽有解痉作用,但易引起肠弛缓、继发顽固性肠臌气等不良后果,故应慎重。

清肠止酵 可用巴比妥10 g、樟脑粉8 g,植物油或液体石蜡500 mL,混合一次投服。

此外,针三江、姜牙或耳尖穴,电针关元俞,都有缓解腹痛之功,达到治愈的目的。病畜基本好转后,可灌服医治消化不良方剂(见胃肠卡他疗法),以巩固疗效。

(5) 预防

加强饲养管理,在早春、晚秋或阴雨天,避免动物受凉,防止寒夜露宿、汗后雨淋或被冷风侵袭。妥善饲养,不可饲喂冷冻、霉败腐烂及虫蛀不洁饲料,避免突饮冷水,做好定期驱虫。

6.1.8 肠臌气

肠臌气又称为肠臌胀或风气疝,中兽医称肚胀、气结,是由于过食大量易发酵的饲料后迅速产气,或排气过程不畅或完全受阻,导致气体聚于某部分或大部分肠管内,引起肠管臌胀的腹痛性疾病。以腹部疼痛明显、肠管的自然位置改变,肚腹胀满为特征。各种动物均可发生,以马属动物为多见。

(1) 病因

原发性肠臌气是突然采食过量容易发酵的饲料,如幼嫩苜蓿、嫩青草、青燕麦或堆积发热的青草,或玉米、大麦和豆类饲料,或采食发霉腐败的草料,尤其是饥饿后采食过急,咀嚼不细,或由舍饲突然改为放牧,青草适口性强,致过量采食,产生大量气体和脂肪酸而引起肠臌气。

继发性肠臌气,较常见的原因是肠道不通,如肠阻塞和肠变位等;另一种原因是肠机能减弱,如慢性消化不良,小肠系膜根部扭转和弥漫性腹膜炎等。

(2) 症状

继发性病例,常在原发病经4~6 h后,才逐渐显现肠臌气的典型症状。原发性病例多在采食后2~4 h出现症状。病初常为间歇性腹痛,以后则转为持续腹痛,腹痛可随臌气加重而加剧。肘肌、股部肌肉震颤。腹部迅速臌大,甚至突起,腹壁紧张。后期因肠管极度胀满而陷于麻痹,腹痛减弱或消失。肠音在病初增强,并带有明显的金属音,以后则减弱,甚至消失。病初多排稀软粪便,以后则完全停止排粪。口黏膜由湿润逐渐变为干燥。可视黏膜潮红甚至发绀。体表静脉充盈,呼吸加快,严重者呈现呼吸困难;心搏动增快,脉搏变弱。出汗,体温正常或稍有升高。有的病畜也可发生程度不同的脱水症状。

直肠检查:因腹压增高,检手进入困难,腹腔内大部分肠管尤以盲肠、结肠高度胀满,肠壁紧张而有弹性,相对位置发生改变。为彻底检查,可先采取盲肠或直肠内穿刺排气法排气,然后做直肠检查,有助于搞清臌气的性质,特别是继发性肠臌气。

(3) 诊断

根据临诊症状容易进行诊断。但要查清引起肠臌气的原因，则需要全面调查与临诊检查。诊断要点：腹围急剧增大，尤以右侧明显，肷部突出；腹痛随臌气的加重而加剧；听诊肠音初增强，带有金属音，中后期减弱或消失，频频排尿、排粪，中后期停止。

(4) 治疗

治疗原则是排气降压，镇痛解痉，清肠止酵。

排气减压 肠臌气不严重者，可应用泻剂、止酵剂，清除肠内容物，从根本上排除产气物质。呼吸急促，且心跳相应加快的严重肠臌气，应立即采用穿肠排气法，于排气后通过放气针头注入止酵剂，并用青霉素 120 万~240 万 U，溶于温生理盐水 200~500 mL 中；也可同时加入 0.25%普鲁卡因溶液 20~40 mL，注入腹腔防止继发腹膜炎。

镇静解痉 常用 30%安乃近注射液 20~40 mL，肌内注射；安溴合剂 50~100 mL，静脉注射；0.25%普鲁卡因注射液 200~300 mL 缓慢地静脉注射；也可用普鲁卡因粉 1~1.5 g，加常水 300~500 mL，直肠灌入；针刺后海、气海、大肠俞穴。

清肠止酵 清肠有利于从根本上止酵，故应及时清除肠内积粪。在未排除积粪之前，适时灌服止酵剂甚为重要。应用泻剂的缓泻剂量并加以适量的止酵剂，如人工盐 200~300 g，鱼石脂 15~30 mL，加水 5~6 L，一次灌服。为恢复和增加胃肠机能可用 10%氯化钠溶液 200~500 mL，静脉注射。

中药疗法 消胀破气，宽肠通便为原则。可用丁香散(丁香 30 g、木香 20 g、藿香 20 g、青皮 22 g、陈皮 22 g、玉片 16 g、生二丑 25 g、厚朴 60 g、枳实 15 g，研成末)开水冲，加植物油 250 g，灌服。

此外，应注意心脏功能，自体中毒和脱水等变化，进行对症治疗。

(5) 预防

加强饲养管理，防止马属动物一次采食大量易于发酵的饲料。

6.1.9 腹膜炎

腹膜炎是腹膜各种炎症的总称。按发病的范围，分为弥漫性、局限性腹膜炎；按病程经过分急性、慢性腹膜炎；按病因分原发性、继发性腹膜炎；按渗出物的性质分浆液性、纤维蛋白性、浆液纤维蛋白性、出血性、化脓性及腐败性等类型腹膜炎。各种动物都可发生腹膜炎，但多见于马、牛、犬、猫和禽。

(1) 病因

原发性腹膜炎，通常由于受寒、感冒、过劳，或某些理化因素的影响，机体防卫机能降低，抵抗力减弱，常因受到大肠杆菌、沙门菌、巴氏杆菌、化脓杆菌、结核杆菌、炭疽杆菌、猪丹毒杆菌、链球菌或葡萄球菌等条件致病菌的侵害而发生。另外，病原菌可通过腹壁创伤或手术创口侵入腹腔，引起创伤性腹膜炎的发生。腹腔及骨盆腔中的脏器的破裂或穿孔，如胃、肠、肝、脾、膀胱、子宫等器官的破裂，肠道与生殖道的菌群通过破裂孔，侵入腹腔，也可引起本病的发生。

继发性腹膜炎，通常是其他脏器和组织发生感染性炎症，病原菌从病变部蔓延或通过淋巴系统侵入腹膜，或因病原菌随血液运行至腹腔，引起转移性腹膜炎。

(2) 症状

重症急性腹膜炎常于发病数小时内死亡。

弥漫性腹膜炎多取急性经过，多见于马。病马精神委顿，眼窝下陷，食欲废绝，肌肉震颤，有时痛苦呻吟，全身出冷汗，常低头拱背而立，不愿走动。强迫行走，则举步谨慎。当转弯或卧地时则表现格外小心。有时企图卧地，或卧而复起。常常表现摇尾，前肢刨地，环顾腹部等腹痛症状。腹围紧缩，腹水增多时，腹壁下垂和腹肋凸出。叩诊呈水平浊音，其上方为鼓音。穿刺腹腔有数量不等或性质不同的渗出液流出。触诊腹部病畜躲避或抵抗。肠蠕动音初增强，随后减弱或消失。体温升高，热型不定；呼吸浅表急速，且多为胸式呼吸，心动快速心脏衰弱，有时节律不齐，脉搏急速而微弱。结膜充血，呈蓝紫色，口色也紫，舌苔黄腻，口干臭。

急性局限性腹膜炎，仅局部敏感，全身症状不明显。慢性腹膜炎，症状轻微，发展缓慢，常表现慢性胃肠卡他症状，体温有时上升，消化不良，发生顽固性下痢，逐渐消瘦。常发生腹膜同腹腔脏器粘连，有时也继发腹水，腹部膨大。

牛发生腹膜炎时，症状表现不明显，精神沉郁，眼球下陷，四肢集于腹下，拱背而立，勉强行走，步态小心，有时表现疼痛，呻吟。食欲废绝，瘤胃蠕动停止，并有轻度臌气、便秘。如在创伤性腹膜炎初期，体温升高，病牛逐渐消瘦。直肠检查，发现在直肠中宿粪较多，可感到腹壁紧张，腹膜表面粗糙。

母猪发生腹膜炎时，喜伏卧，食欲不振，或仅吃少量稀食；严重时，食欲废绝，体温升高，呕吐或呃逆，气喘，排粪很少。

(3) 诊断

根据病史和症状可完成初步诊断。小动物用 X 线检查，可确诊腹腔积液和大肠的膨胀，马和牛可用 A 型超声诊断仪探查出腹腔积液的水平段，有助于本病确诊。为了与腹水鉴别，可用腹腔穿刺液进行李凡他试验，阳性者为腹膜炎性渗出液。腹膜炎的诊断要点：急性弥漫性腹膜炎病畜，腹壁敏感，腹肌紧缩；呼吸浅表，呈胸式呼吸，脉搏快而弱；直肠检查感到腹膜粗糙，敏感；腹水量增多，颜色改变，混浊，甚至恶臭以及细胞成分和比例改变。

(4) 治疗

治疗原则是去除病因，消炎止痛，防止渗出，促进渗出物吸收，保护心脏功能，增强病畜抵抗力，对症治疗。

首先，应保持病畜安静，最初 2 d 应禁食，经静脉补给营养，病情好转后，给予易消化的饲料。如系腹壁创伤或手术创伤引起的，则应及时进行外科处理，同时对腹壁施行冷敷，有剧烈疼痛时，可应用盐酸吗啡，皮下注射。

其次，消炎止痛。应用大剂量抗菌药物做腹腔注射，青霉素 200 万 U，链霉素 200 万 U，0.25%普鲁卡因溶液 300 mL，5%葡萄糖溶液 500~1 000 mL，大动物一次腹腔注射。同时肌内注射广谱抗菌药物。也可用 0.25%或 0.5%普鲁卡因溶液做胸膜外封闭，以制止炎症。可用安乃近或盐酸吗啡、杜冷丁等肌内注射，减轻疼痛，并辅以氯丙嗪安定等镇静。

为了增强肌体的抵抗力，可用 10%氯化钙溶液 100~150 mL、40%乌洛托品溶液 20~30 mL、生理盐水 1 500 mL，混合，马、牛一次静脉注射。同时应用安钠咖、氨茶碱。

如有大量渗出液时，宜用细套管针进行腹腔穿刺，排除腹腔渗出液。如果渗出液浓稠，可进行腹壁切开，应用生理盐水，或 3%硼酸溶液洗涤腹腔。同时应用利尿素、安钠咖、醋酸钾等强心利尿。

(5) 预防

平时避免各种不良因素的刺激，给动物导尿、直肠检查、灌肠都须谨慎；去势、腹腔穿刺以及腹壁手术均应依照操作规程进行，防止腹腔感染。

6.2 呼吸系统疾病

呼吸系统疾病的主要症状包括流鼻液、咳嗽、呼吸困难、发绀以及肺部听诊有啰音等。在不同的疾病过程中还有不同的特点，如在呼吸器官感染性疾病中常伴有发热、乏力和血象的改变等。严重的呼吸器官疾病可引起肺通气和肺换气（即外呼吸）功能障碍，出现呼吸功能不全。呼吸功能不全主要表现为缺氧症、二氧化碳滞留及呼吸衰竭等，可影响全身各系统的代谢和功能，最终导致机体酸碱平衡失调及电解质紊乱，同时影响循环系统、中枢神经系统和消化系统的功能。本章的重点内容是感冒、大叶性肺炎、胸膜炎等常见呼吸系统疾病诊断及防治技术。

6.2.1 感冒

感冒是由于受寒冷的影响，机体的防御机能降低，引起以上呼吸道炎性变化为主的一种急性全身性疾病。早春、晚秋气候多变时多见，无传染性，各种动物均可发生。

(1) 病因

本病主要是由于寒冷突袭所致，如厩舍条件差，受贼风吹袭；舍饲的动物突然在寒冷的气候条件下露宿；使役出汗后被雨淋风吹等。寒冷因素作用于全身时，机体屏障机能降低，上呼吸道黏膜的血管收缩，分泌减少，气管黏膜上皮纤毛运动减弱，致使呼吸道常在菌大量繁殖，由于细菌产物的刺激，引起上呼吸道黏膜的炎症，因而出现咳嗽、流鼻涕，甚至体温升高等现象。

(2) 症状

病畜精神沉郁，食欲减退，体温升高，结膜充血，甚至羞明流泪，眼睑轻度浮肿，耳尖、鼻端发凉，皮温不整。鼻黏膜充血，鼻塞不通，初流水样鼻液，随后转为黏液或黏液脓性。咳嗽、呼吸加快，肺泡音粗粝。并发支气管炎时，则出现干、湿性啰音。心跳加快，口黏膜干燥，舌苔薄而色淡。牛的感冒除以上症状外，鼻镜干燥，并出现反刍减弱、瘤胃蠕动沉衰等前胃弛缓症状。猪多怕冷，喜钻草堆，仔猪尤为明显。一般如能及时治疗，可很快痊愈，如治疗不及时，特别是幼畜则易继发支气管肺炎。

(3) 诊断

诊断要点是鼻塞不通，鼻流清涕，羞明流泪，皮温不均。应注意与流行性感冒相鉴别，流行性感冒为流感病毒引起，传播迅速，有明显的流行性，往往多个动物发病。

(4) 治疗

治疗原则是解热镇痛，控制继发感染及对症治疗。

解热镇痛可肌内注射30%安乃近注射液，牛、马20~40 mL，猪、羊5~10 mL，每日1~2次。或复方氨基比林注射液，牛、马20~40 mL，猪、羊5~10 mL。或复方奎宁注射液（妊畜禁用），牛、马20~40 mL，猪、羊5~10 mL。

为预防继发感染，在使用解热镇痛剂后，体温仍不下降或症状没有减轻时，可适当选用强力霉素、环丙沙星、阿莫西林等抗菌药物。

中药治疗以解表清热为原则。风热感冒出现体表灼热、鼻液黏稠、干痛咳嗽、黏膜潮红、尿短赤时，可用银翘散（银花45 g、连翘45 g、桔梗24 g、薄荷24 g、牛蒡子30 g、豆豉30 g、竹叶30 g、芦根45 g、荆芥30 g、甘草18 g，牛、马水煎灌服，如咳嗽较重，加杏仁、贝母）。

(5) 预防

除加强饲养管理，增强机体耐寒性锻炼外，主要应防止动物突然受寒。如防止贼风吹袭，使役出汗时不要把动物拴在阴凉潮湿的地方，冬季气候突然变化时注意防寒措施等。

6.2.2 大叶性肺炎

大叶性肺炎是整个肺叶发生的急性炎症。该病的炎性渗出物为纤维蛋白性物质，故称为纤维蛋白性肺炎或格鲁布性肺炎。临诊以高热稽留、铁锈色鼻液、肺部的广泛浊音区和定型的病理经过为特征。本病各种动物都可以发生。

（1）病因

病因可分传染性和非传染性两种。

传染性因素　某些局限于肺脏中的传染病，如马的传染性胸膜肺炎，牛、羊和猪的巴氏杆菌病。此外，存在于动物体内的和外界的病原菌如绿脓杆菌、大肠杆菌、坏死杆菌、沙门菌、支原体、链球菌、葡萄球菌及肺炎球菌等，在本病的发生上有着重要意义。

非传染性因素　大叶性肺炎是一种变态反应性疾病，同时具有过敏性炎症。这些炎症在预先致敏的机体中或致敏的肺组织内发生。诱发本病的因素甚多，如受寒感冒、过劳、吸入有刺激性气体、外伤、管理使用不当、卫生环境恶劣等。

（2）症状

大叶性肺炎呈典型的定型经过，可分为4个时期：充血期、红色肝变期、灰色肝变期和溶散期。

患病动物病初体温迅速升高到40～41℃甚至更高，稽留不退并维持至溶解期为止。由发病至溶解期，一般为6～9 d。脉搏于病初稍快，当体温升高1℃时，脉搏即增加10～15次，体温继续升高2～3℃时，脉搏则不增加，这种高热与脉搏加快之间不相适应的现象，为早期认识本病的主要症状之一。呼吸频率可达每分钟60次，呈混合性呼吸困难。黏膜充血、黄疸。牛反刍紊乱，泌乳降低或停止。多喜卧，并常卧于病侧；常发出呻吟和磨牙。猪常躲藏于褥草中，一般都是躺卧；如并发渗出性胸膜炎，则常做犬坐姿势，在马多保持站立，前肢叉开，头下垂，精神沉郁。如卧下时，则呼吸更感困难。

咳嗽为间歇性粗粝的痛咳，但到溶解期，咳嗽则变为流利而湿润。在肝变初期，鼻中有铁锈色或黄红色鼻液流出。

肺部叩诊，有大片浊音区。在充血和渗出期，叩诊呈过清音，肝变期叩诊音为半浊音或浊音，可持续3～5 d。至溶解期，凝固的渗出物逐渐被溶解吸收和排除，故重新出现相应的叩诊音。

马浊音区的出现，多从肺叩诊区肘后下部开始，而逐渐扩展至胸廓的后上方，范围广大，上界多呈弓形，弓背向上。如肺的一侧或一部有广大的肝变区时，则他侧或他部的健康肺组织因代偿作用，叩诊呈过清音或鼓音，叩诊区扩大。

肺部听诊，在充血和渗出期，出现肺泡呼吸音增强和干啰音，随后出现湿啰音或捻发音，肺泡呼吸音减弱。肝变期肺泡音消失，支气管呼吸音增强。至溶解期，液化和排出，支气管呼吸音逐渐消失，而湿啰音逐渐减弱、消失，出现捻发音。最后捻发音又消失而转为正常呼吸音。

血液学检查，白细胞增多，核左移；嗜酸性粒细胞过少和单核细胞减少，淋巴细胞减少；也见血小板减少症和红细胞数量减少；而红细胞的沉降反应加速。但在严重病例，则白细胞减少。

尿液检查，尿量在肝变期减少。尿中的氯化物由于在体内的潴留而减少，尿密度增加。至溶解期，尿量增多，弓形浊音区密度下降，氯化物和尿素含量也增加。

X线检查，病变部呈现明显而广泛的阴影。

(3) 诊断

诊断主要依据高热稽留，病程的定型经过，铁锈色鼻液，肺部叩诊有大面积浊音区以及 X 线透视有广泛的阴影，可以做出诊断。但需与胸膜炎区别，后者的发热无定型，胸部叩诊敏感，叩诊有水平浊音区，听诊可有胸膜摩擦音。

(4) 治疗

治疗原则为改善营养、加强护理、消炎、祛痰止咳、制止渗出和促进其分泌物的吸收与排除以及对症治疗。由于本病的病势重、病程长、致病原因复杂，须考虑到传染性因素的存在。因此要首先隔离护理，给予易消化的饲料及干净的饮水。

在病初期，注射"914"（新胂凡钠明）按 0.015 g/kg 计算，溶于葡萄糖盐水或生理盐水 100～500 mL 内，缓慢静脉注射（羊的用量可酌减）；但在注射前半小时，宜先皮下注射安钠咖较为安全。3～5 d 一次，可连用 3 次。有条件的可对痰液培养后做药敏试验，联合应用抗菌药物。

中药治疗：本病以发热、咳嗽、气喘、流浓涕、脉洪数等为主症，属里实热证。治宜以清热润肺、止咳祛痰、降气定喘为主。参考方用清肺止咳散加减：当归 31 g、知母 25 g、贝母 25 g、款冬花 31 g、桑皮 25 g、瓜蒌 31 g、桔梗 22 g、黄芩 22 g、木通 25 g、甘草 19 g，共为细末，开水冲之，候温灌服。热盛气喘时，加栀子、黄柏、紫苑、苏子、重用桑皮、知母；鼻液多量时，加双花、连翘、重用贝母、桔梗、瓜蒌、粪便干硬时，加大黄、元明粉或用蜂蜜 100 g；腹泻时，加黄连、郁金、减瓜蒌；老龄瘦弱病畜，加百合、天冬、秦艽、重用贝母；后期，脾胃、气血虚弱时，减知母、桑皮、黄芩、木通、加党参、白术、山药、五味子、黄芪、首乌等滋补强壮药。

(5) 预防

本病的预防首先为加强耐寒锻炼防止感冒，特别是防止那些发热、出汗的动物免受寒冷、风、雨、潮湿等的袭击。不可将出汗的动物置于寒冷环境中、饮冷水和喂给冰冷的饲料。在平时应注意饲养管理，饲喂营养丰富易于消化的饲料。圈舍要通风透光，保持空气新鲜清洁，以增强动物的抵抗力。

6.2.3 胸膜疾病（胸膜炎）

胸膜炎是伴有渗出液与纤维蛋白沉积的胸膜炎症。主要特征是体温升高，胸壁疼痛，叩诊水平浊音及胸腔内含有纤维蛋白性渗出物。按引起原因分为原发性和继发性两种，按炎性渗出物的性质分为浆液性、纤维蛋白性、出血性及化脓性等多种，按致病病原体分为巴氏杆菌、化脓杆菌、结核杆菌、鼻疽杆菌、牛羊传染性胸膜肺炎丝状支原体等类型。本病各种动物都能发生，但以马更为多见。

(1) 病因

原发性胸膜炎是由于胸壁穿透创，或由于受寒感冒、过劳、机体抵抗力降低时细菌侵入胸腔所致。继发性胸膜炎多见于异物性肺炎、传染性胸膜肺炎、肺疫、牛结核、马鼻疽、大叶性肺炎、化脓性肺炎、创伤性心包炎、肋骨骨折、脓毒败血症、食道穿孔等疾病的经过。

(2) 症状

病畜精神沉郁，食欲减退或废绝。初期脉搏快而有力，以后变弱，节律不齐。体温升高达 40 ℃以上呈弛张热型。当渗出液过多时出现以腹式呼吸明显的呼吸困难，鼻孔开张，前肢展开，呼吸浅表而快，有时出现断续性呼吸。

两侧胸膜患病时病畜长期站立，不愿走动，也不愿卧下。一侧胸膜发炎并有渗出时，患侧胸廓饱满，为缓解呼吸困难，减轻病侧的呼吸运动和疼痛，病畜常以病侧卧地。触诊胸部时疼痛不安，向对侧躲避，左侧胸腔积液量多时，心搏动向右方移位，触诊胸部，疼痛和咳嗽，积液时出现单侧或双侧水平浊音，小动物可因体质改变而浊音区的界限也随之改变。听诊胸部，病初可听到胸膜摩擦音，马在肘关节后方较明显，随着渗出液的出现，摩擦音可消失。在水平浊音界以下的部位，肺泡呼吸音减弱，在水平浊音界以上的部位肺泡呼吸音增强，有时可听到支气管呼吸音。胸腔有大量积液时心音似遥远而弱。

渗出期尿量减少，吸收期尿量增多。当渗出液量多压迫心脏时可发生心功能障碍，出现胸腹下部、阴囊和牛的肉垂部水肿。血液检查，白细胞总数增多，中性粒细胞比例增高，当患单纯的结核性胸膜炎时淋巴细胞略有增高。胸腔穿刺时穿刺液混浊，李凡他试验阳性，穿刺液有腐败臭味或脓汁时表示病情恶化，胸膜已化脓坏死。

(3) 诊断

根据本病出现以腹式呼吸为主的呼吸困难，触诊胸壁疼痛，叩诊水平浊音，听诊有胸膜摩擦音，胸腔穿刺液为渗出液的特点可以诊断，但应与胸腔积液、传染性胸膜肺炎、心包炎及大叶性肺炎等疾病进行鉴别。

(4) 治疗

治疗原则是消除炎症，制止渗出，促进渗出物的吸收和排除，防止自体中毒。

首先应停止劳役，给予柔软、富含营养的饲料。如为渗出性胸膜炎，则应适当限制饮水。为了促进炎症的消散，可在胸壁上涂擦10%樟脑酒精、芥子精等刺激剂，而后可实行温敷。也可应用紫外线照射与温热疗法进行治疗。

为了抑制渗出物的产生，可静脉注射10%氯化钙100~200 mL(牛、马)，猪、羊20~50 mL，犬10~20 mL，每日1次，可持续数日。加速炎性渗出物的吸收与排除，可用利尿剂、强心剂及轻泻剂。

对于高热的病例，可选用青霉素、链霉素、强力霉素、磺胺类或喹诺酮类药物进行治疗，注意适当剂量和持续一定日期，连续用药到症状消失。有条件的最好取穿刺液进行细菌培养，做药敏试验，有针对性地选择抗菌药物。

胸腔渗出液积聚过多，呼吸高度困难时，可进行胸腔穿刺，排除积液。必要时，可反复施行。化脓性胸膜炎，在实施胸腔穿刺排出积液后，可用0.1%雷佛奴尔消毒液冲洗胸腔，然后注射青霉素100万~200万U。

(5) 预防

为预防本病应做到加强饲养管理，注意家畜卫生，避免各种不良因素的刺激，防止胸部创伤，及时治疗原发病，以防止本病的发生。

第7章

动物中毒病

介绍常见毒物来源、性质、动物中毒的临诊表现、诊断方法和治疗方案等知识,主要包括化工污染中毒、矿物污染中毒、动物排出有害气体中毒、新型饲料及添加剂中毒、动物毒素中毒等。

7.1 毒物的分类

毒物是指在一定条件下以较小剂量进入动物体后，能与动物体之间发生化学作用并导致动物体器官组织功能和(或)形态结构损害性变化的化学物质。毒物与非毒物没有绝对的界限，只是相对而言的。从广义上讲，世界上没有绝对有毒和绝对无毒的物质。任何外源化学物质，只要剂量足够，均可成为毒物。例如，正常情况下氟是动物体所必需的微量元素，但当过量的氟化物进入机体后，可使机体的钙、磷代谢紊乱，导致低血钙、氟骨症和氟斑牙等一系列病理性变化。

7.1.1 按毒物的毒性作用分类

腐蚀毒　指对机体局部有强烈腐蚀作用的毒物，如强酸、强碱及酚类等。
实质毒　吸收后引进脏器组织病理损害的毒物，如砷、汞重金属毒。
酶系毒　抑制特异性酶的毒物，如有机磷农药、氰化物等。
血液毒　引起血液变化的毒物，如一氧化碳、亚硝酸盐及某些蛇毒等。
神经毒　引起中枢神经障碍的毒物，如醇类、麻醉药、安定催眠药，以及士的宁、烟酸、古柯碱、苯丙胺等。

7.1.2 按毒物的化学性质分类

挥发性毒物　可能采用蒸馏法或微量扩散法分离的毒物。如氰化物、醇、酚类等。
非挥发性毒物　采用有机溶剂提取法分离的毒物。如巴比妥、催眠药、生物碱等。
金属毒　采用破坏有机物的方法分离的毒物。如砷、汞、钡、铬、锌等。
阴离子毒物　采用透析法或离子交换法分离的毒物。如强酸、强碱、亚硝酸盐等。
其他毒物　其他须根据其化学性质采用特殊方法分离的毒物。如箭毒碱、一氧化碳、硫化氢等。

7.1.3 混合分类法

混合分类法即按毒物的来源、用途和毒性作用综合分类。
腐蚀性毒物　包括有腐蚀作用的酸类、碱类，如硫酸、盐酸、硝酸、石炭酸、氢氧化钠、氨及氢氧化氨等。
毁坏性毒物　能引起生物体组织损害的毒物，如砷、汞、钡、铅、铬、镁、铊及其他重金属盐类。
障碍功能的毒物　如障碍脑脊髓功能的毒物，如乙醇、甲醇、催眠镇静安定药、番木鳖碱、阿托品、异烟肼、阿片、可卡因、苯丙胺、致幻剂等；障碍呼吸功能的毒物，如氰化物、亚硝酸盐和一氧化碳等。
农药　如有机磷、氨基甲酸酯类、拟除虫菊酯类、有机汞、有机氯、有机氟、无机氟、矮壮素、灭幼脲、百菌清、百草枯、薯瘟锡、溴甲烷、磷化锌等。
杀鼠剂　磷化锌、敌鼠强、安妥、敌鼠钠盐、杀鼠灵等。
有毒物植物　如乌头碱植物、钩吻、曼陀罗、夹竹桃、毒蕈、莽草、红茴香、雷公藤等。
有毒动物　如毒蛇、河豚、斑蝥、蟾蜍、鱼胆、毒蜂、毒蜘蛛等。
细菌及霉菌性毒素　如沙门菌、肉毒杆菌、葡萄球菌等细菌，以及黄曲霉素、霉变甘蔗、黑斑病甘薯等真菌。

7.1.4 按毒物的应用范围分类

工业性毒物 指在工业生产中所使用或产生的有毒化学物。有的是原料或辅助材料，有的是中间体或单体，有的是成品，有的是生产过程中所产生的副产品或"三废"，还有生产用原料中的夹杂物。如强酸、强碱、溶剂（如汽油、苯、甲苯、二甲苯）、甲醇、甲醛、酚、乙醇等。

农业性毒物（农药） 已如前述。

生活性毒物 指日常生活中接触或使用的有毒物质，如煤气（含一氧化碳）、杀鼠剂、除垢剂、消毒剂、灭蚊剂、染发剂及细菌性毒素等。

药物性毒物 指原本用来防治疾病用的药物，由于用药过量或使用方式不当也可成为毒物。如巴比妥和非巴比妥类催眠镇静安定摇、麻醉药、水杨酸类止痛药、抗组织胺类药、洋地黄、地高辛、某些抗生素及中草药。

军事性毒物 指战争中应用的有毒物质，主要是毒气，如沙林、芥子气等。

7.1.5 按毒物的来源分类

外源性毒物 是指在体外存在或形成而进入机体的毒物，如植物毒、动物毒、矿物毒等；由外源性毒物引起的中毒，称为外源性毒物中毒，即一般的中毒。

内源性毒物 是指在机体内所形成的毒物，包括有机体的某些代谢产物和寄生于机体内的细菌、病毒、寄生虫等病原体的代谢产物。由内源性毒物引起的中毒，称为内源性毒物中毒，即通常所说的自体中毒。

7.2 毒性指标与分级

7.2.1 毒性指标

（1）致死剂量（LD）

LD 指毒物接触或进入机体后，引起死亡的剂量。外源性化学物质的毒性常以此物质引起实验动物死亡数所需的剂量表示。其中常用的有：

①半数致死量（LD_{50}）：指毒物对急性实验动物的群体中引起半数（50%）动物死亡的剂量。

②最小致死量（MLD）：指引起一组动物中个别死亡的剂量。

③绝对致死剂量（LD_{100}）：指引起一组动物中全部（100%）死亡的最低剂量。致死剂量常以毫克/千克体重（mg/kg）或毫克/平方米体表面积（mg/m^2）作为单位。

（2）致死浓度（LC）

LC 系指经呼吸道吸入中毒的毒物在空气中的浓度，此浓度可以引起机体中毒死亡。其中常用的有：

①半数致死浓度（LC_{50}）：指气态毒物对急性实验动物的群体中引起半数（50%）动物死亡的浓度。

②最小致死浓度（MLC）：指引起一组动物中个别死亡的浓度。

③绝对致死浓度（LC_{100}）：指引起一组动物中全部（100%）死亡的最低浓度。

致死浓度常以毫克/升（mg/L）、毫克/立方米（mg/m^3）、百万分之一作为单位。

7.2.2 毒性分级

毒性是指某种毒物引起机体损伤的能力,用来表示毒物剂量与反应之间的关系。毒性大小所用的单位一般以化学物质引起实验动物某种毒性反应所需要的剂量表示。气态毒物,以空气中该物质的浓度表示。所需剂量(浓度)越小,表示毒性越大。毒物毒性一般根据大鼠的 LD_{50} 分 6 级(表 7-1)。

表 7-1　毒物毒性一般根据大鼠的 LD_{50} 分级

毒性分级	大鼠的半数致死量
特毒	5 mg/kg 以下
极毒	5~50 mg/kg
高毒	50~500 mg/kg
中等毒	0.5~5 g/kg
微毒	5~15 g/kg
无毒	15 g/kg 以上

7.3　中毒的原因、特点及经济损失

7.3.1　中毒的原因

畜禽中毒的原因有自然因素和人为因素两个方面,归纳起来一般有以下几种。

(1) 饲料加工和贮存不当

在饲料调配、调制、加工过程中,由于方法不当或不注意卫生条件,从而产生某些有毒物质,如亚硝酸盐中毒、霉败饲草中毒等。有些原料需脱毒处理才能作为饲料,如未能进行有效的脱毒,或饲喂量较大均可造成中毒,如菜籽饼、棉籽饼中毒及苜蓿草中毒等。有时饲料添加剂使用不当或过多也会引发中毒。

(2) 农药、毒鼠药及化肥的使用、保管和运输不当

多见于农药、化肥管理和使用粗放,或农药对器具、饮水的污染,造成家畜有机会接触而误食、误饮;家畜采食或饲喂喷洒、使用过农药而未过残毒期的农作物或牧草;也有将农药和化肥当作药物和添加剂使用不当所致中毒。此外,由于食物链的作用,误食某些农药中毒的动物尸体,也可造成食肉动物的中毒。

(3) 草场退化、天气干旱、水源不足等生态环境恶化

一方面造成天然草场有毒植物超常生长和蔓延;另一方面因牧草短缺、动物饥饿而采食有毒植物造成中毒。

(4) 生物地球化学因素

某些地区土壤和水源中一些元素的含量过高,导致这些元素在饲料和牧草中的含量超过动物的耐受量而发生中毒,如慢性氟中毒、地方性钼中毒等。

(5) 工业污染

工厂排出的"三废"污染周围环境,特别是一些重金属污染物可长期残留在环境中,通过食

物链系统进入人和动物体内产生毒害作用，如铅、镉、汞、砷等中毒。

(6)动物毒素

畜禽被蜜蜂、毒蛇螫咬后可引起蜂毒、蛇毒等动物毒素中毒，其中包括人工养蜂、养蝎、养蜈蚣所引起的中毒。

(7)人为的投毒

罪犯或出于某种报复性目的投毒者，对动物所用的毒物种类和投毒方式更是多种多样。

7.3.2 中毒病的特点

畜禽中毒性疾病属临诊普通病的范畴，但又不同于一般的系统疾病，其影响范围较大，尤其是在大规模集约化饲养的条件下，可造成巨大的损失，主要有以下特点：

①多为群发性，有的为地方流行性疾病，无传染性，但可以复制。
②发病急促，症状相同，死亡率高。
③体温一般正常或低于正常。
④经济损失严重。

7.3.3 中毒的经济损失

①直接死亡。
②降低畜禽产品(乳、肉、蛋、毛)的数量和质量。
③降低繁殖率，流产，死胎，弱胎，不孕。
④增加管理费用(疾病防治，除草，建造棚圈)。
⑤许多中毒性疾病人畜共患；"药三辈"，灭鼠，狗食鼠，人食狗肉，人中毒。

7.4 中毒病的诊断

只有准确快速地确诊中毒性疾病，才能采取有效的治疗和预防措施。中毒性疾病有别于其他传染病、寄生虫病和一般的普通疾病，可根据其发病迅速，无传染性，同群或同圈畜禽同时或先后发病，体温正常或低于正常等特征做出怀疑诊断。但对于具体中毒病的诊断应通过以下方面进行综合分析。

7.4.1 流行病学调查

流行病学调查包括询问病史和现场调查。首先，应详细了解病畜有无接触毒物的可能性，有可能摄入毒物或可疑饲料或饮水的时间、总量，同群饲喂、放牧而发病家畜的性别、年龄、体重及种类、发病数与死亡数，发病后的主要症状及已往病史与诊疗登记等情况。在初步了解病史的基础上，到厩舍、牧场、水源等发病现场进行必要的现场针对性调查，以发现可能的毒源，如有毒植物、饲草料及饮水是否被毒物污染、霉变，加工或贮存是否得当等。从而可提出中毒病的怀疑诊断，指出涉嫌有关毒物线索甚或怀疑性毒物。

7.4.2 临诊检查

症状学检查对中毒病具有初步诊断的意义，尤其在那些表现有特征症状的中毒病中更显得重要。现将常见中毒病的症状与相关的中毒列举于表7-2中。

表 7-2　常见中毒病的症状与相关的中毒列举

常见症状	相关中毒病
黏膜发绀	亚硝酸盐、一氧化碳、马铃薯素、菜籽饼、铵肥、尿素等中毒
腹痛	黄曲霉毒素、铵盐、亚硝酸盐、磷化锌、砷、铜、铅、汞、强酸和强碱、栎树叶、夹竹桃等中毒
贫血	镉、铜、铅、羽衣甘蓝等中毒
厌食	黄曲霉毒素、磷化锌、四氯化碳、铬酸盐、铅、汞、棉酚、氯化钠(猪)等中毒
腹泻	四氯化碳、铬酸盐、氯酸盐、砷、镉、铅、钼、汞、亚硝酸盐、棉酚、栎桐叶、蓖麻籽、马铃薯素等中毒
呕吐	砷、镉、铅、钼、汞、磷、锌、安妥、硫黄、水杨酸盐、灭鼠灵、蓖麻籽、杜鹃花属、毒芹属、马铃薯素等中毒
流涎	砷、铜、磷、氰化物、有机氯、有机磷、草酸盐、士的宁、氯化钠(猪)、毛茛属、毒芹属、杜鹃花属、马铃薯素等中毒
口渴	铬酸盐、氯酸盐、砷、氯化钠(猪)等中毒
运动失调	黄曲霉毒素、铵盐、亚硝酸盐、氯酸盐、磷化锌、砷、汞、钼、氯化钠(猪)、磷化锌、四氯化碳、棉酚、一氧化碳、巴比妥酸盐、氯丙嗪、烟碱、蕨、蓖麻籽、毛茛属、疯草、杜鹃花属及蛇毒等中毒;跛行:常见于氟、硒、灭鼠灵、三甲苯磷、麦角、牛尾草、羊茅属等中毒
肌肉震颤	阿托品、煤油、有机氯、有机磷、亚硝酸盐、氯化钠(猪)、铅、钼、磷、士的宁、棉酚、紫杉属、毒芹属、蕨、蛇毒等中毒
痉挛与惊厥	氯化钠(猪)、有机氯、有机磷、亚硝酸盐、草酸盐、酚、硫化氢、咖啡因、士的宁、安妥、紫杉属、麦角、串珠镰刀菌素(霉玉米)等中毒
麻痹	有机磷、氰化物、烟碱、一氧化碳、铜、硒、磷、三甲苯磷等中毒
昏迷	氰化物、烟碱、一氧化碳、氯丙嗪、有机氯、有机磷、巴比妥酸盐、磷化锌、酚、硫化氢、乙二醇、低聚乙醛、马铃薯素等中毒
抑郁和衰弱	黄曲霉毒素、砷、铜、汞、四氯化碳、棉酚、煤油、亚硝酸盐、草酸盐、苯氧乙酸除草剂、一氧化碳、乙二醇、氯丙嗪、烟碱、蕨、蓖麻籽、栎树叶、杜鹃花属及蛇毒等中毒
呼吸困难	铵盐、阿托品、一氧化碳、安妥、氰化物、硫化氢、铬酸盐、煤油、有机磷、草酸盐、硫黄、灭鼠灵、紫杉属、铁杉属等中毒
黄疸	黄曲霉毒素、砷、铜、磷、四氯化碳、酚噻嗪、狗舌草、羽扇豆等中毒
血尿	氯酸盐、铜、汞、灭鼠灵、雨衣甘蓝、毛茛属、栎树叶、油菜等中毒
失明	黄曲霉毒素、阿托品、铅、汞、砷、氯化钠(猪)、油菜、麦角、毛茛属、疯草等中毒
感光过敏	荞麦、苜蓿、金丝桃、猪屎豆、芸薹属、羽扇豆属、三叶草、酚噻嗪、蚜虫等中毒
瞳孔散大	阿托品、巴比妥酸盐、士的宁、铁杉属、毒芹属、蛇毒等中毒

7.4.3　病理学检查

中毒病的病理剖检和组织学检查,对中毒病的诊断有重要的价值,有些中毒病仅靠病理剖检就能提供确定诊断的依据(表 7-3)。

表 7-3 常见中毒病的剖检变化与相关的中毒列举

常见病变部位	相关中毒病
皮肤和黏膜色泽变化	亚硝酸盐中毒时，皮肤和黏膜均呈现暗紫色(发绀)；氢氰酸中毒或氰化物中毒时，黏膜为樱桃红色，皮肤则是桃红色；而硝基化合物中毒时黏膜却表现为黄色
胃肠道变化	胃内可看到不同的食入性毒物，如栎树叶、黑斑病甘薯等有毒植物碎片；带苦杏仁味的氰化物，大蒜臭味的有机磷、磷化锌、砷化合物；有些毒物可使胃内容物发生着色变化，如磷化锌将内容物染成灰黑色，铜盐染成蓝色或灰绿色，二硝基甲酚和硝酸盐染成黄色；强酸、强碱、重金属盐类及斑蝥、芫花等可引起胃肠道的充血、出血、糜烂和炎症变化
血液的变化	氰化物和一氧化碳中毒时，血液为鲜红色；亚硝酸盐中毒时则为暗褐色；砷、氰化物及亚硝酸盐中毒时血液皆凝固不良；草木樨、敌鼠、灭鼠灵、华法林等中毒时，为全身广泛性出血变化等
肝、肾变化	大多数中毒过程中，作为解毒器官的肝脏和毒物排出器官的肾脏，都会发生不同程度的一系列剖检变化，如黄曲霉毒素、重金属、苯氧羧酸类除草剂及氨中毒时，肝脏肿大、充血、出血和变性变化；栎树叶、氨、斑蝥等中毒时，肾脏出现炎症、肿胀、出血等病变
肺和胸腔变化	安妥中毒时肺水肿和胸腔积液是特征性的剖检变化；氨肥和尿素中毒时，呼吸道黏膜发生充血、出血变化，肺充血、出血和水肿；还有各种有毒气体(如二氧化硫、一氧化碳)、挥发性液体(如苯、四氯化碳)、液态气溶胶(如硫酸雾)吸入性中毒时均可表现有气管和肺的炎症性病变
骨、牙等硬组织变化	慢性无机氟化物中毒时，牙齿为对称性斑釉齿，缺损变化，骨骼呈现白垩色，表面粗糙，骨赘增生，肋骨骨膜出血，增生等
组织学观察	羊疯草中毒时，脑、肝、肾、脾、淋巴结和肾上腺等内分泌腺发生细胞空泡变性；牛黄曲霉毒素中毒，肝脏的损害是纤维化硬变，胆管上皮增生，胆囊扩张，最后形成广泛性硬变，在家禽还会形成肝癌结节；栎树叶中毒时，出现肾曲细管变性和坏死，管腔中有透明管型和颗粒管型，也有表现为肾小球性肾炎变化；猪食盐中毒时，出现典型的嗜伊红白细胞性脑膜炎变化

7.4.4 治疗性诊断

在以上初步诊断的基础上，及时采取试验性治疗，具有进一步验证诊断及获得早期防治效果的双重意义，可争取救治时间，减少中毒损失。与此同时，可采集样品进行实验室检查，为确诊提供理论依据。如怀疑或初步诊断为有机磷中毒时，在送检可疑材料的同时，进行试验性的有机磷特效解毒治疗，若出现症状减轻、病情缓解，则可验证初步诊断，并立即开展大群全群防治；反之，则应纠正诊断，及时调整抢救方案。

治疗性诊断既适合于个别动物中毒，也适宜于大群动物发病。只是个别动物中毒时，试验性治疗要从小剂量开始为宜；大群动物则应选部分病例为试验小组，在实施试验治疗和观察之后，才可作为全群防治措施再推广到大群动物中去。

7.4.5 毒物检验

毒物检验是一项复杂细致的工作，其结果直接关系到制定防治措施和可能追究的刑事责任。因此，必须要有严谨的科学态度和准确的检验方法。检验前应根据已知情况进行综合分析，确定检验方案。然后选择快速、灵敏、准确、专一性强、重复性好的实验方法进行检验。

7.4.5.1 预试验

预试验又称指向性试验。它是在消耗少量检材的情况下，利用简单的方法探索检验方向，缩小检验范围，为确证试验提供方向。预试验主要包括以下方面。

（1）注意检材气味

在检材开封时立即进行。如有机磷农药大部分具有蒜臭味，六六六具有霉味，氰化物有苦杏仁味，酚中毒的石炭酸气味，毒芹中毒尿中可闻到"老鼠样"气味，芥子油有刺激性臭味等。有时由于检材本身的气味或腐败气味的掩盖，不易辨别，应予以注意。

（2）观察检材颜色

有时毒物具有特殊的色泽，如市售的氟乙酰胺是紫红色，磷化锌呈黑灰色，西力生、赛力散为红色或粉红色等。应在检查可疑饲料及胃内容物时加以注意。

（3）灼烧试验

从胃内容物或可疑饲料中拣出可疑物时，可取少量放入小试管中，在火上灼烧，根据所产生的蒸气或升华物的颜色、结晶形状，可找出一些毒物的线索。如砷、汞等重金属物质，灼烧后在管壁上可见到发亮的结晶状升华物，置显微镜下可见到不同形状的结晶。

（4）简单的化学预试验

对于某些物质可用简单的化学方法，检查其中是否含有有毒成分。如检验金属毒物的雷因希氏法，检验生物碱的沉淀反应和显色反应，检验磷的硝酸银试纸法和溴化汞试纸法，检验氰化物的快速检验法等。这些方法简单，检材用量少，可直接进行检验。通过预试验可探索检验的方向。

7.4.5.2 定性检验（确证试验）

定性检验即在预试验的基础上进行一系列定性反应加以确证。定性反应多数是化学反应方法，为了保证定性反应结果的可靠性，必须进行两种以上的反应。所选用的方法应该是不同性质的，具有特异性和灵敏可靠性。只有几种反应得出一致的结果，才能避免做出错误的结论。同时在进行定性反应时，必须同时进行空白对照试验（阴性对照）和已知样品对照试验（阳性对照）。空白对照试验可以检验所用试剂和器皿有无问题及操作是否正确；已知样品对照试验可以作为反应是否正常进行及判定结果的标准。为此已知样品和空白样品在整个检验过程中，必须与检材的处理方法和反应条件完全一致。

定性检验是中毒病诊断工作中最常用的方法。除上述的化学反应方法外，还可使用仪器分析，如原子吸收分光光度法、紫外吸收光谱法、质谱分析法、X线荧光光谱分析法、气相色谱法和液相色谱法等方法。

7.5 中毒病的治疗

畜禽中毒性疾病，尤其是急性中毒，其发生和发展一般很快，应当抓紧时机尽早采取救治措施，切忌优柔寡断、拖延时日而造成不可弥补的更大损失。即使在不明确病因或毒物的情况下，也应在尽快做出诊断的同时，进行一般性排毒处理和支持对症治疗，目的在于保护及恢复重要器官的功能，维持机体的正常代谢状况，提高中毒动物的存活率。家畜中毒病的共同治疗原则为一般性急救措施、解毒与排毒治疗和对症支持疗法。

7.5.1 一般性急救措施

主要目的是除去毒源，防止毒物继续侵入和被动物机体吸收，中断毒害过程，减轻中毒的进一步影响。可采取的急救措施如下。

（1）除去毒源

立即停止采食和饮用一切可疑饲料、饮水，收集、清除甚至销毁可疑饲料、呕吐物、毒饵等，清洗、消毒饲饮用具、厩舍、场地；如怀疑是吸入或接触性中毒时，应迅速将动物撤离中毒现场。中毒病畜供给新鲜饮水和优质饲草饲料，保持吸入新鲜空气和安静舒适的环境，尽量营造有利于康复护理的条件。

(2) 清除消化道毒物

可通过催吐、洗胃和泻下等措施，尽早、尽快地排除已进入胃肠道的毒物，以减少和阻止毒物的继续被吸收。

①催吐：适合于清除猪、犬、猫等动物的胃内容物，多选用中枢性催吐剂，如阿扑吗啡，吐根糖浆等，也可用吐酒石、硫酸铜等刺激性催吐药。

②洗胃：一般在毒物进入消化道 4~6 h 以内者效果较好，牛的洗胃疗效比马属动物、猪和羊要好。在病因不明时，最好用清洁常水洗胃为宜，已明确毒物性质时，可选用针对性药液洗胃导胃。

③下泻：对不适合洗胃导胃的动物或者毒物已下行肠道时，为加速毒物从胃肠道排除，应采用轻泻药或缓泻药进行治疗。通常可采用盐类或石蜡油等泻剂，忌用强刺激性泻剂。

(3) 阻止和延缓消化道对毒物的吸收

对已有腹泻症状或不宜急泻的病例，在导胃洗胃之后或投服泻下药之前，内服吸附剂、黏浆剂或沉淀剂，以阻止毒物从肠道吸收入血。

①吸附剂：把毒物分子黏合到一种不能吸收的载体上，通过消化道向外排除。以万能解毒药和活性炭等效果最好。淀粉、活性炭或木炭、鞣酸万能解毒药：活性炭 10 g、轻质氧化镁 5 g、高岭土(白陶土) 5 g、鞣酸 5 g。当发现疑似中毒病例而尚不知毒物性质时，可首先选用吸附剂。能吸附胃肠中各种有毒物质，如砷、锑、铅、汞、磷、有机磷化合物、草酸盐、生物碱及发酵产物等。剂量为 3 g/kg 为宜。

②黏浆剂：常用的有蛋清、牛奶、豆浆等，其附着于胃肠黏膜上形成保护性被膜，既能防止毒物被胃肠黏膜吸收，又可保护消化道黏膜免受毒物的刺激性侵害。

③沉淀剂：主要为鞣酸、碘化钾、乙地酸钙钠(EDTACa-Na)等药物，发挥沉淀或络合作用，使毒物形成不被吸收的大分子不溶性复合体，随粪便排出，从而延缓或阻止机体吸收。

④氧化剂：有机磷中毒(敌百虫、乐果)：$0.1\%KMnO_4$ 洗胃；2%~3%小苏打(敌百虫中毒除外)；3%过氧化氢的 1∶1 000 稀释液；硫代硫酸钠。

(4) 清除体表的毒物

对于皮肤上的毒物，应及时用大量清水洗涤(忌用热水，以防加速吸收)，必要时可剪去被毛以利于彻底洗涤；对油溶性毒物的洗涤，可适当用酒精或肥皂水等有机溶剂快速局部擦洗，要边洗边用干物擦干，以防加速吸收。对于溅入眼内的毒物，立即用生理盐水或1%硼酸溶液充分冲洗，然后滴以抗菌眼药水、膏等，以防感染发炎。

7.5.2 解毒与排毒治疗

如毒物已通过胃肠、呼吸道或皮肤黏膜等途径而被吸收入血，则应积极地采取解毒和排毒措施，以减少毒物在各组织、器官分布的总量，最大程度地降低其危害和影响。

(1) 排毒途径

促使毒物通过肾脏过滤后随尿液排出，经肝脏随胆汁分泌至肠道，随粪便排出体外，也可通过放血直接随血排出。

①利尿：可使用速尿、双氢克尿塞、苄氟噻嗪等化学利尿剂，也可用甘露醇、山梨醇等高渗性利尿剂。利尿的同时注意补充水和电解质，以防代谢失调。

②放血：对体壮病例和中毒初期病畜，可用颈静脉穿刺放血法，让部分血中毒物随血排出体外，其适合于治疗高铁血红蛋白血症、巴比妥类、水杨酸钠和一氧化碳中毒。放血后应及时补充营养，有条件时最好输以健康同种动物的新鲜血液。

③透析：适合于钾、钠、氯、钙、氨、尿素、苯丙胺、酚类、肽类及抗生素、磺胺类等小分子毒物中毒，常用于动物的透析疗法主要为腹膜透析和结肠透析法，血液透析法因成本高而难以普及应用。

腹膜透析是将透析液注入腹腔，停留1 h后再引出液体；接着再注入新配制的渗透液，再于1 h后抽出，这样反复进行多次，以连续12 h不间断为一疗程。结肠透析则是将透析液灌入结肠中，每次注入后保留15~30 min后导出。

④其他：主要用螯合剂类药物结合或提取组织中的毒物，使其无毒化或毒性降低，然后一并从体内排出。如硫酸铝和氧化铝等铝制剂，能使骨、牙等硬组织中的氟含量减少45%；青霉胺可提取组织或骨骼中的重金属残毒；苯巴比妥可加速排除体脂内的有机氯残毒。

(2) 解毒治疗

通过物理、化学或生理拮抗作用，使已吸收的毒物灭活及排出的治疗措施。常根据毒物性质采用以下解毒疗法。

①特效解毒剂：虽属理想的解毒方法，但由于毒物多种多样，实际可用的特效解毒剂较少。

典型的特效解毒剂有：肟类化合物，如解磷定、双解磷、氯磷定、双复磷都可恢复胆碱酯酶的活性，从而解除有机磷化合物的中毒；阿托品与乙酰胆碱竞争受体，可用于治疗有机磷中毒；解氟灵（乙酰胺）可竞争性解除剧毒农药有机氟化合物的中毒；二巯基丙醇、二巯基丁二酸钠、二巯基丙磺酸钠、乙地酸钙钠、青霉胺等，可与组织中的重金属结合形成稳定无毒的络合物，再经肾脏排除，又称为"驱汞疗法"；小剂量的1%美蓝或甲苯胺蓝，通过其氧化还原作用，使高铁血红蛋白还原为血红蛋白，以此解除亚硝酸盐、苯胺、氯酸类等毒物中毒。

②非特效解毒剂：即一般性解毒或广谱解毒药物疗法。对一些无特效解毒剂的中毒病，或不明毒物及未能确定诊断的中毒，可选用这一类解毒剂进行试探性治疗，其疗效虽不及特效解毒剂，却强于束手待毙，有时还能获得意想不到的疗效，同样达到解毒的目的。首选的通用解毒剂是硫代硫酸钠，其与多种毒物结合形成稳定的络合物，使毒物的毒性降低或消失，所形成的络合物最终可随尿液、胆汁排除体外；维生素C参与胶原蛋白和组织细胞间质的合成，并具有强还原性，也可用作通用解毒剂，对维持某些酶的巯基（—SH）于还原状态，Fe^{3+}生成Fe^{2+}，叶酸加氢还原为四氢叶酸有重要作用，使变性血红蛋白还原成氧合血红蛋白，还有抗氧化解毒功能；葡萄糖醛酸内酯（甘泰乐）能与肝脏中的芳香族碳氢化合物结合，变为无毒的葡萄糖醛酸结合物，经肾排出，故有解毒保肝作用；其他如硫酸亚铁、硫酸镁、氧化镁、碳酸氢钠等也有结合金属和非金属毒物的作用。此外，传统中兽医学与民间所常用的甘草水、绿豆汤等也可用于此类解毒。

7.5.3 对症与支持疗法

很多毒物至今尚无有效拮抗剂及特效的解毒疗法，抢救措施主要依赖于及时排除毒物及合理的支持与对症治疗，目的在于保护及恢复重要脏器的功能，维持机体的正常代谢过程。根据中毒病例表现的临诊症状，选用相应的对症和支持治疗措施。

(1) 预防和治疗惊厥

应用巴比妥类制剂，同时配合肌肉松弛剂（如氯丙嗪等）或安定剂，疗效要比单用巴比妥稳定安全。

(2) 维持呼吸机能

可采用人工呼吸法或呼吸兴奋剂(尼可刹米或山根菜碱),保证呼吸道畅通。

(3) 维持体温

应随时注意体温的变化,并迅速用物理方法或药物纠正体温,以防体温过高或过低使机体对毒物的敏感性增加或导致脱水,影响毒物的代谢率。

(4) 治疗休克

可采取补充血容量、纠正酸中毒和给予血管扩张药物(如苯苄胺、异丙肾上腺素)。美国新药速补18有一定的预防和治疗作用。

(5) 调节电解质和体液平衡

对腹泻、呕吐或食欲废绝的中毒动物,常静脉注射5%葡萄糖、生理盐水、复方氯化钠注射液等,脱水严重时要注意补钾(KCl)。

(6) 维持心脏功能

可注射5%~10%葡萄糖溶液,配合安钠咖、维生素C等。

(7) 缓解疼痛与镇静

适时给予镇静剂及止痛药物,如氯丙嗪、安乃近等。

7.6 预防中毒的措施

(1) 开展经常性调查研究

中毒性疾病的种类繁多,随着生产的发展、外界条件不断的变化,中毒性疾病更趋于复杂。因此,必须从调查入手,切实掌握中毒性疾病的发生、发展动态及其规律,以便制订切实有效的防治方案并贯彻执行。

(2) 各有关部门的大力协作

中毒性疾病的发生及其防治,同动物饲养管理、农业生产、植物保护、医疗卫生、毒物检验、工矿企业、粮食仓库和加工厂等都有广泛的直接联系,而且许多中毒也是人畜共患疾病,为了进行彻底的防治,必须统筹兼顾、分工协作,全面地采取有效措施。

(3) 饲料饲草的无毒处理

对某些已变质的饲料和饲草进行必要的无毒处理,是预防畜禽中毒性疾病的重要手段。事实上如霉稻草、黑斑病甘薯以及霉烂谷物与糟粕类饲料、饲草等,如不利用,即造成经济上的浪费,必须设法研究切实可行的去毒处理方法。目前的方法有翻晒、拍打、切削、浸洗、漂洗、发酵、碱化、蒸煮、物理吸附以及添加氧化剂、硫酸镁、生石灰或与其他饲料搭配使用等。

在安排饲料生产时,要注意敏感动物的饲料以及某些饲料作物的产毒季节。在利用新产品饲料、饲草时,要经过饲喂试验,确证无害后才能喂给成群畜禽。防止反刍动物过食大量谷物。根据不同动物的品种、年龄、生产性能和生产季节,饲喂全价日粮并配合均匀。科学地种植、收获、运输、调制、加工和贮存饲料,做到既保证产品质量和数量,又不让其发霉变质。加强农业新技术的研究,培育低毒高产的农作物和饲料作物,如培育无棉酚的棉花新品种等。

(4) 农药、杀鼠药和化肥的保管和使用

要加强农药、杀鼠药和化肥的组织管理,健全保管、运输、领取和使用制度,克服麻痹大意思想。对喷洒过农药的作物应做明显的标志,在有效期间严防畜禽偷食。装过农药的瓶子、污染农药的器械以及盛过农药的其他容器应收回统一处理,不可乱堆乱放。运输过农药和化肥的车、船、堆放过农药和化肥的房舍，必须彻底清扫，才能运输和贮存饲料。农药和化肥仓库应远离饲料仓库，避免污染。作为杀鼠的毒饵，应妥善放置，防止畜禽误食。

(5) 宣传和普及有关中毒性疾病及其防治知识

发动群众进行检毒防毒活动是大牧场或地区性防治中毒性疾病的有效措施。加强公共环境卫生的研究，贯彻执行环境保护法规，及时处理工业"三废"；加强高效低毒农药新产品的研制，限制或停止使用高毒性、残效期长的农药；防止滥用农药造成对饲料的污染。

(6) 提高警惕

加强安全措施，坚决制止任何破坏事故的发生。

7.7 磺胺中毒

磺胺类药物是用化学方法合成的一类药物，具有抗菌谱广、疗效确切、价格便宜等优点，常用于鸡球虫病、禽霍乱、鸡白痢等病的防治，如复方敌菌净、磺胺胍等。磺胺类药物的治疗量接近中毒量，毒副作用大，常因用药方法不当或用量过大而引起中毒。临诊上常以共济失调，痉挛麻痹，呕吐，便秘或腹泻，结晶尿、血尿、蛋白尿，肾尿酸盐沉淀，颗粒性白细胞缺乏，溶血性贫血，孕畜流产或胎儿缺氧死亡等为其特征。家禽特别是雏禽对磺胺类药物敏感，易出现中毒反应。

7.7.1 病因

临诊上常用的磺胺药物分为两类：一类为肠道内易吸收的药物，如磺胺嘧啶(SD)、磺胺二甲基嘧啶(SM_2)、磺胺间甲氧嘧啶(SMM)、磺胺喹恶啉(SQ)和磺胺氧嗪(SMP)等；另一类为肠内不易吸收的药物，如磺胺咪(SG)、酞磺胺噻唑(PST)及琥珀酰磺胺噻唑(SST)等。第一类比较容易引起急性中毒。

①静脉注射磺胺药物速度过快或剂量太大极易导致急性"药物性休克"。

②内服用药剂量较大或连续用药超过一周以上者易引起慢性中毒。

③用药量过大的同时，供水不足或腹泻引起失水过多时易发病。

④家禽对磺胺类药物敏感性高。如4周龄以内的雏鸡选用复方敌菌净0.3 g/kg饲料连用5 d，引起毒性反应。产蛋鸡服用磺胺不超过5 d，产蛋量下降。

7.7.2 临诊症状

该药的急性中毒可在短时间内死亡，表现为兴奋不安，体温升高，呼吸加快，拒食，腹泻，共济失调，痉挛、麻痹等；慢性中毒表现为精神萎靡，羽毛松乱，食欲不振或废绝，渴欲增加，贫血，鸡冠和肉髯苍白，结膜苍白或黄染。便秘或下痢，粪便呈白、灰白色或酱油色。雏鸡生长受阻，成鸡产蛋下降，软、薄壳蛋增加，蛋壳粗糙。种蛋受精率和孵化率下降。病变以全身性出血和血液凝固不良为主要特征。

7.7.3 剖检变化

剖检可见皮肤、皮下、肌肉和内脏器官出血，骨髓色泽变浅或黄染。胆囊、胃、肠管等处黏膜出血。家禽中毒时，皮肤、肌肉和内部器官出血，皮下有大小不等的出血斑，胸部和大腿肌肉弥漫性或刷状出血。肠道内弥漫性出血斑点，盲肠含有血液；腺胃和肌胃角质层下也有出血；严重中毒鸡骨髓变黄，肾脏明显肿大，土黄色、紫红色出血斑；输尿管增粗并充满尿酸盐；肾盂和肾小管中常见磺胺药物结晶；肝、脾肿大出血，脾有出血性梗死和灰色结节区；心肌及心外膜出血呈刷状。脑膜充血和水肿。

7.7.4 诊断

本病诊断依据为：鸡冠、肉髯苍白，结膜苍白或黄染；血液稀薄不凝固，全身广泛性出血，特别是胸部、腿部肌肉有条状或块状出血斑；骨髓色淡，严重者为黄色。结合病史情况，如果有磺胺药物的超量使用或超长时间连续使用，则可确诊。

7.7.5 治疗措施

本病无特效解毒药，一旦中毒应立即停药，饮水中加入 1%～2% 碳酸氢钠和 3%～5% 葡萄糖让鸡自由饮用，还可将复合维生素 B 用量增加 1 倍，达到 3.6 mg/kg 饲料。出血严重的按每千克饲料添加维生素 C 0.2 g，维生素 K 3～5 mg，连用 5～7 d。对严重中毒，呼吸困难的病鸡，可肌内注射维生素 B_{12}，每只 1～2 μg；或肌内注射叶酸，每只 50～100 μg；或口服维生素 C 25～30 mg。

7.7.6 预防措施

对本病仍应重在预防。首先要严格掌握用药剂量和连续用药时间。由于本药中毒剂量与治疗剂量很接近，所以一定要严格按照药品使用说明书用药，不能擅自加量。有报道：4～12 周龄幼鸡以 0.25% 磺胺嘧啶饲喂可出现中毒现象；产蛋鸡用周效磺胺按 0.5 g 剂量内服，第 2 天即发生中毒。用磺胺类药治疗疾病，雏鸡 3 d、成鸡 5 d 为一疗程，最多不超过 7 d，之后应换其他种药。混饲时，务必搅拌均匀。3 周龄以内雏鸡肝解毒功能差，蛋鸡产蛋期影响产蛋，应慎用；有肝肾病或全身性酸中毒病症的鸡应禁用。用药期应配合使用碳酸氢钠，并保证充足饮水，以防析出结晶损害肾脏。

7.8 亚硝酸盐中毒

亚硝酸盐中毒，是由于饲料富含硝酸盐，在饲喂前的调制中或采食后在体内转化形成亚硝酸盐，吸收入血后使血红蛋白氧化为高铁血红蛋白而失去携氧能力，导致组织缺氧，而引起的中毒。临诊上以发病突然，黏膜发绀，血液褐变，呼吸困难，神经功能紊乱，经过短急为特征。多种动物均可发生，常见于猪和反刍动物，俗称"猪饱潲病""烂菜叶中毒"等。

7.8.1 病因

(1) 蔬菜性饲料煮后焖放或腐败、霉变

这是猪亚硝酸盐中毒的常见病因，鲜青菜约含硝酸盐 0.1 mg/kg，焖放 5～6 h 即有危险，12 h 毒性最高；鲜青菜腐烂 6～8 d 硝酸盐含量可达 340 mg/kg。甜菜含硝酸盐 0.04 mg/kg，煮后焖放可增至 25.7 mg/kg，达 500 倍。霉变食品中，亚硝胺的含量可增高 25～100 倍，而亚硝酸盐的毒性比硝酸盐大 6～10 倍。

(2) 反刍动物摄入的硝酸盐超过其还原能力

正常情况下，反刍动物瘤胃可将硝酸盐分步彻底还原为氨，使中间还原物亚硝酸盐不致蓄积，维持这种还原能力的平衡要受以下 3 个条件的制约：

①瘤胃内微生物群的状况：一定数量的含氢化酶和硝酸盐还原酶的微生物就能将硝酸盐定量地还原为亚硝酸盐，如琥珀酸孤菌、溶纤维丁酸孤菌等。

②供氢：碳水化合物分解后生成的乳酸、琥珀酸、苹果酸、葡萄糖、甘油和甘露醇可提供氢的来源。故饲喂适量的碳水化合物能降低亚硝酸盐的蓄积。

③瘤胃的 pH 值：饲料中碳水化合物少时，瘤胃 pH 值保持 7 左右，能促进硝酸盐还原为亚硝酸盐，抑制亚硝酸盐还原为氨的过程，从而使亚硝酸盐蓄积；饲料中碳水化合物多时，瘤胃 pH 值下降，硝酸盐还原为亚硝酸盐的过程受抑制，却促进了亚硝酸盐还原为氨的过程，故不能使亚硝酸盐蓄积。

(3) 误投药品

硝酸盐肥料、工业用硝酸盐(混凝土速凝剂)或硝酸盐药品等酷似食盐，被误投混入饲料或误食而中毒。

(4) 饮水

经常饮入含过量硝酸盐的水。

(5) 腌制食品

伴侣动物食入腌制不良的食品。

(6) 其他

当动物营养不良、饥饿、瘤胃机能障碍、维生素 A、维生素 E 缺乏、饲料中碳水化合物不足时，瘤胃的菌群失调，供氢不足，pH 值升高，导致其还原能力失去平衡，亚硝酸盐蓄积，同时动物对亚硝酸盐中毒的耐受性也降低。

亚硝酸盐和硝酸盐的毒性：不同动物对亚硝酸盐的敏感性不同，猪最敏感，其次为牛、羊、马、家禽、兔与经济动物也可发生。猪的亚硝酸钠中毒量为 48~77 mg/kg，致死量为 88 mg/kg；牛的亚硝酸钠最小致死量为 88~110 mg/kg，羊为 40~50 mg/kg。硝酸钾 4~7 g/kg 可引起猪的致死性胃炎；牛的硝酸钾最小致死量是 600 mg/kg。

7.8.2 临诊症状

亚硝酸盐中毒多为急性中毒。猪一次食入大量含外源性生成的亚硝酸盐饲料后，多在 0.5 h 内发病；牛、羊大约在食入硝酸盐或含硝酸盐饲料 5 h 才出现中毒症状。

(1) 猪

急性中毒，初期表现沉郁、呆立不动，食欲废绝，轻度肌肉颤动，呕吐，流涎，呼吸、心跳加快；继而不安，转圈，呼吸困难，口吐白沫，体温低于正常，末梢发凉，黏膜发绀。严重中毒，皮肤苍白，瞳孔散大，肌肉震颤，衰弱，卧地不起，有时呈阵发性抽搐，惊厥，窒息而死。

(2) 牛

急性中毒表现精神沉郁，凝视，头下垂，步态蹒跚，呼吸急促，心跳加快，尿频，体温低于正常，可视黏膜发绀，流涎。瘤胃弛缓，轻度臌气，腹痛与腹泻。四肢无力，行走摇摆，至后肢麻痹，卧地不起，肌肉颤动，最后全身痉挛，虚脱而死。

(3) 鸡

表现不安或精神沉郁，食欲减少或废绝，嗉囊膨大。站立不稳，两翅下垂，口黏膜与冠、髯发绀，口内黏液增多。呼吸困难，体温正常，最后死于窒息。

最急性中毒常无前驱症状即突然死亡，且主要发生于猪。

慢性中毒时，表现的症状多种多样。牛的"低地流产"综合征，就是因摄入含高硝酸盐的杂草所致，其他动物也表现有流产、分娩无力、受胎率低等综合征。较低或中等量的硝酸盐还可引起维生素 A 缺乏症和甲状腺肿等。而畜禽虚弱，发育不良，增重缓慢，泌乳量少，慢性腹泻，步态强拘等则是多种动物常见的症状。

动物一次摄入大量的硝酸盐，可直接刺激消化道黏膜引起急性胃肠炎，表现为流涎，呕吐，腹泻及腹痛。

7.8.3 剖检变化

亚硝酸盐中毒的特征性剖检变化是血液呈咖啡色或黑红色、酱油色、凝固不良。其他表现有皮肤苍白，发绀，胃肠道黏膜充血，全身血管扩张，肺充血、水肿，肝、肾淤血，心外膜和心肌有出血斑点等。

一次性过量硝酸盐中毒，胃肠黏膜充血、出血，胃黏膜容易脱落或有溃疡变化，肠管充气，肠系膜充血。

7.8.4 诊断

亚硝酸盐急性中毒的潜伏期为 0.5~1 h，3 h 达到发病高峰，之后迅速减少，并不再有新病例出现。

(1) 病史调查

如饲料种类、质量、调制等资料，提出怀疑诊断。

(2) 临诊检查

根据可视黏膜发绀，呼吸困难，血液褐色，抽搐，痉挛等特征性临诊症状，结合病理剖检实质脏器充血，浆膜出血，血色暗红至酱油色变化等，即可做出初步诊断。

(3) 毒物分析及变性血红蛋白含量测定

该测定有助于本病的诊断。美蓝等特效解毒药进行抢救治疗，疗效显著时即可确诊。

急性硝酸盐中毒可根据急性胃肠炎与毒物检验做出诊断。

(4) 诊断鉴别

依据发病急、群体性发病的病史、饲料贮存状况、临诊见黏膜发绀及呼吸困难、剖检时血液呈酱油色等特征，可以做出诊断。可根据特效解毒药美蓝进行治疗性诊断，也可进行亚硝酸盐检验、变性血红蛋白检查。

7.8.5 治疗措施

(1) 特效解毒

特效解毒药为美蓝(亚甲蓝)和甲苯胺蓝，可迅速将高铁血红蛋白还原为正常血红蛋白而达解毒目的。

①美蓝：是一种氧化还原剂，其在低浓度小剂量时为还原剂，先经体内还原型辅酶I(NADPH)作用变成白色美蓝，再作为还原剂把高铁血红蛋白还原为正常血红蛋白。而在高浓度大剂量时，还原型辅酶I不足以将其还原为白色美蓝，于是过多的美蓝则发挥氧化作用，使正常血红蛋白变为高铁血红蛋白，加重亚硝酸盐中毒的症状，故治疗亚硝酸盐中毒时须严控美蓝剂量。美蓝的标准剂量，猪为 1~2 mg/kg，反刍动物为 8 mg/kg；使用浓度为 1%，配制时先用 10 mL 酒精溶解 1 g 美蓝，后加灭菌生理盐水至 100 mL。用药途径为静脉注射或深部肌肉分点注射。

②甲苯胺蓝：可用于不同动物，剂量为 5 mg/kg，配成5%溶液进行静脉注射或肌内注射。

③还可用25%维生素 C 静脉注射作为还原剂进行解毒治疗，剂量分别为马、牛 40~100 mL，猪、羊 10~15 mL。

（2）其他疗法

①剪耳放血与泼冷水治疗，对轻症病畜有效。

②市售蓝墨水，以 40~60 mL/头剂量给猪分点肌内注射，同时肌内注射安钠咖，在偏远乡村应急解毒抢救有一定疗效。

③家禽中毒时灌服 0.1%高锰酸钾溶液 10~50 mL，可减轻中毒症状。

④中药疗法：雄黄 30 g，小苏打 45 g，大蒜 60 g，鸡蛋清 2 个，新鲜石灰水上清液 250 mL，将大蒜捣碎，加雄黄、小苏打、鸡蛋清，再倒入石灰水，每日灌服 2 次。

急性硝酸盐中毒可按急性胃肠炎治疗即可。

（3）对症治疗

以上药物解毒治疗需重复进行，同时配合以催吐、下泻、促进胃肠蠕动和灌肠等排毒治疗措施，以及高渗葡萄糖输液治疗。对重症病畜还应采用强心、补液和兴奋中枢神经等支持疗法。

7.8.6 预防措施

①为防止饲用植物中硝酸盐蓄积，在收割前要控制无机氮肥的大量施用，可适当使用钼肥以促进植物氮代谢。

②青绿菜类饲料切忌堆积放置而发热变质，使亚硝酸盐含量增加，应采取青贮方法或摊开敞放可减少亚硝酸盐含量。

③提倡生料喂猪，除黄豆和甘薯外，多数饲料经煮熟后营养价值降低，尤其是几种维生素被破坏，且增加燃料费。若要熟喂，青饲料在烧煮时宜大火快煮，并及时出锅冷却后再饲喂，切忌小火焖煮或煮后焖放过夜饲喂。对已经生成过量亚硝酸盐的饲料，或弃之不用，或以每 15 kg 猪饲料加入化肥碳酸氢铵 15~18 g，据报道可消除亚硝酸盐。牛、羊可能接触或不得不饲喂含硝酸盐较高饲料时，要保证适当的碳水化合物的饲料量，再加入四环素（30~40 mg/kg 饲料），以提高对亚硝酸盐的耐受性和减少硝酸盐变成亚硝酸盐。

④禁止饮用长期潴积污水、粪池与垃圾附近的积水和浅层井水，或浸泡过植物的池水与青贮饲料渗出液等，也不得用这些水调制饲料。

7.9 食盐中毒

食盐（氯化钠）是畜禽日粮所必需的营养成分，饲喂适量的食盐，既可保证血液的电解质平衡而维持正常的生理功能，也可提高饲料的适口性而增强食欲，一般动物食盐需求量为饲料的 0.25%~0.5%。如在饮水不足的情况下，过量摄入食盐或含盐饲料而引起以消化紊乱和神经症状为特征的中毒性疾病，主要的病理学变化为嗜酸性粒细胞（嗜伊红细胞）性脑膜炎。各种动物均可发病，主要见于猪和家禽，其次为牛、马、羊和犬等，中毒量：牛、马 1~2.2 g/kg，绵羊 3~6 g/kg，鸡 1~1.5 g/kg；致死量：猪 125~250 g，犬 30~60 g/次，牛 1 500~3 000 g/次。

本病的发生与水密切相关，又被称为"缺水-盐中毒"或"水-钠中毒"。其他如乳酸钠、丙酸钠和碳酸钠等钠盐引起的实验和自然中毒，剖检变化和临诊症状与食盐中毒基本相同，故又统称为"钠盐中毒"。

7.9.1 病因

钠离子的毒性与饮水量直接相关,当水的摄入被限制时,猪饲料中含 0.25% 食盐即可引起钠离子中毒。如果给予充足的清洁饮水,日粮中含 13% 食盐也不至于造成中毒。又如"盐水治结"时,1%~6% 食盐浓度不会引起口服中毒。有报道认为,动物在饮水充足的情况下,日粮中的食盐含量不应超过 0.5%,含量过高会引起胃肠炎和脱水。

(1) 舍饲家畜

中毒多见于配料疏忽,误投过量食盐或对大块结晶盐未经粉碎和充分拌匀,或饲喂含盐分高的泔水、酱渣、咸菜及腌菜水和卤咸鱼水等。

(2) 放牧家畜

多见于供盐时间间隔过长,或长期缺乏补饲食盐的情况下,突然加喂大量食盐,加上补饲方法不当,如在草地撒布食盐不匀或让家畜在饲槽中自由抢食。

用食盐或其他钠盐治疗大家畜肠阻塞时,一次用量过大,或多次重复用钠盐泻剂。

(3) 饮水不足

鸡在炎热的季节限制饮水,或寒冷的天气供给冰冷的饮水,容易发生钠离子中毒。一般认为,鸡可耐受饮水中 0.25% 食盐,湿料中含 2% 食盐即可引起雏鸭中毒。

(4) 诱发因素

当畜禽缺乏维生素 E 和含硫氨基酸、矿物质时,对食盐的敏感性增高;环境温度高而又散失水分时敏感性也升高;高产奶牛在泌乳期对食盐的敏感性升高,幼龄猪、禽较成年猪、禽易发生食盐中毒。

7.9.2 临诊症状

动物急性中毒主要表现神经症状和消化紊乱,因动物品种不同有一定差异。

(1) 牛

病牛烦渴,食欲废绝,流涎,呕吐,下泻,腹痛,粪便中混有黏液和血液。黏膜发绀,呼吸急促,心跳加快,肌肉痉挛,牙关紧闭,视力减弱,甚至失明,步态不稳,球关节屈曲无力,肢体麻痹,衰弱及卧地不起。体温正常或低于正常。孕牛可能流产,子宫脱出。

(2) 猪

猪因中毒量不同,症状有轻有重。体温 38~40 ℃,因痉挛而升到 41 ℃,也有的仅 36 ℃,食欲减退或消失,渴欲增加、喜饮水,尿少或无尿。不断空嚼,大量流涎、白沫,呕吐。出现便秘或下痢,粪中有时带血。口腔黏膜潮红、肿胀,有的有腹疼。腹部皮肤发紫、发痒,肌肉震颤;心跳每分钟 100~120 次,呼吸加快,发生强直痉挛,后驱不完全麻痹或完全麻痹,5~6 d 死亡。最急性,兴奋奔跑,肌肉震颤,继则好卧昏迷,2 d 内死亡。急性,瞳孔散大,失明耳聋,不注意周围事物,步行不稳,有时向前直冲,遇障碍而止,头靠其上向前挣扎,卧下时四肢做游泳动作,偶有角弓反张,有时癫痫发作,或做圆圈运动,或向前奔跑,7~20 min 发作一次。

(3) 禽类

禽表现口渴频饮,精神沉郁,垂羽蹲立,下痢,痉挛,头颈扭曲,严重时腿和翅麻痹。小公鸡睾丸囊肿。

(4) 犬

表现运动失调,失明,惊厥或死亡。

(5)马

表现口腔干燥，黏膜潮红，流涎，呼吸急促，肌肉痉挛，步态蹒跚，严重者后躯麻痹。同时有胃肠炎症状。

动物慢性食盐中毒常见于猪，主要是长时间缺水造成慢性钠潴留，出现便秘、口渴和皮肤瘙痒，突然暴饮大量水后，引起脑组织和全身组织急性水肿，表现与急性中毒相似的神经症状，又称"水中毒"。牛和绵羊饮用咸水引起的慢性中毒，主要表现食欲减退，体重减轻，体温低下，衰弱，有时腹泻，多因衰竭而死亡。

7.9.3 剖检变化

(1)猪

剖检变化肝肿大、质脆，小肠有不同程度的炎症，肠系膜淋巴结充血、出血，心内膜有出血点，肺水肿，胃肠黏膜充血、出血，尤以胃底部最严重，直至有溃疡。死亡的猪，尸僵不全，血液凝固不全成糊状，脑脊髓有不同程度的充血、水肿。组织学变化为嗜酸性粒细胞性脑膜炎，即脑和脑膜血管周围有嗜酸性粒细胞浸润，血管扩张，充血与透明血栓形成，血管内皮细胞肿胀、增生，核空泡化；血管外周的间隙水肿增宽，有大量的嗜酸性粒细胞浸润，形成明显的"管套"或"套袖"；若已存活 3~4 d 的病例，则嗜酸性粒细胞返回血液循环，看不到"管套"现象，但是仍然可观察到大脑皮层和白质间区形成的空泡。同时肉眼观察，可见脑水肿、软化和坏死病变。

(2)鸡

病死鸡皮肤干燥、发亮呈蜡黄色，羽毛较易脱落。剖检变化：消化道病变严重，食道黏膜充血，嗉囊充满黏性液体，黏膜脱落，腺胃黏膜充血，少数表面形成伪膜。小肠呈卡他性炎症，小肠黏膜充血发红，并伴有出血点。盲肠扁桃体肿胀。腹腔和心包积水，心肌、心冠脂肪有点状出血，肺淤血、水肿，肝脏有出血斑。脑膜血管扩张并伴有针尖状出血点。皮下组织水肿，血液浓稠，色泽变暗。肾脏肿胀，肾小管内充满尿酸盐，整个肾脏呈灰白色，少部分死鸡心包积液。雏鸡剖检变化营养中等偏下，腹部皮下水肿，嗉囊空虚；十二指肠、小肠、直肠黏膜充血，有点状出血；肾脏水肿；心尖有出血点；脑水肿，血管怒张，有散在出血点。

7.9.4 诊断

根据病畜有摄入大量食盐或其他钠盐，同时饮水不足的病史，结合神经和消化机能紊乱的典型症状，病理组织学检查发现特征性的脑与脑膜血管嗜酸性粒细胞浸润，可做出初步诊断。

确诊需要测定体内氯离子、氯化钠或钠盐的含量。尿液氯含量大于 1% 为中毒指标。血浆和脑脊髓液钠离子浓度大于 160 mmol/L，尤其是脑脊液钠离子浓度超过血浆时，为食盐中毒的特征。大脑组织(湿重)钠含量超过 1 800 mg/kg 即可出现中毒症状。猪胃内容物氯含量大于 5.1 g/kg，小肠内容物氯含量大于 2.6 g/kg，大肠内容物和粪便氯含量大于 5.1 g/kg，即疑为中毒。正常血液氯化钠含量为 (4.48±0.46) mg/mL，当血中氯化钠含量达 9.0 mg/mL 时，即为中毒的标志。另外，中毒猪耳朵氯化钠含量超过 5.9 mg/g。

本病的突发脑炎症状与伪狂犬病、病毒性非特异性脑脊髓炎、马属动物霉玉米中毒、中暑及其他损伤性脑炎容易混淆，应借助微生物学检验、病理组织学检查进行鉴别。表现的胃肠道症状还应与有机磷中毒、重金属中毒、胃肠炎等疾病进行鉴别诊断。

7.9.5 病程及预后

急性食盐中毒的病程一般为 1~2 d，牛的病程较短，往往在 24 h 内死亡。猪的病程相对较长,从数小时至 3~4 d。具体中毒病例的病程与治疗时机、饮水限制等因素有关。

预后判断取决于血中氯化钠浓度变化,血液氯化钠含量达 13.0 mg/mL 时,为严重中毒,达 15.2 mg/mL 时提示预后不良。

7.9.6 治疗措施

尚无特效解毒剂。对初期和轻症中毒病畜,可采用排钠利尿、双价离子等渗溶液输液及对症治疗。

(1) 发现早期,立即供给足量饮水,以降低胃肠中的食盐浓度

猪可灌服催吐剂(硫酸铜 0.5~1 g 或吐酒石 0.2~3 g)。若已出现症状时则应控制为少量多次饮水。

(2) 应用钙制剂

牛、马大动物可用 5% 葡萄糖酸钙 200~500 mL 或 10% 氯化钙 200 mL 静脉注射;猪、羊可用 5% 氯化钙明胶溶液(明胶 1%),0.2 g/kg 分点皮下注射。

(3) 利尿排钠

可用双氢克尿塞,以 0.5 mg/kg 内服。

(4) 解痉镇静

5% 溴化钾、25% 硫酸镁静脉注射;或盐酸氯丙嗪肌内注射。

(5) 缓解脑水肿,降低颅内压

25% 山梨醇或甘露醇静脉注射;也可用 25%~50% 高渗葡萄糖溶液进行静脉或腹腔(猪)注射。

(6) 其他对症治疗

口服石蜡油以排钠;灌服淀粉黏浆剂保护胃肠黏膜;鸡中毒初期可切开嗉囊后用清水冲洗;如排尿液少或无尿用 10% 葡萄糖 250 mL 与速尿 40 mL 混合静脉注射,每日 2 次,连用 3~5 d,排出尿液时停用。如病猪出现牙关紧闭不能进食,用 0.5% 普鲁卡因 10 mL 两侧牙关、锁口穴封闭注射;也可针耳尖、太阳、山根、百会穴、剪耳、尾放血。

7.9.7 预防措施

畜禽日粮中应添加占总量 0.5% 的食盐,或以 0.3~0.5 g/kg 补饲食盐,以防因盐饥饿引起对食盐的敏感性升高。限用咸菜水、面浆喂猪,在饲喂含盐分较高的饲料时,应严格控制用量的同时供以充足的饮水。食盐治疗肠阻塞时,在估计体重的同时要考虑家畜的体质,掌握好口服用量和水溶解浓度(1%~6%)。

①利用含盐残渣废水时,必须适当限量,煮沸并不能削减盐分,并配合其他饲料。食槽的底部往往有食盐结晶沉淀,因此必须经常注意清洗。

②严格控制饲料中食盐添加量:不得超过 0.3%。鸡体对过量食盐较敏感,在高温条件下耐受性更差。对于临产母牛、泌乳期的高产牛饲喂时应限制食盐的用量。

③动物日常供给充足的饮水:特别是炎热的夏季,对泌乳期的高产奶牛更要充分供给。对中毒严重的动物则一定要控制饮水,防止一次大量给水而导致组织严重水肿,宜间隔 1~2 h 有限地供给清洁饮水。

④适当补充矿物质及多种维生素,以降低动物对盐的的敏感性。

⑤饲料盐要注意保管存放,不要让动物接近,以防偷食。

7.10　菜籽饼中毒

菜籽饼中毒是其所含芥子油苷可水解生成异硫氰酸烯酯和硫氰酸盐，畜禽采食过多时引起肺、肝、肾及甲状腺等多器官损害，临诊上以急性胃肠炎、肺气肿、肺水肿和肾炎为特征的中毒性疾病。以猪、禽中毒多见，其次为羊、牛，马属动物较少发病。

7.10.1　病因

油菜为十字花科芸薹属，一年生或越年生的草本植物，是我国大部地区主要的油料作物。油菜籽榨油后的副产品为菜籽饼，仍含有丰富的蛋白质(32%~39%)，其中可消化蛋白质为27.8%，而且所含氨基酸比较完全，是畜禽的一种重要的高蛋白质饲料。但油菜饼与油菜全株含有毒物质，若不经去毒处理而大量饲喂，则可引起畜禽中毒。

菜籽饼和油菜中含有芥子苷或黑芥子酸钾，其本身虽无毒，但是在芥子酶的催化下，可分解为有毒的丙烯基芥子油或异硫氰酸丙烯酯、噁唑烷硫酮等物质。菜籽饼的毒性，即有毒物质的含量随油菜的品系、加工方法、土壤含硫量而有所不同，菜籽型含异硫氰酸丙烯酯较高，甘蓝型含噁唑烷硫酮较高，而白菜型二者都较低。

本病的发生是畜禽长期饲喂未去毒处理的菜籽饼，或突然大量饲喂未减毒的菜籽饼。家畜采食多量鲜油菜或芥菜，尤其开花结籽期的油菜或芥菜也可引起中毒。在大量种植油菜、甘蓝及其他十字花科植物的地区，以这些植物的根、茎、叶及其种子为饲料，或利用油菜种子的粉或饼作为动物饲料时，常常发生该病的流行。

菜籽饼的毒性，猪一次采食150~200 g未处理的菜籽饼即有可能中毒。鸡日粮中菜籽饼超过5%，猪日粮中菜籽饼占10%~20%，即出现中毒症状。

7.10.2　临诊症状

(1) 牛

主要有4种类型：呼吸增数、张口呼吸、发出鼾音及皮下气肿为主的呼吸障碍型症候；精神委顿、前胃弛缓、食欲废绝、便秘或出血性肠炎等消化机能障碍型症候；兴奋、狂暴、视力障碍为主要特征的神经型症候；因溶血引起血红蛋白尿的泌尿障碍型症候。反刍动物中毒发病一般都比较急，常经过暂短的消化器官症候后，突然出现强烈的兴奋、狂暴等神经症状。有时还可见感光过敏，患牛皮肤日晒后可出现发痒、红斑、皮疹。

慢性中毒则可引起甲状腺肿，抑制动物生长发育，母牛妊娠期延长及新生犊牛死亡率升高。

(2) 犬

表现为食欲下降，饮欲增加，消瘦。精神沉郁，不愿吠叫，偶尔兴奋时由于四肢无力，在前冲或后退时经常摔倒。呼吸迫促，肺部听诊有湿性啰音，叩诊肺界增大，心跳弱而快，体温37.5~38.5℃。眼结膜黄染，齿龈苍白。尿液呈红褐色，粪便表面带有黏液，后期重症病犬稀便带血。食多者病情严重，且最先死亡。

(3) 猪、兔

表现相似：卧地不起，驱赶起立后四肢震颤无力，走几步又倒地喘息，叫声嘶哑，食欲废绝，呕吐、拉稀，大便呈黑褐色，部分猪的粪便带有血液、恶臭难闻，排尿频繁，尿液落地后可溅起棕红色泡沫；少数严重病例口角及鼻孔有粉红色泡沫液体，鼻唇发紫，瞳孔散大，结膜发绀，体温 39.5~40.5 ℃，呼吸 48~62 次/min，心率 86~105 次/min。

(4) 幼龄动物

表现生长缓慢，甲状腺肿大。孕畜妊娠期延长，新生仔畜死亡率升高。病畜由于感光过敏而表现背部、面部和体侧皮肤红斑，渗出及类湿疹样损害，家畜因皮肤发痒而不安、摩擦，会导致进一步的感染和损伤。有些病例还可能伴有亚硝酸盐或氢氰酸中毒的症状。

7.10.3 剖检变化

一般动物多见皮下脂肪淤血，胸、腹膜有出血点，心肌弛缓，右心室充满凝固不良的血液，血液稀薄，暗褐色；肺表现严重的破坏性气肿，伴有淤血和水肿，切面流出多量紫黑色泡沫状液体；肝脏实质变性，斑状坏死，呈黑色，质地硬脆；胆囊萎缩，胆汁浓稠呈深黑色；肾呈蓝紫色，切面皮髓界限不清；膀胱充盈，外观呈紫色，切开后尿液呈红褐色，黏膜有出血点；胃内充满褐色食糜，胃底黏膜脱落，胃壁呈黑褐色；肠黏膜脱落，肠壁呈紫红色；脑膜有出血点；组织学检查，肺泡广泛破裂，小叶间质和肺泡隔有水肿和气肿，肝小叶中央静脉周围的细胞发生广泛性坏死。

犬则可见肌肉苍白，略有黄染，凝血不良。胸腔和腹腔内积有大量淡红色透明液体。心包积液，心内膜有点状出血。肝充血、肿大、质脆。胆囊增大，充满胆汁，胆汁稀薄，胆囊黏膜出血。肺充血、水肿，气管黏膜有出血点，肺门淋巴结肿大。胃肠黏膜呈弥漫性出血性炎症，肠系膜淋巴结肿大、变硬。

7.10.4 诊断

(1) 初步诊断

根据病史调查，结合贫血、呼吸困难、便秘、失明等临诊症状即可初步诊断。

(2) 毒物检验

菜籽饼中异硫氰酸丙烯酯含量的测定为确诊提供依据。

(3) 鉴别诊断

本病的症状与许多疾病有相似之处，应注意鉴别诊断，如溶血性贫血型病例应与其他病因所致溶血性贫血症相区别；急性肺水肿和肺气肿病牛要与牛再生草热、肺丝虫病、霉烂甘薯中毒等相鉴别；感光过敏性皮炎伴随肝损害病例应与其他光敏物质中毒、肝毒性植物中毒等相区别；神经型病例要与食盐中毒、有机磷中毒及其他具有神经症状的疾病相区别。

7.10.5 病程及预后

神经型和泌尿型多为急性中毒，病程短、发展快，牛急性中毒出现神经症状时，一般在 10 h 内死亡。溶血性病例，严重者常突然发病，很快虚脱死亡。普通泌尿型病例，也多为预后不良，个别幸存病畜也长久难愈。其他类型的中毒病例，虽病程较长，需几周或更长时间，但一般预后良好。

7.10.6 治疗措施

目前尚无特效解毒药物。病畜立即停喂可疑饲料，尽早应用催吐、洗胃和下泻等排毒措施，如用硫酸铜或吐酒石给猪催吐、高锰酸钾液洗胃、石蜡油下泻。

中毒初期，已出现腹泻时，用2%鞣酸洗胃，内服牛奶、蛋清或面粉糊以保护胃肠黏膜。

甘草煎汁加食醋内服有一定解毒效果，甘草用量为猪20~30 g，牛200~300 g，煎成汁；醋用量为猪50~100 mL，牛500~1 000 mL，混合一次灌服。

对肺水肿和肺气肿病例可试用抗组织胺药物和肾上腺皮质类固醇激素，如盐酸苯海拉明和地塞米松等肌内注射。

牛的溶血性贫血型病例，应及早输血，并补充铁制剂，以尽快恢复血容量。若病牛为产后伴有低磷酸血症，同时用20%磷酸二氢钠溶液，或用含3%次磷酸钙的10%葡萄糖1 000 mL静脉注射，每日一次，连续3~4 d。

对严重的中毒病畜还应采取包括强心、利尿、补液、平衡电解质等对症治疗措施。

7.10.7 预防措施

控制畜禽日粮中菜籽饼所占的比例，一般不应超过饲料总量的20%。对孕畜和仔畜最好不喂菜籽饼和油菜类饲料。即使控制用量的菜籽饼，也应去毒后再行饲喂，常用的去毒方法有以下几种：

(1)碱处理法

用15%石灰水喷洒浸湿粉碎的菜籽饼，焖盖3~5 h，再笼蒸40~50 min，然后取出炒散或凉散风干，此法可去毒85%~95%。

(2)坑埋法

将菜籽饼按1∶1比例加水泡软后，置入深宽相等、大小不定的干燥土坑上，上盖以干草并覆盖适量干土，待30~60 d后取出饲喂或晒干贮存。此法可去毒70%~98%。

(3)蒸煮法

用温水浸泡粉碎菜籽饼一昼夜，再蒸煮1 h以上，则可去毒。

7.11 棉籽饼中毒

棉籽饼中毒是动物采食大量含棉酚的棉籽饼而引起的以全身水肿、出血性胃肠炎、血红蛋白尿、肺水肿、肝脏和心肌变性坏死为特征的中毒性疾病。棉籽饼是棉籽榨油后的副产品，棉籽饼含蛋白质36%~42%，其必需氨基酸的含量在植物中仅次于大豆饼，可以作为全价的畜禽日粮蛋白质来源，是动物的优质蛋白质饲料，棉籽壳也是动物饲料的纤维添加剂。然而，由于棉籽饼中含有多种有毒的棉酚色素，长时期过量饲喂可引起畜禽中毒。

所有动物对棉酚都敏感，但本病主要发生非反刍动物及犊牛，成年反刍动物抵抗力较强。反刍动物对棉籽饼的主要毒性物质棉酚有一定的解毒能力，可使游离棉酚与瘤胃中可溶性蛋白质结合而丧失毒性。一般情况下，棉籽饼不会引起成年牛中毒。犊牛之所以对棉酚敏感就是因为其瘤胃功能尚不完善，不能有效地结合游离棉酚。成年牛在一定条件下有发生中毒的可能性。单胃动物及家禽、成年奶牛、肉牛和马较少中毒。

7.11.1 病因

(1)棉籽饼本身含毒

棉籽饼富含蛋白质和磷，其所含必需氨基酸也仅次于大豆粉，但含有毒的棉酚色素，包括棉酚、棉蓝素、二甲基棉酚、棉紫素、棉黄素等，同时还缺乏维生素 A 和维生素 D，钙含量也极低。棉籽含有大约 6%的棉酚，其含量受植物品种、环境(如气候、土壤)和肥料的影响，除极少数品种外，棉酚是棉花中的自然成分。

(2) 摄入棉籽饼量过大

单纯以棉籽饼长期饲喂畜禽，或在短时间内大量以棉籽饼作为蛋白质补饲时易发生棉籽饼中毒。尤其冷榨生产的棉籽饼，不经过炒、蒸的机器榨油的棉籽饼，其游离棉酚含量较高，更易引起中毒。棉花植株的叶、茎、根和籽实中含较多的棉酚，用未经去毒处理的新鲜棉叶或棉籽作饲料，长期饲喂猪、牛，或让放牧家畜过量采食也可发生中毒。

(3) 诱因

以棉籽饼为饲料的哺乳期母畜，其乳汁中含有多量棉酚，也可引起吮乳幼畜患病。当饲料缺乏维生素 A、钙、铁，或青绿饲料不足，或过度劳役时，动物对棉酚的敏感性增加，容易发生中毒。

7.11.2 临诊症状

本病的潜伏期一般较长，中毒的发生时间和症状与蓄积采食量有关。各种动物共同的表现为食欲减退，体重下降，虚弱，呼吸困难，心功能异常，对应激敏感，以及钙磷代谢失调引起的尿石症和维生素 A 缺乏症。

(1) 犊牛

食欲降低，精神委顿，体弱消瘦，行动迟缓乏力，常出现腹泻，黄疸，呼吸急促，流鼻液，肺部听诊有明显的湿啰音，视力障碍或失明，瞳孔散大。成年牛、羊食欲下降，反刍稀少或废绝，渐进性衰弱，四肢浮肿，严重时腹泻，排出恶臭、稀薄的粪便，并混有黏液和血液甚至脱落的肠黏膜，心率加快，呼吸急促或困难，咳嗽，流泡沫性鼻液，全身性水肿，可视黏膜发绀，共济失调直至卧地抽搐，孕畜流产。部分牛、羊可发生血红蛋白尿或血尿，公畜易出现尿结石症。

(2) 猪

表现精神沉郁或萎靡不振，食欲减退甚至废绝，呕吐，粪便初干而黑，而后稀薄色淡，甚至腹泻，尿量减少，皮下水肿，体重减轻，日渐消瘦。低头拱腰，行走摇晃，后躯无力而呈现共济失调，严重时搐搦，并发生惊厥。呼吸急促或困难，心跳加快，心律不齐，体温升高，可达 41 ℃，此时喜凉怕热，常卧于阴湿凉爽处。有些病例出现夜盲症，肥育猪出现后躯皮肤干燥和皲裂，仔猪常腹泻、脱水和惊厥，可很快死亡。

(3) 马

以间歇性腹痛为主要症状，并常发生便秘，粪便上附有黏液或混有血液。尿液呈红色或暗红色，有典型的红细胞溶解现象。

(4) 家禽

食欲下降，体重减轻，双肢乏力欠活泼。母鸡产蛋变小，蛋黄膜增厚，蛋黄呈茶色或深绿色，不易调碎调匀，煮熟后的蛋黄坚韧有弹性，而称"橡皮蛋"或"硬黄蛋"，蛋白呈粉红色，蛋孵化率降低。

(5) 犬

精神委顿，发呆，厌食，呕吐，腹泻，体重减轻。后躯共济失调，心跳加快，心律不齐，呼吸困难，进而表现嗜睡和昏迷。最后因肺水肿、心衰和恶病质而死亡。

7.11.3 剖检变化

(1) 眼观病变

全身皮下组织呈浆液性浸润，尤其以水肿部位明显，胸、腹腔和心包腔内有红色透明或混有纤维团块的液体。胃肠道黏膜充血、出血和水肿，猪肠壁溃烂。肝淤血、肿大、质脆、色黄，胆囊肿大、有出血点。肾脏肿大，被膜下有出血点，实质变性，膀胱壁水肿，黏膜出血。肺脏充血、水肿和淤血，间质增宽，切面可见大小不等的空腔，内有多量泡沫状液体流出。心脏扩张，心肌松软，心内、外膜有出血点，心肌颜色变淡。淋巴结水肿，充血。鸡胆囊和胰腺增大，肝、脾和肠黏膜上有蜡质样色素沉着。

(2) 组织病变

组织学变化为肝小叶间质增生，肝细胞呈现退行性变性和坏死，主要病变部位在小叶中心，多见细胞混浊肿胀和颗粒变性，线粒体肿胀。心肌纤维排列紊乱，部分空泡变性和萎缩。肾小管上皮细胞肿胀，颗粒变性。视神经萎缩。睾丸多数曲精小管上皮排列稀疏，胞核模糊或自溶，精子数减少，结构被破坏，线粒体肿胀。

7.11.4 诊断

根据长时间大量用棉籽饼或棉籽作为动物饲料的病史，结合呼吸困难、出血性胃肠炎和血红蛋白尿等症状和全身水肿，肝小叶中心性坏死，心肌变性坏死等病变可做出初步诊断。饲料中游离棉酚含量的测定为本病的确诊提供依据，一般认为，猪和小于4月龄的反刍动物日粮中游离棉酚含量高于100 mg/kg，即可发生中毒。成年反刍动物对棉酚的耐受量较大，但日粮中游离棉酚的含量应小于1 000 mg/kg。有报道认为，绵羊肝脏和肾脏棉酚含量分别超过10 mg/kg和20 mg/kg，表示动物接触过多量的棉酚，但目前仍缺乏动物组织中棉酚含量的背景值和中毒范围。

血液学检查主要变化为红细胞数和血红蛋白减少，白细胞总数增加，其中中性粒细胞增多，核左移，淋巴细胞减少。

本病应注意与以下疾病相鉴别：具有心脏毒性的离子载体类抗生素（如莫能菌素、拉沙里菌素）中毒，氨中毒，镰刀菌产生的霉菌毒素中毒，某些具有心脏毒性的植物中毒，硒缺乏，铜缺乏，肺气肿，肺腺瘤等。

7.11.5 病程及预后

较严重的病例病期较短且死亡率高，一般在一周之内即可致死。大多数病例为慢性经过，病期约一个月，治疗及时则预后较好。成年反刍动物和马属动物有较强的耐受力，病程较长，预后一般良好。猪中毒时病程较短，病死率较高。

7.11.6 治疗措施

由于该病的发病机制还未完全弄清，目前还无好的治疗方法，主要采用消除致病因素、加速毒物的排除及对症疗法。

首先应立即停止饲喂病畜含有棉籽饼或棉籽的日粮，禁止在棉地放牧。同时进行导胃、洗胃、催吐、下泻等排除胃肠内毒物，以及使棉酚色素灭活的治疗措施。常用0.03%～0.1%高锰酸钾溶液，或5%碳酸氢钠溶液洗胃，若胃肠道内容物多，胃肠炎不严重时，可内服盐类泻剂；胃肠炎严重的，可用消炎剂、收敛剂，如磺胺脒、鞣酸蛋白。也可用硫酸亚铁内服。还可用藕粉、面糊等以保护肠黏膜，可与其他药物混合内服。

解毒可口服硫酸亚铁（猪每次 1~2 g，牛每次 7~15 g）、枸橼酸铁铵等铁盐，并给予乳酸钙、碳酸钙、葡萄糖酸钙等钙盐制剂。静脉注射 10%~50% 高渗葡萄糖溶液，或 10% 葡萄糖氯化钙溶液与复方氯化钠溶液，配以 10%~20% 安钠咖、维生素 C、维生素 D 及维生素 A 等。

对胃肠炎、肺水肿严重的病例进行抗菌消炎、收敛和阻止渗出等对症治疗。

为了阻止渗出，增强心脏功能，补充营养和解毒，可用 25% 葡萄糖溶液 500~1 000 mL，10% 安钠咖 20 mL、10% 氯化钙溶液 100 mL，牛一次静脉注射。注射维生素 C、维生素 A、维生素 D 等都有一定的疗效，特别是对视力减弱的患畜维生素 A 疗效很好。

当病畜尚有食欲时，尽量能多喂些青绿饲料或青菜、胡萝卜等，对病的恢复效果很好。并应注意增加饲料里矿物质，特别是钙的含量。此外，还可用健胃剂等对症疗法。

7.11.7 预防措施

(1) 限制喂量

预防本病的关键是限制棉籽饼和棉籽的饲喂量，若饲喂未经脱毒的棉籽饼和棉籽时，应控制饲喂量，牛每日 1.5 kg，猪每日 0.5 kg，雏鸡不超过日粮的 2%~3%，成年鸡不超过 5%~7%。并适当地进行间断饲喂为宜，如连续饲喂棉籽饼半月后，应有半月的停饲间歇期，以免引起蓄积性中毒。

(2) 搭配供给

若长期饲喂棉籽饼和棉籽时，应与其他优质饲草和饲料进行搭配供给，如豆科干草、青绿饲料、优良青干草等。还应适当地补饲含维生素 A 原较高的饲料，如胡萝卜、玉米等，同时补以骨粉、碳酸钙等含钙添加剂。猪日粮中棉籽饼和棉籽可与豆饼等量混合，或豆饼 5%、鱼粉 2% 与棉籽饼混合，或鱼粉 4% 与棉籽饼混合。另据报道，猪饲料中铁增加到 400 mg/kg，禽饲料增加到 600 mg/kg，就可有效地阻断动物接触饲料棉酚引起的临诊症状和组织中的残留，此时的铁与游离棉酚比例常为 1:1~4:1。

(3) 脱毒减毒

①加热减毒处理：榨油时最好能经过炒、蒸，使游离的棉酚转变为结合的棉酚。生棉籽皮炒了再喂，棉渣必须加热蒸煮 1 h 后再喂，若同 10% 大麦粉混合蒸煮则去毒效果更好；或将青绿棉叶或秋后的干棉叶晒干，去尘，压碎后发酵，随后用清水洗净，再用 5% 石灰水浸泡 10 h，软化解毒后再喂猪。

②加铁去毒：由于铁能与游离棉酚结合成为复合体，使其丧失活性并不被肠道所吸收，而达到解毒和保护畜禽不发生中毒的目的，其剂量与饲料所含游离棉酚 1:1 计算，但需注意应使铁与棉籽饼充分混合接触，以猪饲料铁含量 400~600 mg/kg 为宜。用 0.1%~0.2% 硫酸亚铁溶液浸泡棉籽饼，可使棉酚的破坏率达 80% 以上。猪饲料中的铁含量不得超过 500 mg/kg。

③增加日粮中蛋白质、维生素、矿物质和青绿饲料：饲料中蛋白质含量越低，中毒率越高。饲料里增加维生素（主要是胡萝卜素）、矿物质（主要是钙和食盐）、青绿饲料对预防棉籽饼中毒都有很好的作用。

7.12 氨化饲料中毒

随着畜牧业的发展，用氨化饲料饲喂牛、羊技术也得到迅速推广。但在推广利用氨化饲料过程中，往往出现由于养殖户对氨化饲料处理不当，或饲喂不善，致使食入或吸入过量的余氨而引起动物的中毒。

7.12.1 病因

(1)用量过大

尿素是农业上广泛应用的一种速效肥料，它又可以作为牛的蛋白质饲料，也可用于麦秸的氨化。成年牛应控制在每日 200~300 g，但若用量过大，则可导致尿素中毒。

(2)饲喂量应循序渐进

用尿素喂牛的量，若初次即突然按规定量喂牛，则易导致牛发生中毒；故在饲喂时，尿素的喂量应逐渐增多。

(3)诱因

将尿素溶于水中喂牛时，也易发生中毒。另外，牛对尿素的耐受性降低，特别是在饥饿、长期饲喂低蛋白饲料以及机能状态降低时，即使按正常量饲喂，也可发生中毒。

7.12.2 临诊症状

临诊上牛、羊中毒症状相似，可分为急性和慢性两种。

急性病例：一般情况下，动物大量采食尿素后 0.5 h 左右即可出现中毒症状。患牛表现精神痴呆，步态踉跄不稳。很快转为不安、呻吟。食欲减退，反刍减少甚至停止，多伴有瘤胃膨气，口内涎液分泌增多并垂流于体外；严重中毒的患牛还表现呻吟不安，全身肌肉振颤，动作失调，伴有前肢麻痹等症状。口内过度流涎并伴有大量泡沫，呼吸困难，口、鼻中流出泡沫状液体，心跳加快，达 100 次/min 以上。发病后期，患牛出冷汗，瞳孔散大，肛门松弛。急性中毒的病牛，多在 1~2 h 内窒息死亡。有的牛病程可达 1 d 左右，且常发生后躯不完全麻痹。

慢性中毒的患牛还表现肺水肿、肾炎或尿道炎，以及代谢紊乱，其表现症状为尿频而有疼痛感，从尿道排出脓性分泌物，公牛生殖器外露，且呈水肿症状。

7.12.3 剖检变化

急性病例主要有肺部充血、水肿，气管内有大量泡沫状液体；慢性病例可见肾脏肿大，尿道黏膜充血、炎症。

7.12.4 诊断

有采食氨化饲料的病史及临诊症状可做出初步诊断。可通过测定血氨来确立诊断：一般情况下，血氨浓度达 8.4~13 mg/L 时即可出现症状；达 20 mg/L 时出现神经症状；达 50 mg/L 时，可引起动物死亡。另外，本病要与有机磷中毒相区别，后者用阿托品和解磷定治疗有效，本病则不起作用。

7.12.5 治疗措施

牛一旦食氨化饲料而发生中毒症状，应立即停喂氨化饲料，并对中毒牛实施紧急治疗措施，即用谷氨酸钠 100~200 mL 加入 10% 葡萄糖注射液 1 000~2 000 mL 给牛静脉滴注，使之与血液中的氨结合成无毒的谷氨酰胺，随尿液排出体外。

属食入氨化饲料而致中毒的患牛，可配合用食用醋 500~1 500 mL 加常水 5~8 倍一次灌服，以降低瘤胃内容物的酸碱度，阻止余氨继续在瘤胃中分解，避免氨被吸收及产生碱毒症。同时灌服白糖 0.5 kg 加 3 000~5 000 mL 清洁饮水的糖水，并服 1.5 kg 生蛋清或 2.5 kg 鲜牛奶，以增强机体解毒能力和保护胃肠黏膜。

属慢性氨中毒的患牛，除采用上述药物治疗外，还需配合给牛肌内注射抗生素类药物（如青霉素、链霉素等），防止发生继发感染及炎症扩展。如患牛的中毒症状经过治疗得以稳定，并处于恢复期，需给牛配以内服健胃制剂（如陈皮酊、蕃木鳖酊等），以利患牛瘤胃内的微生物生态系统得以恢复，促进牛的康复。

7.12.6 预防措施

要避免和减少牛食用氨化饲料发生余氨中毒，必须针对引起余氨中毒的原因采取有效的预防措施。

(1) 加强氨化饲料的原料质量管理

氨化好的秸秆为棕黄色，有糊香味，手摸质感柔软。如果填装不实或漏气，秸秆就会发霉，颜色发白、变灰，甚至发生霉烂、颜色发黑、发黏、结块，并有腐烂味。霉烂变质的秸秆决不能用作饲料。

(2) 掌握氨贮时间

根据气温条件决定氨化成熟时间，一般 20 ℃ 左右的温度要氨化 25 d 后使用，冬季则要氨化 40 d 后才能使用。根据不同季节的气温条件，严格掌握好氨化饲料的发酵成熟时间，以确保氨化饲料发酵成熟。如氨化饲料采用尿素、碳酸氢铵作为氨源时，务必使其完全溶解于水中后方可使用，且发酵装池时应将氨源溶解液均匀地喷洒于饲草上，以利于氨源与饲料混合均匀。

(3) 饲喂前要放尽余氨

氨化饲料发酵成熟后，需开封散氨后方可喂牛，一般开封散氨时间以晴天在 10 h 以上，阴雨天在 24 h 以上，且以散氨后氨化饲料仅略有氨味，不刺人眼、鼻时使用为佳，晾晒过干会降低营养价值。

(4) 掌握好饲喂量

由于氨化秸秆适口性好，牛喜食，因此开始时应少喂，掺入未氨化秸秆，逐步增加饲喂量，3~5 d 可完全适应。氨化秸秆的饲喂量原则上以饲料量的 40%~60% 为宜。

(5) 做好饲养管理

氨化池、氨化饲料堆放处应与牛的饲养房严格隔开，做到随用随取，并随时保证饲养房内空气流通，谨防饲养房内氨气浓度过高，避免牛吸入余氨过多而中毒。

(6) 使用禁忌

由于未断奶的犊牛瘤胃内的微生物尚未完全形成，一旦采食氨化饲料过多极易引起犊牛氨中毒，因此，未断奶的犊牛饲喂氨化饲料要慎重。另外，怀孕后期的母牛须禁用。

7.13 瘦肉精中毒

"瘦肉精"学名盐酸克伦特罗，是一种白色或类白色的结晶粉末，在畜禽养殖业中常非法使用于饲养瘦肉型猪、鸡等。含有瘦肉精的猪肉、内脏如果被其他动物或人食用后，往往会出现肌肉震颤、心悸、战栗、呕吐、不能站立等不同程度的中毒症状。

7.13.1 病因

①畜禽饲料中非法添加瘦肉精。
②采食含有瘦肉精的畜禽肉、内脏。

7.13.2 临诊症状

(1) 猪

病猪皮肤苍白，末梢器官发绀，行走不稳，步态跟跄，叫声嘶哑，吻突有轻度颤抖，体温升高，呼吸加快。

(2) 犬

病犬兴奋、烦动不安，全身肌肉颤抖，走路不稳，呕吐出未消化棕色碎块状、糊状的猪肺，脉搏加快，呼吸急促，体温升高，腹股沟淋巴结未见肿大，可视黏膜未见异常，尿液淡黄。

(3) 人

急性中毒有心悸，面颈、四肢肌肉颤动，甚至不能站立，头晕，头痛，乏力，恶心，呕吐等症状。原有心律失常的患者更容易发生反应，如心动过速，室性早搏，心电图提示 S-T 段压低与 T 波倒置；原有交感神经功能亢进的患者，如有高血压、冠心病、青光眼、前列腺肥大、甲状腺功能亢进者上述症状更易发，危险性也更大，可能会加重原有疾病的病情而导致意外；与糖皮质激素合用可引起低血钾，可能与交感神经兴奋导致血浆醛固酮水平增高，使肾小管排钾保钠作用增强所致。低钾使心肌细胞兴奋性增加，这种双重作用的结果，会使心脏猝死发生的机会大大增加；白细胞计数降低；反复使用还会产生药物耐受性，对支气管扩张作用减弱，持续时间也将缩短；长期食用会导致人体代谢紊乱，产生低血钾、高血糖及酮症酸中毒；还有致染色体畸变的可能，从而诱发恶性肿瘤。

7.13.3 诊断

根据病史和临诊症状，做初步诊断。确诊需要进一步做实验室检测，发病动物尿样用 1.5 mL 一次性塑料离心管采集，经离心机离心（4 500r/min 离心 10 min）后取上清液，使用 ELISA 试剂盒，按试剂盒说明书操作，测得样品的瘦肉精含量，依据《猪尿中克伦特罗检测方法——酶联免疫吸附测定法》的规定标准，判断检测结果阳性。

7.13.4 治疗措施

主要是采取对症疗法。

对病犬一次性肌内注射盐酸氯丙嗪注射液 2 mL（规格 2 mL：25 mg）以制止燥动，采用静脉推注少量的氨茶碱注射液 80 mg（每支 2 mL：250 mg）以缓解喘息症状，然后静脉滴注 50%葡萄糖注射液 40 mL（每支 20 mL：10 g）、环丙沙星注射液 5 mL（规格 5 mL：50 mg）、维生素 C 注射液 2 mL（每支 2 mL：0.1 g）等促使毒物排出。10 min 后病犬逐见精神好转，呕吐停止，走路稳定，第 2 天随访痊愈。

对病猪可用心得安（又名盐酸普萘洛尔，为肾上腺素受体阻滞药，用于窦性心动过速，心房扑动，心房颤动，房性或室性早搏，心绞痛及高血压等）1 片。

对人发生瘦肉精中毒后，应当进行洗胃、输液，促使毒物排出；在心电图监测及电解质测定下，使用保护心脏药物，如 6-二磷酸果糖（FDP）等药物。

7.13.5 预防措施

①控制源头,加强法规的宣传,禁止在饲料中掺入瘦肉精。
②加强对上市猪肉、牛肉、羊肉和家禽的检验。
③购买鲜肉类,特别是猪肉的消费者,不要购买肉色较深、肉质鲜艳,后臀肌肉饱满突出,脂肪非常薄等有可能使用过瘦肉精的猪肉,少吃内脏,发现问题,要及时举报。

7.14 黄曲霉毒素中毒

黄曲霉毒素中毒(aflatoxicosis)是人畜共患疾病之一。此病以肝脏受损,全身性出血,腹水,消化机能障碍和神经症状等为特征。世界各国对黄曲霉毒素的产生、分布和毒害等方面,进行了全面、系统、深入的研究,发表的研究论文、综述和专著等文献资料已超过3 000篇。我国的江苏、广西、贵州、湖北、黑龙江、天津、北京等许多省(自治区、直辖市)也都有畜禽发生此病的报道。

7.14.1 病因

黄曲霉毒素的分布范围很广,凡是污染了能产生黄曲霉毒素的真菌的粮食、饲草饲料等,都有可能存在黄曲霉毒素。甚至在没有发现真菌、真菌菌丝体和孢子的食品和农副产品上,也找到了黄曲霉毒素。畜禽中毒就是由于大量采食了这些含有多量黄曲霉毒素的饲草饲料和农副产品而发病的。由于性别、年龄及营养状态等情况,其敏感性也存在差异。其敏感顺序是:雏鸭>雏火鸡>雏鸡>日本鹌鹑;仔猪>犊牛>肥育猪>成年牛>绵羊,家禽是最为敏感的,尤其是幼禽。

根据国内外普查,以花生、玉米、黄豆、棉籽等作物及它们的副产品,最易感染黄曲霉,含黄曲霉毒素量较多。世界各国和联合国有关组织都制定了食品、饲料中黄曲霉毒素最高允许量标准。

7.14.2 临诊症状

黄曲霉毒素是一类肝毒物质。畜禽中毒后以肝脏损害为主,同时还伴有血管通透性破坏和中枢神经损伤等,因此临诊特征性表现为黄疸,出血,水肿和神经症状。由于畜禽的品种、性别、年龄、营养状况及个体耐受性、毒素剂量大小等的不同,黄曲霉毒素中毒的程度和临诊表现也有显著差异。

(1)家禽

雏鸭、雏鸡对黄曲霉毒素的敏感性较高,中毒多呈急性经过,且死亡率很高。幼鸡多发生于2~6周龄,临诊症状为食欲不振,嗜眠,生长发育缓慢,虚弱,翅膀下垂,时时凄叫,贫血,腹泻,粪便中带有血液。雏鸭表现食欲废绝,脱羽,鸣叫,步态不稳,跛行,角弓反张,死亡率可达80%~90%。成年鸡、鸭的耐受性较强。慢性中毒,初期多不明显,通常表现食欲减退,消瘦,不愿活动,贫血,长期可诱发肝癌。

(2)猪

采食霉败饲料后,中毒可分急性、亚急性和慢性3种类型。急性型发生于2~4月龄的仔猪,尤其是食欲旺盛、体质健壮的猪发病率较高。多数在临诊症状出现前突然死亡。亚急性型体温升高1~1.5 ℃或接近正常,精神沉郁,食欲减退或丧失,口渴,粪便干硬呈球状,表面被覆黏液和血液。可视黏膜苍白,后期黄染。后肢无力,步态不稳,间歇性抽搐。严重者卧地不起,常于 2~3 d 内死亡。慢性型多发生于育成猪和成年猪,病猪精神沉郁,食欲减少,生长缓慢或停滞,消瘦。可视黏膜黄染,皮肤表面出现紫斑。随着病情的发展,病猪呈现神经症状,如兴奋、不安、痉挛、角弓反张等。

(3) 牛

成年牛多呈慢性经过,死亡率较低。往往表现厌食,磨牙,前胃弛缓,瘤胃臌胀,间歇性腹泻,乳量下降,妊娠母牛早产、流产。犊牛对黄曲霉毒素较敏感,死亡率高。

(4) 绵羊

由于绵羊对黄曲霉毒素的耐受性较强,很少有自然发病。

7.14.3 剖检变化

(1) 家禽

特征性的病变在肝脏。急性型,肝脏肿大,广泛性出血和坏死。慢性型,肝细胞增生、纤维化、硬变,体积缩小。病程一年以上者,多发现肝细胞癌或胆管癌,甚至两者都有发生。

(2) 猪

急性病例,除表现全身性皮下脂肪不同程度的黄染外,主要病变为贫血和出血。全身黏膜、浆膜、皮下和肌肉出血;肾、胃弥漫性出血,肠黏膜出血、水肿,胃肠道中出现凝血块;肝脏黄染,肿大,质地变脆;脾脏出血性梗死。心内、外膜明显出血。慢性型主要是肝硬变、脂肪变性和胸、腹腔积液,肝脏呈土黄色,质地变硬;肾脏苍白、变性,体积缩小。

(3) 牛

特征性的病变是肝脏纤维化及肝细胞瘤;胆管上皮增生,胆囊扩张,胆汁变稠。肾脏色淡或呈黄色。

7.14.4 诊断

(1) 初步诊断

首先要调查病史,检查饲料品质与霉变情况,吃食可疑饲料与家禽发病率呈正相关,不吃此批可疑饲料的家禽不发病,发病的家禽也无传染性表现。然后,结合临诊症状、血液化验和剖检变化等材料,进行综合性分析,排除传染病与营养代谢病的可能性,并且符合真菌毒素中毒病的基本特点,即可做出初步诊断。

(2) 血液检验

病禽血清蛋白质组分都较正常值为低,表现出重度的低蛋白血症;红细胞数量明显减少,白细胞总数增多,凝血时间延长。急性病例的谷草转氨酶、瓜氨酸转移酶和凝血酶原活性升高;亚急性和慢性型的病例,异柠檬酸脱氢酶和碱性磷酸酶活性也明显升高。

(3) 毒物检验

荧光光度法或金标试纸法检测。

7.14.5 治疗措施

目前尚无治疗本病的特效药物。发现畜禽中毒时,应立即停喂霉败饲料,改喂富含碳水化合物的青绿饲料和高蛋白饲料,减少或不喂含脂肪过多的饲料。

一般轻型病例,不给任何药物治疗,可逐渐康复。重度病例,应及时投服泻剂(如硫酸钠、人工盐等），加速胃肠道毒物的排出。同时，采用保肝和止血疗法，可用20%~50%葡萄糖溶液、维生素C、葡萄糖酸钙或10%氯化钙溶液。心脏衰弱时，皮下或肌内注射强心剂。为了防止继发感染，可应用抗生素制剂，但严禁使用磺胺类药物。

7.14.6 预防措施

黄曲霉毒素中毒主要在于预防，预防中毒的根本措施是不喂发霉饲料，对饲料定期做黄曲霉毒素测定，淘汰超标饲料。现时生产实践中不能完全达到这种要求，搞好预防的关键是防霉与去毒工作，防霉和去毒两个环节应以防霉为主。

（1）防止饲草、饲料发霉

防霉是预防饲草、饲料被黄曲霉菌及其毒素污染的根本措施。引起饲料霉变的因素主要是温度与相对湿度，因此在饲草收割时应充分晒干，切勿雨淋；饲料应置阴凉干燥处，勿使受潮、淋雨。为了防止发霉，还可使用化学熏蒸法或防霉剂，常用丙酸钠、丙酸钙，每吨饲料中添加1~2 kg，可安全存放8周以上。

（2）霉变饲料的去毒处理

霉变饲料不宜饲喂畜禽，若直接抛弃，则将造成经济上的很大浪费，因此，除去饲料中的毒素后仍可饲喂畜禽。常用的去毒方法有：

①连续水洗法：此法简单易行，成本低，费时少。具体操作是将饲料粉碎后，用清水反复浸泡漂洗多次，至浸泡的水呈无色时可供饲用。

②化学去毒法：最常用的是碱处理法。在碱性条件下，可使黄曲霉毒素结构中的内酯环破坏，形成香豆素钠盐且溶于水，再用水冲洗可将毒素除去。也可用5%~8%石灰水浸泡霉败饲料3~5 h后，再用清水淘净，晒干便可饲喂；每千克饲料拌入12.5 g农用氨水，混匀后倒入缸内，封口3~5 d，去毒效果达90%以上，饲喂前应挥发去残余的氨气；还可用0.1%漂白粉水溶液浸泡处理等。

③物理吸附法：常用的吸附剂为活性炭、白陶土、黏土、高岭土、沸石等，特别是沸石可牢固地吸附黄曲霉毒素，从而阻止黄曲霉毒素经胃肠道吸收。雏鸡和猪饲料中添加0.5%沸石，不仅能吸附毒素，还可促进生长发育。

④微生物去毒法：据报道，无根根霉、米根霉、橙色黄杆菌对除去粮食中黄曲霉毒素有较好效果。

（3）定期监测饲料，严格实施饲料中黄曲霉毒素最高容许量标准

许多国家都已经制定了饲料中黄曲霉毒素容许量标准。日本规定饲料中黄曲霉毒素B_1的容许量标准为0.01~0.02 mg/kg。我国2017年发布的饲料卫生标准（GB 13078—2017）规定黄曲霉毒素B_1的允许量（mg/kg）为：玉米≤0.05，花生饼、粕≤0.03，肉用仔鸡、生长鸡配合饲料≤0.01，产蛋鸡配合饲料≤0.02，生长肥育猪配、混合饲料≤0.02。另有人建议猪日粮中黄曲霉毒素B_1的容许量（mg/kg）应≤0.05，鸡日粮≤0.01，成年牛和绵羊日粮≤0.01。

7.15 有机磷农药中毒

有机磷农药中毒是由于有机磷化合物进入动物体内，抑制胆碱酯酶的活性，导致乙酰胆碱大量积聚，引起以流涎、腹泻和肌肉痉挛等为特征的中毒性疾病。各种动物均可发病。有机磷农药根据大鼠经口的急性LD_{50}可分为3类，即高毒类（$LD_{50}<50$ mg/kg），如对硫磷（1605，一扫

光)、甲拌磷(3911)、特普、内吸磷(1059)、甲基对硫磷(甲基1605)、甲胺磷等；中毒类(LD_{50} 为 50~500 mg/kg)、敌敌畏、倍硫磷、乙硫磷(1240)、杀螟硫磷、乐果、亚胺硫磷、乙硫磷、甲基1059、芬硫磷、甲乙丙拌磷等；低毒类($LD_{50} > 500$ mg/kg)、敌百虫、马拉硫磷(4049)、甲基嘧啶磷、杀螟腈、增效磷、乙酰甲胺磷、皮蝇磷、溴硫磷等。

7.15.1 病因

有机磷化合物主要用于农作物杀虫剂、环卫灭蝇、动物驱虫及灭鼠，在保管不当、应用不慎或造成环境、饲料及水源污染时，易引起动物中毒。常见的原因有：

(1) 动物饲养管理粗放

动物采食、误食或偷食喷洒过农药不久的农作物、牧草等，或误食拌、浸有农药的种子。

(2) 农药管理与使用不当

如在运输过程和保管中，包装破损漏出农药而污染地面，甚或污染饲料和饮水。在同一库房贮存农药和饲料或在饲料库中配制农药或拌种，造成农药污染饲料。

(3) 饮水污染

如在水源上风处或在池塘、水槽、涝池等饮水处配制农药，或洗涤有机磷农药盛装器具和工作服等，使饮水被污染而致中毒。

(4) 空气污染

农业、林业及环境卫生防疫工作中喷雾或农药厂生产的有机磷杀虫剂废气可污染局部或较远距离的环境空气，动物吸入挥发的气体或雾滴可致中毒。

(5) 作为兽药用量过大

有些有机磷化合物防治动物疾病引起中毒，如治疗马属动物肠阻塞时应用敌百虫过量引起中毒；滥用或过量应用敌百虫、乐果、敌敌畏等治疗皮肤病和内外寄生虫病而引起中毒。

(6) 蓄意投毒

蓄意投毒虽不常发生，但因破坏严重，应提高警惕。

7.15.2 临诊症状

(1) 牛、羊

主要以毒蕈碱样症状为主。表现不安，流涎，鼻液增多，反刍停止，粪便往往带血，并逐渐变稀，甚至出现水泻。肌肉痉挛，眼球震颤，结膜发绀，瞳孔缩小，不时磨牙，呻吟。呼吸困难或迫促，听诊肺部有广泛湿啰音。心跳加快，脉搏增数，肢端发凉。最后因呼吸肌麻痹而窒息死亡。怀孕牛流产。

(2) 猪

烟碱样症状明显，表现肌肉发抖，眼球震颤，流涎。进而行走不稳，身躯摇摆，不能站立，病猪侧卧或伏卧。呼吸困难或迫促。

(3) 家禽

病初表现不安，流泪，流涎。继而食欲废绝，腹泻，运动失调，肌肉震颤，瞳孔缩小，呼吸困难，黏膜发绀。最后倒地，两肢伸直抽搐，昏迷而死亡。

(4) 犬

流涎，呕吐，腹痛，腹泻，瞳孔缩小，呼吸困难，心动过速。严重者病初兴奋不安，体温升高，肌肉震颤，抽搐，躯干与四肢僵硬，很快转为肌肉无力、麻痹，终因呼吸抑制和循环衰竭而死亡。

7.15.3 剖检变化

最急性中毒在10 h内死亡者，尸体剖检一般无肉眼和组织学病变，经消化道中毒者，胃肠内容物呈蒜臭味，同时消化道黏膜充血。中毒后较长时间死亡的病例，胃肠黏膜大片充血、肿胀或出血，有的糜烂和溃疡，黏膜极易剥脱。肝脏肿大，淤血，胆囊充盈。肾肿大，切面紫红色，层次不清晰。心脏有小出血点，内膜可见有不整形白斑。肺充血、水肿，气管、支气管内充满泡沫状黏液，有卡他性炎症。全身浆膜均有广泛性出血点、斑。脑和脑膜充血、水肿。

7.15.4 诊断

根据动物接触有机磷农药的病史，结合流涎、腹痛、腹泻、瞳孔缩小、肌肉震颤、呼吸困难等临诊症状，胃内容物有蒜臭味、消化道黏膜充血、出血、脱落和溃疡等剖检变化，血液胆碱酯酶活性降低等，可初步诊断。胃内容物、可疑饲料和饮水等样品有机磷化合物的定性或定量分析，可为诊断提供依据。另外，通过阿托品和解磷定进行的治疗试验，可验证诊断。

7.15.5 治疗措施

病畜应立即停止饲喂可疑饲料和饮水，让其迅速脱离被农药污染的环境，并积极采取以下抢救措施。

(1) 清除毒物和防止毒物继续吸收

①清洗皮肤和被毛：如果是经皮肤用药或受农药污染体表时，可用微温水或凉水、淡中性肥皂水清洗局部或全身皮肤，但不能刷拭皮肤。

②洗胃和催吐：如果经口接触，时间小于2 h，可用催吐疗法，猪、犬可用0.5%~1.0%硫酸铜溶液50 mL催吐。硫特普、敌百虫中毒可用1%醋酸或食醋等酸性溶液洗胃，其他有机磷除对硫磷禁用高锰酸钾外，均可用2%碳酸氢钠、0.2%~0.5%高锰酸钾或生理盐水、1%过氧化氢洗胃。

③缓泻与吸附：可灌服硫酸镁、硫酸钠或人工盐等盐类泻剂轻泻胃肠内容物，用量以大动物150~250 g，猪30~50 g为宜。灌服活性炭(3~6 mg/kg)可吸附有机磷，并促进其从粪便中排出，由于动物从瘤胃内容物中可持续吸收有机磷，因此活性炭对反刍动物效果甚佳。注意禁用油类泻剂，其可加速有机磷溶解而被肠道吸收。

(2) 特效解毒剂

有机磷中毒的特效解毒剂包括生理拮抗剂和胆碱酯酶复活剂两类，二者常配合使用。

①生理拮抗剂：抗胆碱药阿托品可与乙酰胆碱竞争胆碱能神经节后纤维所支配的器官组织受体，阻断乙酰胆碱和M型受体相结合，故可拮抗乙酰胆碱的毒蕈碱样作用，从而解除支气管平滑肌痉挛，抑制支气管腺体分泌，保证呼吸道畅通，防止肺水肿发生。其次对中枢神经系统也有治疗效果。但对烟碱样症状和恢复胆碱酯酶活力没有作用。

硫酸阿托品的常用解毒剂量为，牛首次0.1~0.5 mg/kg，猪、羊一次总量5~10 mg，鸡每30只1 mg，首次静脉注射，经30 min后未出现瞳孔散大、口干、皮肤干燥、心率加快、肺湿啰音消失等"阿托品化"表现时，应重复用药，给药途径可改为皮下或肌内注射，直至出现明显的"阿托品化"为止，后减少用药次数和剂量，以巩固疗效。在治疗过程中，如出现瞳孔散大、神志模糊、烦躁不安、抽搐、昏迷和尿潴留等，提示阿托品中毒，应立即停药。

②胆碱酯酶复活剂：肟类化合物能使被抑制的胆碱酯酶复活。兽医临诊上常用的肟类化合

物制剂有解磷定、氯磷定、双复磷和双解磷等。胆碱酯酶复活剂对解除烟碱样症状较为明显，但对各种有机磷农药中毒的疗效并不完全相同。双复磷对敌敌畏和敌百虫中毒效果较解磷定好。胆碱酯酶复活剂对已老化的胆碱酯酶无复活作用，因此对慢性胆碱酯酶抑制的疗效不理想。

解磷定按 20~50 mg/kg 溶于葡萄糖溶液或生理盐水 100 mL 中，静脉注射或皮下注射或腹腔注射。对于严重的中毒病例，应适当加大剂量，给药次数同阿托品。解磷定在碱性溶液中易水解成剧毒的氰化物，故忌与碱性药剂配伍使用。解磷定对内吸磷、对硫磷、甲基内吸磷等大部分有机磷农药中毒的解毒效果确实，但对敌百虫、乐果、敌敌畏、马拉硫磷等小部分制剂的作用则较差。

双复磷的作用强而持久，能通过血脑屏障对中枢神经系统症状有明显的缓解作用（具有阿托品样作用）。对有机磷农药中毒引起的烟碱样症状、毒蕈碱样症状及中枢神经系统症状均有效。对急性内吸磷、对硫磷、甲拌磷、敌敌畏中毒的疗效良好；但对慢性中毒效果不佳。剂量为 40~60 mg/kg。因双复磷水溶性较高，可供皮下、肌内或静脉注射用。

（3）对症治疗

①输液疗法：常用高渗葡萄糖溶液和维生素 C 静脉注射，可加强肝脏解毒机能和改善肺水肿状况。

②镇静解痉：当病畜狂暴不安、痉挛抽搐时，应用苯巴比妥类镇静解痉药物，但禁用吗啡、氯丙嗪等安定药，因前者可造成呼吸麻痹，而后者会加重胆碱酯酶的抑制。

③强心和兴奋呼吸：为了维护心脏功能和防治呼吸困难，应用 10% 安钠咖注射液、25% 尼可刹米、樟脑磺酸钠，但禁用洋地黄、肾上腺素。

④防治肺水肿：若出现肺水肿症状，可应用地塞米松等肾上腺皮质激素治疗，也可用高渗葡萄糖、山梨醇或甘露醇溶液等。

7.15.6　预防措施

严格按照有机磷农药说明的操作规程使用，不能任意加大浓度，以免增加人和动物中毒的危险性。农药要妥善保管，以免混入饲料。喷洒过有机磷农药的农田或牧草，应设立明显的标志，7 d 内禁止动物采食。加强农药厂废水的处理和综合利用，对环境进行定期检测，以便有效地控制有机磷化合物对环境的污染。

7.16　无机氟农药中毒

无机氟类农药，包括氟化钠、氟硅酸钠、氟铝酸钠、氟硅酸脲等，属中等毒级，是常用的杀虫、灭鼠药物。其中以氟硅酸钠（外观与碳酸氢钠相似）较常用。无机氟农药中毒是动物误食或接触多量某种无机氟农药而引起的中毒性疾病，临诊上以皮肤损伤和急性消化道刺激为特征。

7.16.1　病因

①违反了农药的安全操作规程：如农药在运输或保管过程中，有包装破损而未及时修复，致农药漏出污染地面、饲料或饮水。或饲养管理不善，致动物误食或偷食喷洒过农药不久的农作物或牧草等。

②人为投毒。

7.16.2 临诊症状

无机氟农药急性吸入性中毒,轻者有眼、鼻及呼吸道刺激症状,重则有肺炎、肺水肿或反射性呼吸抑制。氟化钠和氟硅酸钠经口急性中毒吸收较快,中毒潜伏期 10~100 min。中毒主要引起类似急性胃肠炎的消化道刺激症状,偶有肺实质损害及黄疸,常伴运动障碍,严重者发生抽搐、休克和心力衰竭。皮肤接触而致中毒者,常引起灼伤性皮炎,严重时形成水疱,水疱破溃后形成溃疡。

7.16.3 诊断

对本病的诊断主要依据有接触无机氟农药的病史和临诊表现,血钙、血镁降低及血磷与碱性磷酸酶改变可供参考,血、尿氟升高有助于诊断。

7.16.4 治疗措施

(1) 吸入性中毒

应立即脱离中毒环境,重者给予吸氧,遇喉头水肿或上呼吸道灼伤妨碍通气时,应及早做气管切开。有肺炎及肺水肿者,采用以糖皮质激素为主的综合治疗。并且还可应用碳酸氢钠和葡萄糖酸钙液做超声雾化吸入,10%葡萄糖酸钙液静脉注射,以中和其酸蚀作用,并使其转变为不溶性氟化钙。

(2) 经口摄入中毒

应选用 0.5%~1%氯化钙溶液洗胃,以促进形成不溶性氟化钙,洗胃后再给氧化镁乳液和牛奶适量,以保护胃黏膜。其后可再给硫酸镁导泻,以降低其全身性危害。应注意防止呕吐物及洗胃抽出液污染皮肤,引起继发损害。

(3) 低血钙、低血镁

血钙下降应缓慢静脉注射 10%葡萄糖酸钙或氯化钙注射液。血镁下降可缓慢静脉注射 25%硫酸镁注射液,轻者可用枸橼酸钾镁盐注射液做静脉滴注。镁盐尚有促使中毒性肝、肾损害恢复的作用。

(4) 对症治疗

休克者则做抗休克处理,并做保肝和保护心肌治疗。

(5) 局部污染处理

眼部污染用2%碳酸氢钠液冲洗后,涂抗生素软膏。咽喉污染用2%~5%碳酸氢钠或1%氯化钙溶液清洗口腔。皮肤污染处可先用5%氯化钙溶液冲洗,后用氯化镁甘油外敷。

7.16.5 预防措施

加强农药的安全保管和使用规范,注意休药期,避免动物直接接触无机氟农药。提高警惕,防范人为投毒事件发生。

7.17 有机氯中毒

有机氯农药是某些氯化烃类化合物的总称,是发现和应用最早的一类人工合成的杀虫剂,广泛应用于防治农林及环境害虫。有机氯农药按合成原料一般分为两大类:一类为以苯为合成原料的氯化苯类，如 DDT、六六六、林丹等；另一类是以石油裂解产物为基本原料的氯化酯环类，如氯丹、七氯、狄氏剂、异狄氏剂、艾氏剂、异艾氏剂、毒杀芬等。有机氯农药中毒是指有机氯农药进入动物机体所引起的以神经机能紊乱为主要特征的中毒性疾病，临诊上以敏感性增高、兴奋不安、肌肉震颤、衰弱、流涎、呕吐等为特征。

7.17.1 病因

(1)农药的运输、贮存、保管和使用不当

不按规定或不合理地贮存、运输或使用有机氯农药，如农药污染饲草、饲料和饮水，误食拌过农药的种子，采食喷洒过农药且未超过安全期的农作物和牧草等。

(2)治疗不当

在治疗体外寄生虫时，体表涂药面积过大，经皮肤吸收或被动物舔食而中毒。

(3)其他

有时动物摄入通过食物链生物聚集和生物放大的食物(如浮游生物、鱼、鸟等)，也可造成中毒；偶尔也见于人为投毒。

7.17.2 临诊症状

有机氯农药中毒以神经系统、胃肠道和皮肤症状为主，临诊上主要表现为急性中毒和慢性中毒，且因动物品种不同有一定差异。

(1)急性中毒

发生于摄入有机氯制剂后数分钟到 24 h，主要表现神经症状。初期食欲下降或废绝，呕吐，流涎，腹泻，腹痛；对外界刺激敏感性升高，反射活动增强，兴奋不安，常无目的徘徊，惊叫；触摸皮肤或声音刺激，动物惊恐，呼吸加快，可诱发痉挛；肌肉震颤，因咬肌阵挛而不断嗑齿，眨眼；四肢抽搐或阵发性全身痉挛，一旦发作多突然摔倒在地，呈角弓反张，四肢乱蹬如游泳状。痉挛可反复发作，其间歇期越短，则表示病情越重，或已到病的后期。有的体温略升高，但大多数无体温变化；后期陷入昏迷、麻痹状态。发作频繁的则病期较短，可于 1~2 d 死亡。牛急性中毒表现大声吼叫，呻吟，反刍停止，前胃弛缓，腹泻，因呼吸困难而死亡；猪急性中毒多可自然耐过，表现精神沉郁，厌食，口吐泡沫，呕吐，流涎，心悸，呼吸加快，瞳孔散大。中枢神经兴奋而引起肌肉震颤，走路摇摆，易惊，恐慌，眼睑痉挛，重者眼睑麻痹，昏迷而死。

(2)慢性中毒

主要为头部、颈部肌肉震颤，震颤逐渐扩大到全身的大部分肌肉，且强度增加，运动失调。慢性胃肠卡他，且齿龈及硬腭肥厚，口黏膜出现糜烂。随着病情的发展，肌肉震颤更为频繁，严重时也表现有惊厥。大多数病期长达 10 d 左右，有的转为急性，最后出现抑郁，麻痹，终因呼吸衰竭而死亡，多数可以恢复。牛慢性病例则食欲减退，进行性消瘦，产奶量下降；猪慢性中毒则表现消瘦，拱腰，皮肤粗糙、发红，腹下、四肢内侧、颈下等部位有多量红色疹块，发痒，后躯无力，站立不稳，行走时两后肢摇晃，病猪反应敏感，轻度中毒时仅发出尖叫声，体温正常；犬、猫中毒以中枢神经障碍症状为主，猫比犬敏感，表现为神经质，烦躁不安，眼睑、面部和颈部肌肉自发性震颤，共济失调，阵发性强直痉挛。后期精神沉郁，昏迷，直至死亡。

7.17.3 剖检变化

急性中毒病例病变不明显，仅有内脏器官的淤血、出血和水肿，全身小点出血，心外膜有淤血斑，心肌与肠管苍白。口服中毒有出血性、卡他性胃肠炎变化。经皮肤染毒的还伴发鼻镜溃疡、角膜炎，皮肤溃烂、增厚或硬结。

慢性中毒时，病变比较明显，主要表现皮下组织和全身各器官组织黄染，体表淋巴结水肿；肝肿大，肝小叶中心坏死，胆囊肿大；脾脏肿大 2~3 倍，呈暗红色；肾脏肿大，被膜难以剥离，皮质部出血；肺脏淤血、水肿和气肿。

7.17.4 诊断

主要依据接触有机氯农药的病史，结合以中枢神经系统机能紊乱为主的症状，可初步诊断。确诊应对动物血液、胃肠内容物、组织（肝脏、肾脏和脂肪）、乳汁或蛋以及可疑饲料、饮水等样品进行毒物分析，以确定有机氯毒物的存在及含量。应重点检测动物脂肪组织中有机氯的含量，其残留与脂肪含量成正比。有人认为脑组织中有机氯残留的检测对诊断意义更大。

检测方法可用亚铁氰化银试纸法进行定性检测，方法是取样品适量，用乙醇提取，分离挥发至 0.5 mL 左右，移入小试管中，加入黄豆大碳酸钠 1~2 小勺，水浴蒸发溶剂后灼烧残渣至试管底部变红冷却。将亚铁氰化银试纸剪成下端尖形小纸条，悬于橡皮塞下，并用 0.1% 硫酸铁溶液湿润。向试管残渣中小心滴入浓硫酸 2~3 滴，迅速塞上橡皮塞。垂直放在水浴上加热 5 min。如试纸条变为蓝色则为阳性。

7.17.5 治疗措施

本病无特效解毒剂，主要采取一般的急救处理和对症治疗。

（1）一般急救

急性中毒应尽快采取切断毒源、阻止吸收和促进毒物排出等措施。可用 1%~5% 碳酸氢钠溶液洗胃，并用盐类泻剂缓泻（严禁油类泻剂），活性炭有效地防止该类化合物在胃肠道的吸收。体表接触毒物的动物，应用清洁剂和大量冷水冲洗，最好用碱水（如碳酸氢钠、碳酸钠溶液或肥皂水），但不能刷拭皮肤。慢性中毒的可以在饲料中加活性炭，促进毒物排泄。

（2）对症治疗

缓解兴奋常用苯妥英钠、苯巴比妥钠，以 4 mg/kg 肌内注射；或用氯丙嗪 1~2 mg/kg，肌内注射。并采取强心、利尿、补液、补糖、保肝等措施。应注意六六六、DDT 等可提高心肌对肾上腺素的敏感性，不能用肾上腺素来强心，以免引起心室颤动。

7.17.6 预防措施

严格执行国家有关农药生产和使用的规定，严禁使用高残留的有机氯农药。加强有机氯农药安全运输和保管，避免直接在畜舍或对畜体使用有机氯农药。农药喷洒过的蔬菜、农作物、牧草在 30~45 d 内禁止饲喂动物。

7.18 有机氟化合物中毒

有机氟化物主要包括氟乙酰胺、氟乙酸钠、甘氟、氟蚜螨、氟乙酰苯胺等。有机氟农药中毒，是畜禽采食了被有机氟农药污染的饲料和饮水，误食灭鼠毒饵及死鼠等所引起的一种急性中毒病。本病的临诊特征是发病突然，抽搐、痉挛等神经症状及循环系统症状等。各种家畜都可发生，而牛、羊、猪、犬、猫发多。

7.18.1 病因

①有机氟农药生产过程中,污染环境、饲料和饮水。

②灭鼠时用有机氟制成的毒饵随处乱放,以及有机氟农药处理的种子保管不严等,均有可能被畜禽误食、误饮而引起中毒。

③被有机氟毒死的鼠只,如果被犬、猫、猪吞食,或死鼠混杂在饲料中被牛吞食,就可能导致动物二次中毒。

7.18.2 临诊症状

(1) 马

食入毒物 0.5~2 h 发病,呈急性经过。精神沉郁,结膜发绀,呼吸迫促,肩、肘部肌肉震颤,四肢末端发凉;心跳加速,80~140 次/min,心律失常;有时有轻度腹痛,最后惊恐,倒地抽搐,心力衰竭而死。

(2) 牛、羊

常表现为两种类型。突发型,多于食毒后 2~10 h 突然倒地,全身抽搐,惊厥,角弓反张;心动过速,心律失常,迅速死亡。潜发型,在长期少量食毒的数天数周乃至数月期间,仅表现精神不振,食欲减退,呼吸加快,心跳急速,达 120~150 次/min,心律失常;全身肌肉震颤,共济失调,反应过敏,突发惊恐,狂暴,尖叫,最后在抽搐中死于心力衰竭和呼吸抑制。

(3) 猪

发病后呛食,猛起猛冲,不避障碍物,倒地、抽搐、心动急速,连叫数声后死亡。也有口吐白沫或在死后口内流出血样液体。

(4) 犬、猫

突然发病,呕吐,呼吸困难;兴奋不安,狂奔乱叫,肌肉震颤,四肢抽搐,惊厥,心律不齐,很快倒地,心力衰竭而死。

7.18.3 诊断

根据病畜体温偏低、发病急、症状和剖检变化等特点,以及市场有鼠药出售和使用鼠药灭鼠的事实,可初步诊断。确诊需测定血液柠檬酸含量和可疑样品的毒物分析。

(1) 血液生化测定

主要测定血液中氟、柠檬酸和血糖含量。有机氟化合物中毒时血糖、氟和柠檬酸含量明显升高。

(2) 毒物分析

取可疑饲料、饮水、呕吐物或胃内容物进行有机氟化合物的定性和定量分析,阳性结果为确诊提供依据。

7.18.4 治疗措施

对病畜应及时采取清除毒物和应用特效解毒药相结合的治疗方法。

(1) 清除毒物

及时通过催吐、洗胃、缓泻以减少毒物的吸收。犬、猫和猪使用硫酸铜催吐,牛可用 0.05%~0.1%高锰酸钾洗胃,再灌服蛋清,最后用硫酸镁导泻。其他动物则用硫酸钠、石蜡油下泻治疗。经皮肤染毒者，尽快用温水彻底清洗。

（2）特效解毒

解氟灵（50%乙酰胺），按 0.1~0.3 g/kg，肌内注射，首次用量加倍，每隔 4 h 注射 1 次。直到抽搐现象消失为止，可重复用药。乙二醇乙酸酯又名醋精，100 mL 溶于 500 mL 水中口服，也可按 0.125 mL/kg 肌内注射。95%乙醇 100~200 mL，加适量常水，每日 1 次口服，或用 5%乙醇和 5%醋酸，按 2 mL/kg 口服。

（3）对症治疗

解除肌肉痉挛，有机氟中毒常出现血钙降低，故用葡萄糖酸钙或柠檬酸钙静脉注射。镇静用巴比妥口服或氯丙嗪肌内注射。兴奋呼吸可用山梗菜碱（洛贝林）、尼可刹米、可拉明解除呼吸抑制。所有中毒动物均给予静脉补液，以 10%葡萄糖为主，另加维生素 B_1 0.025 g，辅酶 A 200 U，ATP 40 mg，维生素 C 3~5 g，一次静脉滴注。昏迷抽搐的患犬常规应用 20%甘露醇以控制脑水肿。肌内注射地塞米松 2~10 mg/只，以防感染。较为严重的动物可适量肌内注射硫酸镁 0.5~1 g，同时静脉注射 50%葡萄糖适量，以强心利尿，促进毒物排除。

7.18.5　预防措施

本病的预防主要采取以下措施：

①严加管理剧毒有机氟农药的生产和经销、保管和使用。

②喷洒过有机氟化合物的农作物，从施药到收割期必须经 60 d 以上的残毒排除时间，方可作饲料用，禁止饲喂刚喷洒过农药的植物叶、瓜果以及被污染的饲草、饲料。

③有机氟化合物中毒死亡的动物尸体应该深埋，以防其他动物食入。

④对可疑中毒的家畜，暂停使役，加强饲养管理，同时普遍内服绿豆浆解毒。

7.19　毒芹中毒

毒芹中毒是家畜采食毒芹的根茎或幼苗后引起的以兴奋不安、阵发性或强直性痉挛为特征的中毒性疾病。毒芹中毒多发生于牛、羊，马、猪也偶有发生。

7.19.1　病因

毒芹和水毒芹中毒多见于早春，因为这两种植物比其他适口性更好的植物出苗早且生长快，所以早春到低洼地带放牧时，牛、羊首先看到毒芹幼苗立即采食，而且啃掉露出地面的根茎，由于其根茎有少许甜味，牛、羊喜食，到一定量时，造成中毒。夏季因毒芹气味发臭，因动物拒食而较少中毒。另外，由于毒芹的叶与芫荽、芹菜叶相似，毒芹的根常与芫荽根、防风根、莴笋根相混淆，果实又与八角茴香相似，有时因错误饲喂家畜而中毒。

毒芹为伞形科毒芹属多年生植物，俗称走马芹、野芹菜。我国东北地区生长最多，西北、华北等地也有生长，尤以黑龙江省生长最多。喜生长于河边、水沟旁、低洼潮湿地带，春季比其他植物生长为早。毒芹全草有毒，主要有毒成分为毒芹素、挥发油（毒芹醛、伞花烃），毒芹根茎部有毒芹碱等多种生物碱，晾晒并不能使毒芹丧失毒性，其含毒部位主要在根、茎，有毒成分为生物碱毒芹素。毒芹中毒多发生于牛、羊，有时也可发生于放牧的猪和马。常在早春开始放牧时发生中毒。毒芹的致死量：牛为 200~250 g，羊为 60~80 g。

7.19.2 临诊症状

各种动物中毒后均表现兴奋不安，流涎，呼吸急促，腹胀，腹痛，腹泻，呕吐，口流泡沫，发生强直性和阵发性痉挛，后因站立困难而倒地，头颈后仰，瞳孔散大，牙关紧闭，四肢伸直，脉搏增快，心搏强盛，后期躺卧不动，脉搏细弱，体温下降，反射消失，因呼吸中枢麻痹而死亡，可见腹部皮肤有紫色斑点。

(1) 羊

羊采食后，一般在1h左右出现临诊症状，初期中毒山羊兴奋不安，离群，走路摇摆，精神不振，然后卧地不起，口或鼻孔内流出白色泡沫状液体，反刍停止，瘤胃臌气，排尿次数增加。中毒后期，体温下降到37 ℃以下，四肢抽搐，知觉消失，牙关紧闭，全身肌肉出现阵发性震颤，头颈后仰，心跳加快，四肢末端厥冷，最终因呼吸中枢麻痹而死亡。

(2) 牛

患牛兴奋不安，站立不稳，步样蹒跚，共济失调，全身肌肉震颤或阵发性痉挛，瞳孔散大，目光无神，茫然凝视，口吐白沫并不断空嚼，结膜充血以至发绀，鼻翼开张，呼吸困难，腹围增大，瘤胃臌胀，脉搏弱，体温多无升高。在濒死期多降至常温下1~2 ℃，重者倒地，四肢不断做游泳样动作。在1~1.5 h内窒息死亡，轻者倒地，时而表现犬坐姿势，头颈高抬，鼻唇抽搐，眼球震颤，呈阵发性发作。如抢救及时大多数病畜可以恢复健康。

(3) 马

轻者口吐白沫，脉搏增数，瞳孔放大，肩、颈部肌肉痉挛。严重的病例，腹痛，腹泻，口角充满白色泡沫，强直痉挛，各种反射减弱或消失，体温下降，呼吸困难，脉搏加快，牙关紧闭，常常倒地，头后仰，最后因呼吸窒息而死亡。

(4) 猪

主要表现为兴奋不安，运动失调，全身抽搐，呼吸急促，不能站立。并且出现右侧横卧的麻痹状态，如果使其左侧横卧，则尖叫不止，再恢复右侧卧，即安静。在1~2 d内因呼吸衰竭而亡。

7.19.3 剖检变化

主要表现为皮下结缔组织均有出血，血液暗而稀薄。腹部明显臌胀，胃肠内容物发酵，充满大量气体，胃、肠黏膜极度充血。肾、膀胱黏膜出血。心包膜、心内膜出血。肺出血、水肿。脑及脑膜充血、淤血、水肿。

7.19.4 诊断

根据临诊症状及牧地调查的毒芹中毒发病史即可判断。

7.19.5 治疗措施

本病尚无特效解毒药，且病程短，往往来不及救治，关键在于早发现、早抢救。治疗原则为清理胃肠、补液解毒、强心利尿、对症治疗。

(1) 清理胃肠

发现中毒后应迅速排出病畜胃内容物。用0.1%高锰酸钾溶液洗胃后，内服碘溶液(碘1 g、碘化钾2 g、水1 500 mL)200 mL，隔2 h再用1次。也可用1%鞣酸液1 000 mL或5%~10%木炭末水洗胃,200~500 mL(马)或100~200 mL(羊、猪),2~3 h再服1次。连续2~3次,稍后灌服硫酸钠100~200 g、水2 500~4 000 mL,以清理肠道、排出毒物。也可灌服5%~10%稀盐酸,牛1 000 mL,犊500 mL,羊250 mL,3~8月龄羔羊100~200 mL。

(2)补液解毒

可用单宁酸、鲁格氏液或10%葡萄糖进行静脉注射,也可选用鲜奶、食醋或酸奶等灌服以解毒。

(3)强心利尿

为改善心脏机能,可用10%安钠咖注射液10 mL、10%维生素C注射液20 mL,分别进行肌内注射。

(4)对症治疗

病畜兴奋不安与痉挛时,皮下注射毛果芸香碱,以缩瞳、缓解痉挛;也可应用解痉、镇静剂,如溴制剂、硫酸镁、氯丙嗪等以缓解阵发性痉挛。为维护心脏机能可应用强心剂。

7.19.6 预防措施

①早春放牧应避免到有毒物生长地带或低洼地带,必要时,应在放牧前对牧场进行一次检查。并在放牧前先喂少量饲料,避免家畜饥不择食。

②对于易发生毒芹中毒的地区,应向农牧民介绍有关毒芹中毒的防治方法、毒芹的形态特征,提高农牧民识别毒芹的能力,在放牧时,应见到毒芹就立即掘除,将毒芹残根集中暴晒枯干烧毁处理,从而降低毒芹中毒的发生率。

③合理放牧,防止草原退化,有条件的可以用除草剂2,4-T喷撒毒芹植株。

第8章

动物传染病

　　动物传染病发生和流行的一般规律及其影响因素是动物传染病学的基础,同时也是传染病防制的理论依据,因此在本章的学习过程中,除要求掌握基本概念和基本理论外,还应注意以下几方面内容及其之间的相关性,即传染病及其特征、传染病的流行及其研究方法。该章的重点内容是动物传染病的流行及其研究方法。

8.1 动物传染病的发生、特征和分类

8.1.1 概念

凡是由特定病原微生物引起的,具有一定潜伏期和临诊表现并具有传染性的疾病称为传染病。当机体抵抗力较强时,病原微生物侵入后一般不能生长繁殖,更不会出现传染病的临诊表现,因为动物机体能够迅速动员自体的非特异性免疫力和特异性免疫力而将该侵入者消灭或清除。动物体对某种病原微生物缺乏抵抗力或免疫力时,则称为动物对该病原体具有易感性,而具有易感性的动物常被称为易感动物。病原微生物侵入易感动物机体后可以造成传染病的发生。

8.1.2 特征

在临诊上,不同动物传染病的表现多种多样、千差万别,同一种动物传染病在不同种类动物上的表现也多种多样,甚至于对同种动物不同个体的致病作用和临诊表现也有所差异,但与非传染性疾病相比,传染性疾病具有一些区别于非传染性疾病的共同特征。

(1)由特异的病原微生物引起

每种传染病都是由特定的病原体引起,如犬瘟热病毒感染犬引起犬的犬瘟热,新城疫病毒感染鸡群引起鸡新城疫等。

(2)具有传染性和流行性

病原微生物能在患病动物体内增殖并不断排出体外,通过一定的途径再感染另外的易感动物而引起具有相同症状的疾病,这种疾病不断向周围散播传染的现象即传染性,是传染病与非传染病区别的一个重要特征。在一定地区和一定时间内,传染病在易感动物群中从个体发病扩展到整个群体感染发病的过程,便构成了传染病的流行。

(3)感染动物机体发生特异性免疫反应

感染动物在病原体或其代谢产物的刺激下,能够出现特异性的免疫生物学变化,并产生特异性的抗体或变态反应等。这些微细变化或反应可通过血清学试验等方法被检测出来,因而有利于病原体感染状态的确定。

(4)耐过动物可获得特异性的免疫力

多数传染病发生后,没有死亡的患病动物能产生特异性的免疫力,并在一定时期内或终生不再感染该种病原体。

(5)具有一定的临诊表现和病理变化

大多数传染病都具有其明显的或特征性的临诊症状和病理变化,以及一定的潜伏期和病程经过。而且在一定时期或地区范围内呈现群发性疾病的表现。

(6)传染病的发生具有明显的阶段性和流行规律

个体发病动物通常具有潜伏期、前驱期、临诊明显期和转归期4个阶段,而且各种传染病在群体中流行时通常具有相对稳定的病程和特定的流行规律。

8.1.3 构成传染病的必要条件

为了确定动物疾病的性质,除了根据传染病的传染性和流行性进行判断外,还要明确构成传染病的必要条件。为此,可按照"郭霍法则"规定的程序和方法进行操作和判定。在患病动物

机体内发现有某种特定的病原微生物，且该微生物在体内分布应与临诊上观察的病灶相符合。该种微生物在体外能够被分离培养和纯化，而且还能够继续增殖和传代。所分离的纯培养物接种易感动物时，能产生与自然病例相同的症状和病理变化。在上述人工发病易感动物体内，重新分离的微生物应与原来接种的微生物相同。"郭霍法则"对鉴定一种新传染病的病原体具有重要的指导意义，但也有一定的局限性。在实际工作中应注意某些特殊情况，如目前还有无法分离培养的病原体、感染后不引起明显临诊症状的病原体。近年来，随着分子生物学和免疫学的发展，病原体检测方法和技术得到了很大的改进，再加上对动物本身因素和环境条件与传染病发生发展间关系的深入研究，"郭霍法则"也得到了不断充实。

8.1.4 传染病的病程经过

虽然不同传染病在临诊上的表现千差万别，但个体动物发病时的病程经过具有明显的规律性，一般为潜伏期、前驱期、临诊明显期和转归期4个阶段。

(1) 潜伏期

潜伏期指从病原体侵入机体开始，直到该病临诊症状开始出现时的一段时间。不同的传染病，潜伏期差异很大，由于不同的种属、品种或个体动物对病原体易感性不同，以及病原体的种类、数量、毒力、侵入途径或部位等方面的差异，同种疾病的潜伏期长短也有很大差别。但传染病的潜伏期还是具有相对的规律性，如口蹄疫的潜伏期为 1~14 d、猪瘟 2~20 d 等。通常急性传染病的潜伏期较短且变动范围较小，亚急性或慢性传染病的潜伏期较长且变动范围也较大。了解传染病潜伏期的主要意义是：潜伏期与传染病的传播特性有关，如潜伏期短的疾病通常来势凶猛、传播迅速；帮助判断感染时间并寻找感染的来源和传播方式；确定传染病封锁和解除封锁的时间以及在某些情况下对动物的隔离观察时间；确定免疫接种的类型，如处于传染病潜伏期内动物需要被动免疫接种，周围动物则需要紧急疫苗接种等；有助于评价防制措施的临诊效果，如实施某措施后需要经过该病潜伏期的观察，比较前后病例数变化便可评价该措施是否有效；预测疾病的严重程度，如潜伏期短促时病情常较为严重。

(2) 前驱期

前驱期指疾病的临诊症状开始出现后，直到该病典型症状显露的一段时间。不同传染病的前驱期长短有一定的差异，有时同种传染病不同病例的前驱期也不同，但该期通常只有数小时至一两天。临诊上患病动物主要表现是体温升高、食欲减退、精神异常等。

(3) 临诊明显期

临诊明显期是指该病典型症状充分表现出来的一段时间。该阶段是传染病发展和病原体增值的高峰期，典型临诊症状和病理变化也相继出现，进行临诊诊断比较容易。同时，由于患病动物体内排出的病原体数量多、毒力强，故应加强发病动物的饲养管理，防止病原微生物的散播和蔓延。

(4) 转归期

转归期(恢复期)指疾病发展的最后阶段。此时如果病原体的致病能力增强，或动物体的抵抗力减弱，则疾病以动物的死亡而告终。如果动物体获得了免疫力，抵抗力逐渐增强，机体则逐步恢复健康，表现为临诊症状逐渐消退，体内的病理变化逐渐消失，正常的生理机能逐步恢复。在疾病转归期，机体能够在一定时期内保留免疫学反应，同时在机体内也存在有病原微生物，这种免疫学反应和带菌(毒)现象存在时间的长短则与传染病的种类有关。

8.1.5 分类

根据不同的分类方法可以将动物传染病分为不同的种类，下面分别介绍几种分类方法。

(1) 按病原体的种类分类

可以分为病毒病、细菌病、支原体病、衣原体病、螺旋体病、放线菌病、立克氏体病和霉菌病等。其中除病毒病外，其他病原体引起的动物传染病通常称为细菌性传染病。

(2) 按动物的种类分类

可以分为猪传染病、鸡传染病、鸭传染病、鹅传染病、牛传染病、羊传染病、犬传染病、猫传染病、兔传染病以及人畜共患传染病等。

(3) 按病原体侵害的主要器官或系统分类

有全身性败血性传染病和以侵害消化系统、呼吸系统、神经系统、生殖系统、免疫系统、皮肤或运动系统等为主的传染病等。

(4) 按动物传染病的危害程度分类

国内和国际分类方法略有不同。根据动物传染病对人和动物危害的严重程度、造成经济损失的大小和国家扑灭措施的需要，我国政府将动物传染病分为三大类。

一类动物传染病是指对人和动物危害严重，以及新发生的不明原因的动物传染病，需要采取紧急、严厉的强制性预防、控制和扑灭措施的疾病。这类传染病大多数为发病急、死亡快、流行广、危害大的急性、烈性传染病或人畜共患的传染病。按照法律规定此类动物传染病一旦暴发，应采取以疫区封锁、扑杀和销毁动物为主的扑灭措施。

二类动物传染病是指可造成重大经济损失，需要采取严格控制、扑灭措施的疾病。由于该类动物传染病的危害性、暴发强度、传播能力以及控制和扑灭的难度不如一类动物传染病大，因此法律规定发现二类动物传染病时，应根据需要采取必要的控制、扑灭措施，当二类动物传染病爆发时，采取与上述一类传染病相似的强制性措施。

三类动物传染病是指常见多发、可造成重大经济损失、需要控制和净化的动物传染病。该类动物传染病多呈慢性发展状态，法律规定应采取检疫净化的方法，并通过预防、改善环境条件和饲养管理等措施控制。

这种动物传染病分类方法的主要意义是根据动物传染病的发生特点、传播媒介、危害程度、危害范围和危害对象，在众多的动物传染病中能够分别主次，明确动物传染病防治工作的重点，便于组织实施动物传染病的扑灭计划。

8.2 动物传染病的流行过程

动物传染病流行的研究方法主要是采用动物流行病学的基本方法进行的。动物流行病学在预防动物传染病学中的作用是探讨病因已知疾病的来源，研究病因未知疾病的发病机制和控制措施，积累有关疫病自然史方面的资料，制定并评价疾病的防制规划，估价动物疾病防制方面的经济影响和经济效益等。

8.2.1 概述

动物传染病的基本特征是具有传染性。流行过程就是从动物个体感染发病到群体感染发病的发展过程。传染病能够通过直接接触或媒介物在易感动物群体中互相传染的特性，称为流行性。传染病的流行必须具备 3 个最基本的条件，即传染源、传播途径和易感动物。这 3 个条件通常称为构成传染病流行过程的基本环节，只有当这 3 个条件同时存在并相互联系时，传染病才能在动物群中发生、传播和流行。

8.2.2 流行过程的基本环节

8.2.2.1 传染源

传染源是指体内有某种病原体寄居、生长、繁殖，并能排出体外的动物机体。具体地说就是受感染的动物，包括传染病患病动物、病原携带者和被感染的其他动物。

(1) 患病动物

一般来说，患病动物是最重要的传染源，但不同发病阶段患病动作为传染源的意义也不相同，需要根据病原体的排出状况、排出数量和频度来确定。处于前驱期和临诊明显期动物排出病原体的数量多，尤其是急性传染病例排出的病原体数量更大、毒力更强，因此作为传染源的作用也最大。潜伏期和恢复期的动物是否可作为传染源，则随病种不同而异。处于潜伏期的动物机体通常病原体数量少，并且不具备排出的条件；但少数传染病如狂犬病、口蹄疫和猪瘟等在潜伏期的后期就能够排出病原体。在恢复期，大多数传染病患病动物已经停止病原体的排出，即失去传染源作用，但也有部分传染病如猪痢疾、猪气喘病、鸡支原体感染和布鲁氏菌病等疾病在恢复期也能排出病原体。

在实际生产中，将患病动物能排出病原体的整个时期称为传染期，不同传染病的传染期长短有明显差异。为了控制传染病，对患病动物进行隔离和检疫时应到传染期终了为止。

(2) 病原携带者

病原携带者是指外表无症状但能携带并排出病原体的动物，是更具危险性的传染源。不同传染病的病原携带状态是病原体和动物机体相互作用的结果，病原携带者排出病原体的数量虽然远不如患病动物多，但由于缺乏临诊症状并在群体中自由活动而不易被发现，因而是非常危险的传染源。在临诊上，病原携带者又分为潜伏期病原携带者、恢复期病原携带者和健康病原携带者 3 种情况。

潜伏期病原携带者 这个时期大多数患传染病的动物不具备排出病原体的条件，因而不能作为传染源。但少数传染病如狂犬病、口蹄疫和猪瘟等，在潜伏期的后期能够排出病原体。

恢复期病原携带者 是指某些传染病的病程结束后仍能排出病原体的动物，如猪痢疾、萎缩性鼻炎、巴氏杆菌病、沙门菌病等。这种携带状态持续的时间有时较短暂，但有时则成为慢性病原携带者。因此，对这类传染病的控制应延长隔离时间，才能收到预期的效果。

健康病原携带者 过去没有患过某种传染病但却能排出该病病原体的动物。一般认为是隐性感染或条件性病原体感染的结果。这种携带状态通常只能靠实验室方法检出，而且持续时间短暂、病原排出的数量少。然而，由于巴氏杆菌病、沙门菌病、猪气喘病、猪丹毒和猪痢疾等健康病原携带者在某些地区或养殖场内数量较多，常常构成重要的传染源。

病原携带者常常具有间歇排出病原体的现象，因此仅凭一次病原学检查的阴性结果不能反映动物群的状态，只有经过反复多次的检查才能排除病原携带状态。

8.2.2.2 传播途径

病原体由传染源排出后，通过一定的方式再侵入其他易感动物所经历的途径称为传播途径。

传播途径可以为水平传播和垂直传播两大类型，前者是指病原体在动物群体之间或个体之间横向平行的传播方式；后者则是病原体从亲代到其子代的传播方式。

（1）水平传播

水平传播为个体之间横向传播，又分为直接接触传播和间接接触传播两种。

直接接触传播　是指在没有外界因素参与的前提下，通过传染源与易感动物直接接触如交配、舔咬等所引起的病原体传播。在动物传染病中，仅通过直接接触传播的病种较少，狂犬病最具代表性。但在发生传染病或处于病原体携带状态时，种用动物之间则经常因配种而传播病原体。通过直接接触方式传播的传染病在流行病学上通常具有明显的流行线索。

间接接触传播　是指病原体必须在外界因素的参与下，通过传播媒介侵入易感动物的传播。大多数传染病如口蹄疫、牛瘟、猪瘟、鸡新城疫等以间接接触传播为主，同时也可以通过直接接触传播，这类传染病被称为接触性传染病。传播媒介是指将病原体从传染源传播给易感动物的各种外界因素。传播媒介可以是生物媒介者，也可以是物体媒介物或污染物。间接接触传播一般有以下几种途径：

①经空气传播：空气作为传染病传播因素主要有两种情况。一种情况是飞沫传播。由于患病动物呼吸道内渗出液的不断刺激，动物在咳嗽或喷嚏时，通过强气流把病原体和渗出液从狭窄的呼吸道喷射出来，并形成飞沫飘浮于空气中。经飞散于空气中的、带有病原体的微细泡沫的传染称为飞沫传染。所有呼吸道疾病均可通过飞沫而传播，如结核病、牛肺疫、猪气喘病、鸡传染性喉气管炎等。当飞沫蒸发干燥后，则可变成主要由蛋白质、细菌或病毒组成的飞沫核。动物呼吸时，直径在 5 μm 以上的飞沫核多在上呼吸道被排出而不易进入肺中，但直径 1~2 μm 的飞沫核被吸入后有 1/2 左右沉积在肺泡内。飞沫或飞沫核传染容易受时间和空间的限制，一次喷出的飞沫，传播空间不过几米，维持时间也只有几小时，但由于传染源和易感动物不断转移和集散，加上飞沫中病原体的抵抗力相对较强，所以动物群中一旦出现呼吸道传染病则很容易广泛流行。

另一种情况是尘埃传播。随患病动物分泌物、排泄物和处理不当的尸体以及较大的飞沫而散播的病原体，在外界环境中可形成尘埃。随着流动空气的冲击，附着有病原体的尘埃也可悬浮在空中而被易感动物吸入造成感染。从理论上讲，尘埃传播疾病的时间和空间范围比飞沫大，但由于外界环境中的干燥、日光暴晒等因素存在，病原体很少能够长期存活，只有少数抵抗力较强的病原体如结核菌、炭疽杆菌、丹毒杆菌和痘病毒等才能通过尘埃传播。

②经污染的饲料和饮水以及物体传播：多种传染病如口蹄疫、猪瘟、鸡新城疫、沙门菌病、炭疽、鼻疽等都可经消化道感染，其传播媒介主要是被污染的饲料和饮水。通过饲料和饮水的传播过程容易建立，因为患病动物的分泌物、排出物或尸体等很容易污染饲料、牧草、饲槽、水桶，或以污染的管理用具、车船、动物圈舍等污染饲料和饮水，一旦易感动物饮食这种污染有病原体的饲料和饮水便可感染发病。

③经污染的土壤传播：随患病动物排泄物、分泌物或其尸体一起落入土壤而能在其中长时间存活的病原微生物，称为土源性病原微生物，如炭疽杆菌、气肿疽梭菌、破伤风梭菌、猪丹毒杆菌等。能够经土壤传播的传染病，其流行病学特征是：由于该类病原体在外界环境中抵抗力很强，一旦它们进入土壤便可形成难以清除的持久污染区，因此应特别注意患病动物的排泄物、污染的环境和物体以及尸体的处理，防止病原体污染土壤。

④经活的媒介者传播：主要是指节肢动物、野生动物和人类。

第一，节肢动物。能传播疾病的节肢动物有昆虫纲的蚊、蝇、虱、蚤等和蜘蛛纲的蜱、螨等，这些节肢动物有的吸血，有的不吸血，但都能传播疾病。节肢动物传播疾病的方式主要有机械性传播和生物性传播两种。机械性传播是指病原体被节肢动物，如家蝇、虻类、蚊和蚤类等接触或吞食后，在其体表、口腔或肠内能够存活而不能繁殖，但可通过接触、吸血或其粪便污染饲料等途径散播病原体。生物性传播是指某些病原体(如立克次体)在感染动物前,能在一定种类的节肢动物(如某种蜱)体内进行发育、繁殖,然后通过节肢动物的唾液、呕吐物或粪便进入新易感动物体内的传播过程。经节肢动物传播的疾病很多,如蚊传播日本乙型脑炎和马的各种脑炎,虻类和螫蝇等可传播炭疽、马传染性贫血等。通过节肢动物传播的传染病,其流行特征一般是:传染病流行的地区范围与传播该传染病的节肢动物分布和活动范围一致;发病率升高的季节与某种节肢动物的数量、活动性以及病原体在该节肢动物体内发育繁殖的季节相一致;新生的和新引进的动物发病率高,老龄动物则多因免疫力高而发病率低。

第二,野生动物。某些野生动物本身对特定的病原体存在易感性,受感染后可将病原体传播给人工饲养的易感动物,如鼠类可传播沙门菌、钩端螺旋体、布鲁氏菌、伪狂犬病病毒等,狐、狼、吸血蝙蝠等传播狂犬病病毒,野猪传播猪瘟病毒等。另一些野生动物虽然本身对某些病原体不易感受,但可进行该类病原体的机械性传播。

第三,人类。由于人类活动范围广,与动物的关系密切,因此在许多情况下都可成为动物病原体的机械携带者。如人类虽然不感染猪瘟病毒、鸡法氏囊病病毒,但却能机械性传播这些病原体。

除此之外,医源性传播、管理源性传播等人为性传播因素对动物传染病的发生和流行也具有实际意义。在进行人工授精或胚胎移植时,病原体也可通过精液或胚胎带入动物体内而引发传染病。

(2) 垂直传播

垂直传播为亲代到子代的传播。一般可归纳为下列3种途径:

经胎盘传播　是指产前被感染的怀孕动物能通过胎盘将其体内病原体传给胎儿的现象。可经胎盘传播的疾病有猪瘟、猪细小病毒感染、牛黏膜病、蓝舌病、伪狂犬病、衣原体病、日本乙型脑炎、布鲁氏菌病、弯曲菌性流产、钩端螺旋体病等。

经卵传播　是指携带病原体的种禽卵子在发育过程中能将其中的病原体传给下一代的现象。可经种蛋传播的病原体有禽白血病病毒、禽腺病毒、鸡传染性贫血病毒、禽脑脊髓炎病毒、鸡白痢沙门菌和鸡毒支原体等。

经产道传播　是指存在于怀孕动物阴道和子宫颈口的病原体在分娩过程中造成新生胎儿感染的现象。可经产道传播的病原体主要有大肠杆菌、葡萄球菌、链球菌、沙门菌和疱疹病毒等。

8.2.2.3 动物群体的易感性

动物易感性是指动物个体对某种病原体缺乏抵抗力、容易被感染的特性。

(1) 导致动物群体易感性升高的主要因素

一定地区饲养动物的种类或品种,如目前许多地区的养殖业都形成了以某些种类或品种动物为主的格局,不同种类或品种动物对不同病原体甚至对同一种病原体的易感性有差异,因此造成某些传染病在某一地区发病率上升或流行;群体免疫力降低,某种传染病流行结束后,动物群的自然免疫力逐渐消退,如造成牛流行热流行具有明显周期性的主要原因之一,是由于针对该病的免疫力消退;新生动物或新引进动物的比例增加;免疫接种程序的紊乱或接种的动物数量不足;免疫接种所使用的生物制品质量不合格;饲养管理因素也可以造成动物群的免疫力下降、易感性升高,如饲料质量差、营养成分不全、饥饿、寒冷、暑热、运输和疾病状态等因素均可导致机体的抵抗力降低;年龄及性别因素等。

(2) 导致群体易感性降低的主要因素

有计划地预防接种;传染病流行引起动物的群体免疫力增加;病原体的隐性感染导致动物

群体的免疫力升高；抗病育种可选育抵抗力强的动物品系；随着动物日龄的增长，动物群的年龄抵抗力明显增强，如幼龄动物对大肠杆菌、沙门菌等易感性较高，而成年动物的易感性逐渐降低。

8.2.3 动物传染病的流行特征

8.2.3.1 流行过程的强度

在动物传染病流行过程中，传染病的流行范围、发病率的高低、传播速度以及病例间的联系程度等称为流行强度。通常具有以下几种表现形式。

(1) 散发性

散发性是指动物发病数量不多，在一定时间内呈散在性发生或零星出现，而且各个病例在时间和空间上没有明显联系的现象。这种形式的原因主要有：①动物群对某种传染病的免疫水平相对较高；②某种传染病通常主要以隐性感染形式出现；③某种传染病的传播需要特定的条件，如破伤风等。

(2) 地方流行性

地方流行性是指动物的发病数较多，在一定地区或动物群中，传染病流行范围较小并具有局限性传播的特性，如猪气喘病、猪丹毒、炭疽和牛气肿疽等通常就是采取这种流行形式。地方流行性的含义包括：①一定地区内的动物群中较长时间某病的发病数量略高于散发性，且总是以相对稳定的频率发生。②某些特定传染病的发生和流行具有明显的地区局限性。

(3) 流行性

流行性是指发病数量多，在某一时间内一定动物群中某种传染病的发病率超过预期水平的现象，而且在较短的时间内传播的范围比较广。

(4) 暴发

暴发是指在局部范围的一定动物群中，短期内突然出现较多病例的现象。实际上，暴发是流行的一种特殊形式。

(5) 大流行性

大流行性是指某些传染病具有来势猛、传播快、受害动物比例大、波及面广的流行现象。此类传染病的流行范围可达几个省、几个国家甚至几个大洲，如牛瘟、口蹄疫、禽流感、新城疫等病在一定的条件下均可采取这种方式流行。

以上几种流行形式之间，在发病数量和流行范围上没有量的绝对界限，只是一个相对量的概念。而且某些传染病在特殊的条件下可能会表现出不同的流行形式，如鸡新城疫、猪瘟等，有时会以地方流行性的形式出现，有时则以流行性或暴发的形式出现。

8.2.3.2 流行过程的地区性

(1) 外来性

外来性是指本国没有流行而从别国输入的疾病。

(2) 地方性

这里强调的是由于自然条件的限制，某病仅在一些地区中长期存在或流行，而在其他地区基本不发生或很少发生的现象，如钩端螺旋体病和类鼻疽等。

(3) 疫源地

把具有传染源及其排出的病原体所存在的地区称为疫源地。疫源地的含义要比传染源的含义广泛得多，除了传染源外，它还包括被污染的环境以及这个范围内的易感动物和贮藏宿主等。

因此在防疫时,不但要对传染源进行处理,还要注意对环境和传播媒介以及易感动物的处理等一系列综合措施。

疫源地的范围　疫源地的范围要根据传染源的分布和污染范围的具体情况确定。它可能只限于个别动物栏舍、放牧地;也可能包括某饲养场、自然村或更大的地区。通常将范围小的疫源地或单个传染源所构成的疫源地称为疫点。若干个疫源地连接成片并范围较大时称为疫区。疫区不但指某种传染病正在流行的地区,还应包括患病动物于发病前(该病的最长潜伏期)后活动过的地区。从防疫工作的实际出发,有时也将某个比较孤立的养殖场或自然村称为疫点,所以疫点与疫区的划分不是绝对的。

疫源地的消灭　疫源地的存在具有一定的时间性,时间的长短由多方面的复杂因素所决定。至少需要具备3个条件,即最后一个传染源死亡,或痊愈后不再携带病原体,或已经离开该疫源地;对所污染的环境进行彻底消毒,并且达到该病最长潜伏期,不再有新病例出现;还要通过病原学检查动物群均为阴性反应时,才能认为该疫源地被消灭。如果没有外来的传染源和传播媒介的侵入,这个地区就不再有这种传染病的存在了。

(4) 自然疫源地

有些传染病的病原体在自然条件下,即使没有人类或动物的参与,也可以通过传播媒介感染动物造成流行,并且长期在自然界循环延续后代,这些传染病称为自然疫源性疾病。存在自然疫源性疾病的地区,称为自然疫源地。自然疫源性疾病具有明显的地区性和季节性等特点,并受人类从事一些活动时,使生态系统产生变化时的影响。

自然疫源性疾病种类有流行性出血热、森林脑炎、狂犬病、伪狂犬病、犬瘟热、流行性乙型脑炎、黄热病、非洲猪瘟、蓝舌病、口蹄疫、恙虫病、Q热、鼠型疹伤寒、鼠疫、土拉杆菌病、布鲁氏菌病、李氏杆菌病、弓形虫病等。

8.2.3.3　群体中疾病发生的度量

描述动物疾病在动物群中的分布,常用疾病在不同时间、不同地区和不同动物群中的分布频率来表示,如发病率、死亡率、患病率、感染率、携带率等。

发病率　表示一定时期内某动物群中某病新病例的出现频率。

某病发病率=(一定时内某动物群中该病的新病例数/同期内该群体动物的平均数)×100%

发病率可用来描述疾病的分布,探讨疾病的病因或评价疾病防治措施的效果,同时也反映疫病对动物群体的危害程度

死亡率　是指某动物群体在一定时间内死亡动物数与该动物群体同期动物平均数的比率。

某动物群体的死亡率=(该群体在一定时期内死亡动物总数/同期该群体动物平均数)×100%

死亡率如按疾病种类计算时,则称某病死亡率。

某病死亡率=(某群体动物一定时期内死于该病的动物总数/同期该群体中动物的平均数)×100%

某病死亡率是疾病分布的一项重要指标,能反映疾病的危险程度和严重程度,不但对病死率高的疾病,如猪瘟、鸡新城疫等疫病诊断很有价值,对于症状轻微、致死率较低在诊断上也有一定的参考价值。

病死率　是指一定时期内某种疫病的患病动物发生死亡的比例。

某病病死率=(某时期内该病死亡数/同期患该病的动物数)×100%

病死率比死亡率能更精确地反映疫病的严重程度,如狂犬病和破伤风的死亡率低,但病死率较高。

患病率　是指某个时间内某病的新老病例数与同期群体平均数之间的比率。

某病患病率=(在一定时间某群体患该病的病例数/同时间该群体暴露动物数)×100%

患病率是疾病普查或现状调查常用的频率。患病率按一定时刻计算称为点时患病率；按一段时间计算则称为期间患病率。患病率统计对病程短的传染病意义不大，但对于病程较长的传染病则有较大价值。

感染率　某些传染病感染后不一定发病，但可以通过微生物学、血清学及其他免疫学方法测定是否感染。

感染率=(检出阳性动物数/受检动物数)×100%

感染动物包括具有临诊症状和无临诊症状的动物，也包括病原携带者和血清学反应阳性的动物。由于感染的诊断方法和判断标准对感染率影响很大，因此应使用同一标准进行检测、判断和分析。感染率的用途很广，如推论该病的流行态势或作为制定防制对策的依据等，常用于结核病、布鲁氏菌病、鼻疽、牛副结核病等慢性细菌病、病毒病以及寄生虫病的分析和研究。

携带率　是与感染率相似的概念，分子为群体中携带某病原体的动物数，分母为被检动物总数。根据病原体的不同又可分为带菌率、带毒率等。

8.2.4　流行过程的季节性和周期性

8.2.4.1　季节性

季节性指某些动物传染病经常发生于一定的季节，或在一定季节内出现发病率明显升高的现象。传染病流行的季节性分为3种情况。

严格季节性　指病例只集中在一年内的少数几个月份，其他月份几乎没有病例发生的现象。传染病流行的严格季节性与这类疾病的传播媒介活动性有关，如日本乙型脑炎只流行于每年的6~10月等。

季节性升高　指一些疾病，如钩端螺旋体病、传染性胃肠炎、气喘病、鸡毒支原体病、流感、口蹄疫等在一年四季均可发生，但在一定季节内发病率有明显升高的现象。传染病流行的季节性升高主要是季节变化能够直接影响病原体在外界环境中的存活时间、动物机体的抗病能力以及传播媒介的活动性。

无季节性　指一年四季都有病例出现，并且无显著性差异的传染病流行现象。一些慢性或潜伏期长的传染病，如结核病和鼻疽等发病时通常无季节性差异。

传染病流行的季节性变化受动物群的密度、饲养管理、病原体的特性、传播媒介以及其他生态因素变化的影响。了解疾病季节性升高的原因及影响，便于更有效地采取防制措施。

8.2.4.2　周期性

周期性是指在经过一个相对恒定的时间间隔后，某些传染病如牛流行热、口蹄疫等可以再次发生较大规模流行的现象。牛、马等大动物每年群体更新的比例不大，几年后易感个体的数量才可达到引起再度流行的比例，因此这类动物的某些传染病常有周期性流行的特点；而繁殖率高、群体更新快的猪和禽等动物的传染病，则很少出现周期性流行现象。传染病周期性流行出现的原因主要是：①某些传染病的传播机制容易实现，动物群受到感染的机会多。某些传染病在一次流行后会使动物获得的免疫力，但这种免疫力会随着时间的推移而逐渐降低。②易感动物在动物群中数量足够多，而引起传染病再度流行。

8.3 动物传染病的预防措施

8.3.1 动物传染病预防的一般性措施

8.3.1.1 加强人员的防疫知识和动物防疫法规教育

动物传染病预防知识和技术的普及状况，人们的法律意识、经济状况和文化素质等社会因素对传染病的发生和流行具有很大影响，同时也是控制和消灭动物传染病的重要因素。因此，加强防疫意识的宣传教育是动物传染病防制工作的一项非常重要内容。

8.3.1.2 规模化养殖场的规划和布局

在现代化养殖业中，动物遗传性能的发挥、饲料质量的体现以及疾病防制措施的效果，都离不开良好舒适的动物饲养环境。因此，养殖场的规划、选址和布局应严格遵循动物防疫卫生的要求，使其有利于动物疫病综合性防制措施的执行。

8.3.1.3 完善配套制度和设施

在集约化养殖过程中，隔离制度和隔离设施的建立和完善，将最大限度地保障饲养群体的安全性，避免动物传染病的大面积群体发生，把养殖风险降到最低。全进全出制的管理方式，避免了动物传染病的交叉感染。无特定病原的良种繁育体系，为商品代养殖带来安全保障和更大的效益。

8.3.1.4 强化动物群的饲养管理

影响疾病发生和流行的饲养管理因素主要包括饲料营养、饮水质量、饲养密度、通风换气、防暑或保温、粪便和污物处理、环境卫生和消毒、动物圈舍管理、生产管理制度、技术操作规程以及患病动物隔离、检疫等内容。这些外界因素常常可通过降低动物群与各种病原体接触的机会、提高动物群对病原体的一般抵抗力以及提高动物群产生特异性的免疫应答等作用，使动物机体表现出良好的状态。实践证明，规范化的饲养管理是提高养殖业经济效益和动物综合性防疫水平的重要手段；在饲养管理制度健全的养殖场中，动物体的生长发育良好、抗病能力强、人工免疫的应答能力高、外界病原体侵入的机会少，因而疫病的发病率及其造成的损失相对较小。各种应激因素，如饲喂不按时、饮水不足、过冷、过热、通风不良导致有害气体浓度升高、免疫接种、噪声、疾病等因素长期持续作用或累积相加，达到或超过了动物能够承受的临界点时，可以导致机体的免疫应答能力和抵抗力下降而诱发或加重疾病。

8.3.1.5 加强环境保护和杀虫灭鼠

随着养殖业的发展和集约化、规模化生产的不断扩大，动物粪便在局部区域内大量积累，加上运输、农时和季节等方面的矛盾，造成粪尿腐败、流失现象十分严重。从防疫角度看，大多数传染病的病原体都可通过患病动物的分泌物、排泄物排出体外，因此那些流入江河、湖泊等处的大量污水粪尿，势必会造成水体污染和病原体的传播，这种状况给污染区周围养殖业的传染病防制和公共卫生安全造成了很大威胁。因此，加强养殖业的环境治理和环境保护，发展生态型养殖业，尤为重要。

杀灭蚊、蝇、蜱、虻等媒介昆虫和鼠类并防止它们的出现，在消灭传染源、切断传播途径、阻止传染病流行、保障人和动物健康等方面具有非常重要的意义，是动物综合性防疫体系中的重要组成部分。

(1) 杀虫

动物传染病学中重要的害虫包括蚊、蝇、虻和蜱等节肢动物的成虫、幼虫和虫卵。常用的杀虫方法分为物理性、化学性和生物性3种方法。

物理杀虫法　在规模化养殖场中对昆虫聚居的墙壁缝隙、用具和垃圾等可用火焰喷灯喷烧杀虫，用沸水或蒸汽烧烫车船、动物圈舍和工作人员衣物上的昆虫或虫卵，当有害昆虫聚集数量较多时，也可选用电子灭蚊、灭蝇灯具杀虫。

生物杀虫法　主要是通过改善饲养环境，阻止有害昆虫的滋生，达到减少害虫的目的。通过加强环境卫生管理、及时清除圈舍地面中的饲料残屑和垃圾以及排沟中的积粪，强化粪污管理和无害化处理，填埋积水坑洼，疏通排水及排污系统等措施来减少或消除昆虫的滋生地和生存条件。条件许可时，可通过雄虫绝育技术和昆虫病害微生物的感染来控制昆虫的泛滥。生物学方法由于具有无公害、不产生抗药性等优点，日益受到人们的重视。

化学杀虫法　是指在养殖场舍内外的有害昆虫栖息地、滋生地大面积喷洒化学杀虫剂，以杀灭昆虫成虫、幼虫和虫卵的措施。常见的杀虫剂包括有机磷杀虫剂如敌敌畏、倍硫磷等；除虫菊酯类杀虫剂如胺菊酯等；硫酸烟碱类以及多种驱避剂等。

(2) 灭鼠

鼠类除了给人类的经济生活带来巨大的损失外，对人和动物的健康威胁也很大。作为人或动物多种共患病的传播媒介和传染源，鼠类可以传播的传染病有炭疽、鼠疫、布鲁氏菌病、结核病、野兔热、钩端螺旋体病、伪狂犬病、口蹄疫、猪瘟、猪丹毒、巴氏杆菌病、衣原体病和立克次体病等，因此灭鼠对动物防疫和公共卫生都具有重要的现实意义。

在规模化生产实践中，防鼠灭鼠工作要根据害鼠的种类、密度、分布规律等生态学特点，在动物圈舍墙基、地面和门窗的建造方面加强投入，让鼠类难以藏身和滋生；在管理方面，应从动物圈舍内外环境的整洁卫生等方面着手，让其难以得到食物和藏身之处，并且要做到及时发现漏洞及时解决。由于规模化养殖中的场区占地面积大、建筑物多、生态环境非常适合鼠类的生存，要有效地控制鼠害，必须动员全场人员挖掘、填埋、堵塞鼠洞，破坏其生存环境。

8.3.2　消毒

8.3.2.1　消毒的概念及分类

消毒是指通过物理、化学或生物学方法杀灭或清除环境中病原体的技术或措施。消毒是传染病预防措施中的一项重要内容，它可将养殖场、交通工具和各种被污染物体中病原微生物的数量减少到最低或无害的程度。通过消毒能够杀灭环境中的病原体，切断传播途径，防止传染病的传播和蔓延。根据消毒的目的可将其分为预防性消毒、随时消毒和终末消毒。

(1) 预防性消毒

预防性消毒是指在平时的饲养管理中，定期对动物圈舍及其空气、场地、用具，道路或动物等进行的消毒。如临产前对产房、产篮和临产动物体表的消毒，动物断脐、断尾、断喙或阉割时的术部消毒，人员、车辆出入圈舍或生产区时的消毒，饲料、饮用水乃至空气的消毒以及医疗器械(如体温表、注射器、针头等)的消毒等。

(2) 随时消毒

随时消毒是指动物群中出现疫病或突然有个别动物死亡时，为及时消灭刚从患病动物体内排出的病原体而采取的消毒措施。适用于患病动物所在的圈舍、隔离场地以及被其分泌物、排泄物污染或可能污染的一切场地、用具和物品。患病动物的隔离舍应每天多次消毒，以防止病原体的扩散和传播。

(3) 终末消毒

终末消毒是指在患病动物解除隔离(痊愈或死亡)时，或在疫区解除封锁前，为消灭动物隔离舍内或疫区内残留的病原体而进行的全面彻底的大消毒。也用于全进全出制的生产系统中，当动物群全部出栏后对场区、圈舍所进行的消毒。

8.3.2.2 消毒的方法

消毒方法可概括物理消毒法、化学消毒法和生物消毒法。

(1) 物理消毒法

通过机械性清扫、冲刷、通风换气、高温、干燥、照射等物理方法对环境和物品中病原体的清除或杀灭。

机械性清扫、洗刷和通风换气　通过机械性清扫，洗刷等手段清除病原体是最常用的消毒方法，也是日常的卫生工作之一。采用清扫、洗刷等方法可以除去动物圈舍地面、墙壁以及动物体表被毛上污染的粪便、垫草、饲料、粕渣等污物。随着这些污物的消除，大量病原体也被清除。如果环境较为干燥，应在清扫前用清水或化学消毒剂溶液喷洒，防止尘土飞扬而造成病原体散播。清扫出来的污物应进行堆集发酵、掩埋、焚烧或用其他药物消毒处理，不能随意堆放。此法虽然能够将大量的病原体清除，但不能消灭芽孢，必须配合其他消毒方法使用，才能将残留的病原体消灭干净。

通风换气可以将动物圈舍内的污浊空气及其中的病原微生物排除出去，具有明显降低空气中病原体数量的作用。

日光紫外线和其他射线辐射　通过日光光谱中的紫外线以及热量和干燥等因素的作用能够直接杀灭多种病原微生物。在直射日光下经过几分钟至几小时可杀死病毒和非芽孢性病原菌，反复暴晒还可使带芽孢的菌体变弱或失活。

紫外线的波长范围中在 200~320 nm 内的射线具有杀灭病原体的作用，而 253~266 nm 的紫外线杀菌能力最强，因此在实际工作中常用紫外灯人工产生紫外线进行空气消毒。紫外线对细菌的繁殖体和病毒消毒效果好，但对细菌的芽孢无效。影响紫外线消毒的因素较多，如紫外线的穿透能力弱，只能用于物体表面的消毒；空气中尘埃对紫外线具有吸收作用，故消毒空间必须洁净等。紫外线的有效消毒范围是在光源周围 1.5~2.0 m 处，因此消毒时灯管与污染物体表面的距离不得超过 1.5 m。此外，消毒时应注意空气的湿度，一般是洒水后将空间净化干净，开启紫外线灯。消毒时间应根据污染的程度确定，通常为 0.5~2 h，但随着照射时间的适当延长，能够增强消毒效果。各种病原体对紫外线的抵抗力是革兰阴性菌<革兰阳性<病毒<细菌芽孢，抵抗力较强的病原体需要的照射量或照射时间应适当延长。

除紫外线外，其他多种射线和微波也具有很强的杀菌作用。

高温灭菌　是通过热力学作用导致病原微生物中的蛋白质和核酸变性，最终引起病原体失去生物学活性的过程，它通常分为干热灭菌法和湿热灭菌法。

①干热灭菌法：包括火焰烧灼灭菌法和烘烤灭菌法，该两种方法的灭菌效果明显、使用操作也比较简单。当病原体抵抗力较强时，可通过火焰喷射器对粪便、场地、墙壁、笼具、其他废弃物品进行烧灼灭菌，或将动物的尸体以及传染源污染的饲料、垫草、垃圾等进行焚烧处理；全进全出制动物圈舍中的地面、墙壁、金属制品也可用火焰烧灼灭菌。烘烤灭菌也称热空气灭菌法，该法主要用于干燥的玻璃器皿，如烧杯、烧瓶、吸管、试管、离心管、培养皿、玻璃注射器、针头、滑石粉等灭菌。灭菌时将待灭菌物品放入烘烤箱内，使温度逐渐上升到 160 ℃ 维持 2 h，可

以杀死全部细菌及其芽孢。

②湿热灭菌法：包括煮沸灭菌法、高压蒸汽灭菌法和间歇蒸汽灭菌法等。

煮沸灭菌法：由于大部分的非芽孢病原微生物在100 ℃沸水中煮沸能迅速死亡，而细菌的芽孢经煮沸1～2 h后才能致死，因此将待灭菌的物品置于一定容器中煮沸1～2 h可达到杀灭所有病原体的目的。该法常用于玻璃器皿、针头、金属器械、工作服等物品的消毒。如果在水中加入1%～2%碳酸钠，可大大增强灭菌的效果。

高压蒸汽灭菌法：是指通过高压水蒸气的热量使病原体丧失活性的灭菌方法，饱和热蒸汽穿透力强，能使物品快速均匀受热，再加上高压的状态下水的沸点提高，饱和蒸汽的比热容大、杀菌力加强，故能在短时间内达到完全灭菌的效果。该方法常用于玻璃器皿、纱布、金属器械、细菌培养基、橡胶用品等耐高压器皿以及生理盐水和各种缓冲液等的灭菌，也用于患病动物或其尸体的化制处理。

间歇蒸汽灭菌法：由于在100 ℃时维持30 min可以杀死污染物品中细菌的繁殖体，因而将消毒后的物品置于室温下过夜，使其中的细菌芽孢和霉菌孢子萌发，第2天和第3天再用同样的方法进行处理和消毒，便可杀灭全部的细菌、真菌及其芽孢和孢子。此法常用于易被高温破坏物品如含有鸡蛋、血清、牛乳和各种糖类等培养基的灭菌。

（2）化学消毒法

在疫病防制过程中，常常利用各种化学消毒剂对病原微生物污染的场所、物品等进行清洗、浸泡、喷洒、熏蒸，以达到杀灭病原体的目的。各种消毒剂对病原微生物具有广泛的杀伤作用，但有些也可破坏宿主的组织细胞，因此通常仅用于环境的消毒。

临诊实践中常用的消毒剂种类很多，根据其化学特性分为：酚类、醛类、醇类、酸类、碱类、氯制剂、氧化剂、碘制剂、染料类和表面活性剂等。现分述如下。

酚类　包括碳酸、煤酚、复合酚等，低浓度时能破坏菌体细胞膜，使胞质漏出；高浓度时则可使病原体的蛋白质变性而起杀菌作用。

醇类　醇类的杀菌力主要是能够去除细菌细胞膜中的脂质并使菌体蛋白凝固和变性。常使用的醇类消毒剂为乙醇，无水乙醇的杀菌力很低，加水稀释成质量分数为70%或体积分数为75%的乙醇溶液杀菌作用最强，但一般只能杀死细菌的繁殖体，对细菌芽孢无效。该品主要用于皮肤及器械的消毒。

醛类　醛类消毒剂有甲醛、聚甲醛和戊二醛等，其中以甲醛的熏蒸消毒最为常用。多聚甲醛为白色疏松粉末，本身无杀菌作用，但加热至80～100 ℃能产生大量的甲醛气体而呈现强大的杀菌作用。

酸类　由于高浓度的H^+可使菌体蛋白质变性和水解，低浓度的H^+以改变细菌表面蛋白的离解度而影响其吸收、排泄、代谢和生长，因而酸类物质具有抑菌和抗菌作用。酸类消毒剂包括有机酸和无机酸。

无机酸中的盐酸和硫酸具有强大的杀菌和杀芽孢作用，但它们对动物组织细胞、纺织品、木质用具和金属制品等具有强烈的刺激和腐蚀作用，从而使其应用受到了很大限制，但常用体积分数为2%盐酸加食盐15 g浸泡被芽孢污染的皮张40 h将可杀灭该菌的芽孢。

有机酸中的乳酸和乙酸具有杀菌和抑菌作用，乳酸对伤寒杆菌、大肠杆菌、葡萄球菌和链球菌等都具有抑制或杀灭作用，对某些病毒也有灭活作用，适用于空气消毒。

碱类　碱类制剂包括氢氧化钠、氢氧化钾、石灰、草木灰、碳酸钠和碳酸钾等。碱制剂对细菌、病毒和细菌芽孢都具有强大的杀灭作用，可用于多种传染病的消毒。但在应用时应注意碱类制剂对革兰阴性菌的杀灭作用比对阳性菌有效；杀灭细菌芽孢需要较高浓度的溶液。

卤素类　常用的卤素类有氯、碘及其制剂，卤素以及容易释放出卤素的化合物均有强大的杀菌能力，其作用机理是卤原子易渗入细胞内与菌体蛋白的氨基或其他基团相结合而发生卤化作用，使其中的有机物分解或丧失功能呈现杀菌作用。在卤素中以氟、氯的杀菌力最强，其次为溴、碘，但氟和溴一般不用作消毒药。

氧化剂类　该类消毒剂含有不稳定的结合态氧，当它与病原体接触后可通过氧化反应破坏其活性基团而呈现杀灭作用。常用的制剂有高锰酸钾、过氧乙酸等。

表面活性剂类　该类制剂可通过吸附于细菌表面，改变菌体胞膜的通透性，使胞内酶、辅酶和中间代谢产物逸出，造成病原体代谢过程受阻而呈现杀菌作用。它分为阴离子表面活性剂、阳离子表面活性剂及不电离的表面活性剂3种。其中，阳离子表面活性剂的抗菌作用强、抗菌谱广、作用快，能杀灭多种革兰阳性菌和革兰阴性菌，且对病毒和霉菌也有一定的抑制和杀灭作用。

常用的表面活性剂类消毒剂有新洁尔灭，还有洗必泰、杜灭芬、消毒净等，它们都是广谱的消毒剂，对革兰阴性菌和阳性菌均有较强的杀灭作用。

挥发性烷化剂　该类消毒剂的化学活性强，在常温常压下极易挥发成气体。主要是通过其烷基取代病原体活性物质中的氨基、巯基、羧基等基团的不稳定氢原子，并使其变性或功能改变而达到杀菌的目的。本品能杀死细菌及其芽孢、病毒和霉菌，并且对细菌芽孢和细菌繁殖体的杀灭能力相。用的制剂有环氧乙烷等。

(3) 生物热消毒

生物热消毒是指通过堆积发酵、沉淀池发酵、沼气池发酵等产热或产酸，以杀灭粪便、污水、垃圾及垫草等内部病原体的方法。在发酵过程中，由于粪便、污物等内部微生物产生的热量可使温度上升达70 ℃以上，经过一段时间后便可杀死病毒、病原菌、寄生虫卵等病原体，从而达到消毒的目的，同时发酵过程还可改善粪便的肥效。

8.3.3 检疫

8.3.3.1 动物检疫的内容

检疫是指由法定的机构或人员，按照规定的方法与标准对动物和动物产品的疫病状况及卫生安全实施强制性检查、定性和处理，并出具结论性法定证明的行为。

检疫的基本内容是动物、动物产品或其他检疫物，如动物疫苗、血清、动植物废弃物以及装载容器、包装物和可能污染的运输工具等检疫对象中的动物传染病、寄生虫病和其他有害生物。在检疫过程中，通常根据检疫类型和检出疫病的种类采取不同的处理措施。

8.3.3.2 国境检疫

国境检疫是一项政策性和技术性相结合的动物卫生防疫工作，对维护国家主权、控制动物重大疫病的传入和流行，对保障养殖业的正常发展和人民的身体健康都有重要的意义。国境检疫分为入境检疫、出境检疫、过境检疫和国际运输工具检疫等。

入境检疫　是指从国外引进动物及其胚胎、精液、受精卵等时必须按规定履行的入境检疫手续。其基本程序包括：签订双边检疫议定书、检疫审批、报检、现场检疫、隔离检疫、检疫放行和处理。

出境检疫　是指对输出到其他国家和地区的动物及其相关产品出境前实施的检疫。出境动物产品检疫是指对输出到其他国家和地区的、未经加工或虽经加工但仍然有可能传播疫病的动物产品实施的检疫。出境检疫的基本程序包括：报检、检疫、出证、离境。

过境检疫　是指对经某国国境运输的动物、动物产品、其他检疫物及装载动物和动物产品的运输工具、装载容器等实施的检疫。过境动物时必须事先征得过境国检疫机关的同意，事先办理检疫许可手续并按照指定的口岸和路线过境。动物过境检疫许可的程序包括：过境申请；填写过境检疫申请表，并出示输出国检疫部门出具的动物检疫证书；办理动物过境检疫许可；报检；检疫。

运输工具检疫　由于国际间运输工具常常在不同国家或地区间运行，流动性较大，容易成为动物疫病病原体的携带媒介，因此除对装载动物、动物产品和其他检疫物进境、出境、过境的运输工具进行动物检疫外，《中华人民共和国进出境动植物检疫法》规定对来自动物疫区的船舶、飞机、火车及进境车辆等也实施检疫。运输工具检疫的程序包括：申报、检疫、检疫处理。

8.3.3.3　国内检疫

国内检疫是指为有效地防止重要疫病的发生和传播，根据法律规定由法定机构或人员对境内动物及其产品实施的具有法律效力和法律后果的技术措施和政府行为。它不仅直接关系到动物养殖业的生产安全，同时对保障人民的身体健康、维护我国的国际贸易信誉等都具有重要的意义。临诊实践中通过不同的诊断技术和方法对动物、动物产品进行常规检查，出具结论性处理意见的行为并不属于检疫的范畴。

动物及其产品的国内检疫是由县级以上农牧部门所属的动物检疫站和乡镇兽医站等部门负责执行。国家农牧部门根据动物和动物产品的产地、集散地、调运及屠宰加工等环节的生产流向规律，在各省、市、县、乡镇境内和铁路、公路、码头、港口、航空港等处分别设立检疫站，负责辖区内动物及其产品的检疫。根据检疫的设置地点、检疫对象和要求等，将国内检疫分为产地检疫、运辅检疫和屠宰检疫等形式。

产地检疫　是指对动物离开养殖场地之前的检疫。产地检疫是及时发现并扑灭传染源、阻止疫病扩散的有效方法，同时也是保证动物及其产品质量、维护人民身体健康的重要措施。产地检疫一般分为养殖场地检疫、交易检疫等形式。检疫的程序及内容包括当地的疫情调查、查验动物的免疫接种状况、动物群体及个体的临诊检查、患病动物的病理学检查以及实验室检验等。检疫合格者签发《产地检疫证明书》，在检疫过程中发现法定的各类疫病，应按照《中华人民共和国动物检疫法》的有关规定处理。

运输检疫　是指对通过铁路，公路，航空运输的动物及其产品进行的检疫。运输检疫通常包括铁路检疫、公路运输检疫、码头检疫和航空运输检疫等，它是防止动物疫病扩散、控制疫病发生和流行的重要措施之一。其程序和内容如下：①在启运前 3~5 d 向当地动物检疫部门报检，动物检疫人员接到报检应到达动物或其产品的启运现场。②查验动物及其产品的产地检疫证明书、特定疫病非疫区证明书、特定疫病检疫证明书和特定疫病预防注射证明书或产品消毒证明书等。③对动物及其产品进行现场检查，包括动物群体检查、个体检查以及产品的抽样检验等。④检疫合格、物证相符时签发运输检疫证，凭证办理外运手续；若在检疫过程中发现法定的检疫对象，应禁止外运并在动物检疫人员的监督下进行无害化处理。

屠宰检疫　是防止肉品污染和动物疫病的传播流行、提高肉品卫生质量和保障人民身体健康的重要环节。屠宰检疫又分为宰前检疫和宰后检验两个部分。

第一，宰前检疫。是指在动物进入屠宰车间之前的检查。宰前检疫的程序和步骤包括：检查动物的产地检疫证明书、非疫区证明书、特定疫病的免疫证明书等；了解产地疫情状况和运输途中动物的发病死亡情况，如果产地疫情严重或途中发病死亡过多，则应将该群动物置于屠宰隔离圈,以进行隔离检疫;初步检疫合格、证物相符的动物,可按产地、批次分群分圈赶入预检圈中,进行群体检疫;将群体检疫合格的动物转入健康待宰圈,而将发病动物及可疑感染动物送隔离圈或急宰车间以进行急宰处理;对隔离圈内动物进行详细的检查,必要时进行病原学和免疫学检查,并根据不同疫病类别的要求对患病动物进行禁宰、急宰或缓宰处理。

第二,宰后检验。是宰前检疫的继续和补充,是防止动物肉食污染,保障人民身体健康的重要措施。宰前检疫通常只能根据动物的体温反应和明显的临诊症状等将患病动物检查出来,而对于那些不出现体温反应或临诊症状不明显的动物则很难发现。在屠宰过程中,通过对肉尸和内脏病理变化及异常表现的直接观察和其他检测方法,则可以将该类患病动物检查出来。

宰后检验是在兽医病理解剖学知识的基础上,根据特定疫病在机体特定部位出现的具有代表性的病理变化做出判断的。由于在实际宰后检验工作中,必须保持动物肉尸的完整性,所以不同动物的宰后检验具有特定的程序和方法。当单凭肉眼观察不能确诊时,还必须辅以实验室方法进行检验。

8.3.4 免疫接种

8.3.4.1 免疫接种的类型

疫苗的免疫接种可分为预防接种、紧急接种以及环状免疫带和免疫隔离屏障建立4种类型。

预防接种 是指为控制动物传染病的发生和流行,减少传染病造成的损失,根据一个国家、地区或养殖场传染病流行的具体情况,按照一定的免疫程序有组织、有计划地对易感动物群进行的疫苗免疫接种。如我国猪瘟和鸡新城疫的疫苗免疫接种等就属于该种类型。

紧急接种 是指某些传染病暴发时,为了迅速控制和扑灭该病的流行,对疫区和受威胁区尚未发病动物进行的应急性免疫接种。

环状免疫带建立 通常指某地区发生急性、烈性传染病时,在封锁疫点和疫区的同时,根据该病的流行特点对封锁区及其外围一定区域内所有易感动物进行的免疫接种。建立免疫带的目的主要是防止疫病扩散,将传染病控制在封锁区内就地扑灭。

免疫隔离屏障建立 是指为防止某些传染病从有疫病国家向无该病国家扩散,而对国界线周围地区的动物群进行的免疫接种。

8.3.4.2 免疫接种的途径

疫苗的免疫接种途径根据疫苗的种类、性质、特点以及病原体的侵入门户和其在动物体内的定位等因素来确定。主要包括:

注射免疫接种 适用于各种灭活苗和弱毒苗的免疫接种。常用的注射接种途径包括:皮下接种、皮内接种、肌内注射接种。

滴鼻、点眼免疫接种 是一种非常有效的局部免疫接种途径,也具有激发机体全身免疫的作用。对于哺乳动物来说,两者免疫效果相同;在禽类点眼免疫可刺激哈德尔氏腺,使禽类的抗体产生迅速且不受母源抗体的干扰。因此,禽类免疫提倡点眼,尤其是雏禽。

经口免疫接种 主要通过呼吸道和消化道传播的传染病的弱毒苗常采用经口免疫接种,如饮水和拌料免疫。经口免疫效率高、省时省力、操作方便,能使全群动物在同一时间内共同被接种,对群体的应激反应小。但动物群中抗体滴度往往不均匀,免疫持续期短,免疫效果容易受到其他因素的影响。采用该方法免疫时需注意:①适当加大疫苗的用量,并在饮水中加入适当浓度的疫苗保护剂。②免疫前应根据季节和天气情况停饮和停止喂料2~4 h。③饮水免疫时选用的水要清洁,不得含有任何消毒药或对疫苗有损伤作用的其他物质;水温不宜过高,以免影响抗原的活性。④加入的水量要适中,保证在最短的时间内饮用完毕。

气雾免疫接种 是指稀释的疫苗在气雾发生器的作用下,形成雾化粒子悬浮于空气中,从而刺激动物口腔和呼吸道等部位黏膜的免疫接种方法。气雾免疫分为气溶胶免疫和喷雾免疫两种形式,其小气溶胶免疫最为常用。

气雾免疫的效果与疫苗雾滴的大小直接相关,粒子过大容易快速沉落,粒子过小则在空气中会快速上升,通常 $4\sim10~\mu m$ 粒子容易通过屏障进入肺泡,被吞噬细胞吞噬后产生良好的免疫力,因此使用气溶胶免疫时应严格控制其颗粒的大小。气雾免疫省时、省力、省工、省苗,受母源抗体的干扰较小,免疫剂量均匀、效果确实可靠,全群动物可在同一短暂时间内获得同步免疫,尤其适合于大规模集约化的养殖场,但该方法容易激发潜在的呼吸道病,且雾滴越小激发呼吸道病的可能性越大。

刺种免疫接种 该方法常用于禽痘、禽脑脊髓炎等疫病的弱毒疫苗接种。将疫苗稀释后,用接种针或沾水笔尖蘸取疫苗液并刺入禽类翅膀内侧无血管处的翼膜内即可。刺种免疫操作相对较为烦琐,应用范围较小。

其他免疫途径 擦肛免疫接种、皮肤涂擦免疫接种等目前很少使用。对于出生后发病时间较早的传染病,可以通过怀孕动物或种禽的免疫接种,使幼龄动物获得由母源抗体提供的被动免疫保护力。如猪大肠杆菌病、猪传染性胃肠炎、鸡脑脊髓炎、小鹅瘟及鸭病毒性肝炎等。

8.3.4.3 预防接种免疫程序的制定

(1)免疫程序制定的原则

免疫程序是指根据一定地区或养殖场内不同传染病的流行状况及疫苗特性,为特定动物群制定的疫苗接种类型、次序、次数、途径及间隔时间。制定免疫程序通常应遵循的原则如下:①动物群的免疫程序是由传染病的三间分布特征决定的。由于动物传染病在地区、时间和动物群中的分布特点和流行规律不同,它们对动物造成的危害程度也会随着发生变化,一定时期内兽医防疫工作的重点就有明显的差异,需要随时调整。有些传染病流行时具有持续时间长、危害程度大等特点,应制定长期的免疫防制对策。②免疫程序是由疫苗的免疫学特性决定的。疫苗的种类、接种途径、产生免疫力需要的时间、免疫力的持续期等差异是影响免疫效果的重要因素,因此在制定免疫程序时要根据这些特性的变化进行充分的调查、分析和研究。③免疫程序应具有相对的稳定性。如果没有其他因素的参与,某地区或养殖场在一定时期内动物传染病分布特征是相对稳定的。因此,实践证明某一免疫程序的应用效果良好,则应尽量避免改变这一免疫程序。如果发现该免疫程序执行过程中仍有某些传染病流行,则应及时查明原因(疫苗、接种、时机或病原体变异等),并进行适当地调整。

(2)免疫程序制定的方法和步骤

目前仍没有一个能够适合所有地区或养殖场的标准免疫程序,不同地区或部门应根据传染病流行特点和生产实际情况,制定科学合理的免疫接种程序。对于某些地区或养殖场正在使用的程序,也可能存在某些防疫上的问题,需要进行不断地调整和改进。因此,了解和掌握免疫程序制定的步骤和方法具有非常重要的意义。

第一,掌握威胁本地区或养殖场传染病的种类及其分布特点。根据疫病监测和调查结果,分析该地区或养殖场内常发、多见传染病的危害程度以及周围地区威胁性较大的传染病流行和分布特征,并根据动物的类别确定哪些传染病需要免疫或终生免疫,哪些传染病需要根据季节或动物年龄进行免疫防制。

第二,了解疫苗的免疫学特性。由于疫苗的种类、适用对象、保存、接种方法、使用剂量、接种后免疫力产生需要的时间、免疫保护效力及其持续期、最佳免疫接种时机及间隔时间等疫苗特性是免疫程序的主要内容，因此在制定免疫程序前，应对这些特性进行充分的研究和分析。一般来说，弱毒疫苗接种后 5~7 d、灭活疫苗接种后 1~3 周可产生免疫力。

第三，充分利用免疫监测结果。由于年龄分布范围较广的传染病需要终生免疫，因此应根据定期测定的抗体消长规律确定首免日龄和加强免疫的时间。初次使用的免疫程序应定期测定免疫动物群的免疫水平，发现问题要及时进行调整并采取补救措施。新生动物的免疫接种应首先测定其母源抗体的消长规律，并根据其半衰期确定首次免疫接种的日龄，以防止高滴度的母源抗体对免疫力产生的干扰。

第四，传染病发病及流行特点决定是否进行疫苗接种、接种次数及时机。主要发生于某一季节或某一年龄段的传染病，可在流行季节到来前 2~4 周进行免疫接种，接种的次数则由疫苗的特性和该病的危害程度决定。

总之，制定不同动物或不同传染病的免疫程序时，应充分考虑本地区常发、多见或威胁大的传染病分布特点、疫苗类型及其免疫效能和母源抗体水平等因素，这样才能使免疫程序具有科学性和合理性。

8.3.4.4 紧急接种的注意事项

紧急免疫接种应根据疫苗或抗血清的性质、传染病发生及其在动物群中的流行特点进行合理的安排。接种后能够迅速产生保护力的一些弱毒苗或高免血清，可以用于急性病的紧急接种，因为此类疫苗进入机体后往往经过 3~5 d 便可产生免疫力，而高免血清则在注射后能够迅速分布于机体各部。由于疫苗接种能够激发处于潜伏期感染的动物发病，且在操作过程中容易造成病原体在感染动物和健康动物之间的传播，因此为了提高免疫效果，在进行紧急免疫接种时应首先对动物群进行详细的临诊检查和必要的实验室检验，以排除处于发病期和感染期的动物。

紧急免疫接种常用的生物制品主要包括各种疫苗和高免血清。多年来的临诊实践证明，在传染病暴发或流行的早期，紧急免疫接种可以迅速建立动物机体的特异性免疫，使其免遭相应疾病的侵害。但在紧急免疫时需要注意：①必须在疾病流行的早期进行。②尚未感染的动物既可使用疫苗，也可使用高免血清或其他抗体预防，但感染或发病动物则最好使用高免血清或其他抗体进行治疗。③必须采取适当的防范措施，防止操作过程中由人员或器械造成的传染病蔓延和传播。

8.3.4.5 影响疫苗免疫效果的因素

疫苗免疫效果的影响因素主要包括动物体的遗传特性、营养、饲养管理、所处的环境以及各种应激因素，病原体的血清型、变异株或超强毒株，疫苗的保存、运输和内在质量，免疫程序，母源抗体水平和免疫抑制因子的存在等。这些因素可通过不同的机制干扰动物体免疫力的产生。

(1) 免疫动物群的状况

动物品种、年龄、体质、营养状况、饲养管理条件、应激因素以及接种密度等对免疫效果和机体抗病能力的影响很大。幼龄、体弱、生长发育较差以及患慢性病的动物，可能会出现明显的注射反应，而且抗体上升缓慢；环境条件恶劣、卫生消毒制度不健全、饲料营养不全面、动物圈舍通风保温不够、应激状态等都可降低机体的免疫应答反应。此外，当动物群的免疫密度较高时，那些免疫动物在群体中能够形成免疫屏障，从而保护动物群不被感染；相反，若动物群的免疫接种率低或不进行免疫接种，由于易感动物集中，病原体一旦传入即可在群体中造成流行。

(2) 病原体的血清型和变异性

某些病原体的血清型多，容易发生抗原变异或出现超强毒力变异株，常常造成免疫接种失败。

(3) 免疫程序不合理

免疫程序不合理包括疫苗的种类、生产厂家、接种时机、接种途径和剂量、接种次数及间隔时间等不适当。由于不同疫苗具有不同的免疫学特性，如果不了解它们的差异而改变某一免疫程序时，容易出现免疫效果差或免疫失败的现象。此外，疫病分布发生变化时，疫苗的接种时机、接种次数及间隔时间等应随之调整。同时还应对疫苗的接种途径给予高度重视，特别是以呼吸道和消化道为入侵门户的传染病，应密切协调其黏膜免疫和全身免疫的关系。

(4) 免疫抑制性因素的存在

猪繁殖呼吸综合征病毒、鸡传染性贫血病毒、禽网状内皮细胞增殖病病毒、禽白血病病毒、鸡马立克病病毒、鸡传染性法氏囊病病毒、禽呼肠孤病毒、禽腺病毒和鸡毒支原体等病原体，在动物体内可通过不同的机制破坏机体的免疫系统，导致动物机体免疫功能受到抑制。此外，某些药物、营养成分缺乏、霉菌毒素等也可通过不同机制导致机体的免疫应答能力下降。

(5) 疫苗的运输、贮藏和质量

疫(菌)苗大致可分为冻干苗和液体苗。冻干苗随保存温度的升高其保存时间相应缩短，一般应按照生产厂家的要求保存在适宜的条件下。液体疫苗又分油佐剂苗和水剂苗，油佐剂苗应严禁冻结，置于4～8℃冷藏，水剂苗则需根据不同情况妥善贮存。疫苗的运输和贮存应严格执行冷链系统，即从生产单位到使用单位的一系列运输、贮存直到使用过程中的每个环节，始终使其处于适当的冷藏条件下，并严禁反复冻融。

疫苗的内在质量是由生产厂家控制的，使用前若发现冻干苗失真空、油佐剂苗破乳、变质或生长霉菌、存在异物、过期或未按规定运输保存时应予废弃。使用时应严格按照要求进行稀释，在规定时间内将稀释后的疫苗接种完毕，以保证疫苗的注射剂量和注射密度，而且接种活菌苗后，应在规定的时间内禁止投服抗菌药物。

(6) 母源抗体的干扰和超前免疫

母源抗体的持续时间及其对动物的免疫保护力，受动物种类、疫病类别以及母体免疫状况的影响很大。一般来说，未吃初乳的新生动物，血清中免疫球蛋白的含量极低，吮吸初乳后，血清免疫球蛋白的水平能够迅速上升，并接近母体的水平，生后24～35 h即可达到高峰；随后开始降解而滴度逐渐下降，降解速度随动物种类、免疫球蛋白的类别、原始浓度等的不同，而有明显差异。由于体内缺乏主动免疫细胞，此时接种弱毒疫苗时很容易被母源抗体中和而出现免疫干扰现象。现以大型养猪场动物传染病防治计划为例，归纳见表8-1、表8-2所列，以供参考。

表8-1 繁殖母猪的综合性动物防疫计划

项 目	药剂或方法	实施日龄
预防接种	猪瘟弱毒苗	3周龄、6～7月龄，14个月各1次
	猪丹毒弱毒苗	4周龄1次，4月龄1次
	猪脑炎灭活苗	5月龄1次，隔6个月再注1次
	猪细小病毒病灭活苗	第一次于6月龄，6个月以后再追注1次
	猪流行性腹泻弱毒苗	给妊娠母猪产前1个月注
	猪萎缩性鼻炎灭活苗	第一次与第二次间隔3个月以上

(续)

项目	药剂或方法		实施日龄
实验室检查	弓形体病血清学反应		于9~10月间进行血凝试验
	其他血清学反应		于6月龄和9~10月龄进行检验
	微生物学反应		于6月龄和9~10月龄进行检验
	寄生虫病菌粪便检查		于9~10月龄时进行检验
药物预防	猪气喘病	抗生素	必要时在分娩前2周到分娩后1周应用
	猪萎缩性鼻炎	抗生素	于12~13月龄时进行药物预防
	弓形体病	SDDS等	必要时于出生后1~4周给予
	猪痢疾	抗生素、抗菌药	于出生后1~3周龄进行药物预防
	寄生虫病	驱虫药	于4月龄和11月龄时根据虫卵检查结果选用药物
消毒	猪舍消毒	消毒剂	每月1次
	运动场消毒	消毒剂	每个季度至少消毒1次
	槽消毒	消毒剂	经常性消毒
	猪体消毒	消毒剂	经常性消毒，每周更换1次消毒液
	杀虫灭鼠	杀虫灭鼠药	消毒猪舍时进行
饲养管理	配种		8~10月龄体重达120~130 kg，13~14月龄体重达200 kg，发情弱猪于发情前2~3 d用催情剂
	分娩		注意分娩准备，产房清扫，消毒
	断奶		1月龄断奶；注意预防乳房炎，仔猪下痢
	饲料		按照饲养标准喂饲

表8-2 仔猪、育肥猪综合性卫生防疫计划

项目	药剂或方法	实施日龄
预防接种	猪瘟弱毒苗	40~50日龄免疫，对新引入的猪，如不确定是否经过接种，需于引入后1~2周接种
	猪丹毒活苗	2月龄时免疫
	萎缩性鼻炎灭活苗	30、35日龄时各免1次，150、155日龄时再各免1次
	乙型脑炎活苗或灭活苗	150、155日龄各免1次
实验室检查	寄生虫病粪便检查	2月龄检验1次
	其他血清学反应	必要时弓形体病的血凝试验、萎缩性鼻炎的凝集试验
	微生物检查	微生物学检查

(续)

项　目		药剂或方法	实施日龄
药物预防	猪气喘病		料内添加抗生素，断奶后连续给药 10 d
	猪萎缩性鼻炎		鼻内喷雾或注射，断奶期间施行，每周 1~2 次
	预防贫血		葡聚糖枸橼酸铁铵，等出生后 3 d 注射 1 次。出生后 1 个月内经常以水溶液喂给
	下痢、猪痢疾		抗生素必要时在料内拌喂
	预防"应激"维生素		对新引入猪在引进时给予
	驱虫、驱虫药		对新引入猪在引进后及时给予
饲养管理	断奶		30 日龄断奶，预防下痢
	引入		在隔离的 2~3 周内，注意饲养管理
	出栏		预防运送时可能发生的事故
	饲料		注意给予维生素和矿物质

8.4　口蹄疫

口蹄疫（foot-and-mouth disease，FMD）是由口蹄疫病毒（foot-and-mouth disease virus，FMDV）引起偶蹄兽的一种急性、热性、高度接触性传染病，偶见于人和其他动物。临诊上以口腔黏膜、蹄部及乳房皮肤发生水疱和溃烂为特征，严重的蹄壳脱落、跛行、不能站立。本病有较强的传染性，一旦发病，传播速度很快，往往造成大流行，带来严重的经济损失。

（1）病原

口蹄疫病毒属微核糖核酸病毒科中的口蹄疫病毒属。病毒粒子直径为 23~25 nm，呈圆形或六角形，所含核酸为 RNA，无囊膜。口蹄疫病毒具有多型性，现已知有 7 个血清型，即 O、A、C、SAT1、SAT2、SAT3（南非 1、2、3 型）及亚洲 I 型，65 个亚型。各型的临诊表现相同，但各型之间抗原性不完全相同，不能交互免疫。

病毒在水疱皮、水疱液及淋巴液中含量最高。在发热期的血液中的病毒含量最高，体温降至正常后在奶、尿、口涎、泪、精液及粪便等也含有一定量的病毒。

病毒对外界环境的抵抗力较强，不怕干燥。在自然情况下，病毒在污染的饲草、饲料、皮毛及土壤中，可保持传染性达数周甚至数月之久；在 -30~-70 ℃或冻干保存可存活数年；在 50% 甘油生理盐水中 5 ℃时能存活 1 年以上。但高温和直射阳光（紫外线）对病毒有杀灭作用。病毒对碱、酸和一般消毒药敏感，2% 氢氧化钠、3% 福尔马林、0.3% 过氧乙酸、1% 强力消毒灵或 5% 次氯酸钠等，都是良好的消毒剂。水疱液中的病毒，在 60 ℃经 5~15 min 死亡，80~100 ℃很快死亡，鲜牛奶中的病毒在 37 ℃可存活 12 h，酸牛奶中的病毒能迅速死亡。

（2）流行病学

传染源　病畜是最主要的传染源。在症状出现之前，病畜体就开始排出大量病毒，发病期排毒量最多，在病的恢复期排毒量逐渐减少。病毒随分泌物和排泄物排出。水疱液、水疱皮、奶、尿、唾液及粪便含毒量最多，毒力也最强。

传播途径 本病以直接接触或间接接触的方式传播，主要通过消化道、呼吸道以及损伤的皮肤和黏膜感染。本病可呈跳跃式传播流行，多由于输入带毒产品和家畜所致。被污染的畜产品（皮、毛、骨、肉品、奶制品）、饲料、草场、饮水、水源、车辆、饲养用具等均可成为传播媒介。空气也是口蹄疫的重要传播媒介，病毒能随风传播到10~60 km以外的地方，如大气稳定、气温低、湿度高、病毒毒力强，本病常可发生远距离气源性传播。

易感动物 口蹄疫病毒主要侵害偶蹄兽，家畜中以牛易感性最强（黄牛、奶牛、牦牛最易感，水牛次之），其次是猪，再次为绵羊、山羊和骆驼。仔猪和犊牛不但易感，而且死亡率高。野生偶蹄兽如黄羊、鹿、麝和野猪也可感染发病。人类偶能感染，多发生于与患畜密切接触的或实验室工作人员。

流行特征 本病一年四季均可发生，以冬、春多发，其流行具有明显的季节规律，多在秋季开始，冬季加剧，春季减缓，夏季平息。常呈地方性流行或大流行。但在大群饲养的猪舍，本病的发生无明显的季节性。

（3）临诊症状

由于多种动物的易感性、病毒的数量、毒力以及感染门户不同，潜伏期的长短也不完全一致。

牛 潜伏期平均为2~4 d，最长可达1周。病牛体温高达40~41 ℃。精神沉郁，食欲减退，闭口，流涎，开口时有吸吮音，1~2 d后，在唇内、齿龈、舌面和颊部发生蚕豆至核桃大的水疱，此时口角流涎增多，呈白色泡沫状，常常挂在嘴边，采食、反刍完全停止。经一昼夜水疱破溃，形成边缘整齐的红色糜烂，水疱破溃后，体温降至正常。在口腔出现水疱的同时或稍后，在趾间及蹄冠的柔软皮肤上出现红肿、疼痛，并迅速发生水疱，水疱很快破溃，出现糜烂。糜烂部位可能继发细菌感染化脓、坏死，病畜站立不稳，跛行，严重的蹄匣脱落。乳头皮肤有时也可出现水疱，很快破溃形成烂斑，泌乳量显著减少，甚至泌乳停止。本病一般取良性经过，约经1周即可痊愈，如蹄部出现病变，病程可延至2~3周或更长。病死率较低，一般不超过1%~3%。但有时，在水疱病变逐渐痊愈，病牛趋向恢复时，病情突然恶化，病牛全身虚弱，肌肉发抖，心跳加快，节律失调，食欲废绝，反刍停止，站立不稳，行走摇摆，因心脏麻痹而突然倒地死亡。此种病称为恶性口蹄疫，病死率高达20%~50%，主要是病毒侵害心肌所致。

羊 潜伏期1周左右，症状与牛的大致相同，但感染率较牛低。山羊的水疱多见于口腔，水疱发生在硬腭和舌面。羔羊有时有出血性胃肠炎，常因心肌炎而死亡。

猪 潜伏期1~2 d，病猪以蹄部水疱为主要特征，病初体温升高至40~41 ℃，精神沉郁，食欲减少或废绝。口黏膜（包括舌、唇、齿龈、咽、腭）形成小水疱或糜烂。蹄冠、蹄叉、蹄踵等部出现局部发红、微热、敏感等症状，不久逐渐形成米粒大、蚕豆大的水疱，水疱破溃后表面出血，形成糜烂，如无细菌感染，1周左右痊愈。如有继发感染，严重的可引起蹄壳脱落，患肢不能着地，常卧地不起。病猪鼻镜、乳房也常见到烂斑，尤其是哺乳母猪，乳头上的皮肤病灶较为常见，但也发于鼻面上。还可常见跛行，有时流产，乳房炎及慢性蹄变形。吃奶仔猪的口蹄疫，通常呈急性胃肠炎和心肌炎而突然死亡。病死率可达60%~80%，病程稍长者，也可见到口腔（齿龈、唇、舌等）及鼻面上有水疱和糜烂。

（4）病理变化

动物口蹄疫除口腔和蹄部的水疱和烂斑外，在咽喉、气管、支气管和前胃黏膜有时可见圆形烂斑和溃疡，真胃和肠黏膜可见出血性炎症。特征性的病变是心脏的病变，心包膜有弥散性及点状出血，心肌松软，切面有灰白色或淡黄色斑点或条纹，似老虎皮上的斑纹，称为"虎斑心"。

(5) 诊断

根据流行特点和典型临诊症状可做出初步诊断，确诊要进行实验室检查。发病时必须迅速采取水疱皮和水疱液送检，以确诊和鉴定病毒毒型。可采取舌面、蹄部的水疱皮或水疱液，数量 10 g 左右，水疱皮置入盛有 50% 甘油生理盐水的消毒瓶中，水疱液用消毒过的注射器抽取，装入消毒试管或小瓶中，迅速送往实验室进行诊断。

(6) 防制

预防措施　坚持"预防为主"的方针，采取以免疫预防为主的综合防控措施，控制疫情的发生。免疫预防是控制本病的主要措施，要选择与流行毒株相同血清型的口蹄疫疫苗对易感动物进行预防接种。带毒活畜及其产品的流动是口蹄疫爆发和流行的重要原因之一，因此，要依法进行产地检疫和屠宰检疫；依法做好流通领域运输活畜及其产品的检疫、监督和管理，防止口蹄疫传入；进入流通领域的偶蹄动物必须具备运输检疫合格证明和免疫注射证明。

扑灭措施　严格按《中华人民共和国动物防疫法》及有关规定，采取紧急、强制、综合性的扑灭措施。一旦有口蹄疫疫情发生，应迅速上报疫情，划定疫点、疫区，按"早、快、严、小"的原则，严格封锁。病畜及同群畜隔离并无血扑杀，同时对病牛舍及污染的场所和用具进行彻底消毒，牛舍、场地和用具等，用 2%~5% 氢氧化钠、10% 石灰乳、0.2%~0.5% 过氧乙酸或 1% 强力消毒剂喷洒消毒。皮张用环氧乙烷、甲醛气体消毒，粪便堆积发酵或用 5% 氨水消毒。在封锁期间，禁止易感动物及其产品流出疫区，禁止非疫区的动物进入疫区，并根据扑灭动物疫病的需要对出入封锁区的人员、运输工具及有关物品采取消毒和其他限制性措施。对疫区周围的受威胁区的易感动物用同型疫苗进行紧急预防接种，在最后一头病畜扑杀后 14 d，未出现新的病例，经彻底大消毒后可解除封锁。

(7) 公共卫生

预防人的口蹄疫，主要依靠个人自身防护，如不吃生奶，接触病畜后立即洗手消毒，防止病牛的分泌物和排泄物落入口鼻和眼结膜，污染的衣物及时做消毒处理等。非工作人员不与病畜接触，以防感染和散毒。

8.5　伪狂犬病

伪狂犬病（pseudorabies）是由伪狂犬病病毒（pseudorabies virus）引起家畜和多种野生动物的一种急性、热性传染病。发病后通常具有发热、奇痒及脑脊髓炎等典型症状。本病对猪的危害最大，可导致妊娠母猪流产、死胎、木乃伊胎；初生仔猪具有明显的神经症状，急性致死。目前，世界上本病猪、牛及绵羊等动物的发病率逐年增加。

(1) 病原

伪狂犬病病毒属于疱疹病毒科甲型疱疹病毒亚科。病毒粒子呈圆形，直径为 150~180 nm，有囊膜和纤突。所含核酸为 DNA。病毒只有一个血清型，但毒株间存在差异。病毒能在鸡胚及多种动物细胞上生长繁殖，产生核内包涵体。

病毒对外界抵抗力较强，在污染的猪舍中能存活 1 个多月，在肉中能存活 5 周以上。但在干燥的条件下及直射日光下迅速灭活。对消毒药敏感，一般常用消毒药都有效。可用 2% 氢氧化钠、3% 来苏儿等消毒。

(2) 流行病学

传染源　病猪、带毒猪以及带毒鼠类是本病的主要传染源。猪感染后，其鼻、眼、阴道、乳汁等分泌物都有病毒排出。康复猪可通过鼻腔分泌物及唾液持续排毒。

　　传播途径　本病的传播途径主要是经消化道、呼吸道、损伤的皮肤以及生殖道感染，但成年猪无症状表现。仔猪常因吃感染母猪的乳而发病，病毒可经胎盘使胎儿感染，引起流产和死胎。猪配种时可传播本病，母猪感染本病后 6~7 d 乳中有病毒，持续 3~5 d，乳猪可因吃奶而感染本病。怀孕母猪感染本病后，常可侵入子宫内的胎儿。牛常因接触猪、鼠而感染，感染发病后几乎 100% 死亡。

　　病毒可通过直接接触传播，也容易间接传播。如吸入带病毒粒子的气溶胶或饮用污染的水等，健康猪与病猪、带毒猪直接接触可感染本病，鼠可在猪群之间传播病毒。鼠可因吃了被污染的饲料而感染。

　　易感动物　猪的易感性最强，牛、羊、猫、犬、鼠等也可自然感染；许多野生动物、肉食动物也有易感性，除猪以外，其他易感动物感染都是致死性的。

　　流行特征　本病多呈散发或呈地方流行性。病的发生具有一定的季节性，以冬、春多发。哺乳仔猪日龄越小，发病率和病死率越高，发病率和病死率可随着日龄的增长而下降。

(3) 临诊症状

　　潜伏期一般为 3~6 d，短的 36 h，长的达 10 d。

　　猪　临诊表现主要取决于毒株和感染量，随年龄的增长有很大差异。

　　①2 周龄以内哺乳仔猪：发病时，症状最严重。病初发热至 41 ℃、呕吐、腹泻、精神沉郁。有的出现眼球上翻，呼吸困难。随后出现发抖、运动失调，两前肢呈八字形站立，间歇性痉挛，后期麻痹，做前进或后退转动，倒地四肢划动。常伴有癫痫发作或昏睡，触摸时肌肉抽搐，最后衰竭死亡。哺乳仔猪的病死率可达 100%。

　　②3~4 周龄的猪：主要症状同上。但病程稍长，常见便秘，病死率可达 40%~60%。耐过的猪常有后遗症，如偏瘫和发育受阻。

　　③2 月龄以上的猪：以呼吸道症状为主，症状轻微或隐性感染。较常见的症状是一过性发热、咳嗽、便秘。发病率高，病死率低。有的病猪呕吐。多在 3~4 d 恢复。如出现体温继续升高，病猪又出现神经症状，震颤、共济失调，头向上抬，背拱起，倒地后四肢痉挛，间歇性发作。

　　④妊娠母猪：咳嗽、发热、精神沉郁，随即发生流产，产死胎、木乃伊胎和弱仔。这些弱仔猪出生后 1~2 d 出现呕吐和腹泻，运动失调，痉挛，角弓反张。一般在 24~36 h 内死亡。

　　牛、羊和兔　对本病特别敏感，感染后病程短、病死率高，症状特殊，主要表现体表任何病毒增殖部位的奇痒，并因瘙痒而出现各种姿势。如鼻黏膜受感染，用力摩擦鼻镜和面部；有的呈犬坐姿势，在地面摩擦肛门或阴户；有的在头颈、肩胛、胸壁、乳房等部位发生奇痒。奇痒部位因强烈瘙痒而脱毛、水肿，甚至出血。还可出现某些神经症状，如磨牙、流涎、强烈喷气、狂叫，甚至神志不清。病初体温短期升高，病的后期多因麻痹而死亡。病程 2~3 d。个别病例发病后无奇痒症状，数小时内即死亡。

(4) 病理变化

　　猪　一般无特征性病变。有神经症状的病死猪，脑膜明显充血、出血和水肿，脑脊液增多；扁桃体、肝、脾有散在的白色坏死点；流产胎儿的脑和臀部皮肤有出血点，肾和心肌出血。流产母猪有轻度子宫内膜炎，公猪阴囊水肿。

　　其他动物　主要是体表皮肤局部擦伤、撕裂、皮下水肿，肺充血、水肿，心外膜出血，心包积水。

组织变化　可见中枢神经系统呈弥漫性非化脓性脑炎，有明显血管套和胶质细胞坏死。在鼻咽黏膜、脾和淋巴结细胞内有核内包涵体。

(5) 诊断

根据病畜典型的临诊症状和流行病学可做出初步诊断。确诊必须进行实验室检查。病料采集，用于病毒分离和鉴定，一般采取流产胎儿、脑、扁桃体、肺组织以及脑炎病例的鼻咽分泌物等；牛可采取瘙痒病畜的脊髓；将病料制成悬液，加双抗，离心取上清，肌内接种给兔，2 d 左右兔注射部位奇痒，兔不停啃咬，致使注射部位脱毛、出血、皮开肉绽；1~2 d 后麻痹死亡可确诊。用于血清学检查采取感染动物的血清送检，样品需冷藏送检。取自然病例的脑或扁桃体的压片或冰冻切片，用荧光抗体检查，见神经细胞的胞浆及核内产生荧光可确诊。猪感染本病常呈隐性经过，因此，诊断要依靠血清学方法，包括中和试验、琼脂扩散试验、补体结合试验、荧光抗体试验及 ELISA 等。

(6) 防制

预防措施　引进动物时进行严格的检疫，防止将野毒引入健康动物群是控制本病的重要措施。严格灭鼠，控制犬、猫、鸟类和其他禽类进入猪场。做好消毒及血清学监测对本病的防控有重要作用。预防牛、羊伪狂犬病的疫苗主要是氢氧化铝甲醛灭活苗，牛每头皮下注射 8~10 mL，免疫期 1 年；羊每只皮下注射 0.5 mL，免疫期半年。猪伪狂犬病疫苗包括灭活疫苗和基因缺失弱毒苗。使用灭活苗免疫时，种猪(包括公猪)初次免疫后间隔 1 周加强免疫 1 次，以后每胎配种前注射免疫 1 次，产前 1 个月左右加强免疫 1 次，即可获得较好的免疫效果，并可使哺乳仔猪的保护力维持到断奶。留作种用的断奶仔猪在断奶时免疫 1 次，间隔 1 周后加强免疫 1 次，以后即可按种猪免疫程序进行。育肥仔猪在断奶时接种 1 次即可维持到出栏。规模化猪场一般不宜用弱毒疫苗。

扑灭措施　认真检查全部猪群，扑杀发病乳猪、仔猪，对污染的圈舍、场地和用具进行彻底消毒。发病猪群或猪场，无症状的母猪、架子猪和仔猪，一律紧急注射伪狂犬病弱毒疫苗，乳猪第一次注射 0.5 mL，断奶后再注射 1 mL；3 月龄以上的猪及怀孕母猪产前 1 个月注射 2 mL，免疫期 1 年。也可注射伪狂犬病油乳剂灭活苗。

治疗　本病尚无有效药物治疗，紧急情况下用高免血清治疗，可降低病死率。猪干扰素用于同窝仔猪的紧急预防和治疗，有较好的疗效；用白细胞介素和伪狂犬病基因弱毒苗配合对发病猪群进行紧急接种，可在短时间内控制病情的发展。

8.6　狂犬病

狂犬病(rabies)俗称疯狗病或恐水病，是由狂犬病病毒(rabies virus)引起的一种人畜共患的接触性传染病。临诊特征是患病动物出现极度的神经兴奋、狂暴和意识障碍，最后全身麻痹死亡。本病潜伏期较长，病死率极高，几乎所有的温血动物都能感染。近年世界流行趋势还有所上升，严重威胁人类健康和生命安全。

(1) 病原

狂犬病病毒属于弹状病毒科狂犬病病毒属。病毒粒子直径为 75~80 nm，长 140~180 nm，呈子弹形。病毒的核酸为 RNA。

病毒对外界的抵抗力不强，可被各种理化因素灭活。反复冻融、紫外线以及常用的消毒药如石炭酸、新洁尔灭、70% 乙酸、0.1% 升汞、2% 甲醛、1%~2% 肥皂水、70% 乙醇、0.01% 碘溶液都能使之灭活。

(2) 流行病学

传染源 患病动物和带毒者是本病的传染源，它们通过咬伤、抓伤使其他动物感染；患狂犬病的犬是使人感染的主要传染源，其次是猫。患病动物体内以中枢神经、唾液腺和唾液的含毒量最高。

传播途径 多数患病动物唾液中带有病毒，由患病动物咬伤或伤口被含有狂犬病病毒的唾液直接污染是本病的主要传播方式。唾液中含有的大量病毒，通过咬伤使病毒随唾液进入皮下组织，然后沿神经纤维进入神经中枢，病毒在中枢神经组织增殖，并由中枢沿神经向外周扩散，进入唾液腺。病毒在中枢神经系统可继续繁殖，损害神经细胞和血管壁，引起一系列的神经症状。

易感动物 所有的温血动物对本病都有易感性，但在自然界中主要的易感动物是犬科和猫科动物，以及蝙蝠和某些啮齿动物。野生动物如狼、狐、臭鼬、蝙蝠是狂犬病病毒的自然贮存宿主，野生啮齿动物如野鼠、松鼠、鼬鼠等对本病易感，在一定条件下可成为本病的危险疫源长期存在。

流行特征 本病的发生有季节性，一般春夏比秋冬多发；没有年龄和性别的差异。人发生本病有明显的年龄、性别特征和季节性，一般青少年和儿童患者较多，男性较多，温暖季节发病较多。

(3) 临诊症状

潜伏期的长短差异较大，一般为2~8周，短的1周，长的数月或1年以上。

犬 潜伏期10 d至2个月，可分为狂暴型和麻痹型两种类型。

①狂暴型：有前驱期、兴奋期和麻痹期。前驱期1~2 d，病犬精神沉郁，常躲在暗处，不愿和人接近，性情、食欲反常，喜吃异物。喉头轻度麻痹，吞咽时颈部伸展。瞳孔散大，反射机能亢进，轻度刺激即兴奋，有时望空扑咬。性欲亢进，唾液分泌增多，后躯软弱。兴奋期2~4 d，病畜高度兴奋，表现狂暴并常攻击人畜。狂暴发作期与沉郁交替出现，表现一种特殊的斜视和惶恐表情，当再次受到外界刺激时，又可出现一次新的发作，狂乱攻击，自咬四肢、尾及阴部等。病犬在野外游荡，多半不归，到处咬伤人畜。随着病情的发展，意识障碍，反射紊乱，显著消瘦，吠声嘶哑，夹尾，眼球凹陷，瞳孔散大或缩小。麻痹期1~2 d。麻痹症状迅速发展，下颌下垂，舌脱出口外，流涎显著，不久后躯及四肢麻痹，卧地不起。最后因呼吸中枢麻痹或衰竭死亡。

②麻痹型：病犬以麻痹为主，兴奋期很短或仅见轻微表现即转入麻痹期。麻痹始见于头部肌肉，病犬表现吞咽困难、张口流涎、恐水，随后发生四肢麻痹进而全身麻痹而死亡。一般病程为5~6 d。

人 发病开始有焦躁不安的感觉，头痛，感觉异常，在咬伤部位常感疼痛难忍。随后发生兴奋症状，对光和声音的刺激极度敏感，瞳孔放大，流涎增加。随着病情的发展，咽肌痉挛，由于肌肉收缩使液体返流，大部分患者表现吞吐困难，当看到液体时发生咽喉部痉挛，以致不能咽下自己的唾液，表现为恐水症。呼吸道肌肉也可痉挛，全身抽搐，兴奋期可持续至死亡，或在最后出现全身麻痹。有些病例兴奋期很短，而以麻痹为主。症状可持续2~6 d，有时更长，患者大都死亡。

(4) 病理变化

本病无特征性剖检变化，常见尸体消瘦，体表有伤痕。病理组织学检查见有非化脓性脑炎变化,特征性的病变是在大脑海马角、大脑、或小脑皮质等处的神经细胞中可检出嗜酸性包涵体——内基氏小体。

(5) 诊断

本病的临诊诊断较困难,有时因潜伏期特长,查不出咬伤史,症状又易与其他脑炎相混而误诊。如患病动物出现典型的病程,每个病期的临诊表现明显,结合病史可做出初步诊断。但因狂犬病犬在出现症状前1~2周就已从唾液中排出病毒,所以,当动物或人被可疑病犬咬伤后,应及早对可疑犬做出确诊,以便对被咬伤的人畜进行必要的处理。应将可疑犬拘禁观察或扑杀,进行实验室检验。

采取扑杀或死亡的可疑动物脑组织,最好是海马角或延髓。各切取 1 cm^3 的小块,置灭菌容器中,在冷藏条件下送实验室检查。检查内基氏小体,此法简单、迅速,可切取海马角,置吸水纸上,切面向上,载玻片轻压切面,制成压印标本,室温自然干燥后染色镜检,检查有无特异包涵体。内基氏小体位于神经细胞胞浆内,直径 3~20 μm,呈椭圆形,嗜酸性染色(染成红色)。检出内基氏小体可确诊。荧光抗体法也是一种特异而快速的直接染色检查诊断法。取可疑病例脑组织或唾液腺制成压印片或冰冻切片,用荧光抗体染色,在荧光显微镜下检查,胞浆内出现亮绿色荧光颗粒为阳性可确诊。要有阳性和阴性对照组。

(6) 防制

预防措施 对家犬大面积的预防免疫是控制和消灭狂犬病的根本措施。只要使用有效的狂犬病疫苗,使其免疫覆盖率连续数年达75%以上,就可有效地控制狂犬病的发生。咬伤前的预防性免疫,免疫对象仅限于受高度感染威胁的人员,如兽医、实验室检验人员、饲养员和野外工作人员等。

扑灭措施 发现疑似疫情,应及时向当地动物防疫监督机构报告。畜主应立即隔离疑似患病动物,限制其移动。动物防疫监督机构接到报告后,应及时到现场诊断,包括流行病学调查、临诊症状检查、病理解剖检查、采集病料、实验室诊断等,并根据诊断结果采取相应防治措施。

在养殖场,确诊为狂犬病后,当地县级以上地方人民政府畜牧兽医行政管理部门应当划定疫点、疫区、受威胁区;县级以上地方人民政府根据需要组织有关部门和单位采取隔离、扑杀、销毁、消毒、限制易感动物及其产品出入等控制、扑灭措施。

对患狂犬病死亡的动物一般不应解剖,更不允许剥皮食用,以免狂犬病病毒经破损的皮肤黏膜而使人感染,而应将尸体焚化或深埋。如因检验诊断需要剖检尸体时,必须做好个人防护和消毒。

伤口的局部处理是极为重要的,紧急处理伤口以清除含有狂犬病病毒的唾液是关键步骤。伤口用大量肥皂水或0.1%新洁尔灭和清水冲洗,再用75%乙醇或2%~3%碘酊消毒。同时,用狂犬病免疫血清或人源抗狂犬病免疫球蛋白围绕伤口局部做浸润注射。局部处理在咬伤后早期(尽可能在几分钟内)进行效果最好,但数小时或数天后处理也不应疏忽。局部伤口不应过早缝合。

对咬人动物的处理,凡出现典型症状的动物,应立即扑杀,并将尸体焚化或深埋。不能确定为狂犬病的可疑动物,在咬人后应捕获隔离观察10 d,扑杀或在观察期间死亡的动物,脑组织应进行实验室检验。

(7) 公共卫生

人的狂犬病大都是由于被患狂犬病的动物咬伤所致,潜伏期长,多数为2~6个月甚至几年。因此,人若被可疑动物咬后应立即用20%肥皂水冲洗伤口,并用3%碘酊处理,然后迅速接种狂犬病疫苗，在发病之前建立主动免疫。

8.7 轮状病毒感染

轮状病毒感染（rotavirus infection）是由轮状病毒（rotavirus）引起的多种幼龄动物和婴幼儿的一种急性肠道传染病，以腹泻和脱水为特征。成年动物和成年人多呈隐性经过。

(1) 病原

轮状病毒属呼肠孤病毒科轮状病毒属。病毒无囊膜，由11个双股RNA片段组成，有双层衣壳，像车轮。轮状病毒分为A、B、C、D、E、F 6个群。A群为常见的典型病毒，主要感染人和各种动物；B群主要感染猪、牛和大鼠；C群和E群感染猪；D群感染鸡和火鸡；F群感染禽。

轮状病毒对理化因素有较强的抵抗力，室温能存活7个月。0.01%碘、1%次氯酸钠和70%乙醇可使其灭活。

(2) 流行病学

传染源 病人、病畜和隐性感染动物是本病的传染源，病毒主要存在于人和动物的肠道内，随粪便排出，污染环境。

传播途径 从粪便排出的病毒污染饲料、饮水、垫草和土壤，经消化道感染。

易感动物 各种年龄的人和动物都可感染，最高感染率可达90%~100%，常呈隐性经过，发病的一般是新生婴儿和幼龄动物。

流行特征 本病传播迅速，发病有一定的季节性，晚秋、冬季和早春多发。寒冷、潮湿及不良的卫生条件可使病情加重。

(3) 临诊症状

牛 潜伏期15~96 h，多发于1周龄以内的新生犊牛。病牛精神沉郁，食欲减退，腹泻，粪便呈黄白色、液状，有时带有黏液和血液。腹泻长的脱水明显，病情严重的可引起死亡。病死率可达50%，病程1~8 d。恶劣的寒冷气候可使许多病牛在腹泻后并发严重的肺炎而死亡。

猪 潜伏期12~24 h，呈地方流行性。多发于8周龄以内的仔猪。病猪精神沉郁、食欲减退，偶有呕吐，迅速发生腹泻，粪便水样或糊状，呈暗黑色，病猪脱水明显。若有母源抗体保护，1周龄的仔猪不易感染发病；10~20周龄哺乳仔猪症状轻，腹泻1~2 d即可痊愈，病死率低；3~8周龄或断奶2 d的仔猪病死率10%~30%，严重的可达50%。

其他动物 羔羊和鸡感染后，潜伏期短，主要症状是腹泻、精神沉郁、食欲减退、体重减轻和脱水等，一般经4~8 d痊愈。

(4) 病理变化

病变限于消化道，幼龄动物胃壁弛缓，胃内充满凝乳块和乳汁。小肠壁菲薄，半透明，内容物液状，呈灰黄或灰黑色。小肠广泛出血，肠系膜淋巴结肿大。

(5) 诊断

根据本病发生于寒冷季节、主要侵害幼龄动物，突然发生水样腹泻，水样便且呈黑色或颜色发深，发病率高，病变集中在消化道，小肠广泛性出血等可做出初步诊断。确诊要进行实验室诊断，取腹泻开始24 h内的小肠及内容物或粪便，小肠做冰冻切片或涂片进行荧光抗体检查和感染细胞培养等；小肠内容物和粪便经超速离心等处理后，做电镜检查。

(6) 防制

预防措施 在疫区要使新生仔畜及早吃到初乳，接受母源抗体保护以减少和减轻发病。用猪源弱毒疫苗免疫母猪,其所产仔猪腹泄率下降60%以上,成活率高。用牛源弱毒疫苗免疫母牛,所产犊牛30 d内未发生腹泻。我国还研制出猪轮状病毒感染和猪传染性胃肠炎二联弱毒疫苗,给妊娠母猪分娩前1个月注射,也可使其所产仔猪获得良好的被动免疫。

扑灭措施　发生本病后,应停止哺乳,用葡萄糖盐水给病畜自由饮用。同时对病畜进行对症治疗,如可用收敛止泻药,静脉注射葡萄糖盐水和碳酸氢钠溶液以防止脱水和酸中毒,使用抗菌药物以防止继发细菌性感染。

(7) 公共卫生

婴幼儿主要感染A群轮状病毒,感染后会出现每天10余次的急性腹泻,并持续1周,脱水、酸中毒,可并发肺炎、病毒性心肌炎、脑炎等,严重的可引起死亡。预防婴儿感染轮状病毒,应做到饭前便后洗手,尽量用母乳喂养婴儿,提高婴儿的抵抗力。

8.8　流行性乙型脑炎

流行性乙型脑炎(epidemic encephalitis B)又称日本乙型脑炎,简称乙脑,是一种由昆虫媒介传播的人畜共患的急性传染病。本病属自然疫源性疾病,多种动物都可感染,人、猴、马和驴感染后出现明显的脑炎症状,病死率较高。猪乙脑在临诊上以妊娠母猪流产和产死胎、公猪的睾丸炎、新生仔猪出现典型脑炎和育肥猪持续高热为特征。

(1) 病原

乙脑病毒(epidemic encephalitis B virus)属于黄病毒科黄病毒属的滤过病毒。病毒主要存在于病猪的脑、脑脊液、血液、脾、睾丸,病毒能凝集鸡、鸭、鹅、鸽和绵羊的红细胞,并为阳性血清所抑制。该病毒能在鸡胚卵黄囊及鸡胚成纤维细胞、仓鼠肾细胞、猪肾传代细胞内增殖,并产生细胞病变和蚀斑。病毒对外界的抵抗力不强56 ℃ 30 min 或 100 ℃ 2 min 可灭活,一般消毒药如2%氢氧化钠、3%来苏儿、碘酊等都有效。

(2) 流行病学

传染源　人类和多种动物可作为本病的传染源,家畜和家禽是主要的传染源。猪对乙脑病毒自然感染率高。

传播途径　本病经蚊虫叮咬而传播。能传播本病的蚊虫很多,现已被证实的有库蚊、伊蚊和按蚊。

易感动物　马、猪、牛、羊等多种动物和人都可感染,但除人、马和猪外,其他动物多为隐性感染。初产母猪发病率高,流产、死胎等症状严重。

流行特征　在热带地区,本病全年均可发生,在亚热带和温带地区本病的发生有明显的季节性。

(3) 临诊症状

猪　人工感染潜伏期一般为3~4 d。常突然发病,体温升高达40~41 ℃,呈稽留热,精神沉郁,食欲减退。粪便干燥呈球状,表面常附有灰白色黏液,尿呈深黄色。有的猪后肢关节肿胀疼痛而跛行。个别表现明显神经症状,视力障碍,摆头,乱冲乱撞,后肢麻痹,最后倒地不起而死亡。妊娠母猪常突然发生流产。流产多发生在妊娠后期,流产后症状减轻,体温、食欲恢复正常。少数母猪流产后从阴道流出红褐色乃至灰褐色黏液,胎衣不下。流产胎儿多为死胎或木乃伊胎,或濒于死亡。公猪除有上述一般症状外,突出表现是在发热后发生睾丸炎。一侧或两侧睾丸明显肿大,较正常睾丸1/2~1倍,具有特征性。

马　潜伏期为1~2周。病初体温短期升高，可视黏膜潮红或轻度黄染，精神沉郁，头下垂，食欲减退，肠音稀少，粪球干小。有的病马由于病毒侵害脑和脊髓，出现明显的神经症状，表现沉郁、兴奋或麻痹。有的病马以沉郁为主，表现呆立不动，低头垂耳，眼半开半闭，常出现异常姿势，后期卧地昏迷；有的病马以兴奋为主，表现为狂暴不安，乱冲乱撞，攀越饲槽，后期因过度疲惫，倒地不起，麻痹衰竭而死亡。

牛、羊　发热、痉挛、转圈、四肢强直、牙关紧闭、麻痹、昏睡、死亡。

(4) 病理变化

马　肉眼病变不明显。脑脊髓液增量，脑膜和脑实质充血、出血、水肿，肺水肿，肝、肾浊肿，心内外膜出血，胃肠有急性卡他性炎症。脑组织学检查，见非化脓性脑炎变化。睾丸实质充血、出血、坏死。

猪　肉眼病变主要在脑、脊髓、睾丸和子宫。脑的病变与马相似。肿胀的睾丸实质充血、出血和坏死灶。流产胎儿常见脑水肿，腹水增多，皮下有血样浸润。胎儿大小不等，有的呈木乃伊化。

牛、羊　非化脓性脑炎变化。

(5) 诊断

临诊综合诊断　本病有严格的季节性，呈散在性发生，多发生于幼龄动物和10岁以下的儿童，有明显的脑炎症状，妊娠母猪发生流产，公猪发生睾丸炎，死后取大脑皮质、丘脑和海马角进行组织学检查，发现非化脓性脑炎等，可作为诊断的依据。

血清学诊断　在本病的血清学诊断中，血凝抑制试验、中和试验是常用的实验室诊断方法。其他血清学诊断法还有荧光抗体法、ELISA、反向间接血凝试验等。

(6) 防制

预防流行性乙型脑炎，应从畜群免疫接种、消灭传播媒介和宿主动物的管理3个方面采取措施。

免疫接种　用乙脑疫苗给马、猪进行预防注射，不但可预防流行，还可降低动物的带毒率，既可控制本病的传染源，也可控制人群中乙脑的流行。

消灭传播媒介　这是一项预防与控制乙脑流行的根本措施。以灭蚊防蚊为主，尤其是三带喙库蚊，应根据其生活规律和自然条件，采取有效措施，才能收到较好的效果。

加强宿主动物的管理　应重点管理好没有经过夏秋季节的幼龄动物和从非疫区引进的动物。应在乙脑流行前完成疫苗接种并在流行期间尽量避免蚊虫叮咬。

(7) 公共卫生

带毒猪是人乙型脑炎的主要传染源。往往在猪乙型脑炎流行高峰过后1个月便出现人乙型脑炎的发病高峰。病人表现高热、头痛、昏迷、呕吐、抽搐、口吐白沫、共济失调、颈部强直，儿童发病率和病死率高，幸存者常留有神经系统后遗症。在流行季节到来之前，加强个体防护、做好卫生防疫工作对防控人感染乙型脑炎具有重要意义。

8.9　禽流行性感冒

禽流行性感冒（avian influenza，AI），简称禽流感，也称真性鸡瘟或欧洲鸡瘟，是由A型流感病毒（avian influenza virus）引起家禽的一种烈性传染病，由高致病性禽流感病毒引起的高致病性禽流感，我国将其列为一类动物疫病。

(1) 病原

禽流感病毒属正黏病毒科 A 型流感病毒属，为单股负链 RNA 病毒。病毒颗粒呈球形、杆状或长丝状，直径为 80~120 nm，有囊膜，囊膜上有含血凝素和神经氨酸酶活性的糖蛋白纤突。流感病毒有 3 个不同的抗原型，A 型、B 型和 C 型。B 型和 C 型一般只见于人类。所有的禽流感病毒都是 A 型。A 型流感病毒也见于人、马、猪。

根据病毒表面的血凝素(HA)和神经氨酸酶(NA)，可将 A 型流感病毒分为若干亚型，不同的 HA 和 NA 组合即成为一个亚型，如 H5N1 亚型，对鸡有高致病力。目前，已知有 16 种 HA 和 9 种 NA。

病毒能凝集鸡和某些哺乳动物的红细胞，并能被特异性血清所抑制。可用此特性进行病毒鉴定和流行病学调查。

病毒广泛存在于病鸡的呼吸道、血液、分泌物和排泄物中，对外界环境有较强的抵抗力，鼻腔分泌物和粪便中的病毒可存活 10 d 以上，冻禽肉和骨髓中的病毒可存活 10 个月之久，在干燥血液中可存活 100 d 以上，羽毛中可存活 18 d。但对热敏感，60 ℃ 20 min、65~70 ℃ 数分钟即可灭活。直射日光下 40~48 h 可灭活。紫外线照射也可迅速破坏病毒的感染性。常用消毒药均可将其灭活，如福尔马林、氧化剂、卤素化合物(如漂白粉和碘制剂)、重金属离子能迅速杀灭病毒。

(2) 流行病学

传染源　病禽是主要传染源，野生水禽是自然界 A 型流感病毒的主要带毒者，观赏鸟类也有携带和传播病毒的作用。病毒主要通过病禽的各种分泌物、排泄物及尸体等污染饲料、饮水等，其中粪便含有大量病毒，1 g 被禽流感病毒污染的粪便含有足可让 100 万只家禽全部感染的病毒量。

传播途径　本病主要经消化道、结膜、伤口和呼吸道感染。被病毒污染的饮水、饲料、物品、笼具、车辆都易传播本病，近距离的家禽之间可通过空气传播。母鸡感染本病后可经蛋垂直传播。人员的流动与消毒不严，可起非常重要的传播作用。自然条件下，许多家禽、野禽和鸟类都对禽流感病毒敏感，鸡的易感性最高，可引起大批死亡。野生鸟类和迁徙的水禽是禽流感的自然宿主，家禽与它们接触，可引起流感的暴发。

流行特征　禽流感病毒的致病力差异很大，有的毒株发病率虽高，但病死率较低；有些毒株致病力很强，如强毒株在自然条件下，鸡的发病率和病死率可达 100%。在各种家禽中，火鸡最常发生流感暴发。常突然发生，传播迅速，呈流行性和大流行性。多发生于天气骤变的晚秋、早春以及寒冷的冬季。阴雨、潮湿、寒冷、贼风、运输、拥挤、营养不良和体内外寄生虫侵袭可促进本病的发生和流行。

(3) 临诊症状

潜伏期一般为 3~5 d，流行初期的急性病例，不出现任何症状而突然死亡。一般病初表现精神沉郁，食欲减少，羽毛松乱，垂头缩颈，鸡冠和肉髯发绀、肿胀、出血。头部水肿、眼睑肿胀，又称"大头瘟"，眼有分泌物，结膜充血肿胀，偶尔有出血。有的病鸡表现呼吸困难，鼻分泌物增多，病鸡常摇头甩出分泌物，严重的可引起窒息，口腔中黏液分泌物也增多。病鸡腹泻，排黄绿色稀粪。有的病鸡出现神经症状、惊厥，打滚或圆圈运动，共济失调和眼盲。产蛋下降或停止，产软壳蛋、畸形蛋。鸡腿爪部鳞片有出血斑，病死率可达 100%。

(4) 病理变化

鸡　禽流感的特征性变化是腺胃黏膜和腹部脂肪出血，肌胃内层出血、糜烂，胰腺、肠系膜出血。肠黏膜出血广泛而明显。有时在胸骨内侧、胸肌和全身组织出血。脑膜脑炎，脑和脑膜充血、出血。眼结膜充血，有时有淤血点，气管黏膜严重出血，呈红气管。心外膜有出血点，心肌软化。头部颜面、鸡冠、肉垂水肿部皮下呈黄色胶样浸润、出血。产蛋鸡的输卵管有白色黏稠或干酪样分泌物，卵黄囊软化、破裂，并常见卵黄性腹膜炎。脚趾鳞片出血。

火鸡 病变与鸡相似，但没有鸡严重。特征性的病理组织学变化为水肿、充血、出血和血管套（血管周围淋巴细胞聚集）的形成，主要表现在心肌、肺、脑、脾等。另外，还有坏死性胰腺炎和心肌炎。

（5）诊断

根据流行病学、临诊症状和病理变化等综合分析可做出初步诊断，确诊要进行病毒分离鉴定和血清学诊断。用于病原鉴定，可采集病死禽的气管、肺、肝、肾、脾等组织样品。活禽可用棉拭子涂擦病禽的喉头、气管后，置于每毫升含 1 000 U 青霉素、2 mg 链霉素、pH 7.2~7.6 的肉汤中，无肉汤可用 25%~50% 甘油盐水，泄殖腔拭子用双倍上述抗生素处理。用于血清学检查，应采取急性期及恢复期的血清进行确诊。

（6）防制

按照《高致病性禽流感防治技术规范》（GB/T 19442—2004）实施。

预防措施 用禽流感疫苗对家禽进行预防注射，可采用灭活苗和弱毒疫苗，当前使用的有禽流感灭活疫苗（H5N2、H5N1、H9N2 亚型）；弱毒疫苗，如 H5 亚型禽流感重组鸡痘病毒载体活疫苗，是以高度成熟的鸡痘病毒为载体研制的新型基因工程禽流感-鸡痘二联苗，该疫苗免疫后，不产生针对病毒核蛋白的抗体，不影响疫情监测，具有安全、高效、免疫产生快、免疫期长等特点。另外，应用高效价抗体血清给鸡注射后，可获得被动免疫。

扑灭措施 一旦发生可疑病例，应及时上报疫情。确诊后，立即采取封锁、隔离、扑杀、销毁、消毒、紧急预防接种等控制、扑灭措施。疫情处理实行以紧急扑杀为主的综合性防制措施。划定疫点、疫区、受威胁区，严格封锁，疫点周围 200 m 范围内不允许任何人员、车辆、动物进入；对疫点周围 3 km 范围内的所有禽类进行扑杀、焚烧、深埋；对疫点内禽舍、场地以及所有运输工具、饮水用具必须严格消毒，常用消毒药氯制剂、碘制剂、氢氧化钠、季铵盐（如百毒杀等），采用喷洒、气雾和火焰消毒方法；对疫点外 3~8 km 范围之间的健康禽全部进行紧急强制免疫接种，使用国家批准（指定）生物药品厂生产的疫苗，并建立详细免疫档案。

封锁期间对受威胁区的易感禽类及其产品进行监测、检疫和监督管理。疫点内所有禽类按规定扑杀并无害化处理后，经过 21 d，进行彻底的终末消毒，才可解除封锁。

（7）公共卫生

禽流感病毒某些亚型如 H5、H7 和 H9 能直接感染人并可引起死亡，使禽流感病毒作为人畜共患的公共卫生地位更显突出。

人感染后潜伏期 1~2 d。发病突然，表现发热、畏寒、头痛、肌肉痛，有时衰竭。常见结膜发炎、流泪。干咳、喷嚏、流鼻液。一般 2~7 d 可恢复，但老年人康复较慢，病情严重的常因呼吸综合征而死亡。发生细菌感染时，常并发支气管炎或支气管肺炎。

有 H9N2、H5N1 和 H7N7 亚型禽流感病毒感染人，并导致人发病和死亡的报告。在高致病性禽流感暴发时，要特别注意人的安全，在疫区所有参与疫情处理的人员，尤其是接触过病禽的人员都必须做好卫生消毒工作，防止疫情扩大，同时也应做好个人防护，确保人的健康。

8.10　牛海绵状脑病

牛海绵状脑病(bovine spongiform encephalopathy, BSE)又名疯牛病，是由阮病毒(prion virus)引起成年牛的一种亚急性、渐进性、致死性中枢神经系统性传染病。临诊特征以潜伏期长，突然发病，病程缓慢且呈进行性，精神失常，共济失调，后肢瘫痪，感觉过敏，病牛恐惧或狂暴为特征。病变特点主要有中枢神经系统灰质部的神经元细胞出现空泡变性以及大脑的淀粉样变性。

(1) 病原

病原体是一类亚病毒致病因子，是一种无核酸的具有侵染性的蛋白颗粒，是由宿主神经细胞表面正常的一种糖蛋白，在翻译后发生某些修饰而形成的异常蛋白，称为阮病毒或蛋白侵袭因子。与绵羊痒病相关的原纤维相似。阮病毒大小为 50~200 nm，核心部分为 4~6 nm 的细小纤维状物质。

阮病毒与常规病毒具有许多共同特性，能通过 25~100 nm 孔径的滤膜；用易感动物可滴定其感染滴度；感染宿主后先在脾脏和网状内皮系统内复制，然后侵入脑并在脑内复制达很高滴度(10^8~10^{12}/g)。阮病毒具有不同生物学特性的毒株。用有限稀释法可将其克隆纯化出不同的毒株。阮病毒能在细胞培养物内增殖，并能产生细胞融合作用。该病毒升值周期长，可引起组织变性，包括空泡变性、淀粉样变性和神经胶质增生等，但不形成炎性反应；不诱导干扰素形成，且对干扰素不敏感；DNA 杂交或转染未证实有感染性核酸；免疫抑制方法或免疫增强剂都不能改变疾病的发生和发展过程；疾病过程不破坏宿主 B 细胞和 T 细胞的免疫功能，也不引起宿主细胞的免疫反应。

脑组织含量最高，其次是脊髓，再次是脾脏、淋巴结、肠管、唾液腺及视网膜等器官，而在肌肉和血液中较少，粪便和尿中几乎没有病毒。

阮病毒对物理、化学处理抵抗力强。对热有较强的耐性，病畜脑组织匀浆经 134~138 ℃ 高温 1 h，对实验动物仍具有感染力；动物组织中的病原，经油脂提炼后仍有部分存活，该病原在土壤中可存活 3 年。可在 pH 2.1~10.5 内较稳定。紫外线、放射线、乙醇、福尔马林、双氧水、酚等均不能使病原体灭活。病毒对强酸、强碱有很强的抵抗力，用 2%~5% 次氯酸钠或 90% 石炭酸经 24 h 以上可将其灭活。

(2) 流行病学

本病的易感动物主要为牛科动物，包括家牛、野牛、大羚羊等，以 3~5 岁的成年牛多发，最早可使 22 月龄牛发病，最晚到 17 岁才发病，奶牛比肉牛易感，易感性与牛的品种、性别、遗传等因素无关。绵羊、山羊、水貂、鹿等都能感染发病，人也可感染。羚羊和猫也有发生本病的报道。给大鼠、小鼠长期饲喂感染本病的牛内脏和脑组织未发现感染。

患痒病的绵羊、种牛及带毒牛是本病的传染源。本病的发生是由于饲喂痒病患羊的动物蛋白饲料(痒病绵羊的酮体、加工的肉骨粉等)而引起的。本病的发生需要具备 3 个因素：第一，绵羊总数远比牛多，且具有足够水平的地方流行性绵羊痒病，该病被认为是 BSE 流行的来源，因为牛对痒病易感，用痒病病羊的大脑组织注入牛体内可使牛发病。此外，绵羊痒病的发病率升高可导致痒病病羊化制产品的增加。第二，牛、羊脏器的化制条件(动物性蛋白饲料加工)不能消除其中具有的传染性因子，可使该致病因子逐渐适应在牛体内生存。第三，在牛饲料中大量使用来自感染牛或羊的肉骨粉。消化道传染是主要的传播途径，目前尚未找到可以水平传播或垂直传播疯牛病的证据。

疯牛病多呈地方性散发，无明显季节性流行。

(3) 临诊症状

本病的潜伏期长，一般为 2~8 年，平均为 4~6 年。病程一般为 1~4 个月，少数可长达半年至一年，最终死亡。

病牛临诊表现多种多样，通常包括行为、姿势和运动异常，恐惧和感觉过敏。发病初期，症状轻微，多变，无特异性。发病中期病牛主要临诊表现为行为异常，感觉或反应过敏，运动失调等。病牛性情改变，磨牙，恐惧，异常震惊或沉郁，狂躁而呈现乱踢、乱蹬、攻击行为，神经质，似发疯状，故称"疯牛病"。不自主运动，如磨牙、肌肉抽搐、震颤和痉挛。对外界环境的刺激，敏感性增高，尤其触觉和听觉，对声音和触摸感觉过敏，用手触摸或用工具触压牛的颈部、肋部，病牛会异常紧张颤抖，吼叫。病牛步态呈"鹅步"状，共济失调，四肢伸展过度，有时倒地难以站起。有时可出现痒感，不断摩擦臀部，致使皮肤破损、脱毛。病牛食欲正常，粪便坚硬，体温偏高，心动缓慢，呼吸频率增加。后期病牛触觉和听觉减退，麻痹或瘫痪，不能站立，最后极度衰竭死亡。病程为 16 d 至 6 个月。

(4) 病理变化

可见有的病尸有体表外伤，通常不见明显病变。但组织学变化具有明显的特征性，表现为：①在神经元的突起部和神经元胞体中形成空泡，前者在灰质神经纤维间形成小囊形空泡（即海绵状变化），后者则形成大的空泡并充满整个神经元的细胞核周围。②常规 HE 染色可见神经胶质增生，胶质细胞肥大。③神经元变性、消失。④大脑淀粉样变性，用偏振光观察可见稀疏的嗜刚果染料的空斑。空泡主要发现于延髓、中脑的中央灰质部分、下丘脑的室旁核区以及丘脑及其中隔区，而在小脑、海马回、大脑皮层和基底神经节等处通常很少发现。

(5) 诊断

病牛生前对本病不产生免疫应答，且没有体外分离致病因子的方法，因此，主要依靠临诊症状和病理组织学方法检查脑部病变进行死后确诊。大脑组织病理学检查结果是定性诊断的主要依据。另外，还可以进行免疫组织化学方法、细胞膜糖蛋白检测、酶检测法诊断。

组织学诊断方法通常在第四脑室尾侧，常规采取脑部横切面，包括延髓、脑桥和中脑进行切片检查，若发现神经纤维网的海绵状变化和胞浆内空泡变性可做出诊断。空泡变性在孤束核、三叉神经脊束核和中央灰质的发生概率为最高。取延髓脑闩处脑髓做一张切片检查，与临诊诊断的符合率可达到 99.6%。

组织学检查时，应注意健康牛的神经元胞核周围，尤其是红核有时也能观察到空泡，可能会被误认为该病的病理损伤，但局部神经元没有变性损伤的变化。

(6) 防制

目前本病尚无有效的治疗药物。防制措施主要是：①尽早扑杀阳性牛及其感染牛的后代，对尸体一律销毁。②禁止饲料中使用可疑病动物的肉、骨粉及其他组织制成的添加剂喂牛。③加强动物检疫，加强对市场和屠宰场的肉食品卫生检验，做好内脏废弃物的处理，对畜舍和有关物品可用 2% 漂白粉或氢氧化钠消毒。高压灭菌时需经 134 ℃ 消毒 30 min。④非疫区应严防疫病侵入。由于本病可能威胁人的健康，各国都很重视对本病的防制。禁止从发病国进口牛、牛精液和胚胎；禁止从发病国进口肉粉及其牛、羊肉，并在与发病国政府签定的条款中增加了对本病的检疫防疫要求。

8.11 炭疽

炭疽(anthrax)是由炭疽杆菌(*Bacillus anthracis*)引起的一种人畜共患的急性、热性、败血性传染病。其特征是高热、可视黏膜发绀、天然孔出血、尸僵不全、血液凝固不良呈煤焦油样。具有重要的公共卫生意义。

(1) 病原

炭疽杆菌属芽孢杆菌科芽孢杆菌属。有保护性抗原、荚膜抗原和菌体抗原。其毒素已知有3种成分，即水肿因子、保护性抗原和致死因子。本菌为革兰阳性大杆菌，大小($1.0\sim1.5$) $\mu m\times$ ($3\sim5$) μm，菌体两端平直，呈竹节状，无鞭毛；在病料中多散在或呈$2\sim3$个短链排列，有荚膜。在培养基中可形成长链，一般不形成荚膜；在病畜体内和未解剖的尸体中不形成芽孢，动物体内的炭疽杆菌只有暴露于空气后才能形成芽孢。

炭疽杆菌为兼性需氧菌，对营养要求不高，在普通琼脂平板上生长，形成灰白色不透明、扁平、边缘不整、表面粗糙的菌落，低倍镜观察边缘呈弯曲的卷发状。在普通肉汤中生长，上层液体清亮，底部有白色絮状沉淀。

炭疽杆菌菌体对理化因素的抵抗力不强，常规消毒方法即可将其灭活，在未解剖的尸体中，细菌可随腐败而迅速崩解死亡。但芽孢对外界环境有较强的抵抗力，在干燥状态下可存活60年，120 ℃高压蒸汽灭菌10 min，150 ℃干热60 min才能灭活。现场消毒常用20%漂白粉、0.1%升汞、0.5%过氧乙酸。

(2) 流行病学

传染源 患病动物是主要的传染源，病原菌大量存在于病畜的各组织器官，并通过其分泌物、排泄物，特别是濒死动物天然孔流出的血液，污染饲料、饮水、牧场、土壤、用具等，如不及时消毒处理或处理不彻底，能形成芽孢，成为长久疫源地。

传播途径 本病主要通过采食污染的饲料、饲草和饮水经消化道感染，也可经呼吸道和吸血昆虫叮咬感染。此外，从疫区输入病畜产品，也常引起本病爆发。

易感动物 自然条件下，草食动物最易感，以绵羊、山羊、马、牛易感性最强；骆驼、水牛及野生草食动物次之；猪的感受性较低；犬、猫、狐狸等肉食动物少见，家禽几乎不感染。实验动物中以豚鼠、小鼠、兔较易感；人对炭疽普遍易感，但主要发生于那些与动物及其产品接触机会较多的人员。

流行特征 本病常呈地方性流行，发病率的高低与炭疽芽孢的污染程度有关。动物炭疽的流行与当地气候有明显的相关性，干旱或多雨、洪水涝积、吸血昆虫多都是炭疽暴发的原因。此外，从疫区输入病畜产品如骨粉、皮革、羊毛等也常引起本病暴发。

(3) 临诊症状

本病潜伏期一般为$1\sim5$ d，最长的可达14 d。按临诊表现的不同，可分为以下4种类型。

最急性型 常见于绵羊，偶尔见于牛、马，外表完全健康的动物突然倒地，全身战栗，摇摆、昏迷、磨牙，呼吸极度困难，可视黏膜发绀，天然孔流出带泡沫的暗色血液，常在数分钟内死亡。有的在使役或放牧中突然死亡。

急性型 多见于牛、马、羊，病牛体温升高至42 ℃，兴奋不安、吼叫或顶撞人畜、物体，以后精神沉郁，食欲、反刍、泌乳减少或停止，呼吸困难；初便秘，后腹泻，粪中带血，尿呈暗红色，有时混有血液，乳汁量减少并带血，常有不同程度的臌气；妊娠母牛可发生流产，一般在

1~2 d 死亡。马的急性型与牛的症状相似,常伴有剧烈的腹痛。

亚急性型 多见于牛、马、猪,症状与急性型相似,但病情较轻。除急性热性病征外,常在颈部、咽部、胸部、腹下、肩胛或乳房等部皮肤,以及直肠、口腔黏膜等处发生炭疽痈。初期硬固有热痛,以后热痛消失,可发生坏死,有时可形成溃疡,病程可长达1周。

慢性型 主要发生于猪,多不表现临诊症状,或仅表现食欲减退和长时间伏卧,在屠宰才发现颌下淋巴结、肠系膜及肺有病变。有的发生咽型炭疽,咽喉部和附近淋巴结明显肿胀,导致猪吞咽、呼吸困难,黏膜发绀,最终窒息死亡。肠型炭疽常伴有便秘或腹泻等消化道失常的症状。

(4) 病理变化

炭疽或疑似炭疽的病例禁止剖检,因炭疽杆菌暴露于空气中易形成芽孢污染环境。

死于炭疽的尸体尸僵不全,尸体易腐败,天然孔流带泡沫的黑红色血液,黏膜发绀,血液凝固不良黏稠如煤焦油样;全身多发性出血,皮下、肌间、浆膜下结缔组织水肿;脾脏肿大3~5倍。局部炭疽死亡的猪,在咽部、肠系膜以及其他淋巴结肿大、出血、坏死,临近组织呈出血性胶样浸润。还可见扁桃体出血、肿胀、坏死,并有黄色痂皮覆盖。

(5) 诊断

因动物种类不同,本病的经过和表现多样,最急性型病例往往缺乏临诊症状,对疑似病死畜又禁止解剖,因此确诊要依靠微生物学和血清学诊断。

病料采集 可采取病畜末梢静脉血或切下一块耳朵,病料必须装入密封的容器中。

细菌学诊断 取末梢血液或其他病料制成涂片后,用瑞氏或碱性美蓝染色,发现有大量单在、成对或2~4个菌体相连的竹节状、有荚膜的粗大杆菌即可确诊。

血清学诊断 炭疽沉淀反应(Ascoli 氏反应)是诊断炭疽简便而快速的方法,其优点是培养失效时,仍可用于诊断,适用于腐败病料及动物皮张、风干、腌渍过肉品的检验。将标准阳性血清放入炭沉管中,再放入肝、脾、血液等制成的抗原于1~5 min内、生皮病料抗原于15 min内,两液接触面出现清晰的白色沉淀环,即为阳性。

(6) 防制

预防措施 在疫区或常发地区每年对易感动物进行预防注射是预防本病的主要措施,常用的疫苗有Ⅱ号炭疽芽孢苗和无毒炭疽芽孢苗,Ⅱ号炭疽芽孢苗,牛、马、驴、骡、羊和猪,注射后24 d可产生坚强的免疫力,免疫期1年。无毒炭疽芽孢苗,接种14 d后产生免疫力,免疫期为1年。此苗山羊反应强烈,禁用于山羊。

扑灭措施 发生炭疽时,应立即上报疫情,划定疫点、疫区,采取隔离封锁等措施,禁止病畜的流动,禁止疫区内牲畜交易和输出畜产品及草料,禁止食用病畜乳、肉,病畜要隔离治疗;对发病畜群要逐一测温,凡体温升高的可疑患畜用青霉素和抗炭疽血清同时注射。对发病羊群可全群预防性给药,受威胁区及假定健康动物做紧急预防注射,逐日观察至2周。

尸体天然孔及切开处,用浸泡过消毒液的棉花或纱布堵塞,连同粪便、垫草一起焚烧。病死畜躺过的地面应除去表面土15~20 cm,并与20%漂白粉混合后深埋。畜舍、用具及污染场地应彻底消毒。

(7) 公共卫生

人感染炭疽有3种类型:皮肤炭疽、肺炭疽和肠炭疽。皮肤炭疽主要是畜牧兽医工作人员和屠宰场职工因接触病畜畜产品而引起,经皮肤伤口感染。并伴有头痛,发热,关节痛,呕吐,乏力等症状。肺炭疽多为羊毛、鬃毛、皮革等工厂工人,吸进带有炭疽芽孢的尘土而引起。病情急骤,早期恶寒、发热、咳嗽、咯血、呼吸困难,可视黏膜发绀等。肠炭疽常因吃进病畜肉类所致。发病急,发热,呕吐,腹泻,血样便,腹痛,腹胀等腹膜炎症状。以上3型均可继发败血症及脑膜炎。

人炭疽的预防应着重于与家畜及其产品频繁接触的人员,炭疽疫区的人群、畜牧兽医人员,应在每年的4~5月前接种"人用皮上划痕炭疽减毒活菌苗"连续3年。发生疫情时,病人应住院隔离治疗,与病人或病死畜接触者要进行医学观察,皮肤有损伤的用青霉素预防,局部用2%碘酊消毒。人不要接触、宰杀和食用病死或不明原因死亡的牛、羊等动物。

8.12 巴氏杆菌病

巴氏杆菌病(Pasteurellosis)又称出血性败血病,是由多杀性巴氏杆菌(*Pasteurella multocida*)引畜禽的一种传染病的总称。动物急性病例以败血症和炎症出血为主要特征;慢性病例的病变只限于局部器官。人的病例少见,多为伤口感染。

8.12.1 病原

多杀性巴氏杆菌是一种卵圆形的短小杆菌,大小(0.25~0.4)μm×(0.5~2.5)μm,革兰染色阴性,病料组织或血液涂片用瑞氏或美蓝染色时,可见典型的两极着色,即菌体两端着色深,中间着色浅,所以又称两极杆菌。无鞭毛,不形成芽孢,新分离的强毒菌株有荚膜,人工培养后及弱毒菌株,荚膜不明显或消失。

巴氏杆菌为需氧或兼性厌氧菌,对营养要求较高,在普通培养基上生长贫瘠,在加有血液或血清的培养基中生长良好,在血平板上37℃培养18~24 h,可长成灰白色、光滑湿润、隆起、边缘整齐的露珠状小菌落,不溶血。在血清肉汤中培养,开始轻度混浊,4~6 d后液体变清朗,管底有黏稠沉淀,摇震后不分散,表面形成菌环。

本菌存在于病畜全身各组织、体液、分泌物和排泄物中,少数慢性病例仅存在于肺脏的小病灶中,健康家畜的上呼吸道也可能带菌。

巴氏杆菌对各种理化因素的抵抗力不强。在无菌蒸馏水和生理盐水中很快死亡;在阳光中暴晒10 min,或60℃10 min可灭活;在厩肥中可存活1个月,尸体中可存活1~3个月;在干燥的空气中2~3 d可死亡。3%石炭酸、3%福尔马林、10%石灰乳、2%来苏儿、0.5%~1%氢氧化钠等5 min可杀死本菌。

8.12.2 流行病学

传染源 病畜和带菌家畜是本病的主要传染源,病畜禽通过分泌物、排泄物排出病菌。有时家畜在发病前已经带菌,当饲养管理不良,寒冷、闷热、气候剧变、潮湿、拥挤、圈舍通风不良、阴雨连绵、突然改变饲料,长途运输等诱因,使家畜抵抗力降低时,发生内源性传染。

传播途径 本病主要通过消化道和呼吸道,也可通过吸血昆虫和损伤的皮肤、黏膜感染。

易感动物 多杀性巴氏杆菌对多种动物和人都易感。

流行特征 本病的发生一般无明显的季节性,但以冷热交替、气候剧变、闷热潮湿、多雨时发病较多。本病多呈散发或地方性流行。

8.12.3 猪巴氏杆菌病

(1) 临诊症状

猪巴氏杆菌病又称猪肺疫,潜伏期 1~5 d,分为最急性、急性和慢性三型。

最急性型 俗称"锁喉风",多见于流行初期,常无明显症状而突然死亡;病程稍长的,可见体温升高至 41~42 ℃,食欲废绝、卧地不起;呼吸困难,咽喉部肿胀,有热痛、红肿坚硬,严重的可延至耳根,向后可达胸前;病猪呼吸高度困难,呈犬坐姿势;口鼻流出泡沫样液体,可视黏膜发绀;腹侧、耳根和四肢内侧皮肤出现红斑,有时有出血斑点,最后窒息死亡,病程 1~2 d。病死率 100%。

急性型 较常见,主要表现为纤维素性胸膜肺炎。除具有败血症症状外,体温升高至 40~41 ℃,病初发生痉挛性干咳,呼吸困难,鼻流黏稠的液体,有时混有血液,后变为湿咳,咳时有痛感。胸部触诊或叩诊有剧烈疼痛;听诊有啰音和摩擦音。病势发展后,呼吸更困难,呈犬坐姿势,可视黏膜呈蓝紫色;一般先便秘后腹泻。病的后期心脏衰弱,心跳加快,多因窒息死亡。病程 5~8 d,不死的转为慢性。

慢性型 多见于流行后期,主要表现为慢性肺炎和慢性胃炎症状。有持续性咳嗽和呼吸困难,鼻流少量黏脓性分泌物。有时皮肤出现湿疹,关节肿胀;常发生腹泻,进行性营养不良,极度消瘦;如不及时治疗,可因衰弱死亡。病程约 2 周,病死率 60%~70%。

(2) 病理变化

最急性型 病例以咽喉部及其周围组织的出血性浆液浸润为特征。主要为全身浆膜、黏膜及皮下组织有大量出血点,切开颈部皮肤时,可见大量胶冻样淡黄或灰青色纤维素性浆液。水肿可从颈部蔓延至前肢。全身淋巴结出血,切面呈红色;肺急性水肿。

急性病型 病例主要为胸膜炎、肺炎的变化。特征性的病变是纤维素性肺炎。肺有不同程度的肝变区,周围常伴有水肿和气肿;胸膜常有纤维素性附着物,严重的胸膜与肺发生粘连,胸腔及心包积液,有含纤维蛋白凝块的混浊液体。病程稍长的,气管、支气管内含有大量泡沫状黏液。

慢性型 病例以慢性肺炎变化为主。肺有较大的肝变区,并有大块坏死灶和化脓灶,外有结缔组织包囊,内含干酪样物质,有时形成空洞,与支气管相通;心包与胸腔积液,胸膜增厚,常与肺发生粘连。

(3) 诊断

根据流行病学,临诊症状和病理变化可以做出初步诊断。确诊要做细菌学诊断。

病料采集 败血症病例可取心、肝、脾或体腔渗出液;其他病例可取病变部位渗出液、脓液。镜检:采取血液、局部水肿液、呼吸道分泌物、胸腔渗出液、肝、脾、肿胀的淋巴结或其他病变组织涂片或触片,用瑞氏或美蓝染色镜检,见多量两极着色的小杆菌,可确诊。

分离培养 适用于严重污染的病料,将病料接种于血液或血清琼脂平板,37 ℃ 培养 24 h,观察培养结果。

动物接种 取病料研磨,用生理盐水制成 1:10 悬液,或用 24 h 肉汤纯培养物 0.2 mL 接种于小鼠、家兔或鸽等,接种后在 1~2 d 后发病,呈败血症死亡,再取其病料涂片镜检或培养即可确诊。

(4) 防制

预防措施 坚持自繁自养,加强检疫,改善环境卫生。每年春、秋两季,用猪肺疫疫苗进行预防接种。加强饲养管理，消除降低猪抵抗力的外界因素，圈舍、围栏要定期消毒。

扑灭措施　发现病猪及可疑感染猪，应立即采取隔离、消毒、紧急接种、药物防治等措施。尸体进行无害化处理。

8.12.4　牛巴氏杆菌病

（1）临诊症状

牛巴氏杆菌病又称牛出血性败血病，简称牛出败，潜伏期2~5 d，根据临诊表现可分为败血型、浮肿型和肺炎型三型。

败血型　多见于水牛，病牛体温升高至41~42 ℃，精神沉郁，结膜潮红，鼻镜干燥，食欲废绝，泌乳和反刍停止，腹泻、粪中带血和黏液，有恶臭，常于12~24 h死亡。

肺炎型　病牛表现急性纤维素性胸膜肺炎的症状。后期有时发生腹泻，便中带血，有的尿血，数天至2周死亡。

浮肿型　牦牛常见，病牛除有全身症状外，在头、颈、咽喉及胸前皮下水肿，舌及周围组织高度肿胀、流涎、呼吸困难、眼红肿、流泪，黏膜发绀，常因窒息死亡。病程12~36 h。

（2）病理变化

败血型呈一般败血症变化，黏膜和内脏表面有广泛的点状出血，胸腔和腹腔内有大量渗出液。

水肿型病例主要见于头、颈和咽喉部水肿，还有急性淋巴结炎和肝、肾、心等实质器官发生变性，咽淋巴结和前颈淋巴结高度急性肿胀，上呼吸道黏膜卡他性潮红。

肺炎型病例主要表现为纤维素性胸膜肺炎，胸腔内有大量浆液性纤维素性渗出液，整个肺有红色和灰色肝变区，肺小叶间质明显水肿，切面呈大理石状。

（3）诊断

根据流行病学、临诊症状和病理变化，可做出初步诊断，确诊要进行实验室诊断。

病料采集　采取急性病例的心、肝、脾或体腔渗出物以及其他病性的病变部位、渗出物、脓汁等病料。

镜检　病料涂片用瑞氏或美蓝染色镜检，见两极染色的卵圆形杆菌，可确诊。

分离培养　将病料接种于血平板、麦康凯培养基和三糖铁培养基，37 ℃培养24 h，观察培养结果。麦康凯上不生长，在血平板上生长良好，菌落不溶血，三糖铁上可生长，使底部变黄。必要时可进一步做生化鉴定。

动物接种　取病料研磨，用生理盐水制成1∶10悬液，或用24 h肉汤纯培养物0.2 mL接种于小鼠、家兔或鸽等，接种后在1~2 d后发病，呈败血症死亡，再取其病料涂片镜检或培养即可确诊。

（4）防制

预防措施　本病的发生与各种应激因素有关，因此平时应加强饲养管理，增强机体的抵抗力；注意通风换气和防暑防寒，避免过度拥挤，减少或消除降低机体抵抗力的各种致病诱因。并定期对牛舍及运动场消毒，杀灭环境中可能存在的病原体。新引进的牛要隔离观察1个月以上，证明无病才可混群饲养。在经常发生本病的地区，每年定期接种牛出血性败血病菌苗，常用牛出败氢氧化铝灭活苗。

扑灭措施　发生本病时，应立即隔离病牛，并对污染的圈舍、用具和场地进行彻底消毒。在严格隔离的条件下对病牛进行治疗，常用的药物有链霉素、庆大霉素、卡那霉素、强力霉素、磺胺类等多种抗菌药物。也可选用高免血清或康复动物的血清进行治疗。周围的假定健康动物应进行紧急预防接种或药物预防，但应注意，用弱毒菌苗紧急预防接种时被接种动物于接种前后至少1周内不可使用抗菌药物。

8.12.5　禽巴氏杆菌病

（1）临诊症状

禽巴氏杆菌病又称禽霍乱。

鸡　自然感染的潜伏期一般为 2~9 d，根据病程可分为最急性型、急性型和慢性型三型。

①最急性型：见于流行初期，以肥壮、产蛋高的鸡多发。病鸡常无明显症状，突然倒地，拍翅抽搐，迅速死亡。

②急性型：大多数病例呈急性型，病鸡体温升高至 43~44 ℃，精神沉郁，羽毛松乱，翅下垂，昏睡，食欲废绝，口渴。常有剧烈腹泻，粪便初呈灰黄，后变为污绿色或红色液体。呼吸困难，口鼻分泌物增加，鸡冠、肉髯呈青紫色，有的肉髯发炎肿胀。经 1~3 d 死亡。病死率较高。

③慢性型：见于流行后期，主要表现肺、呼吸道或胃肠道的慢性炎症。有的病鸡有慢性关节炎，跛行和翅下垂。

鸭　鸭霍乱俗称"摇头瘟"。病鸭症状以急性型为主。与鸡的症状基本相似；50 日龄内雏鸭呈多发性关节炎，主要表现一侧或两侧的跗、腕以及肩关节发热肿胀，行动缓慢无力或不能行走。

鹅　成年鹅发病与鸭症状相似，仔鹅的发病率和死亡率较成年鹅高，常以急性为主，食欲废绝，喉头有黏液性分泌物。喙和蹼发紫；眼结膜有出血斑，常于发病后 1~2 d 死亡。

（2）病理变化

最急性型　病例常无明显的病变。

急性型　病例病变以败血症为主，尤以十二指肠出血较为严重；肝脏的病变具有特征性，肝肿大，布满针头大小的灰白色或灰黄色的坏死点。

慢性型　病例的鼻腔和上呼吸道积液，腹膜和卵巢出血，局限于关节炎和腱鞘炎的病例，常见关节肿大、变形和炎性渗出物以及干酪样坏死。公鸡的肉髯肿大，内有干酪样的渗出物，母鸡的卵巢出血明显，有时在卵巢周围有坚实、黄色的干酪样物质附着在内脏器官的表面。

鸭、鹅的病变与鸡基本相似。呈多发性关节炎的雏鸭，可见关节面粗糙，附着黄色的干酪样物质或红色的肉芽组织；关节囊增厚，内含有红色浆液或灰黄色、混浊的黏稠液体；肝脏肿大，发生脂肪变性和局部坏死。

（3）诊断

根据本病的流行特点、临诊症状及病理变化，可做出初步诊断，确诊要进行细菌学诊断。

（4）防制

预防措施　养禽场严格执行卫生消毒制度，引进种禽或幼雏时，必须从无病的禽场购买，新引进的鸡、鸭要隔离饲养 2 周，观察无病才能混群饲养。在流行地区可用疫苗进行免疫接种，菌苗有弱毒苗和灭活苗，可选择使用。种鸡和蛋鸡在产蛋前接种，免疫期一般为 3 个月。霍乱氢氧化铝菌苗：2 月龄以上的鸡或鸭一律肌内注射 2 mL，免疫期 3 个月；如第一次注射后 7 d 再注射一次，效果较好。禽霍乱灭活菌苗：既可常温保存又可低温保存，应用效果较好。2 月龄以上的家禽肌内注射 1 mL，2 月龄以下的肌内注射 0.5 mL。免疫后 5~7 d 产生坚强免疫力，免疫期 6 个月，保护率 90%~95%。

扑灭措施　禽群发病后,应将病死禽全部深埋或销毁,病禽进行隔离治疗。发病群中尚未发病的家禽,全部在饲料中拌喂抗生素或磺胺类药物,以控制发病。污染的禽舍、场地和用具进行彻底消毒;粪便及时清除,堆积发酵;距离较远的健康家禽用菌苗进行紧急预防注射。

药物防治　已发病的鸡场应及时选用药物治疗。常用的药物有庆大霉素、恩诺沙星、氟哌酸、喹乙醇、星诺明、土霉素、链霉素等。可采用浑水法、拌料法和逐只投服法给药。但对不吃不饮的病鸡,应采取注射给药法。为了避免细菌产生抗药性,最好先做药敏试验,或采用交替用药法,可以提高治疗效果。

8.12.6　兔巴氏杆菌病

(1)临诊症状

兔巴氏杆菌病主要危害 2~6 月龄的兔,潜伏期一般为 4~5 d,可分为以下几种类型:

鼻炎型　特征是有浆液性、黏液性或黏脓性鼻漏,并常见打喷嚏、咳嗽和鼻塞音等。

地方流行性肺炎型　病初精神沉郁,食欲减退,病兔肺实质虽发生实变,但很少出现肺炎的症状,后呈败血症而亡。

败血型　流行初期常不见症状突然死亡。多与鼻炎、肺炎和胸膜炎同时发生。往往是各种病型的结局,多数病例转为败血症死亡。

中耳炎型　又称斜颈病,兔吃食、饮水困难,严重的向头的一侧滚转,常在一侧或两侧鼓室有奶油状白色渗出物。

其他病型　结膜炎、子宫炎、睾丸炎、附睾炎和全身各部位的脓肿。

(2)病理变化

死于鼻炎型病兔的鼻腔积有多量黏液或脓性分泌物,鼻窦和鼻旁窦内有分泌物,窦腔内层黏膜红肿;肺炎型常表现为急性纤维素性肺炎和胸膜炎的变化;败血型除败血病变化外,常见鼻炎和肺炎的变化;中耳炎型的鼓膜和鼓室内壁变红,有时鼓室破裂,脓性渗出物流入外耳道,严重时出现化脓性脑膜炎的病变。

(3)诊断

根据流行病学,临诊症状和病理变化,可做出初步诊断。确诊要进行细菌学诊断。

(4)防制

应注意保暖防寒,防治寄生虫病等,定期进行检疫,淘汰病兔。兔舍、用具要严格消毒。兔场可用兔巴氏杆菌氢氧化铝甲醛灭活苗,或兔巴氏杆菌-魏氏梭菌二联苗,或兔巴氏杆菌-魏氏梭菌-兔瘟三联苗,或兔巴氏杆菌-魏氏梭菌-兔瘟-兔波氏杆菌四联苗等免疫接种,对预防本病有一定效果。病兔可用链霉素、诺氟沙星、增效磺胺等治疗。

8.13　布鲁氏菌病

布鲁氏菌病(Brucellosis)是由布鲁氏菌(*Brucella*)引起的人畜共患的慢性传染病,简称布病。临诊上以母畜流产、不孕为特征;公畜出现睾丸炎;人也可感染,表现为长期发热、多汗、关节痛等症状。家畜中牛、羊、猪多发。本病严重危害人和动物的健康。

(1)病原

布鲁氏菌为布氏杆菌属,是革兰阴性的细小球杆菌,大小(0.5~0.7) μm×(0.6~7.5) μm,两端圆形,经柯氏染色呈红色。

布鲁氏菌对外界环境有较强的抵抗力,在患病动物的分泌物、排泄物以及病死动物的脏器中能存活4个月左右;在食品中能存活2个月;在干燥的土壤中能存活2个月以上;在毛、皮上可存活3~4个月之久;在冷暗处、胎儿体内可存活6个月左右。但对热和消毒剂敏感,60 ℃ 30 min、80~95 ℃ 5 min、直射日光0.5~4 h能灭活。2%石炭酸、2%来苏儿、2%氢氧化钠、0.1%升汞、2%福尔马林或5%石灰乳都在短时间内将其灭活。

(2)流行病学

传染源 病畜和带菌者是主要传染源,病畜可从乳汁、粪便和尿液中排出病原菌,污染草场、畜舍、饮水、饲料;病畜在流产或分娩时将大量布鲁氏菌随着胎儿、羊水和胎衣排出,成为最危险的传染源,流产后的阴道分泌物及乳汁中含有大量病原菌,公牛精液中也有病原菌。

传播途径 本病可通过多种途径传播,消化道是主要的传播途径,易感动物采食了病畜流产时的排泄物或污染的饲料、饮水,通过消化道感染。易感动物直接接触病畜流产物、排泄物、阴道分泌物等带菌污染物,可经皮肤或眼结膜感染。

易感动物 在自然条件下,布鲁氏菌的易感动物范围很广,主要是羊、牛、猪,还有牦牛、野牛、水牛、鹿、骆驼、野猪等,性成熟的母畜比公畜易感,特别是头胎妊娠母牛、羊对本病易感性最强。

流行特征 本病一年四季都有发生,但有明显的季节性。羊种布病春季开始,夏季达高峰,秋季下降;牛种布病以夏秋季节发病率较高。

(3)临诊症状

牛 潜伏期一般在2周至6个月。母牛最明显的临诊症状是流产,可发生在妊娠的任何时期。多见胎衣滞留失去生育能力。有些牛见关节肿大,跛行。公牛可见阴茎潮红肿胀,常见睾丸炎和附睾炎,急性病例可见睾丸肿大疼痛。精液中含有大量布鲁氏菌。

绵羊及山羊 常见流产和乳房炎,流产发生于妊娠后的3~4个月。公羊发生睾丸炎、附睾炎,有的病羊出现关节炎、跛行。乳山羊的乳房炎常较早出现,乳汁有结块,泌乳减少,乳腺组织有结节性变硬。

猪 最明显的症状是流产,出现暂时或永久性不育、睾丸炎、跛行、后肢麻痹、脊髓炎,偶尔发生子宫内膜炎,后肢或其他部位出现溃疡。

(4)病理变化

牛 胎衣呈黄色胶样浸润,有些部位覆有纤维蛋白絮片和脓液,有的增厚有出血点;子宫见黄白色高粱米粒大小结节,称为子宫粟粒性结节,可作为证病性病理变化。绒毛叶部分或全部贫血呈灰黄色,或覆有灰色或黄绿色纤维蛋白絮片。胎儿胃特别是皱胃中有淡黄色或白色黏液絮状物,胃肠和膀胱的浆膜下可见有点状或线状出血。淋巴结、脾脏和肝脏有程度不同的肿胀,有的有炎性坏死灶。脐带常呈浆液性浸润,肥厚。公牛生殖器官精囊内可见出血点和坏死灶,睾丸和附睾可见炎性坏死灶和化脓灶。关节炎、关节肿大。

羊、猪 病理变化与牛的大致相同。

(5)诊断

布鲁氏菌病的诊断主要依据流行病学、临诊症状和实验室检查。发现可疑患病动物时,应首先观察有无布鲁氏菌病的特征,如流产、胎衣滞留、关节炎或睾丸炎,了解传染源与患病动物接触史,然后通过实验室检验进行确诊。

病料采集 取流产胎儿、胎盘、阴道分泌物或乳汁。

镜检 通常取病料直接涂片,做革兰和柯氏染色镜检。若发现革兰阴性、鉴别染色为红色的球状杆菌或短小杆菌,即可做出初步诊断。

免疫学诊断 常用的免疫学诊断方法有虎红平板凝集试验、试管凝集试验、间接 ELISA 和布鲁氏菌皮肤变态反应等。

布鲁氏菌病实验室诊断,除流产材料的细菌学检查外,牛主要是血清虎红平板凝集试验,对无病乳牛群可用乳汁环状试验作为一种监测试验。山羊、绵羊群检疫用变态反应方法比较合适,少量的羊只用虎红平板凝集试验。猪常用血清虎红平板凝集试验,也有用变态反应的。无论哪种动物,如果是进出口检疫或司法鉴定,一律用试管凝集试验。

(6) 防制

预防措施 布鲁氏菌病的传播机会较多,必须采取综合性的防控措施,早期发现病畜、彻底消灭传染源和传播途径,防止疫情扩散。在本病疫区应采取有效措施控制其流行。对易感动物群每 2~3 个月进行一次检疫,检出的阳性动物及时清除淘汰,2 次疑似定为阳性,直至全群获得 2 次阴性结果为止。如果动物群中经过多次检疫并将患病动物淘汰后仍有阳性动物不断出现,可应用疫苗进行预防注射。疫苗接种是控制本病的有效措施,有活疫苗如牛流产布鲁氏菌 19 号苗、马耳他布鲁氏菌 Rev I 苗,灭活苗如牛流产布鲁氏菌 45/20 苗和马耳他布鲁氏菌 58H38 苗等。我国主要使用猪布鲁氏菌 2 号弱毒活苗和马耳他布鲁氏菌 5 号弱毒活苗。

扑灭措施 发现疑似疫情,应及时对疑似患病动物立即隔离。确诊后对患病动物全部扑杀;对病畜的同群家畜实施隔离;对患病动物及其流产胎儿、胎衣、排泄物、乳、乳制品等进行无害化处理。开展流行病学调查和疫源追踪;对同群动物进行检测。对患病动物污染的场所、用具、物品严格消毒。养殖场的金属设备、设施可用火焰、熏蒸消毒;污染的圈舍、场地、车辆等,可用2%氢氧化钠消毒;污染的饲料、垫草等,可采取深埋发酵处理或焚烧;粪便消毒采取堆积密封发酵方式。皮毛消毒用环氧乙烷、福尔马林熏蒸等。

(7) 公共卫生

人可感染布鲁氏菌病,患病的牛、羊、猪、犬是主要传染源,传播途径是食入、吸入或皮肤的黏膜和伤口,动物流产和分娩时易受到感染。

人类布鲁氏菌病的流行特点是患病与职业有密切关系。凡与病畜及其产品接触多的如畜牧兽医人员、屠宰工人、皮毛工等,其感染和发病明显高于其他职业。因此,本病的预防,首先要注意职业性感染,注意自我防护,可每年用 M104 冻干疫苗免疫。在动物养殖场的饲养员、人工授精员,屠宰场、畜产品加工厂的工作人员以及兽医、实验室工作人员等,必须严格遵守防护制度和卫生消毒措施,严格产房、场地、用具、污染物的消毒卫生。特别在仔畜大批生产季节,更要注意。

羊种布鲁氏菌 M5 对人有较强的侵袭力和致病性,易引起暴发流行,疫情重,且大多出现典型临诊症状;牛种布鲁氏菌疫区感染率高而发病率低,呈散在发病;猪种布鲁氏菌疫区人发病情况介于羊种和牛种布鲁氏菌之间。

8.14 结核病

结核(tuberculosis)是由分枝杆菌(*Mycobacterium*)引起的一种人畜共患的慢性传染病。目前在牛群中最常见,本病的特征是病程缓慢、渐进性消瘦、咳嗽,在体内多种组织器官中形成结核性肉芽肿(结核结节)、干酪样坏死和钙化的结节性病灶。

(1)病原

病原主要是分枝杆菌属的3个种,即结核分枝杆菌、牛分枝杆菌和禽分枝杆菌。本属菌为平直或微弯的杆菌,大小为(0.2~0.6)μm×(1~10)μm,有时分枝、呈丝状,无荚膜、芽孢和鞭毛,革兰染色阳性,能抵抗3%盐酸酒精的脱色,所以称为抗酸菌。常用姜-尼二氏抗酸染色法,本属菌染成红色,非抗酸菌染成蓝色。

结核杆菌在自然环境中对干燥和湿冷的抵抗力较强。干痰中存活10个月,病变组织和尘埃中能存活2~7个月或更长。在粪便、土壤中可存活6~7个月,水中可存活5个月,奶中90 d,冷藏奶油中能存活10个月。但结核菌对热敏感,60℃经30 min死亡,在直射日光下经数小时死亡。对消毒剂5%石炭酸、4%氢氧化钠和3%福尔马林敏感,在70%乙醇、10%漂白粉溶液中很快死亡。本菌对链霉素、异烟肼、对氨基水杨酸和环丝氨酸敏感,可用于治疗。磺胺类药、青霉素及其他广谱抗生素对结核菌无效。

(2)流行病学

传染源　结核病畜(禽)是本病的传染源,特别是开放型患者是主要的传染源。其痰液、粪尿、乳汁和生殖道分泌物中都可带菌,污染空气、饲料、饮水及环境而散布传染。

传播途径　本病主要经呼吸道和消化道感染。病原菌随咳嗽、喷嚏排出体外,污染空气,健康人畜吸入后可感染;污染饲料后通过消化道感染是一个重要的途径,犊牛的感染主要是吸吮带菌奶或病牛牛奶而引起;成年牛多因与病牛和病人直接接触而感染。

易感动物　本病可侵害人和多种动物,有50多种哺乳动物、25种禽类可感染发病。易感性因动物种类和个体不同而异,家畜中牛特别是奶牛最易感,其次为黄牛、牦牛和水牛;猪和家禽易感性也较高;羊极少见。人和牛可互相传染,也能传染其他家畜。

流行特征　多呈散发性,无明显的季节性和地区性。各种年龄的动物都可感染发病。饲养管理不当、营养不良、牛舍拥挤、通风不良、潮湿、卫生条件差、缺乏运动等是造成本病扩散的重要因素。

(3)临诊症状

牛结核病　潜伏期一般为16~45 d,长的数月甚至数年,通常取慢性经过。根据侵害部位的不同,可分以下几种类型:

①肺结核:以长期顽固的干咳为特征,清晨最为明显。病初食欲、反刍无明显变化,常发生短而干的咳嗽,随着病情的发展咳嗽逐渐加重、频繁,并有黏液性鼻汁,呼吸次数增加,严重的发生气喘,胸部听诊可听到啰音和摩擦音。病畜日渐消瘦,贫血。肩前、股前、腹股沟、颌下、咽及颈淋巴结肿大。当纵隔淋巴结受侵害肿大,压迫食道,可引起慢性膨气。病势恶化时可见病牛体温升高达40℃以上,呈弛张热或稽留热,呼吸困难,最后因心律衰竭而死亡。

②肠结核:多见于犊牛,以消瘦和持续性腹泻或便秘腹泻交替出现为特点。表现消化不良,食欲不振,顽固性腹泻,粪便带血或脓汁,味腥臭。

③生殖器官结核:以性机能紊乱为特征。母牛发情频繁,性欲亢进,慕雄狂与不孕;孕牛流产,公牛附睾和睾丸肿大,阴茎前部可发生结节、糜烂等。

④乳房结核:乳房上淋巴结肿大,乳房出现局限性或弥散性硬结,无热痛,乳房表面凹凸不平,泌乳量逐渐下降,乳汁初期无明显变化,严重时乳汁稀薄如水。由于肿块形成和乳腺萎缩,两侧乳房不对称,乳头变形,位置异常,最终泌乳停止。

禽结核病　主要侵害鸡和火鸡,成鸡多发,其他家禽和多种野禽也可感染。感染途径主要经消化道,也可经呼吸道感染。临诊表现贫血、消瘦、鸡冠萎缩、肉髯苍白,产蛋下降或停止;如果病禽关节或肠道受到侵害时，病禽出现跛行或顽固性腹泻。最后病禽因衰竭或因肝变性破裂而突然死亡。病程持续 2~3 个月，有时可达一年。

猪结核病 猪对禽分枝杆菌、牛分枝杆菌、结核分枝杆菌都有易感性，猪对禽型菌的易感性较其他哺乳动物为高。养猪场里养鸡或者养鸡场里养猪，都可能增加猪感染禽结核的机会。猪感染结核主要经消化道感染，常在扁桃体和颌下淋巴结发生病灶，很少出现临诊症状，当肠道有病灶则发生腹泻。

(4) 病理变化

结核病的病变特征，是在器官组织发生增生性或渗出性炎，或两者混合存在。当机体抵抗力强时，机体对结核菌的反应以细胞增生为主，形成增生性结核结节。当机体抵抗力弱时，机体的反应以渗出性炎为主，即在组织中有纤维蛋白和淋巴细胞的弥漫性沉积，后发生干酪样坏死、化脓或钙化，这种变化主要见于肺和淋巴结。

牛结核病 特征是患部形成结核结节。常见于肺、肺门淋巴结、纵隔淋巴结，其次为肠系膜淋巴结。在表面或切面常有很多突起的白色或黄色结节，切开后有干酪样的坏死，有的见有钙化，切时有砂砾感；有的坏死组织溶解和软化，排出后形成空洞。胸腔或腹腔浆膜可发生密集的结核结节，一般为粟粒至豌豆大的半透明或不透明灰白色坚硬的结节，即"珍珠病"。胃肠黏膜可见有大小不等的结核结节或溃疡。乳房结核多发生于进行性病例，切开乳房可见大小不等的病灶，内含干酪样物质。

禽结核病 病灶多发生于禽类肠道、肝、脾、骨骼和关节。肠道发生溃疡，可于任何肠段。肝、脾肿大，切开可见有大小不一的结节状干酪样病灶，感染的关节肿胀，内含干酪样物质。

猪结核病 全身性结核不常见，在某些器官如肝、肺、肾等出现一些小的病灶，或有的病例发生广泛的结节性过程。在颌下、咽、肠系膜淋巴结及扁桃体等发生结核病灶。

(5) 诊断

当畜群中发生原因不明的进行性消瘦、咳嗽、肺部异常、慢性乳房炎、顽固性腹泻、体表淋巴结慢性肿胀等症状时，可怀疑为本病。通过病理剖检的特异性结核病变不难做出诊断；结核菌素变态反应试验是结核病诊断的标准方法。结合流行病学、临诊症状、病理变化和微生物学等检查方法进行综合判断，可确诊。

病料采集 无菌采取病畜的病灶、痰、粪尿、乳及其他分泌物。

细菌学诊断 对开放性结核病的诊断具有实际意义。采取病畜的病灶、痰、粪尿、乳，涂片，用抗酸染色法染色镜检；分离培养和动物接种试验。

结核菌素变态反应诊断 是目前诊断结核病最有现实意义的好方法。结核菌素试验主要包括 PPD 诊断方法和老结核菌素(O.T) 诊断方法。常用方法是皮内法和点眼法。①老结核菌素诊断法：我国现行奶牛结核病检疫规程规定，应以结核菌素皮内注射和点眼法同时进行，每次检疫各做两回，两种方法中的任何一种是阳性反应的，即判定为结核菌素阳性反应牛。②提纯结核菌素诊断法：诊断牛结核病时，将牛分枝杆菌提纯菌素用蒸馏水稀释成 10 万 U/mL，颈侧中部上 1/3 处皮内注射 0.1 mL。注射后经 72 h 判定。

(6) 防制

预防措施 采取以"检测、检疫、扑杀和消毒"相结合的综合性防制措施。即加强引进动物的检疫，防止引进带菌动物；净化污染群，培养健康动物群；加强饲养管理和环境消毒，增强动物的抵抗力消灭环境中存在的分枝杆菌。①引进动物时，应进行严格的隔离检疫，隔离观察 1 个月，再进行 1 次检疫，经结核菌素变态反应确认为阴性时，才可混群饲养。②每年对牛群进行反复多次的检测,淘汰变态反应阳性牛。通常牛群每隔3个月进行1次检疫,连续3次检疫阴性者为健康牛群。检出的阳性牛应及时淘汰处理,同群牛应定期进行检疫和临诊检查,必要时进行病原学检查,以发现可能被感染的病牛。病牛所产犊牛出生后只吃3~5 d初乳,以后则由检疫无病的母牛喂养或喂消毒奶。犊牛应在出生后1月龄、3~4月龄、6月龄进行3次检疫,凡呈阳性者必须淘汰处理。若3次检疫都呈阴性反应,且无任何临诊症状,可放入假定健康牛群中培育。假定健康牛群为向健康牛群过渡的畜群,应在第一年每隔3个月进行1次检疫,直到没有一头阳性牛出现为止。然后再在一年至一年半的时间内连续进行3次检疫。若3次均为阴性反应即可称为健康牛群。③每年定期进行2~4次彻底的环境消毒。发现阳性病牛时要及时进行1次临时性的大消毒。常用的消毒药为20%石灰乳或20%漂白粉。

扑灭措施 发现疑似病牛,应及时向当地动物防疫监督机构报告。对疑似患病动物立即隔离。确诊后,对患病动物全部扑杀;对病畜的同群畜实施隔离,可采用圈养和固定草场放牧两种方式隔离。隔离饲养用草场要远离交通要道、居民点或人畜密集的地区。场地周围最好有自然屏障或人工栅栏。病死和扑杀的病畜,要进行无害化处理。开展流行病学调查和疫源追踪;对同群动物进行检测。对病畜和阳性畜污染的场所、用具、物品进行消毒。养殖场的金属设施、设备可采用火焰、熏蒸等方式消毒;圈舍、场地、车辆等,可用4%氢氧化钠等消毒药消毒;饲料、垫草可采用深埋或焚烧处理;粪便采取堆积密封发酵处理,以及其他相应的有效消毒方式。

(7)公共卫生

结核病有重要的公共卫生意义。防制人结核病的主要措施是早期发现,严格隔离,彻底治疗。牛奶应煮沸后饮用;婴儿注射卡介苗;与病人、病畜禽接触时应注意个人防护。治疗人结核病有多种有效药物,以异烟肼、链霉素和对氨基水杨酸钠等最为常用。

人感染动物结核病多由牛型结核杆菌所致,特别是小孩饮用带菌的生牛奶而患病,所以消毒牛奶是预防人患结核病的一项重要措施。为了消灭传染源,对牛群采取检疫、淘汰和屠宰结核病牛的办法是行之有效的方法。

8.15 大肠杆菌病

大肠杆菌病(colibacillosis)是由病原性大肠杆菌(*Escherichia coli*)引起的多种动物不同疾病的总称。多发于幼畜、幼禽,以严重腹泻、败血症和毒血症为特征。随着集约化畜禽养殖业的发展,致病性大肠杆菌对畜牧业造成的损失日益严重。

8.15.1 病原

大肠埃希菌属埃希菌属,是一种革兰阴性、中等大小的杆菌,大小(0.4~0.7) $\mu m \times$ (2~3) μm,有鞭毛,能运动。在普通培养基上就能生长,在血清或血液琼脂培养基上生长良好,在鲜血培养基上,能形成β溶血;在麦康凯培养基上形成紫红色菌落;在伊红美蓝培养基上形成黑色菌落。根据菌体抗原(O)、表面抗原(K)及鞭毛抗原(H)不同,构成不同的血清型,已知大肠杆菌有菌体抗原171种,表面抗原103种,鞭毛抗原60种。病原性大肠杆菌的许多血清型可引起各种家畜和家禽发病,一般使仔猪发病的往往带有K88,而使犊牛和羔羊发病的多带有K99。由于大肠杆菌的血清型太多,所以,预防大肠杆菌最好用自家苗免疫。大肠杆菌对外界的抵抗力很弱,一般消毒药都可将其杀死。

8.15.2 流行病学

传染源 病畜(禽)和带菌者是本病的主要传染源,通过粪便排出病菌,污染水源、饲料以及母畜的乳头和皮肤。当仔畜吮乳、舐舔或饮食时经消化道感染。

传播途径 主要是消化道。牛可经子宫内或脐带感染;鸡可经呼吸道或病菌经入孵化的种蛋裂隙使胚胎感染。人主要通过手或污染的水源、食品、牛奶及用具等经消化道感染。

易感动物 幼龄畜禽对本病最易感。猪从出生至断乳期均可发病,仔猪黄痢常发生于出生1周以内,以1~3日龄多发;仔猪白痢多发于10~30日龄的仔猪,以10~20日龄多发;猪水肿病主要见于断乳仔猪;牛在生后10日龄多发;鸡常发生于3~6周龄;兔主要侵害20日龄及断乳前后的仔兔和幼兔。

流行特征 本病四季都可发生,但犊牛和羔羊多发于冬春舍饲时期。仔猪发生黄痢时,常波及一窝猪90%以上的仔,病死率很高,有时达100%;发生白痢时,一窝仔猪发病率可达30%~80%;发生水肿病时,多呈地方流行性,发病率10%~35%,发病的常为生长快的健壮仔猪。牛、羊发病时呈地方流行性或散发。雏鸡发病率可达30%~60%,病死率可达100%。

8.15.3 仔猪大肠杆菌病

(1)临诊症状

仔猪黄痢 主要发生于1~3日龄的仔猪。潜伏期短,出生后最快12 h内就可发病,平均为1~3 d,一窝仔猪出生时体况正常,经一段时间,突然有1~2头表现全身衰竭,迅速死亡,以后其他仔猪相继发病,排出黄色浆状稀粪,内含凝乳块,很快消瘦、昏迷死亡。

仔猪白痢 主要发生于10~30日龄的仔猪。病猪突然发生腹泻,排出乳白色或灰白色的浆状、糊状稀粪,腥臭黏腻。病程2~3 d,长的1周左右。如不加干预,很快死亡。

仔猪水肿病 是仔猪的一种肠毒血症,其特征是胃壁和某些部位发生水肿。发病率不高,但病死率很高。主要发生于断乳仔猪,体况健壮、生长快的仔猪最为常见,病猪突然发病,精神沉郁,食欲减少或口吐白沫。心跳加快,呼吸初快而浅,后变得慢而深。常便秘,但发病前2~3 d常有轻度腹泻。病猪卧于一隅,肌肉震颤,抽搐,四肢划动呈游泳状。触诊表现敏感。行走时四肢无力,共济失调,步态摇摆,盲目前进或做圆圈运动。

水肿是本病的特征症状,常见于眼部、眼睑、齿龈,有时波及颈部和腹部的皮下。病程短的仅数小时,一般为1~2 d,也有长达7 d以上的。病死率约90%。

(2)病理变化

仔猪黄痢 剖检尸体脱水严重,皮下常有水肿,肠道膨胀,内有大量黄色液体状内容物和气体,小肠黏膜充血、出血,以十二指肠最严重,肠系膜淋巴结充血、出血。

仔猪白痢 剖检尸体苍白、消瘦,主要病变在胃和小肠前部,胃内有少量凝乳块,胃黏膜充血、出血,肠系膜淋巴结轻度肿胀。

仔猪水肿病 剖检病变主要为水肿。胃壁水肿,常见于胃大弯和贲门部,也可波及胃底及食道部黏膜和肌层之间有一层胶冻样水肿,严重的厚达2~3 cm,范围约数厘米。胃底有弥漫性出血。胆囊和喉头也常有水肿。大肠系膜的水肿也很常见,有的病例直肠周围也有水肿。

(3)诊断

根据流行病学、临诊症状和病理变化可做出初步诊断,确诊要进行细菌学检查。取败血型的血液、内脏组织;肠毒血症的小肠前部黏膜;肠型发炎的肠黏膜。对分离出的大肠杆菌进行镜检、生化反应、血清学和毒力因子鉴定。

(4)防制

预防措施　加强饲养管理和卫生消毒,改善母猪的饲养质量,保持环境卫生,保持产房温度。母猪临产前,对产房或产仔圈舍彻底清扫、冲洗、消毒,可用各种消毒剂交替使用,垫上干净垫草。待产母猪乳头、乳房和胸腹部应清洗,然后用0.1%高锰酸钾或新洁尔灭消毒。哺乳时,先挤掉几滴奶,再给仔猪吸乳,初生仔猪宜尽早吸食初乳,以增强抵抗力。在常发病区和猪场,应给产前1个月的妊娠母猪注射疫苗,以通过母乳使仔猪获得保护。

治疗　一旦发病,应对同群仔猪全部进行治疗。对存在黄痢的猪场,仔猪出生后12 h内可进行预防性投药注射敏感的抗生素,可有效减少发病和死亡。目前,较有效的药物有氟喹诺酮类药物、氟苯尼考、利高霉素等,仔猪发病时应全窝给药,内服或肌内注射盐酸土霉素等。仔猪在吃奶前投服某些微生态制剂如促菌生、调菌生等,也可起到一定的预防作用。在服用微生态制剂期间,禁止服用抗生素。对仔猪白痢和仔猪水肿病,还可用硫酸新霉素、强力霉素、磺胺类药物进行预防和治疗。

8.15.4　禽大肠杆菌病

(1)临诊症状

潜伏期从数小时至3 d不等。急性者体温上升,常无腹泻而突然死亡。经卵感染或在孵化前感染鸡胚,出壳后几天内即可发生大批急性死亡。慢性者呈剧烈腹泻,粪便灰白色,有时混有血液,死前有抽搐和转圈运动,病程可拖延十余天,有时见全眼球炎。成鸡感染后,多表现为浆膜纤维素性渗出,关节滑膜炎(翅下垂,不能站立)、输卵管和腹膜炎。

(2)病理变化

剖检病死禽尸体,因病程、年龄不同,有下列多种病理变化。

急性败血症　肠浆膜、心外膜、心内膜有明显小出血点。肠壁黏膜有大量黏液。脾肿大数倍。心包腔有多量浆液。

气囊炎　气囊增厚,表面有纤维素渗出物,呈灰白色,由此继发心包炎和肝周炎,心包膜和肝被膜上附有纤维素性伪膜,心包膜增厚,心包液增量、混浊,肝肿大,被膜增厚,被膜下散在大小不等的出血点和坏死灶。

关节滑膜炎　多见于肩、膝关节。关节明显肿大,滑膜囊内有不等量的灰白色或淡红色渗出物,关节周围组织充血水肿。

全眼球炎　眼结膜充血、出血,眼房液混浊,镜检前眼房液中有变性的纤维素、巨噬细胞和异嗜性白细胞浸润。

输卵管炎和腹膜炎　产蛋期鸡感染时,可见输卵管增厚,有畸形卵阻滞,甚至卵破裂溢于腹腔内,有多量干酪样物,腹腔液增多、混浊,腹膜有灰白色渗出物。

脐炎　幼雏脐部受感染时,脐带口发炎,多见于蛋内或刚孵化后感染。

肉芽肿　此型生前无特征性症状。主要以肝、十二指肠、盲肠系膜上出现典型的针头至核桃大小的肉芽肿为特征,其组织学变化与结核病的肉芽肿相似。

(3)诊断

同仔猪大肠杆菌病。

(4)防制

做好禽舍环境卫生和消毒工作,加强孵化室、孵化用具和种蛋的卫生消毒,防止种蛋污染和初生雏感染是预防本病的重要环节。

大肠杆菌对多种抗菌药物易产生耐药性，在治疗前最好先做药敏试验，选择高度敏感的药物治疗。常用的药物有环丙沙星、头孢噻呋、强力霉素和磺胺等。

(5) 公共卫生

人发病大多急骤，主要症状是腹泻，常为水样稀便，每天数次至10次，伴有恶心、呕吐、腹痛、里急后重、胃寒发热、咳嗽、咽痛和周身乏力等表现。一般成年人症状较轻，多数仅有腹泻，数日可愈。少数病情严重者，可呈霍乱样腹泻而导致虚脱或表现为菌痢型肠炎。由O157：H7引起的病例，呈急性发病，突发性腹痛，先排水样稀便，后转为血性粪便、呕吐、低烧或不发烧。小儿能导致溶血性尿毒综合征，血小板减少，有紫癜，造成肾脏损害，难以恢复。婴幼儿和年老体弱者多发，并可引起死亡。

8.16 沙门菌病

沙门菌病(salmonellosis)又名副伤寒，是由沙门菌(*Salmonella*)属细菌引起的各种动物疾病的总称。临诊上多表现为败血症和肠炎，也可使妊娠母畜发生流产。沙门菌属中的许多类型对人、家畜、家禽以及其他动物均有致病性。各种年龄的畜禽都可感染，但幼畜较成年畜禽易感。本病对家畜的繁殖和幼畜带来严重威胁。许多血清型沙菌，可使人感染，发生食物中毒和败血症等症状。

8.16.1 病原

沙门菌属细菌包括肠道沙门菌(又称猪霍乱沙门菌)和邦戈沙门菌两个种。革兰阴性，两端钝圆、中等大小球杆菌，有鞭毛，能运动。

沙门菌属根据不同的O(菌体)抗原、Vi(荚膜)抗原、H(鞭毛)抗原，可分为许多血清型。迄今，沙门菌有A~Z和O51~O67共42个O群，58种O抗原，63种H抗原。由于该菌血清型众多，免疫可考虑用自家苗进行。利用该菌在伊红美蓝培养基上产生蓝色菌落；在麦康凯培养基上产生灰白色菌落；在煌绿琼脂培养基上产生粉红色菌落和在亚硫酸铋琼脂培养基上产生黑色菌落的特点，进行分离提纯、灭活。

沙门菌对外界有较强的抵抗力，在干燥的环境中能存活4个月以上，在粪便和土壤中能存活10个月，在腌肉和熏肉中能存活75 d以上。但对消毒药敏感，3%来苏儿、1%石炭酸、2%氢氧化钠、0.5%过氧乙酸都可很快将其杀灭。

8.16.2 流行病学

传染源 病畜和带菌者是本病的主要传染源，它们可由粪便、尿、乳汁以及流产的胎儿、胎衣和羊水排出病菌，污染水源和饲料。

传播途径 本病主要经消化道感染，生殖道或用病公畜进行人工授精也可感染发病。人感染本病，一般是由于与感染的动物及其动物性食品的直接或间接接触，人类带菌也可成为传染源。

易感动物 各种年龄的畜禽均可感染，但幼龄畜禽较成年畜禽易感。本病常发生于6月龄以下的仔猪，以1~4月龄的幼猪多发；常发于2~3周龄仔鸡。另有病原菌存在于健康动物体内，不表现症状，当饲养管理不当，寒冷潮湿，气候突变，断奶过早等，使动物抵抗力降低时，病原菌大量繁殖,致病力增强而引起内源性感染发病。

  流行特征 本病一年四季都可发生,但以冬春气候寒冷多变及多雨潮湿季节多发。猪在多雨潮湿季节多发;成年牛多于夏季放牧时发生;育成期羔羊常于夏季和早秋发病,妊娠羊主要在晚冬、早春季节发生流产。

8.16.3 猪副伤寒

  仔猪副伤寒又称猪沙门菌病,是由多种沙门菌引起的仔猪传染病,主要侵害1~4月龄仔猪。临诊上以急性败血症或慢性纤维素性坏死性肠炎、顽固性腹泻为特征,有时发生肺炎。常引起断奶仔猪大批发病,如并发其他感染或不及时治疗,病死率较高,可造成较大的经济损失。

  (1)临诊症状

  潜伏期2 d至数周不等,临诊可分为最急性、亚急性和慢性型三型。

  最急性型 多见于断奶前后的仔猪,病猪体温突然升高到41~42 ℃,精神沉郁,食欲废绝。后期腹泻和呼吸困难,病的后期在耳根、胸前、腹下及后躯的皮肤呈紫红色,发病率低,病死率高,病程2~4 d。

  亚急性和慢性型 此型较常见,多发于3月龄左右的猪。病猪体温升高到40.5~41.5 ℃,精神沉郁,食欲减退,眼有黏性和脓性分泌物;初便秘,后腹泻,粪便恶臭,呈暗紫红色,并混有血液、坏死组织或纤维素絮片。病猪很快消瘦,行走不稳。在病的中后期猪皮肤发绀、淤血或出血,有时皮肤出现湿疹,并有干涸的痂样物覆盖,揭开见浅表溃疡。病程2~3周或更长,最后极度消瘦,衰弱而死。病死率25%~50%。

  (2)病理变化

  最急性型 主要是败血症变化,耳及腹部皮肤有紫斑;脾脏肿大呈橡皮样,暗紫色;淋巴结肿大、充血、出血;肝实质可见糠麸状、细小的灰黄色坏死小点;全身黏膜、浆膜有不同程度的出血。

  亚急性和慢性型 特征性病变为坏死性肠炎。盲肠、结肠肠壁增厚,表面覆盖着一层弥漫性灰黄色或淡绿色麸皮样纤维素物质,剥离后见肠壁有糜烂或坏死。少数病例滤泡周围黏膜坏死、稍突出于表面,有纤维蛋白积聚,形成隐约可见的轮环状。肝、脾及肠系膜淋巴结肿大,常见有针尖大至粟粒大的灰白色坏死灶。

  (3)诊断

  急性病例诊断较困难,慢性病例根据临诊症状和病理变化,结合流行病学可做出初步诊断。确诊要进行细菌学检查。可采取病猪的肝、脾、心血和骨髓等病料送检。

  (4)防制

  预防措施 在本病常发地区,仔猪断奶后接种仔猪副伤寒弱毒冻干苗,可有效地控制本病的发生。1月龄以上哺乳或断奶仔猪用仔猪副伤寒弱毒冻干苗预防,用20%氢氧化铝生理盐水稀释,肌内注射1 mL,免疫期9个月。口服时按瓶签说明,服前可用冷开水稀释成每头份5~10 mL,拌入饲料中饲喂,或将每头份疫苗稀释到1~10 mL冷开水中给猪灌服。

  扑灭措施 发病猪应及时隔离,被污染的猪圈应彻底消毒,病猪隔离治疗,通过药敏试验选择合适的抗生素治疗,可选用庆大霉素、硫酸黏杆菌素、乙酰甲喹、硫酸新霉素及某些磺胺类药物。病死猪必须进行无害化处理,以免发生食物中毒。

8.16.4 禽沙门菌病

  禽沙门菌病根据抗原结构不同可分为3种。由鸡白痢沙门菌引起的称为鸡白痢;由鸡伤寒沙门菌引起的称为禽伤寒；由其他有鞭毛能运动的沙门菌引起的禽类疾病统称为副伤寒。诱发禽副伤寒的沙门菌能广泛感染各种动物和人类，人的沙门菌感染和食物中毒也常常来源于发生副伤寒的禽类、蛋品或其他产品，因此在公共卫生上有重要意义。

(1) 鸡白痢

鸡白痢是由鸡白痢沙门菌引起鸡和火鸡的一种传染病。雏鸡和雏火鸡呈急性、败血性经过，病鸡以排出白色糊状的稀粪为特征；成鸡主要是局部和生殖系统的慢性感染。

各种品种和年龄的鸡对本病都有易感性，但雏鸡较易感，以 2~3 周龄以内的雏鸡发病率和病死率最高，呈流行性。成鸡感染呈慢性或隐性经过。鸭、雏鹅、鹌鹑、麻雀、鸽、金丝雀等也有发病的报告。这些禽类感染多数与接触病鸡有关。本病除能引起动物感染发病外，还能因食品污染造成人的食物中毒，严重威胁人和动物的健康。

不同年龄的鸡发生白痢的临诊表现有很大差异。

雏鸡白痢　潜伏期 4~5 d，经卵垂直感染的雏鸡，在孵化器或孵出后不久即可出现虚弱、昏睡、继而死亡。出壳后感染的雏鸡，多于孵出后 3~5 d 出现症状，2~3 周为发病和死亡高峰。病雏表现为精神沉郁，羽毛松乱，两翼下垂，低头缩颈，闭眼昏睡，不愿走动，聚成一团。腹泻，排白色的糊状稀粪，常污染肛门周围的绒毛，干涸后封住肛门周围，排粪困难。由于肛门周围炎症引起疼痛，常发出尖锐的叫声。有的病雏鸡呼吸困难、气喘，有的可见关节肿大、跛行。病程 3~7 d。3 周龄以上的鸡发病很少死亡，耐过鸡生长发育不良，成为慢性病鸡或带菌鸡。鸡只死亡后可见尸体瘦小、羽毛污秽，泄殖腔周围被粪便污染。剖检可见肝脏、脾脏、肾脏肿大、充血，有时肝脏可见大小不等的坏死点。卵黄吸收不良，内容物呈奶油状或干酪样黏稠状。盲肠出现栓塞，俗称"盲肠芯"。

育成鸡白痢　多见于 40~80 日龄的鸡，地面平养的鸡群的发病率比网上和笼养鸡群的高，本病发生突然，全群鸡食欲、精神无明显变化，但鸡群中不断出现精神、食欲差和腹泻的病例，常突然死亡。死亡不见高峰，而是每天都有鸡死亡，数量不一。该病病程较长，可延至 20~30 d，病死率可达 10%~20%。可见肝脏肿大，有时比正常肿大数倍，淤血、质脆，易破裂，表面有大小不等的坏死点。脾脏肿大，心包增厚，心肌可见数量不一的黄色坏死灶，严重的心脏变形、变圆。

成年鸡白痢　多呈慢性经过或隐性感染。一般无明显症状，当鸡群感染比例较大时，可明显影响产蛋量，产蛋高峰不高，维持时间短。部分病鸡面部苍白、鸡冠萎缩、精神沉郁、缩颈垂翅、食欲废绝、产蛋停止、排白色稀粪。有的感染鸡可因坠卵性腹膜炎而出现"垂腹"现象。最常见的病变是卵巢，有的卵巢输卵管细小，多数卵巢仅有少量接近成熟的卵子。已发育正常的卵巢质地改变，卵子变色，呈灰色、红色、褐色、浅绿色，甚至铅黑色，卵子内容物呈干酪样。卵黄膜增厚，卵子形态不规则。产蛋鸡患病后输卵管内充满炎性分泌物。病鸡剖开后腹腔内见大量破碎的卵黄。

成年公鸡病变常局限于睾丸和输精管，睾丸极度萎缩，同时出现小脓肿。输精管管腔增大，充满浓稠渗出液。

根据流行病学、临诊症状和病理变化可做出初步诊断。确诊需采取肝、脾、心血、肺和卵黄等，成鸡采取卵巢、输卵管和睾丸等进行细菌学诊断。血清学检验，成鸡感染多呈慢性或隐性经过，可用凝集反应进行诊断。凝集反应分试管法和平板法，平板法又分为全血平板凝集反应和血清平板凝集反应，以全血平板凝集反应较为常用。

防控鸡白痢的原则是杜绝病原的传入，清除带菌鸡，同时严格执行卫生、消毒和隔离制度。

①预防措施：消灭带菌鸡是防制本病的根本措施，种蛋应来自无病鸡群。健康鸡群应定期用全血平板凝集反应进行全面检疫，淘汰阳性鸡和可疑感染鸡；有本病的种鸡场或种鸡群，应每隔4~5周检疫1次，将全部阳性带菌鸡检出并淘汰，以建立健康种鸡群。加强消毒，坚持种蛋孵化前的消毒工作，可用喷雾或浸泡等方法，同时应对孵化室、孵化器及其用具定期进行彻底消毒，杀灭环境中的病原菌。

②扑灭措施：发现病禽，迅速淘汰，污染的禽舍、用具进行彻底消毒。全群鸡进行抗菌药物预防或治疗，可用头孢噻呋、磺胺类、喹诺酮类、庆大霉素、硫酸黏杆菌素、硫酸新霉素、土霉素等，但治愈后的家禽可能长期带菌，不能作种用。

（2）禽伤寒

禽伤寒是由鸡沙门菌引起的禽类的一种败血性传染病，主要发生于鸡，也可感染火鸡、鸭、珠鸡、孔雀、鹌鹑等禽类，野鸡、鹅、鸽不易感。以发热、贫血、败血症和肠炎为特征。一般呈散发。

潜伏期一般为4~5 d，育成鸡和成鸡，急性经过的突然停食，精神沉郁，腹泻，排黄绿色稀粪，羽毛松乱。由于严重的溶血性贫血，鸡冠和肉髯苍白而皱缩。体温上升1~3 ℃。病鸡一般在5~10 d死亡。自然发病的病死率为10%~50%或更高。雏鸡和雏鸭发病时，很快死亡，无特殊症状。

成鸡的最急性病例，病变轻微或不明显。病程稍长的常见肝、脾和肾充血肿大。亚急性及慢性病例，特征的病变是肝肿大呈青铜色，被称为"青铜肝"。肝和心脏有灰白色粟粒状坏死灶，有心包炎。成年母鸡卵子变形、变色，呈囊状。公鸡睾丸萎缩，有小脓肿。死于几日龄的病雏，有出血性肺炎；稍大的病雏，肺有灰黄色或灰色肝变，肠呈卡他性炎症。

根据本病在鸡群中的流行病史、临诊症状和病理变化，特别是肝肿大呈青铜色，可做出初步诊断。确诊要进行细菌学诊断。取病死鸡的肝、脾、肺、心血、胚胎、未吸收的卵黄、脑及其他病变组织；成鸡取卵巢、输卵管及睾丸进行细菌学检查。

防控本病必须严格贯彻消毒、隔离、检疫等一系列综合性措施；病鸡群及带菌鸡群，应定期反复用凝集试验进行检疫，将阳性鸡及可疑鸡全部淘汰，净化鸡群。发生本病时，病禽应扑杀，进行无害化处理，严格消毒鸡舍及用具。饲养员、兽医、屠宰人员以及其他经常与畜禽及其产品接触的人员，应注意卫生消毒工作，防止本病从畜禽传染给人。可用丁胺卡那霉素、硫酸新霉素、庆大霉素、硫酸黏杆菌素等进行治疗。畜禽专用第三代头孢类抗生素——注射用头孢噻呋钠冻干粉剂对病鸡群肌内注射，每日1次，连用2~3 d，可收到较好的疗效。

（3）禽副伤寒

各种家禽和野禽均可易感，家禽中以鸡和火鸡最常见。常在孵化后2周之内感染发病，6~10 d为最高峰。呈地方流行性，病死率10%~20%，严重的可达80%以上。

经带菌卵感染或出壳雏禽在孵化器感染的，常呈败血症经过，往往不出现任何症状就迅速死亡。年龄稍大的幼禽，一般取亚急性经过，主要表现水样腹泻。病程1~4 d。1月龄以上的幼禽很少死亡。

雏鸭感染本病常见颤抖、喘息及眼睑浮肿。常突然倒地死亡。

成年禽一般为隐性感染，有时出现水样腹泻。

死于鸡副伤寒的雏鸡（鸭），最急性的无可见病变，病程稍长的，肝、脾、肾充血，有条纹状或针尖状出血和坏死灶，肺及肾出血，心包炎，常有出血性肠炎。成鸡肝、脾、肾充血肿胀，有出血性和坏死性肠炎、心包炎及腹膜炎，产蛋鸡的输卵管坏死、增生、卵巢坏死、化脓。

8.16.5 公共卫生

许多血清型沙门菌可感染人，发生食物中毒和败血症等症状。在食品卫生检疫中，属于不允许检出菌。人沙门菌病的临诊症状可分为胃肠炎型、败血型、局部感染化脓型，以胃肠炎型（即食物中毒）为常见。

为防止本病从动物传染给人，患病动物应严格执行无害化处理，加强屠宰检验。与病禽及其产品接触的人员，应做好卫生消毒工作。

8.17 钩端螺旋体病

钩端螺旋体病（leptospirosis）简称钩体病，是由致病性钩端螺旋体（*Leptospira interrogans*）引起的一种人畜共患自然疫源性传染病。在家畜中以猪、牛、犬的带菌和发病率较高。急性病例以发热、黄疸、贫血、血红蛋白尿、出血性素质、流产、皮肤和黏膜坏死以及马的周期性眼炎等为特征。

(1) 病原

钩端螺旋体为螺旋体目细螺旋体科细螺旋体属。大小（0.1~0.2）μm×（6~20）μm。在暗视野和相差显微镜下，呈细长的丝状、圆柱形，螺纹细密而规则，菌体两端弯曲成钩状，通常呈"C"或"S"形弯曲。运动活泼并沿其长轴旋转。革兰阴性，但不易着色，常用姬姆萨染色和镀银法染色，后者效果较好。

根据抗原结构成分，已知有19个血清群，180个血清型。我国至今分离出来的致病性钩端螺旋体共有18个血清群，70个血清型。

钩端螺旋体在一般的水田、池塘、沼泽里及淤泥中可以生存数月或更长，这在本病的传播上有重要意义。但对消毒药、加热敏感，一般常用消毒药均可将其杀死。

(2) 流行病学

传染源　发病和带菌动物是主要的传染源，猪、马、牛、羊带菌期半年左右，犬的带菌期为2年左右。病原体随着这些动物的尿、乳和唾液等排出体外污染环境。鼠类感染后，可终生带菌，大多数呈健康带菌者，是重要的贮存宿主和传染源。

传播途径　各种带菌动物经尿、乳、唾液、流产物和精液等多种途径排出体外，特别是尿中排菌量最大、时间长。动物、人与外界环境中污染的水源接触，是本病的主要感染方式。

易感动物　钩端螺旋体病是自然疫源性疾病，动物宿主非常广泛，家畜中猪、牛、水牛、犬、羊、马、骆驼、鹿、兔、猫，家禽中鸭、鹅、鸡、鸽以及其他野禽均可感染和带菌。其中以猪、水牛、牛和鸭的感染率较高。

流行特征　本病的流行有明显的季节性，本病一年四季都可发生，但以7~10月为流行的高峰期，其他月份仅为个别散发。

(3) 临诊症状

潜伏期为2~20 d。

猪　急性黄疸型，多发生于大猪和中猪，呈散发性，偶见暴发。病猪体温升高，精神沉郁，食欲减少，皮肤干燥，1~2 d内全身皮肤和黏膜泛黄，尿浓茶样或血尿。几天内，有时数小时内突然惊厥而死，病死率较高。亚急性和慢性型，多发生于断奶前后至30 kg以下的仔猪，呈地方流行性或暴发，常引起严重的损失。病初有不同程度的体温升高，眼结膜潮红，精神沉郁，食欲减退；几天后，眼结膜有的潮红浮肿、有的泛黄，有的在上下颌、头部、颈部甚至全身水肿，指压凹陷，俗称"大头瘟"；尿液变黄、茶尿、血红蛋白尿甚至血尿，有腥臭味。有时粪干硬，有时腹泻。病猪逐渐消瘦，无力。病程十几天至一个多月。病死率50%~90%。妊娠母猪感染钩端螺旋体可发生流产，流产率20%~70%，母猪在流产前后有时兼有其他症状，甚至流产后发生急性死亡。流产的胎儿有死胎、木乃伊胎，也有衰弱的弱仔，常于产后不久死亡。

牛 潜伏期4~10 d，犊牛可表现急性经过，体温突然高至40 ℃以上，稽留，精神沉郁，食欲、反刍停止，贫血、黄疸、血红蛋白尿及肺炎，严重的死亡。红细胞数骤减到100万~300万$/cm^3$，常见皮肤干裂、坏死和溃疡。在发病后3~7 d内死亡。病死率高。哺乳牛或成年牛表现为亚急性、慢性经过，食欲、反刍、泌乳减少或停止，贫血、血红蛋白尿。妊娠母牛流产、产出死胎或弱胎，胎衣滞留或不孕症。流产是牛钩端螺旋体病的主要症状之一，一些牛群暴发本病的唯一症状就是流产，但也可与急性症状同时出现。

羊 山羊比绵羊多发，山羊感染钩端螺旋体可造成流行和死亡。绵羊感染后多不表现临诊症状，少有暴发和流行。

马 急性病例呈高热稽留，食欲废绝，皮肤与黏膜发黄，点状出血。皮肤干裂和坏死，病的中后期出现血红蛋白尿。病程数天至2周。病死率40%~60%。亚急性病例有发热、精神沉郁、黄疸等症状。病程2~4周，病死率10%~18%。

(4) 病理变化

钩端螺旋体在家畜所引起的病变基本是一致的。急性病例，眼观病变主要是黄疸、出血、血红蛋白尿及肾不同程度的损害。慢性或轻型病例，以肾的变化为主。

猪 皮肤、皮下组织、浆膜和黏膜有程度不同的黄疸，胸腔和心包有黄色积液；心内膜、肠系膜、肠、膀胱黏膜等出血；肝肿大呈棕黄色、胆囊肿大、淤血，慢性病例肾有散在的灰白色病灶(间质性肾炎)。水肿型病例在下颌、头颈、背、胃壁等部位出现水肿。

牛、羊、马 病变相似，皮肤有干裂坏死性病灶，口腔黏膜有溃疡，黏膜及皮下组织黄染，有时可见浮肿；肺、心、肾和脾等实质器官有出血斑点；肝肿大，泛黄；肾稍肿，有灰色病灶，膀胱积有深黄色或红色尿液；肠系膜淋巴结肿大。

(5) 诊断

发病初期采血液，中后期采尿液、脊髓液或血清，死后采新鲜的肾、肝、脑、脾等病料及时送检。符合以下一项即可确诊。暗视野显微镜或染色直接镜检菌体阳性：血液、尿、脑脊液置暗视野显微镜下观察可见螺旋状快速旋转或伸屈运动的细长菌体；经镀银染色呈黑色，复红亚甲蓝染色呈紫红色，姬姆萨染色呈淡红色的螺旋状菌体。在发病早期，血清中可检出特异性抗体，并能维持较长时间。可用炭凝集试验、间接血凝试验等检测特异性抗体的存在情况，可做出诊断。

(6) 防制

预防措施 钩体病感染者可长期带菌并排菌，预防应改造疫源地，控制和消灭污染源。灭鼠和预防接种是控制钩体病暴发流行，减少发病的关键。

扑灭措施 任何单位和个人发现疑似本病的动物，都应及时向当地动物防疫监督机构报告。发现疑似本病的疫情时，应进行流行病学调查、临诊症状检查，并采样送检。确诊后采取以下措施处理：本病呈暴发流行时，应划定疫区，实施封锁。对污染的圈舍、场地、用具等进行彻底消毒；对病畜隔离治疗，对同群畜立即进行强制免疫或用药物预防，并隔离观察20 d。必要时对同群畜进行扑杀处理。对病死畜及其排泄物、可能被污染的饲料、饮水等按有关规定进行无害化处理;对可能被污染的物品、交通工具、用具、畜舍进行严格彻底的消毒;对疫区和受威胁区内所有易感动物进行紧急免疫接种或用药物预防;对所有病死畜、被扑杀的动物及可能被污染的产品(包括猪肉、内脏、骨、血、皮、毛等)按有关规定进行无害化处理;对病畜的排泄物或可能被污染的垫草、饲料等均需进行无害化处理;在最后一头病畜隔离治疗 20 d 后,进行一次彻底的终末消毒,可解除封锁;参与疫情处理的有关人员,应穿防护服、胶鞋、带口罩和手套,做好自身防护。

治疗 链霉素、强力霉素、四环素和土霉素等抗生素有一定疗效。在猪群中发现感染,应全群治疗,饲料加入土霉素连喂 7 d,可以解除带菌状态和消除一些轻型症状。妊娠母猪产前 1 个月连续饲喂上述土霉素饲料 5 d,可以防止流产。

(7)公共卫生

钩端螺旋体病是重要的人畜共患病和自然疫源性传染病。

人钩端螺旋体病的治疗,应按病的表现确定治疗方案,一般是以抗生素为主,配合对症、支持疗法,首选药物为链霉素,其次为庆大霉素。预防本病,平时应做好灭鼠工作,保护水源不受污染;注意环境卫生,经常消毒和处理污水;发病率较高的地区要用多价疫苗进行预防接种。

8.18 破伤风

破伤风(tetanus)又称强直症,俗称锁口风,是由破伤风梭菌(*Clostridium tetani*)经伤口感染引起的一种急性、中毒性人畜共患传染病。临诊上以骨骼肌持续性痉挛和神经反射兴奋性增高为特征。

(1)病原

破伤风梭菌是一种专性厌氧菌,大小(0.4~0.6) μm ×(4~8) μm,革兰染色阳性,多单个存在。本菌在动物体内外均形成芽孢,其芽孢在菌体一端,似鼓锤状或球拍状。多数菌株有周鞭毛、能运动,不形成荚膜。

破伤风梭菌在动物体内和培养基中均可产生几种破伤风外毒素,主要有痉挛毒素和溶血毒素。破伤风痉挛毒素是一种作用于神经系统的神经毒素,是动物发生特征性强直症状的决定性因子,是仅次于肉毒梭菌毒素的第二种最强的细菌毒素。溶血毒素可使红细胞发生溶血,组织发生坏死。

(2)流行病学

破伤风梭菌广泛存在于自然界,人畜粪便都可带有,尤其是施肥的土壤、腐臭淤泥中。但本病的发生必须通过创伤感染,如钉伤、刺伤、去势、断尾、断脐、手术、穿鼻、产后感染等。

各种家畜均有易感性,其中以单蹄兽最易感,猪、羊、牛次之,犬、猫仅偶尔发病,家禽自然发病少见。人的易感性也很高。本病的发生无明显的季节性,多为散发。幼龄动物的感受性较高。

(3)临诊症状

潜伏期最短 1 d,最长可达数月,一般 1~2 周。

单蹄兽 最初表现对刺激的反射兴奋性增高,稍有刺激即抬头,瞬膜外露;接着出现咀嚼缓慢,步态僵硬等症状;随着病情的发展,出现全身性强直痉挛症状。口少许张开,采食缓慢,严重病例开口困难、牙关紧闭,无法采食和饮水。由于吞咽肌痉挛致使吞咽困难,唾液积于口腔而流涎,且口臭,头颈伸直,两耳竖立,鼻孔开张,四肢腰背僵硬。腹部蜷缩,粪尿潴留,甚则便秘，尾根高举，行走困难，状如木马，各关节屈曲困难，易跌倒，且不易自起。病畜神志清楚，有饮欲、食欲，但应激性高，轻微刺激可使其惊恐不安、痉挛和大汗淋漓，末期患畜常因呼吸功能障碍（浅表、气喘、喘鸣等）或循环系统衰竭（心律不齐、心博亢进）而死亡。体温一般正常，死前体温可升至 42 ℃，病死率 45%~90%。

牛　较少发生。症状与马相似，但较轻微，反射兴奋性明显低于马，常见反刍停止，多伴随有瘤胃臌气。

羊　多由剪毛引起。病羊全身肌肉强直，角弓反张，伴有轻度瘤胃臌气及腹泻。母羊多发生于产死胎或胎衣停滞之后；羔羊多因脐带感染引起，病死率极高，几乎可达 100%。

猪　较常发生，多由于阉割感染。一般是从头部肌肉开始痉挛，牙关紧闭，口吐白沫；叫声尖细，瞬膜外露，两耳竖立，腰背弓起，全身肌肉痉挛，触摸坚实如木板，四肢僵硬，难于站立，病死率较高。

（4）诊断

根据本病特殊的临诊症状，如神志清醒，反射兴奋性增高，骨骼肌强直性痉挛，体温正常，并有创伤史，即可确诊。对于病初症状不明显病例，要注意与马钱子中毒、癫痫、脑膜炎、狂犬病及肌肉风湿等相鉴别。

（5）防制

预防措施　在本病常发区对易感家畜定期接种破伤风类毒素。牛、马等大动物在阉割等手术前一个月进行免疫接种，可起到预防本病作用。对较大较深的创伤，除做外科处理外，应肌内注射破伤风抗毒素 1 万~3 万 U。一旦发生外伤，要及时处理，防止感染。阉割手术要注意器械的消毒和无菌操作。

治疗　尽快查明感染的创伤和进行外科处理，清除创内的脓汁、异物、坏死组织及痂皮，对创深、创口小的要扩创，以 5%~10% 碘酊和 3% 双氧水或 1% 高锰酸钾消毒，再撒以碘仿硼酸合剂，然后用青霉素、链霉素做创周注射。同时用青霉素、链霉素做全身治疗。早期使用破伤风抗毒素，疗效较好，剂量 20 万~80 万 IU，分 3 次注射，也可一次全剂量注入。同时应用 40% 乌洛托品，大动物 50 mL，犊牛、幼驹及中小动物酌减。当病畜兴奋不安和强直痉挛时，可使用镇静解痉剂。一般多用氯丙嗪肌内注射或静脉注射，每天早晚各 1 次。也可用 25% 硫酸镁做肌内注射或静脉注射，以解痉挛。对咬肌痉挛、牙关紧闭者，可用 1% 普鲁卡因溶液于开关、锁口穴位注射，每日 1 次，直至开口为止。人的预防也以主动或被动免疫接种为主要措施。

8.19　附红细胞体病

附红细胞体病（eperythrozoonosis），简称附红体病，是由附红细胞体（*Eperythrozoon*）引起的人畜共患传染病，以贫血、黄疸和发热为特征。

（1）病原

附红细胞体，根据其生物学特点更接近于立克次体而将其列入立克次体目无浆体科附红细胞体属。附红体是寄生于动物和人红细胞表面、血浆和骨髓中的微生物小体。目前已发现的附红体有 14 个种。主要有寄生于猪的猪附红体、小附红体，寄生于绵羊、山羊及鹿中的绵羊附红体，寄生于鼠的球状附红体，寄生于牛的温氏附红体，以及兔附红体、犬附红体、猫附红体和人附红体等。

附红体是一种多形态微生物，多数为环形、球形和卵圆形，少数呈顿号形和杆状，大小不一。寄生在人、牛、羊及啮齿动物中的较小，直径为 0.3～0.8 μm；在猪体中的较大，直径为 0.8～1.5 μm。通常在红细胞表面或边缘，数量不等，数量多的可在红细胞边缘形成链状，也可游离于血浆中。加压情况下可通过 0.1～0.45 μm 滤膜，革兰染色阴性，姬姆萨染色呈紫红色，瑞氏染色为蓝色。鲜血滴片直接镜检可见呈不同形式的运动。

附红体对热、干燥及常用消毒药敏感，60 ℃水浴中 1 min 即停止运动、100 ℃水浴中 1 min 可灭活。对常用消毒药均敏感，70%乙醇、0.5%石炭酸含氯消毒剂中 5 min 内可被杀死，0.1%甲醛、0.05%碳酸、乙醚、氯仿可迅速使其灭活。但附红体对低温冷冻的抵抗力较强，4 ℃ 60 d，-30 ℃可存活 120 d，-70 ℃可存活数年。

(2) 流行病学

传染源　在多种动物和人体内均可检出附红体，其在一些啮齿动物、家畜、家禽、鸟类及人类体内寄生。这些宿主既是被感染者，又是传染源。

传播途径　附红体的传播途径目前尚不明确。可能的传播途径有接触性传播、血源性传播、垂直传播及经媒介传播等。血源性传播可能由注射器、动物打号器、断尾术、去势术等造成。传播媒介已知有虻、刺蝇、蚊、蜱、螨、虱等。

易感动物　附红体的易感宿主范围广，易感动物有猪、牛、羊、犬、猫、兔、马、驴、骡、骆驼、鸡、鼠等。感染率很高，但多不表现症状，当自身抵抗力下降或环境条件恶劣时，可引起发病或流行。

流行特征　本病分布广泛，病的发生有明显的季节性，多发于高温多雨、吸血昆虫繁殖的季节，夏秋季为发病高峰。流行形式有散发性、地方流行性。动物在饲养密度较高、封闭饲养的圈舍内多发。在环境条件恶劣，饲养管理差、应激、动物抵抗力下降及并发感染其他病时，可出现暴发流行。附红体可通过胎盘传给胎儿，发生垂直传播，导致仔畜死亡率升高。

(3) 临诊症状

本病多呈隐性感染，在少数情况下受应激因素刺激可出现临诊症状。由于动物种类不同，潜伏期也不相同，介于 2～45 d。

猪　通常发生在哺乳仔猪、怀孕母猪以及高度应激的肥育猪，特别是断奶仔猪或阉割后几周的猪多发。急性感染时，其临诊特征为急性黄疸性贫血和发热，体表苍白，有时可见黄疸，皮肤表面有出血斑点，四肢、尾部，特别是耳部边缘发紫，耳郭边缘甚至大部分耳郭可能会发生坏死。母猪发病时，食欲减少，发热，乳房及会阴部水肿 1～3 d；受胎率低，不发情，流产，产死胎弱胎。产出的仔猪往往苍白贫血，有时不足标准体重，易发病。

其他动物发病时，均以高热、贫血、黄疸为主要症状。

鸡发病可见冠苍白而称为"白冠病"。

人　人患病后有多种表现，不同病人有不同表现。主要有发热，体温可达 40 ℃，并伴有多汗，关节酸痛；可视黏膜及皮肤黄染，疲劳、嗜睡等贫血症状；淋巴结肿大，常见于颈部浅表淋巴结；肝脾肿大、皮肤瘙痒、脱发等。小儿患病时，有时腹泻。

(4) 病理变化

病理变化可见黏膜浆膜黄染；弥漫性血管炎症，有浆细胞、淋巴细胞和单核细胞等聚集于血管周围；肝脾肿大，肝有脂肪变性，并且有实质性炎性变化和坏死，胆汁浓稠；脾被膜有结节，结构模糊；肺、心、肾等都有不同程度的炎性变化。死亡动物的病变广泛，往往具有全身性。

(5) 诊断

根据流行病学、临诊症状，可做出初步诊断。本病呈地方流行或散发，夏秋季常见，应激状态、有慢性病和自身免疫低下者多发，临诊表现主要为发热、贫血、黄疸、淋巴结肿大等可做出初诊。确诊需进行实验室检查。

直接镜检　采用直接镜检诊断人畜附红体病仍是当前的主要手段，包括鲜血压片和涂片染色。

鲜血压片检查　新鲜血液加等量生理盐水置显微镜下观察可见在血浆中转动或翻滚，遇红细胞即停止运动的菌体。

涂片染色镜检　新鲜血液涂片，固定后染色，显微镜下观察，姬姆萨染色的红细胞表面可见紫红色小体或瑞氏染色呈淡蓝色的小体时，可判为阳性。用吖啶黄染色可提高检出率，在血浆中及红细胞上观察到不同形态的附红体为阳性。

血清学诊断　包括间接血凝试验、补体结合试验或ELISA，由于抗体滴度只能在2~3个月内维持较高水平，所有的血清学方法只适合于群体诊断。

(6) 防制

治疗病人和各种患病动物，曾用过各种药物，如卡那霉素、强力霉素、土霉素、黄色素、贝尼尔、氯苯胍等，一般认为贝尼尔是首选药物。

预防本病要采取综合性措施，加强饲养管理，注意环境卫生，定期消毒，给以全价饲料，增强机体抵抗力，减少应激等，这些措施对本病的预防和控制有重要意义。加强对引进动物的检疫，同时在流行季节加强灭蚊、灭蝇工作，加强对动物免疫及治疗用注射器、手术器械的消毒，也可减少本病的传播。

8.20　衣原体病

衣原体病(chlamydiosis)是一种由衣原体引起的传染病，多种动物和禽类都可感染发病，人也有易感性。以流产、肺炎、肠炎、结膜炎、多发性关节炎、脑炎等多种临诊症状为特征。

(1) 病原

衣原体(chlamydia)是衣原体科衣原体属的微生物。衣原体属目前认为有4个种，即沙眼衣原体、鹦鹉热衣原体、肺炎衣原体和反刍动物衣原体。

衣原体属的微生物细小，呈球状，有细胞壁。直径为 0.2~1.0 μm。在脊椎动物细胞的胞浆中可形成包涵体，直径可达 12 μm。易被嗜碱性染料着染，革兰染色阴性，用姬姆萨、马夏维洛、卡斯坦奈达等法染色着色良好。

衣原体对高温的抵抗力不强、而在低温下则可存活较长时间，如4℃可存活5 d，0℃存活数周。0.1%福尔马林、0.5%石炭酸在24 h内，70%乙醇、3%氢氧化钠数分钟内将其迅速灭活。衣原体对四环素、红霉素、土霉素、氯霉素等抗生素敏感，对链毒素、杆菌肽等有抵抗力。对磺胺类药物，沙眼衣原体敏感，而鹦鹉热衣原体和反刍动物衣原体则有抵抗力。

(2) 流行病学

传染源　病畜(禽)和带菌者是本病的主要传染源。它可由粪便、尿、乳汁以及流产的胎儿、胎衣和羊水排出病原，污染水源和饲料。

传播途径　本病主要经经消化道、呼吸道或眼结膜感染。另外，病畜与健康家畜交配或病畜的精液人工授精可感染。

易感动物　衣原体具有广泛的宿生，但家畜中以羊、牛、猪易感性强，禽类中以鹦鹉、鸽子较为易感。羔羊(1~8月龄)多表现为关节炎、结膜炎，犊牛(6月龄以前)、仔猪多表现为肺炎、肠炎，成年牛有脑炎症状，怀孕牛、羊、猪则多数发生流产。雏禽发病严重，常引起死亡。

流行特征　本病的发生没有明显的季节性，但犊牛肺炎、肠炎病例冬季多于夏季；羔羊关节炎和结膜炎常见于夏秋季。本病的流行形式多种多样，妊娠牛、羊、猪流产常呈地方流行性；羔羊、仔猪发生结膜炎或关节炎时多呈流行性；而牛发生脑脊髓炎则为散发性。

(3) 临诊症状

流产型　又名地方流行性流产，主要发生于羊、牛和猪。羊，潜伏期50~90 d，症状为流产、死产和产弱羔；流产发生于妊娠的最后1个月，流产后，病羊可排出子宫分泌物达数天之久，胎衣常滞留。易感母牛感染后，有一短暂的发热阶段，初次妊娠的青年牛感染后易于引起流产，流产常发生于妊娠后期，一般不发生胎衣滞留，流产率高达60%。猪无流产先兆，体温升高者少见，初产母猪的流产率为40%~90%；有的病猪产活仔多，但因仔猪胎内感染迅速出现抑郁，体温升高1~2℃，寒颤、发绀，有的发生恶性腹泻，多在3~5 d死亡。公猪发生睾丸炎、附睾炎、阴茎炎、尿道炎。

肺肠炎型　主要见于6月龄以前的犊牛，仔猪也常发生。潜伏期1~10 d，病畜表现腹泻，体温升高至40.6℃，鼻流浆黏性分泌物，流泪，以后出现咳嗽和支气管肺炎。犊牛表现的症状轻重不一，有急性、亚急性和慢性之分，有的犊牛可呈隐性经过。仔猪常发生胸膜炎或心包炎。

关节炎型　主要发生于羔羊。病初体温上升至41~42℃，食欲废绝。肌肉运动僵硬，并有疼痛，一肢甚至四肢跛行。随着病情的发展，跛行加重，羔羊弓背而立，有的羔羊长期侧卧。发病率一般达30%，甚至可达80%以上，病程2~4周。犊牛也常发病，病初发热，不愿站立和运动，在患病的第2~3天，关节肿大，后肢关节最严重，症状出现后2~12 d死亡。

脑脊髓炎型　又称伯斯病。主要发生于牛，以2岁以下的牛最易感，自然感染的潜伏期4~27 d。病初体温突然升高至40.5~41.5℃，食欲废绝、消瘦、衰竭，体重迅速减轻；流涎和咳嗽明显，行走摇摆，有的病牛有转圈运动或以头抵硬物；四肢主要关节肿胀、疼痛。病的后期，有的病牛角弓反张和痉挛。断奶仔猪表现精神沉郁，有稽留热，皮肤震颤，后肢轻瘫；有的病猪高度兴奋，尖叫，突然倒地，四肢做游泳状，病死率可达20%~60%。

鹦鹉热　又称鸟疫，一般将发生于鹦鹉鸟类的称为鹦鹉热，而发生于非鹦鹉鸟类的称为鸟疫。禽类多呈隐性感染，而鹦鹉、鸽、鸭、火鸡等呈显性感染。患病鹦鹉精神沉郁、食欲废绝，眼和鼻有黏性分泌物，腹泻，病的后期脱水、消瘦。幼龄鹦鹉常引起死亡，成年的则症状轻微，康复后长期带菌。病鸽精神不安，眼和鼻有分泌物，腹泻；雏鸽大多死亡，成年鸽多数可康复成带菌者。病鸭眼和鼻流出浆性或脓性分泌物，食欲废绝，腹泻，排淡绿色水样粪便，病初震颤，步态不稳，后期明显消瘦，常发生惊厥而死亡；雏鸭死亡率较高，成年鸭多为隐性经过。火鸡患病后，精神沉郁，食欲废绝，腹泻，粪便呈液状并带血，消瘦，病死率一般不高，但有时症状严重，病死率高。

(4) 病理变化

流产型　以胎盘炎症和胎儿病变为主。

肺炎型　呼吸道黏膜为卡他性炎症。肺的尖叶、心叶、整个或部分膈叶有紫红色至灰红色的实质病变灶。肺间质水肿、膨胀不全，支气管增厚，切面多汁呈红色，有黏稠分泌物流出。支气管上皮细胞和单核细胞中有包涵体。

肠炎型　呈急性卡他性胃肠炎。胃和小肠浆膜面无光泽，十二指肠和盲肠浆膜面有条纹状出血。真胃黏膜充血水肿,有小点状出血和小溃疡。小肠黏膜充血和点状出血,以回肠最明显。回盲瓣淤血或点状出血。肠系膜淋巴结肿大、出血。组织学检查见胃黏膜上皮细胞、固有层巨噬细胞、浆细胞、成纤维细胞、中心乳糜管内皮细胞、嗜铬细胞及杯状细胞中存有包涵体。

关节炎型 病变多发生在关节、腱鞘及其附近组织。大的关节如枕骨关节,常有淡黄色液体增多而扩张。滑液膜水肿并有不同程度的点状出血,附有疏松或致密的纤维素性碎屑和斑块。

脑脊髓炎型 尸体消瘦、脱水,中枢神经系统充血、水肿,脑脊髓液增多,大脑、小脑和延脑有弥漫性炎症变化。有些慢性病例还伴有浆液性、纤维素性腹膜炎、胸膜炎或心包炎。在各脏器的浆膜面上有厚层纤维蛋白覆盖物。

鹦鹉热型 病变以禽体消瘦和发生浆膜炎为主。出现浆液性或浆液纤维蛋白性腹膜炎、心包炎和气囊炎。肝和脾肿大,肝周炎,肝和脾上有灰黄白色珍珠状小坏死灶。气囊增厚、粗糙,内有渗出物及白色絮片。其他脏器表面被覆一层纤维蛋白样渗出物,卵巢充血或出血,内容物呈黄绿色胶冻状或水样。

(5) 诊断

根据流行病学、临诊症状和病理变化仅能怀疑为本病,确诊要进行实验室诊断。取有严重全身症状病畜的血液和实质脏器;流产胎儿的器官、胎盘和子宫分泌物;关节炎病例的滑液;脑炎病例的大脑与脊髓;肺炎病例的肺、支气管淋巴结;肠炎病例的肠道黏膜、粪便等,做细菌学和血清血诊断。严重感染的病例,如绵羊地方性流产的子叶,其涂片用马夏维洛法、或姬姆萨法染色镜检,可确诊。常用补体结合反应。一般用加热处理过的衣原体悬液作为抗原,来测定被检验血清。哺乳动物和禽类一般于感染后 7~10 d 出现补体结合抗体。通常采取急性和恢复期双份血清,如抗体滴度增高 4 倍以上,认为系阳性。补体结合反应的程度取决于动物感染的轻重,如绵羊地方性流产,流产后 3 周内抗体滴度可升高 1 000 倍。

(6) 防制

预防措施 衣原体的宿主十分广泛。因此,防制本病应采取综合性的措施。在规模化养殖场,应建立密闭的饲养系统,杜绝其他动物携带病原体侵入;对外来鹦鹉鸟类要严格实施隔离检疫,禽类屠宰、加工时防止尘雾发生;建立疫情监测制度,对疑似病例要及时检验,清除传染源;在本病流行区,应制订疫苗免疫计划,定期进行预防接种。

治疗 发生本病时,可用抗生素进行治疗,也可将抗生素混于饲料中,连用 1~2 周。

8.21 猪瘟

猪瘟(classical swine fever, CSF)是由猪瘟病毒引起的猪的一种急性、热性、高度接触性传染病。其特征是发病急,高热稽留和细小血管壁变性,引起全身广泛性点状出血和脾脏梗死。

猪瘟呈世界性分布,由于其危害程度高,对养猪业造成经济损失巨大,所以 OIE 将本病规定为国际重点检疫对象。近几十年来,不少国家先后采取了消灭猪瘟的措施,取得了显著效果。目前本病在我国仍时有发生,是对养猪业危害最大、最危险的传染病之一。

(1) 病原

猪瘟病毒属于黄病毒科瘟病毒属的一个成员。病毒粒子直径 40~50 nm,呈球形,核衣壳为二十面体对称,有囊膜,核酸类型为单股 RNA。猪瘟病毒和同属的牛黏膜病病毒有共同的抗原成分,既有血清学交叉反应,又有交叉保护作用。

猪瘟病毒为单一血清型，尽管分离出不少变异性毒株，但都是属于一个血清型。

本病毒存在于病猪的全身组织、器官和体液中，其中以血液、淋巴结和脾脏最多，病猪的粪便及分泌物中也含有较多的病毒。

猪瘟病毒对外界环境的抵抗力不强，在粪便中20℃能存活2周，72~76℃，1 h能杀死，日光直射时30~60 min能杀死。常用的消毒药有2%氢氧化钠、10%漂白粉、5%~10%石灰水和3%~5%来苏儿等。2%氢氧化钠是最有效且常用的消毒药。

(2) 流行病学

该病仅发生于猪和野猪。各种品种、年龄、性别的猪都是易感动物。免疫母猪所产仔猪，在哺乳期内有被动免疫力，以后易感性逐渐增加。

病猪和带毒猪是主要的传染源，传播的主要方式是病猪与健康猪的直接接触。感染猪在发病前即可从口、鼻及泪腺分泌物、尿和粪中排毒，直到死亡。侵入门户是口腔、鼻腔、眼结膜、生殖道和损伤的皮肤黏膜。

当猪瘟病毒感染妊娠母猪时，起初不被觉察，但病毒可侵袭胎儿，造成死产或出生不久即死去的弱仔，分娩时排出大量的猪瘟病毒。如果这种先天感染的仔猪在出生时正常，并保持健康几个月，他们可作为病毒散布的持续感染来源而很难辨认出来。因此，这种持续的先天性感染对猪瘟的流行病学具有极其重要的意义。

本病一年四季均可发病，一般以春秋季多发。在本病常发地区，猪群有一定的免疫性，其发病死亡率较低，在新疫区发病率和死亡率在90%以上。

近年来由于普遍进行疫苗接种等预防措施，大多集约化猪群已具有一定的免疫力，使猪瘟流行形式发生了变化，出现温和型猪瘟等，表现以散发性流行。发病特点为临诊症状轻或死亡率低，病理变化不典型，必须依赖实验室诊断才能确诊。

(3) 临诊症状

潜伏期为5~7 d，最短的2 d，最长的21 d。根据临诊症状和病程可分为最急性型、急性型、慢性型、温和型猪瘟(非典型猪瘟)。

最急性型 多见于流行初期和首次发生猪瘟的猪场，表现为突然发病，高热稽留，体温达42℃，四肢末梢、耳尖和黏膜发绀，全身多处有出血点或片状出血，全身痉挛，四肢抽搐，卧地不起而死亡。病程1 d以内，死亡率为90%~100%。

急性型 最常见，体温升高2℃左右，呈稽留热。病猪精神高度沉郁，呆滞，行动缓慢，食欲废绝，喜饮，怕冷挤卧，好钻草窝，先便秘，后腹泻，粪便恶臭，带有血液。公猪包皮积液，挤压时流出白色混浊、恶臭的浓液。病猪眼结膜发炎，初期为黏性分泌物，后期为脓性分泌物，有时第2天早晨发现病猪的上下眼睑粘在一起。初期可见皮肤潮红充血，后期呈点状出血，一般多见于耳、四肢、腹下等部位。病程1~2周，死亡率50%~60%。

慢性型 多见于有本病流行的猪场或防疫卫生条件不好的猪场。病猪表现被毛粗乱，消瘦，精神沉郁，食欲减少，全身衰弱，行走摇摆不稳，常拱背呆立。便秘和腹泻交替出现。有的猪皮肤出现紫斑或坏死痂。病猪生长迟缓，发育不良。病猪可长期存活，很难完全康复，常形成僵猪。

温和型 由于母猪体内含少量抗体，感染猪瘟病毒后，不表现典型的猪瘟症状，只导致流产、木乃伊胎、畸形胎、死胎，产出有颤抖症状的弱仔猪或外表健康的先天性感染仔猪。产出的弱仔猪一般数天后死亡，不死者可终生带毒和排毒。

(4) 病理变化

最急性型 败血症变化，可见浆膜、黏膜、淋巴结和肾脏等处有出血斑点，皮下组织胶样浸润。

急性型 以皮肤和内脏器官的出血变化为主。全身皮肤上有大小不等的出血点或弥漫性出血，血液凝固不良。全身淋巴结，特别是耳下、颈部、肠系膜和腹股沟淋巴结水肿、出血，表面呈暗红色或黑红色，切面边缘呈黑红色，中间有红白相间的大理石样花纹，这种病变有诊断意义。肾脏表面有出血点，严重时有出血斑，出血部位以皮质表面最常见，呈"雀斑肾"外观。脾脏不肿大，但边缘上出现特征性的、大小不一、数量不等、呈紫黑色、突出于脾表面的出血性梗死灶。脾出血性梗死是猪瘟最有诊断意义的病理变化。此外，全身浆膜、黏膜和心、肺、胆囊均可出现大小不等、多少不一的出血点或出血斑。膀胱增厚并有出血点。

慢性型 出血和梗死不明显，主要是在回盲瓣周围、盲肠和结肠黏膜上发生坏死性肠炎，形成轮层状、钮扣状溃疡，突出于黏膜表面，呈褐色或黑色，中央凹陷。由于钙、磷失调表现为突然钙化，从肋骨、肋软骨联合到肋骨近端常见有半硬的骨结构形成的明显横切线，该病理变化在慢性猪瘟诊断上有一定意义。

温和型 母猪感染后表现为繁殖障碍，主要发生木乃伊胎、畸形胎、死胎。或产出先天性感染仔猪。死胎呈皮下水肿，腹水和胸水增多，皮肤有点状出血。畸形胎儿表现头和四肢变形，小脑、肺和肌肉发育不良。

(5) 诊断

典型的急性猪瘟根据流行特点、临诊症状和剖检变化可做出准确的诊断，但注意与非洲猪瘟、急性猪丹毒、急性猪肺疫、急性仔猪副伤寒、猪链球菌病、猪弓形体病的区别，现将猪瘟与猪丹毒、猪肺疫、仔猪副伤寒的区别列表鉴别如下（表8-3）。必要时可进行实验室诊断。

慢性型和温和型猪瘟，与急性猪瘟不同，因临诊症状和病变不典型，做出临诊诊断比较困难，必须进行实验室诊断，才能确诊。

实验室诊断的主要方法是兔体交互免疫试验、荧光抗体技术或酶标抗体技术。兔体交互免疫试验是将兔分成两组，一组先用猪瘟疫苗免疫；当有疑似猪瘟病料时，将病料经抗生素处理后，接种两组兔体，然后测温；如猪瘟疫苗免疫组无任何反映，另一组发生定型热反应，则为猪瘟。

(6) 防制

预防措施 加强饲养管理，做好猪舍及环境卫生，定期消毒。坚持自繁自养的原则，不从外地购入猪只。如必需购入时，要隔离观察2~3周，并进行严格检疫，确认为健康，并经预防注射1周后才能混群。同时制订合理的免疫程序，一般对种猪每年春、秋两季采用猪瘟-猪丹毒-猪肺疫三联苗进行免疫注射。仔猪可用猪瘟兔化弱毒冻干疫苗按下列程序进行免疫注射：有猪瘟疫情的地区和猪场，于断奶后立即注射1次，5d后再注射1次；对无猪瘟疫情的地区和猪场，可在断奶后注射1次。

扑灭措施 发生猪瘟后，立即隔离，封锁疫区，对所有猪进行测温和临诊检查，病健隔离。对急宰病猪的死尸，宰后的血液、内脏及污物，污染的场地、用具和工作人员等都应严格消毒，对猪舍、垫草、粪便、吃剩的饲料也应消毒，以防病毒扩散。对受威胁区的猪用猪瘟兔化弱毒冻干疫苗，2~4倍剂量进行紧急预防接种。

表 8-3 猪瘟、猪丹毒、猪肺疫、仔猪副伤寒四大传染病的监别诊断表

项目		病名			
		猪瘟	猪丹毒	猪肺疫	仔猪副伤寒
流行病学	发病季节	无季节性	夏冬多发	无季节性	无季节性
	发病年龄	无年龄差别	架子猪	无年龄差别	2~4月龄、10~20 kg
	流行情况	传播迅速，呈流行性	地方流行	散发	散发，地方流行
	死亡率	不免疫达100%	急性高，慢性低	急性达70%	20%~50%
症状	体温(℃)	40.5~42	41~43	40~41	42
	粪便	初期便秘、后期下痢、混有黏液	多数便秘，末期有的下痢	初期便秘，后期下痢有血液	下痢、恶臭、有血液和气泡
	呼吸	有时咳嗽	呼吸加快	呼吸困难、咳嗽、呈犬坐姿势、咽喉肿胀	一般无变化
	皮肤	有红色出血点，按压不褪色	有疹块状突起，按压褪色	有出血点、黏膜发绀	病后期末梢皮肤呈紫色
剖检变化	心脏	心内-外膜有点状出血	疣状心内膜炎	心内、外膜有点状出血	无明显变化
	肺脏	轻度肿胀，有出血点	充血，水肿	急性有出血点、有红黄灰色肝变区、切面呈大理石样外观	慢性肺脏变硬有干酪样坏死灶
	胃及十二指肠	有出血点	胃底、幽门及十二指肠黏膜弥漫性潮红、并有出血点	点状出血	无明显变化
	大肠	急性的有出血点、出血性肠炎、慢性回盲口有扣状肿	急性的有出血点，慢性无明显变化	急性有出血点、慢性无明显变化	黏膜肿胀、肠壁增厚、似糠麸样、溃疡边缘不规则
	脾脏	不肿大、边缘有紫红色或紫黑色凸起(梗死灶)	肿大、呈樱桃红色	无明显变化	肿大、呈暗蓝紫色、触诊似橡皮状
	肝脏	无明显变化	充血肿大、呈红棕色	无明显变化	肿大、充血、出血
	胆囊	无明显变化	无明显变化	无明显变化	肿大、黏膜有溃疡
	肾脏	被膜下有出血点	肿大、切面有出血点	被膜下有出血点	无明显变化
	膀胱	有出血点	无明显变化	无明显变化	无明显变化
	淋巴结	肿大、切面呈大理石样外观	肿大充血、切面多汁	肿胀，出血	肿大、出血
病原体		猪瘟病毒	猪丹毒杆菌	巴氏杆菌	沙门氏菌
细菌检查		无	革兰阳性杆菌	革兰阴性小杆菌、两极浓染	革兰阴性中等大小杆菌
治疗		无特效药物	青霉素	卡那霉素等	链霉素、痢菌净等

8.22　猪圆环病毒感染

猪圆环病毒感染(porcine circovirus-associated diseases, PCVAD)是由猪圆环病毒引起猪的一种多系统衰弱的传染病。其主要特征为体质下降、消瘦、腹泻、呼吸困难等。

猪圆环病毒感染作为一种新的病毒病在许多国家广泛流行。我国于2001年首次发现。目前我国猪群中感染情况已十分严重，本病日益受到人们的关注。

(1) 病原

本病的病原为猪圆环病毒，属于圆环病毒科圆环病毒属成员，它是动物病毒中最小的成员之一。病毒直径17 nm，呈二十面体对称，无囊膜，不具有血凝活性。猪圆环病毒有2种血清型，即猪圆环病毒Ⅰ型和Ⅱ型。已知猪圆环病毒Ⅰ型对猪的致病性较低，偶尔可引起怀孕母猪的胎儿感染，造成繁殖障碍，但在正常猪群及猪源细胞中的污染率却极高。猪圆环病毒Ⅱ型对猪的危害极大，可引起断奶仔猪多系统衰竭综合征、猪间质性肺炎、猪皮炎肾病综合征以及母猪繁殖障碍、仔猪先天性震颤等，这些病总称为猪圆环病毒病。

猪圆环病毒对环境的抵抗力较强，对氯仿不敏感，在pH 3的酸性环境中能长时间存活，对高温(72 ℃)也有抵抗力。一般消毒药很难将其杀灭。

(2) 流行病学

猪对猪圆环病毒有较强的易感性，各种年龄的猪均可感染，但仔猪感染后发病严重。胚胎期或出生后早期感染的猪，往往在断奶后才可以发病，一般集中在5~18周龄，尤其在6~12周龄最多见。病猪和带毒猪(多数为隐性感染)为本病的主要传染源。病毒存在于病猪的呼吸道、肺脏、脾和淋巴结中，从鼻液和粪便中排出病毒。经呼吸道、消化道和精液及胎盘传染，也可通过携带病毒的人员、工作服、用具和设备传播。

本病流行以散发为主，有时可呈现暴发，病程发展较缓慢，有时可持续12~18个月之久。病猪多于出现症状后2~8 d发生死亡。饲养管理不良，饲养条件差，饲料质量低，环境恶劣、通风不良、饲养密度过大，不同日龄的猪只混群饲养，以及各种应激因素的存在均可诱发本病，并加重病情的发展，增加死亡。

由于圆环病毒能破坏猪体的免疫系统，造成免疫抑制，引起继发性免疫缺陷，因而本病常与猪繁殖与呼吸综合征病毒、细小病毒、伪狂犬病毒、猪肺炎支原体、猪胸膜肺炎、放线杆菌、多杀性巴氏杆菌和链球菌等混合或继发感染。

(3) 临诊症状

猪圆环病毒感染后潜伏期均较长，即便是胚胎或出生后早期感染，也多在断奶后才陆续出现临诊症状。猪园环病毒感染可引起以下多种病症。

断奶仔猪多系统衰弱综合征　本病多见于5~12周龄猪，发病率5%~30%，病死率在5%~40%。本病在猪群中发生后发展缓慢，病程较长，一般可持续12~18个月。患猪临诊特征为进行性呼吸困难，肌肉衰弱无力，渐进性消瘦，体重减轻，生长发育不良，皮肤和可视黏膜黄染，贫血，有的病猪下痢，体表淋巴结明显肿胀，多数病猪呈强烈震颤、死亡或被淘汰，康复者成为僵猪。

皮炎和肾病综合征　本病多见于8~18周龄猪，发病率在0.15%~2%，有时可达7%。患病猪皮肤发生圆形或不规则形的丘状隆起，呈现为红色或紫色斑点状病灶，病灶常融合成条带或斑块。最早出现这种丘疹的部位在后躯、四肢和腹部，逐渐扩展至胸背部和耳部。病情较轻的猪体温、食欲等多无异常，常可自动康复。发病严重的可出现发热、减食、跛行、皮下水肿，有的可在数日内死亡，有的可维持2~3周。

增生性坏死性间质性肺炎　人们已经认识到在育肥猪中的肺炎与猪圆环病毒Ⅱ型相关，猪圆环病毒Ⅱ型和猪繁殖与呼吸综合征、猪流感病毒等多种传染性疾病的共同感染导致了肺炎的发生。猪圆环病毒Ⅱ型引起的肺炎主要危害6~14周龄猪，发病率在2%~30%，致死率在2%~10%。

繁殖障碍　猪圆环病毒Ⅰ型和猪圆环病毒Ⅱ型感染均可造成繁殖障碍，以猪圆环病毒Ⅱ型引起的繁殖障碍更严重。可引起母猪的返情率升高，流产和产木乃伊胎、死胎和弱仔的比例增加。

(4) 病理变化

断奶仔猪多系统衰弱综合征　最显著的剖检病变是全身淋巴结，特别是腹股沟淋巴结、纵隔淋巴结、肺门淋巴结、肠系淋巴结及颌下淋巴结肿大2~5倍，有时可达10倍。切面硬度增加，可见均匀的白色。有的淋巴结有出血。肺脏肿胀，坚硬或似橡皮，俗称"橡皮肺"。部分病例形成固化，致密病灶。严重病例肺泡出血，颜色加深，整个肺呈紫褐色，有的肺尖叶和心叶萎缩或实变。肝脏发暗，萎缩，肝小叶结缔组织增生。脾脏常肿大，呈肉样变化。肾脏水肿，呈灰白色，被膜下有时有白色坏死灶。胃的食管部黏膜水肿和非出血性溃疡。回肠和结肠段肠壁变薄，盲肠和结肠黏膜充血和淤血。另外，由继发感染引起的胸膜炎、腹膜炎和心包炎及关节炎也经常见到。

皮炎和肾病综合征　剖检可见肾肿大、苍白，有出血点或坏死点。

增生性坏死性间质性肺炎　眼观病变为肺有弥漫性塌陷，较重而结实，如橡皮状，表面颜色呈灰红色或灰棕色的斑纹。

(5) 诊断

本病仅靠症状难以确诊，因此需进行实验室诊断。实验室诊断方法分为抗体检测和抗原检测两种。

检测抗体可采用间接免疫荧光、ELISA和单克隆抗体法等，华中农业大学动物医学院病毒研究室已经成功建立了ORF-ELISA诊断方法并研制了相应的试剂盒，可应用于临诊对本病的检测。

检测抗原的方法主要有病毒的分离鉴定、电镜检查和PCR方法等。

(6) 防制

对猪圆环病毒感染目前尚无可用的有效的治疗药物，主要采用疫苗免疫等综合控制技术来减轻本病的危害。

建立健全猪场的生物安全防疫体系，认真执行常规的猪群防疫保健技术措施。引进种猪时，要进行必要的隔离、检测。强化对养猪生产有害生物(猫、犬、啮齿动物、鸟以及蚊、蝇等)的控制。

加强营养，特别是控制好断奶前后仔猪的营养水平，增加食槽的采食空间。在分娩、保育、育肥的各个阶段做到全进全出，同一批次的猪日龄范围控制在10 d之内，批与批之间不混群。在分娩舍限制交叉寄养，必须要寄养的猪应控制在24 h内。

对发病猪群最好淘汰，不能淘汰者使用一些抗病毒药物同时配合对症治疗，可降低死亡率。

8.23 猪流行性腹泻

猪流行性腹泻(porcine epidemic diarrhea, PED)是由猪流行性腹泻病毒引起猪的一种急性、高度接触性肠道传染病。临诊主要特征为呕吐、下痢、脱水。本病的流行特点、临诊症状和病理变化等方面与猪传染性胃肠炎极为相似。但哺乳仔猪死亡率较低,在猪群中的传播速度相对缓慢。

(1) 病原

猪流行性腹泻病毒属于冠状病毒科冠状病毒属,病毒形态略呈球形,在粪便中的病毒粒子常呈多形态,有囊膜,大小为95~190 nm。病毒对乙醚和氯仿敏感。本病毒对外界环境抵抗力弱,一般消毒药都可将其杀灭。病毒在60 ℃ 30 min 可失去感染力,在50 ℃条件下相对稳定。病毒在4 ℃ pH 5.0~9.0 或在37 ℃ pH 6.5~7.5 时稳定。

(2) 流行病学

本病仅发生于猪,各种年龄的猪均易感染发病。哺乳仔猪和育肥猪发病率可达100%,以哺乳仔猪发病最重。母猪发病率为15%~90%。病猪和带毒猪是主要的传染源,病毒存在于肠绒毛上皮和肠系膜淋巴结中,随粪便排出体外,污染环境、饲料、饮水和用具等,经消化道传染给易感猪。本病呈地方性流行,有一定的季节性,主要在冬季多发。本病在猪体内可产生短时间(几个月)的免疫记忆。常常是有一头猪发病后,同圈或邻圈的猪在1周内相继发病,2~3周后临诊症状可缓解。

(3) 临诊症状

潜伏期一般为5~8 d,表现为水样腹泻,偶有呕吐,且多发生于吃食或吃乳后。病猪体温正常或稍有升高,精神沉郁,食欲减退或废绝;症状的轻重与日龄的大小有关,日龄越小,症状越重。7日龄以内的仔猪发生腹泻后3~4 d,呈现严重脱水而死亡,死亡率可达50%~100%。断乳猪、母猪常呈现精神委顿,厌食和持续性腹泻,约1周后,并逐渐恢复正常;育肥猪在感染后发生腹泻,1周后康复,死亡率1%~3%;成年猪仅表现精神沉郁、厌食等临诊症状,如果没有继发其他疾病和护理不当,猪很少发生死亡。

(4) 病理变化

眼观病理变化仅限于小肠。小肠扩张,充满淡黄色或黄绿色液体,肠壁变薄,个别小肠黏膜有出血点,肠系膜淋巴结水肿,小肠绒毛变短,重症者萎缩,绒毛长度和深度比2∶1或3∶1(正常猪为7∶1)。胃经常是空的,或充满胆汁样的黄色液体。其他实质器官无明显病理变化。

(5) 诊断

本病在流行特点和临诊症状方面与猪传染性胃肠炎无显著差别,只是病死率比传染性胃肠炎稍低,在猪群中传播的速度也较缓慢。确诊要依靠实验室诊断。

取病猪粪便或取病猪小肠组织黏膜或肠内容物,经触片,或取病猪小肠做冷冻切片或肠抹片,风干后丙酮固定,加荧光抗体染色,镜检,细胞内有荧光颗粒者为阳性。

(6) 防制

疫苗接种是目前预防猪病毒性腹泻的主要手段。可用猪流行性腹泻氢氧化铝灭活疫苗或猪传染性胃肠炎-流行性腹泻二联细胞灭活疫苗对母猪进行免疫接种,能有效地预防本病。

本病目前尚无特效药物和疗法,主要通过隔离消毒、加强饲养管理、减少人员流动、采取全进全出制等措施进行预防和控制。要为发病猪群提供足够的清洁饮水。患病母猪常出现乳汁缺乏，应为初生仔猪提供代乳品。

8.24 非洲猪瘟

非洲猪瘟（African swine fever，ASF）是由非洲猪瘟病毒（ASFV）引起的猪的一种急性、热性、高度接触性动物传染病，以高热、网状内皮系统出血和高死亡率为特征。OIE将其列为法定报告动物疫病，我国将其列为一类动物疫病。

(1) 病原

ASFV是一种胞浆内复制的二十面体对称的双股DNA病毒，病毒直径为175~215 nm，细胞外病毒粒子有一层囊膜。病毒基因组为一条线性的双链DNA分子，长度在170~190 kb。该病毒为非洲猪瘟病毒科非洲猪瘟病毒属的唯一成员，且只有1个血清型。

ASFV对温度敏感，抵抗力不强。加热56 ℃ 30 min或60 ℃ 20 min，即可使病毒灭活；0.8%氢氧化钠(30 min)、含2.3%有效氯的次氯酸盐溶液(30 min)、0.3%福尔马林(30 min)、3%碳酸(30 min)和碘化合物可灭活ASFV。

不同ASFV在死亡野猪尸体中可以存活长达1年；粪便中至少存活11 d；在腌制干火腿中可存活5个月；在未经烧煮或高温烟熏的火腿和香肠中能存活3~6个月；4 ℃保存的带骨肉中至少存活5个月，冷冻肉中可存活数年；半熟肉以及泔水中也可长时间存活。

(2) 流行病学

感染非洲猪瘟病毒的家猪、野猪（包括病猪、康复猪和隐性感染猪）和钝缘软蜱为主要传染源。主要通过接触非洲猪瘟病毒感染猪或非洲猪瘟病毒污染物（泔水、饲料、垫草、车辆等）传播，消化道和呼吸道是最主要的感染途径；也可经钝缘软蜱等媒介昆虫叮咬传播。家猪和欧亚野猪高度易感，无明显的品种、日龄和性别差异。疣猪和薮猪虽可感染，但不表现明显临诊症状。发病率和病死率因不同毒株致病性有所差异，强毒力毒株可导致猪在4~10 d内100%死亡，中等毒力毒株造成的病死率一般为30%~50%，低毒力毒株仅引起少量猪死亡。该病季节性不明显。

(3) 临诊症状

潜伏期因毒株、宿主和感染途径的不同而有所差异。OIE《陆生动物卫生法典》规定，家猪感染非洲猪瘟病毒的潜伏期为15 d。

最急性型 无明显临诊症状突然死亡。

急性型 体温可高达42 ℃，沉郁，厌食，耳、四肢、腹部皮肤有出血点，可视黏膜潮红、发绀。眼、鼻有黏液脓性分泌物；呕吐，便秘，粪便表面有血液和黏液覆盖，或腹泻，粪便带血。共济失调或步态僵直，呼吸困难，病程延长则出现其他神经症状。妊娠母猪流产。病死率高达100%。病程4~10 d。

亚急性型 症状与急性相同，但病情较轻，病死率较低。体温波动无规律，一般高于40.5 ℃。仔猪病死率较高。病程5~30 d。

慢性型 出现波状热，呼吸困难，湿咳。消瘦或发育迟缓，体弱，毛色暗淡。关节肿胀，皮肤溃疡。死亡率低。病程2~15个月。

(4) 病理变化

病猪尸体解剖可见浆膜表面充血、出血，肾脏、肺脏表面有出血点，心内膜和心外膜有大量出血点，胃、肠道黏膜弥漫性出血。胆囊、膀胱出血。肺脏肿大，切面流出泡沫性液体，气管内有血性泡沫样黏液。脾脏肿大，易碎，呈暗红色至黑色，表面有出血点，边缘钝圆，有时出现边缘梗死。颌下淋巴结、腹腔淋巴结肿大，严重出血。

（5）诊断

非洲猪瘟临诊症状与古典猪瘟、高致病性猪蓝耳病等疫病相似，必须开展实验室检测进行鉴别诊断。

抗体检测可采用间接 ELISA、阻断 ELISA 和间接荧光抗体试验等方法；病原学快速检测可采用双抗体夹心 ELISA、PCR 和实时荧光 PCR 等方法；病毒分离鉴定可采用细胞培养、动物回归试验等方法。

（6）防制

本病目前尚无疫苗可用，且无特异性治疗方法，主要以预防为主。严禁从感染地区和国家进口猪及其产品，销毁或正确处理来自感染国家（地区）的船舶、飞机的废弃食物和泔水等，同时加强口岸检疫。此外，还应加强对边境地区，尤其是对与曾发生非洲猪瘟疫情国家交界地区的野猪和蜱进行流行病学调查，掌握非洲猪瘟疫病动态，防患于未然。

8.25 猪繁殖与呼吸综合征

猪繁殖与呼吸综合征（porcine reproductive and respiratory syndrome，PRRS）是由猪繁殖与呼吸综合征病毒引起猪的一种繁殖障碍和呼吸困难的传染病。临诊特征为母猪发热、厌食，怀孕后期发生流产，产木乃伊胎、死胎、弱胎；仔猪表现呼吸困难和高死亡率。

本病 1987 年在美国中西部首先发现，并分离到病毒，因为部分病猪的耳部发紫，又称"猪蓝耳病"，曾命名为"猪不孕与呼吸综合征"。1992 年 OIE 在国际专家研讨会上采用"猪繁殖与呼吸综合征"这一名称。我国于 1996 年郭宝清等首次在暴发流产的猪胎儿中分离到猪繁殖与呼吸综合征病毒。

（1）病原

猪繁殖与呼吸综合征病毒归属于动脉炎病毒科动脉炎病毒属。病毒呈球形，呈二十面体对称，有囊膜，大小为 45~65 nm，核酸类型为单股正链 RNA。该病毒对热敏感，37 ℃ 48 h、56 ℃ 45 min 即活性丧失；对低温不敏感，可利用低温保存病毒，4 ℃ 可以保存 1 个月，-20 ℃ 下可以长期保存。对乙醚和氯仿敏感。pH 依赖性强，在 pH 6.5~7.5 相对稳定，高于 7.5 或低于 6 时，感染力很快消失。

（2）流行病学

本病只感染猪，各种年龄和品种的猪均易感，但主要侵害种公猪、繁殖母猪及仔猪，而育肥猪发病比较温和。病猪及带毒猪是本病的主要传染源，感染母猪可明显排毒，如鼻、眼的分泌物，粪便和尿液等均含有病毒。耐过猪可长期带毒并不断向外排毒。本病主要通过呼吸道或通过公猪的精液经生殖道在同群猪中进行水平传播，也可以在母猪与仔猪间进行垂直传播。猪场的饲养管理不当，卫生条件差，气候恶劣可促进本病的流行。

（3）临诊症状

潜伏期 4~7 d。根据病的严重程度和病程不同，临诊表现不尽相同。

母猪感染本病表现精神倦怠、厌食、发热，体温升高达 40~41 ℃，食欲废绝。妊娠后期发生早产、流产、死胎、木乃伊胎及弱仔。母猪流产后 2~3 周开始康复，但再次交配时受胎率明显降低，发情期也常推迟。这种现象往往持续 6 周，而后出现重新发情的现象，但常造成母猪不育或产仔量下降，少数猪耳部发紫，皮下出现一过性血斑。部分猪的腹部、耳部、四肢末端、口鼻皮肤呈青紫色，以耳尖发绀最常见，故称"蓝耳病"。有的母猪出现肢体麻痹性神经症状。

仔猪以 2~28 日龄感染后症状明显，早产仔猪在出生后当时或几天内死亡。表现严重呼吸困难，食欲不振，发热，肌肉震颤，后肢麻痹，共济失调，打喷嚏，嗜睡，有的仔猪耳尖发紫和肢体末端皮肤发绀，死亡率高达 80%。

公猪感染后表现食欲不振，精神沉郁，呼吸困难和运动障碍，性欲减弱，精液质量下降、射精量少。

育肥猪感染后表现为双眼肿胀，发生结膜炎和腹泻，并出现肺炎，食欲不振，轻度的呼吸困难和耳尖皮肤发绀，发育迟缓。

(4) 病理变化

主要见于肺弥漫性间质性肺炎，并伴有细胞浸润和卡他性肺炎区。可见腹膜、肾周围脂肪、肠系膜淋巴结、皮下脂肪和肌肉、肺等部位发生水肿。流产胎儿出现动脉炎、心肌炎和脑炎。

(5) 诊断

根据妊娠母猪发生流产，仔猪呼吸困难和高死亡率，以及间质性肺炎可做出初步诊断。注意与猪细小病毒感染、猪流行性乙型脑炎、猪伪狂犬病、猪布鲁氏菌病、猪瘟和猪钩端螺旋体病等的区别。但要确诊必须进行实验室检查。取有急性呼吸症状的仔猪、死胎及流产胎儿的肺、脾等，进行病毒分离培养和鉴定；取耐过猪的血清进行间接免疫荧光抗体试验或 ELISA。

(6) 防制

本病目前尚无特效药物治疗，主要采取综合防制措施及对症疗法。最根本的办法是消除病猪、带毒猪和彻底消毒，切断传播途径。

国内种猪交换或购入种猪时，必须要搞清供方猪场病情，并确认无此病，对确定所引猪只应进行血清学检查，阴性者方可引入。引入后仍需隔离饲养 3~4 周，并再次进行血清学检查，确认健康无病者方可混群饲养。

在疫区可用灭活苗或弱毒苗进行免疫接种。常用灭活苗，免疫程序是：后备种猪 6 月龄首免，5 d 后加强免疫 1 次；成年母猪每次配种前 15 d 免疫 1 次，种用公猪每年免疫 2 次，均肌内注射 2 mL。

发病后要加强消毒工作，带毒猪消毒可用 0.2% 过氧乙酸溶液喷洒；对空猪舍，先清扫粪便，用水冲洗干净之后，用 2%~3% 氢氧化钠溶液进行喷洒，彻底消毒。对死亡的仔猪和所产死胎、木乃伊胎，应彻底无害化处理，以防病原扩散。

8.26　猪传染性胃肠炎

猪传染性胃肠炎(transmissible gastroenteritis of swine，TGE)是由猪传染性胃肠炎病毒引起的猪的一种急性、高度接触性肠道传染病。临诊主要特征为呕吐、水样下痢、脱水。该病可发生于各种年龄的猪，但对仔猪的影响最为严重。10 日龄以内的仔猪死亡率高达 100%，5 周龄以上的猪感染后的死亡率较低，成年猪感染后几乎没有死亡，但会严重影响猪的增重并降低饲料报酬。

目前，该病广泛存在于许多养猪国家和地区，造成严重的经济损失。

(1) 病原

本病的病原是猪传染性胃肠炎病毒，属于冠状病毒科冠状病毒属。病毒粒子多呈圆形或椭圆形，大小为 80~120 nm，有囊膜，其表面有一层棒状纤突。核酸类型为 RNA。

猪传染性胃肠炎病毒对外界环境抵抗力较强，但对光照和高温敏感。-20℃可保存6个月，-18℃可保存18个月，56℃ 45 min、65℃ 10 min能杀死病毒。病毒对乙醚和氯仿敏感，对许多消毒剂也较敏感，如2%氢氧化钠、0.5%石炭酸、1%~2%甲醛等。

(2) 流行病学

本病只侵害猪，各种年龄的猪均易感，但10日龄以内仔猪最敏感，发病率和死亡率都很高，可达100%。随日龄的增加发病率和死亡率降低，育肥猪、种猪症状较轻，大多能自然康复。

病猪和带毒猪是主要的传染源。特别是密闭猪舍、湿度大、猪只集中的猪场，更易传播。可通过粪便、分泌物、呕吐物等排出病毒，污染饲料、饮水和用具等，经消化道或呼吸道传染给易感猪。带毒的犬、猫和鸟类也可传播此病。

本病的发生有季节性，从每年12月至次年的3月发病最多，夏季发病最少。新疫区呈流行性发生，几乎所有的猪都发病，老疫区呈地方性流行或间歇性的地方性流行，由于病毒和病猪持续存在，使得母猪大都具有抗体，仔猪从哺乳中获得母源抗体，很少发病，但断乳后成为新的易感动物，易把本病延续下去。

(3) 临诊症状

潜伏期短，一般15~18 h，长的2~3 d。传播迅速，2~3 d内可蔓延全群。仔猪突然发生呕吐，接着发生剧烈腹泻，粪便呈水样，恶臭，淡黄色、绿色或灰白色，常含有未消化的凝乳块和泡沫。其特征是含有大量电解质、水分和脂肪，呈碱性。病猪极度口渴，明显脱水，体重迅速减轻，日龄越小，病程越短，死亡率越高，10日龄以内的仔猪一般2~7 d死亡。病初有体温升高现象，腹泻后下降。

断乳猪、育肥猪和种猪感染后发病较轻，稍有精神沉郁，食欲不振，呕吐、水样腹泻，粪便灰色或褐色，泌乳母猪可出现停乳现象。一般经3~7 d康复，极少死亡。

(4) 病理变化

眼观病变为尸体脱水，胃和小肠内充满乳白色凝乳块，胃底部黏膜潮红充血，有的病例有出血点、出血斑及溃疡灶。小肠内有白色或黄绿色液体，含有泡沫和未消化的小乳快，肠壁充血、膨胀、变薄、半透明，无弹性。组织学变化为病猪的回肠、空肠绒毛萎缩变短，有的脱落变平，绒毛长度和深度比为1∶1(正常猪为7∶1)。

(5) 诊断

根据该病流行特点、临诊症状和剖检变化等可以做出初步诊断，但注意与仔猪黄痢、仔猪白痢、猪流行性腹泻、猪轮状病毒感染等病的区别。确诊需进行实验室诊断。取病猪的空肠、空肠内容物、肠系膜淋巴结及发病猪急性期和康复期的血清样品进行病原学和血清学诊断。血清学诊断有直接免疫荧光法、双抗体夹心ELISA、血清中和试验和间接ELISA。

(6) 防制

预防措施　加强饲养管理，制定完善的动物防疫制度，并严格执行。不从疫区引种，以免病原传入。禁止外来人员进入猪舍，以防止引入本病。同时应注意猪舍的消毒和冬季保暖工作。可用猪传染性胃肠炎弱毒疫苗对母猪进行免疫接种，方法是于母猪产前30 d肌内接种疫苗1 mL，可使新生仔猪在出生后通过乳汁获得被动免疫，保护率达95%以上。

扑灭措施　发病时应隔离病猪，用2%氢氧化钠溶液对猪舍、环境、用具等进行彻底消毒。对假定健康猪群进行紧急免疫接种。

本病无特效药物治疗，发病后只能采取对症疗法，以减轻脱水，防止酸中毒和继发感染。新生仔猪可用康复猪的全血或高免血清，每日口服10 mL，连用3 d。

8.27 猪细小病毒感染

猪细小病毒感染(porcine parvovirus disease)是由猪细小病毒引起的母猪繁殖障碍的一种传染病。其特征是受感染的母猪，特别是初产母猪产出死胎、畸形胎、木乃伊胎及病弱仔猪，偶有流产，母猪本身无明显症状。

(1)病原

猪细小病毒属于细小病毒科细小病毒属，病毒呈圆形或六角形，无囊膜，大小为 20 nm，二十面体对称，核酸类型为单股 DNA。病毒在细胞中可形成核内包涵体，能凝集人、猴、豚鼠、小鼠和鸡等的红细胞，可通过血凝和血凝抑制试验检测该病毒及抗体。病毒对热和消毒药的抵抗力很强，能耐受 56 ℃ 48 h、70 ℃ 2 h、80 ℃ 5 min 失活；0.3%次氯酸钠溶液数分钟内可杀灭病毒。对乙醚、氯仿不敏感，pH 适应范围广。

(2)流行病学

猪是本病唯一的易感动物，不同年龄、性别的家猪和野猪都可感染。传染源主要是病猪和带毒猪。病毒可通过胎盘传给胎儿，感染母猪所产仔儿和子宫分泌物中含有高滴度的病毒，可污染食物、猪舍内外环境，经呼吸道和消化道引起健康猪感染。感染的公猪在精细胞、精索、附睾和副性腺中都含有病毒，在配种时可传染给母猪。本病主要通过呼吸道和消化道感染。污染的猪舍在病猪移出后空圈 4 个半月，经常规方法清扫后，当再放进易感猪时，仍能被感染。

本病常见于初产母猪，一般呈地方性流行或散发，发生本病后，猪场连续几年不断地出现母猪繁殖失败现象。

(3)临诊症状

母猪不同孕期感染，症状不同。怀孕 30 d 前感染时，多为胚胎死亡而被母体吸收，使母猪不孕或不规则地反复发情；怀孕 30~50 d 感染时，主要是产木乃伊胎；怀孕 50~60 d 感染时，多出现死胎；怀孕 60~70 d 感染时，母猪则常表现流产症状；怀孕 70 d 后感染，大多数胎儿能存活，但这些仔猪常带有抗体和病毒。

此外，本病还可引起母猪产弱仔，产仔数少和久配不孕等症状。对公猪的受精率或性欲没有明显影响。

(4)病理变化

母猪子宫内膜有轻微炎症，胎盘有部分钙化，胎儿在子宫内有被溶解、吸收的现象。感染胎儿还可见充血、水肿、出血、体腔积液、脱水(木乃伊化)及坏死等病理变化。

(5)诊断

根据该病流行特点、临诊症状和剖检变化等可以做出初步诊断，但注意与猪繁殖与呼吸综合征、猪流行性乙型脑炎、猪伪狂犬病、猪布鲁氏菌病、非洲猪瘟、猪瘟和猪钩端螺旋体病等的区别。但要确诊必须进行实验室检查。取死胎的淋巴组织、肾脏或胎液触片，再以荧光抗体检查病毒抗原；也可用血凝抑制试验检查受感染猪血清中的抗体。

(6)防制

本病尚无有效的治疗方法，要采取以下措施进行防制。

防止本病传入猪场，引进种猪时应隔离饲养 2 周后，再做血凝抑制试验，阴性者方可引入、混饲。

预防本病的有效方法是免疫接种，我国现有细小病毒灭活疫苗和弱毒苗，预防效果良好。

常用灭活苗进行免疫接种的方法是：后备母猪和公猪在配种前 1 个月首免，5 d 后二次强化免疫，均肌内注射 2 mL。

发病时应隔离或淘汰发病猪。对猪舍及用具等进行严格的消毒，并用血清学方法对全群猪进行检查，对阳性猪应淘汰，以防止疫情的扩散。

8.28 猪丹毒

猪丹毒(swine erysipelas)是由猪丹毒杆菌引起的一种急性、热性传染病。其特征为急性病例表现败血症，亚急性病例表现皮肤疹块，慢性病例主要表现为心内膜炎、关节炎和皮肤坏死。该病广泛流行于世界各地。

(1) 病原

猪丹毒杆菌是一种纤细的小杆菌，大小为 $(0.2 \sim 0.4)$ μm $\times (0.8 \sim 2.0)$ μm。革兰染色阳性，不运动，不产生芽孢，无荚膜。在感染动物组织触片或血片中，呈单个、成对或小丛状。从心脏瓣膜疣状物中分离的常呈不分枝的长丝状或短链状。

本菌为微需氧菌，在普通培养基上能生长，加入适量血清或血液，生长得更好。明胶穿刺培养，沿穿刺线呈试管刷状生长。糖发酵力极弱，能发酵一些碳水化合物，产酸、不产气。大多菌株能产生硫化氢。

本菌对不良环境的抵抗力较强，动物组织内可存活数月，在土壤内能存活 35 d。但对热的抵抗力弱，55 ℃ 15 min、70 ℃ 5~10 min 能杀死。消毒药如 3% 来苏儿、1% 氢氧化钠、2% 甲醛、5% 石灰乳、1% 漂白粉等 5~15 min 能杀死。本菌对青霉素、四环素等敏感，对新霉素、卡那霉素和磺胺类药物不敏感。

(2) 流行病学

本病主要发生于猪，不同年龄的猪均易感，但以架子猪发病较多。其他动物、野生动物和禽类也有发病的报道，人经伤口感染称为类丹毒，以与链球菌感染人所致的丹毒相区别。

病猪和各种带菌动物是本病的传染源，其中最重要的带菌者是猪，35%~50% 健康猪的扁桃体和淋巴组织中存在此菌。

本病的传播途径广泛，接触传染是重要的传播途径之一。病猪、带菌猪可通过分泌物、排泄物等污染饲料、饮水、土壤、用具和猪舍，经消化道传染给易感猪。本病也可经损伤的皮肤以及蚊、蝇、虱、蜱等吸血昆虫传播。屠宰场、肉食品加工厂的废料、废水、食堂泔水、动物性蛋白饲料等喂猪常引起本病。

本病一年四季均可发病，但以夏、秋季多发，呈散发或地方性流行。营养不良、寒冷、酷热、疲劳等环境和应激因素也影响猪的易感性。

(3) 临诊症状

潜伏期一般为 3~5 d，最短的为 1 d，最长的为 8 d。根据病程长短和临诊表现的不同可分为急性败血型、亚急性疹块型、慢性型。

急性败血型　本型多见于流行的初期，有一头或几头猪不表现任何症状而突然死亡，其他的猪相继发病。病猪表现为体温升高，高达 40~42 ℃，稽留不退。病猪虚弱，喜卧不愿走动，厌食，有的出现呕吐。粪便干硬呈粟状，附有黏液，有时下痢。严重的呼吸加快，黏膜发绀。部分病猪皮肤潮红，继而发紫。病程 3~4 d，死亡率 80% 左右。急性的不死多转入亚急性或慢性型。

亚急性疹块型 本型临诊上多见，俗称"打火印"或"鬼打印"。其特征是皮肤表面出现疹块。病猪表现为食欲减退，口渴，便秘，有时呕吐，精神不振，不愿走动，体温略有升高。发病后2~3d，在病猪的背、胸、腹、颈、耳、四肢等处皮肤出现方形、菱形大小不同的疹块，并稍突起于皮肤表面。初期疹块充血，指压褪色；后期淤血，呈紫蓝色，指压不褪色。疹块形成后体温随之下降，病势也减轻，病猪经数天后能自行恢复健康。若病势较重或长期不愈，可出现皮肤坏死现象。有不少病猪在发病过程中，由于病情恶化转变为败血型而死亡。

慢性型 本型多由急性或亚急性转变而来，常见的临诊表现有关节炎、心内膜炎和皮肤坏死等。关节炎病猪表现为四肢关节(腕、跗关节)的炎性肿胀，疼痛，病程长者关节变形，出现跛行，病猪生长缓慢，消瘦，病程数周到数月。心内膜炎病猪表现为消瘦，贫血，体质虚弱，喜卧不愿走动，听诊心脏有杂音，心跳加快，心律不齐，呼吸急促，有时由于心脏麻痹而突然死亡。皮肤坏死病猪表现为背、肩、耳、蹄和尾等部的皮肤出现肿胀、隆起、坏死、干硬似皮革，经2~3个月坏死皮肤脱落，形成瘢痕组织而痊愈。如有继发感染则病情复杂，病程延长。

(4) 病理变化

急性败血型 猪丹毒病猪剖检的主要变化是全身性败血症，在各个组织器官可见到弥漫性的出血。全身淋巴结充血、肿胀、切面多汁，呈浆液性出血性炎症；肺脏充血、水肿；肝脏充血、肿大；胃肠道为卡他性出血性炎症变化，尤其是胃底部黏膜有点状和弥漫性出血，十二指肠和回肠有轻重不等的充血和出血；脾脏充血、肿胀，呈樱桃红色，切面可见"白髓周围红晕"现象；肾脏淤血、肿大，呈暗红色，皮质部有出血点，有大红肾之称。

亚急性疹块型 以皮肤疹块为特征性变化。疹块内血管扩张，皮肤和皮下结缔组织水肿浸润，有时有小出血点，亚急性型猪丹毒内脏的变化比急性型轻缓。

慢性型 慢性心内膜炎型猪丹毒多见二尖瓣膜上有溃疡或菜花状赘生物，它是由肉芽组织和纤维素性凝块组成的。慢性关节炎型猪丹毒为慢性、增生性、非化脓性关节炎。

(5) 诊断

根据该病的流行病学、临诊症状、病理变化等可做出初步诊断，但急性败血型猪丹毒应注意与猪瘟、猪肺疫和猪链球菌病等的区别。必要时可做病原学或血清学诊断。

病原学诊断 急性败血型病例生前耳静脉采血，死后取肾、肝、脾、心血；亚急性疹块型取疹块边缘皮肤处血液；慢性型取心内赘生物、关节液、坏死与健康交界处的血液，直接涂片，染色镜检。如发现为革兰阳性，菌体呈单个、成对、小丛状、不分枝的长丝状或短链状的纤细小杆菌，可确诊为本病。

血清学诊断 主要应用于流行病学调查和鉴别诊断，常用的方法有血清凝集试验，主要用于血清抗体的测定及免疫效果的评价；SPA协同凝集试验，主要用于菌体的鉴定和菌株的分型；琼脂扩散试验主要用于菌株血清型鉴定；荧光抗体主要用于快速诊断，直接检查病料中的猪丹毒杆菌。

(6) 防制

预防措施 每年有计划地进行预防接种是预防本病最有效的方法。每年春、秋二季各免疫1次。仔猪免疫因可能受到母源抗体干扰，应于断乳后进行，以后每隔6个月免疫1次。目前使用的菌苗有猪丹毒弱毒活菌苗、猪丹毒氢氧化铝甲醛菌苗、猪瘟-猪丹毒二联苗、猪瘟-猪丹毒-猪肺疫三联苗等，免疫期为6个月。在免疫接种前3d和后7d，不能给猪投服抗生素类药物，否则造成免疫失败。平时应做好猪圈的环境卫生，对用具、运动场及猪舍等定期进行消毒。食堂泔水、下脚料喂猪时，必须事先煮沸再喂，同时对农贸市场、屠宰场等要严格检疫。另外，应加强饲养管理，提高猪群的抗病力。购入种猪时，必须先隔离观察2~4周，确认健康后，方可混群饲养。

扑灭措施 对全群猪进行检查，对发病猪群应及早确诊，及时隔离病猪；对猪舍、用具、运动场等认真消毒；粪便和垫料最好烧毁或堆肥发酵处理。病猪尸体、急宰病猪的血液和割除的病变组织器官化制和深埋；对同群未发病的猪只，注射青霉素或四环素，每日2~3次，连续3~4 d，可收到控制疫情的效果。

治疗 应用青霉素注射效果最好。青霉素按2万~3万U/kg，肌内注射，每日3次，连续2~3 d。体温恢复正常，症状好转后，再坚持注射2~3次，免得复发或转为慢性。若发现有的病猪用青霉素无效时，可改用四环素，按1万~2万U/kg，肌内注射，每日2次，直到痊愈为止。此外，土霉素、洁霉素、泰乐霉素也有良好的疗效。

(7) 公共卫生

人在皮肤损伤时如果接触猪丹毒杆菌易被感染，所致的疾病称为"类丹毒"。感染部位多发生于指部，感染3~4 d后，感染部位发红肿胀，肿胀可向周围扩大，但不化脓。常伴有感染部位邻近的淋巴结肿大，间或发生败血症、关节炎和心内膜炎，甚至肢端坏死。工作中要注意自我防护，发现感染后应及时用抗生素治疗。

8.29 猪痢疾

猪痢疾(swine dysentery，SD)又称血痢、黑痢、黏液性出血性下痢，是由猪痢疾密螺旋体引起猪的一种肠道传染病。其特征为黏液性或黏液性出血性下痢，大肠黏膜发生卡他性出血性炎症，有的发展为纤维素性坏死性炎症。

目前，本病已遍及全世界主要的养猪国家，该病一旦传入猪群，很难根除。

(1) 病原

本病的病原体为猪痢疾密螺旋体，呈螺旋状，为4~6个弯曲，两端尖锐，能运动，大小为(6~8.5) μm×(0.32~0.38) μm，革兰染色为阴性。本菌为严格厌氧菌，对培养基要求较高。猪痢疾密螺旋体存在于猪的病变肠黏膜、肠内容物及粪便中。

猪痢疾密螺旋体对外界环境有较强的抵抗力，在粪便中5 ℃存活61 d，25 ℃存活7 d，37 ℃很快死亡。在土壤中4 ℃能存活102 d。但对消毒药抵抗力不强，常用的消毒药有效，如2%氢氧化钠、0.1%高锰酸钾、3%来苏儿等均能迅速将其杀死。

(2) 流行病学

猪是本病唯一的易感动物，各种年龄、性别和品种的猪均易感，但多发生于7~12周龄的仔猪。仔猪的发病率比大猪高。一般发病率为75%，病死率为5%~25%。

病猪和带菌猪是主要的传染源，康复猪带菌可长达数月，经常从粪便排出病原体，污染环境、饲料、饮水和用具等，经消化道而感染。此外，人和其他动物(如犬、鼠类、鸟类等)都可传播本病。

本病无明显的季节性，但流行经过比较缓慢，持续时间较长。各种应激因素如饲养管理不当、气候异常、长途运输、拥挤、饥饿等均可促进本病的发生和流行。本病一旦侵入猪场，常常拖延几个月，而且很难根除，用药可暂时好转，但停药后易复发。

(3) 临诊症状

潜伏期3 d至2个月，或更长，一般为10~14 d。根据临诊表现和病程可分为急性型和慢性型。

急性型　本型较多见，病猪体温升高到40~40.5℃，精神沉郁，食欲减退，持续腹泻，初期粪便为黄色或灰色软便，后期粪便呈棕色、红色或黑红色，混有黏液、血液、纤维素性物质和坏死组织碎片，俗称"血痢"。病猪迅速消瘦，弓背缩腹，起立无力，脱水，最后衰竭而死或转为慢性。病程1~2周。

慢性型　本型病情较缓，表现为下痢，但粪便中的黏液和坏死组织碎片增多、血液减少。病猪具有不同程度的脱水表现，生长发育受阻。不少病例能自然康复，但间隔一定时间，部分病例可能复发甚至死亡。病程在1个月以上。

(4) 病理变化

病变主要表现在大肠(结肠和盲肠)。病猪大肠壁和肠系膜充血、水肿，黏膜肿胀，附有黏液、血块和纤维素性渗出物，肠内容物软至稀薄，混有血液、黏液和组织碎片。当病情进一步发展时，肠壁水肿减轻，但炎症加重，黏膜表现出血性纤维素性炎症，黏膜表层点状坏死，形成麸皮样或灰色纤维伪膜，剥去伪膜出现浅表的溃疡面。另外，肠系膜淋巴结肿胀，胃底幽门处红肿、出血。

组织学变化主要是大肠黏膜的炎症反应，且仅局限于黏膜层，早期黏膜上皮与固有层分离，微血管外露而发生坏死。当病理变化进一步发展时，病损黏膜表层发生坏死，黏膜完整性受到不同程度的破坏，并覆有黏液、纤维素、脱落的上皮细胞及炎性细胞。在肠腔表面和腺窝内可见到数量不一的猪痢疾密螺旋体。

(5) 诊断

根据本病流行缓慢，多发生于7~12周龄的猪，哺乳仔猪及成年猪少见，临诊上表现为病初的黄色或灰色稀粪，以后下痢并含有大量黏液和血液，病变局限于大肠，可做出初步诊断。但注意与仔猪黄痢、仔猪白痢、慢性仔猪副伤寒、仔猪红痢、猪传染性胃肠炎、猪流行性腹泻和猪轮状病毒感染的区别。要确诊必需进行实验室诊断。

细菌学诊断　取急性病猪的大肠黏膜或粪便抹片染色镜检，用暗视野显微镜检查，每视野见有3~5条密螺旋体，可作为诊断依据。但确诊还需从结肠黏膜和粪便中分离和鉴定致病性猪痢疾密螺旋体。

血清学诊断　主要方法有凝集试验、ELISA、间接荧光抗体、琼脂扩散试验和被动溶血试验等，比较实用的是凝集试验和ELISA，主要用于猪群检疫和综合诊断。

(6) 防制

本病尚无菌苗可用于预防，药物可控制猪的发病率和减少死亡，但停药后容易复发和在猪群中又很难根除。所以，防制本病必须采取综合措施，并配合药物防治才能有效地控制或消灭本病。

无病的猪场主要是坚持自繁自养的原则，加强饲养管理和消毒工作，避免各类不良的应激，育肥舍实行全进全出制；引入种猪时禁止从疫区和污染场引种，必须引入时要做好隔离、检疫工作，2个月后证明健康，方能混群。

发病猪场最好全群淘汰，彻底清理和消毒，空舍2~3个月，再引进健康猪。对易感猪群可选用多种药物进行防制，结合清除粪便、消毒、干燥及隔离措施，可以控制甚至净化猪群。

可用痢菌净(治疗量5 mg/kg，预防量减半)、痢立清(治疗和预防量均为每吨饲料50 g)、呋喃唑酮(治疗量每吨饲料300 g，预防量每吨饲料100 g)和林可霉素(治疗量每吨饲料100 g，预防量每吨饲料40 g)等进行防治。

8.30 猪链球菌病

猪链球菌病(swine streptocosis)是由多种溶血性链球菌引起猪的一种传染病。其特征是急性型表现为出血性败血症、肺炎和脑炎；慢性型表现为关节炎、心内膜炎、脾脏坏死及淋巴结化脓性炎症。

本病在我国各地均有发生，特别是在集约化养猪场中，其发生率有不断上升的趋势，对养猪业危害较大，已成为一种重要的细菌性传染病。猪链球菌病的大流行，不但给当地经济造成了重大损失，而且严重威胁着人民的生命健康。

(1) 病原

本病的病原体是链球菌，菌体呈球形或卵圆形，大小为 $0.5\sim2.0\ \mu m$，可单个、成对或以长短不一的链状存在。一般无鞭毛，不能运动，不形成芽孢，有的菌株在体内或含血清的培养基内能形成荚膜。革兰染色阳性。在普通培养基上生长不良，在含血清或血液培养基上生长较好，并能形成 β 溶血。

链球菌具有一种特异性的多糖类抗原，又称 C 抗原。根据该抗原的不同将链球菌分为 20 个血清群(A~U，无 I 和 J 群)。引起猪链球菌病的链球菌主要是 C 群的兽疫链球菌、类马链球菌、D 群的猪链球菌、L 群的链球菌及 E 群的链球菌。

本菌除在自然界中分布很广外，也常存在于正常动物及人的呼吸道、消化道、生殖道等。感染发病动物的排泄物、分泌物、血液、内脏器官及关节内均有病原体存在。

本菌对外界环境抵抗力较强，对干燥、高温都很敏感，60 ℃ 30 min 可将其杀死；常用的消毒药如 5%石炭酸、0.1%新洁尔灭、2%甲醛、1%来苏儿等均能在 10 min 内将其杀死。对青霉素、卡那霉素、磺胺类和喹诺酮类药物敏感。

(2) 流行病学

链球菌可以感染多种动物和人类，但不同血清群细菌侵袭的宿主有所差异。例如，当猪链球菌病流行时，与猪密切接触的牛、犬和家禽未见发病。猪链球菌病可见于各种年龄、品种和性别的猪，以仔猪、架子猪和怀孕母猪的发病率高，仔猪最敏感。实验动物以兔最为敏感，其次为小鼠、鸽子和鸡。

病猪和带菌猪是本病的主要传染源，其分泌物、排泄物中均含有病原体。病死猪肉、内脏及废弃物处理不当是散播本病的主要原因。本病主要经呼吸道、消化道和伤口感染，新生仔猪因断脐、阉割、注射等消毒不严而发生感染。

本病一年四季均可发生，但夏秋季节发病较多。常呈散发或地方性流行。新疫区及流行初期多为急性败血型和脑炎型；老疫区及流行后期多为关节炎或组织化脓型。本病易与猪传染性萎缩性鼻炎、猪传染性胸膜肺炎和猪繁殖与呼吸综合征发生混合感染。本病的发病率和病死率随年龄而不同，哺乳仔猪的发病率接近100%，病死约为60%；架子猪发病率接近70%，病死率约为40%；成年猪更低。

(3) 临诊症状

潜伏期一般为 1~5 d，慢性病例有时较长。根据临诊表现和病程长短可分为急性败血型、脑膜脑炎型、亚急性型和慢性型。

急性败血型　多见于成猪，表现为突然发病，体温升高达 41~43 ℃，食欲废绝，喜卧，流浆液性或黏液性鼻液，流泪，便秘，眼结膜潮红，有分泌物，呼吸加快，犬坐姿势。在耳、颈、腹下皮肤出现紫斑。全身发绀。跛行和不能站立的猪只突然增多，呈现急性多发性关节炎症状。有些猪出现共济失调、磨牙、空嚼或昏睡等神经症状。病后期出现呼吸困难，多数1~3 d死亡。死前出现呼吸困难，体温降低，天然孔流出暗红色或淡黄色液体，死亡率可达80%~90%。

脑膜脑炎型　多见于仔猪，表现为体温升高达40.5~42.5 ℃，精神沉郁，不食，便秘，很快出现特征性的神经症状，如共济失调、转圈、磨牙、空嚼，继而出现后肢麻痹，前肢爬行，最后昏迷而死亡。短者几小时，长者1~3 d。

亚急性型和慢性型　多由急性转变而来，主要表现为关节炎、淋巴结肿胀、心内膜炎、乳房炎等。特征是病情缓和，流行缓慢，病程长久，有的可达1个月以上，较少引起死亡，但病猪生长发育受阻。

（4）病理变化

急性败血型　以败血症为主，表现为血液凝固不良，皮下、黏膜、浆膜出血，鼻腔、喉头及气管黏膜充血，内有大量气泡。胃及小肠黏膜充血、出血；全身淋巴结肿大、充血和出血；心包有淡黄色积液，心内膜有出血点；肺呈大叶性肺炎；肾脏出血，有时呈现坏死；脾脏出现大面积坏死；脑膜充血、出血；浆膜腔、关节腔积液，含有纤维素。

脑膜脑炎型　脑膜充血、出血，重者溢血，个别脑膜下积液，脑实质有点状出血，其他病变与急性败血症相同。

亚急性型和慢性型　关节炎时，可见关节腔内有黄色胶冻样液体或纤维素性脓性渗出物，淋巴结脓肿。心内膜炎时，可见心瓣膜增厚，表面粗糙，有菜花样赘生物。

（5）诊断

根据流行病学、临诊症状、剖检变化等基本可以确诊。实验室诊断如下：

涂片镜检　取发病或病死猪的脓汁、关节液、肝、脾、心血、淋巴结等，制成涂片或触片，染色镜检，如发现有革兰染色阳性，呈球形或卵圆形，可见单个、成对或以长短不一的链状存在，可确诊。

分离培养　选取上述病料，接种于含血液琼脂培养基中，置于37 ℃培养24 h，应长出灰白色、透明、湿润黏稠、露珠状菌落，菌落周围出现β型溶血环。

动物接种试验　选取上述病料，接种于马丁肉汤培养基中，置于37 ℃培养24 h，取培养物注射实验动物或猪，小鼠皮下注射0.1~0.2 mL或兔皮下或腹腔注射0.1~1 mL，于2~3 d内死于败血症。剖检，取肝、脾做触印片，以革兰或瑞氏染色，镜检，如发现大量链球菌，即可做出诊断。

本病应注意与猪肺疫、猪丹毒、猪瘟和蓝耳病相区别。

（6）防制

预防措施　加强饲养管理和卫生消毒，对新生仔猪进行断脐、阉割、注射时应注意消毒防止感染。坚持自繁自养和全进全出制度，严格执行检疫隔离制度以及淘汰带菌母猪等措施。目前应用的疫苗有猪链球菌弱毒冻干苗和氢氧化铝甲醛苗。免疫程序是种猪每年注射2次，仔猪断乳后注射1次。

扑灭措施　发现病猪立即隔离治疗，对猪舍、场地和用具等用2%氢氧化钠溶液等严格消毒，无害化处理好猪尸。

治疗　可应用青霉素按3万U/kg，肌内注射，每日3次，连续2~3 d。20%磺胺嘧啶钠注射液，10~20 kg猪，5~10 mL、成年猪20~30 mL，肌内注射，每日2次，连用3~4 d。同时注意对症治疗，如解热镇痛可用安乃近0.2 g/kg，镇静可用氯丙嗪0.5~1 mg/kg，每日2次。

8.31 猪支原体肺炎

猪支原体肺炎(mycoplasma pneumoniae of swine，MP)又称猪地方流行性肺炎、猪气喘病，是由猪肺炎支原体引起的猪的一种慢性呼吸道传染病。主要症状为咳嗽和气喘，病变的特征是融合性支气管肺炎，肺心叶、尖叶、中间叶及膈叶前下缘出现"肉样"或"虾肉样"实变。

本病广泛分布于世界各地，患猪长期发育不良，饲料转化率低。在一般情况下，该病的死亡率不高。但继发感染可造成严重死亡，所致经济损失很大，给养猪业带来严重危害。

(1) 病原

本病病原体为猪肺炎支原体，是支原体科支原体属的成员。猪肺炎支原体又称猪肺炎霉形体，因无细胞壁，故具有多形性，有球状、环状、点状、杆状、两极状，大小 0.3~0.8 μm。革兰染色阴性，但着色不佳，用姬姆萨或瑞氏染色着色良好。

猪肺炎支原体能在无生命的人工培养基上生长，但生长条件要求较严格。培养基内必须含有水解乳蛋白的组织培养缓冲液、酵母浸出液和猪血清等。在固体培养基上生长较慢，接种后经 7~10 d 长成肉眼可见针尖和露珠状菌落。低倍显微镜下菌落呈煎荷包蛋状。

猪肺炎支原体对外界环境抵抗力较弱，圈舍、用具上的支原体，一般在 2~3 d 失活，病肺悬液置 15~25 ℃ 中 36 d 内失去致病力。常用消毒药(如 1% 氢氧化钠、2% 甲醛等)均能在数分钟内将其杀死。本菌对放线菌素 D、丝裂菌素 C 和氧氟沙星最敏感；对红霉素、四环素、壮观霉素、卡那霉素、土霉素、泰乐菌素、螺旋霉素和林可霉素敏感。

(2) 流行病学

本病仅见于猪，无年龄、性别和品种的差异，但乳猪和断乳仔猪易感性最高，发病率和死亡率较高，其次是怀孕后期和哺乳期的母猪，育肥猪发病率低，症状也较轻，成年猪多呈慢性或隐性经过。

病猪和带菌猪是本病的传染源。很多地区和猪场由于从外地引进猪只时，未经严格检疫购入带菌猪，引起本病的暴发。哺乳仔猪常因母猪带菌而受到感染，当几窝仔猪并群饲养时而暴发该病。病猪在症状消失后半年至一年多仍可排菌。本病一旦传入后，如不采取严密措施，很难彻底扑灭。

病菌主要存在于患猪的呼吸道，通过病猪咳嗽、气喘和喷嚏等将病原体排出，形成飞沫，经呼吸道而感染。此外，病猪与健康猪的直接接触也可传播。

本病一年四季均可发病，但在寒冷、多雨、潮湿或气候骤变时发病率较高。饲养管理和卫生条件较好可减少发病率和死亡率。如继发或并发其他疾病，常引起临诊症状加剧和死亡率升高。

(3) 临诊症状

潜伏期一般为 11~16 d，短的 3~5 d，最长的可达一个月以上。根据病程可分为急性、慢性和隐性 3 种类型，但以慢性和隐性多见。

急性型 多见于新疫区和新发病的猪群，尤以仔猪和哺乳母猪更为多见。病初精神不振，头下垂，站立一隅或趴伏在地，呼吸加快可达 60~120 次/min。病猪表现呼吸困难，严重者张口喘气，发出喘鸣声，似拉风箱，呈腹式呼吸。一般咳嗽次数少而低沉，有时发生痉挛性咳嗽。体温一般正常，如发生继发感染，则体温升高至 40 ℃ 以上。病程一般为 1~2 周，死亡率较高。

慢性型 多是由急性型转变而来，也有原发慢性型。常见于老疫区的架子猪、育肥猪和后备猪。病猪主要表现咳嗽和气喘，咳嗽多见于早晚、驱赶、运动或吃食之后，咳嗽时病猪站立不动、拱背、颈直伸、垂头。病初多为单咳，随病程发展则出现痉挛性阵咳，有不同程度的呼吸困难，呼吸加快，呈腹式呼吸。这些症状时而明显，时而缓和，食欲较差，采食量下降。随着病程的推延，病猪通常生长发育不良，甚至停滞，成为僵猪。病程数月，长者达到半年以上。

隐性型　通常由以上两型转变而来，病猪在饲养状况良好时，虽已感染，但不表现任何症状，生长也正常，如用 X 线检查或剖检可见肺部有不同程度的病变。隐性型在老疫区的猪中占相当多的比例。如饲养管理不当，则会出现急性或慢性病例，甚至引起死亡。本型病猪仍带菌排菌，也是造成本病流行的一个不可忽视的因素。

(4) 病理变化

病变主要见于肺、肺门淋巴结和纵隔淋巴结。急性死亡者，肺有不同程度的水肿和气肿。在心叶、尖叶、中间叶及部分病例的膈叶上出现融合性支气管肺炎变化。初期多见于心叶、尖叶和隔叶的前下缘呈淡红色或灰红色半透明，病变部界限明显，似鲜肌肉样，俗称"肉变"，病变区切面湿润，小支气管内有灰白色泡沫状液体。随着病程延长，病变部位颜色变深，半透明状程度减轻，形似胰脏，俗称"胰变"或"虾肉样变"。肺门和纵隔淋巴结肿大、切面多汁外翻，边缘轻度充血，呈灰白色。如果没有其他传染病合并发生，除呼吸器官外，其他内脏的病变一般并不明显。

(5) 诊断

对急性型和慢性型病例，可根据流行特点、临诊症状和剖检变化的特征可做出诊断，但注意与猪肺疫和猪肺丝虫病的区别。对隐性型病例则需要实验室诊断或使用 X 线透视才能确诊。

X 线检查　对本病的诊断有重要价值，对隐性或可疑患猪通过 X 线透视可做出诊断。在 X 线检查时，猪只以直立背胸位为主，侧位或斜位为辅。病猪在肺野的内侧区以及心隔角区呈现不规则的云絮状渗出性阴影。

血清学诊断　可应用间接红细胞凝集试验、微量补体结合试验、免疫荧光技术和 ELISA 等方法进行，这些诊断方法对于本病的诊断有一定的意义。

(6) 防制

预防或消灭本病主要是采取综合性的防制措施，根据本病的特点可采用以下措施。

未污染地区和猪场　坚持自繁自养，杜绝本病的传入，如引入种猪时应到未污染的地区或猪场，隔离观察 2~3 个月，X 线检查 2~3 次，确认猪体健康，方可混群。同时，有计划进行免疫接种，用猪气喘病乳兔化弱毒冻干苗，保护率 80%，免疫期为 8 个月。

污染地区和猪场　商品猪集中育肥出售，彻底消毒，空舍半个月以上。种猪进行临诊和 X 线检查，分出健康和病猪群，严格隔离，病猪中利用价值不大的直接淘汰，有价值的治疗，仍可留种用。健康群可用抗猪气喘病药物控制感染，并注意仔猪隔离，防止发生本病。同时，培养健康猪群，健康猪群的鉴定标准是观察 3 个月以上，未发生气喘病症状的猪，放入两头易感仔猪同群饲养，也不被感染。种猪一年以上未发现本病症状，X 线检查，一个月后复查均为阴性，可定为健康猪。

药物治疗　最有效的方法是同时交替使用土霉素（肌内注射，50 mg/kg，首次加倍）和卡那霉素（肌内注射，2 万~4 万 U/kg），每日 2 次，连注 5 d，收效良好。红霉素、罗红霉素、阿奇霉素、泰乐菌素、北里霉素等有效。

8.32　猪梭菌性肠炎

猪梭菌性肠炎(clostridial enteritis of piglets)也称仔猪传染性坏死性肠炎、仔猪红痢，是由C型产气荚膜梭菌引起的新生仔猪的高度致死性肠道传染病。特征是血性下痢、肠黏膜坏死、病程短、死亡率高，主要发生于1周龄以内的仔猪。

(1) 病原

病原体为C型产气荚膜梭菌，也称魏氏梭菌，为革兰阳性，有荚膜不能运动的厌氧大杆菌，大小 $1.5~\mu m \times (4 \sim 8)~\mu m$。芽孢呈卵圆形，位于菌体中央或近端，但在人工培养基中则不容易形成芽孢。

本菌能产生毒素，主要为 α 和 β 毒素，引起仔猪肠毒血症、坏死性肠炎。本菌对外界抵抗力不强，常用消毒药能将其杀死，但形成芽孢后，抵抗力明显增强，80 ℃ 15~30 min，100 ℃ 5 min 才能杀死。冻干保存至少10年其毒力和抗原性不发生变化。

(2) 流行病学

本病主要侵害1周龄以内仔猪，1周龄以上的仔猪很少发病。在同一猪群内各窝仔猪的发病率不同，最高可达100%，死亡率一般为20%~70%。本菌在自然界中的分布很广，主要存在于人畜肠道、土壤、下水道和尘埃中，特别是发病猪群母猪消化道中更多见，可随粪便排出，污染哺乳母猪的乳头及垫料经消化道感染仔猪。猪场一旦发生本病，常顽固地在猪场存在，很难清除。

(3) 临诊症状

本病按病程的不同可分为最急性型、急性型、亚急性型和慢性型。

最急性型　仔猪出生后，1 d 内就可发病，临诊症状多不明显。突然排出红色便，污染后躯，病猪衰弱，很快进入濒死状态。少数病猪无红色下痢，而昏倒死亡。

急性型　本型最常见。病猪排出含有灰色组织碎片的红褐色液状稀粪。病猪消瘦、虚弱，病程常维持2 d，一般在第3天死亡。

亚急性型　病猪呈持续性腹泻，病初排出灰色软便，以后变成液状，内含有组织碎片。病猪逐渐消瘦、脱水，生长停滞，一般 5~7 d 死亡。

慢性型　病猪在1周以上，表现间歇性或持续性腹泻，粪便呈灰色糊状。病猪逐渐消瘦，生长停滞，于数周后死亡或淘汰。

(4) 病理变化

主要病变位于小肠和肠系膜淋巴结，以空肠病变最明显。急性病例以出血病变为主，空肠呈暗红色，两端界限明显，肠腔内充满含血的液体。肠黏膜弥漫性出血，肠系膜淋巴结呈鲜红色。慢性型病例以肠坏死病变为主，肠壁变厚，空肠黏膜呈黄色或灰色坏死性伪膜，容易剥离，肠腔内含有坏死组织碎片。病猪腹腔内有许多樱桃红色渗出液，脾边缘有小点出血，肾呈灰白色，肾皮质部小点出血。心外膜、膀胱有时可见点状出血。因本病死亡的动物，会有凝血不良的现象。

(5) 诊断

根据该病的流行病学、临诊症状、剖检变化的特点，如本病发生于1周龄内的仔猪，血样下痢，病程短，死亡率高；肠腔内充满含血的液体和坏死组织碎片等，可做出初步诊断，但注意与仔猪黄痢和猪痢疾的区别。确诊须进行实验室检查。

细菌学检查　取心血、肺、腹水、十二指肠和空肠内容物、脾、肾等脏器进行涂片，染色镜检，可发现革兰阳性、两端钝圆的大杆菌。

毒力试验 包括泡沫肝试验和肠毒素试验，其中泡沫肝试验是取分离菌肉汤培养物 3 mL 给兔静脉注射，1 h 后将兔处死，放 37 ℃恒温 8 h 剖检可见肝脏充满气体，出现泡沫肝现象。肠毒素试验是指采取刚死亡的急性病猪空肠内容物或腹腔积液，加等量生理盐水搅拌均匀，3 000 r/min 离心 30~60 min，取上清液静脉注射 18~20 g 小鼠 5 只，每只注射 0.2~0.5 mL；同时将上述液体与魏氏梭菌抗毒素混合，作用 40 min 后，注射于另一小鼠以作对照。如注射上清液的一组小鼠死亡，而对照组健活，即可确诊为本病。检测细菌毒素基因型的 PCR 与多重 PCR 等方法也可帮助诊断。

(6) 防制

由于本病发展迅速，病程短，发病后用药治疗效果不佳，所以必须充分做好预防工作。平时应加强饲养管理，做好猪舍、场地和环境的清洁卫生和消毒工作，特别是产房和哺乳母猪的乳头消毒，可以减少本病的发生和传播；给怀孕母猪注射仔猪红痢氢氧化铝菌苗，在临产前 1 个月肌内注射 5 mL，1 周后再肌内注射 8 mL，使母猪获得免疫，仔猪出生后吃初乳可获被动免疫。或仔猪出生后注射抗猪红痢血清，3 m/kg，肌内注射，可获得充分保护。注意：注射要早，否则效果不佳。

治疗可用青霉素 5 万~8 万 U/kg，肌内注射，每日 2 次，连用 3 d，或土霉素 0.1 g/kg，肌内注射，每日 2 次，连用 3 d。

8.33 猪传染性胸膜肺炎

猪传染性胸膜肺炎(porcine contagious pleuropneumonia，PCP)又称坏死性胸膜肺炎、副猪嗜血杆菌病，是由胸膜肺炎放线杆菌引起猪的一种接触性呼吸道传染病，以急性出血性纤维素性肺炎和慢性纤维素性坏死性胸膜炎为主要特征。急性者大多死亡；慢性者常能耐过，但严重影响猪的生长发育。目前该病在世界上广泛存在，造成了巨大的经济损失。美国、丹麦、瑞士将本病列为主要猪病之一。我国近年来由于引种频繁，该病也随之侵入，其发生和流行日趋严重，全国各地都有此病报道。

(1) 病原

本病病原体为胸膜肺炎放线杆菌，曾命名为副溶血嗜血杆菌，属于巴斯德氏菌科嗜血杆菌属，是一种非溶血性、没有运动性(无鞭毛)、无芽孢的革兰阴性小杆菌，具有多形性，有两极染色球杆菌形态、棒杆状、长丝状形态，有荚膜和菌毛，不形成芽孢，能产生毒素。该菌在体外生长时严格需要烟酰胺腺嘌呤二核苷(NAD，也称 V 因子)，并在有血清的培养基上生长良好。根据热稳定性可溶性抗原和琼脂扩散试验，该菌至少分为 15 个血清型，且不同血清型 HPS 的毒力存在差异，其中 1、5、10、12、13、14 型属于强毒力菌株，2、4、15 型属于中等毒力菌株，3、6、7、8、9、11 型为毒力较弱或无毒力菌株，另外还有 20% 左右的菌株不能分型。各血清型之间很少有交叉免疫。

该菌需氧或兼性厌氧，可发酵半乳糖、葡萄糖、蔗糖、D-核糖和麦芽糖等，脲酶阴性、氧化酶试验阴、接触酶阳性。

本菌对外界环境抵抗力不强，60 ℃ 15 min 便失去活性，常用消毒药即可杀死，对抗生素和磺胺类药物敏感。

(2) 流行病学

各种年龄、性别的猪都有易感性，但以3月龄猪最易感。但多暴发于高密度饲养、通风不良且无免疫力的断奶或育成猪群。大群混养比小群和按年龄分开饲养的猪群更易发生本病。

病猪和带菌猪是主要的传染源，主要通过空气、猪与猪之间的接触，以及排泄物进行传播。病菌主要存在于病猪呼吸道，尤以坏死的肺部病变组织和扁桃体中含量最多。人员和用具被污染也可造成间接传播。

本病在猪群之间的传播主要是由引进带菌猪引起。在断奶、转群和混群饲养、运输等外界刺激和猪群中存在繁殖与呼吸综合征、流感或地方性肺炎等自身刺激等应激条件下，可增加该病的感染风险。拥挤、气温骤变、湿度过高和通风不良等可促进本病的发生和传播，使发病率和死亡率升高。

(3) 临诊症状

繁殖母猪一般没有明显的临诊症状，2~8周龄仔猪感染发病可观察到典型症状。潜伏期因菌株毒力和感染量而定，自然感染1~2 d，人工感染24 h。根据猪的免疫状态，不良的环境和病原的毒力等，可分为最急性型、急性型和慢性型。

最急性型　最急性病例往往无明显症状而突然死亡，个别病猪死后，鼻孔流出血样泡沫。多见于断乳仔猪，发病突然、病程短、死亡快。在同一猪群中有1头或几头仔猪突然发病，表现为体温升高达41.5~42.0℃，精神沉郁，食欲废绝，有时出现短期轻度的腹泻和呕吐。有明显的呼吸道症状，咳嗽，呼吸困难；心跳加快，并逐渐出现循环和呼吸衰竭，在鼻、耳、四肢，甚至全身的皮肤发绀，最后出现严重呼吸困难，呈犬坐姿势，张口呼吸，口腔和鼻腔流出大量带血的泡沫样分泌物，一般于24~36 h死亡，也有突然倒地死亡的猪。

急性型　主要表现为体温升高可达40.5~41.5℃，精神沉郁，食欲减退或废绝，呼吸极度困难，咳嗽，常站立或犬坐而不愿卧地，关节肿胀，尤其是跗关节和腕关节触摸时疼痛尖叫，跛行，颤栗和共济失调。病猪眼睑皮下水肿，耳朵、腹部皮肤及肢体末梢等处发绀，指压不褪色，死前侧卧、抽搐、四肢呈划水状，多于发病后3~5 d死亡。有时可见张口呼吸，鼻盘和耳尖、四肢皮肤发绀。病程的长短主要取决于肺脏病变的程度和治疗的方法。

慢性型　多数由急性型转化而来。一般表现咳嗽，食欲减退，渐进性消瘦、被毛粗乱、皮肤苍白、轻度咳嗽、目光呆滞、四肢无力不愿走动，便秘腹泻交替出现，最后因衰竭而死，部分耐过猪也因营养不良而成为僵猪。若混合感染巴氏杆菌或支原体时，则病情恶化，病死率明显增加。很少有体温升高者。妊娠母猪发病可见流产、产死胎、木乃伊胎，产后无乳、便秘和食欲减退。公猪关节稍肿、轻度跛行。

(4) 病理变化

病理变化主要在呼吸道。病猪解剖可见胸腔、腹腔、心包积液，有黄色或淡红色污浊液体流出，量或多或少，有的呈胶冻状。单个或多个浆膜面损伤，引发胸膜炎、腹膜炎、脑膜炎、心包炎、关节炎等多发性炎症，并有大量浆液性或纤维素性炎性渗出物，呈蛛网样覆盖在脏器表面，使各内脏器官与胸壁、腹壁广泛粘连。两侧肺肿胀、出血、间质增宽，呈紫红色。一些肺叶切面似肝，肺间质充满血色胶冻样液体，表现为明显的纤维素性胸膜肺炎变化。全身淋巴结肿大、充血、出血，尤以腹股沟淋巴结和肺门淋巴结为甚。心脏表面有一层绒毛状增生物，呈现"绒毛心"外观，肝脏淤血肿大，肾脏乳头出血，脑膜充血，脑回展平。肿大的关节周围皮下组织与肌腱水肿，有浆液性蛋白渗出物。

(5) 诊断

根据临诊症状和剖检变化可以做出初步诊断，但最急性型和急性型的病例，应注意与猪繁殖与呼吸综合征、猪丹毒、猪肺疫和猪链球菌病的区别；慢性型的病例注意与猪气喘病的区别。确诊需进行实验室检查。

细菌学检查　采取未经治疗的急性期发病病猪的血液或浆膜表面的渗出物，在巧克力琼脂平板培养基上接种或与葡萄球菌做交叉画线接种于羊、马或牛的鲜血平板，培养之后，可见平皿表面长出许多针头大小、圆形隆起、边缘整齐、半透明的灰白色菌落，用接种环取少许菌落，用革兰染色法进行涂片镜检，可见到密布排列的，大小不一致的革兰阴性球杆菌、长丝状菌。结合流行病学、临诊症状，即可做出诊断。

进一步检测可通过与葡萄球菌的交叉划线接种培养之后，在葡萄球菌菌落的周围可见生长良好的该菌，呈发散状，又称卫星现象。培养之后，可以取典型的可疑菌落进行生化鉴定。

血清学检查　取病变组织制成触片，利用荧光抗体或免疫酶染色对细菌抗原进行检测；也可用协同凝集试验和ELISA对肺组织提取物中特异性抗原进行检测。

(6) 防制

预防措施　无本病的猪场，应采取严格的防疫措施防止病原体的传入；引入种猪时应进行严格的隔离饲养和血清学检查，以避免引入病猪。免疫接种是预防本病发生的最好方法。由于胸膜肺炎放线杆菌血清型多，各个血清型之间的免疫保护性差，使得现有的灭活疫苗不能够很好的对该病进行防控。应采用自家灭活菌苗进行免疫防控，能够取得比较好的效果。

用自家灭活菌苗对后备种猪6月龄首免，5 d后加强免疫1次；仔猪断奶前首免，5 d后再加强免疫1次，均采用肌内注射。

扑灭措施　发生本病的猪场应及时隔离病猪，对污染场所和猪舍进行严格的、经常性消毒，同时对病猪应用抗生素进行治疗以降低病死率。可选用链霉素、四环素、土霉素、环丙沙星、恩诺沙星、强力霉素、卡那霉素、氟苯尼考、替米考星、庆大霉素及磺胺类药物进行治疗。

8.34　新城疫

新城疫(ND)又名亚洲鸡瘟、伪鸡瘟，是由新城疫病毒引起的鸡和火鸡的急性高度接触性传染病，常为败血症经过。主要临诊特征下痢、呼吸困难、产蛋下降和神经症状。病理剖检常见黏膜和浆膜红肿、出血和坏死性变化。

(1) 病原

新城疫病毒属副黏病毒科腮腺炎病毒属，为单股RNA型，目前该病毒只有一个血清型。病毒表面有囊膜，在囊膜的表面覆有血凝素和神经氨酸酶，血凝素具有血凝性，能引起鸡、鸭、鹅等禽类及人、小鼠、豚鼠等哺乳动物的红细胞凝集，且凝集红细胞的作用能被新城疫病毒抗体所抑制，因此可用血凝抑制试验鉴定分离出病毒，并用于诊断或进行免疫鸡的抗体水平监测。

病鸡所有组织器官、体液、分泌物和排泄物中都含有病毒，以脑、脾、肺的含毒量最高，以骨髓含病毒时间最长。病毒能在鸡胚中生长繁殖，通过尿囊腔内接种9~10日龄鸡胚，强毒株能在36~72 h使鸡胚死亡，弱毒株约在1周左右致鸡胚死亡，在胚液内含有大量病毒。

鸡新城疫病毒对外界环境抵抗力较强，对热和光等物理因素的抵抗力较其他病毒稍强。但对消毒药的抵抗力较弱，如2%~3%氢氧化钠、4%~5%甲醛及甲醛蒸气、1%来苏儿、5%漂白粉、3%~5%碘酊及70%乙醇等均内在数分钟内杀死病毒。

(2) 流行病学

鸡、火鸡、珍珠鸡、鹌鹑及野鸡对本病都有易感性，其中以鸡的易感性最高，其次是野鸡，鸽、鸵鸟及观赏鸟也可感染流行并造成大批死亡。水禽也可感染，但很少表现或不表现症状，近年有鹅发病死亡的报道。

人类感染新城疫病毒后，偶尔发生眼结膜炎、发热、头痛等不适症状。

鸡新城疫的主要传染源是病鸡和带毒鸡。野禽、鹦鹉类等鸟类常为远距离的传染媒介。

本病的传播途径主要是呼吸道，其次是消化道感染，但不发生垂直传播。非易感的野禽、外寄生虫、人、畜均可机械地传播本病毒。

本病一年四季均可发生，但春秋两季较多，在易感鸡群中迅速传播，呈毁灭性流行，发病率和病死率可高达90%。

非典型性新城疫多发生于免疫鸡群，以30~40日龄雏鸡和产蛋高峰期的鸡发病较多，雏鸡或成鸡的发病率与病死率均不高。免疫鸡群发生新城疫的因素很多，主要包括：饲养环境被强毒严重污染；忽视局部免疫；首免时母源抗体水平过高；疫苗质量不佳和保存不当；免疫程序不合理；多种免疫抑制病的干扰等。

(3) 临诊症状

在临诊表现上可以将新城疫分为典型和非典型两种。

典型新城疫　最急性型往往头晚食欲、活动正常，次日清晨发现死于鸡舍内。急性型是新城疫常见的一种典型类型，体温升至43~44℃，精神沉郁，食欲减少或不食，饮欲增加。不愿走动，羽毛松乱，头颈蜷缩或下垂，或藏于翅下。嗜眠，翅膀和尾羽下垂，眼半闭或全闭，鸡冠和肉髯不同程度的发紫。呼吸困难，有时张口吸气，常发出"咯咯"的喘鸣声。口腔、嗉囊和鼻腔中蓄积大量黏液，如将病鸡两腿倒提，则从口腔流出稀薄液体，有酸臭味。病鸡常甩头和做吞咽动作。病鸡常排出混有血液或含有纤维蛋白及坏死组织的稀便。母鸡产蛋下降或产软壳蛋。在临死前常见症状有共际失调、震颤、体温降至常温以下、昏迷等。慢性型常见于成鸡和流行末期。初期的病状与急性型的大致相同，但较轻。神经症状明显，病鸡翅、腿瘫痪和麻痹，把头颈偏向一侧或后仰而嘴向上，站立不稳，失去平衡，共际失调，转圈运动或后退，伏地旋转，反复发作。

非典型新城疫　症状不典型，仅表现呼吸道症状和神经症状。雏鸡主要表现为明显的呼吸道症状：张口伸颈、气喘、呼吸困难、发出"呼噜"声、咳嗽，口中有黏液，有摇头和吞咽动作，并出现零星死亡。1周左右，大部分病鸡趋向好转，而少数鸡出现扭颈、歪头或头向后仰呈观星状，共济失调，转圈运动，翅下垂或腿麻痹等神经症状，安静时恢复常态，但稍遇刺激或惊扰，神经症状又复发作。成鸡发病轻微，主要表现为产蛋量急剧下降，一般为50%，同时软壳蛋和小蛋(鸽蛋)增多，褐壳蛋颜色变淡，有时伴有呼吸道症状，但不易见到神经症状，病死率很低。

(4) 病理变化

典型新城疫　本病的主要病理变化是败血症。全身黏膜和浆膜出血，以消化道最为严重。典型病变是腺胃乳头明显出血；腺胃与肌胃交界处点状出血；腺胃与肌胃内有大量酸臭稀薄液体。小肠浆膜、黏膜呈紫红色的出血和坏死，病灶表面有黄色和灰绿色纤维素性伪膜覆盖，伪膜脱落后即成溃疡；盲肠扁桃体常见肿大、出血，呈枣核形；直肠黏膜常呈点状出血；脑膜充血或出血；心冠脂肪点状出血；喉、气管黏膜充血、出血、肺可见淤血或水肿；产蛋鸡卵泡和输卵管显著充血，卵泡膜极易破裂以致引起卵黄性腹膜炎。

非典型新城疫　其病变不很明显，可见有的病鸡腺胃乳头有少数出血点，直肠黏膜和盲肠扁桃体出血的比例增多。

(5) 诊断

感染了新城疫的鸡，发病率和死亡率都很高，蔓延迅速，冬春季流行最多。临诊上呈现严重下痢，呼吸困难，有"咯咯"声，病鸡有转圈等神经症状。病理剖检见有腺胃、肠道黏膜及扁桃体的弥漫性出血。腺胃与肌胃交界处点状出血；腺胃与肌胃内有大量酸臭稀薄液体；心冠脂肪点状出血等症状。根据以上综合特征即可做出初步诊断。但免疫鸡群或雏鸡群发病时，因缺乏典型病变，尚需进行实验室诊断。

实验室检查　采取病死鸡的脾、脑、肺等病料混合磨碎，加生理盐水制成 5~10 倍组织乳剂，每毫升加入青霉素、链霉素各 1 000 U，37 ℃作用 2~4 h，经离心沉淀，取上清液 0.1 mL 接种于 9~10 日龄鸡胚尿囊腔内。取 24 h 后死亡的鸡胚收集尿囊液，用配制好的 0.5%~1% 红细胞液进行血凝试验和血凝抑制试验。对于耐过鸡可做血凝抑制试验，若抗体水平明显升高，超过 9lg2，即可确定本病。如果抗体水平参差不齐，且有高抗体的鸡出现，再结合发病情况，可以诊断为非典型新城疫。

鉴别诊断　特别要与禽流感、禽霍乱相区别。根据我国近些年鸡新城疫发生的新动向，要特别重视非典型鸡新城疫的诊断，这已是我国鸡新城疫发生的主要方式。

(6) 防制

目前对于新城疫尚无有效治疗方法，因其传播快、死亡率高，往往给养鸡业造成巨大损失，因此控制新城疫发生的根本措施是要贯彻预防为主和综合防制的措施。

切实做好平时的防疫工作　不要买进病鸡和带毒鸡，家禽屠宰单位要建立检疫制度，并切实落实，严禁出售病鸡及死禽肉。饲养场应采取全进全出的饲养方式。强化防疫部门的管理，保证疫苗正常供应。重视和加强环境和鸡舍的清洁卫生，定期进行消毒。

定期进行预防注射，增强鸡群的特异免疫力　坚持预防注射的制度是预防该疾病的重要措施之一，可以提高禽群的特异免疫力，减少强毒的传播，降低损失。各地预防经验反复证明，只要坚持科学的预防注射的鸡场，就可以不发病或少发病，忽视预防注射工作，就可能遭受很大损失。任何免疫程序都受母源抗体高低、感染毒力强弱、鸡群抗体消长和其他感染情况等多种因素影响，因此必须根据鸡群免疫监测结果，来确定免疫时间。

目前，预防接种的疫苗及特点如下：

①鸡新城疫Ⅰ系疫苗：为中等毒力的疫苗，用于接种 2 月龄以上的鸡。使用的方法有 4 种：一是注射法，把疫苗用蒸馏水或冷开水做稀释，胸肌注射；二是刺种，将疫苗稀释，用清洁钢笔笔尖沾水或刺种针蘸取疫苗，在鸡翅下无毛处避开血管刺种几下即可；三是滴眼 1~2 滴；四是做气雾免疫。接种疫苗后 5~6 d 即产生免疫力。免疫期一般不低于 6 个月。接种Ⅰ系疫苗的鸡群，少数鸡只可能发生轻重不等的反应，如精神不好、食欲减退、产蛋减少或产软壳蛋等。故对产蛋母鸡最好在产蛋期前或休卵期接种，以免造成减产。疫苗必须在临用时稀释，稀释后必须在当天用完，用不完的疫苗要消毒处理，疫苗要冷冻保存。用于出口的鸡只，不得用Ⅰ系疫苗免疫，否则在海关检疫时，容易与野毒感染相混淆。

②鸡新城疫Ⅱ系疫苗：其毒力比Ⅰ系疫苗弱，适用于初雏和不同日龄的鸡。一般采用滴鼻或点眼接种，临用时将疫苗用冷开水或蒸馏水稀释，对每只雏鸡鼻孔或眼内滴入 2 滴。接种后 6~7 d 即产生免疫力。为避开母源抗体，雏鸡 7~10 日龄时接种，免疫比较确实。Ⅱ系疫苗对鸡的免疫期较短，免疫持续期因鸡本身的免疫状态和日龄有所不同。成鸡免疫，肌内注射即可。

③鸡新城疫Ⅲ系(F系)弱毒疫苗：对各种日龄的鸡均可使用，一般用于 7 日龄以上的雏鸡，

滴鼻、点眼、饮水均可。这种疫苗生产和应用较少。

④鸡新城疫Ⅳ系(LaSota 系)弱毒疫苗：这种疫苗比Ⅱ系苗毒力稍强，是国内普遍应用的一种疫苗，可以滴鼻、点眼、气雾、饮水等方式免疫，效果较好。克隆-30 与此疫苗相似，也在较大范围内使用。

近些年，我国生产并使用新城疫油佐剂灭活苗，是用Ⅳ系苗毒株灭活制成的死苗，优点是安全、不散毒、免疫期长；只能肌内注射，可用于雏鸡和成鸡的免疫。我国还生产有二联苗或三联苗，如新城疫-减蛋综合征(EDS-76)、新城疫-支气管炎灭活苗、新城疫-支气管炎-减蛋综合征(EDS-76)三联苗等。

免疫程序是预防鸡新城疫免疫十分重要的内容。由于我国幅员辽阔，情况复杂，不可能有一个适合我国不同地区、不同类型鸡场统一的免疫程序，因此应该因时、因地、因情况等制订适合本场的免疫程序，并要经常进行检查和调整。为了确定最适宜的免疫程序，必须利用监测技术予以保证，通过对该鸡群的监测，根据鸡群 HI 抗体水平决定免疫接种时间，通过监测结果适时免疫，才能使该鸡群始终处于有效的免疫水平，同时，通过监测，还可得知免疫效果，用于流行病学调查和诊断。

发病后的控制措施　一旦鸡群发生鸡新城疫后，无有效的治疗药物，要采取紧急措施，防止疫情扩大，及时控制。①发现可疑病鸡时，应立即进行确诊后，淘汰。高温处理，其内脏、羽毛、污水等高温处理后作肥料，或深埋、烧毁。所用工具应彻底消毒。多年经验证明，确诊后尽早采取果断的淘汰措施，常可阻止疫病蔓延，缩短疫情，减少损失。严禁病鸡及污染肉品出售。②对尚未出现临诊症状的鸡群，立即用Ⅰ系或Ⅳ系弱毒疫苗，进行紧急接种，接种后数天，就会停止出现新的病鸡，这是制止本病蔓延的一项积极可行的措施。在潜伏期的病鸡，注射后可能发病和死亡，应予注意。③发病场要进行封锁。凡病鸡污染的鸡舍、饲槽、饮水器、用具、栖架、运动场等，必须进行清扫和消毒。对垃圾、粪便、垫草及吃后剩余饲料等堆积发酵、深埋或烧掉。

8.35　传染性支气管炎

传染性支气管炎(IB)是由传染性支气管炎病毒引起鸡的一种急性、高度接触性呼吸道、消化道、泌尿系统传染病。在临诊上以咳嗽、喷嚏、下痢和气管啰音为特征。

(1) 病原

传染性支气管炎病毒属于冠状病毒科冠状病毒属，基因组为单股正链 RNA。具有多型性，但以球形为主，直径 80~120 nm，具有囊膜，囊膜表面有纤突，纤突呈松散、均匀的放射状排列。病毒主要存在于呼吸道渗出物中，肝、脾、肾、法氏囊中也能发现病毒。

病毒可在 9~11 日龄鸡胚中生长繁殖，也可在 15~18 日龄鸡胚的肾、肝、肺细胞培养上生长，还能在非洲绿猴细胞株中连续传代。

从鸡胚尿囊液中分离出来的传染性支气管炎病毒，无血凝特性，如果尿囊液经过 1% 胰蛋白酶或卵磷脂酶处理后，就具有血凝特性。

对外界环境抵抗力较强，室温下可存活 24 h，冻干可存活 24 年之久。抗 pH 值的范围比较广，pH 2 或 pH 12 条件下室温 1 h 仍可存活。对各种消毒剂敏感。

(2) 流行病学

本病仅发生于鸡，各种年龄鸡均易感。其他家禽不感染。本病的传播方式是病鸡从呼吸道排出病毒，经空气飞沫传染给易感鸡；或通过饲料、饮水等，经消化道传染。病鸡康复后可带毒49 d，在35 d内具有传染性。本病无季节性，传播迅速，几乎在同一时间内有接触史的易感鸡都发病。常继发感染支原体病、大肠杆菌病、传染性鼻炎等。严重程度与环境因素，如寒冷、过热、拥挤、通风不良等有很大关系。不同类型的传染性支气管炎，流行过程长短不同。

（3）临诊症状

呼吸型　潜伏期短，自然感染为2~4 d，人工感染为18~36 h。4周龄以下鸡常表现伸颈、张口呼吸、喷嚏、咳嗽、啰音，病鸡全身衰弱，精神不振，食欲减少，羽毛松乱，昏睡、翅下垂。个别鸡鼻窦肿胀，流黏性鼻汁，眼泪多，逐渐消瘦。康复鸡发育不良。

成鸡出现轻微的呼吸道症状，产蛋鸡产蛋量下降，并产软壳蛋、畸形蛋或粗壳蛋。蛋的质量变差，如蛋白稀薄呈水样，蛋黄和蛋白分离以及蛋白黏着于壳膜表面等。

病程一般为1~2周，雏鸡的死亡率可达25%，6周龄以上的鸡死亡率很低。康复后的鸡具有免疫力，血清中的相应抗体至少一年内可被测出，但其高峰期是在感染3周前后。

肾型　呼吸道症状轻微或不出现，或呼吸症状消失后，病鸡沉郁、持续排白色或水样下痢，迅速消瘦，饮水量增加。雏鸡死亡率为10%~30%，6周龄以上鸡死亡率在1%左右。

腺胃型　各日龄均易感。多发于30~80日龄。消瘦，体重下降，白色下痢，流泪，眼肿胀。病程20~50 d，多因衰竭而死，病死率10%~30%。

（4）病理变化

呼吸型　主要病变是气管、支气管、鼻腔和窦内有浆液性、卡他性和干酪样渗出物。气囊有时混浊或含有黄色干酪样渗出物。病死鸡后段气管或支气管中有时可见干酪性的栓子。在大的支气管周围可见到小灶性肺炎。产蛋鸡的腹腔内可以发现液状卵黄物质，卵泡充血、出血、变形。18日龄以内幼雏，有的见输卵管发育异常，致使成熟期不能正常产蛋，形成"假母鸡"。

肾型　肾肿大、苍白，多数呈斑驳状的"花斑肾"，肾小管和输尿管因尿酸盐沉积而扩张。严重病例，白色尿酸盐沉积可见于其他组织器官表面。

腺胃型　腺胃肿大如肌胃，外呈球型，紫色。切开见腺胃乳头水肿、充血、出血、坏死溃烂、乳头流出乳白色脓性分泌物。鸡死后肌肉苍白，胸腺、法氏囊萎缩。卡他性肠炎，肠呈暗红色，十二指肠肿胀，肠道充满液体。气管出血且有白色结痂。

（5）诊断

现场诊断　根据流行病学、临诊症状、剖检变化可做初步诊断。

实验室诊断　病毒的分离鉴定，采取病料，接种鸡胚，取尿囊液进行鉴定。血清学试验，主要有琼脂扩散试验、荧光技术、中和实验。或将尿囊液经1%胰蛋白酶37℃作用4 h，做血凝及血凝抑制试验进行确诊。

（6）防制

注意种鸡和种蛋的来源，防止把鸡传染性支气管炎病毒带入鸡场。采取严格的饲养管理措施，做好环境卫生，加强消毒，减少各种应激。

在受威胁的地区或鸡场要及早免疫接种。鸡传染性支气管炎疫苗分为弱毒苗和灭活苗。常用的呼吸型弱毒苗有H120、H52。H120毒力较弱，对雏鸡安全；H52毒力较强，适用于20日龄以上的鸡。肾型弱毒苗有Ma5、W株等。呼吸型、肾型、腺胃型都有灭活苗，以油苗最常见，可做皮下或肌内注射，灭活苗适用于各日龄的鸡只。由于各型间无交叉保护力，因此，可选用多价疫苗免疫，以提高免疫效果。

发病后可用高免卵黄液对全部鸡只进行紧急接种。可用鸡只专用干扰素，每日1次，连用3 d。

利巴韦林加入饮水中。大剂量给喂维生素 A。为防止继发感染可给予适量抗生素。

8.36 马立克病

马立克病(MD)又名多发性神经炎、内脏型淋巴瘤、皮肤白血病,俗称鸡麻痹症、白眼病,是由马立克病毒引起鸡的一种多型性的、高度接触性的以淋巴组织细胞增生为特征的肿瘤性传染病,其特征是外周神经、性腺、虹膜、各个脏器、肌肉和皮肤发生淋巴样细胞浸润和形成肿瘤。

(1) 病原

马立克病毒属于双股 DNA 病毒目疱疹病毒科 B 亚群疱疹病毒属。在鸡体内以细胞结合和游离于细胞外两种状态存在:一是裸体粒子,直径 85~100 nm,无囊膜,存在于肿瘤的病变中,与细胞的结合性最强(又叫细胞结合性病毒),一旦脱离细胞很快失去活力和致病力,在马立克病的传播中意义不大;二是完全病毒,外面有很厚的囊膜,直径 273~400 nm,存在于羽毛囊上皮细胞,可以脱离细胞而生存(又叫非细胞结合性病毒),对外界环境的抵抗力较强,在疾病的传播上有重要意义。病毒存在于病鸡的各个脏器及分泌物中,尤其是羽毛囊上皮细胞中。

病毒可以在鸡胚的绒毛尿囊膜上生长繁殖,并且形成特异性的痘疹(白色斑点状病灶)。在鸡的肾细胞或鸭胚成纤维细胞上生长,并可形成蚀斑。

MDV 由于存在的形式不一样,抵抗力也不一样。裸体粒子抵抗力弱;完全病毒抵抗力强,在干燥羽毛中,室温可存活 8 个月;在 4 ℃下,可存活 7 年,但常用的消毒剂可将其灭活。

(2) 流行病学

鸡是最重要的自然宿主,除鹌鹑外其他动物自然感染没有实际意义。致病力强的毒株可对火鸡造成严重损害。不同品种或品系的鸡均能感染 MDV,但对发生 MD(肿瘤)的抵抗力差异很大。感染时鸡的年龄对发病有很大影响,特别是出雏和育雏室的早期感染可导致很高的发病率和死亡率。年龄大的鸡发生感染,病毒可在体内复制,并随脱落的羽囊皮屑排出体外,但大多不发病。母鸡比公鸡对 MD 更易感。

病鸡和带毒鸡是主要的传染源,病毒通过直接或间接接触经气源传播。在羽囊上皮细胞中复制的病毒,随羽毛、皮屑排出,使鸡舍内的灰尘长年累月保持传染性。很多外表健康的鸡可长期持续带毒排毒,故在一般条件下 MDV 在鸡群中广泛传播,于性成熟时几乎全部感染。本病不发生垂直传播。

(3) 临诊症状

潜伏期长短不一,一般为 3 周。根据临诊表现可分为 4 种类型。

神经型　主要侵害外周神经。由于侵害的神经不同,表现也不一样。如侵害坐骨神经时,常引起一肢或两肢发生不完全麻痹,表现腿不能站立,或呈现"大劈叉";如果臂神经受到损害时,一侧或两侧翅膀下垂;如果侵害支配颈部肌肉的神经时,头下垂或头颈歪斜;若侵害迷走神经时,表现失声或嗉囊扩张以及呼吸困难等;若腹神经受到侵害时,主要表现拉稀。

内脏型　多发生在 50~70 日龄的鸡,常无特殊的临诊症状,主要表现精神沉郁,食欲废绝,下痢,往往突然死亡。剖开后才看到肿瘤。

眼型　侵害眼睛的虹膜,使虹膜色素消失呈灰白色,边缘不整齐,瞳孔变小,严重时可导致失明,俗称"灰眼病"。

皮肤型　往往缺乏明显的临诊症状,在屠宰拔毛时,发现羽毛囊增大,形成小结节或瘤状物。

以上 4 种类型，有时单独发生，有时可在一只病鸡上同时出现。除以上症状外，病鸡还表现严重营养不良、渐进性消瘦、体重减轻、贫血、厌食、腹泻，最后由于饥饿、失水导致死亡或被同群健康鸡践踏而死。

（4）病理变化

神经型病变　可见受侵害的神经，如坐骨神经、臂神经、腹神经等，呈灰色或淡黄色、水肿样，横纹消失，比正常粗 2~3 倍；或神经上有大小不等的结节，粗细不均匀；此病变常为单侧性，将两侧神经对比可以区别。

内脏型病变　可在卵巢、肝、脾、心、肾、肺、腺胃、肠、胰腺等内脏器官以及肌肉和皮肤上出现肿瘤。肝、脾肿瘤可能呈弥散性的肿大，也可是结节状或单一的肿瘤，肿瘤为灰白色、坚实、切面平滑；腺胃变得钝厚而坚实；心、肾的肿瘤为多个结节状或单个呈灰白色，凸出于表面；卵巢无正常的分叶状外表，被分叶的肿瘤所代替或呈菜花样；肌肉肿瘤在胸肌中较常见；法氏囊通常萎缩，极少数情况下发生弥漫性增厚的肿瘤变化。

（5）诊断

根据流行病学、临诊症状、病理变化进行综合分析做出诊断。在得不到明确结论时，可通过实验室检查进一步确诊。

现场诊断　①神经型、皮肤型和眼型。根据临诊症状和病理变化即可确诊。②内脏型。应注意与淋巴性白血病相区别。马立克病还常侵害外周神经、皮肤与肌肉、虹膜，法氏囊受侵害时常是萎缩性的，而淋巴性白血病则不是这样；马立克病的肿瘤组织是由小、中、大型淋巴细胞，成淋巴细胞，浆细胞等混合组成，而淋巴性白血病的肿瘤细胞常为成淋巴细胞（淋巴母细胞）组成。

实验室检查　包括病毒分离和鉴定、血清学检查（羽毛琼脂扩散试验、荧光抗体、ELISA 等）。

（6）防制

目前还没有特效药物治疗，且雏鸡的易感性强，因而保护雏鸡是预防本病的关键，应采取以疫苗接种、防止出雏室和育雏室早期感染为中心的综合性防制措施。

防止早期感染　应加强对孵化室和种蛋的消毒工作；当出雏 50% 时，一定要用福尔马林 10 mL/m³ 熏蒸 20 min，以杀死绒毛上的病毒。育雏室及用具等应严格消毒，尽可能密闭饲养；工作人员进入育雏室应换鞋、更衣、洗手，禁止非工作人员进入，这种饲养应维持 2 周。大、小鸡应隔离饲养。

免疫接种　①疫苗的种类。有 3 类：一是同源性疫苗，是由马立克病毒制成的，由于致病力不同，它又分为两种，一种是致弱疫苗，另一种是自然弱毒疫苗；二是异源性疫苗，即火鸡疱疹疫苗；三是多价苗，由火鸡疱疹疫苗和同源疫苗混合起来制成的 Ⅱ 价、Ⅲ 价苗。②使用。雏鸡在 1 日龄注射马立克病弱毒疫苗，按瓶签说明，用专用的稀释液，随用随稀释，稀释后的疫苗应放在加冰块的保温瓶内，须在 1~2 h 内用完，每只鸡接种剂量不少于 1 个头份，高 2~3 倍也无妨（提高疫苗浓度）。③影响马立克病疫苗免疫效果的因素。疫苗的质量低劣，生产疫苗使用的是非 SPF 鸡胚，污染白血病病毒，影响马立克病的免疫效果；蚀斑数不足，达不到免疫效果；母源抗体的干扰（避免的方法是种鸡和子代鸡不用同一种疫苗）；马立克病野毒或强毒的早期感染，即 14 日龄内感染，可导致免疫失败；早期感染了免疫抑制性疾病，如传染性法氏囊病毒、白血病病毒、网状内皮组织增生症病毒、传染性贫血病毒等；机体处于应激状态，发生了应激反应，导致细胞免疫功能下降；鸡的遗传易感性；饲养管理条件差；人为的因素；疫苗的保存、稀释、接种的部位、接种时间不正确。

抗病育种 即培育抗马立克病的品系。

8.37 传染性法氏囊病

鸡传染性法氏囊病(IBD)又称传染性法氏囊炎、传染性腔上囊炎、甘博罗病、传染性囊病，是由传染性法氏囊病病毒引起幼鸡的一种急性、高度接触性传染病。主要损伤法氏囊等淋巴组织，其特征是突然发病，病程短，死亡率迅速升高，并维持短时间的高死亡率又迅速降低，排水样粪便，腺胃和肌胃交界处条状出血，骨骼肌出血，肾肿大，法氏囊前期肿大、出血，后期萎缩。其危害是：直接引起病鸡死亡(一般为5%，有时达20%~30%)；引起鸡的免疫抑制，导致对其他疾病的易感性增高。

(1)病原

传染性法氏囊病毒属于呼肠孤病毒科双股RNA病毒属。病毒粒子呈球形，直径60~65 nm，无囊膜。有2个抗原血清型：血清Ⅰ型，主要危害鸡，能引起免疫抑制，也可从鸭体内分离到，但不引起症状；血清Ⅱ型，对鸡和火鸡均可感染，但都不能引起免疫抑制，也不致病。发病早期，病毒可存在于除脑以外的绝大多数组织器官中，但是以法氏囊和脾脏含毒量最高，其次是肾脏。

病毒可在9~11日龄无母源抗体的鸡胚上增殖，并能致死鸡胚；也可在鸡胚成纤维细胞、鸡胚肾细胞等上生长。

法氏囊病毒是一种非常稳定的病毒，在彻底清洗、消毒的鸡舍中仍然存在。在鸡舍内可存活2~4个月。耐酸不耐碱。耐阳光及紫外线。耐超声波。56 ℃ 3 h病毒效价不受影响；56 ℃ 5 h或60 ℃ 90 min仍然可存活；70 ℃ 30 min可被灭活。对甲醛、碘制剂、过氧化氢、氯胺等消毒药敏感。

(2)流行病学

自然感染仅发生于鸡，各种品种的鸡都能感染，3~6周龄的鸡最易感。成鸡一般呈隐性经过。

病鸡是主要传染源，其粪便中含有大量病毒，污染饲料、饮水、垫料、用具、人员等，通过直接接触和间接传播。病毒可持续存在于鸡舍中，污染环境中的病毒可存活122 d。小粉甲虫蚴是本病传播媒介。

本病往往突然发生，传播迅速，通常在感染后第3天开始死亡，5~7 d达到高峰，以后很快停息，表现为高峰死亡和迅速康复的曲线。死亡率差异很大，有的仅为3%~5%，一般为15%~20%，严重发病群死亡率可达60%以上。据不少国家报道发现有IBD超强毒毒株存在，死亡率可高达70%。本病常与大肠杆菌病、新城疫、鸡毒支原体、鸡球虫病混合感染，死亡率也可提高。

(3)临诊症状

本病潜伏期为2~3 d，最初发现有些鸡互啄泄殖腔。病鸡羽毛蓬松，采食减少，畏寒，常聚堆，精神委顿，震颤，随即病鸡出现腹泻，排出水样稀粪。严重者病鸡头垂地，闭眼呈昏睡状态。在后期体温低于正常，严重脱水，极度虚弱，最后死亡。近几年来，发现由IBDV亚型毒株或变异株感染的鸡，表现为亚临诊症状，炎症反应弱，法氏囊萎缩，死亡率较低，但由于产生免疫抑制严重，而危害性更大。

(4) 病理变化

死于 IBD 的鸡表现脱水，腿部和胸部肌肉出现条纹状出血。法氏囊的病变具有特征性，可见法氏囊内黏液增多，法氏囊水肿和出血，体积增大，质量增加，比正常重 2 倍，5 d 后法氏囊开始萎缩，切开后黏膜皱褶多混浊不清，黏膜表面有点状出血或弥漫性出血。严重者法氏囊内有干酪样渗出物。肾脏有不同程度的肿胀。腺胃和肌胃交界处见有条纹状出血点。

(5) 诊断

根据本病的流行病学和病变的特征，如果出现以下症状，就可做出诊断。如突然发病，震颤，啄肛，水样便，传播迅速，发病率高，有明显的高峰死亡曲线和迅速康复的特点；法氏囊水肿和出血，体积增大，黏膜皱褶多混浊不清，严重者法氏囊内有干酪样分泌物；肾脏有不同程度的肿胀；腺胃和肌胃交界处见有条纹状出血点；腿部和胸部肌肉出现条纹状出血。由 IBDV 变异株感染的鸡，只有通过法氏囊的病理组织学观察和病毒分离才能做出诊断。

取发病鸡的法氏囊和脾，经磨碎后制成悬液，接种于 9~12 日龄 SPF 鸡胚绒毛尿囊膜上。死亡鸡胚可见到胚胎水肿、出血。再用中和试验来鉴定病毒。也可以取病死鸡的法氏囊，制成悬液，经鼻或口服感染 21~25 日龄易感鸡，在感染后 48~72 h 出现症状，死亡剖检见法氏囊有特征性病变。还可用琼脂扩散试验和直接荧光抗体技术诊断本病。

(6) 防制

目前对本病尚无特效的治疗方法，必需采取综合防治措施。①平时应加强饲养管理、做好环境卫生、严格消毒，防止早期感染。认真做好育雏前和育雏期饲养环境的消毒工作，严防病毒自饲料、饮水、生产工具、饲养人员带入鸡舍，防止雏鸡早期感染。酚类及福尔马林是该病毒最有效的消毒剂。②疫苗接种。一方面是免疫种鸡，使雏鸡获得母源抗体，预防雏鸡早期感染；另一方面是对雏鸡接种疫苗。一般采取的免疫程序为：10~14 日龄、15~19 日龄分别用法氏囊活疫苗点眼或饮水免疫一次，对于种鸡在 18~20 周龄和 40~42 周龄各接种一次法氏囊油佐剂灭活苗。③发病时应及时改善饲养管理，提高育雏舍的温度（尤其冬春季很重要），饮水中加 5% 糖、0.1% 食盐或加肾肿解毒药，供应充足的饮水，减少各种应激因素的刺激。④对鸡舍及养鸡环境进行严格的消毒。⑤对病鸡或发病鸡群进行紧急防治。对于刚发病的鸡群可注射法氏囊病高免血清或高免卵黄液，并辅以对症治疗；10 d 后再用疫苗进行免疫。也可采用对法氏囊病有作用的中草药方剂治疗。

目前我国常用的疫苗有两大类：活毒疫苗和灭活疫苗。灭活疫苗大小鸡只都可应用。活毒疫苗有 3 种类型：一是弱毒苗，对法氏囊没有任何损伤，但免疫后抗体产生迟、效价低，保护率低；二是中等毒力苗，接种后对法氏囊有轻度损伤，这种反应在 10 d 后消失，但抗体效价高，保护率高；三是中等偏强毒力苗，对法氏囊造成不可逆的严重损害，但免疫后可保证不得法氏囊病，其他免疫将受到抑制，并长期带毒。因此，中等毒力苗一直被广泛使用。

8.38 鸭瘟

鸭瘟（DP）又称鸭病毒性肠炎，俗称"大头瘟"。是由鸭瘟病毒引起的鸭和鹅的一种急性、热性、败血性传染病。其特征是：患禽头颈肿大，流泪，软脚，下痢，体温升高，肝脏表面形成伴随出血的灰白色坏死灶，消化道黏膜广泛性出血、坏死、溃疡，并有灰黄色伪膜覆盖。

(1) 病原

鸭瘟病毒属于疱疹病毒科疱疹病毒属 I 型鸭疱疹病毒。为双股 DNA。本病毒无血凝性，只有一个血清型。病毒可在9~12日龄鸭胚和鹅胚绒毛尿囊腔内增殖。病毒存在于病鸭体内各器官组织及其分泌物、排泄物，尤其以肝、脾和脑组织中含毒量最高。本病毒对外界抵抗力弱，0.5%漂白粉、5%石灰乳均可在30 min将其杀灭。

(2) 流行病学

本病在一年四季都可发生。它对不同年龄和品种的鸭均可感染。在自然流行中，成年鸭发病和死亡较为严重，一个月以下雏鸭发病较少。

病鸭、鹅和带毒鸭、鹅是本病的主要传染源。本病传染迅速。主要是经消化道传播，也可以通过交配、眼结膜和呼吸道而感染；吸血昆虫也可成为本病的传播媒介。被病鸭、鹅和带毒鸭、鹅的排泄物污染的饲料、饮水、用具和运输工具等，都是造成鸭瘟传播的重要因素。

流行具有较明显的周期性，当疫病进入一个新的疫区，可能迅速造成严重的发病和死亡，死亡率高达80%以上，其后，流行逐步平缓，发病呈零星散在性出现，发病率、死亡率维持在较低水平。其原因主要是流行期间，疫区禽群被实施了广泛而密集的免疫接种或感染禽的陆续排毒使易感禽陆续接触轻度感染并建立免疫。此外，还可发生远距离传播，其重要原因是野生水禽游牧与水流污染。

(3) 临诊症状

潜伏期2~5 d。患禽病情重，发病急，主要症状是：患禽头颈部皮下水肿，流泪，眼睑出血、水肿，眼结膜充血、水肿，眼圈羽毛湿润或有脓性分泌物黏着；两脚发软，患禽虚弱，双脚麻痹，不愿行走，或不能站立，甚至瘫痪在地；严重下痢，粪便黄绿色稀薄、恶臭，肛门周围污秽；体温升高至42.5~44 ℃，呼吸急促；鼻流浆液性至脓性黏液；精神高度沉郁、迅速衰竭、死亡。病程2~3 d。

(4) 病理变化

肝脏表面形成大小、形状不一的灰白色坏死灶，坏死灶常伴随出血，有的出血呈点状位于坏死灶中央，有的出血呈带状，环绕于坏死灶周边，有的出血染红整个坏死灶。在口腔、食道黏膜面覆盖一层灰黄色或黄褐色伪膜，这些伪膜成片状或条纹状或斑点状，与黏膜粘连较牢固，伪膜在自然脱落或强行剥落后，黏膜面留下深入至黏膜下层的出血溃疡病灶；鸭胸腺肿大并呈弥散性出血；腺胃和嗉囊之间能看到一条黄色或红色坏死带；直肠与泄殖腔黏膜面也有类似于食道黏膜面的伪膜，但这些伪膜常已发生钙化，以刀刮之，有"沙沙"声；肠道黏膜充血、出血、溃疡；肠道淋巴集合滤泡表面黏膜形成"钮扣状"坏死（固膜性炎）。其他病变还有：个别头部皮下组织胶样浸润，心冠沟脂肪出血，腺胃黏膜出血，母禽卵泡充血、出血、变形和形成坠卵性腹膜炎等。

(5) 诊断

本病的临诊症状与病理变化甚为典型，据此可做出正确诊断。必要时，可采集病禽的肝脾组织，制备成无菌上清液，经绒毛尿囊腔接种9~12日龄发育鸭胚，做鸭瘟病毒的分离与鉴定。应注意，鹅、鸭感染鸭瘟后，均易继发感染禽霍乱，诊断时需认真加以鉴别。

(6) 防制

鸭瘟的防制关键是要做好免疫接种。

鸭的免疫接种程序 采用鸭瘟鸡胚化弱毒疫苗，首免于20日龄，皮下注射1头份/只；二免于25日龄，皮下注射1头份/只；三免于产蛋前20 d，肌内注射1头份/只，以后每年接种2次。如果鸭群暴发鸭瘟，可以用上述疫苗做紧急注射接种，2头份/只，一般可在5 d内控制疫情。

鹅的免疫接种程序 采用上述同种疫苗，首免于20日龄，皮下注射2头份/只；二免于产蛋前半个月注射2头份/只。以后种鹅每年于春秋季各接种一次，每次注射2头份/只。如果鹅群暴发鸭瘟，可以用上述疫苗做紧急注射接种5头份/只，一般可在5 d内控制疫情。

应当注意，如果禽群感染较重时，做鸭瘟的紧急接种防制，往往在接种后2～3 d内可能引致较多的患禽死亡。最好在饲养之前，预备一定量的卵黄抗体，以备不时之需。

8.39 小鹅瘟

小鹅瘟(GP)又名鹅细小病毒感染，是由小鹅瘟病毒引起雏鹅的一种急性败血性传染病。病雏严重下痢，流泪流涕，迅速消瘦，死亡。病雏小肠段形成纤维素性栓子，堵塞肠腔。

(1) 病原

小鹅瘟病毒属于细小病毒科细小病毒属。DNA核酸型。无血凝活性。初次分离可在12～14日龄的不携带小鹅瘟母源抗体的鹅胚绒毛尿囊腔内增殖，鹅胚在接种后5～7 d死亡。经过鹅胚传代毒株，可在8～10日龄鸭胚上增殖传代。只有一个血清型。本病毒对环境抵抗力强，65 ℃经30 min对滴度无影响，56 ℃能存活3 h。对乙醚、氯仿等有机溶剂不敏感，对胰酶和pH 3稳定。

(2) 流行病学

各种日龄、性别、品种的鹅均可感染本病毒，但只有1～4周龄雏鹅发病，死亡率在30%～100%。成鹅感染不发病，但可垂直感染。另外，番鸭也可感染发病。

(3) 临诊症状

病鹅初期精神沉郁、厌食，随后表现流泪、流涕、废食，饮水增多，急剧下痢，粪便呈黄白色，混有气泡或纤维素性渗出物凝块，并迅速消瘦、衰竭、死亡，病程1～2 d。

(4) 病理变化

主要病理变化在肠道。

急性型 可见明显的纤维素性肠炎。小肠中下段外观膨胀，指捏硬实，状如香肠。剪开该段肠管，可见肠壁黏膜脱落，露出光滑潮红的黏膜下层。肠内容物可有下列3种变化：淡褐色的肠内容物混有一些灰白色纤维素性絮片；淡褐色肠内容物表面断续被覆一层薄的灰白色纤维素性伪膜；肠内容物与纤维素性渗出物、肠黏膜脱落细胞混合形成一条柱状的灰白色栓子，此时该段肠壁可能已干酪样坏死，整段病变的肠管如腊肠样，故俗称"腊肠粪"样病变。

亚急性型 其肠道病变多为"腊肠粪"样病变。此外，病雏可发生心肌炎，心肌柔软、苍白，心房扩张；肝、脾、胰肿大，胆囊充盈等。

(5) 诊断

现场诊断 根据流行病学、临诊症状和病理变化可做出初步诊断。

实验室诊断 包括病毒分离、鉴定和血清学试验(中和试验、琼脂扩散试验、ELISA、免疫荧光技术等)。

(6) 防制

小鹅瘟的防制，应抓好如下几个环节：①育雏期的严格消毒与隔离。②提高雏鹅的母源抗体水平。在母鹅春季开产前和秋季开产前进行小鹅瘟疫苗的免疫接种，其基本程序是：春季首免，母鹅产蛋前1个月，用弱毒疫苗2头份/只、油乳灭活苗0.5 mL，分针同时肌内注射；春季二免，母鹅产蛋前25 d，用弱毒疫苗4头份/只、油乳灭活苗1 mL，分针同时肌内注射；秋季免疫，母鹅产蛋前15～20 d，用油乳灭活苗1.5 mL/只肌内注射。在免疫时，应将同群种公鹅同时做免疫接种，以免其成为免疫空白的隐性感染带毒个体。③雏鹅出生后进行人工被动免疫。其基本方法有：雏鹅于2~3日龄经皮下注射小鹅瘟高免血清或卵黄抗体0.5 mL/只。如雏鹅发病，注射小鹅瘟高免血清或卵黄抗体1 mL/只。一些地方采用为初生小鹅接种疫苗的方法防治本病，是没有作用的。

8.40 鸭病毒性肝炎

鸭病毒性肝炎（DVH）是由3种抗原性完全没有交叉关系的鸭肝炎病毒引起雏鸭的急性、高致死性传染病的总称。其中，鸭肝炎病毒Ⅲ型（属小RNA病毒科肠道病毒属）引起的鸭肝炎仅见于美国；由鸭肝炎病毒Ⅱ型（属星状病毒科）引起的鸭肝炎仅见于英国；由鸭肝炎病毒Ⅰ型（分类同Ⅲ型）引起的鸭肝炎流行最为普遍，呈全球分布。我国目前仅见由鸭肝炎病毒Ⅰ型的鸭肝炎的流行，且危害甚为严重。其病状特征是：患雏中枢神经紊乱，临死前频频抽搐，角弓反张。其病理变化特征是：患鸭肝脏肿胀、脆弱，表面形成广泛性的斑点状或刷状出血。

（1）病原

鸭肝炎病毒Ⅰ型（DHV-1）属于小RNA病毒科肠道病毒属。能够抵抗pH 3、胰酶、脂溶剂（如氯仿），能够耐受56 ℃ 60 min处理；以1%甲醛、2%氢氧化钠处理2 h，或以2%次氯酸钠处理3 h，氯胺处理5 h，0.2%福尔马林处理2 h及5%酚制剂、碘制剂短时处理均可使本病毒失活。病毒在患雏鸭的肝脏组织中含量最高，分离培养病毒可经绒毛尿囊腔接种10~14日龄鸭胚或8~10日龄鸡胚。

（2）流行病学

本病主要感染鸭，在自然条件下不感染鸡、火鸡和鹅。病鸭和带毒鸭是传染源，经呼吸道和消化道水平传播。本病具有极强的传染性。雏鸭的发病率与病死率均很高，1周龄内的雏鸭病死率可达95%，1~3周龄的雏鸭病死率为50%，4~5周龄的小鸭发病率与病死率较低，成鸭带毒不发病。

本病一年四季均可发生，饲养管理不当，鸭舍内湿度过高，密度过大，卫生条件差，缺乏维生素和矿物质等都能促使本病的发生。鼠类参与本病传播。野生水禽可成为带毒者。

（3）临诊症状

潜伏期，自然感染为1~2 d，人工感染为24 h。本病发病急，传染快，死亡迅速。其主要病状是：患病初期表现精神沉郁，厌动嗜睡；1 d后，间歇出现明显的神经症状，如转圈、扭头、向一侧跌倒，或腹部朝天，双脚乱划，临死前频频痉挛、抽搐，双脚蹬直，头颈强迫性向背后屈曲，俗称"背脖病"。患雏一经出现神经症状后很快死亡，死后尸体仍常保持角弓反张状；另外，患雏在发病过程中发生下痢。

（4）病理变化

肝肿大，土黄色或淡褐色，质地脆弱易碎，尤其是肝脏表面形成斑点状或刷状的边缘清晰的出血灶；病程稍长者可能在肝表面有一些坏死点，或形成肝周炎。胆囊肿胀，胆汁充盈。此外，还可见脾脏肿大，表面是斑驳状；胰脏有时见局灶性坏死灶；肾脏肿大、充血等。

（5）诊断

本病病状具有明显的神经症状，肝脏上有明显的斑点样出血，较易诊断。但应注意与鸭球虫病相鉴别，鸭球虫病也可使小鸭急性死亡，并可表现角弓反张，剖检患鸭可见的特点是肠道肿胀，黏膜出血与坏死，肝脏无出血变化。肠内容物镜检可见大量球虫的裂殖体和裂殖子。还应与鸭传染性浆膜炎区别，鸭传染性浆膜炎后期也表现神经症状，但具有较明显的纤维素性肝周炎、心包炎、气囊炎等,还有一定的鼻窦炎和关节炎。对于非典型的鸭病毒性肝炎需做实验诊断。

(6)防制

除一般防制措施外,防制本病还应特别抓好如下免疫接种工作:

雏鸭的免疫接种　①主动免疫接种,用鸭病毒性肝炎Ⅰ型弱毒疫苗,对雏鸭做接种,皮下注射1头份/只。如果雏鸭不携带母源抗体(即母鸭未经本疫苗接种),则接种日龄为0~1日龄;如果雏鸭携带母源抗体,则接种日龄为6~8日龄。②被动免疫接种,用鸭病毒性肝炎Ⅰ型高免血清或卵黄抗体,对雏鸭做皮下注射1 mL/只,可于0~1日龄预防注射1次。以后如有发病,再及时注射1次。或0~1日龄不做预防注射,仅于发病时做注射治疗。

母鸭的免疫接种　用鸭病毒性肝炎Ⅰ型弱毒疫苗,于母鸭产蛋前20 d注射1次,2头份/只;于产蛋前15 d加强注射1次,2头份/只;于产蛋中期再加强注射1次,2~4头份/只。这样一般可使雏鸭在出生后14 d内具有相应的免疫力。如仍有感染,可在发病时补注一针卵黄抗体或高免血清。另外,为提高母源抗体水平,也可在母鸭产蛋前15~20 d和产蛋中期注射鸭病毒性肝炎Ⅰ型油乳剂灭活疫苗1 mL/只。

如果采取了上述免疫措施,雏鸭仍有大批的发病,则应及时对病原做分离鉴定,以确定是否有合并感染或病毒抗原性变异。

8.41　鹅副黏病毒病

鹅副黏病毒病(APM)是由鹅副黏病毒(APMV)引起的一种急性、高度接触性传染病。该病以肠道糠麸样溃疡、胰腺肿胀且表面有灰白色坏死灶、脾脏肿大并有大小不等的灰白色坏死灶为主要特征。

(1)病原

该病病原是副黏病毒科副黏病毒属的鹅副黏病毒。圆形有囊膜、大小不一,平均直径120 nm。表面有纤突结构,具有血凝素和神经氨酸酶。基因组为单股负链RNA。病毒的抵抗力较弱,阳光照射、腐败、干燥环境、室温以上温度下均容易灭活。在低温、阴湿条件下生存较久。绒尿液中的病毒在冻结条件下可以存活1年以上。常用消毒药可在数分钟内灭活病毒。病毒存在于病鹅的肝脏、脾脏、肾脏、胰脏、脑以及消化道、气管的分泌物和排泄物中。鹅黏病毒能凝集鸡的红细胞。

(2)流行病学

各种品种、不同年龄的鹅都能发病,但雏鹅发病率和死亡率较高,雏鹅死亡率可达100%,一般发病率在30%,死亡率在10%。鸡对该病原易感,鸭不易感。该病的发生、流行无明显的季节性,一年四季均可发生,但以农村养鹅高峰的春夏季多发,常引起地方性流行。从疫区引进带毒鹅是发病的重要原因,病鹅胴体、内脏、排泄物、分泌物以及污染的饲料、水源、草地和用具均能传播病原。可经消化道、呼吸道或者损伤的皮肤黏膜传播,该病也可垂直传播。

(3)临诊症状

病鹅初期精神不振,采食、饮水减少,拉白色、水样稀便。部分病鹅时常甩头,并发出"咕咕"的咳嗽声。病情加重后,病鹅双腿无力,蹲伏地上或跛行。减食或拒食,体重减轻,漂浮水面。后期病鹅极度衰弱,浑身打颤,眼睛流泪,眼眶及周围羽毛被泪水湿润,有时鼻孔流出清水样液体,最终病鹅相互拥挤在一起,远离其他尚能行动的鹅,并渐渐衰竭而死。后期部分幸存的病鹅有扭颈、仰头或转圈等神经症状。发病后6~7 d好转,9~10 d康复。产蛋的鹅停产,经过血清或卵黄抗体注射可以恢复产蛋。重症病鹅及病死鹅泄殖腔周围羽毛常沾染大量白色粪便。

(4) 病理变化

剖检可见病鹅头部皮肤淤血,有胶冻样浸润;食道黏膜,尤其是下端有散在芝麻大小灰白色或淡黄色结痂;肝脏肿大、淤血、质地较硬、有大小不一白色坏死灶;胰腺出血并可见实质中有粟粒大小白色坏死点;脾脏肿大、淤血、有坏死灶;肾脏肿大、色淡;腺胃黏膜水肿增厚,黏膜下有白色坏死或溃疡,部分病鹅腺胃及肌胃充血、出血;盲肠扁桃体肿大,明显出血;十二指肠、空肠、回肠、结肠黏膜有淡黄色或灰白色芝麻大至豌豆大痂块,剥离后,呈出血面或溃疡面,部分病鹅肠道黏膜呈块状或广泛的针尖样出血,肠道病变以小肠下段的回肠部分最多见;脑表现非化脓性脑炎变化。

(5) 诊断

根据流行病学、临诊症状和病理变化可做出初步诊断,确诊需要进行实验室检查。可采用鸡胚接种、雏鹅感染以及 HI 和 HA 等试验确诊本病。

鸡胚接种试验 取 11~12 日龄 SPF 鸡胚或 12~14 日龄非疫区鹅胚,于绒尿腔接种内脏或脑组织研磨病料 0.2 mL,接种胚一般在接种后 36~48 h 内死亡。之后无菌取胚胎病变典型的绒尿液,冷冻保存,用于病毒鉴定。

雏鹅感染试验 与自然感染的成年鹅或雏鹅一致。消化道病变突出,从食管到直肠,黏膜出血。实质器官的病变以脾脏较大的圆形白色坏死灶,胰腺较小的白色坏死灶等。

血凝和血凝抑制试验 用 1% 健康鸡的红细胞悬液对收集的鸡胚或鹅胚尿囊液做血凝试验,用鹅副黏病毒阳性血清做血凝抑制试验,如果出现血凝抑制现象,说明该病为鹅副黏病毒病。

(6) 防制

预防措施 ①隔离饲养。鹅场、鹅舍要选择远离交通要道、畜禽交易场所、屠宰场等地方,同时鹅群与鸡群,最好不要同时饲养,避免相互传染。实行全进全出制,避免不同日龄鹅混养,防止疫病传播。②严格检疫。不从疫区引进或购买雏鹅和种鹅。引进雏鹅或种鹅之后要进行免疫监测或立即接种疫苗,隔离饲养 15 d 以上,证实无病后方可合群饲养。种蛋应来自健康无病的鹅群,且对购进的种蛋必须严格消毒后入孵,出孵的雏鹅立即接种疫苗,隔离饲养 1 周证实无病后再混养,要坚持自繁自养。③做好疫苗防疫。接种疫苗是预防鹅副黏病毒病的主要措施,可使用鹅副黏病毒油乳剂灭活疫苗或新城疫疫苗进行免疫接种。

发病后的措施 ①封锁、隔离和消毒。一旦鹅群发病,首先采取封锁,要将未出现症状的鹅隔离于清洁无污染的场地饲养,及时隔离病鹅,死鹅焚烧深埋。可应用百毒杀、强力灭杀王(稳定性次氯酸钠溶液)、双季铵盐络合碘液等对鹅舍内、外环境及用具进行彻底消毒。加强饲养管理,及时清除粪便,做好无害化处理,保持鹅舍干燥通风和保暖。②紧急预防接种。当周围鹅群或同群发生鹅副黏病毒病时,对假定健康鹅群紧急接种鹅副黏病毒油佐剂灭活疫苗或新城疫疫苗。③治疗方法。本病目前治疗尚无特效药物。对发病鹅群使用鹅副黏病毒高免血清或高免卵黄抗体进行紧急治疗。

8.42　减蛋综合征

减蛋综合征(EDS-76)又叫产蛋下降综合征,是由腺病毒引起鸡产蛋率下降或产蛋率达不到生产性能指标的一种生殖系统传染病。主要表现为群发性产蛋率下降、蛋壳异常、蛋体畸形、蛋质低劣等症候。

1976年Van Eck首先报道此病在荷兰发生,并命名为"产蛋下降综合征1976",1977年分离到病原体。目前世界上许多国家都有发生。

(1) 病原

减蛋综合征病毒属于Ⅲ群腺病毒。无囊膜的双股DNA病毒,直径为76~80 nm,呈球形,表面有纤突,其上有与细胞结合的位点和血凝素。

本病毒可在多种鸭源细胞、鹅源细胞及鸡胚肝细胞上生长,但以鸡胚肾细胞增殖良好。在哺乳动物的细胞中不能生长。接种于10~12日龄鸭胚生长良好,并可使鸭胚致死,尿囊液HA可达2^{18};而接种在5~7日龄的鸡胚中,可使胚体萎缩,出壳率降低或延缓出壳,尿囊液的HA滴度很低或无。

EDS-76病毒能凝集鸡、鸭、鹅、火鸡和鸽的红细胞,可用血凝抑制试验鉴定。其他动物腺病毒主要凝集哺乳动物的红细胞,而不凝集鸡、鸭、鹅的红细胞。

EDS-76对外界环境的抵抗力比较强;对乙醚、氯仿不敏感;耐pH值的范围广(pH 3~10);对热有一定耐受性,加热56 ℃ 3 h仍有存活,60 ℃ 30 min失去致病力,舍温条件下可存活6个月;甲醛、强碱对其有较好的消毒效果。

(2) 流行病学

鸡、鸭、鹅均可感染本病毒,其中鸭、鹅是自然宿主,一般感染后不发病,可成为病毒的长久宿主;本病只在产蛋鸡群中发病,其发生与鸡的品种年龄和性别有一定关系,褐壳蛋鸡比白壳蛋鸡易感,任何年龄的鸡均可感染,但发病多发生于26~35周龄的产蛋鸡,幼龄鸡和35周龄以上鸡感染后无症状。该病既可经卵垂直传播,也可水平传播。但排泄物、分泌物经口腔和结膜水平传播速度非常缓慢(通过一栋鸡舍大约11周),并且不连续(有时隔一铁丝网的鸡也不发生)。雏鸡感染不发病,性成熟后,由于产蛋应激,致使病毒活化而使产蛋鸡发病。

(3) 临诊症状

潜伏期有两种情况:在易发病期感染,感染后4~6 d开始产软壳蛋,7~8 d开始产蛋率下降;在易发病期前感染,潜伏期视感染时到产蛋时的时间而定。26~35周龄产蛋鸡突然出现群发性产蛋下降,产蛋率比正常下降20%~30%,甚至50%,并持续28~70 d,以后逐渐恢复,但大多数很难恢复到正常水平。产出薄壳蛋、软壳蛋、无壳蛋、小蛋;蛋体畸形;蛋壳表面粗糙,如白灰、灰黄粉样;褐色蛋则色素丧失,颜色变浅;蛋白水样,蛋黄色淡、或蛋白中混有血液、异物等。异常蛋可占15%以上,蛋的破损率增高。对鸡的生长无明显影响,病鸡所产蛋受精率一般正常,但孵化率下降,死胚率增至10%~12%。部分鸡可见精神差、羽毛蓬乱、贫血、厌食、下痢等。

(4) 病理变化

剖检可见输卵管黏膜水肿、潮红、被覆炎性分泌物。卵巢萎缩、卵泡软化、出血等病理变化。具有诊断意义的病理组织学变化是:子宫、输卵管腺体水肿,单核细胞浸润,黏膜上皮细胞变性、坏死,子宫黏膜及输卵管固有层浆细胞、淋巴细胞和异嗜细胞浸润;肝、肺、肾及腺胃出血,淋巴细胞积聚。

(5) 诊断

应综合分析进行诊断。

现场诊断　在饲养管理正常的条件下,鸡群在产蛋高峰期,突然发生不明原因的群发性产蛋下降,同时伴有蛋质下降,产软壳蛋,经剖检可见到上述器官病变,此时可怀疑本病。

实验室诊断　病毒的分离和鉴定,采取病料,接种鸭胚,收集胚液,测定HA及HI。血清学试验，包括血凝抑制试验、琼脂扩散试验、中和试验、荧光抗体和 ELISA 等。

(6) 防制

无 EDS-76 的地区或鸡场　避免从疫区引入种蛋、种鸡，避免鸡群与鸭鹅群接触，避免因接种鸭胚源性疫苗和其他生物制品而引入潜在的 EDS-76 病毒。

有 EDS-76 的地区或鸡场　①防止水平传播。场内鸡群应隔离，按时进行淘汰，做好消毒，粪便合理处理，饲养用具不能混用，饲养人员不能互串鸡舍。②防止垂直传播。有过产蛋下降症状的种鸡和种蛋，坚决淘汰。③加强饲养管理。饲喂平衡的配合日粮，特别要保证必需氨基酸、维生素、微量元素的平衡。④免疫接种。是防制本病的最有效方法。对产蛋鸡群接种 EDS-76 疫苗，有助于保护其本身免受感染，避免产蛋下降，有助于阻止本病毒的经卵传播，有利于提高雏鸡的母源抗体水平，避免雏鸡早期感染本病。目前所使用的疫苗主要是减蛋综合症油乳剂灭活疫苗或二联苗（ND+EDS）、三联苗（ND+EDS+IB），基本免疫程序是：种鸡群，首免于 16～18 周龄肌内注射 0.5～1 mL/只；二免于 35 周龄肌内注射 1 mL/只；商品蛋鸡群，通常按上述种鸡群首免的方法免疫一次。如果鸡群已发生本病，应迅速于发病初期经肌内注射接种疫苗，1 mL/只，通常可以在 2 周内控制疫情。一般采用减蛋综合症油乳剂灭活疫苗接种鸡群，可使鸡群在接种 14 d 后产生良好免疫力，21～28 d 后抗体达到高峰，84～112 d 后抗体开始下降，于 228～350 d 抗体消失。

8.43　禽白血病

禽白血病(AL)是由禽白血病/肉瘤病毒群中的病毒引起的禽类多种肿瘤性疾病的统称。最为常见的是淋巴白血病(LL)。本病的特征是内脏器官形成肿瘤，但外周神经无肿瘤，肿瘤由均一的成淋巴细胞组成。

(1) 病原

禽白血病/肉瘤病毒群中的病毒在分类上属反转录病毒科甲型反转录病毒属禽 C 型反录病毒群。本群病毒粒子呈球形，单股 RNA。病毒接种 11 日龄鸡胚绒尿膜，在 8 d 后可产生痘斑；接种 5～8 日龄鸡胚卵黄囊则可产生肿瘤；接种 1 日龄雏鸡的翅蹼，经长短不等的潜伏期也可产生肿瘤。该病毒可在鸡胚成纤维细胞上复制，但不产生病变。该病毒对脂溶剂、去污剂和热敏感。

(2) 流行病学

鸡是本群所有病毒的自然宿主。不同品种或品系的鸡对病毒感染和肿瘤发生的抵抗力差异很大。

外源性淋巴白血病病毒的传播方式有两种：通过种蛋的垂直传播和直接水平传播。大多数鸡通过与先天感染鸡的密切接触获得感染。通常感染鸡只有一小部分发生 LL，但不发病的鸡可带毒并排毒。出生后最初几周感染病毒的鸡 LL 发病率高；随着感染时间的后移，LL 发病率迅速下降。

内源性白血病病毒通常通过公鸡和母鸡的生殖细胞遗传传递，多数有遗传缺陷，不产生传染性病毒粒子，少数无缺陷，在胚胎或幼雏也可产生传染性病毒，像外源病毒那样传递，但大多数鸡对它有遗传抵抗力。内源病毒无致瘤性或致瘤性很弱。

(3) 临诊症状

LL 的潜伏期长，自然病例可见于 14 周龄后的任何时间，但通常以性成熟时发病率最高。

LL 无特异症状，可见鸡冠苍白、皱缩、间或发绀。食欲不振、消瘦和衰弱也很常见。腹部常增大。一旦显现临诊症状,通常病程发展很快。无症状病毒感染的蛋鸡和种鸡产蛋性能可受到严重影响。产蛋减少20~30枚,性成熟迟,蛋小而壳薄,受精率和孵化率均下降。

(4)病理变化

肝、法氏囊和脾几乎都有眼观肿瘤,肾、肺、性腺、心、骨髓和肠系膜也可受害。肿瘤大小不一,可为结节性、粟粒性或弥漫性。肝脏肿大5~15倍;脾脏肿大1~2倍。肿瘤组织的显微变化呈灶性和多中心,即使弥漫性也是如此。

(5)诊断

临诊诊断主要根据流行病学和病理学检查。病毒分离鉴定和血清学检查在日常诊断中很少使用,但它们是建立无白血病种鸡群所不可缺少的。血浆、肿瘤、粪便、蛋清和10日龄鸡胚病毒含量高。检测特异性抗体以血清和卵黄为好。

(6)防制

由于本病的垂直传播特性,水平传播仅占次要地位,所以疫苗免疫对防制的意义不大,目前也没有可用的疫苗。减少种鸡群的感染率和建立无白血病的种鸡群是防制本病最有效的措施。目前通常是通过ELISA检测并淘汰带毒母鸡以减少感染,彻底清洗和消毒孵化器、出雏器、育雏室,在多数情况下均能奏效。

8.44　鸡毒支原体病

鸡毒支原体病是一种鸡和火鸡的慢性接触性呼吸道传染病。特征是流鼻液、咳嗽、打喷嚏、呼吸出现啰音,严重时张口呼吸,火鸡常见窦炎,多为隐性感染,病程长,经过缓慢,从而在鸡群中长期蔓延,故称慢性呼吸道病(CRD)。感染该病的鸡抵抗力下降,免疫不确实,极易并发或继发其他传染病。

(1)病原

鸡毒支原体(MG)属于支原体科支原体属。无细胞壁,为最小原核生物。往往表现多型性,但以球型多见,直径0.2~0.5 μm,姬母萨染色良好,革兰染色为阴性。只有一个血清型。能凝集鸡和火鸡的红细胞,感染动物后可产生血凝抑制抗体。

为需氧和兼性厌氧菌。可在人工培养基上生长,但对营养要求严格;可在鸡胚上生长繁殖,有些菌株还可致死鸡胚,一般接种7日龄鸡胚卵黄囊,部分5~7 d内死亡。

对外界环境的抵抗力不强,离开禽体即失去活力,在鸡粪中20 ℃可存活1~3 d,在18~20 ℃室温下可存活6 d。对温热敏感,在45 ℃时可存活15 min,而在低温下能长期存活。对紫外线的抵抗力极差,在阳光直射下很快失去活力。一般消毒药都可将其杀死。对链霉素、四环素、氯霉素、红霉素、泰勒菌素、恩诺沙星、环丙沙星等敏感,对青霉素、新霉素、多黏菌素及磺胺类药物有抵抗力。

(2)流行病学

易感动物主要是鸡和火鸡,各种日龄均具有易感性,4~8周龄的鸡易发病。成鸡多呈隐性感染。少数鹌鹑、珠鸡、孔雀和鸽也能感染。传播途径包括两种:水平传播,经呼吸道、消化道、交配传播;垂直传播,带菌种鸡生殖道中的病原经卵黄传给子代。

该病一般情况下传播较慢,但新发病鸡群传播较快。能使鸡的抵抗力降低的因素都可促进本病的暴发或复发。容易与其他病原体混合感染,如与支气管炎病毒、喉气管炎病毒、鸡的嗜血杆菌、大肠杆菌、鸡痘病毒等混合感染。

(3) 临诊症状

人工感染潜伏期为 4~21 d，自然感染时随应激或继发感染而发病。

该病易使鸡胚在 14~21 d 死亡。或孵化出一些不能自然脱壳的弱雏，孵出的弱雏带有病原体，成为传染源。

雏鸡症状明显，采食量减少，体重减轻。流鼻涕，开始是浆液性，以后变成黏脓性，常出现摇头或打喷嚏症状。如果炎症向下呼吸道蔓延就会表现咳嗽、气喘、有啰音。若炎症波及眼部，就会引起一侧的结膜炎，有浆液性、黏液性或浓性、干酪样的分泌物，干酪样的渗出物压迫眼球，使眼球发生萎缩、失明。有些病例可在口腔黏膜上出现大头针帽大的或高粱米粒大的伪膜，一般是黄色的，若伪膜脱落以后，堵塞气管，呼吸就更加困难，严重时窒息死亡。后期如果鼻腔和窦中大量蓄积渗出物时，则引起眼睑肿胀，眼部突出如肿瘤状。

产蛋鸡症状不明显，只表现产蛋率和蛋的孵化率降低或出现软壳蛋等。

火鸡症状与鸡相似，但常常表现窦炎，鼻侧窦部发生肿胀，严重时出现下呼吸道症状。

(4) 病理变化

病变主要在气管、气囊、窦及肺等呼吸系统。鼻腔、气管、支气管和气囊有混浊、黏稠的渗出物。黏膜表面外观呈念珠状。发生窦炎时，眶下窦黏膜水肿、充血、出血，窦腔内充满黏液或干酪样渗出物。严重的病例，气囊变化明显，气囊壁增厚、混浊，附着有黄色干酪样渗出物或黏液，并见有不同程度的肺炎。有关节炎时，关节周围组织肿胀，关节液增多，开始清亮而后混浊，拉丝较长，最后呈奶油状。

(5) 诊断

现场诊断　根据流行病学、临诊症状、病理变化进行综合诊断。

实验室诊断　包括血清学检查(全血平板凝集试验、血凝抑制试验、ELISA 等)、病原分离鉴定及 PCR 检测。

鉴别诊断　本病与 IB、ILT、IC 等呼吸道传染病症状相似，应注意鉴别。

(6) 防制

预防措施　尽可能做到自繁自养，杜绝传染源的引入，若引进种鸡和种蛋时，则必须从无病的地区购买。加强饲养管理，减少应激，消除能使鸡抵抗力降低的因素。防止垂直传播，在孵化前将种蛋升温至 35 ℃，然后迅速放入 5 ℃，含有红霉素、泰乐菌素、氯霉素、链霉素等其中一种或几种药物的治疗浓度水溶液中，浸泡种蛋 15 min 以上，取出入孵。雏鸡出壳后，用一些药物控制发病，用链霉素溶液喷雾或滴鼻，或在饮水时加上一些对支原体有杀灭作用的药物。

治疗　用一些对该病有效的药物，如链霉素、强力霉素、恩诺沙星、枝原净、北里霉素、林可霉素、红霉素、金霉素、土霉素、螺旋霉素、氯霉素、泰乐菌素等进行治疗。

8.45　鸡葡萄球菌病

鸡葡萄球菌病主要是由金黄色葡萄球菌引起鸡的一种急性或慢性细菌性传染病。本病是群养鸡中，特别是肉用仔鸡中广泛流行的一种局部感染性疾病。临诊表现为急性败血症、关节炎、雏鸡脐炎、皮肤坏死和骨膜炎。雏鸡感染后多为急性败血症经过，中雏为急性或慢性经过，成鸡多为慢性经过。雏鸡和中雏死亡率较高，是养鸡业中危害严重的疾病之一。

(1) 病原

鸡葡萄球菌的病原主要是金黄色葡萄球菌，在固体培养基上生长的细菌呈葡萄状，致病性菌株的菌体稍小，且各个菌体的排列和大小较为整齐。无芽孢、无鞭毛，大多数无荚膜，革兰染色阳性。在液体培养基中可呈短链状，培养超过 24 h，革兰染色可呈阴性。本菌对营养要求不高，在普通培养基上生长良好，需氧或兼性厌氧，最适生长温度为 37 ℃，最适 pH 7.4。普通琼脂平板上菌落厚、有光泽、圆形凸起，直径 1~2 mm。有些菌株在血平板中的菌落周围出现 β 溶血。在普通肉汤中生长迅速，初混浊，管底有少量沉淀。

葡萄球菌具有较强的抵抗力，在干燥的脓汁或血液中可存活数月，在 10%~15%氯化钠肉汤中可生长。加热 70 ℃ 21 h、80 ℃ 30 min 才能杀死，煮沸可迅速使它死亡。反复冷冻 30 次仍能存活。一般消毒药，3%~5%石炭酸 10~15 min、70%乙醇数分钟、0.1%升汞 10~15 min 可杀死本菌。0.3%过氧乙酸有较好的消毒效果。对青霉素、卡那霉素、红霉素等高度敏感。0.001%龙胆紫溶液即可抑制其生长。

(2) 流行病学

葡萄球菌广泛分布在自然界的土壤、空气、水、饲料、物体表面以及健康鸡的羽毛、皮肤、黏膜、肠道和粪便中。该病菌可侵害各种禽，尤其是鸡和火鸡。任何年龄的鸡，甚至鸡胚都可感染。虽然 4~6 周龄雏鸡极其敏感，但实际上发生在 40~60 日龄中雏最多。成鸡发生较少。地面平养，网上平养较笼养鸡发生的多。

本病一年四季均可发生，以雨季、潮湿时节发生较多。鸡的品种对本病发生有一定关系，虽然肉用鸡和蛋用鸡都可发生，肉种鸡及白羽产白壳蛋的轻型鸡种易发。而褐羽产褐壳蛋的中型鸡种则很少发生。

皮肤或黏膜表面的破损，常是葡萄球菌侵入的门户，由于抓鸡断喙、刺种、垫网锋利物或互相啄食等破损了鸡的皮肤或黏膜，致使伤口感染病菌而传播本病。同时也可直接接触和空气传播，雏鸡通过脐带也是常见的途径。此外，饲养管理不善、环境条件差、鸡舍通风不良、潮湿、拥挤等，都是本病的诱因。

(3) 临诊症状

本病常见于鸡，鸭和鹅偶有感染。其临诊表现取决于侵入禽体血液中的细菌数量、毒力、环境状况、鸡只的日龄、免疫状态和感染途径等。主要表现为脐炎、急性败血症和关节炎 3 种类型。

脐炎型　病鸡除一般病状外，可见腹部膨大，脐孔发炎肿大，局部呈黄红紫黑色，质稍硬，间有分泌物。俗称"大肚脐"。脐炎病鸡一般在出壳后 2~5 d 死亡。

急性败血型　最常见的病型，多发生于 40~60 日龄中雏，病鸡在 2~5 d 死亡，严重的 1~2 d 呈急性死亡。一般可见病鸡精神、食欲不好，低头缩颈呆立。羽毛蓬松凌乱，无光泽。病鸡饮、食欲减退或废绝。少部分病鸡下痢，排出灰白色或黄绿色稀粪。病后 1~2 d 死亡。当病鸡在濒死期或死后可见到鸡体的外部表现，在鸡胸腹部、翅膀内侧皮肤，有的在大腿内侧、头部、下颌部和趾部皮肤可见皮肤湿润、肿胀，相应部位羽毛潮湿易掉。有的病鸡可见自然破溃，流出茶色或紫红色液体，与周围羽毛粘连，局部污秽。有部分病鸡在头颈、翅膀背侧及腹面、翅尖、尾、脸、背及腿等不同部位的皮肤出现大小不等的出血、炎性坏死，局部干燥结痂，暗紫色、无毛。

关节炎型　关节炎型多发生在成鸡和肉种鸡的育成阶段。多发生于跗关节，关节肿胀，有热痛感，呈紫红或紫黑色，有的见破溃，并结成污黑色痂。肉垂肿大出血，冠肿胀有溃疡结痂。有的出现趾瘤，脚底肿大，有的趾尖发生坏死，黑紫色，较干涩。病鸡站立困难，以胸骨着地，行走不便，跛行，喜卧，一般仍有饮、食欲，多因采食困难，饥饱不匀，病鸡逐渐消瘦，最后衰弱死亡，尤其在大群饲养时为明显。此型病程为 10 d 左右。

(4) 病理变化

脐炎型 脐部肿大,呈紫红或紫黑色,有暗红色或黄红色液体流出,时间稍久则为脓样干涸坏死物。肝有出血点。卵黄吸收不良,呈黄红或黑灰色,液体状或内混絮状物。

急性败血症型 病变部皮下有红黄色胶冻样水肿,病死鸡局部皮肤增厚、水肿。剪开皮肤可见整个胸、腹部皮下充血、溶血,呈弥漫性紫红色或黑红色,积有大量胶冻样粉红色或黄红色水肿液,水肿可延至两腿内侧、后腹部,前达嗉囊周围,但以胸部为多。有的病死鸡皮肤无明显变化,但局部羽毛用手一摸即可脱落。胸腹部甚至腿内侧见有散在出血斑点或条纹,病程久者还可见轻度坏死。肝脏肿大,淡紫红色,有花纹或驳斑样变化,小叶明显。肝脏、脾脏及肾脏可见大小不一的黄白色坏死点,腺胃黏膜有弥漫性出血和坏死。

关节炎型 可见关节炎和滑膜炎。关节肿胀处皮下水肿,滑膜增厚,充血或出血,关节囊内有或多或少的浆液,或有浆性纤维素渗出物。病程较长的慢性病例,后变成干酪样坏死,甚至关节周围结缔组织增生及畸形。

(5) 诊断

鸡葡萄球菌病主要根据流行病学特点、各型临诊症状及病理变化可做出初步诊断,确诊还需要实验室检查定性。

直接镜检 采取病变部位病料涂片,革兰染色,镜检,可见单个、成双或呈短链排列的蓝紫色球菌,可依此做出诊断。

分离培养与鉴定 以无菌操作法将病料划线于普通琼脂平板、血液琼脂平板和 7.5% 氯化钠甘露醇琼脂平板培养基上,于 37 ℃ 培养 48 h 进行分离培养。挑取金黄色、β 溶血或甘露醇阳性的菌落再做涂片、染色、镜检,可见球菌呈典型的葡萄串状排列。

动物试验 取 24 h 培养物 1 mL,注入兔皮下,可引起局部皮下坏死;静脉注射 0.1~0.5 mL,于 24~48 h 死亡者为致病菌。剖检可见浆膜出血,肾、心肌及其他脏器出现大小不等的脓肿。将分离物对鸡皮下接种,也可引起发病和死亡,与自然病例相同。也可将病料接种在肉汤培养基中,使之产生肠毒素,注射于幼猫或猴,可出现急性胃肠炎。

在实际工作中,应注意与某些败血性传染病、卡氏住白细胞原虫病、缺硒症等相区别。同时,要注意并发症。在病原分离过程中,除能分离到纯一的金黄色葡萄球菌外,有时部分病例还能从病料中同时分离到大肠杆菌、普通变形杆菌和粪链球菌等。

(6) 防制

葡萄球菌病是一种环境性疾病,为预防本病的发生,主要是做好经常性的预防工作。

免疫预防 国内用于鸡葡萄球菌病防治的疫苗有油乳剂苗和氢氧化铝菌苗。在 20~25 日龄接种,能保持免疫期达 2 个月左右,对该病可起到良好的预防效果。

综合预防措施 尽量避免和消除使鸡发生外伤的诸多因素,消除鸡笼、用具等一切尖锐物品,从而堵截葡萄球菌的侵入和感染门户。鸡在断喙、戴翅号、剪趾及免疫接种时,要做好消毒工作。加强饲养管理,供给必要的营养物质,特别是供给足够的维生素和矿物质。禽舍要适时通风,保持干燥。鸡群密度不宜过大,避免拥挤;鸡适时断喙,防止互啄现象。适时接种鸡痘疫苗,防止鸡痘发生,是防止鸡葡萄球菌病发生的重要措施。做好圈舍、用具和饲养环境的清洁、卫生及消毒工作。注意种蛋、孵化器及孵化过程和工作人员的清洁、卫生和消毒工作,防止污染葡萄球菌,引起鸡胚、雏鸡感染或发病。加强对发病鸡群的管理,发现病鸡要立即进行淘汰,对鸡舍要进行紧急消毒,防止疫病发生和蔓延。

治疗 本病原对药物极易产生抗药性,在治疗前应做药物敏感试验,选择敏感药物全群给药。治疗中首先选择口服易吸收的药物,当发病后立即全群投药,控制本病流行。选用痢特灵按 0.04% 拌料,连喂 5 d,可收到明显效果。通过饲料给药不能使血中药物浓度达到治疗标准时,可经肌内注射给药。用庆大霉素按每只鸡 3 000~5 000 U/kg 或卡那霉素按每只鸡 1 000~1 500 U/kg 肌内注射,每日 2 次,连用 3 d,当鸡群死亡明显减少,采食量增加时,可改用口服给药 3 d 以巩固疗效。新霉素,每千克饲料或饮水加入 0.5 g,连用 5 d。对关节炎型病禽可用红霉素,每只每日 40 mg,或土霉素每只每日 55 mg,肌内注射或饮水,连用 5 d。

8.46 鸭传染性浆膜炎

鸭传染性浆膜炎是由鸭疫里氏杆菌引起的一种急性或慢性传染病。主要病状特征是鼻窦部肿胀、软脚下痢和中枢神经紊乱,主要病理变化是纤维素性心包炎、气囊炎、肝周炎、鼻窦炎和关节炎。原称鸭疫巴氏杆菌病,是导致小鸭发病死亡的一种较常见的传染病。

(1) 病原

鸭疫里氏杆菌是革兰阴性小杆菌,无芽孢,不能运动,有荚膜。瑞氏染色呈两极浓染。对营养要求较高,在巧克力培养基、胰蛋白大豆琼脂培养基和马丁肉汤(含兔血清)培养基中,同时还需含 5%~10% 二氧化碳的环境中,才可以较旺盛生长。生化特征是缺乏对糖的发酵能力。对环境抵抗力弱,固体培养物在室温条件下每周应继代一次,否则易失活。对高温、干燥及常用消毒药敏感。本菌共分为 21 个血清型,在我国至今仅发现 13 个血清型。

(2) 流行病学

1~8 周龄的鸭均易感。1 周龄以下或 8 周龄以上的鸭极少发病。除鸭外,鹅及多种禽类均发病。本病在感染群中的污染率很高,有时可达 90% 以上,死亡率 5%~75%。

本病四季均可发生,主要经呼吸道或通过皮肤伤口(特别是脚部皮肤)感染而发病。恶劣的饲养环境,如育雏密度过大,空气不流通,潮湿、过冷、过热以及饲料中缺乏维生素或微量元素,蛋白水平过低等均易诱发本病。

(3) 临诊症状

潜伏期 1~3 d,有时可长达 7~8 d。患鸭主要表现精神沉郁,流泪,流涕,部分患鸭鼻窦部肿大;软脚,行走跛跄或不愿走动,不愿下水,附关节外观潮红、肿胀甚至发热;发病中后期,往往出现较明显的中枢神经紊乱,嗜睡,或偏头扭颈、转圈,间歇性抽搐,角弓反张,最后窒息死亡。病程 3~5 d。

(4) 病理变化

内脏多个器官发生纤维素性渗出性炎:纤维素性肝周炎,肝脏表面被覆一层质地均一、薄而灰白色透明的纤维素性伪膜;纤维素性心包炎和气囊炎,心包膜、气囊膜增厚,囊内有灰白色、絮状、片状的纤维素性渗出凝固物;鼻窦腔内有灰白色不透明的小块纤维素性渗出凝固物或大团块豆腐渣样甚至带脓血的积蓄物;关节腔有混浊的黏液或干酪样渗出物。此外,还可见肠道黏膜充血出血,腹腔积液,心冠脂肪出血,肺淤血水肿,喉头气管充血,脑膜充血、出血,纤维素性脑膜炎等病变。

(5) 诊断

现场诊断 根据流行病学、临诊症状和病理变化可做出初步诊断。

实验室诊断 必要时可进行细菌的分离鉴定或荧光抗体检查。

鉴别诊断 应与以下疾病相区别:①大肠杆菌病。雏鸭患大肠杆菌病后,其鼻窦炎、关节炎和中枢神经紊乱的症状较少见；其纤维素性肝周炎所见病变，肝脏表面形成的纤维素性伪膜较混浊、较厚，腹腔内散发出较浓的粪臭味。②雏鸭病毒性肝炎。病毒性肝炎患病雏鸭，其病状以中枢神经紊乱为主要特征，典型的重症病雏频繁转圈，痉挛，死前抽搐，死后保持明显的角弓反张。另外，病毒性肝炎患鸭发生出血性肝炎，肝脏体积肿大，质地脆弱，肝被膜下有或多或少的暗红色出血斑点。此外，还应与鸭副伤寒、禽出败等鉴别，并注意有无上述诸病混合感染。

(6) 防制

首先要改善育雏的卫生条件，特别注意通风、干燥、防寒以及降低饲养密度。另外还应加强检疫，防止引入病鸭，加强孵房和鸭场的环境卫生，避免环境过分潮湿不洁，加强饲养管理，减少应激均有利于防治本病。

免疫接种有油佐剂和氢氧化铝灭活疫苗。

本病原菌对氟苯尼考、庆大霉素、卡那霉素、林可霉素、磺胺-5-甲嘧啶和诺氟沙星等均有一定的敏感性，但其极易产生耐药性，从而造成临诊治疗效果不稳定，故应经常进行药敏试验。

8.47 牛白血病

牛白血病(BL)又称牛淋巴肉瘤、牛白细胞增生病，是由牛白血病病毒引起牛的一种慢性肿瘤性传染病。该病的临诊特征是淋巴样细胞持续增生形成淋巴肉瘤以及进行性的恶病质和高度的致死率。

(1) 病原

病原为牛白血病病毒(BLV)，属于反录病毒科牛白血病及人嗜T细胞反录病毒属的成员，为单股RNA病毒。病毒颗粒呈二十面体球形，直径90~120 nm，外包双层膜，外层膜是囊膜，膜上有纤突，内层包裹有直径为40~90 nm高电子密度的核心，与外被膜之间界限清晰。成熟的病毒粒子在细胞膜上以出芽方式释放。

该病毒具有囊膜糖蛋白抗原和内部结构蛋白抗原，BLV与其他反转录病毒的囊膜糖蛋白抗原间无交叉免疫反应。

本病毒存在于感染动物的B淋巴细胞DNA中，具有凝集绵羊、鼠红细胞的作用，可在多种动物来源的组织细胞中进行培养。将感染本病毒的细胞与牛、羊、犬、人、猴细胞共同培养时，可使后者形成合胞体。

病毒对外界环境的抵抗力很弱，本病毒对温度较敏感，在60℃以上很快失去感染力。紫外线照射和反复冻融有较强的灭活作用。常用消毒药能迅速杀死。

(2) 流行病学

本病主要发生于成年牛，以4~8岁牛最常见，乳牛比肉牛易感。人工接种可使羊、黑猩猩、猪、兔、蝙蝠、野鹿、水豚和小鼠等发病。

病牛和带毒牛是主要的传染源。病牛以水平传播的方式传染给健康牛，其中医源性传播对本病具有很重要的作用。病母牛也可以垂直传播的方式传染给胎儿，也可经初乳传染给新生犊牛，感染母牛所生的胎儿在摄食初乳前约10%抗体阳性，而在摄食初乳后24 h则全部转阳，并且初乳在犊牛体内的维持时间也较长，故在诊断或检疫时应在犊牛6月龄以后进行。吸血昆虫在本病传播过程中具有重要作用。

(3) 临诊症状

潜伏期很长，为1~5年。呈隐性期和显性期。

隐性期　感染牛无淋巴结增生肿大，主要是淋巴细胞增生，但无明显全身症状，可持续多年或终身不恶化，条件恶化可转入显性期。

显性期　病牛主要以体温正常，食欲不振，生长缓慢，体重减轻，肿瘤性淋巴细胞增生为特征。肿瘤常发生于动物的皱胃、心、脑、子宫、腹膜、淋巴结等部位，肿瘤块往往不连续形成或者弥漫地浸润到各种脏器及组织中。皱胃发生浸润时，形成溃疡、出血，排出黑色粪便。从体表触诊或经直肠检查，可触摸到某些淋巴结呈一侧或对称性增大，触诊无热无痛，能移动。颌下淋巴结、肩前淋巴结和股前淋巴结显著增大，触摸时可移动。如一侧肩前淋巴结增大，病牛的头颈可向对侧偏斜；眶后淋巴结增大可引起眼球突出。出现临诊症状的牛，通常取死亡转归。

(4) 病理变化

剖检变化　尸体异常消瘦、贫血，可视黏膜苍白。主要病变为全身或部分淋巴结肿大，尤其是体表的颌下淋巴结、肩前淋巴结、乳房上淋巴结、腰下淋巴结、股前淋巴结及体内的肾淋巴结、纵隔淋巴结和肠系膜淋巴结肿大 3~5 倍，被膜紧张，淋巴结质地坚实或呈面团样，外观灰白色或淡红色，切面外翻，呈鱼肉状，常伴有出血和坏死。血液循环障碍导致全身性被动充血和水肿。脾脏结节状肿大；心脏肌肉出现界限不明显的白色斑状病灶；肾脏表面布满大小不等的白色结节；膀胱黏膜出现肿瘤块，伴有出血、溃疡；瓣胃浆膜部出现白色实体肿瘤；空肠系膜脂肪部形成肿瘤块。脊髓被膜外壳里的肿瘤结节，使脊髓受压、变形和萎缩。皱胃壁由于肿瘤浸润而增厚变硬。

组织学变化　各器官的正常组织结构被破坏，被不成熟的肿瘤细胞代替。肿瘤组织的基质致密，内部主要含有淋巴细胞和成淋巴细胞。多种组织和器官内都出现肿瘤组织的浸润。肿瘤细胞呈多型性，细胞多偏于一端，胞浆较少，外围呈不规则圆形，细胞核占细胞的大半。强嗜酸性，染色质丰富。常见有核分裂现象，核仁常被染色质覆盖。

(5) 诊断

本病的隐性期除淋巴细胞增生外，没有其他明显的症状。本病的显性期为病的晚期，出现的临诊症状和剖检变化都很特征，但没有早期诊断价值。因此，必须进行实验室检验予以确诊。

血液学检查　是诊断本病的重要手段之一。病牛白细胞数明显增多，淋巴细胞增加，超过正常的 75% 以上，出现成淋巴细胞（即肿瘤细胞）。

病原学鉴定　病毒在感染动物中，以前病毒 DNA 的形式存在，应用 PCR 技术可从外周血液单核细胞中检测出病毒，以此掌握牛白血病毒感染动态。用杂交技术也可从淋巴细胞和肿瘤组织中测出病毒。

血清学试验　牛感染病毒后可引起持久性感染，可用抗体确定感染动物。常用的方法有琼脂免疫扩散试验、ELISA、间接免疫荧光试验、补体结合试验、放射免疫试验及中和试验等。目前多用琼脂扩散试验或 ELISA 法。用 PCR 检测外周血液单核细胞中的病毒核酸，敏感性和特异性很强。

(6) 防制

本病病毒在牛群中传播较慢，不易发现，即使发现了一般已是晚期，对羊、牛也危害极大。无本病的牛场，要加强饲养管理，严格卫生措施，应防止本病的引入，引入种牛时应进行血清学检查，阴性牛也必须隔离 3~6 个月以上方能混群。

已感染本病的牛场，采取定期消毒、定期驱除吸血昆虫、定期严格检疫、分群隔离饲养、淘汰阳性牛、培养健康牛群和加强对饲养人员的管理等综合防治措施。本病无特效疗法，发病时应及时隔离和淘汰。

8.48 小反刍兽疫

小反刍兽疫(peste des petits ruminants，PPR)是由小反刍兽疫病毒引起的小反刍动物的一种急性接触性传染病。俗称羊瘟，又名小反刍兽假性牛瘟(pseudorinderpest)、肺肠炎(pneumoenteritis)、口炎肺肠炎复合症(stomatitis- pneumoenteritis complex)，主要感染小反刍动物，以发热、口炎、腹泻、肺炎为特征。

(1)病原

小反刍兽疫病毒属副黏病毒科麻疹病毒属。与牛瘟病毒有相似的物理化学及免疫学特性。病毒呈多形性，通常为粗糙的球形。病毒颗粒较牛瘟病毒大，核衣壳为螺旋中空杆状并有特征性的亚单位，有囊膜。病毒可在胎绵羊肾、胎羊及新生羊的睾丸细胞、Vero 细胞上增殖，并产生细胞病变，形成合胞体。

(2)流行病学

本病主要感染山羊、绵羊、美国白尾鹿等小反刍动物，流行于非洲西部、中部和亚洲的部分地区。在疫区，本病为零星发生，当易感动物增加时，即可发生流行。本病主要通过直接接触传染，病畜的分泌物和排泄物是传染源，处于亚临诊型的病羊尤为危险。人工感染猪，不出现临诊症状，也不能引起疾病的传播，故猪在本病的流行病学中无意义。

(3)临诊症状

小反刍兽疫潜伏期为 4~5 d，最长 21 d。自然发病仅见于山羊和绵羊。山羊发病严重，绵羊也偶有严重病例发生。一些康复山羊的唇部形成口疮样病变。感染动物临诊症状与牛瘟病牛相似。急性型体温可上升至 41 ℃，并持续 3~5 d。感染动物烦躁不安，背毛无光，口鼻干燥，食欲减退。流黏液脓性鼻漏，呼出恶臭气体。在发热的前 4 d，口腔黏膜充血，颊黏膜进行性广泛性损害，导致多涎，随后出现坏死性病灶，开始口腔黏膜出现小的粗糙的红色浅表坏死病灶，以后变成粉红色，感染部位包括下唇、下齿龈等处。严重病例可见坏死病灶波及齿、腭、颊部及其乳头、舌头等处。后期出现带血水样腹泻，严重脱水，消瘦，随之体温下降。出现咳嗽、呼吸异常。发病率高达 100%，在严重暴发时，死亡率为 100%，在轻度发生时，死亡率不超过 50%。幼年动物发病严重，发病率和死亡率都很高，该病被我国划定为一类疾病。

(4)病理变化

尸体剖检病变与牛瘟病牛相似。病变从口腔直到瘤-网胃口，出现糜烂、出血。患畜可见结膜炎、坏死性口炎等肉眼病变，严重病例可蔓延到硬腭及咽喉部。皱胃常出现病变，而瘤胃、网胃、瓣胃很少出现病变，病变部常出现有规则、有轮廓的糜烂，创面红色、出血。肠可见糜烂或出血，特征性条纹状出血或斑马条纹常见于大肠，特别在结肠直肠结合处。淋巴结肿大，脾有坏死性病变。在鼻甲、喉、气管等处有出血斑。还可见支气管肺炎的典型病变。

因本病毒对胃肠道淋巴细胞及上皮细胞具有特殊的亲和力，故能引起特征性病变。一般在感染细胞中出现嗜酸性胞浆包涵体及多核巨细胞。在淋巴组织中，小反刍兽疫病毒可引起淋巴细胞坏死。脾脏、扁桃体、淋巴结细胞被破坏。含嗜酸性胞浆包涵体的多核巨细胞出现，极少有核内包涵体。在消化系统，病毒引起马尔基氏层深部的上皮细胞发生坏死，感染细胞产生核固缩和核破裂，在表皮生发层形成含有嗜酸性胞浆包涵体的多核巨细胞。

(5)诊断

绵羊、山羊发病，牛不发病。高热、呼吸困难、口鼻大量浓性分泌物、腹泻、死亡。口腔糜烂、肺炎、肠道条纹状出血。根据以上临诊症状和病理变化可做出初步诊断。确诊可做实验室血清学诊断，如中和试验、ELISA、琼脂扩散试验等。

（6）防制

本病我国规定为一类动物疫病。发现病例，应严密封锁，扑杀同群羊，并全部进行无害化处理，疫源地要进行反复彻底消毒。

对本病的防控主要靠疫苗免疫。

牛瘟弱毒疫苗　因为本病毒与牛瘟病毒的抗原具有相关性，可用牛瘟病毒弱毒疫苗来免疫绵羊和山羊进行小反刍兽疫病的预防。牛瘟弱毒疫苗免疫后产生的抗牛瘟病毒抗体能够抵抗小反刍兽疫病毒的攻击，具有良好的免疫保护效果。

小反刍兽疫病毒弱毒疫苗　目前小反刍兽疫病毒常见的弱毒疫苗为 Nigeria7511 弱毒疫苗和 Sungri/96 弱毒疫苗。该疫苗无任何副作用，能交叉保护其各个群毒株的攻击感染，但其热稳定性差。

小反刍兽疫病毒灭活疫苗　本疫苗系采用感染山羊的病理组织制备，一般采用甲醛或氯仿灭活。实践证明甲醛灭活的疫苗效果不理想，而用氯仿灭活制备的疫苗效果较好。

重组亚单位疫苗　麻疹病毒属的表面糖蛋白具有良好的免疫原性，无论是使用 H 蛋白或 N 蛋白都可作为亚单位疫苗，均能刺激机体产生体液和细胞介导的免疫应答，产生的抗体能中和小反刍兽疫病毒和牛瘟病毒。

嵌合体疫苗　本疫苗是用小反刍兽疫病毒的糖蛋白基因替代牛瘟病毒表面相应的糖蛋白基因，这种疫苗对小反刍兽疫病毒具有良好的免疫原性，但在免疫动物血清中不产生牛瘟病毒糖蛋白抗体。

活载体疫苗　将小反刍兽疫病毒的 F 基因插入羊痘病毒的 TK 基因编码区，构建了重组羊痘病毒疫苗。重组疫苗既可抵抗小反刍兽疫病毒强毒的攻击，又能预防羊痘病毒的感染。

8.49　羊梭菌性疾病

羊梭菌性疾病（clostridiosis of sheep）是由梭状芽孢杆菌属（*Clostridium*）中多种梭菌引起羊的一类传染病。本病包括羊快疫、羊肠毒血症、羊猝狙、羊黑疫（传染性坏死性肝炎）、羔羊痢疾等。临诊上以发病急速、病程短促和病死率高为特征。

8.49.1　羊快疫

羊快疫是由腐败梭菌引起羊的一种急性传染病。以发病突然、病程短促、多呈急性死亡，真胃黏膜呈出血性、坏死性炎症为特征。本病流行于世界各国。

（1）病原

本病的病原菌为腐败梭菌，革兰染色阳性。菌体呈杆状，两端钝圆，大小(3.1～4.1) μm×(1.1～1.6) μm。幼龄培养物中的菌体无荚膜，周身有鞭毛，能运动。在机体内外可形成芽孢。芽孢成卵圆形，膨大，略大于菌体，位于菌体中央或近端。培养物和病料中的菌体单在或二三个相连，有的呈无关节长丝状。此种无关节呈丝状的，在肝被膜触片易发现。

本菌为专性厌氧菌，在血液琼脂平皿中培养第 2 天长成菌落，稍隆起、灰白、边缘厚薄不齐，菌落外有溶血区。在深层马丁琼脂平板内形成致密的小绒球状菌落。在厌氧肉肝汤中培养 16～24 h 后呈一致混浊生长、产气，48 h 培养基透明，菌体下沉，堆积于肝块周围及管底形成多量絮状灰白色沉淀。能产生硫化氢。能还原硝酸盐、液化明胶。对葡萄糖、麦芽糖、乳糖、牛乳糖、果糖及水杨苷产酸、产气。对蔗糖、甘油、木糖、甘露醇、菊淀粉等都不产酸。

本菌能产生溶血性毒素和致死性毒素，主要是4种毒素，即α、β、γ、δ。α毒素是一种卵磷脂酶，具有坏死、溶血和致死作用；β毒素是一种脱氧核酸酶，具有杀白细胞作用；γ毒素是一种透明脂酸酶；δ毒素是一种溶血素。

一般消毒药均能杀死腐败梭菌繁殖体，3%福尔马林溶液能在10 min内将其杀死。可用20%漂白粉、3%~5%氢氧化钠进行消毒，效果很好。

(2) 流行病学

绵羊易感性最高，多见于6~18月龄，营养中等以上的绵羊发病较多。山羊和鹿也能感染，但发病少。

腐败梭菌主要存在于低洼潮湿草地、熟耕地、污水及人畜的粪便中，常以芽孢形式污染土壤、牧草、饲料和饮水而成为传染源，消化道感染是主要的传播途径。芽孢经口进入并存在于消化道，但并不发病，当受到不良因素的影响时，如在秋冬和初春气候骤变、阴雨连续时，羊若感冒或采食不当，机体受到刺激，抵抗力下降，此时腐败梭菌则大量繁殖，并产生外毒素，其中的α毒素使消化道黏膜特别是真胃黏膜发生坏死和炎症，同时毒素随血液进入体内，刺激中枢神经系统，引起急性休克，使病羊急速死亡。该病具有明显的地方流行性特点。

(3) 临诊症状

潜伏期为12~72 h。根据临诊症状和病程可分为最急性型和急性型。

最急性型　常见于放牧时死于牧场或早晨羊圈中。病羊采食和反刍突然停止，磨牙，腹痛，呻吟。四肢分开，后躯摇摆，呼吸困难，口鼻流出带泡沫液体。痉挛倒地，四肢呈游泳状运动，一般出现症状2~6 h后死亡。

急性型　病羊初期精神沉郁，食欲减退，虚弱，运动失调，离群喜卧，排粪困难，相继出现卧地不起，腹部膨胀，呼吸迫促，眼结膜充血，呻吟流涎。排黑色软粪或稀粪，内混有黏液或脱落的黏膜，呈带血的黑绿色稀便。体温一般不高，心动过速，在濒死时呼吸困难，当体温上升到40 ℃以上时，多数在1 d内死亡。

(4) 病理变化

尸体腹部膨胀，口、鼻流出白色泡沫，口内留有食物。新鲜尸体的主要病变为真胃出血性炎症变化显著，尤其是胃底部和幽门附近黏膜有大小不等的出血斑，表面坏死，黏膜下组织水肿甚至形成溃疡，具有一定的诊断意义。胸、腹腔和心包大量积液，暴露于空气中易于凝固。心内外膜和左心室有点状出血。胆囊多肿胀，胆汁充盈。肠道和肺浆膜下可见到出血。有的回肠及盲肠有块状出血，甚至有坏死和溃疡，少数病例的肠系膜充血和淋巴结充血肿大。如病羊死后未及时剖检，则尸体迅速腐败。

(5) 诊断

本病的最急性型病例，在生前难以做出诊断。急性型根据临诊症状、病理变化特点等可初步做出诊断。但确诊应做实验室检查。

细菌形态学检查　采取尸体肝脏，做肝表面触片，用瑞氏或美蓝染色镜检时，除见有两端钝圆、单在或短链的粗大杆菌外，还可观察到无关节的长丝状菌。其他脏器涂片有时也可发现。但并非所有病例都能发现这种特征表现。

分离培养　从疑似病羊尸体采取病料接种于葡萄糖鲜血平板和肝片肉汤进行厌氧培养，分离鉴定腐败梭菌。

动物接种试验 在动物死后 1 h 以内,采取死后羊的心血、肝、脾等样品进行细菌分离。将培养物对小鼠肌内注射,最小致死量一般为 0.0025~0.02 mL,对豚鼠为 0.0025~0.1 mL。观察动物死亡情况。

也可采取尸体的心血或脏器制成悬浮液,离心取上清液肌内注射小鼠或豚鼠,于 24 h 内引起死亡,及时取样进行细菌分离、鉴定,可获得比较好的结果。

鉴别诊断 参见表 8-4。

表 8-4 肠毒血症、快疫、猝狙、黑疫和炭疽的主要区别表

病名	病理变化	病原菌						
		菌名	对氧态度	菌形	运动性	菌落	溶血	牛奶
肠毒血症	软肾	产气荚膜梭菌 D 型	厌气	血液、内脏多无菌	-	圆形光滑	双环	暴烈发酵
快疫	皱胃出血性炎症	腐败梭菌	厌气	肝脏压片长丝状	+	弥散生长	+	缓慢凝固
猝狙	溃疡性肠炎	产气荚膜梭菌 C 型	厌气	血液、内脏多无菌	-	圆形光滑	双环	暴烈发酵
黑疫	坏死性肝炎	水肿梭菌 B 型	厌气	肝切面可见大杆菌	+	不整形	+	几天作用
炭疽	脾肿	炭疽杆菌	需气	血液片中见荚膜杆菌	-	粗糙	-	陈化

(6) 防制

预防措施 因本病发病快、病程短,往往来不及治疗而死亡,预防时,必须采取加强饲养管理等综合防疫措施。在本病常发地区,每年可定期注射羊快疫-猝狙-肠毒血症三联苗或羊快疫-猝狙-肠毒血症-羔羊痢疾-黑疫五联苗,皮下或肌内注射 5 mL,免疫期三联苗为 1 年,五联苗为半年。

治疗 发生本病后应及时隔离病羊,对病程长者用青霉素、磺胺类药物进行治疗。对未发病羊只,应转移到高燥地区放牧,加强饲养管理同时用菌苗紧急接种。

8.49.2 羊肠毒血症

羊肠毒血症又称类快疫或软肾病,是由 D 型产气荚膜梭菌在羊的肠道内大量繁殖产生毒素所致的一种急性毒血症。临诊上以发病急,病程短,腹泻,惊厥,麻痹和突然死亡,死后肾脏多软化如泥为特征。

(1) 病原

病原体为 D 型产气荚膜梭菌,又称魏氏梭菌,属于梭菌属的成员。多存在于土壤及病羊的肠道和粪便中,在健康动物的肠道中也有发现。

本菌的形态为两端钝圆,呈方形或圆形,短粗大杆菌。长 4~8 μm,宽 1~1.5 μm,多为单个存在,有时成双排列。无鞭毛和运动性。在动物体内能形成荚膜,能产生与菌体直径相同的卵圆

形芽孢，芽孢位于菌体的中央或近端。人工培养基中呈多形性，有似球形，还有丝状的，形成芽孢，位于菌体中心或偏端，使菌体膨胀。革兰染色阳性，但陈旧的培养物可能为阴性。

本菌为厌氧菌，但对厌氧要求并不严格。本菌在牛奶培养基中培养可凝固牛乳，产生气体，可使牛乳暴烈发酵。在蛋白胨肉肝汤内发育迅速，培养5~6 h呈一致混浊，并产生气体，24 h后培养物开始下沉，48 h液面形成清亮薄层，72 h全沉于管底。在葡萄糖血液琼脂上形成中央隆起、表面有放射状条纹，边缘锯齿状、灰白的、半透明的大菌落，菌落周围有棕绿色溶血区，有时出现双层溶血环，内环透明为β-型溶血、外环为α型溶血能液化明胶。产生硫化氢，还原硝酸盐，分解葡萄糖、乳糖、麦芽糖、单乳糖产酸产气。

D型产气荚膜梭菌可产生A、B、C、D、E 5种外毒素，主要产C型毒素。

本菌的芽孢对热抵抗力较弱，在100 ℃加热20 min；其繁殖体在60 ℃加热15 min即可杀死。常用的消毒药能杀死产气荚膜梭菌的繁殖体，但芽孢抵抗力较强。消毒时常用0.1%升汞、3%福尔马林、20%漂白粉、3%~5%氢氧化钠溶液等。

（2）流行病学

绵羊易感性高，多发生于2~12月龄膘情好的成年羊及羔羊。山羊、鹿也可感染，但发病率低。

病羊及带菌羊是传染源。本病原菌为土壤常在菌，也存在于动物的肠道及污水中，羊采食被污染的饲料与饮水，病原菌随之进入胃肠道内，当机体抵抗力降低时，病原菌便能迅速繁殖，产生大量毒素，而致羊发病。

流行具有明显的地方性。牧区以春夏之交、抢青时和秋季牧草结籽后的一段时间发病较多，农区则多见于收割抢茬季节或食入大量蛋白饲料时多发。多呈散发性，在一个疫区内的流行时间，多为30~50 d。开始时比较猛烈，连续死亡几天，停止几天，又连续发生，到后期病情逐渐缓和，最后自然停止发生。

（3）临诊症状

本病潜伏期较短，为1 d以内，突然发生，很快死亡，很少能见到症状。临诊上可分为两种类型：

以抽搐为特征　在倒毙前四肢出现强烈的划动，肌肉颤搐，眼球转动，磨牙，口水过多，随后头颈显著抽搐，往往在2~4 h死亡。

以昏迷和静静地死亡为特征　病程不太急，早期症状为步态不稳，以后倒地，并有感觉过敏、流涎、上下颌"咯咯"作响，继而昏迷，角膜反射消失，有的病羊发生腹泻，通常在3~4 h静静地死去。体温一般不高。血、尿常规检查常有血糖、尿糖升高现象。

（4）病理变化

尸体可见腹部膨大，口鼻流出泡沫性液体或黄绿色胃内溶物，肛门周围有稀便或黏液。胃内充满食物和气体，皱胃见黏膜炎。大小肠黏膜发生急性出血性炎症。重病例整个肠壁呈红色，黏膜脱落或有溃疡，小肠最严重。胸腔、腹腔、心包积液，易凝固。肾脏肿大，实质变软，重者软化如泥，稍加触压即碎烂。胆囊肿大1~3倍。心脏扩张，心肌松软，内外膜均有出血点。肺脏气肿，呈紫红色，气管积有泡沫性黏液。全身淋巴结肿大，呈急性淋巴结炎。硬脑膜有小点出血。

（5）诊断

由于本病病程短，多突然死亡，无明显症状，故生前诊断较难。但根据本病多发生于饱食之后，死亡快，剖检肾脏呈软泥状，胆囊肿大，胸腹腔及心包积液，呈出血性肠炎及溃疡等可做出初步诊断，确诊需进行实验室检查。

细菌学检查　取肠内容物或刮取病变部黏液涂片经革兰染色检查，可见到产气荚膜梭菌。

动物接种　肠内容物，如内容物稠厚可用生理盐水稀释1~3倍，用滤纸过滤或以3 000 r/min离心5 min，取上清液给兔静脉注射2~4 mL或静脉注射小鼠0.2~0.5 mL。如肠内毒素含量高，小剂量即可使实验动物于10 min内死亡；如肠毒素含量低，动物于注射后0.5~1 h卧下，呈轻度昏迷，呼吸加快，经1 h左右可能恢复。

毒素中和试验　将细菌学检查的样品，再以C和D型产气荚膜梭菌定型血清与之做中和试验。C型血清无中和作用，小鼠死亡，D型血清中和毒素，小鼠生存，则证明为D型菌产生的毒素。

(6)防制

预防措施　加强饲养管理，秋天避免吃过量结籽饲草，同时注意饲料的合理搭配。在常发地区，应定期注射羊快疫-猝狙-肠毒血症三联苗或羊快疫-猝狙-肠毒血症-羔羊痢疾-黑疫五联苗。

治疗　发病时应立即将羊群转移到高燥地区放牧，病羊隔离饲养，同时对未发病的羊用三联苗进行紧急预防接种，病程长者可用抗生素和磺胺类药物治疗，可救活部分羊只。

8.49.3　羊猝狙

羊猝狙是由C型产气荚膜梭菌引起羊的一种毒血症，特征为急性死亡，形成腹膜炎和溃疡性肠炎。

(1)病原

病原为C型产气荚膜梭菌，属于梭菌属的成员。本菌为两端略呈切状粗杆菌。菌体单个或2~3个相连或呈短链状。本菌在动物体内有时带有荚膜，在加糖类、牛奶或血清的培养基中可形成荚膜。在培养基中呈多形性，在缺糖、镁、钾的培养基中出现丝状。无鞭毛，不运动。芽孢比菌体略大，为椭圆形，位于菌体中央或偏端。

本菌需求厌氧条件并不严格，但在厌氧环境中生长迅速。在马丁绵羊血液琼脂培养基上的菌落生长良好，其周围有透明的溶血环(由δ毒素所致)，环外围绕有部分溶血宽环(由α毒素所致)。在厌氧肉肝汤中培养2~3 h即可发育，呈均匀混浊并产生大量气体，几天之后菌体下沉，沉积密实。

本菌滤液中含有C型菌β毒素，可致死动物及引起组织坏死。其毒素毒力的强弱与培养基的种类、pH值及培养条件有关。芽孢在100 ℃加热5 min可失去活力。

(2)流行病学

成年绵羊易感，以1~2岁的绵羊多发，不分品种、性别均可感染。山羊也可感染。

被C型荚膜梭菌污染的牧草、饲料和饮水是主要的传染源，主要经消化道感染。病菌随着动物采食和饮水经口进入消化道，在肠道中生长繁殖并产生毒素，致使动物形成毒血症而死亡。

本病呈地方流行性，常发生于低洼、沼泽地区。有一定季节性，多发生于冬春季节。吃带雪水的牧草以及寄生虫等都可诱发本病。

(3)临诊症状

潜伏期为1 d以内。病程很短，往往不见早期症状而死亡。有时可见病羊精神沉郁，离群或卧下，腹泻，剧烈痉挛，侧身卧地，咬牙，眼球突出，惊厥，在数小时内死亡。

(4) 病理变化

病变主要见于消化道和循环系统。十二指肠和空肠黏膜严重充血、糜烂，有的区段可见大小不等的溃疡。真胃发炎。胸腔、腹腔和心包大量积液，暴露于空气后，容易形成纤维素性絮块。浆膜上有小点出血。肾变性。黏膜上层坏死，坏死处下有白细胞浸润，若坏死处深，在溃疡周围可查到细菌。

病羊刚死时骨骼肌表现正常，但在死后 8 h 内，细菌在骨骼肌内增殖，使骨骼肌间积聚血样液体，肌肉出血，同时出现气肿。骨骼肌的这种变化与黑腿病的病变十分相似。

(5) 诊断

根据临诊上病羊突然死亡，剖检时可见小肠溃疡及胸、腹腔和心包积液等可初步诊断为本病。确诊需从体腔渗出液、脾脏等取病料做细菌学检查和毒素试验。

细菌学检查　取肠内容物或黏膜坏死部分做涂片镜检，可见到大量 C 型产气荚膜梭菌。或取病料做细菌分离，并做细菌生化特性试验确定本菌。

毒素试验　取肠内容物，离心后取上清液静脉接种小鼠检测毒素。可用 C 型和 D 型产气荚膜梭菌定型血清进行中和试验，以确定 C 型菌产生的 β 毒素。

(6) 防制

预防措施　定期消毒羊舍，加强饲养管理，以提高机体抗病力。在常发地区，应定期注射羊快疫-猝狙-肠毒血症三联苗或羊快疫-猝狙-肠毒血症-羔羊痢疾-黑疫五联苗。

治疗　发病时，将病羊隔离饲养，同时对未发病的羊用三联苗进行紧急预防接种，病程长者可用抗生素和磺胺类药物治疗，可救活部分羊只。

8.49.4　羔羊痢疾

羔羊痢疾是由 B 型产气荚膜梭菌所致的初生羔羊的急性毒血症。其特征为剧烈腹泻和小肠发生溃疡。

(1) 病原

B 型产气荚膜梭菌属梭菌属的成员。本菌呈短粗杆菌，大小 $(4\sim8)\mu m\times(1.0\sim1.5)\mu m$。两端平截或微突，单个或成对排列。无鞭毛，不运动。在动物体内形成荚膜，但在普通培养基中不形成荚膜，在脑培养基中培养黏膜可形成芽孢。

本菌对厌氧要求并不严格，以一般厌氧方法培养都可生长。在厌氧肉肝汤中培养 3~6 h 可见生长和产气，使肉汤混浊。在 14~17 h 产气最多。本菌在含有血液的葡萄糖琼脂平板上，在厌氧条件下培养，可长出圆形灰白色中央突起的菌落。菌落周围有溶血环，有的菌落可产生双环溶血，内层完全溶血，外层部分溶血。

本菌在培养基中生长 17 h 左右产生毒素量最高，主要产生 β 毒素，毒素在 60 ℃ 30 min 即可破坏。

本菌繁殖体对一般消毒药品均敏感，但其芽孢抵抗力强，能在土壤中存活 4 年之久。可用 5% 克辽林和 6%~10% 漂白粉消毒。

(2) 流行病学

7 日龄以内的羔羊易感，尤其是 2~3 日龄发病率最多，4~5 日龄较少，7 日龄以上很少发病。纯种细毛羊的适应性差，发病率和死亡率最高，杂种羊则介于纯种与土种羊之间。

本病主要通过消化道感染，也可通过脐带或创伤感染。母羊怀孕期营养不良，产出羔羊体质衰弱；气候寒冷，特别遇到大风雪后，羔羊受冻；哺乳不当；羔羊饥饱不均等，可以诱发本病。

另外，草质差、哺乳不良，特别是在气候变化较大的月份发病较重。本病呈地方性流行。

（3）临诊症状

自然感染的潜伏期为 1~2 d。临诊上常见有下痢型和神经型两种。

下痢型　病初精神沉郁，低头拱背，不吮乳。紧接着出现腹泻，粪便恶臭，有的稠如面糊，呈黄绿色、黄白色或灰白色糊状或水样。后期粪便中含有血液、黏液和气泡。病羔逐渐虚弱，卧地不起。若不及时治疗，常在 1~2 d 内死亡，只有少数病轻的可能自愈。

神经型　病羔腹胀而不下痢或排少量稀粪（也可能带血或呈血便），其主要表现是神经症状，四肢瘫软，卧地不起，呼吸急促，口流白沫，最后昏迷，头向后仰，下体温降。病情严重，病程很短，若不抓紧救治，常在数小时到十几小时内死亡。

（4）病理变化

尸体严重脱水，肛门周围被稀粪污染。主要病理变化为真胃有未消化的凝乳块，小肠（尤其是回肠）黏膜充血发红，多见直径为 1~2 mm 的溃疡面，其周围有一出血带环绕，肠内容物呈血色。小肠、结肠、十二指肠都有溃疡，周围有出血带环绕。肠道中充满血样物。肠系膜淋巴结肿胀充血，间有出血。心包积液，心内膜有出血点，肺有充血区和淤斑。

（5）诊断

根据生后 1 周龄内的羔羊排带血稀粪，腹痛，迅速死亡，剖检小肠有出血性炎症，肠黏膜坏死、溃疡，肠内有血样内容物，可初步诊断。确诊需实验室检查。

细菌学检查　采取肠内容物或病变部肠黏膜涂片染色镜检，可见到 B 型产气荚膜梭菌。也可取内容物接种厌氧肉肝汤中，在水浴中加热 80 ℃ 15~20 min，然后在 37 ℃ 下培养 24 h，再将生长的菌液涂于葡萄糖鲜血琼脂平板上，放在厌氧环境中培养 24 h，挑选菌落做生化特性鉴定。

毒素试验　取肠内容物离心，取上清液 0.1~0.3 mL 静脉注射小鼠，如小鼠迅速死亡，证明有毒素存在。再用 B、C、D 型产气荚膜梭菌定型血清做中和试验，如 B 型血清能中和毒素，则小鼠存活；而 C、D 型不能中和，小鼠死亡，可认定是 B 型菌所产生的毒素。

（6）防制

预防措施　定期消毒羊舍，应加强饲养管理，增强怀孕母羊的体质；同时注意羔羊的保暖，合理哺乳，消毒、隔离、免疫接种和药物治疗等综合措施才是防治本病的有效办法。每年秋季注射羔羊痢疾菌苗或羊快疫-猝狙-肠毒血症-羔羊痢疾-黑疫五联苗，于产前 14~21 d 再接种 1 次。

羔羊出生后 12 h 内可灌服土霉素 0.15~0.2 g，每日 1 次，连用 3 d，有一定的预防效果。

治疗　发病时，将病羊隔离饲养。对未发病羔羊的进行紧急预防接种。对已发病羔羊可用土霉素等抗生素和磺胺类药物进行治疗，有一定效果，同时注意对症治疗。

8.49.5　羊黑疫

羊黑疫又称传染性坏死性肝炎，是 B 型诺维氏梭菌引起羊的一种急性高度致死性毒血症。其特征是肝实质坏死。

（1）病原

病原为 B 型诺维氏菌，又称水肿梭菌或巨大梭菌，为梭菌属成员。本菌为大型杆菌，大小为 (0.8~1.5) μm ×(5~10) μm，无荚膜，周身有鞭毛，能运动，较易形成芽孢。

厌氧条件严格。在葡萄糖鲜血琼脂平板中培养，其菌落浅薄透明、周边不整。在肉肝汤培养则有腐葱味臭气。

本菌的抵抗力与一般致病梭菌相似，100 ℃ 5 min 能杀死芽孢。

(2)流行病学

本病主要发生于1岁以上绵羊,以2~4岁膘情好的绵羊最多发。山羊也可感染发病,牛和猪偶有发生。实验动物中以豚鼠最敏感,兔、小鼠的易感性较低。

诺维氏梭菌广泛存在于土壤中,感染途径主要是消化道,羊采食被污染的牧草、饲料或饮水而感染。常发生于有肝片吸虫流行的地区。这些地区有河流、湖泊或沼泽等,是肝片吸虫中间宿主钉螺常在地。而且健康羊的肝脏中常潜在B型诺维氏梭菌,在未成熟的肝片吸虫尾蚴穿入肝脏引起肝的炎症时,为本菌提供了适宜的环境。

本病多发生于夏末和秋季,冬季很少见。

(3)发病机制

羊采食被此菌芽孢污染的饲料后,芽孢由胃肠壁经门静脉进入肝脏。正常肝脏由于氧化-还原电位高,不利于其发芽变为繁殖体而仍以芽孢形式潜藏于肝脏中。当肝脏因受未成熟的游走肝片吸虫损害发生坏死以致其氧化-还原电位降低时,存在于该处的芽孢即可迅速生长繁殖并产生毒素,进入血液循环后可发生毒血症,损害神经元及其他与生命活动有关的细胞,导致急性休克而死亡。

(4)临诊症状

多为发病急,病程短,绝大多数病例未见症状而突然发生死亡。少数病例病程稍长,可拖延1~2 d,但一般不会超过3 d。病羊体温升高,达41~42 ℃,精神不振,食欲减少,运动不协调,离群、虚弱、磨牙、呼吸困难,最后呈昏睡俯卧状态而死亡。病死率几乎100%。

(5)病理变化

尸体脱水现象严重,尸体皮下静脉显著充血,皮肤呈暗黑色外观,故称黑疫。胸部皮下组织常水肿,皮下结缔组织中含清朗胶样液体,暴露空气中易凝固。胸腔、腹腔和心包积液,左心室内膜下出血。真胃幽门部和小肠充血和出血。肠淋巴结水肿。肝脏充血肿大,表面有针头大到鸡蛋大的灰黄色、不规则形的凝固坏死灶,病灶的界限不清晰,被一个出血性的带状物包围,坏死灶直径可达2~3 cm,切面呈半圆形。病变与未成熟肝片吸虫通过肝脏所造成的病变不同,后者为黄绿色、弯曲似虫样的带状病痕。

(6)诊断

在肝片吸虫流行的地区发现急死或昏睡状态的病羊,剖检见特殊的肝脏坏死变化即可做出初步诊断。必要时可做细菌学检查和毒素检查。

细菌学试验 ①抹片检查。取肝脏坏死病灶边缘的组织进行抹片染色镜检,可见到粗大两端钝圆的B型诺维氏梭菌。在心血和其他脏器中也可见到此菌。②分离培养细菌。本菌要求严格厌氧,在分离上较难。死后应及时取材,要严格无菌操作。可用葡萄糖鲜血琼脂平板划线培养,在严格厌氧条件下,37 ℃培养24~48 h可观察到菌落呈浅薄透明,形状不规则、边缘呈细线状散开,易蔓延生长。③动物接种试验。肝脏病变组织制成悬液,取上清液肌内注射豚鼠,豚鼠死后,可见到注射部位有出血和水肿,其腹部皮下组织呈胶样水肿,透明无色或呈玫瑰色,厚达1 mm。

毒素检查 检查诺维氏梭菌毒素常用卵磷脂酶试验,此法检出率及特异性均较高。另外,可以应用免疫荧光抗体技术诊断,效果良好。

(7)防制

防制措施 由于致病梭菌在自然界广泛存在,羊被感染的机会多,而且发病快、病程短,有的来不及诊断和治疗。多联疫苗(如三联苗和五联苗)预防注射是预防本病的有效措施。另外,应加强饲养管理，保持良好的环境卫生。尽可能避免诱发疾病的因素。放牧时应注意不到低洼地，尽可能选择高坡地。

发生疫病后的措施 首先应用联苗做紧急接种预防。抗毒素预防。急速转移牧地，从低洼地转移到高坡干燥地，少给青饲料，多给粗饲料，同时防止病原扩散，做好消毒隔离。对死羊要及时焚烧。

治疗 抗生素药物不能中和毒素，治疗效果多不满意。一般采用抗毒素血清进行治疗，在发病初期，有一定疗效，但一旦出现症状，很难奏效。

8.50　兔病毒性出血症

兔病毒性出血症又称"兔瘟"，是兔出血症病毒引起兔的一种以呼吸系统出血、肝脏坏死、实质脏器水肿、淤血、出血和高死亡率为特征的急性、高度接触性传染病。本病1984年春季首次发现于我国，之后亚洲、美洲及欧洲的一些国家均有发生。本病常呈暴发流行，发病率及死亡率极高，是养兔业第一杀手。

(1) 病原

兔出血症病毒(RHDV)属杯状病毒科兔病毒属。病毒颗粒无囊膜，直径 25~40 nm，表面有短的纤突。本病毒仅凝集人的红细胞，这种凝集特性比较稳定，在一定范围内不受温度、pH值、有机溶剂及某些无机离子的影响，但可以被 RHDV 抗血清特异性抑制。该病毒各毒株均为同一血清型。病毒在病兔所有的组织器官、体液、分泌物和排泄物中存在，以肝、脾、肾、肺及血液中含量最高，主要通过粪、尿排毒，并在恢复后的3~4周仍然向外界排出病毒。RHDV 可以在乳鼠体内生长繁殖引起规律性的发病和死亡，且可以回归家兔发病死亡。因此，可以应用乳鼠进行种毒保存、病毒特性测定及血清中和试验。目前该病毒尚未发现能在各种原代或传代细胞中繁殖。本病毒对乙醚、氯仿等有机溶剂抵抗力强，在感染家兔血液中 4 ℃ 保存 9 个月，或感染脏器组织中 20 ℃ 3 个月仍保持活性，肝脏含毒病料 -20 ~ -8 ℃ 560 d 和室内污染环境下经 135 d 仍然具有致病性，能耐 pH 3 和 50 ℃ 40 min 处理，对紫外线及干燥等不良环境抵抗力较强。1%氢氧化钠溶液中 4 h、1%~2%甲醛溶液或 1%漂白粉悬液 3 h、2%农乐溶液 1 h 才被灭活，0.5%次氯酸钠溶液是常用的消毒药物。

(2) 流行病学

本病只发生于家兔和野兔。各种品种和不同性别的兔均可感染发病，长毛兔易感性高于肉用兔，2 个月以上的青年兔和成年兔易感性高于 2 月龄以内的仔兔，而哺乳兔则极少发病死亡。病兔和带毒兔(本病康复的家兔和隐性感染兔)为本病的传染源。病兔的血液和肝脏组织内存在高浓度的病毒。病兔通过粪尿、鼻汁、泪液、皮肤及生殖道分泌物向外排毒。健康兔与病兔直接接触或接触上述分泌物和排泄物乃至血液而传染，同时也可以被污染的饲料、饮水、灰尘、用具、兔毛、环境及饲养管理人员、皮毛商人和兽医工作人员的手、衣服和鞋子而间接接触传播。RHDV 可在冷冻的兔肉或脏器组织内长期存活，故可以通过国际贸易而长距离传播。此外，购进带毒的繁殖母兔及从疫区购入病兔毛皮等均可以引起本病的传播。本病的主要传播途径是消化道、皮下、肌内、静脉注射、滴鼻和口服等途径人工接种均感染成功。本病在新疫区多呈暴发流行，成年兔发病率与病死率可达 90%~100%；一般疫区病死率为 78%~85%。本病传播迅速，流行期短，无明显的季节性，但在冬季寒冷，兔抵抗力低下时多发。

(3) 临诊症状

本病的潜伏期1~3 d，人工接种则为38~72 h。新疫区的成年兔多呈最急性或急性型，2月龄内幼兔发病症状轻微且多可恢复，哺乳兔多为隐性感染。

最急性型 多发生于流行的初期。突然发病，在感染后10~12 h体温升高达41 ℃，6~8 h后猝死。

急性型 多在流行中期出现。感染后1~2 d体温升高达41 ℃以上，精神沉郁，食欲不振，渴欲增加，衰弱或横卧。末期出现兴奋、痉挛、运动失调、后躯麻痹、挣扎、狂暴、倒地、四肢划动。呼吸困难，发出悲鸣。有的病例死亡时鼻孔流出泡沫样的血液，也有的眼部流出眼泪和血液。另外，黏膜和眼、耳部皮肤发绀，少数病死兔阴道流出血液或有血尿，多于1~2 d死亡。死前病兔腹部胀大，肛门松弛并排出黄色黏液或附着有黏液的粪球。恢复兔有时黏膜严重苍白和黄疸。少数产死胎。

慢性型 多见于老疫区或流行后期。病兔体温高达41 ℃左右，精神沉郁，食欲不振，被毛粗乱，最后消瘦、衰弱而死亡。有些可以耐过生长迟缓，发育不良，可从粪尿排毒1个月以上。

(4) 病理变化

剖检变化 最多见脏器的出血和坏死。肝门静脉部出现坏死，肝脏的一部分因坏死而呈黄色或灰白色的条纹，有的整个肝脏呈茶褐色或灰白色，切面粗糙，流出多量暗红色血液。胆囊肿大，胆汁稀薄。肺脏有大量的粟粒大到绿豆大小的出血斑，整个肺脏呈不同程度的充血，切开肺脏流出大量泡沫状液体。气管环状出血，形成大红气管。支气管黏膜及胸腺有大量的出血斑。肾脏皮质出血而形成大红肾。脾脏肿大呈黑红色，有的肿大2~3倍。胃肠充盈，胃黏膜脱落，小肠黏膜充血、出血。膀胱积尿。孕母兔子宫充血、淤血和出血。多数雄性睾丸淤血。肠系膜淋巴结水肿。脑和脑膜血管淤血，松果体和下垂体常有血肿。

组织学变化 表现为非化脓性脑炎。脑膜和皮层毛细血管充血及血栓形成。肺、肾出血、间质发炎，毛细血管形成微血栓。肝细胞及心肌纤维变性、坏死。

(5) 诊断

根据流行病学特点，2个月以上家兔发病快、死亡率高并出现典型的临诊症状，结合剖检的典型病理变化能初步诊断。确诊需要进行实验室检查。

病毒检查 感染兔血液和肝脏等脏器中病毒的含量极高，可取肝脏等病料处理提纯病毒，负染后电镜检查病毒形态结构。

血凝和血凝抑制试验 RHDV可凝集人O型红细胞，血凝试验可检出病死兔体内的病毒，可在血清板或玻板上进行。取病死兔的肝脏或脾脏研磨，加生理盐水制成1∶5或1∶10的悬液，后滴加1%人O型红细胞悬液，室温放置30~50 min后判定。玻片法定性时使用2%人O型红细胞悬液，可以用于现场检疫，快速简便。血凝试验的结果应通过特异性血清的血凝抑制试验确证。血凝抑制试验时用4个单位抗原，抗原为人工感染病兔的肝脏匀浆上清液，其可用于流行病学调查和疫苗免疫效果监测。

酶标抗体及免疫荧光抗体技术 双抗体夹心ELISA可用于本病的诊断，另外，采用酶标抗体或荧光素标记抗体染色可以直接检查病死兔肝脏、脾脏触片或冰冻切片中的病毒抗原。

反转录-聚合酶链反应 根据病毒特异性核酸序列设计的RT-PCR可检出病料组织中的病毒核酸，其敏感度甚至比ELISA高10 000倍。

(6) 防制

做好防疫工作 首先不能从发生该病的国家和地区引进感染的家兔和野兔及其未经处理过

的皮毛、肉品和精液，特别是康复兔及接种疫苗后感染的兔，因为存在长时间排毒的可能。一旦发生本病，应将与感染群接触者全部捕杀，尸体经焚毁处理，同时进行封锁消毒达到净化的目的。

定期预防注射　接种灭活疫苗可控制本病，在本病的常发地区和国家应选用感染家兔的肝脏制成灭活疫苗接种免疫。灭活疫苗的制造在不同国家方法不一，免疫期短，为6~12个月。目前广泛应用的是脏器组织甲醛灭活疫苗，安全有效。在注射后3~4 d即可产生免疫力，适用紧急接种，免疫期半年以上。

8.51　犬瘟热

犬瘟热（CD）是由犬瘟热病毒（CDV）感染肉食动物中犬科、鼬科及一部分浣熊科动物的高度接触传染性、致死性传染病。病早期表现双相热型、急性鼻卡他性炎，随后以支气管炎、卡他性肺炎、严重胃炎和神经症状为特征。少数病例出现鼻部和脚垫的高度角质化。

犬瘟热是犬的一种最古老、临诊意义最大的传染病。该病几乎分布于全世界，所有养犬国家均有本病发生。据报道从20世纪60年代开始，国内部分省、自治区的毛皮动物饲养场不断暴发本病并逐步在全国范围内流行。

（1）病原

CDV在分类上属副黏病毒科麻疹病毒属。核酸型为单链RNA，病毒粒子呈圆形或不整形，有时呈长丝状。粒子中心含有直径15~17 nm的螺旋形核衣壳，外面被覆一近似双层轮廓的膜，膜上排列有长约1.3 nm的杆状纤突。

CDV与麻疹病毒和牛瘟病毒在抗原性上密切相关，但各自具有完全不同的宿主特异性。来源于不同地区、不同动物和不同临诊病型的CDV毒株属同一个血清型。CDV经各种途径试验接种均可使雪貂、犬和水貂发病。脑内接种乳小鼠、乳仓鼠和猫可产生神经症状，猪感染CDV强毒可产生支气管肺炎，兔和大鼠对非肠道接种具有抵抗力，猴和人类非肠道接种可产生不明显的感染。

病毒能在犬、雪貂和犊牛肾原代细胞和鸡胚成纤维细胞上增殖，也可在犬和雪貂的脾、肺、睾丸等原代细胞生长，在乳仓鼠和乳小鼠脑内也可继代，也可在Vero细胞、犬肺巨噬细胞培养。在犬肾原代细胞形成巨细胞和包涵体（胞浆内和胞核内），在鸡胚成纤维细胞产生病变和形成蚀斑。病毒在哺乳动物细胞培养的毒价要比鸡胚细胞培养的高。病毒在接种6~7日龄鸡胚绒毛尿囊膜后18 h左右即产生绒毛膜水肿，72 h出现灰色或粉红色斑点，96 h肥厚，至第7天病毒量达高峰。病毒经鸡胚或鸡胚细胞培养传代可使其对犬和雪貂的毒力减低，但仍保有免疫原性，应于鸡胚80~100代的CDV可以用作犬和貂弱毒疫苗。

病毒对热和干燥敏感，50~60 ℃ 30 min即可被灭活，在炎热季节CDV在犬群中不能长期存活，这是犬瘟热多流行于冬、春寒冷季节的原因。在较冷的温度下CDV可存活较长时间，在2~4 ℃可存活数周，在-60 ℃可存活7年以上，冻干是保存CDV的最好方法。临诊上常用3%氢氧化钠溶液作为消毒剂，效果很好。

（2）流行病学

CDV的自然宿主为犬科动物和鼬科动物。在浣熊科中曾在浣熊、密熊、白鼻熊和小熊猫中发现。一些灵猫科动物，如熊狸、小熊猫、鬣狗、刺猬等都易感。

病犬是本病最重要的传染源，病毒大量存在于鼻汁、唾液中，也见于泪液、血液、脑脊髓液、淋巴结、肝、脾、心包液、胸、腹水中，并能通过尿液长期排毒污染周围环境。有人报道从有消化道症状的病犬粪便中可观察到CDV。

主要传播途径是病犬与健康犬直接接触，通过空气飞沫经呼吸道感染。CDV在犬体内可通过胎盘垂直传播，造成流产和死胎。

（3）发病机制

自然状态下病毒通过气溶胶传播。之后24 h内在组织巨噬细胞中增殖并扩散至整个细胞，经局部淋巴管到达扁桃体和支气管淋巴结。2 d后病毒在扁桃体、咽后和支气管淋巴结中的数量急剧增加，在骨髓、胸腺和脾脏中可见少量感染有CDV的单核细胞。4~6 d后病毒在脾脏淋巴滤泡、胃及小肠固有层、肠系膜淋巴结和肝枯否细胞内增殖，导致体温升高和白细胞减少，主要表现为淋巴细胞减少。8~9 d后病毒进一步扩散至上皮细胞和神经组织，导致血源性病毒血症。4~9 d具有中等水平的细胞介导免疫应答和特异性抗体，犬体内病毒扩散至上皮组织。临诊症状最终因抗体滴度的增加而消失。病毒因抗体滴度增加而从大多数组织中被清除，但仍可存留于神经元和皮肤，如鼻部和脚垫。病毒在这些组织中的扩散和存在可使某些犬发生中枢神经系统症状和趾部皮肤角化病（硬掌垫）。

免疫状态低下的犬9~14 d后病毒扩散至许多组织器官，包括皮肤、分泌腺、胃肠道、呼吸道和泌尿生殖道的上皮细胞，此时临诊症状严重，病毒在上述脏器中持续存在直至动物死亡。CDV在脑组织中主要表现为对血管壁细胞的激活过程，继而引起神经胶质细胞反应，其中大部分犬在感染21~28 d后出现神经症状而死亡。

（4）临诊症状

犬瘟热的潜伏期随传染来源的不同长短差异较大。来源于同种动物的伏期3~6 d；来源于异种动物时因需要经过一段时间的适应，潜伏期可长期达30~90 d。症状表现多种多样，与病毒的毒力、环境条件、宿主的年龄及免疫状态有关。50%~70% CDV感染表现倦怠、厌食、发热和上呼吸道感染、呼出恶臭的气体。重症犬瘟热感染多见于未接种疫苗、年龄在84~112日龄的幼犬。自然感染呈双相热或复相热，早期发热常不被注意，表现结膜炎、干咳，继而转为湿咳，鼻镜干燥或有龟裂，呼吸困难，呕吐，腹泻，里急后重，肠套叠，最终因严重脱水和衰弱而导致死亡。此种情况下适当采取对症治疗可以降低死亡率。

犬瘟热的神经症状通常在全身症状恢复后7~21 d出现，也有一开始发热就表现出神经症状者。通常依据全身症状的某些特征表现预测出现神经症状的可能性，幼犬的化脓性皮炎通常不会发展为神经症状，但鼻部和脚垫的表皮角化可引起不同类型的神经症状。犬瘟热的神经症状是影响预后和感染恢复的最重要因素。由于CDV侵害中枢神经系统的部位不同，临诊症状有所差异。大脑受损表现为癫痫、好动、转圈和精神异常；中脑、小脑、前庭和延髓受损表现为步态及站立姿势异常；脊髓受损表现为共济失调和反射异常；脑膜受损表现为感觉过敏和颈部强直。咀嚼肌群反复出现阵发性颤抖是犬瘟热的常见症状。

幼犬经胎盘感染可在28~42 d时产生神经症状。母犬可以表现为轻微或不显症状。妊娠期间感染CDV可出现流产、死胎和仔犬成活率下降等症状。新生幼犬在永久齿长出之前感染CDV可造成牙釉质的严重损伤，牙齿生长不规则，此乃病毒直接损伤处于生长期的牙齿釉质层所致。小于7日龄的幼犬试验感染CDV还可表现心肌炎。临诊症状包括呼吸困难、抑郁、厌食、虚脱和衰竭。

犬瘟热的眼睛损伤是由于CDV侵害眼神经和视网膜所致。眼神经炎以眼睛突然失明、胀大、瞳孔反射消失为特征。

(5) 病理变化

病理变化以心肌变性、坏死为特征，并伴有炎性细胞浸润。CDV 为泛嗜性病毒，对上皮细胞有特殊的亲和力，因此病变分布非常广泛。新生幼犬感染 CDV 通常表现胸腺萎缩。成年犬多表现结膜炎、鼻炎、气管支气管炎和卡他性肠炎。具有神经症状的犬通常可见鼻和脚垫的皮肤角化病。中枢神经系统的大体病变包括脑膜充血、脑室扩张和因脑水肿所致的脑脊液增加。

病理剖检变化　　初期病变仅限于淋巴结，特别是肠系膜淋巴结和肠黏膜内的淋巴网状组织的髓样肿胀，伴有脾髓增生和扁桃体红肿。上部呼吸道和眼结膜发生卡他性炎或化脓性炎，有浆性、黏性或脓性分泌物，引起初发性增生性肺炎，肺水肿。消化道同样出现卡他性炎症变化，最常见的是卡他性肠炎或出血性肠炎变化，有的病例发生出血性胃溃疡病灶。肝脏淤血，胆囊膨满、壁肥厚。急性病例脾肿大，慢性呈萎缩。淋巴结肿胀多汁。脑出血、水肿。肾上腺皮质变性。原发性病例的胸腺明显萎缩、呈胶冻样，具有特征性。

病理组织学变化　　中枢神经和外周神经起初呈现血管内膜和外膜细胞增生性与退行性变化。后期在大脑和小脑呈现浆液性或淋巴细胞性、局限性或散在性脑脊髓炎变化，并伴有神经原吞噬现象的退行性神经节细胞变化。在各器官的上皮细胞可见到胞浆、胞核内的嗜酸性包涵体。

(6) 诊断

该病病型复杂多样，又常易与多杀性巴氏杆菌、支气管败血波氏杆菌、沙门菌以及传染性犬肝炎病毒、犬细小病毒等病原混合感染或继发感染，所以诊断较为困难。根据临诊症状、病理剖检和流行病学资料仅可做出初步诊断，确诊需通过实验室检查。

病毒分离与鉴定　　从自然感染病例分离病毒较为困难。组织培养分离 CDV 可用犬肾细胞、犬肺巨噬细胞和鸡胚成纤维细胞等。据报道，剖检时直接培养病犬肺巨噬细胞，容易分离到病毒。另外，取肝、脾、粪便等病料，用电子显微镜可直接观察到病毒粒子，或采用免疫荧光试验从血液白细胞、结膜、瞬膜以及肝、脾涂片中检查出 CDV 抗原，也可在肺和膀胱黏膜切片或印片中检出包涵体。

动物接种　　将含毒悬液脑内接种雪貂，或腹腔接种 1~2 周龄易感仔犬，都可发病死亡。也可接种 6~7 日龄鸡胚绒毛尿囊膜，出现水肿、增厚和灰色斑等病变。

胶体金技术　　用胶体金诊断试剂盒检查诊断该病，快速、准确。

血清学诊断　　包括中和试验、补体结合试验、荧光抗体法等方法。①中和试验。中和抗体出现于感染后 6~9 d，30~40 d 达到高峰，适用于病的早期诊断。一般通过抑制鸡胚绒毛尿囊膜或细胞培养病变，或对易感实验动物的保护以检测中和抗体。②补体结合试验。补体结合抗体在感染后 3~4 周出现。抗原为感染细胞培养物，感染鸡胚绒毛尿囊膜乳剂也可作为抗原。③荧光抗体法。本法与综合诊断及生物学试验的阳性符合率为 100%。被检材料为结膜、瞬膜、膀胱或生殖道黏膜和剖检材料(淋巴结，脾，肾、肝等)的抹片或切片，用荧光抗体染色后镜检，可观察到细胞内发苹果绿荧光的病毒抗原，而肠系膜淋巴结和脾脏的检出率最高。

(7) 防制

预防措施　　预防本病的合理措施是免疫接种。新生幼犬可以从母体获得保护性母源抗体，其中大部分母源抗体来源于初乳，因此幼犬在出生后几小时吸吮初乳可获得高水平母源抗体，并使大部分幼犬在断乳前获得保护。但应注意，母源抗体水平会逐渐消退，在 8~14 周龄时下降到保护水平之下。另外，母源抗体对疫苗免疫有一定的干扰作用，尤其是活疫苗，因此在断奶以后进行免疫为好。

CDV 弱毒疫苗的免疫保护效果比较理想。对于能够从初乳中获得母源抗体的幼犬，建议在断奶后马上进行首次免疫，之后隔1周免疫1次即可。而对无母源抗体的幼犬，可以在4周龄时进行首次免疫，1周后进行二免。犬瘟热疫苗的免疫效果比较确实，持续时间也比较长，但并不产生终生免疫，因此每年需要进行1次加强免疫。具体实施时可参照疫苗生产厂商提供的免疫程序。

以前国内广泛使用的疫苗是犬瘟热-犬细小病毒-犬肝炎-犬腺病毒2型-犬副流感弱毒苗以及灭活的犬钩端螺旋体组成的六联苗和犬瘟热-犬细小病毒-犬肝炎-犬副流感-狂犬病五联苗。这些疫苗对我国警犬、军犬、实验用犬、宠物犬等病毒性疾病的预防起到了积极的作用。

对于养犬者来说，应注意将犬隔离饲养，特别是要避免与患病犬接触。新引进的犬至少应隔离饲养1周，然后才能混群饲养。

治疗　感染CDV后出现临诊症状之前的最初发热期间可注射大剂量高免血清，这种情况仅限于已知感染后刚刚开始发热的青年犬。当出现神经症状时使用高免血清治疗效果不佳。近年来，应用具有很高中和活性的犬瘟热病毒单克隆抗体治疗犬瘟热病犬，取得了良好的治疗效果。犬感染CDV后常继发细菌感染，因此发病后配合使用抗生素或磺胺类药物，可以减少死亡，缓解病情。根据病犬的病型和病症表现采取支持和对症疗法，加强饲养管理和注意饮食，结合采用强心、补液、解毒、退热；收敛、止痛、镇痛等措施具有一定的治疗作用。

一旦发生犬瘟热，为防止疫情蔓延必须迅速将病犬严格隔离，用氢氧化钠、漂白粉或来苏儿彻底消毒，停止动物调动和无关人员来往，尚未发病的假定健康动物和受疫情威胁的其他动物，可考虑用犬瘟热高免血清或小儿麻疹疫苗做紧急预防注射，待疫情稳定后再注射犬瘟热疫苗。

8.52　犬细小病毒肠炎

犬细小病毒（CPV）肠炎是由犬细小病毒引起的一种急性接触性传染病。临诊表现以呕吐、急性出血性肠炎和心肌炎为特征。

(1) 病原

CPV在分类上属细小病毒科细小病毒属。病毒粒子呈圆形，直径21~24 nm，呈二十面体立体对称，无囊膜，病毒核衣壳由32个长3~4 nm的壳粒组成。病毒基因组为单链线状DNA。

CPV在抗原性上与猫泛白细胞减少症病毒（FPV）和水貂肠炎病毒（MEV）密切相关。CPV在4 ℃条件下可凝集猪和恒河猴的红细胞。与多数细小病毒不同，CPV可在多种细胞培养物中生长，如原代猫胎肾、肺，原代犬胎肠细胞、MDCK细胞、CRFK细胞以及FK81细胞等。

CPV对多种理化因素和常用消毒剂具有较强的抵抗力。在4~10 ℃存活180 d，37 ℃存活14 d，56 ℃存活24 h，80 ℃存活15 min。在室温下保存90 d感染性仅轻度下降，在粪便中可存活数月至数年。甲醛、次氯酸钠、β-丙内酯、羟胺、氧化剂和紫外线均可将其灭活。

(2) 流行病学

犬是主要的自然宿主，其他犬科动物，如郊狼、丛林狼、食蟹狐和鬣狗等也可感染。豚鼠、仓鼠、小鼠等实验动物不感染。犬感染CPV发病急，死亡率高，常呈暴发性流行。不同年龄、性别、品种的犬均可感染，但以刚断乳至90日龄的犬较多发，病情也较严重，尤其是新生幼犬，有时呈现非化脓性心肌炎而突然死亡纯种犬比杂种犬和土种犬易感性高。

病犬是主要的传染来源。感染后7~14 d粪便可向外排毒。发病急性期，呕吐物和唾液中也含有病毒。

感染途径主要是由于病犬和健康犬直接接触或经污染的饲料和饮水通过消化道感染。无症状的带毒犬也是重要的传染源。人、苍蝇和蟑螂等也可成为CPV的机械携带者。

本病一年四季均可发生,但以冬、春季多发。天气寒冷,气温骤变,饲养密度过高,拥挤,并发感染等可加重病情和提高死亡率。

(3)临诊症状

CPV感染在临诊上表现各异,但主要可见肠炎和心肌炎两种病型。有时某些肠炎型病例也伴有心肌炎变化。

肠炎型　自然感染潜伏期7~14 d,人工感染3~4 d。病初48 h,病犬抑郁、厌食、发热(40~41℃)和呕吐,呕吐物清亮、胆汁样或带血。随后6~12 h开始腹泻。起初粪便呈灰色或黄色,随后呈血色或含有血块。胃肠道症状出现后24~48 h表现脱水和体重减轻等症状。粪便中含血量较少则表明病情较轻,恢复的可能性较大。在呕吐和腹泻后数日,由于胃酸倒流入鼻腔,导致黏液性鼻漏。

心肌炎型　多见28~42日龄幼犬,常无先兆性症侯,或仅表现轻度腹泻,继而突然衰弱,呼吸困难,脉搏快而弱,心脏听诊出现杂音,心电图发生病理性改变,短时间内死亡。

(4)病理变化

肠炎型　自然死亡犬极度脱水、消瘦,腹部蜷缩,眼球下陷,可视黏膜苍白。肛门周围附有血样稀便或从肛门流出血便。有的病犬从口、鼻流出乳白色水样黏液。血液黏稠呈暗紫色。小肠以空肠和回肠病变最为严重,内含酱油色恶臭分泌物,肠壁增厚,黏膜下水肿。黏膜弥漫性或局灶性充血,有的呈斑点状或弥漫性出血。大肠内容物稀软,酱油色,恶臭。黏膜肿胀,表面散在针尖大出血点。结肠肠系膜淋巴结肿胀、充血。肝肿大,色泽红紫,散在淡黄色病灶,切面流出多量暗紫色不凝血液。胆囊高度扩张充盈大量黄绿色胆汁,黏膜光滑。肾多不肿大,呈灰黄色。脾有的肿大,被膜下有黑紫色出血性梗死灶。心包积液,心肌呈黄红色变性状态。肺呈局灶性肺水肿。咽背、下颌和纵隔淋巴结肿胀、充血。胸腺实质缩小,周围脂肪组织胶样萎缩。膈肌呈现斑点状出血。

心肌炎型　肺脏水肿,局部充血、出血,呈斑驳状。心脏扩张,左侧房室松弛,心肌和心内膜可见非化脓性坏死灶,心肌纤维严重损伤,可见出血性斑纹,称为虎斑心。

(5)诊断

根据流行特点,结合临诊症状和病理变化可以做出初步诊断。

病毒分离与鉴定　将病犬粪便材料处理后接种猫肾、犬肾等易感细胞。CPV属自主性细小病毒,复制时需要细胞分裂期产生的一种或多种因子。因此,必须将含毒样品加入胰蛋白酶消化的新鲜细胞悬液中同步培养。通常可采用免疫荧光试验或血凝试验鉴定新分离病毒。

电镜和免疫电镜观察　病初粪便中即含有大量CPV粒子,因此可用电镜负染CPV粒子。为与非致病性犬微小病毒(MVC)和犬腺联病毒(CAAV)相区别,可于粪液中加适量CPV阳性血清进行免疫电镜观察。

血凝和血凝抑制试验　由于CPV对猪和恒河猴红细胞具有良好的凝集作用,应用血凝试验可很快测出粪液中的CPV。

胶体金技术　用胶体金诊断试剂盒检查诊断该病,快速、准确。

免疫酶诊断技术　国内已研制成功的犬细小病毒酶标诊断试剂盒,可在30 min内检出病犬粪便中的CPV,达到了国外同类产品的水平。

血清学诊断　目前已建立多种,其中包括血凝和血凝抑制试验、乳胶凝集试验、ELISA、免疫荧光试验、对流免疫电泳、中和试验等,可依据各自的实验室条件建立相应的检测方法。

(6) 防制

本病发病迅猛，一般采取注射高免血清、对症和支持疗法。例如大量补液，葡萄糖、生理盐水、安钠咖、樟脑磺酸钠、碳酸氢钠、止血敏、安洛血、维生素 K_3 等。及时隔离病犬，对犬舍及用具等用 2%~4%氢氧化钠溶液或 10%~20%漂白粉液反复消毒。

目前多使用联苗预防本病，如美国生产的犬瘟热-犬细小病毒-犬肝炎-犬腺病毒Ⅱ型-犬副流感弱毒苗和犬钩端螺旋体六联苗以及国内研制的犬瘟热-犬细小病毒-犬肝炎-犬副流感-狂犬病五联苗。

CPV 感染发病快，病程短，临诊上多采用血清治疗和对症治疗，效果良好。国内已研制成功治疗 CPV 感染的犬细小病毒单克隆抗体，在发病早期胃肠道症状较轻时，免疫治疗效果显著，结合对症治疗措施可大大提高治愈率，目前已在临诊上广泛应用。

8.53 犬传染性肝炎

犬传染性肝炎是由犬腺病毒Ⅰ型(CAV-1)引起的一种急性、败血性传染病。主要发生于犬，也可见于其他犬科动物。在犬主要表现为肝炎和眼睛疾患，在狐狸则表现为脑炎。犬腺病毒Ⅱ型(CAV-2)主要引起犬的呼吸道疾病和幼犬肠炎。该病呈世界范围性分布，从流行情况来看，在我国存在也为时已久。

(1) 病原

CAV 在分类上属腺病毒科哺乳动物腺病毒属。形态特征与其他哺乳动物腺病毒相似，呈二十面体立体对称，直径 70~90 nm，有衣壳，无囊膜。衣壳内由双链 DNA 组成的病毒核心，直径 40~50 nm。CAV 包括 CAV-1 和 CAV-2 两型。两型具有共同的补体结合抗原，但其生化特性和核酸同源性不同。应用血凝抑制试验和中和试验可以将其加以区别。

CAV 能凝集人 O 型红细胞、豚鼠和鸡的红细胞。CAV 可在原代犬、猪、雪貂、豚鼠、浣熊的肾和睾丸细胞以及 MDCK 细胞上增殖，产生包涵体，易形成空斑。病变细胞为增大变圆、变亮、聚集呈葡萄串状。但在细胞上传代，能导致毒力减弱。

CAV 对乙醚、氯仿有抵抗力。在 pH 3~9 条件下可存活，最适 pH 6.0~8.5。在 4 ℃可存活 270 d，室温下存活 70~91 d，37 ℃存活 29 d，56 ℃ 30 min 及在土壤中经 10~14 d 后仍具有感染性，冻存 9 个月后仍有活力，在 50%甘油中于 4 ℃下可保存数年。病犬肝、血清和尿液中的病毒于 20 ℃可存活 3 d。碘酚和氢氧化钠可用于消毒。

(2) 流行病学

CAV 主要感染犬和狐狸，山狗、狼、浣熊、黑熊等也有感染的报道。犬不分年龄、性别、品种均可发病，但 1 岁以内的幼犬多发。幼犬死亡率高达 25%~40%，成年犬大多数呈隐性，很少出现临诊症状。

传染来源主要是病犬和康复犬。康复犬尿中排毒可达 180~270 d，是造成其他犬感染的重要疫源。传播途径主要是通过直接接触病犬(唾液、呼吸道分泌物、尿、粪)和接触污染的用具而传播，也可发生胎内感染造成新生幼犬死亡。

母源初乳抗体及常乳抗体至少能使哺乳仔犬获得数周不同程度的抵抗力。因此，未吃过初乳的 2~15 日龄仔犬或仔狐仍然是最适宜的实验动物。

(3) 发病机制

自然感染主要经消化道感染。病毒通过扁桃体和小肠上皮经由淋巴和血液而广泛散播。肝实质细胞和多种组织器官的血管内皮细胞是病毒侵害的主要靶细胞。肝脏是受损害的首要部位，常发生变性、坏死等退行性变化或慢性肝炎变化。病毒可在肾脏长期存在，开始局限于肾小球血管内皮导致蛋白尿，随后出现在肾小管上皮引起局灶性间质性肾炎。在疾病的急性发热期，病毒可侵入眼而引起虹膜睫状体炎和角膜水肿。

（4）临诊症状

自然感染潜伏期6~9 d。

最急性型　多发生于断奶前后至1岁的仔幼犬。突然发病，精神高度沉郁，伴发剧烈呕吐、腹痛和腹泻等症状，通常在发病后数小时内死亡。

急性型及亚急型　多见于1岁以上的育成犬。急性型病例表现为患犬怕冷，体温升高（39.4~41.1℃），精神抑郁，食欲废绝，渴欲增加，呕吐，腹泻，粪中带血；亚急型病例症状较轻微，咽炎、喉炎可致扁桃体肿大，颈淋巴结发炎可致头颈部水肿。特征性症状是角膜水肿，眼睛发蓝，即"蓝眼"病，病犬表现眼睑痉挛、羞明和浆液性眼分泌物。角膜混浊通常由边缘向中心扩展。眼疼痛反射通常在角膜完全混浊后逐渐减弱，但若发展为青光眼或角膜穿孔则重新加剧。

慢性型　多发于老疫区或疫病流行后期，多数病犬不死亡可以自愈。

（5）病理变化

CAV感染主要表现为全身性败血症变化。实质器官、浆膜、黏膜上可见大小数量不等的出血斑点。浅表淋巴结和颈部皮下组织水肿、出血。腹腔内充满清亮、浅红色液体。肝肿大，呈斑驳状，表面有纤维素附着。胆囊壁水肿增厚，灰白色，半透明，胆囊浆膜被覆纤维素性渗出物，胆囊的变化具有诊断意义。脾肿大、充血。肾出血，皮质区坏死。肺实变。肠系膜淋巴结肿大、充血。中脑和脑干后部可见出血，常呈两侧对称性。

血液学变化是血液凝固时间延长，多数病例血糖量降低，血液白细胞减少，尤以中性粒细胞和淋巴细胞的减少更为明显。

（6）诊断

由于其早期症状与犬瘟热等疾病相似，有时还与这些疾病混合发生，因此根据流行病学、临诊症状和病理变化仅可做出初步诊断。特异性诊断必须进行病毒分离鉴定和血清学诊断。

病毒分离与鉴定　可采取病犬血液、扁桃体或肝、脾等材料处理后接种犬肾原代细胞或传代细胞，随后可用血凝抑制试验或免疫荧光试验检测细胞培养物中的病毒抗原。

胶体金技术　用胶体金诊断试剂盒检查诊断该病，快速、准确。

血凝和血凝抑制试验　急性或亚急性病犬肝脏中含有大量病毒粒子。根据CAV-1可凝集人O型红细胞，且此种凝集作用既可被CAV-1血清所抑制，也可被CAV-2血清所增强的原理，建立了该病的血清学诊断方法。本法既可检测病料中血凝抗原用于急性病例的临诊诊断，也可检查血清中血凝抑制抗体，用于免疫力测定和流行病学调查。

其他诊断方法　包括免疫荧光试验、琼脂扩散试验、补体结合试验、中和试验和ELISA等。可依据各自的实验条件建立上述诊断方法。

（7）防制

一般性防制措施　首先应加强饲养管理和环境卫生消毒，防止病毒传入。坚持自繁自养，如需从外地购入动物，必须隔离检疫，合格后方可混群。一旦发病需立即控制疫情发展。应特别注意康复期病犬仍可向外排毒，不能与健康犬合群。

定期预防接种　国外已成功地应用甲醛灭活疫苗和弱毒疫苗进行免疫接种。国内多使用六联苗或五联苗进行预防接种。目前使用较广的是一种经细胞传代致弱的弱毒疫苗,免疫期达1年左右,但在接种后易出现轻度角膜混浊,经1~2 d后自然消退。此外,如犬传染性肝炎-犬瘟热二联苗,犬传染性肝炎-犬瘟热-钩端螺旋体三联苗等联苗也已普遍推广应用。

病初发热期用高免血清进行治疗可以抑制病毒扩散。然而,一旦出现明显的临诊症状,由于已经产生广泛的组织病变,即使应用大剂量高免血清也很少有效。对于轻型病例,采取静脉补液等支持疗法或对症疗法有助于病犬康复。可用抗生素或磺胺类药物防止细菌继发感染。

8.54 兔波氏杆菌病

兔波氏杆菌病是由支气管败血波氏杆菌引起的一种家兔常见的慢性呼吸道传染病。其特征是发生慢性鼻炎和支气管肺炎,成年兔发病较少,幼兔发病率及死亡率较高。

(1) 病原

本病病原为支气管败血波氏杆菌。革兰阴性球杆菌,偶尔有呈长杆状和丝状者,有鞭毛,能运动,不形成芽孢,大小为$(0.5\sim1.0)\mu m\times(1.5\sim4)\mu m$,常呈两极染色。在普通培养基上生长良好,形成圆形隆起光滑闪光的小菌落。麦康凯培养基上生长良好,菌落大而圆整、光滑、不透明,呈乳白色。在鲜血培养基上一般不溶血,但有的菌株具有溶血能力。不发酵糖类,不形成吲哚,不产生硫化氢,能分解尿素,V-P试验阳性。本菌具有菌相变异特性,在动物体内或培养基上常发生光滑型(S)至粗糙型(R)的变异。将S型苗称为Ⅰ相苗,具有荚膜抗原和不耐热的坏死毒素,在实验动物感染中具有高度致病性和免疫原性;R型苗为Ⅲ相苗,荚膜和毒力几乎完全丧失;Ⅱ相菌为过渡型,介于Ⅰ相与Ⅲ相菌之间,毒力较弱。

用本菌纯培养物滴入健康兔和豚鼠的鼻黏膜能引起典型的病变。给豚鼠、小鼠静脉、胸腔和气管注射本菌纯培养物时,经过数小时即可发病。用同样方法给兔注射则不如豚鼠和小鼠易感,但能引起支气管肺炎。本菌抵抗力不强,58 ℃加热15 min可杀死,常用消毒药物均能将其杀死。

(2) 流行病学

豚鼠、兔、犬、猫等均可感染本菌。主要通过飞沫传染,病兔和带菌兔经接触通过呼吸道把病原菌传给健康兔,任何年龄的兔都能感染,仔兔和青年兔较成年兔易感性高。当机体受到各种不良应激,如气候骤变、营养不良、寄生虫病等抵抗力下降,或者由于带有尘土的饲料和兔舍内刺激性气体的刺激时,可引起上呼吸道黏膜感染而发病。鼻炎型经常呈地方流行性,支气管肺炎型呈散发性,以春、秋两季多发。本病常与巴氏杆菌病、李斯特菌病并发,而且在秋末、冬季、初春时易发和流行。

(3) 临诊症状

兔在感染后多呈隐性经过。幼兔感染时,1周左右出现临诊症状,10 d左右形成支气管肺炎,血中凝集抗体于12~13 d开始上升,感染后15~20 d病情明显恶化而死亡。耐过兔进入恢复期后病变症状随之减轻,病原菌也随之由肺脏、气管下部、气管上部依次消失,2个月后大部分动物体内检不出病原菌,但是有一部分感染兔的鼻腔或气管仍有病原菌残存,至感染后5个月消失。

幼兔断乳后感染几乎见不到肺部病变,但是鼻汁分泌增加而出现鼻炎症状,成为长期持续保菌兔。根据临诊表现分为鼻炎型和支气管肺炎型。

鼻炎型 此型在家兔中经常发生,鼻腔流出少量浆液性或黏性分泌物,后期变为脓性;当诱因消除或经过治疗后,病兔可在较短时间内恢复正常。

支气管肺炎型　此型多见于成年兔,其特征是鼻炎长期不愈,鼻腔流出黏液性甚至脓性分泌物,呼吸加快,食欲不振,精神委顿,逐渐消瘦,病程较长,一般经过 7~60 d 死亡。有的病兔虽然经数月不死,宰后可见肺部有病变。

(4) 病理变化

病理剖检变化　鼻炎型病兔鼻黏膜充血,有多量浆液性或黏液性分泌物。支气管肺炎型病变主要在肺部,有时气管出血。肺表面光滑水肿,有暗红色实变区,切开后有少量液体流出,有的肺脏上有芝麻粒至鸽蛋大的脓疱,其数量不等,多者占肺体积的 90% 以上,脓疱内有黏稠的乳白色脓汁,也有少数病例可在肝脏上形成脓疱。

病理组织学检查　发生卡他性鼻炎时上皮细胞增生和脱落,上皮层中混有异质细胞浸润、上皮细胞核萎缩形成空泡,固有层异质细胞和淋巴细胞浸润。发生卡他性气管炎时上皮细胞和异质细胞轻度变性,固有层充血,慢性病例见固有层淋巴细胞和浆细胞浸润。肺炎病灶的肺泡内有多核白细胞和少量脱落上皮细胞及少量渗出液,随后渗出物减少,肺泡壁肥厚,支气管、血管周围有多量淋巴细胞簇集。一部分气管上皮增生肥大,造成末梢支气管狭窄。

(5) 诊断

根据流行特点、临诊症状、病理变化可做出初诊。要确诊本病必须做细菌分离和鉴定,也可用血清学方法确诊。

细菌分离和鉴定　从脓疱或鼻腔直接进行分离,将病料划线于麦康凯培养基上 37 ℃ 培养 24~48 h,菌落光滑、圆整、凸起、半透明、奶油样,直径 1 mm 左右,制备纯培养物后镜检或生化鉴定,必要时做血清型鉴定。

血清学诊断　应用血清学方法进行检疫是防制本病的重要措施。①凝集试验。动物感染后早的一周,晚的在 1~2 个月即产生凝集素。抗原为甲醛灭活的 I 相菌体。试管或平板凝集反应均适用,凝集价在 1∶20 以上者判为阳性。凝集试验特异性高,却灵敏性低,检出率不高,而且仔兔的母源抗体、疫苗接种后的免疫抗体均可显示阳性,所以应特别注意。②琼脂扩散试验。抗体在感染后 3~4 周可检测出。琼脂板为 0.7%~1.0% 琼脂糖 Tris 缓冲液制备。

(6) 防制

经常检疫,捕杀或淘汰阳性兔,建立无支气管败血波氏杆菌的兔群。注意加强饲养管理,改善饲养环境,做好防疫工作。对发病的家兔进行药物治疗,分离的支气管败血波氏杆菌应进行药敏试验,选择敏感药物对病兔进行治疗;用分离的支气管败血波氏杆菌制成灭活菌苗可进行预防注射,每年免疫 2 次,可以控制本病的发生。

第 9 章

动物产科疾病

动物产科疾病主要包括动物生殖解剖与产科生理、动物产科疾病两个方面的基础知识，其中动物生殖解剖与产科生理是做好动物产科疾病防治的重要基础。动物生殖解剖与产科生理主要讲述母畜的胎膜结构、发情、妊娠、分娩整个完整的生殖过程；动物产科疾病主要讲述生殖过程中的妊娠期疾病、产后期疾病、分娩期疾病、新生仔畜疾病、卵巢疾病、乳房疾病等。

9.1 生殖解剖与产科生理

9.1.1 胎膜

胎膜也叫胎衣,是胎儿与母体之间交换营养物质、气体及代谢产物的一个暂时性器官。在胎儿生下后,胎膜也随之排出体外。胎膜包括卵黄囊、羊膜、尿囊、绒毛膜、脐带及胎儿胎盘(图9-1)。

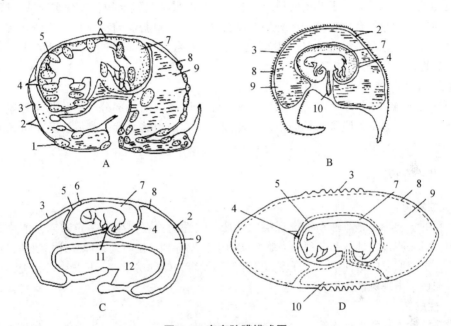

图 9-1 家畜胎膜模式图
A. 牛 B. 马 C. 猪 D. 犬
1. 胎儿胎盘 2. 尿囊绒毛膜 3. 绒毛膜 4. 尿囊羊膜 5. 羊膜 6. 羊膜绒毛膜
7. 羊膜囊 8. 尿囊 9. 尿囊腔 10. 卵黄囊及卵黄 11. 脐带 12. 坏死端

(1) 卵黄囊

卵黄囊在胚胎发育初期起着原始胎盘的作用,胚胎借卵黄囊和滋养层从子宫中吸收营养。脐带形成后卵黄囊萎缩并被包在脐带内。

(2) 羊膜

羊膜是最靠近胎儿的一层膜,它几乎是透明的,并在胎儿的脐孔处和胎儿的皮肤相连。羊膜与胎儿之间有一个腔,叫羊膜腔,腔内充满羊水。羊水具有缓冲外来压力、保护胎儿免受外界机械冲击的作用,分娩时可帮助开张子宫颈口及润滑产道。

(3) 绒毛膜

绒毛膜是胎膜的最外层,它包裹胚胎和其他胎膜。绒毛膜上分布有许多绒毛。动物种类不同,绒毛膜上绒毛的分布情况也不同。猪、马的绒毛膜上的绒毛均匀分布,反刍动物绒毛膜上的绒毛呈簇丛状分布。

（4）尿囊

尿囊为通过胎儿脐孔突出于羊膜与绒毛膜之间的一个囊。尿囊分为内外两层，内层与羊膜相粘连形成尿囊羊膜，外层与绒毛膜相粘连形成尿囊绒毛膜。尿囊内有尿水，因此尿囊相当于是胚胎的体外膀胱。

（5）胎盘

胎盘是胎儿与母体进行物质交换的场所，由胎儿胎盘与母体胎盘构成。绒毛膜上的绒毛称为胎儿胎盘。子宫内膜上与胎儿胎盘相对应，在妊娠过程中发生相应变化的那部分子宫内膜称为母体胎盘。

胎盘的类型有弥散型和子叶型两种。弥散型胎盘的特征是绒毛均匀地分布在绒毛膜的表面，胎儿胎盘与母体胎盘结合比较疏松，分娩时易分离。子叶型胎盘的特征是绒毛膜上有许多突出的绒毛叶，绒毛仅分布在绒毛叶上，母体子宫内膜上有数量相等的子叶，母体胎盘与胎儿胎盘结合紧密，分娩时不易分离。

（6）脐带

脐带是胎儿与其附属膜之间的联系物，又是胎儿附属膜的一部分，是胎儿与母体之间进行物质交换的通道。脐带外膜是由羊膜形成的羊膜鞘，其内由脐血管、脐尿管及卵黄囊的遗迹所构成。

9.1.2 母畜的发情

9.1.2.1 性发育

性发育的主要标志是雌性动物出现第二性征。雌性动物在出生后一定时期，生殖器官虽然生长发育，但无明显的性活动表现。当雌性动物生长发育到一定时期，卵巢开始活动，在雌激素的作用下，出现明显的雌性第二性征，如乳腺开始发育，使乳房增大；长骨生长减慢，皮下脂肪沉积速度加快，出现雌性体征。

9.1.2.2 性成熟

性成熟的标志是雌性动物第一次出现发情和排卵。发情是由于卵巢上的卵泡发育引起，受下丘脑—垂体—卵巢轴系调控。某些动物如绵羊（湖羊例外）、马和驴等的发情发生在某一特定季节，称为季节性发情；湖羊、山羊、猪、牛等动物一年四季均可发情，称为非季节性发情。雌性动物发情时，不仅在行为上有明显的改变，而且其生殖系统也发生一系列变化。

（1）卵巢变化

雌性动物一般在发情开始前 3~4 d，卵巢上的卵泡开始生长，至发情前 2~3 d 卵泡迅速发育，卵泡内膜增生，卵泡液分泌增多，卵泡体积增大，卵泡壁变薄而突出于卵巢表面，至发情征状消失时卵泡已发育成熟，体积达到最大。在激素的作用下，卵泡壁破裂，卵子从卵泡内排出。

（2）生殖道变化

发情时随着卵泡的发育成熟，雌激素分泌增加，孕激素分泌减少。排卵后开始形成黄体，孕激素分泌增加。由于雌激素和孕激素的交替作用，引起生殖道的显著变化主要表现在血管系统、黏膜、肌肉以及黏液的性状等方面。

雌性动物发情时随着卵泡分泌的雌激素量增多，生殖道血管增生并充血，至排卵前卵泡达到最大体积，雌激素分泌达到最高峰，生殖道充血最明显。排卵时，雌激素水平骤然降低，引起充血的血管发生破裂，使血液从生殖道排出体外。这种类似于灵长类动物"月经"的现象在奶牛和黄牛比较多见，有 80%~90% 处女牛、45%~65% 经产母牛经常在发情时从阴道流出血液，其他动物则极少发生这种现象。

发情时生殖道黏膜上皮细胞发生一系列变化。阴道黏膜在发情时呈现水肿和充血,表层上皮有白细胞浸润;外阴在发情时充血、肿胀,是鉴别发情的主要特征之一。

发情时子宫腺体生长发育加快并产生许多分支,分泌大量黏液,是鉴别发情的另一主要特征。排卵前由于雌激素的作用,子宫腺分泌大量稀薄黏液从阴道排出体外,排卵后由于孕激素的作用,黏液量分泌减少而变浓稠。

(3)行为变化

发情开始时,在卵泡分泌的雌激素和少量孕激素的作用下,刺激中枢神经系统,引起性兴奋。雌性动物兴奋不安,对外界环境变化特别敏感,表现为食欲减退、鸣叫、喜接近公畜,或举腰拱背、频繁排尿,或到处走动,甚至爬跨其他雌性动物或障碍物。雌激素对中枢神经系统的刺激作用需要少量孕激素的参与才能引起行为变化。雌性动物第一次发情时,由于卵巢没有黄体,血液中孕激素水平较低,常常发生安静发情,即只排卵而发情表现不明显。

9.1.2.3 性活动的分期

(1)初情期

雌性动物第一次出现发情表现并排卵的时期,称为初情期。

(2)性成熟期

雌性动物在初情期后,一旦生殖器官发育成熟、发情和排卵正常并具有正常生殖能力,则称为性成熟。动物的这一年龄阶段,称为性成熟期。性成熟期与初情期有类似的发育规律,即不同动物种类、同种动物不同品种、饲养水平、出生季节、气候条件等因素都对性成熟期有影响。

(3)适配年龄

雌性动物在性成熟期配种虽能受胎,但因为该阶段动物的身体尚未完全发育成熟,会影响母体及胎儿的生长发育和新生仔畜的成活,所以在生产中一般选择在性成熟后一定时期才开始配种。适配年龄又称配种适龄,是指适宜配种的年龄,适配年龄的确定应根据其具体生长发育情况和使用目的而定,一般比性成熟期晚一些。

9.1.3 妊娠

9.1.3.1 妊娠识别

受精后,妊娠早期胚胎产生某种化学因子(激素)作为妊娠信号传给母体,母体随即做出相应的生理反应,以识别和确认胚胎的存在。为胚胎和母体之间生理和组织的联系做准备,这一过程称为妊娠识别。妊娠识别的实质是胚胎产生某种抗溶黄体物质,作用于母体的子宫或(和)黄体,阻止或抵消 PGF2a 的溶黄体作用,使黄体变为妊娠黄体,维持母畜妊娠。不同动物的妊娠信号的物质形式具有明显的差异:牛、羊胚胎产生的滋养层糖蛋白;猪囊胚滋养外胚层合成的雌酮和雌二醇,以及在子宫内合成硫酸雌酮。这些物质都具有抗溶黄体的作用,促进妊娠的建立和维持。妊娠识别后,母畜即进入妊娠的生理状态。各种家畜妊娠识别的时间不同,配种后猪为 10~12 d、牛为 16~17 d、绵羊为 12~13 d、马为 14~16 d。

9.1.3.2 妊娠母畜的主要生理变化

(1)生殖器官的变化

卵巢 受精后有胚胎发育时,母体卵巢上的黄体转化为妊娠黄体继续存在,分泌孕酮,维持妊娠,发情周期中断。妊娠早期,卵巢偶有卵泡发育,致使孕后发情,但多不能排卵而退化、闭锁。

子宫 妊娠期随着胎儿的发育子宫容积增大,子宫肌层保持着相对静止和平稳的状态,以防胎儿的过早排出。胚胎附植前,在孕酮的作用下子宫血管增加、子宫腺增长并卷曲。附植后,子宫肌层肥大,结缔组织基质广泛增生,纤维和胶原含量增加。子宫扩展期间,自身生长减慢,胎儿迅速生长,子宫肌层变薄,纤维拉长。

子宫颈 内膜腺管数增加并分泌黏稠黏液封闭子宫颈管,称为子宫栓。牛的子宫颈分泌物较多,妊娠期间有子宫栓更新现象,子宫栓在分娩前液化排出。

阴道和阴门 妊娠初期,阴门收缩紧闭,阴道干涩;妊娠后期,阴道黏膜苍白,阴唇收缩;妊娠末期,阴唇、阴道水肿,柔软有利于胎儿产出。

(2)母体全身的变化

妊娠后,随着胎儿生长,母体新陈代谢加强,食欲增加,消化能力提高,营养状况改善,体重增加,被毛光润。妊娠后期,胎儿迅速生长发育,母体常不能消化足够的营养物质满足胎儿的需求,需消耗前期贮存的营养物质,供应胎儿。胎儿生长发育最快的阶段,也是钙、磷等矿物质需要量最多的阶段,往往会造成母畜体内钙、磷含量降低。若不能从饲料中得到补充,则易造成母畜缺钙,出现后肢跛行、牙齿磨损快、产后瘫痪等表现。

在胎儿不断发育的过程中,由于子宫体积的增大、内脏受子宫的挤压,引起循环、呼吸、消化、排泄等器官适应性的变化。呼吸运动浅而快,肺活量变小。消化及排泄器官因受压迫,时常出现排尿次数增加而量减少。

9.1.3.3 妊娠期

各种动物的妊娠期有明显的差异(表9-1)。同品种动物的妊娠期也受年龄、胎数、胎儿性别和环境因素的影响。

表9-1 各种动物的妊娠期

种类	平均/d	范围/d	种类	平均/d	范围/d
牛	282	276~290	马	340	320~350
水牛	307	295~315	驴	360	350~370
牦牛	255	226~289	犬	62	59~65
猪	114	102~140	猫	68	55~60
羊	150	146~161	兔	30	28~33

一般早熟品种妊娠期较短。初产母畜、单胎动物怀双胎、怀雌性胎儿以及胎儿个体大等情况,会使妊娠期相对缩短。多胎动物怀胎数更多时会缩短妊娠期;家猪的妊娠期野猪短;马怀骡时妊娠期延长;小型犬的妊娠期比大型犬短。

9.1.4 分娩

妊娠期满、胎儿发育成熟、母体将胎儿及其附属物排出体外的生理过程称为分娩。

9.1.4.1 决定分娩过程的要素

分娩的过程主要受产力、产道和胎儿3个因素影响。如果这3个因素正常并能够相互适应,分娩就顺利,否则就可能发生难产。

(1)产力

将胎儿从子宫内排出的力量称为产力。它是由子宫肌和腹肌有节律的收缩共同构成的。子宫肌的收缩称为阵缩,是分娩过程中的主要动力。腹壁肌和膈肌的收缩称为努责,它在分娩的产出期与子宫肌收缩协同,对胎儿的产出也起着十分重要的作用。

子宫肌的收缩由子宫底部开始，向子宫方向进行，收缩具有间歇性、一阵阵的。初期收缩持续时间短、力量不强、间歇不规律，以后逐渐变得收缩持续时间较长、规律、有力。每次收缩也由弱到强，持续一段时间又减弱消失。母畜血液中乙酰胆碱和催产素均有促进子宫收缩的作用。这种阵缩对胎儿的安全非常重要，如果收缩没有间歇性，胎盘上的血管受到持续性压迫，血液循环中断，胎儿缺少氧气供应，在胎儿排出过程中，就可能发生窒息。在每次收缩间歇时，子宫肌的收缩虽然暂停，但它并不完全弛缓，子宫角也不恢复到收缩前的大小，因为子宫肌除了缩短以外，还发生皱缩，使子宫壁逐渐变厚，子宫腔渐次变小。

(2) 产道

产道是分娩时胎儿产出的必经之道，分为软产道和硬产道。

软产道：由子宫颈、阴道、前庭和阴门构成。在正常情况下软产道分娩前数天开始变软，松弛，到分娩时能够扩张。

硬产道（又称骨盆）：主要由荐骨与前3个尾椎、髋骨（耻骨、坐骨、髂骨）及荐坐韧带构成。

①入口：是腹腔通往骨盆的孔道。斜向前下方，由上方的荐骨基部、两侧的髂骨及下方的耻骨前缘围成。骨盆入口的大小由荐耻径、横径及倾斜度所决定。

荐耻径（上下径）：是岬部到骨盆联合前端的连线长度。岬部是第一荐椎体向下突出的地方。

横径：有上、中、下3条。上横径是荐骨基部两端之间的距离；中横径是骨盆入口最宽部分的宽度，即两髂骨干上的腰肌结节之间连线的长度；下横径是耻骨两端之间连线的长度，倾斜度是髂骨与骨盆底所构成的夹角。

荐耻径、中横径的长度决定骨盆入口的大小，两者长度的差距决定入口的形状，差距越小，越接近圆形。骨盆入口要求大而圆，越大越圆，胎头越容易进入骨盆腔。倾斜度要求大，倾斜度越大，髂骨干越向前方倾斜，骨盆顶后端的活动部分就越向前移，胎儿通过骨盆狭窄部即两侧坐骨上棘之间时，骨盆顶就容易向上扩大，便于胎儿通过。

②出口：是上由第三尾椎，两侧由荐坐韧带的后缘及下方的坐骨弓形成。出口的上下径是当第三尾椎体和坐骨联合后端连线的长度。由于尾椎活动性大，上下径在分娩时容易扩大。出口的横径是两侧坐骨结节之间的连线，坐骨结节构成出口侧壁的一部分，因此结节越高，出口的骨质部分越多，越妨碍胎儿通过。

③骨盆腔：骨盆入口与出口之间的腔体，称为骨盆腔。骨盆腔的大小决定于骨盆腔的垂直径及横径。垂直径是由骨盆联合前端向骨盆顶所作的垂线。横径是两侧坐骨棘之间的距离。坐骨上棘越低，则荐坐韧带越宽，胎儿通过时骨盆腔就越能扩大。

④骨盆轴：骨盆轴是一条假想线。它通过入口荐耻径、骨盆垂直径及出口上下径3条线的中点，线上的任何一点距骨盆壁内面各对称点的距离都是相等的。它代表胎儿通过骨盆腔时所走的线路。骨盆轴越短、越直，胎儿的通过就越容易。母畜骨盆及骨盆轴的比较如图9-2所示。各种母畜的骨盆特点：

牛（奶牛、黄牛）　骨盆入口横径比荐耻径小，因此呈竖的椭圆形，倾斜度也较小，骨盆底下凹，荐骨突出于骨盆腔内，骨盆侧壁的坐骨上棘很高而且斜向骨盆腔，因此横径小、荐坐韧带窄，出口处坐骨结节高，妨碍胎儿通过。骨盆轴是先向上再水平，然后又向上形成一曲折的弧线，因此胎儿通过较其他家畜稍难。

水牛　水牛骨盆入口中横径比荐耻径稍小，近乎圆形，倾斜度比其他牛大，而且出口较大，骨盆底较平坦，骨盆轴同牛。

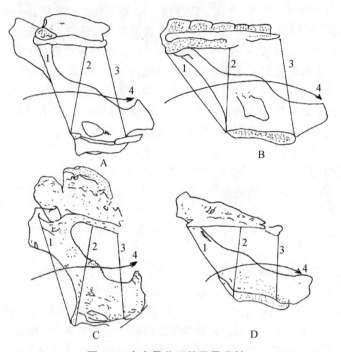

图 9-2　家畜骨盆形状及骨盆轴
A. 牛　B. 猪　C. 水牛　D. 山羊
1. 入口荐耻径　2. 骨盆腔垂直径　3. 出口上下径　4. 骨盆轴

猪　猪的骨盆入口和牛的相似，但倾斜度很大且坐骨发达，坐骨后部较宽。骨盆轴向后下倾斜，近似直线，胎儿通过较容易。

羊　绵羊和山羊的骨盆构造和牛的很相似。髂骨较向前倾斜，与骨盆底呈30°~40°。骨盆入口的倾斜度比牛的大，荐骨不向骨盆腔突出，荐骨后方的数枚椎骨具有活动性，骨盆腔的垂直径在第四或第五荐骨上。坐骨结节较小，骨盆底也较平坦，骨盆轴为稍向下弯的弧形，胎儿通过较易。

（3）分娩时胎儿与母体产道的关系

胎向　即胎儿的方向。它表示胎儿身体纵轴与母体纵轴的关系。胎向有3种。

纵向：胎儿的纵轴与母体的纵轴互相平行时叫纵向。习惯上又将纵向分为两种：一种是胎儿的方向和母体的方向相反，即头和前腿先进入产道，称为正生；另一种是胎儿的方向和母体的方向相同，即后腿或臀部先进入产道，称为倒生。

横向：胎儿横卧于子宫内，胎儿的纵轴与母体的纵轴呈水平垂直时叫横向。胎儿背部向着产道的，称为背部前置的横向（背横向）；腹壁向着产道（四肢伸入产道），称为腹部前置的横向（腹横向）。

竖向：胎儿的纵轴向上与母体的纵轴垂直时叫竖向。有的背部向着产道，称为背竖向；有的腹部向着产道，称为腹竖向。

纵向是正常的胎位，横向及竖向是异常的。严格的横向及竖向通常是没有的，只是程度不同地倾向于横向、竖向。

胎位　即胎儿的位置。表示胎儿的背部和母体背部或腹部的关系。胎位有3种。

上位（背荐位）：胎儿伏卧在子宫内，背部在上，靠近母体的背部及荐部。

下位（背耻位）：胎儿仰卧在子宫内，背部在下，向着母体的腹部及耻骨。

侧位（背髂位）：胎儿侧卧在子宫内，背部位于一侧，靠近母体左或右侧腹壁及髂骨。

上位是正常的，下位和侧位是异常的。侧位如果倾斜不大，称为轻度侧位，可视为正常。

胎势　即胎儿的姿势。

前置　又叫先露，是指胎儿最先进入产道的部分。哪一部分向着产道，就叫哪一部分前置。在胎儿性难产，常用"前置"这一术语来说明胎儿的异常情况。例如，前肢的腕部是屈曲的，没有伸直，腕部向着产道，叫作腕部前置；后肢的髂关节是屈曲的，后肢位于胎儿自身之下，坐骨向着产道，叫作坐骨前置。

9.1.4.2　分娩预兆

(1) 一般预兆

母畜分娩前，在生理和形态上发生一系列变化，称为分娩预兆。根据这些变化的全面观察，可以大致预测分娩时间，以便做好助产的准备。

乳房　在分娩前迅速发育，腺体充实。有的在乳房底部出现浮肿，临近分娩时，可从乳头中挤出少量清亮胶状液体或初乳，有的出现漏乳现象。乳头的变化对估测分娩时间比较可靠，分娩前数天，乳头增大变粗。但营养状况不良的母畜，乳头变化不太明显。

外阴部　临近分娩前数天，阴唇逐渐柔软、肿胀、增大，阴唇皮肤上的皱襞展平，皮肤稍变红。阴道黏膜潮红，黏液由浓厚黏稠变为稀薄滑润。某些畜种由于封闭子宫颈管的黏液塞软化，流入阴道而排出阴门外，呈透明、能够拉长的条状黏液。子宫颈在分娩前数天开始松软肿胀。

骨盆韧带　在临近分娩的数天内，变得柔软松弛，特别明显的是位于尾根两侧的荐坐韧带后缘由硬变得松软，因此荐骨的活动性增大，当用手握住尾根上下活动时，能够明显感觉到荐骨后端容易上下移动。由于骨盆部韧带的松弛，臀部肌肉出现明显的塌陷现象。

行为　行为方面有明显改变，如猪在分娩前 6~12 h 有衔草做窝现象，家兔则扯咬自己的腹部被毛做窝。分娩前数天，多数家畜出现食欲下降，行动谨慎小心，喜好僻静地方，群牧时有离群现象。

(2) 各种动物分娩预兆的特点

牛　乳房在分娩前变化较明显。特别是初产牛的乳房在妊娠后 4 个月开始增大，到妊娠后期胀大更快，乳头表面呈蜡状的光泽，分娩前数天可从乳头中挤出少量清亮胶样的液体，至产前 2 d 乳头中充满初乳。乳牛的体温变化也可以作为判断分娩时间的依据。母牛妊娠 7 个月开始，体温逐渐上升，可达 39 ℃。至产前 12 h 左右，体温下降 0.4~0.8 ℃。

猪　在临产前腹部大而下垂，卧下时能看到胎儿在腹内蠕动。猪的阴唇肿胀松弛开始于分娩前 3~5 d，中部两对乳头中可以挤出少量清亮液体。至产前 1 d，有的发生漏乳，也有的可以挤出数滴初乳。但营养较差的母猪，乳房的变化不太明显，要依靠综合征候才能做出准确的判断。

羊　临近分娩时，骨盆韧带和子宫颈松弛，同时子宫的敏感性和胎儿的活动性都有所增加。大约在分娩前 12 h 子宫内压开始增高，压力波随接近分娩而增强。子宫颈先是缓慢地扩张，到分娩前 1 h 迅速扩张。羊在分娩前数小时，出现精神不安，用蹄刨地，频频转动或起卧，并喜接近其他母羊的羔羊。

犬　在分娩前 2 周内乳房开始膨大，分娩前数天乳房分泌乳汁，骨盆和腹肌持续松弛，同时可看到阴门水肿从阴道内流出黏液。通常在分娩的前夜，母犬不愿离开它的住处，往往拒绝采食。临产前母犬不安、喘息、寻找僻静之处筑窝。一旦分娩的确定征状出现后，母犬就很少改变它所选好的分娩场所。

猫　在分娩前1周，活动量减少，常寻找僻静温暖而黑暗的场所。产前1~2 d，会阴部肌肉松弛，乳房肿胀，乳头突出并变为深粉红色，母猫出现营窝行为，对陌生人的敌对情绪增强。

兔　多数母兔在临产前数天，乳房肿胀，可挤出乳汁，胁部凹陷。外阴肿胀、充血，黏膜潮红湿润。食欲减退，甚至绝食。在临产前数小时或2~3 d内，开始衔草营巢，并将自己胸前、肋下及乳房周围的毛撕下来，衔入巢箱内做窝。

9.1.4.3　分娩的过程

分娩期是从子宫开始收缩到胎儿及其附属物完全排出为止。可将其划分为3个阶段，即开口期、胎儿产出期和胎衣排出期。

(1) 开口期

开口期是从子宫开始阵缩，到子宫颈口充分开张，与阴道之间的界限消失为止，但牛、羊的子宫颈与阴道间的界限不能完全消失。这一期的特点是只有阵缩而不出现努责。初产畜表现不安，时起时卧，徘徊运动，尾根抬起，常做排尿姿势，食欲减退。但经产畜一般表现安静，有时看不出什么明显的表现。

由于子宫颈的扩张和子宫肌的收缩，迫使胎水和胎膜推向已松弛的子宫颈，促使子宫颈扩张。开始每15 min左右子宫肌收缩一次，每次持续约20 s。但随着时间的进展，收缩频率、强度和持续时间增加，到最后每隔几分钟便出现一次收缩。

(2) 胎儿产出期

从子宫颈充分开张至产出胎儿为止。这一阶段的特点是阵缩和努责共同作用，而且都很强烈，每次阵缩和努责的持续时间长，间歇期短。产畜表现烦躁不安，时常起卧，前肢刨地，后肢踢腹部，呼吸和脉搏加快。产畜通常侧卧，四肢伸直，强烈努责直至产出胎儿。

(3) 胎衣排出期

胎衣是胎儿附属膜的总称，其中也包括部分断离脐带。这一阶段是从胎儿产出后到胎衣完全排出为止。其特点是当胎儿产出后，母畜即安静下来，经过几分钟后，子宫主动收缩有时还配合轻度努责而使胎衣排出。

9.1.4.4　各种动物分娩期的特点

(1) 牛

努责开始后常卧下，羊膜绒毛膜形成囊状突出阴门外，该膜为淡白或微黄色半透明，膜上有少数细而直的血管，内有羊水和胎儿。羊膜绒毛膜囊破裂后排出羊水和胎儿。羊水浓稠，颜色淡白或微带黄色。胎儿产出后，在胎衣排出期，尿囊绒毛膜囊开始破裂流出黄褐色尿水。因此，牛的第一胎水一般是羊水，但有时尿囊绒毛膜也可先破裂，然后尿囊羊膜囊才突出阴门破裂。牛的胎衣排出期时间较长一般为2~8 h，最长的可达12 h。这与牛胎盘属于上皮结缔绒毛膜型胎盘、构造较为复杂、胎儿胎盘和母体胎盘结构紧密相关。

(2) 猪

猪分娩时都是侧卧。子宫除了纵的收缩外，还有分节收缩。子宫收缩从距离子宫颈最近的胎儿前方开始，子宫的其余部分则不收缩，然后两个子宫角轮流收缩，逐渐达到子宫角尖端。猪的胎膜不露出阴门外，胎水也少，当猪努责1~4次即可产出一仔，娩出两个胎儿的间隔时间通常为5~20 min或更短，猪产出期所需时间因胎儿多少而异，一般为2~8 h。产后10~60 min，先后从两个子宫角排出两堆胎衣，每个胎儿的胎衣彼此套叠，粘连在一起。

(3) 羊

基本和牛相似。羊在一昼夜任何时间都能产羔。但在上午 9：00~12：00 和下午 3：00~6：00 产羔稍多。胎衣通常在分娩后 2~4 h 内排出。

(4) 犬

犬胎儿的数目因品种不同而异，一般每胎产 2~8 只。分娩时，母犬以腹部和子宫的节律性收缩将胎儿排出。产仔间隔为 5~60 min，母犬产仔时往往沿着它的窝周围走动，舔净仔犬身上的黏液，自行咬断脐带和撕破仔犬身上的囊膜。多数母犬吞食掉胎衣，母犬从分娩开始到产仔结束，一般 3~6 h。

(5) 猫

猫在分娩前表现不安、鸣叫。从胎膜破裂到产出第一个胎儿需 30~60 min，产出胎儿时常发出尖叫声。每产一个胎儿，母猫就快速舔胎儿，咬断脐带，有的母猫先清洁自身，然后才舔仔猫。产仔间隔时间为 5~60 min，整个产仔过程 2~6 h。胎衣一般随各仔一同排出。母猫有吃胎衣的习性。

(6) 兔

母兔临产前表现精神不安，四爪刨地，顿足，腹痛，弓背努责，排出胎水不久仔兔便顺次连同胎衣等一并产出。母兔边产边将仔兔脐带咬断，并将胎衣吃掉，同时舔干仔兔身上的血迹和黏液，分娩即告结束，最后跳出巢箱或穴洞，觅水。母兔的分娩时间比较短，一般整个分娩过程约 30 min。但也有个别母兔产下一批仔兔后，间隔数小时，甚至数十小时再产第二批仔兔。所以，分娩结束后，应认真触摸腹部，以确定有无残留胎儿尚未排出。

9.1.4.5 接产

接产的目的在于对母畜和胎儿进行观察，并在必要时加以帮助，避免胎儿和母体受到损伤，达到母仔安全。但应特别注意，接产工作一定要根据分娩的生理特点进行，不要过早过多地进行干预。

(1) 接产前的准备

产房　接产前准备专用的产房或分娩栏。产房除要求清洁干燥，阳光充足，通风良好无贼风外，还应宽敞，以免因为狭窄使母畜踏伤仔畜或妨碍助产。墙壁及饲槽须便于消毒。猪的产房内还应设仔猪栏，以避免母猪压死仔猪。天冷的时候，产房须温暖，特别是猪，温度应不低于 15~18 ℃，否则分娩时间延长，且仔猪死亡率增高。根据预产期，应在产前 7~15 d 将待产母畜送入产房，以便让它熟悉环境。

用具及药品　在产房里，接产用具及药品(70%酒精、2%~5%碘酊、煤酚皂溶液、催产药物等)应放在指定的地方，以免临时缺此少彼，造成不便。条件许可时，最好备有一套常用的手术助产器械。

接产人员　接产人员应当受过接产训练，熟悉各种母畜分娩的规律，严格遵守接产的操作规程及必要的值班制度。

(2) 正常分娩的接产

接产步骤和方法　为保证胎儿顺利产出和母仔的安全，接产工作应在严格消毒的原则下进行。现以牛为例介绍其步骤和方法：①清洗母畜的外阴部及其周围并消毒。用绷带缠好尾根，拉向一侧系于颈部。在产出期开始时，接产人员穿好工作服及胶围裙、胶靴，消毒手臂准备做必要的检查。②为了防止难产，当胎儿前置部分进入产道时，可将手臂消毒、润滑后伸入产道，进行临产检查，以确定胎向、胎位及胎势是否正常，以便对胎儿的异常做早期诊断。及早发现、及早矫正，不但容易克服难产，甚至还能救活胎儿。③当胎儿唇部或头部露出阴门外时，如果上面盖有羊膜，可把它撕破，并把胎儿鼻孔内的黏液擦净，以利呼吸。但也不要过早撕破，以免胎水过早流失。④注意观察努责及产出过程是否正常，如果母畜努责阵缩微弱，无力排出胎儿；产道狭窄，或胎儿过大，产仔滞缓；正生时胎头通过阴门困难，迟迟没有进展；倒生时，因为脐带可能被挤压于胎儿和骨盆底之间，妨碍血液流通，均须迅速拉出，以免胎儿因氧的供应受阻，反射性地发生呼吸，吸入羊水，引起窒息。

  新生仔畜的护理 ①预防吸入羊水窒息。胎儿产出后，应立即将其鼻、口内及其周围的羊水擦干并观察呼吸是否正常。如无呼吸或呼吸不正常须立即抢救。犬在出生时身上包有一层囊膜，如母犬未撕破应立即撕破。②处理脐带。胎儿产出时，有的脐带随母畜站立或仔畜移动而被扯断，对于大家畜最好将其剪断。但在剪断之前应将脐带内血液挤入仔畜体内。这对增进幼畜健康很有好处。并且脐带断端不宜留过长。断脐后，可将脐带断端在碘酊内浸泡片刻或在其外面涂以碘酊，并将少量碘酊倒入羊膜鞘内。断脐后如有持续出血，须加以结扎。③擦干仔畜身体。猪、犬等小动物的胎儿产出后应将其身上的羊水擦干，天冷时尤须注意，以免受到冻害，乳猪须放到相应的保温设施中(30~35℃)；牛犊和羊羔应让母畜舔干，这样母畜可以吃入羊水，增强子宫收缩，加速胎衣的脱落；还可以使母畜识仔，这在群牧的畜群中建立母仔之间的牢固联系具有特别的重要意义。擦干或由母畜舔干仔畜，还可以促进仔畜的血液循环。④扶助仔畜站立。大家畜的新生仔畜产出不久即试图站起，但是最初一般是站不起来的，宜加以扶助，以免摔伤或骨折。⑤辅助哺乳。仔畜出生后一般都能自行寻找乳头吮乳。但对于体弱者或母性不强而拒绝哺乳的母畜，应辅助仔畜找到乳头或强迫母畜哺乳，让仔畜及时吮上初乳。对于猪等多胎动物，在分娩结束前，就应让已出生的仔畜吮乳，以免仔畜的叫声干扰母畜继续分娩。在辅助仔猪哺乳时，可按仔猪强弱相对固定乳头。⑥预防注射。对新生仔畜和母畜最好注射破伤风抗毒素，以防感染破伤风。⑦寄养或人工喂养。寄养就是给那些母畜无乳或死亡，或因仔过多而得不到哺乳的新生仔畜找产期相近的保姆畜代哺乳。但母畜一般对非亲生仔畜排他性很强，寄养前应将仔畜身上涂以保姆畜的乳汁或尿液，使仔畜身上带有保姆畜的气味，然后再将仔畜放在保姆畜身边。尽管如此，有些保姆畜仍然怀疑而咬仔畜，故在寄养的头几天应注意监护。如果一时找不到合适的保姆畜，也可用牛奶或代乳品进行人工喂养。

9.2 妊娠期疾病

9.2.1 流产

  流产是指胎儿或母体的生理过程发生紊乱，或它们之间的正常关系受到破坏而导致的妊娠中断，胚胎在子宫内被吸收或者排出死亡的胎儿。流产可发生于母畜妊娠的各个阶段，但以妊娠早期多见。流产的原因非常复杂，概括起来可分为传染性流产和非传染性流产。

9.2.1.1 病因

(1)传染性流产

  传染性流产是由于孕畜感染传染病和寄生虫病而引起的流产，可以是侵害胎膜、胎儿及孕畜生殖器官引起的自发性流产，如布鲁氏菌病、胎毛滴虫病、马沙门菌病和锥虫病；也可以是作为疾病的一种症状而发生的症状性流产，如结核、马传染性贫血、牛环形泰勒焦虫病等。

(2) 非传染性流产(普通性流产)

非传染性流产是由非传染性因素所引起的一类流产，可大致归纳为以下两种：

①自发性流产：以胎膜及胎儿发育畸形所致者较多见。

胎膜异常：若胎膜异常，则胎儿和母体间物质交换受阻，胎儿不能正常发育而致流产发生。胎膜异常有时为先天性的，如子宫发育不全或胎膜绒毛发育不全可导致胎盘结构异常或胎盘数量不足；有时则可能为后天性的，子宫黏膜发炎变性，致使胎膜绒毛膜上的绒毛不能与发炎变性的子宫黏膜发生联系而退化。

胚胎发育停滞：配子(精子或卵子)衰老或存在缺陷、染色体异常、配种过迟、近亲繁殖等因素，可降低受精卵活力，造成胚胎多数在发育途中死亡，也有的畸形胎儿可发育至足月。胚胎发育停滞所引起的流产多发生于妊娠早期。

②症状性流产：引起症状性流产的原因很多，还与畜种、个体反应程度和生活条件有关，也可能是几种原因的共同结果。

继发于某些疾病：母畜生殖器官疾病，如慢性子宫内膜炎、阴道脱、阴道炎、子宫黏连等疾病，可造成胎膜损伤，影响胎儿继续发育而引起流产。非传染性全身疾病，如瘤胃臌气、疝痛、妊娠毒血症、胃肠炎、肺炎等，也可导致流产发生。此外，引起体温升高、呼吸困难、高度贫血的疾病，均有可能引发流产。

饲养不当：饲料严重不足，以及饲料中矿物质和维生素含量缺乏均可引起流产；饲喂发霉、变质饲料或含有有毒物质的饲料也可引起流产；饲喂方式改变，使孕畜贪食过多或暴饮冷水也可引起流产。

管理不当：是散发性流产发生的重要原因之一，主要由于对孕畜使用和管理不当，使孕畜子宫或胎儿受到直接或间接的物理性损伤，引起子宫反射性收缩而致流产。

动物怀孕后，因地面光滑、暴力驱赶、出入圈舍时过分拥挤、剧烈运动、翻越障碍物等所引起的跌跤或冲撞，可使胎儿受到过度振动而发生流产。此外，使役过度、强烈应激和粗暴对待孕畜等，也是造成流产的重要原因。

医疗错误：误用引起子宫收缩的药物(如毛果芸香碱、氨甲酰胆碱、催产素、麦角制剂等)可引起流产；误用催情或引产药物(如雌激素制剂、前列腺素、地塞米松等)和孕畜忌用药物可导致流产；大剂量使用泻剂、利尿剂、驱虫剂，错误的注射疫苗，不恰当的麻醉等，均有可能引起流产；不规范的直肠检查、产道检查和超声波诊断(阴道、直肠探入)也可引起流产。

9.2.1.2 症状

(1) 隐性流产(胎儿消失)

妊娠初期，胚胎的大部分或全部被母体吸收，称为隐性流产。隐性流产常无明显的临诊表现，只是配种后诊断为怀孕的母畜，经过一段时间(牛经 40~60 d，马经 2~3 个月，猪经 1.5~2.5 个月)却再次发情，并从阴门中流出较多量的分泌物。

(2) 早产

流产的预兆和过程与正常分娩类似，胎儿是活的，但未经足月即产出，故称为早产。早产的产前预兆不像正常分娩预兆那样明显，往往仅在流产发生前 2~3 d 出现乳房突然胀大，阴唇轻度肿胀，乳房内可挤出清亮液体等类分娩预兆。

(3) 小产(半产)

提前产出死亡而未经变化的胎儿即为小产，这是最常见的流产类型。

(4)延期流产(死胎停滞)

胎儿死亡后由于阵缩微弱,子宫颈不开张或开张不大,胎儿死亡后长期停留于子宫内,称为延期流产。死胎在子宫内变成干尸或软组织被分解液化。早期不易被发现,但母畜怀孕现象不见进展,而逐渐消退,不发情,有时从子宫内排出污秽不洁的恶臭液体,并含有胎儿组织碎片和骨片。

9.2.1.3 诊断要点

主要根据临诊症状、直肠检查及产道检查来进行流产诊断。

配种后诊断为怀孕,但经过一段时间后却再次表现发情,这是隐性流产的主要临诊诊断依据。预产期未到,而孕畜出现腹痛不安、拱腰、努责、呼吸和脉搏加快,从阴道中排出多量分泌物或血液、污秽恶臭的液体,这是一般性流产的主要临诊诊断依据。对延期流产可借助直肠检查或产道检查的方法进行确诊。

9.2.1.4 治疗

针对不同类型的流产,采取不同的措施。

(1)安胎

对有流产征兆,子宫颈口尚未开张,胎儿仍存活且未被排出时,应使用抑制子宫收缩的药物,以安胎、保胎为治疗原则,以防流产。

①肌内注射孕酮:马、牛 50~100 mg,羊、猪 10~30 mg,犬、猫 2~5 mg,每日或隔日一次,连用数次。

②肌内注射盐酸氯丙嗪:马、牛 1~2 mg/kg,羊、猪 1~3 mg/kg,犬、猫 1.1~6.6 mg/kg。

③肌内注射 1%硫酸阿托品:马、牛 1~3 mL,犬、猫 0.5 mg/kg。

(2)促进子宫内容物排出

对有流产征兆,子宫颈口已开张,胎囊或胎儿已进入产道,流产难以避免时,应以促进子宫内容物排出为治疗原则,以免胎儿腐败引起子宫内膜炎,影响日后受孕。

如子宫颈口开张足够,则可用手将胎儿拉出;如胎儿位置及姿势异常,且胎儿已死亡时,可施行截胎术;如子宫颈开张不够,则应及时进行助产,也可肌内注射催产素以促进胎儿排出,或肌内注射前列腺素类药物以促进子宫颈口进一步开张。

(3)人工引产

当发生延期流产时,如果分娩机制仍未启动,则要进行人工引产。肌内注射氯前列烯醇,牛 0.4~0.8 mg,羊 0.2 mg,猪 0.1~0.2 mg。

取出干尸化及浸润胎儿后,需用 0.1%高锰酸钾或 5%~10%盐水等冲洗子宫,并注射子宫收缩药,以促进子宫中胎儿分解物的排出。对于胎儿浸润的治疗,除按子宫内膜炎处理外,还应根据全身状况配以必要的全身治疗。

9.2.1.5 预防

加强饲养管理,严禁饲喂冰冻、霉败及有毒饲料,防止孕畜暴食和暴饮。孕畜运动和使役要适当,防止挤压、碰撞、跌摔。合理选配,且应做好配种记录。妊娠诊断及直肠和阴道检查要严格遵守操作规程。孕畜患病时,要早诊断、早治疗,用药应谨慎。发生群发性流产时,要先采取隔离措施,同时及时进行实验室诊断,以防传染性流产散播。

9.2.2 产前截瘫

产前截瘫主要是妊娠末期母畜后肢不能站立的一种疾病。一般无其他临诊症状。多发生在产前1个月左右。

9.2.2.1 病因
①饲料中钙、磷含量不足或比例失调，是导致产前截瘫的主要原因。
②营养不良、圈舍阳光不足、缺乏运动等因素是引发产前截瘫的重要诱因。
③胎儿躯体过大形成对盆腔神经和血管的压迫，也可能引发产前截瘫。
④胃肠机能紊乱、慢性消化不良及维生素D缺乏等，影响小肠对钙的吸收，使血钙浓度降低，也可发生产前截瘫。

9.2.2.2 症状
瘫痪主要发生在后肢，发病初期表现为站立不稳，两后肢交替负重；行走时，后躯摇摆，步态不稳；卧地后，起立困难，或不愿起立。后期则不能站立，卧地不起。

9.2.2.3 诊断要点
瘫痪的局部不表现任何病理变化。痛觉检查反射正常。

9.2.2.4 治疗
①对于缺钙而引起的产前截瘫：可静脉注射钙制剂进行治疗。牛可静脉注射10%葡萄糖酸钙200～500 mL及5%葡萄糖500 mL，隔日一次；也可静脉注射10%氯化钙100～300 mL及5%葡萄糖500 mL，隔日一次；猪可静脉注射10%氯化钙20～30 mL及5%葡萄糖500 mL，隔日一次。为促进钙盐吸收，可肌内注射维生素AD，牛10 mL(1 mL含维生素A 50 000 IU，维生素D 5 000 IU)，猪、羊3 mL，隔2 d一次。猪可肌内注射维丁胶性钙1～4 mL，隔日一次，2～5 d后运动障碍即得到改善。
②对缺磷的患畜：可静脉注射磷酸二氢钾。
③对于病因复杂的病例：在进行对症治疗的同时，要耐心做好护理工作，并给予富含蛋白质、矿物质及维生素的易消化饲料。可结合针灸、电针等中医疗法进行治疗，也可选用后躯肌内注射或脊髓兴奋药物的方法进行治疗。

9.2.2.5 预防
①科学饲养：保证孕畜饲料中有足够的钙、磷、维生素及微量元素。
②科学管理：保证孕畜适量的运动及充足的光照。

9.2.3 阴道脱

阴道脱是指阴道的一部分形成皱壁，突出于阴门外，或者整个阴道翻转脱垂于阴门外（图9-3）。本病多发生于牛，其次是羊、猪，马较少见。多发生于妊娠中、后期，年老体弱的母畜发病率较高。

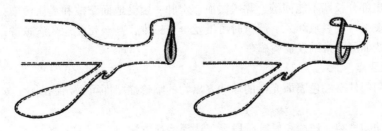

图9-3　阴道脱出模拟图

9.2.3.1 病因

①妊娠母畜年老经产，衰弱，营养不良，钙、磷等矿物质缺乏，运动不足，过度使役及阴道损伤等，使固定阴道的结缔组织松弛，是导致阴道脱发生的主要原因。

②胎儿过大，胎水过多，瘤胃臌气，便秘，腹泻，阴道炎，产前截瘫，分娩后努责过强等，致使腹内压增高，是导致阴道脱发生的诱因。

③妊娠末期，胎盘分泌的雌激素较多，或摄取富含雌激素的饲草，可继发阴道脱发生。

④难产助产时产道干涩、牵拉过度等造成固定阴道的组织松弛、腹内压升高和努责过强可造成阴道脱。

⑤人工授精或助产过程中，由于器械消毒不严或没有按操作规程进行，造成阴道的损伤或撕裂，引起炎症，努责过强时易造成阴道脱。

⑥牛、山羊的阴道脱与遗传有一定关系。海福特牛和绵羊均易发生阴道脱。

⑦犬阴道脱多发生于发情前期或发情期，这与遗传和雌激素过多有关。此外，母犬与公犬交配结束前被强行分开，也易致母犬发生阴道脱。

9.2.3.2 症状

按阴道脱发生的程度，可分为以下3种。

(1) 单纯阴道脱

尿道口前方部分阴道下壁突出于阴门外的外阴唇上，除稍微牵拉子宫颈外，子宫和膀胱未发生移位，阴道壁一般无损伤，或有浅表潮红和轻度糜烂。主要发生于产前。病初仅当患畜卧地时，前庭及阴道下壁（有时为上壁）形成皮球大、粉红湿润并有光泽的瘤状物，堵在阴门之内或露出于阴门之外。患畜站立后，脱出部分可自行回缩。若病因未被去除，随母畜的起卧，脱垂的阴道壁色泽改变，阴道周围往往可见延伸来的脂肪，或因分娩损伤，导致脱出的阴道壁逐渐增大，黏膜红肿、干燥。

(2) 中度阴道脱

阴道脱伴有膀胱和肠道也脱入骨盆腔内。可见患畜阴门外有囊状物脱出，起立后，脱出的阴道壁难以自行回缩，当组织发生水肿、充血时，患畜频频努责，使阴道脱更大，由粉红色转为暗红色，甚至黑色，表面干燥或溃疡，严重时则坏死及穿孔。

(3) 重度阴道脱

子宫和子宫颈后移，子宫颈脱出于阴门外。在脱出的末端，可见到黏液塞已变稀薄液化，下壁的下端可见到尿道口，排尿不顺利。胎儿的前置部分有时进入突出的囊内，触诊可以摸到。若脱出的阴道前段子宫颈明显并关闭紧密，则不易发生流产，若子宫颈外口已开启且界限不清，则常于24~72 h发生早产。

阴道的脱出部分长期不能回缩，黏膜淤血、水肿，因受地面摩擦和粪尿污染，常使脱出的阴道黏膜破裂、发炎、糜烂或坏死。严重时可继发全身感染，甚至死亡。久病患畜，精神沉郁，食欲减退，脉搏快而弱，常继发瘤胃臌气。

9.2.3.3 诊断要点

一般根据阴门外有红色表面光滑的球状突出物的临诊症状即可做出诊断。

9.2.3.4 治疗

根据患病动物种类、病情和妊娠阶段等，选择治疗方法。

(1) 轻度阴道脱

脱出部分较小，站立后可自行回缩的患畜，一般不需整复，但关键应防止复发。使患畜采取前低后高的站立姿势，以减轻腹内压，防止脱出部分继续增大。适当增加自由运动，减少卧地，加强营养，给予易消化饲料。内服补中益气散或枳朴益母散。

(2) 中度和重度阴道脱

阴道脱出部分严重不能自行回缩的患畜，应立即整复并加以固定，同时配以药物治疗。

①保定：前低后高体位站立保定，小动物可以倒提保定。

②麻醉：大家畜多用荐尾硬膜外腔麻醉，用2%普鲁卡因10 mL。中小动物全身麻醉。猪可用氯丙嗪1~3 mg/kg。犬、猫可用846合剂，犬0.1 mg/kg，猫0.3~0.5 mg/kg。

③清洗消毒：用温的0.1%高锰酸钾或0.1%新洁尔灭等，彻底清洗消毒，除去坏死组织，并涂以碘甘油或抗生素软膏。

④整复：用灭菌纱布托起脱出部，当患畜不努责时，乘势将脱出的阴道还纳复位，并轻轻揉压，使其充分复位。

⑤固定：整复后为防治复发，采取缝合阴门的方法固定。用粗缝线在阴门上做2~3道间断褥式缝合或圆枕缝合、双内翻缝合。阴门下1/3部分不缝合，以免影响排尿。缝合后定期消毒，以防感染。拆线不宜过早，最好先拆掉下方一结，无再脱出现象时，于第2天再拆除余下线结。若母畜一旦出现分娩预兆，应立即拆线。

9.2.3.5 预防

加强饲养管理，给予营养全面而足够的日粮；适当增加运动，提高全身组织的紧张性；预防和及时治疗使腹内压增高的各种疾病；在人工授精或助产过程中，严格器械消毒，并严格按操作规程执行，以免造成阴道损伤。

9.2.4 孕畜浮肿

孕畜浮肿，即妊娠浮肿，是妊娠末期孕畜腹下及后肢等处发生非炎性水肿。浮肿面积小，症状轻者，是妊娠末期的一种正常生理现象；浮肿面积大，症状严重者，则是病理状况。一般多发生于分娩前1月内，分娩前10 d浮肿最为明显，分娩后2周左右自行消退。多发生于奶牛和马。

9.2.4.1 病因

①妊娠末期，胎儿迅速生长发育，孕畜腹内压增高，乳房增大，运动量减少，导致腹下、乳房及后肢静脉回流缓慢，静脉压增高，静脉管壁通透性增大，使血液中的水分渗入组织间隙而引起浮肿。

②妊娠母畜新陈代谢旺盛，蛋白质需求增加，若饲料中蛋白质不足，则导致孕畜血浆蛋白下降，血浆胶体渗透压降低，使血液与组织液中水分的动态平衡被破坏，而致组织间隙水分积存，引起水肿。

③妊娠期孕畜内分泌功能发生变化，抗利尿素、雌激素、醛固酮等分泌增加，使肾小管远端钠的重吸收作用增强，组织内钠量增加，引起机体内水潴留。

④妊娠期间，母畜心脏和肾脏负担加重，运动不足时，也易发生水肿。

9.2.4.2 症状

浮肿一般从腹下及乳房开始，以后逐渐蔓延至前胸、后肢及阴门。浮肿呈扁平状，左右对称，触诊其质地如生面团，指压留痕，皮温稍低，触压无痛，皮肤紧张而光亮。当浮肿严重时，则可出现食欲减退，步态强拘等现象。

9.2.4.3 诊断要点

一般根据病因及临诊症状即可做出诊断。

9.2.4.4 治疗

①浮肿轻者：不必用药治疗。

②浮肿严重者：以加强血液循环、提高血浆胶体渗透压、促进组织水分排出为治疗原则。10%葡萄糖酸钙 300 mL、25%葡萄糖 1 500 mL、10%安钠咖注射液 10 mL，一次静脉注射（牛、马），每日 1 次，连用 3~5 d；也可配合肌内注射速尿（0.5 mg/kg），每日 1 次，连用 2~4 d。浮肿部位涂以用醋调成泥膏剂的复方醋酸铅散，或涂樟脑酒精，也有较好的疗效。对较严重的患畜，可内服苯甲酸钠咖啡因 5~10 g，或注射 20%苯甲酸钠咖啡因 20 mL，每日 1~2 次，连用 3~4 d。

③治疗时，给予富含蛋白质、矿物质及维生素的饲料，限制饮水，减少饲喂多汁饲料及食盐。

9.2.4.5 预防

保证孕畜有足够的活动空间，增加运动；饲喂体积小，蛋白质、维生素和矿物质丰富的饲料，限喂多汁饲料，适度限制饮水。

9.3　分娩期疾病

分娩是母畜的一种生理过程，这一过程能否正常进行，将取决于产力、产道和胎儿 3 个因素。正常情况下，三者总是相互协调的，从而使分娩能顺利地进行。如果其中任何一种因素发生异常，不能将胎儿顺利排出，就会使胎儿的产出过程延迟或受阻，造成难产。根据造成难产的原因将难产分为产力性难产、产道性难产和胎儿性难产。

9.3.1　难产的原因

①产力异常：由于母体营养不良、疾病、疲劳及分娩时外界因素的影响等，使孕畜产力减弱或不足。此外，不合理的使用子宫收缩剂，也可引起产力异常。

②产道异常：如骨盆畸形，骨折，子宫颈、阴道及阴门的瘢痕、粘连和肿瘤，以及发育不良，都可造成产道的狭窄和变形。

③胎儿异常：胎儿活力不足，畸形，过大，胎位的下位和侧位，胎势的胎头弯曲、关节屈曲等，以及胎向的横向或竖向，都可导致胎儿难以通过产道。

9.3.2　难产助产的准备

9.3.2.1　术前检查

（1）询问病史

查清妊娠的时间及胎次，分娩开始前和分娩时产畜的表现，胎膜是否破裂，羊水是否排出，做过何种处理，处理后的效果如何等。在猪尚需注意娩出胎儿的数目和两胎儿娩出的间隔时间。

（2）临诊检查

产畜全身状况的检查：尤应注意体温、脉搏、呼吸、精神状态、可视黏膜、努责程度及能否站立等。产畜外阴部的检查：应检查阴门、尾根两旁的荐坐韧带后缘是否松弛，能否从乳头中挤出初乳等，以判断妊娠是否足月，骨盆及阴门是否开张。产道及胎儿的检查：先以消毒过的手臂伸入产道，检查阴道黏膜的松软滑润程度、子宫颈的扩张程度和骨盆的大小等，进而判断胎儿的生死、胎位、胎向及胎势，以便决定助产的方法。胎儿生死的判定：可间接（胎膜未破时）或直接（胎膜以破时）触诊胎儿的前置部分进行判断。正生时，术者可将手指伸入胎儿口腔，注意有无吸吮动作;或轻拉舌头注意是否收缩;或以手指轻压眼球,注意有无反应;或牵拉、刺激前肢,注意有无向相反方向退缩,也可触诊胸壁感觉有无心跳。倒生时,最好是触诊脐带是否有搏动;也可牵拉或刺激后肢,注意有无反射活动;或将手指轻轻伸入肛门,注意有无收缩反射。胎位、胎向及胎势的判定:难产时的胎位,有正生下位、倒生下位、正生侧位、倒生侧位;胎向有腹部前置横向、背部前置横向、腹部前置竖向、背部前置竖向;胎势有正生时的头颈侧弯、头颈下弯、腕关节屈曲及肩关节屈曲,倒生时的髋关节屈曲和跗关节屈曲。

9.3.2.2 术前准备

(1) 场地的选择和消毒

助产最好在宽敞、平坦、明亮、温暖的室内进行。助产场地要用消毒液喷洒消毒,以防尘埃污染。

(2) 产畜的保定

以站立保定为宜,采取前低后高姿势,以便使胎儿能够向前推入子宫,不致楔入骨盆腔内,妨碍操作。如果母畜不能站立,则可使其侧卧,至于侧卧于哪一侧,主要以便于操作为原则。如胎儿头颈于左侧者,产畜右侧卧,反之则左侧卧。侧卧保定时,也应后躯垫高。若产畜努责剧烈不利于助产时,可进行硬膜外腔麻醉。

(3) 术部和术者手臂消毒

将产畜尾巴用绷带缠结并拉向一侧后,用肥皂水或消毒液清洗产畜外阴部及后驱,再用酒精棉球擦拭阴唇。术者手臂按外科手术常规消毒后,涂布灭菌的凡士林或石蜡油。

(4) 润滑产道

为了便于推回、矫正和拉出胎儿,尤其当胎水流尽、产道干燥、胎衣及子宫壁紧包着胎儿时,必须向产道及子宫内灌注温的润滑油。

(5) 常用的产科器械

产科绳,用作矫正胎儿的异常部分和拉出胎儿,根据使用的方法不同,常用单滑结和活结。产科绳导,在使用产科绳套住胎儿有困难时,可用金属制的绳导,将产科绳或线锯条带入产道,套住胎儿的某一部分。产科钩,用于牵引胎儿,有单钩、眼钩和复钩等。产科梃,用于将胎儿推入子宫便于整复,或矫正胎儿姿势的异常部分。产科钳,用于钳住皮肤或其他部位,以便拉出胎儿。产科刀,用于肢解胎儿。产科线锯,用于锯割胎儿,由线锯条、线锯管、线锯芯和线锯柄组成。胎儿绞断器,是目前较常用且效果好的大动物截胎器具。

9.3.3 难产助产的原则

①难产助产应及早进行,否则胎儿楔入产道,子宫壁紧裹胎儿,胎水流失及产道水肿,将妨碍矫正胎儿姿势及强行拉出胎儿。

②手术助产时,将母畜前低后高姿势保定,整复时尽量将胎儿推回子宫内,以便有较大的活动空间。只有在努责间歇期方能进行推进或整复,努责时拉。

③如果产道干燥,应预先向产道内注入液体石蜡等滑润剂,便于操作及拉出胎儿。

④使用尖锐器械时,必须将尖锐部分用手保护好,以防在操作过程中损伤产道。

⑤为了预防手术后感染,术后应用0.1%高锰酸钾溶液或0.1%雷佛奴尔溶液冲洗产道及子宫,排出冲洗液后放入抗生素或磺胺类药物。

9.3.4 常见难产的助产方法

(1)子宫颈狭窄

产畜经较强和较长时间的阵缩而未见胎膜或胎儿露出阴门之外,阴道检查时,子宫颈硬结而缺乏弹性,颈口仅能伸进 2~3 个手指,或勉强可以伸进一只手但紧箍手腕,或子宫颈紧箍胎儿的前肢和前额(正生),或子宫颈紧箍胎儿的后肢和臀部(倒生)。对此,可用产科绳系住胎儿的前肢或后肢,随产畜努责,一面逐渐加力牵拉,一面检查子宫颈管,待宫颈管和胎儿大小不太悬殊时将胎儿拉出;也可灌注溶有土霉素 5~10 g 的温水 5 000 mL 于宫腔,或用颠茄浸膏涂于宫颈,或用 5%~10%可卡因溶液宫颈注射,或用手扩张宫颈后强行拉出。当上述方法无效时,可考虑施行子宫颈切开术或剖腹产术。

(2)胎儿过大

多采用产道灌注润滑剂后强行拉出胎儿的办法,如无效,可行剖腹产或截胎术。

(3)头颈侧弯

胎儿前肢一长一短的伸出产道,触诊可触摸到屈转的胎儿头颈。助产时,先在胎儿的前肢系上绳子,一手擒拉胎儿眼眶或下额(或用产科绳套住胎头或下额,或用产科钩钩住胎儿眼眶),再以手或用产梃顶住胎儿胸部,在回推胎儿的同时,牵拉胎头,即可得以矫正。无效时,可行剖腹产术或截胎术。

(4)头颈下弯

从阴门外看不见胎儿蹄子,或仅见蹄尖,从产道可摸到前置的胎儿额部或颈部。额部前置时,只要将手伸向胎儿下颌的下面上抬,就能将胎头拉入骨盆而得以矫正,颈部前置时,可用产科梃顶住胎儿颈基部与前肢之间,一手擒住胎儿眼眶、下颌或耳朵(或用产科绳系住胎儿下颌),在前推胎儿的同时牵拉胎头即能矫正。无效时,实行截胎术或剖腹产术。

(5)腕部前置(腕关节屈曲)

阴门外仅见一前肢伸出或一无所见(两侧腕关节屈曲),从产道可摸到一前肢或两前肢腕关节屈曲及正常的胎头。助产时,先用产科绳系在正常的胎头或前肢上,一手沿前肢伸入并握住蹄子(或用产科绳系在蹄子上),以产科梃置于两前肢间,在推还胎儿的同时,抬拉屈曲的前肢,即能矫正。两侧腕关节屈曲时,同时矫正另一侧,无效时,实行截胎术或剖腹产术。

(6)肩部前置(肩关节屈曲)

阴门外有一前蹄或胎儿的唇部(一侧肩关节屈曲),或不见前蹄(两侧肩关节屈曲),并随产畜努责可见胎儿鼻部露出,从产道能摸到屈曲的肩关节和正常的胎头。当胎儿楔入骨盆不深时,一手沿屈曲前肢前伸并握住膊部牵拉,使之成为腕关节屈曲后再按腕关节屈曲矫正,若胎儿楔入骨盆较深时,于胎儿屈曲肢膊部系上产科绳,并用产科梃顶住胎儿肩部,在推送胎儿的同时,牵拉产科绳,待变成腕关节屈曲后,再以腕关节屈曲矫正。如仅一侧肩部前置,用上法又不能整复时,可强行拉出。两前肢肩部前置而矫正无效时,可在截除异常前肢后拉出或行剖腹产术。

(7)跗部前置(跗关节屈曲)

见有胎儿一后肢伸出阴门(一侧跗关节屈曲)或不见(两侧跗关节屈曲),从产道能摸到胎儿后躯和屈曲的跗关节。当胎儿跗部未伸入骨盆时,一手沿屈曲后肢前伸并握住胎儿跖部或蹄子,用产科梃顶于胎儿的尾根或坐骨弓之凹陷处,在回推胎儿的同时,抬举并后拉屈曲肢的跖部或蹄子;或将跗部前推,使之成为髋关节屈曲后强行拉出,但应防止骨盆骨折和子宫破裂。用上述各法未能矫正时,可行剖腹产术或截除跗关节以下部分后拉出。

(8) 坐骨前置(髋关节屈曲)

见有胎儿一后蹄伸出阴门(一侧髋关节屈曲)或不见(两侧髋关节屈曲),从产道能摸到胎儿后躯和屈曲的髋关节。助产时,用产科梃顶于胎儿的坐骨弓处,于胎儿屈曲肢的胫部系上产科绳,在回推胎儿的同时牵拉产科绳,使之成为跗关节屈曲后再按跗关节屈曲矫正,若难以矫正时,可强行拉出。无效时可行截胎术或剖腹产术。

(9) 胎儿下位(腹部向上)

无论其正生下位或倒生下位,矫正的方法都是在胎儿两肢之间横夹一短木棒并用绳将木棒与胎儿肢体缚在一起,然后扭转木棒使胎儿做纵轴转动,待矫正后拉出。

(10) 胎儿横向或竖向(背部或腹部前置)

无论其横向或竖向,矫正的方法都是在子宫颈口附近尽力握住胎儿的任何一肢或头部,在产科梃的辅助之下,推其一端,拉其另一端,使其成为下位或上位,上位时即可拉出,下位时按胎儿下位矫正后拉出。

9.3.5 难产的预防

难产不仅易于引起仔畜死亡,且常因手术助产不当而使母畜子宫和产道受损及感染,轻则影响母畜的生产性能(泌乳及使役),甚至造成母畜不孕,严重时还会危及母畜生命。因此,对难产采取积极的预防措施,有着重大的意义。

(1) 改善母畜的饲养管理

营养不良的母畜,即使妊娠,胎儿也不能正常发育,其活力常不足,分娩时母畜的产力微弱;营养过于丰富和公畜体格过大,可使胎儿过大;运动不足也可降低母畜的产力。故应根据母畜的特点,给予合理的日粮,特别注意维生素、常量元素和微量元素的补给,要适量运动,正确选配,防止早配和偷配。此外,分娩时要保持安静,防止对产畜的干扰。

(2) 及时治疗母畜疾病

对母畜的任何疾病,都应及时治疗,以促进早日恢复健康,保持分娩时有足够的产力。尤应注意对阴道和子宫疾病的治疗,以防引起产道狭窄。

(3) 适时进行临产检查

临产检查应在产畜开始努责到胎囊露出或排出胎水这一期间进行,检查过早难以确定胎位,检查过迟可能已成难产。当确定胎儿并无异常时,应让其自然娩出;若有异常,应立即矫正。

9.3.6 剖腹产术

剖腹产术是经过腹壁及子宫切口取出胎儿,以达到解决难产的一种手术。

9.3.6.1 适应症

①胎儿的姿势、位置或方向严重异常、矫正无望同时因器械不全或不能截胎时。

②母畜骨盆发育不全,骨盆变形而盆腔过小,长时期助产无效引起阴道剧烈水肿,子宫颈与阴道外伤瘢痕收缩导致产道狭窄。

③子宫疝气,子宫破裂。

④胎儿过大,双胎难产,胎儿气肿,脑积水,胎儿各种畸形以及大的干尸化胎儿。

⑤子宫捻转,矫正无效。

9.3.6.2 手术方法

(1) 牛、羊剖腹产

牛、羊、马的剖腹产术方法基本相同，这里以牛为例进行介绍。

①术部：切口的选择应视具体情况而定，一般选择切口的原则是，胎儿在哪里摸的最清楚，就靠近哪里做切口。牛剖腹产的切口有腹侧切口和腹下切口两种。

腹侧切口：又分为左侧壁切口和右侧壁切口两种。左子宫角怀孕以左侧壁切口较好，右子宫角怀孕以右侧壁切口较好。可以采用左侧壁切口的尽可能采用左侧切口，因为右侧常受空肠干扰，给手术实施带来一定难度；腹侧切口也有上下之分，上位是在腹壁的上 1/3 部髋结节下角 5 cm 的下方起始；下位是在腹壁的中 1/3 与下 1/3 交界处起始，做斜行切口或垂直切口。

腹下切口：其优点是子宫角和胎儿是沉于腹底的，在侧卧保定的情况下，很容易把子宫壁的一部分拖出腹壁切口之外，子宫内容物不易流入腹腔，此外，较之腹侧切口，它破坏的肌肉很少，出血也很少。缺点是如果缝合不好，可能发生疝气或豁口，也容易发生感染。腹下切口可供选择的部位有 5 处，即乳房前方腹白线、腹白线与右乳静脉之间的平行线上、乳房和右乳静脉的右侧 5~8 cm 的平行线上，腹白线与左乳静脉之间的平行线上以及乳房和左乳静脉的左侧 5~8 cm 的平行线上。

②保定：左或右侧卧保定，将前后肢分别绑缚，并将头保定。

③消毒：术部剪毛剃毛，进行手术常规消毒。

④麻醉：难产母畜全身麻醉，同时配合腰旁神经传导麻醉或局部浸润麻醉。

⑤手术步骤：

切开腹腔　按切口部位，切开皮肤约 30 cm，然后依次分层切开各层肌肉，其切口均需与皮肤切口等长。切开腹膜时须先用有钩镊子夹起剪开或切一个小口，然后将中指和食指伸入破口，在手的引导下剪开腹膜至适当长度。切开腹膜时助手要随时注意用大纱布堵塞切口，防止肠管、网膜涌出。

拉出子宫　将双手伸入子宫之下，隔着子宫壁握住胎儿的一部分（正生时为两后肢跗部，倒生时为头和前肢掌部），小心地将子宫大弯拉出腹壁切口，忌只拉子宫壁不拉胎儿，否则会撕破子宫壁。拉出部分子宫后，在子宫和切口之间塞大纱布，以免肠道脱出及切开子宫后其内容物进入腹腔。

切开子宫　沿子宫角大弯，避开子宫阜，做一皮肤切口等长的切口。切口不可过小，以免拉出胎儿时被撕裂，不易缝合。也不应在子宫角侧面，尤其不可在小弯上做切口，这些地方血管较多，容易引起大出血。

拉出胎儿　先剥离一部分子宫切口附近的胎膜，拉出于切口之外，然后再切开，这样可以防止胎水流入腹腔。然后慢慢拉出胎儿。如果发生胎儿气肿或胎儿已死亡，拉出有困难时，可先将其进行截胎，分别取出。拉出胎儿后，助手要固定好子宫，不要让其缩回腹腔。

子宫缝合　第一层单纯连续缝合，第二层垂直褥式内翻缝合。

腹壁缝合　与普通腹腔外科手术方法相同。

(2) 猪的剖腹产手术

①术部：由于猪的乳房位于腹下，切口部位可选择腹侧的两个地方（左右侧均可）：一是距腰椎横突 5~8 cm，髋结节与最后肋骨中点连线上做垂直切口；二是在髋结节之下 10 cm 处，沿肋弓方向向前向下做斜行切口。

②保定与消毒：侧卧保定，常规外科手术消毒。

③麻醉：可应用氯丙嗪、保定宁做基础麻醉，配合切口局部浸润麻醉。

④手术要点：外科手术基本操作与牛的剖腹产术相同，在此仅介绍猪的手术特点。

打开腹腔后，术者首先向骨盆方向探摸，隔着子宫壁将最靠近产道的胎儿推向产道，由助手协助试行从产道拉出。如果唯一一个过大的胎儿或者最后一个胎儿已经被取出，不必再将子宫切开，可等待或帮助其余胎儿排出。此法不能奏效时，再切开子宫。

如果切开子宫，术者可将手伸入腹腔找到一侧子宫角，隔着子宫壁抓住胎儿头或臀部将它慢慢向切口外拉，等一侧子宫角全部被拉出以后，将子宫体与子宫角交界处分辨清楚，在被拉出的子宫上覆盖以生理盐水浸润的纱布，子宫切口在已拉出的子宫角和子宫体交界处的大弯上，切口长 10~15 cm。切开子宫后，把每一个胎儿与其胎衣取出来，当一侧子宫角掏完后，再从同一切口将另一侧子宫内的胎儿和胎衣取出。子宫缝合与腹壁缝合同牛。

(3) 犬、猫的剖腹产手术

①术部：可选在距离腹白线 1~2 cm 的两侧，最后一个或倒数第 1~2 对乳头之间，也可在脐孔后腹壁正中线上，切口长度一般 10~15 cm，可依犬体大小灵活掌握。

②保定与消毒：可采用后躯仰卧、前躯侧卧的姿势保定，犬应戴上防护口罩或用绷带缠绕上下颌加以捆绑。防止咬伤工作人员。保定以后采用常规手术消毒。

③麻醉：麻醉效果的好坏，直接影响手术的结果。如果效果不确切，常常在手术过程中骚动不安，甚至母犬或猫由于疼痛而引起休克。一般全身麻醉再配以局部浸润麻醉，全身麻醉常用药为氯胺酮或 846 合剂。

④手术要点：因为犬、猫的皮肤很薄，切开腹壁要小心细致，下刀不可用力过大。在切开腹膜之前必须先开一个小口，然后在伸入的手指指引下，用钝头剪刀剪开。犬、猫都是多胎动物，且又仰卧保定，探找和拉出怀孕子宫并不困难。子宫拉出后行子宫切口及其他处理方法同猪剖腹产术，但腹壁缝合后的腹壁创口应装置绷带加以保护，以防止舔咬。

9.3.6.3 术后的护理

母畜生产力和繁殖力的恢复与术后的护理密切相关。

①术后应每日检查全身状况 1~2 次，发现异常变化时要及时分析原因并妥善处置。

②为母畜提供一个温暖、宽敞、清洁的环境，要勤换垫草以减少创口感染机会，对犬、猫等动物要严防其舔咬创口，以免影响创口愈合。

③饲喂富有营养且易消化的饲料，对食欲不振母畜可静脉注射一定量的糖盐水、20%安钠咖以及应用健胃药物。

④促进子宫内残留物的排出，以利子宫的恢复，可使用子宫收缩剂。

⑤手术后 3~5 d 可肌内注射青霉素、链霉素，防止切口和子宫感染的发生。

⑥术后 10~14 d 拆除皮肤缝线。

9.4 产后期疾病

9.4.1 产道损伤

产道损伤是母畜在分娩过程中发生的软产道(子宫、子宫颈、阴道、阴门)的损伤。

9.4.1.1 病因

主要由于产道狭窄，胎儿过大及产道干燥时强行拉出胎儿；助产时使用产科器械失误以及实施截胎术时,对胎儿骨骼的断端处理或保护不当,都可能使产道受到损伤。

9.4.1.2 症状

病畜表现不安,常尾根举起、摇尾、拱背及努责,往往有阴门损伤及阴唇肿胀。

产道检查可发现损伤的部位及损伤的程度。轻者仅黏膜损伤,黏膜下发生血肿,常伴有出血,损伤严重者常造成阴道壁破裂。子宫破裂常出现全身症状。

9.4.1.3 诊断要点

产道检查可确诊。

9.4.1.4 治疗

若胎衣尚未排出时,应先设法取出胎衣,再使用子宫收缩药及局部止血药。

①轻度阴道损伤,可涂碘甘油,或先用0.1%高锰酸钾溶液冲洗,再涂磺胺软膏或油剂青霉素。

②如有大出血时,应先结扎血管,并及时使用止血药。

③当阴道壁发生破裂时,应用消毒药液冲洗后,缝合破裂创口并采取对症治疗。

9.4.2 胎衣不下

母畜分娩后,胎衣在正常时间内未能排出,称为胎衣不下。各种家畜产后胎衣排出的正常时间一般为:马1~1.5 h,猪1 h,羊4 h(山羊较快,绵羊较慢),牛12 h。牛多发,特别是奶牛,其次是马和山羊。

9.4.2.1 病因

引起产后胎衣不下的原因很多,主要和产后子宫收缩无力、怀孕期间胎盘发生的炎症及胎盘组织构造有关。

产后子宫收缩无力:怀孕后期劳累过度,运动不足;饲料中缺乏钙盐及其他矿物质和维生素;年老体弱、过于肥胖或过于消瘦从而导致子宫收缩无力,引起胎衣不下。

胎盘炎症:由于子宫内膜或胎膜发生炎症,使母体胎盘与胎儿胎盘之间发炎,从而导致发生粘连。此外,发生布鲁氏菌病、结核等疾病的过程中,往往引起胎衣不下。

胎盘组织构造:牛、羊胎盘属于上皮绒毛膜与结缔组织绒毛膜混合型,胎儿胎盘与母体胎盘联系比较紧密,这是胎衣不下多见于牛、羊的主要原因。马、猪为上皮绒毛膜胎盘,故发生较少。

9.4.2.2 症状

牛胎衣全部不下时,可见由阴门脱出部分胎衣,或全部停滞于子宫内。病畜拱背,频繁努责。滞留的胎衣经24~48 h发生腐败,腐败的胎衣碎片随恶露排出,腐败分解产物经子宫吸收后可发生全身中毒症状,即食欲及反刍减退或停止,体温升高,产奶量剧减,瘤胃弛缓。部分胎衣不下的病例,可并发子宫内膜炎或败血症。

山羊对胎衣不下耐受性小,全身症状严重,病程急骤,常继发败血症而死亡。

9.4.2.3 诊断要点

①部分胎衣脱出阴门外。

②病畜拱腰,频繁努责,从阴门排出带有胎衣碎片的恶露。

9.4.2.4 治疗

根据动物种类的不同和胎衣停滞的时间,采取不同的措施。一般来说,早期手术剥离较为安全可靠。

(1) 药物疗法

其目的在于促进子宫收缩，促进胎儿的胎盘与母体胎盘分离，促进胎衣排出。可肌内或皮下注射垂体后叶素，马、牛 40~80 IU，羊、猪 5~10 IU，2 h 后再重复注射一次；或麦角新碱，马、牛 2~5 mg，猪羊 0.2~0.4 mg，也可用己烯雌酚。静脉注射 5%~10% 氯化钠溶液 200~300 mL。

牛灌服羊水 3 000 mL，也可促进子宫收缩，灌服后经 4~6 h 胎衣即可排出，否则重复灌服一次。

为了促进胎儿胎盘与母体胎盘分离，可向子宫内注入 5%~10% 氯化钠溶液 3 000 mL，猪、羊等小动物减量，注入后须注意使盐水再排出来。

为预防胎衣腐败和子宫感染，及早使用消毒药（如 0.1% 高锰酸钾）冲洗子宫，并向子宫黏膜和胎膜之间放入金霉素（或四环素）0.5~1 g，每日冲洗 1~2 次直至胎盘碎片完全排出。

(2) 手术疗法剥离胎衣

①术前准备：病畜采取前高后低站立保定，尾巴缠尾绷带拉向一侧，用 0.1% 新洁尔灭溶液清洗外阴部及露出外面的胎膜。向子宫内灌入 10% 氯化钠溶液 2 000~30 000 mL。如母畜努责剧烈，可在腰荐间隙硬膜外腔麻醉。

②手术方法：牛的剥离方法，先用左手握住外露的胎衣并轻轻向外拉紧，右手沿胎膜表面伸入子宫内，探查胎衣与子宫壁结合的状态，而后由近及远螺旋前进，分离母子胎盘。胎盘剥离时用中指和食指夹住子叶基部，用拇指推压子叶顶部，将胎儿胎盘与母体胎盘分离开来。剥离子宫角尖端的胎盘比较困难，这时可以轻拉胎衣，再将手伸向前方迅速抓住尚未脱离的的胎盘，即可较顺利地剥离。在剥离时，切勿用力牵拉子叶，否则会将子叶拉断，造成子宫壁损伤，引起出血（图 9-4）。

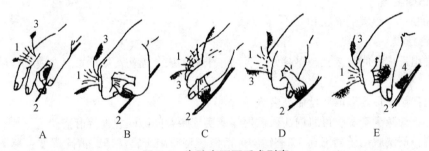

图 9-4　牛胎衣不下手术剥离

胎衣剥离完之后，如胎衣发生腐败，可用 0.1% 高锰酸钾溶液冲洗子宫，待完全排出后，再向子宫内注入抗生素类药物，以防子宫内感染。

马对胎衣的腐败分解物很敏感，容易引起中毒，所以在分娩后，经过 2 h 胎衣没有排出即应着手剥离。剥离的方法是五指并拢在绒毛膜与子宫黏膜之间逐渐向前移动手指，将绒毛膜与腺窝分开，并用手轻轻将胎衣拉出，或者用两手握住露出的胎衣，逐渐拉紧向外将胎衣拉出来。

9.4.2.5　预防

加强饲养管理，怀孕母畜要饲喂含钙及维生素丰富的饲料。增加怀孕后期母畜的光照运动时间，增强体质。牛、羊定期检疫，预防注射以减少本病的发生。

9.4.3　子宫脱出

子宫脱出是子宫角的一部分或者全部翻转于阴道内（子宫内翻），或子宫翻转并脱垂于阴门外(完全脱出)。牛、马多发，也见于猪。常在分娩后1 d内子宫颈尚未缩小和胎膜还未排出时发病。

9.4.3.1 病因

体质虚弱，运动不足，胎水过多，胎儿过大和多次妊娠，致使子宫肌收缩力减退和子宫过度伸张所引起的子宫弛缓，是其主要原因。分娩过度延滞时，子宫黏膜紧裹胎儿，随着胎儿迅速拉出而造成宫腔内负压；难产和胎衣不下时强烈努责；产后长期站立于向后倾斜的床栏，以及便秘、腹泻、疝痛等引起的腹压增大，是其诱因。

9.4.3.2 症状

图9-5 牛产后子宫脱出

子宫完全脱出后，子宫内膜翻转在外，黏膜呈粉红色、深红色到紫红色不等。牛、羊可见脱出的子宫上有许多子叶，马的子宫黏膜呈紫红色。猪的子宫角很长，脱出后类似于肠管样拖在地上，呈紫红色，黏膜上有横皱襞，容易擦破或被踩破（图9-5）。

子宫脱出后血液循环受阻，子宫黏膜发生水肿和淤血，黏膜变脆，极易损伤，有时发生高度水肿，子宫黏膜常被粪土草渣等污染。病畜表现不安、拱腰、努责，尿淋漓或排尿困难，一般不表现全身症状。脱出时间久之，黏膜发生干燥、龟裂乃至坏死。如肠管进入脱出的子宫腔内，则出现疝痛症状。子宫脱出时，如卵巢系膜及子宫阔韧带被撕扯破，血管断裂，则表现贫血症状。

9.4.3.3 诊断要点

阴门外脱垂一很大的囊状物。

9.4.3.4 治疗

子宫脱出后应及时整复，越早越好。否则，子宫肿胀，损伤污染严重，造成整复困难而预后不佳。

①保定：站立保定，取前低后高姿势。

②麻醉：为减少努责，可肌内注射氯丙嗪或实施腰荐间隙硬膜外腔麻醉。

③消毒：清洗脱出子宫用0.5%高锰酸钾溶液，将脱出子宫洗净，清除粪便、草屑、泥土等污物。如有出血，应进行缝合、结扎止血。如果水肿严重，可用针刺破挤出，也可用2%明矾溶液浸泡、湿敷。

④整复：应由助手两人用消毒过的大搪瓷盘或塑料布将子宫托起与阴门同高度，术者先由脱出的基部向里逐渐推送，在努责时停止推送，并用力加以固定以防再脱出。不努责时小心地向内整复，待大部分送回之后，术者用拳头顶住子宫角尖端，趁母畜不努责时，用力小心地向里推送，然后使子宫展开复位。最后向子宫内投入抗生素。

⑤固定：为防止再脱出，整复后令患畜站于前低后高的厩床上，阴门做几针钮扣状缝合。或用阴户压定器、空酒瓶等加以固定，为减轻努责，可于腰荐间隙硬膜外腔麻醉。

9.4.3.5 预防

怀孕母畜要合理使役，加强饲养管理，产前1~2个月停止使役，合理运动，助产时要操作规范，牵拉胎儿不要过猛过快。

9.4.4 生产瘫痪

生产瘫痪又叫产后瘫痪、产后麻痹，也称乳热症。是产后母畜突然发生的严重钙代谢障碍性疾病，以舌、咽、消化道麻痹，知觉丧失，四肢瘫痪，体温下降和低血钙为特征。

该病多发生于营养良好的 5~9 岁的高产乳牛，也见于泌乳量高的乳山羊和母猪。此病多发生于产后 12~72 h。治愈的母牛在下次分娩时还可再度发病。

9.4.4.1 病因

产后母畜发生急性的钙代谢调节障碍，与本病的发生最为密切。产后大量的钙质进入初乳导致血钙浓度急剧下降，病牛丧失的钙量超过了它能从肠道吸收和骨骼动用的数量总和，就会发病。

9.4.4.2 症状

牛发生生产瘫痪时，表现的症状不尽相同，可分为典型性和非典型性两种。

（1）典型性生产瘫痪

表现突然发病，初期通常是精神沉郁，不愿走动，后肢交替踏脚，后躯摇摆，站立不稳；四肢（有时其他部分）肌肉震颤。有些病例，开始时表现短暂的不安，出现惊慌、哞叫、目光凝视等兴奋和过敏症状。

初期症状发生不久（多为 1~2 h），病畜即表现出本病的瘫痪症状。后肢开始瘫痪，不能站立，随之出现意识抑制和知觉丧失的特征症状。病牛昏睡；眼睑反射微弱或消失，眼球干燥，瞳孔散大，对光线刺激无反应；皮肤对疼痛刺激无反应。肛门松弛，反射消失。心音减弱，节律加快，达 80~120 次/min；脉搏微弱，难以触摸。由于咽喉麻痹，口内唾液积聚，舌头外垂，呼吸带啰音。

病牛卧下时呈现一种特征姿势，取趴卧，四肢屈于躯干之下，头向后弯至胸部一侧（图 9-6）。随着病程的进展，体温逐渐下降，最低可降至 35~36 ℃。临死时呈昏迷状态。

（2）非典型性生产瘫痪

临诊上较多见，其症状除瘫痪外，特征是头颈姿势不自然，头颈至鬐甲部呈轻度的"S"状弯曲。病牛精神极度沉郁，但不昏睡。食欲废绝，各种反射减弱，但不完全消失，病牛有时能勉强站立，但站立不稳，且行动困难，步态摇摆。体温一般正常。

图 9-6 奶牛生产瘫痪典型的趴卧状态

9.4.4.3 诊断要点

①高产奶牛第 3~6 胎产后 3 d 内发生。
②神经机能障碍，情神沉郁—昏睡—知觉消失，四肢瘫痪。
③特殊的卧姿，头颈弯向一侧或呈"S"状弯曲。

9.4.4.4 治疗

以提高血钙量和减少血钙流失为主，辅以其他疗法。

（1）补钙静

静脉注射钙制剂，是治疗生产瘫痪的基本疗法，常静脉注射 20%~25%葡萄糖酸钙溶液 500 mL。注射后 6~12 h 病牛如无反应，可重复注射，最多不能超过 3 次。第二次治疗时可同时注入等量的 40%葡萄糖溶液、15%磷酸钠溶液 200 mL 及 15%硫酸镁溶液 200 mL。

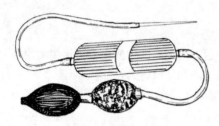

图9-7 乳房送风器

(2)乳房送风疗法

用乳房送风器(图9-7)或连续注射器,通过插入乳头导管将空气注入每个乳房,输入量以乳房的皮肤紧张、乳房基部的边缘清晰并且变厚、轻敲乳房时产生鼓音为准。输入后可用手指轻轻捻转乳头肌,并用纱布条扎住乳头,以防溢出,过1~2 h后解除。绝大多数病例在打入空气后约0.5 h,即能苏醒站立;治疗越早,打入的空气数量足够,效果越好。

(3)对症治疗

注射强心剂,穿刺治疗瘤胃臌气及其他辅助疗法。

9.4.4.5 预防

母牛产前应适当减少日粮中钙的摄入量,饲喂低钙高磷的饲料,从而激活甲状旁腺的机能,从而提高吸收钙和动用钙的能力。为此可增加谷物饲料,减少豆科饲料,钙磷比例保持在1.5∶1~1∶1。在临产及分娩之后立即增加钙的饲喂量。

此外,应加强饲养管理,提高机体抵抗力,产后不要立即挤奶,产后3 d内不将初乳挤净等,对预防生产瘫痪都有一定作用。

9.4.5 子宫内膜炎

子宫内膜炎是子宫黏膜的黏液性或化脓性炎症。有急性、慢性之分。

9.4.5.1 病因

产后子宫内膜受损伤感染而发病;继发于难产、胎衣不下、子宫脱等产科疾病;继发于结核、布鲁氏菌病等传染病。

9.4.5.2 症状

(1)急性子宫内膜炎

病畜食欲减退,体温升高,拱背,尿频,不时努责,从阴门中排出灰白色的、含有絮状的分泌物或脓性分泌物,卧下时排出量较多。阴道检查,子宫颈外口肿胀、充血,有时可以看到渗出物从子宫颈流出。直肠检查,子宫角增大,子宫呈面团样感觉,如果渗出物多时则有波动感。

(2)慢性子宫内膜炎

①慢性黏液性子宫内膜炎:其特征是性周期不正常,有时虽有发情,但多次配种而不受孕。阴道检查,可见黏膜充血,并不断排出透明而带絮状物的黏液。

②慢性化脓性子宫内膜炎:病畜往往表现全身症状,患畜逐渐消瘦,阴唇脓肿,从阴门流出黄白色或黄色的黏液性或脓性分泌物。阴道检查,可见子宫颈外口充血,并黏附有脓性絮状黏液,子宫颈张开,有时由于子宫颈黏膜肿胀,组织增生而变狭窄,脓性分泌物积聚于子宫内,称为子宫积脓。直肠检查,子宫壁松弛,厚薄不均,收缩弛缓。当子宫积脓时,子宫体及子宫角明显增大,子宫壁紧张而有波动。

9.4.5.3 诊断要点

母畜性周期不正常,屡配不孕;从阴门流出黏液性或脓性分泌物;阴道检查及直肠检查可确诊。

9.4.5.4 治疗

消除炎症,防止扩散,促进子宫机能恢复。

(1)冲洗子宫及子宫内用药

冲洗时要在子宫颈开张的情况下进行,而且要根据不同情况采取不同措施。

①急性、慢性黏液性子宫内膜炎:用温热的1%氯化钠溶液1 000~5 000 mL,用子宫洗涤器反复冲洗,直至排出液透明。然后经直肠按摩子宫,排出冲洗液,放入抗生素或其他消炎药物,每日洗一次,连续2~4次。

②化脓性子宫内膜炎:用0.1%高锰酸钾溶液、0.1%新洁尔灭溶液冲洗子宫,而后注入青霉素80万~120万U。

(2)全身治疗及对症治疗

应用抗生素及磺胺类药物疗法,强心、利尿、解毒等。

9.4.5.5 预防

对怀孕母畜应给予营养丰富的饲料,给以适当的运动,增强体质及抗病能力。助产时应规范进行。胎衣不下时要及时处理,在实施人工授精、分娩、助产及产道检查时要严格消毒,分娩后厩舍要保持清洁、干燥,预防子宫内膜炎的发生。

9.4.6 阴道炎

阴道炎是母畜阴道的炎症,马、牛、猪都可发病,以牛多见。

9.4.6.1 病因

配种、助产所致的阴道损伤和感染,子宫内膜炎、胎衣及胎儿子宫内腐败等都可以引起阴道炎。

9.4.6.2 症状

依炎症过程分为急性和慢性两种;按炎症性质分为卡他性、化脓性及蜂窝织炎性3种。

(1)急性阴道炎

前庭及阴道的黏膜呈鲜红色,肿胀而疼痛。阴道渗出物增多,从阴道排出卡他性或脓性渗出物,阴道频频开闭,且常做排尿姿势(是前庭及阴蒂受炎性刺激所呈现的假发情现象)。

(2)慢性阴道炎

症状表现不明显,马阴道黏膜表面形成皱壁,仅有少量渗出物;牛阴道苍白致密,颜色不均,有少量卡他性或脓性渗出物,有的见有溃疡、瘢痕和粘连。

(3)卡他性阴道炎

阴道色暗,黏膜表面附有卡他性渗出物。擦去渗出物后,可见黏膜充血。

(4)化脓性阴道炎

阴道黏膜水肿,疼痛,并有多量脓性渗出物从阴道流出。有的体温升高,精神沉郁,排尿时有痛感(呻吟、拱背)。

(5)蜂窝织炎性阴道炎

阴道黏膜严重水肿,疼痛明显,体温升高,精神沉郁,个别病畜阴道发生脓肿和溃烂。

(6)滴虫性阴道炎

阴道分泌物增多,灰黄色,呈絮状,带泡沫,有臭味。阴道检查时,黏膜充血,有红色小结节,以阴道前庭最多,阴道底壁粗糙变硬。妊娠母牛发病后常在妊娠期的前3个月内发生流产。阴道分泌物悬滴检查,可发现活动的阴道滴虫。

9.4.6.3 治疗

(1) 药液灌洗

以2%碳酸氢钠溶液冲洗后，选用0.1%高锰酸钾、0.5%明矾等溶液充分洗涤阴道。也可用苦参、龙胆草各15 g，或蛇床子30 g 煎水1 000 mL 灌洗。

(2) 滴虫性阴道炎

可选用1%乳酸或0.5%醋酸、3%鱼石脂、1%红汞或复方碘溶液灌洗，再用鱼石脂、甘油等量液，磺胺软膏，抗生素软膏涂布。还可用蛇床子软膏涂布，用灭滴灵浸入纱布做阴道填塞。

(3) 顽固性阴道炎

大蒜疗法最为有效。大蒜20~30 g，去皮捣碎，用纱布包成条状塞入阴道，每次放置2 h，每日1次，连用6~10 d。

(4) 全身疗法

对化脓性阴道炎及蜂窝织炎性阴道炎，除局部治疗外，应施行全身疗法。出现溃疡，用1%硫酸铜或硝酸银溶液腐蚀；形成脓肿，可切开治疗。

9.4.6.4 预防

在配种、分娩及助产时，要注意保护阴道和做好消毒工作，以防对阴道的损伤和感染，及时治疗原发病。

9.5 卵巢疾病

9.5.1 卵巢机能减退及萎缩

卵巢机能减退及萎缩是指卵巢机能暂时性紊乱，机能减退，性欲缺乏，久不发情，卵泡发育中途停滞；或其机能长期衰退而引起卵巢组织萎缩。

9.5.1.1 病因

由于子宫、卵巢的疾病，全身的严重疾病，以及饲养管理不当而引起家畜身体衰弱和消瘦所致。气候骤变，突然改变环境也可引起卵巢机能暂时性减退。

9.5.1.2 症状

主要表现为性周期紊乱，发情不定期，发情的外表征候不明显，或出现发情但不排卵。直肠检查，卵巢上摸不到卵泡或黄体，有时一侧卵巢有黄体残迹。

卵巢发育不全时，性成熟后母畜不见发情，卵巢小而且无卵泡发育。

卵巢萎缩时，母畜长期不发情，卵巢往往变硬，体积显著缩小，牛的仅如豌豆大小，马的如鸽蛋大小，卵巢中既无黄体又无卵泡，如每隔1周左右检查，卵巢仍无变化，即可做出诊断。

9.5.1.3 诊断要点

性周期紊乱或长期不发情；直肠检查触摸卵巢可确诊。

9.5.1.4 治疗

(1) 治疗原发病

由于生殖器官或其他疾病(全身性疾病、传染病及寄生虫病)所致者，必须治疗原发疾病才能收到效果。

(2) 试情公畜催情法

将试情公畜混放于母畜群中，在公畜的影响下刺激母畜卵巢代谢机能旺盛，以刺激母畜发情、排卵。

（3）激素疗法

①促卵泡素（FSH）：肌内注射，牛每次 100~200 IU，马每次 200~300 IU，每日或隔日一次。每次注射后须做直肠检查，如无效可连续应用 2~3 次，直至出现发情为止。

②人绒毛膜促性腺激素（hCG）：马、牛静脉注射 2 500~5 000 IU 或肌内注射 10 000~20 000 IU；猪、羊肌内注射 500~1 000 IU。必要时间隔 1~2 d 重复注射一次。个别病畜在重复注射时可能出现过敏反应，应加注意。

③孕马血清（PMS）或孕马全血：马、牛肌内注射 1 000~2 000 IU，猪、羊 200~1 000 IU。在牛，重复应用有时可以产生过敏反应，应加注意。

④雌激素：已烯雌酚，肌内注射，每次马、牛 20~25 mg，羊 1~2 mg，猪 4~10 mg。苯甲酸雌二醇（或丙酸雌二醇），肌内注射，马、牛每次 4~10 mg，羊 1~2 mg，猪 2~8 mg。

（4）物理疗法

①子宫热浴：大家畜可用生理盐水、1%~2% 碳酸氢钠溶液，加温至 40 ℃，向子宫内灌注，停留 10~20 min 后排出。通过热浴，可促进子宫和卵巢的血液循环，加快代谢，改善营养。对卵巢发育不全、萎缩及硬化较适用。

②卵巢按摩：适于牛、马等大家畜。通过直肠按摩卵巢或通过阴道触压按摩子宫颈，每日 1 次，每次持续 3~5 min，连续 3~5 d，有一定疗效。

9.5.1.5 预防

加强饲养管理，改善饲料成分，增加矿物质和微量元素及维生素的含量，注意运动等。

9.5.2 卵巢囊肿

在卵巢内未破裂的卵泡或黄体，因其本身成分发生变形和萎缩，形成球形空腔，腔内聚积液体而形成的一种异常状态称为囊肿。前者为卵泡囊肿，后者为黄体囊肿。卵巢囊肿常见于奶牛及猪。奶牛的卵巢囊肿多发生于第 4~6 胎产奶量最高期间，而且以卵泡囊肿居多，黄体化囊肿只占 25% 左右。

9.5.2.1 病因

①饲料中缺乏维生素 A 或含有多量的雌激素。饲喂精料过多而又缺乏运动，也容易发生卵泡囊肿，因此舍饲的高产奶牛多发，而且多见于泌乳盛期。

②马使役过重，长时期发情又不配种，卵泡可以变为囊肿，而不排卵。

③垂体或其他激素腺体机能失调以及使用激素制剂不当，如注射雌激素过多，可以造成囊肿。

④子宫内膜炎、胎衣不下以及其他生殖器官疾病都可能诱发囊肿出现。

⑤在卵泡发育过程中，气温骤变，有的马、驴会发生囊肿。乳牛在冬季比天暖时多发。

⑥在黑白花牛，本病与遗传有关。

9.5.2.2 症状

发情表现反常，如发情周期变短，发情期延长，严重者持续表现强烈的发情行为，呈现慕雄狂现象，多见于牛，表现高度性兴奋，经常发出如公牛的吼叫声，并经常爬跨其他母牛，性欲特别旺盛，久之食欲减退，逐渐削瘦，病畜荐坐韧带松弛，在尾根与肛门之间出现一个深的凹陷。母马的慕雄狂，表现频繁而持久的发情。

发情黄体囊肿时，骨盆和外阴无变化，母畜不发情。

直肠检查可发现卵巢增大,变为球形,上有一个或数个壁紧张而有波动的囊泡,直径一般为牛 3~7 cm,马可达 6~10 cm。

9.5.2.3 诊断要点

发情反常,无规律地频繁而持久地发情,性欲旺盛,呈现慕雄狂现象;直肠检查可发现卵巢增大,上有一个或数个壁紧张而有波动的囊泡。

9.5.2.4 治疗

消除致病因素,改善饲养管理及使役条件。

(1)激素疗法

①促黄体生成素(LH)制剂:肌内注射,牛、驴 100~200 IU,马 200~400 IU,连用 1~3 次。

②促性腺激素释放激素(GnRH)类似物:牛、马肌内注射 0.5~1.0 mg。

③孕酮:牛每次肌内注射 50~100 mg,每日或隔日 1 次,连用 2~7 次,总量 200~700 mg。

④黄体酮:马肌内注射黄体酮每次 50~100 mg,隔日 1 次,连用 3~4 次。

(2)穿刺手术疗法

母牛:一手在直肠内固定卵巢,另一手(或助手)用长针头从体外胁部刺入囊肿,用注射器抽出囊肿液后,同时于囊肿腔内注入绒毛膜促性腺激素(hCG) 2 000~5 000 IU、青霉素 80 万 U 和地塞米松 10 mg。

9.5.2.5 预防

科学饲养,牛(黄牛、水牛)、马、驴等合理使役,奶牛合理挤奶,控制母畜体重及膘情,日粮全价,营养全面,看膘补料,防止母畜过瘦或过肥。母畜患子宫内膜炎、子宫颈炎、卵巢炎以及其他全身系疾病应及时治疗。合理应用雌激素类药物治疗疾病,防止过量。

9.5.3 持久黄体

在性周期或分娩之后,性周期黄体或妊娠黄体持续存在而不消失的,称为持久黄体。持久黄体分泌孕酮,抑制卵泡发育,使发情周期停止。此病多见于乳牛。

9.5.3.1 病因

舍饲时,运动不足、饲料单一、缺乏矿物质及维生素等;继发于子宫疾病,如子宫内膜炎、子宫积脓及积水、产后子宫复旧不全、部分胎衣滞留及子宫肿瘤,都可导致持久黄体。

9.5.3.2 症状

持久黄体的主要特征是发情周期停止,不发情。直肠检查可发现一侧或两侧卵巢增大,黄体突出于卵巢表面,呈绿豆大到黄豆大,触之比卵巢实质稍硬。间隔一段时间反复检查,该黄体的位置、大小及形状不变。

9.5.3.3 诊断要点

不发情,直肠检查卵巢上有黄体。

9.5.3.4 治疗

消除病因,改善饲养管理,增加运动,增加维生素及矿物质饲料,减少挤奶量,促进黄体退化。

①前列腺素 F2a:牛肌内注射 5~10 mg,马 2.5~8 mg,猪、羊 1~2 mg,每日 1 次,连用 2 次。

②氟前列烯醇:马,肌内注射 0.125~0.25 mg;牛,肌内注射 0.5~1 mg。必要时隔 7~10 d 再行注射。

③氯前列烯醇：牛每次肌内注射 0.5~1 mg；或向子宫内灌注 0.2~0.3 mg；还可用 0.1% 碘溶液冲洗子宫进行辅助治疗。

④15-甲基前列腺素 F2a：牛肌内注射 2~3 mg。

上述 4 种药品治疗持久黄体一般注射一次即可奏效，如有必要可隔 10~12 d 再注射一次。

⑤促卵泡素：肌内注射促卵泡素 100~200 IU，每隔 3 d 注射 1 次，连续 3 次为一疗程。

9.5.3.5　预防

母畜的饲料营养要全面，要合理搭配一些矿物质及维生素等，防止过度使役、挤奶和饥饿，冬季注意防寒保暖和补料，及时治疗生殖系统疾病等。

9.6　新生仔畜疾病

9.6.1　新生仔畜窒息

新生仔畜窒息又称假死，仔畜刚出生后，呼吸发生障碍或完全停止呼吸，而心脏尚在跳动，必须及时救治，否则往往导致死亡。此病常见于马和猪。

9.6.1.1　病因

一是由于产道干燥、狭窄、胎儿过大、胎位及胎势不正等，使胎儿不能及时排出而停滞于产道；二是骨盆前置，脐带自身缠绕，使胎儿血液循环受阻；三是尿膜、羊膜未及时破裂，造成胎儿严重缺氧，刺激胎儿过早呼吸，致使羊水被胎儿吸入呼吸道而发生窒息；四是分娩前母畜过度疲劳、贫血及大出血，或患有高热疾病或全身性疾病，使胎儿缺氧或使胎儿胎盘过早脱离母体。

9.6.1.2　症状

因窒息的程度不同，分为轻度窒息和重度窒息两种。

轻度窒息（又称青色窒息），表现为呼吸微弱而短促，吸气时张口并强烈扩张胸壁，两次呼吸间隔延长，结膜发绀，舌脱垂直于口外，口鼻内充满黏液，听诊肺部有湿性啰音，心跳及脉搏快而无力，四肢活动能力很弱，但角膜反射存在。

重度窒息（又称白色窒息），表现为呼吸停止，呈假死状态。黏膜苍白，全身松软，反射消失，心跳微弱，脉不感手。

9.6.1.3　诊断要点

仔畜呼吸微弱或停滞，活动能力微弱或休克。

9.6.1.4　治疗

方法有两种：一是使仔畜呼吸道畅通；二是兴奋仔畜呼吸中枢，使其表现自主呼吸。通常采用如下规程：

①清除胎儿口、鼻中的黏液：将仔畜倒提抖动，用手掌拍击胸背部，促进黏液和羊水排出。也可用橡胶管插入鼻孔及气管中，用吸引器或洗耳球吸出黏液和羊水。

②人工呼吸：有节律地按压仔畜胸腹部，使胸腔交替扩张和收缩，使仔畜恢复呼吸动作。

③诱发呼吸反射：用浸有氨水的纱布放在鼻孔上，让其吸入氨气，以刺激呼吸反射。

④可选用刺激呼吸中枢的药物：如尼可刹米、洛贝林、肾上腺素、咖啡因等，从脐血管注射疗效较好。

9.6.1.5　预防

加强怀孕后期的饲养管理。发生难产时，要及时进行合理的助产，严防窒息的发生，注意保护新生仔畜。

9.6.2 胎便停滞

新生仔畜胎便停滞,主要是指仔畜出生1 d后,因秘结而不排胎粪,并伴有腹痛症状。此病多见于幼驹、犊牛或羔羊。胎便常秘结于直肠或小肠部位。

9.6.2.1 病因

母畜营养不良、初乳品质不佳、缺乳、无乳,仔畜吃不到初乳,体弱、先天性发育不良或早产的仔畜易发生便秘。

9.6.2.2 症状

胎儿出生1 d后仍不排出胎便。仔畜精神不振,吃奶次数减少,肠音微弱,拱背、努责、常做排便姿势而无便排出。严重者出现腹痛,经常回头顾腹,后肢踢腹,频频起卧。后斯精神委顿,全身无力,卧地不起。

用手指进行直肠检查,触到硬固的粪块,可掏出黑色黏稠的粪便或黑色干硬的粪球。

9.6.2.3 诊断要点

出生1 d后仍不见排胎便,经常做排便姿势但排不出胎便,仔畜表现精神沉郁和腹痛不安。

9.6.2.4 治疗

将手指涂抹润滑油,伸入直肠慢慢地取出硬结的干粪;然后用温肥皂水深部灌肠,必要时经 2~3 h重复灌肠;内服缓泻剂,如液体石蜡油100~200 mL(羔羊5~15 mL);或硫破钠(镁)50~100 g。服药后同时配合按摩腹部,促进肠蠕动的恢复和粪便排出。根据仔畜的机体状况对症治疗,如有自体中毒症状,及时采取补液、强心、解毒及抗感染等治疗措施。

9.6.2.5 预防

妊娠后期必须改善母畜饲养,给予全价饲料,以保证胎儿的正常生长发育。仔畜出生后,应使其尽快吃到足够的初乳,以增强其抵抗力,促进肠蠕动机能。

9.6.3 脐炎

脐炎是新生仔畜脐血管及其周围组织由于细菌感染而发炎。此病见于各种仔畜,但主要见于大家畜的新生仔畜。

9.6.3.1 病因

接产时对脐带消毒不严,脐带受到污染及尿液浸渍,脐带断端过长被踩踏、拉伤,仔畜彼此吸吮脐带等,均可使脐带遭受微生物侵入而发炎。

9.6.3.2 症状

病初脐孔周围发热、充血、肿胀和疼痛,仔畜表现拱背,不愿行走。处理不当,可形成脓肿或溃疡。脐带坏疽时,脐带残段呈污红色,有恶臭味。除掉脐带残段后,脐孔处肉芽赘生,形成溃疡,常附有脓性分泌物。如化脓菌及其毒素由血液侵入肝、肺、肾及其他器官,即引起败血症或脓毒败血症。有时也可继发破伤风。

9.6.3.3 治疗

治疗时可在脐孔周围皮下注射青霉素,并局部涂以等量的松节油与5%碘酊合剂。如形成脓肿,对脓肿应按化脓创进行处理。如发生坏疽,必须切除脐带残段,除去坏死组织,用消毒药清洗后,涂以防腐药或5%碘酊。形成瘘管时,用消毒药液尽可能洗净其脓汁,并涂布消毒防腐药液。为防止炎症扩散,应全身应用抗生素。

9.6.3.4 预防

保持产房、产圈清洁干燥。在接产时一般不结扎脐带，要涂擦碘酊消毒，防止感染，促进其迅速干燥和自然脱落。防止仔畜混养时互舐脐带。

9.6.4 新生仔猪先天性肌痉挛

新生仔猪先天性肌痉挛是仔猪出生后不久出现的全身或局部肌肉的阵发性痉挛，也称先天性肌痉挛或传染性先天性震颤病，俗称"小猪抖抖病"。严重地影响仔猪生长发育，大部分因肌痉挛、震颤无法吮吸乳汁而饿死，少数可耐过自愈。

9.6.4.1 病因

过去认为本病的病因是母猪妊娠期间营养不足、遗传因子、肌纤维异常、嗜神经组织病毒、母猪病毒感染、母猪妊娠期间接种猪瘟疫苗、胎儿发育不良，特别是小脑发育不全所致；现在认为该病是由直径约20 nm、立体对称的先天性震颤病毒（CTV）感染引起的。新生仔猪受到寒冷或兴奋刺激以及注射组织胺或麻黄素等，都可以加剧本病的发作。

9.6.4.2 症状

新生仔猪在出生后数小时内部分或全窝发生肌肉阵发性痉挛而震颤。临诊症状轻重不一，轻者一般为四肢、头尾痉挛，行走出现阵发性跳跃。其中少部分随日龄增大，症状减轻或消失而耐过。安静时症状减轻，惊吓、哄赶等刺激使症状加剧。由于无法吃奶或正常喂养而死亡，但不传染其他个体。

9.6.4.3 诊断要点

仔猪先天性肌痉挛，多见于同一头公猪、母猪配种的不同窝次的后代，符合单基因遗传病中隐性遗传病的规律，临诊容易诊断；但应注意与仔猪的伪狂犬病、急性脱钙、母猪妊娠期间注射猪瘟疫苗、仔猪出生后呈现应激反应等进行必要的鉴别诊断。

9.6.4.4 治疗

仔猪先天性肌痉挛是一种遗传性疾病，究竟是何种遗传因子引起，尚不十分清楚。因此，目前对这种患病仔猪应加强护理，采取饮食疗法，注意防寒保温，避免外界各种不良因素的刺激，以及进行人工哺乳，加强饲养，并应用维生素A、维生素D治疗，必要时给予适量钙剂。此外，有条件的单位，还可采用基因治疗方法，即通过遗传工程，改变其遗传信息进行治疗试验研究。

9.6.5 新生犊牛搐搦

本病多发生于2~7日龄的犊牛。特征为发病突然，表现强直性痉挛，继之出现惊厥和知觉消失；病程短，死亡率高。

9.6.5.1 病因

本病病因不详，有人认为是胚胎期间母体矿物质不足，由急性钙、镁缺乏引起的。也有人认为是镁代谢紊乱引起的。

9.6.5.2 症状

犊牛突然发病，四肢和颈伸直，呈强直性痉挛。口不断空嚼，唇边有白色泡沫，并由口角流出大量带泡沫的涎水。继而眼球震颤，牙关紧闭，呈全身性痉挛，角弓反张，随即死亡。诊断要注意同新生犊牛破伤风区别。

9.6.5.3 治疗

本病可选用下列处方试治：

①10%氯化钙注射液 20 mL，25%硫酸镁注射液 10 mL，20%葡萄糖注射液 20 mL，混合一次静脉注射。

②25%硫酸镁注射液 20 mL，分 3~4 个点肌内注射；10%氯化钙注射液 20 mL，一次静脉注射。

③氯化钙 2~4 g，氯化镁 1~2 g，葡萄糖 2~4 g，蒸馏水 20~40 mL，溶解、过滤、煮沸灭菌、待温后一次静脉注射。

9.6.5.4 预防

对妊娠后期母牛应供给全价饲料，注意磷、钙平衡，多晒太阳，保证充足的运动。

9.7 乳房疾病

9.7.1 乳房炎

乳房炎是乳房受到机械的、物理的、化学的和生物学的因素作用而引起的炎症。按其症状和乳汁的变化，可分为临诊型与非临诊型两种。本病是奶牛、羊的多发病，对养牛业危害极大，而且还危害人体的健康。

9.7.1.1 病因

①病原微生物的感染：如链球菌、葡萄球菌、大肠杆菌、化脓性棒状杆菌、结核杆菌等，通过乳头管侵入乳房，而发生感染。

②饲养管理不当：如挤奶技术不够熟练，造成乳头管黏膜损伤，垫草不及时更换，挤奶前未清洗乳房或挤奶员手不干净以及其他污物污染乳头等。

③机械损伤：乳房遭受打击、冲撞、等机械的作用，或幼畜咬伤乳头等，也是引起本病的诱因。

④继发于某些疾病：子宫内膜炎及生殖器官的炎症等可继发本病。

9.7.1.2 症状

（1）临诊型乳房炎

有明显的临诊症状，乳房患病区域红肿、泌乳减少或停止，乳汁变性，体温升高，食欲不振，反刍减少或停止。根据炎症性质的不同，乳汁的变化也有所差异。

①浆液性乳房炎：常呈急性经过，由于大量浆液性渗出物及白细胞游出进入乳小叶间结缔组织内，所以乳汁稀薄并含有絮片。

②卡他性乳房炎：乳腺泡上皮及其他上皮细胞变性脱落。其乳汁呈水样，并含有絮状物和凝乳块。

③纤维素性乳房炎：由于乳房内发生纤维素性渗出，挤不出乳汁或只能挤出少量乳清或带有纤维素脓性渗出物。如为重度炎症时，有明显的全身症状。

④化脓性乳房炎：乳房中有脓性渗出物流入乳池和输乳管中，乳汁呈黏液脓样，混有脓液和絮状物。

⑤出血性乳房炎：输乳管和腺泡组织发生出血，乳汁呈水样淡红色或红色，并混有絮状物及血凝块，全身症状明显。

⑥症候性乳房炎：常见于乳房结核、口蹄疫及乳房放线菌病等。

(2)非临诊型(隐性型)乳房炎

此种乳房炎没有临诊症状,乳汁中无肉眼可见异常。但可以通过实验室检测乳汁中的病原菌及白细胞发现。患乳房炎后乳汁中的白细胞和病原菌数增加,乳汁化验呈阳性反应。

9.7.1.3 诊断要点

①泌乳量减少或停止。
②乳房红、肿、热、痛。
③乳汁的性状异常。
④隐性乳房炎,化验乳汁方可确诊。

9.7.1.4 治疗

对乳房炎的治疗,应根据炎症类型、性质及病情等,分别采取相应的治疗措施。

(1)改善饲养管理

为了减少对发病乳房的刺激,提高机体的抵抗力,要保持圈舍清洁、干燥,注意乳房卫生。为了减轻乳房的内压,限制泌乳过程,应增加挤乳次数,及时排出乳房内容物。减少多汁饲料及精料的饲喂量,限制饮水量。每次挤乳时按摩乳房 15~20 min,根据炎症的不同,分别采用不同的按摩手法,浆液性乳房炎,自下而上按摩;卡他性与化脓性乳房炎则采取自上而下按摩;纤维素性乳房炎、乳房脓肿、乳房蜂窝织炎及出血性乳房炎等,应禁用按摩方法。

(2)乳房内注入药物疗法

常采用向乳房内注入抗生素溶液。其方法是先挤净患病乳房内的乳汁及分泌物,用消毒药液清洗乳头,将乳头导管插入乳房,然后慢慢将药液注入。注射完毕用双手从乳头基部向上顺次按摩,使药液扩散于整个乳腺内,每日 1~3 次。常用青霉素 40 万~80 万 U,稀释于 100 mL 蒸馏水中做乳房注射。

(3)乳房封闭疗法

①静脉封闭:静脉注射 0.25%~0.5%普鲁卡因溶液 200~300 mL。
②会阴神经封闭:部位是在阴唇下联合处,即坐骨弓上方正中的凹陷处。局部消毒后,左手拇指按压在凹陷处,右手持封闭针头向患侧刺入 1.5~2 cm,注入 0.25%盐酸普鲁卡因溶液 10~20 mL(内含青霉素 80 万 U)。如两侧乳房患病,应依法向两侧注射。本法不但对临诊型乳房炎有效,对隐性乳房炎也有良好效果。
③乳房基部封闭:即在乳房前叶或后叶基部之上,紧贴腹壁刺入 8~10 cm,每个乳叶注入 0.25%~0.5%盐酸普鲁卡因溶液 100~200 mL,加入 40 万~80 万 U 青霉素可提高疗效。
④冷敷、热敷疗法:炎症初期进行冷敷防止渗出,2~3 d 后进行热敷促进吸收,消散炎症。
⑤全身应用抗生素疗法:如青霉素、链霉素配合肌内注射,磺胺类药物及其他抗生素类药物静脉注射等。

9.7.1.5 预防

①挤奶卫生:母牛要整体清洁,尤其是乳房要清洁、干燥。乳头在套上挤奶杯前,用最少量的水冲洗,用纸巾清洁和擦干。
②乳头浸浴:在每次挤奶后,使用 0.5%洗必泰、3%~4%次氯酸钠、0.5%~1%威力碘溶液浸没整个乳头,可大大降低乳房炎的发生。
③干奶期预防:在泌乳期最后 1 d,给母牛的每个乳房注入复方(长效)青霉素油剂、干奶安、复方氟呱酸制剂等药物。
④隔离病牛:避免因牛的引进或出入而感染。及时淘汰患有慢性或顽固性疾病的牛。

⑤定期维护挤奶机：保持挤奶机的真空稳定性和正常的脉动频率，及时清洁和更换奶杯的"衬里"。

⑥定期进行隐性乳房炎检测：根据检测结果采取相应的防治措施。

9.7.2 母猪产后无乳综合征

母猪产后由于乳腺功能紊乱，泌乳量显著减少或突然无乳。

9.7.2.1 病因

与饲养管理不当，缺乏运动、过肥，乳房发育不全，细菌感染及应激和激素分泌紊乱有关。

9.7.2.2 症状

母猪产后无乳或明显减乳，体温在41℃以上；数个乳房有硬结肿大，挤奶困难并拒绝哺乳；子宫内排出黄褐色半透明分泌物；无食欲，精神沉郁，便秘；产后24 h内可观察到乳房肿大，仔猪饥饿。

9.7.2.3 诊断要点

产后无乳或减乳，乳房肿大有硬结，仔猪饥饿。

9.7.2.4 治疗

①及早应用抗生素：肌内注射青霉素和链霉素合剂，每日2次，直到症状消失。

②应用催产素：肌内注射催产素，每日4~6次，注前1 h仔猪与母猪隔离，注后10~15 min放回仔猪哺乳。

③应用催乳中药：内服催乳片，效果良好。

第10章

外科及外科疾病

　　动物外科及外科疾病包括动物外科手术操作基础和常见外科手术。第一部分介绍了外科手术的一般知识和基本技术；第二部分介绍了常用外科手术方法，分析了常见外科病的病因、症状和治疗方法。外科手术基本操作技术包括无菌术、麻醉、组织分离、切开、止血、缝合和包扎技术等操作技术。第二部分常用外科手术主要介绍了常见动物的阉割术、头颈部手术、胸腹部及后躯部位手术、创伤的处理、外科感染、疝、蹄部疾病。

10.1　无菌术

外科手术严格要求进行无菌术操作，无菌术可以保证手术区域和手术过程保持无菌，有效地防止感染的发生，足以使手术创在较短的时间里能良好地愈合。外科无菌术是指在外科范围内防止伤口（包括手术创）发生感染的综合预防性技术。无菌术主要通过消毒和灭菌两种方法来防止伤口免受微生物的感染。消毒是指临诊上应用适宜化学方法来杀灭或抑制微生物生命活动的措施。灭菌是指临诊上应用适宜的物理学方法来杀灭微生物的措施。

10.1.1　灭菌与消毒

常用的灭菌和消毒法有煮沸灭菌法、高压蒸汽灭菌法和化学药品消毒法。此外，还有流通蒸汽灭菌法、干热灭菌法和火焰烧灼法灭菌等。

灭菌前，应检查所用器械、用品的实用性，以保证刀、剪锋利，转轴灵活，各种钳和镊子闭合紧密，锁扣开闭灵活。对需灭菌的器械及用品清洗后用纱布擦干净，再用纱布包住捆实或用带盖容器盛装好，以备灭菌。

（1）煮沸灭菌法

煮沸灭菌法不一定要求用特别的灭菌器，可用一般带盖清洁的铝饭盒、铝锅、铁锅等。将需要灭菌的器械按顺序放入灭菌容器中，加水至淹没全部器械，即可进行加热煮沸灭菌。加热煮沸后维持 15~20 min（煮沸器的盖子应关闭严密，以保持水温），可将一般的细菌杀灭，但不能杀灭具有顽强抵抗力的细菌芽孢。对可疑污染芽孢细菌（破伤风杆菌、炭疽杆菌、坏死杆菌等）的器械或物品，必须煮沸 90 min 以上。常水中加入碳酸氢钠使之成 2% 的碱性溶液，可以提高水的沸点至 102~105 ℃，不但可以加强灭菌效果，还能防止金属器械的生锈（但对橡胶制品有损害）。

达到煮沸灭菌所需的时间后，微启灭菌容器盖倾出全部沸水后，盖严备用。

有些地区水的硬度较大，水垢较多，可以先将水煮沸，去除沉淀后再用来煮沸灭菌，这样可以防止有较多的沉淀物附着在器械表面而影响使用。

（2）高压蒸汽灭菌法

高压蒸汽灭菌法是常用且最可靠的灭菌方法，可杀灭一切细菌和芽孢菌。高压蒸汽灭菌需用特制的灭菌器，如手提式、立式以及卧式高压蒸汽灭菌器。灭菌的原理都是利用蒸汽在容器内的积聚而产生压力。蒸汽的压力增高，温度也随之升高（表 10-1）。通常使用蒸汽压力为 0.1~0.137 MPa，温度可达 121.6~126.6 ℃（老式的高压蒸汽灭菌器的压力表以磅/英寸^2 为单位，所需蒸气压力为 15~20 磅/英寸^2），一般维持 30 min 左右。但不同的物品，所需的压力、温度与时间不同（表 10-2）。

高压蒸汽灭菌法的注意事项：

①灭菌时需排尽灭菌器和物品包内的冷空气，如未被完全排除会影响灭菌效果。

②消毒物品包不宜过大（每件小于 50 cm×30 cm×30 cm），不宜过紧，各包间要有间隙，以利于蒸汽流通。为检查灭菌效果，可在物品的中心放一玻璃管硫黄粉，消毒完毕启用时，如硫黄已熔化（硫黄熔点 120 ℃），则表明灭菌效果可靠。

③消毒物品应合理放置，不可放置过多，一般安放体积应低于灭菌器的 85%。

④包扎的消毒物品存放 1 周后，特别是布类，需重新消毒使用。

⑤灭菌器内加水不宜过多，以免沸腾后水向内桶溢流，使消毒物品被水浸泡。

表 10-1　高压蒸汽灭菌器内蒸汽压力与温度的比例关系

蒸汽压力			温度
MPa	kg/cm²	磅/英寸²	(℃)
0.034 3	0.35	5	108.4
0.068 6	0.70	10	115.2
0.102 9	1.05	15	121.6
0.137 2	1.40	20	126.6
0.172 5	1.76	25	130.4
0.205 9	2.10	30	134.5

注：表中所列压力单位中 MPa 为兆帕，而 kg/cm² 和磅/英寸² 是过去使用的旧制式，鉴于有些压力表仍然用旧制式，仅供参考。

表 10-2　不同物品灭菌所需的压力、温度与时间

物品种类	压力(MPa)	温度(℃)	时间(min)
布类、敷料	0.137 2	126	30
金属器械、搪瓷	0.102 9	121	45
玻璃器皿	0.102 9	121	30
乳胶、橡胶物品	0.102 9	121	20
瓶装溶液、药液	0.102 9	121	15~20

⑥放气阀门下连接的金属软管不得折损，否则放气不充分，冷空气滞留在桶内会影响温度上升，影响灭菌效果。

⑦灭菌时事先应检查并保证灭菌器性能完好，设专人操作、看管，对压力表要定期进行检验，以确保安全。

10.1.2　手术器械及其他物品的准备与消毒

手术时所使用的手术器械(主要指常规金属手术器械)、敷料以及其他物品，都可能对手术创造成直接或间接的接触感染。手术中所使用的器械和其他物品的种类繁多，性质各异，有金属制品、玻璃、搪瓷制品、棉花织物、塑料、尼龙、橡胶制品等。而灭菌和消毒的方法也很多，应根据物品的抗腐蚀性、抗高压性等进行选择消毒灭菌。

10.1.2.1　金属器械准备与消毒

所有手术用器械都应清洁，不得粘有污物或灰尘等。不常用的器械或是新启用的器械，要用温热的清洁剂溶液除去表面的保护性油类或其他保护剂，然后再用大量清水冲去残存的洗涤清洁剂后备用。为保护手术刀片应有的锋利度，最好用小纱布包好，用化学药液浸泡法消毒(不宜高压灭菌)。每次所用的手术器械，可以包在一个较大的布质包单内，这样更便于灭菌和使用。

手术器械最常用的灭菌方法，是高压蒸汽灭菌法。若无条件时，也可以采用煮沸法或化学药物浸泡消毒法。

10.1.2.2 玻璃、搪瓷类器皿准备与消毒

所有这些用品都应充分清洗干净,易损易碎者要用纱布适当包裹加以保护。这类器皿若体积较小时,可采用高压蒸汽灭菌法、煮沸法或化学消毒药液浸泡法(玻璃器皿勿骤冷骤热,以免破损)。大件的器物如大方盘、搪瓷盆等,可以考虑使用酒精火焰烧灼灭菌法,即在干净的大型器皿内倒入适量95%酒精并及时点火燃烧。

10.1.2.3 注射器的灭菌

手术用注射器有一次性注射器、玻璃注射器、金属注射器。

(1)一次性注射器

现今手术已大量普遍使用一次性注射器,使用方便,并保证了灭菌的要求。

(2)玻璃注射器

事先应将注射器洗刷干净,把内栓和外管按标码挑选后用纱布包好。临诊上多用高压蒸汽灭菌法,没有条件时也可采用煮沸法或流动蒸汽灭菌法。

(3)金属注射器

先将金属注射器清洗干净,并将其各部件拆卸开,用消毒巾包好。大批量使用注射器应用高压蒸汽灭菌,小批量的常用煮沸灭菌法。灭菌后,使用时用灭菌的敷料钳或镊子取出,无菌状态下配套安装好应用。

10.1.2.4 橡胶、尼龙和塑料类用品消毒

临诊常用的各种插管和导管、手套、橡胶布、围裙及各种塑料制品,有些不耐高压,有些更不能耐受高热,这些用品都应在消毒前清刷干净,并用洁净水充分漂洗后备用。在消毒灭菌时,应该用纱布将物品包好。橡胶制品可以选用高压灭菌(很易老化发黏失弹性)或煮沸灭菌,也可以采用化学消毒药液浸泡法来消毒;有些专用的插管和导管等,也可以在小的密闭容器内(如干燥器)用甲醛熏蒸法来消毒。目前这类用品很多都是一次性使用品,这就减少消毒工作中的许多烦琐环节,但其经济代价较高,提高了医疗费用。有些医疗单位有使用环氧乙烷气体灭菌装置的条件,则会使很多手术用品的消毒灭菌变得简单、方便。

10.1.2.5 敷料、手术创巾、手术衣帽和口罩等物品消毒

一次性使用的止血纱布、手术创巾、手术衣帽及口罩等均有出售,主张多应用。多次重复使用的这类用品是用纯棉材料制成,临诊使用后可以回收再经灭菌后应用。止血纱布是医用脱脂纱布制成,根据具体需要,先裁成大小不同的方形纱布块,似手帕样,然后对折折叠,达到最后将剪断缘的毛边完全折在内部为止。再将若干块这种止血纱布用纯棉的小方巾包成小包,方便灭菌,使用上也方便。这些用品一般采用高压蒸汽灭菌。在没有高压灭菌器的时候,也可以采用流动蒸汽灭菌法(使用普通的蒸锅,可以从水沸腾后并发出大量蒸汽时计算,经1~2 h灭菌)。

消毒的物品用布单包好,小而零散的则可装入贮槽,或用小的布单包好。贮槽系用金属材料制成的特殊容器(图10-1)。灭菌前,将贮槽的底窗和侧窗完全打开。在灭菌后从高压锅内取出时,立刻将底窗和侧窗关闭,贮槽在封闭的情况下,可以保证一周内的时间是无菌的。回收的上述用品均需经过洗涤处理,不得粘附有被毛或其他污物,然后按不同规格分类整理、折叠,消毒后可重复使用。

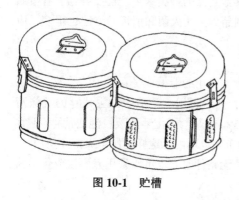

图10-1 贮槽

10.1.3　手术人员的准备与消毒

手术人员本身，尤其是手臂的准备与消毒对防止手术创的感染具有很重要的意义，决不可忽视，否则手术就很难保证在无菌条件下进行。手术人员在术前应做以下准备。

10.1.3.1　更衣

手术人员在术前应穿着清洁的衣服和套鞋，上衣最好是超短袖衫以充分裸露手臂，并戴好手术帽和口罩，手术帽应把头发全部遮住，帽的下缘应达到眉毛之上和耳根顶端，手术口罩应完全遮住口和鼻。

10.1.3.2　手、臂的清洁与消毒

清洁与消毒手和臂之前，首先检查指甲，长的要剪去，剔除甲缘下的污垢，有逆刺的也应事先剪除。手部有伤口，尤其有化脓感染创者不能参加手术。手部有小的新鲜伤口如果必须参加手术时，应先用碘酊消毒伤口，暂时用胶布封闭，再进行手的消毒。手术时最好戴上手套。

手和臂的抗菌和无菌准备方法很多，较简便而有效的常用方法如下：

(1) 手、臂的洗刷

用香皂或洗手液反复擦刷和用流水充分冲洗，以对手臂进行机械性清洁、处理，这是对手和臂准备的基础。

对手、臂进行刷洗时，最好用指刷沾肥皂并按一定顺序擦刷。一般首先对甲缝、指端进行仔细地擦刷，然后按手指、指间、手掌、掌背、腕部、前臂、肘部及以上顺序擦刷，通常历时5~10 min。然后用流水(温水或自来水)将肥皂泡沫充分洗去。冲洗时手应朝上，使水自手指向肘部方向流去，然后用灭菌巾或纱布按上述顺序拭干，最好是每侧用一块灭菌巾。如果不具备流水条件，则最少要在2~3个盆内逐盆清洗。

(2) 手、臂的消毒

手、臂经上述初步的机械性清洗后，还必须经过化学药品的消毒。手、臂的化学药品消毒最好是用浸泡法，以保证化学药品均匀而有足够的时间作用于手臂的各个部分。专用的泡手桶可节省药液和保证浸泡的高度。如果用普通脸盆浸泡则必须不时地用纱布块浸蘸消毒液，轻轻擦洗，使整个手、臂部都保证湿润。可作为手、臂消毒用的化学药品有多种，常用的如下：

①70%酒精：浸泡或拭洗5 min。浸泡前应将手、臂上的水分拭干，以免冲淡酒精浓度，影响酒精消毒能力。

②1∶1 000新洁尔灭溶液：浸泡和拭洗5 min，也可以采用同样浓度的洗必泰或杜米芬溶液进行手、臂的消毒，这种方法在临诊上被广泛采用。

③1∶2 000百毒杀溶液：浸泡和拭洗5 min后，用无菌水冲洗干净。

④1∶1 000强力消毒灵溶液：浸泡和拭洗5 min。

如果情况紧急，必要时可缩短洗手时间，简化手的消毒方法。为此，可以用肥皂及水初步清洗手、臂上污垢，擦干，并用3%碘酊充分涂布手、臂，待干后，用大量酒精洗去碘酊，即可施行手术。也可选用新洁尔灭、洗必泰等消毒液洗擦双手(注意甲缘、指端和甲沟等处的洗擦，洗后不必用消毒的纱布擦干，以免破坏药液在手臂上所形成的薄膜)。或是充分洗手之后，再戴上灭菌的手套施术。这在比较小的手术时，显得更为方便。

如果进行手术时间较长，为了保持手臂良好的无菌状态，可以考虑在手术中根据需要，再次清洗手臂后，重复用消毒溶液浸泡手臂。已经消毒好的手臂，绝对不可与任何未经消毒物品接触。在进行手术之前，为了保护已消毒过的手臂不被污染，可弯曲两臂将两手放在胸前(图10-2)。

图 10-2　手术者装束

或用灭菌纱布掩盖。

10.1.3.3　穿无菌手术衣

手术人员在洗手并消毒手臂之后，取出高压灭菌的手术衣自己穿好，小心手臂不可接触未经消毒的其他部位。由助手协助在其背后，将衣带或腰带系好。穿灭菌手术衣时应避免其他任何部分（主要指衣服的外表面）触及未经灭菌的物件，尤其要注意保护手术衣前面的前胸部分，严格防止受到污染，应保持无菌状态。如果有必要还可考虑加穿消毒过的橡胶或塑料围裙。通常动物不习惯白色，且白色又影响视力。故兽医临诊的手术衣采用淡蓝色或淡绿色较为合理。

10.1.3.4　戴手套

目前，兽医外科临诊手术并不严格要求戴无菌手套。但是鉴于任何一种手的消毒方法都不能使手部的皮肤达到绝对无菌，所以戴用灭菌手套来进行手术还是比较合理的。戴手套有干戴（经高压灭菌，或由工厂生产已经消毒处理并包装好的灭菌手套）和湿戴（用化学药液浸泡消毒，如用 0.1% 新洁尔灭浸泡 30 min）两种方法。一次性手套，则无须做任何处理，可以直接穿戴。

10.1.4　动物术部的准备与消毒

10.1.4.1　术部除毛

手术前用肥皂水刷洗术部周围大面积的被毛，剪除长毛，然后剃毛或用脱毛剂脱毛。术部剃毛的范围要超出切口周围 20~25 cm，小动物可在 10~15 cm。常用的脱毛剂的配方为：硫化钠 6.0~8.0 g，蒸馏水 100.0 mL，制成溶液，使用时先将上述溶液以棉球在术部涂擦，经 5 min 左右，当被毛呈糊状时，用纱布轻轻擦去，再用清水洗净即可。通常密毛部，硫化钠用量及浓度应大一些，在毛稀、皮薄处浓度用小一些（也可另加入 10 g 甘油，保护皮肤）。脱毛剂使用方便，脱毛干净，对皮肤刺激性小，不影响创伤愈合，不破坏毛囊，术后毛可再生。缺点是有臭味，有时有个体敏感，而且使用浓度过大或作用时间过长时，对皮肤角质层有损害，有时可使皮肤增厚，使切皮时出血增多，给手术带来不便。因此，脱毛剂最好也在手术前 1 d 使用。总之，机械除毛、化学除毛各有其特点，应选择应用。

10.1.4.2　术部消毒

术部皮肤消毒，最常用的药物是 5% 碘酊和 70% 酒精。

（1）注射及穿刺部的消毒

剪毛→70% 酒精脱脂→5% 碘酊涂擦→70% 酒精脱碘。

（2）手术区的消毒

临诊上常用下列二法，术者可任选一种。

①5% 碘酊两次涂擦术部消毒法：剃毛（或脱毛）→1%~2% 来苏儿洗刷手术区及其周围皮肤→纱布擦干→涂擦 70% 酒清脱脂→第一次涂 5% 碘酊→局部麻醉→第二次涂 5% 碘酊→术部隔离→75% 酒精脱碘→手术。

②新洁尔灭或洗必泰等溶液消毒法：剃毛（或脱毛）→温水洗刷→纱布擦干→用 0.5% 新洁尔灭或洗必泰溶液涂擦两次即可手术。

上述手术区的消毒，均从手术区中心开始逐渐向周围涂擦，但在感染创或肛门等处手术时，则应自清洁的周围开始，再涂擦到感染创或肛门处（图 10-3）。

口腔、直肠、阴道黏膜消毒时，宜用刺激性小的化学消毒剂，如0.1%高锰酸钾溶液、0.1%雷佛奴尔溶液、0.1%新洁尔灭溶液或洗必泰溶液等。眼结膜的消毒常用3%～4%硼酸溶液、2%蛋白银溶液、2%红汞液等。

10.1.4.3 术部隔离

术部虽经消毒，而术区周围未经严格消毒的被毛，对手术创容易造成污染，加上动物在手术时(尤其在非全麻的手术时)容易出现挣扎、骚动，易使尘土、毛屑等落入切口中。因此，必须进行术部周围隔离。

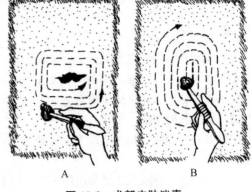

图10-3　术部皮肤消毒
A. 感染创口皮肤消毒　B. 手术部位皮肤消毒

一般采用大块有孔手术巾(创巾)覆盖于术区(图10-4)，仅在中央露出切口部位，使术部与周围完全隔离。手术巾中央孔要与手术切口大小适合，手术巾一般用巾钳固定在畜体上，也可用数针缝合代替巾钳。手术巾要有足够的大小遮蔽非手术区。此外，在切开皮肤后，还要再用无菌巾沿着切口两侧覆盖皮肤(图10-5)。在切开空腔脏器前，应用纱布垫保护四周组织。这些措施都能进一步起到术部隔离的作用，保证手术创不受污染。在手术当中凡被污染的手术隔离巾，应尽可能及时更换。

图10-4　手术巾的敷设

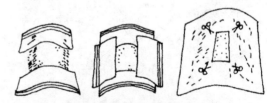

图10-5　术野隔离示意图

近年来，在手术创区域隔离方面，有人使用了一次性自粘手术薄膜，该膜已经过无菌处理，在术部除毛并经消毒、待干燥之后，即可粘贴，以达到隔离的目的。

10.2　麻醉

麻醉就是在施行手术时，应用物理的或化学的方法，使动物全身或局部痛觉暂时迟钝或消失，以便顺利进行手术的方法。

麻醉的目的在于使动物失去疼痛感觉，保护大脑的正常调节机能，防止剧烈疼痛而引起休克；简化保定方法，避免人或动物发生意外损伤；动物保持安静，以利于安全和细致进行手术操作；减少动物骚动，便于无菌操作。

药物麻醉分为局部麻醉、全身麻醉和复合麻醉。

10.2.1 局部麻醉

局部麻醉是使用局部麻醉剂，使机体某一区域内的神经干或神经末梢的感受器暂时受到抑制而失去感受与传导刺激的作用，从而使手术区失去痛觉，以便于施行手术的一种措施。

兽医临诊上常用的局部麻醉方法有：

10.2.1.1 表面麻醉

局麻药液直接作用于组织表面的神经末梢，使该局部痛觉消失，多用于麻醉黏膜、滑膜和浆膜。

①口、鼻、直肠及阴道黏膜的麻醉：用1%~2%地卡因涂布或喷雾进行。

②眼结膜、角膜的麻醉：应用0.5%~1%地卡因溶液，点入结膜囊内5~6滴经2~5 min开始麻醉，持续10~15 min。

③膀胱黏膜的麻醉：用0.5%~1%普鲁卡因溶液，利用注射器和导尿管注入膀胱内。

④关节腱鞘及黏液囊的滑膜麻醉：可用穿刺法将4%~6%普鲁卡因溶液注入。

⑤浆膜麻醉：在实施体腔手术时，常用3%~5%普鲁卡因溶液喷洒以麻醉浆膜。

10.2.1.2 浸润麻醉

浸润麻醉即将局部麻醉剂注射于皮下、黏膜下及深部组织以麻醉感觉神经末梢或神经干，使之失去感觉和传导刺激能力的方法。使用药物为0.5%~1%普鲁卡因溶液。犬较敏感，应特别注意。浸润麻醉常用的方法有：

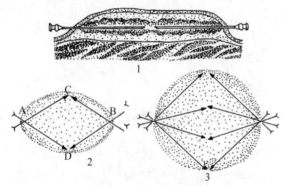

图10-6 浅表浸润麻醉
1. 直线浸润 2. 菱形浸润 3. 扇形浸润

(1) 皮肤及皮下结缔组织的麻醉法

①直线麻醉法：在欲行切口的一端将针头刺入皮下沿切口方向推进到所需深度，边抽针边注入药液，拔出针头在切口另一端做同样操作。药量依切口长度而定。本法适于切开皮肤或体表手术（图10-6）。

②菱形麻醉法：用于术野较小的手术，如圆锯术、食道切开术等。在欲行切口的两侧中间各定一个针刺点A、B，切口两端定为C、D，即成一个菱形区。麻醉时由A点进针至C点，边退针边注药液，针退至A点后再刺向D点，边退针边注药液。B点注射方法同A点（图10-6）。

③扇形麻醉法：用于术野较大、切口较长的手术，如开腹术等。在欲做切口的两侧选一刺针点，针刺入皮下并推向切口的一端，边退针边注药，针退至刺入点后再改变角度刺向切口边缘，退针注药，直到切口另一端止。以同法麻醉切口另一侧。每侧进针数依切口长度而定（图10-6）。

④多角形麻醉法：用于横径较宽的术野，如肿瘤切除术等。先在病灶周围选数个刺针点，使针刺入后能达到病灶基部，再以扇形麻醉法将药液注于切口周围的皮下组织内，使手术区域形成一个环形封锁区，故也称封锁浸润麻醉法（图10-7）。

(2) 深部组织麻醉法

开腹术等深部组织手术时，为使皮下、肌肉、筋膜及其间的结缔组织都达到麻醉，可采取锥

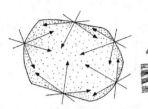 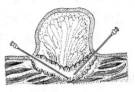

图 10-7　多角形与基部浸润麻醉

图 10-8　分层及锥形浸润麻醉

形或分层注射法将药液注射于各层组织之间(图 10-8)。具体的操作方法,同上述各种麻醉法,根据具体情况选用。

10.2.1.3　传导麻醉

传导麻醉指在神经干周围注射局部麻醉药,使其所支配的区域失去痛觉,称为传导麻醉。其优点是使用少量麻醉药产生较大区域的麻醉。传导麻醉使用的药液为 2% 盐酸利多卡因或 2%~5% 盐酸普鲁卡因,但其浓度及用量常与所麻醉神经的大小成正比。

传导麻醉的种类很多,在此详细介绍临诊上最常用的是旁神经干传导麻醉,简称腰旁麻醉,其他传导麻醉方法请参阅各相关手术。

(1) 牛腰旁神经干麻醉

在欲施行手术的体侧分 3 点注射,第一点是麻醉最后肋间神经,部位是在第一腰椎横突游离端前角下方,先垂直进针达腰椎横突游离端前角骨面,再将针头移向横突前缘向下刺入 0.5~0.7 cm(图 10-9);第二点是麻醉髂腹下神经,部位在第二腰椎横突游离端后角下方,先垂直进针达该处骨面,再将针头移向横突后缘向下刺入 0.7~1 cm;第三点是麻醉髂腹股沟神经,部位在第四腰椎横突游离端前角下方,先垂直进针至该处骨面,再将针头移向横突前缘向

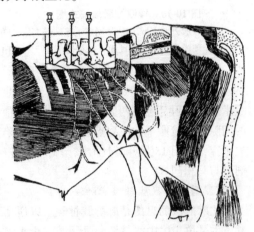

图 10-9　牛腰旁神经干传导麻醉法

下刺入 0.7~1 cm。腰旁麻醉均使用 3% 盐酸普鲁卡因溶液,3 个注射点都是在进针部位注入药液 10 mL,再将针头退至皮下注入药液 10 mL。

(2) 马腰旁神经干麻醉

马腰旁麻醉的方法,除第三点注射部位在第三腰椎横突游离端后角下方之外,其余两个注射点及用药、剂量、注射方法等均与牛相同。

腰旁麻醉,注射药液 15 min 后发生作用,可维持 1~2 h,此麻醉法常用于腹腔手术,能使家畜保持呈站立姿势。

10.2.1.4　脊髓麻醉

将局部麻醉药注射到椎管内,阻滞脊神经的传导,使其所支配的区域无痛,称为脊髓麻醉。根据局部麻醉药液注入椎管内的部位不同,又可分为硬膜外腔麻醉和蛛网膜下腔麻醉两种(图 10-10)。在兽医临诊上,目前仍多采用硬膜外腔麻醉,很少采用蛛网膜下腔麻醉。掌握脊髓麻醉技术,要求熟悉椎管及脊髓的局部解剖,以及由于脊神经阻滞所致的生理干扰。

脊髓麻醉常用于腹腔、乳房及生殖器官等部手术。

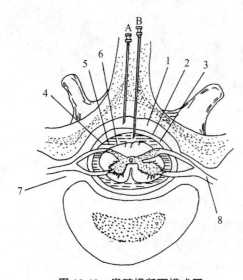

图 10-10 脊髓横断面模式图
A. 硬膜外腔麻醉　B. 蛛网膜下腔麻醉
1. 硬膜外腔　2. 脊硬膜　3. 硬膜下腔
4. 脊蛛网膜　5. 蛛网膜下腔　6. 脊软膜
7. 椎间孔　8. 脊神经

(1) 腰荐部硬膜外腔麻醉法

①马腰荐部硬膜外腔麻醉：主要用于包皮、阴茎、臀部、阴道、直肠及后肢的手术。注射部位在两髂骨内角的连线与背中线的交点上，即第六腰椎与第一荐椎之间的间隙内。

马妥善保定于柱栏内，局部常规消毒后，术者用 18 号麻醉针于注射部位垂直刺入（进针深度依马体大小及膘情而定，马、骡约 7 cm，驴约 5 cm）。当刺穿椎间韧带时，有刺破窗户纸样的感觉，阻力随之骤减，即达注射部位，接上装有药液的玻璃注射器，按压活塞。若阻力很小或无阻力，活塞自动下降，表示部位正确，可将药液注入，否则应重新矫正针头位置。用药量依马体大小，可注射 3% 盐酸普鲁卡因溶液 20～30 mL。注药后 3～5 min 呈现麻醉状态。剂量在 25 mL 以下时马尚能站立，超过 25 mL，则后肢站立不稳而倒地。麻醉可维持 1～3 h。

②牛腰荐间隙硬膜外腔麻醉：主要用于腹腔手术、助产、直肠、阴道或子宫脱出的整复术、乳房及后肢手术等。注射部位在两髂骨外角连线与背中线交点后方 2～3 cm 处，即最后腰椎与第一荐椎之间的间隙内，较瘦牛的注射点在腰荐间隙凹陷内的正中点。牛皮厚而坚韧，需先用粗针头或手术刀尖刺穿，再用 18 号麻醉针沿该孔刺入，进针深度一般为 4～7 cm。进针正确与否的判断，用药及剂量与马相同。

(2) 荐尾部硬膜外腔麻醉法

此麻醉法的目的是麻醉荐神经，以便站立时施行手术。马和牛常用第一、二尾椎间隙进行麻醉，牛是位于尾中线与两坐骨结节前缘水平处同尾根部所作横线交点的凹陷处；马是举起马尾，在屈曲的背侧出现的横沟与尾背中线的交点即为注射点。操作时，术者站在畜体后方，稍抬尾巴，将针垂直刺入皮肤后，再以 45°～65° 向前刺入，当穿破椎间韧带时，略向左右移动，使针头保持在硬膜外腔内。刺入深度牛为 2～4 cm，马为 2～5 cm，注射 2% 盐酸普鲁卡因溶液 15～20 mL，3～15 min 后产生麻醉作用，可维持 60～90 min。

10.2.2　全身麻醉

全身麻醉就是利用某些药物对中枢神经系统产生广泛的抑制作用，从而暂时地使机体的意识、感觉、反射和肌肉张力部分或全部丧失的一种麻醉方法，称为全身麻醉。

根据麻醉强度，又可将全身麻醉分为浅麻醉、中等麻醉、深麻醉。浅麻醉是给予较少量的麻醉剂使家畜呈欲睡状态，各种反射活动降低或部分消失，茫然站立，头颈下垂，肌肉轻微松弛。深麻醉是动物进入昏睡状态，各种反射活动消失，将舌拉出口腔外不能自行收回，肌肉松弛，心跳变慢，雄性者阴茎脱出。介于浅麻醉和深麻醉之间为中麻醉。临诊上可利用不同的药量来控制麻醉的深度，一般情况，小手术多用浅麻醉，大手术常用中麻醉或深麻醉。

根据麻醉剂引入体内的方法不同，可将全身麻醉分为吸入麻醉和非吸入麻醉两大类，后者又可分为静脉麻醉法、肌内麻醉法、内服麻醉法、直肠麻醉法、腹腔麻醉法等。

近年来由于麻醉方法的发展，又有提出"安定无痛"和"分离麻醉"等新麻醉方法。前者是把安定药和镇痛药配合应用达到麻醉目的，其特点是对大脑皮层抑制较轻微，毒性小而安全，对心血管系统影响也较小，临诊上应用的如镇痛药埃托啡（Etorphine）和安定药乙酰普马嗪配合组成的保定灵（Immobilon）。分离麻醉不同于传统的全身麻醉剂，它既不对整个神经系统发生明显抑制，也不是作用于网状结构，其特点是阻断大脑联络径路和丘脑向新皮层的投射，仅短暂和轻微的抑制网状激活系统、边缘系统，所以一些保护性反射依然存在，麻醉的安全度也较高，临诊上常用的氯胺酮（Ketamine）即是典型的分离麻醉剂。

10.2.2.1 马的麻醉方法

①保定宁（二甲苯胺噻唑与 EDTA 的合剂）：是马最常用的全身麻醉药。用药方法与剂量：骡、马 0.8~1.2 mg/kg，驴 2~3 mg/kg，肌内注射。中等体型的家畜肌内注射量 2.5~3.0 mL，可维持 30~40 min；注射 4 mL，约维持 2 h，以后根据麻醉表现可按半量 2 mL 进行追加麻醉。

此外，还可单用二甲苯胺噻唑（静松灵）麻醉。

②氯胺酮：一次量以 1 mg/kg，静脉注射，约 1 min 即可麻醉，药效维持 10 min。

10.2.2.2 牛的麻醉方法

①846 合剂麻醉法：国产麻醉复合剂速眠新简称 846 合剂，具有用法简便、剂量小、适用范围广等优点。用药剂量、方法及麻醉效果：按每 100 kg 体重 0.6 mL 肌内注射，5~10 min 即平稳进入麻醉状态，持续 40~80 min；剂量增至每 100 kg 体重 4 mL，除麻醉时间延长外，无明显不良反应。

②二甲苯胺噻唑麻醉法：按 0.6 mg/kg 肌内注射，5 min 后牛可自行倒卧，进入麻醉状态，可维持 1~2 h。可以安全地进行手术。还可用保定宁麻醉。

③硫贲妥钠麻醉：成年牛的静脉注射一次量：10~15 mg/kg，麻醉时间 5~10 min，苏醒时间 1~2 h，恢复前先有兴奋出现。犊牛静脉注射一次量：15~20 mg/kg，麻醉时间 10~15 min，苏醒时间 30 min，无兴奋出现。临诊应用时，配制成 5% 溶液，先以其总量的 1/2~2/3 于 20~30s 内静脉注射，观察 2~3 min，观察麻醉深度如何。如果不够理想，再将其余量给予。有的牛会发生短暂的窒息，一般经 15~20s 可自行恢复，或有时稍稍辅以人工呼吸。单独使用较少，多用复合方法给药，在吸入麻醉时用本剂进行诱导麻醉后进行气管内插管的效果也被兽医工作者所接受。

④氯胺酮：一次量以 8 mg/kg 静脉注射，1 min 产生药效（肌内注射 3~5 min 产生药效），药效维持麻醉 30 min。

10.2.2.3 羊的麻醉方法

①846 合剂麻醉法：羊使用 846 合剂麻醉时，可按 0.02~0.1 mL/kg 肌内注射，经 3~10 min 即平稳进入麻醉状态，持续时间为 2~3 h。

②戊巴比妥钠：静脉注射一次量 20~25 mg/kg。可麻醉持续 30~40 min 左右。苏醒时间约 2~3 h，易引起瘤胃膨胀等并发症，宜慎重。

③硫喷妥钠：静脉注射一次量 15~20 mg/kg，麻醉持续时间 10~20 min。应充分注意可能造成的呼吸抑制，可能出现呼吸暂停。一般在 40s 左右可自行恢复自主呼吸，否则应及时给予人工支持呼吸。

10.2.2.4 猪的麻醉方法

①二甲苯胺噻唑与氯胺酮复合麻醉法：用二甲苯胺噻唑按 2 mg/kg、氯胺酮按 7 mg/kg，混合肌内注射。

②戊巴比妥钠：静脉内注射一次量 10~25 mg/kg，麻醉 30~60 min，苏醒时间 4~6 h，此剂量

也可采用腹腔注射。一般大猪(50 kg 以上)采用小剂量(10 mg/kg)，小猪(20 kg 以下)采用大剂量(25 mg/kg)。

③硫喷妥钠：静脉注射一次量 10~25 mg/kg(小猪用高剂量 25 mg/kg)，麻醉时间 10~25 min，苏醒时间 0.5~2 h。腹腔注射一次量 20 mg/kg，麻醉时间 15 min，苏醒时间约 3 h。限于短小手术，或作为吸入麻醉的诱导。

④氯胺酮：一次量以 20 mg/kg 静脉注射，1 min 产生药效(肌内注射 3~5 min 产生药效)，药效维持麻醉 10~20 min。

10.2.2.5　其他动物的麻醉方法

①犬的麻醉方法(846 合剂麻醉法)：846 合剂用于犬的剂量是 0.04~0.3 mL/kg，肌内注射，给药 3~10 min 即平稳进入麻醉状态，可维持 90 min。麻醉期内犬的声反射和角膜反射不消失，饱食犬有呕吐和排便现象。二甲苯胺噻嗪与氯胺酮合剂对犬的麻醉效果良好。

②猫的麻醉方法(846 合剂麻醉法)：846 合剂用于猫的剂量是 0.194~0.33 mL/kg，给药 3~10 min 即平稳进入麻醉状态，可维持 90~120 min。个别猫虽然是绝食后手术，但仍有呕吐和排便现象。氯胺酮对猫有良好麻醉作用。

③鹿的麻醉方法：鹿的麻醉目前多用眠乃宁。给药剂量，梅花鹿每头 1.5~2.5 mL，马鹿每头 2~3 mL。均采用麻醉枪枪击或用注射器打飞针法进行肌内注射，给药后 5~10 min 倒卧，由于是肌肉松弛致四肢不支而缓慢倒卧于地，故不损伤鹿茸，麻醉可维持 2 h 左右。用苏醒灵催醒及解毒。

10.2.3　复合麻醉

复合麻醉是指应用两种以上麻醉药物或麻醉方法彼此配合，借以达到所需要的麻醉程度。

(1)局部麻醉的复合

在神经传导麻醉或脊髓麻醉时为了增强麻醉效果，可复合局部浸润麻醉。

(2)局部麻醉与全身麻醉的复合

本法是目前常用的方法，通常在全身浅、中麻后再配合某一种局部麻醉。如在全麻下进行手术时，对敏感部位再行局部浸润麻醉或神经传导麻醉。

(3)全身麻醉的复合

吸入麻醉与非吸入麻醉的复合，如先注射硫喷妥钠再吸入乙醚；两种以上非吸入麻醉的复合较多，如保定宁与氯丙嗪的复合、二甲苯胺噻唑与氯胺酮的复合等。

10.2.4　麻醉的注意事项

①麻醉前，应进行健康检查，了解整体状态，以便选择适宜的麻醉方法。全身麻醉要绝食，牛应绝食 24~36 h，停止饮水 12 h，以防麻醉后发生瘤胃臌气，甚至误咽和窒息。

②麻醉操作要正确，严格控制药量。麻醉过程中要随时观察、监测动物的呼吸、循环、反射功能及脉搏、体温变化，发现不良反应，要立即停药，以防中毒。

③麻醉过程中，药量过大，出现呼吸、循环系统机能紊乱，如呼吸浅表、间歇、脉搏细弱而节律不齐、瞳孔散大等症状时，要及时抢救。可注射苯甲酸钠咖啡因、樟脑磺酸钠、氧化樟脑、苏醒灵等中枢兴奋剂。

④麻醉后，动物开始苏醒时，其头部常先抬起，护理员应注意保护，以防摔伤或致脑震荡。

开始挣扎站立时,应及时扶持头颈并提尾抬起后躯,至自行保持站立时为止,以免发生骨折等损伤。寒冷季节,当麻醉伴有出汗或体温降低时,应注意保温,防止动物发生感冒。

10.3 组织分离

在外科治疗中,手术和非手术疗法是互相补充的,但是手术是外科综合治疗中重要的手段和组成部分,而手术基本操作技术又是手术过程中重要的一环,尽管家畜外科手术种类繁多,手术的范围、大小和复杂程度不同,但就手术操作本身来说,其基本技术,如组织分割、止血、打结、缝合等还是相同的,只是由于所处的解剖部位不同,病理变化不一。在处理方法上有所差异而已,因此,可以把外科手术基本操作理解为是一切手术的共性和基础。

10.3.1 常用外科手术器械及其使用

外科手术常用的基本手术器械有手术刀、手术剪、手术镊、止血钳、持针钳、缝合针、缝线、扩创钩、巾钳、肠钳、有沟探针等,现分述如下。

10.3.1.1 手术刀

(1)手术刀的种类

手术刀主要用于切开和分离组织,有固定刀柄和活动刀柄两种。活动刀柄手术刀是由刀柄和刀片两部分构成,常用长窄形的刀片,装置于较长的刀柄。装刀方法是用止血钳或持针钳夹持刀片,装置于刀柄前端的槽缝内(图10-11)。

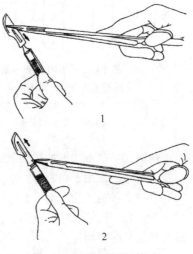

图10-11 手术刀片装、取法
1. 装刀片法 2. 取刀片法

为了适应不同部位和性质的手术,刀片有不同大小和外形。刀柄也有不同的规格,常用的刀柄规格为4、6、8号,这3种型号刀柄只安装19、20、21、22、23、24号大刀片;3、5、7号刀柄安装10、11、12、15号小刀片,不能混装于不同型号的刀柄上。按刀刃的形状可分为圆刃手术刀、尖刃手术刀和弯形尖刃手术刀等(图10-12)。

22号大圆刃刀适用于皮肤的切割,应用此刀可做必要长度、任何形状切开;23号圆形大尖刀适用于由内部向外表的切开,也用于脓肿的切开;10号及15号小圆刃刀则适用于细小的分割;11号角形尖刃刀及12号弯形尖刃刀通常用于腱、腹膜和脓肿的切开。在手术过程中,无论选用何种大小和外形的刀片,都必须有锐利的刀刃,才能迅速而顺利地切开组织,而不引起组织过多的损伤。为此,必须十分注意保护刀刃,避免碰撞,消毒前宜用纱布包裹。使用手术刀的关键在于锻炼稳重而精确的动作,执刀的方法必须正确,动作的力量要适当。兽医手术常用的刀片为21、22、23、24号。

(2)执刀方法

手术刀的持刀法有多种,无论用哪种方法均应持刀稳妥有力,并能准确掌握切割深度和运刀距离(图10-13)。

①指压式:即餐刀式执刀法,用食指按在刀背上,其余四指和掌后部握刀柄,如拿餐刀切食物的方法,此法下刀有力,一般用于比较坚韧的较长距离的组织切开,如皮肤与肌腱的切口。

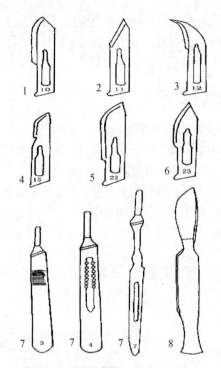
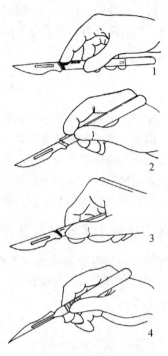

图 10-12　不同类型手术刀片及刀柄
1. 10 号小圆刃　2. 11 号角形尖刀　3. 12 号弯形尖刃　4. 15 号小圆刃　5. 22 号大圆刃　6. 23 号大尖刃　7. 刀柄　8. 固定刀柄圆刃

图 10-13　执手术刀姿式
1. 指压式　2. 执笔式　3. 全握式　4. 反挑式

②执笔式：执刀法即如执钢笔的方法，当刀刃向上时又称反挑式执刀法。本法用力轻而灵活，操作精细，常用于切割短、小的切口，分离血管、神经、切开腹膜等较细微的手术操作。

③全握式：执刀法以全手握持刀柄的一种方式，用于切断坚韧组织。

④反挑式：执笔式的转换形式，刀刃由内向外挑开，以避免深部组织或器官损伤，如腹膜切开或挑开狭窄的腱鞘等。

手术刀的使用范围，除了刀刃用于切割组织外，还可以用刀柄作组织的钝性分离，或代替骨膜分离器剥离骨膜。在手术器械数量不足的情况下，暂可代替手术剪用来切开腹膜、切断缝线等。

10.3.1.2　手术剪

依据用途不同，手术剪可分为两种，一种是沿组织间隙分离和剪断组织的，叫组织剪；另一种是用于剪断缝线，叫剪线剪（图 10-14）。

由于二者的用途不同，所以其结构和要求标准也有所不同。组织剪的尖端较薄，剪刃要求锐利而精细，主要用于剪断软组织或钝性分离组织时用，为了适应不同性质和部位的手术，组织剪分大小、长短和弯、直几种或分钝头、尖头等。直剪用于浅部手术操作，弯剪用于深部组织分离，使手和剪柄不妨碍视线，从而达到安全操作的目的。钝头剪用于剪开腱膜、腹膜等组织，以防误伤深部组织或脏器，尖头剪用于剪断和分离细微组织。

剪线剪头钝而直，刃较厚，在质量和形式上的要求不如组织剪严格，但也应足够锋利，这种剪有时也用于剪断较硬或较厚的组织。

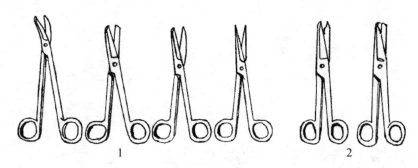

图 10-14　手术剪

1. 组织剪　2. 剪线剪

正确的持剪法是拇指与无名指伸入柄环内，食指压在关节部，中指固定无名指侧的剪柄，以利于手术剪的张开和咬合的操作(图 10-15)。

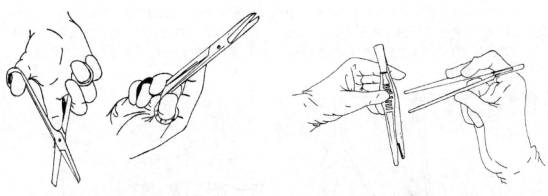

图 10-15　执手术剪的姿势　　　　　　图 10-16　执手术镊的姿势

10.3.1.3　手术镊

手术镊子用于夹持或提起组织以利于分离或缝合，也用于夹取敷料。镊子有不同的长度，镊的尖端分有齿及无齿(平镊)，又有短型、长型、尖头与钝头之别，可按需要选择。有齿镊损伤性大，用于夹持坚硬组织；无齿镊损伤性小，用于夹持脆弱的组织及脏器；精细的尖头平镊对组织损伤较轻，用于血管、神经、黏膜手术。

执镊子的方法有两种：一种是拳握式，用来夹持棉球涂擦消毒或夹持皮肤等硬的组织；另一种是以拇指与食指、中指相对捏持镊子中段的执镊，用力稳定而灵活(图 10-16)。

10.3.1.4　止血钳

止血钳(又叫血管钳)主要用于夹住出血部的血管或组织，以达到止血的目的，或夹住较大血管后便于用线结扎止血。有时也用于分离组织、牵引缝线。止血钳一般有弯、直两种，并分大、中、小等型(图 10-17)。直钳用于浅表组织和皮下止血，弯钳用于深部止血，最小的一种蚊式止血钳，用于眼科及精细组织的止血。持止血钳的方法与持剪刀法相同(图 10-18)。

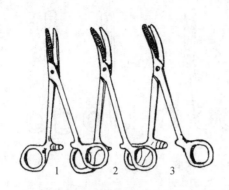

图 10-17　各种类型止血钳
1. 直止血钳　2. 弯止血钳　3. 有齿止血钳

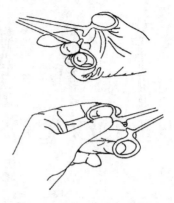

图 10-18　右手及左手松钳法

10.3.1.5　持针钳

持针钳(或叫持针器)用于夹持缝针缝合组织，普通有两种形式，即握式持针钳和钳式持针钳(图 10-19)，兽医外科临诊常使用握式持针钳。使用持针钳夹持缝针时，缝针应夹在靠近持针钳的尖端，若夹在齿槽床中间，则易将针折断。一般应夹在缝针的针尾 1/3 处，缝线应重叠 1/3，以便操作(图 10-20)。

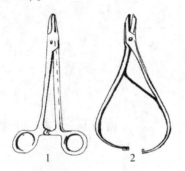

图 10-19　持针钳
1. 钳式持针钳　2. 握式持针钳

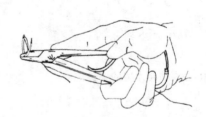

图 10-20　执持针钳法

10.3.1.6　缝合针

缝合针主要用于闭合组织或贯穿结扎。缝合针分为两种类型，一是带线缝合针或称无眼缝合针，缝线已包在针尾部，针尾较细，仅单股缝线穿过组织，使缝合孔道最小，因此对组织损伤小，又称"无损伤缝针"。这种缝合针有特定包装，保证无菌，可以直接利用，多用于血管、肠管缝合。二是有眼缝合针，这种缝合针能多次再利用，比带线缝合针便宜。有眼缝合针以针孔不同分为两种，一种为穿线孔缝合针，缝线由针孔穿进；另一种为弹机孔缝合针，针孔有裂槽，缝线由裂槽压入针眼内，穿线方便、快速。

缝合针规格分为直型、1/2 弧型、3/8 弧型和半弯型，缝合针尖端分为圆锥形和三角形(图 10-21)。直型圆针用于胃肠、子宫、膀胱等缝合，用手指直接持针操作，此法动作快，操作空间较大。弯针有一定弧度，操作灵便，不需要较大空间，适用深部组织缝合，缝合部位越深，空间越小，针的弧度应越大，弯针需用持针钳操作。三角针适用于皮肤、腱、筋膜及淤痕组织缝合，三角形针有锐利的刃缘，能穿过较厚致密组织。

10.3.1.7 缝线

常用的有羊肠线、丝线。羊肠线由羊的肠黏膜下层制成，缝合后在组织中被吸收，不留异物，但组织反应大，价格昂贵。

丝线，是蚕茧的连续性蛋白质纤维，质软不滑，便于打结，不易滑脱，拉力较好，组织反应小，容易制造，故外科广泛使用。丝线有型号编制，使用时应根据不同的型号，用于缝合不同的组织。粗线为7~9号，抗张力为2.7~4.5 kg，适用于大血管结扎、筋膜或张力较大的组织缝合；中等线为3~4号，抗张力为1.65 kg，适用于皮肤、肌肉、肌腱等组织缝合；细线为0~1号，抗张力为0.9 kg，适用于皮下、胃肠道组织的缝合；最细线为000~0000号，抗张力为0.5 kg，适用于血管、神经缝合。

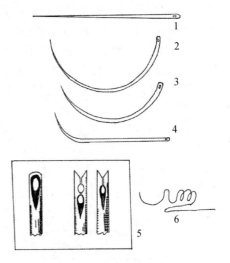

图 10-21　缝合针的种类
1. 直针　2. 1/2弧型针　3. 3/8弧型针
4. 半弯型针　5. 弹机孔针尾构造
6. 无损伤缝针

10.3.1.8 扩创钩

用于扩开创口充分显露术野及深部组织。依用途不同其形状和规格各异，有齿创钩用于牵拉皮肤切口；无齿钝钩不损伤组织，使用较多，常用于扩开深部创口及脆弱组织（图10-22）。

10.3.1.9 巾钳

巾钳（又称帕巾钳、创布钳）（图10-23）用于固定手术巾。使用时将手术巾连同皮肤一起用巾钳夹住并扣紧、锁上牙即可。其执法同止血钳。

10.3.1.10 其他器械

除上述常规器械外，还有自动固定牵开器、组织钳、舌钳、肠钳、海绵钳、器械钳、锐匙和锐环及探针等（图10-24）。

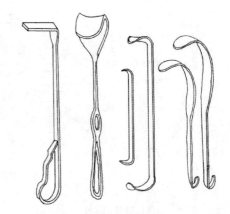

图 10-22　各种扩创钩

在施行手术时，所需要的器械较多，为了避免在手术操作过程中刀、剪、缝针等器械误伤手术操作人员和争取手术时间，手术器械须按一定的方法传递。器械的整理和传递是由器械助手负责，器械助手在手术前应将所用的器械分门别类依次放在器械台的一定位置上，传递时器械助手须将器械的握持部递交在术者或第一助手的手掌中，如传递手术刀时，器械助手应握住刀柄与刀片衔接处的背部，将刀柄端送至术者手中，切不可将刀刃传递给术者，以免刺伤。传递剪刀、止血钳、手术镊、肠钳、持针钳等，器械助手应握住钳、剪的中部，将柄端递给术者。在传递直针时，应先穿好缝线，拿住缝针前部递给术者，术者取针时应握住针尾部，切不可将针尖传给操作人员（图10-25）。

爱护手术器械是外科工作者必备的素养之一，为此，除了正确合理地使用外，还必须十分注意爱护和保养，器械保养方法如下：

①利刃和精密器械要与普通器械分开存放，以免相互碰撞而损伤。

②洗刷器械不可用力过猛或投掷，在洗刷止血钳时要特别注意洗净齿槽内的凝血块和组织

碎片，不允许用止血钳夹持坚、厚物品，更不允许用止血钳夹碘酊棉球等消毒药棉。刀、剪、注射针头等应专物专用，以免影响其锐利。

③手术后要及时将所用器械用清水洗净，擦干涂油、保存，不常用或库存器械要放在干燥处，放干燥剂，定期检查涂油。胶制品应晾干，敷以适量滑石粉，妥善保存。

④金属器械，在非紧急情况下，禁止使用火焰灭菌。

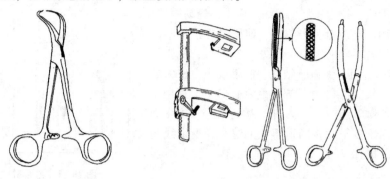

图 10-23　巾钳　　　　图 10-24　自动固定牵开器与肠钳

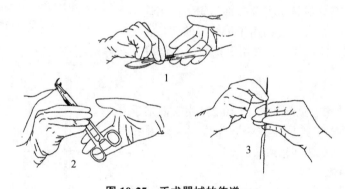

图 10-25　手术器械的传递
1. 手术刀传递　2. 持针钳传递　3. 直针传递

10.3.2　组织切开法

组织切开的原则：

①组织切开的大小要适当，以便于显露或除去某些组织、器官为宜。

②组织切开时，应根据组织张力选择切开的方向（躯干和腹壁两侧切开，多用垂直或斜切；四肢、颈部、躯干中线及其附近的手术，多采取纵切），以免术部张力过大而难于缝合或延迟创伤的愈合过程。

③组织切开时要避免损伤大血管、神经和腺体的输出管，以免影响术部机能。

④切口利于创液排出。创缘要整齐，两侧创缘、创壁应能密切接触，以利缝合和愈合。

⑤切开部位应选在健康组织，坏死组织及已被感染的组织要切除干净。二次手术时应避免在伤疤处切开，以免影响愈合。

⑥切开组织必须整齐，力求一次切开。手术刀与皮肤、肌肉垂直，防止斜切或多次在同一平面上切割，造成不必要的组织损伤。

⑦切开肌肉时，要沿肌纤维方向用刀柄或手指分离，少做切断以减少损伤，影响愈合。

⑧应采取分层切开法,以便认清组织构造,避免损伤血管和神经,有利于止血与缝合。

10.3.3 组织分离

分离是显露深部组织和游离病变组织的重要步骤。分离的位置和范围,应根据手术的需要及组织解剖学结构进行。

根据组织分离操作方法不同,分为锐性分离和钝性分离:

①锐性分离:用刀或剪刀进行。用刀分离时,以刀刃沿组织间隙做垂直的、轻巧的、短距离的切开。用剪刀时,以剪刀尖端伸入组织间隙内(不宜过深),然后张开剪刀柄,分离组织。在确定没有重要的血管、神经后,再予以剪断。此种方法适合于皮肤、腹膜、胃肠壁等的分离,其对组织损伤较小,术后反应也少,愈合较快。但必须熟悉解剖学,在直视下辨明组织结构后进行。动作要准确、精细。

②钝性分离:用刀柄、止血钳、剥离器或手指等进行。方法是将这些器械或手指插入组织间隙内,用适当的力量分离周围组织。这种方法最适用于正常肌肉、筋膜和良性肿瘤等的分离。钝性分离时,组织损伤较重,往往残留许多失去活性的组织细胞,因此,术后组织反应较重,愈合较慢。在瘢痕较大,粘连过多或血管、神经丰富的部位,不宜采用。

根据组织性质不同,组织切开分为软组织(皮肤、筋膜、肌肉、腱)和硬组织(软骨、骨、角质)切开。以下分别叙述不同组织的切开和分离方法:

①皮肤切开法:

紧张切开 由于皮肤的活动性比较大,切皮时易造成皮肤和皮下组织切口不一致,为了防止上述现象的发生,较大的皮肤切口应由术者与助手用手在切口两旁或上、下将皮肤展开固定(图10-26),或由术者用拇指及食指在切口两旁将皮肤撑紧并固定,刀刃与皮肤垂直,用力均匀地一刀切开所需长度和深度皮肤及皮下组织切口,必要时也可补充运刀,但要避免多次切割,重复刀痕,以免切口边缘参差不齐,出现锯齿状的切口,影响创缘对合和愈合。

皱壁切开 在切口的下面有大血管、大神经、分泌管和重要器官,而皮下组织甚为疏松,为了使皮肤切口位置正确且不误伤其下部组织,术者和助手应在预定切线的两侧,用手指或镊子提拉皮肤呈垂直皱襞,并进行垂直切开(图10-27)。

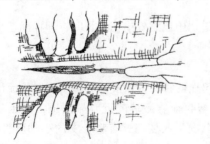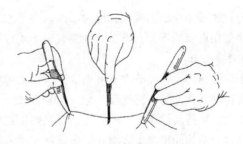

图10-26 皮肤紧张切开法   图10-27 皮肤皱襞切开法

②皮下组织及其他组织的分离:切开皮肤后组织的分割宜用分层切开的方法,以便识别组织,避免或减少对大血管、大神经的损伤。

皮下疏松结缔组织的分离 结缔组织内分布有许多小血管,故多用钝性分离。

筋膜和腱膜的分离 此二类组织纤维切断不易愈合,故宜用钝性分离。用刀在其中央做一小切口,然后用弯止血钳在此切口上、下滑动将筋膜下组织与筋膜分开,沿分开线剪开筋膜,筋膜的切口应与皮肤切口等长。

肌肉的分离 一般是按肌纤维方向做钝性分离，方法是顺肌纤维方向用手术刀柄、止血钳或手指剥离，扩大到所需要的长度（图 10-28）。但在紧急情况下，或肌肉较厚并含有大量腱质时，为了使手术通路广阔和排液方便也可横断切开。横过切口的血管可用止血钳钳夹，或用细缝线从两端结扎后，再从中间将血管切断。

腹膜的分离 腹膜锐性切开时，为了避免伤及内脏，可用组织钳或止血钳提起腹膜做一小切口，利用食指和中指或有沟探针引导，再用手术刀或手术剪分割。

肠管的切开 肠管侧壁锐性切开时，一般于肠管纵带上纵行切开，并应避免损伤对侧肠管。

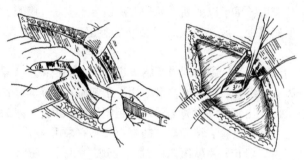

图 10-28　肌肉的钝性分离法

10.4　止血

止血是手术过程中自始至终经常遇到而又必须立即处理的基本操作技术。手术中完善的止血，可以保持术野清晰，便于操作，还可以减少失血量，有助于术后的恢复，有利于争取手术时间，避免误伤重要器官，预防并发症的发生。因此，要求手术中的止血必须迅速而可靠，并在手术前采取积极有效的预防性止血措施，以减少手术中出血。

10.4.1　出血的种类

血液自血管中流出的现象，称为出血。在手术过程中或意外损伤血管时，即伴随着出血的发生，按照受伤血管的不同，出血的种类有以下 4 种。

(1) 动脉出血

由于动脉压力大，血液含氧量丰富，所以动脉出血的特征为血液鲜红，呈喷射状流出，喷射线出现规律性起伏并与心脏搏动一致。动脉出血一般自血管断端的近心端流出，指压动脉管断端的近心端，则搏动性血流立即停止，反之则出血状况无改变。具有吻合支的小动脉管破裂时，近心端及远心端均能出血。大动脉的出血须立即采取有效止血措施，否则可导致出血性休克，甚至引起动物死亡。

(2) 静脉出血

静脉出血时血液以较缓慢的速度从血管中呈均匀不断地泉涌状流出，颜色为暗红或紫红。一般血管远心端的出血较近心端多，指压出血静脉管的远心端则出血停止。

静脉出血的转归不同，小静脉出血一般能自行停止，或经压迫、堵塞后而停止出血，但若深部大静脉受损（如腔静脉、股静脉、髂静脉、门静脉等）出血，则常由于迅速大量失血而引起动物死亡。体表大静脉受损，可因大失血或空气栓塞而死亡。

(3) 毛细血管出血

毛细血管出血的血液色泽介于动、静脉血液之间，多呈渗出性点状出血。一般可自行止血或稍加压迫即可止血。

(4) 实质出血

实质出血见于实质器官、骨松质及海绵组织的损伤，为混合性出血，即血液自小动脉与小静脉内流出，血液颜色和静脉血相似。由于实质器官中含有丰富的血窦，而血管的断端又不能自行缩入组织内，因此不易形成断端的血栓，易产生大失血威胁动物的生命，故应予以高度重视。

10.4.2 出血的预防

施行手术时，为避免手术中出血过多，应提前采取有效的预防措施。

(1) 输血

目的在于提高施术动物血液的凝固性，刺激血管运动中枢反射性地引起血管的痉挛性收缩，以减少手术中的出血。在术前 30~60 min 输入同种同型血液，大动物 500~1 000 mL，中、小动物 100~300 mL。

(2) 注射血管收缩的药物以及增高血液凝固性

可肌内注射 0.3% 凝血质注射液，以促进血液凝固；或肌内注射维生素 K_3 注射液，以促进血液凝固，增加凝血酶原；肌内注射安络血注射液，以增强毛细血管的收缩力，降低毛细血管渗透性；或肌内注射止血敏注射液，以增强血小板机能及黏合力，减少毛细血管渗透性；或肌内注射（或静脉注射）对羧基苄胺（抗血纤溶芳酸），以减少纤维蛋白的溶解而发挥止血作用，对于手术中的出血及渗血、尿血、消化道出血有较好的止血效果。

10.4.3 手术过程中的止血法

(1) 压迫止血

用灭菌止血纱布或棉球压迫出血部位，可使血管破口缩小、闭合，促使血小板、纤维蛋白和红细胞迅速形成血栓而止血。在毛细血管渗血和小血管出血时，如机体凝血机能正常，压迫片刻，出血即可自行停止；大血管出血经压迫可暂时止血，有利于采取其他止血措施；深在部位出血，可用钳夹纱布压迫止血。为了提高压迫止血的效果，在止血时，必须是按压，不能擦拭，以免损伤组织或使血栓脱落造成再次出血。

(2) 止血钳止血

较大血管出血，在辨清血管断端后，可用无钩止血钳前端夹住断端并扣紧止血钳压迫或捻转几周，能使血管断端闭合。小静脉钳夹数分钟后取下止血钳；较大血管断端钳夹时间应稍长或予以结扎。急救性的钳夹止血，止血钳可留存数小时或 1~2 d。钳夹方向应尽量与血管垂直，钳住的组织要少，切不可做大面积钳夹。

(3) 结扎止血

此法是常用而可靠的基本止血法（图 10-29），多用于明显而较大血管出血的止血。结扎止血法有单纯结扎止血法和贯穿结扎止血法。

①单纯结扎止血法：是先以止血钳尖端钳夹出血点，助手将止血钳轻轻提起，使尖端向下，术者用丝线绕过止血钳所夹住的血管及少量组织，助手将止血钳放平，将尖端稍挑起并将止血钳侧立，术者在钳端的深面打结。在打完第一个单结后，由助手松开并撤去止血钳，再打第二个

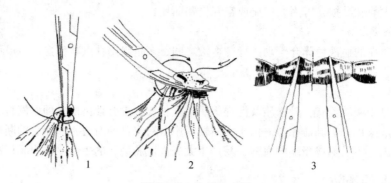

图 10-29　结扎止血法
1. 结扎止血　2. 穿线结扎止血　3. 血管双结扎止血

单结。结扎时所用的力量也应大小适中，结扎处不宜离血管断端过近，所留结扎线尾也不宜过短，以防线结滑脱。

②贯穿结扎止血法：又称缝合结扎止血法。方法是用止血钳将血管及其周围组织横行钳夹，用带有缝针的丝线穿过断端一侧，绕过一侧，再穿过血管或组织的另一侧打结的方法，称为"8"字缝合结扎。两次进针处应尽量靠近，以免将血管遗漏在结扎之外。如将结扎线用缝针穿过所钳夹组织（勿穿透血管）后先结扎一结，再绕过另一侧打结，撤去止血钳后继续拉紧线再打结，即为单纯贯穿结扎止血法。优点是结扎线不易脱落，适用于大血管或重要部分的止血。在不易用止血钳夹住的出血点，不可以用单纯结扎止血，而宜采用贯穿结扎止血的方法。

(4) 缝合止血法

常用于弥漫性出血和实质器官出血的止血。利用缝合使创缘、创壁紧密接触产生压力而止血的方法。

(5) 填塞止血

用灭菌纱布块填塞于出血的腔洞内，以达到压迫止血的目的。对较深的部位出血，如摘除某组织后形成的空腔出血，鼻腔、阴道手术后及拔牙后的出血等，常用此法止血。所用纱布可浸止血药物。填塞纱布可保留数小时或 1~3 d。

(6) 烧烙止血法

即用烧热的烙铁或电烧烙器直接烫烙手术创面，使血管断端收缩封闭而止血，多用于大面积的毛细血管出血。

10.5　缝合

缝合是将已切开、切断或因外伤而分离的组织、器官进行对合或重建其通道，是外科手术中的基本操作技术，也是创口能否良好愈合、外科治疗能否成功的关键因素。缝合的目的在于促进止血，减少组织紧张度，防止创口哆开，保护创伤免受感染，为组织愈合创造良好条件，以加速创伤的愈合。

10.5.1　缝合要求

为了确保愈合良好，缝合时要遵守以下原则：

①严格遵守无菌操作，缝合前必须彻底止血，清除凝血块、异物及无生机的组织。

②缝针刺入和穿出部位应彼此相对，针距相等；为了使创缘均匀接近，在两针孔之间要有相当距离，以防拉穿组织。

③合理应用缝针、缝线，正确地选用缝合方法。按照组织张力的大小，选用不同粗细的缝针和缝线。细小的组织应用细线、小针。缝合皮肤需用三棱针，内脏器官应用圆针。张力比较大的创口需采用减张缝合。所有内脏器官均应采用内翻缝合，以使浆膜贴紧，利于愈合。皮肤、肌肉大都用间断缝合，以保证血液供应，术后即使有1~2针发生断裂，也不至于发生创口全部裂开。腹膜则用连续缝合，保证密闭。

④在组织缝合时，同层组织相缝合，除非特殊需要，不允许把不同类的组织缝合在一起。缝合、打结应有利于创伤愈合，如打结时既要适当收紧，又要防止拉穿组织，缝合时不宜过紧，否则将造成组织缺血。

⑤凡无菌手术创或非污染的新鲜创经外科常规处理后，可做对合密闭缝合。具有化脓腐败过程以及具有深创囊的创伤可不缝合，必要时做部分缝合。

⑥创缘、创壁应互相均匀对合，皮肤创缘不得内翻，创伤深部不应围有死腔、积血和积液。在条件允许时，可做多层缝合。

⑦缝合的创伤，若在手术后出现感染症状，应迅速拆除部分缝线，以便排出创液。

10.5.2 结的种类及打结的方法

打结即利用打结技术做成线结，以固定缝线，防止松脱。正确的打结是结扎止血和组织缝合的重要环节。熟练的打结还可缩短手术时间（图10-30）。

10.5.2.1 结的种类

正确的结有方结、三叠结和外科结。如若操作不正确，会出现假结或滑结，后两种结应避免发生。

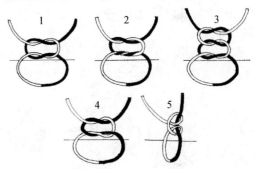

图10-30 各种线结
1. 方结 2. 外科结 3. 三叠结 4. 假结 5. 滑结

（1）方结

方结也称平结，是外科手术的基本线结。由两个方向相反的单结组成。此结比较牢固，不易滑脱，是手术中最常用的结。用于结扎血管和各种缝合的打结。

（2）三叠结

三叠结又称加强结，是在平结基础上加一单结，共三道结。比平结更牢固，用于结扎大血管、张力大的组织的缝合打结和肠线缝合时的打结等。

（3）外科结

外科结即打第一道结时多绕一次，增大摩擦面，第二道结如同平结只交叉一次。此结不易滑脱，多用于结扎大血管和张力较大的组织，如疝孔闭锁、皮肤缝合的打结等。

（4）假结

假结又称斜结或十字结，是打方结时，第二个单结的动作与第一个单结相同，使两个单结方向一致而形成。此结易松脱，不应采用。

（5）滑结

滑结是打结时两手用力不均，只拉紧一线而形成，易滑脱，应注意避免发生。

10.5.2.2 打结方法

常用的有 3 种,即单手打结、双手打结和器械打结。

(1) 单手打结

单手打结为常用的一种方法,简便迅速,左右手均可打结。各人打结的习惯常有不同,但基本动作是一致的(图 10-31)。

(2) 双手打结

双手打结除了用于一般结扎外,对深部或张力大的组织缝合、结扎较为方便可靠。

(3) 器械打结

用持针钳或止血钳打结。适用于结扎线过短、狭窄术部、创伤深处和某些精细手术的打结。方法是把持针钳或止血钳放在缝线的较长端与结扎物之间,用长线头端缝线环绕持针钳一圈后,再打结即可完成第一结,打第二结时用相反方向环绕持针钳一圈后拉紧,形成方结(图 10-32)。

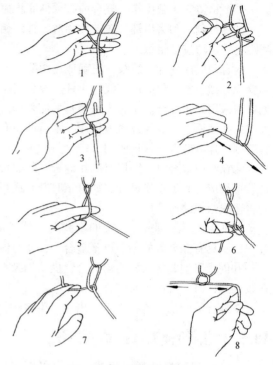

图 10-31 左手单手打结

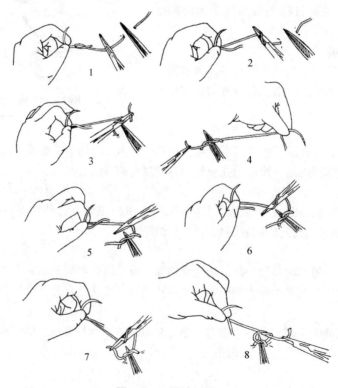

图 10-32 器械打结

10.5.2.3 打结注意事项

①打结收紧时要求三点成一直线，即左、右手的用力点与结扎点成一直线，不可成角向上提起，否则使结扎点容易撕脱或结松脱。

②无论用何种方法打结，两个单结的方向不能相同，即两手需交叉，否则即成假结。如果两手用力不均，可成滑结。

③用力均匀，两手的距离不宜离线太远，特别是深部打结时，最好用两手食指伸到结旁，以指尖顶住双线。两手握住线端，徐徐拉紧，否则易松脱（图10-33）。埋在组织内的结扎线头，在不引起结扎松脱的原则下，剪短以减少组织内的异物。丝线、棉线一般留 3~5 mm，较大血管的结扎应略长，以防滑脱，肠线留 4~6 mm。

④正确的剪线方法是术者缝合完毕后，将双线尾提起略偏术者的左侧，助手用稍张开的剪刀尖沿着拉紧的结扎线滑至结扣处，再将剪刀稍向上倾斜，然后剪断。倾斜的角度取决于要留线头的长短（图10-34）。如此操作比较迅速准确。

图 10-33　深部打结

图 10-34　剪线法

10.5.3　缝合的种类及缝合技术

当前兽医外科手术中软组织缝合的种类甚多，可依缝合后两侧组织边缘的位置状况将常用的缝合方法归纳为单纯缝合法、内翻缝合法及外翻缝合法。各种缝合法又可依据缝合时一根线在缝合过程中是否打结和剪断的情况分为间断缝合法和连续缝合法。一根线仅缝一针或两针，单独一次打结，称为间断缝合法。以一根缝线在缝合中不剪断缝线打结，仅在缝合开始和创口闭合缝合结束时打结的缝合方法称为连续缝合法。

(1) 间断缝合法

间断缝合法即每缝一针打一次结。多用于张力大的组织的缝合。

①结节缝合法：是手术中最常用、最基本的缝合形式。缝合时，可每缝一针即打一次结。缝合时注意针距要适当，创缘对齐，不能有皱襞。适用于皮肤、肌肉、腱膜和筋膜等组织的缝合（图10-35）。

②减张缝合法：减张缝合常与结节缝合一起应用。操作时，先在距创缘较远处（2~4 cm）做几针等距离的结节缝合（减张缝合），缝线两端可系缚纱布卷或橡胶管等，借以支持其张力（圆枕缝合法），其间再做几针结节缝合即可（图10-36）。适用于张力大的组织缝合，可减少组织张力，以免缝线勒断针孔之间的组织或将缝线拉断。

③"8"字缝合法：多用于腱或由数层组织构成的深创的缝合（图10-37）。

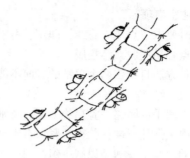

图 10-35　结节缝合法　　　　　图 10-36　减张缝合法

（2）连续缝合法

即缝合中不剪断缝线结扎，仅在缝合开始和结束时打结的方法。常用于肌肉、黏膜、腹膜等张力小的组织缝合。

①螺旋形缝合法：即由创口一端开始缝合，第一针打结后以螺旋状继续缝合至创口另一端，最后一针将缝线折转，线头留在带缝针的缝线对侧创缘，打结并剪断线头（图 10-38）。此法常用于肌肉、子宫黏膜、腹膜等的缝合。

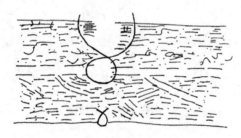

图 10-37　"8"字缝合法　　　　　图 10-38　连续螺旋形缝合法

②锁扣缝合法：如锁衣服扣眼式的缝合，缝线均压在创缘一侧（图 10-39）。多用于缝合张力小的皮肤直线形切口。

③口袋缝合法：用于暂时缝合肛门、阴门、胃肠穿孔等，以防脱出。缝合时，距缝合孔 3～4 cm，沿其周围依次进针，最后适当拉紧缝线打结（图 10-40）。肛门、阴门假缝合时，应留空隙，以利排便。

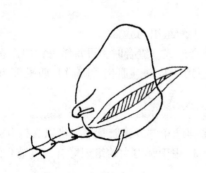
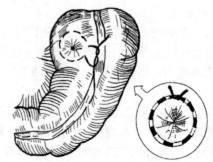

图 10-39　连续锁扣缝合法　　　　　图 10-40　连续口袋缝合法

（3）内翻缝合

①库兴（Cushing）氏缝合法：又称连续水平褥式内翻缝合法。缝合方法是于切口一端开始先做一浆膜肌层间断内翻缝合，再用同一缝线平行于切口做浆膜肌层连续缝合至切口另一端（图10-41）。适用于胃、子宫等浆膜肌层缝合。

②康乃尔（Connel）氏缝合法：这种缝合法与库兴氏缝合相同，仅在缝合时缝针需贯穿全层组织，当将缝线拉紧时，则肠管切面即翻向肠腔（图10-42）。多用于胃、肠、子宫壁缝合。每缝一针应拉紧缝线，保证创缘密闭，达到不漏粪、不漏液、不漏气。

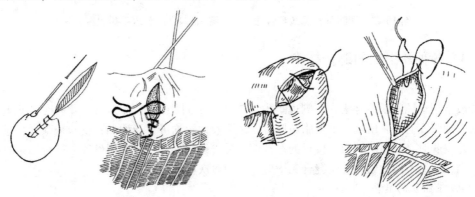

图 10-41　库兴氏缝合法　　　　　图 10-42　康乃尔氏缝合法

③伦勃特（Lembert）氏缝合法：是胃肠手术的传统缝合方法，又称垂直褥式内翻缝合法，分为间断与连续两种，常用的为间断伦勃特氏缝合法。在胃肠或肠吻合时，用以缝合浆膜肌层。每缝一针应拉紧缝线，保证创缘密闭。

间断伦勃特氏缝合法：缝线分别穿过切口两侧浆膜及肌层即行打结，使部分浆膜内翻对合，用于胃肠道的外层缝合。

连续伦勃特氏缝合法：于切口一端开始，先做一浆膜肌层间断内翻缝合，再用同一缝线做浆膜肌层连续缝合至切口另一端。其用途与间断内翻缝合相同。

（4）外翻缝合

缝合后切口两侧边缘外翻，里面光滑。常用于松弛皮肤的缝合、减张缝合及血管吻合等。

①间断垂直褥式缝合法：缝合方法如图10-43所示。间断垂直褥式缝合是一种减张缝合。缝合时，缝针先于距离创缘8~10 mm处刺入皮肤，经皮下组织垂直横过切口，到对侧相应处刺出皮肤。然后缝针翻转在穿出侧距切口缘2~4 mm刺入皮肤，越过切口到相应对侧距切口2~4 mm处刺出皮肤，与另一端缝线打结。该缝合要求缝针刺入皮肤时，只能刺入真皮下，切口两侧的刺入点要求接近切口，这样皮肤创缘对合良好，又不使皮肤过度外翻。缝线间距为5 mm。该缝合方法具有较强的抗张力强度，对创缘的血液供应影响较小；但缝合时，需要较多时间和较多的缝线。

②间断水平褥式缝合法：这种缝合如图10-44所示。特别适用牛、马和犬的皮肤缝合。针刺入皮肤，距创缘2~3 mm，创缘相互对合，越过切口到对侧相应部位刺出皮肤，然后缝线与切口平行向前约8 mm，再刺入皮肤，越过切口到相应对侧刺出皮肤，与另一端缝线打结。该缝合要求缝针刺入皮肤时，要刺在真皮下，不能刺入皮下组织，这样皮肤创缘对合才能良好。根据缝合组织的张力，每个水平褥式缝合间距为4 mm左右。该缝合具有一定抗张力条件，对于张力较大的皮肤，可在缝线上放置胶管或钮扣，增加抗张力强度。

图 10-43　间断垂直褥式缝合法

图 10-44　间断水平褥式缝合法

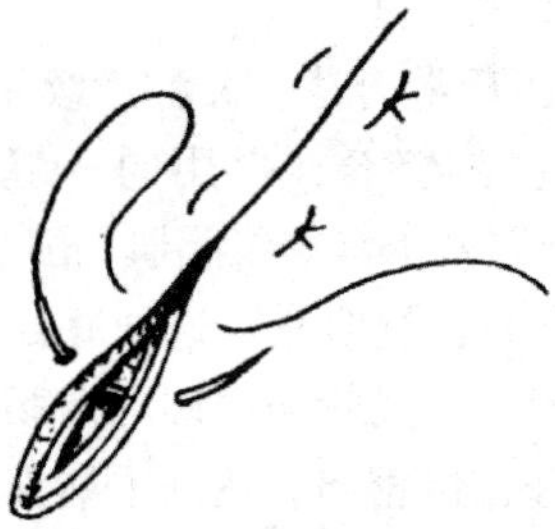

10.5.4　各种软组织的缝合技术

(1) 皮肤的缝合

一般常用单纯间断缝合法，每侧边距为 0.5~1 cm；针距 1.0~1.5 cm。可根据皮下脂肪厚度及皮肤的弛张度而略有增减。皮下脂肪厚者，边距及针距均可适当增加；皮肤松弛者，应适当变小。缝合皮肤时必须用断面为三棱形的弯针或直针。缝合材料一般选用丝线。缝合结束时在创缘侧面打结，打结不能过紧。皮肤缝合完毕后，必须再次将创缘对好。

(2) 皮下组织的缝合

缝合时要使创缘两侧皮下组织相互靠拢，消除组织的空隙。可减小皮肤缝合的张力。使用可吸收性缝线或丝线做单纯间断缝合，打结应埋置在组织内。选用圆弯针进行缝合。

(3) 肌肉的缝合

肌肉缝合要求将纵行纤维紧密连接，瘢痕组织生成后，不能影响肌肉收缩功能。缝合时，应用结节缝合分别缝合各层肌肉。当小动物手术时，肌肉一般是纵行分离而不切断，因此，肌肉组织经手术细微整复后，可不需要缝合。对于横断肌肉，因其张力大，应该在麻醉或使用肌松剂的情况下连同筋膜一起进行结节缝合或水平褥式缝合。

(4) 腹膜的缝合

一般用 0# 或 1# 缝线、圆弯针进行单纯连续缝合。如腹膜张力较大，缝合容易撕破时，可用连续水平褥式缝合或连续锁边缝合。若腹膜对合不齐或个别针距较大时，可加补 1~2 针单纯间断缝合。腹膜缝合必须完全闭合，不能使网膜或肠管漏出或嵌闭在缝合切口处形成疝。

(5) 血管的缝合

血管缝合常见的并发症是出血和血栓形成。血管端端吻合要严格执行无菌操作，防止感染。血管内膜紧密相对，因此，血管的边缘必须外翻(图 10-45)，让内膜接触，外膜不得进入血管腔。缝合处不宜有张力，血管不能有扭转。血管吻合时，应该用弹力较低的无损伤的血管夹阻断血流。缝合处要有软组织覆盖。

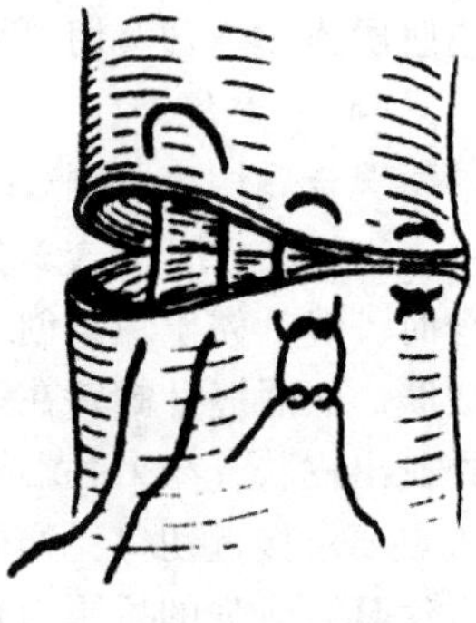

图 10-45　水平褥式外翻缝合

(6) 空腔器官缝合

空腔器官(胃、肠、子宫、膀胱)缝合，根据空腔器官的生理解剖学和组织学特点，缝合时要求良好的密闭性，防止内容物泄漏；保持空腔器官的正常解剖组织学结构和蠕动收缩机能。因此，对于不同器官，缝合要求是不同的。

10.5.5 拆线技术

拆线是指拆除皮肤缝线。拆线时间多在术后 7~8 d，营养不良、贫血、老龄动物、缝合部位活动性较大、创缘呈紧张状态者可延至 10~14 d。拆线过早或过迟，均会影响愈合过程。拆线时先除去绷带，用生理盐水洗净创围，尤其是针孔附近，再以 5%碘酊消毒创口和缝线，酒精脱碘后，用镊子提起线结紧贴针眼，将线剪断并随即抽出缝线。创口大或张力大的部位，可隔一针拆除一针，愈合良好后再将缝线全部拆除。拆线后再次用碘酊消毒创口及周围皮肤，要更换敷料，保护创口（图 10-46）。

图 10-46 拆线法

10.6 包扎技术

包扎是指利用敷料、卷轴绷带、复绷带、夹板绷带、支架绷带及石膏绷带等材料包扎止血，保护创面，防止自我损伤，吸收创液，限制活动，使创伤保持安静，促进受伤组织的愈合。

10.6.1 绷带材料及其应用

①卷轴绷带：是用脱脂纱布制成，市售的长度均为 6 m，宽度有 3、4、4.8、6、7、8 cm 等数种。

②纱布：用脱脂纱布剪成适当的方形，折叠成 5~10 cm^2 的方块，每 10 块一包，灭菌后用于覆盖创口、止血、填塞创腔及吸收创液等。

③棉花：多用脱脂棉，常作绷带的衬垫材料。若直接接触创面，须包以纱布。若衬垫低凹处或以保温为目的时，可用普通棉花。

④其他材料：如白布、油布、塑料布、橡胶布、麻绳、铁丝、夹板、石膏等，主要是用于保护绷带、防水或加强固定作用等。

10.6.2 绷带种类与操作技术

（1）卷轴绷带（图 10-47）

①环形带：用卷轴绷带在患部重叠缠绕 4~6 圈后，将绷带末端剪开打结。主要用于包扎粗细一致和较小的患部，如系部、掌（跖）部等。卷轴绷带的所有包扎法，均以环行带为起始和结束。

②螺旋带：先从环形带开始，再由下向上螺旋形缠绕，每圈均压住前一圈的 1/3 或 1/2，最后以环形带结束。螺旋带多用于掌、跖部及尾部等。

③折转带：类似螺旋带，但每圈缠至肢体外侧时均向下回折，再向上缠绕，最后以环形带结束。常用于臂、胫等粗细不一的部位。

④蛇形带：又称蔓延包扎，绷带斜行向上延伸螺旋形缠绕，各圈互不遮盖。用于固定夹板绷带的衬垫材料。

⑤交叉带：先在关节下方做一环形带，再斜向关节上部做一环形带后，斜向返回关节下方，如此反复缠绕，至患部被斜向交叉的绷带包扎好为止，最后以环形带结束。此法用于关节部位

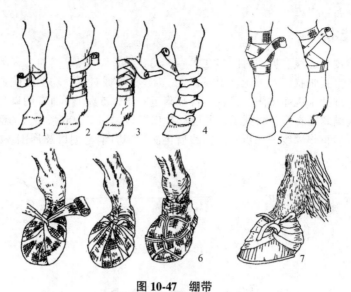

图 10-47　绷带
1. 环形带　2. 螺旋形带　3. 折转带　4. 蛇形带　5. 交叉带
6. 蹄部包扎　7. 蹄冠包扎

包扎。

⑥蹄及蹄冠绷带：先将卷轴带的开端留出交左手，右手持绷带卷并用绷带覆盖创部，缠绕一周与左手所持短端相遇后交扭，再反方向继续包扎，每次与短端相遇时，均扭缠一次，直至包扎结束，最后长端与短端打结固定。

⑦角绷带：用于牛、羊角壳脱落、角折、断角及角损伤等。先在健康角根做环行带，再缠至病角根，并以螺旋带或折转带由角根缠至角尖后，折返缠至角根，最后将绷带引向健康角根做环形结束。

（2）复绷带

复绷带即根据患部形状，用棉布或纱布缝制的绷带，其四周缝有若干布带，以便结系固定。其常用的有眼绷带、顶头绷带、胸前绷带、鬐甲绷带、背腰绷带、腹绷带等（图10-48）。

图 10-48　复绷带
1. 眼绷带　2. 顶头绷带　3. 鬐甲绷带　4. 腹绷带　5. 背腰绷带

10.7 常见外科手术

10.7.1 阉割术

摘除或破坏公畜的睾丸、附睾或母畜的卵巢或子宫,使其失去性机能和生殖能力的一种外科手术,称为阉割术;雄性动物的阉割术又称去势术。阉割到底有什么好处呢?一是它可以使性情暴躁的公畜变得温顺;二是能够提高肉用家畜肉的品质和产肉量;三是能够提高家畜皮毛质量和数量;四是可以淘汰劣种公畜;五是可以治疗某些生殖器官疾病,如睾丸炎、附睾炎等;六是可以用于绝育手术等。

10.7.1.1 小公猪去势术

(1)适宜月龄

小公猪的去势,以 1~2 月龄或体重 5~10 kg 为宜。通常选择仔猪断奶时,一般在 21~28 日龄。

(2)保定

左侧倒卧保定:术者右手提右后肢跗部,左手捏住右侧膝襞部将猪左侧卧于地面,背向术者,随后即用左脚踩住猪颈部,右脚踩住猪的尾根。

(3)手术方法

①固定睾丸:术者左手腕部及手掌外缘将猪的右后肢压向前方紧贴腹壁,中指屈曲压在阴囊颈前部,同时用拇指及食指将睾丸固定在阴囊内,使阴囊皮肤紧张,将睾丸纵轴与阴囊纵缝平行固定(图 10-49)。

②切开阴囊及总鞘膜:术者右手执刀,沿阴囊缝际的外侧 1~1.5 cm 处平行切开阴囊皮肤及总鞘膜 2~3 cm 显露并挤出睾丸。

图 10-49 小公猪去势睾丸固定与切割

③摘除睾丸:术者左手握住睾丸,拇食指捏住阴囊精索和输精管,其余三指和掌部捏住睾丸,左手拇食指撕裂睾丸系膜后,扯断阴囊韧带(大公猪不能扯断时可以用剪刀剪断),并将总鞘膜及韧带推入阴囊内,左手同时挤压阴囊皮肤充分显露睾丸和精索,刮挫睾丸上方 1~2 cm 处的精索(也可先捻转后刮挫)一直到断离并去掉睾丸。然后再在阴囊缝际的另一侧重新切口(也可在原切口内用刀尖切开阴囊中隔显露对侧睾丸),以同样方法摘除睾丸。阴囊创口涂碘酊消毒,小切口可以不缝合。

10.7.1.2 猪的隐睾摘除术

睾丸滞留于腹股沟管或腹腔内,而不降入阴囊者,称为隐睾。当睾丸滞留于腹股沟管内时,猪的隐睾多为腹腔型。隐睾比正常睾丸小发育不全,质地比正常睾丸柔软,不产生精子。隐睾动物不能作为种用,现以睾丸滞留于腹腔内为例介绍如下。

(1)保定

手术前禁饲 12 h,以减少腹压。髂区手术途径取隐睾侧向上的侧卧保定,腹中线切口采用半仰卧保定或采用倒悬式保定均可。

(2) 确定术部

髋结节向腹中线引的垂线上，距髋结节下方 5～10 cm 处。

(3) 手术方法

①术部常规处理。

②切开腹壁，弧形切开术部皮肤，切口长度为 3～4 cm，术者以食指伸入切口并戳透腹壁肌和腹膜。

③探查隐睾并切除：食指伸入腹腔内，切口外的中指、无名指和小手指屈曲，用力下压腹壁切口创缘，扩大食指在腹腔内的探查范围。探查按一定的顺序，动作要轻，以免造成损伤。探查区主要在肾脏后方腰区、腹股沟区、耻骨区和髂区。当摸到卵圆形游离硬固物就是睾丸，用食指指端勾住睾丸后方的精索，移动至切口处，术者另一手持大挑花刀刀柄伸入切口内，用钩端勾住精索，在食指的协助下拉出睾丸。用 4～7 号丝线结扎精索，摘除睾丸。

④闭合腹壁，将精索断端还纳腹腔内，清洁创口，检查创内有无肠管涌出，然后连续缝合腹膜，结节缝合肌肉及皮肤，创口涂碘。

10.7.1.3 小母猪卵巢子宫摘除术（小挑花）

小母猪阉割术即卵巢子宫切除术，本方法适用于 1～3 月龄、体重 5～15 kg 的小母猪。术前禁饲 8～12 h，用小挑花刀进行手术，多数选择在早晨空腹时进行。

(1) 保定

右侧卧保定，术者用左手握住猪左后肢的跗部，右手捏住猪左侧膝襞部，将猪右侧卧于地面，背向术者，术者右脚踩住猪颈部，左脚踩住充分向后伸展的左后肢的跗部。使猪的前躯侧卧，后躯仰卧，使猪的下颌部，左后肢的膝部至蹄部构成一斜对的直线（图 10-50）。

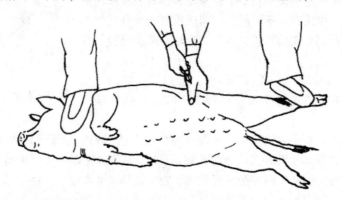

图 10-50　小母猪去势卧式保定法

(2) 术部

左手中指抵在左侧髋结节上，大拇指用力按压左侧腹壁，使拇指与中指的连线与地面垂直，此时拇指按压部即为术部（图 10-51）。相当于髋结节向猪左列乳头方向引一垂线，切口在距左列乳头 2～3 cm 处的垂线上。

(3) 手术方法

术部消毒后，术者右手持桃型刀，用拇指、中指和食指控制刀刃深度，刀尖在左手拇指按压处前方垂直切开皮肤，切口长 0.5～1 cm，然后用刀柄以 45°角斜向前方刺入切口，当猪嚎叫时，随腹压升高而适当用力"点"破腹壁肌肉和腹膜（描口法），或术者用食指控制好刀身的长度，在左手拇指按压处前方一次性刺破腹壁（透口法）。此时，有少量腹水流出，此时子宫角也随着涌出。如子宫角不出来，左手拇指继续紧压，右手将刀柄在腹腔内做弧形滑动，并稍扩大切口，在猪嚎叫时腹压加大，子宫角和卵巢便从腹腔涌出切口之外，或以刀柄轻轻引出（图10-51）。右手捏住冒出的子宫角及卵巢，轻轻向外拉，然后用左右手的拇指、食指轻轻地轮换往外导，两手其他三指交换压迫腹壁切口，将两侧卵巢和子宫角拉出后，用手指捻挫断子宫体，撕断卵巢悬吊韧带，将两侧卵巢和子宫角一同除去。切口涂碘酊，提起后肢稍稍摆动一下，即可放开。

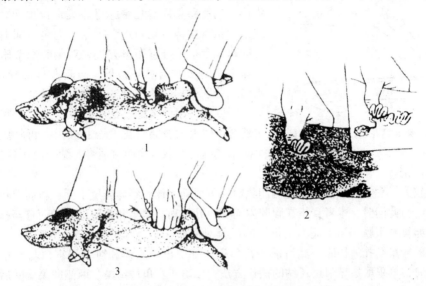

图 10-51　小母猪卵巢摘除
1. 皮肤切口　2. 子宫角由切口冒出　3. 导出并摘除两侧子宫角和卵巢

（4）注意事项

保定要确实、可靠，手脚配合好；切口部位要准确。手术要空腹进行，以便卵巢、子宫角能顺利及时涌出。如切口自动涌出膀胱圆韧带，原因多为切口偏后，应使切口前移或用刀柄在切口前方探钩；如肠管阻塞切口，其原因是切口偏前，应使切口后移靠近子宫角的位置，或用刀柄在切口后方探钩。若上述操作不能完成目的时，应及时将猪倒立保定，扩大切口，找到卵巢及子宫角并摘除。最后缝合腹膜及皮肤和肌肉创口。涂碘酊消毒。

10.7.1.4　大母猪卵巢摘除术

大母猪阉割术即大挑花，也称单纯卵巢摘除术，大适用于3月龄以上、体重在15 kg以上的母猪。在发情期最好不进行手术。术前禁饲6 h以上，阉割刀具为大挑刀。

（1）保定

左侧或右侧卧保定。术者位于猪的背侧，用一只脚踩住颈部，助手拉住两后肢并用力牵伸上面的一只后腿。50 kg以上的母猪保定是两前肢与下后肢用绳捆扎在一起，上后肢由助手向后牵引拉直并固定，用一木杠将颈部压住，防止搔动挣扎。

（2）术部

以右侧卧保定为例，术部在右侧髋结节前下方5~10 cm处，相当于欣部三角区中央，指压抵抗力小的部位为最佳处（图10-52）。

（3）手术方法

术部常规消毒，左手捏起膝前皱褶，使术部皮肤紧张，右手持刀将皮肤切开3~5 cm的半月形切口，用左手食指垂直戳破腹肌及腹膜，若手指不易刺破时，可用刀柄与左手食指一起伸入

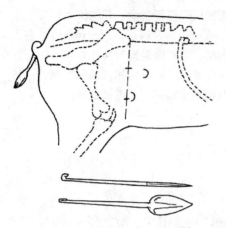

图 10-52 猪大挑花切口定位与刀具

切口,用刀柄先刺透腹壁后,再用食指将破孔扩大,并伸入腹腔,沿腹壁向背侧向前向后探摸卵巢或子宫角。当食指端触及卵巢后,用食指指端置于卵巢与子宫角的卵巢固有韧带上,将此韧带压迫在腹壁上,并将卵巢移动至切口处,右手用大挑刀刀柄插入切口内,与左手食指协同钩取卵巢固有韧带,将卵巢牵拉出切口外,术者左手食指再次伸入切口内,中指、无名指屈曲下压腹壁的同时,食指越过直肠下方进入对侧髋结节附近探查另一卵巢,同法取出对侧卵巢,两侧卵巢都导出切口后,用缝线分别结扎两侧卵巢悬吊韧带和输卵管后,除去卵巢。腹壁创口用结节缝合法将皮肤、肌肉、腹膜全层一次缝合。体大的母猪可先缝合腹膜后,再将肌肉、皮肤一次结节缝合。创口涂碘酊消毒。缝合时不要损伤肠管,腹壁缝合要严密。

当猪体较大,食指无法探查到对侧卵巢时,可由助手伸到猪体腹壁下面,将腹壁垫高,使对侧卵巢上移,与此同时,术者食指在腹腔内向切口处划动,卵巢和系膜随划动而移至指端,术者可趁机捕捉卵巢和系膜。当上述方法仍不能触及对侧卵巢时,可用盘肠法(诱肠法),即先将引出腹壁切口的卵巢结扎后摘除,然后沿子宫角逐步导引出子宫体和对侧子宫角与卵巢。在向外导出子宫角时,可采取边导引边还纳的操作方法,以防子宫角被污染。两侧卵巢摘除后,术者应检查切口内肠管、网膜等脏器的情况下,方可缝合切口。

10.7.1.5 公牛及公羊阉割术

(1)去势年龄

公牛 1~2 岁;肥育公牛,出生后 4~6 月龄;公羊 3~4 月龄。

(2)去势季节

春、秋季节,选择天气晴好日子。

(3)保定

牛站立提举一后肢柱栏保定或右侧卧保定,左后肢前方转位,充分暴露阴囊部位。公羊去势倒立保定或右侧卧保定。

(4)去势方法

①无血去势:阴囊术部常规消毒,术者左手紧握阴囊颈部,将睾丸挤向阴囊底部,由助手于阴囊颈部将一侧精索挤到阴囊的一侧固定,术者用无血去势钳,在阴囊颈部夹住精索并迅速用力关闭钳柄,听到类似腱被切断的声音,继续压 1 min,再缓缓张开钳嘴,按同法钳夹另一侧精索,最后术部皮肤涂抹碘酊消毒(图 10-53)。

优点:简单易学,无术后感染和并发症,不受季节限制,牛、羊均可使用本法。

②有血去势术:切口种类(图 10-54)有 3 种。纵切口:适用于成年公牛;横切口:适用于幼年公牛;横断切口:适用于 3 岁以下的公牛。

操作方法:与猪去势方法基本相同。即用上述 3 种不同方法切开阴囊后,挤出睾丸,分别剪开鞘膜韧带并分离,结扎精索,在结扎线下方 1.5~2.0 cm 处切断精索,断端涂碘酊。幼小的公牛精索较细,也可不结扎,直接将精索捻断即可。睾丸摘除后,清理阴囊积血,检查切口位置是否在最低位,大小是否适当,以利排液。然后向阴囊内部撒入磺胺结晶粉或其他消炎药,阴囊创

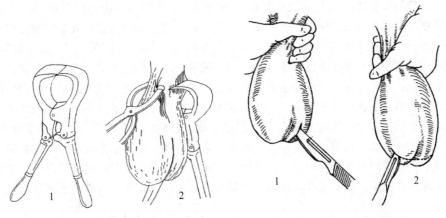

图 10-53　公牛无血去势
1. 无血去势钳　2. 钳夹去势

图 10-54　公牛去势方法
1. 纵切法　2. 横切法

口涂碘酊(图10-55)。

注意事项：摘除睾丸和附睾前，必须贯穿结扎精索，以防阴囊出血。去势后，最好注射破伤风类毒素，以防发生破伤风。

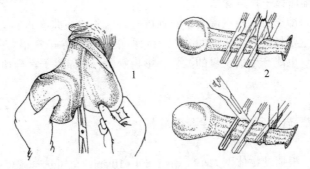

图 10-55　睾丸摘除方法
1. 剪开阴囊韧带，分离精索　2. 三钳钳夹法切断精索

10.7.1.6　公犬、公猫去势术

(1) 适应症

去势术用于改变公犬的不良习性。还用于犬的睾丸癌或经一般治疗无效的睾丸炎症。两侧睾丸都切除用于良性前列腺肥大和绝育。

(2) 术前准备

术前进行全身检查。并对阴囊、睾丸、前列腺、泌尿道进行检查。若泌尿道、前列腺有感染，应在去势前一周进行抗生素药物治疗。

(3) 麻醉

全身麻醉。

(4) 保定

仰卧保定。两后肢向后外方伸展固定，充分显露阴囊部。

(5) 手术方法

①显露睾丸：术者将两侧睾丸推挤到阴囊底部，使睾丸位于阴囊缝际两侧的阴囊最低部位。

从阴囊最低部位的阴囊缝际向前的腹中线做一 5~6 cm 皮肤切口，切开皮下组织。术者左手食指、中指推顶一侧阴囊后方，使睾丸连同鞘膜向切口内突出，并使包裹睾丸的鞘膜绷紧，固定睾丸，切开鞘膜，使睾丸从鞘膜切口内露出。术者左手抓住睾丸，右手用止血钳夹持附睾尾韧带，并将附睾尾韧带从附睾尾部撕下，右手将睾丸系膜撕开，左手继续牵引睾丸，充分显露精索。

②除去睾丸：采用三钳法。在精索的近心端钳夹第一把止血钳，在第一把止血钳的近睾丸侧的精索上，紧靠第一把止血钳钳夹第二、三把止血钳。紧靠第一把止血钳钳夹精索处进行结扎，当结扎线第一个结扣接近打紧时，松去第一把止血钳，并使线结位于第一把止血钳的精索压痕处，然后打紧第一个结扣和第二个结扣，完成对精索的结扎。在第二把与第三把止血钳之间切断精索。用镊子夹持少许精索断端组织，松开第二把止血钳，观察精索断端有无出血，在确认精索断端无出血时松去镊子，将精索断端还纳回鞘膜管内。在同一皮肤切口内，按同样的操作，切除另一侧睾丸。

③缝合阴囊切口：用 4 号丝线或 2、0 号铬制肠线间断缝合皮下组织，皮肤采用结节缝合，最后打结系绷带。

(6) 术后护理

术后一周内限制剧烈运动，若出现阴囊潮红和轻度肿胀，一般不用治疗。有感染倾向者，在去势后应给予抗菌药物治疗。

10.7.1.7 母犬、母猫卵巢子宫摘除术

母犬及母猫阉割术即卵巢子宫摘除术，目前国外兽医临诊主张在进行犬、猫卵巢摘除术时，将子宫同时摘除。这主要是因为母犬、母猫只摘除卵巢而不摘除子宫很容易并发子宫角发炎和蓄脓。另外，子宫本身也能产生极少量的激素，影响发情。而卵巢子宫全切除后，临诊效果稳定可靠。

(1) 保定与麻醉

仰卧保定，后躯垫高（倾斜30°）。全身麻醉。

(2) 切口定位

脐后腹中线切口，根据动物体型大小，切口长 4~10 cm，也可选择腹壁手术通路。

(3) 手术方法

术前绝食 12 h。腹底部脐后方至耻骨前部做常规无菌准备。于腹中线脐部向后切开皮肤。切口长度 4~10 cm。分离皮下组织，切开腹白线腱膜和腹膜，打开腹腔。用卵巢钩或猪小挑花刀刀柄或食指伸入一侧腹腔背部探寻子宫角，并将其钩住引出创外。也可在膀胱背侧找到子宫体，沿子宫体向前寻找一侧子宫角。此法简单，容易操作。子宫角引出创口后，顺子宫角向前向上提起输卵管和卵巢。用食指和拇指钝性撕断卵巢悬韧带。这样，卵巢易引近创口。注意不要撕破卵巢动、静脉。先在卵巢系膜无血管区上开一小孔，用 3 把止血钳穿过小孔夹住卵巢血管和周围组织，其中一把靠近卵巢，另两把远离卵巢。然后在卵巢远端止血钳外侧 0.2 cm 处做一结扎，除去远端止血钳（图 10-56），或者先松开卵巢远端止血钳，在除去止血钳的瞬间，在钳夹处做一续结扎；然后从止血钳和卵巢近端止血钳之间切断卵巢系膜和血管（图 10-57），观察断端有无出血，若止血良好，取下止血钳后再观察有无出血，若有出血，可在止血钳夹过的位置做第二次结扎，切不可松开卵巢近端的止血钳。如断端无出血，即可将其还纳正常位置。

用同样方法摘除另一侧卵巢。

第10章 外科及外科疾病

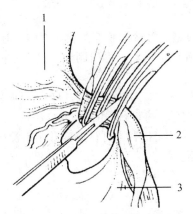 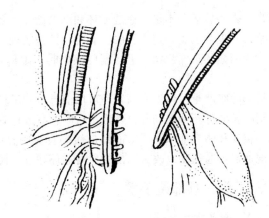

图 10-56 在松钳瞬间结扎卵巢血管然后切断卵巢系膜和血管
1. 肾脏 2. 卵巢 3. 卵巢系膜

图 10-57 三钳钳夹法结扎卵巢血管

两侧卵巢摘除之后，展开两侧子宫阔韧带；沿子宫角旁向后撕裂子宫阔韧带至子宫体。大犬需做子宫阔韧带集束结扎，以免出血。小犬无需结扎。牵拉两子宫角，将子宫体和子宫颈引出创外。在子宫颈前方，用3把止血钳并排钳夹子宫体。先从前、中止血钳间切断子宫体。至此，连同卵巢和子宫角全部切除掉。然后分别于中、后止血钳钳夹处贯穿结扎子宫体，并同时结扎子宫体两侧的血管。如大犬，其血管需单独结扎。最后用镊子夹住子宫体残端，观察无出血，无出血将其送入骨盆腔。清创后用常规方法闭合腹壁切口。

(4) 术后护理

创口做保护绷带，全身应用抗生素，给予易消化的食物，一周内限制剧烈运动。

10.7.1.8 阉割并发症及处理

(1) 术后出血

家畜阉割后，往往由于对精索断端、阴囊壁的血管止血不当，结扎线脱落；结扎过紧将血管勒断；精索断端坏死等而引起出血。

常用的治疗方法有：阴囊壁血管出血，一般不需处理，不久即可自行止血。拉出精索对断端进行细致的结扎；向阴囊腔或鞘膜腔内紧紧地填入以灭菌脱脂纱布包裹的大量棉塞，并对阴囊创缘做几针临时缝合，缝线和棉塞经24~48 h后除去。

在应用上述止血法的同时可配合使用提高血液凝固性的制剂。必要时也可进行输血。

(2) 腹腔内容物及精索断端脱出

去势时总鞘膜切口不当，精索残留过长，都会导致术后自阴囊切口脱出。此时，可重新结扎后切除多余部分。对于网膜或小肠脱出，必须慎重，特别是母猪卵巢摘除时，切口过大，缝合不当容易发生外伤性腹壁疝，甚至发生肠嵌闭及粘连，继则引起肠壁坏死。

当网膜及肠脱出时，及时用生理盐水或0.1%新洁尔灭溶液洗净，然后还纳腹腔，重新缝合皮肤切口。当发生肠嵌闭甚至坏死时，则按嵌闭性疝进行处理。

(3) 阴囊及包皮炎性水肿

本症是去势后由于炎性渗出液浸润到阴囊壁，包皮有时扩散到下腹壁的皮下所引起。

常见的病因有：去势时组织损伤严重致使局部血液循环和淋巴循环受到了高度的破坏；创口感染、局部渗出增加；创口过小，阴囊壁、总鞘膜的切口不一致，以及创口不正等影响渗出液的排出；去势后运动不足、血液循环和淋巴循环紊乱等。

临诊表现为阴囊、包皮肿胀，有时则扩张散到下腹壁。触诊肿胀部柔软如面团，有指压痕，局部常无明显的热痛症状。但当创口感染时，则局部肿胀、增温、疼痛剧烈并呈现不同的全身症状。

局部肿胀严重、体温升高者，可用消毒过的手指扩大创口，排净阴囊内积存的凝血块和渗出液，用防腐消毒药冲洗创腔，外敷鱼石脂软膏或樟脑软膏，并配合应用抗菌素疗法。

当包皮和阴囊部水肿严重而消散缓慢且无明显的全身症状者，可行局部乱刺后涂碘酊，并适当地加强牵遛运动以改善局部的血液循环和淋巴循环。

10.7.2 头、颈部位手术

10.7.2.1 断角术

（1）适应症

为避免性情恶劣的牛对人、畜造成损伤，雄鹿断角取鹿茸，角的不正形弯曲有损伤眼或其他软组织的危险，以及在角部复杂性骨折治疗中要求除角时，都需要施行本手术。角基的局部解剖结构如图 10-58 所示。

（2）器械

有特制的断角器（图 10-59）或骨锯、链锯及烙铁等。

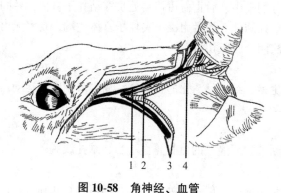 

图 10-58　角神经、血管　　　　　　图 10-59　断角器
1. 角静脉　2. 角神经　3. 颞浅动脉和静脉　4. 角动脉

（3）保定

柱栏内站立保定，注意固定好头；鹿科动物实施全身麻醉。

（4）麻醉

应用角神经传导麻醉，其部位在额骨外缘稍下方，眶上突的基部与角根之间为注射点。牛用3%~4%盐酸普鲁卡因；鹿科动物可用眠乃宁。

（5）手术方法

可分为有血断角术和无血断角术，前者在有生命的组织范围内施行手术。麻醉后在预断角水平涂碘酊，用断角器或锯迅速锯断角的全部组织，为了避免血液流入额窦内，可用事先准备好的灭菌纱布，压迫角根断端或用手指压迫角基动脉，进行止血。骨蜡涂抹对断端有良好止血作用，另外可用磺胺粉或碘硼合剂撒布在灭菌纱布上，再覆盖在角的断面，装着角绷带，能起止血和保护双重作用。角绷带外涂抹松馏油，以防雨水浸湿。无血断角，因没有破坏角突，不用止血和装绷带。

(6)术后护理

术后要注意绷带松脱,1~2月后断端角窦腔被新生角质组织充满。若由于感染引起额窦炎和化脓,按化脓性窦炎处理。

10.7.2.2 犬断耳术及竖耳术

(1)适应症

大丹犬、杜宾犬、拳师犬、雪纳瑞等品种,使其耳直立,进行耳整形术。

此手术以3~6月龄时实施为好(表10-3)。

表10-3 犬耳整容术中耳的长度与年龄的关系

品 种	年 龄	犬耳长度(cm)
小型史纳沙犬	10~12周龄	5~7
拳击师犬	9~10周龄	6.3
大型史纳沙犬	9~10周龄	6.3
杜伯文犬	7~8周龄	6.9
大丹犬	7周龄	8.3
波士顿犬	任何年龄	尽可能长

(2)器械

断耳用的夹子、弯剪及其他常规手术器械。

(3)保定和麻醉

手术台上侧卧或俯卧保定,固定头部。进行全身麻醉,同时并用盐酸肾上腺素和局麻药。

(4)手术方法

手术部位剪毛消毒,将下垂的耳尖向头顶方面拉紧伸展,用记号笔将所需裁剪耳朵的形状画好,符合施术犬的头型、品种和性别,根据一边耳朵的形状将对侧的耳朵的形状也做上记号,一般多从内耳缘上1/3到外耳缘的下端曲线切除。丹麦大猎犬耳轮保留稍长些,上端呈尖形。杜宾犬和拳师犬切的短些。先用脱脂棉球塞进外耳道内,防止血液流入。当犬的两耳已经对称并齐,然后用肠钳夹住耳朵,切除耳朵多余部分。然后,对出血点进行止血,用直针进行单纯连续缝合,从距耳尖0.75 cm处软骨前面皮肤上进针,越过软骨背面皮肤上出针,缝线在软骨两边形成一直线。耳尖处缝合不要拉得太紧,否则会导致耳尖腹侧面歪斜或缝合处软骨坏死。缝合间距要均匀,力量要适中,防止耳后缘皮肤折叠和缝线过紧导致腹面屈折(图10-60)。

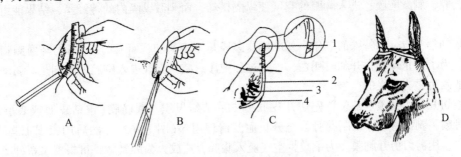

图10-60 犬断耳术及竖耳术

A. 确定耳郭切除线 B. 剪除耳郭 C. 缝合法(1. 耳尖 2. 耳缘 3. 耳屏 4. 耳根) D. 竖耳的包扎法

(5) 术后护理

把防腐膏涂在创口上，用纱布作为支撑物，将纱布条卷成锥形，塞入外耳道内，锥尖向上，用绷带在耳基部包扎，以促使耳直立或用缝合线穿入两耳尖部在头顶上系结，3 d 换一次纱布和涂药，连续2周，抗生素连用5 d，术后第7天拆线。2周后如果犬耳不能直立，再包扎绷带，直至耳直立为止。

为了防止创面发生瘢痕性变形，要经常按摩耳轮。

10.7.3 胸、腹部位后躯手术

10.7.3.1 大家畜开胸术

(1) 适应症

开胸术常应用于下列情况：

①当牛患创伤性心包炎需用手术方法进行治疗时。

②胸部食管梗塞，用其他保守疗法不能达到预期效果，而采用胸部食管按摩手术时。

③作为胃切开、各种动物膈修补、肺切除的手术通路。

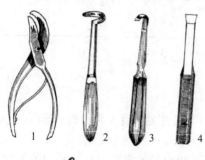
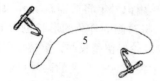

图 10-61　肋骨切除常用器械
1. 肋骨剪　2~4. 骨膜剥离器　5. 线锯

(2) 麻醉

马全身麻醉，牛可局部麻醉。

(3) 保定

马侧卧保定，牛可柱栏内站立保定。

(4) 手术通路

马胸腔手术均采取侧壁切开，大家畜开胸术，要准备大家畜的骨科械器（图10-61）和正压通气装置。

(5) 手术方法

胸腔切开，由于空气进入胸膜腔形成气胸、单侧气胸，手术侧肺被压缩，纵隔被推向健侧，能使健侧胸膨胀不全、影响气体交换，进而影响心脏功能。如果纵隔相通，两侧肺同时萎缩，则心脏和大血管受压造成呼吸和循环紊乱，最后必定导致动物死亡。

开放性气胸能引起动物死亡的原因可能是多方面的，如由于呼吸和循环机能遇到破坏，使组织严重缺氧；冷空气进入胸腔，刺激胸膜；进入胸腔的空气使纵隔摆动，而刺激纵隔内的神经等，结果能引起休克发生。

从解剖学上看，除特殊的老年牛外两侧胸膜腔是不相通的，而大约有7%的马两侧胸膜腔是相通的。为了防止动物在开胸时死亡，手术过程中注意减少空气进入胸腔，特别是马属动物，控制气胸的发生是有意义的。

胸腔切开时，在预定部位首先切开皮肤、皮下结缔组织、浅筋膜（包括皮肌或表层肌肉）。再切开骨膜，剥离骨膜，切断肋骨，充分止血及清理创部（图10-62）。然后用镊子把胸膜提起，做一小口，用剪刀剪开胸膜。为了减少空气流入胸腔，造成人为的气胸，可根据家畜种类、手术通路的部位和主手术的不同，采取不同处理办法。

当牛创伤性心包炎手术，在切开胸膜的同时，沿胸膜切口周围，将胸膜和心包缝合一起，使胸腔和外界隔离。

当马属动物的胃手术时，以切除肋骨作为手术通路，位置必定通过肋膈窦，以免影响肺活动。为了控制气体流入胸腔，要在切开胸膜之后，沿胸膜切口两侧缘做连续缝合，将胸膜和膈缝在一起。再切开膈进入腹腔。

当马属动物胸部食管梗塞时，在切开胸膜的同时，用纱布严密盖合创口，当手伸入胸腔检查或按摩梗塞时，用无菌纱布围在手臂周围，减少空气流入。

胸膜的闭合，用肠线或丝线连续缝合，做到密接，严禁气体出入。骨膜、肌肉、皮肤分层缝合，外装结系绷带。

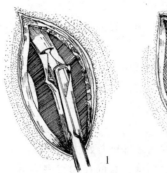 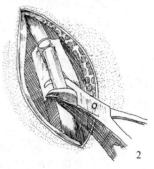

图 10-62 切除肋骨
1. 剥离骨膜　2. 剪断肋骨

（6）注意事项

胸腔切开时注意防空气流入，胸腔内检查时要小心谨慎，严禁粗暴，胸膜闭合时要严密，既防止空气流入，也防止造成大面积皮下气肿。

胸腔内的气体，可待几日内自行吸收，如需加速肺功能的恢复，可将胸内气体抽出，其方法是在创口的上方或在第 12~15 肋间（马），距背中线 20 cm，以带有橡皮管的针头刺入胸腔，用 100 mL 注射器抽出胸内空气。

有人认为在闭合胸壁的过程中，由闭合的创口不断将气体抽出，这样可减少危机，加快病畜恢复。另外，为了防止化脓性胸膜炎，在抽气之后，经针头向胸腔注入抗生素。

10.7.3.2　腹壁切开术

（1）适应症

开腹术是所有腹腔手术的通路，常用于治疗瘤胃积食、牛真胃变位、肠阻塞、肠扭转、肠套叠、肠切除、人工培植牛黄、剖腹产、膀胱切开术等。

（2）保定

站立、侧卧、仰卧保定（据实际情况定）。

（3）麻醉

腰旁神经干传导麻醉、全麻或局部麻醉（据手术目的定）。

（4）手术通路

应根据手术种类及目的而定。常用的部位有侧腹壁切开法和下腹壁切开法。

（5）手术方法

①术部剃毛、消毒。

②锐性切开皮肤，钝性分离皮下组织，及时用灭菌纱布压迫止血。

③按肌纤维方向钝性分离各层肌肉，并及时钳夹结扎止血。

④皱襞剪开腹膜，充分暴露病变器官，并进行相关手术。

⑤腹腔内注入普鲁卡因青霉素溶液。

⑥进行腹膜连续缝合。

⑦分层连续缝合腹壁各肌层，每层缝合完毕后，撒布磺胺结晶粉。

⑧结节缝合皮肤，涂擦抗生素软膏。

⑨安装结系保护绷带。
⑩创口皮肤彻底愈合后，及时拆除皮肤上的缝线。

（6）术后护理

手术后应按常规使用抗生素、输液等全身疗法及调整水和电解质平衡，根据病畜机体状况施以对症治疗。要单独饲喂，防止卧地、啃咬、摩擦伤口。

10.7.3.3 瘤胃切开术

（1）适应症

①严重的瘤胃积食，经保守疗法无效者。

②误食有毒饲料、饲草，且尚在瘤胃中停留，取出毒物并进行胃冲洗。

③创伤性网胃炎或创伤性心包炎，进行瘤胃切开取出异物。

④瓣胃梗塞、皱胃积食，可做瘤胃切开及胃冲洗术进行治疗。

（2）术前准备

伴有严重水、电解质平衡紊乱和代谢性酸中毒者，术前应给予纠正。对有严重瘤胃臌气者可通过胃管放气或瘤胃穿刺放气以减轻瘤胃臌气。

（3）保定

六柱栏内站立保定，但也可右侧卧保定。

（4）麻醉

局部浸润麻醉，也常用椎旁或腰旁神经阻滞传导麻醉、电针麻醉。

（5）手术通路

①左肷部中切口：是瘤胃积食的手术通路，一般体型的牛还可兼用于网胃内探查、胃冲洗和右侧腹腔探查术。

②左肷部前切口：适用于体型较大病牛的网胃内探查与瓣胃梗塞、皱胃积食的胃冲洗术。必要时可切除最后肋骨作为肷部前切口。

③左肷部后切口：为瘤胃积食兼做右侧腹腔探查术的手术通路。

（6）手术方法

①打开腹腔：常规方法切开腹壁。切开腹膜时应按腹膜切开的原则进行，以免误切瘤胃壁。

②腹腔探查：打开腹腔后，探查瘤胃壁与腹壁的状态，网胃与横隔间有无粘连或异物，同时注意观察右侧腹腔的状态。

（7）瘤胃固定与隔离法

①瘤胃浆膜肌层与皮肤切口创缘的连续缝合固定与隔离法如图 10-63 所示。

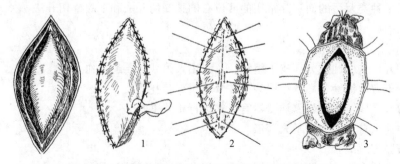

图 10-63　瘤胃浆肌层与皮肤切口缘连接缝合固定法

1. 瘤胃壁与腹壁缝合　2、3. 六角固定法瘤胃固定：显露瘤胃后，用三角缝针带10号丝线做瘤胃浆膜肌层与皮肤切口创缘之间的环绕一周连续缝合（针距为1.5~2 cm），每缝一针都要拉紧缝合线，使瘤胃壁与皮肤创缘紧密贴附在一起，固定瘤胃壁的宽度8~10 cm。检查切口下角是否严密，必要时做补充缝合。

瘤胃黏膜外翻预置缝合线：用三角缝针带10号丝线，在瘤胃预切开线两侧通过瘤胃壁，全层各做3个水平钮扣缝合，缝合针再在距同侧皮肤创缘10~12 cm的皮肤上缝合，暂不抽紧打结，在瘤胃切开线两侧，用温生理盐水纱布垫覆盖。

②瘤胃六针固定和舌钳夹持黏膜外翻法：显露瘤胃后，在切口上下角与周缘，用三角缝针带10号丝线，通过瘤胃的浆膜肌层与邻近的皮肤创缘做六针钮孔状缝合，打结前应在瘤胃与腹腔之前，填入浸有温生理盐水的纱布。然后再抽紧六针缝合线，使瘤胃壁紧贴在腹壁切口上。胃壁固定后，在瘤胃壁和皮肤切口创缘之间，填以温生理盐水纱布，以便在胃壁切开、黏膜外翻时，胃壁的浆膜面能受到保护，减少对浆膜面的刺激。

瘤胃四角吊线固定法（图10-64）：此固定法适用于瘤胃内容物较少、瘤胃壁易于向切口外牵引的病例。将瘤胃壁预定切口部分，牵引至腹壁切口外。在胃壁与腹壁切口间，填塞大块灭菌纱布、并保证大纱布牢固地固定在局部。在瘤胃壁切口左、右上角，左、右下角，依次用丝线穿入胃壁浆膜肌层，做成预置缝线。每个预置缝线相距5~8 cm。切开胃壁，由助手牵引预置缝线使胃壁浆膜紧贴术部皮肤，并将其缝合固定于皮肤上。

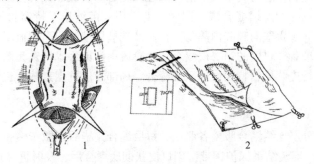

图10-64　瘤胃四角吊线固定法
1. 四角吊线固定法　2. 瘤胃缝合胶布固定法

瘤胃缝合橡胶洞巾固定法：显露瘤胃后，用一70 cm、中央带有6 cm×15 cm长方形孔的塑料布或橡胶洞巾，将瘤胃壁浆膜肌层与中央孔的四个边连续缝合，使中央长方形孔缘紧贴在瘤胃壁上，形成一个隔离区。于瘤胃壁和洞巾下填塞大块生理盐水纱布，将橡胶洞巾四个角展平固定在切口周围，在长方形孔中央切开瘤胃（图10-65）。

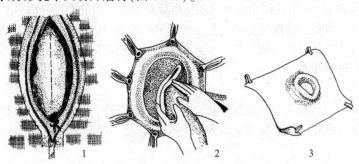

图10-65　装置洞巾方法
1. 瘤胃切口　2. 装置洞巾方法　3. 洞巾

(8) 切开瘤胃

胃壁切开的方法：先在瘤胃切开线的上 1/3 处，用外科刀刺透胃壁，并立即用两把舌钳夹住胃壁的创缘，向上向外拉起，然后用剪扩大瘤胃切口，并用舌钳固定提起胃壁创缘，将胃壁拉出腹壁切口并向外翻，随即用巾钳将舌钳柄夹住，固定在皮肤和创布上，以便胃内容物流出，然后套入橡胶洞巾。

(9) 瘤胃腔内探查

瘤胃切开后即可对瘤胃、网胃、网瓣胃孔、瓣胃及皱胃、贲门等部位进行探查，并对各种类型病区进行处理。瘤胃积食时，取出胃内容物(总量的 1/2~2/3)。向瘤胃内填入 1.5~2.5 kg 青干草，以刺激胃壁恢复收缩能力，促进反刍。对泡沫性瘤胃臌气，应在取出部分胃内容物后，用等渗温盐水灌注、冲洗胃腔。对饲料中毒病例，可取出有毒的胃内容物，并进行胃冲洗后投入相应的解毒药。取出网胃异物时，将右手伸入瘤胃内，向前通过瘤网孔进入网胃，先触摸前部及底部，当发现异物时，可沿刺入方向将异物拔除。为吸除胃底金属物，可采用磁铁。当瓣胃阻塞时，可用胶管通过网瓣孔插入瓣胃，反复注入大量生理盐水，以泡软内容物。

(10) 瘤胃缝合

清理瘤胃创口与胃壁缝合病区，除去橡胶洞巾，用生理盐水冲净附着在瘤胃壁上的胃内容物和血凝块。在瘤胃壁创口进行自下而上的全层连续缝合。再次冲洗胃壁浆膜上的血凝块，拆除瘤胃浆膜肌层与皮肤创缘的连续缝合线；同时，助手用灭菌纱布抓持瘤胃壁并向腹壁切口外牵引，以防固定线拆除后瘤胃壁向腹腔内陷落。再次冲洗瘤胃壁浆膜上的血凝块，除去遗留的缝合线头及其他异物后，准备瘤胃壁的第二层缝合，此阶段由污染手术转入无菌手术。手术人员重新洗手消毒，对瘤胃进行连续伦勃特氏或库兴氏缝合。局部涂以抗生素软膏，腹腔内注入普鲁卡因青霉素溶液。

(11) 闭合腹壁创口

腹膜连续缝合，分层连续缝合腹壁各肌层，每层缝合完毕后，撒布磺胺结晶粉；结节缝合皮肤，涂擦抗生素软膏，安装结系保护绷带，创口皮肤彻底愈合后，及时拆除皮肤上的缝线。

(12) 注意事项

在很多情况下采用皮肤、皮下组织、腹外斜肌、腹内斜肌做垂直地面的手术切口，腹横肌钝性分离，这样可以得到宽大的手术通路。

牛的腹壁肌层较薄，在左肷部切口分离时，要注意区别腹膜与瘤胃壁，以免过早地切开胃壁，造成术部污染。

(13) 术后治疗与护理

术后禁食 36~48 h，待瘤胃蠕动恢复出现反刍后开始给予少量优质的饲草。术后 12 h 即可进行缓慢的牵遛运动，以促进胃肠机能的恢复。术后不限饮水。应根据动物脱水的性质可进行静脉补液。术后 4~5 d 内，每日使用抗生素。注意观察原发病消除情况，治疗术后并发症。

10.7.3.4 肠切除与吻合术

(1) 适应症

适用于因各种类型肠变位引起的肠坏死、肠梗阻、肠扭转、肠套叠、广泛性肠粘连、不宜修复的广泛性肠损伤或肠瘘，以及肠肿瘤的根治手术。

(2) 术前准备

为了提高动物对手术的耐受性和手术治愈率，术前应纠正水、电解质代谢紊乱和酸碱平衡失调及中毒性休克。进行导胃以减轻肠内压力。在非紧急情况下，术前 24 h 禁食，术前 2 h 禁水,并给予口服抗菌药物。

(3) 保定与麻醉

犬、猫全身麻醉仰卧保定;牛、羊左侧卧保定,腰旁神经干传导麻醉加局部浸润麻醉。

(4) 手术通路

犬、猫可选耻骨前缘至脐部的腹中线上;牛、羊可选右肷窝正中切口或与右肋弓平行切口。

(5) 手术方法

①肠管侧壁切开术:腹中线中部切开腹壁,其创缘用湿的纱布隔离,将病变肠管牵引至切口外并用湿的纱布隔离,由助手两手的食、中指或两把肠钳夹闭阻塞物两侧肠腔。术者用手术刀在阻塞物远端健康肠管的对肠系膜侧纵形切开肠壁全层,其切口长度以接近阻塞物的直径为宜。在切开时,连续抽吸肠内液体,以防其溢出污染术部。由术者轻轻挤压异物,使其从切口处滑入器皿内。缝合前,用剪修剪外翻的肠黏膜,用青霉素生理盐水冲洗切口。缝合多采用一层结节缝合法闭合肠管,距切缘 2~3 mm 处全层穿过肠壁,针距 3~4 mm。也可采用一层库兴氏缝合。

②肠管切断与吻合术:

显露肠管:腹壁切开后,用生理盐水纱布垫保护切口创缘,术者手经创口伸入腹腔内探查病部肠段。应重点探查扩张、积液、积气、内压增高的肠段,遇此肠段应将其牵引出腹壁切口外,以判定肠切除范围。若变位肠段范围较大,经腹部切口不能全部引出或因肠管高度扩张与积液,强行牵拉肠管有肠破裂危险时,可将部分肠管引出腹腔外,由助手扶持肠管进行小切口排液,术者手臂伸入腹腔内,将变位肠管近心端肠管中的积液向腹腔切口外的肠段推移,并经肠壁小切口排出,以排空全部变位肠管中的积液,方可将全部变位肠管引出腹腔外。

肠管活力的判定及坏死肠管的处理:变位肠管引出腹腔外之后,用生理盐水纱布垫保护肠管,隔离术部,判定肠管生命力。在下列情况下可判断肠管已经坏死:肠管呈暗紫色、黑红色或灰白色;肠壁菲薄、变软无弹性,肠管浆膜失去光泽;肠系膜血管搏动消失;肠管失去蠕动能力等。若判定可疑,可用生理盐水温敷 5~6 min,若肠管颜色和蠕动仍无改变,肠系膜血管仍无搏动者,可判定肠壁已经坏死。

肠部分切除范围:肠切除线应在病变部位两端 5~10 cm 的健康肠管上,近端肠管切除范围应更大些。展开肠系膜,在肠管切除范围上对相应肠系膜做"V"形或扇形预定切除线,在预定切除线两侧,将肠系膜血管进行双重结扎,然后在结扎线之间切断血管与肠系膜。应特别注意肠断端的肠系膜三角区出血的结扎。

(6) 肠管吻合

肠吻合方法有端端吻合、侧侧吻合与端侧吻合 3 种。端端吻合符合解剖学与生理学要求,临诊常用。但在肠管较细的动物,吻合后易出现肠腔狭窄,应特别注意。侧侧吻合适用于较细的肠管吻合,能克服肠腔狭窄之虑。端侧吻合在两肠管口径相差悬殊时使用。

①端端吻合:助手扶持并拢两肠钳,使两肠断端对齐靠近,检查拟吻合的肠管有无扭转。

首先在两断端肠系膜侧距肠断缘 0.5~1 cm 处,用 1~2 号丝线将两肠壁浆膜肌层或全层做 25 cm 的牵引线。在对肠系膜侧用同样方法另做牵引线,紧张固定两肠断端便于缝合(图 10-66)。

然后用直圆针自两肠断端的后壁在肠腔内由对肠系膜侧向肠系膜侧连续全层缝合,接近肠系膜侧向前壁折转处,将缝针自一侧肠腔黏膜向肠壁浆膜刺出,而后缝针从另侧肠管前壁浆膜刺入,复而又从同侧肠腔内黏膜穿出。自此,用康乃尔氏缝合前壁,至对侧肠系膜与后壁连续缝合起始的线尾打结于肠腔内。完成第一层缝合后,用生理盐水冲洗肠管,手术人员更换手套,更换手术巾与器械,转入无菌手术阶段。

兽医学概论

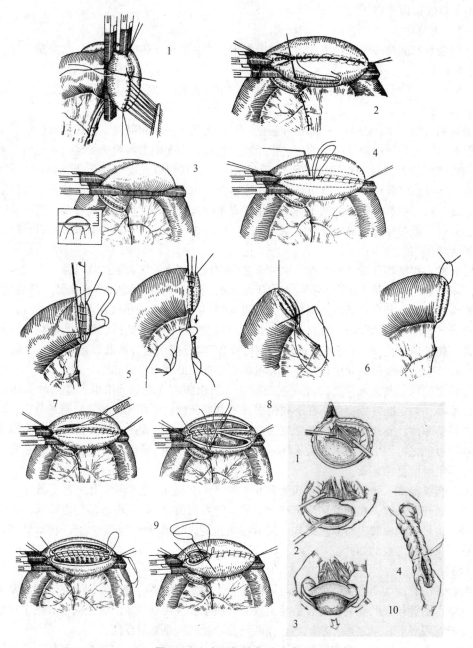

图 10-66 小肠切除与吻合术（1）
1. 前后壁做间断伦勃特氏缝合 2. 前壁做连续伦勃特氏缝合，肠系膜间断缝合
3. 夹持两肠端，并拢肠钳，防止扭转 4. 近肠系膜侧进行连续伦勃特氏缝合
5. 肠管侧侧吻合，断端做连续全层缝合 6. 肠管侧侧吻合，断端做连续伦勃特氏缝合
7. 做吻合口 8. 后壁连续缝合 9. 后转向前壁后做康乃尔缝合 10. 肠管侧壁切开术

第二层采用伦勃特氏缝合前后壁。撤除肠钳，检查吻合口是否符合要求。最后间断缝合肠系膜游离缘。

犬、猫等肠腔细小，其端端吻合术用简单间断缝合。

②侧侧吻合：肠管吻合前，用两把止血钳分别将两肠管断端夹住，用连续全层缝合法缝合第一层，抽出止血钳，拉紧缝合线紧接着用伦勃特氏缝合第二层。闭合两肠管断端后，开始进行侧侧吻合。先将远近两肠段盲端以相对方向，使肠壁交错重叠接近，用两把肠钳各在近盲端处沿纵轴方向钳夹盲端肠管。钳夹的水平位置要靠近肠系膜侧。检查两重叠肠段有无扭转，然后将两肠钳并列靠拢，交助手固定，纱布垫隔离术部。

靠肠系膜侧做间断或连续伦勃特氏缝合，缝合长度略超过切口长度。距缝线下方 1~1.5 cm 处，位于两侧肠壁中央部，各做一个 4~6 cm 切口，形成肠吻合口。吻合口后壁做连续全层缝合，缝至前、后壁折转处，按端端吻合方法转入前壁，进行康乃尔氏缝合。缝至最后一针，缝线与开始第一针线尾打结，检查薄弱点做加强补充缝合。最后，在前壁浆膜上做间断或连续伦勃特氏缝合。撤去肠钳，肠系膜游离缘做间断缝合（图 10-67）。

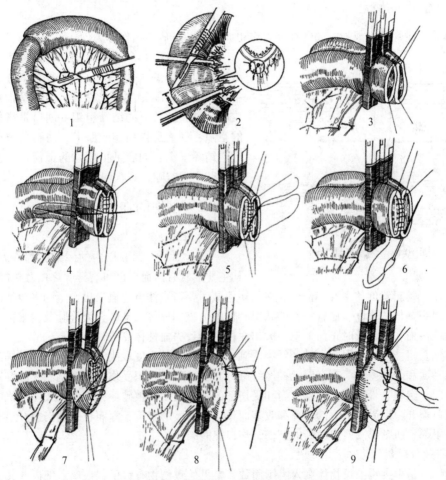

图 10-67 小肠切除与吻合术（2）
1. 肠系膜血管双重结扎后的切除线　2. 在预定切除肠管装置无损伤肠钳　3. 两端装置牵引线
4. 后壁连续全层缝合　5、6. 后壁缝至前壁的两种翻转运针方法　7、8. 康乃尔氏缝合前壁和打结　9. 前后壁做连续伦勃特氏缝合法

③端侧吻合：切除病变肠管后，当两肠管管径不一致时，可先将一长挂断端做全层连续缝合，再做浆膜肌层伦勃特氏缝合成盲端。用肠钳沿肠管纵轴钳夹盲端，并在其上做一与另一断端

大小基本一致的新吻合口，助手将两肠钳靠拢，再按照肠管端端吻合法进行缝合。缝合完毕，检查吻合口，并缝合游离缘肠系膜。

(7) 术后护理

手术后 3 d 内禁食，不限制饮水。全身应用抗生素 5~7 d，静脉输液。纠正水、电解质平衡紊乱。当病畜出现排粪、肠蠕动音恢复正常后，可饲喂流质食物，禁止喂粗硬草料，待病畜出现大量排粪、身体状况恢复正常后再喂以优质草料。7 d 后拆线。

10.8 创伤

10.8.1 创伤的概念

机体受到锐性外力或强大的钝性外力作用而导致的开放性损伤称为创伤。

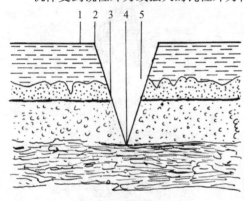

图 10-68 创伤各部名称

1. 创围　2. 创缘　3. 创壁　4. 创底　5. 创腔

创伤一般由 6 个部分组成，分别称为创围、创缘、创口、创壁、创底、创腔（图 10-68）。创围是指围绕创口周围的皮肤或黏膜；创缘是指被损伤的皮肤、黏膜及其下的结缔组织；创口是指创缘之间的空隙；创壁是指损伤的肌肉、筋膜及位于其间的疏松结缔组织；创底是指创伤的最深部；创腔是指两创壁之间空隙，管状创腔又称创道。

10.8.2 创伤的临诊症状

(1) 新鲜创的症状

手术创和 8~24 h 以内的污染创都称为新鲜创，其主要症状有出血、创口裂开、疼痛及机能障碍。

①出血：是新鲜创的主要特征，故在创伤急救时要特别注意止血。出血量的多少取决于受伤的部位、组织损伤的程度、血管损伤的状况和血液的凝固性等。动脉、大静脉及内脏损伤时，多数呈持续性出血，应该及时止血。急性大出血往往导致失血性休克或死亡。

②疼痛及机能障碍：因感觉神经纤维受到损伤所致。其程度取决于损伤的程度、神经的分布以及动物种属和个体差异。富有感觉神经纤维分布的器官、组织受伤时疼痛剧烈，如蹄冠、外生殖器、肛门、腹膜、骨膜等。由于疼痛和受伤部的解剖学结构被破坏，常出现肢体的机能障碍。

③创口裂开：因受损组织的断离和收缩而致。活动大的部位，深而长的创伤裂开显著。如关节部、鬐甲部、肌腱部及肌肉横断的创伤，伤口显著裂开。

(2) 各种新鲜创的特征

①刺伤：是由尖锐细长物体刺入组织而致。常见的致伤物有钉子、铁丝、耙齿、叉子、竹签等。由于创口小、创道长而狭，创口易被血污封闭，创道内留有血凝块及异物，使刺伤极易感染化脓，且使动物易患破伤风。因此，应该及时彻底清创，必要时扩创，并注射破伤风类毒素或抗毒素。发生于体腔的刺创，易成为透创，应该特别注意。

②砍创：由刀、斧、锛等砍击而致。由于致伤物体重，砍击力强，所以伤口较大，疼痛剧烈，出血多，常伴有骨膜损伤。

③挫伤：钝性外力（打击、冲撞、压挤、踢蹴、跌倒等）作用而致。其创形不整，创面大，

出血少，疼痛剧烈，创伤内存有较多的挫灭组织及血凝块，且创伤多被尘土、粪块、被毛等污染，故极易感染化脓。

④切割创：由各种锐利物体所致，如刀具、薄金属片、玻璃片等。其创缘、创壁较平整，疼痛较轻，出血较多，创口明显，常常造成神经、血管等组织断裂。一般经适当的外科处理，可以较快愈合。

⑤咬创：由动物撕咬而致。其接近于刺创、裂创或缺损创。出血较少，创伤内常有挫灭组织。易感染，并继发蜂窝织炎。

⑥毒创：由毒蛇、毒蜂等咬螫而致。创部呈点状损伤，疼痛剧烈，肿胀迅速，以后出现坏死。毒素进入机体能引起迅速而严重的全身反应，严重者可因呼吸中枢和心血管系统的麻痹而致死。

⑦裂伤：由钉子、钩子等尖锐物体导致皮肤等撕裂而造成的损伤。其出血多，疼痛剧烈，创形不规则，创壁、创底呈凹凸不平，创口明显，撕裂组织易发生坏死或感染。

⑧压创：由车轮碾压或重物挤压而致。其出血较少，疼痛轻，创内存有大量的挫灭组织，有的皮肤缺损或形成粉碎性骨折。一般污染严重，易感染化脓。

⑨缚创：由粗糙的新绳捆绑而致。其易感染，常发于系、跗部。

⑩复合创：同时具备上述几种创伤的特征。常见的有挫刺创、挫裂创等，其创缘不整齐，组织被撕裂、剥离较严重。常见于腕关节、膝关节、球关节、肩端部、前臀部等。

(3) 感染创的特征

微生物进入创内并大量繁殖，对机体产生致病作用，使损伤部组织出现明显的化脓性炎症，甚至引起机体的全身性反应。

①化脓期(化脓创)：由于创伤发生感染而使组织发生充血、渗出、肿胀、剧痛和局部温度增高等急性炎症症状。随着病程的发展，受损伤的组织细胞发生坏死，分解液化，形成脓汁。引起化脓感染的细菌主要有葡萄球菌、链球菌、化脓棒状杆菌、绿脓杆菌、大肠杆菌。葡萄球菌感染，脓汁浓稠，呈淡黄色或黄白色，无臭味；链球菌感染，脓汁稀薄，呈微黄绿色或淡红色；化脓棒状杆菌感染，脓汁黏厚，灰白色；绿脓杆菌感染，脓汁浓稠，黄绿色或灰绿色，带生姜味。临诊上多为混合感染。

创伤发生后是否发生感染，除取决于细菌的毒力和数量外，更主要的是取决于机体抗感染的能力及受伤的局部组织状态。

在化脓期由于畜体从化脓病灶吸收有害的分解产物及毒素，而出现体温升高、呼吸加快、脉搏增数等一系列全身症状。严重的病例可继发败血症。

②肉芽期(肉芽创)：随着机体抵抗力的增强，创伤向好的方向转化，在化脓后期急性炎症的消退，化脓症状逐渐减轻，毛细血管内皮细胞及成纤维细胞不断增殖，形成了肉芽组织以填充创腔。健康的肉芽组织质地坚实，粉红色，呈粟粒大的颗粒状。病理性肉芽组织质地脆弱，苍白或暗红色，颗粒不均，易出血，表面有大量脓汁。

在肉芽组织生长的同时，创缘上皮由周围向中央生长。当肉芽组织填充创腔时，上皮覆盖创面而愈合。当上皮生长缓慢而不能完全覆盖创面或创口较大，则由结缔组织形成瘢痕而愈合。

10.8.3 创伤的愈合

创伤的愈合过程分为第一期愈合、第二期愈合和痂皮下愈合。

（1）第一期愈合

第一期愈合为一种比较理想的愈合形式，是在没有感染以及炎症反应较轻的条件下出现的愈合方式。创内无异物、坏死灶和血肿，组织仍有活力，失活组织少，具有这些条件的创伤可完成第一期愈合。绝大多数无菌手术创可形成第一期愈合。新鲜的污染创及时做清创处理，一般能形成第一期愈合。

创伤出血停止后，创腔内充满淋巴液、血凝块及少量的挫灭组织，形成纤维蛋白网，实现了创壁之间的初次黏合。创伤部位出现轻微炎症，病灶内出现巨噬细胞及白细胞浸润。创内的死灭细胞、纤维蛋白、血凝块及微生物均被白细胞吞噬，并被细胞溶解而被吸收，使创伤得以净化。创伤发生48 h后，创壁的毛细血管内皮细胞及结缔组织细胞增殖，形成肉芽组织，使创壁牢固结合。创缘的上皮由四周向中央生长，覆盖创面而愈合。

（2）第二期愈合

化脓创为第二期愈合。伤口大量增生肉芽组织，逐渐填满创腔，随后创伤以上皮组织覆盖疤痕组织而愈合。临诊上大多数创伤病例取第二期愈合。

根据愈合过程中生物形态、物理学及胶体化学变化的特点，一般把此愈合过程分为两个阶段，即化脓期（炎性净化期）和肉芽生长期（组织修复期）。

①化脓期（炎性净化期）：是通过炎性反应促使创伤的自家净化。临诊上主要表现为受伤部的发炎、肿胀、增温、疼痛（简称红、肿、热、疼），然后创伤内坏死组织液化，形成脓汁流出伤口。

各种动物的创伤净化所需时间有差别，马、犬的创伤净化快，但易引起吸收性中毒，牛、羊、猪的创伤净化慢，但不易引起吸收性中毒。

②肉芽生长期（组织修复期）：组织修复的核心为肉芽组织的新生。其构成是新生的毛细血管和成纤维细胞。新生的肉芽组织由伤口边缘及底部向中心生长，使伤口收缩，创面缩小，有利于伤口的愈合。

肉芽组织本身无神经纤维分布，所以触之不痛。健康的肉芽组织呈现红色，比较坚实，表面湿润，呈颗粒状，其上有一层很薄的黏稠、灰白色脓性物，对新生肉芽组织有保护作用。

在肉芽组织生长的同时，创缘的上皮组织由周围向中心生长，当肉芽组织填满创腔时，上皮覆盖创面而愈合。当创口大而上皮组织不能覆盖创面时，则由结缔组织取而代之而形成疤痕。疤痕组织无毛囊、汗腺和皮脂腺，伤部可留有一定的功能障碍。

（3）痂皮下愈合

表皮损伤，如擦伤、轻度烧伤等，受伤局部表面有血液和淋巴液渗出，在渗出物凝固干燥后，形成暗褐色的痂皮。烧伤后形成的痂皮，是由组织蛋白形成。在痂皮脱落后，露出被覆的新生上皮，其称为痂皮下愈合。若痂皮下感染化脓时，此创伤取第二期愈合。

（4）影响创伤愈合的因素

创伤愈合的速度常受许多因素所影响，这些因素包括外界条件、人为的和机体方面的。创伤治疗时，应尽力消除妨碍创伤愈合的因素，创造有利于愈合的良好条件。

①创伤感染：创伤感染化脓是影响创伤愈合的重要因素，由于病原微生物的作用，可引起组织遭受破坏和产生各种炎性产物及毒素，降低机体抵抗力，影响创伤的修复过程。

②处理创伤不合理：如新鲜创时止血不彻底，清创不彻底，引流不畅，不合理的用药，频繁地检查创伤和不必要的更换绷带，以及缝合时机不当等，均可导致创伤愈合时间延长。

③受伤部血液循环障碍：受伤部血液循环不良，不但影响炎性净化过程，而且影响肉芽组织

的生长，而延长了创伤愈合的时间。

④创内存有异物或坏死组织：当创内存留异物或坏死组织时，炎性净化过程的时间延长，同时也为创伤感染创造了条件，甚至成为长期化脓的根源。

⑤受伤部活动性较大：受伤部位进行有害的活动，如不适当的活动或发生在关节部位，由于经常活动，影响新生肉芽组织的生长，推迟创伤愈合的时间。

⑥机体营养不良：蛋白质致使机体衰弱，抵抗力降低，创伤易感染，组织修复缓慢。维生素A缺乏时，上皮细胞的再生迟缓；维生素B缺乏时，影响神经纤维的再生；维生素C缺乏时，影响细胞间质和胶原纤维的形成，毛细血管的脆弱性增加，导致肉芽组织水肿、易出血；维生素K缺乏时，因凝血酶原浓度降低，导致血液凝固缓慢，影响创伤愈合时间。

10.8.4 创伤的检查

检查的目的是观察创伤的性质，决定治疗措施和了解愈合情况。

（1）一般检查

首先通过问诊，了解受伤的时间，什么物体致伤，发生创伤当时的情况及病畜的表现等。其次测量病畜的体温、呼吸、脉搏，观察可视黏膜（眼结膜等）的颜色和病畜的精神状态。再检查受伤部位和急救情况及四肢的机能障碍等。

（2）创伤外部检查

按由外到内的顺序，仔细检查创伤部位。首先观察创伤的部位、大小、形状、方向、性质、创口裂开的程度，出血情况，创围组织和被毛状态，有无感染现象。其次观察创缘是否平整、创壁是否肿胀、创腔内是否有挫灭组织及异物。再对创围进行仔细而轻柔的触诊，以感受局部温度的高低、疼痛情况等。

（3）创伤内部检查

检查前先将创围剪毛、消毒，检查过程中应遵循无菌规则。检查创壁是否平整、肿胀情况，创内有无异物、血凝块及挫灭的组织，创底的深度及方向，必要时可用探针或戴乳胶手套的手指进行探查。注意观察分泌物的颜色、气味、黏稠度、数量及排出情况。必要时可进行分泌物的酸碱度测定、脓汁涂片的显微镜检查。

10.8.5 创伤的治疗

应根据创伤的部位、程度、愈合过程、创伤的症状，制订创伤的治疗方案。

（1）治疗的一般原则

①抗休克：首先采取抗休克措施，待休克症状减轻后再做清创处理，但对于大出血、胸壁穿透创等严重的创伤和症状，就应该在抗休克的同时，进行针对性治疗。

②防治感染：动物受伤后，为预防化脓性感染，应立即应用抗生素，同时彻底处理创伤，使污染的创伤变为清洁的创伤，并进行缝合。

③促进水、电解质平衡：可以通过输液达到纠正水、电解质失衡的状况。

④消除影响创伤愈合的因素：在治疗创伤时，应消除影响创伤愈合的因素，促使创伤尽快愈合。

⑤加强饲养管理：应提供营养丰富的饲料，增强抵抗力，促进创伤愈合。

（2）治疗方法

新鲜创的急救应及时止血。创围剪毛、消毒后，清洁创面，撒布磺胺粉或青霉素粉，缝合创口，用绷带包扎创伤部。对重剧创伤或污染严重的创伤，认为不能第一期愈合的创伤，可进行部分缝合，在创伤的下部留出 1~2 针不缝合，便于渗出物的流出，并及时注射破伤风抗毒素。

对于一般的创伤，应按下列程序进行治疗：

①清洁创围：其目的为防止创伤感染，促进创伤愈合。用灭菌纱布覆盖创面，由外向创缘依次剪毛，剪毛范围以距创缘 10 cm 左右为宜。若被毛被血液或分泌物黏着时，可用 3%过氧化氢溶液浸湿、洗净后再剪毛，随后用 0.1%新洁尔灭溶液洗净创围，这时要严防药液流入创腔。最后用 5%碘酊消毒创围，再用 75%酒精脱碘。

②清洁创腔：

新鲜创　首先除去覆盖在创伤上的纱布，然后用生理盐水冲洗创面，并用镊子除去异物等，再用生理盐水或防腐液彻底冲洗创伤，直到清洁为止。用灭菌纱布吸净创腔内液体。向创面撒布氨苯磺胺粉等。包扎绷带。对于创口较大的创伤，除上述处理外还应缝合后再包扎。

有些创伤，创缘、创壁不平整，应施行扩创或切除术。在严格无菌操作的条件下，修整创缘、扩大创口、切除创内挫灭组织（暗红色、切时不出血）直到新鲜组织（切时流鲜血）、消除创囊、除去异物等，彻底暴露创底。用消毒液（如 0.1%~0.2%高锰酸钾溶液、3%过氧化氢溶液等）冲洗创腔，用灭菌纱布吸净创腔内残留的药液。撒布抗菌药物后再对创伤进行缝合及包扎。

化脓创　化脓初期创面呈现高酸性反应，其影响吞噬作用和肉芽生长，应选用生理盐水、2%碳酸氢钠溶液等碱性药液冲洗创腔。

若创伤污染严重，有厌气菌、绿脓杆菌、大肠杆菌感染的可能时，应选用 0.1%~0.2%高锰酸钾溶液等酸性药液冲洗创腔。

肉芽创　肉芽创的冲洗，不可选用刺激性强的药液。若分泌物较多时，可用生理盐水、0.1%~0.2%高锰酸钾溶液等冲洗。

③清创手术：对于新鲜创、重度污染创、化脓创可进行清创处理。用灭菌手术器械清除创内的异物、血凝块，切除挫灭组织，消除凹壁及创囊，合理扩创有利于创液排出。化脓创的创囊过深时，可在低位做反对孔，便于排脓。

④创伤用药：其目的是防止创伤感染，促进炎性净化，加快上皮组织和肉芽组织的新生。若创伤严重感染，为了灭菌，应及早用广谱抗生素，如头孢类等；对严重的化脓创，为了灭菌和加快炎性净化，应使用抗生素和加快炎性净化的药物，如 8%~10%氯化钠溶液等；对肉芽创应选用保护和促进肉芽生长及加快上皮新生的药物，如 10%磺胺鱼肝油、金霉素软膏、龙胆紫溶液等。

⑤创伤的缝合与包扎：其目的为防感染，促进愈合。分为初期缝合、延期缝合和肉芽创缝合。初期缝合是对受伤后数小时的清洁创或经彻底外科处理的新鲜污染创施行的缝合。适合初期缝合的条件是：创内无挫灭组织、异物及血凝块，创缘、壁完整，缝合后不至于影响局部血液循环。满足以上条件的创伤可做初期密封缝合或部分缝合。经此缝合的创伤，若出现剧痛、显著肿胀且体温有升高现象时，应及时全部或部分拆线，进行开放疗法。

创伤的包扎应根据创伤具体情况而定。一般经外科处理后的新鲜创都要包扎。当创内有大量脓汁、厌氧性及腐败性感染以及炎性净化后而出现良好肉芽组织的创伤，一般可不包扎，采取开放疗法。

延期缝合是对创伤治疗 3~5 d 后，若无感染，而进行的缝合。

肉芽创缝合又称二次缝合，是对于生长良好的肉芽创进行的缝合，能加速愈合，减少疤痕形成。此缝合必须具备的条件为创内应无坏死组织，肉芽组织呈红色平整颗粒状，脓汁较少。经彻底的外科处理后，可对肉芽创施行接近缝合或密闭缝合。

⑥创伤的引流：当创道长、创腔内存有坏死组织或创底潴留渗出物等时，为使创内炎性渗出物流出创外而采取的措施。常用纱布条等作为引流物，其放置方法为：用长镊子将引流纱布条的两端分别夹住，先将一端疏松地导入创底，另一端游离于创口下角。引流作用为借助引流物（纱布条、胶管、塑料管等）将药物（青霉素溶液、中性盐类高渗溶液等）导入创腔内直至创底，使药物和创壁、底均匀接触，作用时间长。同时引出创内炎性产物及脓汁。初期，每日更换引流物。若创伤肿胀、渗出物增多，且体温升高时，应及时更换引流物。若创内脓汁较少，肉芽组织生长良好时，应停止引流。

⑦创伤包扎：应根据创伤的不同性质、部位、地区及季节来决定。一般经过外科处理的新鲜创都要进行包扎。夏季为防蝇、冬季为保暖，也应包扎。包扎对创伤有固定和防感染作用，且能保持创伤安静，有利于创伤愈合。包扎绷带由3层组成，由内到外依次为吸收层（灭菌纱布块）、接受层（灭菌脱脂棉块）、固定层（绷带）。

当绷带已浸湿，脓汁排出障碍，创伤需处理时，都要更换绷带。

⑧全身性治疗：对局部化脓性炎症剧烈的病畜，无论有无全身症状，可静脉滴注10%氯化钙注射液100~150 mL，5%碳酸氢钠注射液500~1 000 mL（大动物用），能减少炎性渗出和防止酸中毒，必要时连续使用抗生素或磺胺类药物，同时进行强心、输液等措施；若新鲜创严重污染，应使用抗生素或磺胺类药物，应注射破伤风抗毒素或类毒素；为补充体液，可以静脉滴注6%中分子右旋糖酐等。

10.9 外科感染

10.9.1 脓肿

任何组织或器官中形成的外有脓肿膜包裹，内有脓汁潴留的局限性脓腔称为脓肿。若解剖腔中有脓汁潴留时则称为蓄脓，如上颌窦蓄脓等。

(1) 病因

导致脓肿的致病菌主要是葡萄球菌，其次为链球菌、大肠杆菌、绿脓杆菌和腐败性菌。致病菌经损伤的皮肤、黏膜侵入有机体并在其局部生长、繁殖的过程中形成脓肿。猪、犬的脓肿绝大多数是金黄色葡萄球菌感染导致的。牛的脓肿有时是因为感染了结核杆菌、放线杆菌形成的冷性脓肿。

除感染致病菌导致的脓肿外，给动物注射强刺激性药物，如氯化钙、高渗盐水、松节油及砷制剂等局部误注或静脉注射漏入周围组织也可发生无菌性脓肿。有的脓肿是因致病菌随着血液、淋巴循环，由原发病灶转移到其他组织或器官内所形成的转移性脓肿。

由于物种不同，同一致病菌感染后患畜的反应及结果差异甚大。如马被绿脓杆菌感染所导致的脓肿多数采取慢性经过，而猪则发生脓肿并呈现严重的全身症状。

(2) 症状

浅在性急性脓肿，初期出现急性炎症，局部肿胀，质地坚实，界限不清，局部增温，剧痛。病灶中央部软化有波动感，并可自行破溃，排出脓汁。浅在性慢性脓肿，一般经过缓慢，局部肿胀和波动明显，但增温不高，无痛或仅有轻微的疼痛。

深在性急性脓肿，局部症状不明显。患部皮下组织有微弱的炎性水肿，触诊有疼痛反应并留下压痕,病灶中央部无波动感。有的深在性急性脓肿治疗不及时,致脓肿膜发生变性、坏死,在脓汁的压力下导致皮肤破溃,排出脓汁;有的向深部发展,引起邻近组织器官感染,而表现明显的全身症状,严重的可继发败血症。

(3)治疗

脓肿治疗原则为除去病因,消炎、止痛,提高机体的防御机能。

①消炎、止痛及促进炎症产物消散吸收:当局部肿胀正处于急性炎性渗出、脓肿尚未完全成熟时,可局部涂擦樟脑软膏,或用冷敷疗法(如复方醋酸铅溶液、鱼石脂酒精等冷敷),以抑制炎性渗出和止痛作用。当炎性渗出停止后,可用温热疗法促进炎症产物的消散吸收。局部治疗的同时,可根据病畜的情况配合应用抗菌药物,并采用对症治疗。

②促进脓肿的成熟:在脓肿的形成过程中,患部涂鱼石脂软膏、鱼石脂樟脑软膏,或采用温热疗法、超短波疗法等,可以促进脓肿的成熟。当患部出现明显波动时,应该及早进行手术治疗。

③手术疗法:脓肿成熟后应及时施行手术切开、摘除或穿刺抽出脓汁。

脓汁抽出法:适用于关节部脓肿膜形成良好的较小脓肿。用注射器将脓腔中的脓汁尽量抽净,并用生理盐水反复冲洗脓腔,直至回流液透明,抽净脓腔内的液体,最后向脓肿腔内注入青霉素溶液。

脓肿切开法:切开脓肿时,应该在波动最明显且易排出脓汁处切开。若脓肿腔内压力较高时,应该先用粗针头穿刺排出一部分脓汁,减压后再切开脓肿。切开前,应对患部进行手术的常规处理,如剪毛、消毒和麻醉(局部或全身麻醉)。切开脓肿时,应施行分层切开,切口有一定的长度,以利于脓汁排出顺畅。不能损伤大的血管、神经,若有出血现象,一定要彻底止血,并排净脓汁,防止脓肿转移。切开时务必不能损伤对侧的脓肿膜。为了排净脓汁,必要时可做辅助切口。对浅在性脓肿用生理盐水或防腐液反复冲洗后,再用灭菌脱脂纱布轻轻吸出脓腔中的残液。对切开的脓肿应按化脓创进行外伤处理。

脓肿摘除法:适用于脓肿膜完整的浅在性小脓肿。要彻底地剥离脓肿周围的组织,不能切破脓肿膜,取出完整的脓肿。创腔中撒布消炎粉后,对创伤进行密闭缝合,争取第一期愈合。

10.9.2 蜂窝织炎

发生于疏松结缔组织的急性弥漫性化脓性感染称为蜂窝织炎。其常发生在皮下、筋膜下及肌间的疏松结缔组织内。特征是局部呈现浆液性、化脓性和腐败性渗出,并伴有明显的全身症状。

(1)病因

一般由溶血性链球菌或金黄色葡萄球菌等化脓性细菌通过伤口感染;或漏入或误注刺激性较强的药物所引起。也可继发于邻近组织或器官化脓性感染的直接扩散,或通过血液循环和淋巴的转移。刺激性强的药物(如松节油、高渗氯化钠溶液等)误注或漏入疏松结缔组织内,也可引起蜂窝织炎。

(2)症状

蜂窝织炎病程发展很快,迅速呈现明显的局部和全身症状。

①局部症状:因局部急性浆液性渗出、化脓性浸润、短时间内导致大面积肿胀。浅在性蜂窝织炎呈现弥漫性肿胀,最初按压时能形成压痕。随后,组织坏死、溶解和化脓,患部有波动感。深在性蜂窝织炎肿胀坚实,界线不清,患部增温、剧痛。最后,因大量的筋膜下组织及肌肉坏

死、溶解而形成大量的脓汁，随后因脓汁沿着肌间、大动脉、神经干及筋膜间隙扩散，导致严重的机能障碍。浅在性蜂窝织炎发生多处组织坏死、溶解、皮肤破溃而排出脓汁。深在性蜂窝织炎，因深部组织坏死、溶解形成脓汁，引起局部内压升高，使患部皮肤、筋膜及肌肉高度紧张，因化脓部位较深，局部皮肤不易破溃。

②全身症状：病畜精神沉郁，体温升高，食欲不振或废绝并出现各系统（循环、呼吸及消化系统等）的机能紊乱。深在性蜂窝织炎，可继发败血症。

有的蜂窝织炎，在动物抵抗力提高和经过合理的治疗后，局限化并形成脓肿；有的蜂窝织炎，在动物抵抗力下降或治疗不合理时，化脓灶迅速扩散，使患畜整个肢体或躯体呈现弥漫性肿胀，局部增温显著，剧痛，高度跛行。皮肤多处有破溃并流出脓液。

(3) 治疗

治疗原则为减少炎性渗出，抑制感染扩散，减轻组织内压，改善全身状况，增强机体抵抗力，局部与全身治疗并重。

①局部疗法：局部治疗主要是为了减少渗出，降低组织内压，减轻组织坏死、溶解，防止感染扩散。发病24~48 h以内的，局部可用10%鱼石脂酒精、90%酒精等冷敷。病灶周围，可用0.5%盐酸普鲁卡因封闭。发病3~4 d后可用上述溶液温敷。也可用中草药治疗，如外敷雄黄散，内服连翘败毒散。

②手术疗法：若经过局部冷敷，症状仍不见好转时，为了排出渗出物，减小组织内压，应及早切开患部。为了保证渗出液的顺利排出，切口要有足够的长度和深度，做好纱布引流。必要时可做几个切口或反口。伤口彻底止血后可先用防腐消毒液冲洗创腔，用纱布吸净创腔中的残留药液。

若经过上述外科处理的患畜体温下降后又回升，局部肿胀加剧，全身症状恶化，则说明可能有新的病灶形成，或引流纱布干涸堵塞影响脓汁排出，或引流不当，或存有异物及脓窦所致。这时应该迅速扩创，消除脓窦、异物，更换引流纱布，保证渗出液或脓汁排出顺利。

③全身疗法：早期应用大剂量抗菌药物。为预防败血症，大动物可静脉注射5%碳酸氢钠注射液300~500 mL、5%葡萄糖氯化钠注射液1 000~2 000 mL，每日1~2次，连用3~5 d。也可应用0.25%盐酸普鲁卡因注射液100~200 mL，静脉注射，进行全身性封闭。

10.10 疝

10.10.1 疝的概述

疝是腹腔脏器从自然孔道（如脐孔、腹股沟管）或病理性破裂孔脱到皮下或邻近的解剖腔内的一种常见外科病。各种家畜均可发生，但以猪、犬更为多见。

(1) 疝的组成

由疝轮（孔）、疝囊、疝内容物3部分组成（图10-69）。疝轮（孔）是指天然孔（如脐孔、腹股沟环）或腹壁病理性破裂孔，腹腔脏器经此孔脱至于皮下或解剖腔内。疝内容物为腹腔内脏器官，如胃、肠管、肠系膜、网膜、膀胱、子宫等。疝囊为包围疝内容物的外囊，主要由腹膜、腹壁筋膜及皮肤等构成，疝囊的大小由疝内容物的多少所决定。

(2) 疝的分类

根据疝向体表突出与否，可分为外疝（如脐疝）和内疝（如膈疝）。根据疝发生的部位不同，可分为腹股沟阴囊疝、脐疝、腹壁疝等。

根据疝内容物能否还纳入腹腔内，可分为可复性疝、不可复性疝和嵌闭性疝。即通过压迫或体位的改变，疝内容物可通过疝孔而还纳到腹腔称为可复性疝。反之称为不可复性疝。当疝内容物突然不能还纳，发生疼痛等一系列症状的称为嵌闭性疝。嵌闭性疝如不及时解除，会导致疝内容物发生血循环障碍、炎症，甚至坏死。

10.10.2 外伤性腹壁疝

由于钝性暴力作用于腹壁，使腹肌、腱膜及腹膜发生破裂，但皮肤完整性仍保持，腹腔脏器经腹肌的破裂孔脱至皮下形成的疝，称为外伤性腹壁疝。本病可发生于各种动物。

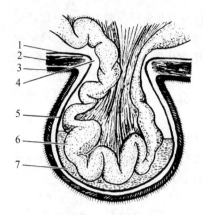

图 10-69　疝模式图
1. 腹膜　2. 肌肉　3. 皮肤　4. 疝轮
5. 疝囊　6. 疝内容物　7. 疝液

（1）病因

①外界钝性暴力：腹壁受外界钝性暴力，如牛抵、冲撞、踢蹋、摔倒等作用，导致皮下肌肉或腱膜破裂所致。

②腹压过大：母畜妊娠后期或分娩时，因腹内压增加，导致腹肌断裂所致。

③缝合不当：腹部手术缝合不当，造成皮下肌肉或腱膜愈合不良所致。

（2）症状

①病初腹壁受伤后突然出现局限性、柔软、富有弹性及热痛的肿胀（图10-70），在肿胀部可发现小范围的脱毛部或皮肤擦伤。触诊时常可用手掌（指）将肿胀内容物回复至腹腔并摸到疝轮。疝轮的形状，多数为圆形、卵圆形，也有呈裂隙状。

②发病2~3 d由于患部出现炎性肿胀，此时，原发肿胀部位变为稍硬、增温，疼痛显著。由于局部肿胀逐渐增大，致使触摸疝轮比较困难。

图 10-70　牛腹壁疝

③若疝轮发生嵌闭，则出现疝痛。疝痛的程度随各病例而不同，有的比较轻微仅呈现稍稍不安或以前肢刨地，有的比较重剧，致病畜卧地滚转，甚至有的因肠坏死而死亡。

（3）诊断

根据病史、临诊症状及直肠检查等做出诊断。注意同淋巴外渗、腹壁脓肿、蜂窝织炎、肿瘤及血肿等进行区别诊断。

（4）治疗

对腹壁疝的治疗，可分为保守疗法与手术疗法。前者是借助于压迫绷带将脱出的内容物压至腹腔内，以期待疝轮的修复闭锁；后者则借助于外科的方法切开疝囊，还纳内容物后，缝合闭锁疝轮。

①保守疗法：适用于新发生、疝轮小、疝轮位置高于腹侧壁1/2以上的可复性疝。先在患部涂擦碘酊，后将脱出的疝内容物压迫送还腹腔内，再用适当大小的棉垫置于疝轮部，并安装用竹帘、轮胎胶皮等制成的压迫绷带固定。绷带固定后，应严密观察，如有疝痛症状出现，应迅速解除绷带，重新整复，以免因整复不彻底而压迫肠管。同时应经常检查，发现绷带松弛或移位时应

马上整理,以保证压迫绷带的作用。一般固定 15 d 后疝轮可自行修复愈合,即可解除压迫绷带。

②手术疗法:

术前准备及麻醉 同开腹术,严格进行无菌操作。

切开疝囊还纳内容物 局部按常规处理,在疝囊纵轴上将皮肤捏起形成皱壁切开疝囊,用手指自小切口内伸入囊内,探查有无粘连,然后用手术剪扩大疝囊切口,显露疝内容物和疝轮。将正常的疝内容物还纳腹腔。如脱出物与疝囊发生粘连时要细心剥离,用温生理盐水冲洗,撒上青霉素粉或涂上油剂青霉素,再将脱出物送回腹腔。对嵌闭性疝,切开疝囊后,如肠管变为暗紫色,疝轮紧紧嵌住脱出的肠管。这时,可用手术剪扩大疝轮,用温生理盐水清洗温敷肠管。如肠管颜色很快恢复正常,出现蠕动,可将肠管还纳腹腔。如已坏死,要在健康部位将坏死肠管切除,进行肠管吻合术,再将其还纳腹腔。

闭锁疝轮 疝轮的缝合是疝修补术的成败关键。依据具体病例而异,先用肠线缝合腹膜,闭合腹膜前向腹腔注入油剂青霉素 300 万 U,然后缝合腹肌。新发生者,疝轮可用水平或垂直钮扣状缝合(图 10-71),若疝轮较大,组织破损又较严重者,或用软性塑料网、尼龙聚合物网等修补,将尼龙网装入腹膜的内侧,用兽用肠线将尼龙网固定在腹膜上,但要注意将尼龙网拉紧展平。陈旧性病例、疝轮小的可用一般方法缝合,在缝合前须将瘢痕化的疝轮修整,造成新鲜创面,以利愈合。疝轮较大时,利用周围的纤维组织或筋膜做成瓣,作为修补材料。将一侧的纤维组织瓣钮孔缝合在对侧的疝轮组织上,再将另一侧的纤维组织瓣同样缝合在上面。最后切除多余的皮肤囊,进行间断缝合、减张缝合闭合皮肤创口,消毒后,包扎压迫绷带。

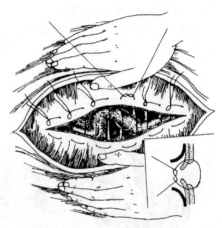

图 10-71 疝轮缝合法

术后加强护理,全身应用抗生素治疗。10 d 后拆去皮肤结节缝合的线,第 12 天拆去减张缝合的线,但要注意不能两处的线同时拆。

10.11 蹄部疾病

蹄部疾病是马、骡、牛、猪、羊等动物的常见病,发病率较高。致病原因主要是护蹄管理不善,消蹄和装蹄不当。蹄病可直接影响农业生产,奶肉用牛、羊及繁殖种猪能严重影响产奶量,引起肥育增膘和繁殖能力的下降。因此,为了提高生产性能,必须重视蹄部疾病的防治。

10.11.1 蹄叶炎

蹄壁真皮的局限性或弥漫性的无菌性炎症称为蹄叶炎。马、骡两前蹄多发,有时四蹄同时发病,牛则多见于两后蹄。

(1)病因

①饲养失宜:当长期饲喂过多的精饲料或饲料骤变而缺乏运动时,可引起消化障碍,产生有毒物质吸收后造成血液循环紊乱,蹄真皮淤血发炎。

②使役不当:如在硬地或不平道路上重度使役或持续使役久不休息、长期休闲突然服重役,

均可使组织中产生大量乳酸与二氧化碳,吸收后导致末梢血管淤血,引起蹄真皮的炎症。

③护蹄不当:蹄形不正、护蹄不良、装蹄不当等均能机械性刺激蹄知觉部,使局部发炎。

④继发于其他疾病:如胃肠炎或便秘后、中毒、感冒及难产、胎衣不下等,可引起本病。

在上述因素作用下,蹄真皮毛细血管扩张、充血,血液停滞,血管壁通透性增强,炎性渗出物积于真皮小叶与角质小叶之间压迫真皮而引起剧痛。炎症继续发展,渗出液大量积聚压迫蹄骨,破坏真皮小叶与角质小叶的结合,造成蹄骨变位下沉乃至蹄底穿孔,蹄前壁凹陷致蹄轮密集,蹄尖翘起,蹄匣变形而呈芜蹄(图10-72)。

(2)症状

①急性蹄叶炎:突然发病。

姿势变化　站立时,若两前蹄患病,则两前肢前伸,蹄踵负重(图10-73),蹄尖翘起,头高抬,两后肢伸入腹下,呈蹲坐姿势,站立过久时,常想卧地;若两后蹄患病,则头颈低下,两前肢后踏,两后肢诸关节屈曲稍前伸,以蹄踵负重,腹部蜷缩;强迫运动时,均呈急速短促的紧张步样。

图 10-72　芜蹄

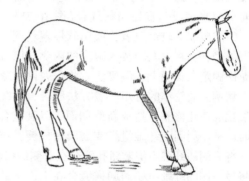

图 10-73　两前蹄蹄叶炎站立姿势

局部变化　可见病蹄指(趾)动脉亢劲,蹄温增高,敲打或钳压蹄壁,有明显疼痛反应,尤以蹄尖壁的疼痛更为显著。

全身变化　由于剧烈疼痛,常引起肌肉颤抖、出汗体温升高、脉搏增数、呼吸迫促、食欲减退、反刍停止等全身症状。

②慢性蹄叶炎:病蹄热痛症状减轻,呈轻度跛行。病久呈芜蹄,患畜消瘦,生产性能下降。在严重的病例,蹄骨尖端可穿透蹄底。

(3)诊断

①视诊:主要观察蹄冠有无损伤、肿胀,蹄匣是否畸形、裂缝、外伤,以及蹄形和着地负重状况。检查蹄底时,应先将其清洗,然后观察蹄叉、蹄踵、蹄尖和蹄侧壁,检查其局部平整还是凸出,蹄支角及蹄铁装钉情况,注意有无踏伤、蹄叉腐烂或异物,必要时可拆除蹄铁检查。

②触诊:检查蹄踵、蹄壁和蹄冠温度、肿胀以及指(趾)动脉的搏动情况;如蹄底部增温和(趾)动脉亢进,表示患蹄的真皮为急性炎症或风湿性蹄叶炎。用蹄钳检查蹄底和蹄壁等部位,可判断蹄的各部位有无压痛点。也可用蹄钳叩诊,以发现疼痛部位。

③被动运动:将可疑患肢提起,用手握住蹄部屈曲、伸展、内收、外传和往返旋转等运动,观察其疼痛反应,以判断病变部位和性质。

(4)治疗

治疗原则:除去病因,消炎镇痛,促进吸收,防止蹄骨变位。

①放血疗法：为改善血液循环，在病后 36~48 h 内，可颈静脉放血 1 000~2 000 mL(体弱者禁用)，然后静脉注入等量糖盐水，内加 0.1%盐酸肾上腺素溶液 1~2 mL 或 10%氯化钙注射液 100~150 mL；放蹄头血也可。

②冷敷及温敷疗法：病初 2~3 d 内，可行冷敷、冷蹄浴或浇注冷水，每日 2~3 次，每次 30~60 min。以后改为温敷或温蹄浴。

③封闭疗法：用 0.5%盐酸普鲁卡因溶液 30~60 mL 分别注射于系部皮下指(趾)深屈肌腱内外侧，隔日 1 次，连用 3~4 次。静脉或患肢上方穴位封闭也可。

④脱敏疗法：病初可试用抗组织胺药物，如内服盐酸苯海拉明 0.5~1 g，每日 1~2 次；或用 10%氯化钙注射液 100~150 mL。10%维生素 C 注射液 10~20 mL 分别静脉注射，或皮下注射 0.1%盐酸肾上腺素溶液 3~5 mL，每日 1 次。

⑤静脉注射：高渗氯化钠、高渗葡萄糖溶液 300~500 mL，或皮下注射盐酸毛果芸香碱等均有良好作用。

(5)预防

合理喂饲和使役，长期休闲者应减料；长途运输或使役时，途中要适当休息，并进行冷蹄浴。日常要注意护蹄。

10.11.2 蹄底创伤

蹄底创伤即尖锐物体造成的蹄真皮的损伤，包括蹄钉伤及蹄底刺创。

(1)病因

钉伤是装蹄时下钉不当引起，如蹄钉直接刺入蹄真皮(直接钉伤)或钉身靠近、弯曲压迫蹄真皮(间接钉伤)等；蹄底刺创是铁钉、铁丝、碎铁片、茬子等尖锐物体刺入蹄底或蹄叉，损伤深部组织所致。

(2)症状

直接钉伤在装蹄后，病畜即呈疼痛不安，患肢挛缩；拔出蹄钉后，可从钉孔流出血液，有时钉尖带血。

间接钉伤常在装蹄后 2~3 d(个别可长达月余)，患肢站立时蹄尖着地，系部直立，有时表现挛缩，运动时呈中度支跛，用检蹄钳敲打或钳压患蹄的钉头、钉节时，患肢疼痛挛缩，有时可压出污秽黑色液体；蹄温升高。

蹄底刺创常在运动中突然发生支跛，检查蹄底及蹄叉可发现刺入的异物或刺入孔(有时经削蹄后方能发现)。钳压患部剧痛并可流出污黑液体。

若蹄底创伤发生化脓感染，则呈重度支跛，站立时表现为患肢挛缩，蹄温增高。钳压、敲打患部疼痛剧烈，肌肉颤抖或挛缩。若脓汁蓄积而排出困难，常延至蹄冠缘或蹄踵部，破溃排脓，可继发蹄冠蜂窝织炎。有时从钉孔、刺入孔流出灰黑色腐臭的稀薄脓汁。

重者可有体温升高、食欲减退、精神不振等表现。

(3)诊断

通过问诊获得线索，根据症状，明显支跛，并除去蹄铁，仔细检查患蹄，即可确诊。

(4)治疗

治疗原则：除去蹄铁及刺伤物，防止感染，彻底排脓，加强护理。

先清洗蹄部，除去蹄铁及刺伤物体，再用 1%~3%煤酚皂或 0.1%高锰酸钾溶液溶液彻底洗刷蹄底。

直接钉伤,拔出蹄钉后,向钉孔内注入碘酊即可。再次装蹄时,应避开该钉孔。

间接钉伤及蹄底刺伤,经上述处理后,用蹄刀稍加扩大创口,并灌入3%过氧化氢溶液冲洗后,再注入碘酊,拭干,最后以石蜡密封创口,用帆布片包扎,防止感染,保持干燥,每隔2~3 d,换药一次。

若化脓,用2%~3%煤酚皂、3%过氧化氢溶液或0.1%高锰酸钾溶液彻底冲洗后;再以浸0.1%雷佛奴尔溶液或磺胺乳剂的纱布块充填,也可撒布碘仿、碘仿磺胺粉1∶9,最后按前述方法密封包扎,3~5 d换药一次。至化脓停止。

可配合应用安痛定或封闭疗法。若体温升高、全身症状明显,应对症治疗并给予抗生素。

10.11.3 蹄叉腐烂

蹄叉腐烂是蹄叉真皮的慢性化脓性炎症,伴发蹄叉角质的腐败分解,是常发蹄病。

本病为马属动物特有的疾病,多为一蹄发病,有时两三蹄,甚至四蹄同时发病。多发生在后蹄。

(1) 病因

①护蹄不良:畜舍泥泞不洁,粪尿长期浸蚀使蹄角质脆弱腐败分解所致。

②蹄叉过削、蹄踵过高、运动不足等,使蹄叉角质抵抗力减弱而诱发本病。

③不合理的装蹄,如马匹装以高铁脐蹄铁,运步时蹄叉不能着地,或经常装着厚尾蹄铁或连尾蹄铁,都会引起蹄叉发育不良,进而导致蹄叉腐烂。

(2) 症状

前期症状,可在蹄叉中沟和侧沟,通常在侧沟处有污黑色的恶臭分泌物,这时没有机能障碍,只是蹄叉角质的腐败分解,没有伤及真皮。

如果真皮被侵害,立即出现跛行,这种跛行走软地或沙地特别明显。运步时以蹄尖着地,严重时呈三脚跳。蹄底检查时,可见蹄叉萎缩,甚至整个蹄叉被腐败分解,蹄叉侧沟有恶臭的污黑色分泌物。当从蹄叉侧沟或中沟向深层探诊时,患畜表现高度疼痛,用检蹄器压诊时,也表现疼痛。

因为蹄踵壁的蹄缘向回折转而与蹄叉相连,炎症也可蔓延到蹄缘的生发层,从而破坏角质的生长,引起局部发生病态蹄轮。蹄叉被破坏,蹄踵壁向外扩张的作用消失,可继发狭窄蹄。

(3) 诊断

同蹄叶炎,呈支跛,蹄底检查即可确诊。

(4) 治疗

治疗原则:除去病因,改善蹄部卫生,彻底消除腐烂角质,防腐消炎。

将患畜放在干燥的畜舍内,使蹄保持干燥和清洁。

用0.1%升汞溶液,或2%漂白粉溶液,或1%高锰酸钾溶液清洗蹄部,除去泥土粪块等杂物,削除腐败的角质。再次用上述药液清洗腐烂部,然后再注入2%~3%福尔马林酒精溶液。

用麻丝浸松馏油塞入腐烂部,隔日换药,效果很好。

可用装蹄疗法协助治疗,为了使蹄叉负重,可适当削蹄踵负缘。为了增强蹄叉活动,可充分削开绞约部,当急性炎症消失以后,可给马装蹄,以使患蹄更完全着地,加强蹄叉活动,装以浸有松馏油的麻丝垫的连尾蹄铁最为合理。

引起蹄叉腐烂的变形蹄应逐步矫正。

10.11.4 牛、羊腐蹄病

牛、羊的蹄间发生的一种主要表现为皮肤炎症,具有腐败恶臭、疼痛剧烈特征的疾病,称为腐蹄病。也叫蹄间腐烂或指(趾)腐烂。

(1) 病因

厩舍泥泞不洁,低洼沼泽放牧,蹄间的外伤或由于蛋白质、维生素、矿物质饲料不足及护蹄不当,使趾间抵抗力降低,而被各种腐败菌感染而致病。

(2) 症状

病初蹄间发生急性皮炎、潮红、肿胀、知觉过敏、频频举肢、呈现跛行。炎症逐渐波及蹄球与蹄冠部,严重的化脓而形成溃疡、腐烂,并有恶臭脓性液体。病畜精神沉郁、食欲不振、乳量下降。而后蹄匣角质开始剥离,往往并发骨、腱、韧带的坏死,体温升高。跛行严重,有时蹄匣脱落。潮湿季节,极易造成本病流行。

(3) 诊断

患畜呈现支跛;蹄间皮肤发炎、红、肿、热、痛。炎症可波及蹄球与蹄冠,严重时发生化脓、溃疡、腐烂、有恶臭脓性液体,甚至造成蹄匣脱落。

(4) 治疗

①蹄部消毒:应用饱和硫酸铜或1%高锰酸钾溶液消毒患部,除去坏死组织。

②患部用药:患部消毒后撒布磺胺粉,或涂抹青霉素鱼肝油乳剂(青霉素 20 万 U、蒸馏水 5 mL、鱼肝油 50 mL 混合搅拌成乳剂)。

③全身用抗生素、磺胺药疗法:群发时,可设消毒槽,槽中放入 2%~3%硫酸铜溶液,使病畜每日通过 2~3 次。圈舍进行消毒。

10.12 骨折

在外力的作用下,骨的完整性或连续性被破坏,出现断、裂、碎现象,称为骨折。

根据骨折部是否与外界相通,分为开放性骨折和非开放性骨折;根据骨折的程度,分为完全骨折和不完全骨折。

(1) 病因

主要是暴力作用,如打击、跌倒、冲撞、挤压、踢蹴、牵引及火器创等。有时肌肉强烈地收缩以及骨质疾病时(如慢性氟中毒、缺钙等)也可发生骨折。大动物骨折主要与使役、饲养管理和保定不当等因素有关;猫骨折多是从高楼掉下造成的;而犬的骨折与车祸、棍棒打击、从高处跳下等因素有关。

(2) 症状

①骨折的特有症状:

异常活动　肢体全骨折时,活动远心端,可呈屈曲、旋转等异常活动。但肋骨、椎骨、蹄骨等部位骨折时异常活动不明显或缺乏。

肢体变形　完全骨折时,因骨折断端移位,使骨折部位外形或解剖位置发生改变,患肢呈弯曲、缩短、延长等异常姿势。

骨摩擦音　骨折两端互相触碰时,听到骨断端的摩擦音或感知骨摩擦感。但在不全骨折、内折部肌肉丰厚、局部肿胀严重或断端嵌入组织时,通常听不到。

②骨折的局部一般症状：

肿胀　因出血及渗出，骨折部呈明显肿胀。

疼痛　骨折发生后疼痛剧烈，肌肉颤抖，出汗，自动或被动运动表现更加不安和躲闪。触诊有明显疼痛部位。骨裂时，指压患部呈线状疼痛区，称为骨折压痛线，依此可判定骨折部位。

机能障碍　肢体骨折时，患肢突然发生重度跛行，表现为不能屈伸或负重，呈三肢跳跃前进（不全骨折跛行较轻）。肋骨骨折时呼吸困难，脊椎骨折时可发生神经麻痹及肢体瘫痪。

开放性骨折时，创口裂开，骨折断端外露，常并发感染。

③全身症状：轻度骨折一般全身症状不明显。严重的骨折伴有内出血、肢体肿胀或者内脏损伤时，可并发急性大失血和休克等一系列综合症状；闭合性骨折于损伤2~3 d后，出现轻度体温升高。食欲常有所减少。

(3)诊断

①问诊病史：了解骨折发生的背景、时间、发生时的情况、动物的表现，是否经过临诊治疗，治疗的效果等。

②临诊症状检查：检查患畜骨折的程度、方式，是否发生移位、扭曲、变形等。还要注意是否有出血、肿胀的程度，观察机体的整体状态，是否发生休克、感染等。

③X线检查：用于了解骨折的状态、移位情况、骨折后的愈合情况等，关节附近骨折与关节脱位鉴别诊断。X线拍摄正、侧两个方位的片子，必要时加斜位比较。

(4)治疗

治疗原则：正确整复，合理固定，促进愈合，恢复机能。

①骨折发生后急救措施：骨折发生后，首先使患畜安静，防止断端活动和严重并发症。为此，可用镇静和镇痛剂；再用简易夹板临时固定包扎骨折部；注意止血，预防休克；开放性骨折，创伤内消毒止血，撒布抗菌药物后，固定包扎，以防感染。

②治疗方法：正确整复，合理固定。

闭合性整复与外固定　动物侧卧保定，全身浅麻醉或局部浸润麻醉，必要时还可以同时使用肌肉松弛剂，按"欲合先离，离而复合"的原则，先轻后重，沿着肢体纵轴做对抗牵引，然后使骨折的远端凑合到侧端，采用旋转或屈伸以及提、按、捏、压断端的方法，使两端正确对接，恢复正常的解剖学位置。整复时，术者手持近侧骨折段，助手纵轴牵引远侧段，保持一定的对抗牵引力，使骨断端对合复位。有条件者，可在X线透视监视下进行整复。完成整复后立即进行外固定。常用夹板绷带、石膏绷带、金属支架等。固定部位剪毛、衬垫棉花。固定范围一般应包括骨折部上、下两个关节。

开放性整复与固定　在发生开发性骨折和某些复杂的闭合性骨折时，如粉碎性骨折、嵌入骨折等，通过手术方法暴露骨折段进行复位。根据骨折性质和不同骨折部位，常选用髓内针、骨螺钉、接骨板、金属丝等材料进行内固定。为加强固定，在内固定之后，配合外固定。新鲜开放性骨折或周全性骨折进行开放性处理时，要有良好的麻醉条件下，及时而彻底地清除创内完全游离并失去血液供应的小碎骨片及凝血块等；大块的游离骨片应在彻底清除污染后重新植入，以免造成大块骨缺损而影响愈合。对陈旧开放性骨折，应按感染创处理，清除坏死组织和死骨片，撒布大量抗菌药物，如青霉素鱼肝油等，按骨折具体情况做暂时外固定，可加用内固定，要保留开放的创口，便于术后的清洗处理。

药物疗法和物理疗法　整复固定后，可注射抗菌、镇痛、消炎药物，在开放性骨折的治疗中，必须全身应用足量(常规量的1倍)敏感的抗菌药物2周以上。补充钙制剂，补充维生素A、维生素 D 或鱼肝油，配合内服中药接骨散，外敷有关中草药。为防止肌肉萎缩、关节僵硬等后遗症，可进行局部按摩、搓擦、增加功能锻炼，同时配合物理疗法、温热疗法及紫外线疗法等，以促进早日恢复功能。

要加强护理，后期要注意机能锻炼。

第11章

寄生虫病

通过本章的学习，学生应能理解寄生、寄生虫、宿主、寄生虫的生活史等基本概念，掌握兽医临诊中常用的寄生虫病诊断技术和防制策略，熟悉常见的和危害较为严重的动物吸虫病、动物绦虫病、动物线虫病、动物棘头虫病、动物蜘蛛昆虫病、动物原虫病的病原特征、流行特点、诊断方法和防治措施，为开展动物寄生虫病的防治工作奠定基础。

11.1 寄生

在自然界中，随着漫长的生物进化，生物界的相互关系更为复杂。根据生物间的利害关系，一般来说有3种情况。

(1) 互利共生

结合双方互有裨益。互利共生常常是专性的，共生一方没有另一方则不能生存。例如，寄居于反刍动物瘤胃中的和寄居于马属动物大结肠中的若干种纤毛虫，它们帮助宿主消化植物纤维；而瘤胃和大结肠则为其提供了生存、繁殖需要的环境条件和营养。

(2) 偏利共生

寄生物从结合体得到好处，但宿主既不受益也不受害，通常把此种情况称为偏利共生。例如印鱼，其背鳍演化成吸附器官，可以吸附于大鱼体表到处觅食，但它们两者互不影响。

(3) 寄生

两种生物在一起生活，其中一方受益，另一方受害，后者给前者提供营养物质和居住场所，这种生活关系称为寄生。受益的一方称为寄生物，受损害的一方称为宿主。例如，病毒、立克次体、胞内寄生菌、寄生虫等永久或长期或暂时地寄生于植物、动物和人的体表或体内以获取营养，赖以生存并损害对方，这类营寄生生活的生物统称为寄生物；而营寄生生活的动物则称为寄生虫。

11.2 寄生虫与宿主

11.2.1 寄生虫的类型

由于寄生虫-宿主关系的历史过程的长短和相互间适应程度的不同，以及特定的生态环境的差别等因素，使这种关系呈现多样性，从而也使寄生虫显示为不同的类型。

(1) 专一宿主寄生虫与非专一宿主寄生虫

这是从寄生虫寄生的宿主范围来分的。有些寄生虫只寄生于一种特定的宿主，对宿主有严格的选择性，称为专一宿主寄生虫。例如，马的尖尾线虫只寄生于马属动物等。

有些寄生虫能够寄生于许多种宿主，缺乏一定的选择性，称为非专一宿主寄生虫。如肝片吸虫可以寄生于绵羊、山羊、牛等多种动物和人。对宿主最缺乏选择性的寄生虫，是最富有流动性的，其危害性也最为广泛。其防治难度也大为增加。

(2) 永久性寄生虫和暂时性寄生虫

这是从寄生虫的寄生时间来分的。某些寄生虫的一生均不能离开宿主，否则难以存活，称为永久性寄生虫。而只有在采食的时候才与宿主接触的寄生虫称为暂时性寄生虫。例如蚊子和臭虫，仅吸血时在宿主身上，随即离开。

(3) 内寄生虫和外寄生虫

这是从寄生虫寄生的部位来分的。

凡是寄生在宿主体外或体表(如皮肤、毛发)的寄生虫称为外寄生虫，如虱和螨都属于外寄生虫。寄生于宿主体内(如体液、组织和内脏等)的寄生虫称为内寄生虫，如吸虫、绦虫、线虫等。

(4) 专性寄生虫和兼性寄生虫

这是从寄生虫对宿主的依赖性来分的。整个发育过程的各个阶段都营寄生生活或某个阶段必须营寄生生活的寄生虫称为专性寄生虫，如吸虫、绦虫等；既可以自立生活，又能营寄生生活的寄生虫称为兼性寄生虫，如类圆线虫、丽蝇等。

(5) 单宿主寄生虫和多宿主寄生虫

按发育过程需要寄生的宿主数量可以把寄生虫分为单宿主寄生虫(土源性寄生虫)和多宿主寄生虫(生物源性寄生虫)。发育过程中仅需要一个宿主的寄生虫称单宿主寄生虫，如蛔虫、球虫等。发育过程中需要多个宿主的寄生虫称多宿主寄生虫，如肝片吸虫、绦虫等。

(6) 机会致病寄生虫及偶然寄生虫

有些寄生虫在宿主体内通常处于隐性感染状态，但当宿主免疫功能受损时，虫体出现大量的繁殖和强致病力，称为机会致病寄生虫，如隐孢子虫。有些寄生虫进入一个不是其正常宿主的体内或黏附于其体表，这样的寄生虫称为偶然寄生虫，如啮齿动物的虱偶然叮咬犬或人。

11.2.2 宿主

有些寄生虫的发育过程很复杂，不同的发育阶段寄生于不同的宿主，例如，幼虫和成虫阶段(指性成熟阶段的虫体，也就是能产生虫卵或幼虫的虫体)分别寄生于不同的宿主；有的甚至需要3个宿主，并且都是固定不变的，这样就出现了不同类型的宿主。因此，按照宿主在寄生虫生活史中所起的作用可以将宿主分为不同的类型。

(1) 终末宿主

寄生虫的成虫或有性繁殖阶段寄生的宿主称为终末宿主。例如，猪带绦虫的成虫寄生于人的小肠，所产虫卵随粪便排出并被猪吞咽之后，在猪的肌肉中发育为幼虫，人吃猪肉时，吃进了有生命力的幼虫，它们便在人的小肠中发育成熟。所以，人是猪带绦虫的终末宿主。弓形虫的有性繁殖阶段(配子生殖)在猫体内完成，因此猫为弓形虫的终末宿主。

(2) 中间宿主

寄生虫幼虫或无性生殖阶段寄生的宿主。如前述的猪带绦虫，幼虫寄生在猪的肌肉中，猪是猪带绦虫的中间宿主；弓形虫的无性繁殖阶段在哺乳类、鸟类动物和人体有核细胞内完成，因此，哺乳类、鸟类动物和人都是弓形虫的中间宿主。

(3) 补充宿主

某些寄生虫在发育阶段需要两个中间宿主，通常把第二中间宿主称为补充宿主，如华支睾吸虫的补充宿主是淡水鱼和虾。

(4) 贮藏宿主

也称转运宿主，寄生虫在其体内不进行任何发育，但是仍保留活性和感染性。贮藏宿主是终末宿主和中间宿主之间生态缺口的桥梁，在流行病学上具有重要意义。

(5) 保虫宿主

某些经常寄生于某种宿主的寄生虫，有时也可以寄生于其他一些宿主，但不普遍且无明显危害，通常把这种不经常寄生的宿主称为保虫宿主。例如，肝片吸虫可寄生于多种家畜和野生动物体内，那些野生动物就是肝片吸虫的保虫宿主。这种宿主在流行病学上有一定作用。

(6) 超寄生宿主

许多寄生虫是其他寄生虫的宿主，此种情况称为超寄生。例如蚊子，是疟原虫的超寄生宿主。

(7) 带虫宿主

有时一种寄生虫病在自行康复或治愈以后，或处于隐性感染之时，宿主对寄生虫保持着一定的免疫力，但也保留着一定量的虫体感染，这时我们称为带虫宿主，又称带虫者，称这种状态为带虫现象。带虫者最容易被忽略，常把它们视为健康动物。在寄生虫病的防治措施中，对待带虫者是个极为重要的问题。带虫动物的健康状态下降时，可导致疾病复发。

(8) 媒介

媒介通常是指在脊椎动物宿主间传播寄生虫病的一种低等动物，更常指传播血液原虫的吸血节肢动物。其传播疾病的方式可分为生物性传播和机械性传播，前者是指虫体需要在媒介体内发育，如蚊子在人与人之间传播疟原虫；后者是指虫体不在昆虫体内发育，媒介昆虫仅起搬运作用，如虻、螫蝇传播伊氏锥虫等。

寄生虫与宿主的类型是人为的划分，各类型之间有交叉和重叠，有时并无严格的界限。

11.2.3　寄生虫对宿主的作用

寄生虫侵入宿主、移行、定居、发育、繁殖等过程，对宿主细胞、组织、器官甚至系统造成结构、形态和功能等的严重损害。

(1) 掠夺宿主的营养

营养关系是寄生虫与宿主最本质的关系，寄生虫在宿主体内生长、发育及大量繁殖，所需营养物质绝大部分来自宿主，寄生虫数量越多，所需营养也就越多。因此，从宿主肠道内容物摄取营养的寄生虫，并不完全把宿主的食物作为它们所需物质的唯一来源。可能存在选择性和竞争性摄取营养物质。

(2) 消化、吞食或破坏宿主的组织细胞

某些吸虫可以分泌消化酶溶解宿主的组织为营养液；虫体也可直接吞食组织碎片；细胞内的寄生虫，如球虫、梨形虫、住白细胞虫等可以直接破坏宿主组织细胞。

(3) 毒素和免疫损伤

寄生虫排泄物、分泌物、虫体、虫卵死亡崩解物对宿主是有害的，这些物质可能引起组织损害、组织改变或免疫病理反应。例如，血吸虫虫卵分泌的可溶性抗原与宿主抗体结合形成抗原抗体复合物引起肾小球基底膜损伤；所形成的虫卵肉芽肿则是血吸虫病的病理基础。犬患恶丝虫病时，常发生肾小球基底膜增厚和部分内皮细胞的增生，临诊症状为蛋白尿。

(4) 机械性损伤

寄生虫侵入、移行、定居、占位或不停运动使所累及组织损伤或破坏。例如，多量蛔虫积聚在小肠所造成的肠堵塞，个别蛔虫误入人或猪胆管中所造成的胆管堵塞等；有时许多虫体团集在肠管的局部，引起肠蠕动的不平衡，导致肠扭转或套叠。钩虫幼虫侵入皮肤时引起钩蚴性皮炎；细粒棘球绦虫在肝脏中形棘球蚴压迫肝脏。这些都会造成严重的后果。

(5) 引入其他病原体

许多种寄生虫在宿主的皮肤或黏膜等处造成损伤，给其他病原体的侵入创造条件。还有一些寄生虫，其自身就是另一些微生物或寄生虫的固定的或生物学的传播者。例如，某些蚊虫传播人和猪、马等家畜的日本乙型脑炎，某些蚤传播鼠疫杆菌，蜱传播梨形虫病等。

11.3　寄生虫的生活史

寄生虫的生活史是指寄生虫完成一代的生长、发育与繁殖的全过程，故又称发育史。寄生虫的种类繁多，生活史也形式多样。根据寄生虫生活史中有无中间宿主，可分为两种类型。

(1) 直接发育型

寄生虫完成生活史不需要中间宿主，虫卵或幼虫在外界发育到感染期直接感染动物和人，此类寄生虫称为土源性寄生虫，如蛔虫等。

(2) 间接发育型

寄生虫完成生活史需要中间宿主，幼虫在中间宿主体内发育到感染期后直接感染动物或人，此类寄生虫称为生物源性寄生虫，如猪旋毛虫、猪带绦虫等。

11.4　寄生虫免疫

11.4.1　寄生虫免疫的特点

寄生虫免疫具有与微生物免疫所不同的特点，主要体现在免疫复杂性和带虫免疫两个方面。由于绝大多数寄生虫是多细胞动物，因而组织结构复杂；虫体发生过程存在遗传差异，有些为适应环境变化而产生变异；寄生虫生活史十分复杂，不同的发育阶段具有不同的组织结构。这些因素决定了寄生虫抗原的复杂性，因而其免疫反应也十分复杂。带虫免疫是指寄生虫感染后，虽然可以诱导宿主对再感染产生一定的抵抗力，但对体内原有的寄生虫则不能完全清除，维持较低的感染状态，使宿主免疫力维持在一定的水平，如果残留的寄生虫被清除，宿主的免疫力也随之消失。带虫免疫虽然可以在一定的程度上抵抗感染，但是这种抵抗力并不十分强大和持久。

11.4.2　寄生虫免疫逃避

寄生虫可以侵入免疫功能正常的宿主体内，有些能逃避宿主的免疫效应，而在宿主体内发育、繁殖、生存，这种现象称为免疫逃避(immune evasion)。其主要原因为：

(1) 组织学隔离

寄生虫一般都具有较固定的寄生部位。有些寄生在组织中、细胞中和腔道中，特殊的生理屏障使之与免疫系统隔离，如寄生在眼部或脑部的囊尾蚴。有些寄生虫在宿主体内形成保护层(如囊壁或包囊)，如棘球蚴。另外，还有一些寄生虫寄居在宿主细胞内而逃避宿主的免疫清除。如果寄生虫的抗原不被呈递到感染细胞的外表面，宿主的细胞介导效应系统不能识别感染细胞。有些细胞内的寄生虫，宿主的抗体难以对其发挥中和作用和调理作用。

(2) 表面抗原的改变

①抗原变异：寄生虫的不同发育阶段，一般都有期特异性抗原。即使在同一发育阶段，有些虫种抗原也可产生变化。所以，当宿主对一种抗原的抗体反应刚达到一定程度时，另一种型的抗原又出现了，总是与宿主特异抗体合成形成时间差，如锥虫。

②分子模拟与伪装：有些寄生虫体表能表达与宿主组织抗原相似的成分，称为分子模拟。有些寄生虫能将宿主的抗原分子镶嵌在虫体体表，或用宿主抗原包被，称为抗原伪装。如分体吸虫

吸收许多宿主抗原,所以宿主免疫系统不能把虫体作为侵入者识别出来。曼氏血吸虫童虫,在皮肤内的早期童虫表面不含有宿主抗原,但肺期童虫表面被宿主血型抗原(A、B和H)和组织相容性抗原(MHC)包被,抗体不能与之结合。

③表膜脱落与更新:蠕虫虫体表膜不断脱落与更新,与表膜结合的抗体随之脱落,从而出现免疫逃避。

(3) 抑制宿主的免疫应答

寄生虫抗原有些可直接诱导宿主的免疫抑制,表现为:使B细胞不能分泌抗体,甚至出现继发性免疫缺陷;抑制性T细胞Ts的激活,可抑制免疫活性细胞的分化和增殖,出现免疫抑制;有些寄生虫的分泌物和排泄物中的某些成分具有直接的淋巴细胞毒性作用,或可以抑制淋巴细胞的激活等;有些寄生虫抗原诱导的抗体可结合在虫体表面,不仅对宿主不产生保护作用,反而阻断保护性抗体与之结合,这类抗体称为封闭抗体,其结果是宿主虽抗体滴度较高,但对在感染无抵抗力。

11.5 寄生虫病的流行病学

寄生虫病流行病学是研究动物群体的某种寄生虫病的发病原因和条件,传播途径,发生发展规律,流行过程及其转归等方面的特征。流行病学当然也包括对某些个体的寄生虫病上述诸方面的研究,因为个体的疾病,有可能在条件具备时,发展为群体的疾病。

11.5.1 寄生虫病流行的基本环节

(1) 感染来源

动物寄生虫病的感染来源是指体内外有寄生虫寄生的宿主(包括病畜、带虫动物、中间宿主和保虫宿主等)以及有寄生虫分布的土壤、水和饲料等外界环境。作为感染来源,其体内的寄生虫在生活史的某一发育阶段可以主动或被动、直接或间接进入另一宿主体内继续发育。例如,带有囊尾蚴的猪,其体内的囊尾蚴可以通过屠宰后的猪肉,在不洁的卫生条件和不良的饮食习惯情况下感染人;感染鸡球虫的鸡,可以散布很多卵囊,这些卵囊孢子化后,可以再感染其他鸡。

(2) 传播途径

传播途径指感染来源内的寄生虫,借助于某些传播因素,侵入另一宿主的全过程。家畜感染寄生虫的途径主要有以下几种:

经口感染 寄生虫主要通过动物的采食、饮水,经口腔进入宿主体内的方式。它是动物感染寄生虫的主要途径。

经皮肤感染 有些寄生虫的感染性幼虫自动钻入宿主的皮肤(在鱼类还有鳍和鳃)而引起感染。例如,日本血吸虫的尾蚴可穿透皮肤而感染宿主。

接触感染 寄生虫通过宿主相互间皮肤或黏膜的直接接触,或通过褥草、玩具、饲槽等用具的间接接触而感染。一些外寄生虫的感染多属此种感染方式。

胎盘感染 寄生虫由母体通过胎盘进入胎儿体内使其发生感染,如弓形虫、犊弓首蛔虫和日本血吸虫等可经此途径感染。

经节肢动物感染 寄生虫通过节肢动物的叮咬、吸血而传播给易感动物方式,主要是一些血液原虫和丝虫通过此方式感染。

自身感染 有些寄生虫产生的虫卵或幼虫不需要排出体外即可在宿主体内引起自体内重复

感染,如在小肠内寄生的猪带绦虫,其脱落的孕节由于呕吐而逆流至胃内被消化,虫卵由胃到达小肠后,孵出六钩蚴,钻入肠壁随血循环到达身体各部位,引起囊尾蚴的自身感染。

医源感染 由于污染病原体的医疗器械消毒不彻底,而引起寄生虫的感染。在临诊上较为常见的是采血用的注射器污染所造成的,如锥虫、弓形虫等都能因此而感染。

在上述感染途径中,有的寄生虫仅有一种感染方式,有的则有一种以上的感染方式。

(3) 易感动物

易感动物是指对某种寄生虫缺乏免疫力或免疫力低下而处于易感状态的家畜、家禽或野生动物。寄生虫感染的免疫力多属带虫免疫,未经感染的动物因缺乏特异性免疫力而成为易感者。具有免疫力的动物,当寄生虫从人体清除后,这种免疫力也会逐渐消失,重新处于易感状态。易感性还与年龄有关,在流行区,幼龄动物的免疫力一般低于成年动物,外来动物,尤其引进的品种家畜进入流行区后也会成为易感者。

11.5.2　影响寄生虫病流行的因素

某种寄生虫病之所以能在某一地区流行,除了必须具备3个基本环节之外,还受许多其他因素的影响,主要是自然因素、生物因素和社会因素。

(1) 自然因素

自然因素包括地理条件和气候条件,如温度、湿度、降水量、光照、土壤的理化性状等。地理条件可以直接影响寄生虫的分布,如球虫、蛔虫、钩虫等一些土源性寄生虫,常呈世界性分布。地理条件也可以通过影响生物种群的分布及其活动而影响寄生虫病的流行。如血吸虫主要在南方流行,不在我国的北方流行,其主要原因是血吸虫的中间宿主钉螺在我国的分布不超过北纬33.7°,因此我国北方地区无血吸虫病流行。

(2) 生物因素

寄生虫本身的生物学特性、宿主或媒介性的节肢动物的生物学特性也对寄生虫病的传播和流行产生重要的影响。

宿主因素 宿主的年龄、体质、营养状况、遗传因素及免疫机能强弱等都会影响到许多寄生虫病的发生和流行。宿主的年龄不同,对同种寄生虫易感性不同。一般来讲,幼龄动物较易感染,且发病较重。

寄生虫的生物学特性 寄生虫的种类、致病力、寿命、寄生虫虫卵或幼虫对外界的抵抗力、感染宿主到它们成熟排卵所需的时间等都直接影响某种寄生虫病的流行。如猪蛔虫虫卵在外界可保持活力达5年之久,因此对于污染严重、卫生状况不良的猪场,蛔虫病具有顽固、难以消除的特点。

中间宿主和传播媒介 许多种寄生虫在其发育过程中需要中间宿主和传播媒介的参与,因此中间宿主和传播媒介的分布、密度、习性、栖息场所、出没时间、越冬地点和有无自然天敌均可影响到寄生虫病的流行程度。

(3) 社会因素

社会因素包括社会制度、经济状况、生活方式、风俗习惯、科学水平、文化教育、法律法规的制定和执行、防疫保健措施以及人的行为等都会对寄生虫病的流行产生影响。例如,有些地区有食半生猪肉的习惯,导致旋毛虫病在人群中得以流行。

社会因素、自然因素和生物学因素常常相互作用,共同影响寄生虫病的流行。由于自然因素和生物学因素一般是相对稳定的,而社会因素往往是可变的。因此,社会因素对寄生虫病流行的影响往往起决定性作用。

11.5.3 寄生虫病流行特点

(1) 地方性

某种疾病在某一地区经常发生，无需自外地输入，这种情况称为地方性。寄生虫病的流行常有明显的地方性，这种特点与当地的气候条件，中间宿主或传播媒介的地理分布、人群的生活习惯和生产方式有关，如旋毛虫病的流行，棘球蚴病的发生等。

(2) 季节性

由于温度、湿度、雨量、光照等气候条件会对寄生虫及其中间宿主和媒介节肢动物种群数量的消长产生影响，寄生虫病的流行往往呈现出明显的季节性。例如，鸡住白细胞虫病多在夏末、秋初流行，这与节肢动物的出现有关，伊氏锥虫病的流行也与吸血昆虫的出现时间相关。

(3) 自然疫源性

自然疫源性指某些疾病的病原体在一定地区的自然条件下，由于存在某种特有的传染源、传播媒介和易感动物而长期生存，当人或动物进入这一生态环境也可能被感染的特性，而驯养动物或人的感染和流行对这类病原体在自然界的生存并不必要。具有自然疫源性的疾病，称为自然疫源性疾病。伴随经济的发展，人类进入未适应的生态系统，在这些地区常常存在自然疫源地，已发现以这种方式感染的巴贝斯虫、锥虫、猴疟原虫、利什曼原虫、旋毛虫、弓形虫和蝇蛆病等病例。

(4) 慢性和隐性感染

寄生虫的繁殖并不像细菌、病毒等迅速繁殖，同时，寄生虫病的发生和流行受很多因素制约，因此不少寄生虫病都属于慢性感染或隐性感染，缓慢的传播和流行成为许多寄生虫病的重要特点之一。慢性感染是指多次低水平感染或在急性感染之后治疗不彻底，使机体持续带有病原体的状态，这与动物机体对绝大多数寄生虫未能产生完全免疫力有关。隐性感染是指动物感染寄生虫后，没有出现明显的临诊表现，也不能用常规方法检测出病原体的一种状态，只有当动物机体抵抗力下降时寄生虫才大量繁殖，导致发病，甚至造成患畜死亡。大多数寄生虫病没有特异性临诊症状，在临诊上动物主要表现为渐进性的消瘦、贫血、发育不良、生产性能降低，导致畜(水)产品的质量和数量下降，严重影响了畜牧业的经济效益。

11.6 寄生虫病诊断

寄生虫病应采取综合诊断，应根据流行病学、临诊症状、病理变化、病原体检查等综合进行。

11.6.1 流行病学调查

流行病学调查可为寄生虫病的诊断提供重要依据。调查内容也是流行病学包含的各项内容，如感染来源、感染途径、当地自然条件、中间宿主和传播媒介的存在和分布、动物种群的背景及现状资料、防制措施及效果等。通过分析得出规律性结果。人畜共患寄生虫病，还要调查当地居民的卫生、饮食习惯、健康状况和发病情况等。

11.6.2 临诊诊断

临诊诊断主要是检查动物的营养状况、临诊表现和疾病的危害程度。对于具有典型病状的疾病基本可以确诊，如球虫病、螨病、多头蚴等；对于某些外寄生虫可以发现病原体而建立诊断，如伤口蛆、各类虱病等；对于非典性疾病，获得有关临诊资料，为下一步采取其他诊断提供依据。临诊检查应以群体为单位进行大批动物的逐头检查。

11.6.3 病理学诊断

病理学诊断包括病理剖检及组织病理学检查。

（1）病理剖检

病理剖检可用自然死亡、急宰的患病动物或屠宰的动物。病理剖检要按照寄生虫学剖检的程序做系统的观察和检查，详细记录病变特征和检获的虫体，并找出具有特征性的病理变化，经综合分析后做出初步诊断。通过剖检可以确定寄生虫种类、感染强度，还可以明确寄生虫对宿主危害的严重程度，尤其适合于群体寄生虫病的诊断。对某种寄生虫病的诊断，如果在流行病学和临诊症状方面已经掌握了一些线索，那么可根据初诊的印象做局部的解剖学检查。例如，如果在临诊症状和流行病学方面怀疑为肝片吸虫病时，可在肝脏胆管、胆囊内找出成虫或童虫，或在其他器官内找出童虫，进行确诊。

此法最易获得蠕虫病正确诊断结果，通常用全身性蠕虫检查法以确定寄生虫的种类和数量作为确定诊断的依据。寄生虫学剖检除用于诊断外，还用于寄生虫的区系调查和动物驱虫效果评定。一般是对全身各器官组织进行全面系统的检查，有时也根据需要检查一个或若干个器官，如专门为了解某器官的寄生虫感染状况，仅需对该器官寄生的寄生虫进行检查。

（2）组织病理学检查

组织病理学检查常常是寄生虫病诊断的辅助手段，但对于某些组织的寄生虫病来说，特别要结合病理组织学检查，在相关组织中发现典型病变或各发育阶段的虫体即可确诊，如诊断旋毛虫病和肉孢子虫病时，可根据在肌肉组织中发现的包囊而确诊。

11.6.4 病原学诊断

病原检查是从病料中查出病原体（如虫卵、幼虫、成虫等），是诊断寄生虫病的重要手段，也是确诊的主要依据。其主要是对动物的粪便、尿液、血液、组织液及体表刮取物进行检查，查出各种寄生虫的虫卵、幼虫、成虫或其碎片等即可得出正确的诊断。不同寄生虫病采取不同的检验方法，主要有：粪便检查（虫体检查法、虫卵检查法、毛蚴孵化法、幼虫检查法），皮肤及其刮下物检查，血液检查，尿液检查，生殖器官分泌物检查，肛门周围刮取物检查等。必要时进行实验动物接种，多用于上述实验室检查法不易检出病原体的某些原虫病。

11.6.5 免疫学诊断方法

同其他病原体一样，寄生虫感染动物后，在其整个寄生过程中从生长、发育、繁殖到死亡，有分泌、有排泄、有死后虫体的崩解。这些代谢物和虫体崩解的产物在宿主体内均起着抗原的作用，诱导动物机体产生免疫应答。因此，可以利用抗原抗体反应或是其他免疫反应来诊断寄生虫病。已报道的寄生虫免疫学诊断方法很多，包括变态反应、沉淀反应、凝集反应、补体结合试验、免疫荧光抗体技术、免疫酶技术、放射免疫分析技术、免疫印迹技术等。

11.6.6 分子生物学诊断方法

已在寄生虫上得到应用的分子生物学技术很多,如核型分析、DNA 限制性内切酶酶切图谱分析、限制性 DNA 片段长度多态性分析、DNA 探针技术、DNA 指纹分析、PCR、随机扩增多态性 DNA(RAPD)、核酸序列分析等。这些技术的应用,极大地推动了寄生虫诊断及寄生虫分类的研究。

11.6.7 诊断性治疗

有些患病动物的粪、尿及其他病料中无虫体,或虫卵数量少,难以用现行的检查方法查出,或利用流行病学材料及临诊症状不能确诊,或由于诊断条件的限制等原因不能进行确诊时,可根据初诊印象采用针对某些寄生虫的特效驱虫药对疑似病畜进行治疗,然后观察症状是否好转或者患病动物是否排出虫体从而进行确诊。治疗效果以死亡停止、症状缓解、全身状态好转以至于痊愈等表现来评定。多用于原虫病、螨病以及组织器官内蠕虫病的诊断,例如,梨形虫病可注射贝尼尔作为诊断性治疗;弓形虫病可用磺胺类药物做诊断性治疗。

11.7 寄生虫病的防制

影响寄生虫病发生和流行的因素很多,预防和控制应根据掌握的寄生虫生活史、生态学和流行病学等资料,采取各种预防、控制和治疗方法及手段,达到预防和控制寄生虫病发生和流行的目的。

11.7.1 控制和消除感染源

(1)动物驱虫

驱虫是动物寄生虫病综合性防制措施的重要环节,它具有双重意义:一方面是治疗患病动物;另一方面是减少患病动物和带虫者向外界散播病原体,并可对健康动物产生预防作用。

在防治寄生虫病中,通常是实施预防性驱虫,即按照寄生虫病的流行规律定时投药,而不论其发病与否。如北方地区防治绵羊蠕虫病,多采取每年两次驱虫的措施:春季驱虫在放牧前进行,目的在于防止污染牧场;秋季驱虫在转入舍饲后进行,目的在于将动物已经感染的寄生虫驱除,防止发生寄生虫病及散播病原体。预防性驱虫尽可能实施成虫期前驱虫,因为这时寄生虫尚未产生虫卵或幼虫,可以最大限度地防止散播病原体。在驱虫中尤其要注意寄生虫易产生抗药性,应有计划地更换驱虫药物。对动物要集中管理,驱虫后 3 d 内排出的粪便应进行无害化处理。

(2)重视保虫宿主

某些寄生虫病的流行,与犬、猫、野生动物和鼠类等保虫宿主关系密切,特别是利什曼原虫病、住肉孢子虫病、弓形虫病、贝诺孢子虫病、华支睾吸虫病、裂头蚴病、棘球蚴病、细颈囊尾蚴病、豆状囊尾蚴病、旋毛虫病和刚棘颚口线虫病等,其中许多还是重要的人畜共患病。因此,应对犬和猫严加管理和控制饲养,对患寄生虫病和带虫的犬和猫要及时治疗和驱虫,粪便深埋或烧毁。应设法对野生动物驱虫,最好的方法是在它们活动的场所放置驱虫食饵。鼠在自然疫源地中起到感染来源的作用,应做好灭鼠工作。

(3) 加强卫生检验

某些寄生虫病可以通过被感染的动物性食品(肉、鱼、淡水虾和蟹)传播给人类和动物,如猪带绦虫病、肥胖带绦虫病、裂头绦虫病、华支睾吸虫病、并殖吸虫病、旋毛虫病、颚口线虫病、弓形虫病、住肉孢子虫病和舌形虫病等;某些寄生虫病可通过吃入患病动物的肉和脏器在动物之间循环,如旋毛虫病、棘球蚴病、多头蚴病、细颈囊尾蚴病和豆状囊尾蚴病等。因此,要加强卫生检验工作,对患病胴体和脏器以及含有寄生虫的鱼、虾、蟹等,按有关规定销毁或无害化处理,杜绝病原体的扩散。加强卫生检验在公共卫生上意义重大。

(4) 外界环境除虫

寄生在消化道、呼吸道、肝脏、胰腺及肠系膜血管中的寄生虫,在繁殖过程中随粪便把大量的虫卵、幼虫或卵囊排到外界环境并发育到感染期。因此,外界环境除虫的主要内容是粪便处理,有效的办法是粪便生物热发酵。随时把粪便集中在固定场所,经 10~20 d 发酵后,粪堆内温度可达到 60~70 ℃,几乎完全可以杀死其中的虫卵、幼虫或卵囊。另外,尽可能减少宿主接触感染源的机会,如及时清除粪便、打扫圈舍和定期消毒等,避免粪便对饲料和饮水的污染。

11.7.2 阻断传播途径

任何消除感染源的措施均含有阻断传播途径的意义,另外还有以下两个方面:

(1) 轮牧

利用寄生虫的某些生物学特性可以设计轮牧方案。放牧时动物粪便污染草地,在它们还未发育到感染期时,即把动物转移到新的草地,可有效地避免动物感染。在原草上的感染期虫卵和幼虫,经过一段时期未能感染动物则自行死亡,草地得到净化。不同种寄生虫在外界发育到感染期的时间不同,转换草地的时间也应不同。不同地区和季节对寄生虫发育到感染期的时间影响很大,在制订轮牧计划时均应予以考虑,如某些绵羊线虫的幼虫在某地区夏季牧场上,需要 7 d 发育到感染阶段,便可让羊群在 6 d 时离开;如果那些绵羊线虫在当时的温度和湿度条件下,只能保持 1.5 个月的感染力,即可在 1.5 个月后,让羊群返回原牧场。

(2) 消灭中间宿主和传播媒介

对生物源性寄生虫病,消灭中间宿主和传播媒介可以阻止寄生虫的发育,起到消灭感染源和阻断感染途径的双重作用。应消灭的中间宿主和传播媒介,是指那些经济意义较小的螺、蜥蜴、剑水蚤、蚂蚁、甲虫、蚯蚓、蝇、蜱及吸血昆虫等无脊椎动物。主要措施有:

物理方法 主要是改造生态环境,使中间宿主和传播媒介失去必需的栖息场所,如排水、交替升降水位、疏通沟渠增加水的流速、清除隐蔽物等。

化学方法 使用化学药物杀死中间宿主和传播媒介,在动物圈舍、河流、溪流、池塘、草地等喷洒杀虫剂。但要注意环境污染和对有益生物的危害,必须在严格控制下实施。

生物方法 养殖捕食中间宿主和传播媒介的动物对其进行捕食,养鸭及食螺鱼灭螺,养殖捕食孑孓的柳条鱼、花鳉等;还可以利用它们的习性,设法回避或加以控制,如羊莫尼茨绦虫的中间宿主是地螨,地螨惧强光、怕干燥,潮湿和草高而密的地带数量多,黎明和日暮时活跃,据此可采取避螨措施以减少绦虫的感染。

生物工程方法 培育雄性不育节肢动物,使其与同种雌虫交配,产出不发育的卵,导致该种群数量减少。国外用该法成功地防治丽蝇、按蚊等。

11.7.3 增强动物抗病力

(1) 全价饲养

在全价饲养的条件下,能保证动物机体营养状态良好,以获得较强的抵抗力,可防止寄生虫的侵入或阻止侵入后继续发育,甚至将其包埋或致死,使感染维持在最低水平,机体与寄生虫之间处于暂时的相对平衡状态,制止寄生虫病的发生。

(2) 饲养卫生

被寄生虫的虫体、幼虫、虫卵、卵囊等污染的饲料、饮水和圈舍,常是动物感染的重要原因。禁止从低洼地、水池旁、潮湿地带刈割饲草,或将其存放 3~6 个月后再利用。禁止饮用不流动的浅水。圈舍要建在地势较高和干燥的地方,保持舍内干燥、光线充足和通风良好,动物密度适宜,及时清除粪便和垃圾。

(3) 保护幼年动物

幼龄动物由于抵抗力弱而容易感染,而且发病严重,死亡率较高。因此,哺乳动物断奶后应立即分群,安置在经过除虫处理的圈舍。放牧时先放幼年动物,转移后再放成年动物。

(4) 免疫预防

寄生虫的免疫预防尚不普遍。目前,国内外比较成功地研制了牛羊肺线虫、血矛线虫、毛圆线虫、泰勒虫、旋毛虫、犬钩虫、禽气管比翼线虫、弓形虫和鸡球虫的虫苗,正在研究猪蛔虫、牛巴贝斯虫、牛囊尾蚴、猪囊尾蚴、牛皮蝇蛆、伊氏锥虫和分体吸虫的虫苗。

11.8 动物吸虫病

11.8.1 吸虫概述

吸虫是扁形动物门吸虫纲的动物,包括单殖吸虫、盾殖吸虫和复殖吸虫三大类。寄生于畜、禽的吸虫以复殖吸虫为主,可寄生于畜禽肠道、结膜囊、肠系膜静脉、肾和输尿管、输卵管及皮下部位。兽医临诊上常见的吸虫主要有肝片吸虫、姜片吸虫、日本分体吸虫、华支睾吸虫、并殖吸虫、阔盘吸虫、前殖吸虫,前后盘吸虫、棘口吸虫等。

11.8.1.1 吸虫形态和构造

(1) 外部形态

虫体多背腹扁平,呈叶状、舌状;有的似圆形或圆柱状,只有血吸虫为线状。虫体随种类不同,大小在 0.3~75 mm。体表常由具皮棘的外皮层所覆盖,体色一般为乳白色、淡红色或棕色。通常具有两个肌肉质杯状吸盘,一个为环绕口的口吸盘,另一个为位于虫体腹部某处的腹吸盘。腹吸盘的位置前后不定或缺失。

(2) 体壁

吸虫无表皮,体壁由皮层和肌层构成皮肌囊。无体腔,囊内含有大量的网状组织,各系统的器官位居其中。皮层从外向内包括 3 层:外质膜、基质和基质膜。外质膜成分为酸性黏多糖或糖蛋白,具有抗宿主消化酶及保护虫体的作用。皮层可以进行气体交换,也可以吸收营养物质。肌层是虫体伸缩活动的组织。

(3) 消化系统

一般包括口、前咽、咽、食道及肠管。口位于虫体的前端,口吸盘的中央。前咽短小或缺,无前咽时，口后即为咽。咽后接食道，下分两条肠管，位于虫体的两侧，向后延伸至虫体后部，末端封闭为盲肠，没有肛门，废物可经口排出体外。

(4) 排泄系统

排泄系统由焰细胞、毛细管、集合管、排泄总管、排泄囊和排泄孔等部分组成。焰细胞布满虫体的各部分，位于毛细管的末端，为凹形细胞，在凹入处有一束纤毛，纤毛颤动时很象火焰跳动，因而得名。焰细胞收集的排泄物，经毛细管、集合管集中到排泄囊，最后由末端的排泄孔排出体外。焰细胞的数目与排列，在分类上具有重要意义。

(5) 神经系统

在咽两侧各有一个神经节，相当于神经中枢。从两个神经节各发出前后3对神经干，分布于背、腹和侧面。向后延伸的神经干，在几个不同的水平上皆有神经环相连。由前后神经干发出的神经末梢分布于口吸盘、咽及腹吸盘等器官。

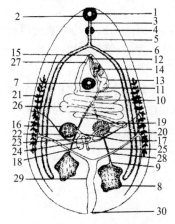

图 11-1 吸虫构造模式图

1. 口 2. 口吸盘 3. 前咽 4. 咽
5. 食道 6. 盲肠 7. 腹吸盘
8. 睾丸 9. 输出管 10. 输精管
11. 储精管 12. 雄茎 13. 雄茎囊
14. 前列腺 15. 生殖孔 16. 卵巢
17. 输卵管 18. 受精囊 19. 梅氏腺
20. 卵模 21. 卵黄腺 22. 卵黄管
23. 卵黄囊 24. 卵黄总管 25. 劳氏管
26. 子宫 27. 子宫颈 28. 排泄管
29. 排泄囊 30. 排泄孔

(6) 生殖系统

生殖系统发达，除分体吸虫外，皆雌雄同体（图 11-1）。

雄性生殖系统包括睾丸、输出管、输精管、储精囊、射精管、前列腺、雄茎、雄茎囊和生殖孔等。通常有两个睾丸，圆形、椭圆形或分叶，左右排列或前后排列在腹吸盘下方或虫体的后半部。睾丸发出的输出管汇合为输精管，其远端可以膨大及弯曲成为储精囊。储精囊接射精管，其末端为雄茎，开口于生殖孔。储精囊、射精管、前列腺和雄茎可以一起被包围在雄茎囊内。储精囊被包在雄茎囊内时，称为内储精囊，在雄茎囊外时称为外储精囊，交配时，雄茎可以伸出生殖孔外，与雌性生殖器官相交接。

雌性生殖系统包括卵巢、输卵管、卵模、受精囊、梅氏腺、卵黄腺、子宫及生殖孔等。卵巢的位置常偏于虫体的一侧。卵巢发出输卵管，管的远端与受精囊及卵黄总管相接。劳氏管一端接着受精囊或输卵管，另一端向背面开口或成为盲管。卵黄腺一般多在虫体两侧，由许多卵黄滤泡组成。卵黄总管与输卵管汇合处的囊腔即卵模，其周围由梅氏腺包围着。

成熟的卵细胞由于卵巢的收缩作用而移向输卵管，与受精囊中的精子相遇受精，受精卵向前移入卵模。卵黄腺分泌的卵黄颗粒进入卵模与梅氏腺的分泌物相结合形成卵壳。子宫起始处以子宫瓣膜为标志。子宫的长短与盘旋情况随虫种而异，接近生殖孔处多形成阴道，阴道与阴茎多数开口于一个共同的生殖窦或生殖腔，再经生殖孔通向体外。

11.8.1.2 吸虫生活史

吸虫生活史为需宿主交替的较为复杂的间接发育型，中间宿主的种类和数目因不同吸虫种类而异。其主要特征是需要更换一个或两个中间宿主。第一中间宿主为淡水螺或陆地螺，第二中间宿主多为鱼、蛙、螺或昆虫等。发育过程经虫卵、毛蚴、胞蚴、雷蚴、尾蚴、囊蚴、成虫各期。

虫卵 多呈椭圆形或卵圆形，除分体吸虫外都有卵盖，颜色为灰白、淡黄至棕色。卵在子宫成熟后排出体外。有的虫卵在产出时，仅含胚细胞和卵黄细胞；有的已有毛蚴；有的在子宫内已孵化；有的必须被中间宿主吞食后才孵化；但多数虫卵需在宿主体外孵化。

毛蚴　体形近似等边三角形，多被纤毛，运动活泼。前部宽，有头腺，后端狭小。体内有简单的消化道和胚细胞及神经与排泄系统。当卵在水中完成发育，则成熟的毛蚴即破盖而出，游于水中；无卵盖的虫卵，毛蚴则破壳而出。游于水中的毛蚴，在1～2 d内遇到适宜的中间宿主，即利用其头腺，钻入螺体内，脱去被有的纤毛，移行至淋巴腔内，发育为胞蚴。

胞蚴　呈包囊状，营无性繁殖，内含胚细胞、胚团及简单的排泄器。逐渐发育，在体内生成雷蚴。

雷蚴　呈包囊状，营无性繁殖，有咽和盲肠，还有胚细胞和排泄器，有的吸虫仅有一代雷蚴，有的则存在母雷蚴和子雷蚴两期。雷蚴逐渐发育为尾蚴，成熟后即逸出螺体，游于水中。

尾蚴　由体部和尾部构成。不同种类吸虫尾蚴形态不完全一致。尾蚴能在水中活跃地运动。体表具棘，有1～2个吸盘。尾蚴可在某些物体上形成囊蚴而感染终末宿主；或直接经皮肤钻入终末宿主体内，脱去尾部，移行到寄生部位，发育为成虫。但有些吸虫尾蚴需进入第二中间宿主体内发育为囊蚴，才能感染终末宿主。

囊蚴　系尾蚴脱去尾部，形成包囊后发育而成，体呈圆形或卵圆形。囊蚴是通过其附着物或第二中间宿主进入终末宿主的消化道内，囊壁被胃肠的消化液溶解，幼虫即破囊而出，经移行，到达寄生部位，发育为成虫。

11.8.2　片形吸虫病

片形吸虫病是牛、羊的主要寄生虫病之一，它的病原体为片形科片形属的肝片吸虫（图11-2）和大片吸虫。前者存在于全国各地，尤以我国北方较为普遍，后者在华南、华中和西南地区较常见。虫体寄生于各种反刍动物的肝脏胆管中，猪、马属动物、兔及一些野生动物也可感染，人也有被感染的报道。该病常呈地方性流行，能引起急性或慢性肝炎和胆管炎，并伴发全身性中毒现象和营养障碍，危害相当严重，特别对幼畜和绵羊，可以引起大批死亡。在其慢性病程中，使牛、羊消瘦、发育障碍，生产力下降，病肝成为废弃物。肝片吸虫病往往给畜牧业经济带来巨大损失。

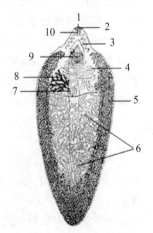

图11-2　肝片吸虫成虫
1. 口　2. 口吸盘　3. 肠管
4. 子宫　5. 卵黄腺
6. 睾丸　7. 卵模　8. 卵巢
9. 腹吸盘　10. 咽

（1）流行病学

片形吸虫的终末宿主主要为反刍动物。中间宿主为椎实螺科的淡水螺，在我国最常见的为小土窝螺，此外还有截口土窝螺、斯氏萝卜螺、耳萝卜螺和青海萝卜螺。成虫寄生于终末宿主的胆管内，虫卵在适宜的温度（25～26 ℃）、氧气和水分及光线条件下，经10～20 d，孵化出毛蚴在水中游动，遇到适宜的中间宿主即钻入其体内。毛蚴在外界环境中，通常只能生存6～36 h，如遇不到适宜的中间宿主则渐次死亡。毛蚴在螺体内，经无性繁殖，发育为胞蚴、母雷蚴、子雷蚴和尾蚴几个阶段，最后尾蚴逸出螺体，这一过程约需35～50 d。侵入螺体内的一个毛蚴经无性繁殖可以发育形成数百个甚至上千个尾蚴。尾蚴在水中游动，在水中或附着在水生植物上脱掉尾部，形成囊蚴。终末宿主饮水或吃草时，连同囊蚴一起吞食而遭感染。囊蚴在十二指肠脱囊，一部分童虫穿过肠壁，到达腹腔，由肝包膜钻入到肝脏，经移行到达胆管；另一部分童虫钻入肠黏膜，经肠系膜静脉进入肝脏。牛、羊自吞食囊蚴到发育为成虫(粪便内查到虫卵)需 2~3 个月，成虫的寄生期限为 3~5 年。

片形吸虫病呈世界性分布，是我国分布最广泛、危害最严重的寄生虫病之一。其宿主范围广泛。患畜和带虫者不断地向外界排出大量虫卵，污染环境，成为本病的感染源。

片形吸虫病呈地方性流行，多发生在低洼、潮湿和多沼泽的放牧地区。牛、羊最易感染，绵羊是最主要的终末宿主。舍饲的牛、羊也可因采食从低洼、潮湿地割来的牧草而受感染。多雨年份，能促进本病的流行。

该病的流行与外界自然条件关系密切。虫卵在低于 12 ℃ 时便停止发育，但对高温和干燥敏感。40~50 ℃ 时，几分钟死亡，在干燥的环境中迅速死亡。虫卵在潮湿的环境中可生存 8 个月以上。虫卵对低温的抵抗力较强，在冰箱中(2~4 ℃)放置水里 17 个月仍有 60% 以上的孵化率，但结冰后很快死亡。虫卵在结冰的冬季是不能越冬的。囊幼蚴对外界环境的抵抗力较强，在潮湿的环境中可生存 3~5 个月，但其对干燥和阳光直射敏感。椎实螺类在气候温和、雨量充足的季节进行繁殖，晚春、夏、秋季繁殖旺盛，这时的条件对虫卵的孵化、毛蚴的发育和在螺体内的增殖及尾蚴在牧草上的发育也很适宜。因此，该病主要流行于春末、夏、秋季节。南方的温暖季节较长，感染季节也长，有时冬季也可发生感染。

(2) 临诊症状与病理变化

片形吸虫病临诊症状的表现取决于虫体寄生的数量、毒素作用的强弱以及动物机体的状况。一般来说，牛体内寄生有 250 条成虫，羊体内有 50 条成虫时，就会表现出明显的临诊症状，但幼畜即使轻度感染，也可能表现出症状。家畜中以绵羊对片形吸虫最敏感，山羊和牛次之，对幼畜的危害特别严重，可以引起大批死亡。

片形吸虫病的症状可分为急性型和慢性型两种类型。

急性型 主要发生在夏末和秋季，多发于绵羊，是由于短时间内随草吃进大量囊蚴(2 000 个以上)所致。童虫在体内移行时，造成"虫道"，引起移行路线上各组织器官的严重损伤和出血，尤其肝脏受损严重，引起急性肝炎。患羊食欲大减或废绝，精神沉郁，可视黏膜苍白，红细胞数和血红蛋白显著降低，体温升高，偶尔有腹泻，通常在出现症状后 3~5 d 内死亡。

慢性型 多发于冬、春季，是由于吞食 200~500 个囊蚴后 4~5 个月时发病，即成虫引起的症状。片形吸虫以宿主的血液、胆汁和细胞为食，每条成虫可使宿主每天失血 0.5 mL，加之其毒素具有溶血作用。因此，患羊表现渐进性消瘦、贫血、食欲不振、被毛粗乱，眼睑、颌下水肿，有时也发生胸、腹下水肿。叩诊肝脏的浊音界扩大。后期，可能卧地不起，终因恶病质而死亡。

牛的症状多取慢性经过。成年牛的症状一般不明显，犊牛的症状明显。除了上述羊的症状以外，往往表现前胃弛缓、腹泻，周期性瘤胃臌胀。严重感染者也可引起死亡。

片形吸虫病的急性病理变化包括肠壁和肝组织的严重损伤、出血，出现肝肿大。其他器官也因幼虫移行出现浆膜和组织损伤、出血，"虫道"内有童虫。黏膜苍白，血液稀薄，血中嗜酸性细胞大增。慢性感染，由于虫体的刺激和代谢物的毒素作用，引起慢性胆管炎、慢性肝炎和贫血现象。肝脏肿大，胆管如绳索一样增粗，常凸出于肝脏表面，胆管壁发炎、粗糙，常在粗大变硬的胆管内发现有磷酸(钙、镁)盐等的沉积，肝实质变硬。

(3) 诊断

片形吸虫病的诊断要根据临诊症状、流行病学资料、粪便检查及死后剖检等进行综合判定。粪便检查多采用反复水洗沉淀法和尼龙筛兜集卵法来检查虫卵，片形吸虫的虫卵较大，易于识别。急性病例时，可在腹腔和肝实质等处发现童虫，慢性病例可在胆管内检获多量成虫。

此外，免疫诊断法，如 ELISA、间接血凝试验(IHA)等近年来均有使用，不仅能诊断急性、慢性片形吸虫病，而且还能诊断轻微感染的患者，可用于成群牛羊片形吸虫病的普查。也可用血浆酶含量检测法作为诊断该病的一个指标。在急性病例时，由于童虫损伤实质细胞，使谷氨酸脱氢酶(GDH)升高；慢性病理时，成虫损伤胆管上皮细胞，使 γ-谷氨酰转肽酶(γ-GT)升高，持续时间可长达 9 个月之久。

(4) 治疗

治疗片形吸虫病，应在早期诊断的基础上及时治疗患病牛、羊，方能取得较好的效果。驱除片形吸虫病的药物较多，早期药物(如四氯化碳、六氯乙烷等)因其毒性大已被淘汰，六氯对二甲苯、硫双二氯酚等因其用量过大，推广应用也受到限制。目前常用的药物如下，各地可根据药源和具体情况加以选用。

硝氯酚(拜尔-9015)　只对成虫有效。粉剂：牛 3~4 mg/kg，羊 4~5 mg/kg，一次口服。针剂：牛 0.5~1.0 mg/kg，羊 0.75~1.0 mg/kg，深部肌内注射。

丙硫咪唑(抗蠕敏)　牛 10 mg/kg，羊 15 mg/kg，一次口服，对成虫有良效，但对童虫效果较差。该药为广谱驱虫药，也可用于驱除胃肠道线虫、肺线虫和绦虫。

溴酚磷(蛭得净)　牛 12 mg/kg，羊 16 mg/kg，一次口服，对成虫和童虫均有良好的驱杀效果，因此，可用于治疗急性病例。

三氯苯唑(肝蛭净)　牛用10%混悬液或含900 mg 的丸剂，按 10 mg/kg，经口投服，羊用5%混悬液或含 250 mg 的丸剂，按 12 mg/kg，经口投服。该药对成虫、幼虫和童虫均有高效驱杀作用，也可用于治疗急性病例。患畜治疗后 14 d 肉才能食用，乳 10 d 后才能食用。

硝碘酚腈　牛 10 mg/kg，羊 15 mg/kg 皮下注射；或牛 20 mg/kg，羊 30 mg/kg 一次口服。该药对成虫和童虫均有较好的驱杀作用，但在畜体内残留时间较长，用药 1 月后肉、乳才能食用。

(5) 预防措施

应根据该病的流行病学特点，制定出适合于本地区的行之有效的综合性预防措施。

首先是预防性的定期驱虫。驱虫的时间和次数可根据流行区的具体情况而定。针对急性病例，可在夏、秋季选用肝蛭净等对童虫效果好的药物。针对慢性病例，北方全年可进行两次驱虫，第一次在冬末、初春，由舍饲转为放牧之前进行，第二次在秋末、冬初，由放牧转为舍饲之前进行。大面积的预防驱虫，应统一时间和地点，对于驱虫后家畜粪便可应用堆积发酵法杀死其中的病原，以免污染环境。利用这种方法在 1~2 周内，不仅可以杀死片形吸虫卵，而且对其他寄生蠕虫卵和幼虫也可杀灭。南方终年放牧，每年可进行 3 次驱虫。

其次是采取措施消灭中间宿主椎实螺。利用兴修水利，改造低洼地，使螺无适宜的生存环境；大量养殖水禽，用以消灭螺类(但应注意防止禽吸虫病的流行，因为禽的许多吸虫的中间宿主也是螺类)；也可采用化学灭螺法，如从每年的 3~5 月，气候转暖，螺类开始活动起，利用 1:50 000 硫酸铜或氨水，2.5 mg/L 血防-67，或在草地上小范围的死水内用生石灰等。

最后是采取有效措施防止牛、羊感染囊蚴。不要在低洼、潮湿、多囊蚴的地方放牧；在牧区有条件的地方，实行划地轮牧，可将牧地划分为 4 块，每月 1 块(3~11 月)，这样间隔 3 个月方能轮牧一次(从片形吸虫卵发育到囊蚴一般需 55~75 d)，就可以大大降低牛、羊感染的机会；保持牛、羊的饮水和饲草水生，不要饮用停滞不流的沟渠、池塘有椎实螺及囊蚴滋生的水(应灭螺后饮用)，最好饮用井水或质量好的流水，将低洼潮湿地的牧草割后晒干再喂牛、羊等。

11.8.3　阔盘吸虫病

阔盘吸虫病是由双腔科阔盘属(*Eurytrema*)的多种吸虫(图 11-3)寄生于牛、羊反刍动物的胰管，少见于胆管及十二指肠引起的。兔、猪及人也可感染。本病在我国各地均有报道，东北某些地区的牛、羊感染率可达60%~70%，江南水牛的感染率也在60%~80%。本病以营养障碍、腹泻、消瘦、贫血、水肿为特征，严重的可引起大批死亡。

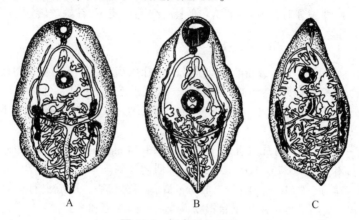

图11-3　阔盘吸虫成虫
A. 腔阔盘吸虫　B. 胰阔盘吸虫　C. 枝睾阔盘吸虫

(1) 流行病学

阔盘吸虫在我国分布很广，以胰阔盘吸虫和腔阔盘吸虫流行最广。阔盘吸虫的生活史中有两个中间宿主，第一中间宿主为陆地螺，第二中间宿主为草螽。生活史中都要经过虫卵、毛蚴、母胞蚴、子胞蚴、尾蚴、囊蚴、童虫及成虫等发育阶段。我国各地所报道的中间宿主种类有所不同。这里以胰阔盘吸虫的发育为例叙述如下。

成虫寄生于终末宿主的胰管等处，虫卵随粪便排出体外，被陆地螺吞食后，虫卵内的毛蚴孵出，进而发育为母胞蚴、子胞蚴和尾蚴，许多尾蚴位于成熟子胞蚴内。子胞蚴黏团逸出螺体，被草螽吞食后，尾蚴经发育形成囊蚴，牛、羊等终末宿主吞食含有成熟囊蚴的草螽而感染。囊蚴在其十二指肠内脱囊，并顺胰管口进入胰脏。从陆地螺吞食虫卵到发育为成熟的子胞蚴排出螺体，需5~6个月（有报道认为，夏末以后感染的螺，这一时间可延长至1年），从草螽吞食子胞蚴到发育为囊蚴需要23~30 d，牛、羊自吞食囊蚴至发育为成虫需要80~100 d。胰阔盘吸虫完成整个生活史需要10~16个月。

本病的流行与其中间宿主陆地螺、草螽等的分布密切相关。从各地报道看，牛、羊感染囊蚴多在7~10月。此时，被感染的草螽活动性降低，很容易被牛、羊随草吞食而受感染。牛、羊发病多在冬、春季。

(2) 临诊症状与病理变化

阔盘吸虫病的症状取决于虫体寄生的数量和动物的体质。寄生数量少时，不表现临诊症状。严重感染的牛、羊，常发生代谢失调和营养障碍，表现为消化不良、精神沉郁、消瘦、贫血、颌下水肿、胸前水肿、腹泻、粪便中带有黏液，最终可因恶病质而死亡。

剖检可见胰脏肿大，粉红色胰脏内有紫色斑块或条索，切开胰脏，可见多量红色虫体。胰管增厚，呈现增生性炎症，管腔黏膜有乳头状小结节，有时管腔闭塞。有弥漫性或局限性的淋巴细胞、嗜酸性细胞和巨噬细胞浸润。

(3) 诊断

患阔盘吸虫病的牛、羊，临诊上虽有症状，但缺乏特异性。应用水洗沉淀法检查粪便中的虫卵,或剖检时发现大量虫体可以确诊。

(4)治疗

可用吡喹酮,羊 60~70 mg/kg,牛 35~45 mg/kg,一次口服,或按 30~50 mg/kg,用液体石蜡或植物油配成灭菌油剂,腹腔注射,均有较好的疗效。该药也可用于驱双腔吸虫。

(5)预防措施

应根据当地情况采取综合措施。定期驱虫、消灭病原体;消灭中间宿主,切断其生活史;有条件的地方,实行划地轮牧,以净化草场;加强饲养管理,防止牛、羊感染等。如此坚持数年,就能控制本病的发生和流行。

11.8.4 前后盘吸虫病

前后盘吸虫病是由前后盘科的各属虫体所引起的吸虫病的总称。前后盘吸虫(图 11-4)主要的属有前后盘属、殖盘属、腹袋属、菲策属、卡妙属及平腹属等。除平腹属的成虫寄生于牛、羊等反刍动物的盲肠、结肠外,其余各属成虫均寄生于瘤胃。成虫的感染强度往往较大,但危害一般较轻。如果大量童虫在移行过程中寄生在皱胃、小肠、胆管和胆囊时,可引起严重的疾病,甚至导致死亡。

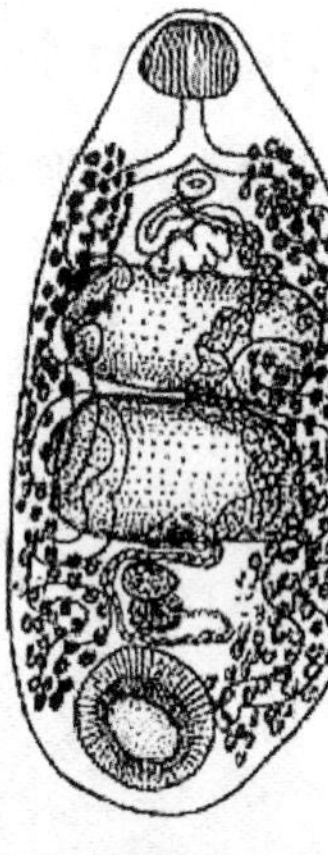

(1)流行病学

前后盘吸虫种类繁多,有的生活史已被阐明,有的尚待进一步研究。兹以鹿前后盘吸虫为例将其生活史简述如下。成虫寄生于反刍动物的瘤胃,虫卵随粪便排至外界,虫卵在适宜的条件下约经 2 周孵出毛蚴。毛蚴在水中游动,遇到适宜的中间宿主淡水螺类,如扁卷螺,即钻入其体内,发育为胞

图 11-4 鹿前后盘吸虫成虫

蚴、雷蚴和尾蚴。尾蚴大约在螺感染后 43 d 开始逸出螺体,附着在水草上形成囊蚴。牛、羊等反刍动物吞食含有囊蚴的水草而感染。囊蚴在肠道脱囊,童虫在小肠、皱胃和其黏膜下组织及其胆管、胆囊和腹腔等处移行寄生,经数十天到达瘤胃,在瘤胃内需要 3 个月发育为成虫。

前后盘吸虫在我国各地广泛流行,不仅感染率高,而且感染强度大,常见成千上万的虫体寄生,而且几属多种虫体混合感染。流行季节主要取决于当地气温和中间宿主的繁殖发育季节以及牛、羊等放牧情况。南方可常年感染,北方主要在 5~10 月感染。多雨年份易造成本病的流行。

(2)临诊症状与病理变化

童虫的移行和寄生往往引起急性、严重的临诊症状,如精神委顿、顽固性下痢,粪便带血、恶臭,有时可见幼虫。严重的贫血、消瘦,有时食欲废绝,体温升高。中性粒细胞增多并且核左移,嗜酸性粒细胞和淋巴细胞增多,最后卧地不起,衰竭死亡。大量成虫寄生时,往往表现为慢性消耗性的症状,如食欲减退、消瘦、贫血、颌下水肿、腹泻,但体温一般正常。急性病例以犊牛常见。

剖检可见瘤胃壁上有大量成虫寄生,瘤胃黏膜肿胀、损伤。童虫移行时可造成"虫道",使胃肠黏膜和其他脏器受损,有多量出血点,肝脏淤血,胆汁稀薄,颜色变淡,病变各处均有多量童虫。

(3)诊断

根据上述临诊症状,检查粪便中的虫卵。死后剖检,在瘤胃等处发现大量成虫、幼虫和相应的病理变化,可以确诊。

(4)治疗

可用氯硝柳胺，牛 50~60 mg/kg，羊 70~80 mg/kg，一次口服；也可用硫双二氯酚，牛 40~50 mg/kg，羊 80~100 mg/kg，一次口服。两种药物对成虫都有很好的杀灭作用，对童虫和幼虫也有较好的作用。

(5)预防措施

前后盘吸虫的预防应根据当地情况来进行，可采取以下措施：如改良土壤，使潮湿或沼泽地区干燥，造成不利于淡水螺类生存的环境；不在低洼、潮湿之地放牧、饮水，以避免牛、羊感染；利用水禽或化学药物灭螺；舍饲期间进行预防性驱虫等。

11.8.5 日本分体吸虫病

日本分体吸虫病也称日本血吸虫病，是由日本血吸虫(也称日本分体吸虫)(图 11-5)寄生于人和牛、羊、猪等动物的门静脉系统的小血管内引起的一种危害严重的人畜共患吸虫病。该病以急性或慢性肠炎、肝硬化、严重的腹泻、贫血、消瘦为特征。

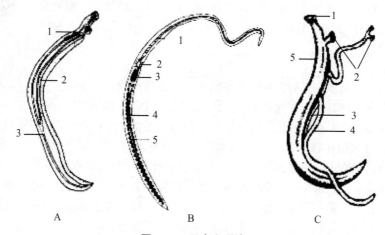

图 11-5 日本血吸虫
A. 雌虫 1. 睾丸 2. 抱雌沟 3. 肠支
B. 雄虫 1. 子宫 2. 卵模 3. 卵巢 4. 卵黄腺 5. 肠
C. 雌雄虫合抱状态 1. 口吸盘 2. 腹吸盘 3. 抱雌沟 4. 雌虫 5. 雄虫

(1)流行病学

日本血吸虫分布于中国、日本、菲律宾及印度尼西亚等东南亚国家。我国血吸虫病在长江流域及以南的 13 个省(贵州省除外)、自治区、直辖市流行。

日本血吸虫病终末宿主包括人和多种家畜及野生动物，其中，病人和病牛是最重要的感染来源。中国台湾的日本血吸虫是一动物株，主要感染犬，尾蚴侵入人体后不能发育为成虫。在我国，日本血吸虫的中间宿主为湖北钉螺，螺壳上有 6~8 个螺旋(右旋)，以 7 个为典型。

人和动物的感染与接触含有尾蚴的疫水有关。感染多在夏秋季节。感染的途径主要为经皮肤感染，也可经吞食含有尾蚴的水、草经口腔和消化道黏膜感染，还可经胎盘感染。一般钉螺阳性率高的地区，人、畜的感染率也高；凡有病人及阳性钉螺的地区，就一定有病牛。钉螺的分布与当地水系的分布是一致的，病人、病畜的分布与当地钉螺的分布是一致的，具有地区性特点。

(2)临诊症状

该病以犊牛和犬的症状较重,羊和猪较轻,马几乎没有症状。黄牛症状比水牛明显,成年水牛很少有临诊症状而成为带虫者。

犊牛大量感染时,症状明显,往往呈急性经过。主要表现为食欲不振,精神沉郁,体温升高达40~41℃,可视黏膜苍白,水肿,行动迟缓,日渐消瘦,因衰竭而死亡。慢性病例表现消化不良,发育迟缓,食欲不振,下痢,粪便含黏液和血液,甚至块状黏膜。患病母牛发生不孕、流产等。

人感染后,初期表现为畏寒、发热、多汗、淋巴结及肝肿大,常伴有肝区压痛。食欲减退,恶心、呕吐、腹痛、腹泻黏液血便或脓血便等。后期肝、脾肿大而致肝硬化,腹水增多(俗称大肚子病),逐渐消瘦、贫血,常因衰竭而死亡。幸存者体质极度衰弱,成年人丧失劳动能力,妇女不孕或流产,儿童发育不良。

(3)病理变化

剖检可见尸体消瘦、贫血、腹水增多。该病引起的病理变化主要是由于虫卵沉积于组织中所产生的虫卵结节(虫卵肉芽肿)。病变主要在肝脏和肠壁。肝脏表面凹凸不平,表面或切面上有粟粒大到高粱米大灰白色的虫卵结节,初期肝脏肿大,日久后肝萎缩、硬化。严重感染时,肠壁肥厚,表面粗糙不平,肠道各段均可找到虫卵结节,尤以直肠部分的病变最为严重。肠黏膜有溃疡斑,肠系膜淋巴结和脾脏肿大,门静脉血管肥厚。在肠系膜静脉和门静脉内可找到多量雌雄合抱的虫体。此外,在心、肾、脾、胰、胃等器官有时也可发现虫卵结节。

(4)诊断

病原检查最常用的方法是粪便尼龙筛淘洗法和虫卵毛蚴孵化法,且两种方法常结合使用。有时也刮取耕牛的直肠黏膜做压片镜检,以查找虫卵。死后剖检病畜,发现虫体、虫卵结节等也可确诊。

毛蚴孵化法是诊断日本血吸虫的常用方法之一。目前用于生产实践的免疫学法诊断法包括IHA、ELISA、环卵沉淀试验等。其检出率均在95%以上,假阳性率在5%以下。另外,金标免疫渗滤和三联斑点酶标诊断技术也可用于动物血吸虫病的诊断、检疫和流行病学调查。

(5)治疗

吡喹酮　为治疗牛、羊血吸虫病的首选药。按30 mg/kg,一次口服,最大用药量黄牛以300 kg、水牛350 kg体重为限,超过部分不计算药量。

硝硫氰胺　按60 mg/kg,一次口服,最大用药量黄牛以300 kg、水牛400 kg体重为限。也可配成1.5%~2.0%的混悬液,黄牛按2 mg/kg、水牛按1.5 mg/kg,一次静脉注射。

硝硫氰醚　按5~15 mg/kg,牛经瓣胃给药,口服剂量加大4倍。

六氯对二甲苯(血防-846)　该药有两种制剂。新血防-846片(含量0.25 g)应用于急性期病牛,口服剂量,黄牛按120 mg/kg,水牛按90 mg/kg,每日1次(每日极量:黄牛28 g,水牛36 g),连用10 d;血防-846油溶液(20%),按40 mg/kg,肌内注射,每日1次,5 d为一疗程,半月后可重复治疗。

(6)预防措施

日本血吸虫病的防治是一个复杂的过程,单一的防治措施很难奏效。目前我国防治日本血吸虫病的基本方针是"积极防治、综合措施、因时因地制宜"。

控制感染来源　在疾病难以控制的湖沼地区和大山区,选用吡喹酮对病人、病畜同步进行药物治疗,驱除体内虫体,减少粪便虫卵对环境的污染,是阻断血吸虫病的有效途径之一。

消灭中间宿主钉螺 消灭钉螺是切断血吸虫病传播的关键环节。主要措施是结合农田水利建设,改变钉螺滋生地的环境和局部地区配合使用氯硝柳胺等化学灭螺药。

加强水、粪便管理 在疫区挖水井或安装自来水,避免人、畜接触或饮用含血吸虫尾蚴的疫水。加强终末宿主粪便管理,对粪便进行发酵处理,严防粪便污染水源。

加强宣传教育 加强健康教育,引导人们改变自己的行为和生产、生活方式,提高农民、渔民的血防常识和自我保护意识,对预防血吸虫感染具有十分重要的作用。

11.8.6 华支睾吸虫病

华支睾吸虫病又称肝吸虫病,是由华支睾吸虫(图11-6)寄生于人、犬、猫、猪及其他一些野生动物的肝脏胆管和胆囊内所引起的一种重要的人畜共患寄生虫病。

(1)流行病学

华支睾吸虫病流行区广泛分布于东亚地区,包括中国、朝鲜、印度、越南、菲律宾等地,在我国大部分省市都有病例报道。人、猫、犬、猪和鼠类以及野生哺乳动物对该病易感。本病的流行与感染来源的多少、河流、池塘的分布,饲养环境,第一、第二中间宿主的分布和养殖情况、饲养管理方式、当地居民的饮食习惯等诸多因素密切相关。在流行地区,粪便污染水源是影响淡水螺感染率高低的重要因素,如广东地区,厕所多建在鱼塘上,用人畜粪便在农田上施肥或将猪舍建在池塘边,含大量虫卵的人畜粪便直接进入池塘内,使螺、鱼受到感染,更加促成本病的流行。

(2)临诊症状

多数动物为隐性感染,临诊症状不明显。严重感染时,主要表现为消化不良,食欲减退,下痢,贫血,水肿,消瘦,甚至腹水,肝区叩诊有痛感。病程多为慢性经过,往往因并发其他疾病而死亡。

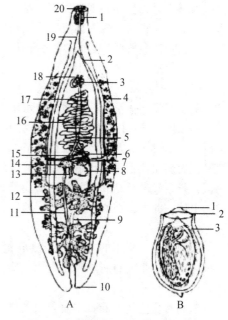

图11-6 华支睾吸虫成虫和虫卵

A. 华支睾吸虫成虫构造模式图 1. 咽 2. 肠
3. 腹吸盘 4. 卵黄腺 5. 输精管 6. 梅氏腺
7. 卵黄腺管 8. 受精囊 9. 排泄囊 10. 排泄孔 11. 输出管 12. 睾丸 13. 劳氏管
14. 卵巢 15. 卵膜 16. 子宫 17. 储精囊
18. 生殖孔 19. 食道 20. 口吸盘
B. 华支睾吸虫虫卵模式图 1. 卵盖
2. 肩峰 3. 毛蚴

(3)病理变化

猪的病变主要在肝脏和胆囊。胆管扩张,胆囊肿大,胆管变粗,胆汁浓稠,呈草绿色。肝表面及胆管周围有结缔组织增生。胆管和胆囊内可以见到大量虫体。寄生的虫体多时,可阻塞胆管和胆囊,甚至移行至胰腺,引起胆囊炎和胰腺炎。

(4)诊断

在流行区域,动物有生食或半生食淡水鱼史,临诊表现符合本病症状,在粪便中检出虫卵即可确诊。

病原学检查法 粪检找到华支睾吸虫卵是确诊的依据,常用的方法有直接涂片法和漂浮法。但应注意:华支睾吸虫虫卵与异形吸虫和横川后殖吸虫虫卵大小相似,但后两种虫卵无肩峰,卵盖对侧的突起不明显或缺失。

另外,尸体剖检发现虫体也可确诊。

免疫学方法　该病的血清学免疫诊断的研究虽然开展较早,但进展较慢。近年来在临诊上应用间接血凝试验和 ELISA,作为辅助诊断。

(5)治疗

吡喹酮　为治疗该病的首选药物,按 20~50 mg/kg 混入饲料喂服,每日 1 次,连用 2 d。

丙酸哌嗪　按 50~60 m/kgg 混入饲料喂服,每日 1 次,5 d 为一疗程。

丙硫苯咪唑　按 30~50 mg/kg,一次口服。

六氯对二甲苯(血防-846)　按 50 mg/kg,口服,每日 1 次,连用 10 d,或按 200 mg/kg,每日 1 次,连用 5 d。

(6)预防措施

禁止犬、猫进入猪舍,流行区人畜定期全面检查和驱虫。

加强粪便管理,防止粪便污染水塘。鱼塘边禁盖猪舍和厕所;不用未处理的粪便喂鱼。

在疫区禁止用生鱼、虾或未煮熟的鱼、虾喂犬、猫、猪。

消灭第一中间宿主淡水螺。

11.8.7　姜片吸虫病

姜片吸虫病是由姜片吸虫(图 11-7)寄生于猪的小肠所引起的一种吸虫病。在我国主要流行于长江流域及其以南各省,是严重危害儿童健康及仔猪生长发育的人畜共患病。

(1)流行病学

虫体的囊蚴附着在水浮莲、水葫芦、菱角、荸荠、茨菇一类的水生植物上。被猪食入时,囊蚴中的幼虫在小肠内游离出来,吸着在肠黏膜上发育为成虫。在猪小肠内,由幼虫发育为成虫。虫卵随粪便排出后,在水中孵出毛蚴,遇到其中间宿主——扁卷螺,在其中经过胞蚴、母雷蚴、子雷蚴、尾蚴。尾蚴离开螺体进入水中,附着在水生植物上发育为囊蚴,再被猪采食而感染。整个发育过程一般需 90~103 d,生存时间为 9~13 个月。本病一般秋季发病多,有的绵延至冬季。习惯用水生植物喂猪的猪场,大多有本病发生。仔猪断奶后 1~2 个月就会受到感染。

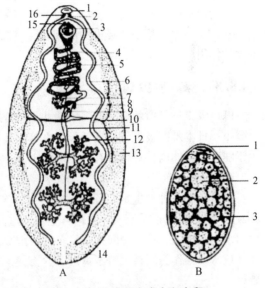

图 11-7　姜片吸虫成虫和虫卵

A. 姜片吸虫成虫　1. 口吸盘　2. 食道　3. 腹吸盘
4. 阴茎囊　5. 子宫　6. 肠支　7. 卵巢　8. 梅氏腺
9. 劳氏管　10. 卵黄管　11. 输出管　12. 睾丸
13. 卵黄腺　14. 排泄腔　15. 生殖孔　16. 咽
B. 姜片吸虫卵　1. 卵盖　2. 卵细胞　3. 卵黄细胞

(2)临诊症状与病理变化

一般对猪危害较轻,寄生少量时不显症状。虫体大多寄生于小肠上段。病猪表现消瘦、发育不良和肠炎等症状。吸盘吸着之处由于机械刺激和毒素的作用而引起肠黏膜发炎,腹胀、腹痛、下痢,或腹泻与便秘交替发生。虫体寄生过多(可多至数百条)时,往往发生肠堵塞,如不及时治疗,可能发生死亡。

(3)诊断

取粪便用水洗沉淀法检查,如发现虫卵,或剖检时发现虫体即可确诊。新鲜虫体为肉红色,大而肥厚,(20~75)mm×(8~20)mm,形似姜片。口吸盘位于虫体前端,腹吸盘与口吸盘相距很近。两条肠管弯曲但不分枝,直至虫体后端。虫体后部有两个分枝睾丸。虫卵呈淡黄褐色,色较灰暗,大小为(130~150)μm×(85~97)μm。

(4)治疗

敌百虫　按100 mg/kg内服,或拌入饲料中喂服(总量不超过8 g)。

硫双二氯酚　100 mg/kg,用于50~100 kg以下的猪;100~150 kg以上的猪,用50~60 mg/kg。

硝硫氰胺　3~6 mg/kg,一次拌入饲料喂服。

硝硫氰醚3%油剂　20~30 mg/kg,一次喂服。

吡喹酮　50 mg/kg,内服。

(5)预防措施

猪粪管理　病猪的粪便是姜片吸虫散播的主要来源,应尽可能把粪便堆积发酵后再作肥料。

定期驱虫　这是最主要的预防措施。因为每年在当地的气温达到29~32℃两个月左右之后为感染季节,再过两个多月,病猪体内的童虫开始发育为成虫产卵,此时为秋末,驱虫最为适宜。一般依感染情况而定,驱虫1~2次,最好选2~3种药交替使用。

灭螺　扁卷螺是姜片吸虫的中间宿主,在习惯用水生植物喂猪的地方,灭螺具有十分重要的预防作用。

11.8.8　棘口吸虫病

棘口吸虫病是由棘口科的多种吸虫引起的疾病。寄生的主要虫种包括卷棘口吸虫、宫川棘口吸虫、日本棘隙吸虫、似锥低颈吸虫等。其主要寄生于家禽和野禽的大、小肠中,有些种也寄生于哺乳动物体内,对畜禽有一定的危害。

(1)流行病学

棘口科的多种吸虫是人畜共患寄生虫,除寄生于家禽和鸟类外,多种哺乳动物(如猪、犬、猫和人等)都可以遭受感染。虫体寄生于肠道内,我国南方各省普遍发生。一般棘口科吸虫都需要两个中间宿主,第一中间宿主是多种淡水螺,第二中间宿主是多种淡水螺、淡水鱼或蛙类。当浮萍或水草等作为饲料饲喂家禽时,含有囊蚴的螺等第二中间宿主与其一起被家禽食入而遭受感染。

(2)临诊症状与病理变化

棘口吸虫寄生于肠道刺激肠黏膜,引起黏膜发炎、出血和下痢,主要危害雏禽。少量寄生时不显症状,严重感染时可引起食欲不振,消化不良,下痢,粪便中混有黏液。禽体消瘦,贫血,可因衰竭而死亡。剖检可见肠壁发炎,点状出血,肠内容物充满黏液,黏膜上附有虫体。

(3)诊断

粪便中检获虫卵或死后剖检发现虫体即可确诊。

(4)治疗

硫双二氯酚　剂量为150~200 mg/kg,拌于饲料内喂服。

氯硝柳胺　剂量为50~60 mg/kg,拌于饲料内喂服。

(5)预防措施

对流行区内的家禽进行计划性驱虫,减少病原扩散;对禽粪进行堆积发酵,杀灭虫卵;勿以生鱼或蝌蚪以及贝类等饲喂家禽,以防感染;应用药物或土壤改良法消灭中间宿主。

11.8.9 前殖吸虫病

前殖吸虫病的病原为前殖科前殖属的多种吸虫(图11-8),寄生于家鸡、鸭、鹅、野鸭及其他鸟类的输卵管、法氏囊、泄殖腔及直肠,偶见于蛋内。常引起输卵管炎,病禽产畸形蛋,有的因继发腹膜炎而死亡。主要寄生虫种有卵圆前殖吸虫、透明前殖吸虫、楔形前殖吸虫和鲁氏前殖吸虫,呈世界性分布,我国主要分布在华东和华南地区。

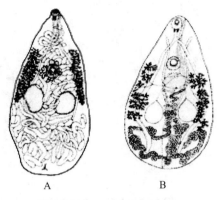

图11-8 前殖吸虫成虫
A. 卵圆前殖吸虫 B. 透明前殖吸虫

(1) 流行病学

前殖吸虫是家禽常见寄生虫病,其流行区域广泛,世界各地均有报道。在我国主要流行于南方各省。

前殖吸虫发育过程需要两个中间宿主,第一中间宿主是淡水螺,第二中间宿主是蜻蜓的幼虫、稚虫和成虫。家禽由于啄食了含有前殖吸虫囊蚴的各期蜻蜓而遭受感染,在流行地区蜻蜓的种类多、数量大,而且前殖吸虫的感染率和感染强度都很高,给家禽感染前殖吸虫提供了方便,尤其是农村放养和散养家禽更易遭受感染。此外,前殖吸虫还可感染多种野禽,因此本病在野禽之间流行,构成自然疫源地,给前殖吸虫的防治带来了更大的困难。

(2) 临诊症状与病理变化

前殖吸虫主要危害鸡,特别是产蛋鸡;对鸭的致病性不明显。初期患鸡症状不明显,有时产薄壳蛋,易破。病情进一步发展可造成产蛋率下降,产畸形蛋或排出石灰样液体。食欲减退,消瘦,羽毛蓬乱、脱落。腹部膨大、下垂、压痛。泄殖腔突出,肛门潮红。后期体温上升,严重者可致死。

前殖吸虫寄生于输卵管中,虫体本身的机械刺激以及代谢产物的作用,使局部黏膜充血、发炎或出血,并破坏腺体的正常功能,引起蛋白分泌增多,加剧了输卵管的炎症,严重时导致输卵管破裂,引起腹膜炎,腹腔内有大量渗出物,腹腔器官粘连。剖检可见:主要病变是输卵管炎,黏膜充血、增厚,可在黏膜上找到虫体。其次是腹膜炎,腹腔内含大量黄色混浊的液体。脏器被干酪样物黏着在一起。

(3) 诊断

根据临诊症状和剖检所见病变,发现虫体或粪便中发现虫卵,即可确诊。

(4) 治疗

丙硫咪唑 120 mg/kg, 口服。
吡喹酮 60 mg/kg, 口服。

(5) 预防措施

定期驱虫,在流行区进行有计划的驱虫。
利用药物或土壤改良灭螺,消灭第一中间宿主。
防止鸡群啄食蜻蜓,勿在蜻蜓出现的时间(早晨、傍晚和雨后)到其栖息的池塘岸边放牧。

11.8.10 并殖吸虫病

并殖吸虫病主要是由并殖科卫氏并殖吸虫(图11-9)寄生在肺脏而引起的,又称肺吸虫病,是一种重要的人畜共患寄生虫病。广泛分布于西部非洲、南美和亚洲。我国主要流行于浙江、台湾和东北地区。

（1）流行病学

卫氏并殖吸虫虫卵从终宿主呼吸道咳出或被宿主吞咽后经由粪便排出在水中孵化。发育需两个中间宿主；第一中间宿主为淡水螺类，第二中间宿主为甲壳类动物。哺乳动物在生食带囊蚴的甲壳类动物时而感染。

犬、猫、食蟹猕猴、野生动物、家畜、人均可感染。实验动物犬感染普遍。食蟹猕猴性喜生活河边，游水和捕食鱼虾而感染。人和其他动物感染多因生食蟹和蝲蛄所致。

囊蚴对外界的抵抗力较强，经盐、酒腌浸大部分不死，被浸在酱油，10%~20%盐水或醋中部分囊蚴可存活24 h以上，但加热到70 ℃ 3 min则100%死亡。

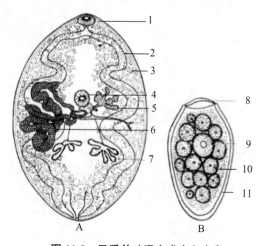

图11-9 卫氏并殖吸虫成虫和虫卵

A. 成虫模式图　B. 虫卵模式图

1. 口吸盘　2. 肠支　3. 卵黄腺　4. 腹吸盘　5. 卵巢
6. 子宫　7. 睾丸　8. 卵盖　9. 卵细胞
10. 卵黄细胞　11. 卵壳

（2）临诊症状与病理变化

童虫和成虫在动物体内移行和寄生期间可造成机械性损伤，虫体的代谢产物等抗原物质可导致免疫病理反应，移行的童虫可引起嗜酸性粒细胞性腹膜炎、胸膜炎、肌炎及多病灶性的胸膜出血。在肺部寄生时可引起慢性小支气管炎、小支气管上皮细胞增生和慢性嗜酸性粒细胞肉芽肿性肺炎，这与在肺泡组织中变性的虫卵有关。进入血流中的虫卵还会引起虫卵性栓塞。成虫主要寄生在肺，但有时会发生异位寄生。当虫体异位寄生在脑或脊髓时，往往导致神经症状，其他的肺外异位寄生见于皮肤、肌肉、睾丸、膀胱、小肠等。

临诊症状因感染部位不同而有不同表现。发生在肺泡部：咳嗽，气喘，湿啰音，胸痛，血痰；在脑部：头痛，癫痫，瘫痪等；在脊髓：运动障碍，下肢瘫痪等；在腹部：腹痛，腹泻，便血，肝肿大等；在皮肤：皮下出现游走性结节，有痒感或痛感。

（3）诊断

检查患病动物的唾液、痰液及粪便中有虫卵可确诊。虫卵金黄色，呈椭圆形，大多有卵盖，卵壳厚薄不匀，卵内含10余个卵黄细胞及1个卵细胞。卵细胞常被卵黄细胞遮住，大小为（80~118）μm×（48~60）μm。

也可做皮下包块活组织检查，发现虫体即可确诊。皮内试验及间接血凝试验和ELISA均有助于诊断本病，X线检查可作为辅助诊断。

（4）治疗

硫双二氯酚　50~100 mg/kg，每日或隔日给药，10~20个治疗日为一疗程。

硝氯酚　3~4 mg/kg，一次口服。

丙硫咪唑　50~100 mg/kg，连服14~21 d。

吡喹酮　剂量为50 mg/kg，一次口服。

(5) 预防措施

在本病流行地区,应禁止和杜绝以新鲜的蟹或蝲蛄作为实验动物及其他家畜饲料。有条件的地区也可配合灭螺。

11.9 动物绦虫病

11.9.1 绦虫概述

寄生于畜禽的绦虫种类多、数量大,隶属于扁形动物门绦虫纲,其中只有圆叶目和假叶目绦虫对畜禽和人具有感染性。绦虫的分布极其广泛,成虫和其中绦期虫体——绦虫蚴都能对人、畜造成严重的危害。

11.9.1.1 绦虫形态和构造

(1) 形态

绦虫呈背腹扁平的带状,白色或淡黄色。虫体大小随种类不同而异,小的仅有数毫米,如寄生于鸡小肠的少睾变带绦虫;大的可达 10 m 以上,如寄生在人小肠的牛带吻绦虫,最长可达 25 m 以上。一条完整的绦虫由头节、颈节和体节 3 部分组成。

头节 位于虫体的最前端,为吸附和固着器官,种类不同,形态构造差别很大(图 11-10)。圆叶目绦虫的头节膨大呈球形,其上有 4 个圆形或椭圆形的吸盘,位于头节前端的侧面,呈均匀排列,如莫尼茨绦虫等。有的种类在头节顶端的中央有一个顶突,其上有一圈或数圈角质化的小钩,如寄生于人小肠的猪带绦虫、寄生于犬小肠的细粒棘球绦虫等。顶突的有无、顶突上钩的形态、排列和数目在分类定种上有重要的意义。假叶目绦虫的头节一般为指形,在其背腹面各具一沟样的吸槽。

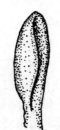  

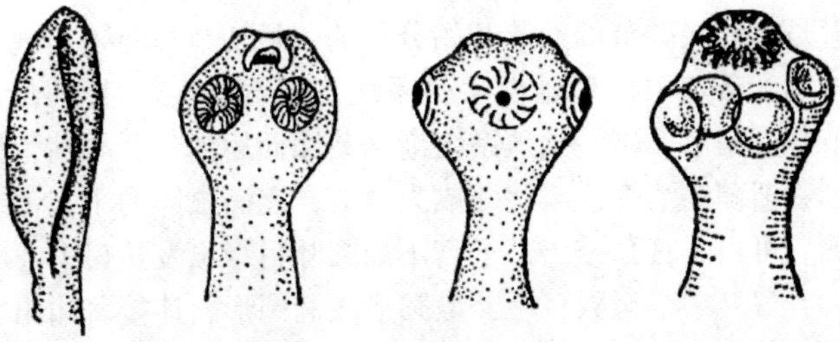

曼氏迭宫绦虫　　微小膜壳绦虫　　肥胖带吻绦虫　　链状带绦虫

图 11-10　各种绦虫头节

颈节 是头节后的纤细部位,和头节、体节的分界不甚明显,其功能是不断生长出体节。但也有缺颈节者,其生长带则位于头节后缘。

体节 由节片组成。节片数目因种类差别很大,少者仅有几个,多者可达数千个。绦虫的节片之间大多有明显的界限。节片按其前后位置和生殖器官发育程度的不同,可分为未成熟节片、成熟节片和孕卵节片。

未成熟节片又称"幼节",紧接在颈节之后,生殖器官尚未发育成熟。成熟节片简称"成节",在幼节之后,节片内的生殖器官逐渐发育成具有生殖能力的雄性和雌性两性生殖器官。孕卵节片简称"孕节",随着成节的继续发育,节片的子宫内充满虫卵,而其他的生殖器官逐渐退化、消失。

因为绦虫的生长发育总是由前向后逐渐进行，因此，居于后部的节片依次比前部的节片成熟度高，越老的节片距离头端越远，达到孕节时，孕节最后的节片逐节或逐段脱落，而前部新的节片从颈节后部不断地生成。这样就使绦虫经常保持着各自固有的长度范围和相应的节片数目。

(2) 体壁

绦虫体壁的最外层是皮层，皮层覆盖着链体各个节片，其下为肌肉系统，由皮下肌层和实质肌层组成。皮下肌层的外层为环肌，内层为纵肌。纵肌贯穿整个链体，唯在节片成熟后逐渐萎缩退化，越往后端退化越为显著，于是最后端孕节能自动从链体脱落。

(3) 实质

绦虫无体腔，由体壁围成一个囊状结构，称为皮肤肌肉囊。囊内充满着海绵样的实质，也叫髓质区，各器官均埋藏在此区内。在发育过程中，形成的实质细胞膨胀产生空泡，空泡的泡壁互相连系而产生细胞内的网状结构；各细胞间也有空隙。通常节片内层实质细胞会失去细胞核，而每当生殖器官发育膨胀，便压迫这些无核的细胞，它们退化后可变为生殖器官的被膜。另外，在实质内常散在有许多球形的或椭圆形的石灰小体，具有调节酸度的作用。

(4) 排泄系统

链体两侧有纵排泄管，每侧有背、腹两条，位于腹侧的较大，纵排泄管在头节内形成蹄系状联合；通常腹纵排泄管在每个节片中的后缘处有横管相连。一个总排泄孔开口于最早分化出现的节片的游离边缘中部。当此头一个节片(成熟虫体的最早一个孕节)脱落后，就失去总排泄孔，而由排泄管各自向外开口。排泄系统起始于焰细胞，由焰细胞发出来的细管汇集成为较大的排泄管，再和纵管相连。

(5) 生殖系统

除个别虫种外，绦虫均为雌雄同体。即每个节片都具有雄性和雌性生殖系统各一套或两套，故其生殖器官特别发达。

生殖器官的发育是从紧接颈节的幼节开始分化的，最初节片尚未出现雌、雄的性别特征，继后逐渐发育，开始见到节片中出现雄性生殖系统，接着出现雌性生殖系统的发育，后形成成节。在圆叶目绦虫节片受精后，雄性生殖系统渐趋萎缩而后消失，雌性生殖系统至子宫扩大充满虫卵时，其他部分也逐渐萎缩消失，至此即成为孕节，充满虫卵的子宫占有了整个节片。而在假叶目，由于虫卵成熟后可由子宫孔排出，子宫不如圆叶目绦虫发达(图 11-11)。

雄性生殖器官 有睾丸一个至数百个，呈圆形或椭圆形，连接着输出管。睾丸多时，输出管互相连接成网状，至节片中部附近会合成输精管，输精管曲折蜿蜒向边缘推进，并有两个膨大部，一个在未进入雄茎囊之前，称为外储精囊，一个在进入雄茎囊之后，称为内储精囊，与输精管末端相接的部分为射精管及雄茎。雄茎可自生殖腔向边缘伸出。雄茎囊多为圆囊状物，储囊、射精管、前列腺及雄茎的大部分都包含在雄茎囊内。雄茎与阴道分别在上下位置向生殖腔开口，生殖腔在节片边缘开口，称为生殖孔。

雌性生殖器官 卵模在雌性生殖器官的中心区域，卵巢、卵黄腺、子宫、阴道等均有管道(如输卵管、卵黄管)与之相连。卵巢位于节片的后半部，一般呈两瓣状，由许多细胞组成。各细胞有小管，最后汇合成一支输卵管，与卵模相通。阴道(包括受精囊——阴道的膨大部分)末端开口于生殖腔，近端通卵模。卵黄腺分为两叶或为一叶，在卵巢附近(圆叶目)，或成泡状散布在髓质中(假叶目)，由卵黄管通往卵模。子宫一般为盲囊状，并且有袋状分枝，由于没有开口，虫卵不能自动排出，须孕卵节片脱落破裂时才散出虫卵。虫卵内含具有 3 对小钩的胚胎，称为六钩蚴。有些绦虫包围六钩蚴的内胚膜形成突起，似梨籽形状而称为梨形器。有些绦虫的子宫退化消失，若干个虫卵被包围在称为副子宫或子宫周器官的袋状腔内。

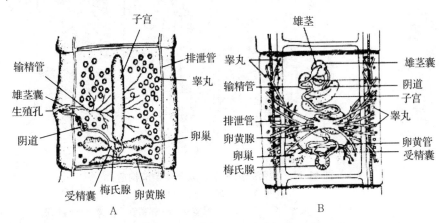

图 11-11 绦虫生殖系统构造模式
A. 圆叶目 B. 假叶目

(6) 神经系统

神经中枢在头节中，由几个神经节和神经联合构成；自中枢部分通出两条大的和几条小的纵神经干，贯穿各个体节，直达虫体后端。

11.9.1.2 绦虫生活史

绦虫的发育比较复杂，绝大多数在其生活史中都需要一个或两个中间宿主。寄生于家畜体内的绦虫都需要中间宿主，才能完成其整个生活史。绦虫在其终末宿主体内的受精方式大多为自体受精，但也有异体受精或异体节受精的。

圆叶目绦虫的发育 圆叶目绦虫寄生于终末宿主的小肠内，孕卵节片(或孕卵节片先已破裂释放虫卵)随粪便排出体外，被中间宿主吞食后，卵内六钩蚴逸出，在寄生部位发育为绦虫蚴期，此期成为中绦期。如果以哺乳动物作为中间宿主，在其体内发育为囊尾蚴、多头蚴或棘球蚴等类型的幼虫；如果以节肢动物和软体动物等无脊椎动物作为中间宿主，则发育为似囊尾蚴。

当终末宿主吞食了含有似囊尾蚴的中间宿主或含有囊尾蚴的中间宿主组织后，在胃肠内经消化液作用，蚴体逸出，头节外翻，吸附在肠壁上，逐渐发育为成虫。

假叶目绦虫的发育 假叶目绦虫的子宫向外开口，虫卵可从子宫排出孕节，随终末宿主粪便排出外界。在水中适宜条件下孵化为钩毛蚴(钩球蚴)，被中间宿主(甲壳纲昆虫)吞食后发育为原尾蚴，含有原尾蚴的中间宿主被补充宿主(鱼、蛙类或其他脊椎动物)吞食后发育为实尾蚴(裂头蚴)，终末宿主吞食带有实尾蚴的补充宿主而感染，在其消化道内经消化液的作用，蚴体吸附在肠壁上发育为成虫。

11.9.2 猪囊尾蚴病

猪囊尾蚴病(cysticercus cellulosae)是猪囊尾蚴寄生于猪的肌肉和其他器官中引起的一种寄生虫病，俗称猪囊虫病，是一种严重的人畜共患寄生虫病。猪囊尾蚴是猪带绦虫(图 11-12)的幼虫。

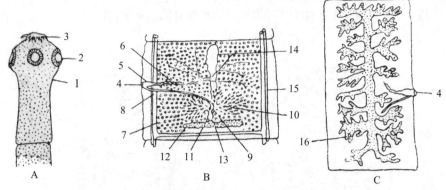

图 11-12　猪带绦虫头节、成节和孕节构造
A. 头节　B. 成节　C. 孕节
1. 头节　2. 吸盘　3. 顶突　4. 生殖孔　5. 雄茎囊　6. 输精管　7. 睾丸　8. 阴道
9. 受精囊　10. 卵巢　11. 输卵管　12. 卵黄腺　13. 卵模与梅氏腺　14. 子宫
15. 纵排泄管　16. 孕节子宫分枝

(1) 流行病学

我国是猪囊虫病的高发区，以华北、东北、西南等地区发生较多。人有钩绦虫病的感染源为猪囊虫，猪囊虫的感染源是人肠内寄生的有钩绦虫排出的虫卵。这种由猪到人、由人到猪的往复循环，构成了流行的要素。更重要的是，人也可以因摄入有钩绦虫卵而患囊虫病。猪囊尾蚴病的发生和流行与人的粪便管理及猪的饲养管理方式密切相关。

(2) 临诊症状与病理变化

猪囊尾蚴在猪的肌肉、特别是活动性较大的横纹肌寄生。虫体为一个长约 0.5 cm 的圆形无色半透明包囊，内含囊液，囊壁内侧面有一个乳白色的结节，为内翻的头节。通常在咬肌、心肌、舌肌和肋间肌、腰肌、臂三头肌及股四头肌等处最为多见。感染猪可呈肩部及臀部宽阔的"哑铃"形。严重时还可见于眼球和脑内。囊虫包埋在肌纤维间，如散在的豆粒，故常称猪囊虫寄生的肉为"豆猪肉"或"米猪肉"。囊尾蚴在猪肉中的数量，可由数个到上万个不等。

猪感染少量的猪囊尾蚴时，无明显的症状表现。其致病作用很大程度上取决于寄生部位。寄生在脑时，可能引起神经机能障碍；肌肉中寄生数量较多时，常引起寄生部位的肌肉发生短时间的疼痛，表现跛行和食欲不振等，但不久即消失。在肉品检验过程中，常在外观体阔腰肥的猪只中发现严重感染的病例。幼猪被大量寄生时，可造成生长迟缓，发育不良。寄生于眼结膜下组织或舌部表层时，可见寄生处呈现豆状肿胀。

(3) 诊断

生前检查眼睑和舌部，查看有无因猪囊尾蚴引起的豆状肿胀。触摸到舌部有稍硬的豆状结节时，可作为生前诊断的依据。一般只有在宰后检验时才能确诊。宰后检验嚼肌、腰肌、心肌、骨骼肌看是否有乳白色椭圆形或圆形猪囊虫。镜检时可见猪囊虫头节上有 4 个吸盘，头节顶部有两排小钩。钙化后的囊虫，包囊中呈现大小不同的黄白色颗粒。

(4) 防制

防制猪囊尾蚴病是一项非常重要的工作，因为有钩绦虫和猪囊尾蚴对人的危害都很大。预防可采用如下措施：

①人患绦虫病时，必须驱虫。驱虫后排出的虫体和粪便必须严格处理。

②做到"人有厕所，猪有圈"。在北方主要是改造连茅圈，防止猪食人粪而感染囊虫。杜绝猪和人粪的接触机会。人粪需无害化处理后方可利用。

③对有猪囊虫的肉要严格按国家规定的检验条例处理。

11.9.3 棘球蚴病

棘球蚴病又名包虫病，是由寄生于犬、狼、狐狸等动物小肠的棘球绦虫中绦期——棘球蚴（图11-13）感染中间宿主而引起的一种严重的人畜共患病。棘球蚴寄生于牛、羊、猪、马、骆驼等家畜及多种野生动物和人的肝、肺及其他器官内。由于蚴体生长力强，体积大，不仅压迫周围组织使之萎缩和功能障碍，还易造成继发感染，如果蚴体包囊破裂，可引起过敏反应。往往给人畜造成严重的病症，甚至死亡。在各种动物中，该病对羊，尤其绵羊的危害最为严重。该病呈世界性分布，导致全球性的公共卫生和经济问题，受到人们的普遍关注。

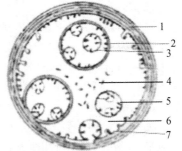

图11-13 棘球蚴构造模式图
1. 角皮层 2. 子囊 3. 孙囊
4. 原头蚴 5. 生发囊
6. 囊液 7. 生发层

（1）流行病学

棘球绦虫有4种。细粒棘球绦虫和多房棘球绦虫在国内有分布，少节棘球绦虫和福氏棘球绦虫主要分布在南美洲，国内未见报道。

细粒棘球绦虫寄生于犬、狼、狐狸的小肠，虫卵和孕节随终末宿主的粪便排出体外，中间宿主随污染的草、料和饮水吞食虫卵后而受到感染，虫卵内的六钩蚴在消化道孵出，钻入肠壁，随血流或淋巴散布到体内各处，以肝、肺最常见。经6~12个月的生长可成为具有感染性的棘球蚴。犬等终末宿主吞食了含有棘球蚴的脏器即被感染，经40~50 d发育为细粒棘球绦虫。成虫在犬等体内的寿命为5~6个月。

多房棘球蚴寄生于啮齿动物的肝脏，在肝脏中发育快而凶猛。狐狸、犬等吞食含有棘球蚴的肝脏后经30~33 d发育为成虫，成虫的寿命为3~3.5个月。

两种棘球蚴都可感染人，人的感染多因直接接触犬、狐狸，致使虫卵粘在手上而经口感染，或因吞食被虫卵污染的水、蔬菜等而感染，猎人在处理和加工狐狸、狼等的皮毛过程中，易遭受感染。

虫卵对外界环境的抵抗力较强，可以耐低温和高温，对化学物质也有相当的抵抗力，但直射阳光易使其致死。

（2）临诊症状与病理变化

棘球蚴对人和动物的致病作用为机械性压迫、毒素作用及过敏反应等。症状的轻重取决于棘球蚴的大小、寄生的部位及数量。棘球蚴多寄生于动物的肝脏，其次为肺脏，机械性压迫可使寄生部位周围组织发生萎缩和功能严重障碍，代谢产物被吸收后，使周围组织发生炎症和全身过敏反应，严重者可致死。对人的危害尤为明显，多房棘球蚴比细粒棘球蚴对人的危害更大。人体棘球蚴病以慢性消耗为主，往往使患者丧失劳动能力，仅新疆县级以上医院有记载的年棘球蚴病手术病例为1 000~2 000例。因此，棘球蚴病对人的危害表现为疾苦和贫困的恶性循环。绵羊对细粒棘球蚴敏感，死亡率较高，严重者表现为消瘦、被毛逆立、脱毛、咳嗽、倒地不起。牛严重感染时，常见消瘦、衰弱、呼吸困难或轻度咳嗽，剧烈运动时症状加重，产奶量下降。各种动物都可因囊泡破裂而产生严重的过敏反应，突然死亡。剖检可见，受感染的肝、肺等器官有粟粒大到足球大，甚至更大的棘球蚴寄生。成虫对犬等的致病作用不明显，一般无明显的临诊表现。

（3）诊断

动物棘球蚴病的生前诊断比较困难。根据流行病学资料和临诊症状，采用皮内变态反应、IHA 和 ELISA 等方法对动物和人的棘球蚴病有较高的检出率。对动物尸体剖检时，在肝、肺等处发现棘球蚴可以确诊。对人和动物也可用 X 线和超声波诊断本病。

（4）治疗

要在早期诊断的基础上尽早用药，方可取得较好的效果。对绵羊棘球蚴病可用丙硫咪唑治疗，剂量为 90 mg/kg，连服 2 次，对原头蚴的杀虫率为 82%～100%，吡喹酮也有较好的疗效，剂量为 25～30 mg/kg（总剂量为 125～150 mg/kg），每日服 1 次，连用 5 d。对人的棘球蚴病可用外科手术摘除，也可用吡喹酮和丙硫咪唑等治疗。

（5）预防措施

关键是禁止用感染棘球蚴的动物肝、肺等组织器官喂犬；消灭牧场上的野犬、狼、狐狸，对犬应定期驱虫，可用吡喹酮 5 mg/kg、甲苯咪唑 8 mg/kg 或氢溴酸槟榔碱 2 mg/kg，一次口服，以根除感染源，驱虫后的犬粪，要进行无害化处理，杀灭其中的虫卵；保持畜舍、饲草、料和饮水卫生，防止犬粪污染；人与犬等动物接触或加工狼、狐狸等毛皮时，应注意个人卫生，严防感染。

11.9.4 细颈囊尾蚴病

该病是由带科带属的泡状带绦虫的幼虫寄生于猪、绵羊、山羊等多种动物的肝脏实质内及其他腹腔器官所引起的疾病。主要特征为幼虫移行时引起出血性肝炎、腹痛。该病流行广，对仔猪危害严重。其成虫泡状带绦虫寄生于犬、猫的小肠。

（1）流行病学

该病呈世界性分布，我国各地普遍流行，凡养犬的地方，一般都会有牲畜感染细颈囊尾蚴。家畜感染细颈囊尾蚴一般以猪最普遍，感染率为 50% 左右，个别地区高达 70%，是猪的一种常见病。绵羊则以牧区感染较重，黄牛、水牛受感染的较少见，在四川有牦牛感染的记录。

流行原因主要是由于感染泡状带绦虫的犬、狼等动物的粪便中排出绦虫的节片或虫卵，污染了牧场、饲料和饮水而使猪等中间宿主遭受感染。

（2）临诊症状

该病多呈慢性经过，一般不表现症状。对仔猪、羔羊危害较严重。仔猪可能出现急性出血性肝炎和腹膜炎症状，体温升高，腹部因腹水或腹腔内出血而增大，可由于肝炎及腹膜炎，突然大叫后倒地死亡。多数幼畜表现为虚弱、流涎、不食、消瘦、腹痛和腹泻，偶见黄疸。

（3）病理变化

死于急性细颈囊尾蚴病时，肝脏肿大，肝表面有很多小结节和小出血点，肝叶往往变为黑红色或灰褐色，实质中能找到虫体移行的虫道。有时腹水混大量带血色的渗出液和幼虫。严重病例可在肺组织和胸腔等处见到囊体。慢性病程中可致肝脏局部组织褪色，呈萎缩现象，肝浆膜层发生纤维素性炎症，形成"绒毛肝"。肠系膜和肝脏表面有大小不等的被包裹着的虫体，肝实质中或可找到虫体，有时可见腹腔脏器粘连。

（4）诊断

生前诊断比较困难，可用血清学方法诊断；目前仍以死后剖检或宰后检查时发现虫体才能确诊。细颈囊尾蚴,又称"水铃铛",呈乳白色,囊泡状,囊内充满液体。大小如鸡蛋或更大,肉眼可见囊壁上有一个向内生长具细长颈部的个乳白色头节,故名细颈囊尾蚴。在肝、肺等脏器中的囊体,由宿主组织反应产生的厚膜包裹,故不透明,极易与棘球蚴混淆,前者只有一个头节,壁薄而且透明,而后者壁厚而不透明。

(5)治疗

吡喹酮,按 50 mg/kg 与液体石蜡 1:6 比例混合研磨均匀,分两次间隔 1 h 深部肌内注射,可全部杀死虫体;或用硫双二氯酚,按 0.1 g/kg 喂服。

(6)预防措施

严禁犬类进入屠宰场,禁止将屠宰动物带有细颈囊尾蚴的脏器随地抛弃,或未经处理喂犬;可用吡喹酮和氯硝柳胺对犬定期驱虫;禁止犬入猪舍、羊舍,避免饲料、饮水被犬粪污染。

11.9.5 牛羊绦虫病

本病是由裸头科裸头属、副裸头属、莫尼茨属、曲子宫属、无卵黄腺属的多种绦虫寄生于牛、羊小肠引起疾病的总称。主要特征为消瘦、贫血、腹泻,尤其对犊牛和羔羊危害严重。

(1)流行病学

莫尼茨绦虫和曲子宫绦虫的中间宿主为甲螨(地螨、土壤螨)(图 11-14)。甲螨近似圆形,大小约 1.2 mm,暗红色,被覆坚硬的外壳,腹面有 4 对足,每足有 5 节组成,无眼,口器为咀嚼型。无卵黄腺绦虫的中间宿主尚有争议,有人认为是弹尾目昆虫长角跳虫,也有人认为是甲螨。终末宿主是牛、羊、骆驼等反刍动物。

孕卵节片或其破裂释放的虫卵随粪便排出体外,被中间宿主吞

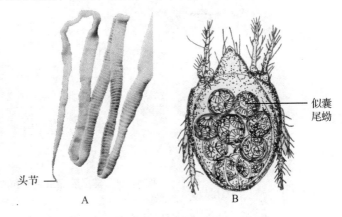

图 11-14 莫尼茨绦虫成虫和中间宿主

A. 莫尼茨绦虫成虫   B. 中间宿主——地螨

食,虫卵内六钩蚴逸出发育为似囊尾蚴,牛、羊吃草时吞食含有似囊尾蚴的甲螨而感染。似囊尾蚴以头节附着于小肠壁发育为成虫。成虫在牛、羊体内可寄生 2~6 个月,一般为 3 个月。

甲螨种类多、分布广,主要分布在潮湿、肥沃的土地里。在雨后的牧场上,甲螨的数量显著增加。甲螨耐寒冷,可以越冬,但对干燥和热敏感。气温 30 ℃以上,地面干燥或日光照射时钻入地面下,因此,甲螨在早晨、黄昏及阴天较活跃。

莫尼茨绦虫和曲子宫绦虫病的流行具有明显的季节性,这与甲螨的分布和习性密切相关。北方地区 5~8 月为感染高峰期,南方 4~6 月为感染高峰期。

莫尼茨绦虫和曲子宫绦虫分布广泛,尤以北方和牧区流行严重。无卵黄腺绦虫主要分布在较寒冷和干燥地区。

(2)临诊症状与病理变化

常混合感染。轻度感染或成年动物感染时一般症状不明显。犊牛和羔羊感染后症状明显,表现为消化紊乱,经常腹泻、肠臌气,粪便中常混有孕卵节片。逐渐消瘦、贫血。寄生数量多时可造成肠阻塞,甚至肠破裂。虫体的毒素作用,可引起幼畜出现回旋运动、痉挛、抽搐、空口咀嚼

等神经症状。严重者死亡。

病理变化主要有尸体消瘦,肠黏膜有出血。有时可见肠阻塞或扭转。

(3)诊断

根据流行病学、临诊症状、粪便检查、剖检发现虫体进行综合诊断。流行病学因素主要注意是否为放牧牛、羊,尤以幼龄多发,是否为甲螨活跃时期。患病牛、羊粪便中有孕卵节片,不见节片时用漂浮法检查虫卵。未发现节片或虫卵时,可能为绦虫未发育成熟,因此可考虑应用药物进行诊断性驱虫。剖检发现虫体即可确诊。

莫尼茨绦虫头节小,呈球形,有4个吸盘,无顶突和小钩,体节宽度大于长度。每个成熟节片内有两组生殖器官,生殖孔开口于节片两侧。睾丸数百个,呈颗粒状,分布于两条纵排泄管之间。卵巢呈扇形分叶状,与块状的卵黄腺共同组成花环状,卵模在其中间,分布在节片两侧。子宫呈网状。虫卵内含梨形器。扩展莫尼茨绦虫,长可达 10 m,宽可达 16 mm。节间腺呈环状分布于节片整个后缘。虫卵近似三角形。贝氏莫尼茨绦虫,长可达 4 m,宽可达 26 mm。节间腺为小点状,聚集为条带状分布于节片后缘的中央部。虫卵近似方形(图 11-15、图 11-16)。

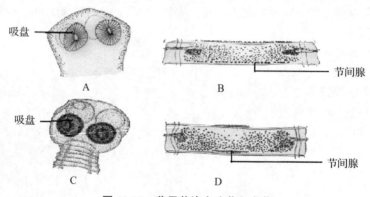

图 11-15 莫尼茨绦虫头节和成节

A. 扩展莫尼茨绦虫头节 B. 扩展莫尼茨绦虫成熟节片
C. 贝氏莫尼茨绦虫头节 D. 贝氏莫尼茨绦虫成熟节片

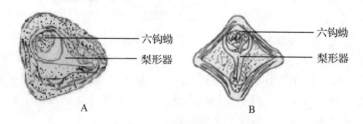

图 11-16 莫尼茨绦虫虫卵

A. 扩展莫尼茨绦虫虫卵 B. 贝氏莫尼茨绦虫虫卵

盖氏曲子宫绦虫,虫体长可达 4.3 m。主要特征是每个成熟节片内有 1 组生殖器官,左右不规则地交替排列;由于雄茎囊向节片外侧突出,使虫体两侧不整齐而呈锯齿状。睾丸呈颗粒状,分布于两侧纵排泄管的外侧。子宫呈波浪状弯曲,横列于两个纵排泄管之间。虫卵近似圆形,直径为 18~27 μm,无梨形器,每一个副子宫器包围 5~15 个虫卵。

中点无卵黄腺绦虫,虫体长 2~3 m,宽 2~3 mm。因虫体窄细,所以外观分节不明显。每个成熟节片内有 1 组生殖器官,左右不规则交替排列。睾丸呈颗粒状,分布于两条纵排泄管的两侧。子宫呈囊状,位于节片中央,外观虫体在中央构成1条纵向白线。卵巢呈圆形,位于生殖孔与子宫之间。无卵黄腺。虫卵近圆形,直径为21~38 μm,内含六钩蚴,无梨形器,被包围在副子宫器内。

(4)治疗

硫双二氯酚　牛50 mg/kg,羊75~100 mg/kg,1次口服。用药后可能会出现短暂性腹泻,但可在2 d内自愈。

氯硝柳胺　牛50 mg/kg,羊60~75 mg/kg,配成水悬液1次口服。给药前隔夜禁食。休药期为28 d。

丙硫咪唑　牛10 mg/kg,羊15 mg/kg,配成水悬液1次口服。有致畸形作用,妊娠动物禁用。休药期,牛为14 d、羊10 d。

吡喹酮　牛5~10 mg/kg,羊10~15 mg/kg,1次口服。休药期为28 d。

(5)预防措施

预防性驱虫　对羔羊和犊牛在春季放牧后4~5周进行成虫期前驱虫,2~3周后再驱虫1次。成年牛、羊每年可进行2~3次驱虫。驱虫后的粪便无害化处理。

科学放牧　感染季节避免在低湿地放牧,并尽量不在清晨、黄昏和阴雨天放牧,以减少感染。有条件的地方可进行轮牧。

消灭甲螨　对地螨滋生场所,采取深耕土地、种植牧草、开垦荒地等措施,以减少甲螨的数量。

11.9.6　犬猫绦虫病

犬猫绦虫病是由多种绦虫寄生于犬、猫小肠而引起的一种慢性寄生虫病。寄生于犬、猫肠道的绦虫主要有以下几种(或属):带状带绦虫、豆状带绦虫、连续多头绦虫、犬复孔绦虫、细粒棘球绦虫、阔节双槽头绦虫、曼氏迭宫绦虫和中绦属绦虫等。

(1)流行病学

犬、猫绦虫对犬、猫本身并没有太大的危害,主要危害在于细粒棘球绦虫等的中绦期阶段寄生于家畜和人的内脏,引起严重的疾病。犬、猫通过食入中间宿主或其脏器而感染。在家畜和犬、猫之间形成传播链,同时也危害人的健康(具体见其他有关章节)。犬复孔绦虫的中间宿主是跳蚤和虱;宽节双叶槽绦虫和曼氏迭宫绦虫的中间宿主是鱼。

(2)临诊症状

常不致病,临诊症状不明显;寄生量较多时,引起慢性腹泻和肠炎,腹部不适,呕吐,体重下降,生长缓慢,有些出现神经症状。有时便秘与腹泻交替出现,肛门瘙痒。往往在犬、猫粪便中发现绦虫节片。

(3)诊断

①根据临诊症状,做出初步判断。

②检出虫体或节片:在肛门周围观察到节片;粪便中发现节片;在动物活动的地方发现节片。绝大多数绦虫长扁如带,虫体分头节、颈节和体节,体节数目不等。虫体短的仅有一个体节;长者有多个体节,可达数米。所有绦虫均为雌雄同体。

③粪便漂浮法检查虫卵:虫卵近圆形,在外界发育形成为六钩蚴,六钩蚴包在卵壳内。曼氏迭宫绦虫和宽节双叶槽绦虫虫卵均为黄棕色,有卵盖。

④考虑犬、猫与中间宿主接触的历史。

(4)治疗

①对犬复孔绦虫、带状带绦虫、豆状带绦虫和连续多头绦虫的驱除：

盐酸丁萘脒　25~50 mg/kg，禁食3~4 h后给药。可能有呕吐或轻微腹泻的副作用。禁忌症：禁用于有心脏病、肝功不良和严重消瘦的动物。

双氯酚　犬 0.3 g/kg；猫 0.1~0.2 g/kg。

芬苯哒唑　犬 50 mg/kg；每日1次，连用3 d。用于驱带绦虫和多头绦虫。

吡喹酮　2.5 mg/kg，一次口服，幼小动物可给更高一点的剂量。喂药前后不用禁食，4周龄以下的犬和6月龄以下的猫忌用。

甲苯咪唑　22 mg/kg，每日1次，连用3 d。此药仅用于驱除带绦虫和多头绦虫。

氯硝柳胺　71.4 mg/kg，禁食一夜后1次口服。

②对细粒棘球绦虫的驱除：

乙酰胂胺槟榔碱合剂　5 mg/kg，主餐后3 h混入奶中给药。用药后可能出现的副作用有呕吐、流涎、不安、运动失调及气喘；在猫可能出现过量的唾液分泌。解药可用阿托品。

氢溴酸槟榔素　犬按 1~2 mg/kg，一次口服。

吡喹酮　犬按 5~10 mg/kg，猫按 2 mg/kg，1次口服。

氢溴酸槟榔酯　0.4~1.0 mg/kg，禁食后一次给药。2倍推荐剂量可以引起呕吐、不安、失去知觉和突然倒地的副作用。解药可用阿托品。

③对中殖孔绦虫、阔节双槽头绦虫和旋宫绦虫的驱除：槟榔碱化合物；盐酸丁萘脒、氯硝柳胺和吡喹酮可能有效。

(5)预防措施

①尽量避免和中间宿主接触：不要让犬、猫吃没有煮熟的动物内脏，以免传播带绦虫、多头绦虫和细粒棘球绦虫；消灭跳蚤和虱，减少犬复孔绦虫的传播；不能让犬、猫吃生鱼和未煮透的鱼，以免传播曼氏迭宫绦虫和宽节双叶槽绦虫。

②对犬、猫定期驱虫，防止排出的绦虫卵感染家畜和人。

③不让犬、猫出去漫游和狩猎。

11.9.7　鸡绦虫病

鸡绦虫病主要由戴文科的戴文属和赖利属的绦虫寄生于禽类引起。主要致病虫种有四角赖利绦虫、棘沟赖利绦虫、有轮赖利绦虫（图 11-17）和节片戴文绦虫，其中前3种寄生于鸡和火鸡的小肠中，节片戴文绦虫寄生于鸡、鸽、鹌鹑的十二指肠内。呈世界性分布，对鸡危害严重。

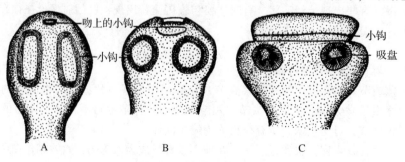

图 11-17　鸡赖利绦虫头节

A. 四角赖利绦虫　B. 棘沟赖利绦虫　C. 有轮赖利绦虫

(1) 流行病学

戴文绦虫分布广泛,其发育过程分别需要蚂蚁、甲虫和陆地螺作为中间宿主,而这些中间宿主在鸡舍内普遍存在,加大了本病的防治难度。鸡通过啄食了中间宿主而遭受感染,常为几种绦虫混合感染。

(2) 临诊症状与病理变化

戴文绦虫是对幼禽致病性最强的一类绦虫。虫体头节钻入肠黏摸深层,引起肠炎,病禽食欲减退,贫血,消瘦,羽毛蓬乱,呼吸困难,行动迟缓,严重者可死亡。剖检可见肠道黏膜增厚,出血,内容物中含有大量脱落的黏膜和虫体。

赖利绦虫为大型虫体,大量感染时虫体积聚成团,导致肠阻塞,甚至肠破裂而引起腹膜炎;虫体以小钩和吸盘固着肠黏膜,引起损伤,出血发炎,影响消化机能。虫体吸收大量营养并产生代谢产物,患鸡营养不良,有时出现神经中毒症状。剖检可见肠道黏膜增厚,出血,黏膜上附着虫体。

临诊常见粪便稀且有黏液,食欲下降,饮水增多,行动迟缓,羽毛蓬乱,头颈扭曲,蛋鸡产蛋量下降或停产,最后衰竭死亡。

(3) 诊断

根据鸡群的临诊表现,粪便查获虫卵或节片,剖检病鸡发现虫体便可确诊。

(4) 治疗

丙硫咪唑　10~20 mg/kg,口服。

硫双二氯酚　80~100 mg/kg,口服。

氯硝柳胺　80~100 mg/kg,口服。

(5) 预防措施

①灭中间宿主:根据中间宿主的生活习性,对鸡舍内外中间宿主进行扑杀,以减少中间宿主的滋生。

②对雏鸡进行定期驱虫,及时清除鸡粪并做无害化处理。

③定期检查鸡群,治疗病禽;新购入的鸡应驱虫后再合群。

11.10　动物线虫病

11.10.1　线虫概述

线虫数量大,种类多,分布广,已报道有 50 万种;自立生活者有海洋线虫、淡水线虫、土壤线虫,寄生者有植物线虫和动物线虫。后者只占线虫中的一小部分,且多数是土源性线虫,只需一个宿主,一般是混合寄生。据统计,牛、羊、马、猪、犬和猫的重要线虫寄生种数合计达 300 多种。

11.10.1.1　线虫形态和构造

(1) 外部形态

线虫通常为细长的圆柱形或纺锤形,有的呈线状或毛发状。通常前端钝圆、后端较细。整个虫体可分为头端、尾端、腹面、背面和侧面。活体通常为乳白色或淡黄色,吸血的虫体常呈淡红色。虫体大小随种类不同差别很大,如旋毛虫雄虫仅 1 mm 长,而麦地那龙线虫雌虫长达 1 m 以上。家畜寄生线虫均为雌雄异体。雄虫一般较小,雌虫稍粗大。

(2) 体壁

体壁由无色透明的角皮即角质层、皮下组织和肌层构成。角皮光滑或有横纹、纵线。某些线虫虫体外表还常有一些由角皮参与形成的特殊构造，如头泡、唇片、叶冠、颈翼、侧翼、尾翼、乳突、交合伞等，有附着、感觉和辅助交配等功能，其位置、形状和排列是分类的依据。皮下组织在虫体背面、腹面和两侧中央部的皮下组织增厚，形成4条纵索。这些排泄管和侧神经干穿行于侧索中，主神经干穿行于背、腹索中(图11-18)。

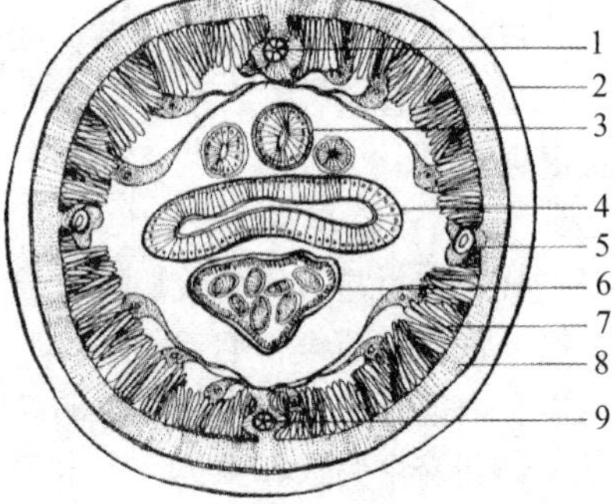

(3) 体腔

体壁包围着一个充满液体的腔，此腔没有源于内胚层的浆膜作衬里，所以称为假体腔。内有液体和各种组织、器官、系统。假体腔液液压很高，维持着线虫的形态和强度。

图11-18 线虫横切面示意图

1. 背神经 2. 角皮 3. 卵巢 4. 肠道
5. 排泄管 6. 子宫 7. 肌肉
8. 皮下组织 9. 腹神经

(4) 消化系统

消化系统包括口孔、口腔、食道、肠、直肠、肛门(图11-19)。口孔位于头部顶端，常有唇片围绕。无唇片的寄生虫，有的在该部分发育为叶冠、角质环。有些线虫在口腔内形成硬质构造，称为口囊，有些在口腔中有齿和切板等。食道多为圆柱状、棒状或漏斗状。有些线虫食道后膨大为食道球。食道的形状在分类上具有重要意义。食道后为管状的肠、直肠，末端为肛门。雌虫肛门单独开口于尾部腹面；雄虫的直肠与射精管汇合成泄殖腔，开口尾部腹面，为泄殖孔。开口处附近常有乳突，其数目、形状和排列有分类意义。

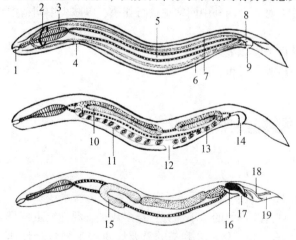

图11-19 线虫纵切面示意图

1~9 消化系统、分泌系统、神经系统：1. 口腔 2. 神经环
3. 食道 4. 排泄孔 5. 肠 6. 腹神经索 7. 神经索
8. 直肠 9. 肛门
10~14 雌性生殖系统：10. 卵巢 11. 子宫 12. 阴门
13. 虫卵 14. 肛门
15~19 雄性生殖系统：15. 睾丸 16. 交合刺
17. 泄殖腔 18. 肋 19. 交合伞

(5) 排泄系统

排泄系统有腺型和管型两类。在无尾感器纲，是腺型，常见一个大的腺细胞位于体腔内；在有尾感器纲，是管型；排泄孔通常位于食道部腹面正中线上，同种类线虫位置固定，具分类意义(图11-19)。

(6) 神经系统

位于食道部的神经环相当于中枢，自该处向前后各发出若干神经干，分布于虫体各部位。线虫体表有许多乳突，如头乳突、唇乳突、尾乳突或生殖乳突等，都是神经感觉器官。还有一种特殊的感觉器官(图11-19)。

(7) 生殖系统

家畜寄生线虫均为雌雄异体，雌虫尾部较直，雄虫尾部弯曲或卷曲。雌雄内部生殖器官都是简单弯曲的连续管状构造，形态上区别不大。

雌性生殖器官　通常为双管型(双子

宫型），少数单管型（单子宫型）。由卵巢、输卵管、子宫、受精囊（贮存精液，无此构造的线虫其子宫末端行此功能）、阴道（有些线虫无阴道）和阴门（有些虫种尚有阴门盖）组成。阴门是阴道的开口，可能位于虫体腹面的前部、中部或后部，但均在肛门之前，其位置及其形态常具分类意义。双管型是指有两组生殖器，最后由两条子宫汇合成一条阴道（图11-19）。

雄性生殖器官　通常为单管型，由睾丸、输精管、储精囊和射精管组成。睾丸产生的精子经输精管进入储精囊，交配时，精液从射精管入泄殖腔，经泄殖孔射入雌虫阴门。雄性器官的末端部分常有交合刺、引器、副引器等辅助交配器官，其形态具分类意义。交合刺2根者多见包藏在位于泄殖腔背壁的交合刺鞘内，有肌肉牵引，故能伸缩，在交配时有掀开雌虫生殖孔的功能（图11-19、图11-20）。交合刺、引器、副引器和交合伞有多种多样的形态，在分类上非常重要。

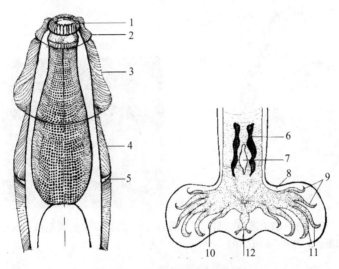

图 11-20　线虫角皮的分化构造
1. 叶冠　2. 头泡　3. 颈泡　4. 颈翼　5. 颈乳突　6. 交合刺
7. 引器　8. 背叶　9. 腹肋　10. 外背肋　11. 侧肋　12. 背肋

11.10.1.2　基本发育过程

雌虫和雄虫交配受精。大部分为卵生，有的为卵胎生或胎生。在蛔虫类和毛首线虫类，雌虫产出的卵尚未卵裂，处于单细胞期；在圆线虫类，雌虫产出的卵处于桑葚期；此两种情况称为卵生。在后圆线虫类、类圆线虫类和多数旋尾线虫类，雌虫产出的卵内已处于蝌蚪期阶段，即已形成胚胎，称为卵胎生。在旋毛虫类和恶丝虫类，雌虫产出的是早期幼虫，称为胎生。

线虫的发育要经过5个幼虫期，其间经过4次蜕皮。其中前两次蜕皮在外界环境中完成，后两次在宿主体内完成。蜕皮时幼虫不生长，处休眠状态，即不采食、不活动。第三期幼虫是感染性幼虫，对外界环境变化抵抗力强。如果感染性幼虫在卵壳内不孵出，该虫卵称为感染性虫卵。

从诊断、治疗和控制的角度出发，可将线虫生活史划为4个期间，即成虫期、感染前期、感染期和成虫前期，各期间的阶段分别称为污染、发育、感染和成熟。成虫前期是指线虫从进入终末宿主至其性器官成熟所经历的所有幼虫期，完成这一阶段的时间称为成熟；感染前期是指线虫由虫卵或初期幼虫转化为感染期的所有幼虫阶段，完成这一阶段的时间称为发育。从侵入终末宿主至成虫排出虫卵或幼虫于宿主体外的时间称为潜在期。

根据线虫在发育过程中需不需要中间宿主，可分为无中间宿主的线虫和有中间宿主的线虫。

前者是幼虫在外界环境中(如粪便和土壤中)直接发育到感染阶段,故又称直接发育型或土源性线虫;后者的幼虫需在中间宿主(如昆虫和软体动物等)的体内方能发育到感染阶段,故又称间接发育型或生物源性线虫。

11.10.2 旋毛虫病

旋毛虫病是有毛形科毛形属的旋毛虫寄生于多种动物和人引起的疾病。成虫寄生在肠道,称为肠旋毛虫(图11-21);寄生在肌肉,称为肌旋毛虫(图11-21、图11-22)。它是一种重要的人畜共患病,是肉品卫生检疫重点项目之一,在公共卫生上具有重要意义。下面以猪的旋毛虫病为例介绍这一疾病。

图11-21 旋毛虫形态构造模式图
A. 成虫 B. 雌虫 C. 幼虫

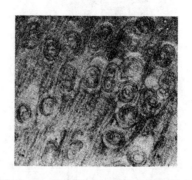

图11-22 肌组织中的旋毛虫包囊幼虫

(1) 流行病学

旋毛虫分布于世界各地,宿主范围广,猪是重要的宿主这一。旋毛虫实际上存在着广大的自然疫源。由于动物间互相捕食或新感染旋毛虫的宿主排出的粪便污染了食物,便可能成为其他动物的感染源。屠宰厂的排出物或洗肉水被猪直接或间接采食可能是猪的重要感染来源之一。

(2) 临诊症状与病理变化

猪对旋毛虫具有较大的耐受力。肠型旋毛虫对胃肠的影响极小,常常不显症状。肌旋毛虫病的主要变化在肌肉,如肌细胞横纹消失、萎缩、肌纤维膜增厚等。

(3) 诊断

生前诊断困难,猪旋毛虫常在宰后可检出。方法为肉眼和镜检相结合检查膈肌。用消化法检查幼虫更为准确。目前国内用ELISA方法作为猪的生前诊断手段之一。

(4) 防制

动物旋毛虫病由于生前诊断困难,治疗方法研究的甚少。但已有的研究表明,大剂量的丙硫苯咪唑、甲苯咪唑等苯并咪唑类药物疗效可靠。预防可加强卫生检疫,控制或消灭饲养场周围的鼠类,农村的猪应避免摄食啮齿动物,不用生的废肉屑和泔水喂猪,提倡熟食饲喂等。

11.10.3 蛔虫病

11.10.3.1 猪蛔虫病

猪蛔虫病是猪蛔虫(图11-23)寄生于猪小肠引起的一种寄生虫病,是猪最常见的寄生虫病,集约化饲养猪和散养猪均广泛发生。主要引起仔猪生长发育不良，生长速度下降。严重时生长发育停滞，形成"僵猪"，甚至死亡，对养猪业的危害非常严重，是造成养猪业损失最大的寄生虫病之一。

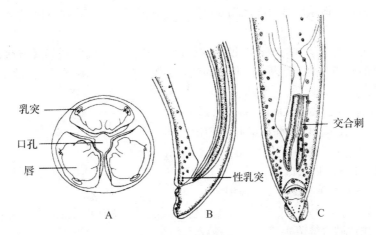

图 11-23　猪蛔虫
A. 头部顶面　B. 雄虫的尾部侧面　C. 雄虫尾部腹面

(1) 流行病学

在饲养管理不良和卫生条件差的猪场，蛔虫病的发病率较高。以 3~5 月龄的仔猪最易感，症状也最严重。寄生在猪小肠中的雌虫产卵，每条雌虫每天平均可产卵 10 万~20 万个。虫卵随粪便排出，发育成含有感染性幼虫的卵。感染性虫卵污染饲料和饮水，并随同饲料或饮水被猪吞食。感染性虫卵在小肠中孵出幼虫，并进入肠壁的血管，随血流被带到肝脏，再继续经心脏而移行至肺脏。幼虫由肺毛细血管进入肺泡，此后再沿呼吸道上行，后随黏液进入会厌，经食道而至小肠。从感染开始到在小肠发育为成虫，共需 40 d 至 2.5 个月。

猪蛔虫病的流行十分广泛，不论是规模化方式饲养的猪，还是散养的猪都有发生，这与猪蛔虫产卵量大、虫卵对外界抵抗力强及饲养管理条件较差有关。

(2) 临诊症状与病理变化

表现为咳嗽，呼吸增快，体温升高，食欲减退和精神沉郁，异嗜，腹泻，呕吐，病猪俯卧在地，不愿走动。幼虫在体内移行可造成器官和组织损伤，主要是对肝脏和肺脏的危害较大。幼虫移行至肝脏时，引起肝组织出血、变性和坏死，形成云雾状的蛔虫斑(或称乳斑)，直径约 1 cm。移行至肺时，造成肺脏的小出血点和水肿，引起蛔虫性肺炎。幼虫移行时还可导致荨麻疹和某些神经症状之类的反应。

成虫寄生在小肠时可机械性地刺激肠黏膜，引起腹痛。蛔虫数量多时常聚集成团，堵塞肠道，严重时因肠破裂而致死。有时蛔虫可进入胆管，造成胆管堵塞，导致黄疸、贫血等症状。

成虫夺取宿主大量的营养，影响猪的发育和饲料转化。大量寄生时，猪被毛粗乱，有异食癖，常是形成"僵猪"的一个重要原因。

(3) 诊断

尽管蛔虫感染会出现上述一些病症，但确诊需做实验室检查。对 2 个月以上的仔猪，可用漂浮法检查虫卵。正常的受精卵为短椭圆形，大小 (50~75) cm × (40~80) cm，黄褐色，卵壳内有一个受精卵细胞，两端有半月形空隙，卵壳表面有较厚的、凸凹不平的蛋白质膜。有时粪便中可见到未受精卵，偏长，蛋白质膜较薄，卵壳内充满卵黄颗粒，两端无空隙。由于猪感染蛔虫现象非常普遍，只有在 1 g 粪便中虫卵数达 1 000 个以上时，方可诊断为猪蛔虫病。

在粪便中或剖检时发现虫体也可确诊。猪蛔虫是一种大型线虫，雄虫长 15~25 cm，尾端向腹面弯曲，形似鱼钩；泄殖腔开口在尾端附近，有一对交合刺。雌虫比雄虫粗大，长 20~40 cm，尾直，无钩。

幼虫寄生期可用血清学方法或剖检的方法诊断。目前，已研制出特异性较强的 ELISA 检测法。肝脏和肺脏的病变有助于诊断，用贝尔曼法或凝胶法分离肝、肺或小肠内的幼虫可确诊。

(4) 治疗

左咪唑　10 mg/kg，喂服或肌内注射。

甲苯咪唑　10~20 mg/kg，混在饲料内喂服。

氟苯咪唑　30 mg/kg 混饲，连用 5 d，或 5 mg/kg 一次口服。

丙硫苯咪唑　10 mg/kg，口服。

硫苯咪唑(芬苯哒唑)　3 mg/kg，连用 3 d。

伊维菌素　针剂：0.3 mg/kg，一次皮下注射；预混剂：每日 0.1 mg/kg，连用 7 d。

爱比菌素　用法同伊维菌素。

多拉菌素　针剂：0.3 mg/kg，一次肌内注射。

(5) 预防措施

预防要定期按计划驱虫，如我国某些地区对散养育肥猪，在 3 月龄和 5 月龄各驱虫一次。国外对于断奶仔猪驱虫，选用抗蠕虫药进行一次驱虫，并且在 4~6 周后再驱虫一次。怀孕母猪在其怀孕前和产仔前 1~2 周进行驱虫。对引进的种猪进行驱虫。虫卵在轮牧和土地轮翻耕种的情况下，污染可降至最低。

规模化饲养场，首先要对全场猪全部驱虫，以后公猪每年至少驱虫两次，母猪产前 1~2 周驱虫一次。仔猪转入新圈群时驱虫一次。后备猪在配种前驱虫一次。新进的猪驱虫后再和其他猪并群。注意猪舍的清洁卫生，产房和猪舍在进猪前都需进行彻底清洗和消毒。母猪转入产房前要用温水加肥皂清洗全身。

为减少蛔虫卵对环境的污染，尽量将猪的粪便和垫草在固定地点堆积发酵。日本已有报道证实猪蛔虫幼虫能引起人的内脏幼虫移行症，因此杀灭虫卵不仅能减少猪的感染压力，而且对公共卫生也有裨益。

11.10.3.2　犊牛蛔虫病

本病是由弓首科新蛔属的牛新蛔虫寄生于犊牛小肠引起的疾病。主要特征为肠炎、腹泻、腹部膨大和腹痛。初生犊牛大量感染时可引起死亡。

(1) 流行病学

在外界的虫卵发育为感染性虫卵需 20~30 d(27 ℃)；侵入犊牛体内的幼虫发育为成虫约需 1 个月。犊牛经胎盘或经口感染，母牛经口感染。

母牛吞食后，虫卵在小肠内孵出幼虫，穿过肠黏膜移行至母牛的生殖系统组织中。母牛怀孕后，幼虫通过胎盘进入胎儿体内。犊牛出生后，幼虫在小肠发育为成虫。幼虫在母牛体内移行时，有一部分可经血液循环到达乳腺，使哺乳犊牛吸吮乳汁而感染，在小肠内发育为成虫。成虫寄生于 5 月龄以下的犊牛小肠内，雌虫产出的虫卵随粪便排出体外，在适宜的条件下发育为感染性虫卵。

犊牛在外界吞食感染性虫卵后，幼虫可随血液循环在肝、肺等移行后经支气管、气管、口腔、咽入消化道后随粪便排出体外，但不能在小肠内发育。成虫在犊牛小肠内可寄生 2~5 个月，以后逐渐从体内排出。

虫卵对消毒药抵抗力强，2%福尔马林中仍可正常发育，29 ℃时在 2%来苏儿中可存活约 20 h。对直射阳光抵抗力差，地表面阳光直射下 4 h 全部死亡，干燥环境中 48~72 h 死亡。感染期虫卵需 80%的相对湿度才能存活。

本病主要发生于 5 月龄以内的犊牛，成年牛只在内部器官组织中有移行阶段的幼虫，而无成虫寄生。本病以温暖的南方多见，北方少见，但也有发生。

(2) 临诊症状

被感染的犊牛一般在出生 2 周后症状明显，表现精神沉郁，食欲不振，吮乳无力，贫血。虫体损伤引起小肠黏膜出血和溃疡，继发细菌感染而导致肠炎，出现腹泻、腹痛、便中带血或黏液，腹部膨胀，站立不稳。虫体毒素作用可引起过敏、振发性痉挛等。成虫寄生数量多时，可致肠阻塞或肠破裂引起死亡。出生后犊牛吞食感染性虫卵，由于幼虫移行损伤肺脏，因而出现咳嗽、呼吸困难等，但可自愈。

(3) 病理变化

小肠黏膜出血、溃疡。大量寄生时可引起肠阻塞或肠穿孔。出生后犊牛感染，可见肠壁、肝脏、肺脏等组织损伤，有点状出血、炎症。血液中嗜酸性粒细胞明显增多。

(4) 诊断

根据 5 月龄以下犊牛多发等流行病学资料和临诊症状初诊。通过粪便检查和剖检发现虫体确诊。粪便检查用漂浮法。牛新蛔虫，又称牛弓首蛔虫(*Toxocara vitulorum*)。虫体粗大，活体呈淡黄色，固定后为灰白色。头端有 3 片唇。食道呈圆柱形，后端有 1 个小胃与肠管相接。雄虫长 11~26 cm，尾部有一个小锥突，弯向腹面，交合刺 1 对，等长或稍不等长。雌虫长 14~30 cm，尾直。

虫卵近似圆形，淡黄色，卵壳厚，外层呈蜂窝状，内含 1 个胚细胞。虫卵大小为(70~80) μm×(60~66) μm。

(5) 防制

对 15~30 日龄的犊牛进行驱虫，不仅可以及时治愈病牛，还能减少虫卵对外界环境的污染。其他参考猪蛔虫病的防制。

11.10.3.3 禽蛔虫病

禽蛔虫病是由蛔虫寄生于小肠引起的，鸡、鹅和鸽子等多种禽类可发生蛔虫病。但其病原各不相同，鸡蛔虫主要引起鸡及吐绶鸡、珠鸡等其他野禽的蛔虫病，鹅蛔虫仅寄生于鹅的小肠，而鸽蛔虫主要寄生于鸽、孔雀等的肠道。其中以鸡的蛔虫病较为严重，遍及世界各地。主要危害雏鸡，影响生长发育，甚至大批死亡。

(1) 流行病学

禽蛔虫卵和其他蛔虫卵同样对消毒药具有较强的抵抗力，但对干燥和高温(50 ℃以上)敏感。在阴凉潮湿的地方，可生存很长时间。虫卵对直射阳光敏感。

禽的各种蛔虫发育过程都不需要中间宿主，禽吞食了感染性虫卵遭受感染，蚯蚓可作为保虫宿主传播禽蛔虫。虫卵在肠道内孵出幼虫，幼虫在体内不经过移行，直接在肠道内发育成熟。雏鸡易遭受侵害，病情较重。成鸡多为带虫者。饲养管理不当或营养不良的鸡群易感性较强。

(2) 临诊症状

成虫和幼虫对宿主都有危害作用。幼虫侵入肠黏膜时，破坏肠黏膜，造成出血及发炎，肠壁上常有颗粒状化脓灶或结节形成。成虫大量寄生时，相互缠结，可能发生肠阻塞，甚至引起肠破裂和腹膜炎。其代谢产物被宿主吸收，造成雏鸡发育迟缓，成鸡产蛋量下降。临诊常表现为雏鸡生长发育不良，精神委顿，羽毛松乱，鸡冠苍白，贫血，消化不良，最后可衰竭而死。

(3) 诊断

粪便检查发现大量虫卵或剖检见小肠内的虫体即可确诊。鸡蛔虫呈黄白色，头端有3个唇片。雄虫长26~70 mm，尾端有明显的尾翼和尾乳突，有1个圆形或椭圆形的肛前吸盘，交合刺近于等长。雌虫长65~110 mm，生殖孔开口于虫体中部。虫卵椭圆形，壳厚而光滑，深灰色，内含单个胚细胞。虫卵大小为(70~90) μm×(47~51) μm。

(4) 治疗

可用左咪唑、噻苯唑、伊维菌素等药物驱虫。

(5) 预防措施

①在蛔虫病流行的禽场，每年进行2次定期驱虫。

②雏禽和成年家禽分开饲养，防止成年家禽排出的虫卵传给雏禽。

③禽舍和运动场的粪便应经常清除，堆积发酵。

④加强饲养管理。给予富含蛋白质、维生素A和维生素B的饲料，增强雏鸡抵抗力；饲槽和用具定期消毒。

11.10.3.4 犬猫蛔虫病

蛔虫病是幼年犬、猫常见寄生虫病，其病原主要为犬弓首蛔虫、猫弓首蛔虫和狮弓蛔虫。寄生于小肠内，其中犬弓首蛔虫最为重要，能够引起幼犬死亡。分布于世界各地。常引起幼犬和幼猫发育不良，生长缓慢，严重时可引起死亡。

(1) 流行病学

犬弓首蛔虫需在体内经过复杂的移行过程。虫卵随粪便排出体外，在适宜条件下发育为感染性虫卵。3个月龄内的幼犬吞食感染性虫卵后，在消化道内孵出幼虫，幼虫通过血液循环系统经肝脏和肺脏移行，然后经咽又回到小肠发育为成虫。在宿主体内的发育需4~5周。成年母犬感染后，幼虫随血流到达体内各器官组织中，形成包囊，但不进一步发育。当母犬怀孕后，幼虫可经胎盘感染胎儿或产后经母乳感染幼犬。幼犬出生后23~40 d小肠内即有成虫。

猫弓首蛔虫的发育过程与猪蛔虫类似。狮弓蛔虫发育史简单，在体内不经移行，幼虫孵出后进入肠壁发育，然后返回肠腔，发育成熟。犬、猫蛔虫的感染性虫卵可被转运宿主摄入，在转运宿主体内形成含有第三期幼虫的包囊，在动物捕食转运宿主后发生感染。狮弓蛔虫的转运宿主多为啮齿动物、食虫目动物和小的肉食动物，犬弓首蛔虫的转运宿主为啮齿动物，猫弓首蛔虫的转运宿主多为蚯蚓、蟑螂、一些鸟类和啮齿动物。

犬猫蛔虫病主要发生于6月龄以下幼犬，感染率在5%~80%，成年犬很少感染。其形成原因主要是：首先，犬弓首蛔虫繁殖力很强，每条雌虫每天可随每克粪便中排出700个虫卵；其次，虫卵对外界环境的抵抗力非常强，可在土壤中存活数年；最后，怀孕母犬的体组织中隐匿着一些幼虫，可抵抗蠕虫药的作用，而成为幼犬感染的一个重要来源。

(2) 临诊症状与病理变化

幼虫移行引起腹膜炎、败血症、肝脏的损害和蠕虫性肺炎，严重者可见咳嗽、呼吸频率加快和泡沫状鼻漏，多出现在肺脏移行期，重度病例可在出生后数天内死亡；猫狮弓蛔虫无气管移行。成虫寄生于小肠，可引起胃肠功能紊乱、生长缓慢、被毛粗乱、呕吐、腹泻、腹泻便秘交替出现、贫血、神经症状、腹部膨胀，有时可在呕吐物和粪便中见完整虫体。大量感染时可引起肠阻塞，进而引起肠破裂、腹膜炎。成虫异常移行而致胆管阻塞、胆囊炎。

(3) 诊断

根据临诊症状、病史调查和病原检查做出综合诊断：①2 周龄幼犬若出现肺炎症状可考虑为幼虫移行期症状；②结合犬舍或猫舍的饲养管理状况；③粪便中排出虫体或吐出虫体，虫体白色线状，长 20~180 mm；④漂浮法检查粪便，检出亚球形棕色虫卵、卵壳厚，表面具点状凹陷。

(4) 治疗

常用的驱线虫药均可驱除犬猫蛔虫。

芬苯哒唑 犬、猫均按每日 50 mg/kg 的剂量，连喂 3 d。用药后少数病例可能出现呕吐。

甲苯咪唑 犬的总剂量为 22 mg/kg，分 3 d 喂服。此药常引起呕吐、腹泻或软便，偶尔引起肝功能障碍(有时是致命的)。

哌嗪盐 犬、猫的剂量均按 40~65 mg/kg，口服。注意计算剂量时要按含哌嗪的量而不按其药物量。

双羟萘酸噻嘧啶 犬 5.0 mg/kg 喂服。

(5) 预防措施

地面上的虫卵和母犬体内的幼虫是主要感染源，因此预防主要做到以下几点：

①要注意环境、食具、食物的清洁卫生，及时清除粪便，并进行生物热处理。

②对犬、猫进行定期驱虫。

③母犬在怀孕后第 40 天至产后 14 d 驱虫，以减少围产期感染。

④幼犬应在 2 周龄进行首次驱虫，2 周后再次驱虫，2 月龄时进一步给药以驱除出生后感染的虫体；哺乳期母犬应与幼犬一起驱虫。

⑤阻止犬、猫摄食转运宿主。

11.10.3.5 马副蛔虫病

本病是由蛔科副蛔属的马副蛔虫寄生于马属动物的小肠引起的疾病。主要特征为蛔虫性肺炎，幼驹生长发育停滞。

(1) 流行病学

在适宜的外界环境中，虫卵发育为感染性卵需 10~15 d；进入马体内的感染性卵发育为成虫需 2~2.5 个月，成虫寿命约为 1 年。在体内的发育过程与猪蛔虫类似。感染多发生于秋、冬季。幼驹感染性强，老龄马多为带虫者。

(2) 临诊症状

虫体对宿主的致病性主要表现为机械作用、夺取营养、毒素作用、继发感染等。幼驹发病初期的幼虫移行时，呈现肠炎症状，持续约 3 d 后，呈现支气管肺炎症状，表现为咳嗽，短期发热，流浆液性或黏液性鼻汁，食欲不振，症状持续 1~2 周。后期成虫寄生时，消化紊乱，有时呈现肠炎、腹泻与便秘交替、消瘦、贫血。严重感染时发生肠阻塞或穿孔。幼驹生长发育停滞。

(3) 病理变化

幼虫在体内移行可造成器官和组织损伤，移行到肝脏时引起出血、变性和坏死。移行到肺时，肺脏有小点出血和水肿，严重时可继发细菌或病毒感染。成虫寄生时可引起肠阻塞，严重时导致肠破裂。

(4) 诊断

根据流行病学、临诊症状、粪便检查综合诊断。粪便检查可用直接涂片法或漂浮法。可进行诊断性驱虫。有时可见自然排出的蛔虫。马副蛔虫近似圆柱形，两端较细，黄白色。口孔周围有

3片唇，其中背唇较大，唇基部有明显的间唇，每个唇的中前部内侧面有1个横沟，将唇片分为前后两部分，唇片与体部之间有明显的横沟。雄虫长15~28 cm，尾部向腹面弯曲。雌虫长18~37 cm，尾部直，阴门开口于虫体前1/4部分的腹面。虫卵近于圆形，直径90~100 μm，呈黄色或黄褐色。新排出时内含1个亚圆形尚未分裂的胚细胞。卵壳表面蛋白膜凹凸不平，但很整齐。

(5) 治疗与预防措施

参照猪蛔虫病。

11.10.4 猪食道口线虫病

由食道口线虫寄生在猪的结肠内所引起的一种线虫病。本虫能在宿主肠壁上形成结节，又称结节虫，故本病也称结节虫病。在猪体内寄生的食道口线虫共有3种，分别为有齿食道口线虫（图11-24）、四刺食道口线虫和短尾食道口线虫。

(1) 流行病学

虫卵随猪的粪便排出后，在外界发育为披鞘的感染性幼虫，感染性幼虫可在外界越冬，猪在采食或饮水时吞进感染性幼虫而发生感染。幼虫经在大肠壁上发育后，在肠腔发育为成虫。本病在集约化方式饲养的猪和散养猪群都有发生，是目前我国规模化猪场流行的主要线虫病之一。

(2) 临诊症状与病理变化

幼虫对大肠壁的机械刺激和毒素作用，可使肠壁上形成粟粒状的结节。初次感染很少发生结节，但经3~4次感染后，由于宿主产生了组织抵抗力，肠壁上可产生大量结节。结节破裂后形成溃疡，引起顽固性肠炎。如结节在浆膜面破裂，可引起腹膜炎；在黏膜面破裂则可形成溃疡，继发细菌感染时可导致弥漫性大肠炎。患猪表现腹部疼痛，不食，拉稀，日见消瘦和贫血。

成虫的寄生会影响增重和饲料转化。其致病作用只有在高度感染时才会出现，由于虫体对肠壁的机械损伤

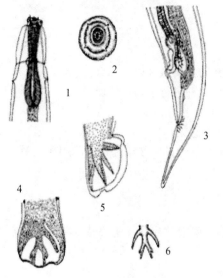

图11-24 有齿食道口线虫
1. 前端　2. 头顶端　3. 雌虫尾端　4. 交合伞背面　5. 交合伞侧面　6. 背肋

和毒素作用，引起渐进性贫血和虚弱，严重时可引起死亡。

(3) 诊断

用漂浮法，检查有无虫卵。虫卵呈椭圆形，卵壳薄，内有胚细胞，在某些地区应注意与红色猪圆线虫卵相区别。

(4) 治疗与预防措施

参见猪蛔虫病。

11.10.5 牛羊消化道线虫病

11.10.5.1 毛圆线虫病

寄生于牛、羊和其他反刍动物胃和小肠的毛圆科线虫种类很多，往往呈混合感染，分布遍及全国各地，引起的反刍动物毛圆线虫病危害十分严重。反刍动物毛圆科的线虫主要有血矛属、长刺属、奥斯特属、马歇尔属、古柏属、毛圆属、细颈属和似细颈属的许多种线虫，其中以血矛属

的捻转血矛线虫(图 11-25)致病力最强,而且本科线虫所引起疾病的流行病学、症状与病理变化、诊断与防制等方面有许多共同点。因此,下面将以血矛线虫病为重点,做综合介绍。

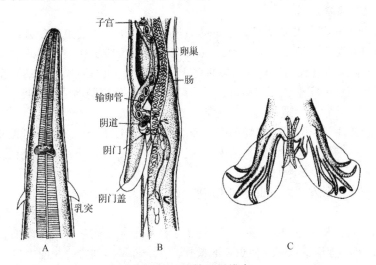

图 11-25 捻转血矛线虫
A. 头部 B. 雌虫生殖部 C. 雄虫交合伞

(1) 流行病学

反刍动物毛圆线虫病的病原种类繁多。血矛属最常见为捻转血矛线虫,还有柏氏血矛线虫和似血矛线虫,寄生于反刍动物皱胃,偶见于小肠;长刺属的指形长刺线虫寄生于黄牛、水牛和绵羊的皱胃;奥斯特属的种类较多,常见的有环纹奥斯特线虫、三叉奥斯特线虫、吴兴奥斯特线虫、斯氏奥斯特线虫、奥氏奥斯特线虫等,寄生于牛、羊等反刍动物的皱胃,少见于小肠;马歇尔属的蒙古马歇尔线虫寄生于双峰驼、牛、羊等反刍兽的皱胃,马氏马歇尔线虫寄生于绵羊、山羊及羚羊的皱胃,偶见于十二指肠;古柏属常见的有等侧古柏线虫和叶氏古柏线虫,寄生于牛、羊等反刍动物的小肠、胰脏,很少见于皱胃;毛圆属常见的有蛇形毛圆线虫,寄生于牛、羊等反刍动物的小肠前部,偶见于皱胃,也可寄生于猪、犬、兔及人的胃中,艾氏毛圆线虫寄生于牛、羊、鹿等的皱胃,偶见于小肠,也见于马、驴及人的胃中,突尾毛圆线虫,寄生于绵羊、山羊、骆驼、兔及人的小肠中;细颈属常见的有奥拉奇细颈线虫、畸形细颈线虫、尖刺细颈线虫等,寄生于牛、羊等反刍动物的小肠;似细颈属常见的有长刺似细颈线虫和骆驼似细颈线虫,寄生于反刍动物的小肠。

毛圆科线虫寄生于牛、羊等反刍动物的皱胃和小肠,虫卵随粪便排到外界,在适宜的条件下大约经 1 周发育为第三期感染性幼虫。感染性幼虫可移行至牧草的茎叶上,牛、羊等反刍动物吃草时经口感染。幼虫在皱胃或小肠黏膜内发育蜕皮,第四期幼虫返回皱胃或小肠,并附在黏膜上,最后一次蜕皮,逐渐发育为成虫。

捻转血矛线虫比其他毛圆科线虫产卵多。毛圆科各属虫体第三期幼虫对外界因素的抵抗力较强。捻转血矛线虫第一期幼虫在干燥环境中可生存一年半。毛圆属线虫的第三期幼虫在潮湿的土壤中可存活 3~4 个月,且耐低温,可在牧地上越冬,越冬的数量足以使动物春季感染发病,但对高温、干燥比较敏感。奥斯特线虫的第三期幼虫比捻转血矛线虫的第三期幼虫耐寒,高寒地区,奥斯特线虫病发生较多。

牛、羊粪和土是幼虫的隐蔽场所。感染性幼虫有背地性和向光性反应,在温度、湿度和光照适宜时，幼虫就从牛、羊粪或土壤中爬到草上，环境不利时，又回到土壤中隐蔽，幼虫受土壤的庇护，得以延长其生活时间，故牧草受幼虫污染，土壤为其来源。

(2) 临诊症状与病理变化

毛圆科线虫种类较多，大多都吸食宿主的血液，而且和仰口线虫、食道口线虫、夏伯特线虫、毛首线虫等往往呈混合感染。据实验，2 000 条捻转血矛线虫在皱胃黏膜寄生时，每天可吸血达 30 mL，尚未将虫体刺破局部黏膜流失的血液计算在内。虫体吸血时或幼虫在胃肠黏膜内寄生时，都可使胃肠组织的完整性受到损害，引发局部炎症，使胃肠的消化、吸收功能降低。寄生虫的毒素作用也可干扰宿主的造血功能，使贫血更加严重。

因此，临诊可见牛、羊等反刍动物高度营养不良，渐进性消瘦、贫血、可视黏膜苍白、下颌和下腹部水肿，腹泻与便秘交替。患畜精神沉郁、食欲不振，最后可因衰竭死亡。死亡多发生在春季，与"春季高潮"和"春乏"有关。

剖检可在皱胃和小肠发现大量虫体和相应的病理变化。

(3) 诊断

结合上述临诊症状和当地的流行病学资料（如发病季节、发病牛、羊的多少、本地的优势种等），做出初步诊断。确诊要进行粪便虫卵的检查，并结合尸体剖检。粪便中虫卵的检查常用饱和盐水漂浮法，可以发现大量毛圆科线虫卵。剖检可在牛、羊的皱胃、小肠发现大量毛圆科线虫的成虫或幼虫。

(4) 治疗

应结合对症、支持疗法，可以选用如下驱虫药物：左咪唑，牛、羊按 6~10 mg/kg，一次口服，奶牛、奶羊的休药期不得少于 3 d；丙硫咪唑，10~15 mg/kg，一次口服；甲苯咪唑，10~15 mg/kg，一次口服；伊维菌素，0.2 mg/kg，一次口服或皮下注射。

(5) 预防措施

要根据当地的流行病学情况制订切实可行的措施。第一，要加强饲养管理，提高营养水平，尤其在冬、春季节应合理地补充精料和矿物质，提高畜体自身的抵抗力。注意饲料、饮水的清洁卫生，放牧牛、羊应尽可能避开潮湿地带，尽量避开幼虫活跃的时间，以减少感染机会。第二，应进行计划性驱虫。给全群牛、羊计划性驱虫，传统的方法是在春、秋各进行一次。但针对北方牧区的冬季幼虫高潮，在每年的春节前后驱虫一次，可以有效地防止"春季高潮"（成虫高潮）的到来，避免"春乏"的大批死亡，减少重大的经济损失。第三，在流行区的流行季节，通过粪便检查，经常检测牛、羊群的荷虫情况，防治结合，减少感染源，同时应对计划性或治疗性驱虫后的粪便集中管理，采用生物热发酵的方法杀死其中的病原，以免污染环境。第四，有条件的地方，可以实行划地轮牧或不同种畜间进行轮牧等，以减少牛、羊感染机会。第五，可以进行免疫预防，利用 X 线或紫外线等，将幼虫致弱后接种牛、羊，在国外已获成功。

11.10.5.2 仰口线虫病

仰口线虫病又称钩虫病，是由钩口科仰口属的牛仰口线虫和羊仰口线虫引起的以贫血为主要特征的寄生虫病。前者寄生于牛的小肠，主要是十二指肠，后者寄生于羊的小肠。该病广泛流行于我国各地，对牛、羊的危害很大，并可以引起死亡。

(1) 流行病学

成虫寄生于牛或羊的小肠，虫卵随粪便排出体外。在适宜的温度和湿度条件下，经 4~8 d 形成幼虫；幼虫从卵内逸出，经 2 次蜕化，变为感染性幼虫。感染性幼虫可经两种途径进入牛、羊体内。一是感染性幼虫随污染的饲草、饮水等经口感染，在小肠内直接发育为成虫，此过程约需

25 d；二是感染性幼虫经皮肤钻入感染，进入血液循环，随血流到达肺脏，再由肺毛细血管进入肺泡，在此进行第三次蜕化发育为第四期幼虫，然后幼虫上行到支气管、气管、咽，返回小肠，进行第四次蜕化，发育为第五期幼虫，再逐渐发育为成虫，此过程需 50~60 d。实验表明，经口感染时，幼虫的发育率比经皮肤感染时要少得多。经皮肤感染时，可以有 85% 的幼虫得到发育；而经口感染时，只有 12%~14% 的幼虫得到发育。

仰口线虫病分布于全国各地，在比较潮湿的草场放牧的牛、羊流行更严重。虫卵和幼虫在外界环境中的发育与温、湿度有密切的关系。最适宜的是潮湿的环境和 14~31 ℃ 的温度，温度低于 8 ℃，幼虫不能发育，35~38 ℃ 时，仅能发育成一期幼虫，感染性幼虫在夏季牧场上可以存活 2~3 个月，在春、秋季生活时间较长，严寒的冬季气候对幼虫有杀灭作用。

牛、羊可以对仰口线虫产生一定的免疫力，产生免疫后，粪便中的虫卵数减少，即使放牧于严重污染的牧场，虫卵数也不增高。

(2) 临诊症状与病理变化

仰口线虫的致病作用主要有吸食血液、血液流失、毒素作用及移行引起的损伤。仰口线虫以其强大的口囊吸附在小肠壁上，用切板和齿刺破黏膜，大量吸血。100 条虫体每天可吸食血液 8 mL。成虫在吸血时频繁移位，同时分泌抗凝血酶，使损伤局部血液流失。其毒素作用可以抑制红细胞的生成，使牛、羊出现再生不良性贫血。

因此，临诊可见患病牛、羊进行性贫血，严重消瘦，下颌水肿，顽固性下痢，粪便带血。幼畜发育受阻，有时出现神经症状，如后躯无力或麻痹，最后陷入恶病质而死亡。据试验，羊体内有 1 000 条虫体时，即可引起死亡。

剖检可见尸体消瘦、贫血、水肿，皮下有浆液性浸润。血凝不全。肺脏有因幼虫移行引起的淤血性出血和小点出血。心肌软化，肝脏呈淡灰色，质脆。十二指肠和空肠有大量虫体，游离于肠腔内容物中或附着在黏膜上。肠黏膜发炎，有出血点，肠壁组织有嗜酸性细胞浸润。肠内容物呈褐色或血红色。

(3) 诊断

根据上述临诊症状进行粪便检查，可以发现大量的仰口线虫卵，该虫卵形态特殊，容易辨认；剖检可以在十二指肠和空肠找到多量虫体和相应的病理变化，即可确诊。

(4) 治疗

参照毛圆线虫病。

(5) 预防措施

措施包括定期驱虫，舍饲时应保持厩舍清洁干燥、严防粪便污染饲料和饮水，避免牛、羊在低湿地放牧或休息等。

11.10.5.3 食道口线虫病

食道口线虫病是由盅口科食道口属的几种线虫（图 11-26）寄生于牛、羊等反刍动物的大肠所引起的。由于食道口线虫的幼虫可在寄生部位的肠壁上形成结节，故该病又称结节虫病。该病在我国各地的牛、羊中普遍存在，可使有病变的肠管因不能制作肠衣而降低其经济价值，严重感染时，也可降低牛、羊的生产力，给畜牧业经济造成较大的损失。

(1) 流行病学

寄生于牛、羊的食道口线虫主要有以下几种：粗纹食道口线虫主要寄生于羊的结肠；哥伦比亚食道口线虫主要寄生于羊，也寄生于牛和野羊的结肠；微管食道口线虫主要寄生于羊，也寄生于牛和骆驼的结肠；辐射食道口线虫寄生于牛的结肠；甘肃食道口线虫寄生于绵羊的结肠。

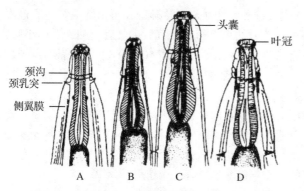

图 11-26 食道口线虫前部
A. 哥伦比亚食道口线虫　B. 微管食道口线虫
C. 粗纹食道口线虫　D. 甘肃食道口线虫

虫卵随粪便排出体外，在外界适宜的条件下，经 10~17 h 孵出第一期幼虫，经 7~8 d 蜕化 2 次变为第三期幼虫，即感染性幼虫。牛、羊摄入被感染性幼虫污染的青草和饮水而遭感染。感染后 36 h，大部分幼虫已钻入小结肠和大结肠固有层的深处，以后幼虫形成卵圆形结节，并在结节内进行第 3 次蜕化后，变为第四期幼虫。幼虫在结节内停留的时间，常因家畜的年龄和抵抗力（免疫力）而不同，短的经过 6~8 d，长的需 1~3 个月或更长，甚至不能完成其发育。幼虫从结节内返回肠腔后，经第 4 次蜕化发育为第五期幼虫，进而发育为成虫。哥伦比亚食道口线虫和辐射食道口线虫可在肠壁的任何部位形成结节。

虫卵在相对湿度 48%~50%，平均温度为 11~12 ℃ 时，可生存 60 d 以上，在低于 9 ℃ 时，虫卵不能发育。第一、二期幼虫对干燥敏感，极易死亡。第三期幼虫有鞘，抵抗力较强，在适宜条件下可存活几个月，但冰冻可使其致死。在 35 ℃ 以上时，所有的幼虫均迅速死亡。

感染性幼虫适宜于潮湿的环境，尤其是在有露水或小雨时，幼虫便爬到青草上。因此，牛、羊的感染主要发生在春、秋季，且主要侵害羔羊和犊牛。

(2) 临诊症状与病理变化

临诊症状的有无及严重程度与感染虫体的数量和机体的抵抗力有关。如 1 岁以内的羊寄生 80~90 条，年龄较大的羊寄生 200~300 条虫体时，即为严重感染。患畜初期表现为持续性腹泻，粪便呈暗绿色，有很多黏液，有时带血。慢性病例患畜则表现为便秘和腹泻交替发生，渐进性消瘦，下颌水肿，最后可因机体衰竭而死亡。

病理变化主要表现为肠的结节病变。哥伦比亚食道口线虫和辐射食道口线虫危害较大，幼虫可在小肠和大肠壁中形成结节，其余食道口线虫可在结肠壁中形成结节。结节在肠的浆膜面破溃时，可引发腹膜炎；有时可发现坏死性病变。在新形成的小结节中，常可发现幼虫，有时可发现结节钙化。

(3) 诊断

根据临诊症状，生前进行粪便检查，可检出大量虫卵，结合剖检在肠壁发现多量结节，在肠腔内找到多量虫体，即可确诊。

(4) 治疗

参照毛圆线虫病。

(5) 预防措施

预防措施包括定期驱虫、加强营养、保持饲草和饮水卫生、改善牧场环境、提高放牧技术，避免牛、羊大量摄入感染性幼虫等。

11.10.5.4 毛尾线虫病

毛尾线虫病是由毛尾科（或称毛首科）毛尾属或称毛首属的绵羊毛尾线虫、球鞘毛尾线虫等几种线虫寄生于牛、羊等反刍动物的盲肠引起的。虫体前部细长，后部短粗，整个外形像个鞭子，故又称鞭虫（图 11-27）。该病遍布全国各地，对羔羊和犊牛的危害比较严重，可引起盲肠黏膜卡他性或出血性炎症。

(1)流行病学

毛尾线虫的生活史为直接发育型。虫卵随粪便排到外界后，以外界环境的不同，经2周或数月发育为感染性虫卵。牛、羊经口感染，幼虫在肠道孵出，以细长的头部固着在肠壁内，约经12周发育为成虫。

毛尾线虫病遍布全国各地，夏、秋季感染较多。虫卵卵壳厚，对外界的抵抗力很强，自然状态下可存活5年。虫卵在20%石灰水中1 h死亡，在3%石炭酸溶液中经3 h死亡。羔羊、犊牛寄生较多，发病较严重。

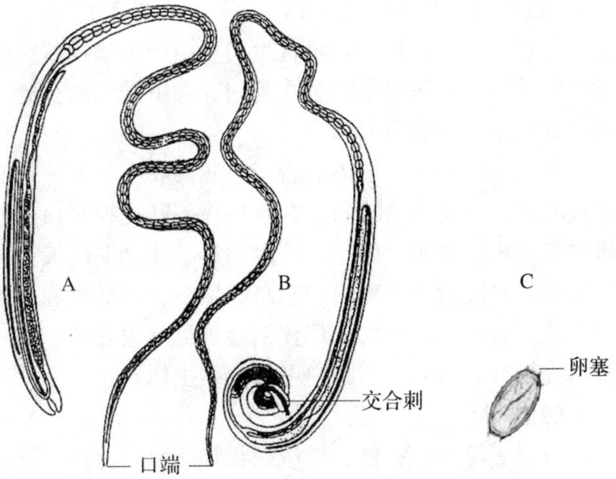

图11-27 毛尾线虫
A. 雌虫 B. 雄虫 C. 虫卵

(2)临诊症状与病理变化

牛、羊轻度感染时，无明显临诊症状。严重感染时，可出现食欲不振、消瘦、贫血、腹泻、生长发育受阻等临诊症状，有时可见下痢、粪便带血和黏液，羔羊、犊牛可因衰竭而死亡。

病变局限于盲肠。虫体细长的头部深埋在肠黏膜内，引起盲肠慢性卡他性炎症。严重感染时，盲肠黏膜有出血性坏死、水肿和溃疡。组织学检查，可见局部淋巴细胞、浆细胞、嗜酸性粒细胞浸润。盲肠黏膜上有多量虫体。

(3)诊断

根据临诊症状，进行粪便检查，可发现大量金黄色、腰鼓状，两端有卵塞的虫卵可以确诊（图11-27）。剖检时发现多量虫体和相应的病变，也可确诊。

(4)防制

治疗参照毛圆线虫病。预防措施包括定期驱虫、加强粪便管理、保持饲草和饮水卫生等。

11.10.5.5 钩虫病

钩虫病是由钩口属线虫和弯口属线虫的一些虫种感染犬、猫而引起的，是犬、猫较为常见的重要线虫之一。

有些虫种也寄生于狐狸。主要寄生虫种为犬钩口线虫、巴西钩口线虫和狭首弯口线虫，虫体均寄生于小肠内，以十二指肠为多。钩虫病发病甚广，多发生于热带和亚热带地区，在我国华东、中南、西北和华北等温暖地区广泛流行。

(1)流行病学

虫卵随粪便排出体外，在适宜温度和湿度下，一周内发育为感染性幼虫。本病一般危害1岁以内的幼犬和幼猫，成年动物多由于年龄免疫而不发病。其感染途径有三：其一，感染性幼虫经皮肤侵入，进入血液，经心脏、肺脏、呼吸道、喉头、咽部、食道和胃而进入小肠内定居，此途径较为常见；其二，经口感染，犬、猫食入感染性幼虫，幼虫侵入食道等处黏膜进入血循环（哺乳幼犬的一个重要感染方式是吮乳感染，源于隐匿在母犬体组织内虫体）；其三，经胎盘感染，幼虫移行至肺静脉，经体循环进入胎盘，从而使胎犬感染，此途径少见。弯口属线虫多以经口感染为主，幼虫移行一般不经肺。潮湿、阴暗的畜舍有利于本病的流行。

(2)临诊症状与病理变化

幼虫侵入、移行和成虫寄生均可引起临诊症状。幼虫钻入皮肤时可引起瘙痒、皮炎,也可继发细菌感染,其病变常发生在趾间和腹下被毛较少处。幼虫移行阶段:一般不出现临诊症状,有时大量幼虫移至肺引起肺炎。

成虫寄生阶段:虫体吸着于小肠黏膜上,不停地吸血,同时不停地从肛门排血,而且虫体分泌抗凝素,延长凝血时间,并且虫体不断变换吸血部位,造成动物大量失血,因此,急性感染病例主要表现为贫血、倦怠、呼吸困难,哺乳期幼犬更为严重,常伴有血性或黏液性腹泻,粪便呈柏油状。血液检查可见白细胞总数增多,嗜酸性粒细胞比例增大,血色素下降,病畜营养不良,严重感染者可引起死亡。尸体剖检可见黏膜苍白,血液稀薄,小肠黏膜肿胀,黏膜上有出血点,肠内容物混有血液,小肠内可见许多虫体。

(3)诊断

根据流行病学资料、临诊症状和病原学检查来进行综合诊断。临诊症状主要有:贫血,黑色柏油状粪便,肠炎和有低蛋白血症病史。病原检查方法主要有:粪便漂浮法检查虫卵和贝尔曼法分离犬、猫栖息地土壤或垫草内的幼虫。剖检发现虫体。雄虫长 9~12 mm,交合伞各叶及腹肋排列整齐对称,交合刺二根等长。雌虫长 10~21 mm,阴门开口于虫体后 1/3 前部,尾端尖锐呈细刺状。虫卵钝椭圆形,大小 60 μm×40 μm,无色,内含数个卵细胞。

(4)治疗

常见的驱线虫药均可用于犬、猫钩虫病的治疗。详见蛔虫病。

(5)预防措施

①及时清理粪便,并进行生物热处理。
②注意清洁卫生,保持犬、猫舍的干燥。
③日光直射、干燥或加热杀死幼虫。
④用硼酸盐处理动物经常活动的路面。
⑤用火焰或蒸气杀死动物经常活动地方的幼虫。
⑥尽量保护怀孕和哺乳动物,使其不接触幼虫。
⑦定期驱虫。

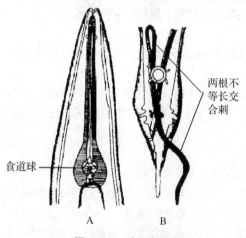

图 11-28　鸡异刺线虫
A. 虫体前端　B. 雄虫尾部腹面

11.10.6　鸡异刺线虫病

鸡异刺线虫病是由鸡异刺线虫(图 11-28)寄生于鸡的盲肠内引起的疾病,在鸡群中普遍存在,分布于世界各地。其他禽、鸟类也有异刺线虫寄生,但病原各不相同。

(1)致病作用和临诊症状

异刺线虫寄生在肠黏膜上,能机械性的损伤盲肠组织,引起盲肠炎和下痢,盲肠肿大,肠壁增厚和形成结节。同时虫体分泌毒素和代谢产物使宿主中毒。患鸡食欲减退,营养不良,发育停滞,严重者可引起死亡。

异刺线虫是火鸡组织滴虫的传播者,当鸡体内同时寄生有这两种虫体时,组织滴虫可侵入异刺线虫的卵内,并随卵排出体外,鸡在啄食这种虫卵时,可同时感染两种寄生虫。

(2) 诊断

粪便中发现虫卵，或剖检时在盲肠发现虫体即可确诊。

(3) 预防措施

参照禽蛔虫病的预防措施。

11.11　动物棘头虫病

11.11.1　棘头虫概述

11.11.1.1　棘头虫形态和构造

(1) 外形和体壁

虫体一般呈椭圆、纺锤或圆柱形等不同形态。大小为 1~65 cm，多数在 25 cm 左右。虫体由细短的前体和较粗长的躯干组成。体表常由于吸收宿主的营养，特别是脂类物质而呈现红、橙、褐、黄或乳白色。

体壁由 5 层固有体壁和 2 层肌肉组成。体壁分别由上角皮、角皮、条纹层、覆盖层、辐射层组成，各层之间均由结缔组织支持和粘连。角皮中密集的小孔具有从宿主肠腔吸收营养的功能。条纹层的小管作为运送营养物质的导管，将营养物质运送到覆盖层的腔隙系统。条纹层和覆盖层的基质可能具有支架作用。辐射层和其中的许多线粒体，具有深皱襞的原浆膜及其皱襞盲端的脂肪滴，是体壁最有活力的部分，被吸收的化合物在那里进行代谢，原浆膜皱襞具有运送水和离子的功能。肌层里面是假体腔，无体腔膜。

(2) 排泄器官

由一对位于生殖系统两侧的原肾组成，包含有许多焰细胞和收集管，收集管通过左右原肾管汇合成一个单管通入排泄囊，再连接于雄虫的输精管或雌虫的子宫而与外界相通。

(3) 神经系统

中枢部分是位于吻鞘内收缩肌上的中央神经节，从这里发出能至各器官组织的神经。在颈部两侧有一对感觉器官，即颈乳突。雄虫的一对性神经节和由它们发出的神经分布在雄茎和交合伞内。雌虫没有性神经节。

(4) 生殖系统

雄性生殖系统　雄虫含两个前后排列的圆形或椭圆形睾丸，包裹在韧带囊中，附着于韧带索上。每个睾丸连接一条输出管，两条输出管汇合成一条输精管。睾丸的后方有黏液腺、黏液囊和黏液管；黏液管与射精管相连。再下为位于虫体后端的一肌质囊状交配器官，其中包括一个雄茎和一个可以伸缩的交合伞。

雌性生殖系统　雌虫的生殖器官由卵巢、子宫钟、子宫、阴道和阴门组成。卵巢在背韧带囊壁上发育，以后逐渐崩解为卵球或浮游卵巢。子宫钟呈倒置的钟形，前端为一大的开口，后端的窄口与子宫相连；在子宫钟的后端有侧孔开口于背韧带囊或假体腔。子宫后接阴道；末端为阴门。

11.11.1.2　基本发育过程

棘头虫为雌雄异体，雌雄虫交配受精。交配时，雄虫以交合伞附着于雌虫后端，雄虫向阴门内射精后，黏液腺的分泌物在雌虫生殖孔部形成黏液栓，封住雌虫后部，以防止精子逸出。卵细胞从卵球破裂出来以后，进行受精；受精卵在韧带囊或假体腔内发育。虫卵被吸入子宫钟内，未成熟的虫卵，通过子宫钟的侧孔流回假体腔或韧带囊中；成熟的虫卵由子宫钟入子宫，经阴道，自阴门排出体外。成熟的卵中含有幼虫，称为棘头蚴，其一端有一圈小钩，体表有小刺，中央部为有小核的团块。棘头虫的发育需要中间宿主，中间宿主为甲壳类动物和昆虫。排到自然界的虫卵被中间宿主吞咽后，在肠内孵化，其后幼虫钻出肠壁，固着于体腔内发育，先变为棘头体，而后变为感染性幼虫——棘头囊。终末宿主因摄食含有棘头囊的节肢动物而受感染。在某些情况下，棘头虫的生活史中可能有搬运宿主或贮藏宿主，它们往往是蛙、蛇或蜥蜴等脊椎动物。

11.11.2 猪大棘头虫病

猪大棘头虫病是由蛭形巨吻棘头虫（图11-29）寄生于猪的小肠引起的。也可寄生于野猪、猫和犬，偶见于人。我国各地普遍流行。

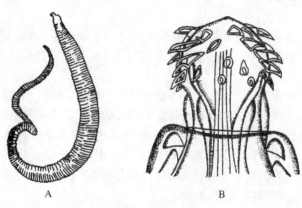

图 11-29　蛭形巨吻棘头虫
A. 雌虫全形　B. 吻突

(1) 流行病学

棘头虫雌虫在猪小肠内产卵，一条雌虫每天可排卵25 000个以上，卵随粪便排出体外，虫卵对外界环境的抵抗力很强，在高温、低温以及干燥或潮湿的气候下均可长时间存活。卵被中间宿主金龟子等甲虫吞食后，在其体内发育至感染期，猪吞食金龟子后，虫体脱囊，以吻突固着于肠壁上，经3~4个月发育为成虫。

本病呈地方性流行，主要感染8~10个月龄猪，流行严重的地区感染率可高达60%~80%。感染季节与金龟子的活动季节一致。金龟子一般出现在早春至6、7月，因此每年春夏为猪感染棘头虫的感染季节，放牧猪比舍饲猪感染率高。后备猪比仔猪感染率高。

(2) 临诊症状与病理变化

棘头虫的吻突固着于肠壁上，造成肠壁损伤、发炎和坏死。临诊可见患猪食欲减退，下痢，粪便带血，腹痛。若虫体固着部位发生脓肿或肠壁穿孔时，症状更为严重，出现全身症状。体温升高，腹痛，食欲废绝，卧地，多以死亡而告终。一般感染时，多因虫体吸收大量养料和虫体的排泄毒物，使患猪贫血，消瘦和发育迟缓。

剖检时，病变集中在小肠。在空肠和回肠的浆膜面可见灰黄色或暗红色的小结节。肠黏膜发炎，肠壁增厚，有溃疡病灶。肠腔内可见虫体。严重感染时可能出现肠壁穿孔，引起腹膜炎。

(3) 诊断

根据流行病学资料、临诊症状和粪便中检出虫卵即可确诊。虫体外形似猪蛔虫。呈乳白色或淡红色，长圆柱形，前部较粗，后部较细。体表有横纹。雄虫长 70~150 mm，呈长逗点状。雌虫长 300~680 mm。卵呈长椭圆形，深褐色，两端稍尖，大小为(89~100) μm×(42~56) μm。

(4) 防制

治疗可用左咪唑和丙硫苯咪唑。用量参见猪蛔虫病。预防措施包括：定期驱虫，消灭感染源；对粪便进行生物热处理，切断感染源；改放牧为舍饲，消灭环境中的金龟子。

11.12　动物蜘蛛昆虫病

11.12.1　蜘蛛昆虫概述

动物蜘蛛昆虫所涉及的是动物医学有关的节肢动物。节肢动物是脊椎动物，是动物界中种类最多的一门，占已知 120 多万种动物的 87% 左右，大多数营自由生活，只有少数危害动物和植物而营寄生生活。主要是蛛形纲和昆虫纲的节肢动物。

11.12.1.1　节肢动物的形态特征

虫体左右对称，躯体和附肢(如足、触角、触须等)既分支，又是对称结构；体表由几丁质及其他无机盐沉着而成，称为外骨骼，具有保护内部器官和防止水分蒸发的功能，与内壁所附肌肉共同完成动作，当虫体发育中体形变大时则必须蜕去旧表皮而产生新的表皮，这一过程称为蜕皮。

(1) 蛛形纲

躯体呈椭圆形或圆形，分头胸和腹两部，或者头、胸、腹融合。假头突出在躯体前或位于躯体前端腹面，由口器和假头基组成，口器由 1 对螯肢、1 对须肢、1 个口下板组成。成虫有足 4 对。有的有单眼。在体表一定部位有几丁质硬化而形成的板或颗粒样结节。以气门或书肺呼吸。

(2) 昆虫纲

昆虫纲主要特征是身体分为头、胸、腹三部，头上有触角 1 对，胸部有足 3 对，腹部无附肢。

头部　有眼、触角和口器。绝大多数为 1 对复眼，有许多六角形小眼组成，为主要的视觉器官。有的也为单眼。触角着生于头部前面的两侧。口器是昆虫的摄食器官，由于昆虫的采食方式不同，其口器的形态和构造也不相同。兽医昆虫主要有咀嚼式、刺吸式、刮舐式、舐吸式及刮吸式 5 种口器。

胸部　胸部分前胸、中胸和后胸，各胸节的腹面均有足一对，分别称前足、中足和后足。多数昆虫的中胸和后胸的背侧各有翅 1 对，分别称前翅和后翅。双翅目昆虫仅有前翅，后翅退化为平衡棒。有些昆虫翅完全退化，如虱、蚤等。

腹部　腹部由 8 节组成，但有些昆虫的腹节互相愈合，通常可见的节数没有那么多，如蝇类只有 5~6 节。腹部最后数节变为雌雄外生殖器。

内部　体腔为混合体腔，因其充满血液，所以又称血腔。多数利用鳃、气门或书肺来进行气体交换。具有触、味、嗅、听觉及平衡器官，具有消化和排泄系统。雌雄异体，有的为雌雄异形。

11.12.1.2　基本发育过程

蛛形纲的虫体为卵生，从卵孵出的幼虫，经过若干次蜕皮变为若虫，在经过蜕皮变为成虫，其间在形态和生活习性上基本相似。若虫和成虫在形态上相同，只是体形小和性器官尚未成熟。

昆虫纲的昆虫多为卵生，极少数为卵胎生。发育具有卵、幼虫、蛹、成虫4个形态与生活习性都不同的阶段，这一类称为完全变态；另一类无蛹期，称为不完全变态。发育过程中都有变态和蜕皮现象。

11.12.2 硬蜱病

（1）病原

硬蜱是指硬蜱科的蜱，又称扁虱、牛虱、草爬子等。硬蜱分布广泛，种类繁多，已知有800余种，我国记载有104种。与动物医学关系最大的有硬蜱属、璃眼蜱属、血蜱属、革蜱属、肩头蜱属和牛蜱属6个属。硬蜱呈长椭圆形，红褐色，背腹扁平，背面有几丁质的盾板，眼1对或缺，气门板1对。头、胸、腹融合，不易分辨。按其外部附器的功能与位置，可分为假头和躯体两部分（图11-30）。吸饱血后的硬蜱，雌雄虫体的大小差异很大，雌蜱吸饱血后形如赤豆或花生米般大小，明显大于雄蜱。

硬蜱除寄生于各种动物体表直接损伤和吸血外，还常常成为多种重要的传染病和寄生虫病的传播者。

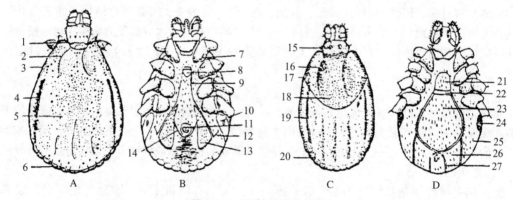

图 11-30 硬蜱的外部结构

A. 雄扇头蜱（背面观） B. 雄扇头蜱（腹面观） C. 雌扇头蜱（背面观） D. 雌扇头蜱（腹面观）
1. 头基背角　2、16. 颈沟　3、17. 眼　4、19. 侧沟　5、18. 盾板　6、20. 缘垛　7. 基节外侧
8、22. 生殖孔　9. 生殖沟　10、24. 气门板　11. 肛门　12. 副肛侧板　13、26. 肛侧板
14. 肛后沟　15. 多孔区　21. 生殖前板　23. 中央板　25. 侧板　27. 肛前沟

（2）生活史

硬蜱发育要经过变态，包括卵、幼蜱、若蜱和成蜱4个阶段。雌蜱吸饱血后离开宿主产卵，虫卵呈卵圆形，黄褐色，胶着成团，经2～4周孵出幼蜱。几天后幼蜱侵袭宿主吸血，蛰伏一定时间后蜕皮变为若蜱，若蜱再吸血后蜕皮变成成蜱。在硬蜱整个发育过程中，需要2次蜕皮和3次吸血期。根据硬蜱各发育阶段吸血是否更换宿主分为3种类型：

一宿主蜱　蜱在一个宿主体内完成幼虫至成虫的发育，如微小牛蜱。

二宿主蜱　蜱的幼虫和若虫在一个宿主体上吸血，而成虫在另一个宿主体上吸血，如残缘璃眼蜱。

三宿主蜱　蜱的幼虫、若虫和成虫分别在3个宿主体上吸血，饱血后都需要离开宿主落地蜕皮或产卵，如硬蜱属、血蜱等。

蜱类在各发育阶段不仅对温度、湿度等气候变化有不同程度的适应能力，而且有较强的耐饥能力。

(3) 流行病学

在我国硬蜱科蜱的分布随各地的气候、地理、地貌等自然条件不同而不同，有的蜱分布于深山草坡及丘陵地带，有的分布于森林及草原，也有的栖息于家畜圈舍及家畜停留处。一般成蜱在石块下或地面缝隙内越冬，各蜱的活动季节也随蜱科的不同而不同，一般2月末至11月中旬都有蜱活动在畜体上。羊被蜱侵袭，多发生于放牧采食过程中，寄生部位主要在被毛短少部位。

(4) 主要危害

硬蜱侵袭羊体后，由于吸血时口器刺入皮肤可造成局部损伤，组织水肿，出血，皮肤肥厚。有的还可继发细菌感染引起化脓、肿胀和蜂窝组织炎等。当幼羊被大量硬蜱侵袭时，由于过量吸血，加之硬蜱的唾液内的毒素进入机体后破坏造血器官，溶解红细胞，形成恶性贫血，使血液有形成分急剧下降。此外，由于硬蜱唾液内的毒素作用，有时还可出现神经症状及麻痹，造成"蜱瘫痪"。

蜱是细菌、病毒、立克次体、原虫病蠕虫幼虫等病原体的传播者（或媒介），在动物流行病学上具有重要意义。例如，软蜱可传播鸡螺旋体病和绵羊隐藏泰勒焦虫病；硬蜱可传播双芽巴贝斯虫病、环形泰勒虫病和边虫病等。此外，尚能传播马脊髓炎、森林脑炎、炭疽、布鲁氏菌病、土拉伦斯菌病及立克次体病等。可造成大批家畜死亡。

(5) 治疗

皮下注射阿维菌素，剂量0.2 mL/kg；可选用0.05%双甲脒、0.1%马拉硫磷、0.1%新硫磷、0.05%毒死蜱、0.05%地亚农、1%西维因、0.0015%溴氰菊酯、0.003%氟苯醚菊酯；药液喷涂可使用1%马拉硫磷、0.2%辛硫酸、0.25%倍硫磷等乳剂喷涂畜体，羊每次200 mL，每隔3周处理1次。

(6) 预防措施

人工捕捉或用器械清除羊体表寄生的蜱。消灭圈舍内的蜱，有些蜱可在圈舍的墙壁、缝隙、洞穴中栖息，可选用药物喷洒或粉刷后，再用水泥、石灰等堵塞。消灭大自然中的蜱，根据具体情况可采取轮牧，相隔1~2年时间，牧地上的成虫即可消灭。

11.12.3 疥螨病

本病是由疥螨科疥螨属的疥螨寄生于动物皮肤内所引起的皮肤病。又称"癞"。主要特征为剧痒、脱毛、皮炎、高度传染性等。

(1) 病原与生活史

认为只有人疥螨1个种，但可分为不同的亚种（变种），形态极其相似，但在生物学和致病性上有差异。各亚种的命名以宿主名称命名，主要有马疥螨、牛疥螨、猪疥螨、山羊疥螨、绵羊疥螨、兔疥螨、犬疥螨、驼疥螨等，宿主特异性并不十分严格。

疥螨，虫体微黄色，大小为0.2~0.5 mm。呈龟形，背面隆起，腹面扁平。口器呈蹄铁形，为咀嚼式。肢粗而短，第3、4对不突出体缘。雄虫第1、2、4对肢末端有吸盘，第3对肢末端有刚毛。雌虫第1、2对肢端有吸盘，第3、4对肢有刚毛。吸盘柄长，不分节（图11-31）。

疥螨属于不完全变态类，其发育过程包括卵、幼虫、若虫和成虫4个阶段。疥螨的幼虫、稚虫（若虫）和成虫均寄生于皮肤内，生活史都是在皮肤内完成的。从卵发育为成虫需8~15 d。雌虫的寿命为4~5周。

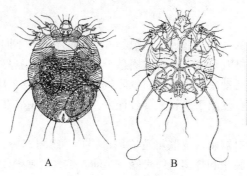
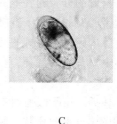

图 11-31　疥螨
A. 雌虫　B. 雄虫　C. 虫卵

(2) 流行病学

多种哺乳动物，如羊、猪、牛、骆驼、马、犬、猫、兔等，尤以山羊和猪多发。通过动物直接接触或通过被污染的物品及工作人员间接接触传播。动物舍潮湿、饲养密度过大、皮肤卫生状况不良时容易发病。尤其在秋末以后，毛长而密，阳光直射动物时间减少，皮温恒定，湿度增高，有利于螨的生长繁殖。在夏季，天气干燥，空气流通，阳光充足，病势即随之减轻，但感染者仍为带虫者。秋冬季节，尤其是阴雨天气，蔓延最快，发病强烈。幼龄动物易患螨病且病情较重，成年动物有一定的抵抗力，但往往成为感染来源。

(3) 临诊症状与病理变化

疥螨多寄生于皮肤薄、被毛短而稀少的部位。各种动物的寄生部位有所不同，山羊主要发生于口周围、眼圈、鼻梁和耳根部，可蔓延到全身。绵羊主要在头部，也可扩大到全身。猪一般起始于头部，以后蔓延到背部、躯干两侧及后肢内侧。牛主要在面部、颈部、背部、尾根，严重时可扩大至全身。兔多在头部和脚爪部。马可遍及全身。

螨直接刺激动物体，分泌有毒物质刺激神经末梢，使皮肤发生剧痒。当动物进入温暖圈舍或运动后皮温增高时，痒觉更加剧烈。动物擦痒或啃咬患处，使局部损伤、发炎、形成水泡和结节，局部皮肤增厚和脱毛。局部损伤感染后成为脓疱，水泡和脓疱破溃，流出渗出液和脓汁，干涸后形成黄色痂皮。病情继续发展，破坏毛囊和汗腺，表皮角质化，结缔组织增生，皮肤变厚，失去弹性，形成皱褶和龟裂。脱毛处不利于螨的生长发育，便逐渐向四周扩散，使病变不断扩大，甚至蔓延全身。动物表现烦躁不安，影响采食、休息和消化机能。冬季发生脱毛，体温放散，使脂肪大量消耗，逐渐消瘦，甚至衰竭死亡。潜伏期 2~4 周，病程可持续 2~4 个月。

(4) 诊断

对有临诊症状表现的动物，刮取病变交界处的新鲜痂皮直接检查。或放入培养皿中，置于灯光下照射后检查。虫体较少时，可将刮取的皮屑放入试管中，加入 10% 氢氧化钠（或氢氧化钾）溶液，浸泡 2 h，或煮沸数分钟，然后离心沉淀，取沉渣镜检虫体。

(5) 治疗

牛、羊可选用以下药物：

溴氰菊脂（倍特），500 mg/kg，喷淋或药浴。

二嗪农（螨净），250 mg/kg，喷淋或药浴。

巴胺磷，200 mg/kg，药浴。

辛硫磷，500 mg/kg，药浴。

3%敌百虫溶液患部涂擦。

伊维菌素或阿维菌素，0.2 mg/kg，皮下注射。

猪除用上述外用药外，还可选用伊维菌素或爱比菌素注射液，0.3 mg/kg，1次皮下注射。多拉菌素注射液，0.3 mg/kg，1次肌内注射。对猪要反复用药才能治愈。

患病动物较多时，应先进行少数动物试验，然后再大批使用。涂擦给药时，每次涂药面积不应超过体表面积的1/3，以免中毒。多数杀螨药对卵的作用较差，故应间隔5~7 d重复用药。

(6) 预防措施

螨病的预防尤为重要，发病后再治疗，往往损失很大。定期进行动物体检查和灭螨，流行区的群养动物，无论是否发病，均要定期用药；圈舍保持干燥，光线充足，通风良好，动物群密度适宜；引进动物要进行严格检查，疑似动物应及早确诊并隔离治疗；被污染的圈舍及用具用杀螨剂处理；患螨病的羊毛妥善放置和处理，以防止病原扩散；防止通过饲养人员或用具间接传播。

11.12.4 蠕形螨病

本病是由蠕形螨科蠕形螨属的各种蠕形螨寄生于动物及人的毛囊和皮脂腺引起的疾病。又称"脂螨"或"毛囊虫"。各种蠕形螨均有其专一宿主，互不交叉感染。主要特征为脱毛、皮炎、皮脂腺炎和毛囊炎等。

(1) 病原

蠕形螨，呈半透明乳白色，体长0.25~0.3 mm，宽约0.04 mm。身体细长，外形上可分为头、胸、腹3个部分。胸部有4对很短的足；腹部长，有横纹；口器由1对须肢、1对螯肢和1个口下板组成。主要有犬蠕形螨、牛蠕形螨、山羊蠕形螨、绵羊蠕形螨、猪蠕形螨（图11-32）、马蠕形螨、人毛囊蠕形螨、皮脂蠕形螨等。

(2) 流行病学

蠕形螨多寄生在皮肤的毛囊和皮脂腺内，并在此完成生活史，整个生活史共需24 d。多寄生于犬、羊、牛、猪、马等动物及人。以犬最多，一般正常的犬、猫体表有少量蠕形螨存在，当机体应激或抵抗力下降时，大量繁殖，引发疾病。其传播方式不完全清楚，动物之间的直接接触可能是传播方式之一。通过动物直接接触或通过饲养人员和用具间接接触传播。皮肤卫生差、环境潮湿、通风不良、应激状态、免疫力低下等原因，可诱发本病发生。

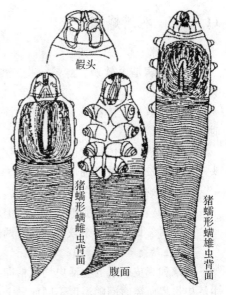

图 11-32 猪蠕形螨

(3) 临诊症状与病理变化

犬主要多发生在眼、唇、耳和前腿内侧的无毛处，局部有1~5个小的和周围界限分明的红斑状的病变，痒感不强烈。开始为鳞屑型，患部脱毛，皮肤肥厚，发红并复有糠皮状鳞屑，随后皮肤变红铜色。后期伴有化脓菌侵入，患部脱毛，形成皱褶，生脓疱，流出的淋巴液干涸成为痂皮，重者因贫血及中毒而死亡。

山羊多发生于肩胛、四肢、颈、腹等处。皮下有结节，有时可挤压出干酪样内容物。成年羊较幼年羊症状明显。

牛多发生于头、颈、肩、背、臀等处。形成粟粒至核桃大疖疮,内含淀粉状或脓样物,皮肤变硬、脱毛。

猪多发生于眼周围、鼻和耳,逐渐蔓延。痛痒轻微,病变部皮肤增厚、结节或脓疱。

(4) 诊断

根据临诊症状及皮肤结节和镜检脓疱内容物发现虫体确诊。方法与疥螨病诊断部分相同;成虫蠕形,长为 200~400 μm,有 4 对短粗的足,口器小,体表无毛。吻突小而钝,有针状的螯肢和被压缩的须肢节。雄虫的阴茎在背面的前部;雌虫的生殖孔位于第 4 对足之间。

(5) 治疗

局部治疗或药浴时,患部剪毛,清洗痂皮,然后涂擦杀螨药或药浴。

犬局部病变时,可应用鱼藤酮、苯甲酸苄酯或过氧化苯甲酰凝胶等杀螨剂处理。1% 伊维菌素,0.2 mg/kg,1 次皮下注射,10 d 后再注射 1 次。有深部化脓时,配合用抗生素。

羊可用伊维菌素,0.2 mg/kg,1 次皮下注射;或用双甲脒,250 mg/kg,患部涂擦,7~10 d 后再用 1 次。

(6) 预防措施

对患病动物进行隔离治疗;圈舍用二嗪农等喷洒处理,保持干燥和通风;犬患全身性蠕形螨病时不宜繁殖后代。

11.12.5 鸡蜱螨病

(1) 病原

鸡蜱螨病是由软蜱、膝螨、皮刺螨等多种蜱螨引起的一类外寄生虫病。主要有以下 5 种病原:

波斯锐缘蜱　体扁平,卵圆形,前部钝窄,后部宽圆,吸血后虫体呈红色乃至青黑色,饥饿时为黄褐色。

鸡皮刺螨　虫体呈黄色,吸血后变为红色或褐色。体椭圆形,后部稍宽,体表密布细毛,假头和附肢细长,螯肢呈细针状(图 11-33)。

突变膝螨　虫体灰白色,近圆形,虫体背面的褶襞呈鳞片状,尾端有 1 对长毛。

鸡膝螨　虫体与突变膝螨相似,但较小(图 11-34)。

双梳羽管螨　虫体柔软而狭长,两侧几乎平行,乳白色。

(2) 生活史

膝螨和鸡皮刺螨的生活史均包括卵、幼螨、若螨和成螨 4 个阶段。膝螨和鸡皮刺螨完成一个生活史过程所需时间随温度不同而异,在夏季最快为 1 周,较寒冷天气要 2~3 周。

(3) 临诊症状

鸡皮刺螨　白天隐藏在鸡舍地板、墙壁、天花板等裂缝内,夜晚则成群爬行于鸡体上,吮吸血液,影响鸡休息,出现贫血、消瘦,生长发育缓慢,成鸡产蛋量下降。在密集型的笼养鸡群,极易发生本病。

突变膝螨　通常寄生于鸡腿上的无毛处及脚趾部,引起足部炎症,皮肤增生,变粗糙,有渗出液溢出,干燥后形成灰白色痂皮,因此本病又称"石灰脚"病。

鸡膝螨　寄生于羽毛根部,可引起皮肤发炎及羽毛脱落。

双梳羽管螨　寄生于鸡飞羽羽管中,可损伤羽毛。

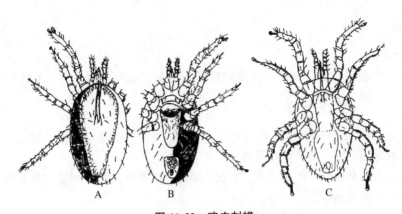

图 11-33　鸡皮刺螨
A. 雌虫背面　B. 雌虫腹面　C. 雄虫腹面

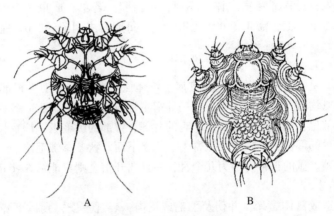

图 11-34　膝螨成虫
A. 膝螨雄虫腹面观　B. 膝螨雌虫背面观

波斯锐缘蜱　幼蜱、若蜱及成蜱群居于鸡舍的墙、地板等缝隙中,夜间活动,吮吸鸡血液,影响鸡休息,感染严重时可引起鸡消瘦、贫血及生产性能下降。

(4) 治疗

发生蜱螨病的鸡群,可用拟除虫菊酯类药喷洒鸡体、垫料、鸡舍、槽架等,如溴氰菊酯或杀灭菊酯(戊酸氰醚酯、速灭杀丁)。治疗鸡群林禽刺螨需间隔5~7 d连续2次,要确保药物喷至皮肤。

在鸡体患部涂擦70%酒精、碘酊或5%硫磺软膏,效果良好。涂擦1次即可杀死虫体,病灶逐渐消失,数日后痊愈。

(5) 预防措施

应治疗鸡体和处理鸡舍同时进行,处理鸡舍时应将鸡撤出。认真检查进出场人员、车辆等,防止携带虫体;不同鸡舍之间应禁止人员和器具的流动;防止鸟类进入鸡舍;经常更换垫草并烧毁;避免在潮湿的草地上放鸡。

11.12.6 虱病

11.12.6.1 禽羽虱

寄生于家禽体表的羽虱分别属于长角羽虱科和短角羽虱科的虫体。主要特征为禽体瘙痒，羽毛脱落，食欲下降，生产力降低。

(1) 病原

羽虱体长 0.5~1 mm，体型扁而宽或细长形。头端钝圆，头部宽度大于胸部。咀嚼式口器。触角分节。雄性尾端钝圆，雌性尾端分两叉。

鸡羽虱主要有长羽虱属广幅长羽虱、鸡翅长羽虱；圆羽虱属鸡圆羽虱；角羽虱属鸡角羽虱；鸡虱属鸡羽虱；体虱属鸡体虱。

鸭鹅羽虱主要有鹅鸭虱属细鹅虱、细鸭虱；鸭虱属鹅巨毛虱、鸭巨毛虱。

(2) 生活史

禽羽虱的全部发育过程都在宿主体上完成，包括卵、若虫、成虫 3 个阶段，其中若虫有 3 期。虱卵成簇附着于羽毛上，需 4~7 d 孵化出若虫，每期若虫间隔约 3 d。完成整个发育过程约需 3 周。

(3) 生活习性

大多数羽虱主要是啮食宿主的羽毛和皮屑。鸡体虱可刺破柔软羽毛根部吸血，并嚼咬表皮下层组织。每种羽虱均有其一定的宿主，但一种宿主常被数种羽虱寄生。各种羽虱在同一宿主体表常有一定的寄生部位，鸡圆羽虱多寄生于鸡的背部、臀部的绒毛上；广幅长羽虱多寄生于鸡的头、颈部等羽毛较少的部位；鸡翅长羽虱寄生于翅膀下面。秋冬季绒毛浓密，体表温度较高，适宜羽虱的发育和繁殖。虱的正常寿命为几个月，一旦离开宿主则只能活 5~6 d。

(4) 主要危害

虱采食过程中造成禽体瘙痒，并伤及羽毛或皮肉，表现不安，食欲下降，消瘦，生产力降低。严重者可造成雏鸡生长发育停滞，体质日衰，导致死亡。

(5) 治疗与预防措施

参照禽螨病。

11.12.6.2 猪血虱

寄生于猪体表的血虱是血虱科血虱属的猪血虱。主要特征为猪体瘙痒。

(1) 病原

猪血虱，扁平而宽，灰黄色。雌虱长 4~6 mm，雄虱长 3.5~4 mm。身体由头、胸、腹 3 部分组成。头部狭长，前端是刺吸式口器。有触角 1 对，分 5 节。胸部稍宽，分为 3 节，无明显界限。每一胸节的腹面，有 1 对足，末端有坚强的爪。腹部卵圆形，比胸部宽，分为 9 节。虫体胸、腹每节两侧各有 1 个气孔。

(2) 生活史

虱的发育为不完全变态，其发育过程包括卵、若虫和成虫。雌、雄虫交配后，雌虱吸饱血后产卵，用分泌的黏液附着在被毛上。虫卵孵化出若虫，若虫与成虫相似，只是体形较小，颜色较光亮，无生殖器官。若虫采食力强，生长迅速，经 3 次蜕化发育为成虫。虫卵孵出若虫需 12~15 d；若虫蜕化 1 次需 4~6 d；若虫发育为成虫需 10~14 d。雌虫每次产卵 3~4 个，产卵持续期 2~3 周，一生共产卵 50~80 个。雌虫产完卵后即死亡，雄虫生活期更短。血虱离开猪体仅能生存 5~7 d。

(3) 流行病学

直接接触或通过饲养人员和用具间接接触传播。以寒冷季节感染严重，与冬季舍饲、拥挤、运动少、褥草长期不换、空气湿度增加等因素有关。在温暖季节，由于日晒、干燥或洗澡而减少。

(4) 主要危害

血虱以吸食猪血液为生，耳根、颈下、体侧及后肢内侧最多见。猪经常擦痒，烦躁不安，导致饮食减少，营养不良和消瘦。仔猪尤为明显。当毛囊、汗腺、皮肤腺遭受破坏时，导致皮肤粗糙落屑，机能损害，甚至形成皲裂。

(5) 诊断

在猪体表发现虫体即可诊断。

(6) 防制

可用敌百虫、螨净、伊维菌素等进行治疗。平时对猪体应经常检查，发现猪血虱，应全群用药物杀灭虫体。

11.12.6.3 犬猫虱病

犬的虱病是由犬啮毛虱(图11-35)引起。此虱为世界分布，也是犬复孔绦虫的传播者。猫虱病是由近喙状猫毛虱引起的，此虱一般只引起一些老猫、病猫和野猫发病。

(1) 流行病学

虱的传染性强。通过直接接触或间接接触(如用具，人的携带)传播。

犬啮毛虱　外形短宽，长约2.0 mm，黄色并带有黑斑。雌虱一生约生活309 d，每天产几枚卵。卵粘在被毛基部。1~2周后孵化，幼虫蜕3次皮，经2周后发育为成虱。整个生活史需3~4周。成虱以组织碎片为食，如离开宿主，3~7 d后就会死亡。

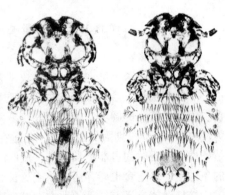

图 11-35　犬毛虱雄(左)、雌(右)虫

近状猫毛虱　颜色为黄色到棕褐色，长1.0~1.5 mm。卵产在被毛上，经10~20 d后孵化，2~3周后发育为成虫。整个生活史需3~6周，虱以皮肤碎屑为食。成虫可存活2~3周，但离开宿主后只能存活几天。

(2) 临诊症状

发病通常和不注意管理、动物衰弱和卫生条件差有关；最初可在肩颈部发现病变。病畜不安，瘙痒，皮肤发炎，脱毛，并可在体表发现病原。

(3) 诊断

根据临诊症状、特点及在被毛或皮肤上查到虱或虱卵即可确诊。

(4) 防制

①隔离病犬、病猫。
②所有杀虫剂对虱均有杀灭效果。每周用药1次，共用4周，用药方法可参阅蚤病。
③对同群的所有动物进行灭虱处理。
④加强饲养管理，改善卫生条件，提供全价营养，减少发病因素。

11.12.7 犬猫蚤病

(1) 病原

犬、猫的常见蚤有犬栉首蚤(图 11-36)和猫栉首蚤(图 11-37),这两种蚤常引起犬、猫的皮炎,也是犬绦虫的传播者。猫栉首蚤主要寄生于犬、猫,有时也见于其他温血动物;犬栉首蚤只限于犬及野生犬科动物。两者均为世界分布。

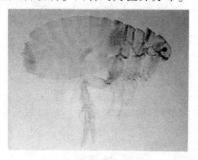

图 11-36　犬栉首蚤成虫

图 11-37　猫栉首蚤成虫

(2) 流行病学

成蚤在宿主被毛上产卵,卵很快从被毛上掉下,在适宜的条件下经 2~4 d 孵化。有 3 种幼虫,一龄幼虫和二龄幼虫以植物性物质和动物性物质(包括成蚤的排泄物)为食;三龄幼虫不吃食,做茧。茧为卵圆形,肉眼不太容易发现,一般都附着在犬、猫垫料上,经几天后化蛹,后变为成虫。3 个幼虫期大约需 2 周。在适宜的温度和湿度下,从卵发育到成虫需 18~21 d,但在自然条件下所需时间可能更长,其长短取决于温度、湿度和适宜宿主的存在。成蚤在低温、高湿度的条件下,不吃食也能存活一年或更长时间,但在高温低湿度的条件下,几天后死亡。犬、猫通过直接接触或进入有成蚤的地方而发生感染。

(3) 临诊症状与病理变化

刺激皮肤,引起瘙痒,犬、猫蹭痒引起皮肤擦伤,贫血,引发过敏性皮炎。一般可见脱毛,被毛上有跳蚤的排泄物,皮肤破溃,下背部和脊柱部位有粟粒大小的结痂。

(4) 诊断

根据临诊症状初步判断。

① 体表发现跳蚤和跳蚤排泄物,猫栉首蚤和犬栉首蚤的大小变化范围很大,雌蚤长,有时可超过 2.5 mm,而雄蚤则不足 1.0 mm;两性之间的大小可相差 1 倍。蚤的颜色为深褐色;其卵为白色,小,呈球形。

② 体内感染犬复孔绦虫,粪便中检出绦虫节片的犬体表一般有蚤寄生。因为犬的复孔绦虫是由蚤传播的。

(5) 治疗

许多杀虫剂都可杀死犬、猫的跳蚤,但杀虫剂都有一定的毒性,猫对杀虫剂比犬敏感,用时更加小心。

有机磷酸盐　这类化合物中,有些是非常有效的杀虫剂,毒性较大。但已发现对此药产生耐药性蚤群。

氨基甲酸酯　比有机磷类杀虫剂毒性略小。

除虫菊酯类　毒性较小,但接触毒性表现得快而强烈,可用于幼犬和幼猫。

伊维菌素类药物　毒性较小，是目前较好的杀跳蚤药。
(6)预防措施
①对同群犬、猫进行驱虫。
②对周围环境进行药物喷雾或应用商品杀虫剂，清扫地毯和犬、猫床铺或垫料。
③注意环境卫生，保持环境干燥。
④目前已有药物性除虫项圈可用于蚤病的预防。

11.13　动物原虫病

11.13.1　原虫概述

原虫是单细胞动物，整个虫体由一个细胞构成。在长期的进化过程中，原虫获得了高度发达的细胞器，具有与高等动物器官相类似的功能。

11.13.1.1　原虫形态和构造

(1)基本形态构造

原虫微小，多数在 1~30 μm，有圆形、卵圆形、柳叶形或不规则等形状，其不同的发育阶段可有不同的形态。原虫的基本构造包括胞膜、胞质和胞核 3 部分。

胞膜　是由 3 层结构的单位膜组成，能不断更新，胞膜可保持原虫的完整性，参与摄食、营养、排泄、运动和感觉等生理活动。有些寄生性原虫的胞膜带有很多受体、抗原、酶类甚至毒素。

胞质　细胞中央区的细胞质称为内质，周围区的称为外质。内质呈溶胶状态，承载着细胞核、线粒体、高尔基体等。外质呈凝胶状，起着维持虫体结构刚性的作用。鞭毛、纤毛的基部及其相关纤维结构均包埋于外质中。原虫外膜和直接位于其下方的结构常称作表膜。表膜微管或纤丝位于单位膜的紧下方，对维持虫体完整性有作用。

胞核　除纤毛虫外，大多数均为囊泡状，其特征为染色质分布不均匀，在核液中出现明显的清亮区，染色质浓缩于核的周围区域或中央区域。有一个或多个核仁。

(2)运动器官

原虫的运动器官有 4 种，分别是鞭毛、纤毛、伪足和波动嵴。

鞭毛　由中央的轴丝和外鞘组成。鞭毛可以做多种形式的运动，快与慢，前进与后退，侧向或螺旋形。轴丝起始于细胞质中的一个小颗粒，称为基体。

纤毛　结构与鞭毛相似。纤毛与鞭毛唯一不同的地方是运动时的波动方式。

伪足　是肉足鞭毛亚门虫体的临时性器官，它们可以引起虫体运动以捕获食物。

波动嵴　是孢子虫定位的器官，只有在电镜下才能观察到。

(3)特殊细胞器

一些原生动物还有一些特殊细胞器，即动基体和顶复合器。

动基体　为动基体目原虫所有。动基体是一个重要的生命活动器官。

顶复合器　是顶复门虫体在生活史的某些阶段所具有的特殊结构，只有在电镜下才能观察到。顶复体与虫体侵入宿主细胞有着密切的关系。

11.13.1.2　原虫的生殖

原虫的生殖方式有无性和有性生殖两种(图 11-38)。

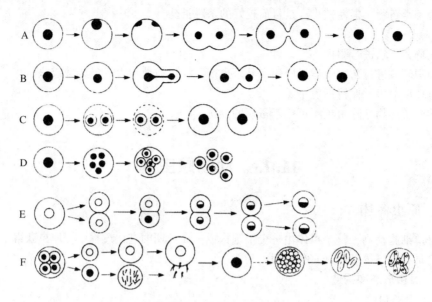

图 11-38 原虫生殖示意图
A. 二分裂 B. 外出芽生殖 C. 内出芽生殖 D. 裂殖生殖
E. 接合生殖 F. 配子生殖和孢子生殖

(1) 无性生殖

二分裂 即一个虫体分裂为两个。分裂顺序是先从基体开始，而后动基体、核，再细胞。鞭毛虫常为纵二分裂，纤毛虫为横二分裂。

裂殖生殖 也称复分裂。细胞核和其基本细胞器先分裂数次，而后细胞质分裂，同时产生大量子代细胞。裂殖生殖中的虫体称为裂殖体，后代称为裂殖子。一个裂殖体内可包含数十个裂殖子。球虫常以此方式生殖。

孢子生殖 是在有性生殖配子生殖阶段形成合子后，合子所进行的复分裂。经孢子生殖，孢子体可以形成多个子孢子。

出芽生殖 即先从母细胞边缘分裂出一个小的子个体，逐渐变大。梨形虫常以这种方法生殖。

内出芽生殖 又称内生殖，即先在母细胞内形成两个子细胞，子细胞成熟后，母细胞被破坏。如经内出芽生殖法在母体内形成2个以上的子细胞，称为多元内生殖。

(2) 有性生殖

有性生殖首先进行减数分裂，由双倍体转变为单倍体，然后两性融合，再恢复双倍体。有两种基本类型：

接合生殖 多见于纤毛虫。两个虫体并排结合，进行核质的交换，核重建后分离，成为两个含有新核的虫体。

配子生殖 虫体在裂殖生殖过程中，出现性的分化，一部分裂殖体形成大配子体(雌性)，一部分形成小配子体(雄性)。大小配子体发育成熟后，形成大、小配子。一个小配子体可以产生许多个小配子，一个大配子体只产生一个大配子。小配子进入大配子内，结合形成合子。合子可以再进行孢子生殖。

11.13.2 球虫病

11.13.2.1 鸡球虫病

鸡球虫病是一种全球性的原虫病，它是集约化养鸡业最为多发、危害严重且防治困难的疾病之一，是对鸡危害最严重的寄生虫病，也是所有动物疾病中经济损失最严重的疾病之一。目前已被美国农业部列为对禽类危害最严重的五大疾病之一。该病是由孢子虫纲艾美耳科艾美耳属的多种球虫(图11-39、图11-40)寄生于鸡的肠道引起的，分布很广，世界各地普遍发生，多危害15~50日龄的雏鸡，发病率高达50%~70%，死亡率为20%~30%，严重者高达80%。成鸡多为带虫者，但对增重和产蛋有一定的影响。一些感染鸡群不产生明显的临诊型球虫病，而以生产能力下降为主要表现的亚临诊型球虫病，造成的隐性损失可能更大，而应用药物防治及研制新药等造成的间接损失更是难以估量。

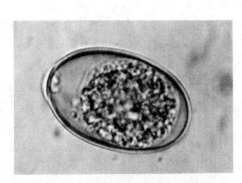

图 11-39 艾美耳球虫未孢子化卵囊

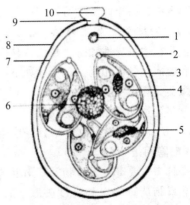

图 11-40 艾美耳球虫孢子化卵囊构造

1. 极粒 2. 斯氏体 3. 孢子囊 4. 子孢子
5. 孢子囊残体 6. 卵囊残体 7. 卵囊内壁
8. 卵囊外壁 9. 卵膜孔 10. 极帽

(1) 流行病学

鸡球虫是宿主特异性和寄生部位特异性都很强的原虫，鸡是各种鸡球虫的唯一宿主。各国已经记载的鸡球虫种类共有13种之多，我国已发现9个种，但目前世界公认的有7种，它们是柔嫩艾美耳球虫、毒害艾美耳球虫、堆形艾美耳球虫、布氏艾美耳球虫、巨型艾美耳球虫、和缓艾美耳球虫和早熟艾美耳球虫。各种球虫的致病性不同，以柔嫩艾美耳球虫的致病性最强，其次为毒害艾美耳球虫，但生产中多是一个以上种球虫混合感染。所有日龄和品种的鸡都有易感性，但其免疫力发展很快，并能限制其再感染。球虫病一般暴发于3~6周龄的雏鸡，2周龄以内的雏鸡很少发病，毒害艾美耳球虫常危害8~18周龄的鸡。

鸡球虫与其他各种动物球虫的发育过程一样，均包括孢子生殖、裂殖生殖和配子生殖3个阶段。卵囊随粪便排出体外，在合适的温度和湿度条件下，经一定时间发育为成熟的孢子化卵囊，每个孢子化卵囊内含4个孢子囊，每个孢子囊内含2个子孢子。孢子化卵囊随饲料、饮水等进入鸡的消化道内，在胃肠消化液的作用下卵囊壁破裂，子孢子释出，侵入其寄生部位的肠上皮细胞，进行裂殖生殖；各种球虫的裂殖生殖代次不同，经数代裂殖生殖后，最后一代裂殖子侵入上皮细胞进行配子生殖，形成大配子体和小配子体，进一步发育形成大配子和小配子，大、小配子结合生成合子，合子进一步成熟形成卵囊排出体外。卵囊在外界合适的温度和湿度条件下，进行孢子发育，卵囊内形成4个孢子囊，每个孢子囊内再形成2个子孢子，这时的卵囊称为孢子化卵囊，这种孢子化卵囊具有再次侵入宿主的能力。球虫发育过程中的裂殖生殖阶段和配子生殖阶段在宿主上皮细胞内进行，因此又称内生发育，而孢子发育在宿主体外进行，又称外生发育。

病鸡排出卵囊达数月之久，因而是主要传染源。鸡通过摄入有活力的孢子化卵囊遭受感染，被粪便污染过的饲料、饮水、土壤或器具等都有卵囊的存在；其他动物、尘埃和管理人员，都可成为球虫病的机械传播者。

卵囊对恶劣的外界环境条件和消毒剂具有很强的抵抗力。在土壤中可以存活4~9个月。温暖潮湿的地区有利于卵囊的发育，在合适的温度、湿度和氧气条件下，经过18~30 h发育为孢子化卵囊，但低温、高温和干燥均会延迟卵囊的孢子化过程，有时会杀死卵囊。

饲养管理条件不良和营养缺乏能促使本病的发生。拥挤、潮湿或卫生条件恶劣的鸡舍最易发病。本病多在温暖潮湿的季节流行。在我国北方，4~9月为流行季节，以7~8月最为严重。而舍饲的鸡场中，一年四季均可发病。

(2)病原形态特征、寄生部位、临诊症状和病理变化

鸡球虫是宿主特异性和寄生部位特异性都很强的原虫，鸡是其唯一天然宿主。鸡7种球虫的寄生部位和致病性各不相同，现分述如下：

①柔嫩艾美耳球虫：

形态　多为宽卵圆形，少数为椭圆形，大小为(19.5~26.0) μm×(16.5~22.8) μm，平均为22.0 μm×19.0 μm；卵形指数为1.16；原生质呈淡褐色，卵囊壁为淡黄绿色；最短孢子化时间是18 h；最短潜隐期是115 h。

寄生部位　主要寄生于盲肠及其附近区域，是致病力最强的一种球虫。常在感染后第5天及第6天引起盲肠严重出血和高度肿胀，后期出现干酪样肠芯，因此柔嫩艾美耳球虫又称盲肠球虫。

临诊症状　对3~6周龄的雏鸡致病性最强。病初食欲不振，随着盲肠损伤的加重，出现下痢，血便，甚至排出鲜血。病鸡战栗，拥挤成堆，体温下降；食欲废绝，最终由于肠道炎症、肠细胞崩解等原因造成的有毒物质被机体吸收，导致自体中毒死亡。严重感染时，死亡率高达80%。

病理变化　病变主要在盲肠。病理变化与虫体在体内的发育过程一致。严重感染病例，感染后第4天末和第5天，裂殖生殖逐渐加剧，盲肠高度肿大，肠腔中充满血凝块和脱落的黏膜碎片。到感染后第6~7天，盲肠中的血液和脱落黏膜逐渐变硬，形成红色或红、白相间的肠芯，在感染后第8天从黏膜上脱落下来。轻度感染时，病变较轻，无明显出血，黏膜肿胀，从浆膜面可见脑回样结构，在感染后第10天左右黏膜再生恢复。而严重感染者，黏膜的损伤难以完全恢复。

②毒害艾美耳球虫：

形态　卵囊为卵圆形，大小为(13.2~22.7) μm×(11.3~18.3) μm，平均为20.4 μm×17.2 μm；卵形指数为1.19；卵囊壁光滑、无色；最短孢子化时间为18 h。

寄生部位　其裂殖生殖阶段主要寄生于小肠中1/3段，尤以卵黄蒂前后最为常见，严重时可扩展到整个小肠，是小肠球虫中致病性最强的，其致病性仅次于盲肠球虫。第2代裂殖子向小肠后部移动，在盲肠的上皮细胞内进行配子生殖。

临诊症状与病理变化　致病性较强。通常发生于2月龄以上的中雏鸡，患鸡精神不振，翅下垂，弓腰，下痢和脱水。小肠中部高度肿胀或气胀，有时可达正常时的2倍以上，这是本病的重

要特征。肠壁充血、出血和坏死，黏膜肿胀增厚，肠内容物中含有多量的血液、血凝块和坏死脱落的上皮组织。感染后第 5 天出现死亡，第 7 天达高峰，死亡率仅次于盲肠球虫。病程可延续到第 12 天。

③堆型艾美耳球虫：

形态　卵囊卵圆形，大小为 $(17.7\sim20.2)\,\mu m\times(13.7\sim16.3)\,\mu m$，平均为 $18.3\,\mu m\times14.6\,\mu m$。卵囊壁淡黄绿色。最短孢子化时间为 17 h。

寄生部位　主要寄生于十二指肠和空肠，偶尔延及小肠后段。

临诊症状与病理变化　有较强的致病性，病变主要集中于十二指肠。轻度感染时，病变局限于十二指肠袢，呈散在局灶性灰白色病灶，横向排列呈梯状。严重感染时可引起肠壁增厚和病灶融合成片。病变可从浆膜面观察到，病初黏膜变薄，覆以横纹状白斑，外观呈梯状；肠道苍白，含水样液体。

④布氏艾美耳球虫：

形态　卵囊大小为 $(20.7\sim30.3)\,\mu m\times(18.1\sim24.2)\,\mu m$，平均大小为 $18.8\,\mu m\times24.6\,\mu m$。卵形指数为 1.31；最短孢子化时间为 18 h。

寄生部位　寄生于小肠后部、盲肠近端和直肠。第 1 和第 2 代裂殖生殖主要在十二指肠后段、空肠和回肠中进行，其中以空肠和回肠居多。第 2 代裂殖子出现后，移行至小肠后 1/5 处。第 3 代裂殖生殖、配子生殖和卵囊形成主要在空肠、回肠和盲肠近端进行，其中以回肠和盲肠居多。

临诊症状与病理变化　具有较强的致病性。每只鸡感染 0.5 万个卵囊即可明显影响鸡只增重，感染 10 万~20 万卵囊/只可导致 10%~20% 的死亡率。病变主要发生于小肠至直肠部位，浆膜面可见肠系膜血管和肠壁血管充血，肠道变细，肠壁变薄，呈粉红色至暗红色，肠黏膜出血，肠内容物以黏液和少量血液为主。感染后第 5~7 天，整个小肠呈现干酪样的侵蚀，粪便中有凝固的血液和黏膜碎片。

⑤巨型艾美耳球虫：

形态　卵囊大，是鸡球虫中最大的。卵圆形，一端圆钝，一端较窄；大小为 $(21.75\sim40.5)\,\mu m\times(17.5\sim33.0)\,\mu m$，平均为 $30.76\,\mu m\times23.9\,\mu m$；卵形指数为 1.47；卵囊黄褐色，囊壁浅黄色；最短孢子化时间为 30 h。

寄生部位　寄生于小肠，以中段为主。

临诊症状　该虫种具有中等程度的致病力。临诊常见严重的消瘦、苍白、羽毛蓬松、食欲不振和下痢。感染 20 万个卵囊可引起死亡。

病理变化　剖检可见肠腔胀气、肠壁增厚，肠道内有黄色至橙色的黏液和血液。无性繁殖阶段虫体寄生于小肠上皮细胞的浅层，对组织的损伤较轻微；在感染后 5~8 d，有性繁殖阶段在肠壁深部进行，引起肠壁充血、水肿，形成淤斑，严重者肠黏膜大量崩解。

⑥和缓艾美耳球虫：

形态　小型卵囊，近球形。卵囊大小为 $(11.7\sim18.7)\,\mu m\times(11.0\sim18.0)\,\mu m$，平均大小为 $15.6\,\mu m\times14.2\,\mu m$；卵形指数为 1.09；卵囊壁为淡黄绿色，初排出时的卵囊，原生质团呈球形，几乎充满卵囊；最短孢子化时间是 15 h。

寄生部位　寄生于小肠前半段，病变一般不明显，但现已证明，该虫种对增重具有潜在的致病作用。

临诊症状与病理变化　有较轻的致病性，可引起增重不良和失去色素，近年来的研究表明，本种所引起的亚临诊型球虫病对增重和饲料转化率有较大的影响。但缺乏特征性病变，故往往被忽略或误诊。剖检病鸡时，可见小肠下段苍白。做黏膜涂片，在显微镜下可见大量小型卵囊，根据其卵囊的形态特点即可与其他球虫相区别。

⑦早熟艾美耳球虫：

形态　卵囊呈卵圆形或椭圆形，大小为(19.8~24.7) $\mu m \times$ (15.7~19.8) μm，平均为21.3 $\mu m \times$17.1 μm，卵囊指数为1.24；原生质无色，囊壁呈淡绿色；最短潜隐期为83 h。

寄生部位　寄生于小肠前1/3部位。致病性不强，病变不明显，但严重感染时可引起饲料转化率的降低。

(3) 诊断

①粪便检查：用饱和盐水漂浮法和直接涂片法检查粪便中的卵囊。

②由于鸡的带虫现象非常普遍，所以，仅在粪便和肠壁刮取物中检获卵囊，不足以作为鸡球虫病的诊断依据。正确的诊断，必须根据粪便检查、临诊症状、流行病学调查和病理变化等多方面因素加以综合判断。根据病变位置、特征和卵囊的大小、形状等可初步鉴定虫种。一般情况下多为两个以上虫种混合感染。

(4) 治疗

鸡场一旦暴发球虫病，应立即进行治疗。常用的治疗药如下：

磺胺类　如磺胺二甲基嘧啶、磺胺喹恶啉等，按一定比例混入饲料或饮水给药。

氨丙啉　按0.012%~0.024%混入饮水，连用3 d。

百球清　2.5%溶液，按0.0025%混入饮水，连用3 d。

(5) 预防措施

目前所有集约化养鸡场都必须对球虫病进行预防。传统的方法主要是药物预防，即从雏鸡出壳后第1天即开始使用抗球虫药，但由于抗药性和药物残留问题的困绕，近年来人们愈加重视免疫预防。下面分别介绍药物预防和免疫预防。

药物预防　预防用的抗球虫药有数十种，以下是几种主要药物：

氨丙啉，按0.0125%混入饲料，鸡的整个生长期都用药。

尼卡巴嗪，按0.0125%混入饲料，休药5 d。

氯苯胍，按0.0003%混入饲料，休药5 d。

马杜拉霉素，按0.005%~0.007%混入饲料，无休药期。

拉沙里菌素，按0.0075%~0.0125%混入饲料，休药3 d。

莫能菌素，按0.0001%混入饲料，无休药期。

盐霉素，按0.005%~0.006%混入饲料，无休药期。

常山酮，按0.0003%混入饲料，休药5 d。

氯氰苯乙嗪，按0.0001%混入饲料，无休药期。

各种抗球虫药连续使用一定时间后，都会产生不同程度的抗药性。通过合理使用抗球虫药，可以减缓抗药性的产生、延长抗球虫药的使用寿命，而且可以提高防治效果。对肉鸡常采用下列两种用药方案来防止抗药性的产生：①穿梭用药。即在开始时使用一种药物，至生长期时使用另一种药物。常常是将化药和离子载体类药物穿梭应用。②轮换用药。合理地变换使用抗球虫药，在不同的季节使用不同的抗球虫药，或不同批次的鸡应用不同的抗球虫药。

免疫预防　药物预防球虫病从20世纪20年代至今，为养鸡业的发展做出了很大贡献，但随之而来的问题是：球虫抗药性的不断产生和肉蛋产品中的药物残留问题，进而造成预防失败以及危害人们的身体健康,许多发达国家更是对药物的残留有苛刻的规定,使得药物预防越来越受到限制。为了避免药物残留对环境和食品的污染以及抗药虫株的产生,免疫预防越来越受到重视。目前已有数种球虫疫苗,主要分为两类:活毒虫苗和早熟弱毒虫苗。其中,国际上已有4种商品化疫苗大量使用,它们是 Coccicox(美国)、Immucox(加拿大)、Paracox(英国)、Livacox(捷克),前两种是由未致弱的活卵囊制成的活虫苗,第三种是由早熟虫株制成的弱毒虫苗,第四种是活卵囊和弱毒卵囊混合制成的虫苗。目前已在生产中得到较好的预防效果。国内也有几家教学和科研单位研制球虫苗,其效果与进口球虫苗相当。

11.13.2.2　鸭球虫病

寄生于鸭的球虫包括艾美耳属、泰泽属、温扬属和等孢属的多种球虫,目前已报道的有18种寄生于鸭肠道上皮细胞,根据中国农业大学家畜寄生虫学教研组的调查,寄生于我国京津地区北京鸭主要致病种是毁灭泰泽球虫和菲莱氏温扬球虫,寄生于鸭的小肠上皮细胞,尤以前者最为严重。临诊上多为混合感染,其发病率为30%~90%,死亡率为29%~70%,耐过病鸭生长发育受阻,增重缓慢,对养鸭业造成巨大经济损失。

(1)病原

毁灭泰泽球虫　卵囊椭圆形,浅绿色;无卵膜孔,大小为$(9.2~13.2)\mu m \times (7.2~9.9)\mu m$,平均为$11\mu m \times 8.8\mu m$;卵囊指数为1.2;孢子化卵囊内无孢子囊,8个裸露的子孢子游离于卵囊内。

菲莱氏温扬球虫　卵囊大,卵圆形,浅蓝绿色;卵囊大小为$(13.3~22)\mu m \times (10~12)\mu m$,平均为$17.2\mu m \times 11.4\mu m$,卵囊指数为1.5;孢子化卵囊内含4个孢子囊,每个孢子囊内含4个子孢子。

(2)临诊症状与病理变化

毁灭泰泽球虫和菲莱氏温扬球虫均寄生于小肠上皮细胞内,发育过程与鸡球虫类似。前者致病性较强,后者发病轻微,临诊上多为两种球虫混合感染,对雏鸭危害较大。人工感染后4 d,病鸭出现精神委顿、缩脖、食欲下降、渴欲增加等症状,拉稀,随后排血便,粪便呈暗红色、腥臭。多于感染后4~5 d死亡。临诊上发病当日或2~3 d出现死亡,死亡率一般为20%~30%,严重感染时可达80%。耐过病鸭生长发育受阻。成年鸭很少发病,但常常成为球虫的携带者和传染源。

毁灭泰泽球虫常引起严重的病变,小肠呈泛发性出血性肠炎,尤以小肠中段最为严重。肠壁肿胀出血,黏膜上密布针尖大小的出血点,或上覆一层麸糠样或奶酪样黏液,或者是红色胶冻样黏液。菲莱氏温扬球虫的致病性较弱,仅见回肠后部和直肠轻度出血,上有散在出血点,严重者直肠黏膜弥漫性出血。

(3)诊断

与鸡球虫病的类似。成年鸭和雏鸭的带虫现象极为普遍,所以不能根据粪便中卵囊存在与否来做出诊断,应根据临诊症状、流行病学资料和肠道病理变化综合判断。

(4)防制

下列药物可用于预防。当发生球虫病时,用预防量的2倍进行治疗,连用7 d,停3 d,再用7 d。

磺胺六甲氧嘧啶(SMM),按0.1%混入饲料,连喂5 d,停3 d,再喂5 d。

复方磺胺六甲氧嘧啶[SMM+甲氧苄氨嘧啶(TMP),二者比例为5:1],按0.02%比例混入饲料中,连喂5 d,停3 d,再喂5 d。

磺胺甲基异恶唑(SMZ)，以 0.1%混入饲料，或用 SMZ+TMP(二者比例为 5∶1)按 0.02%混入饲料，连喂 5 d，停 3 d，再喂 5 d。

加强饲养管理和环境卫生，保持鸭舍干燥和清洁，定期清除鸭粪，防止饲料和饮水及其用具被鸭粪污染。

11.13.2.3 鹅球虫病

已报道的鹅球虫有 16 种之多，分别属于艾美耳属、等孢属和泰泽属，其中以寄生于肾小管的截形艾美耳球虫致病性最强，主要危害 3 周至 3 月龄幼鹅，死亡率甚高。其他 15 种均寄生于肠道上皮细胞，以鹅艾美耳球虫和柯氏艾美耳球虫致病性较强，出现消化道症状，其余种无显著致病性。

(1)临诊症状与病理变化

截形艾美耳球虫寄生于肾脏，幼鹅感染后常呈急性经过，临诊表现为精神不振，食欲下降，腹泻，粪便白色，消瘦，衰弱，严重者死亡，幼鹅死亡率高达 87%。肠道球虫可引起鹅出血性肠炎，症状和病理变化类似鸡球虫病。

鹅患肾球虫病时，可见肾体积肿大，呈灰黑色或红色，上有出血斑或灰白色条纹。病灶内含尿酸盐沉积物和大量的卵囊。

鹅肠道球虫常混合感染，当鹅患病时，临诊上出现类似鸡球虫的症状，主要是消化紊乱，表现为食欲下降、腹泻。剖检可见小肠充满稀薄的红褐色液体。小肠中段和下段的卡他性出血性炎症最严重，也可能出现大的白色结节或纤维素类白喉坏死性肠炎，伪膜下有大量的卵囊和内生发育阶段虫体。

(2)防制

主要应用磺胺类药治疗鹅球虫病，尤以磺胺间甲氧嘧啶和磺胺喹恶啉值得推荐，其他药物如氨丙啉、克球粉、尼卡巴嗪、盐霉素等控制人工感染鹅球虫病也有较好的效果。参照鸭球虫病防治。

幼鹅与成鹅分开饲养，放牧时避开高度污染地区。在流行地区的发病季节，可用药物控制球虫病。

11.13.2.4 猪球虫病

球虫寄生于猪肠道上皮细胞内引起的寄生虫病。猪等孢球虫是其中一个重要的致病种，引起仔猪下痢和增重降低。成年猪常为隐性感染或带虫者。艾美耳属有 12 个种可感染猪，我国北京地区发现有 7 个种。一般认为，蒂氏艾美耳球虫、粗糙艾美耳球虫和有刺艾美耳球虫致病力较强。

(1)病原

猪等孢球虫的卵囊一般为球形或亚球形，囊壁光滑、无色、无卵膜孔，孢子化卵囊中有 2 个孢子囊，每个孢子囊内含 4 个子孢子，大小为(18.7~23.9)μm×(16.9~20.1)μm。而艾美耳球虫的孢子化卵囊中有 4 个孢子囊，每个孢子囊中有 2 个子孢子。

(2)流行病学

除猪等孢球虫外，一般多为数种混合感染。受球虫感染的猪从粪便中排出卵囊，在适宜条件下发育为孢子化卵囊，经口感染猪。仔猪感染后是否发病，取决于摄入的卵囊的数量和虫种。仔猪群过于拥挤和卫生条件恶劣时便增加了发病的危险性。孢子化卵囊在胃肠消化液作用下释放出子孢子，子孢子侵入肠壁进行裂殖生殖及配子生殖，大、小配子在肠腔结合为合子，再形成卵囊随粪便排出体外。猪球虫病无论是规模化方式饲养的猪，还是散养的猪都有发生。猪等孢球虫流行于初生仔猪，5~10日龄猪最为易感，并可伴有传染性胃肠炎、大肠杆菌和轮状病毒的感染。被列为仔猪腹泻的重要病因之一。

（3）临诊症状与病理变化

猪等孢球虫的感染以水样或脂样的腹泻为特征，排泄物从淡黄到白色，恶臭。病猪表现衰弱、脱水、发育迟缓，时有死亡。组织学检查，病灶局限在空肠和回肠，以绒毛萎缩与变钝、局灶性溃疡、纤维素坏死性肠炎为特征，并在上皮细胞内见有发育阶段的虫体。

艾美耳属球虫通常很少有临诊表现，但可发现于1~3月龄腹泻的仔猪。该病可在弱猪中持续7~10 d。主要症状有食欲不振，腹泻，有时下痢与便秘交替。一般能自行耐过，逐渐恢复。

（4）诊断

用漂浮法检查随粪便排出的卵囊，根据它们的形态、大小和经培养后的孢子化特征来鉴别种类。对于急性感染或死亡猪，诊断必须依据小肠涂片或组织切片，发现球虫的发育阶段虫体即可确诊。

（5）防制

本病可通过控制幼猪食入孢子化卵囊的数量进行预防，目的是使其建立的感染能产生免疫力而又不致引起临诊症状。这在饲养管理条件较好时尤为有效。新生仔猪应吃到初乳，保持幼龄猪舍环境清洁、干燥。饲槽和饮水器应定期消毒，防止粪便污染。尽量减少因断奶、突然改变饲料和运输产生的应激因素。在母猪产前2周和整个哺乳期的饲料内添加250 mg/kg氨丙啉，对等孢球虫病可达到良好的预防效果。

发生球虫病时，就应使用抗球虫药进行治疗。磺胺类药物、莫能菌素、氨丙啉等对猪球虫有效。

11.13.2.5 兔球虫病

兔球虫病是家兔最常见且危害严重的一种原虫病。4~5月龄内的幼兔感染率达100%，死亡率高达70%。耐过兔生长发育受到严重影响，减重12%~27%。

（1）病原

孢子化卵囊一般呈椭圆形，淡黄色，含4个孢子囊，每个孢子囊内含2个橘瓣形子孢子。兔球虫包括艾美耳属的16种球虫。除斯氏艾美耳球虫寄生于胆管上皮细胞内之外，其余各种均寄生于肠黏膜上皮细胞内。

（2）流行病学

发育经过3个阶段：裂殖生殖、配子生殖和孢子生殖。其中，除斯氏艾美耳球虫前两个阶段在胆管上皮细胞内发育外，其余种类均在肠上皮细胞内发育。孢子生殖阶段在外界环境中进行。生活史与鸡球虫相似。家兔在摄食或饮水时吞下孢子化卵囊，孢子化卵囊在肠道内胆汁和胰酶作用下，子孢子逸出，主动钻入肠或胆管上皮细胞内，变为圆形的滋养体。最后发育为裂殖体，内含大量香蕉形裂殖子。如此几代裂体生殖后，大部分裂殖子变为大配子体，之后形成大配子。小部分变为小配子体并形成小配子。大、小配子结合形成合子。合子周围形成卵囊壁即为卵囊。卵囊随粪便排到外界，在适宜温度和湿度下进行孢子生殖，发育为具感染性的孢子化卵囊。

兔球虫病流行于世界各地。全国各地均有发生。其流行与卫生状况密切相关。发病季节多在春暖多雨时期，如兔舍内经常保持在10 ℃以上，随时可能发病。各品种家兔均易感，断奶后至3月龄的幼兔感染最为严重；成年兔多为带虫者，成为重要传染源。本病感染途径是经口食入含有孢子化卵囊的水或饲料。饲养员、工具、苍蝇等也可机械搬运球虫卵囊而传播本病。营养不良、兔舍卫生条件恶劣是促成本病传播的重要环节。

(3) 致病性与症状

按球虫种类和寄生部位不同分为肠型、肝型和混合型，临诊多为混合型。轻的一般不显症状。重者则表现为：食欲减退或废绝，精神沉郁，动作迟缓，俯卧不动，眼鼻分泌物增多，唾液分泌增多，口腔周围被毛潮湿，腹泻或腹泻和便秘交替出现。病兔尿频或常做排尿姿势，后肢和肛门周围为粪便所污染。腹围增大，肝区触诊有痛感。后期出现神经症状，极度衰弱而死亡。病程10 d至数周。病愈后生长发育不良。

剖检可见肝表面和实质有粟粒至豌豆大白色或黄白色结节，沿小胆管分布，结节内为不同发育阶段的虫体。慢性肝球虫病，胆管周围和小叶间部分结缔组织增生，使肝萎缩，胆囊黏膜卡他性炎症，胆汁浓稠。肠球虫病变主要在肠道，肠血管充血，十二指肠扩张、肥厚、黏膜充血并有溢血点；慢性病例肠黏膜淡灰色，其上有许多白色小结节，并有散在脓性、坏死性病灶。

(4) 诊断

根据流行病学资料、临诊症状及剖检结果可做初步诊断。在粪便中发现大量卵囊或病灶中检出大量不同发育阶段的球虫即可确诊。

(5) 治疗

可用下列药物进行治疗：

磺胺六甲氧嘧啶，按0.1%浓度混入饲料中，连用3~5 d，隔1周再用1个疗程。

磺胺二甲基嘧啶与三甲氧苄氨嘧啶，按5∶1混合后，0.02%混入饲料中，连用3~5 d，停1周后，再用1个疗程。

100 mg/kg 克球粉和8.35 mg/kg 苄喹硫酯合剂，混饲效果好。

氯苯胍，按30 mg/kg混合，连用5 d，隔3 d再用1次。

杀球灵，按1 mg/L混入饲料，连用1~2个月，可预防兔球虫病。

莫能菌素，按40 mg/L混饲，连用1~2个月，可预防兔球虫病。

盐霉素，按50 mg/L混饲，连用1~2个月，可预防兔球虫病。

(6) 预防措施

应采取综合措施。发现病兔应立即隔离治疗；引进兔先隔离，幼兔与成兔分笼饲养，兔舍保持清洁、干燥；兔笼等用具可用开水、蒸汽或火焰消毒，也可在阳光下暴晒杀死卵囊；注意饲料及饮水卫生，及时清扫兔粪；合理安排母兔繁殖季节，使幼兔断奶不在梅雨季节；兔舍建在干燥、通风、向阳处；注意工作人员卫生，消灭兔场内鼠类及蝇类；流行季节断奶仔兔可在饲料中拌药预防。

11.13.2.6 犬猫球虫病

犬、猫的等孢球虫病是由孢子虫纲(Sporozoasida)真球虫目(Eucoccidiorida)艾美耳科(Eimeridae)等孢属(*Isospora*)的多种球虫引起的，寄生于犬、猫的等孢球虫主要有犬等孢球虫、俄亥俄等孢球虫、猫等孢球虫、芮氏等孢球虫等(图11-41)，它们寄生于犬、猫的小肠和大肠黏膜上皮细胞内，临诊上以出血性肠炎为特征。

(1) 流行病学

各种品种的犬、猫对等孢球虫都有易感性。但成年动物主要是带虫者，它们是主要的传染源。犬、猫等孢球虫病主要发生于幼龄动物。

本病的感染途径主要是食物和饮水。仔犬和幼猫主要是在哺乳时吃入母体乳房上孢子化卵囊而感染。

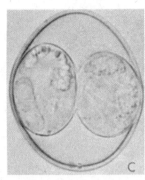

图 11-41　犬等孢球虫卵囊(左)、猫等孢球虫卵囊(中)及芮氏等孢球虫卵囊(右)

(2) 致病作用与病理变化

等孢球虫的致病作用主要表现在虫体在肠道繁殖时对肠上皮细胞的破坏，从而使肠道出血，出现卡他性肠炎或出血性肠炎，导致肠黏膜增厚，黏膜上皮脱落。

(3) 临诊症状

严重感染时，幼犬和幼猫于感染后 3~6 d，出现水泻或排出泥状粪便，有时排带黏液的血便。病畜轻度发热，生长停滞，精神沉郁，食欲不振，消化不良，渐进性消瘦，贫血。感染 3 周以后，临诊症状逐渐消失，大多数可自然康复。

(4) 诊断

临诊诊断要结合临诊症状、流行病学及实验室检查结果综合判断。卵囊检查可采用直接涂片法和饱和盐水漂浮法。等孢属球虫的卵囊呈圆形或椭圆形，囊壁光滑，无卵膜孔。孢子化卵囊内含 2 个孢子囊，每个孢子囊内含 4 个子孢子。犬等孢球虫卵囊大小为 $(32~42)~\mu m \times (27~33)~\mu m$；俄亥俄等孢球虫卵囊大小为 $(20~27)~\mu m \times (15~24)~\mu m$，囊壁光滑，无卵膜孔；猫等孢球虫卵囊大小为 $(38~51)~\mu m \times (27~39)~\mu m$，新排出的卵囊内有残体，囊壁光滑，无卵膜孔；芮氏等孢球虫卵囊大小为 $(21~28)~\mu m \times (18~23)~\mu m$，囊壁光滑，无卵膜孔。

(5) 治疗

磺胺六甲氧嘧啶，每日 50 mg/kg，连用 7 d。

氨丙啉，110~220 mg/kg 混入食物，连用 7~12 d。当出现呕吐等副作用时，应停止使用。

磺胺二甲基嘧啶+甲氧苄氨嘧啶，前者 55 mg/kg，后者 10 mg/kg，每日 2 次，口服。连用 5~7 d。服用该药有时会引起食欲下降。

临诊上对脱水严重的犬、猫要及时补液。贫血严重的病例也要进行输血治疗。

(6) 预防措施

为预防本病的发生，平时应保持犬、猫房舍的干燥，做好其食具和饮水器具的清洁卫生。药物预防可让母犬产前 10 d 饮用 900 mg/L 氨丙啉饮水，初产仔犬也可饮用 7~10 d。

11.13.3　猪弓形虫病

弓形虫病又称弓形体病、弓浆虫病，是由龚地弓形虫(图 11-42)寄生于动物和人的有核细胞引起的一种人畜共患原虫病。弓形虫病对人畜的危害极大，孕妇感染后导致早产、流产、胎儿发育畸形。动物普遍感染，多数呈隐性，但猪可大批发病，出现高热、呼吸困难、流产、神经症状和实质器官灶性坏死，间质性肺炎等特征，死亡率较高。

  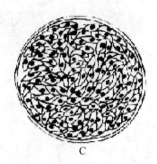

图 11-42　龚地弓形虫
A. 速殖子　B. 假包囊　C. 包囊

(1) 流行病学

本病呈世界性分布。虫体的不同阶段,如卵囊、速殖子和包囊均可引起感染。猪通过摄入污染的食物或饮水中的卵囊或食入其他动物组织中的包囊而感染。猫及其他猫科动物是唯一的终末宿主,在弓形体传播中起重要作用。如果母猪在怀孕期间被感染,仔猪也可能发生生前感染,母体血液中的速殖子可通过胎盘进入胎儿。临诊期患畜的唾液、痰、粪、尿、乳汁、腹腔液、眼分泌物、肉、内脏、淋巴结及急性病例的血液中都可能含有速殖子,如外界条件有利其存在,猪就可以受到传染。病原体也可通过眼、鼻、呼吸道、肠道、皮肤等途径侵入猪体。

(2) 临诊症状与病理变化

许多猪对弓形虫都有一定的耐受力,故感染后多不表现临诊症状,在组织内形成包囊后转为隐性感染。包囊是弓形虫在中间宿主体内的最终形式,可存在数月,甚至终生。故某些猪场弓形虫感染的阳性率虽然很高,但急性发病却很少。

弓形虫病主要引起神经、呼吸及消化系统的症状。急性猪弓形虫病的潜伏期为3~7 d,病初体温升高,可达42 ℃以上,呈稽留热,一般维持3~7 d,精神迟钝,食欲减少,甚至废绝。便秘或拉稀,有时带有黏液和血液。呼吸急促,每分钟可达60~80次,咳嗽。视网膜、脉络膜炎,甚至失明。皮肤有紫斑,体表淋巴结肿胀。怀孕母猪还可发生流产或死胎。耐过急性期后,病猪体温下降,食欲逐渐恢复,但生长缓慢,成为僵猪,并长期带虫。

剖检可见肝有针尖大至绿豆大不等的小坏死点,呈米黄色。肠系膜淋巴结呈绳索状肿胀,切面外翻,有坏死点。肺间质水肿,并有出血点。脾脏有粟粒大丘状出血。

(3) 诊断

直接镜检　取肺、肝、淋巴结做涂片,用姬姆萨液染色后检查;或取患畜的体液、脑脊液做涂片染色检查;也可取淋巴结研碎后加生理盐水过滤,经离心沉淀后,取沉渣做涂片染色镜检。此法简单,但有假阴性,必须对阴性猪做进一步诊断。

动物接种　取肺、肝、淋巴结研碎后加10倍生理盐水,加入双抗后,室温放置1 h。接种前摇匀,待较大组织沉淀后,取上清液接种小鼠腹腔,每只接种0.5~1.0 mL。经1~3周,小鼠发病时,可在腹腔中查到虫体。或取小鼠肝、脾、脑做组织切片检查,如为阴性,可按上述方式盲传2~3代,可能从病鼠腹腔液中发现虫体。

血清学诊断　国内外已研究出许多种血清学诊断法供流行病学调查和生前诊断用。目前国内常用的有 IHA 法和 ELISA 法。间隔2~3周采血,IgG 抗体滴度升高4倍以上表明感染处于活动期;IgG 抗体滴度不高表明有包囊型虫体存在或过去有感染。

(4) 防制

急性病例使用磺胺类药物有一定的疗效,如磺胺嘧啶、磺胺六甲氧嘧啶、磺胺氯吡嗪等。磺胺药与乙胺嘧啶合用有协同作用。也可试用氯林可霉素。

预防要防止饮水、饲料被猫粪直接或间接污染;控制或消灭鼠类;不用生肉喂猫,注意猫粪的消毒处理等。

11.13.4 牛羊巴贝斯虫病

牛、羊的巴贝斯虫病是由巴贝斯科巴贝斯属的多种虫体寄生于牛、羊的血液引起的严重的寄生原虫病。我国已报道的牛羊巴贝斯虫有 4 种,其中牛的有 3 种:双芽巴贝斯虫(图 11-43)、牛巴贝斯虫(图 11-44)和卵形巴贝斯虫。前两者在我国流行广泛,危害较大,后者只在河南局部地区发现,为大型虫体,传播媒介为长角血蜱,危害较小。寄生于羊的一种为莫氏巴贝斯虫,只在四川甘孜州等地发现,为大型虫体,传播媒介有待进一步研究确定。各种巴贝斯虫病的症状、病理变化、诊断与防制基本相似,以下重点介绍牛的巴贝斯虫病。

牛的巴贝斯虫病是由巴贝斯属的双芽巴贝斯虫和牛巴贝斯虫等寄生于牛的红细胞内所引起的呈急性发作的血液原虫病。该病在热带和亚热带地区常呈地方性流生。临诊上常出现血红蛋白尿,故又称红尿热,又因最早出现于美国的得克萨斯州,故又称得克萨斯热,该病由蜱传播,故又称蜱热。该病对牛的危害很大,各种牛均易感染,尤其是从非疫区引入的易感牛,如果得不到及时治疗,死亡率很高。

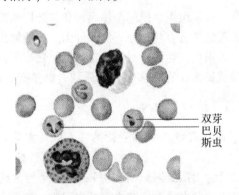

图 11-43 红细胞中的双芽巴贝斯虫

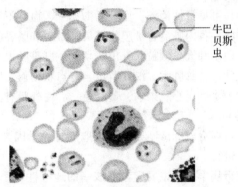

图 11-44 红细胞中的牛巴贝斯虫

(1) 流行病学

各种梨形虫,包括巴贝斯虫均需要通过两个宿主的转换才能完成其生活史,蜱是巴贝斯虫的传播者,且在蜱体内可以经卵传递。有人认为在蜱体内有有性繁殖(配子生殖)阶段,在牛的红细胞内进行无性繁殖。

牛巴贝斯虫的传播者有硬蜱、扇头蜱等。我国已证实微小牛蜱可以传播牛巴贝斯虫,以经卵传递方式,由次代幼虫传播,次代若虫和成虫阶段无传播能力。牛巴贝斯虫的发育与双芽巴虫斯虫基本相似,但有人认为,虫体在侵入牛体后,子孢子首先侵入血管上皮细胞发育为裂殖体,裂体子逸出后,有的再侵入血管上皮细胞,有的则进入红细胞内。牛巴贝斯虫也可经胎盘感染胎儿。

巴贝斯虫病的流行与传播媒介蜱的消长、活动相一致,蜱活动季节主要为春末、夏、秋,而且蜱的分布有一定的地区性。因此,该病具有明显的地方性和季节性。由于微小牛蜱在野外发育繁殖，因此，该病多发生在放牧时期，舍饲牛发病较少。不同年龄和不同品种牛的易感性有差别，2岁内的犊牛发病率高，但症状较轻，死亡率低；成年牛发病率低，但症状严重，死亡率高，尤其是老、弱及劳役过疫的牛，病情更为严重；纯种牛和从外地引入的牛易感性高，容易发病，且死亡率高，当地牛对该病有抵抗力。

（2）临诊症状与病理变化

由于虫体的出芽生殖，大量破坏红细胞，以及虫体的毒素作用，使牛产生较为严重的症状。双芽巴贝斯虫由于虫体较大，其症状往往比牛巴贝斯虫引起的症状要严重一些。

潜伏期1~2周。病牛最初的表现为高热稽留，体温可升高到40~42℃，脉搏和呼吸加快，精神沉郁，喜卧地。食欲大减或废绝，反刍迟缓或停止，便秘或腹泻，有的病牛还排出黑褐色、恶臭带有黏液的粪便。乳牛泌乳减少或停止，怀孕母牛常可发生流产。病牛迅速消瘦、贫血，黏膜苍白和黄染。最明显的症状是由于红细胞大量破坏，血红蛋白从肾脏排出而出现血红蛋白尿，尿的颜色由淡红变为棕红色及至黑红色。血液稀薄，红细胞数降至100万~200万/mm^3，血红蛋白量减少到25%左右，血沉加快10余倍。红细胞大小不均，着色淡，有时还可见到幼稚型红细胞。白细胞在病初正常或减少，以后增到正常的3~4倍；淋巴细胞增加15%~25%；中性粒细胞减少；嗜酸性粒细胞降至1%以下或消失。重症时如不治疗可在4~8 d内死亡，死亡率可达50%~80%。慢性病例，体温波动于40℃上下持续数周，食欲减退，渐进性贫血和消瘦，需经数周或数月才能康复。幼年病牛，中度发热仅数日，心跳略快，略显虚弱，黏膜苍白或微黄。热退后迅速康复。

剖检可见尸体消瘦，血液稀薄如水，血凝不全。皮下组织、肌间结缔组织和脂肪均呈黄色胶样水肿状。各内脏器官被膜均黄染。皱胃和肠黏膜潮红并有点状出血。脾脏肿大，脾髓软化呈暗红色，白髓肿大呈颗粒状突出于切面。肝脏肿大，黄褐色，切面呈豆蔻状花纹。胆囊扩张，充满浓稠胆汁。肾脏肿大，淡红黄色，有点状出血。膀胱膨大，存有多量红色尿液，黏膜有出血点。肺淤血、水肿。心肌柔软，黄红色；心内外膜有出血斑。

（3）诊断

巴贝斯虫病的诊断要根据当地流行病学因素、临诊症状与病理变化的特点以及实验室检查等综合进行。

流行病学因素主要应考虑该病的地区性和季节性，有无传播该病的蜱，病牛是否为纯种牛或从非疫区引入的等。临诊症状包括高热稽留，严重的贫血、黄疸和血红蛋白尿等。病理变化包括血液稀薄，血凝不全，皮下组织、脂肪和内脏被膜黄染，膀胱积有红色尿液等。确诊有赖于实验室检查。体温升高后1~2 d，耳尖采血涂片检查，可发现少量圆形和变形虫样虫体；有血红蛋白尿出现时，在血涂片中可发现多量的梨籽形虫体。在病牛体上采集到蜱时，应对其鉴定，确定是否为该病的传播媒介，在传播媒介体内可以发现病原。也有应用免疫学方法诊断该病的报道，如ELISA、IHA、补体结合反应（CF）、间接荧光抗体试验（IFAT）等。其中，ELISA和IFAT可供常规使用，主要用于染虫率较低的带虫牛的检出和疫区的流行病学调查。

（4）治疗

要及时确诊，尽早治疗，方能取得良好的效果。同时，还应结合对症、支持疗法，如强心、健胃、补液等。常用的特效药有以下各种：

咪唑苯脲，对各种巴贝斯虫均有较好的治疗效果。治疗剂量为1~3 mg/kg，配成10%溶液肌内注射。

三氮咪（贝尼尔），剂量为3.5~3.8 mg/kg，配成5%~7%溶液，深部肌内注射。

锥黄素(吖啶黄)，剂量为 3~4 mg/kg，配成 0.5%~1% 溶液，静脉注射，症状未减轻时，24 h 后再注射一次，病牛在治疗后的数日内，避免烈日照射。

喹啉脲，剂量为 0.6~1 mg/kg，配成 5% 溶液，皮下注射。有时注射后数分钟出现起卧不安、肌肉震颤、流涎、出汗、呼吸困难等副作用(妊娠牛可能流产)，一般于 1~4 h 后自行消失，严重者可皮下注射阿托品，剂量为 10 mg/kg。

(5) 预防措施

预防关键在于灭蜱。因此要了解当地蜱的活动规律，有计划地采取一些有效措施，消灭牛体上及牛舍内的蜱。巴贝氏虫病的传播媒介多为野外蜱，牛群应避免到大量滋生蜱的草场放牧，必要时可改为舍饲。也应杜绝随饲草和用具将蜱带入牛舍。牛只的调动最好选择无蜱活动的季节进行，调动前应用药物灭蜱。当牛群中出现个别病例或向疫区引入敏感牛时，可应用咪唑苯脲进行药物预防，对双芽巴贝斯虫和牛巴贝斯虫可分别产生 60 d 和 21 d 的保护作用。

国外有应用抗巴贝斯虫弱毒虫苗和分泌抗原虫苗免疫易感牛预防该病的报道。

11.13.5 牛羊泰勒虫病

泰勒虫病是由泰勒科泰勒属的各种原虫寄生于牛、羊和其他野生动物巨噬细胞、淋巴细胞和红细胞内所引起的疾病的总称。我国已报道的牛、羊泰勒虫主要有 3 种。寄生于牛的有环形泰勒虫(图 11-45、图 11-46)和瑟氏泰勒虫，前者在我国，尤其北方广泛流行，危害较大，后者的传播媒介是血蜱属的蜱。

环形泰勒虫病是一种季节性很强的地方性流行病，主要流行于我国西北、华北和东北地区。该病多呈急性经过，以高热稽留、贫血和体表淋巴结肿大为特征，发病率高，死亡率较高，对养牛业的危害很大。

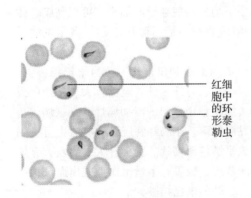

图 11-45　环形泰勒虫

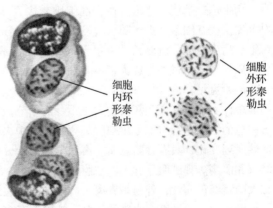

图 11-46　环形泰勒虫裂殖体

(1) 流行病学

该病的传播媒介是璃眼蜱属的蜱，在我国主要为残缘璃眼蜱。感染泰勒虫的蜱在牛体吸血时，子孢子随蜱的唾液进入牛体，首先侵入局部单核巨噬系统的细胞(如巨噬细胞、淋巴细胞等)内进行裂体生殖，形成大裂殖体。大裂殖体发育形成后，破裂为许多大裂殖子，又侵入其他巨噬细胞和淋巴细胞内，重复上述的裂体生殖过程。在这一过程中，虫体随淋巴和血液循环向全身扩散，并侵入其他脏器的巨噬细胞和淋巴细胞再进行裂体生殖。裂体生殖进行数代后，可形成小裂殖体，小裂殖体发育成熟后破裂，释放出许多小裂殖子，进入红细胞内发育为配子体。

幼蜱或若蜱在病牛身上吸血时,把带有配子体的红细胞吸入胃内,配子体由红细胞逸出并变为大小配子,二者结合形成合子,进而发育成为杆状的能动的动合子。当蜱完成其蜕化时,动合子进入蜱唾腺的腺泡细胞内变圆为合孢体(母孢子),开始孢子增殖,分裂产生许多子孢子。在蜱吸血时,子孢子被接种到牛体内,重新开始其在牛体内的发育和繁殖。

璃眼蜱是一种二宿主蜱,主要寄生在牛,它以期间传播方式传播泰勒虫,即幼虫或若虫吸食了带虫的血液后,泰勒虫在蜱体内发育繁殖,当蜱的下一个发育阶段(成虫)吸血时即可传播本病。泰勒虫不能经卵传递。璃眼蜱在各地的活动时间有差异,因此,各地环形泰勒虫病的发病时间也有所不同。在内蒙古及西北地区,本病主要流行在 5~8 月。陕西关中地区在 4 月初就有病例发现,以 6 月下旬到 7 月中旬发病最多。璃眼蜱是一种圈舍蜱,因此,该病主要在舍饲条件下发生。

在流行区,该病多于 1~3 岁的牛,患过本病的牛可获得很强的免疫力,一般很少发病,免疫力可持续 2.5~6 年。从非疫区引入的牛,不论年龄、体质,都易发病,而且病情严重。纯种牛和改良杂种牛,即使红细胞的染虫率很低(2%),也可出现明显的临诊症状。

(2)临诊症状与病理变化

由于虫体在单核巨噬系统细胞内的反复裂体生殖和虫体的毒素作用,病牛出现较为严重的症状和病理变化。

该病多呈急性经过。潜伏期 14~20 d。初期病牛的第一个表现为高热稽留,体温上升到 40~42 ℃,精神沉郁。接着出现体表淋巴结(肩前和腹股沟浅淋巴结)肿大,有痛感。淋巴结穿刺涂片镜检,可在淋巴细胞和巨噬细胞内发现裂殖体,即柯赫氏蓝体(Koch's blue bodies),或称石榴体。呼吸加快(80~110 次/min),咳嗽,脉搏弱而频(80~120 次/min)。食欲大减或废绝,可视黏膜、肛门周围、尾根、阴囊等皮肤薄处出现出血点或溢血斑。有的在颌下、胸前或腹下发生水肿。病牛迅速消瘦,严重贫血,红细胞减少至 100 万~200 万/mm³,血红蛋白降至 30%~20%,血沉加快,红细胞染虫率随病程发展而增高,红细胞大小不均,出现异形红细胞。可视黏膜轻微黄染。病牛磨牙、流涎,排少量干黑的粪便,常带有黏液或血丝。最后卧地不起,多在发病后 1~2 周死亡,耐过的牛成为带虫者。

剖检可见,全身皮下、肌间、黏膜和浆膜上均有大量的出血点和出血斑。全身淋巴结肿大,切面多汁,有暗红色和灰白色大小不一的结节。皱胃黏膜肿胀,有许多针头至黄豆大、暗红色或黄白色的结节,结节部上皮细胞坏死后形成中央凹陷、边缘不整稍隆起的溃疡病灶,是该病的特征性病理变化,具有诊断意义。瓣胃内容物十分干固,黏膜脱落。小肠和膀胱黏膜有时也可见到结节和溃疡。脾脏明显肿大,被膜上有出血点,脾髓质软呈黑色泥糊状。肾脏肿大、质软,有粟粒大的暗红色病灶,外膜易剥离。肝脏肿大,质脆,色泽灰红,被膜有多量出血点或出血斑,肝门淋巴结肿大。肺脏有水肿和气肿,被膜上有多量出血点,肺门淋巴结肿大。

(3)诊断

该病的诊断与牛的巴贝斯虫病的诊断相似,在分析流行病学资料(发病季节和传播媒介)、考虑临诊症状与病理变化(高热稽留、贫血、消瘦、全身性出血、全身性淋巴结肿大、皱胃黏膜有溃疡斑等)的基础上,早期进行淋巴结穿刺涂片镜检,以发现石榴体,而后耳静脉采血涂片镜检,可在红细胞内找到虫体以确诊。

另外,红细胞染虫率的计算对该病的发展和转归很有诊断意义。如染虫率不断上升,临诊症状日益加剧,则预后不良;如染虫率不断下降,食欲恢复,则预示治疗效果好,转归良好。

(4)治疗

在治疗病牛的同时，如输血或注射时，防止人为传播病原。治疗可用磷酸伯氨喹啉，0.75~1.5 mg/kg，每日口服1次，连用3 d。该药对环形泰勒虫的配子体有较好的杀灭作用，在疗程结束后2~3 d，可使红细胞染虫率明显下降。

三氮咪，7 mg/kg，配成7%的溶液肌内注射，每日1次，连用3 d，如红细胞染虫率不降，还可再用药2次。

新鲜黄花青蒿，每日每头牛用2~3 kg，分2次口服。用法：将青蒿切碎，用冷水浸泡1~2 h，然后连渣灌服。2~3 d后，染虫率可明显下降。

对症冶疗和支持疗法包括强心、补液、止血、健胃、缓泻等，还应考虑应用抗生素以防继发感染，对严重贫血的病例可进行输血。由于目前尚无治疗该病的特效药，因此，精心护理、对症治疗和支持疗法就显得比较重要。

(5)预防措施

该病和其他梨形虫病一样，关键在灭蜱。残缘璃眼蜱是一种圈舍蜱，在每年的9~11月和3~4月向圈舍内的墙缝喷撒药液，或用水泥等将圈舍内离地面1 m高范围内的缝隙堵死，将蜱闭在洞穴内；采取措施，在蜱的活动季节，消灭牛体上的蜱，如人工捉蜱或在牛体上喷撒药液灭蜱。

还应采取措施防止蜱接触牛体。如在有条件的地方，可定期离圈放牧(4~10月)，以各地蜱活动的情况而定，就可避免蜱侵袭牛。在引入牛时，防止将蜱带入无蜱的非疫区，以免传播病原。

在该病的流行区，可应用环形泰勒虫裂殖体胶冻细胞苗对牛进行预防接种。接种后20 d即可产生免疫力，免疫持续时间为1年以上。

11.13.6　禽组织滴虫病

组织滴虫病是由火鸡组织滴虫寄生于禽类的盲肠和肝脏引起的疾病，又称盲肠肝炎或黑头病。多发于火鸡和雏鸡，也可感染珠鸡、孔雀、鹌鹑等野禽。

(1)流行病学

火鸡组织滴虫以二分裂法繁殖。自然感染情况下，火鸡最易感，尤其是3~12周龄的雏火鸡。鸡和火鸡的易感性随年龄而变化，鸡在4~6周龄易感性最强，火鸡3~12周龄的易感性最强。许多鹑鸡类都是火鸡组织滴虫的宿主。

火鸡组织滴虫感染禽类后，多与肠道细菌协同作用而致病，单一感染时，多不显致病性。死亡率常在感染后第17天达高峰，第4周末下降。火鸡饲养在高污染区的发病率较高，人工感染的死亡率可达90%。鸡的组织滴虫死亡率较低，也有死亡率超过30%的报道。鸡常常作为组织滴虫的隐性宿主，可以散播组织滴虫给其他更易感的禽类(如火鸡)，引起发病。

寄生于盲肠的火鸡组织滴虫被鸡异刺线虫吞食，进入异刺线虫卵内，当异刺线虫排出时，组织滴虫存在其中，得到虫卵的保护，能在虫卵及其幼虫中存活很长时间。当鸡感染异刺线虫时，同时感染组织滴虫。

(2)临床症状与病理变化

本病是由组织滴虫侵入盲肠壁繁殖后进入血流和寄生于肝脏引起的。潜伏期7~12 d，最短5 d，常发生于第11天。以雏火鸡易感性最强。病禽呆立，翅下垂，步态蹒跚，眼半闭，头下垂，畏寒，下痢，食欲缺乏。疾病末期，有些病禽因血液循环障碍，鸡冠、肉髯发绀，呈暗黑色，因而有"黑头病"之称。病程1～3周，病愈鸡的体内仍有组织滴虫，带虫者可长达数周或数月。成鸡很少出现症状。

病变主要在盲肠和肝脏，引起盲肠炎和肝炎。剖检见一侧或两侧盲肠肿胀，肠壁肥厚，内腔充满浆液性或出血性渗出物，渗出物常发生干酪化，形成干酪状的盲肠肠芯，间或盲肠穿孔，引起腹膜炎。肝脏肿大，紫褐色，表面出现黄绿色圆形、下陷的坏死灶，直径可达1 cm，单独存在或融合成片状。

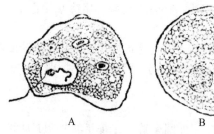

图11-47　火鸡组织滴虫
A. 有鞭毛型　B. 无鞭毛型（组织型）

(3) 诊断

根据流行病学和病理变化，发现本病的典型病变，可做出初步诊断。刮取盲肠黏膜或肝脏组织检查，发现虫体即可确诊。火鸡组织滴虫为多形性虫体，大小不一，近圆形或变形虫形。盲肠腔中虫体的直径为5～16 μm，常见一根鞭毛；虫体内有一小盾和一个短的轴柱。在盲肠上皮细胞内和肝脏组织中的虫体无鞭毛，初侵入者8～17 μm，生长后可达12～21 μm（图11-47）。

当并发有球虫病、沙门菌病、曲霉菌病或上消化道毛滴虫时，需进行鉴别诊断，找出病原。

(4) 防制

由于鸡异刺线虫在传播组织滴虫中起重要作用，因此减少和杀灭异刺线虫虫卵是有效的预防组织滴虫病的措施。利用阳光照射和干燥可最大限度地杀灭异刺线虫卵。成禽应定期驱除异刺线虫。

鸡和火鸡隔离饲养；成年禽和幼禽单独饲养。

对鸡组织滴虫病可选用洛硝哒唑按500 mg/kg的比例混于饲料中进行防治，休药期5 d。

11.13.7　鸡住白细胞原虫病

住白细胞原虫病是由疟原虫科住白细胞虫属的原虫寄生于鸡的血液细胞和内脏器官的组织细胞内所引起的一种原虫病。对蛋鸡和育成鸡危害严重，影响生长发育及产蛋性能，严重时可引起大批死亡。对雏鸡危害也十分严重，症状明显，发病率高，能引起大批死亡。已知的病原主要有两种，即卡氏住白细胞虫和沙氏住白细胞虫。

(1) 流行病学

住白细胞虫的传播媒介为蠓和蚋。本病发生有一定的季节性，这与库蠓和蚋活动的季节性相一致。当气温在20 ℃以上时，库蠓和蚋繁殖快，活力强，而分别由它们传播的卡氏住白细胞原虫和沙氏住白细胞原虫的发生和流行也就日益严重。热带和亚热带地区全年都可发生该病。鸡年龄与鸡住白细胞虫的感染率成正比，而和发病率却成反比。一般雏鸡（2～4月龄）和中鸡（5～7月龄）的感染率和发病率都较严重，而8～12月龄的成鸡或一年以上的种鸡，虽感染率高，但发病率不高，血液中虫数较少，大多数呈无病的带虫者。

(2) 临诊症状与病理变化

自然感染的潜隐期为6～10 d。由于虫体的寄生破坏了各器官组织微血管内皮细胞，引起机体广泛性出血。雏鸡和仔鸡的临诊症状明显，死亡率高。感染12～14 d后，突然因咯血、呼吸困难而死亡，有的呈现鸡冠苍白，食欲不振，羽毛松乱，伏地不动，1～2 d后因出血而死亡。轻症病鸡，发烧，卧地不动，食欲下降，下痢，精神不振，1～2 d内死亡或康复。本病的特征性症状是死前口流鲜血、贫血，鸡冠和肉垂苍白，常因呼吸困难而死亡。中鸡和大鸡感染后一般死亡率不高。病鸡呈现鸡冠苍白、消瘦、拉水样的白色或绿色稀粪。中鸡和成鸡病情较轻，死亡率较低，主要表现是中鸡发育受阻，成鸡产蛋率下降，甚至停止。

剖检见到的特征是：全身性出血，肝脾肿大，血液稀薄，尸体消瘦。白冠；全身皮下出血，肌肉尤其是胸肌、腿肌、心肌有大小不等的出血点，各内脏器官肿大出血，尤其是肾、肺出血最严重；胸肌、腿肌、心肌及肝脾等器官上有灰白色或稍带黄色的、针尖至粟粒大与周围组织有明显分界的小结节。将这些小结节挑出涂片、染色，可见许多裂殖子散出。

（3）诊断

根据流行病学、临诊症状和剖检病变做出初步诊断。病原检查需要对血液涂片或脏器涂片进行姬姆萨染色，在显微镜下发现虫体（图11-48），即可确诊。

（4）治疗

本病尚无有效的治疗药物，防制的重点在于预防。目前认为较有效的药物是：

泰灭净　为目前普遍认为治疗住白细胞虫病的特效药，其成分为磺胺间甲氧嘧啶，预防时用0.0025%~0.0075%拌料，连用5 d停2 d为一疗程。治疗时可按0.01%拌料连用2周或0.5%连用3 d再0.05%连用2周，视病情选用。

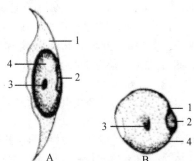

图11-48　住白细胞虫
A. 沙氏住白细胞虫　B. 卡氏住白细胞虫
1. 宿主细胞质　2. 宿主细胞核　3. 核
4. 配子体

磺胺二甲氧嘧啶　又名制菌磺，预防用0.0025%~0.0075%。混于饲料或饮水。治疗用0.05%饮水2 d，然后再用0.03%饮水2 d。

磺胺喹恶啉　预防用0.005%，混于饲料或饮水。

乙胺嘧啶　预防用0.0001%，混于饲料。治疗时用乙胺嘧啶0.004%，配合磺胺二甲氧嘧啶0.004%，混于饲料连续服用1周后改用预防剂量。

克球粉　预防用0.0125%~0.025%混于饲料。治疗用0.025%混于饲料连续服用。

（5）预防措施

可采取如下综合措施：

防止库蠓进入鸡舍　鸡舍建筑应在干燥、向阳、通风的地方，远离垃圾场、污水沟、荒草坡等库蠓滋生、繁殖的场所。在流行季节，鸡舍的门、窗、风机口、通风口等要用100目以上的纱布封起来，以防库蠓进入鸡舍。库蠓出现的季节，鸡舍周围堆放艾叶、蒿枝、烟杆等闷烟，以使库蠓不能栖息。

消灭库蠓　净化鸡舍周围环境，清除垃圾、杂草，填平废水沟，雨后及时排除积水。流行季节，对鸡舍环境用0.1%敌杀死、0.05%辛硫磷或0.01%速灭杀丁定期喷雾，可3~5 d一次。在每日库蠓出现的时间（早晨6：00~7：00，黄昏18：00~20：00），对鸡舍内部墙壁、门窗及笼具等用0.005%敌杀死喷雾带鸡消毒，也可在黄昏时用黑光灯诱杀库蠓。

淘汰病鸡　住白细胞虫需要在鸡体组织中以裂殖体的形式越冬，故可在冬季对当年患病鸡群予以彻底淘汰，以免来年再次发病，扩散病原。

药物预防　采用治疗中所涉及的几种药物，在流行季节到来之前预防使用，注意药物要轮换使用，以防耐药性产生。

参考文献

陈宏智，2009. 动物病理[M]. 北京：化学工业出版社.
陈怀涛，许乐仁，2005. 兽医病理学[M]. 北京：中国农业出版社.
陈溥言，2015. 兽医传染病学[M]. 6版. 北京：中国农业出版社.
范春玲，周玉龙，沈冰蕾，等，2007. 动物病理生理学[M]. 哈尔滨：黑龙江教育出版社.
高丰，贺文琦，2008. 动物病理解剖学[M]. 北京：科学出版社.
何昭阳，2007. 动物传染病学导读[M]. 北京：中国农业出版社.
和瑞芝，2006. 病理学[M]. 5版. 北京：人民卫生出版社.
孔繁瑶，2010. 家畜寄生虫学[M]. 2版. 北京：中国农业大学出版社.
李国清，2007. 高级寄生虫学[M]. 北京：高等教育出版社.
李巨银，刘新武，2012. 动物中毒病及毒物检验技术[M]. 北京：中国农业出版社.
李清艳，2008. 动物传染病学[M]. 北京：中国农业科技出版社.
李祥瑞，2004. 动物寄生虫病彩色图谱[M]. 北京：中国农业出版社.
李玉林，2008. 病理学[M]. 7版. 北京：人民卫生出版社.
聂奎，2007. 动物寄生虫学[M]. 重庆：重庆大学出版社.
秦建华，李国清，2005. 动物寄生虫病学实验教程[M]. 北京：中国农业大学出版社.
佘锐萍，2010. 动物病理学[M]. 北京：中国农业出版社.
宋铭忻，张龙现，2009. 兽医寄生虫学[M]. 北京：科学出版社.
王振勇，李玉斌，2008. 宠物病理[M]. 北京．中国农业科学技术出版社.
谢拥军，崔平，2009. 动物寄生虫病防治技术[M]. 北京：化学工业出版社.
杨保栓，2007. 畜禽病理学[M]. 郑州：河南科学技术出版社.
杨光友，2005. 动物寄生虫病学[M]. 成都：四川科学技术出版社.
杨文，2007. 动物病理学[M]. 重庆：重庆大学出版社.
张宏伟，匡存林，2014. 动物寄生虫病[M]. 3版. 北京：中国农业出版社.
张书霞，2005. 兽医病理生理学[M]. 3版. 北京：中国农业出版社.
张西臣，李建华，2017. 动物寄生虫病学[M]. 4版. 北京：科学出版社.
郑明学，2008. 兽医临诊病理解剖学[M]. 北京：中国农业大学出版社.
朱兴全，2006. 小动物寄生虫病学[M]. 北京：中国农业科学技术出版社.
BOWMAN D D，2013. 兽医寄生虫学[M]. 9版. 李国清，译. 北京：中国农业出版社.
ZAJAC A M，CONBOY G A，2015. 兽医临诊寄生虫学[M]. 8版. 殷宏，罗建勋，朱兴全，等译. 北京：中国农业出版社.